国家自然科学基金项目
包钢集团重点科研项目　联合资助

白云鄂博矿物

杨　莉　闫国英　杨　波　孟文祥　柳建勇
于俊芳　王金龙　王昭静　敖　鑫　严　钊　著
沈茂森　李银霞　郝美珍

地质出版社
·北　京·

内容提要

《白云鄂博矿物》是一部兼具科学研究和生产指导双重意义的矿物学专著，是作者团队多年研究成果的总结。团队先后采集了2000余件实物地质标本，并制作了2300件探针薄片。通过运用显微镜、X射线衍射、扫描电镜—能谱、电子探针等先进测试技术，总结和梳理了大量的典型图片和翔实的矿物学数据，系统展示了白云鄂博不同矿区、不同类型矿石、不同矿物组合中矿物的微观形貌、交代关系、元素组成、稀土配分、类质同象置换等特征，最终完成了对白云鄂博200余种矿物的研究工作。书中包括1600余张显微图片和380余组电子探针测试数据。这不仅使读者对复杂多变的白云鄂博矿物有更直接的感官认识，更能通过丰富的数据了解铌矿物的类质同象变化及稀土矿物的稀土配分状况。

本书不仅为矿物学领域的研究者提供了珍贵的资料，而且为地质勘探、采矿工程、选矿技术等领域的专业人士提供了可靠的参考信息，也可作为那些致力于白云鄂博矿床以及相似类型矿床研究和资源开发的工作人员不可或缺的工具书。

图书在版编目(CIP)数据

白云鄂博矿物 / 杨莉等著. — 北京 ：地质出版社，2024.11

ISBN 978—7—116—13744—8

Ⅰ. ①白… Ⅱ. ①杨… Ⅲ. ①白云鄂博矿区—矿物—研究 Ⅳ. ①P57

中国国家版本馆CIP数据核字(2023)第150469号

BAIYUN'EBO KUANGWU

责任编辑：张鹤凌 孙春迪
责任校对：关风云
出版发行：地质出版社
社址邮编：北京市海淀区学院路31号，100083
电 话：(010)66554215(邮购部)；(010)66554515(编辑室)
网 址：https：//www.gph.clmpg.com
印 刷：北京地大彩印有限公司
开 本：787mm×1092mm 1/16
印 张：43.5
字 数：980千字
版 次：2024年11月北京第1版
印 次：2024年11月北京第1次印刷
定 价：380.00元
书 号：ISBN 978—7—116—13744—8

《白云鄂博矿物》专家顾问委员会

序

白云鄂博矿床是目前全球第一大稀土矿床，同时蕴藏着丰富的铁、铌、萤石、钍、钪等矿产资源，是国家重要的战略资源宝库。

1927年，丁道衡先生发现了白云鄂博铁矿；1935年，何作霖先生在白云鄂博的标本中发现了两种稀土矿物，开创了我国稀土矿床研究之先河。中华人民共和国成立后，白云鄂博的科学研究与生产实践从未间断，先后有国家科学技术委员会（现科学技术部）、中国科学院、地质部（现自然资源部）、冶金工业部（相关职能现划归国务院国有资产监督管理委员会）、工业和信息化部等所属单位在白云鄂博组织开展过各类调查研究。

包头钢铁（集团）有限责任公司（以下简称包钢集团）成立70年来，白云鄂博矿床一直是其铁、稀土、萤石等重要原料的供应基地，其巨量的稀土资源为中国在全球稀土产业中建立优势奠定了坚实基础；萤石资源已实现产业化；铌资源有望成为继铁、稀土、萤石之后的第四种可达到工业化利用的资源，其他资源也有可能成为包钢集团未来产业发展的基础。

稀土、铌、萤石、钪等资源广泛应用于高新技术领域，因此被全球多个国家列为“战略性矿产”和“关键金属”。我国在2016年发布的《全国矿产资源规划（2016—2020年）》中，首次将稀土、铁等24种矿产资源纳入国家战略性矿产目录。系统开展白云鄂博矿床的矿物学研究，既是探究成矿作用规律和成矿元素超常富集机理等科学前沿问题的重要手段，又是矿产资源综合评价和战略决策的科学依据。

白云鄂博矿物学研究在我国矿物学发展中占有重要的地位。然而，目前公开出版的专著仅有两本：一本是1963年由中国科学院地质研究所张培善、洪文兴编著的《白云鄂博矿物志》；另一本是1986年由张培善、陶克捷对过往研究成果进行总结凝练后编著的《白云鄂博矿物学》。这两本书的出版极大地推动了白云鄂博矿物学研究工作，并在20世纪80年代掀起了白云鄂博矿物学研究的热潮，取得了一批重要的学术成果。近年来，随着科研院所及高校对白云鄂博矿床研究的深入，各种分析测试技术和方法的进步，上述专著所载内容已无法满足当前研究的需要。

自1959年在白云鄂博发现第一个新矿物——硅钡铁钛石以来，国内外学者在该地区共发现了23种新矿物，特别是从2022年至今，就发现了白钨矿、铌包头矿、白云钇钡石、鄂博铌矿、翟钪闪石、氟碳钙钕矿、氧铅烧绿石、福元铌矿共八种新矿物(其中福元铌矿于2024年11月2日刚刚获得国际矿物学协会新矿物命名及分类委员会的批准，因此未被收录在本书中)，这些新矿物占白云鄂博全部新矿物的1/3，而且均为稀土或铌矿物。

《白云鄂博矿物》是由包钢集团矿山研究院(有限责任公司)(以下简称包钢矿研院)高级工程师杨莉领衔的研究团队在白云鄂博长期从事矿物学研究的成果总结。本书在梳理前人研究成果的基础上，结合野外地质工作、光学显微镜、X射线衍射、扫描电镜—能谱、电子探针等分析技术，完成了200余种矿物的测试与研究，积累了宝贵且丰富的资料。书中既有大量揭示矿物形貌特征及共生关系的显微图片，也有矿物化学组成、稀土配分、类质同象变化等实测数据，本书是继张培善、陶克捷于1986年出版的《白云鄂博矿物学》之后，又一部系统研究白云鄂博矿物学的专著。

本书整体编著系统，数据准确，兼具科学性和实用性。它不仅为研究战略性矿产及关键金属元素的赋存状态、成矿机制及资源评价与综合利用提供了直接有力的依据，也为新矿物的发现、矿床成因等研究提供了重要的矿物学证据。详细的矿物学研究成果，也是矿山精准开采、精细选矿、冶炼及加工利用的科学依据，具有科研和生产的双重指导意义。希望本书能够为读者提供一个了解白云鄂博矿床的窗口，也为未来的相关研究和开发提供有益的参考和启发。

在本书付梓之际，以此为序。衷心感谢本书作者的辛勤付出，并向所有投身于白云鄂博矿床相关科研和产业的工作者致敬！

中国科学院院士 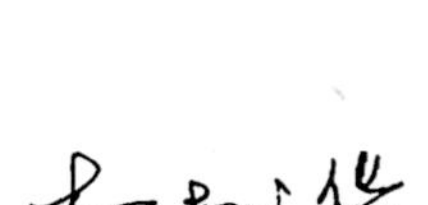

2024年11月3日

前　　言

白云鄂博矿床是世界上著名的超大型铁、稀土、铌多金属矿床，成矿过程复杂、矿物种类繁多，是矿物学研究的宝库。截至目前，在白云鄂博矿区已发现200余种矿物，涉及71种元素。1927年7月3日，丁道衡先生发现了白云鄂博铁矿；1935年，何作霖先生在白云鄂博的标本中发现了两种稀土矿物，并分别定名为白云矿和鄂博矿；1953年，郭承基先生利用先进的矿物化学和地球化学方法确定白云矿即氟碳铈矿，鄂博矿为独居石。

几十年来，科研人员对白云鄂博矿物的研究工作从未停止。出版于1963年的《白云鄂博矿物志》(张培善、洪文兴)和1986年的《白云鄂博矿物学》(张培善、陶克捷)，一直是从事白云鄂博相关工作的工具书。尤其是《白云鄂博矿物学》，记录了140多种矿物，涵盖氧化物类、硫化物类、碳酸盐类、硫酸盐类、磷酸盐类、硅酸盐类等11个矿物大类。但受限于当时的技术条件，书中仅有少量显微照片，不能直观、全面地体现白云鄂博典型岩石、矿石的结构构造、显微镜下微观形貌、微区原位信息，以及矿物间的共生组合关系等特征。

《白云鄂博矿物》是作者团队多年来相关研究工作的总结，书中收录了白云鄂博矿区209种矿物(其中矿物种190种，变种19种)的微观图片和微区原位测试数据，为白云鄂博矿床的资源综合利用、矿床成因探讨及相关地学工作提供了新的依据。

本次研究工作的实物地质标本，一部分为包钢矿研院地质研究室保留的1966年采集的实物标本；另一部分为2018—2023年作者团队在白云鄂博矿区采集的岩石、矿石实物标本和部分钻孔的岩芯样品，总标本数量超过2000件、制作探针薄片2300余件，采样区域覆盖白云鄂博矿床主矿、东矿、西矿、东部接触带、东介勒格勒及外围地层。作者团队在何作霖教授、张培善教授、陶克捷教授等矿物界前辈研究成果的基础上，运用显微镜、X射线衍射、扫描电镜-能谱、电子探针等先进的测试技术，总结、梳理了大量的典型图片和翔实的矿物学数据，系统地展示了白云鄂博不同矿区、不同类型矿石、不同矿物组合中矿物的微观形貌、交代关系、元素组成、稀土配分、类质同象置换等特征，并补充了同行的最新成果。本书以图文并茂的形式形象直观地展示了白云鄂博矿床的矿物特征及其赋存状态共生组合，是人们了解白云鄂博矿床的重要途径，具有白云鄂博矿床的专属性。

白云鄂博矿床不仅是世界上罕见的铁、稀土、铌矿床，而且它的萤石、钛、钪、钍等资源的综合利用潜力巨大。因此，本书在进行矿物分类时，按矿石矿物分为铁矿物(第二章)，稀土矿物(第三章)，稀土-铌矿物和铌矿物(第四章)，萤石及钛、锰矿物(第五章)，钍、铀及钪的矿物(第六章)；其余则按矿物的晶体化学进行分类，如第七章为卤化物、氧化物及自然元素，第八章为硫化物与硫酸盐、钼酸盐矿物，第九章为碳酸盐及磷酸盐矿物，第十章为硅酸盐矿物。

自1958年我国发现第一个国际新矿物以来，在几十年的研究中，矿物学工作者共发现193种新矿物[截至2024年6月被国际矿物学协会新矿物命名及分类委员会(IMA—CNMNC)批准的]，而在白云鄂博发现的新矿物就有23种(在目录及正文中用星号“*”标记)(表0-1)。其中包括作者研究团队合作发现的“白云钇钡石”和“氧铅烧绿石”，这两种矿物分别成为白云鄂博矿床的第17个和第22个新矿物。

表0-1　在白云鄂博发现的新矿物

序号	矿物名称		化学分子式	发现时间	发现人
	中文	英文			
1	硅钡铁钛石	Bafertisite	$Ba_2Fe_4^{2+}Ti_2(Si_2O_7)_2O_2(OH)_2F_2$	1959	Semenov 等
2	包头矿	Baotite	$Ba_4Ti_8Si_4O_{28}Cl$	1959	Semenov 等
3	黄河矿	Huanghoite-(Ce)	$BaCe(CO_3)_2F$	1961	Semenov 等
4	硅镁钡石	Magbasite	$KBa(Mg,Fe^{2+})_6(Al,Sc)[Si_6O_{20}]F_2$	1965	Semenov 等
5	氟碳铈钡矿	Cebaite-(Ce)	$Ba_3Ce_2(CO_3)_5F_2$	1972	王贤觉等
6	单斜褐铈铌矿	Clinofergusonite-(Ce)	$CeNbO_4$	1973	郭其梯等
7	大青山矿	Daqingshanite-(Ce)	$Sr_3Ce(PO_4)(CO_3)_3$	1982	任英忱等
8	钕易解石	Aeschynite-(Nd)	$(Nd,Ln,Ca)(Ti,Nb)_2(O,OH)_6$	1982	张培善等
9	单斜褐钕铌矿	Clinofergusonite-(Nd)	$NdNbO_4$	1983	孙未君等
10	丁道衡矿	Dingdaohengite-(Ce)	$(Ce,La)_4Fe^{2+}(Ti,Fe^{2+},Mg,Fe^{3+})_2Ti_2(Si_2O_7)_2O_8$	2005	徐金沙等
11	张培善矿	Zhangpeishanite	$BaFCl$	2006	Shimazaki 等

续表

序号	矿物名称		化学分子式	发现时间	发现人
	中文	英文			
12	杨主明云母	Yangzhumingite	$KMg_{2.5}Si_4O_{10}F_2$	2009	Miyawaki 等
13	氟木下云母	Fluorokinoshitalite	$BaMg_3Al_2Si_2O_{10}F_2$	2010	Miyawaki 等
14	氟铁金云母	Fluorotetraferriphlogopite	$KMg_3Fe^{3+}Si_3O_{10}F_2$	2010	Miyawaki 等
15	氟钙烧绿石	Fluorcalciopyrochlore	$(Ca,Na)_2(Nb,Ti)_2O_6F$	2013	李国武等
16	铌钨矿	Nioboixiolite -(□)	$(Nb_{0.8}\square_{0.2})^{4+}O_2$	2022	李以科等
17	铌包头矿	Niobobaotite	$Ba_4(Ti_{2.5}Fe^{2+}_{1.5})Nb_4Si_4O_{28}Cl$	2023	葛祥坤等
18	白云钇钡石	Bayanoboite -(Y)	$Ba_2Y(CO_3)_2F_3$	2023	薛源等
19	鄂博铌矿	Oboniobite	$Mg_4Nb_2O_9$	2024	佘海东等
20	翟钪闪石	Scandio - fluoro - eckermannite	$NaNa_2(Mg_4Sc)(Si_8O_{22})F_2$	2024	刘双良等
21	氟碳钙钕矿	Parisite -(Nd)	$CaNd_2(CO_3)_3F_2$	2024	范晨子等
22	氧铅烧绿石	Oxyplumbopyrochlore	$Pb_2Nb_2O_7$	2024	杨莉等
23	福元铌矿	Fuyuanite	$Mg_7Nb_6O_{18}(OH)_8$	2024	佘海东等

注：张培善在 1981 年发现的中华铈矿，因未保留原始标本未被批准，后被认为可能与库哈连科矿(1998)为同质多象；钕铌易解石因提供的申请资料数据缺失未被批准，作者团队已于 2023 年将钕铌易解石矿物向 IMA－CNMNC 提出申请。

新矿物的发现不仅开拓了矿物学的研究领域，也带来了更多的地质学信息，为探究成矿复杂的白云鄂博矿床提供了更多科学依据。本书对于研究中存疑或未经确认的矿物暂未收录，作者团队将继续跟踪研究。

本书的出版得到国家自然科学基金项目(重大研究计划集成项目——战略性关键金属超常富集成矿动力学：白云鄂博超大型稀土-铌矿床的时空演化和资源量，92262303)和包钢集团重点科研项目的支持。感谢包钢集团、包钢矿研院各级领导对作者团队工作的肯定和支持；感谢包钢集团白云鄂博铁矿、包钢钢联股份有限公司巴润矿业分公司、包钢勘察测绘研究院、中国科学院地质与地球物理研究所、中国地质科学院矿产资源研究所等单位对作者团队野外工作和室内研究的建议与襄助；感谢中国地质科学院矿产资源研究所陈振宇团队及河北省区域地质调查院罗善霞团队提供的电子探针测试。特别感谢中国科学院地质与地球物理研究所李献华院士、吴福元院士，以及中国科学院广州地球化学研究所何宏平院士在本书编撰过程中的悉心指导，同时也衷心感谢杨主明、王汝成、鲁安怀、李国武、葛文春、彭晓蕾等专家提出的宝贵意见。

本书中，所有样品均归档保存，所有数据均可追溯。描述中如有不妥之处，恳请各位专家和读者给予批评指正。

为便于查询，制作了《白云鄂博矿物》数据库，读者可以关注“地质出版社”微信公众号，回复“白云鄂博矿物”了解具体信息。

作　者

2024 年 11 月

目　　录

第一章　白云鄂博矿床地质特征

第一节　大地构造位置

在大地构造上，白云鄂博位于华北克拉通北缘，与古亚洲洋板块俯冲增生造山带相邻。以乌兰宝力格大断裂为界：北为古亚洲洋大洋区，这是一套含蛇绿岩的洋板块地层沉积组合；南为华北克拉通基底，克拉通形成之后，这里经历了多次剧烈的构造运动，在其北缘发育了中-新元古代裂谷，沉积了白云鄂博群浅变质岩系。随着含稀土、铌、铁的碳酸岩岩浆的侵位，形成了全球规模最大的白云鄂博稀土矿床(图 1－1)。

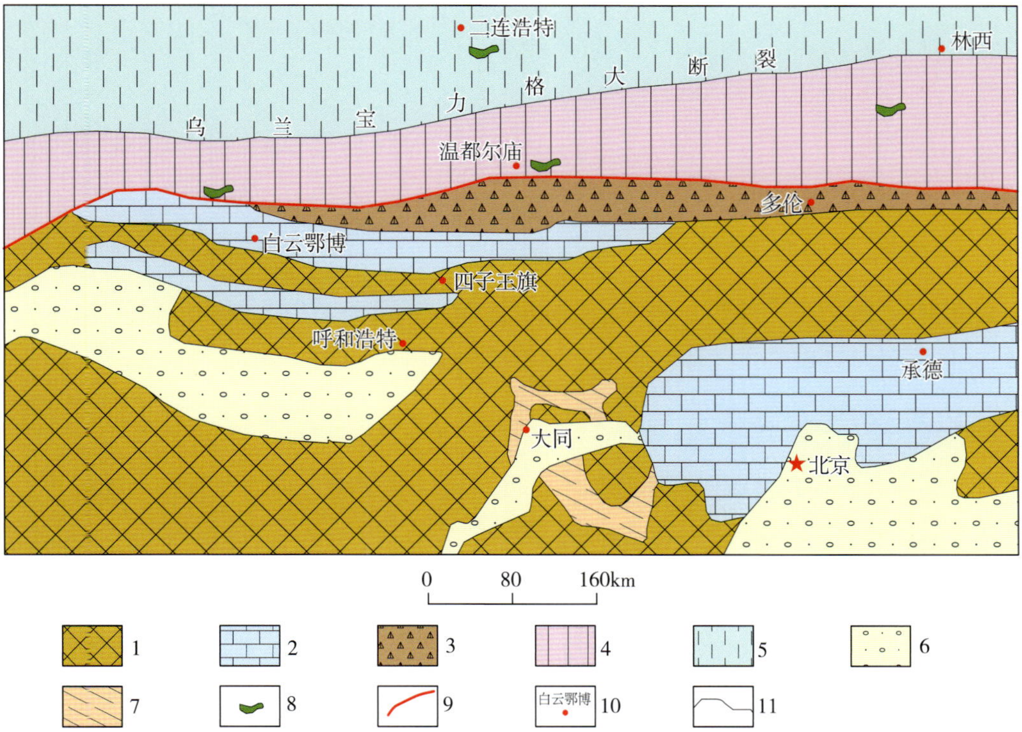

图 1－1　白云鄂博大地构造位置示意图

(据邵济安等，2002，有修改)

1—华北克拉通基底；2—裂谷区；3—陆缘活动带；4—古亚洲洋板块俯冲增生造山带；5—古亚洲洋板块；6—中-新生代盆地；7—元古宙岩墙群；8—蛇绿岩；9—乌兰宝力格大断裂；10—地名；11—地质界线

第二节　区域地质特征

一、地层

白云鄂博地区元古宇区划属阴山地层分区、大青山地层小区，属华北地块阴山北部边缘，出露地层主要有古元古界宝音图群、中-新元古界白云鄂博群；中、新生界区划属大兴安岭-燕山地层分区，出露地层有下白垩统固阳组及第四系(表 1-1)。

表 1-1　白云鄂博区域地层简表

界	系	群	组	代号
新生界	第四系		残坡积层、冲积物、冲洪积物、风积物	Q
中生界	白垩系		固阳组	K_1g
中-新元古界	蓟县系	白云鄂博群	比鲁特组	Jxb
			哈拉霍圪特组	Jxh
	长城系		尖山组	Chj
			都拉哈拉组	Chd
古元古界		宝音图群		Pt_1By

(一)古元古界宝音图群

宝音图群(Pt_1By)　主要出露于矿区东北角的宽沟背斜核部，出露面积较小，为一套高绿片岩-低角闪岩相的变质岩系。

(二)中-新元古界白云鄂博群

白云鄂博群为地台准盖层沉积，总体呈近东西向带状展布，为区域内重要的铁、金、稀土含矿层位。

白云鄂博群自下而上可划分为三系六组，即长城系的都拉哈拉组、尖山组；蓟县系的哈拉霍圪特组、比鲁特组；青白口系的白音布拉格组、呼吉尔图组。但白云鄂博矿区及外围未见青白口系(图 1-2)。

都拉哈拉组(Chd)　岩性为暗灰色变质砾岩、变质中粗粒石英砂岩、变质长石石英砂岩、绢云母板岩等。其底界与古元古界宝音图群呈断层接触，没有见到真正的底界。结合区域资料，都拉哈拉组不整合在宝音图群之上，顶部被尖山组整合覆盖。

尖山组(Chj)　岩性为暗灰色粉砂质绢云母板岩、变质粉砂岩、灰色变质中(细)粒(长石)石英砂岩、黑色含碳质板岩。其顶部为灰色粉晶灰岩、角砾状粉晶灰岩等。

菠萝图白云岩(bd)　科研人员在白云鄂博地区进行 1∶5 万区域地质调查时厘定出来的

一个非正式填图单位。菠萝图白云岩与尖山组呈断层接触，主要岩性为黑云母及长英质角岩、(萤石化)细晶白云岩、(含磁铁矿)细晶白云岩等。菠萝图白云岩为矿区内重要的含矿岩系。

哈拉霍圪特组(Jx*h*)　主要岩性为浅灰色含砾钙质中粗粒砂岩、中粗粒钙质石英砂岩、灰色含粉砂粉晶灰岩夹钙质石英砂岩、灰色粉砂质泥晶灰岩、灰色藻礁灰岩等。哈拉霍圪特组与下伏尖山组呈平行不整合接触，顶部被比鲁特组整合覆盖。

比鲁特组(Jx*b*)　主要岩性为深灰色绢云母板岩、含粉砂绢云母板岩、变质粉细砂岩等。比鲁特组岩性较软，呈明显的负地形，总体呈北东东向展布，为区域内重要的含金矿层位。

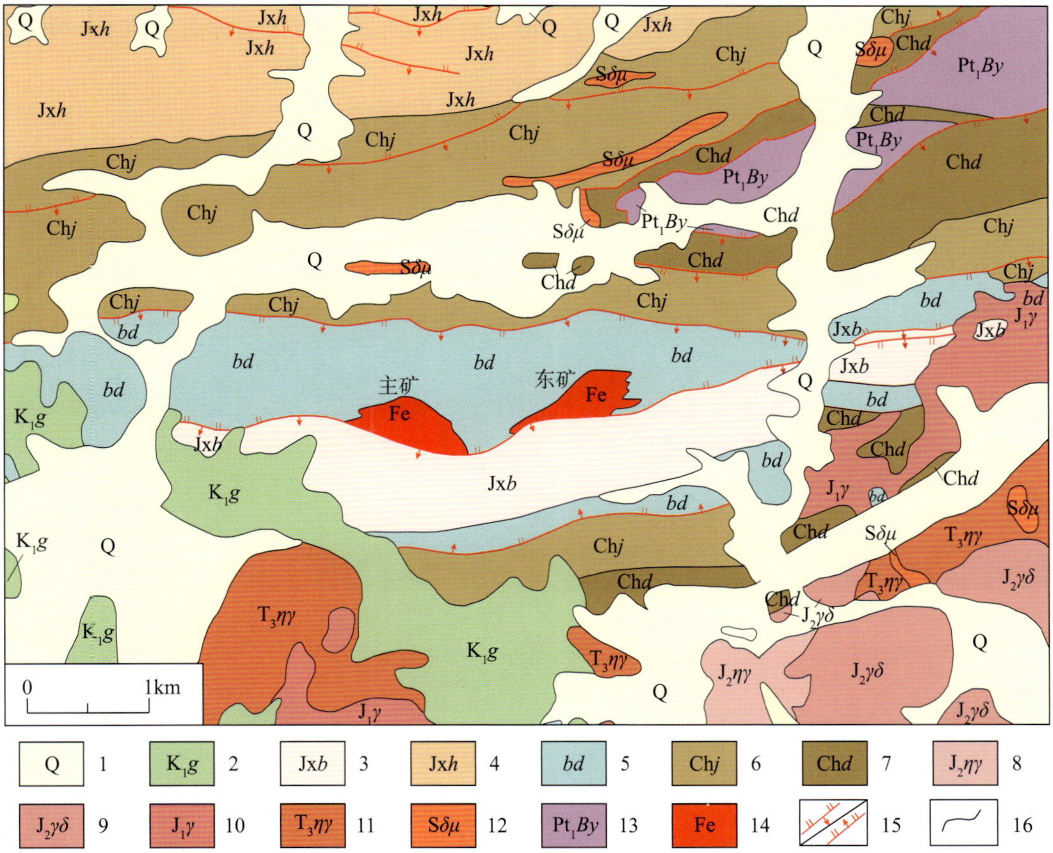

图 1-2　白云鄂博矿区及外围区域地质图

1—第四系；2—固阳组；3—比鲁特组；4—哈拉霍圪特组；5—菠萝图白云岩；6—尖山组；7—都拉哈拉组；8—斑状黑云母二长花岗岩；9—黑云母花岗闪长岩；10—似斑状黑云母花岗岩；11—似斑状黑云母二长花岗岩；12—闪长玢岩；13—宝音图群；14—铁矿体；15—逆断层/正断层；16—地质界线

(三)中生界白垩系

固阳组(K_1g)　大面积出露在矿区中南部，大部分地区的地层产状近水平。该组的地表露头差，风化剥蚀严重，覆盖厚度为0～35m。岩性大体可分为三部分：下部为紫-灰黄色厚层砾岩、含砾粗砂岩与粗砂岩；中部为灰黑色薄层页岩、油页岩夹灰色中薄层砂岩；上部为灰黄色厚层含砾粗砂岩与灰黑色薄层碳质泥岩组成的不等厚互层。

（四）新生界第四系

第四系(Q) 较为发育，主要分布在各大沟谷、河道及其两侧，以及山前盆地的边缘地带。主要成因类型为残坡积层、冲积物、冲洪积物、风积物等。

二、构造

矿区的构造环境由老到新划分如下。

1)古元古界宝音图群基底岩系的形成环境为滨浅海环境下形成的碎屑岩建造夹中基性火山岩建造。

2)中-新元古界白云鄂博群呈近东西向裂陷槽-被动陆缘沉积，即都拉哈拉组、尖山组火山岩-泥质碎屑岩建造，其中夹有中元古代比鲁特超基性岩、新元古代巴音珠日和基性岩建造，其具有裂陷槽沉积特点；哈拉霍圪特组、比鲁特组为一套碎屑岩-碳酸盐岩沉积建造，伴随后吉老海花岗岩侵入，具有稳定陆缘环境沉积特征，具有沉积环境从活动-稳定的转变过程。该阶段的构造环境对白云鄂博矿床的形成具有重要意义。

3)印支-燕山期中酸性花岗岩建造。

4)中生代陆相沉积盆地建造。

该地区总体上构造形迹表现：中-新元古界浅变质岩地层呈一系列的背、向斜构造，构造线呈近东西向；断裂构造呈东西走向，以高角度北倾为主，大部分具有左行逆断裂性质。中生代断陷盆地较发育。

三、岩浆岩

（一）侵入岩

白云鄂博区域内岩浆活动强烈，侵入岩分布广泛，空间上总体呈岩基状展布；时间上呈跳跃式延续，从元古宙到侏罗纪均有出露，具明显的旋回性和多期次性。

依据区域内岩浆岩所处大地构造位置、时空分布特征、岩石成因类型等，将该区域侵入岩以著名的乌兰布拉格—呼吉尔图深大断裂(槽台断裂)为界，划分为乌德构造岩浆岩区和白云鄂博构造岩浆岩区。白云鄂博矿区位于白云鄂博构造岩浆岩区，该区岩浆岩主要有斑状黑云母二长花岗岩、黑云母花岗闪长岩、似斑状黑云母花岗岩、似斑状黑云母二长花岗岩和闪长玢岩等。

（二）脉岩

区域内元古宙至中、新生代岩浆活动频繁，中酸性岩体分布广泛。在各时代花岗岩浆演化末期，广泛发育了浅成、超浅成的各种岩脉，多为岩浆作用派生的产物，呈脉岩群或单脉形式出现，以近东西向为主，并具多向特征。

加里东-华力西期 岩浆沿节理贯入。主要形成辉绿(玢)岩脉、闪长(玢)岩脉、花岗岩脉、花岗斑岩脉、细晶岩脉、伟晶岩脉、石英脉等，与铜、金、铁成矿关系密切。

印支期 岩脉分布较广，成岩规模较大。主要有花岗斑岩脉、细晶岩脉、伟晶岩脉、石英脉等。

（三）火山岩

白云鄂博群的火山岩主要分布在比鲁特组中。组成比鲁特组地层的岩石极为复杂，据统计有粗面岩、流纹英安岩、流纹岩、石英岩、白云岩、黑云母岩、钠闪岩-长石岩、钠辉石-长石岩、红柱石-黑云母角岩及碳质绢云母板岩等。其中，前三种岩石是火山岩或火山成因岩石；石英岩或白云岩常在其中呈透镜体或夹层产出；后五种岩石是由上述几种岩石受蚀变交代或变质的产物。

四、区域矿产

白云鄂博地区处于华北地台北缘，成矿地质条件良好，矿产资源比较丰富。

区域内已发现稀土、铌、钽、钪、铀、钍、钨、钼、锑、金、银、铜、铅、锌、铁、锰、煤、硅石、珍珠石、膨润土、石棉、云母、石英岩、水晶、萤石、高岭土、石盐等30余个矿种，矿产地达153处。其中大型矿床9处、中型矿床9处、小型矿床19处，矿点、矿化点116处。

矿区内主要为铁、铌、稀土、萤石、石英岩等矿床。

第三节 矿区地质特征

一、地层

在2003年进行的“1∶25万区域地质调查”中，白云鄂博群被划分为六个组。白云鄂博矿区及其外围仅见都拉哈拉组、尖山组、哈拉霍圪特组和比鲁特组四组，共九段(表1-2)。

表1-2 矿区地层简表

界	系(群)	组	段	厚度/m	岩性
中元古界	白云鄂博群（中下部）	比鲁特组	H_9	>344	板岩夹石英砂岩
		哈拉霍圪特组	H_8	435	白云岩、泥质灰岩
			H_7	>337	硅质灰岩与石英砂岩互层
			H_6	126	浅色石英砂岩夹灰岩和板岩
		尖山组	H_5	135	暗色板岩夹石英砂岩
			H_4	236	暗色石英砂岩
			H_3	258	暗色板岩、石英砂岩
		都拉哈拉组	H_2	369	浅色石英砂岩、石英岩
			H_1	225	粗粒石英砂岩夹细砾岩

（据刘云等，2019）

白云鄂博矿区内广泛出露中元古界白云鄂博群，沟谷低洼处为第四系覆盖(图 1－3)。

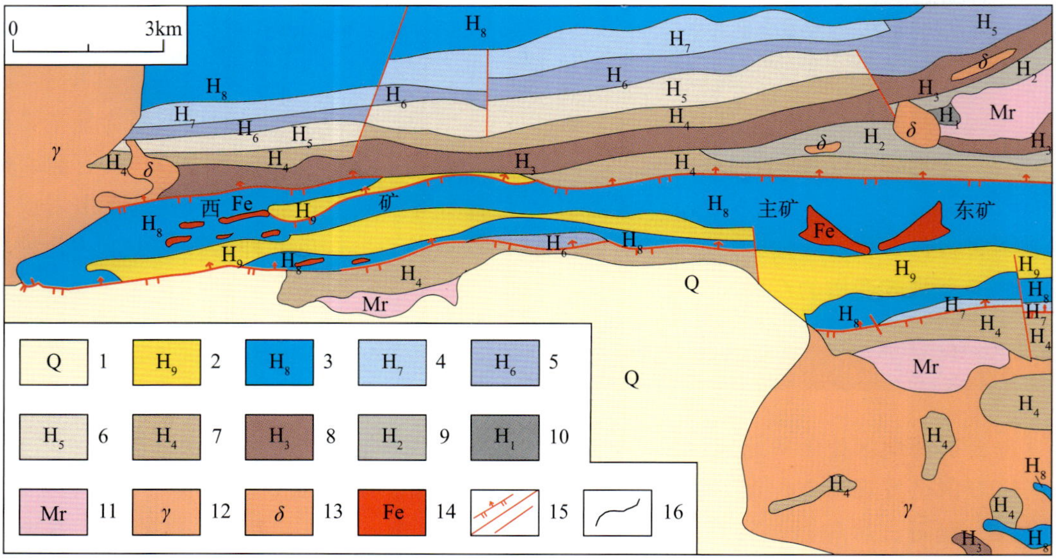

图 1－3　白云鄂博矿床地质简图

1—第四系；2—板岩夹石英砂岩；3—白云岩、泥质灰岩；4—硅质灰岩与石英砂岩互层；5—浅色石英砂岩夹灰岩和板岩；6—暗色板岩夹石英砂岩；7—暗色石英砂岩；8—暗色板岩、石英砂岩；9—浅色石英砂岩、石英岩；10—粗粒石英砂岩夹细砾岩；11—混合岩；12—花岗岩；13—闪长岩；14—铁矿体；15—逆断层/走滑断层；16—地质界线

(一)白云鄂博群

都拉哈拉组(Ch*d*)　分布于矿区北部宽沟背斜核部，呈东西向展布，从下至上分为 H_1 和 H_2 两段。H_1 为粗粒石英砂岩夹细砾岩，总厚度约 225m，具泥砂互层、交错层理和平行层理；H_2 为浅色石英砂岩、石英岩，总厚度约 369m，具低角度冲洗层理、交错层理和双向斜层理(图 1－4)。

尖山组(Ch*j*)　主要分布于矿区北部的都拉哈拉山及矿区北部的尖山北一带，在菠萝头矿段、东介勒格勒矿段内有零星分布，呈东西向展布，自下而上划分为 H_3 至 H_5 三段，总厚度约 629m。其中，H_3 为暗色板岩、石英砂岩，总厚度约 258m；H_4 为暗色石英砂岩，总厚度约 236m，具平行层理；H_5 为暗色板岩夹石英砂岩，总厚度约 135m，具水平层理(图 1－5)。

哈拉霍圪特组(Jx*h*)　分布于白云鄂博矿区外围哈拉霍圪特一带，呈东西向展布。岩性组合划分为 H_6 至 H_8 三段，总厚度大于 898m。其中，H_6 为浅色石英砂岩夹灰岩和板岩，总厚度约 126m，具平行层理、低角度冲洗层理；H_7 为硅质灰岩与石英砂岩互层，总厚度大于 337m，具双向交错层理；H_8 为矿区内的主要赋矿层位，为白云岩、泥质灰岩，总厚度约 435m(图 1－6)。

比鲁特组(Jx*b*)　主要分布于矿区南部，该段前人称为 H_9 岩段。H_9 为板岩夹石英砂岩，总厚度大于 344m。该板岩所含元素经定量分析(袁忠信等，2004)，主要氧化物为

图 1－4　都拉哈拉组 H_1、H_2 段露头

图 1－5　尖山组 H_3 至 H_5 段露头

K_2O、Na_2O、CaO、MgO、SiO_2 等，含量变化范围很大，特别是 K_2O 最高可达 15.25%和 13.14%，而低的仅有 2.16%。此处常见由大量富钾的微斜长石组成的富钾板岩，其 K_2O 的平均含量为 3%～7%，最高可达 15%，具有一定的经济意义，是寻找与钾有关矿床的有利层位(图 1－7)。

图 1－6　哈拉霍圪特组 H_6 至 H_8 段露头

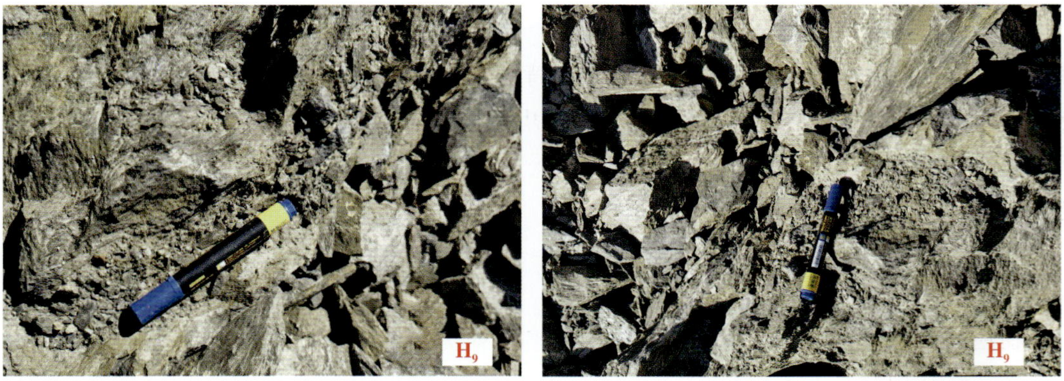

图 1－7　比鲁特组 H_9 段露头

(二)第四系松散沉积物

第四系松散沉积物主要为冲积物、坡积物等，在矿区范围内主要零散分布于沟谷低洼处。其分布较广泛，与基岩呈不整合接触。

二、构造

矿区内构造作用较为复杂，发育褶皱、断裂、节理等构造，其主要构造线方向近于东西向，与区域构造线方向一致。

(一)褶皱

前人认为在矿区及其附近，由北向南存在宽沟背斜和白云向斜，其形态以紧密线状为主，包括对称、同斜、倒转、短轴及箱状褶皱。此外，还有少许残破褶皱，轴向以东西向为主，北东、北西向次之。

通过野外地质调查，研究人员初步判定了宽沟背斜的特征，其为轴面向北倾的斜歪或倒转背斜。背斜北翼至白云鄂博北矿区，倾向为345°～355°，倾角为50°～60°；南翼至白云鄂博东介勒格勒、高磁异常区矿段，倾向为355°～15°，倾角为80°～90°。宽沟背斜为东西走向，核部岩层为中-深变质的火山沉积岩系，两翼主要为白云鄂博群中段和上段的碎屑岩与碳酸盐岩岩系。除此之外，在背斜的核部有小规模的岩浆侵入。背斜的南翼相关断裂系统主要控制白云鄂博主矿、东矿、东介勒格勒、菠萝头矿段的稀土、铌、铁、萤石矿体的产出。

关于白云向斜的存在与否，前人尚且存在争议。近年来，研究人员对白云鄂博矿山深部勘查发现：主矿、东矿与南侧的高磁异常区、东介勒格勒矿床可能受控于白云向斜，但是对于这个白云向斜是否存在，研究人员一直存疑。肖荣阁(2000)认为白云向斜应为一复式背斜，而其他一些学者认为此处应为一单斜构造(刘云和郭聪祥，2014)。

(二)断裂

前人在矿区内厘定了一条高位同生断裂，其为白云鄂博矿区及外围规模最大、切割较深、活动时间较长的断裂构造，分布于宽沟背斜南部。断裂上盘主要为白云鄂博群哈拉霍圪特组三段(H_8)白云岩岩系，下盘主要为尖山组二段(H_4)石英砂岩，局部地段为尖山组三段(H_5)暗色板岩夹石英砂岩。断层产状为(165°～195°)∠(45°～60°)。各段宽窄不一，宽处达8～10m。

(三)节理

在白云鄂博矿区内，节理十分发育。节理的类型包括与褶皱相关的纵节理、横节理和剪节理。纵节理和横节理在板岩和白云岩中均发育，尤其在板岩中最为发育，在空间上延伸较远。在纵向剖面上，东西向纵节理和南北向横节理与宽沟背斜陡倾岩层相交；在横向上，地表浅部形成格网状、棋盘状、乱网状节理裂隙系统。

三、岩浆岩

矿区岩浆岩可分为侵入岩与喷出岩，以侵入岩为主。岩浆岩的成分以中酸性为主，基性、超基性岩次之；形成时代从五台期到燕山期均有，分布较广。

在矿区南部，花岗岩东起东部接触带，向西延伸到东矿、主矿南面，以及西矿阿布达以南，呈侵入体形式侵入白云鄂博群。矿区北部和西部花岗岩呈岩株产出。按岩石的成分和结构，矿区花岗岩类可划分为①花岗闪长岩；②中粗粒黑云母花岗岩；③含黑云母角闪花岗岩；④花岗正长岩；⑤辉石正长岩；⑥细粒黑云母花岗岩；⑦浅色花岗岩；⑧花岗细晶岩脉。其中，中粗粒黑云母花岗岩出露最为广泛，占花岗岩总面积的60%～70%。矿区花岗岩主要为海西期花岗岩，经同位素K-Ar年龄分析：花岗闪长岩为340Ma、中粗粒黑云母花岗岩为270±10Ma、细粒黑云母花岗岩为246±12Ma(中国科学院地球化学研究所，1988)。

矿区花岗岩的同化混染作用十分显著，其岩浆不仅同化混染了辉长岩，与中-新元古界白云鄂博群之间的同化混染作用也非常显著。矿区花岗岩的结晶分异交代作用程度差，同一期侵入的花岗岩体没有明显的岩相变化，未见强烈的岩浆晚期自交代作用现象，也没有发现较大的伟晶岩脉产出(中国科学院地球化学研究所，1988)。

第四节　矿体特征

白云鄂博整个矿区由西向东共划分为西矿、主矿、东矿、高磁异常区、东介勒格勒、东部接触带和菠萝头矿区。在主矿、东矿矿体中，铁、稀土、铌矿化最强、规模最大，且深部矿体边界均未圈定。主矿体呈豆荚状，东西长达1250m，南北宽达415m，向下延伸至970m。东矿体呈北东东走向，东西长1200m，矿体西段南北宽50～115m、东段宽约350m。主矿、东矿矿体均向南倾斜。矿体(铁矿体)产状与围岩基本一致，其中的条带状构造产状亦与围岩一致，矿体与H_8白云岩接触带上广泛发育特殊的铁、萤石、稀土矿化。除主矿、东矿外，其他矿体规模较小，但矿体数量多，主要呈层状、透镜状。

第五节　矿石特征

白云鄂博矿床是由铁、稀土、铌等矿种组成的复杂多金属矿床。为便于指导生产，根据矿石主要元素(铁、铌、稀土)的分布情况、矿物共生组合、矿石结构构造特征及分布的广泛程度，白云鄂博矿石可划分为九种类型：①块状铌稀土铁矿石；②条带状萤石型铌稀土铁矿石；③霓石型铌稀土铁矿石；④钠闪石型铌稀土铁矿石；⑤白云石型铌稀土铁矿石；⑥黑云母型铌稀土铁矿石；⑦霓石型铌稀土矿石；⑧白云石型铌稀土矿石；⑨透辉石型铌稀土矿石。

主矿、东矿铁矿体地质简图及矿石类型分布如图1-8所示。

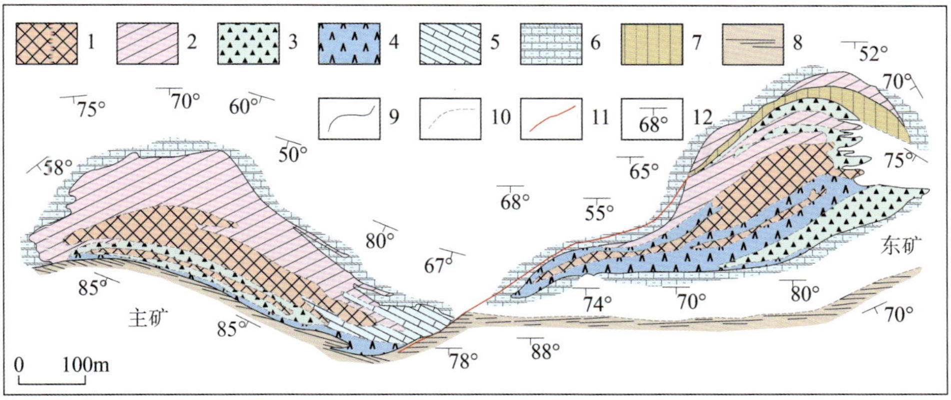

图 1-8 白云鄂博矿区主、东矿铁矿体地质平面示意图

（据中国科学院地球化学研究所，1988，有修改）

1—块状铌稀土铁矿石；2—条带状萤石型铌稀土铁矿石；3—霓石型铌稀土铁矿石；4—钠闪石型铌稀土铁矿石；5—白云石型铌稀土铁矿石；6—白云石型铌稀土矿石；7—含铁石英岩；8—云母化长石板岩；9—矿体界线；10—矿石类型界线；11—断层线；12—产状

一、块状铌稀土铁矿石

块状铌稀土铁矿石主要分布在主矿、东矿的中部，其他地段偶见。在主矿，这种矿石的上部过渡到霓石型铌稀土铁矿石，下部逐渐过渡到条带状萤石型铌稀土铁矿石；在东矿，这种矿石上部与钠闪石型铌稀土铁矿石相邻，下部过渡到条带状萤石型铌稀土铁矿石；在西矿的局部地段，这种矿石呈透镜体分布在白云石型铌稀土铁矿石或钠闪石型铌稀土铁矿石之间。

这种矿石具典型的块状构造。矿石中的磁铁矿有两种结构：一种呈半自形-自形粒状结构，粒径为 0.50～2.00mm（图 1-9a）；另一种呈半自形细粒结构，粒径为 0.05～0.20mm（图 1-9b）。在前者磁铁矿附近，往往分布有浸染状和细脉浸染状的萤石，推测这种粗粒磁铁矿可能是细粒磁铁矿在萤石化作用下发生重结晶作用而形成的。

a　　b

图 1-9 块状铌稀土铁矿石手标本

a—半自形-自形粒状结构；b—半自形细粒结构

在晚期脉中，还有晶体粒径较大、呈板状分布的镜铁矿矿石(图1-10)。

图1-10 镜铁矿矿石手标本

共伴生矿物有磁铁矿、萤石、独居石、氟碳铈矿、钠闪石、霓石、金云母、赤铁矿等，有时见黄铁矿、钛铁矿、金红石、闪锌矿、铌铁矿、易解石、氟碳钙铈矿、重晶石、磷灰石、白云石、黑云母、石英、长石等矿物。

二、条带状萤石型铌稀土铁矿石

条带状萤石型铌稀土铁矿石主要分布在主矿和东矿靠近铁矿下盘的部分，在近上盘地段也有少量出露，西矿比较少。在主矿、东矿，其上部与块状铁矿石相邻，下部与白云石型铌稀土矿石接触，在东矿其间夹有霓石型铌稀土矿石。

该矿石的特征是条带状和细脉条带状构造，这种构造主要由赤铁矿、磁铁矿、萤石和稀土矿物的条带所组成。各种矿物的条带宽窄不一，窄者为1～5mm，宽者可达10～15mm(图1-11)。

图1-11 条带状萤石型铌稀土铁矿石手标本

在这种矿石类型中，磁铁矿呈半自形-他形粒状集合体形式分布，组成条带与萤石、稀土矿物条带相间。除磁铁矿外，矿石中还有大量赤铁矿：一种为原生赤铁矿，呈细粒集合体分布，与磁铁矿无交代关系；另一种是氧化条件下赤铁矿交代磁铁矿呈假象或半假象赤铁矿。

在这种矿石类型中，晚期细脉也较发育。这些细脉沿不规则的裂隙切割上述矿物条带。细脉中的矿物有萤石、氟碳铈矿、重晶石、赤铁矿、云母、氟碳钙铈矿及易解石等。

共伴生矿物主要有赤铁矿、磁铁矿、萤石、氟碳铈矿、独居石、磷灰石、白云石、重晶石、石英等，另有霓石、钠闪石、金云母、黄铁矿、钛铁矿、铌铁矿、烧绿石、包头矿、氟碳钙铈矿、易解石、金红石、铌铁金红石、长石等矿物。

三、霓石型铌稀土铁矿石

霓石型铌稀土铁矿石分布在主矿和东矿的靠铁矿上盘地段，在西矿较少分布。在东矿，这类矿石位于钠闪石型铌稀土铁矿石之上；其上与含钠闪石的白云石型铌稀土矿石相接。在主矿近上盘部分，这种矿石产于块状铁矿石与钠闪石型铌稀土铁矿石之间(图 1－12)。

图 1－12 霓石型铌稀土铁矿石手标本

这种矿石具浸染状和浸染条带状构造。浸染状构造主要是由于在磁铁矿颗粒之间均匀地分布有霓石等其他矿物(但霓石与磁铁矿有时分布不均匀，有以磁铁矿为主的条带，也有以霓石为主的条带)，它们相间分布，形成浸染条带状构造。这时可以见到霓石的集合体交代磁铁矿的情况：在霓石颗粒之间或之中，分布有细小的交代残留的赤铁矿。

霓石型铌稀土铁矿石中的磁铁矿一般颗粒粗大，呈自形-半自形，与原生赤铁矿相间分布或被赤铁矿交代呈网格状。这种矿石类型中的稀土矿物以氟碳铈矿、氟碳钙铈矿为主，且颗粒粗大呈柱状、板状分布；铌矿物以放射状、板状颗粒较大的易解石为主；其他共伴生矿物以重晶石、榍石、磷灰石等居多。

在矿石中，可见晚期矿化阶段形成的细脉。

共伴生矿物主要有霓石、磁铁矿、氟碳铈矿、氟碳钙铈矿、独居石、易解石、重晶石、萤石、钠闪石、磷灰石、赤铁矿、石英等；另有少量金云母、赤铁矿、烧绿石、铌铁矿、铌铁金红石、钛铁矿、黄河矿等矿物。

四、钠闪石型铌稀土铁矿石

钠闪石型铌稀土铁矿石在东矿靠近上盘地段及西矿分布较广，在主矿近上盘也有少量分布。在东矿，其上部与霓石型铌稀土铁矿石及白云石型铌稀土矿石相邻，下部与块状矿石接触。在主矿，其上部与黑云母片岩和黑云母化板岩相邻，其下与霓石型铌稀土铁矿石相邻。因此，常见霓石与钠闪石穿插分布或钠闪石交代霓石。在西矿，该类型矿石多分布在近上盘靠近云母片岩和云母化板岩的地段。

该类型矿石具浸染状构造，磁铁矿呈自形-半自形粒状结构，呈浸染状分布在钠闪石、金云母及白云石的颗粒间(图 1－13)。

图 1－13　钠闪石型铌稀土铁矿石手标本

在钠闪石型铌稀土铁矿石中，磁黄铁矿、黄铁矿含量较高，同时钛铁矿、易解石、包头矿、硅钡铁钛石等含钛矿物的分布较其他矿石类型多。

共伴生矿物主要有钠闪石、磁铁矿、金云母、独居石、氟碳铈矿、磁黄铁矿等，另外还有少量霓石、磷灰石、易解石、烧绿石、金红石、钛铁矿、铌铁矿、硅钡铁钛石、方铅矿、闪锌矿、黄铁矿、黑云母、锆石等矿物。

五、白云石型铌稀土铁矿石

白云石型铌稀土铁矿石是白云鄂博矿区主要矿石类型之一。在主矿和东矿多产于钠闪石型铌稀土铁矿石、条带状萤石型铌稀土铁矿石和白云石型铌稀土矿石之间，呈规模不大的透镜体和条带状分布。在东矿深部也较多产出这种类型矿石；在西矿主要分布在矿体中部或钠闪石型铌稀土铁矿石和白云石型铌稀土矿石之间(图 1－14)。

图 1-14 白云石型铌稀土铁矿石手标本

在东矿深部，白云石型铌稀土铁矿石中的磁铁矿、白云石、独居石等矿物均颗粒较细，呈半自形-他形。磁铁矿粒径多为 0.02～0.10mm。钻孔样品中的磁黄铁矿、黄铁矿明显多于主矿、东矿浅部同种类型矿石。磁黄铁矿、黄铁矿与磁铁矿相间分布或呈微细粒被包裹于磁铁矿中，磁铁矿中还可见独居石、白云石等包裹体及菱铁矿的残余，这些残余的菱铁矿，可能证明磁铁矿的来源之一是菱铁矿。

在西矿，白云石型铌稀土铁矿石的磁铁矿颗粒稍大，白云石有粗粒、细粒两种，粗粒白云石粒径为 0.50～2.00mm，常见有粗粒自形的菱铁矿(0.50～3.50mm)，其间分布有细粒的白云石和磁铁矿，有时有少量的钠闪石、金云母和独居石。它们包围并交代菱铁矿，沿菱铁矿的解理和裂隙分布有磁铁矿，因此菱铁矿是这些矿物形成之前就已存在的铁矿物。

部分白云石型铌稀土铁矿石中的白云石、磁铁矿及稀土矿物呈条带或似条带状定向分布(图 1-15)。

图 1-15 白云石型铌稀土铁矿石手标本

共伴生矿物有白云石、磁铁矿、钠闪石、金云母、萤石、重晶石、磷灰石、独居石等，另外还有霓石、菱铁矿、赤铁矿、石英、含铁白云石、含锰白云石、氟碳铈矿、易解石、闪锌矿、金红石、铌铁矿、黄铁矿、铌铁金红石、磁黄铁矿、黄铜矿、方铅矿、包头矿等矿物。

六、黑云母型铌稀土铁矿石

黑云母型铌稀土铁矿石是西矿的主要矿石类型，在主矿、东矿上盘的个别地段也有零星分布。

矿石具片状构造，黑云母沿长轴方向定向延伸，有细粒和粗粒两种类型。细粒黑云母型矿石中的磁铁矿粒径为 0.02～0.05mm，并包裹有微细粒的磁黄铁矿；粗粒黑云母型矿石，粗大磁铁矿颗粒的粒径为 0.20～0.60mm，磁铁矿多被赤铁矿交代呈假象赤铁矿(图 1－16)。

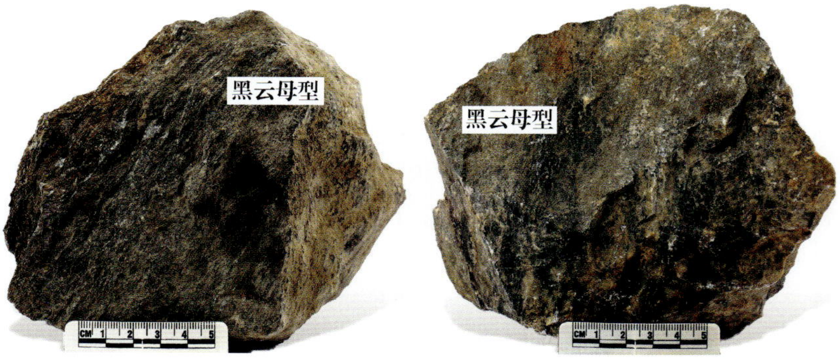

图 1－16　黑云母型铌稀土铁矿石手标本

共伴生矿物主要有黑云母、磁铁矿、钠闪石、金云母、萤石等，另外还有黄铁矿、磁黄铁矿、钛铁矿、硅钡铁钛石、独居石、易解石、铌铁矿、长石、石英等矿物。

七、霓石型铌稀土矿石

霓石型铌稀土矿石产于主矿、东矿体靠近上盘地段，与霓石型铌稀土铁矿石交错分布；在东矿体近下盘处也有分布。

在主矿上盘的云母化板岩中，矿石具块状和浸染状构造，主要由细粒和中粗粒霓石组成，在霓石颗粒间有少量交代残留的石英和黑云母的不规则颗粒，稀土和铌矿物呈浸染状和细脉浸染状分布在霓石颗粒间，发育有较强的钠闪石化地段，则出现粒状和束状的易解石(图 1－17)。

在东矿，霓石型铌稀土矿石与条带状萤石型铌稀土铁矿石接触处，常见霓石与萤石的相间条带，霓石及萤石矿物均颗粒较大，萤石纯且净的包裹体较少，同时有重晶石、铌铁金红石共生。

无论主矿、东矿，霓石型铌稀土矿石中均可见颗粒粗大的易解石(图 1－18)，且易解石与包头矿、烧绿石、褐钇铌矿、铌铁矿等铌矿物共生。

图 1－17 霓石型铌稀土矿石手标本

图 1－18 霓石型铌稀土矿石中的粗晶易解石手标本

共伴生矿物有霓石、萤石、钠闪石、石英、磁铁矿、磷灰石、重晶石、独居石、氟碳铈矿等；另外还有少量赤铁矿、易解石、烧绿石、钛铁矿、铌铁矿、铌铁金红石、云母、长石、白云石等矿物。

八、白云石型铌稀土矿石

白云石型铌稀土矿石在矿区分布较广，东起东部接触带，向西经东矿及主矿铁矿体的下盘地段，一直延伸到西矿各矿体。

这种类型的矿石具块状、浸染状或细脉浸染状构造。

稀土矿物以独居石为主，呈细粒状或细粒集合体，以带状、脉状分布于白云石间，粒径为0.01～0.05mm。在东部接触带，这一类型矿石中的铌矿物含量较高，有烧绿石、铌钙矿、褐铈铌矿和铌铁矿等；在西矿，除稀土矿物独居石外，铌矿物主要为烧绿石和铌铁矿(图1－19)。

图1－19　白云石型铌稀土矿石手标本

在白云石型铌稀土矿石中，经常含有一定量的萤石、霓石、钠闪石等，属于萤石化、霓石化或钠闪石化的白云石型铌稀土矿石(图1－20)。

图1－20　钠闪石化白云石型铌稀土矿石手标本

共伴生矿物主要有白云石、独居石、钠闪石、金云母、萤石、霓石等，另有少量磷灰石、石英、黄铁矿、烧绿石、易解石、铌铁金红石、褐钸铌矿、铌铁矿、闪锌矿、方铅矿、氟碳铈矿、磁黄铁矿、钛铁矿等矿物。

九、透辉石型铌稀土矿石

透辉石型铌稀土矿石仅分布于矿区东部花岗岩与白云岩的外接触带，与硅镁石-金云母矽卡岩等相伴生。这类矿石还可以有以下各种组合：硅镁石-金云母组合、钠透闪石-硅镁石组合、透辉石-金云母组合、铈硅磷灰石-硅镁石组合、金云母-磁铁矿组合、透辉石-褐帘石组合(图 1 - 21)等，每种组合都有不同的共生矿物。

共伴生矿物主要有透辉石、硅镁石、金云母、磷灰石、铈硅磷灰石、烧绿石、长石等，另外还有榍石、白云石、黄铁矿、独居石、氟碳铈矿、铌钙矿、褐钸铌矿、萤石、方钍石、橄榄石、硅钛铈矿、铌铁矿、方解石等矿物。

除以上主要矿石类型外，还可以分出一些次要的类型，如黑云母型铌稀土矿石、云母闪石型铌稀土矿石及矽卡岩化白云石型稀土矿石等，它们或在铁矿物含量上较低，或主要造岩矿物含量有变化。但由于它们分布不广，不易圈定，因此可以把它们合并在相近的矿石类型中(中国科学院地球化学研究所，1988)。

图 1 - 21　透辉石型铌稀土矿石手标本

第二章 铁矿物

第一节 铁的赋存状态

白云鄂博矿床是世界上著名的超大型铁、稀土、铌多金属矿床。前人对此矿床做了大量工作，其成因及物质来源一直是争论的焦点。对矿床成因的研究，主要有沉积或沉积-热液变质、火成碳酸岩、热液交代及多来源、多期次交代等观点。对铁的物质来源研究，主要观点有 Fe、REE、Nb 具有共同的来源，即都是来自地幔(白鸽等，1996；张宗清等，2003)、Fe 是正常沉积产物，被后期改造富集(中国科学院地球化学研究所，1988；魏菊英和上官志冠，1983)等。根据成因的不同认识，对铁的成矿特征研究也存在不同观点。曾玫吾等(1981)基于成因矿物学角度，根据矿石结构构造和矿物共生组合，将铁矿物划分为沉积变质和热液改造两个主要成矿期。

Sun 等(2013)利用 Fe 同位素研究手段，发现白云鄂博矿床中磁铁矿的 δ^{56}Fe 为(0.01±0.140)‰，赤铁矿的 δ^{56}Fe 为(0.08±0.180)‰，集中于 0‰值附近，认为这种特点与白云鄂博地区辉绿岩、世界不同地区火成岩和岩浆型铁矿的 Fe 同位素组成特征一致。并且 δ^{56}Fe 在磁铁矿与白云石之间及赤铁矿与磁铁矿之间的分馏非常小，分别为 0.23‰和 0.07‰，这表明白云鄂博矿床经历了较高的温度，因而可能不是典型沉积成因或热液成因，而更有可能与岩浆作用有关。

She 等(2021)利用激光剥蚀电感耦合等离子体质谱仪(LA - ICP - MS)测试，认为白云鄂博磁铁矿富 Ni 而贫 Mg、Al、Ti、Ge、Mn、Ga、Zn。这一特点与热液磁铁矿相似，白云鄂博铁矿床应是与碳酸岩有关的热液矿床。

总之，目前关于矿床中铁的成因、成矿认识仍存在较大争议。未来，相关工作应在精细的岩相学工作基础之上，深入挖掘矿区铁矿物自身的成因信息，揭示巨量金属的富集机制。

磁铁矿是白云鄂博矿床中最常见的铁矿物，在矿体内几乎各种类型矿石中均有产出。它是块状、条带状萤石型、钠闪石型、霓石型、黑云母型和白云石型铌稀土铁矿石中最主要的矿石矿物。在铁矿体外的白云石型铌稀土矿石中，常含不同数量的磁铁矿，呈浸染状或呈界线清晰的条带状及团块状产出。其含量的变化随与铁矿体距离增加而减少。在东部接触带花岗岩与白云岩接触处，有时可见小规模矽卡岩型磁铁矿体产出。

在条带状萤石型铌稀土铁矿石中，铁矿物以磁铁矿、赤铁矿或假象、半假象赤铁矿为主，与萤石、氟碳铈矿、独居石共生，组成不同矿物的条带。在赤铁矿萤石条带中，有时可见他形钛铁矿与赤铁矿呈固溶体分离结构，它们均为热液成因(中国科学院地球化学研究所，1988)。

白云石型铌稀土铁矿石和白云石型铌稀土矿石的主要矿物为白云石。前者含磁铁矿较多，构成铁矿石；后者含磁铁矿较少，形成铁矿围岩。白云石通常含 Fe 较高，FeO 含量为 4.24%～11.76%，共伴生矿物有钠闪石、方解石、独居石、氟碳铈矿、烧绿石等。

在东矿白云石型铌稀土铁矿石、西矿白云石型铌稀土铁矿石中均可见大量菱铁矿族矿物，包括菱铁矿、菱镁矿、菱锰矿等。这些热液型菱铁矿脉在主矿、东矿、西矿铁矿体内外均有发现。

铁矿本内主要的含铁硅酸盐矿物为钠闪石、霓石，在主矿、东矿、西矿均广泛分布。黑云母主要见于铁矿体近上盘黑云母片岩或云母化板岩的岩石中及主矿、东矿、西矿云母型矿石中。另外，褐帘石、硅钛铈矿、包头矿、硅钡铁钛石等含稀土、铌的硅酸盐矿物中也含有少量 Fe。

黄铁矿、磁黄铁矿是矿区常见的硫化物，在白云石型铌稀土铁矿石、钠闪石型铌稀土铁矿石、云母型铌稀土矿石及钠闪石化白云石型铌稀土矿石中较为常见。

总之，矿区内铁主要以氧化物形式出现，并以磁铁矿最为普遍，赤铁矿分布有限；菱铁矿和硅酸盐中的铁暂时无法利用；硫化铁占比较小。

铁的最大富集发生在主矿、东矿。从主矿、东矿向南到东介勒格勒，铁的矿化作用减弱、品位降低；向东到东部接触带，铁的矿化作用最弱；从东部接触带到西矿，同一铁矿化带矿体呈不连续分布。这反映了铁矿带的不连续性和后期热液叠加改造作用的不均一性。

在各个铁矿体的内部，铁的品位也有变化。以主矿为例，铁矿体中心部位为富铁矿石——块状铌稀土铁矿石，局部由几乎是单一的磁铁矿或赤铁矿组成。自中心向下，萤石、稀土矿物的条带逐渐增多，变为条带状铌稀土矿石，对铁来说逐渐变为中贫矿。自条带状矿石向下盘白云石型铌稀土矿石过渡的过程中，常出现白云石型铌稀土铁矿石。自中心向上，钠闪石或霓石增加，或霓石磁铁矿互成条带，组成渐变为钠闪石型铁矿石和霓石型铁矿石，铁品位也逐渐降低。

在白云鄂博矿床中，含铁最高的矿物是氧化物类矿物(表 2－1)，包括磁铁矿，赤铁矿和假象、半假象赤铁矿等，它们是矿床中铁的主要工业矿物。此外，矿床中广泛分布的还有铁的硫化物矿物(表 2－2)，如黄铁矿、磁黄铁矿、黄铜矿；铁的碳酸盐类矿物(表 2－3)，如菱铁矿、含铁白云石，以及含铁的硅酸盐类矿物(表 2－4)，如包头矿、铌包头矿、硅钡铁钛石等。

表 2－1 铁的氧化物和氢氧化物类矿物

矿物名称	化学式	含铁量/%	产状与共伴生矿物
磁铁矿	$Fe^{2+}Fe_2^{3+}O_4$	FeO：31.03 Fe_2O_3：68.97	产于各种矿石中，与白云石、氟碳铈矿、独居石、钠闪石、霓石、云母、萤石、铌铁矿等共伴生
穆磁铁矿	$Fe^{2+}Fe_2^{3+}O_4$		赤铁矿在还原条件变为磁铁矿，仍具赤铁矿的晶形
赤铁矿	Fe_2O_3	Fe_2O_3：100	产于块状赤铁矿、浸染状磁铁矿-赤铁矿、条带状萤石型铁矿石中，与磁铁矿、萤石、氟碳铈矿、独居石等共伴生

续表

矿物名称	化学式	含铁量/%	产状与共伴生矿物
钛铁矿	$Fe^{2+}Ti^{4+}O_3$	FeO：47.37	各种矿石类型均有分布，与磁铁矿、易解石、磷灰石、独居石、硅钡铁钛石、黄铁矿、铌铁矿等共伴生
假象、半假象赤铁矿	Fe_2O_3	Fe_2O_3：100	赤铁矿呈磁铁矿的假象，沿磁铁矿裂隙及边缘氧化交代，交代完全称假象赤铁矿，不完全称半假象赤铁矿
磁赤铁矿	$(Fe^{3+}_{0.67}\square_{0.33})Fe^{3+}_2O_4$ 或 Fe_2O_3	Fe_2O_3：92	磁铁矿在氧化条件下经次生变化作用形成，与赤铁矿、纤铁矿和针铁矿共生
铬铁矿	$Fe^{2+}Cr_2O_4$	FeO：32.09	产于云母化白云石型铌稀土矿石中，与白云石、金云母、磁铁矿、磁黄铁矿、闪锌矿、方铅矿、独居石、铌铁矿等共伴生
锰铁矿	$Mn^{2+}Fe^{3+}_2O_4$	Fe_2O_3：69.24	产于东部接触带镁矽卡岩中
褐铁矿	$FeO(OH)\cdot nH_2O$	Fe_2O_3：52～78	表生作用下形成，地表氧化带、碳酸盐矿物破碎带中大量聚集
针铁矿	$\alpha-Fe^{3+}O(OH)$	Fe_2O_3：89.86	表生作用下形成
纤铁矿	$\gamma-Fe^{3+}O(OH)$	Fe_2O_3：89.86	产于地表氧化带中

注：FeO数据来自理论化学式。

表 2－2　铁的硫化物类矿物

矿物名称	化学式	含铁量(TFe)/%	产状及共伴生矿物
黄铁矿	FeS_2	46.55	各类型矿石中均有产出，与磁黄铁矿紧密共生
磁黄铁矿	Fe_7S_8	62.33	与黄铁矿紧密共生，分布广泛
黄铜矿	$CuFeS_2$	30.43	产于黄铁矿与磁黄铁矿间

注：TFe数据来自理论化学式。

表 2－3　铁的碳酸盐类矿物

矿物名称	化学式	含铁量(FeO)/%	产状及共伴生矿物
菱铁矿	$FeCO_3$	36.09～55.49	产于白云石型铌稀土铁矿石或白云石型铌稀土矿石中，与白云石、方解石、磷灰石、独居石、钡的氟碳酸盐、烧绿石、铌铁矿、萤石、磁铁矿、黄铁矿、菱镁矿、菱锰矿等共伴生
含铁白云石	$Ca(Mg^{2+},Fe)(CO_3)_2$	4.24～11.76	产于白云石型铌稀土铁矿石或白云石型铌稀土矿石中，与磁铁矿、黄铁矿、氟碳铈矿、独居石、磷灰石、方解石、烧绿石、铌铁矿等共伴生

注：FeO数据来自本次研究电子探针测试结果。

表 2-4 含铁的硅酸盐类矿物

矿物名称	化学式	含铁量(FeO)/%	产状及共伴生矿物
包头矿	$Ba_4Ti_8Si_4O_{28}Cl$	1.03～3.32	产于石英岩中，与石英、钠长石、黄铁矿、黄铁钾矾等共伴生；或产于霓石型铌稀土矿石中，与霓石、易解石、硅钛铈矿、氟碳铈矿、独居石、烧绿石、金红石等共伴生
铌包头矿	$Ba_4(Ti_{2.5}Fe^{2+}_{1.5})Nb_4Si_4O_{28}Cl$	4.31～7.96	产于钠闪石型、白云石型铌稀土铁矿石中，与钠闪石、白云石、独居石、易解石、磁铁矿、铌铁矿、烧绿石等共伴生
硅钡铁钛石	$Ba_2Fe^{2+}_4Ti_2(Si_2O_7)_2$ $O_2(OH)_2F_2$	13.58～26.35	产于白云石型、云母型铌稀土矿石及钠闪石型铌稀土铁矿石中，与白云石、金云母、钠闪石、氟碳铈矿、独居石、包头矿、易解石等共伴生
硅钡锰钛石	$Ba_2Mn^{2+}_4Ti_2(Si_2O_7)_2$ $O_2(OH)_2F_2$	5.11～11.91	产于钠闪石型、黑云母型矿石中，与黑云母、钠闪石、白云石、磁铁矿、钛铁矿、易解石、独居石、重晶石、闪锌矿、磁黄铁矿、黄铁矿等共伴生
铈褐帘石	$CaCe(Al_2Fe^{2+})O[Si_2O_7]$ $(SiO_4)(OH)$	13.98～14.71	产于东部接触带，与透辉石、金云母、氟铈硅磷灰石等共伴生
铁铈褐帘石	$CaCeFe^{3+}AlFe^{2+}O(Si_2O_7)$ $(SiO_4)(OH)$	20.69～23.12	产于黑云母型及霓石型铌稀土铁矿石中，与黑云母、磷灰石、磁铁矿、黄铁矿、褐钇铌矿、独居石及霓石、重晶石、氟碳铈矿、萤石、白云石等共伴生
硅钛铈矿	$Ce_4(Ti,Fe^{2+},Fe^{3+})_5$ $O_8(Si_2O_7)_2$	10.45～10.97	产于白云石型铌稀土铁矿石中，与白云石、萤石、黄铁矿、氟碳铈矿、氟碳钡铈矿、独居石、方解石、褐钕铌矿、易解石、包头矿等共伴生
丁道衡矿	$(Ce,La)_4Fe^{2+}(Ti,Fe^{2+},Mg,$ $Fe^{3+})_2Ti_2(Si_2O_7)_2O_8$	1.70～13.62	产于东部接触带，与金云母、钠闪石、磁铁矿、钛铁矿、方解石、磷灰石等共伴生；或产于霓石型铌稀土矿石中，与霓石、氟碳铈矿、独居石、易解石、包头矿、烧绿石等共伴生
镁钠闪石	$\square Na_2(MgFe^{3+}_2)Si_8O_{22}(OH)_2$	11.83～19.73	产于钠闪石型铌稀土铁矿石中，与白云石、方解石、萤石、磁铁矿、易解石、包头矿、黄铁矿、磁黄铁矿等共伴生
镁钠铁闪石	$NaNa_2(Mg_4Fe^{3+})Si_8O_{22}(OH)_2$	8.36～20.87	产于钠闪石型、云母型铌稀土(铁)矿石中，与金云母、磁铁矿、硅钛铈矿、硅钡铁钛石、方解石、氟碳铈矿、独居石、包头矿等共伴生

续表

矿物名称	化学式	含铁量(FeO)/%	产状及共伴生矿物
霓石	$NaFe^{3+}(Si_2O_6)$	27.20～31.08	产于霓石型铌稀土矿石中，与白云石、磷灰石、重晶石、萤石、磁铁矿、易解石、氟碳铈矿、氟碳钙铈矿、铌铁金红石等共伴生
铁云母	$KFe_3^{2+}(AlSi_3O_{10})(OH)_2$	21.68～27.70	主要产于云母片岩及云母型铌稀土铁矿石中，与磁铁矿、长石、褐帘石、独居石、磷灰石、榍石、闪锌矿、铌铁矿等共伴生
金云母	$KMg_3(Si_3AlO_{10})(OH,F)_2$	15.97～21.30	产于绿泥石化金云母片岩或云母型铌稀土铁矿石中，与绿泥石、褐帘石、磁铁矿、钛铁矿、易解石、独居石等共伴生
氟金云母	$KMg_3(Si_3AlO_{10})F_2$	3.82～8.85	产于钠闪石化白云石型、云母化白云石型、白云石型或云母片岩中，与白云石、钠闪石、黄铁矿、磁铁矿、独居石、铌铁矿、闪锌矿、氟碳铈矿、易解石等共伴生

注：FeO 数据来自本次研究电子探针测试结果。

本章节主要介绍铁的氧化物和氢氧化物矿物，其中氧化物矿物是最具工业利用价值的铁矿物。铁的碳酸盐类、硫化物类矿物及含铁的硅酸盐类矿物将在后续章节详述。

第二节　铁的氧化物和氢氧化物

一、铁的氧化物

磁铁矿　Magnetite

$Fe^{2+}Fe_2^{3+}O_4$

化学组成：FeO 31.03%，Fe_2O_3 68.97%；或者含 Fe 72.4%。磁铁矿中的 Fe 常被 Mn、Mg、Ti、V 等元素置换。

晶体结构：等轴晶系，空间群为 $Fd3m$。$a_0 = 8.396$Å❶，$Z = 8$。尖晶石结构。

形态：六八面体晶形，$O_h - m3m(3L^4 4L^3 6L^2 9PC)$。晶体常呈八面体或菱形十二面体，粒状、块状等均有分布，大部分磁铁矿呈粒状集合体。

物理性质：灰黑色-钢灰色，不透明，条痕黑色，金属、半金属光泽，性脆，{111}解理发育，具磁性。摩氏硬度 5.5～6.5，相对密度 5.175。

❶ 1Å$=10^{-10}$m。

显微镜下特征：反射光下呈灰色微带棕色，无多色性，反射率(白光)$R=21.1\%$，均质性，无内反射色。

白云鄂博磁铁矿晶胞参数：$a_0=8.393\text{Å}$。

白云鄂博磁铁矿样品X射线粉晶衍射数据见表2-5。

表2-5 白云鄂博磁铁矿X射线粉晶衍射数据

No.	$2\theta/(°)$	$d/\text{Å}$	I/I_0
1	35.440	2.5308	100.0
2	43.076	2.0982	58.8
3	62.550	1.4838	39.7
4	56.961	1.6154	35.7
5	30.093	2.9672	26.6

注：本书实测衍射数据均为Cu靶、Kα1。

磁铁矿是白云鄂博矿床中各种类型铁矿石的主要矿物。在深部白云石型铌稀土铁矿石中发现的磁铁矿，呈自形-半自形晶产出，颗粒较细，以粒状集合体形式分布，局部可见磁铁矿的颗粒中有菱铁矿的残留。这部分磁铁矿可能为菱铁矿受热分解转化而来，磁铁矿中的细小包裹体为白云石、菱铁矿等碳酸盐矿物。

条带状萤石型铌稀土铁矿石中的磁铁矿，部分与原生赤铁矿共生，部分由深部到浅部逐渐向假象、半假象赤铁矿转变。假象、半假象赤铁矿均保留原磁铁矿自形-半自形的晶形，有的沿裂隙交代呈网格状，有的沿边缘交代颗粒中间有残留，部分颗粒被完全交代。

霓石型铌稀土铁矿石中的磁铁矿呈粒状集合体或半自形-自形晶分布，局部可见与原生赤铁矿的共生，赤铁矿边缘有被赤铁矿交代现象。部分赤铁矿中有黄铁矿、磁黄铁矿的细小包裹体。

钠闪石型、黑云母型铌稀土铁矿石主要在相对还原的条件下形成，所以磁铁矿多与黄铁矿、磁黄铁矿共生。在黑云母型铌稀土铁矿石中，磁铁矿又被赤铁矿交代，且含有微细粒黄铁矿包裹体。

东部接触带中的磁铁矿可见被铌钙矿、褐铈铌矿交代的痕迹。

1. 白云石型铌稀土铁矿石中的磁铁矿

样品采自东矿钻孔。磁铁矿以不规则粒状或粒状集合体形式呈似条带状定向分布，颗粒较细，粒径一般为0.02～0.05mm，部分为0.10～0.20mm。磁铁矿间有磁黄铁矿分布，部分磁黄铁矿以细粒包裹体形式被磁铁矿包裹(图2-1至图2-6)。白云石呈半自形-他形粒状集合体形式分布，颗粒大小均匀，粒径一般为0.05～0.10mm。稀土矿物独居石以细粒集合体形式组成条带，并与磁铁矿沿同一方向定向分布。独居石颗粒细小，粒径多为0.01～0.03mm，少部分为0.03～0.05mm。磁铁矿中有独居石、白云石、菱铁矿、铁白云石、磁黄铁矿等包裹体。包裹体粒径为3～10μm(图2-7至图2-14)。

共伴生矿物：白云石、独居石、磁黄铁矿、闪锌矿、黑云母、钠闪石、铌锰矿、磷灰石、萤石等。

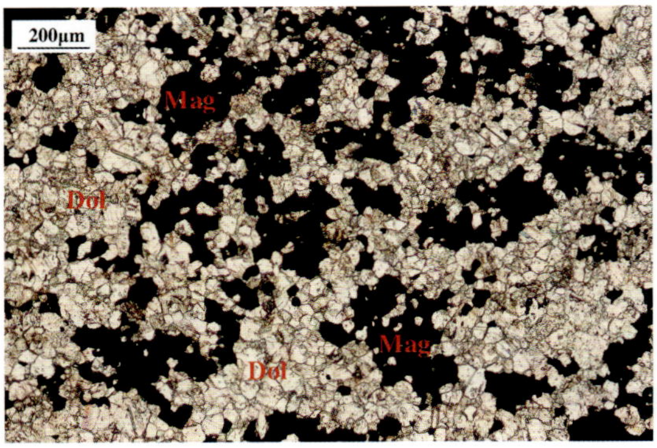

图 2-1 呈细粒集合体形式分布于白云石(Dol)间的磁铁矿(Mag)(单偏光)

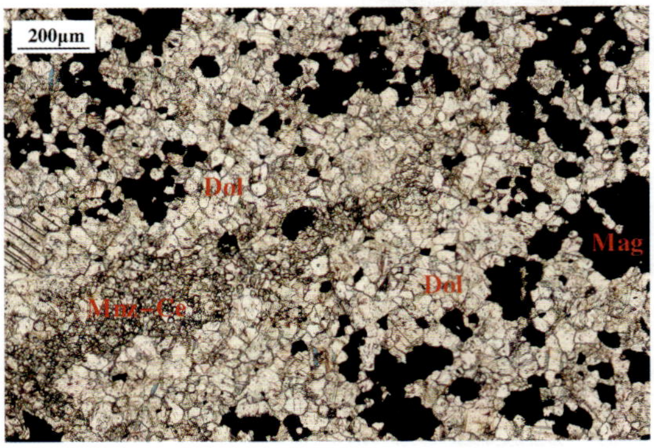

图 2-2 分布于白云石间的磁铁矿、独居石(Mnz-Ce)条带(单偏光)

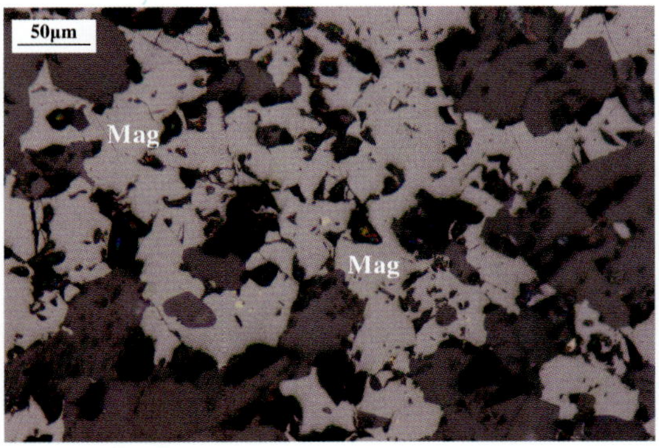

图 2-3 不规则粒状磁铁矿(反射光)

图 2-4 磁铁矿的均质性(反射正交)

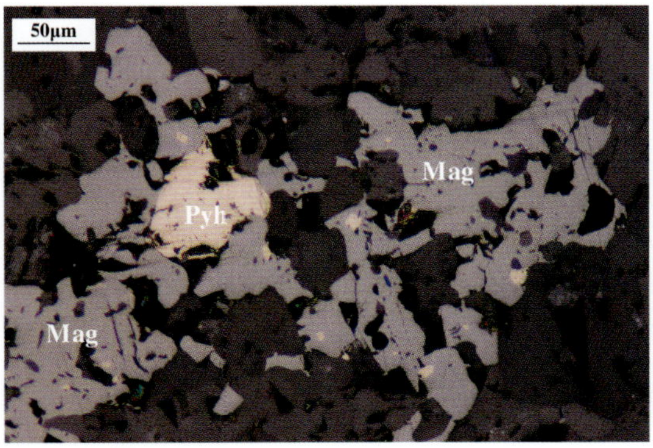

图 2-5 磁铁矿间有磁黄铁矿(Pyh)分布，细粒磁黄铁矿被包裹于磁铁矿中(反射光)

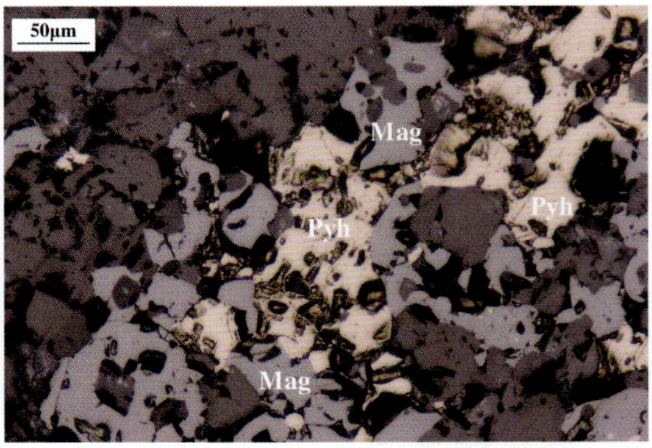

图 2-6 磁铁矿间有磁黄铁矿分布(反射光)

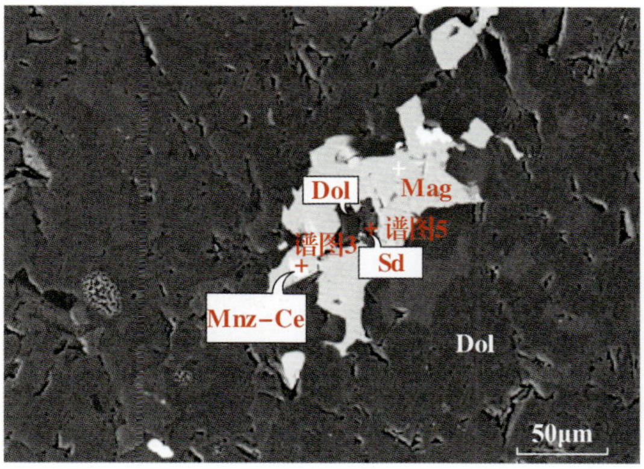

图 2-7 磁铁矿中有独居石(Mnz-Ce)、白云石、菱铁矿(Sd)等包裹体(BSE)

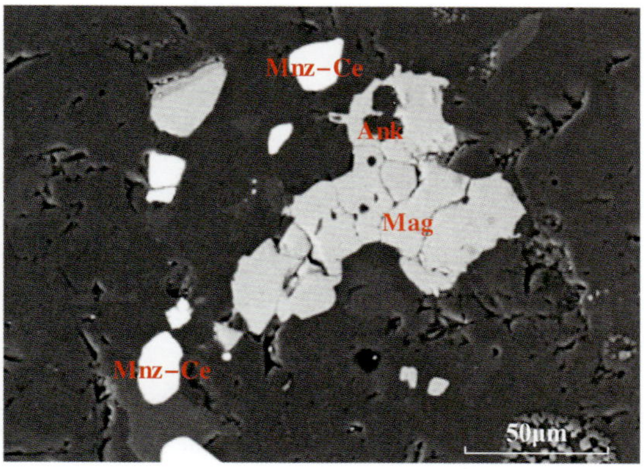

图 2-8 磁铁矿中的铁白云石(Ank)包裹体(BSE)

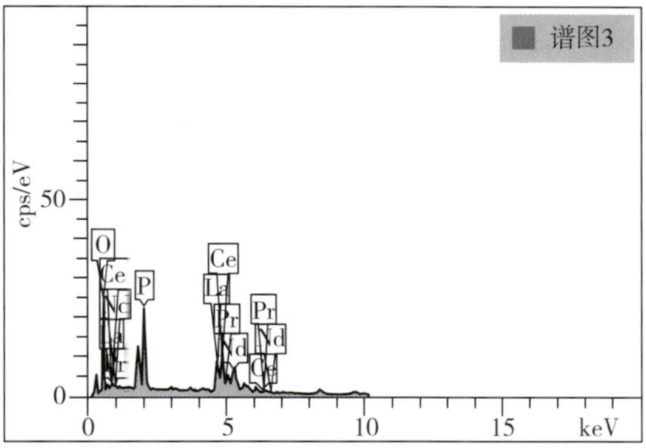

图 2-9 磁铁矿中的独居石能谱图

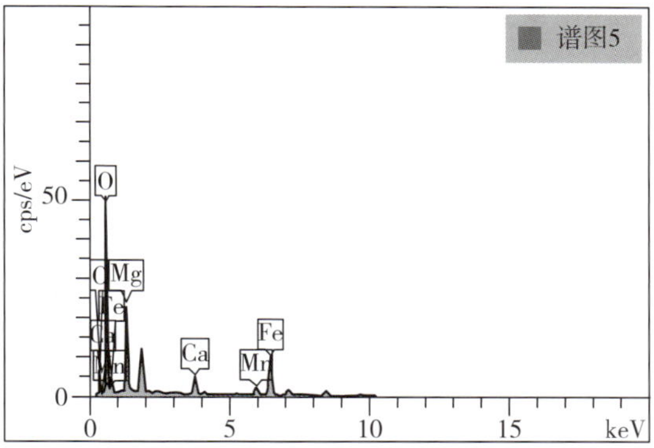

图 2-10 磁铁矿中的菱铁矿能谱图

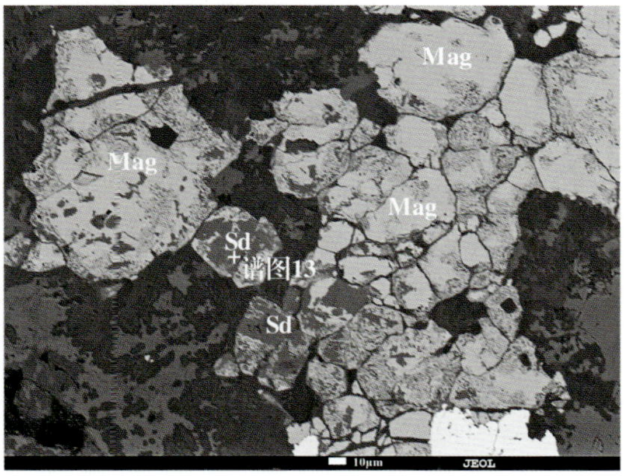

图 2-11 磁铁矿中残余的菱铁矿(BSE)

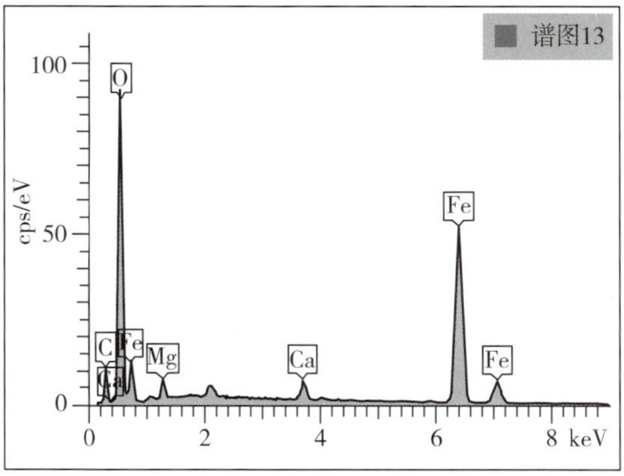

图 2-12 菱铁矿能谱图

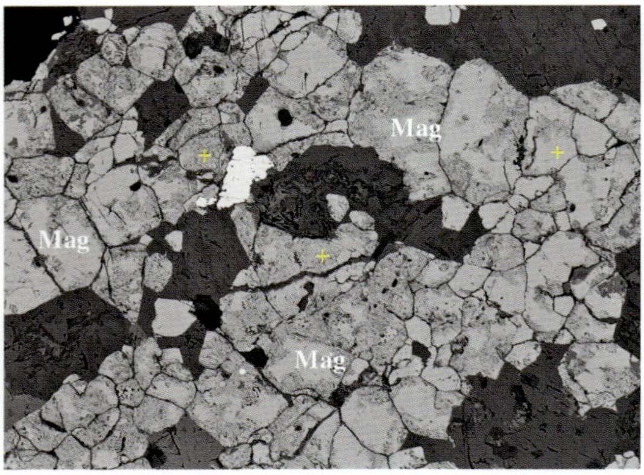

图 2-13 黄色“+”为磁铁矿测试点 P1、P2、P3(BSE)

图 2-14 磁铁矿中有残留的菱铁矿，部分磁铁矿被铌锰矿(Clb-Mn)包裹，黄色“+”为磁铁矿测试点 P4、P5(BSE)

磁铁矿的电子探针测试结果见表 2-6。P2、P3 测试点中的 FeO 含量较低，应为含少量菱铁矿所致。

表 2-6 磁铁矿电子探针测试结果 单位：w_t/%

成分	测试点 P1	测试点 P2	测试点 P3	测试点 P4	测试点 P5
FeO	91.43	88.73	78.20	93.97	92.52
TiO_2	0.18	0.17	0.01	0.11	0.45
MgO	0.28	0.16	2.14	0.14	0.19
MnO	0.04	0.19	0.77	0.07	0.02
SiO_2	0.73	0.34	0.73	0.42	0.60
总计	92.66	89.59	81.85	94.71	93.78

2. 条带状萤石型铌稀土铁矿石中的磁铁矿

样品采自主矿 1486 台阶❶(图 2-15、图 2-16)，磁铁矿多以自形-半自形粒状晶产出，呈浸染状与稀土矿物、萤石组成条带，矿物粒径一般为 0.05～0.20mm(图 2-17 至图 2-22)。

磁铁矿未见有赤铁矿交代现象，部分磁铁矿颗粒中有氟碳铈矿、萤石、褐钇铌矿等矿物的微细粒包裹体，粒径为 3.00～5.00μm(图 2-23 至图 2-30)。其中氟碳铈矿、独居石、萤石为条带状萤石型铌稀土铁矿石的主要矿物，而褐钇铌矿在这种矿石类型中比较少见。

共伴生矿物：萤石、氟碳铈矿、独居石、霓石、磷灰石等。

❶ 台阶是露天采矿的一个作业平台，1486 代表标高为 1486m。在白云鄂博，一个台阶高 14m。

图 2-15　条带状萤石型铌稀土铁矿石手标本

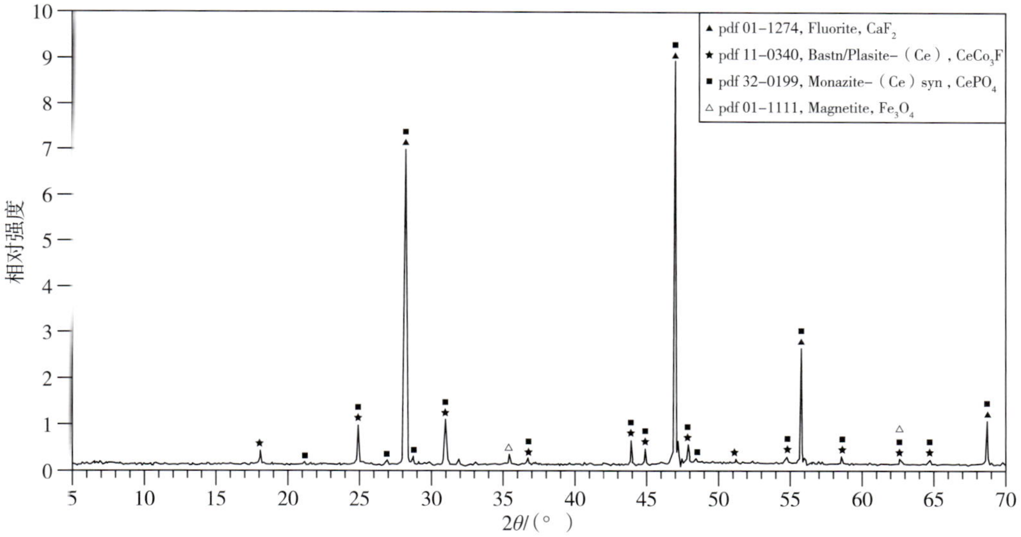

图 2-16　条带状萤石型稀土铁矿石 XRD 图谱

图 2-17　与萤石(Flr)、氟碳铈矿(Bsn-Ce)呈条带状定向分布的磁铁矿(Mag)(单偏光)

图 2-18　与萤石、氟碳铈矿呈条带状定向分布的磁铁矿(反射光)

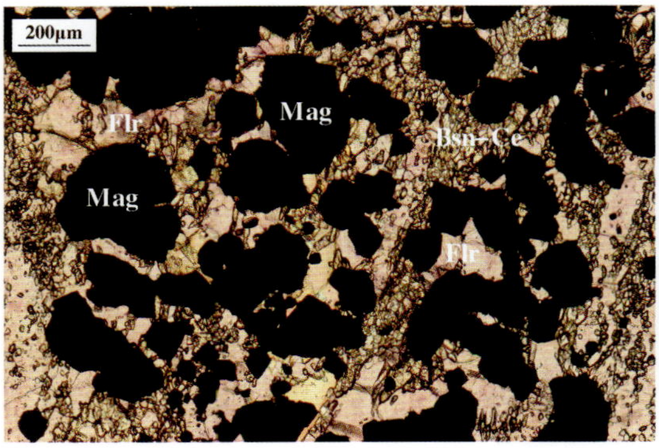

图 2-19　他形-半自形粒状分布的磁铁矿与萤石、氟碳铈矿(单偏光)

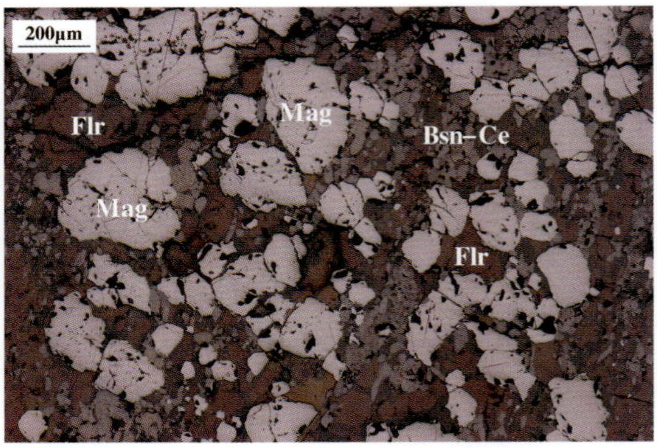

图 2-20　磁铁矿与萤石、氟碳铈矿(反射光)

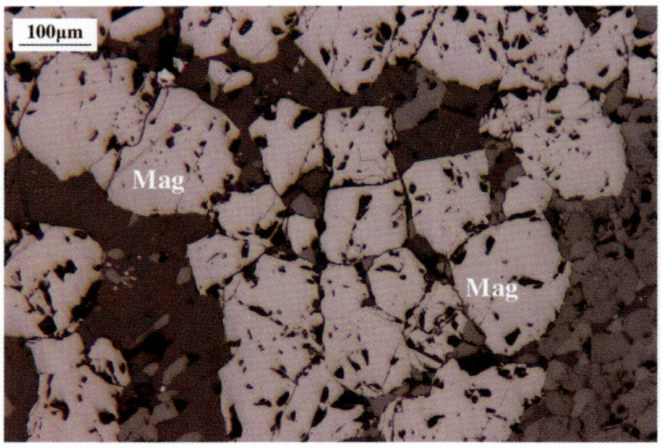

图 2-21　半自形粒状分布的磁铁矿(反射光)

图 2-22　磁铁矿的均质性(反射正交)

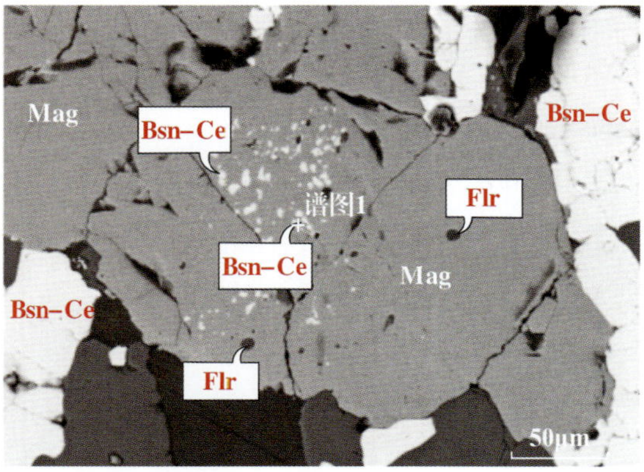

图 2-23　磁铁矿中的氟碳铈矿、萤石包裹体(BSE)

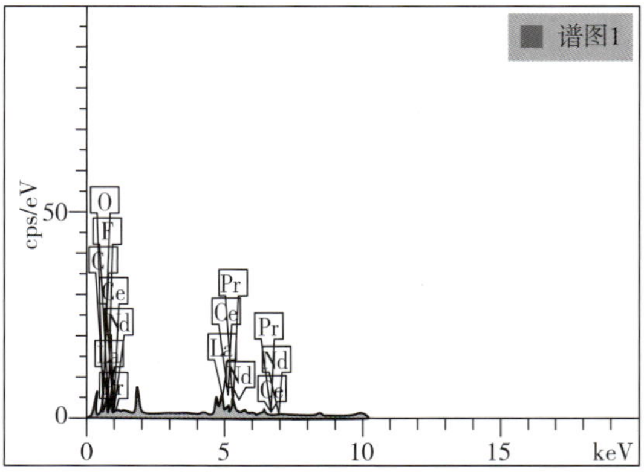

图 2-24　氟碳铈矿能谱图

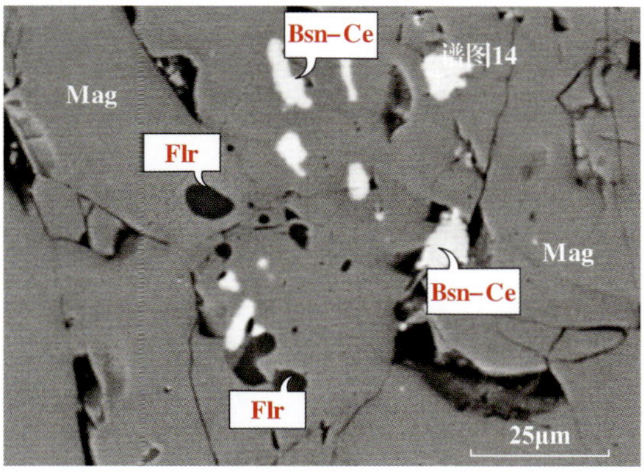

图 2-25　磁铁矿中的氟碳铈矿、萤石包裹体（BSE）

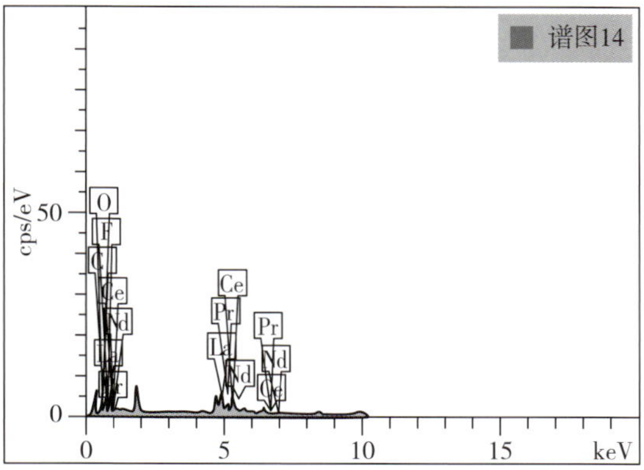

图 2-26　氟碳铈矿能谱图

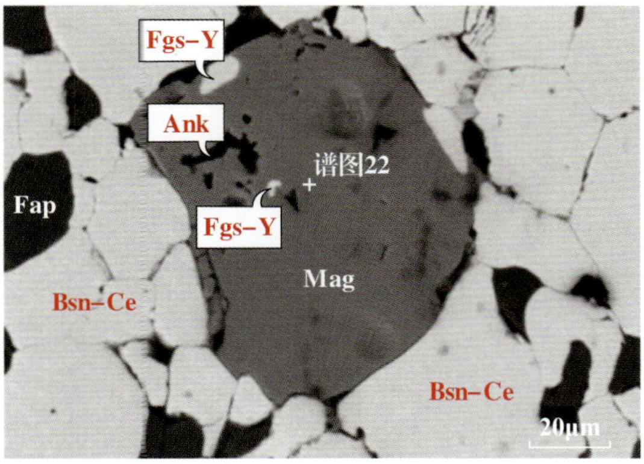

图 2-27　磁铁矿中的铁白云石（Ank）、褐钇铌矿（Fgs-Y）包裹体（BSE）

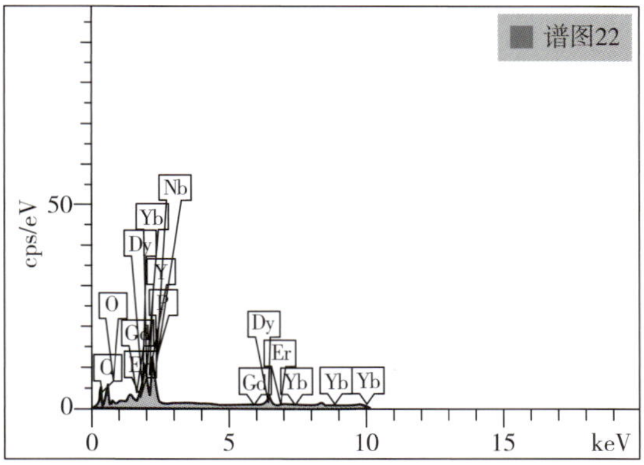

图 2-28　褐钇铌矿能谱图

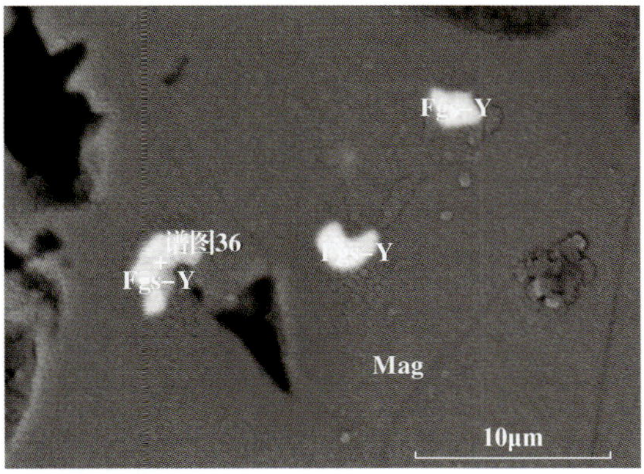

图 2-29　磁铁矿中的褐钇铌矿包裹体（BSE）

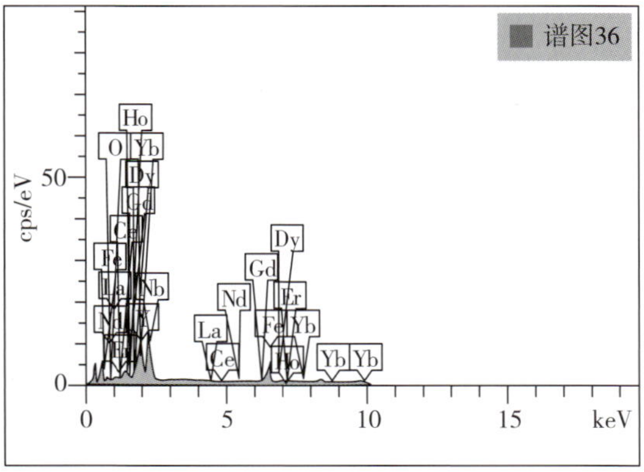

图 2-30　褐钇铌矿能谱图

3. 主矿 1458～1514 台阶条带状萤石型铌稀土铁矿石中磁铁矿-赤铁矿

图 2－31 至图 2－42，分别是主矿 1458～1514 台阶条带状萤石型铌稀土铁矿石中铁矿物的分布状况。铁矿物除包括磁铁矿、赤铁矿外，更多的是被赤铁矿交代的假象、半假象赤铁矿。这些假象、半假象赤铁矿均保留原磁铁矿自形-半自形的晶形，有的交代呈网格状，有的沿边缘交代，颗粒中间有磁铁矿残留，部分颗粒被完全交代。

从深(1458 台阶)到浅(1514 台阶)，除了原生赤铁矿外，磁铁矿则逐渐转变为假象、半假象赤铁矿。在 1458 台阶样品中见磁铁矿与赤铁矿，这部分赤铁矿多为原生并组成条带，偶见赤铁矿交代磁铁矿并呈半假象(图 2－31 至图 2－34)。1472 台阶样品以磁铁矿为主，间隙有赤铁矿分布(图 2－35、图 2－36)。1486 台阶样品以半自形晶磁铁矿(图 2－37、图 2－38)为主。1500 台阶样品中有原生赤铁矿，大多数为假象、半假象赤铁矿(网格状交代)，磁铁矿被交代较为完全，仅见少量残余(图 2－39、图 2－40)。1514 台阶样品中除有原生赤铁矿外，磁铁矿被交代成半假象赤铁矿，未见纯净的磁铁矿单体(图 2－41)。图 2－42 为主矿另一样品，也属于条带状萤石型铌稀土铁矿石，可见这种矿石类型中的铁矿物不仅包括赤铁矿，还有磁铁矿与赤铁矿相间分布组成条带，未见交代作用；还有磁铁矿与赤铁矿共存，磁铁矿被赤铁矿交代，但交代程度不同。

共伴生矿物：萤石、白云石、氟碳铈矿、氟碳钙铈矿、独居石、钠闪石、磷灰石等。

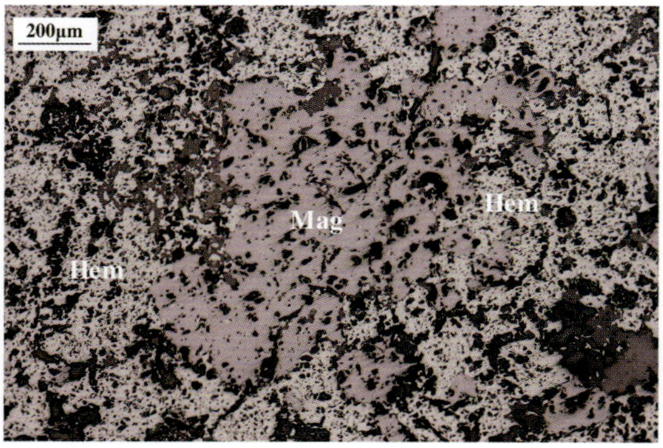

图 2－31　1458 台阶磁铁矿(Mag)与赤铁矿(Hem)(反射光)

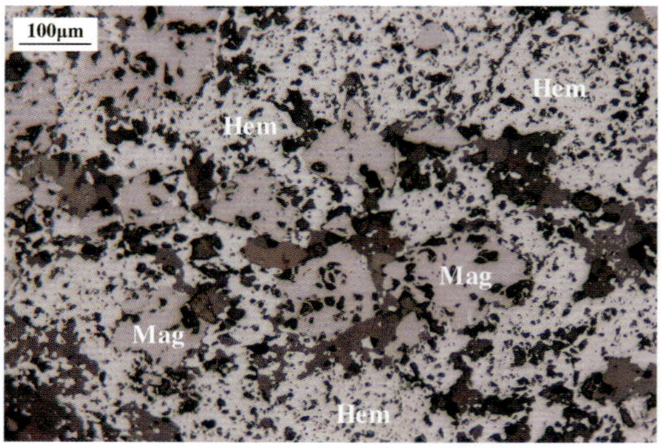

图 2－32　1458 台阶磁铁矿与赤铁矿(反射光)

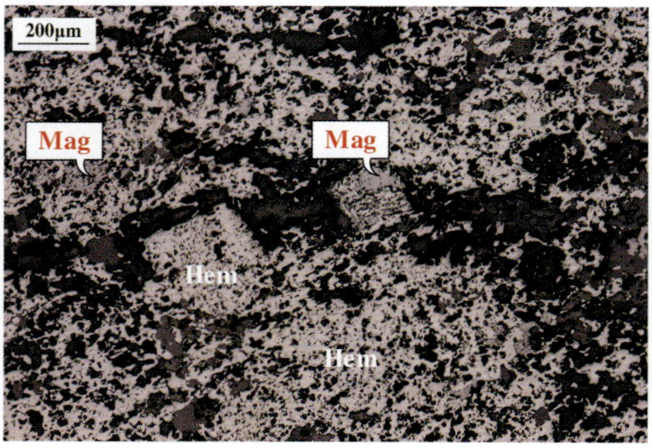

图 2－33　1458 台阶部分磁铁矿被赤铁矿交代并留有残余(反射光)

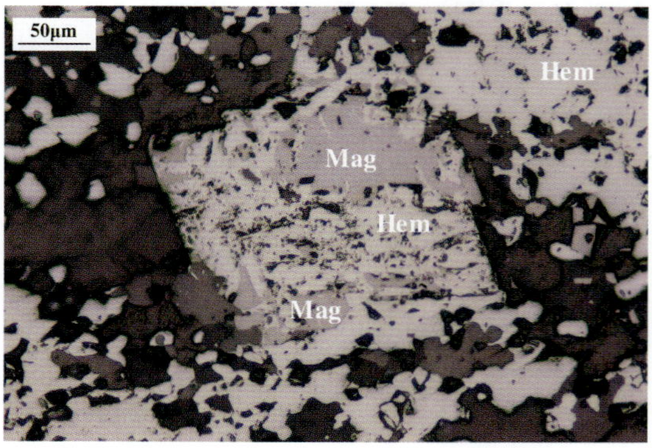

图 2－34　1458 台阶原生赤铁矿及赤铁矿不完全交代磁铁矿(反射光)

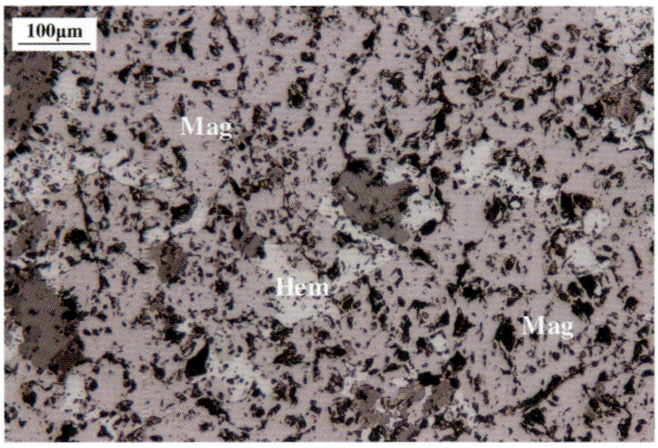

图 2-35 1472 台阶磁铁矿间隙有赤铁矿分布(反射光)

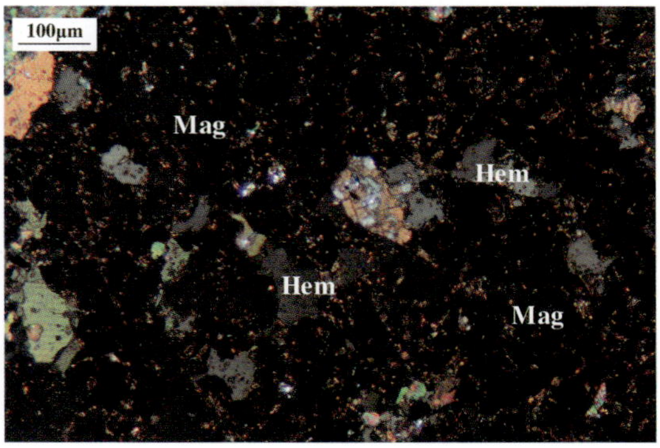

图 2-36 1472 台阶磁铁矿间隙有赤铁矿分布(反射正交)

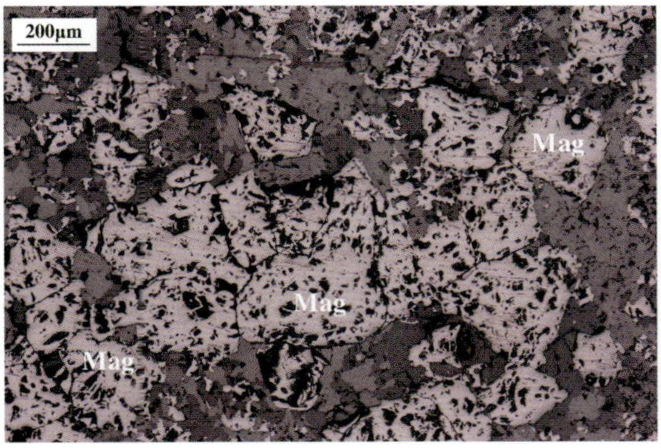

图 2-37 1486 台阶半自形-他形晶分布的磁铁矿(反射光)

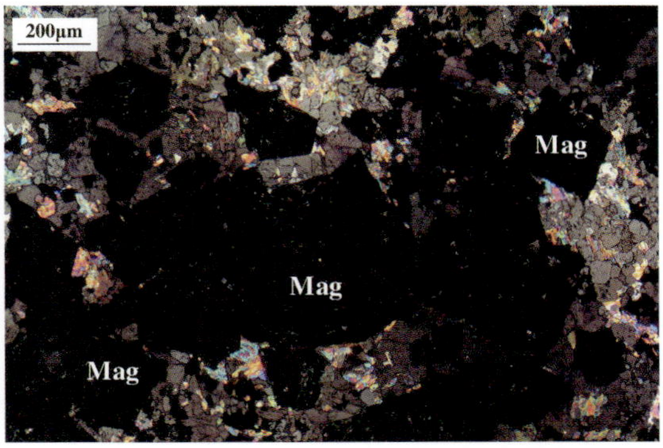

图 2-38 1486 台阶半自形晶分布的磁铁矿(反射正交)

图 2-39 1500 台阶赤铁矿沿边缘和裂隙交代磁铁矿，呈网格状分布(反射光)

图 2-40 1500 台阶赤铁矿沿边缘和裂隙轻微交代磁铁矿，呈网格状分布(反射光)

图 2-41　1514 台阶赤铁矿沿边缘和裂隙交代磁铁矿，呈网格状分布(反射光)

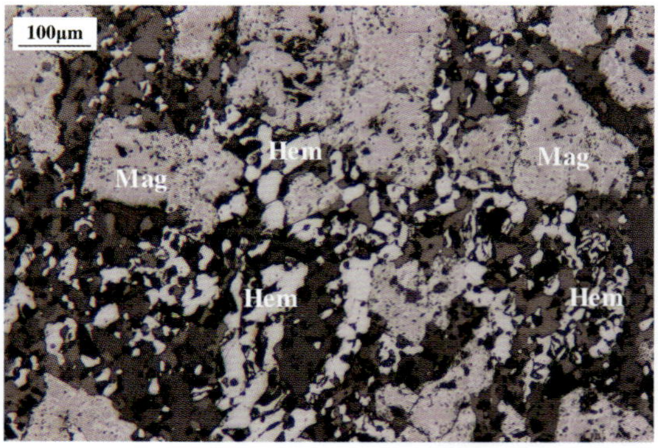

图 2-42　原生赤铁矿颗粒细小，呈不规则粒状分布；半自形磁铁矿被赤铁矿沿边缘或裂隙交代(反射光)

4. 霓石型铌稀土铁矿石中的磁铁矿

图 2-43 至图 2-46 为发现于东矿的磁铁矿，颗粒粗大，呈自形-半自形晶分布，与赤铁矿相间分布或被赤铁矿沿边缘交代。

共伴生矿物：霓石、萤石、白云石、石英、赤铁矿、氟碳铈矿等。

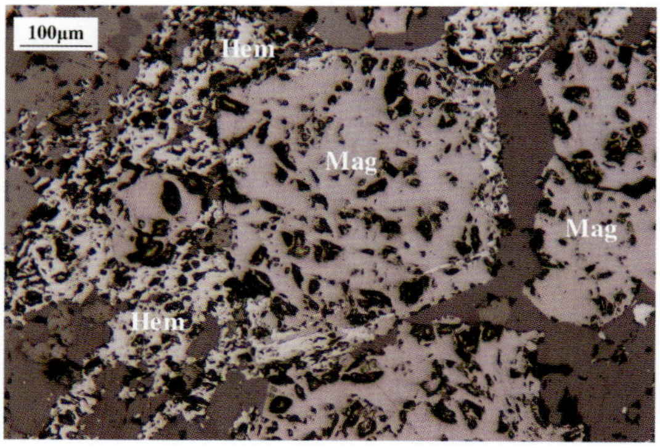

图 2-43　磁铁矿边缘被赤铁矿交代(反射光)

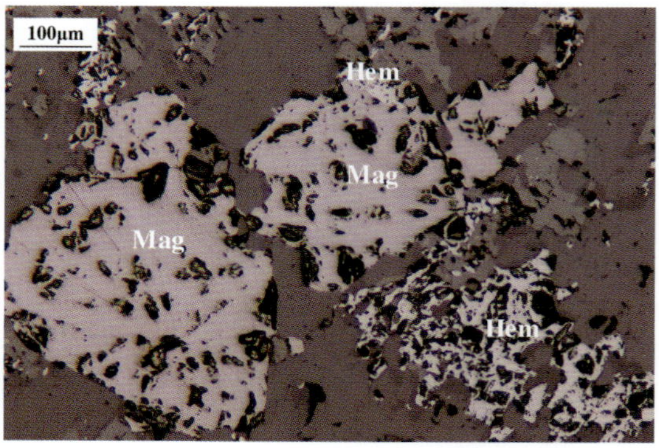

图 2-44　磁铁矿边缘被赤铁矿交代(反射光)

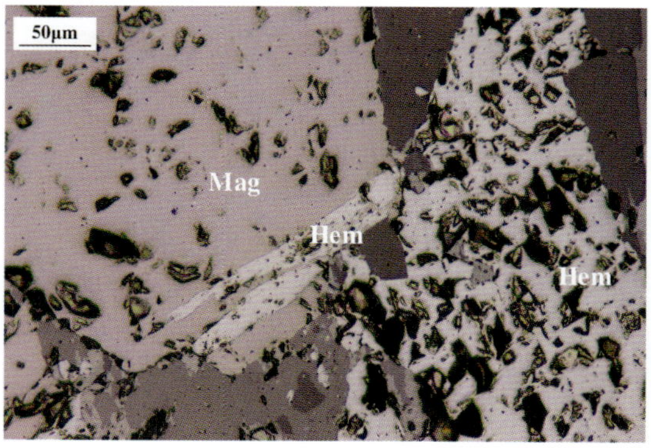

图 2-45　磁铁矿被赤铁矿交代(反射光)

图 2-46　磁铁矿被赤铁矿交代(反射正交)

5. 云母型铌稀土铁矿石中的磁铁矿

图 2－47 至图 2－56 为发现于主矿的磁铁矿。这两个样品的矿石类型相同，但矿物颗粒大小不同。图 2－47 至图 2－50 为细粒云母型矿石，磁铁矿粒径仅为 0.02～0.05mm，并包裹有微细粒的磁黄铁矿，未见有赤铁矿交代的假象、半假象，磁黄铁矿包裹体大小为 5～15μm。图 2－51 至图 2－56 为粗粒云母型矿石，磁铁矿颗粒粗大，呈自形－半自形晶分布，粒径为 0.20～0.60mm，磁铁矿多被赤铁矿交代，呈假象赤铁矿。

共伴生矿物：金云母、白云石、萤石、独居石、铌铁矿、黄铁矿、磁黄铁矿等。

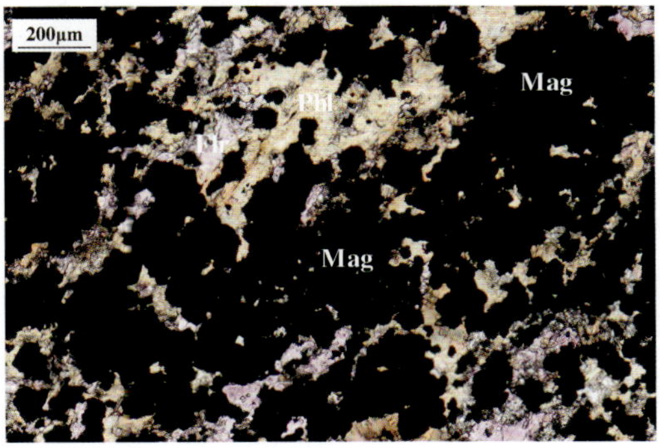

图 2－47 细粒磁铁矿(Mag)与金云母(Phl)、萤石(Flr)(单偏光)

图 2－48 细粒磁铁矿(反射光)

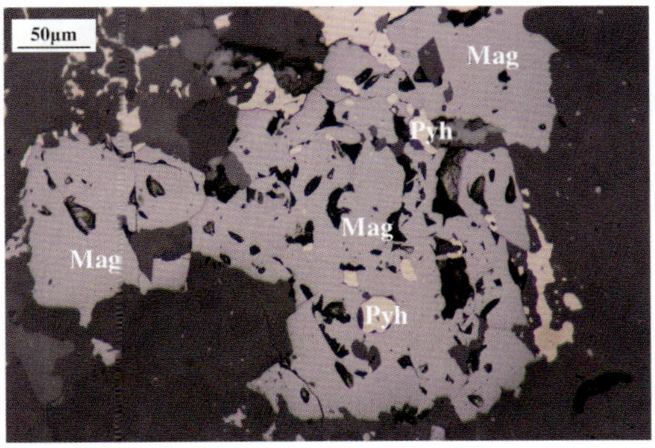

图 2－49 磁铁矿中含微细粒磁黄铁矿(Pyh)包裹体(反射光)

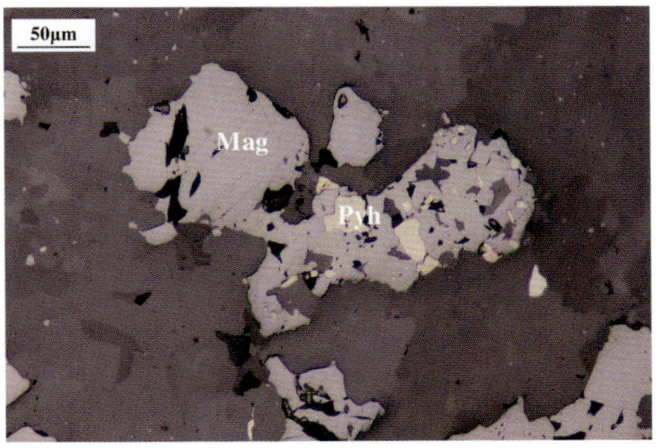

图 2－50 磁铁矿中含磁黄铁矿包裹体(反射光)

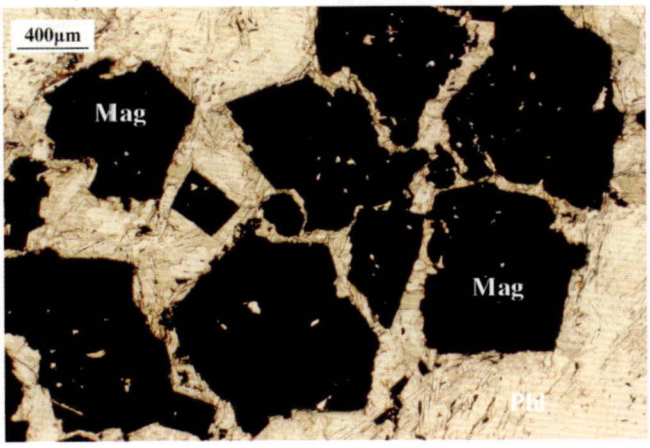

图 2－51 分布于金云母中的自形－半自形晶磁铁矿(单偏光)

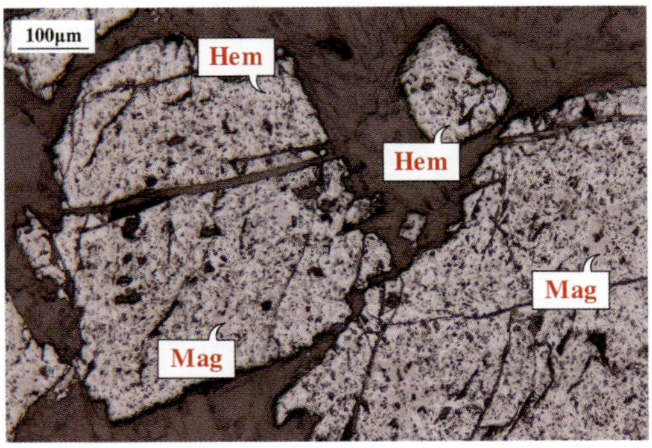

图 2－52 自形－半自形的磁铁矿被赤铁矿交代(反射光)

图 2-53　磁铁矿被赤铁矿(Hem)交代
(反射光)

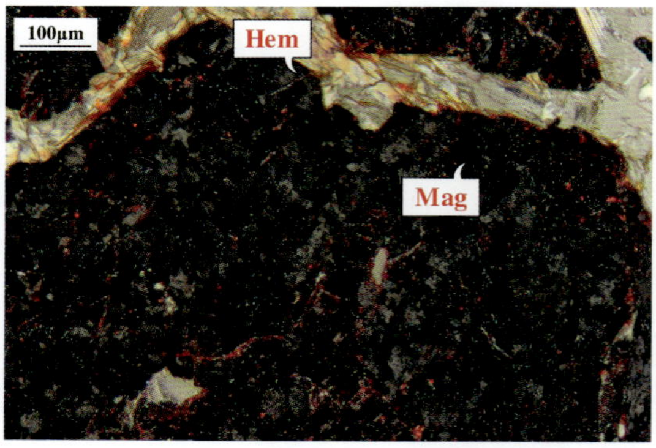

图 2-54　磁铁矿具均质性，赤铁矿具强非均质性
(反射正交)

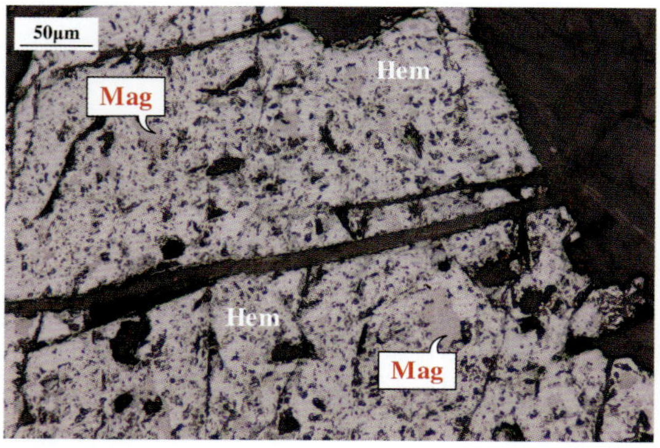

图 2-55　磁铁矿被赤铁矿交代
(反射光)

图 2-56　磁铁矿具均质性，赤铁矿具强非均质性及樱红色内反射色(反射正交)

6. 白云石型铌稀土矿石中的磁铁矿

图 2-57 至图 2-62 为东部接触带含铁白云石型铌稀土矿石。磁铁矿含量不高，呈自形-半自形晶分布，粒径为 0.05～0.30mm，可见与褐铈铌矿、铌钙矿的交代关系。

共伴生矿物：白云石、方解石、褐铈铌矿、铌钙矿、磷灰石等。

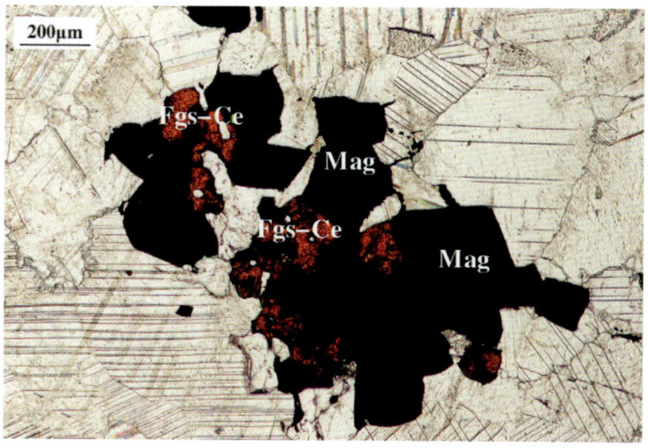

图 2-57　磁铁矿(Mag)间分布的
褐铈铌矿(Fgs-Ce)(单偏光)

图 2-58　磁铁矿间分布的
褐铈铌矿(反射光)

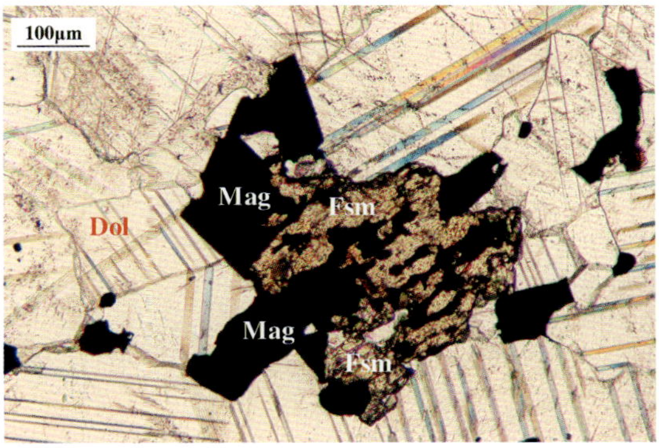

图 2-59　分布于白云石(Dol)间的磁铁矿被铌钙矿(Fsm)交代(单偏光)

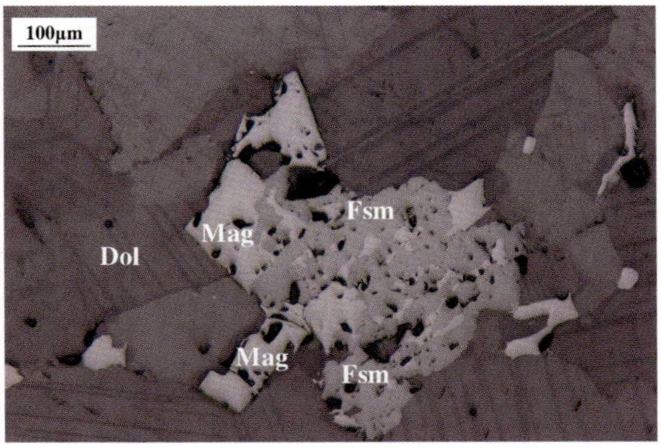

图 2-60　分布于白云石间的磁铁矿被铌钙矿交代(反射光)

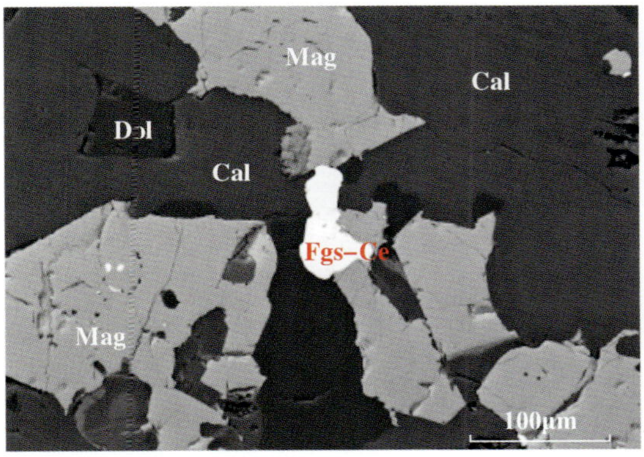

图 2-61　褐铈铌矿分布于磁铁矿间(BSE)

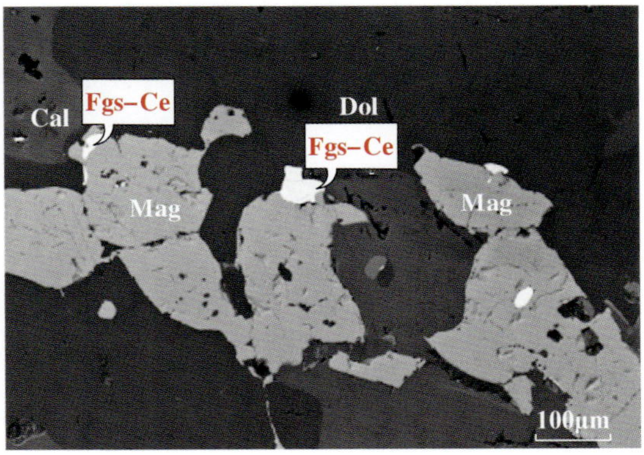

图 2-62　磁铁矿间有褐铈铌矿分布(BSE)

穆磁铁矿(假象磁铁矿)　Mushketovite

$Fe^{2+}Fe_2^{3+}O_4$

在还原条件下，赤铁矿转变为磁铁矿，但仍保留赤铁矿的晶形，即磁铁矿呈赤铁矿的假象，称为假象磁铁矿或穆磁铁矿。

钠闪石型铌稀土铁矿石中的穆磁铁矿

样品采自主矿。穆磁铁矿呈自形板状定向分布，粒径大小不均，长轴为 2.00～8.00mm，短轴为 0.05～0.30mm。穆磁铁矿间有细粒集合体状的氟镁钠闪石分布。氟镁钠闪石间有不规则粒状锰白云石、红钛锰矿、独居石等矿物(图 2-63 至图 2-68)。

共伴生矿物：氟镁钠闪石、闪锌矿、独居石、红钛锰矿、锰白云石等。

穆磁铁矿电子探针测试结果见表 2-7。

表 2-7　穆磁铁矿电子探针测试结果　　单位：w_t/%

成分	测试点 P1	测试点 P2	测试点 P3	测试点 P4	测试点 P5	测试点 P6
FeO	89.99	90.74	89.25	91.75	90.96	90.71

续表

成分	测试点 P1	测试点 P2	测试点 P3	测试点 P4	测试点 P5	测试点 P6
MnO	1.01	0.67	1.17	1.23	1.15	1.16
TiO_2	0.03	0.05	0.00	0.12	0.08	0.05
总计	91.03	91.46	90.42	93.11	92.19	91.92

图 2-63 穆磁铁矿(Mush)呈自形板状定向分布于氟镁钠闪石(Mfrbk)间(单偏光)

图 2-64 穆磁铁矿呈自形板状定向分布于氟镁钠闪石间(反射光)

图 2-65 呈自形板状分布的穆磁铁矿(反射光)

图 2-66 穆磁铁矿的均质性(反射正交)

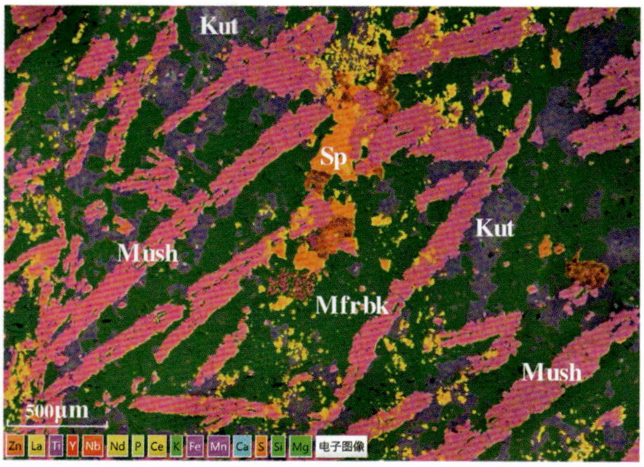

图 2-67 面扫描元素分布图像

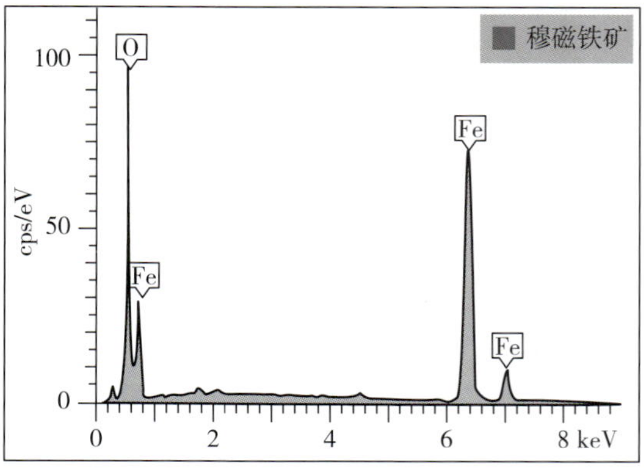

图 2-68 穆磁铁矿能谱图

铬铁矿 Chromite

$Fe^{2+}Cr_2O_4$

化学组成：FeO 32.09%，Cr_2O_3 67.91%。

晶体结构：等轴晶系，空间群为 $Fd3m$。$a_0=8.344$Å，$Z=8$。

形态：六八面体晶形，$O_h-m3m(3L^44L^36L^29PC)$。有时呈八面体外形，多呈粒状集合体。

物理性质：黑色，条痕褐色，半透明-不透明，金属-半金属光泽、油脂光泽、树脂光泽，性脆，无解理。摩氏硬度 5.5，相对密度 4.5～4.8。

显微镜下特征：$N=2.08\sim2.16$，薄片中呈黑色，不透明，均质性，高突起，粒状分布。反射光下呈带棕的灰白色。

铬铁矿属于尖晶石亚族矿物，与铁尖晶石、尖晶石、磁铁矿等形成完全固溶体系列，与铁尖晶石、磁铁矿呈类质同象。铬铁矿复杂，广泛存在 Cr_2O_3、Al_2O_3、Fe_2O_3、FeO、MgO 五种基本组分间的类质同象置换。

云母化白云石型铌稀土矿石中的铬铁矿

样品采自主矿。铬铁矿分布于金云母中，黑色不透明，沿黑云母长轴方向定向分布，呈自形-半自形细粒状与磁铁矿紧密共生，并被磁铁矿包裹，自中心向外，依次为铬铁矿、铬磁铁矿、磁铁矿。铬铁矿粒径为 0.01～0.03mm(图 2-69 至图 2-74)。

共伴生矿物：白云石、金云母、磁铁矿、磁黄铁矿、闪锌矿、方铅矿、独居石、方解石、铌铁矿等。

根据电子探针测试结果平均值(表 2-8)，以 O=4 为基数，分别计算化学式。

P1、P2、P3 平均值：$(Fe_{0.61}Zn_{0.23}Mn_{0.13}Na_{0.04}Mg_{0.02})_{\Sigma1.03}(Cr_{1.05}Al_{0.78}Fe^{3+}_{0.16}Ti_{0.01})_{\Sigma2.00}O_4$。

P4、P5、P6 平均值：$(Fe_{0.82}Zn_{0.06}Mn_{0.09}Na_{0.01})_{\Sigma0.98}(Fe^{3+}_{1.05}Cr_{0.90}Al_{0.04}Ti_{0.01})_{\Sigma2.00}O_4$。

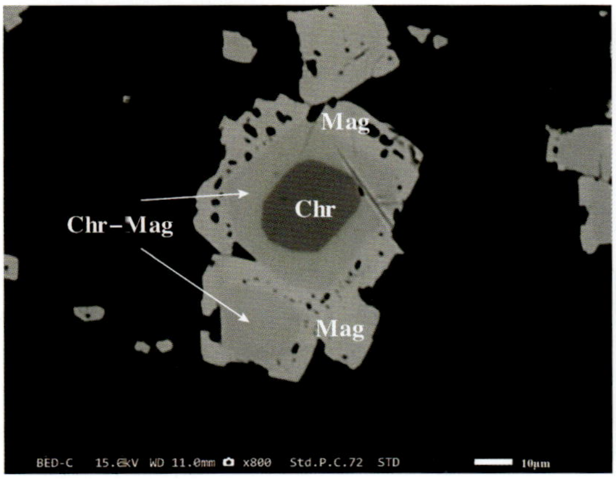

图 2-69 自中心向外，依次为铬铁矿(Chr)、铬磁铁矿(Chr-Mag)、磁铁矿(Mag)(BSE)

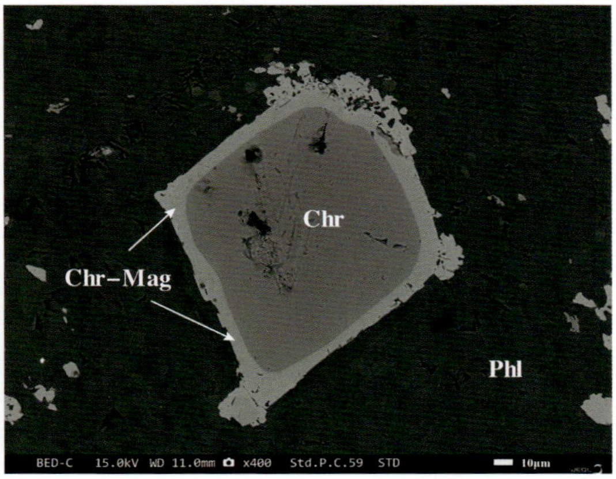

图 2-70 自形铬铁矿被铬磁铁矿沿边缘包裹(BSE)

根据图 2-69 及计算的化学式可知，中心为含 Al 较高的铬铁矿、中间为铬磁铁矿、最外圈为磁铁矿。电子探针测试结果(表 2-8)显示：中心点位置的 P1 至 P3，Al_2O_3 含量平均为 19.40%，Cr_2O_3 含量平均为 39.22%；根据化学式中的原子数，Fe 多为二价，并被 Zn^{2+}、Mn^{2+} 置换。中间位置的 P4 至 P6，Al_2O_3 含量平均为 0.97%，Cr_2O_3 含量平均为 31.33%，FeO 含量平均为 62.19%；根据化学式中的原子数，Fe^{3+} 多于 Cr^{3+}，属于铬磁铁矿。

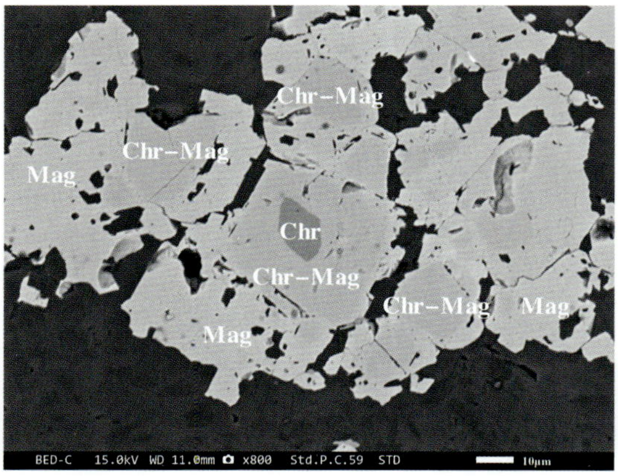

图 2-71　自中心向外，依次为铬铁矿、铬磁铁矿、磁铁矿(BSE)

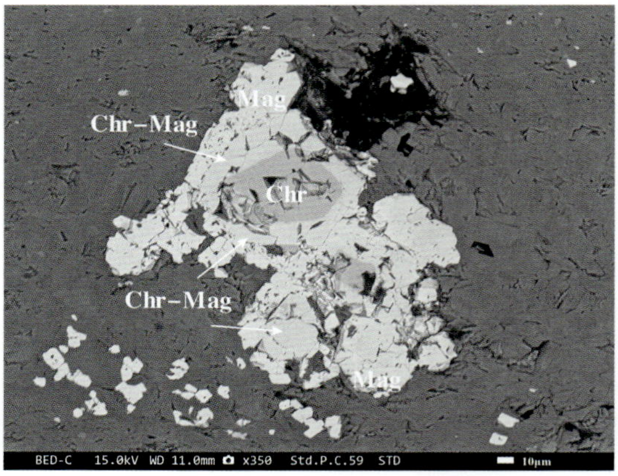

图 2-72　自中心向外，依次为铬铁矿、铬磁铁矿、磁铁矿(BSE)

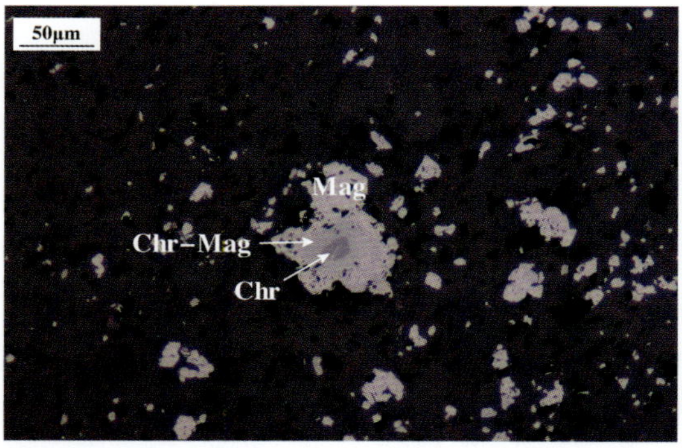

图 2-73　自中心向外，依次为铬铁矿、铬磁铁矿、磁铁矿(反射光)

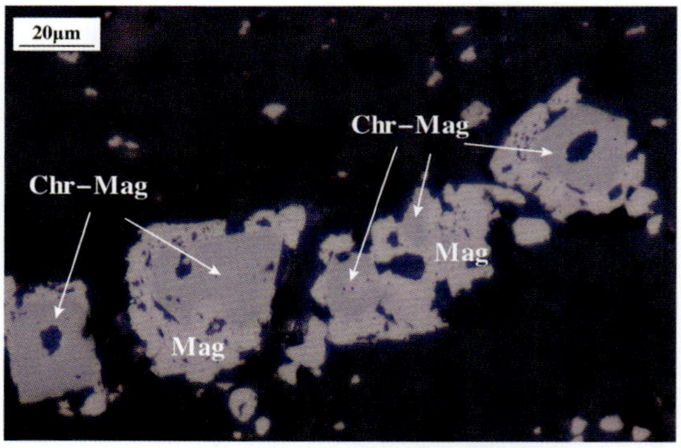

图 2-74　铬磁铁矿与磁铁矿(反射光)

表 2-8　铬铁矿电子探针测试结果　　单位：w_t/%

成分	测试点 P1	测试点 P2	测试点 P3	平均值	测试点 P4	测试点 P5	测试点 P6	平均值
Cr_2O_3	39.28	39.02	39.35	39.22	32.18	31.40	30.41	31.33
FeO	26.95	27.12	26.68	26.92	61.54	62.76	62.27	62.19
Al_2O_3	19.81	19.03	19.37	19.40	0.92	0.97	1.01	0.97
ZnO	8.54	9.42	9.90	9.29	2.41	2.27	2.32	2.33
MnO	4.45	4.67	4.71	4.61	2.91	3.22	2.92	3.01
TiO_2	0.42	0.42	0.51	0.45	0.35	0.30	0.31	0.32
Na_2O	0.56	0.62	0.52	0.57	0.24	0.09	0.11	0.15
MgO	0.82	0.27	0.20	0.43	0.00	0.02	0.01	0.01
总计	100.83	100.57	101.24	100.89	100.55	101.03	99.36	100.31

锰铁矿 Jacobsite

$Mn^{2+}Fe_2^{3+}O_4$

化学组成：MnO 30.76%，Fe_2O_3 69.24%。Mn 常被 Mg 元素替代。

晶体结构：等轴晶系，空间群为 $Fd3m$。a_0= 8.457Å，Z = 8。反尖晶石结构。

形态：六八面体晶形，$O_h-m3m(3L^4 4L^3 6L^2 9PC)$。致密块状、粒状集合体。

物理性质：黑色-棕黑色，不透明，条痕棕黑色，树脂光泽、半金属光泽，性脆。摩氏硬度 5.5～6.5，相对密度 4.76。

显微镜下特征：N=2.3，反射光下呈灰白带橄榄绿色，反射率(白光)R=16%～19%，无多色性，内反射色为棕色。

白云鄂博矿区的锰铁矿产于东部接触带含硅钛铈矿的镁矽卡岩中，但比较少见(张培善和陶克捷，1986)。

赤铁矿 Hematite

Fe_2O_3

化学组成：Fe 69.94%，O 30.06%。

晶体结构：三方晶系，空间群为 $R\bar{3}c$。a_0= 5.038(2)Å，c_0= 13.772(12)Å，Z = 6。

形态：复三方偏三角面体晶形，$D_{3d}-\bar{3}m(L^3 3L^2 3PC)$。完好晶体少见，常呈显晶质的板状、鳞片状、粒状及隐晶质的致密块状、鲕状、豆状、肾状等集合体形态。

物理性质：钢灰色-铁黑色，粉末红色，条痕锗红-红棕色，不透明，金属-半金属光泽，贝壳状-不平坦状断口，性脆，无解理。摩氏硬度 5～6，相对密度 5.26。

显微镜下特征：一轴晶(－)，透射光下可呈棕红-橙红色，弱多色性，N_o=3.15～3.22，褐红色，N_e=2.87～2.94，黄红色。反射光下呈白色微带蓝色，反射率(白光)R=25%～30%，弱双反射，强非均质性(蓝灰-灰黄色)，内反射色显深棕红色。

白云鄂博赤铁矿晶胞参数：a_0= 5.035Å，b_0= 5.035Å，c_0= 13.746Å。

白云鄂博赤铁矿样品 X 射线粉晶衍射数据见表 2－9。

表 2－9 赤铁矿 X 射线粉晶衍射数据

No.	2θ/(°)	d/Å	I/I_0
1	33.154	2.6999	100.0
2	35.631	2.5177	67.4
3	49.463	1.8412	29.7
4	54.066	1.6948	46.4
5	62.424	1.4865	28.1

赤铁矿是白云鄂博分布较广的铁矿物之一，仅次于磁铁矿，在铁矿体内各种类型矿石中均有分布，其分布特征有以下几种。

1)原生赤铁矿多以半自形-他形细粒集合体形式分布，并构成条带，与萤石、稀土矿物的条带相间，也有少量以包裹体形式分布于白云石矿物中。

2)沿磁铁矿边缘或八面体裂开方向交代，构成假象-半假象赤铁矿。无论是条带状，还是霓石型、云母型、闪石型、白云石型铁矿石，其磁铁矿大多都有被赤铁矿交代的迹象。

3)以叶片状或固溶体分离结构定向分布于磁铁矿中。

4)以片状集合体形式分布的镜铁矿颗粒粗大，格子双晶发育。

自然界中 Fe_2O_3 的同质多象变体有两种：$\alpha-Fe_2O_3$ 与 $\gamma-Fe_2O_3$。前者为三方晶系，具刚玉型结构，在自然条件下稳定，称为赤铁矿；后者为等轴晶系，具尖晶石结构，在自然条件下不如 $\alpha-Fe_2O_3$ 稳定，处于亚稳定状态，称为磁赤铁矿。

图 2-75 至图 2-80 为主矿 1514 台阶条带状萤石型铌稀土铁矿石中的赤铁矿。一部分为原生赤铁矿，以细粒他形集合体形式分布，粒径为 0.02～0.05mm；赤铁矿反射率较高，具强非均质性，边缘见暗红色内反射色(图 2-76、图 2-78)。另一部分赤铁矿为交代磁铁矿形成的假象、半假象赤铁矿，这部分赤铁矿沿磁铁矿裂隙或边缘交代，并呈网格状分布(图 2-79、图 2-80)。

共伴生矿物：萤石、磁铁矿、白云石、氟碳铈矿、独居石、磷灰石等。

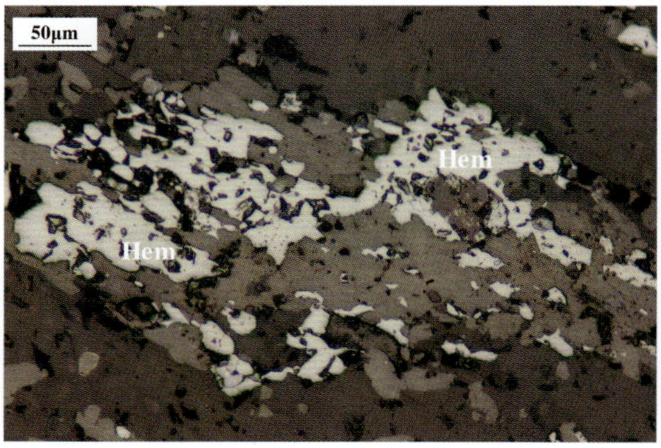

图 2-75　细粒集合体形式分布的赤铁矿(Hem)(反射光)

图 2-76　赤铁矿的非均质性及内反射色(边缘暗红色)(反射正交)

图 2-77　两种矿物对比，左边为原生赤铁矿，右边为交代磁铁矿而成的假象赤铁矿(Mar)(反射光)

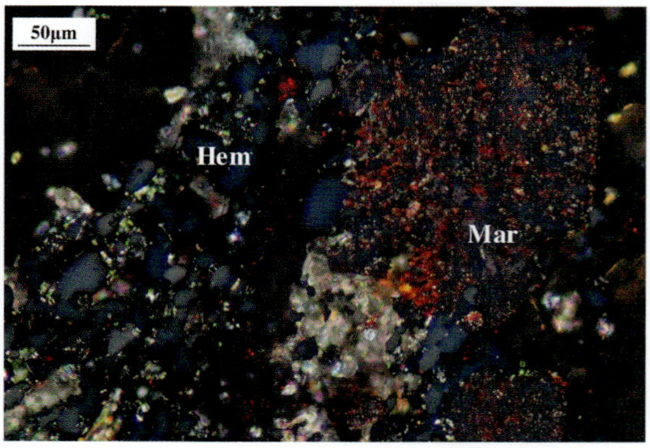

图 2-78　赤铁矿的非均质性及假象赤铁矿的内反射色(反射正交)

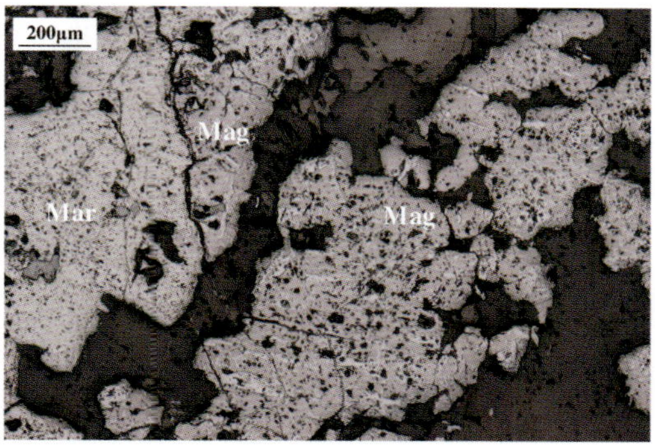

图 2-79 右边部分赤铁矿交代磁铁矿呈网格状分布，左边交代比较完全、呈假象赤铁矿（反射光）

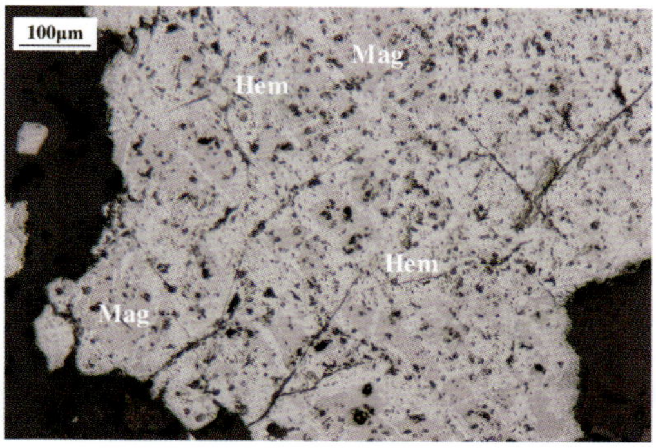

图 2-80 赤铁矿交代磁铁矿呈网格状分布（反射光）

图 2-81 至图 2-84 为主矿 1458 台阶中条带状萤石型铌稀土铁矿石中的赤铁矿。其以半自形晶集合体形式组成条带，与萤石及稀土矿物相间，粒径为 0.02～0.10mm。赤铁矿反射率较高，可见微弱的反射多色性，具强非均质性，偏光色为灰黄-蓝灰色。赤铁矿间有少量自形-半自形晶磁铁矿，并有被赤铁矿交代痕迹。

共伴生矿物：萤石、白云石、钠闪石、磁铁矿、氟碳铈矿、独居石等。

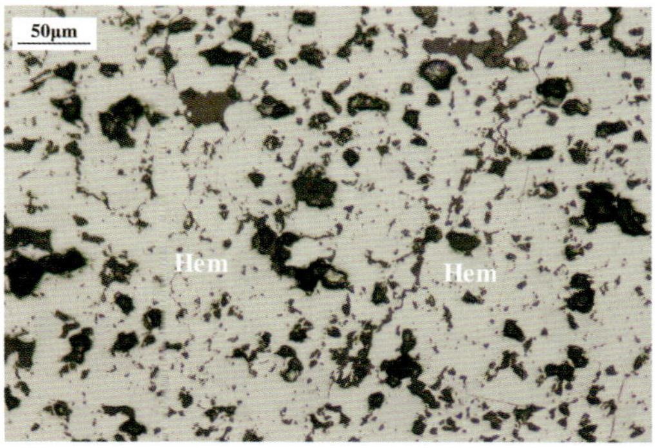

图 2-81 半自形集合体状分布的赤铁矿（Hem）（反射光）

图 2-82 赤铁矿的强非均质性及偏光色（反射正交）

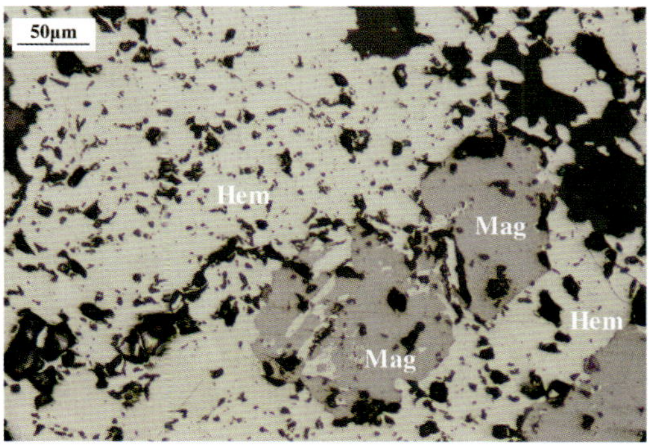

图 2-83 半自形晶的磁铁矿（Mag）分布于赤铁矿间（反射光）

图 2-84 赤铁矿的强非均质性及偏光色（反射正交）

图2-85至图2-88为东矿条带状萤石型铌稀土铁矿石中的赤铁矿。一部分赤铁矿呈半自形粒状集合体形式分布于萤石矿物间，粒径为0.02～0.05mm(图2-85至图2-87)。另一部分赤铁矿被包裹于白云石中，呈樱红色不规则粒状(图2-85)，粒径为5.00～15.00μm，其反射光及BSE图像中呈线状(图2-86、图2-87)，图2-88为赤铁矿能谱图。

共伴生矿物：萤石、磁铁矿、氟碳铈矿、独居石、磷灰石、碳钇钡石等。

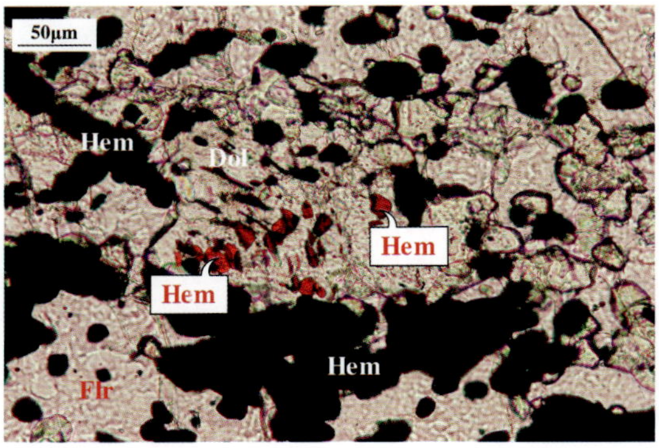

图2-85 两种赤铁矿(Hem)：一种分布于萤石(Flr)矿物间；另一种被包裹于白云石(Dol)中，呈樱红色(单偏光)

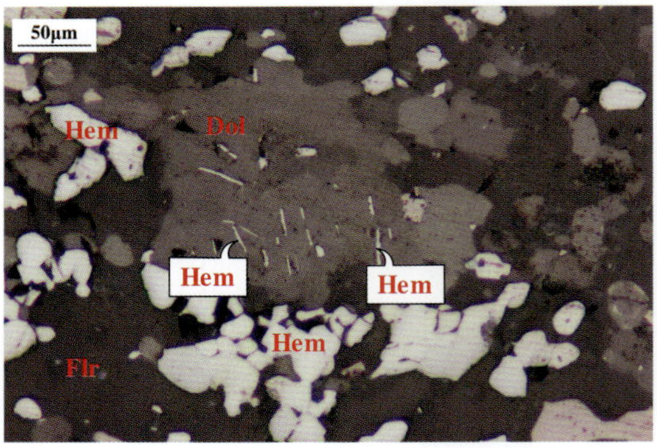

图2-86 包裹于白云石中呈线状的赤铁矿及分布于萤石间的粒状赤铁矿(反射光)

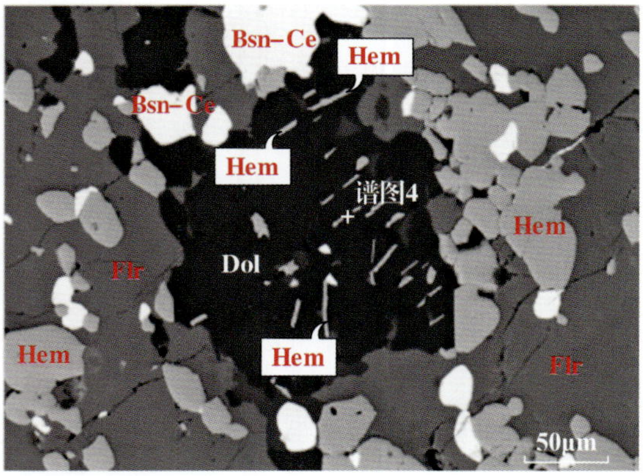

图2-87 呈线状分布于白云石中的赤铁矿及分布于萤石间的粒状赤铁矿(BSE)

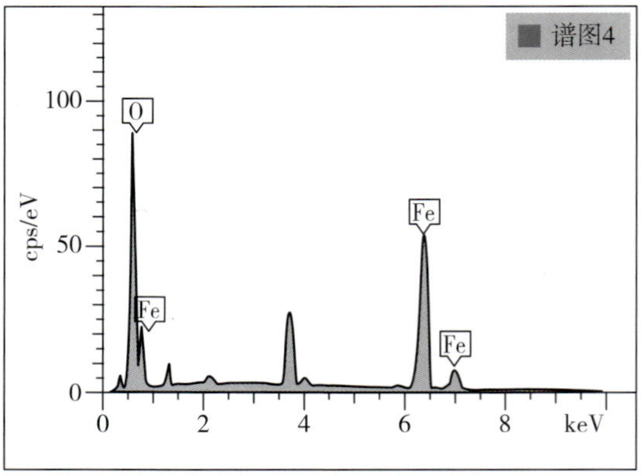

图2-88 赤铁矿能谱图

图2-89至图2-92为主矿褐铁矿化白云石型稀土铁矿石中的赤铁矿。赤铁矿呈半自形板状或不规则粒状集合体形式分布，局部发生褐铁矿化。部分赤铁矿为叶片状，呈互相垂直的两个方向分布于磁铁矿中，反射正交下可见其强非均质性及不同方向的偏光色，赤铁矿粒径为0.05～0.30mm。

共伴生矿物：磁铁矿、褐铁矿、白云石、方解石、重晶石、磷灰石、独居石等。

图 2－89 呈互相垂直分布于磁铁矿(Mag)中的赤铁矿(Hem)(反射光)

图 2－90 赤铁矿的强非均质性及偏光色(反射正交)

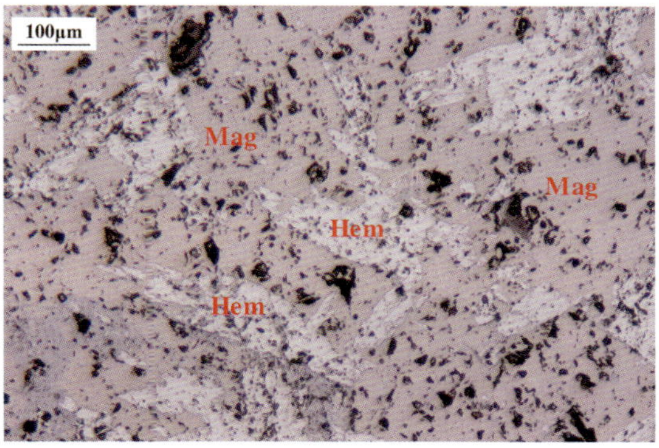

图 2－91 赤铁矿呈叶片状分布于磁铁矿中(反射光)

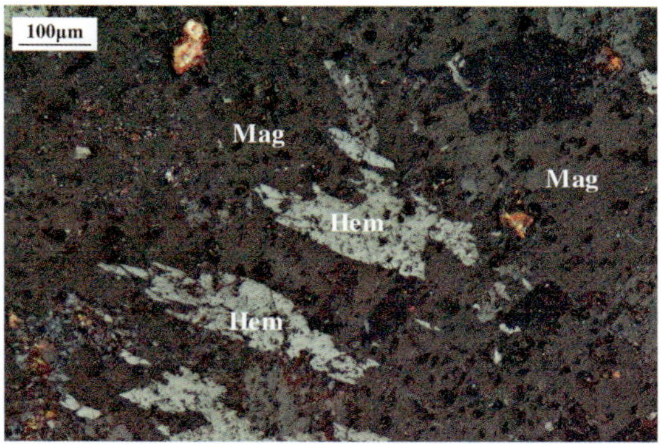

图 2－92 赤铁矿的强非均质性及偏光色(反射正交)

图 2－93、图 2－94 为主矿云母型铌稀土铁矿石中的赤铁矿。其以固溶体分离结构分布于磁铁矿中，呈两组互相垂直的格子状。

共伴生矿物：金云母、磷灰石、褐铁矿、钛铁矿、易解石、独居石等。

图 2－93 磁铁矿(Mag)中的赤铁矿(Hem)呈两组相互垂直格子状的固溶体分离结构(反射光)

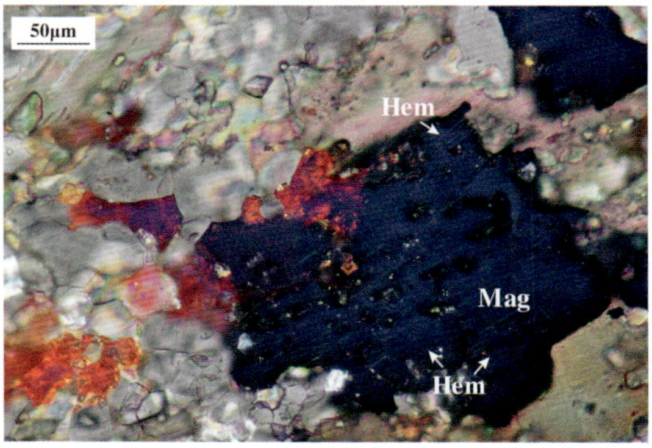

图 2－94 赤铁矿因具非均质性，只可见一个方向分布(反射正交)

镜铁矿 Specularite

Fe_2O_3

镜铁矿是赤铁矿的亚种，常呈炭灰色的闪亮鳞片集合体状分布，因表面光亮如镜，故称镜铁矿，其条痕同赤铁矿，为棕红色。

图 2－95 至图 2－98 为东矿块状铁矿石中的镜铁矿显微镜下照片，反射正交下可见格子聚片双晶。

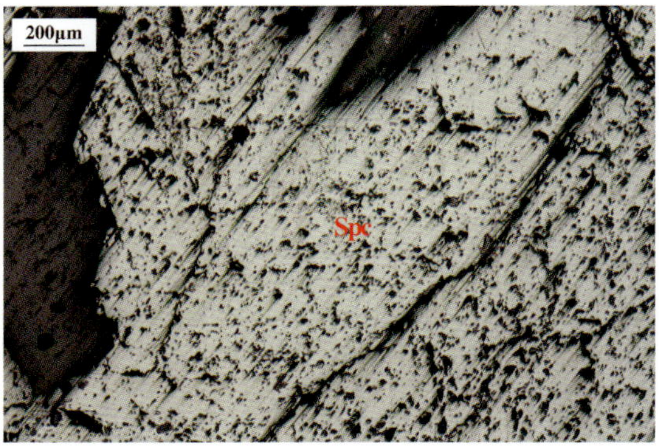

图 2－95 镜铁矿(Spc)(反射光)

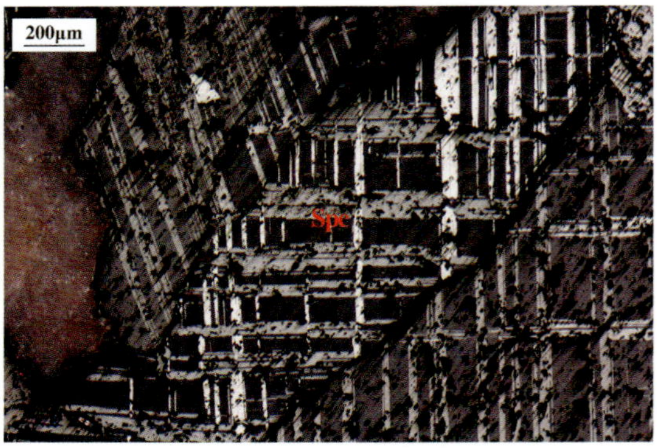

图 2－96 镜铁矿的格子聚片双晶(反射正交)

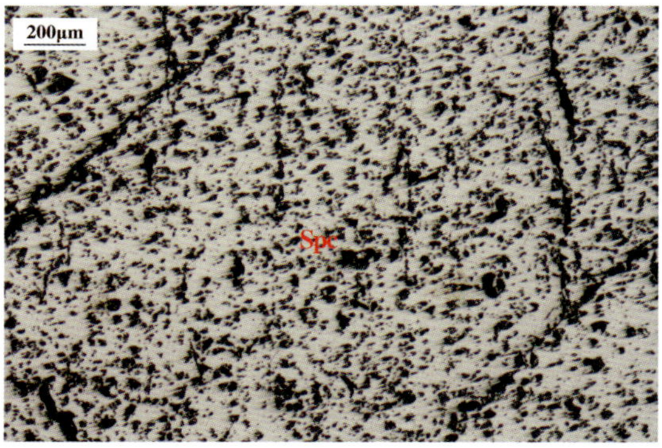

图 2－97 镜铁矿(反射光)

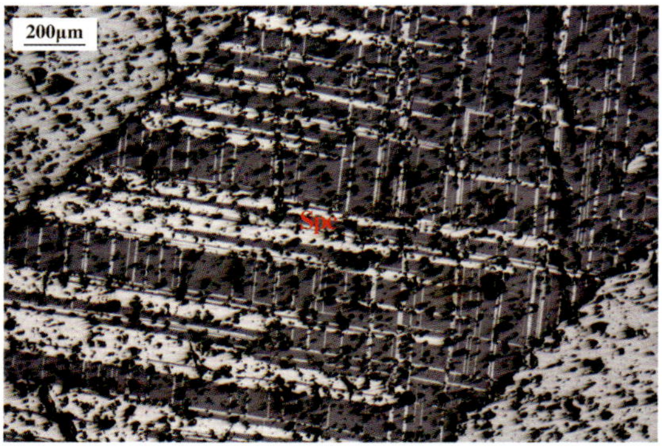

图 2－98 镜铁矿的格子聚片双晶(反射正交)

假象赤铁矿 Martite

$\alpha-Fe_2O_3$

假象赤铁矿是白云鄂博矿床氧化铁矿石中的主要铁矿物之一，在铁矿体氧化带内广泛发育。在数十米的氧化带内，原生磁铁矿普遍发生假象赤铁矿化，沿磁铁矿边缘或八面体裂开方向交代而成。氧化交代完全的称为假象赤铁矿，氧化交代不完全的称为半假象赤铁矿。在格子状结构中可见交代残余的磁铁矿。

图 2－99 至图 2－102 为主矿 1500 台阶条带状萤石型铌稀土铁矿石中的磁铁矿被赤铁矿交代，成为假象赤铁矿，并可见磁铁矿的残留，其晶形仍为磁铁矿的半自形晶，粒径为 0.05～0.30mm。

共伴生矿物：磁铁矿、萤石、白云石、氟碳铈矿、独居石等。

图 2-99 半自形粒状集合体形式、条带状分布的假象赤铁矿(Mar)(反射光)

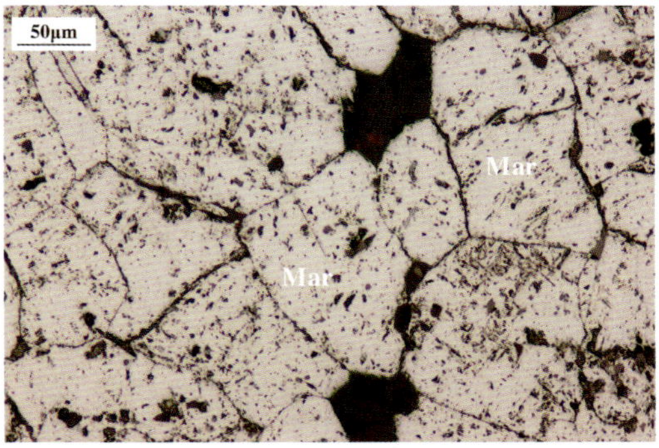

图 2-100 半自形晶分布的假象赤铁矿(反射光)

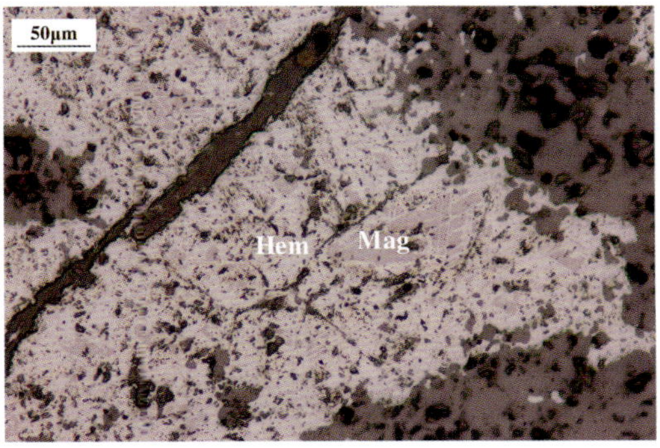

图 2-101 赤铁矿呈网格状不完全交代磁铁矿并呈磁铁矿假象，属半假象赤铁矿(反射光)

图 2-102 自形、半自形晶分布的假象赤铁矿，中间为半假象赤铁矿(反射光)

磁赤铁矿 Maghemite

$(Fe^{3+}_{0.67}\square_{0.33})Fe^{3+}_2O_4$(或 Fe_2O_3)

化学组成：化学式中，常有 Mg、Ti 和 Mn 的混合物。

晶体结构：等轴晶系，空间群为 $P4_132$。$a_0 = 8.3515Å$，$Z = 8$。

形态：五角三四面体晶形，$O-432(3L^44L^36L^2)$。常呈粒状集合体、致密块状，或具磁铁矿假象。

物理性质：褐色、砖红色，不透明，条痕褐色，强磁性。摩氏硬度 6，相对密度 4.88。

显微镜下特征：透射光下呈黄褐色，$N=2.52 \sim 2.74$。反射光下呈浅灰蓝色，均质性，无反射多色性，反射率(白光)$R=25\%$，有时见褐红色内反射色。

磁赤铁矿主要是磁铁矿在氧化条件下经次生变化作用形成的，它与赤铁矿、纤铁矿和针铁矿共生。在白云鄂博铁矿石的光片中偶见。

二、铁的氢氧化物

褐铁矿 Limonite

$FeO(OH) \cdot nH_2O$

褐铁矿不是单独的矿物，一般含铁量为 48%～63%，大部分是针铁矿(α-FeOOH)，也有少量纤铁矿（γ－FeOOH）。褐铁矿主要产于地表氧化带的铁矿石中，呈黑赭色土状或块状，尤其在碳酸盐矿物的破碎带中大量聚集。

图 2－103 至图 2－106 为主矿条带状铌稀土铁矿石中的磁铁矿氧化成为褐铁矿，但仍保留磁铁矿晶形，并有少部分磁铁矿的残余。

共伴生矿物：萤石、白云石、氟碳铈矿、独居石、磁铁矿等。

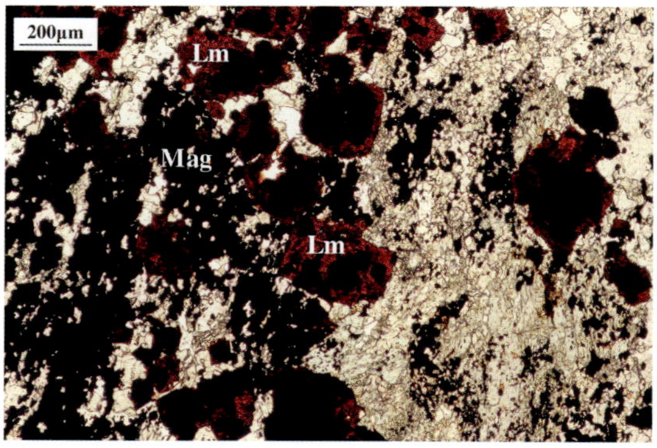

图 2－103　磁铁矿（Mag）沿边缘发生氧化成为褐铁矿（Lm），并有部分残余（单偏光）

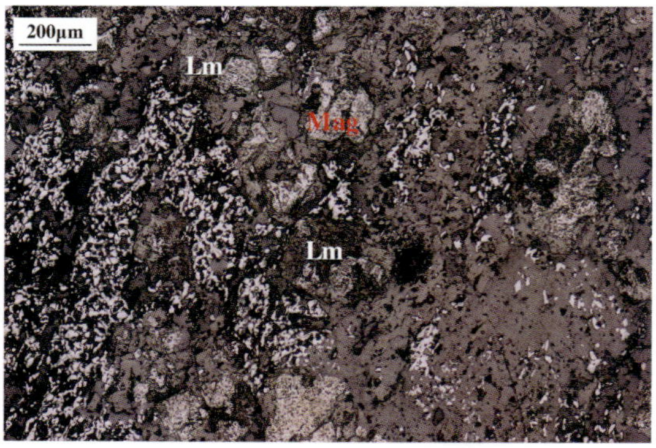

图 2－104　褐铁矿中有磁铁矿的残余（反射光）

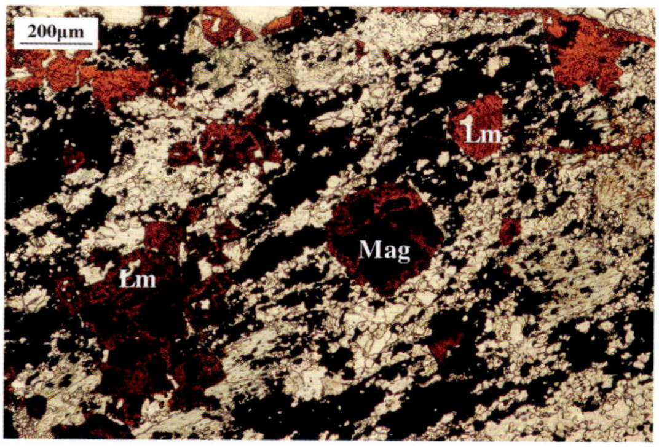

图 2－105　磁铁矿沿边缘发生氧化成为褐铁矿（单偏光）

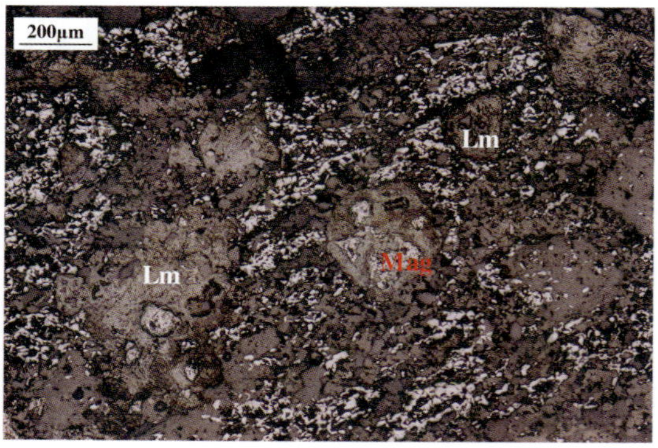

图 2－106　褐铁矿中有少部分磁铁矿残余（反射光）

针铁矿　Goethite

$\alpha-Fe^{3+}O(OH)$

化学组成：Fe_2O_3 89.9%，H_2O 10.1%。

晶体结构：斜方晶系，空间群为 $Pnma$。$a_0=4.608$Å，$b_0=9.956$Å，$c_0=3.0215$Å，$Z=4$。

形态：斜方双锥晶形，$D_{2h}-mmm(3L^2 3PC)$。晶体平行 c 轴呈针状、柱状，平行 b 轴呈板状或鳞片状。常为豆状、肾状、钟乳状、致密块状或土状分布。

物理性质：褐色、黄褐色、红褐色，不透明，条痕黄棕色、橘黄色、赭黄色，金刚光泽，金属光泽，性脆，解理{010}完全，{100}中等。摩氏硬度 5～5.5，相对密度 4.27～4.29。

显微镜下特征：二轴晶（－），$2V=20°$。$N_g=2.393\sim2.409$，$N_m=2.393\sim2.409$，$N_p=2.260\sim$

2.275。透射光下呈黄色-橘红色，有多色性，变化于黄-褐色之间。反射光下呈灰色微带淡蓝色，多色性不明显　反射率(白光)$R=16\%\sim18.5\%$，强非均质性，内反射色为黄色、红色、褐色。

白云鄂博褐铁矿矿石的主要矿物是针铁矿，它在表生作用下形成。图2-107至图2-110为主矿霓石型稀土铁矿石中的针铁矿，应为赤铁矿氧化而成，多沿裂隙两侧呈脉状分布，可见赤铁矿的残留。

共伴生矿物：霓石、磁铁矿、赤铁矿、钛铁矿、氟碳钙铈矿、方解石、重晶石、萤石等。

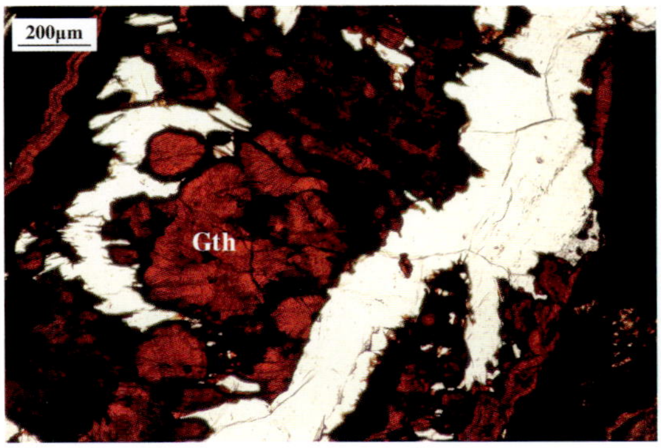

图2-107　针铁矿(Gth)(单偏光)

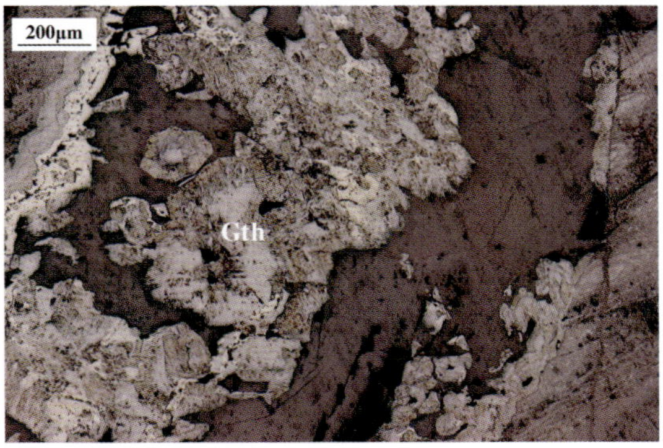

图2-108　针铁矿(反射光)

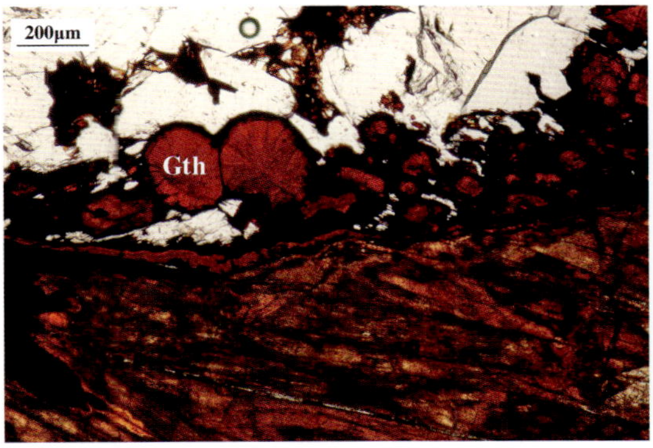

图2-109　针铁矿(单偏光)

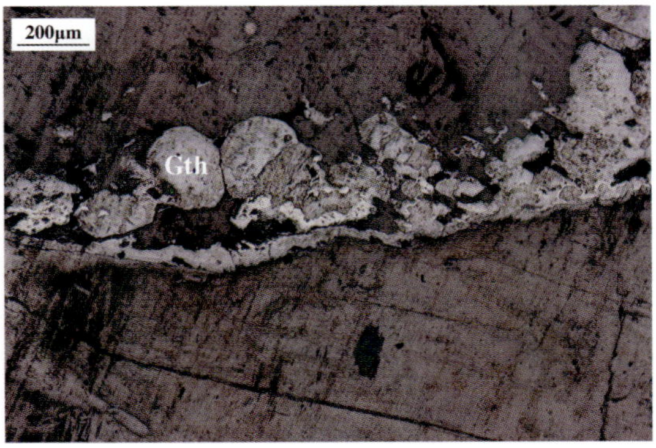

图2-110　针铁矿(反射光)

图2-111至图2-114为西矿白云石型铌稀土铁矿石中的针铁矿，呈脉状分布，为赤铁矿发生氧化而成，在脉两侧见赤铁矿的残留部分。

共伴生矿物：白云石、金云母、磁铁矿、赤铁矿、黄铁矿、磁黄铁矿、闪锌矿、独居石等。

图2-115至图2-118为主矿褐铁矿化白云石型稀土铁矿石中的针铁矿。磁铁矿局部发生褐铁矿化，主要为针铁矿。反射率较磁铁矿稍低，反射色显灰色，内反射色为黄褐色-红棕色，并有非均质性。

共伴生矿物：磁铁矿、赤铁矿、白云石、方解石、重晶石、磷灰石、独居石等。

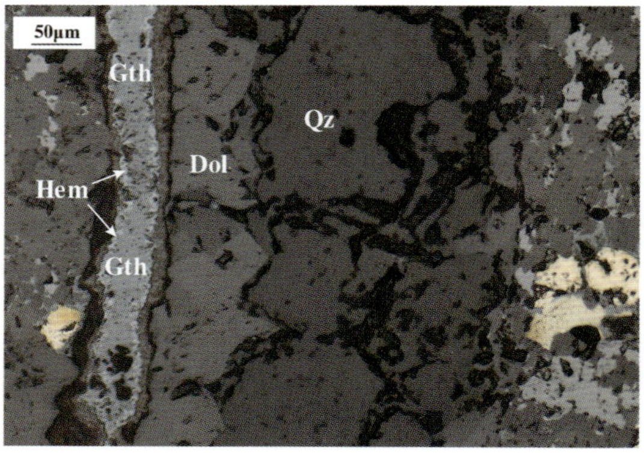

图 2-111　脉状分布的针铁矿(Gth)，边缘有赤铁矿(Hem)的残留(反射光)

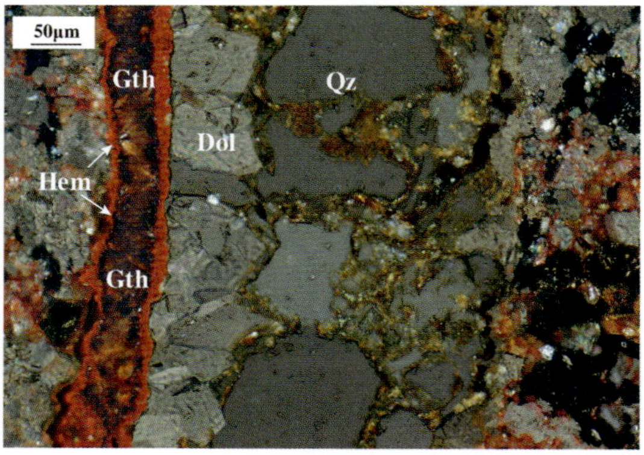

图 2-112　针铁矿、赤铁矿的内反射色(反射正交)

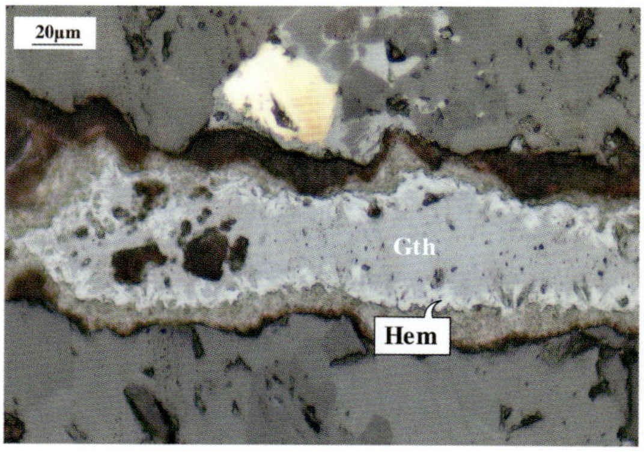

图 2-113　脉状分布的针铁矿，边缘有赤铁矿的残留(反射光)

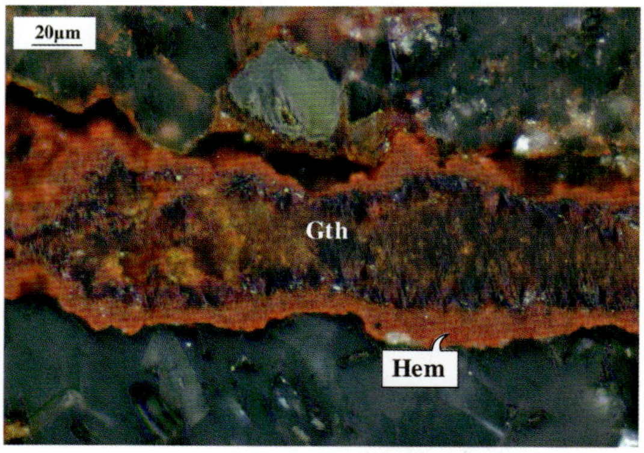

图 2-114　针铁矿、赤铁矿的内反射色(反射正交)

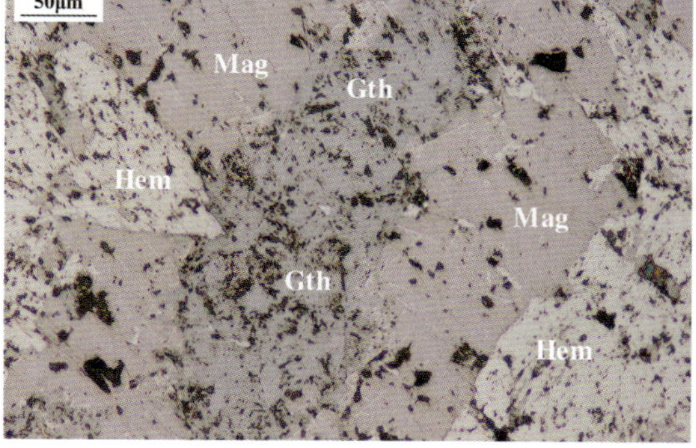

图 2-115　磁铁矿(Mag)局部氧化成针铁矿(反射光)

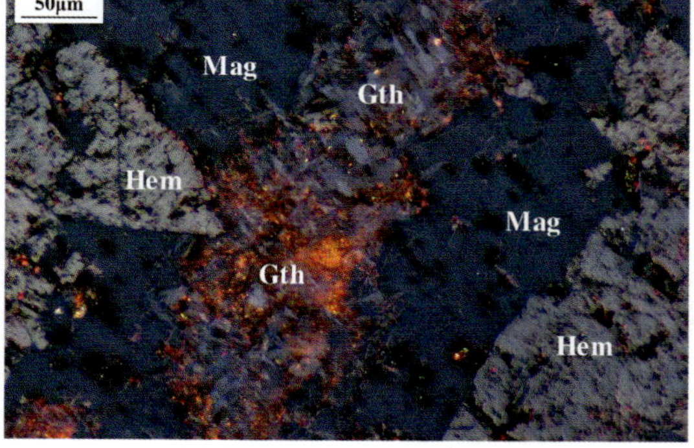

图 2-116　针铁矿的内反射色及非均质性(反射正交)

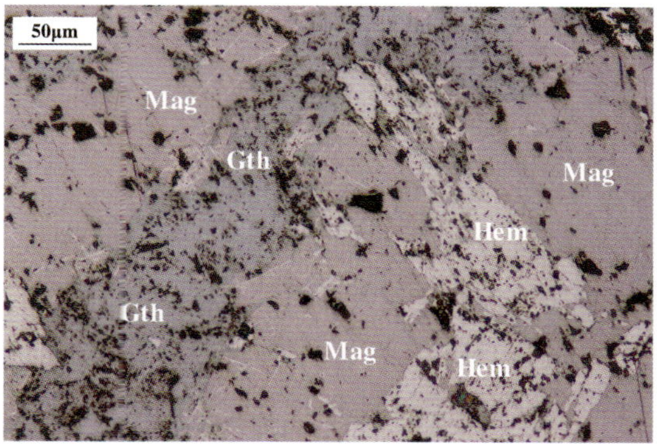

图 2-117 磁铁矿局部氧化成针铁矿（反射光）

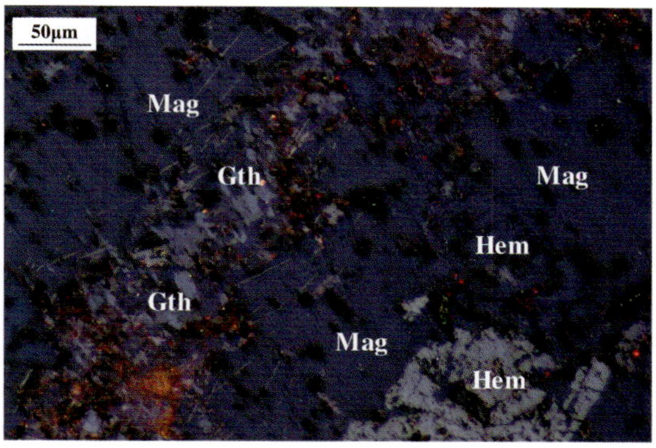

图 2-118 针铁矿的内反射色及非均质性（反射正交）

图 2-119 至图 2-122 为东矿霓石型铌稀土铁矿石中的针铁矿。磁铁矿局部氧化、水解生成针铁矿。针铁矿呈暗红色细长针状分布，反射率较磁铁矿稍低，反射色显蓝灰色，内反射色为橙红色-暗红色。

共伴生矿物：霓石、磁铁矿、赤铁矿、白云石、方解石、重晶石、易解石、氟碳铈矿、独居石、金红石、方铅矿等。

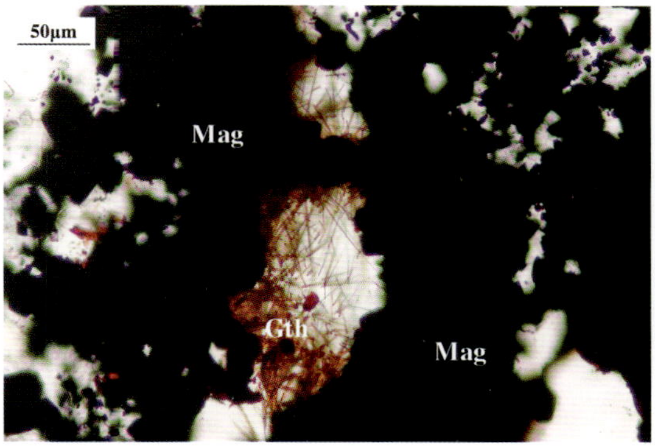

图 2-119 细长针状分布的针铁矿（Gth）（单偏光）

图 2-120 细长针状分布的针铁矿（单偏光）

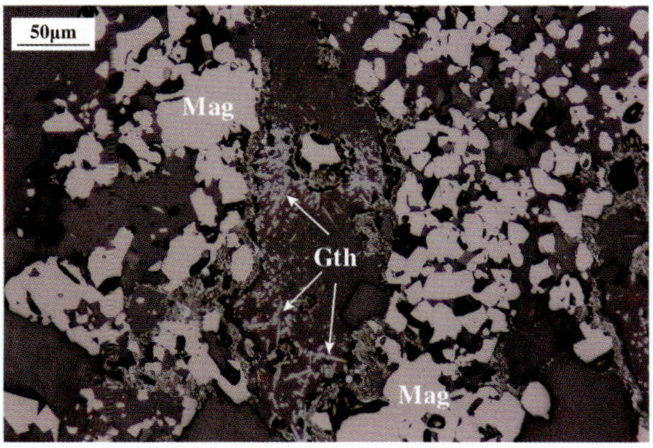

图 2-121 针铁矿的蓝灰色反射色（反射光）

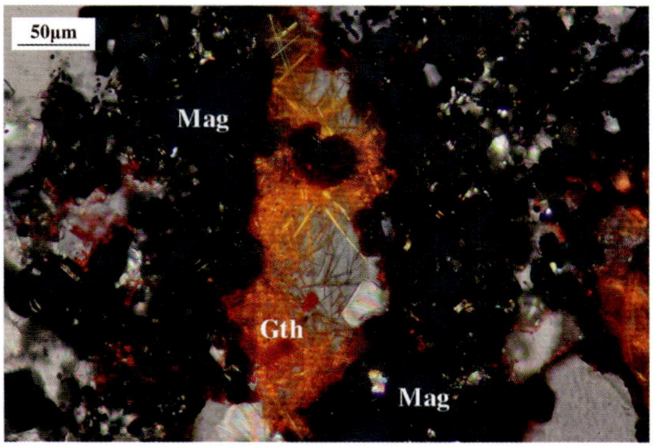

图 2-122 针铁矿的橙红色内反射色（反射正交）

纤铁矿 Lepidocrocite

γ - $Fe^{3+}O(OH)$

化学组成：Fe_2O_3 89.9%，H_2O 10.1%。

晶体结构：斜方晶系，空间群为 $Cmc2_1$。a_0= 3.07Å，b_0= 12.54Å，c_0= 3.88Å，Z =4。

形态：斜方锥晶形，$C_{2v}-mm(L^2 2P)$。常见鳞片状或纤维状集合体。

物理性质：暗红色-红棕色，透明，条痕橘红色或砖红色，半金属光泽，性脆，解理{010}完全，{100}和{001}中等。摩氏硬度 5，相对密度 4.05～4.13。

显微镜下特征：二轴晶(－)，$2V$=83°。N_g=2.51，N_m=2.20，N_p=1.94。薄片中呈黄-红褐色，多色性明显，变化于黄-红之间。反射光下呈灰色，多色性强，反射率(白光)R=15.8%～25%，强非均质性(浅灰-暗灰色)，内反射色为褐红色。

产状及共生矿物：纤铁矿为氧化条件下含铁矿物的风化产物，在白云鄂博褐铁矿矿石中偶尔可见，形成于地表氧化带中。

第三章　稀土矿物

稀土在英文中称作“Rare earths”，文献中常用RE或TR这两种符号来表示，REE则代表稀土元素。稀土元素包括元素周期表中原子序数从第57号到第71号的15个镧系元素、Y和Sc，共17个元素。镧系包括La、Ce、Pr、Nd、Pm、Sm、Eu、Gd、Tb、Dy、Ho、Er、Tm、Yb及Lu，可用Ln作为镧系的总体符号；因第21号元素Sc与其余16个元素的共生关系及性质差别较大，也有不把它纳入稀土之列的；第39号元素Y的性质与镧系相似，所以把Y与Ln一起统称为稀土元素。

根据稀土元素间物理化学性质和地球化学性质的某些差异及分离工艺的要求，把稀土元素分为轻、重两组或轻、中、重三组。本书采用两组分类法，即以Gd为界，Gd之前的La、Ce、Pr、Nd、Pm、Sm、Eu 7个元素称为轻稀土元素，也称为铈族稀土元素；Gd及之后的Tb、Dy、Ho、Er、Tm、Yb、Lu及Y 9个元素称为重稀土元素，也称为钇族稀土元素(徐光宪，1995)。

稀土矿物的命名是以最富集的稀土元素来冠名，在白云鄂博主要是铈族稀土矿物，铈含量占稀土配分的一半，也有富镧和富钕的稀土矿物，但是在钇族稀土矿物中，只有钇能富集，所以重稀土矿物就是以钇为主的矿物，这是由稀土在地壳中的含量决定的(徐光宪，1995)。

白云鄂博矿区属于富铈族稀土，矿床中$\sum Ce/\sum Y$比值极大，为10～100，平均为30，球粒陨石和地壳中$\sum Ce/\sum Y$的比值分别为0.7和2.7(中国科学院地球化学研究所，1988)。白云鄂博矿床稀土矿物主要是以La、Ce、Pr、Nd等为主的轻稀土元素矿物，重稀土元素为主的矿物较少，但褐钇铌矿、磷钇矿、黑稀金矿等均有分布。

第一节　稀土矿物的分布特征

在白云鄂博矿床中，稀土元素矿物种类繁多，迄今为止，发现的稀土矿物及其变种已有40多种(其中一部分既是稀土矿物，又是铌矿物)，此外，矿床还具有品种齐全的钡稀土氟碳酸盐矿物、种类繁多的易解石族矿物、富钇和富铈端员矿物共同出现的褐钇铌族矿物等。

矿区稀土矿物包括稀土碳酸盐矿物、稀土磷酸盐矿物、稀土硅酸盐矿物和稀土氧化物矿物。其中稀土碳酸盐矿物(表3－1)分为钙稀土氟碳酸盐矿物、钡稀土氟碳酸盐矿物及其他稀土碳酸盐矿物；稀土磷酸盐矿物(表3－2)分为独居石族矿物、磷钇矿族矿物及其他稀土磷酸盐矿物；稀土硅酸盐矿物(表3－3)分为铈硅磷灰石族矿物、硅钛铈矿族矿物及褐帘石族矿物；稀土氧化物矿物(表3－3)为方铈石。

另外，还有易解石族矿物、褐钇铌矿族矿物及铌钇矿等，它们属于铌-稀土矿物，这部分内容将在第四章铌矿物中详述。

表 3-1 稀土碳酸盐矿物

矿物类型	矿物名称/化学式	产状	共伴生矿物
钙稀土氟碳酸盐矿物	氟碳铈矿 $Ce(CO_3)F$	广泛分布于整个矿区的各类矿石类型中，在各个成矿阶段均有产出	氟碳钙铈矿、独居石、萤石、重晶石、磷灰石、霓石、白云石、磁铁矿、赤铁矿等
	氟碳镧石 $La(CO_3)F$	分布于白云石型稀土铁矿石中	白云石、赤铁矿、褐铁矿、独居石、萤石、重晶石
	氟碳钙铈矿 $CaCe_2(CO_3)_3F_2$	分布广泛，常与氟碳铈矿、独居石等紧密共生	氟碳铈矿、独居石、霓石、萤石、磁铁矿等
	氟碳钙钕矿 $CaNd_2(CO_3)_3F_2$	分布于白云石型铌稀土铁矿石中	白云石、霓石、磁铁矿、赤铁矿、萤石、重晶石、钠闪石、氟碳铈矿、易解石、独居石、方解石等
钡稀土氟碳酸盐矿物	白云钇钡石 $Ba_2Y(CO_3)_2F_3$	分布于白云石型铌稀土矿石中	白云石、磁铁矿、菱铁矿、氟金云母、钠闪石、氟碳铈矿、黄铁矿、磁黄铁矿、黄河矿等
	氟碳钡铈矿 (Na,Ca,□) $BaCe_2(CO_3)_4(F,O)$	主要分布于白云石型铌稀土矿石中	白云石、独居石、钠闪石、萤石、重晶石、黄河矿、氟碳铈矿、磷灰石、烧绿石等
	黄河矿 $BaCe(CO_3)_2F$	主要分布于霓石型铌稀土矿石、黑云石化萤石型稀土矿石及晚期脉中	氟碳钡铈矿、重晶石、霓石、萤石、白云石、磷灰石等
	氟碳铈钡矿 $Ba_3Ce_2(CO_3)_5F_2$	主要分布于白云石型稀土矿石中	霓石、萤石、重晶石、方解石、白云石、磷灰石等
	库氟碳铈钡矿 $Ba_2Ce(CO_3)_3F$	主要分布于条带状萤石型铌稀土铁矿石的细脉中	氟碳铈矿、白云石、金云母、钠闪石、萤石、磁铁矿、碳钇钡石等
其他稀土碳酸盐矿物	碳钇钡石 $NaBa_3CaY$ $(CO_3)_6 \cdot 3H_2O$	主要分布于东矿条带状萤石型铌稀土铁矿石及条带状白云石型铌稀土铁矿石中	萤石、氟碳铈矿、独居石、磁铁矿、磷灰石、白云石、氟碳钡铈矿、库氟碳铈钡矿等
	碳铈钠石 (Sr,Ce,La) $(Ca,Na)(CO_3)_2$	主要分布于西矿白云石型铌稀土矿石中	白云石、方解石、钡解石、毒重石等
	碳锶铈矿 $CeSr(CO_3)_2$ $(OH) \cdot H_2O$	主要分布于白云鄂博东部接触带的碳酸岩中	白云石、铁白云石、少量方解石
	碳钙铈矿 $(Ca,Sr,Ce)(CO_3)$ (OH,H_2O)	主要分布于白云鄂博东部接触带的碳酸岩中	白云石、铁白云石、少量方解石
	碳铈石 $Ce_2(CO_3)_3 \cdot 8H_2O$	主要分布于风化部位，为黄河矿的风化产物，有时呈黄河矿的假象，也称镧石	风化产物与黄河矿比较，钡含量较少，同时含一定量的水，钡和氟是原生矿物残余

表 3-2 稀土磷酸盐矿物

矿物种类	矿物名称/化学式	产状	共伴生矿物
独居石族矿物	铈独居石 $Ce(PO_4)$	广泛分布于各类型矿石中，多呈浸染状或粒状集合体形式及晚期脉状分布	磁铁矿、萤石、白云石、氟碳铈矿、氟碳钙铈矿、重晶石、霓石、钠闪石、黑云母等
	钕独居石 $Nd(PO_4)$	分布于钠闪石型铌稀土铁矿石中	钠闪石、磁铁矿、黄铁矿、闪锌矿、硅钡锰钛石、萤石、重晶石等
	镧独居石 $La(PO_4)$	分布于白云石型铌稀土铁矿石中	白云石、氟碳钙铈矿、赤铁矿、磷灰石、铌铁矿、铌钇矿、易解石、石英等
磷钇矿族矿物	磷钇矿 $Y(PO_4)$	分布于白云石型、钠闪石化白云石型铌稀土矿石中	白云石、磷灰石、独居石、褐钇铌矿、铌铁矿、铌钙矿、黄铁矿、钠闪石、方解石、磁铁矿、榍石等
其他稀土磷酸盐矿物	大青山矿 $Sr_3Ce(PO_4)(CO_3)_3$	分布于西矿白云石型铌稀土矿石中	白云石、方解石、磁铁矿、独居石、黄铁矿、硅钡铌矿、碳锶石等
	一水磷铈石 $Ce(PO_4)\cdot H_2O$	主要分布于主矿下盘的石英脉中、氟碳铈矿晶粒边缘和裂隙中	与氟碳铈矿等共生
	水磷钙钍石 $(Ca,Th,Ce)(PO_4)\cdot H_2O$	主要分布于矿区 H_4 石英岩层中热液成因的细脉中	透辉石、磷灰石、金红石、重晶石、赤铁矿、黄铁矿等

表 3-3 稀土硅酸盐矿物和稀土氧化物矿物

矿物种类	矿物名称/化学式	产状	共伴生矿物
铈硅磷灰石族矿物	氟铈硅磷灰石 $(Ce,Ca)_5(SiO_4)_3F$	主要分布于东部接触带的透辉石金云母型稀土铌矿石、金云母型铌稀矿石和东矿钻孔白云石型铌稀土铁矿石中	在东部接触带，共伴生矿物为透辉石、金云母、萤石、钠闪石、方钍石等；在东矿钻孔中，共伴生矿物为白云石、萤石、磁铁矿、黄铁矿、氟碳铈矿、氟碳钡铈矿、黄河矿、钠闪石等
	铈硅磷灰石 $(Ce,Ca)_5(SiO_4)_3(OH)$	主要分布于东部接触带透辉石金云母型稀土铌矿石中	透辉石、金云母、萤石、钠闪石、方钍石等
	氟钙硅磷灰石 $(Ca,REE)_5(SiO_4,PO_4)_3F$	主要分布于东部接触带透辉石金云母型稀土铌矿石中	透辉石、金云母、萤石、钠闪石、方钍石等
硅钛铈矿族矿物	硅钛铈矿 $Ce_4(Ti,Fe^{2+},Fe^{3+})_5O_8(Si_2O_7)_2$	主要分布于白云石型铌稀土铁矿石中	白云石、萤石、黄铁矿、铈磷灰石、氟碳铈矿、氟碳钡铈矿、方解石、褐钕铌矿、易解石等
	丁道衡矿 $(Ce,La)_4Fe^{2+}(Ti,Fe^{2+},Mg,Fe^{3+})_2Ti_2(Si_2O_7)_2O_8$	主要分布于金云母型稀土矿石、霓石型铌稀土铁矿石中	金云母、透闪石、钠闪石、方解石、白云石、钛铁矿、磁铁矿等

续表

矿物种类	矿物名称/化学式	产状	共伴生矿物
硅钛铈矿族矿物	珀硅钛铈矿 $Ce_4MgFe_2^{3+}Ti_2O_8(Si_2O_7)_2$	主要分布于东矿的霓石型矿石中	霓石、重晶石、萤石、铌钙矿等
褐帘石族矿物	铈褐帘石 $CaCe(Al_2Fe^{2+})(Si_2O_7)(SiO_4)O(OH)$	主要分布于东部接触带中	在东部接触带，共伴生矿物为透辉石、金云母、磷灰石等。在主矿和东矿，共伴生矿物为霓石、萤石、重晶石、氟碳铈矿、磁铁矿等
	铁铈褐帘石 $(CaCe)(Fe^{3+}AlFe^{2+})(Si_2O_7)(SiO_4)O(OH)$	主要分布于黑云母型铌稀土铁矿石和霓石型铌稀土铁矿石中	黑云母、磷灰石、磁铁矿、磁黄铁矿、黄铁矿、闪锌矿、褐钇铌矿、独居石、重晶石、长石、石英、霓石等
	镁铈褐帘石 $CaCe(Al_2Mg)(Si_2O_7)(SiO_4)O(OH)$	主要分布于矿区东部接触带中	透辉石、金云母等
稀土氧化物矿物	方铈石 $(Ce^{4+},Th)O_2$	分布于主、东矿条带状铌稀土铁矿石和西矿氧化带中	氟碳铈矿的风化产物

白云鄂博矿区稀土元素大部分以独立矿物产出，分布在稀土矿物中的稀土占90%以上，仅有百分之几的稀土以类质同象或细小包裹体的形式分散其他矿物中。独居石和氟碳铈矿是矿区稀土含量最高、分布量最大的两种主要稀土工业矿物，它们经常紧密共生在同一矿石类型中。氟碳铈矿主要分布于主、东矿，尤其以条带状萤石型铌稀土铁矿石中最富集，但在不同矿化阶段、不同矿段、不同矿石类型中，稀土矿物的组合和产状有着不同的特点。在主、东矿中，氟碳铈矿的矿物含量几乎是独居石的1.5倍；而在各矿段的白云石型矿石中，独居石的矿物含量比氟碳铈矿多(中国科学院地球化学研究所，1988)。

在主、东矿铁矿体内，氟的交代作用较强，氟碳铈矿的含量大于独居石，矿物含量比(氟碳铈矿/独居石)在条带状萤石型铌稀土铁矿石中最高，为1.92；在块状铌稀土铁矿石中，为1.52；在氟的交代作用较弱而钠的交代作用较强的矿石类型中，该比值降低：白云石型铌稀土铁矿石为1.28，霓石型铌稀土铁矿石为1.19，白云石型铌稀土矿石为0.24～1.28。从东部接触带到西矿区，在氟含量较低的白云石型铌稀土矿石中，以独居石为主，氟碳铈矿较少(中国科学院地球化学研究所，1988)。

在块状铌稀土铁矿石和条带状萤石型铌稀土铁矿石中，稀土矿物主要是氟碳铈矿、独居石、氟碳钙铈矿等；在钠闪石型铌稀土铁矿石中，稀土矿物主要是独居石、易解石、少量粒状氟碳铈矿、氟碳钙铈矿；在白云石型铌稀土铁矿石中，稀土矿物主要是独居石、氟碳铈矿、易解石；在霓石型铌稀土矿石中，稀土矿物主要是易解石、氟碳钡铈矿、氟碳铈矿、氟碳钙铈矿，且易解石、氟碳铈矿等颗粒粗大；在黑云母型铌稀土铁矿石中，稀土矿物主要是独居石、易解石等；在白云石型铌稀土矿石中，独居石含量高，其次为氟碳铈矿、褐铈铌矿、易解石等。

在条带状萤石型铌稀土铁矿石中的氟碳铈矿、独居石、氟碳钙铈矿经常以细粒集合体形式紧密共生，显微镜下无法区分，只有通过能谱测试进行分辨；氟碳铈矿与氟碳钙铈矿通常以规则形式连生或面衍生结构共生。

钡稀土氟碳酸盐矿物以黄河矿及氟碳钡铈矿为主，氟碳铈钡矿及库氟碳铈钡矿较少，说明这类矿物的稀土含量大于钡，且黄河矿与氟碳钡铈矿经常共生，肉眼或显微镜无法将两者进行区分。从氟碳钡铈矿到黄河矿、氟碳铈钡矿、库氟碳铈钡矿，随着钡含量增加、铈含量减少，显微镜下矿物颜色从棕色过渡到浅棕色、无色。

东部接触带是指矿区东部花岗岩与白云岩的外接触带。因两种不同岩性之间的双交代作用，在此阶段形成了镁质矽卡岩及不同于主、东矿的铌稀土矿物。双交代作用过程会带入 Si、P、K、Al、Na、Fe 等元素，它们与白云岩作用会形成不同的矿物组合及不同种类的铌、稀土矿物。东部接触带的稀土矿物主要为独居石、褐铈铌矿，其次为褐帘石、硅钛铈矿、铈硅磷灰石等稀土硅酸盐类矿物。

矿区除上述矿物以外，其他稀土矿物分布局限、含量较低。氟碳钙铈矿主要分布于霓石型、钠闪石型铌稀土矿石和晚期脉中；氟碳钡铈矿多分布于白云石型铌稀土矿石中；在西矿局部白云石型稀土矿石中，还有碳铈钠石和大青山矿，后者呈网脉状产出，说明在西矿氟和磷含量较低的环境中，稀土以碳酸盐和磷碳酸盐矿物的形式产出。

2023 年 12 月获得 IMA－CNMNC 批准通过的重稀土矿物白云钇钡石列入钡稀土氟碳酸盐矿物中，2024 年 7 月获批的新矿物氟碳钙钕矿列入钙稀土氟碳酸盐矿物。

第二节 稀土碳酸盐矿物

白云鄂博矿区稀土碳酸盐矿物主要是以轻稀土为主的氟碳酸盐稀土矿物，本次研究工作发现了含重稀土钇的碳酸盐矿物——碳钇钡石。氟碳酸盐稀土矿物包括钙稀土氟碳酸盐矿物（氟碳铈矿、氟碳镧石、氟碳钙铈矿、氟碳钙钕矿）、钡稀土氟碳酸盐矿物（白云钇钡石、氟碳钡铈矿、黄河矿、氟碳铈钡矿、库氟碳铈钡矿）及其他稀土碳酸盐矿物（碳钇钡石、碳铈钠石、碳锶铈矿、碳钙铈矿、碳铈石）。

一、钙稀土氟碳酸盐矿物

白云鄂博矿区钙稀土氟碳酸盐矿物主要有氟碳铈矿和氟碳钙铈矿，还有分布较少的氟碳镧石和氟碳钙钕矿，其 $RECO_3F$ 与 $CaCO_3$ 比值见表 3－4。

表 3－4 钙稀土氟碳酸盐矿物

矿物名称	氟碳铈矿	氟碳镧石	氟碳钙铈矿	氟碳钙钕矿
$n(RECO_3)F : n(CaCO_3)$	1∶0	1∶0	2∶1	2∶1
矿物化学式	$Ce(CO_3)F$	$La(CO_3)F$	$CaCe_2(CO_3)_3F_2$	$CaNd_2(CO_3)_3F_2$

氟碳铈矿 Bastnäesite -(Ce)

$Ce(CO_3)F$

化学组成：$\sum RE_2O_3$ 74.77%，CO_2 20.17%，F 8.73%。

晶体结构：六方晶系，空间群为 $P\bar{6}c2$。$a_0 = 7.118$Å，$c_0 = 9.761$Å，$Z = 6$。

形态：复三方双锥晶形，$D_{3h}-\bar{6}m2(L_i^6 3L^2 3P)$。晶体呈六方柱或{0001}发育的板状，或细粒集合体状。

物理性质：浅黄色、黄色、褐黄色，玻璃光泽、油脂光泽，透明-半透明，性脆，解理{1010}不完全。摩氏硬度 4～4.5，相对密度 4.9～5.2。

显微镜下特征：一轴晶(+)，$N_e=1.818～1.823$，$N_o=1.717～1.722$，透射光下呈无色透明或淡黄色，弱多色性，突起高，高级白干涉色。

白云鄂博氟碳铈矿晶胞参数：$a_0 = 7.133$Å，$b_0 = 7.133$Å，$c_0 = 9.780$Å。

白云鄂博氟碳铈矿样品 X 射线粉晶衍射数据见表 3-5。

表 3-5 白云鄂博氟碳铈矿 X 射线粉晶衍射数据

No.	$2\theta/(°)$	d/Å	I/I_0
1	18.102	4.8966	47.9
2	24.929	3.5689	66.9
3	31.005	2.8820	100.0
4	44.902	2.0171	50.0
5	47.882	1.8982	42.8

氟碳铈矿(图 3-1)是主、东矿体内分布最广的稀土矿物，除透辉石型矿石外，在矿区各类型矿石中均有产出。它常呈细粒浸染状或条带状分布于各类矿石中，也常产出于各种晚期脉中。在主、东矿铁矿体内，氟碳铈矿的矿物含量大于独居石，本矿区氟碳铈矿主要有以下特点。

1)条带状萤石型铌稀土铁矿石中的氟碳铈矿多与独居石紧密共生，并以细粒集合体状组成条带，与萤石、磁铁矿、赤铁矿、磷灰石等相间分布，局部可见只有氟碳铈矿、无独居石的稀土条带。这一矿石类型中的氟碳铈矿颗粒较细，粒径小于 50μm。

2)霓石型铌稀土铁矿石中的氟碳铈矿一般颗粒较粗，呈半自形-他形粒状或板状分布，粒状分布的粒径为 0.05～0.50mm，板状分布的粒径可达 5.00mm，与其共生的矿物有易解石、重晶石、磷灰石、磁铁矿、钠闪石、萤石等，不同区域样品中氟碳铈矿的稀土配分不尽相同。

3)白云石型铌稀土铁矿石中的独居石多于氟碳铈矿，偶见氟碳铈矿 $La_2O_3>Ce_2O_3$，属于氟碳镧石(镧氟碳铈矿)。

4)钠闪石化白云石型铌稀土铁矿石中的氟碳铈矿呈不规则粒状、板状产出，其稀土配分中 $Ce_2O_3>Nd_2O_3>La_2O_3$，共伴生矿物为钠闪石、白云石、氟碳钙铈矿、硅钡铁钛石、磁铁矿、方解石、磷灰石等。

以上几种不同矿石类型中的氟碳铈矿，稀土配分虽有变化，但总体差别不大，一方面

图 3-1　氟碳铈矿手标本

说明氟碳铈矿有较强的铈族稀土配分选择性，另一方面说明矿区具有富$\sum Ce$贫$\sum Y$的地球化学特征。

据离子半径和配位数的关系，氟碳铈矿结构的矿物，REE 配位数为 11，只有利于半径较大的轻稀土进入晶格。白云鄂博的氟碳铈矿稀土配分多为 $Ce_2O_3>La_2O_3>Nd_2O_3$，个别为 $Ce_2O_3>Nd_2O_3>La_2O_3$，前者的稀土配分中铈量占一半，后者的稀土配分中铈量不足一半，钕多于镧；但本次工作中发现的氟碳镧石，稀土配分则为 $La_2O_3>Ce_2O_3>Nd_2O_3$，其成因有待做进一步的研究。

氟碳铈矿的稀土配分有以下特征。

1)不同产状的氟碳铈矿均为以 Ce 为高峰的强铈族稀土选择配分型。Ce_2O_3 占比为 38.57%～58.14%，相对比较稳定。

2)氟碳铈矿中 La_2O_3 和 Nd_2O_3 的稀土配分变化较大，La_2O_3 为 12.70%～41.64%，Nd_2O_3 为 8.97%～30.85%，且两者呈明显的负相关。$Nd_2O_3>La_2O_3$ 的样品分别为霓石型及钠闪石化白云石型稀土铁矿石。

3)条带状萤石型稀土铁矿石中的氟碳铈矿与独居石紧密共生，其稀土配分结果相似，Ce_2O_3 约占 50%，La_2O_3 为 25%～30%，Nd_2O_3 为 10%～15%。

4)当氟碳铈矿的共伴生矿物中有易解石时，易解石的高 Nd 低 La 并没有对氟碳铈矿及氟碳钙铈矿中的 Nd、La 产生影响，说明当时成矿热液中 Nd 浓度较高或两种矿物在不同时期形成。

5)矿物生成的先后顺序不同可能导致其稀土配分相差较大。

1. 条带状萤石型铌稀土铁矿石中的氟碳铈矿

在条带状萤石型铌稀土铁矿石中，大多数氟碳铈矿、独居石都是紧密相间组成条带，与萤石、磁铁矿、赤铁矿、磷灰石等矿物相间分布，颗粒较细，在显微镜下无法区分两种稀土矿物，粒径一般为 0.01～0.05mm。少部分稀土矿物仅为氟碳铈矿，呈细粒集合体条带状分布。

(1)条带状分布的氟碳铈矿

样品取自主矿 1486 台阶，属于条带状萤石型铌稀土铁矿石，稀土矿物全部为氟碳铈矿，以细粒集合形式呈细脉状、串珠状、条带状与萤石相间分布组成条带(图 3－2、图 3－3)。矿物有两种不同粒径：颗粒细小的氟碳铈矿呈无色，高突起，边缘线清晰，粒径约为 0.01mm；颗粒稍大的氟碳铈矿呈淡黄色，颗粒间边缘线不清晰，粒径为 0.03～0.05mm(图 3－4)。

共伴生矿物：萤石、磁铁矿、赤铁矿、磷灰石等。

图 3－2 至图 3－4 展示了颗粒细小边缘线清晰的氟碳铈矿与独居石镜下特征相似。为区分稀土矿物种类，做了矿物面扫描元素分布图(图 3－5 至图 3－7)，结果显示，扫描区域没有 P 元素存在(表 3－6)，电子探针测试结果(表 3－7)也证明两种不同颜色、不同粒径的稀土矿物均为氟碳铈矿，且其稀土配分中 Ce_2O_3 占 50.13%～51.08%，La_2O_3 占 32.89%～33.84%，变化范围均较小。

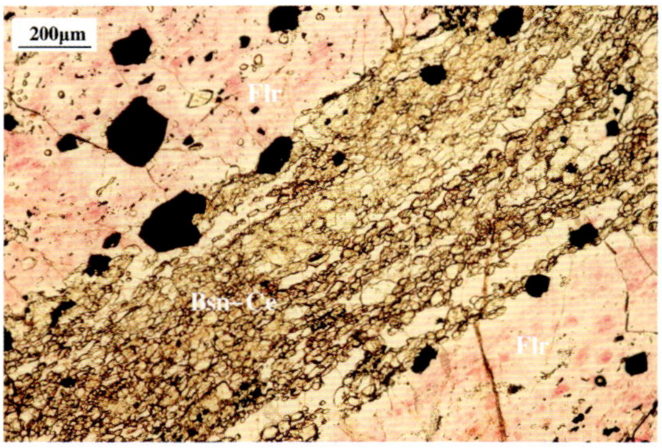

图 3－2　微细粒氟碳铈矿(Bsn－Ce)与萤石(Flr)相间组成条带(单偏光)

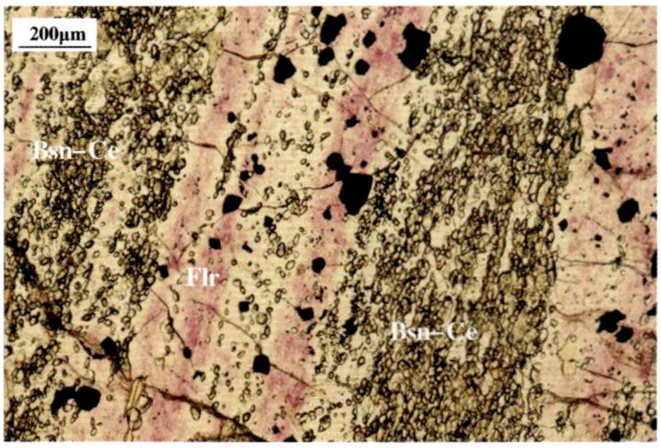

图 3－3　微细粒氟碳铈矿与萤石相间组成条带(单偏光)

图 3－4　颗粒大小不同的两种氟碳铈矿分别组成条带(单偏光)

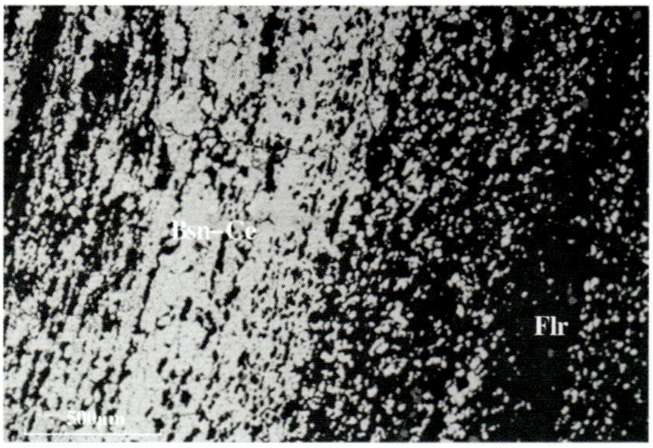

图 3－5　氟碳铈矿与萤石条带(BSE)

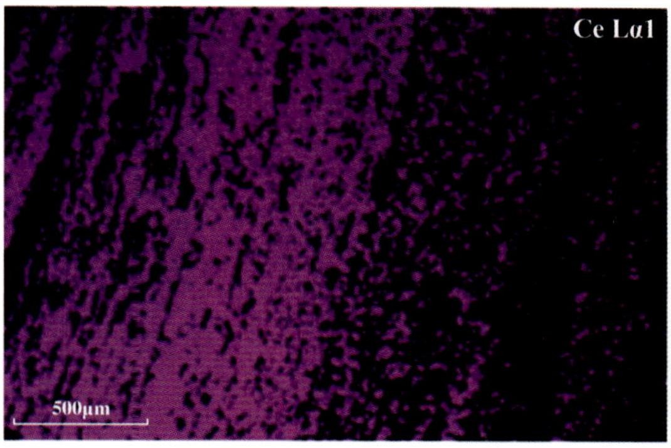

图 3-6　面扫描 Ce 元素分布图
与图 3-5 中氟碳铈矿吻合

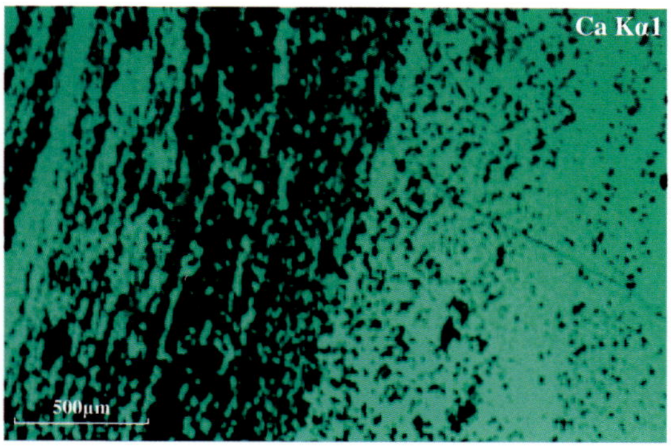

图 3-7　面扫描 Ca 元素分布图
与图 3-5 中萤石吻合

因稀土碳酸盐矿物中 CO_2 含量未测试，故根据电子探针测试结果平均值(表 3-7)及理论化学式，计算 CO_2 含量；以 $[CO_3]^{2-}=1$ 为基数，计算化学式：$(Ce_{0.50}La_{0.33}Nd_{0.11}Pr_{0.03}Gd_{0.01}Sm_{0.01}Ca_{0.01})_{\Sigma 1.00}(CO_3)F_{1.01}$。

表 3-6　样品面扫描元素分布　　单位：$w_t/\%$

成分	C	O	F	Si	Ca	La	Ce	Nd	总量
平均含量	7.85	33.79	15.62	1.05	19.93	7.92	11.25	2.59	100.00
稀土配分	$\Sigma RE_2O_3=21.76$					36.40	51.70	11.90	100.00

表 3-7　氟碳铈矿电子探针测试及稀土配分　　单位：$w_t/\%$

成分	测试点 P1	稀土配分	测试点 P2	稀土配分	测试点 P3	稀土配分	测试点 P4	稀土配分	平均值
F	8.49	$\Sigma RE_2O_3=72.92$	8.46	$\Sigma RE_2O_3=73.45$	8.76	$\Sigma RE_2O_3=73.00$	8.73	$\Sigma RE_2O_3=72.42$	8.61
CaO	0.18		0.15		0.16		0.32		0.20
ThO_2	0.12		0.05		0.05		0.14		0.09
La_2O_3	23.98	32.89	24.86	33.84	24.40	33.42	24.29	33.54	24.38
Ce_2O_3	37.19	51.00	36.83	50.13	36.66	50.22	36.99	51.08	36.92
Pr_2O_3	1.77	2.43	1.96	2.67	1.80	2.47	1.70	2.35	1.81
Nd_2O_3	8.73	11.97	8.32	11.32	8.92	12.22	8.10	11.18	8.52
Sm_2O_3	0.46	0.63	0.58	0.79	0.58	0.79	0.55	0.76	0.54
Gd_2O_3	0.63	0.86	0.69	0.94	0.53	0.73	0.68	0.94	0.63
Ho_2O_3	0.06	0.08	0.15	0.20	0.00	0.00	0.05	0.07	0.06
Er_2O_3	0.05	0.07	0.00	0.00	0.09	0.12	0.00	0.00	0.03
Lu_2O_3	0.01	0.01	0.06	0.08	0.02	0.03	0.00	0.00	0.02
Y_2O_3	0.04	0.05	0.02	0.03	0.00	0.00	0.06	0.08	0.03
$-O=F_2$	3.57		3.55		3.68		3.67		3.62

续表

成分	测试点 P1	稀土配分	测试点 P2	稀土配分	测试点 P3	稀土配分	测试点 P4	稀土配分	平均值
CO_2 *									19.67
总计	78.14	100.00	78.58	100.00	78.29	100.00	77.94	100.00	97.89

* CO_2 是按原子配比及理论值计算所得，下同。

(2)与独居石紧密共生的氟碳铈矿

样品属于条带状萤石型铌稀土铁矿石，主要矿物为萤石、氟碳铈矿、独居石、磁铁矿等(图 3-8)。氟碳铈矿、独居石在显微镜下均呈淡黄色微细粒集合体形式相间无序分布(图 3-9、图 3-10)，肉眼无法分辨。它们组成条带与萤石、磁铁矿相间，颗粒细小，粒径一般为 0.02～0.05mm。多数情况下在条带状萤石型铌稀土铁矿石中氟碳铈矿与独居石是以这种方式紧密相间无序分布的，需借助扫描电镜能谱分析或面扫描来区分(图 3-11 至图 3-14)。

共伴生矿物：萤石、独居石、磁铁矿、赤铁矿、磷灰石、白云石等。

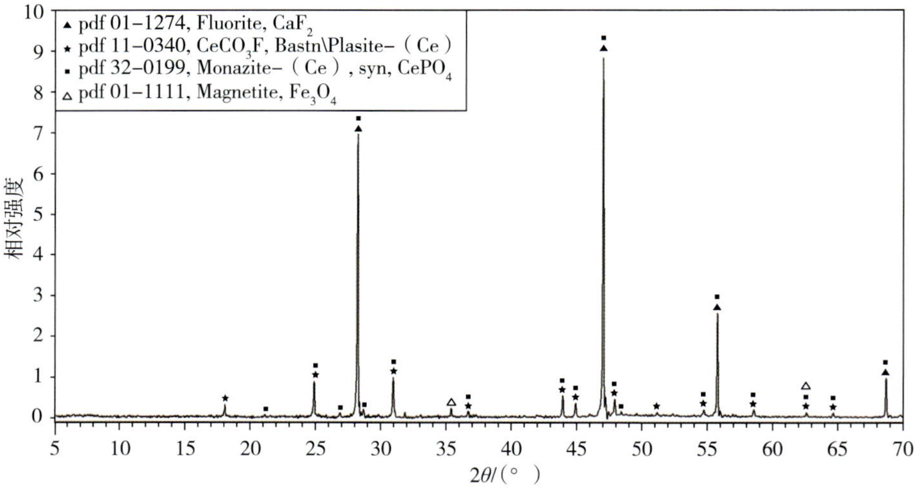

图 3-8　条带状萤石型铌稀土铁矿石 XRD 图谱

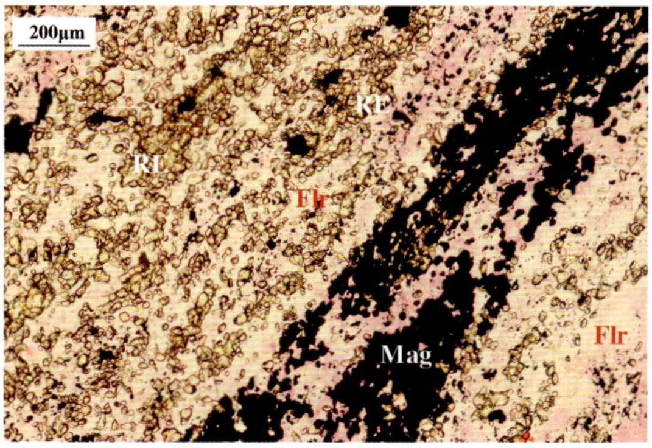

图 3-9　微细粒氟碳铈矿、独居石组成稀土矿物(RE)条带，与萤石(Flr)、磁铁矿(Mag)条带相间分布(单偏光)

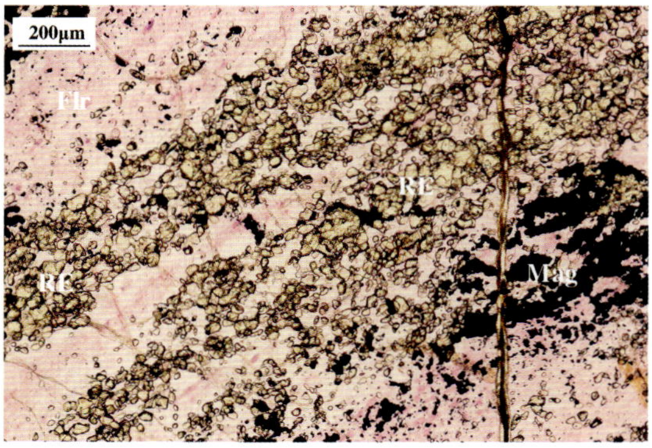

图 3-10　微细粒稀土矿物条带与萤石、磁铁矿条带相间分布(单偏光)

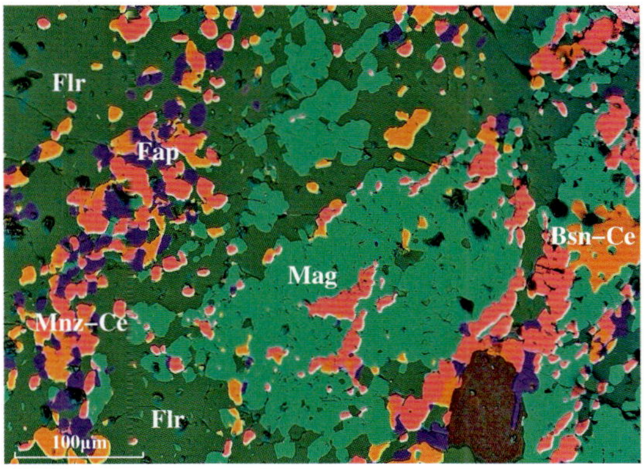

图 3-11 氟碳铈矿(Bsn-Ce)、独居石(Mnz-Ce)与磁铁矿、萤石(面扫描元素分布图)

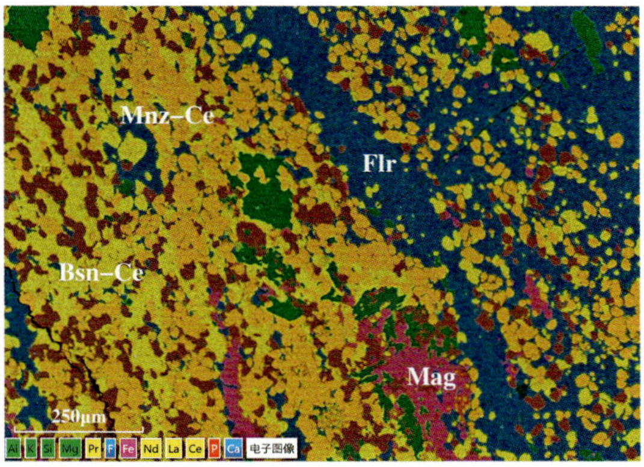

图 3-12 氟碳铈矿与独居石紧密相间无序分布，与萤石组成条带(面扫描元素分布图)

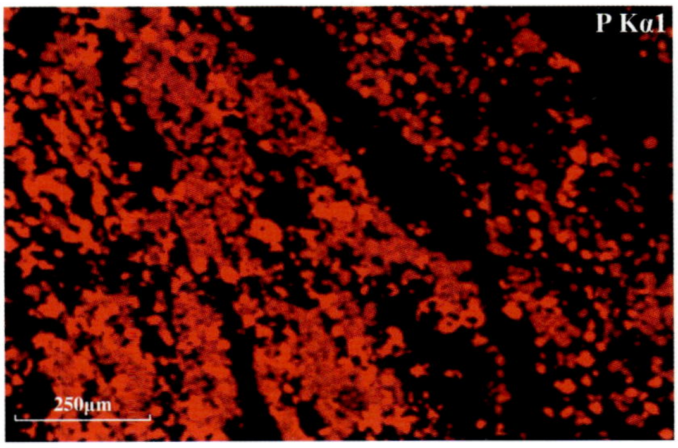

图 3-13 与图 3-12 中独居石相吻合(面扫描 P 元素分布图)

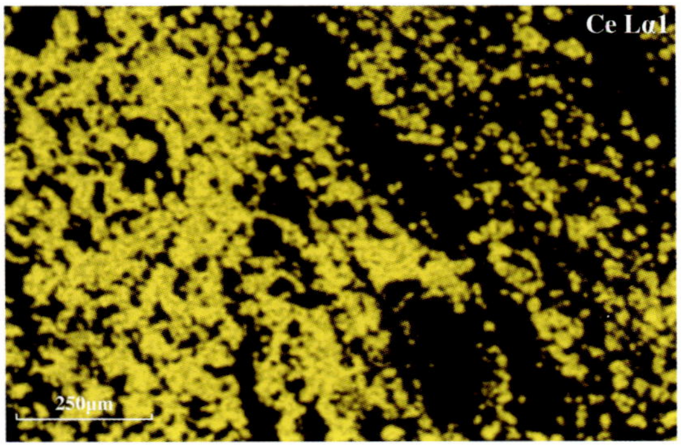

图 3-14 除与 P 吻合为独居石外，其余部分为氟碳铈矿(面扫描 Ce 元素分布图)

根据电子探针测试结果平均值(表 3-8)及理论化学式，计算 CO_2 含量；以$[CO_3]^{2-}=1$为基数，计算化学式：$(Ce_{0.48}La_{0.36}Nd_{0.11}Pr_{0.03}Sm_{0.01}Ca_{0.01})_{\Sigma 1.00}(CO_3)F_{1.03}$。

表 3-8 氟碳铈矿电子探针测试结果及稀土配分 单位：$w_t/\%$

成分	测试点 P1	稀土配分	测试点 P2	稀土配分	测试点 P3	稀土配分	平均值
F	8.63	ΣRE_2O_3 =73.11	8.81	ΣRE_2O_3 =73.39	8.73	ΣRE_2O_3 =72.54	8.72
CaO	0.16		0.19		0.11		0.15
ThO_2	0.01		0.16		0.00		0.06
Sc_2O_3	0.01		0.00		0.03		0.01
La_2O_3	26.40	36.11	26.59	36.23	26.33	36.30	26.44
Ce_2O_3	35.52	48.58	34.89	47.54	34.89	48.10	35.10
Pr_2O_3	2.10	2.87	1.72	2.33	2.44	3.36	2.09
Nd_2O_3	8.24	11.27	8.59	11.70	8.06	11.11	8.30

续表

成分	测试点 P1	稀土配分	测试点 P2	稀土配分	测试点 P3	稀土配分	平均值
Sm_2O_3	0.46	0.63	0.58	0.79	0.64	0.88	0.56
Gd_2O_3	0.02	0.03	0.00	0.00	0.00	0.00	0.01
Tb_2O_3	0.03	0.04	0.03	0.04	0.08	0.11	0.05
Dy_2O_3	0.00	0.00	0.70	0.95	0.00	0.00	0.23
Ho_2O_3	0.15	0.21	0.01	0.01	0.00	0.00	0.05
Tm_2O_3	0.13	0.18	0.03	0.04	0.03	0.04	0.06
Yb_2O_3	0.00	0.00	0.06	0.08	0.00	0.00	0.02
Y_2O_3	0.06	0.08	0.19	0.26	0.07	0.10	0.11
$-O=F_2$	3.62		3.70		3.67		3.66
$CO_2{}^*$							19.64
总计	78.30	100.00	78.85	100.00	77.47	100.00	97.94

(3)与氟碳钙铈矿共生的氟碳铈矿

样品为主矿条带状萤石型铌稀土铁矿石。氟碳铈矿呈半自形粒状或集合体形式分布，并与榍石紧密相间，氟碳钙铈矿以连生体形式与氟碳铈矿共生(图 3-15、图 3-16)。氟碳铈矿粒径为 0.08～0.15mm。

BSE 图像(图 3-15)中，红色“+”为氟碳铈矿测试点，黄色“+”为氟碳钙铈矿测试点。二者稀土配分相似，均为 Ce_2O_3 略高于一半，且 $La_2O_3>Nd_2O_3$。

共伴生矿物：萤石、磁铁矿、榍石、易解石、氟碳钙铈矿、霓石、钠闪石、方解石等。

根据电子探针测试结果平均值及理论化学式，计算 CO_2 含量；分别以$[CO_3]^{2-}=1$、3 为基数，计算化学式。

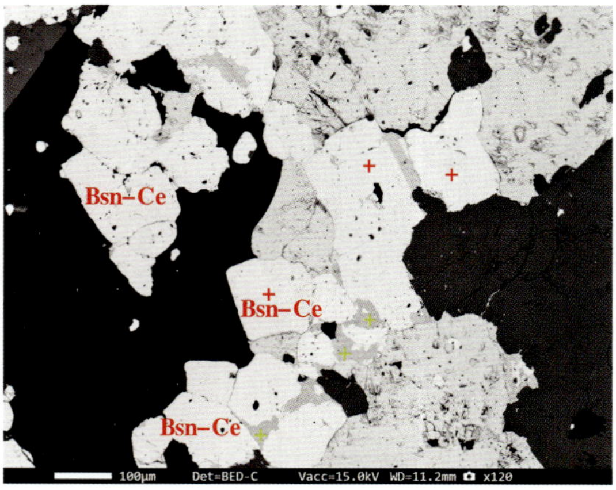

图 3-15　半自形粒状分布的氟碳铈矿(Bsn-Ce)(BSE)

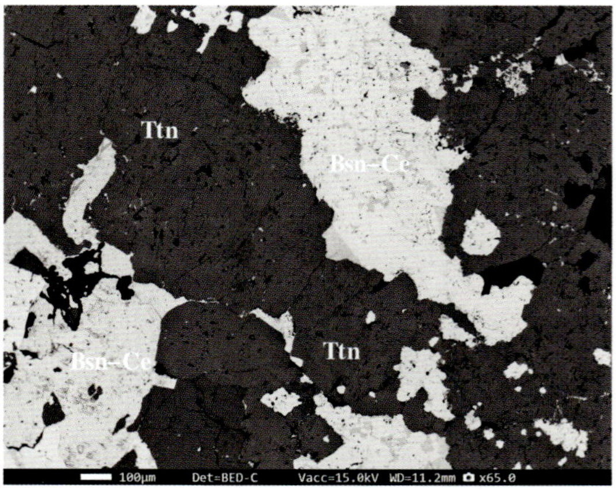

图 3-16　粒状集合体分布的氟碳铈矿(BSE)

依据表 3－9，氟碳铈矿化学式为$(Ce_{0.57}La_{0.27}Nd_{0.12}Pr_{0.04})_{\Sigma 1.00}(CO_3)F_{1.03}$；依据表 3－10，氟碳钙铈矿化学式为$(Ca_{1.00}Sr_{0.01})_{\Sigma 1.01}(Ce_{1.13}La_{0.47}Nd_{0.29}Pr_{0.08}Sm_{0.02}Y_{0.01})_{\Sigma 2.00}(CO_3)_3F_{2.13}$。

表 3－9　氟碳铈矿电子探针测试结果及稀土配分　　单位：w_t/%

成分	测试点 P1	稀土配分	测试点 P2	稀土配分	测试点 P3	稀土配分	平均值
F	8.47	ΣRE_2O_3 =73.27	8.76	ΣRE_2O_3 =72.73	8.66	ΣRE_2O_3 =72.15	8.63
SrO	0.05		0.05		0.05		0.05
CaO	0.09		0.03		0.05		0.06
ThO_2	0.26		0.15		0.10		0.17
Sc_2O_3	0.00		0.00		0.06		0.02
La_2O_3	18.13	24.74	18.95	26.06	20.23	28.04	19.10
Ce_2O_3	42.15	57.53	41.41	56.94	40.38	55.97	41.32
Pr_2O_3	2.77	3.78	2.70	3.71	2.24	3.10	2.57
Nd_2O_3	9.37	12.79	9.27	12.75	8.87	12.29	9.17
Sm_2O_3	0.42	0.57	0.27	0.37	0.32	0.44	0.33
Eu_2O_3	0.11	0.15	0.00	0.00	0.00	0.00	0.04
Gd_2O_3	0.09	0.12	0.00	0.00	0.00	0.00	0.03
Tb_2O_3	0.10	0.13	0.00	0.00	0.00	0.00	0.03
Ho_2O_3	0.09	0.12	0.00	0.00	0.00	0.00	0.03
Lu_2O_3	0.03	0.04	0.00	0.00	0.01	0.02	0.01
Y_2O_3	0.03	0.04	0.12	0.17	0.10	0.14	0.08
$-O=F_2$	3.56		3.68		3.64		3.63
CO_2^*							19.41
总计	78.59	100.00	78.04	100.00	77.43	100.00	97.43

表 3－10　氟碳钙铈矿电子探针测试结果及稀土配分　　单位：w_t/%

成分	测试点 P1	稀土配分	测试点 P2	稀土配分	测试点 P3	稀土配分	平均值
F	7.33	ΣRE_2O_3 =59.48	7.13	ΣRE_2O_3 =58.13	7.38	ΣRE_2O_3 =59.49	7.28
SrO	0.24		0.30		0.22		0.25
CaO	10.10		10.13		10.01		10.08
ThO_2	0.10		0.09		0.10		0.10
La_2O_3	13.59	22.85	13.70	23.56	13.93	23.41	13.74
Ce_2O_3	33.52	56.35	31.88	54.84	34.25	57.58	33.22
Pr_2O_3	2.00	3.37	2.61	4.49	2.08	3.49	2.23
Nd_2O_3	9.23	15.51	8.42	14.48	8.22	13.81	8.62

续表

成分	测试点 P1	稀土配分	测试点 P2	稀土配分	测试点 P3	稀土配分	平均值
Sm_2O_3	0.76	1.27	0.65	1.11	0.60	1.01	0.67
Eu_2O_3	0.00	0.00	0.15	0.26	0.08	0.14	0.08
Gd_2O_3	0.07	0.12	0.20	0.34	0.07	0.12	0.11
Dy_2O_3	0.00	0.00	0.12	0.21	0.00	0.00	0.04
Ho_2O_3	0.05	0.08	0.00	0.00	0.00	0.00	0.02
Er_2O_3	0.05	0.08	0.00	0.00	0.14	0.23	0.06
Tm_2O_3	0.00	0.00	0.12	0.20	0.08	0.14	0.07
Lu_2O_3	0.04	0.07	0.06	0.11	0.00	0.00	0.04
Y_2O_3	0.18	0.30	0.23	0.40	0.05	0.08	0.15
$-O=F_2$	3.08		2.99		3.10		3.06
$CO_2{}^*$							23.75
总计	74.17	100.00	72.79	100.00	74.11	100.00	97.44

2. 霓石型铌稀土矿石中的氟碳铈矿

(1)粒状、板状分布的氟碳铈矿

样品采自东矿(图 3-17)。氟碳铈矿呈淡黄色，弱多色性，自形、半自形-他形粒状、板状、柱状分布(图 3-18 至图 3-21)，并与磷灰石、磁铁矿紧密共生(图 3-22 至图 3-24)，粒径为 0.04～0.50mm。

共伴生矿物：霓石、磷灰石、石英、方解石、钠闪石、萤石、黑云母、磁铁矿等。

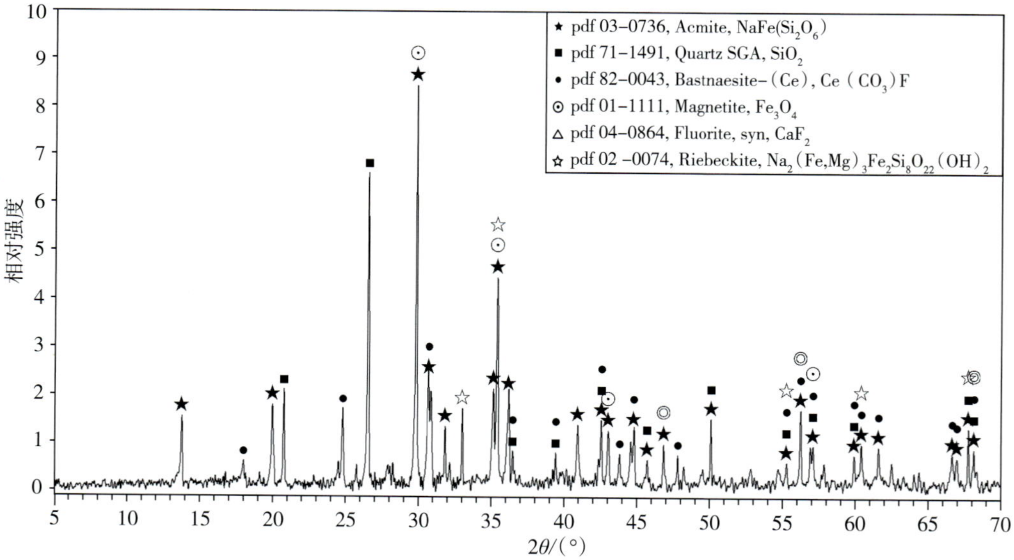

图 3-17 霓石型铌稀土矿石 XRD 图谱

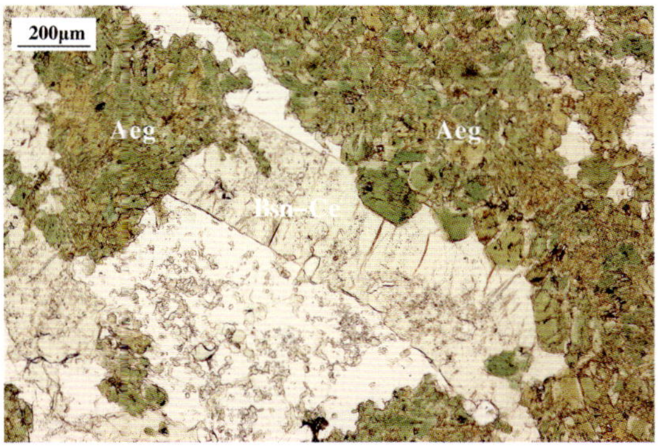

图 3-18 分布于霓石(Aeg)矿物间的
板状氟碳铈矿(Bsn-Ce)(单偏光)

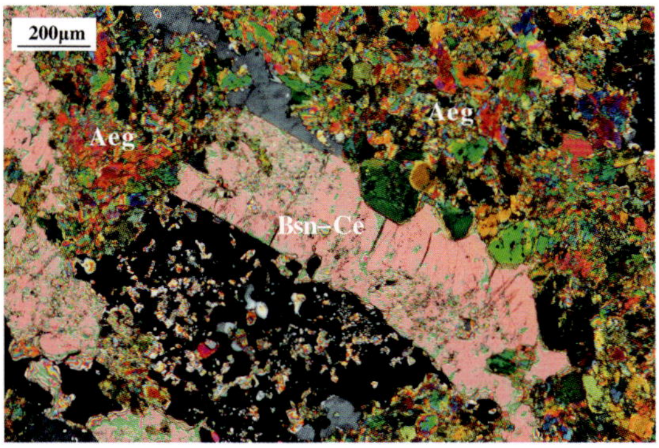

图 3-19 分布于霓石矿物间的
板状氟碳铈矿(正交偏光)

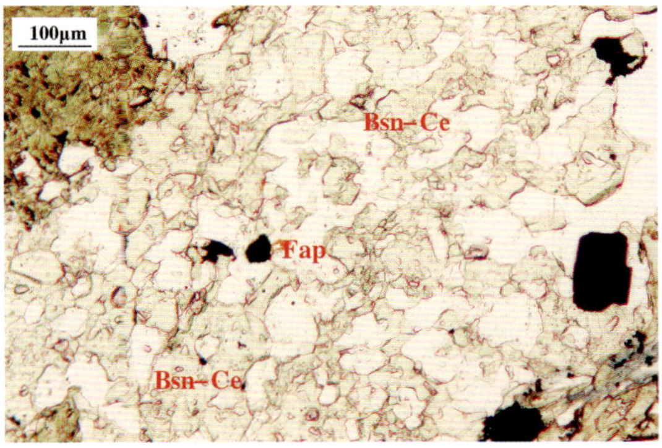

图 3-20 与磷灰石(Fap)相间分布的
粒状氟碳铈矿(单偏光)

图 3-21 与磷灰石相间分布的
粒状氟碳铈矿(正交偏光)

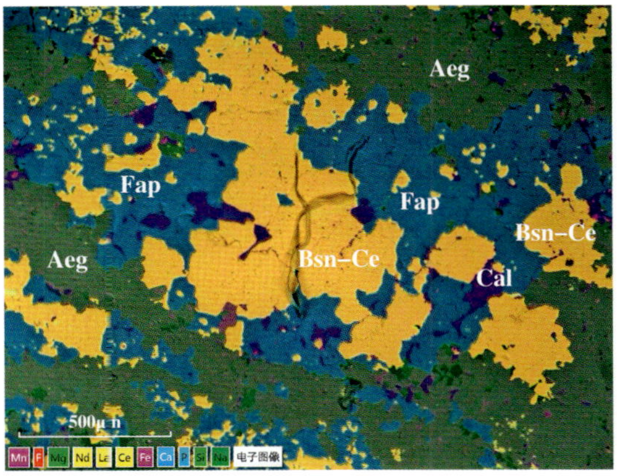

图 3-22 不规则粒状氟碳铈矿与
磷灰石紧密相间分布
(面扫描元素分布图)

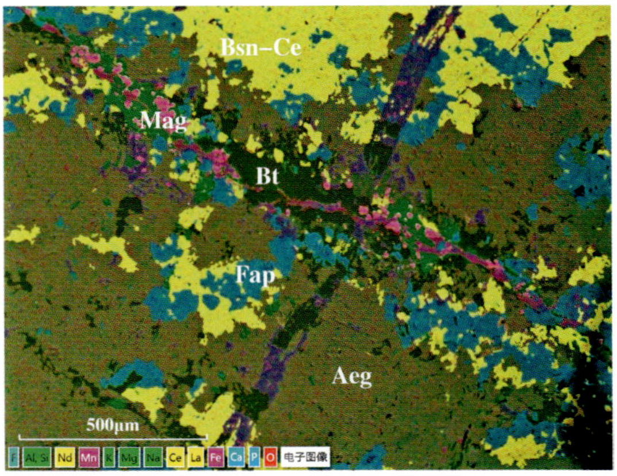

图 3-23 分布于霓石中的不规则
粒状氟碳铈矿
(面扫描元素分布图)

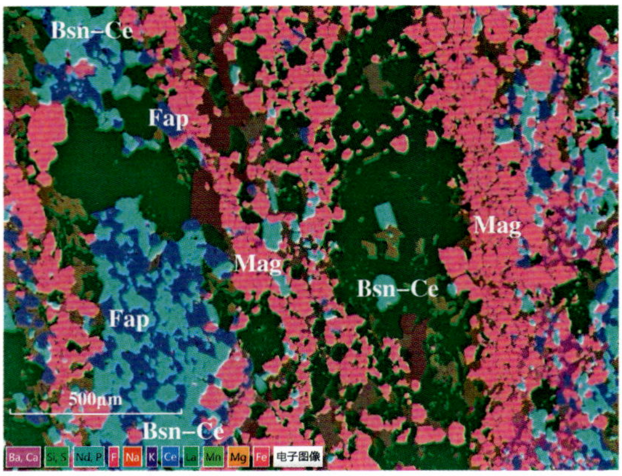

图 3-24　氟碳铈矿、磁铁矿(Mag)与磷灰石(面扫描元素分布图)

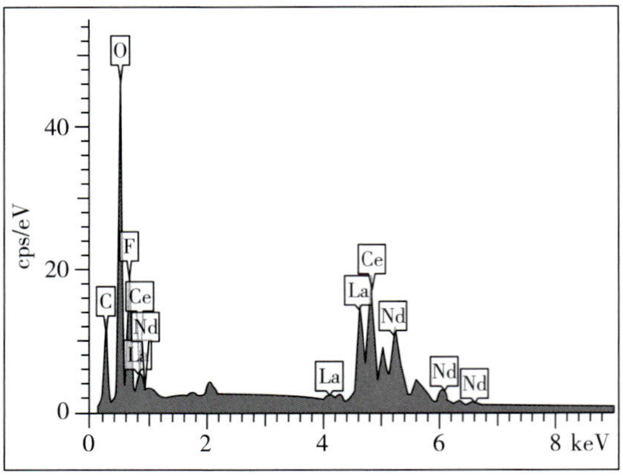

图 3-25　氟碳铈矿能谱图

稀土配分中(表 3-11)，Ce_2O_3 占 45.01%～45.58%，未达到稀土总量的一半；La_2O_3 占 34.17%～34.94%，远远大于 Nd_2O_3(9.46%～9.73%)。

根据电子探针测试结果平均值(表 3-11)及理论化学式，计算 CO_2 含量；以$[CO_3]^{2-}=1$为基数，计算化学式：$(Ce_{0.45}La_{0.35}Pr_{0.09}Nd_{0.09}Sm_{0.01}Gd_{0.01})_{\Sigma 1.00}(CO_3)F_{0.95}$。

表 3-11　氟碳铈矿电子探针测试结果及稀土配分　　单位：w_t/%

成分	测试点 P1	稀土配分	测试点 P2	稀土配分	测试点 P3	稀土配分	平均值
F	7.88	ΣRE_2O_3 =71.66	7.80	ΣRE_2O_3 =71.36	7.89	ΣRE_2O_3 =72.07	7.86
CaO	0.05		0.03		0.05		0.04
Sc_2O_3	0.00		0.12		0.08		0.07
La_2O_3	24.57	34.29	24.93	34.94	24.70	34.17	24.73
Ce_2O_3	32.66	45.58	32.12	45.01	32.72	45.28	32.50
Pr_2O_3	6.38	8.90	6.52	9.14	6.63	9.18	6.51
Nd_2O_3	6.97	9.73	6.75	9.46	6.84	9.46	6.85
Sm_2O_3	0.49	0.68	0.39	0.54	0.47	0.64	0.45
Gd_2O_3	0.44	0.61	0.40	0.56	0.43	0.60	0.42
Dy_2O_3	0.04	0.05	0.00	0.00	0.00	0.00	0.01
Ho_2O_3	0.04	0.05	0.00	0.00	0.14	0.19	0.06
Tm_2O_3	0.00	0.00	0.06	0.08	0.13	0.17	0.06
Yb_2O_3	0.00	0.00	0.12	0.16	0.02	0.03	0.05
Lu_2O_3	0.07	0.10	0.07	0.10	0.00	0.00	0.05
$-O=F_2$	3.31		3.28		3.31		3.30
$CO_2{}^*$							19.14
总计	76.28	100.00	76.03	100.00	76.43	100.00	95.23

(2)板状分布的氟碳铈矿

样品采自主矿(图 3-26)。氟碳铈矿呈淡黄色，自形板状分布，弱多色性，高级白干涉色，颗粒粗大(图 3-27 至图 3-30)，粒径(长轴)为 2.00～5.00mm。

共伴生矿物：霓石、重晶石、磷灰石、氟碳钙铈矿、钠闪石、易解石、萤石、石英等。

面扫描元素分布图显示，氟碳铈矿呈自形板状分布于磷灰石中，重晶石呈细脉状切断氟碳铈矿，霓石呈细粒状、叶片状分布于氟碳铈矿中，氟碳钙铈矿分布于霓石矿物间(图 3-31、图 3-32)。

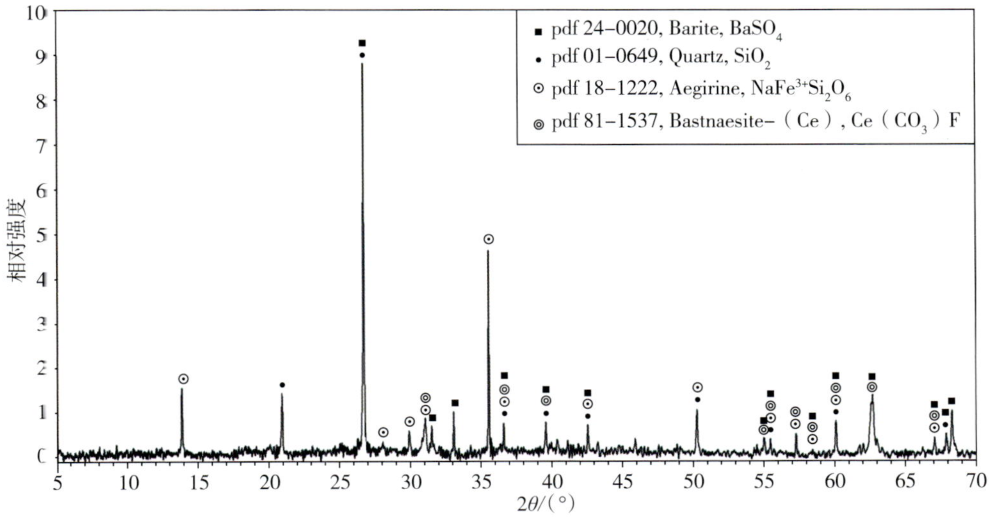

图 3-26 霓石型铌稀土矿石 XRD 图谱

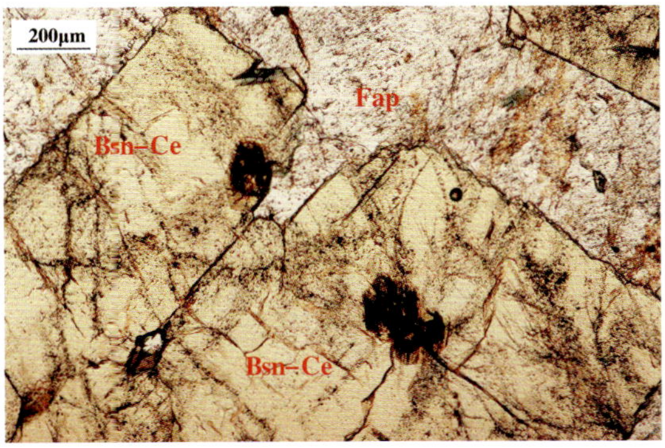

图 3-27 颗粒粗大、呈自形晶板状分布的氟碳铈矿(Bsn-Ce)(单偏光)

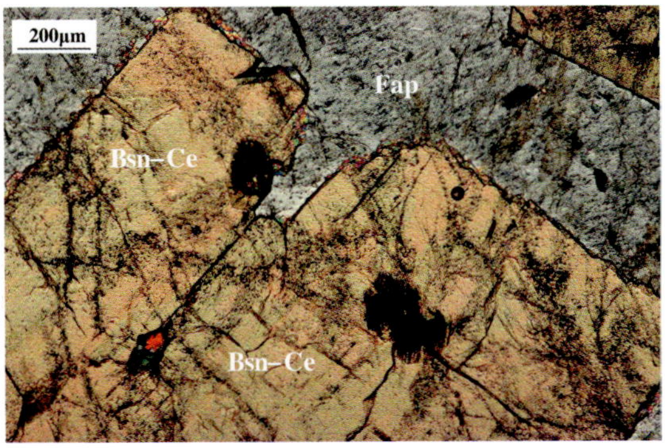

图 3-28 颗粒粗大、呈自形晶板状分布的氟碳铈矿(正交偏光)

稀土配分中(表 3-12)，Ce_2O_3 为 57.74%～58.41%，La_2O_3(21.56%～22.07%)大于 Nd_2O_3(14.70%～15.31%)，共生稀土矿物有氟碳钙铈矿及易解石，氟碳钙铈矿稀土配分中，Ce_2O_3 的稀土配分占比为 55.33%～58.08%，Nd_2O_3(18.73%～20.84%)大于 La_2O_3(15.20%～18.25%)(表 3-18)，与氟碳铈矿不同。易解石的稀土配分中(表 4-10)，Nd_2O_3 最高(45.92%～49.09%)，La_2O_3 较低(2.38%～4.02%)，Ce_2O_3(33.13%～

35.99%)小于 Nd_2O_3，属于钕易解石。对比稀土配分数据，易解石的高 Nd 低 La 并没有对氟碳铈矿及氟碳钙铈矿中的 Nd、La 含量产生影响，推测可能非同期形成。

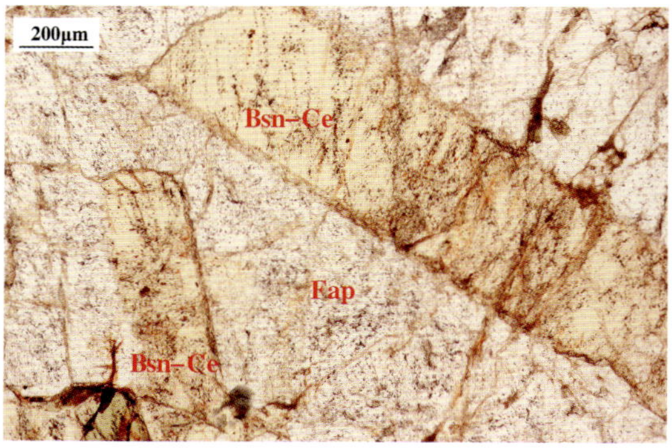

图 3-29　呈自形板状分布于磷灰石(Fap)中的氟碳铈矿(单偏光)

图 3-30　呈自形板状分布于磷灰石中的氟碳铈矿(正交偏光)

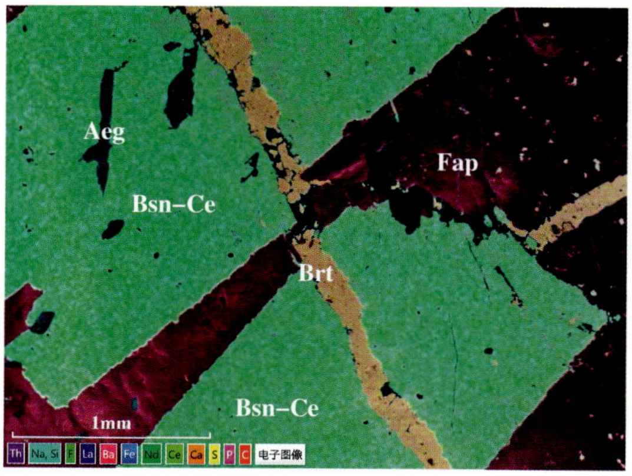

图 3-31　氟碳铈矿分布于磷灰石中，重晶石(Brt)呈细脉状切断氟碳铈矿，霓石(Aeg)呈细粒状、叶片状分布于氟碳铈矿中(面扫描元素分布图)

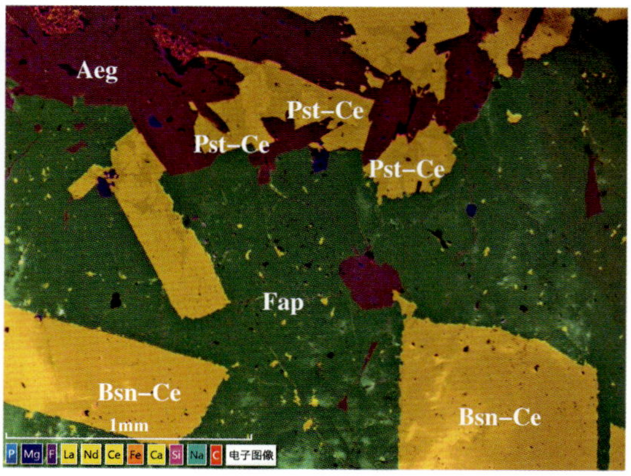

图 3-32　氟碳铈矿呈自形板状分布于磷灰石中，氟碳钙铈矿(Pst-Ce)分布于霓石矿物间(面扫描元素分布图)

根据电子探针测试结果平均值及理论化学式，计算 CO_2 含量；以$[CO_3]^{2-}=1$为基数，计算化学式：$(Ce_{0.58}La_{0.22}Nd_{0.15}Pr_{0.04}Sm_{0.01})_{\Sigma 1.00}(CO_3)F_{1.04}$。

表 3-12　氟碳铈矿电子探针测试结果及稀土配分　　单位：w_t/%

成分	测试点 P1	稀土配分	测试点 P2	稀土配分	测试点 P3	稀土配分	平均值
F	8.17	ΣRE_2O_3 =74.63	8.10	ΣRE_2O_3 =74.77	7.77	ΣRE_2O_3 =73.76	8.01
CaO	0.20		0.06		0.08		0.11
ThO_2	0.42		0.44		0.35		0.40
Sc_2O_3	0.00		0.04		0.03		0.02
La_2O_3	16.47	22.07	16.12	21.56	15.94	21.61	16.18

续表

成分	测试点 P1	稀土配分	测试点 P2	稀土配分	测试点 P3	稀土配分	平均值
Ce_2O_3	43.28	57.99	43.67	58.41	42.59	57.74	43.18
Pr_2O_3	2.49	3.33	2.76	3.69	3.20	4.34	2.82
Nd_2O_3	11.43	15.31	10.99	14.70	11.25	15.25	11.22
Sm_2O_3	0.43	0.58	0.51	0.68	0.46	0.63	0.47
Eu_2O_3	0.13	0.18	0.00	0.00	0.00	0.00	0.04
Gd_2O_3	0.11	0.15	0.13	0.18	0.21	0.28	0.15
Tb_2O_3	0.09	0.12	0.00	0.00	0.00	0.00	0.03
Dy_2O_3	0.01	0.02	0.02	0.03	0.01	0.01	0.01
Ho_2O_3	0.08	0.11	0.02	0.03	0.00	0.00	0.03
Er_2O_3	0.11	0.15	0.05	0.07	0.10	0.13	0.09
Tm_2O_3	0.00	0.00	0.09	0.12	0.00	0.00	0.03
Yb_2O_3	0.00	0.00	0.14	0.19	0.00	0.00	0.05
Lu_2O_3	0.00	0.00	0.22	0.29	0.01	0.01	0.08
Y_2O_3	0.00	0.00	0.04	0.05	0.00	0.00	0.01
$-O=F_2$	3.43		3.40		3.26		3.36
CO_2^*							19.91
总计	79.99	100.00	80.00	100.00	78.74	100.00	99.49

3. 钠闪石化白云石型铌稀土铁矿石中的氟碳铈矿

样品采自主矿。氟碳铈矿呈淡黄色、自形-半自形柱状、粒状分布于方解石间，粒径为0.10～0.50mm(图3-33、图3-34)。BSE图像显示氟碳铈矿颗粒边缘或中间有氟碳钙铈矿不规则状分布，推测为Ca后期交代氟碳铈矿而成(图3-35、图3-36)。

共伴生矿物：白云石、钠闪石、磁铁矿、氟碳钙铈矿、硅钡铁钛石、方解石、磷灰石、黑云母、烧绿石、萤石等。

图3-33 自形-半自形晶氟碳铈矿(Bsn-Ce)分布于方解石(Cal)间(单偏光)

图3-34 氟碳铈矿分布于方解石间(单偏光)

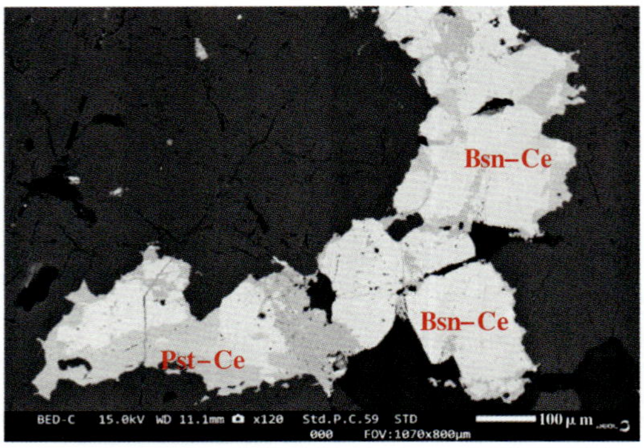

图 3-35　氟碳铈矿与氟碳钙铈矿(Pst-Ce)(BSE)

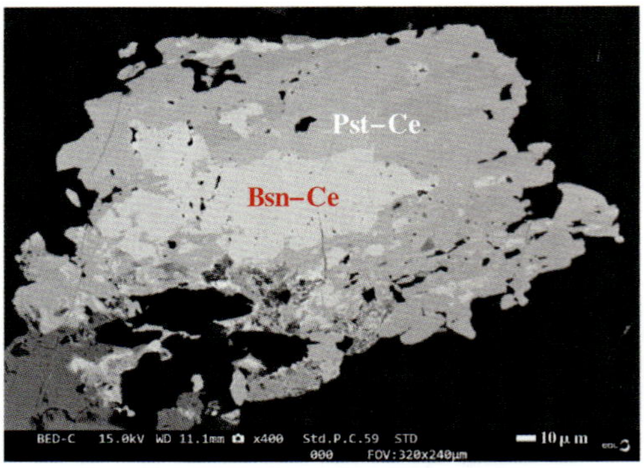

图 3-36　氟碳铈矿与氟碳钙铈矿(BSE)

稀土配分(表 3-13)显示，Ce_2O_3(41.65%～43.90%)＞Nd_2O_3(30.79%～31.27%)＞La_2O_3(12.88%～14.65%)，但相对来说 Ce_2O_3 较低、Nd_2O_3 较高。

根据电子探针测试结果平均值(表 3-13)及理论化学式，计算 CO_2 含量；以$[CO_3]^{2-}=1$为基数，计算化学式：$(Ce_{0.43}Nd_{0.30}La_{0.14}Pr_{0.04}Eu_{0.04}Sm_{0.02}Mn_{0.02}Gd_{0.01})_{\Sigma 1.00}(CO_3)F_{0.94}$。

表 3-13　氟碳铈矿电子探针测试结果及稀土配分　　单位：w_t/%

成分	测试点 P1	稀土配分	测试点 P2	稀土配分	测试点 P3	稀土配分	平均值
F	7.78		8.17		7.94		7.96
CaO	0.10	$\sum RE_2O_3$	0.11	$\sum RE_2O_3$	0.03	$\sum RE_2O_3$	0.08
MnO	0.04	=72.05	1.12	=73.21	1.15	=72.35	0.77
ThO_2	0.11		0.00		0.08		0.06
La_2O_3	9.28	12.88	9.84	13.45	10.60	14.65	9.91
Ce_2O_3	31.63	43.90	31.39	42.88	30.14	41.65	31.05
Pr_2O_3	3.13	4.35	3.31	4.53	3.19	4.41	3.21
Nd_2O_3	22.53	31.27	22.66	30.95	22.28	30.79	22.49
Sm_2O_3	1.22	1.69	1.46	1.99	1.40	1.93	1.36
Eu_2O_3	3.16	4.39	3.51	4.79	3.77	5.21	3.48
Gd_2O_3	0.76	1.05	0.75	1.03	0.81	1.12	0.77
Dy_2O_3	0.15	0.21	0.04	0.06	0.10	0.14	0.10
Ho_2O_3	0.17	0.23	0.22	0.30	0.00	0.00	0.13
Y_2O_3	0.02	0.03	0.02	0.03	0.07	0.10	0.04
$-O=F_2$	3.27		3.43		3.33		3.34
CO_2^*							19.63
总计	76.81	100.00	79.17	100.00	78.23	100.00	97.70

4. 辉长岩中的氟碳铈矿

样品采自东部接触带花岗岩与白云岩交汇处。在显微镜下，不透明暗色部分矿物无法辨识，但反射光下可见两种矿物，应为矿物蚀变或被不完全交代，仍保留原矿物晶形轮廓

(图3-37至图3-41)。BSE图像(图3-42)及电子探针测试结果(表3-14)显示，中间暗色部分为磷灰石，边缘亮色部分为氟碳铈矿，故推断磷灰石在稀土浓度高时被不完全交代，形成氟碳铈矿，因含Th(ThO_2平均含量为0.55%)较高，导致矿物呈棕黑色。

共伴生矿物：辉石、钠长石、黑云母、榍石、磷灰石、铈硅磷灰石、白云石、方解石等。

图3-37　磷灰石(Fap)被稀土不完全交代形成氟碳铈矿(Bsn-Ce)，并保留原矿物晶形(单偏光)

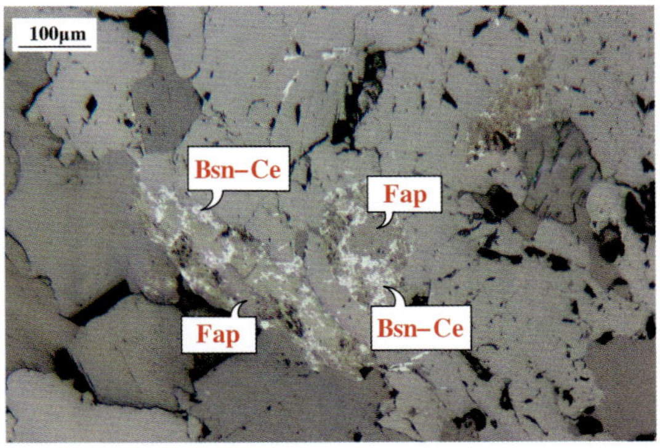

图3-38　磷灰石被稀土不完全交代形成氟碳铈矿，并保留原矿物晶形(反射光)

图3-39　因含Th导致磷灰石矿物颜色呈棕黑色(单偏光)

图3-40　因含Th导致磷灰石矿物颜色呈棕黑色(正交偏光)

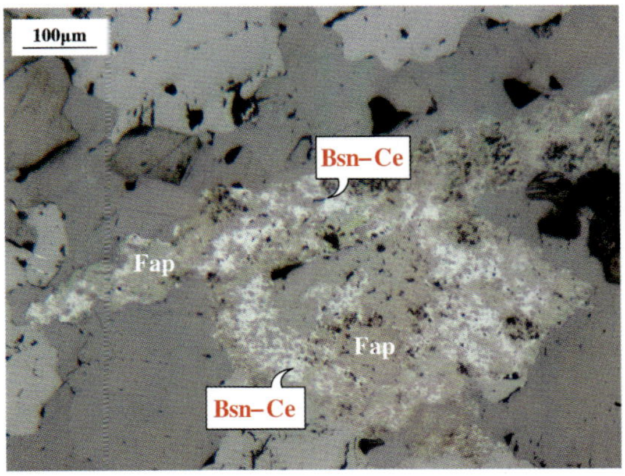

图3-41　被稀土溶液交代形成氟碳铈矿，残余的磷灰石保留原矿物晶形(反射光)

图3-42　中间为残留的磷灰石(BSE)红色“+”为氟碳铈矿测试点位置

由电子探针测试(表 3-14)结果可知，CaO 含量平均值为 5.77%，P_2O_5 含量平均值 4.55%，CaO 与 P_2O_5 应为磷灰石成分；F 含量偏低，稀土含量为 61.65%～64.15%，所以测试点有磷灰石的成分。

表 3-14　氟碳铈矿电子探针测试结果及稀土配分　　单位：w_t/%

成分	测试点 P1	稀土配分	测试点 P2	稀土配分	测试点 P3	稀土配分	平均值
F	4.46		5.01		5.25		4.91
CaO	5.97		5.60		5.74		5.77
SrO	0.91		0.57		0.76		0.75
SiO_2	0.67	$\sum RE_2O_3$	0.37	$\sum RE_2O_3$	0.69	$\sum RE_2O_3$	0.58
P_2O_5	4.87	=61.65	3.80	=64.15	4.99	=64.09	4.55
FeO	0.81		0.51		0.78		0.70
ThO_2	0.54		0.64		0.46		0.55
Sc_2O_3	0.00		0.01		0.05		0.02
La_2O_3	17.53	28.43	18.08	28.18	16.97	28.24	17.53
Ce_2O_3	33.51	54.35	34.76	54.18	32.29	53.73	33.52
Pr_2O_3	2.11	3.43	2.35	3.66	2.10	3.50	2.19
Nd_2O_3	6.77	10.98	7.25	11.30	6.85	11.41	6.96
Sm_2O_3	0.63	1.02	0.72	1.11	0.80	1.34	0.72
Eu_2O_3	0.07	0.11	0.00	0.00	0.09	0.15	0.05
Gd_2O_3	0.13	0.21	0.21	0.33	0.05	0.09	0.13
Tb_2O_3	0.17	0.28	0.00	0.00	0.00	0.00	0.06
Dy_2O_3	0.19	0.30	0.15	0.23	0.15	0.25	0.16
Ho_2O_3	0.03	0.05	0.11	0.17	0.02	0.03	0.05
Er_2O_3	0.00	0.00	0.04	0.06	0.00	0.00	0.01
Lu_2O_3	0.09	0.14	0.03	0.05	0.16	0.26	0.09
Y_2O_3	0.43	0.70	0.47	0.73	0.60	1.00	0.50
$-O=F_2$	1.87		2.10		2.21		2.06
CO_2 *							25.00
总计	78.00	100.00	78.56	100.00	80.60	100.00	104.05

氟碳镧石(镧氟碳铈矿)　Bastnäesite -(La)

$La(CO_3)F$

晶体结构：六方晶系，空间群为 $P\bar{6}2c$。$a_0=7.118$Å，$c_0=9.762$Å，$Z=6$。

形态：复三方双锥晶形，$D_{3h}-\bar{6}m2(L_i^6 3L^2 3P)$。晶体呈六方柱或{0001}发育的板状，或细粒集合体状。

物理性质：浅黄色、黄色、褐黄色，透明-半透明，玻璃光泽。摩氏硬度 4～5，相对密度 4.89。

显微镜下特征：一轴晶(+)，$N_e=1.818$，$N_o=1.717$，$N_e-N_o=0.101$。透射光下呈无色透明或淡黄色，弱多色性，突起高，高级白干涉色。

白云石型稀土铁矿石中的氟碳镧石

样品采自主矿。稀土矿物主要为独居石，少量氟碳铈矿以半自形-他形细粒状形式与独居石紧密相间，分布于白云石矿物间隙，颗粒细小，粒径一般为0.02～0.03mm(图3-43)。

稀土矿物多为独居石，氟碳铈矿含量不高，但是其稀土配分却与众不同。氟碳铈矿能谱图显示稀土元素La>Ce(图3-44)，根据电子探针测试结果(表3-15)，La_2O_3(平均含量为29.75%)>Ce_2O_3(平均含量为28.72%)，按照稀土矿物命名原则(Nickel and Grice，2000)，应为氟碳镧石。

共伴生矿物：白云石、赤铁矿、磁铁矿、独居石、萤石、重晶石等。

根据电子探针测试结果平均值及理论化学式，计算CO_2含量；以$[CO_3]^{2-}=1$为基数，计算化学式：$(La_{0.41}Ce_{0.39}Pr_{0.10}Nd_{0.09}Sm_{0.01})_{\Sigma 1.00}(CO_3)F_{1.01}$。

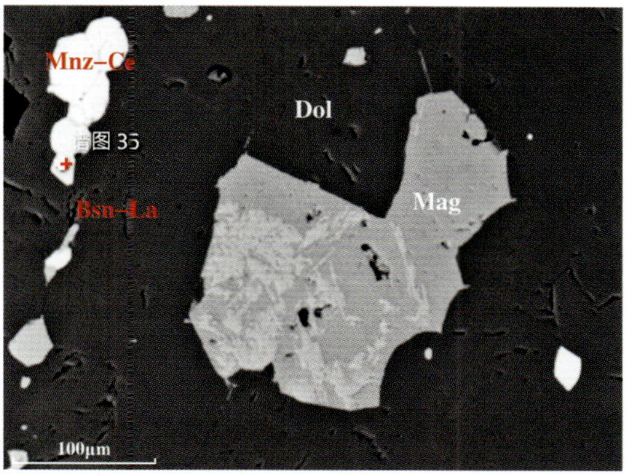

图3-43 氟碳镧石(Bsn-La)与独居石(Mnz-Ce)(BSE)

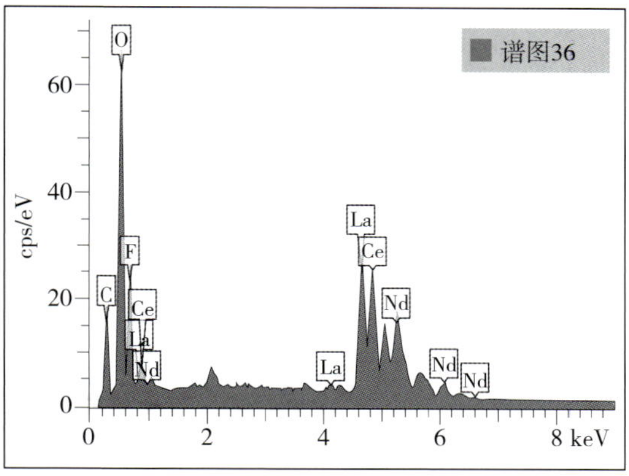

图3-44 氟碳镧石能谱图

表3-15 氟碳镧石电子探针测试结果及稀土配分 单位：w_t/%

成分	测试点P1	稀土配分	测试点P2	稀土配分	平均值
F	8.63	ΣRE_2O_3=73.53	8.53	ΣRE_2O_3=72.86	8.58
CaO	0.07		0.06		0.07
ThO_2	0.05		0.08		0.07
La_2O_3	29.78	40.50	29.72	40.79	29.75
Ce_2O_3	28.61	38.91	28.83	39.57	28.72
Pr_2O_3	7.63	10.38	7.49	10.28	7.56
Nd_2O_3	6.65	9.04	6.11	8.39	6.38
Sm_2O_3	0.59	0.80	0.28	0.38	0.44
Gd_2O_3	0.17	0.23	0.27	0.37	0.22
Dy_2O_3	0.04	0.05	0.00	0.00	0.02
Ho_2O_3	0.00	0.00	0.01	0.01	0.01
Lu_2O_3	0.04	0.05	0.03	0.04	0.04

续表

成分	测试点 P1	稀土配分	测试点 P2	稀土配分	平均值
Y_2O_3	0.02	0.03	0.12	0.16	0.07
$-O=F_2$	3.62		3.58		3.60
CO_2*					19.59
总计	78.66	100.00	77.95	100.00	97.90

氟碳钙铈矿 Parisite -(Ce)

$CaCe_2(CO_3)_3F_2$

化学组成：CaO 10.44%，$\sum RE_2O_3$ 60.89%，CO_2 24.58%，F 7.07%。

晶体结构：单斜晶系，空间群为 Cc。a_0 = 12.305Å，b_0 = 7.1056Å，c_0 = 28.2478Å，β = 98.246°。

形态：斜方柱晶形，$C_s-m(P)$。晶体呈柱状、桶状、板状，或粒状、不规则状。

物理性质：黄褐色-红褐色，玻璃光泽、油脂光泽，透明-半透明，性脆，解理{0001}中等。摩氏硬度 4.33～4.39，相对密度 4.5。

显微镜下特征：一轴晶(+)，N_e=1.751，N_o=1.676。透射光下呈无色或淡黄色，高突起。

氟碳钙铈矿也是白云鄂博矿区分布较广的稀土矿物之一，多为铈占高峰，形成于氟化阶段，主要产于条带状萤石型铌稀土铁矿石及霓石型铌稀土矿石、铌稀土铁矿石中。在条带状铌稀土铁矿石中，氟碳钙铈矿与氟碳铈矿、独居石紧密共生；在霓石型矿石中，产出者多呈粒状、板状，颗粒粗大。在透射光下，氟碳钙铈矿呈无色透明或略显黄色，突起高，干涉色高级白。

1. 磷灰石化条带状铌稀土铁矿石中的氟碳钙铈矿

样品采自东矿(图 3-45)。

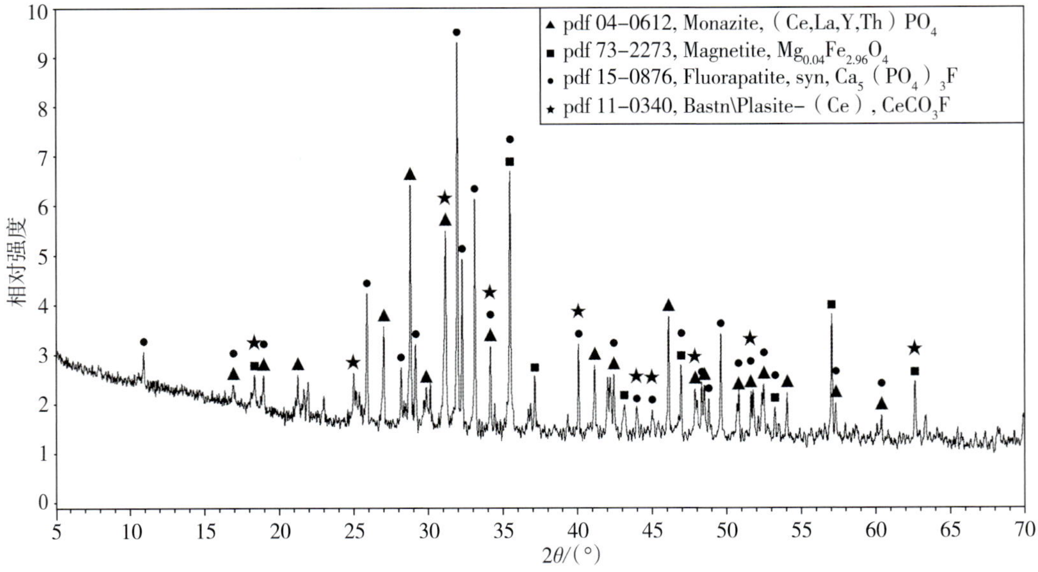

图 3-45 磷灰石化条带状铌稀土铁矿石 XRD 图谱

微细粒氟碳铈矿、氟碳钙铈矿、独居石以粒状集合体形式紧密相间无序分布，并与磷灰石、磁铁矿组成条带，条带宽 0.50～3.00mm。氟碳铈矿、氟碳钙铈矿、独居石颗粒细小，粒径多为 0.01～0.02mm，在显微镜下无法分辨(图 3-46、图 3-47)，BSE 图像(图 3-48 至图 3-50)可清晰辨识，图 3-51 为氟碳钙铈矿能谱图。

共伴生矿物：磷灰石、石英、钠闪石、磁铁矿、氟碳铈矿、独居石、易解石等。

在图 3-50 的 BSE 图像中，氟碳铈矿与氟碳钙铈矿紧密共生，亮色部分为氟碳铈矿，暗色部分为氟碳钙铈矿，黄色"+"为氟碳钙铈矿测试点位置，红色"+"为氟碳铈矿测试点位置，电子探针测试结果(表 3-16、表 3-17)表明，两种矿物稀土配分相当，Ce_2O_3 变化范围为 46.01%～48.68%，La_2O_3 变化范围为 28.02%～32.48%，两者变化范围较小且 La_2O_3>Nd_2O_3。与氟碳铈矿、氟碳钙铈矿共生的独居石，其稀土配分 La_2O_3 变化范围为 27.08%～27.42%，Ce_2O_3 变化范围为 54.33%～54.71%，Ce_2O_3 稍高，La_2O_3 略低(表 3-43)。

图 3-46 与磷灰石(Fap)、磁铁矿(Mag)相间分布的稀土矿物(RE)条带(单偏光)

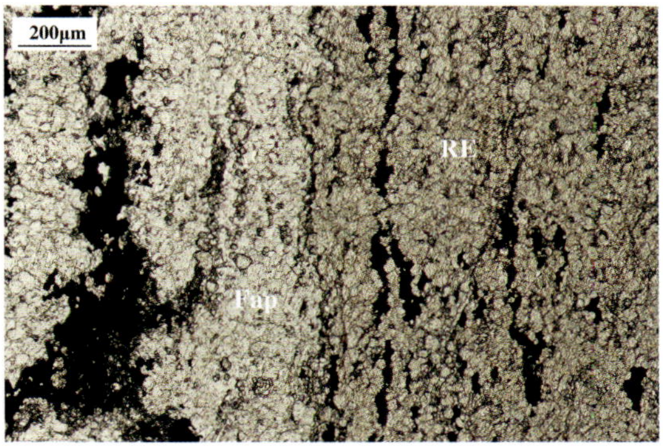

图 3-47 与磷灰石相间分布的稀土矿物条带(单偏光)

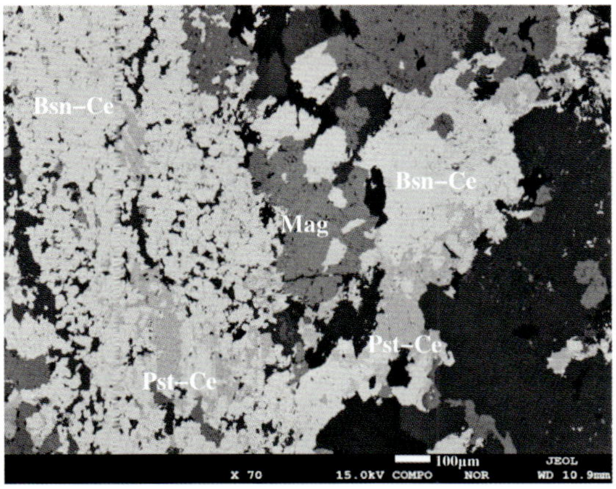

图 3-48 氟碳钙铈矿(Pst-Ce)与氟碳铈矿(Bsn-Ce)紧密共生(BSE)

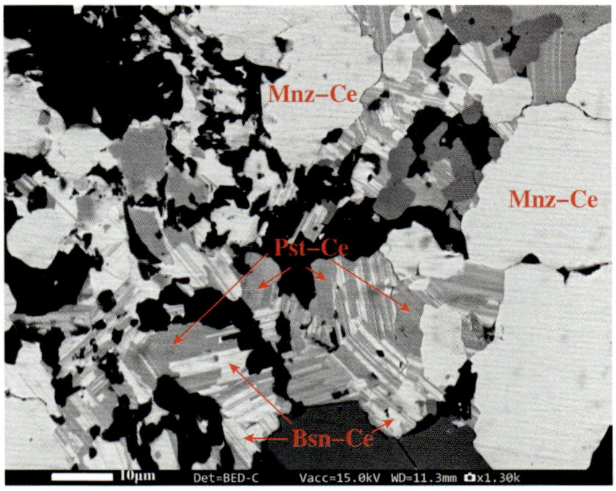

图 3-49 氟碳钙铈矿、氟碳铈矿与独居石(Mnz-Ce)(BSE)

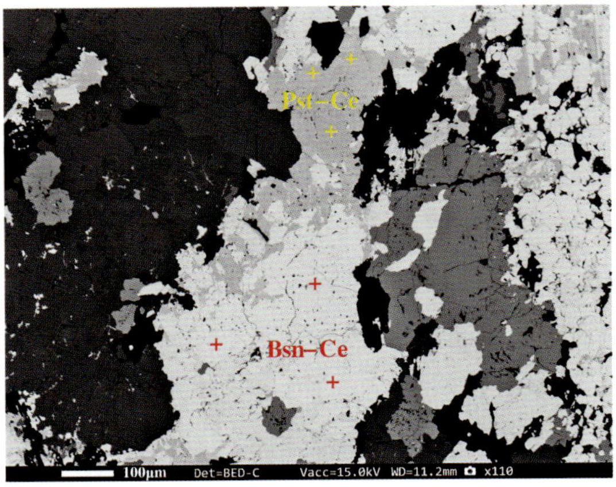

图 3-50 氟碳钙铈矿与氟碳铈矿的共生关系(BSE)

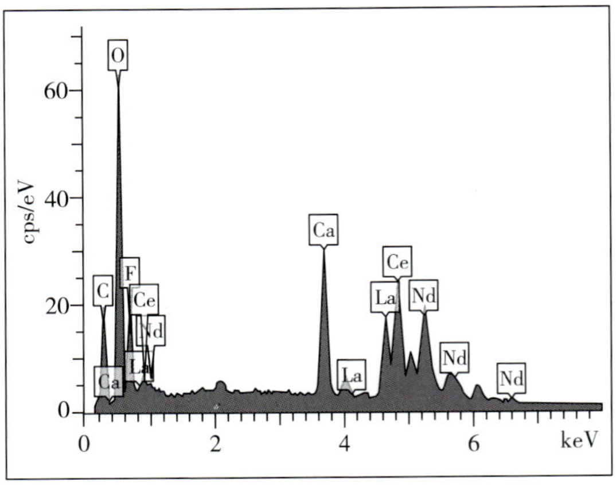

图 3-51 氟碳钙铈矿能谱图

根据电子探针测试结果平均值及理论化学式，计算 CO_2 含量；分别以$[CO_3]^{2-}$=3、1为基数，计算化学式。依据表 3-16，氟碳钙铈矿化学式为$(Ca_{0.97}Sr_{0.02})_{\Sigma 0.99}(Ce_{0.95}La_{0.59}Nd_{0.37}Pr_{0.06}Sm_{0.03}Gd_{0.01})_{\Sigma 2.01}(CO_3)_3F_{1.97}$；依据表 3-17，氟碳铈矿化学式为$(Ce_{0.47}La_{0.31}Nd_{0.16}Pr_{0.03}Gd_{0.01}Sm_{0.01}Ca_{0.01})_{\Sigma 1.00}(CO_3)F_{0.95}$。

表 3-16 氟碳钙铈矿电子探针测试结果及稀土配分 单位：w_t/%

成分	测试点 P1	稀土配分	测试点 P2	稀土配分	测试点 P3	稀土配分	测试点 P4	稀土配分	平均值
F	6.56		6.49		7.03		6.73		6.70
CaO	10.00	ΣRE_2O_3=59.20	9.60	ΣRE_2O_3=60.23	9.64	ΣRE_2O_3=59.51	9.66	ΣRE_2O_3=59.28	9.73
ThO_2	0.24		0.20		0.08		0.11		0.16
SrO	0.43		0.21		0.27		0.27		0.30
La_2O_3	17.70	29.90	17.46	28.99	16.39	28.02	17.35	29.27	17.23
Ce_2O_3	27.24	46.01	27.91	46.34	28.48	48.68	28.37	47.86	28.00
Pr_2O_3	1.48	2.50	1.91	3.17	1.54	2.63	1.73	2.92	1.67
Nd_2O_3	11.23	18.97	11.43	18.98	10.77	18.41	10.66	17.98	11.02
Sm_2O_3	0.90	1.52	0.95	1.58	0.79	1.35	0.76	1.28	0.85
Eu_2O_3	0.00	0.00	0.00	0.00	0.00	0.00	0.01	0.02	0.00
Gd_2O_3	0.30	0.51	0.30	0.50	0.29	0.50	0.19	0.32	0.27
Dy_2O_3	0.00	0.00	0.05	0.08	0.04	0.07	0.00	0.00	0.02
Ho_2O_3	0.20	0.34	0.08	0.13	0.11	0.19	0.00	0.00	0.10
Yb_2O_3	0.00	0.00	0.00	0.00	0.00	0.00	0.06	0.10	0.02
Lu_2O_3	0.00	0.00	0.00	0.00	0.05	0.09	0.07	0.12	0.03
Y_2O_3	0.15	0.25	0.14	0.23	0.04	0.07	0.08	0.13	0.10
$-O=F_2$	2.75		2.73		2.95		2.83		2.82
CO_2^*									23.87
总计	73.68	100.00	74.00	100.00	72.57	100.00	73.22	100.00	97.23

表 3-17 氟碳铈矿电子探针测试结果及稀土配分 单位：$w_t/\%$

成分	测试点 P1	稀土配分	测试点 P2	稀土配分	测试点 P3	稀土配分	平均值
F	8.54	$\sum RE_2O_3$ =73.86	7.21	$\sum RE_2O_3$ =72.51	8.52	$\sum RE_2O_3$ =72.57	8.09
CaO	0.22		0.83		0.10		0.38
ThO_2	0.07		0.25		0.05		0.12
La_2O_3	23.99	32.48	21.38	29.49	22.06	30.40	22.48
Ce_2O_3	34.47	46.67	35.13	48.45	34.93	48.13	34.84
Pr_2O_3	2.20	2.98	2.20	3.03	1.98	2.73	2.13
Nd_2O_3	11.88	16.08	12.21	16.84	12.07	16.63	12.05
Sm_2O_3	0.70	0.95	0.86	1.19	0.76	1.05	0.77
Eu_2O_3	0.00	0.00	0.00	0.00	0.05	0.07	0.02
Gd_2O_3	0.48	0.65	0.52	0.72	0.57	0.79	0.52
Yb_2O_3	0.00	0.00	0.05	0.07	0.00	0.00	0.02
Dy_2O_3	0.01	0.01	0.00	0.00	0.00	0.00	0.00
Ho_2O_3	0.08	0.11	0.08	0.11	0.03	0.04	0.06
Er_2O_3	0.00	0.00	0.01	0.01	0.07	0.10	0.03
Y_2O_3	0.05	0.07	0.07	0.10	0.05	0.07	0.06
$-O=F_2$	3.59		3.03		3.58		3.40
$CO_2{}^*$							19.82
总计	79.10	100.00	77.77	100.00	77.66	100.00	97.99

2. 霓石型铌稀土矿石中的氟碳钙铈矿

样品采自主矿。稀土矿物主要为板状、柱状氟碳铈矿。氟碳钙铈矿则呈不规则状分布于氟碳铈矿、霓石中(图 3-52 至图 3-55)，粒径一般为 0.10～0.30mm。

共伴生矿物：霓石、氟碳铈矿、磷灰石、重晶石、钠闪石、易解石、萤石、石英等。

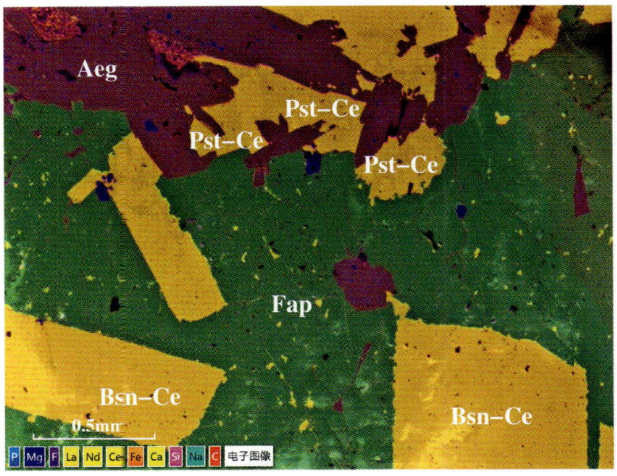

图 3-52 磷灰石(Fap)矿物中分布的氟碳铈矿(Bsn-Ce)与氟碳钙铈矿(Pst-Ce)(面扫描元素分布图)

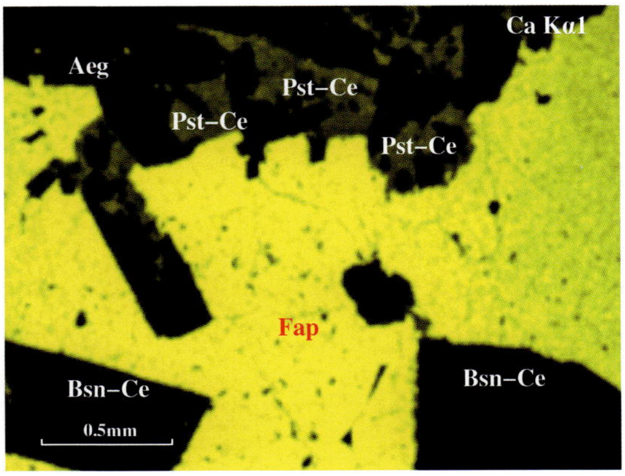

图 3-53 霓石(Aeg)中的暗黄色部分与图 3-52 黄色部分吻合处为氟碳钙铈矿(面扫描 Ca 元素分布图)

图 3-54　与图 3-52 黄色部分氟碳铈矿、氟碳钙铈矿吻合(面扫描 Ce 元素分布图)

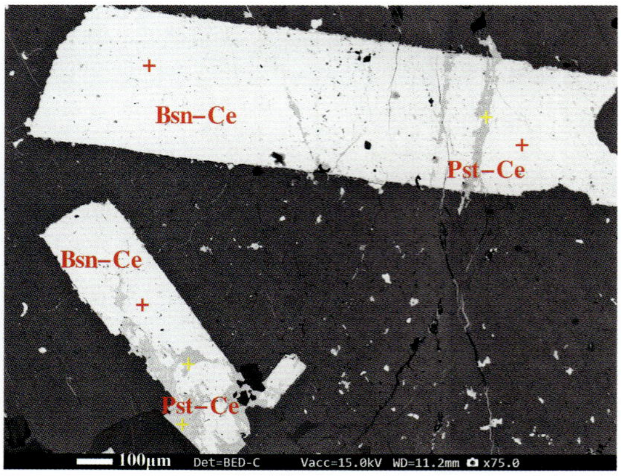

图 3-55　氟碳铈矿与氟碳钙铈矿(BSE)
红色“+”为氟碳铈矿测试点，黄色“+”为氟碳钙铈矿测试点

根据电子探针测试结果平均值(表 3-18)及理论化学式，计算 CO_2 含量；以$[CO_3]^{2-}=3$为基数，计算化学式：$(Ca_{0.95}Sr_{0.01})_{\Sigma 0.96}(Ce_{1.16}La_{0.41}Nd_{0.34}Pr_{0.09}Sm_{0.01}Gd_{0.01})_{\Sigma 2.02}(CO_3)_3F_{2.00}$。

表 3-18　氟碳钙铈矿电子探针测试结果及稀土配分　　单位：$w_t/\%$

成分	测试点 P1	稀土配分	测试点 P2	稀土配分	测试点 P3	稀土配分	平均值
F	7.02	ΣRE_2O_3 =60.04	6.83	ΣRE_2O_3 =60.48	6.66	ΣRE_2O_3 =61.62	6.84
CaO	10.06		9.98		8.61		9.55
SrO	0.31		0.17		0.15		0.21
ThO_2	0.25		0.26		0.18		0.23
Sc_2O_3	0.00		0.02		0.00		0.01
La_2O_3	11.25	18.73	12.60	20.84	11.99	19.45	11.95
Ce_2O_3	33.22	55.33	35.13	58.08	34.43	55.87	34.26
Pr_2O_3	2.61	4.35	2.70	4.47	3.04	4.94	2.78
Nd_2O_3	10.96	18.25	9.19	15.20	11.02	17.88	10.39
Sm_2O_3	0.80	1.34	0.62	1.02	0.74	1.20	0.72
Eu_2O_3	0.16	0.27	0.00	0.00	0.04	0.07	0.07
Gd_2O_3	0.29	0.49	0.11	0.18	0.18	0.30	0.19
Tb_2O_3	0.06	0.10	0.05	0.08	0.00	0.00	0.04
Dy_2O_3	0.07	0.11	0.00	0.00	0.00	0.00	0.02
Ho_2O_3	0.46	0.76	0.00	0.00	0.00	0.00	0.15
Yb_2O_3	0.11	0.18	0.00	0.00	0.00	0.00	0.04
Y_2O_3	0.05	0.09	0.08	0.13	0.18	0.30	0.10
$-O=F_2$	2.95		2.87		2.80		2.87

续表

成分	测试点 P1	稀土配分	测试点 P2	稀土配分	测试点 P3	稀土配分	平均值
CO_2*							23.78
总计	74.73	100.00	74.87	100.00	74.42	100.00	98.46

3. 晚期脉中的氟碳钙铈矿

样品采自主矿，属于白云石型铌稀土铁矿石。白云石、赤铁矿颗粒较细，氟碳钙铈矿、独居石等分布于宽 1～2cm 的脉中。氟碳钙铈矿呈短柱状、板状分布，浅黄白色，高级白干涉色，颗粒粗大，粒径为 0.60～2.00mm，其矿物边缘或间隙有棕色细长柱状独居石分布，或独居石呈六边形包裹氟碳钙铈矿(图 3-56 至图 3-60)，图 3-61 为氟碳钙铈矿能谱图。

共伴生矿物：独居石、磷灰石、赤铁矿、铌铁矿、铌钇矿、氟碳铈矿、易解石、萤石、石英等。

根据电子探针测试结果平均值(表 3-19)及理论化学式，计算 CO_2 含量；以$[CO_3]^{2-}=3$为基数，计算化学式：$Ca_{1.02}(Ce_{1.13}La_{0.50}Nd_{0.25}Pr_{0.07}Sm_{0.02}Y_{0.01})_{\Sigma 1.98}(CO_3)_3F_{1.97}$。

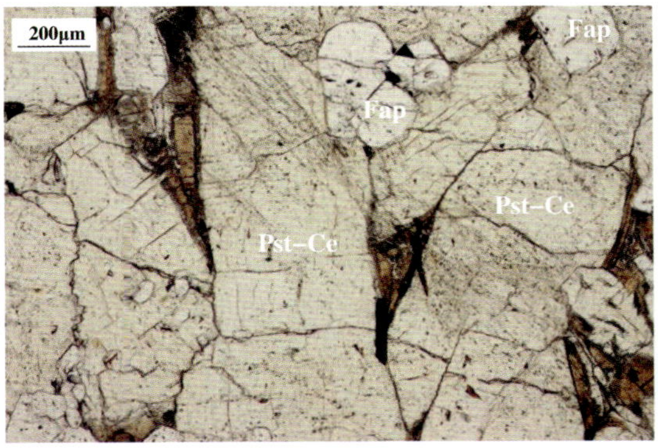

图 3-56 柱状、板状分布的氟碳钙铈矿(Pst-Ce)(单偏光)

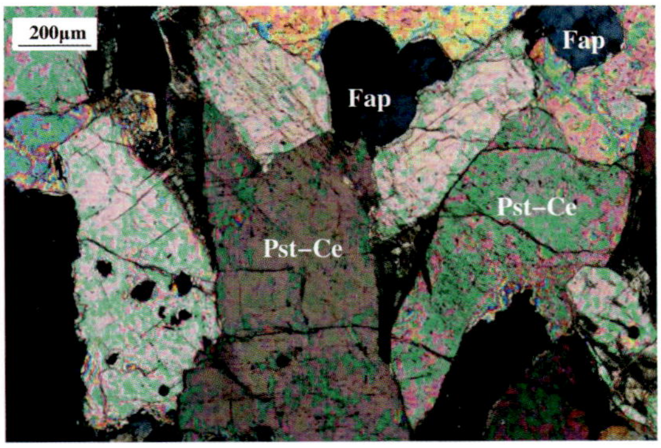

图 3-57 氟碳钙铈矿的干涉色(正交偏光)

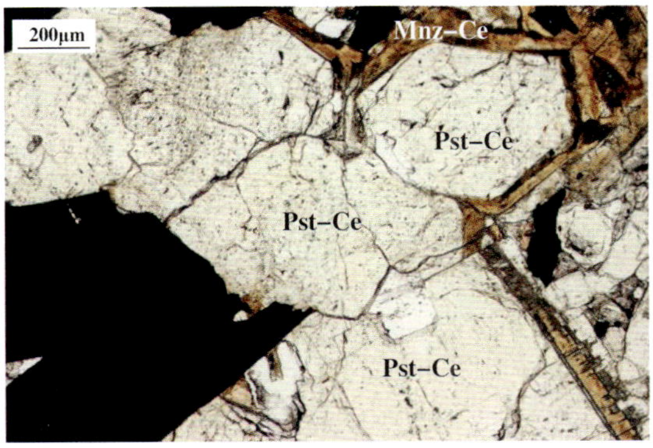

图 3-58 氟碳钙铈矿与独居石(Mnz-Ce)(单偏光)

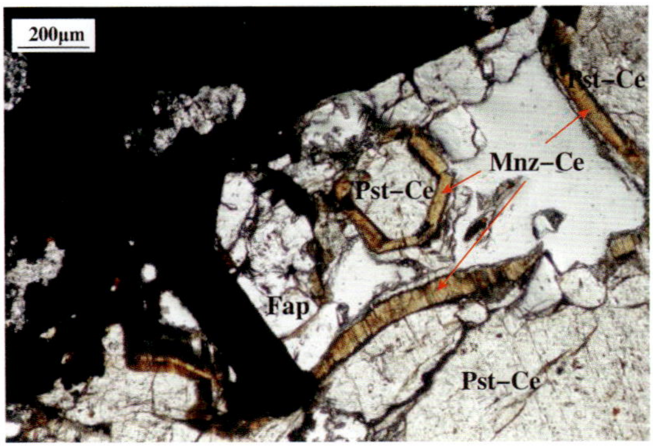

图 3-59 独居石沿边缘或呈六边形包裹氟碳钙铈矿(单偏光)

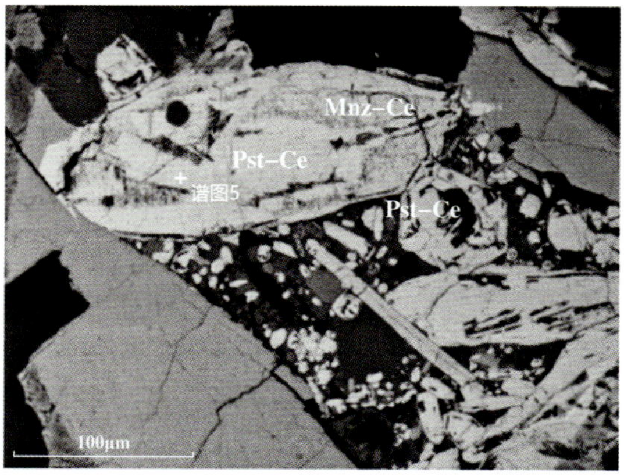

图 3-60 氟碳钙铈矿与独居石(BSE)

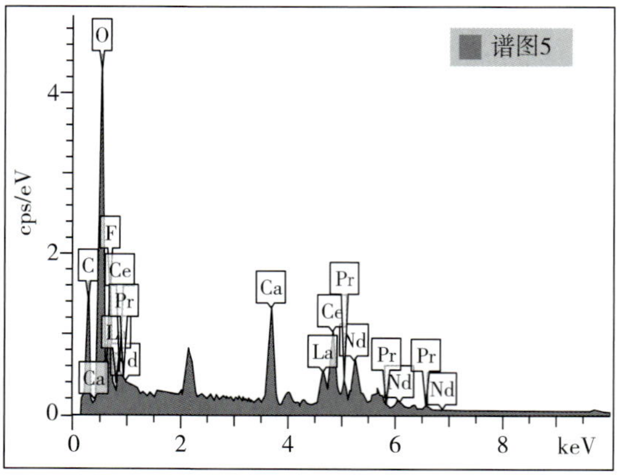

图 3-61 氟碳钙铈矿能谱图

表 3-19 氟碳钙铈矿电子探针测试结果及稀土配分 单位：w_t/%

成分	测试点 P1	稀土配分	测试点 P2	稀土配分	测试点 P3	稀土配分	测试点 P4	稀土配分	平均值
F	7.43		5.81		7.09		6.23		6.64
CaO	10.11	ΣRE_2O_3 =57.83	10.08	ΣRE_2O_3 =60.91	10.14	ΣRE_2O_3 =55.49	10.34	ΣRE_2O_3 =57.01	10.17
FeO	0.03		0.01		0.04		0.00		0.02
Al_2O_3	0.03		0.04		0.02		0.00		0.02
La_2O_3	14.26	24.65	15.39	25.26	13.65	24.60	14.06	24.66	14.34
Ce_2O_3	32.74	56.58	34.71	56.99	30.84	55.58	32.98	57.82	32.82
Pr_2O_3	2.17	3.75	2.14	3.51	2.11	3.80	2.06	3.61	2.12
Nd_2O_3	7.87	13.60	7.38	12.12	7.39	13.32	6.67	11.69	7.33
Sm_2O_3	0.61	1.05	0.61	1.00	0.77	1.39	0.53	0.94	0.63
Eu_2O_3	0.00	0.00	0.19	0.31	0.07	0.13	0.00	0.00	0.07
Gd_2O_3	0.01	0.01	0.14	0.23	0.25	0.45	0.14	0.25	0.14
Ho_2O_3	0.00	0.00	0.21	0.35	0.00	0.00	0.05	0.09	0.07
Yb_2O_3	0.04	0.08	0.00	0.00	0.14	0.25	0.00	0.00	0.05
Lu_2O_3	0.00	0.00	0.00	0.00	0.00	0.00	0.24	0.43	0.06
Y_2O_3	0.13	0.22	0.14	0.23	0.27	0.49	0.28	0.49	0.20
$-O=F_2$	3.12		2.44		2.98		2.62		2.79
CO_2^*									23.39
总计	72.34	100.00	74.40	100.00	69.80	100.00	70.96	100.00	95.27

4. 细脉中分布的氟碳钙铈矿

样品采自东矿，属于条带状萤石型铌稀土铁矿石，碳酸岩脉垂直条带方向横切，脉中分布有氟碳钙铈矿、黄河矿、包头矿等(图 3-62、图 3-63)。磁铁矿两边为稀土、铌矿物条带，稀土条带主要为氟碳钙铈矿及独居石(图 3-64)，图 3-65 为氟碳钙铈矿能谱图。

共伴生矿物：萤石、磁铁矿、独居石、氟碳铈矿、黄河矿、易解石、白云石、方解石、包头矿、闪锌矿等。

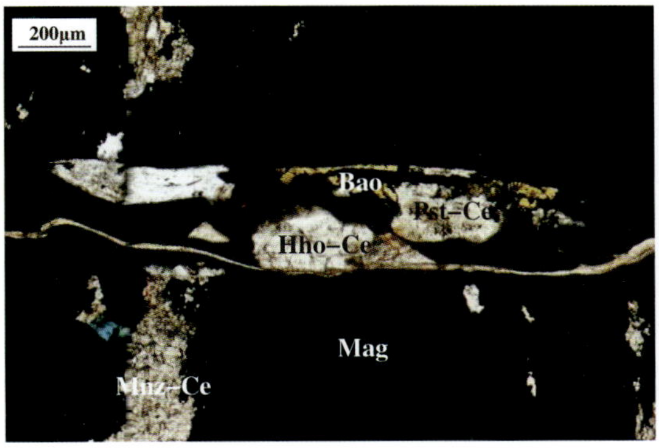

图 3-62　分布于碳酸岩脉中的氟碳钙铈矿（Pst-Ce）（单偏光）

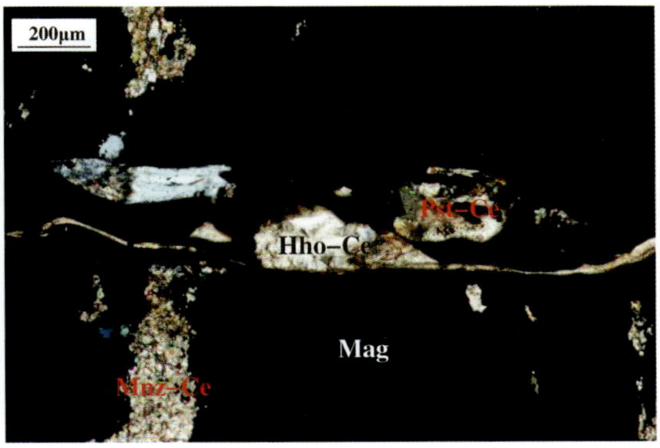

图 3-63　分布于碳酸岩脉中的氟碳钙铈矿（正交偏光）

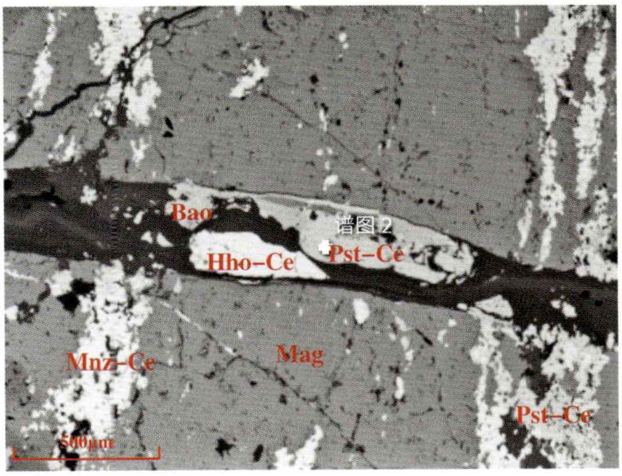

图 3-64　碳酸岩脉中的氟碳钙铈矿（BSE）

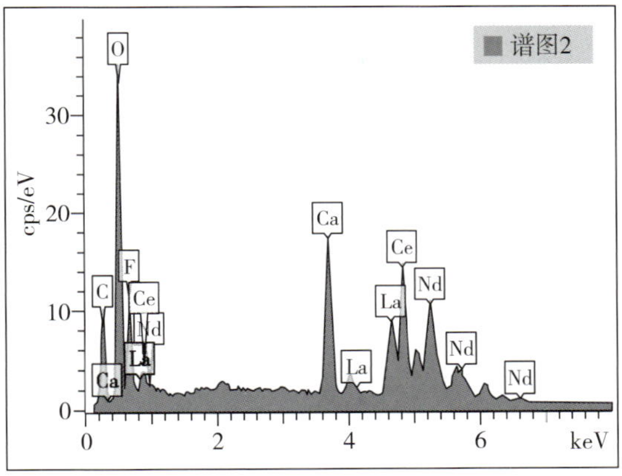

图 3-65　氟碳钙铈矿能谱图

从电子探针测试结果（表 3-20）可以看出，稀土配分中 Ce_2O_3（49.41%～49.54%）占稀土总量的一半，Nd_2O_3（22.02%～22.52%）>La_2O_3（17.66%～19.47%）。

根据电子探针测试结果平均值及理论化学式，计算 CO_2 含量；以$[CO_3]^{2-}=3$ 为基数，计算化学式：$(Ca_{0.99}Sr_{0.01})_{\Sigma 1.00}(Ce_{1.00}Nd_{0.44}La_{0.38}Pr_{0.08}Sm_{0.07}Eu_{0.02}Gd_{0.01})_{\Sigma 2.00}(CO_3)_3F_{1.95}$。

表 3-20　氟碳钙铈矿电子探针测试结果及稀土配分　　单位：w_t/%

成分	测试点 P1	稀土配分	测试点 P2	稀土配分	平均值
F	6.78	ΣRE_2O_3 =59.91	6.60	ΣRE_2O_3 =59.53	6.69
CaO	9.94		10.19		10.07
Sr_2O_3	0.12		0.16		0.14
La_2O_3	10.58	17.66	11.59	19.47	11.09
Ce_2O_3	29.60	49.41	29.49	49.54	29.55

续表

成分	测试点 P1	稀土配分	测试点 P2	稀土配分	平均值
Pr_2O_3	2.24	3.74	2.38	4.00	2.31
Nd_2O_3	13.49	22.52	13.11	22.02	13.30
Sm_2O_3	3.08	5.14	1.40	2.35	2.24
Eu_2O_3	0.60	1.00	2.92	1.55	0.76
Gd_2O_3	0.29	0.48	0.44	0.74	0.37
Dy_2O_3	0.00	0.00	0.12	0.20	0.06
Y_2O_3	0.03	0.05	0.08	0.13	0.06
$-O=F_2$	2.85		2.77		2.81
$CO_2{}^*$					23.86
总计	73.41	100.00	73.40	100.00	97.27

氟碳铈矿与氟碳钙铈矿的面衍生结构

面衍生结构是指氟碳铈矿中含有氟碳钙铈矿微细客晶，并与其构成的规则共面网定向附生结构。不仅氟碳铈矿中可出现面网定向附生的氟碳钙铈矿微晶细纹，以氟碳钙铈矿为主晶的也存在氟碳铈矿微晶细纹。面衍生结构的成因可能有三种：①因结晶介质成分的变化而成；②矿物结晶形成之后，因为温度的缓慢变化发生出溶而成；③因后期热液交代而成(杨学明等，1998a)。

面衍生结构的矿物颗粒呈客晶条纹规则分布，未观察到受后期热液的溶蚀作用。这说明是矿物因结晶介质的化学成分变化所引起的，由碳酸岩浆中直接结晶过程中所形成，因此排除了面衍生构造是后期热液交代成因的可能性(杨学明等，1998a)。

氟碳铈矿与氟碳钙铈矿经常在一个颗粒中同时存在，它们呈面衍生结构分布，面扫描元素分布图显示：氟碳铈矿颜色较亮，氟碳钙铈矿因含 Ca 颜色稍暗。图 3-66 和图 3-67 显示，氟碳钙铈矿为主晶，氟碳铈矿为客晶。

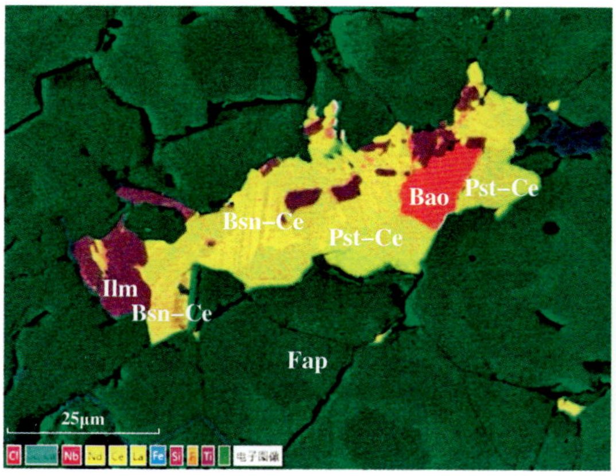

图 3-66　氟碳铈矿(Bsn-Ce)(亮黄色)与氟碳钙铈矿(Pst-Ce)(暗黄色)呈面衍生结构(面扫描元素分布图)

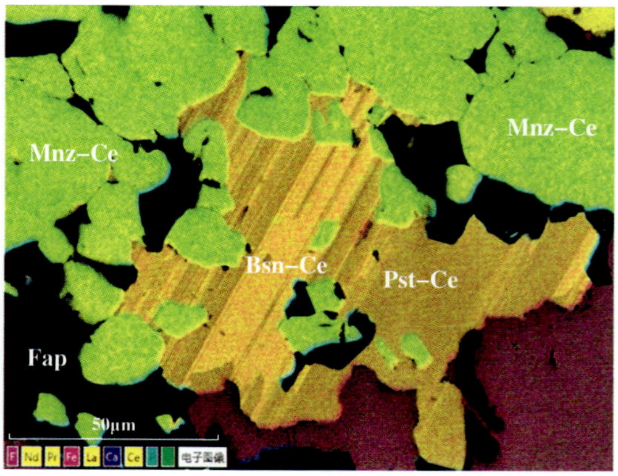

图 3-67　氟碳铈矿(亮黄色)与氟碳钙铈矿(暗黄色)呈面衍生结构(面扫描元素分布图像)

图 3-68、图 3-69 分别为 Ca 与 Ce 元素面扫描分布图，以区别氟碳铈矿与氟碳钙铈矿。图 3-70 中，氟碳钙铈矿为主晶，氟碳铈矿为客晶；图 3-71 中，氟碳铈矿为主晶，氟碳钙铈矿为客晶。

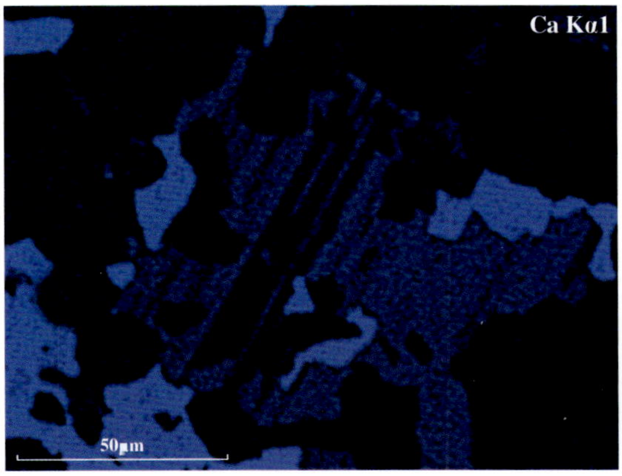

图 3-68　与图 3-67 对比，亮色部分为磷灰石，暗色部分为氟碳钙铈矿(面扫描 Ca 元素分布图)

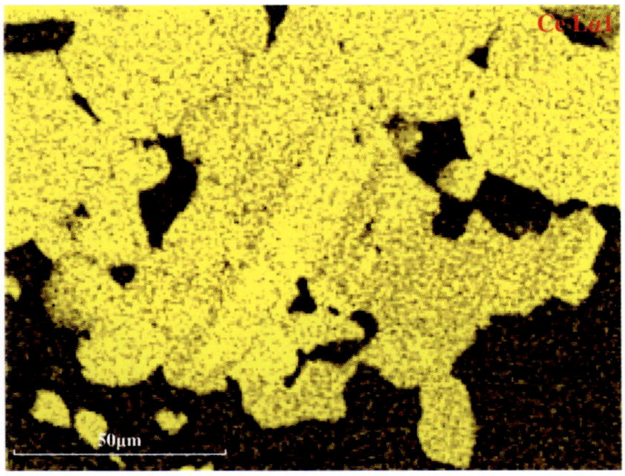

图 3-69　与图 3-67 对比，除独居石(Mnz-Ce)外，亮黄色部分为氟碳铈矿，稍暗部分为氟碳钙铈矿(面扫描 Ce 元素分布图)

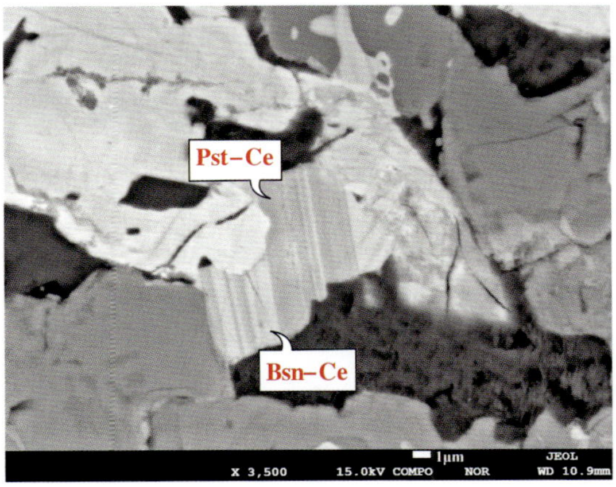

图 3-70　氟碳钙铈矿(主晶)与氟碳铈矿的面衍生结构(BSE)

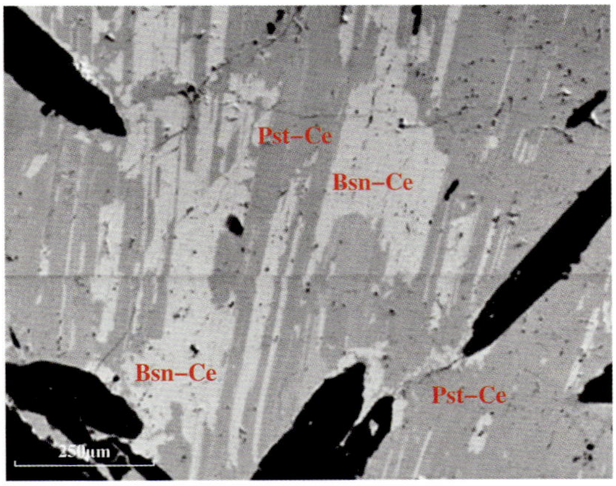

图 3-71　氟碳铈矿(主晶)与氟碳钙铈矿的面衍生结构(BSE)

氟碳钙钕矿 *　Parisite-(Nd)

$CaNd_2(CO_3)_3F_2$

化学组成：化学通式中，Nd 替代 Ce 作为最主要的稀土成分。

晶体结构：单斜晶系，空间群为 *Cc*。a_0 = 12.3283(13)Å，b_0 = 7.1185(4)Å，c_0 = 28.4633(37)Å，β = 98.529(14)°，Z = 12。

物理性质：黄色-棕色，条痕浅黄色，玻璃光泽到树脂光泽，参差状或贝壳状断口，性脆，无磁性。摩氏硬度 4～5，相对密度(计算)4.34。

显微下特征：一轴晶(+)，N_o=1.679，N_e=1.754。多色性不可见，透射光下呈无色到褐黄色，平行消光，干涉色Ⅲ级蓝黄色到Ⅳ级白色。

氟碳钙钕矿是中国地质调查局国家地质实验测试中心范晨子于2024年发现的新矿物，也是在白云鄂博矿床发现的第21个新矿物。张培善和陶克捷的《白云鄂博矿物学》(1986)中提及“钕氟碳钙铈矿”，但因相关描述欠详，未经IMA－CNMNC批准。氟碳钙钕矿内容由范晨子提供。

白云石型铌稀土铁矿石中的氟碳钙钕矿

样品采自东矿。氟碳钙钕矿呈自形-半自形不规则粒状分布于霓石、磁铁矿、萤石矿物间，颗粒粗大，粒径为0.02～1.00mm(图3-72至图3-75)。

共伴生矿物：白云石、霓石、磁铁矿、赤铁矿、萤石、重晶石、钠闪石、氟碳铈矿、易解石、独居石、方解石等。

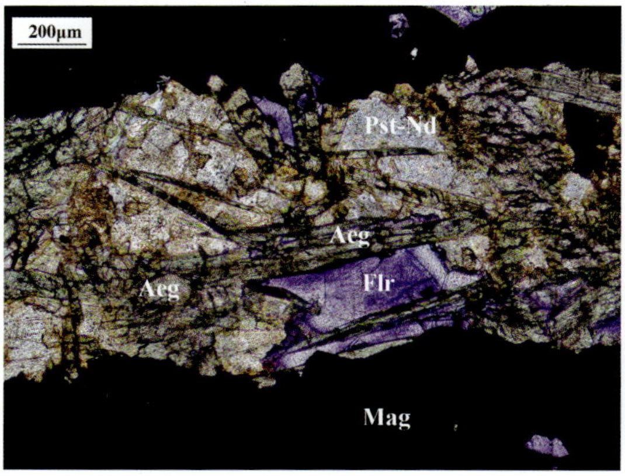

图3-72 氟碳钙钕矿(Pst－Nd)分布于霓石(Aeg)、萤石(Flr)间(单偏光)

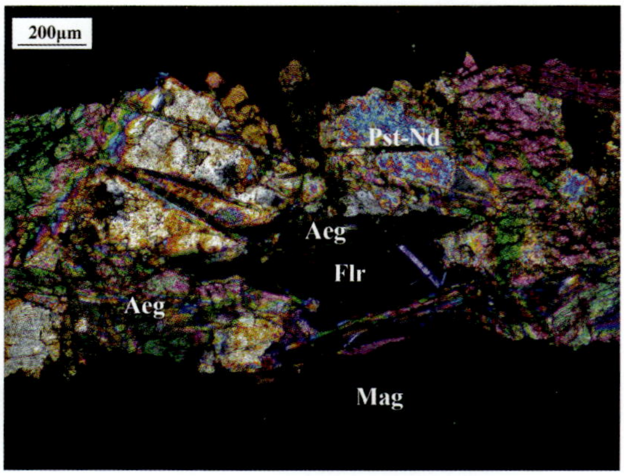

图3-73 氟碳钙钕矿分布于霓石、萤石间(正交偏光)

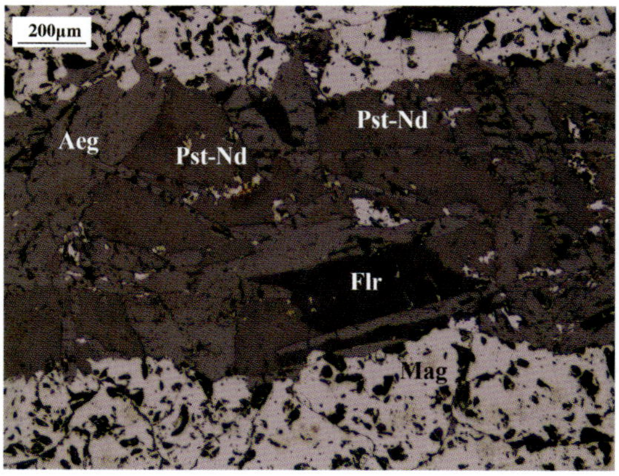

图3-74 氟碳钙钕矿分布于霓石、萤石间(反射光)

图3-75 氟碳钙钕矿单颗粒(BSE)

根据电子探针测试结果平均值(表3-21)及理论化学式，计算CO_2含量；以$[CO_3]^{2-}=3$为基数，计算矿物化学式：$(Ca_{0.93}Fe_{0.06}Ba_{0.01}Sr_{0.01})_{\Sigma 1.01}(Nd_{0.95}Ce_{0.52}La_{0.19}Pr_{0.13}Gd_{0.07}Si_{0.06}Sm_{0.03}Y_{0.02}Th_{0.02}Nb_{0.01})_{\Sigma 2.00}(CO_3)_3F_{1.86}$。

表 3-21 氟碳钙钕矿电子探针测试结果 单位：w_t/%

成分	含量范围	平均值
La_2O_3	4.78～6.73	5.70
Ce_2O_3	12.80～17.33	15.93
Pr_2O_3	3.58～4.47	4.14
Nd_2O_3	25.94～31.68	29.81
Sm_2O_3	0.70～1.20	0.94
Gd_2O_3	1.82～3.14	2.33
Ho_2O_3	0～0.27	0.09
Y_2O_3	0.11～0.51	0.33
CaO	8.～10.67	9.71
FeO	0～2.41	0.77
SrO	0.06～0.40	0.28
ThO_2	0.25～2.76	1.07
Nb_2O_5	0～1.12	0.28
BaO	0～1.83	0.19
F	5.26～7.70	6.60
SiO_2	0～1.61	0.70
CO_2^*		24.16
—O=F		2.77
总计		100.26

二、钡稀土氟碳酸盐矿物

钡稀土氟碳酸盐矿物是由 $CeCO_3F$ 和 $BaCO_3$ 组成的复碳酸盐矿物，二者以各种整数比相配而形成一系列矿物。$CeCO_3F$ 的常见矿物为氟碳铈矿，$BaCO_3$ 的常见矿物为毒重石，$CeCO_3F-BaCO_3$ 系列不是一个类质同象系列，而是由多个独立矿物组成的晶变系列，REE 与 Ba 在晶格中有不同的位置，$CeCO_3F$ 与 $BaCO_3$ 或者 REE 与 Ba 成近于简单的整数比，根据矿物中 $CeCO_3F$ 与 $BaCO_3$ 不同的摩尔比，钡稀土氟碳酸盐矿物目前所知为四种，即氟碳钡铈矿、黄河矿、氟碳铈钡矿和库氟碳铈钡矿（原中华铈矿）。2023 年 12 月获得 IMA-CNMNC 批准的白云钇钡石属于钡的氟碳酸盐重稀土矿物。

钡稀土氟碳酸盐矿物系列的化学组成见表 3-22（张培善和陶克捷，1986）。

表 3-22　钡稀土氟碳酸盐矿物系列中的矿物化学组成　　单位：w_t/%

成分	氟碳钡铈矿	黄河矿	氟碳铈钡矿	库氟碳铈钡矿
Na_2O	4.73	—	—	—
CaO	1.04	—	—	—
BaO	20.38	36.84	44.65	49.91
Ce_2O_3	45.92	39.39	31.86	26.71
CO_2	24.64	21.13	21.36	21.48
F	2.50	4.56	3.68	3.28
总计	99.21	101.92	101.55	101.38
$-O=F_2$	1.05	1.92	1.55	1.38
$n(CeCO_3F)$：$n(BaCO_3)$	2：1	1：1	2：3	1：2

注：氟碳钡铈矿化学组成数据引用傅平秋和苏贤泽(1987)。

四种矿物中，氟碳钡铈矿、黄河矿、氟碳铈钡矿较为常见，且经常同时出现，而库氟碳铈钡矿较少见。傅平秋和苏贤泽(1987)在白云鄂博矿床中发现含钠、钡、铈稀土碳酸盐新矿物，以产地命名为“白云鄂博矿”，并通过 IMA-CNMNC 审核，成为新矿物。但 1899 年根据晶形命名的“氟碳钡铈矿”被重新定义(沈今川和宓锦校，1992；Giester et al.，1998)，因“白云鄂博矿”与重新定义的“氟碳钡铈矿”等同，故“白云鄂博矿”被弃用(徐金沙等，2012)。

除氟碳钡铈矿外，黄河矿(谢苗诺夫等，1961)与氟碳铈钡矿(王贤觉等，1973)都是在白云鄂博矿区首次发现的新矿物；库氟碳铈钡矿(原中华铈矿)是 1979 年发现的新矿物(张培善等，1981)，见于白云鄂博西矿钻孔岩芯白云石型铌稀土矿石，矿石中有浅黄色不均匀条带。共生矿物为氟碳铈钡矿、铁白云石、磁铁矿、石英等，有时有氟碳铈矿和独居石。1982 年，该矿物作为新矿物发表，但因未保留原始矿物样品而未被 IMA-CNMNC 认可，后同种矿物被库哈连科被发现并命名为 Kukharenkoite-(Ce)(Krivovichev et al.，1998)，中文名称为库氟碳铈钡矿。中华铈矿与库氟碳铈钡矿为同一矿物还是同质多像，有待进一步研究(徐金沙等，2012)。

钡稀土氟碳酸盐系列矿物特征主要有以下几项。

1)白云钇钡石是白云鄂博矿区首次发现的氟碳酸盐重稀土新矿物，Y_2O_3 含量为 15.34%～17.34%，除 Y 外，含 Gd、Dy、Er、Lu 等中重稀土元素较高，轻稀土元素低于检出限值。

2)从氟碳钡铈矿到黄河矿、氟碳铈钡矿、库氟碳铈钡矿，随着 Ba 含量增加，矿物颜色逐渐变浅，从棕黄色、黄色过渡到淡黄色、无色，即 Ba 含量越高，颜色越浅。

3)钡稀土氟碳酸盐系列矿物在扫描电镜下很难看到均匀单一的晶体，多为两种或两种以上矿物呈体衍交生或三维规则连生的特征，体衍交生或三维连生是指晶格相似的两种不同晶体间的共生关系。氟碳铈钡矿、氟碳钡铈矿或黄河矿互为主、客晶条纹，这些客晶条纹沿(0001)规则分布，形成规则的体衍生构造。产生体衍生构造的根本原因可能是钡稀土氟碳酸盐矿物的晶体结构和晶体化学存在内在的联系和相似性(杨学明等，1999a)。

4)李方华等(1983)用透射电镜研究黄河矿等的超显微结构过程中，发现黄河矿的晶格堆垛层中有氟碳钙铈矿的夹层，同时发现钡稀土氟碳酸盐系列矿物与钙稀土氟碳酸盐系列矿物之间的三维规则连生现象。本次工作的电子探针定量结果显示，有些数据的 Ba 与 REE 比例与这几种矿物不同，或含少量 Ca、Fe 等元素的样品，未列入本书。具体情况有待进一步研究。

5)钡稀土氟碳酸盐矿物形成于氟浓度较低的环境，因此在条带状萤石型铌稀土铁矿石中较少发现该系列矿物的产出；在霓石型铌稀土矿石和白云石型铌稀土矿石中较多产出该系列矿物，为相对富钠贫氟的环境。

6)钡稀土氟碳酸盐矿物都显示出强铈族稀土选择配分型的特征，这一方面取决于矿区富铈族稀土的地球化学特点，另一方面因 Ba^{2+} 的半径大于三价稀土的离子半径，所以有利于半径较大的铈族稀土进入晶格。

7)钡稀土氟碳酸盐矿物富含轻稀土，且以 La、Ce、Pr、Nd 占绝对优势。稀土配分中，Ce_2O_3 变化范围小，La_2O_3 与 Nd_2O_3 呈负相关。当稀土元素中 $Nd_2O_3 > La_2O_3$ 时，Nd_2O_3 含量为 22.50%～27.97%，La_2O_3 含量为 7.44%～19.25%；当稀土元素中 $La_2O_3 > Nd_2O_3$ 时，La_2O_3 含量为 18.04%～28.11%，Nd_2O_3 含量为 7.04%～19.29%。

白云钇钡石* Bayanoboite -(Y)

$Ba_2Y(CO_3)_2F_3$

晶体结构：斜方晶系，空间群为 *Pbcn*。$a_0 = 9.4528(4)$Å，$b_0 = 6.9499(2)$Å，$c_0 = 11.7638(5)$Å，$Z = 4$。

形态：双锥晶形，$D_{2h} - mmm(3L^2 3PC)$。呈粒状分布。

物理性质：无色透明，条痕无色，玻璃光泽，性脆，{001}解理完全。摩氏硬度 4.5，相对密度(计算)4.71。

白云钇钡石是在白云鄂博矿床发现的第 18 个新矿物，2023 年 12 月获得 IMA - CNMNC 批准。

白云钇钡石是李献华院士主持的“白云鄂博超大型 REE - Nb 矿床的时空演化和资源量”项目的创新成果之一，由中国地质大学(北京)、包钢集团和中国科学院地质与地球物理研究所合作完成。

白云钇钡石是白云鄂博矿区首次发现的氟碳酸盐重稀土新矿物，是一种具有全新结构和全新成分的矿物。它的发现不仅丰富了基础矿物学的知识宝库，而且对认识白云鄂博矿区重稀土赋存状态、从矿物角度了解矿床的形成与演变、元素赋存状态及迁移、富集机制等均有重要的意义，同时对矿床轻、重稀土分馏机制也提供了很好的矿物学证据。

白云石型铌稀土矿石中的白云钇钡石

样品呈无色不规则粒状分布于黄铁矿、磁黄铁矿间，粒径为 0.05～0.10mm(图 3 - 76 至图 3 - 79)。

共伴生矿物：白云石、磁铁矿、菱铁矿、氟金云母、钠闪石、氟碳铈矿、硅镁钡石、重晶石、黄铁矿、磁黄铁矿、黄河矿等。

白云钇钡石电子探针测试结果见表 3-23，除含 Y 高外，含 Gd、Dy、Er、Lu 等中重稀土元素也较高，而轻稀土元素低于检出限值。

图 3-76 白云钇钡石(Byb-Y)分布于黄铁矿(Py)、磁黄铁矿(Pyh)间(反射光)

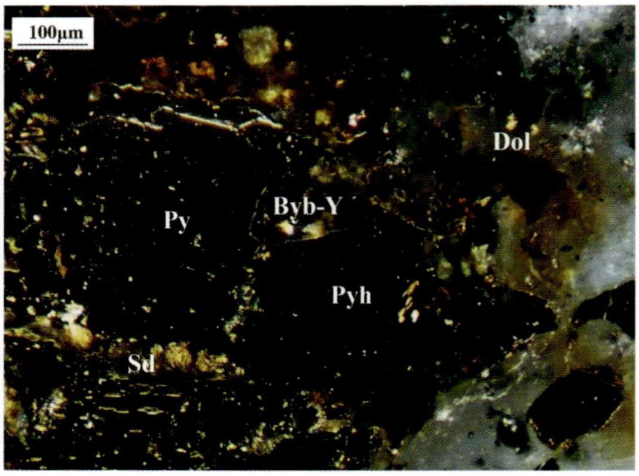

图 3-77 呈不规则粒状分布的白云钇钡石(反射正交)

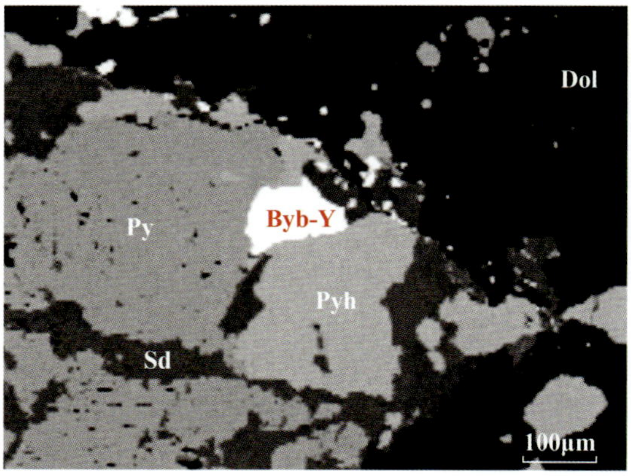

图 3-78 白云钇钡石分布于黄铁矿、磁黄铁矿间(BSE)

图 3-79 白云钇钡石分布于黄铁矿、磁黄铁矿间(面扫描元素分布图像)

根据电子探针测试结果平均值，以阳离子数=3 为基数，计算化学式：$(Ba_{2.01}Sr_{0.09})_{\Sigma 2.10}(Y_{0.78}Dy_{0.06}Gd_{0.04}Er_{0.02})_{\Sigma 0.90}(CO_3)_2F_{2.90}$。

表 3-23 白云钇钡石电子探针测试结果 单位：w_t/%

成分	含量范围	平均值
F	9.22～10.83	10.12
Y_2O_3	15.34～17.34	16.28
Gd_2O_3	0.85～1.59	1.26
SrO	1.01～2.00	1.67
Lu_2O_3	0.00～0.44	0.17

续表

成分	含量范围	平均值
Dy_2O_3	1.81～2.38	2.05
BaO	54.31～57.88	56.46
Er_2O_3	0.35～0.71	0.55
CO_2^*		16.04
$-O=F_2$		4.26
总计		100.46

氟碳钡铈矿 Cordylite -(Ce)

$(Na,Ca,\square)BaCe_2(CO_3)_4(F,O)$

晶体结构：六方晶系，空间群为 $P6_3/mmc$。$a_0=5.100(9)$Å，$c_0=23.169(120)$Å，$Z=2$。

形态：复六方双锥晶形，$D_{6h}-6/mmm(L^66L^37PC)$。晶体呈六方双锥与六方柱相聚的短柱状。

物理性质：无色、淡黄色-黄色，透明，条痕白色，油脂光泽、金刚光泽，性脆，解理{0001}中等。摩氏硬度 4.5，相对密度 4.31。

显微镜下特征：一轴晶(-)，$N_o=1.775$，$N_e=1.598$，平行消光，高级白干涉色。透射光下呈无色、淡黄色，弱多色性。

1. 白云石型铌稀土矿石中的氟碳钡铈矿

样品采自主矿。氟碳钡铈矿呈柱状、板状或树枝状分布于白云石矿物间，无色-棕黄色-棕褐色，表面有蚀变，粒径为 0.30～1.00mm。

共伴生矿物：白云石、独居石、黄河矿、重晶石、磷灰石等。

显微镜下观察显示，该矿物无色部分被白云石交代(图 3-80、图 3-81)，但 BSE 图像及面扫描元素分布图(图 3-82、图 3-83)显示，该矿物为一整体，属于钡的氟碳酸盐矿物。图 3-83 中谱图 1 位置测试点为暗色部分，含 Na(图 3-84)；谱图 2 位置为亮色部分，不含 Na，而 Ba 较高(图 3-85)。

图 3-80 中间棕红色及无色部分均为氟碳钡铈矿(Cod-Ce)(单偏光)

图 3-81 不同颜色氟碳钡铈矿的不同干涉色(正交偏光)

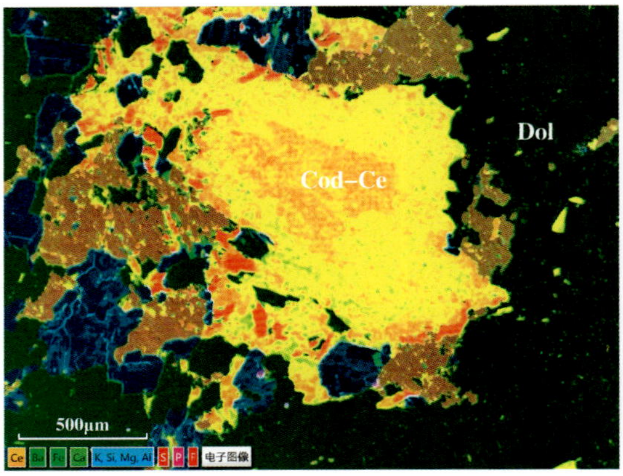

图 3-82　面扫描元素分布图像

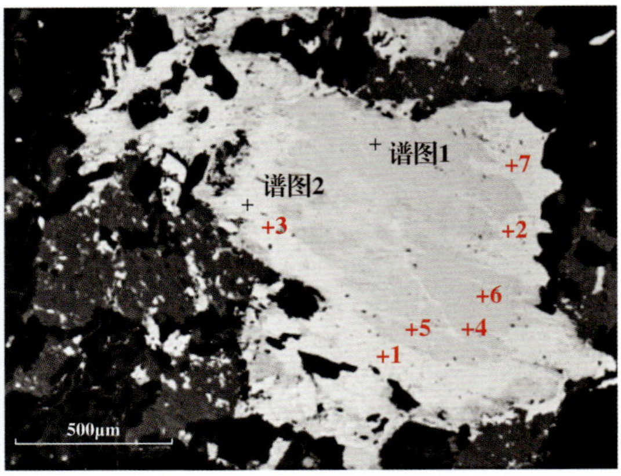

图 3-83　电子探针 P1 至 P7 测试点位置（BSE）

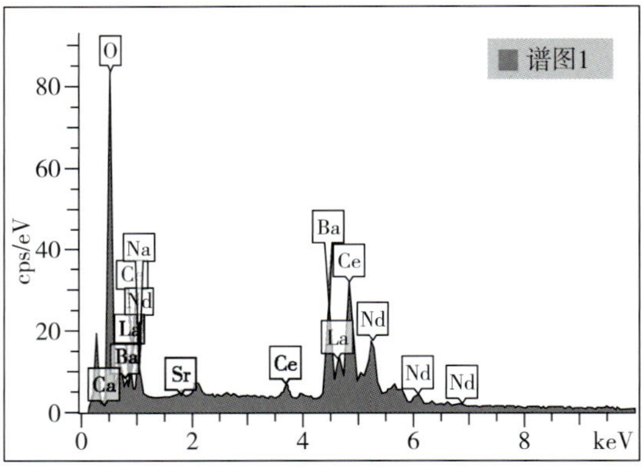

图 3-84　氟碳钡铈矿能谱图

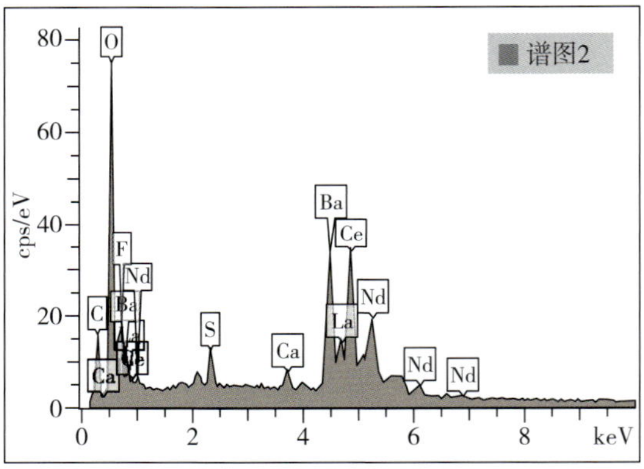

图 3-85　黄河矿能谱图

分别在矿物 BSE 亮色部分和暗色部分的不同位置选择 7 个点做电子探针测试，P4、P5、P6 为暗色位置点，测试结果见表 3-24；P1、P2、P3、P7 为亮色位置点，测试结果见表 3-25，均为钡的氟碳酸盐矿物，两部分稀土配分模式相同，但亮色部分 Ba 高稀土低，不含 Na，为黄河矿；暗色部分 Ba 低稀土高，含 Na 较高为氟碳钡铈矿。

根据分子式计算，BSE 图像中暗色部分为氟碳钡铈矿，亮色部分应为黄河矿，属于两种矿物紧密共生的体衍生构造(杨学明等，1999a)。

分别根据电子探针测试结果平均值及理论化学式，计算 CO_2 含量；分别以$[CO_3]^{2-}=4$、2 为基数，计算化学式。依据表 3-24，氟碳钡铈矿化学式为$(Na_{0.64}Ca_{0.18}Mn_{0.03}Ti_{0.02}Th_{0.02})_{\Sigma 0.89}Ba_{1.04}(Ce_{1.07}La_{0.51}Nd_{0.36}Pr_{0.15}Sm_{0.01})_{\Sigma 2.10}(CO_3)_4F_{0.72}$；依据表 3-25，黄河矿化学式为$(Ba_{0.76}Ca_{0.10}Mn_{0.02}Ti_{0.01})_{\Sigma 0.89}(Ce_{0.56}La_{0.26}Nd_{0.19}Pr_{0.07}Eu_{0.01}Sm_{0.01}Gd_{0.01})_{\Sigma 1.11}(CO_3)_2F_{0.94}$。

表 3-24 氟碳钡铈矿电子探针测试结果及稀土配分 单位：$w_t/\%$

成分	测试点 P4	稀土配分	测试点 P5	稀土配分	测试点 P6	稀土配分	平均值
BaO	22.11	$\sum RE_2O_3$ =47.20	21.71	$\sum RE_2O_3$ =47.27	21.91	$\sum RE_2O_3$ =47.42	21.91
Na_2O	2.74		2.69		2.70		2.71
CaO	1.41		1.36		1.35		1.37
TiO_2	0.21		0.18		0.21		0.20
MnO	0.38		0.47		0.00		0.28
F	1.87		1.87		1.90		1.88
ThO_2	0.29		0.35		0.20		0.28
La_2O_3	11.56	24.49	11.50	24.33	11.08	23.37	11.38
Ce_2O_3	23.82	50.47	24.14	51.07	24.21	51.05	24.06
Pr_2O_3	3.44	7.29	3.35	7.09	3.30	6.95	3.36
Nd_2O_3	8.08	17.12	8.04	17.01	8.59	18.11	8.23
Sm_2O_3	0.11	0.23	0.15	0.32	0.13	0.28	0.13
Eu_2O_3	0.14	0.30	0.06	0.13	0.11	0.23	0.10
Gd_2O_3	0.05	0.11	0.03	0.06	0.01	0.03	0.03
$-O=F_2$	0.79		0.79		0.80		0.79
$CO_2{}^*$							24.50
总计	75.41	100.00	75.11	100.00	74.88	100.00	99.55

表 3-25 黄河矿电子探针测试结果及稀土配分 单位：$w_t/\%$

成分	测试点 P1	稀土配分	测试点 P2	稀土配分	测试点 P3	稀土配分	测试点 P7	稀土配分	平均值
BaO	27.76	$\sum RE_2O_3$ =44.77	31.66	$\sum RE_2O_3$ =41.85	26.88	$\sum RE_2O_3$ =44.31	26.33	$\sum RE_2O_3$ =44.16	28.16
CaO	1.81		1.63		1.07		0.89		1.35
TiO_2	0.26		0.29		0.22		0.29		0.26
MnO	0.46		0.50		0.00		0.50		0.37
F	4.22		4.42		4.36		4.35		4.34
ThO_2	0.24		0.31		0.04		0.02		0.15
UO_2	0.01		0.04		0.00		0.00		0.01
La_2O_3	11.13	24.86	10.32	24.66	9.82	22.16	9.34	21.15	10.15
Ce_2O_3	22.17	49.52	20.57	49.15	22.54	50.87	23.01	52.11	22.07
Pr_2O_3	3.00	6.70	2.91	6.95	2.78	6.27	2.66	6.02	2.84
Nd_2O_3	7.69	17.18	7.11	16.99	8.14	18.37	8.52	19.29	7.86
Sm_2O_3	0.31	0.69	0.38	0.91	0.45	1.02	0.07	0.16	0.30
Eu_2O_3	0.17	0.38	0.25	0.60	0.27	0.61	0.25	0.57	0.24
Gd_2O_3	0.24	0.54	0.27	0.65	0.31	0.70	0.31	0.70	0.28
Y_2O_3	0.06	0.13	0.04	0.10	0.00	0.00	0.00	0.00	0.02

续表

成分	测试点 P1	稀土配分	测试点 P2	稀土配分	测试点 P3	稀土配分	测试点 P7	稀土配分	平均值
$-O=F_2$	1.77		1.86		1.83		1.83		1.82
CO_2^*									21.31
总计	77.76	100.00	78.84	100.00	75.05	100.00	74.71	100.00	97.89

2. 白云石型铌稀土矿石中的氟碳钡铈矿

样品采自西矿。氟碳钡铈矿呈浅棕-棕色不规则粒状分布于白云石间，与氟碳铈钡矿、黄河矿紧密共生，或分布于岩石中的方解石脉中，颗粒粗大，粒径一般为 1.00～10.00mm（图 3-86、图 3-87、图 3-90）。氟碳钡铈矿与氟碳铈钡矿、黄河矿形成紧密共生的体衍生构造（图 3-88、图 3-89、图 3-91）。

共伴生矿物：白云石、方解石、氟碳铈钡矿、黄河矿、氟碳铈矿、独居石、磷灰石、烧绿石、磁铁矿、重晶石等。

根据电子探针测试结果平均值（表 3-26）及理论化学式，计算 CO_2 含量；以 $[CO_3]^{2-}=4$ 为基数，计算化学式：$(Na_{0.87}Ca_{0.17})_{\Sigma 1.04}(Ba_{0.95}Sr_{0.07})_{\Sigma 1.02}(Ce_{1.08}La_{0.55}Nd_{0.14}Pr_{0.08}Gd_{0.08}Sm_{0.01})_{\Sigma 1.94}(CO_3)_4F_{1.27}$。

图 3-86 氟碳钡铈矿（Cod-Ce）与氟碳铈钡矿（Ceb-Ce）（单偏光）

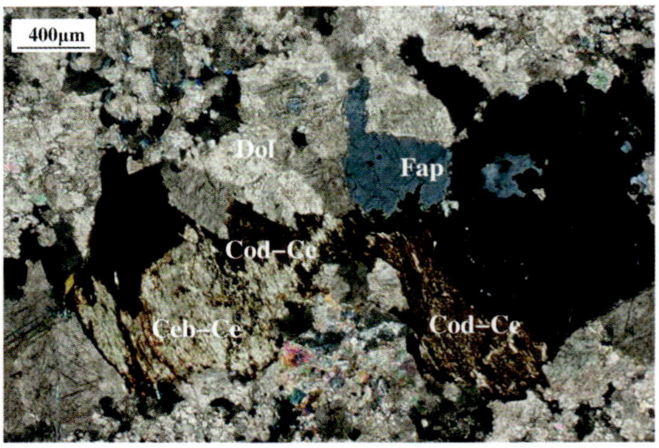

图 3-87 氟碳钡铈矿与氟碳铈钡矿（正交偏光）

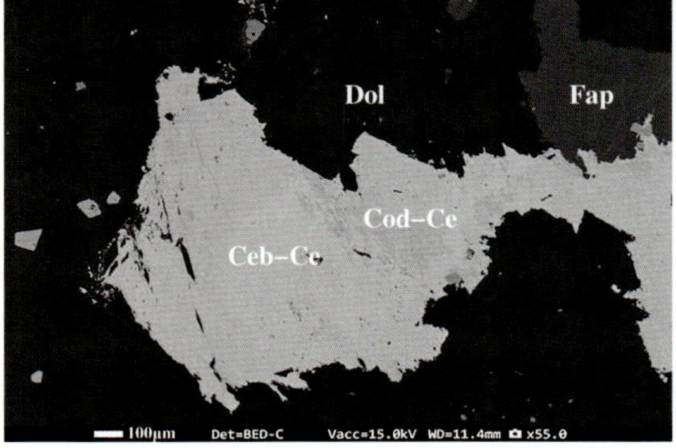

图 3-88 氟碳钡铈矿与氟碳铈钡矿紧密共生（BSE）

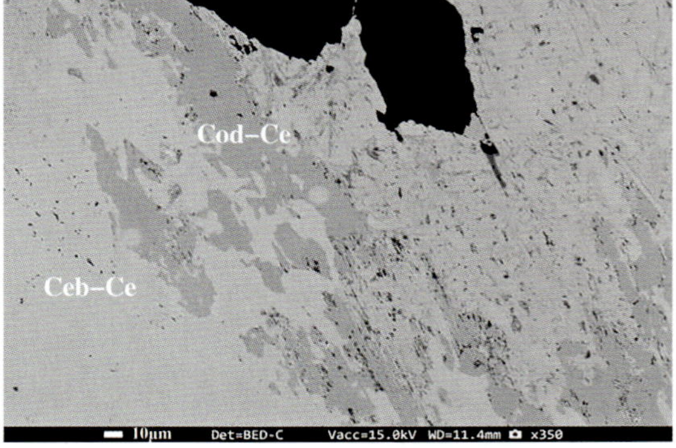

图 3-89 氟碳钡铈矿与氟碳铈钡矿紧密共生（BSE）

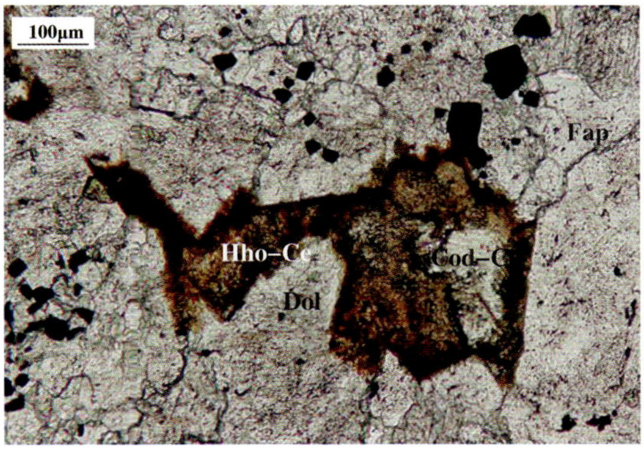

图 3-90 氟碳钡铈矿与黄河矿(Hho-Ce)紧密共生(单偏光)

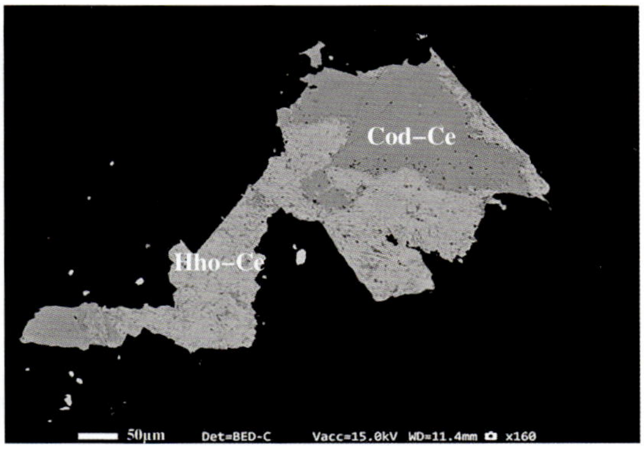

图 3-91 氟碳钡铈矿与黄河矿(BSE)

表 3-26 氟碳钡铈矿电子探针测试结果及稀土配分 单位：w_t/%

成分	测试点 P1	稀土配分	测试点 P2	稀土配分	测试点 P3	稀土配分	测试点 P4	稀土配分	平均值
BaO	20.36		20.10		20.40		20.54		20.35
Na_2O	3.71		4.10		3.62		3.74		3.79
CaO	1.36		1.36		1.22		1.27		1.30
SrO	0.93	ΣRE_2O_3 =45.15	0.97	ΣRE_2O_3 =45.94	1.17	ΣRE_2O_3 =44.37	1.16	ΣRE_2O_3 =45.20	1.06
F	3.48		3.40		3.18		3.48		3.39
ThO_2	0.17		0.14		0.02		0.09		0.10
UO_2	0.00		0.10		0.04		0.04		0.05
La_2O_3	12.69	28.11	12.61	27.45	12.27	27.65	12.61	27.90	12.54
Ce_2O_3	25.05	55.48	25.48	55.46	24.24	54.63	24.90	55.09	24.92
Pr_2O_3	1.90	4.21	2.01	4.38	2.00	4.51	1.99	4.40	1.97
Nd_2O_3	3.18	7.04	3.38	7.36	3.33	7.51	2.92	6.46	3.20
Sm_2O_3	0.31	0.69	0.15	0.33	0.34	0.77	0.29	0.64	0.27
Gd_2O_3	1.99	4.41	2.30	5.01	1.90	4.28	2.37	5.24	2.14
Dy_2O_3	0.03	0.07	0.00	0.00	0.00	0.00	0.00	0.00	0.01
Ho_2O_3	0.00	0.00	0.00	0.00	0.18	0.41	0.10	0.22	0.07
Lu_2O_3	0.00	0.00	0.01	0.02	0.11	0.25	0.02	0.04	0.03
$-O=F_2$	1.46		1.43		1.34		1.46		1.42
CO_2*									24.73
总计	73.70	100.00	74.68	100.00	72.68	100.00	74.06	100.00	98.50

黄河矿* Huanghoite-(Ce)

$BaCe(CO_3)_2F$

化学组成：BaO 36.84%，ΣRE_2O_3 39.39%，CO_2 21.13%，F 4.56%。

晶体结构：三方晶系，空间群为 $R\bar{3}m$。a_0 = 5.072(1)Å，c_0 = 38.46(1)Å，Z = 6。

形态：六方偏三角面体晶形，$D_{3d}-\bar{3}m(L^3 3L^2 3PC)$。晶体呈六方板状，集合体呈细粒不规则状。

物理性质：蜜蜡黄或黄绿色，透明-半透明，油脂光泽，一组解理发育。摩氏硬度 4.5～5，相对密度 4.51～4.67。

显微镜下特征：一轴晶(－)，N_o＝1.765±0.04，N_e＝1.603±0.002，N_o—浅黄色，N_e—浅黄绿色。薄片中无色、棕黄色-棕红色，多色性弱。

白云鄂博黄河矿晶胞参数：a_0＝ 5.067Å，b_0＝ 5.067Å，c_0＝ 38.349Å。

白云鄂博黄河矿样品 X 射线粉晶衍射数据见表 3－27。

表 3－27　白云鄂博黄河矿样品 X 射线粉晶衍射数据

No.	2θ/(°)	d /Å	I/I_0
1	22.225	3.9967	45.0
2	27.404	3.2520	100.0
3	35.470	2.5287	22.5
4	42.571	2.1219	20.7
5	45.425	1.9950	43.9

黄河矿为 1961 年在白云鄂博发现的新矿物，多见于霓石型及白云石型铌稀土矿石中，呈蜜蜡黄或浅黄色(图 3－92)，根据矿物共生组合分析，黄河矿是在氟、二氧化碳、钠等均十分活跃的条件下形成的，且成矿溶液中富含稀土和碱土元素。

图 3－92　黄河矿手标本

1. 霓石型铌稀土矿石中的黄河矿

样品采自东矿。黄河矿呈浅棕色-黄棕色板状产出，表面有轻微氧化，呈土状，干涉色高(图 3－93 至图 3－96)，粒径(长轴)为 0.15～0.60mm。黄河矿与棕红色含铁氟碳钙铈矿紧密共生(图 3－97)，或分布于重晶石间(图 3－98)。

共伴生矿物：霓石、钍石、钠闪石、萤石、氟碳钙铈矿、重晶石、方解石、易解石、石英等。

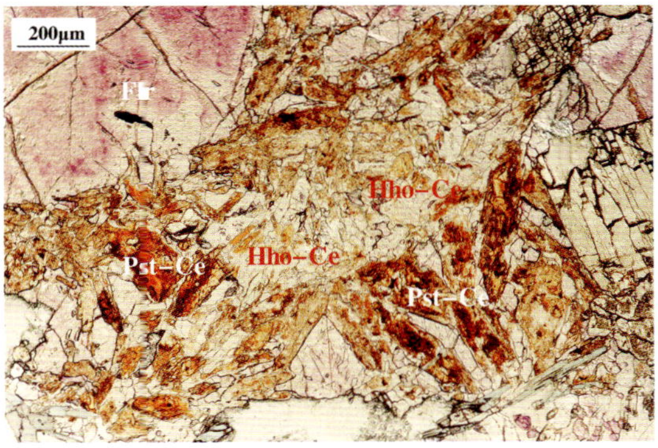

图 3－93　与含铁氟碳钙铈矿(Pst－Ce)紧密共生的黄河矿(Hho－Ce)(单偏光)

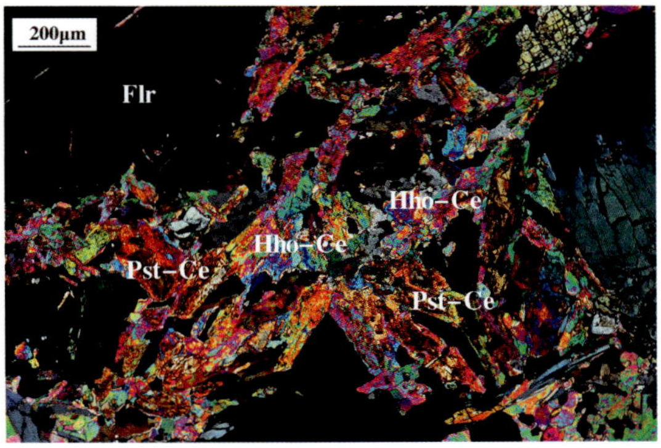

图 3－94　黄河矿的干涉色(正交偏光)

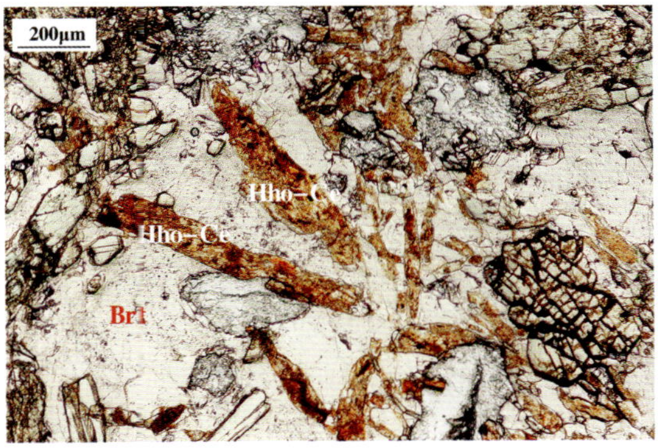

图 3－95　呈柱状、板状分布于重晶石(Brt)矿物间的黄河矿(单偏光)

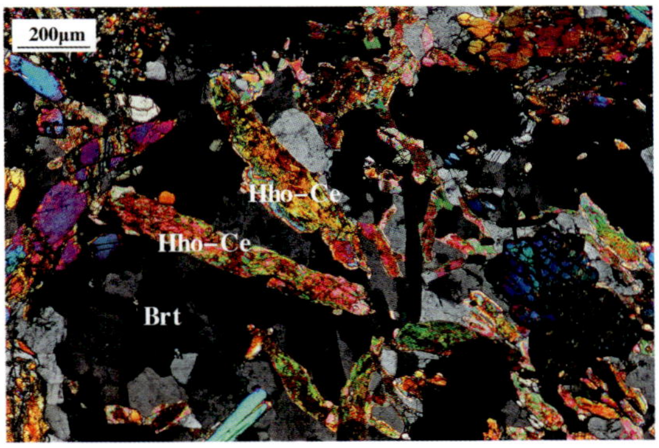

图 3－96　分布于重晶石矿物间的黄河矿(正交偏光)

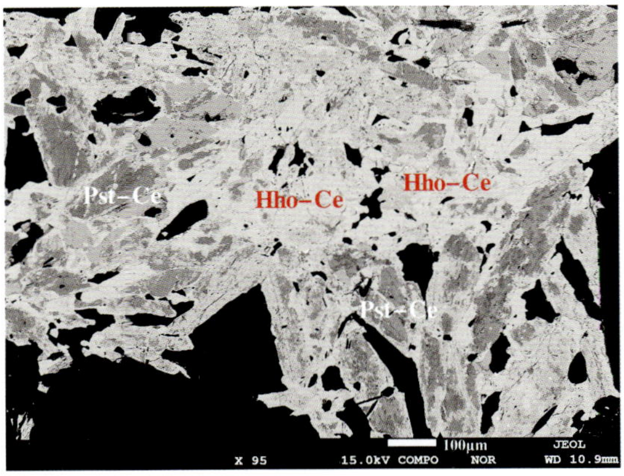

图 3－97　黄河矿与氟碳钙铈矿(BSE)

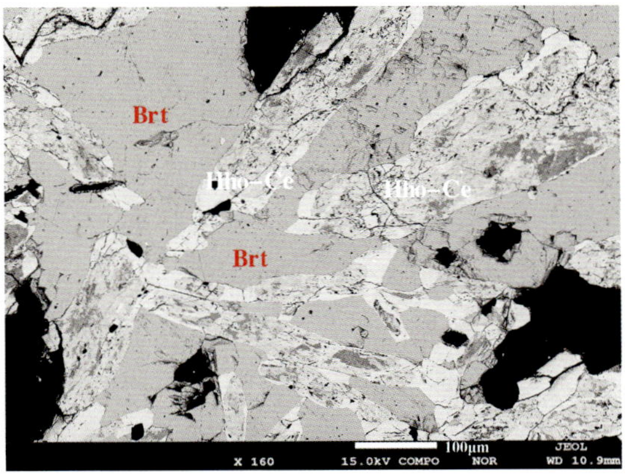

图 3－98　黄河矿与重晶石(BSE)

根据电子探针测试结果(表3-28)，实测的BaO与Ce_2O_3含量比值与标准黄河矿的比值一致。稀土配分中，Ce_2O_3略高于一半，$Nd_2O_3>La_2O_3$。

根据电子探针测试结果平均值及理论化学式，计算CO_2含量；以$[CO_3]^{2-}=2$为基数，计算化学式：$(Ba_{0.95}Ti_{0.04}Ca_{0.03}Th_{0.01})_{\Sigma 1.03}(Ce_{0.50}Nd_{0.24}La_{0.16}Pr_{0.04}Sm_{0.01}Eu_{0.01}Gd_{0.01})_{\Sigma 0.97}(CO_3)_2F_{1.01}$。

表3-28 黄河矿电子探针测试结果及稀土配分 单位：w_t/%

成分	测试点P1	稀土配分	测试点P2	稀土配分	测试点P3	稀土配分	测试点P4	稀土配分	平均值
BaO	34.92	ΣRE_2O_3=38.94	34.40	ΣRE_2O_3=38.57	33.95	ΣRE_2O_3=38.68	36.30	ΣRE_2O_3=39.49	34.89
CaO	0.06		0.02		1.25		0.18		0.38
TiO_2	1.51		1.52		0.00		0.00		0.76
F	4.66		4.59		4.64		4.54		4.61
ThO_2	0.18		0.11		0.87		0.17		0.33
La_2O_3	4.98	12.79	5.85	15.17	6.65	17.19	7.60	19.25	6.27
Ce_2O_3	20.60	52.90	20.36	52.79	19.00	49.12	19.13	48.44	19.77
Pr_2O_3	1.58	4.06	1.52	3.94	1.51	3.90	2.47	6.25	1.77
Nd_2O_3	9.47	24.32	8.68	22.50	10.35	26.76	9.61	24.34	9.53
Sm_2O_3	0.47	1.21	0.54	1.40	0.45	1.16	0.00	0.00	0.37
Eu_2O_3	1.37	3.52	1.08	2.80	0.00	0.00	0.00	0.00	0.61
Gd_2O_3	0.47	1.21	0.54	1.40	0.00	0.00	0.14	0.35	0.29
Dy_2O_3	0.00	0.00	0.00	0.00	0.11	0.28	0.00	0.00	0.03
Ho_2O_3	0.00	0.00	0.00	0.00	0.38	0.98	0.25	0.63	0.16
Tm_2O_3	0.00	0.00	0.00	0.00	0.15	0.39	0.07	0.18	0.06
Y_2O_3	0.00	0.00	0.00	0.00	0.08	0.21	0.22	0.56	0.08
$-O=F_2$	1.96		1.93		1.95		1.91		1.94
CO_2*									21.09
总计	78.31	100.00	77.28	100.00	77.44	100.00	78.77	100.00	99.06

2. 黑云母化萤石型稀土矿石中的黄河矿

样品采自东矿。黄河矿呈棕黄-棕红色，半自形板状定向分布，或分布于萤石矿物间(图3-99、图3-100)。氟碳铈矿呈微细粒集合体状与黄河矿紧密共生，因含少量Th元素致使黄河矿、氟碳铈矿与萤石接触边缘有放射性晕圈。黄河矿颜色深浅不一，图3-100中深色部分的BaO平均含量为33.24%(表3-29)，图3-99中浅色部分的BaO平均含量为39.75%(表3-30)，浅色含Ba较高。矿物粒径一般为0.20～0.60mm。

BSE图像中，亮色部分的黄河矿含Ba高，暗色部分的黄河矿含Ba相对低(图3-101、图3-102)。稀土配分中，Ce_2O_3占稀土总量的一半，$La_2O_3>Nd_2O_3$。

共伴生矿物：黑云母、磁铁矿、萤石、方解石、氟碳钙铈矿、氟碳铈矿等。

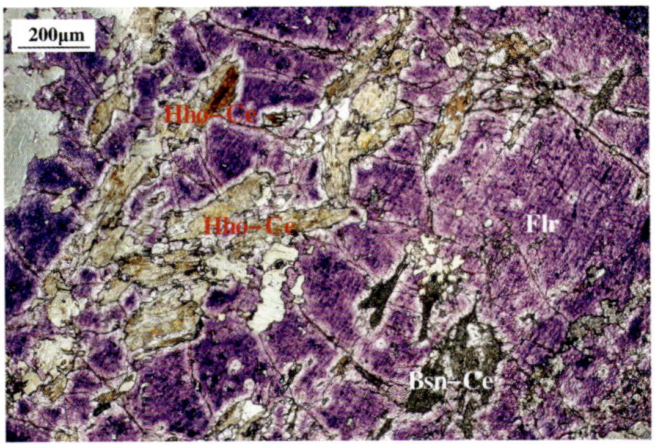

图 3-99 分布于萤石(Flr)矿物中的黄河矿(Hho-Ce)(单偏光)

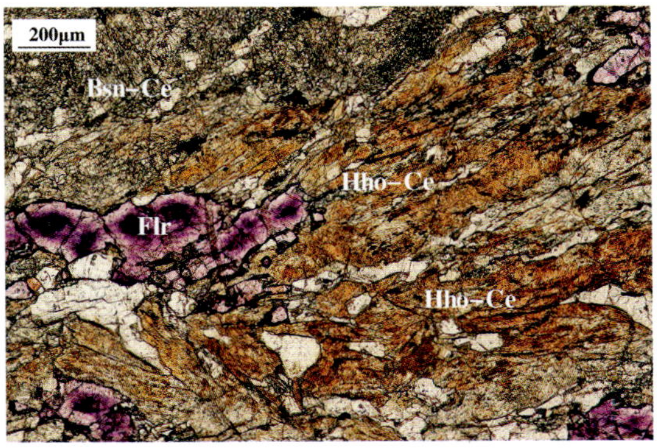

图 3-100 黄河矿与氟碳铈矿(Bsn-Ce)、萤石共生(单偏光)

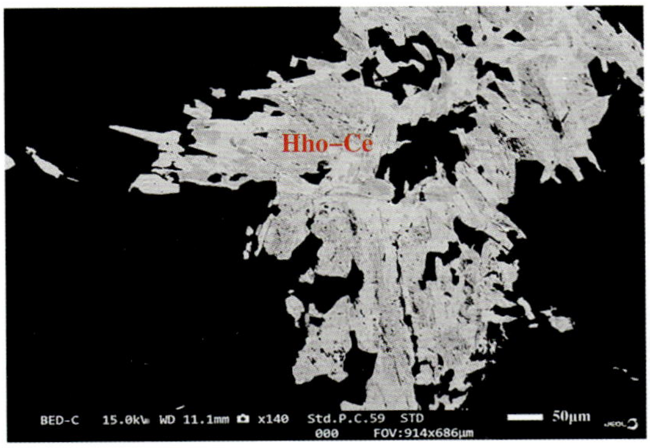

图 3-101 黄河矿(BSE)

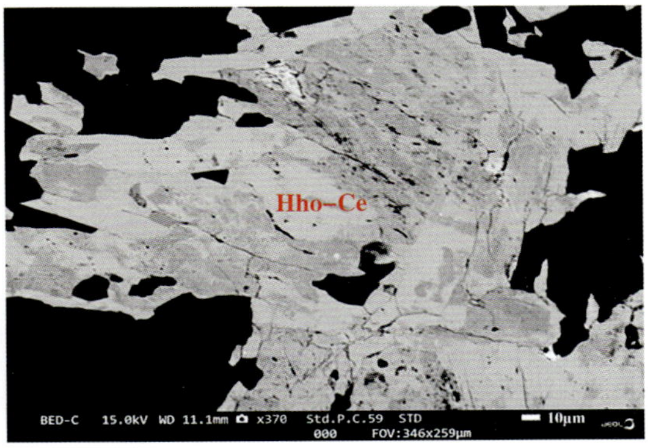

图 3-102 黄河矿(BSE)

根据电子探针测试结果平均值及理论化学式，计算 CO_2 含量；以$[CO_3]^{2-}=2$ 为基数，计算化学式：深色部分(表 3-29)为$(Ba_{0.93}Ti_{0.01}Ca_{0.01}Th_{0.01})_{\Sigma 0.96}(Ce_{0.53}La_{0.21}Nd_{0.18}Pr_{0.06}Eu_{0.03}Sm_{0.01}Gd_{0.01})_{\Sigma 1.03}(CO_3)_2F_{1.00}$；浅色部分(表 3-30)为$(Ba_{1.10}Ti_{0.02}Th_{0.01})_{\Sigma 1.13}(Ce_{0.45}La_{0.20}Nd_{0.13}Pr_{0.05}Eu_{0.02}Sm_{0.01}Gd_{0.01})_{\Sigma 0.87}(CO_3)_2F_{0.95}$。

表 3-29 深色部分黄河矿电子探针测试结果及稀土配分 单位：$w_t/\%$

成分	测试点 P1	稀土配分	测试点 P2	稀土配分	测试点 P3	稀土配分	平均值
BaO	33.10		33.16		33.47		33.24
CaO	0.11		0.14		0.05		0.10
TiO_2	0.31	$\Sigma RE_2O_3=42.19$	0.27	$\Sigma RE_2O_3=38.99$	0.35	$\Sigma RE_2O_3=39.40$	0.31
FeO	0.17		0.00		0.04		0.07
F	4.31		4.41		4.59		4.43
ThO_2	0.17		0.70		0.44		0.44
La_2O_3	9.04	21.43	8.36	21.45	7.11	18.05	8.17
Ce_2O_3	21.63	51.27	19.62	50.32	19.96	50.66	20.40
Pr_2O_3	2.56	6.07	2.34	6.00	2.01	5.10	2.30

续表

成分	测试点 P1	稀土配分	测试点 P2	稀土配分	测试点 P3	稀土配分	平均值
Nd_2O_3	6.39	15.14	6.42	16.47	8.03	20.38	6.95
Sm_2O_3	0.42	1.00	0.46	1.18	0.61	1.55	0.50
Eu_2O_3	1.47	3.48	1.09	2.79	0.94	2.39	1.17
Gd_2O_3	0.68	1.61	0.62	1.59	0.65	1.65	0.65
Y_2O_3	0.00	0.00	0.08	0.21	0.09	0.22	0.06
$-O=F_2$	1.81		1.85		1.93		1.86
$CO_2{}^*$							20.57
总计	78.55	100.00	75.82	100.00	76.41	100.00	97.50

表 3－30　浅色部分黄河矿电子探针测试结果及稀土配分　　单位：$w_t/\%$

成分	测试点 P1	稀土配分	测试点 P2	稀土配分	测试点 P3	稀土配分	平均值
BaO	39.59	$\sum RE_2O_3=33.84$	39.69	$\sum RE_2O_3=32.87$	39.97	$\sum RE_2O_3=35.11$	39.75
CaO	0.05		0.05		0.05		0.05
TiO_2	0.36		0.39		0.35		0.37
F	4.40		4.31		4.02		4.24
ThO_2	0.58		0.43		0.31		0.44
La_2O_3	7.83	23.14	7.26	22.09	8.46	24.10	7.85
Ce_2O_3	17.31	51.15	17.18	52.27	17.39	49.53	17.29
Pr_2O_3	2.06	6.09	1.90	5.78	2.24	6.38	2.07
Nd_2O_3	4.97	14.69	5.27	16.03	4.63	13.19	4.96
Sm_2O_3	0.41	1.21	0.27	0.82	0.25	0.71	0.31
Eu_2O_3	0.79	2.33	0.48	1.46	1.69	4.81	0.99
Gd_2O_3	0.46	1.36	0.49	1.49	0.43	1.22	0.46
Y_2O_3	0.01	0.03	0.02	0.06	0.02	0.06	0.02
$-O=F_2$	1.85		1.81		1.69		1.78
$CO_2{}^*$							20.75
总计	76.97	100.00	75.93	100.00	78.12	100.00	97.77

3. 晚期脉中的黄河矿

样品采自东矿钻孔，属于条带状白云石型铌稀土铁矿石。样品中发育钠闪石化，钠闪石与白云石、磁铁矿相间分布并构成条带，少量萤石分布于白云石矿物间；氟碳钡铈矿分布于萤石间，应是在含钠流体交代时形成，并伴随着大量黄铁矿、磁黄铁矿及稀土的硅酸盐矿物等。

黄河矿呈无色粒状分布于晚期方解石脉中(图 3－103、图 3－104)，粒径为 0.02～0.03mm。

共伴生矿物：白云石、磁铁矿、钠闪石、黄铁矿、磁黄铁矿、氟碳钡铈矿、铈硅磷灰石、硅钛铈矿、易解石、萤石、重晶石、方解石等。

稀土配分中(表 3-31)，Ce_2O_3 占 50.76%～54.12%，大于一半；Nd_2O_3(25.52%～27.97%)>La_2O_3(7.43%～8.05%)。

根据电子探针测试结果平均值(表 3-31)及理论化学式，计算 CO_2 含量；以$[CO_3]^{2-}$=2 为基数，计算化学式：$(Ba_{0.92}Ti_{0.08}Mn_{0.03}Fe_{0.01})_{\Sigma 1.04}(Ce_{0.45}Nd_{0.22}Ca_{0.13}La_{0.07}Eu_{0.04}Pr_{0.03}Sm_{0.01}Gd_{0.01})_{\Sigma 0.96}(CO_3)_2F_{0.98}$。

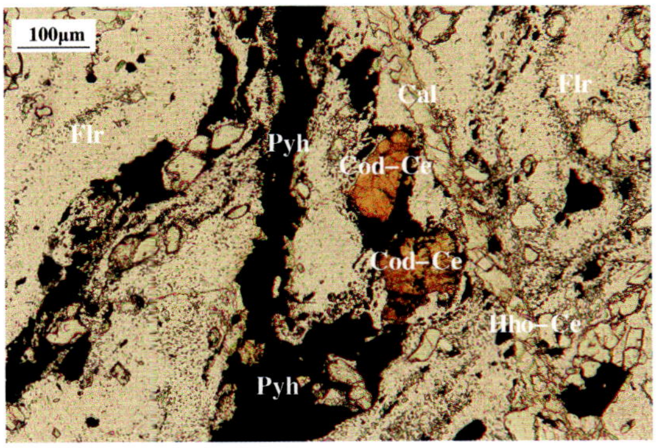

图 3-103 分布于方解石脉中的黄河矿(Hho-Ce)(单偏光)

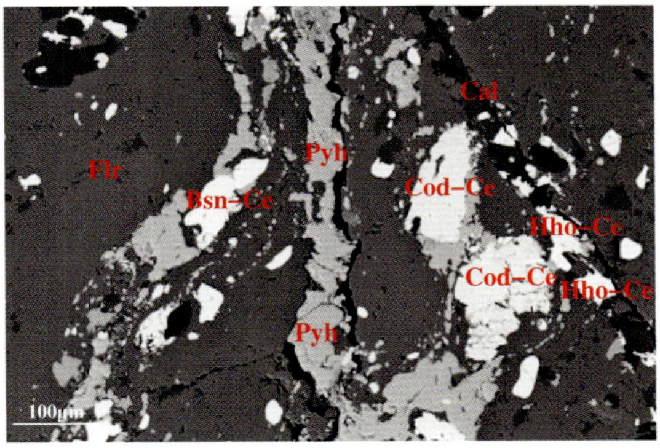

图 3-104 分布于方解石脉中的黄河矿(BSE)

表 3-31 黄河矿电子探针测试结果及稀土配分 单位：w_t/%

成分	测试点 P1	稀土配分	测试点 P2	稀土配分	测试点 P3	稀土配分	平均值
BaO	34.86	ΣRE_2O_3=35.54	36.99	ΣRE_2O_3=35.95	37.04	ΣRE_2O_3=37.29	36.30
CaO	1.11		0.77		0.67		0.85
TiO_2	1.65		1.67		1.65		1.66
MnO	0.40		0.15		0.88		0.48
FeO	0.20		0.16		0.18		0.18
F	4.83		4.74		4.91		4.82
ThO_2	0.16		0.15		0.11		0.14
La_2O_3	2.64	7.43	2.85	7.93	3.00	8.05	2.83
Ce_2O_3	18.92	53.24	18.25	50.76	20.18	54.12	19.12
Pr_2O_3	1.24	3.49	1.42	3.95	1.48	3.97	1.38
Nd_2O_3	9.07	25.52	9.74	27.09	10.43	27.97	9.75
Sm_2O_3	0.36	1.01	0.49	1.36	0.34	0.91	0.40
Eu_2O_3	2.68	7.54	2.56	7.12	1.22	3.27	2.15
Gd_2O_3	0.42	1.18	0.48	1.33	0.49	1.31	0.46
Dy_2O_3	0.17	0.48	0.10	0.28	0.12	0.32	0.13
Y_2O_3	0.04	0.11	0.06	0.17	0.03	0.08	0.04
$-O=F_2$	2.03		1.99		2.06		2.03
CO_2^*							22.78
总计	76.72	100.00	78.59	100.00	80.67	100.00	101.44

氟碳铈钡矿 * Cebaite -(Ce)

$Ba_3Ce_2(CO_3)_5F_2$

化学组成：BaO 44.64%，$\sum RE_2O_3$ 31.86%，CO_2 21.36%，F 3.68%。

晶体结构：单斜晶系，空间群为 $C2/m$。a_0 = 21.42(5) Å，b_0 = 5.078(5) Å，c_0 = 13.30(5) Å，β = 94.8(2)°，Z = 4。

形态：斜方柱晶形，$C_{2h}-2/m(L^2PC)$。晶体呈柱状、板状，或粒状、不规则状。

物理性质：黄色-蜜蜡黄色，玻璃光泽、油脂光泽，透明，条痕为橙黄色或浅灰色。一组不完全解理。摩氏硬度 4.5～5.0，相对密度 4.31～4.66。

显微镜下特征：二轴晶(－)，$2V$ = 5°～10°。N_g = 1.740～1.748，N_p = 1.598～1.604，N_m = 1.735。薄片中无色透明，突起高，干涉色高。

氟碳铈钡矿(图 3-105)是 1972 年在白云鄂博发现的新矿物(王贤觉等，1973)，它是白云鄂博矿床中分布较广的钡的氟碳酸盐稀土矿物，常与黄河矿、氟碳钡铈矿紧密共生。

图 3-105 氟碳铈钡矿手标本

白云石型铌稀土矿石中的氟碳铈钡矿

样品采自西矿。氟碳铈钡矿呈无色-淡黄色板状分布于白云石、磷灰石矿物间，或分布于晚期的方解石脉中，颗粒粗大，粒径一般为 1.00～10.00mm(图 3-106、图 3-107、图 3-109)。氟碳铈钡矿常与氟碳钡铈矿、黄河矿形成紧密共生的体衍生构造，并可见重晶石、黄河矿向氟碳铈钡矿的渐变及过渡(图 3-108)，推测为后期富 Ba 热液的交代而成。

共伴生矿物：白云石、方解石、氟碳钡铈矿、黄河矿、氟碳铈矿、独居石、磷灰石、烧绿石、磁铁矿、重晶石等。

图 3-106 板状分布的氟碳铈钡矿(Ceb-Ce)
(单偏光)

图 3-107 氟碳铈钡矿与磷灰石(Fap)、
氟钙烧绿石(Fcpcl)(正交偏光)

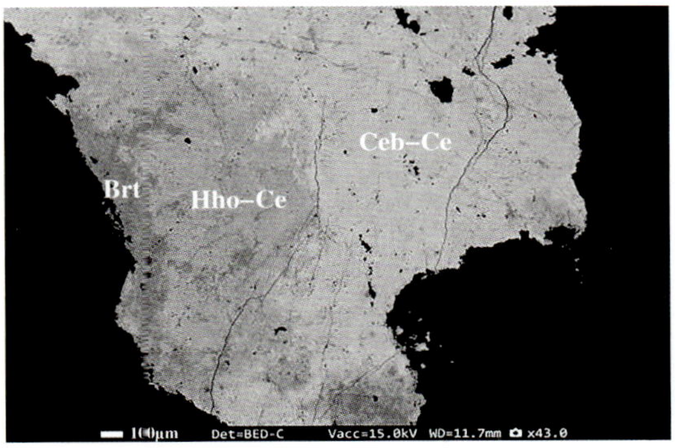

图 3-108 氟碳铈钡矿与黄河矿(Hho-Ce)、
重晶石(Brt)的共生关系(BSE)

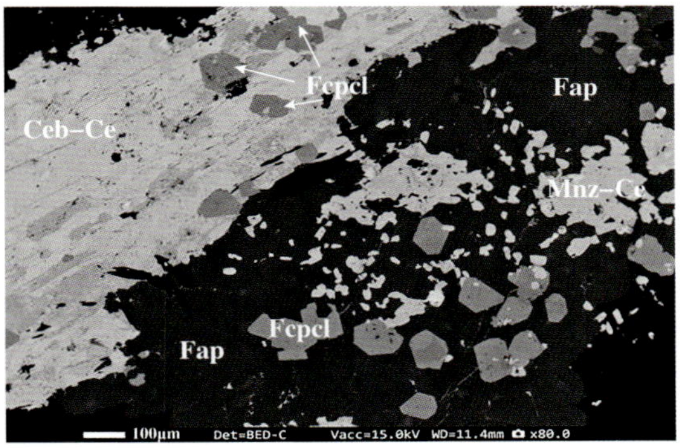

图 3-109 氟碳铈钡矿中分布的
氟钙烧绿石(BSE)

根据电子探针测试结果平均值(表 3-32)及理论化学式，计算 CO_2 含量；以$[CO_3]^{2-}=5$为基数，计算化学式：$(Ba_{2.86}Sr_{0.05}Th_{0.01})_{\Sigma 2.92}(Ce_{1.49}La_{0.20}Nd_{0.16}Pr_{0.11}Gd_{0.11}Sm_{0.02})_{\Sigma 2.09}(CO_3)_5F_{1.89}$。

表 3-32 氟碳铈钡矿电子探针测试结果及稀土配分 单位：$w_t/\%$

成分	测试点 P1	稀土配分	测试点 P2	稀土配分	测试点 P3	稀土配分	平均值
BaO	39.49		40.59		41.06		40.38
CaO	0.06		0.09		0.08		0.07
Na_2O	0.07		0.02		0.03		0.04
SrO	0.57	$\Sigma RE_2O_3=32.31$	0.42	$\Sigma RE_2O_3=32.23$	0.46	$\Sigma RE_2O_3=31.40$	0.48
FeO	0.02		0.03		0.02		0.02
ThO_2	0.16		0.19		0.15		0.17
F	3.64		3.18		3.16		3.33
La_2O_3	8.73	27.02	0.28	0.87	0.00	0.00	3.00
Ce_2O_3	17.18	53.17	25.55	79.27	24.98	79.55	22.57
Pr_2O_3	1.56	4.83	1.68	5.21	1.90	6.05	1.71
Nd_2O_3	2.55	7.89	2.50	7.76	2.39	7.61	2.48

续表

成分	测试点 P1	稀土配分	测试点 P2	稀土配分	测试点 P3	稀土配分	平均值
Sm_2O_3	0.40	1.24	0.34	1.05	0.28	0.89	0.34
Gd_2O_3	1.77	5.48	1.72	5.34	1.83	5.83	1.77
Dy_2O_3	0.00	0.00	0.02	0.06	0.02	0.06	0.01
Ho_2O_3	0.04	0.12	0.00	0.00	0.00	0.00	0.01
Yb_2O_3	0.00	0.00	0.12	0.37	0.00	0.00	0.04
Lu_2O_3	0.08	0.25	0.02	0.06	0.00	0.00	0.03
$-O=F_2$	1.53		1.34		1.33		1.40
$CO_2{}^*$							20.33
总计	74.79	100.00	75.41	100.00	75.03	100.00	95.38

库氟碳铈钡矿(原中华铈矿)　Kukharenkoite -(Ce)

$Ba_2Ce(CO_3)_3F$

化学组成：BaO 49.91%，$\sum RE_2O_3$ 26.71%，CO_2 21.48%，F 3.28%。

晶体结构：单斜晶系，空间群为 $P2_1/m$。$a_0=13.406$Å，$b_0=5.072$Å，$c_0=6.707$Å，$\beta=106.57°$，$Z=2$。

形态：单斜柱晶形，$C_{2h}-2/m(L^2PC)$。晶体呈柱状、板状，或粒状、不规则状。

物理性质：无色、黄色、红棕色，透明，条痕白色，玻璃光泽、油脂光泽，无解理。摩氏硬度 4.5，相对密度 4.20～4.40。

显微镜下特征：二轴晶(－)，$2V=16°$。$N_g=1.715$～1.728，$N_p=1.584$～1.594，$N_m=1.710$～1.724。薄片无色透明，无多色性。

浸染于 H_8 白云岩中，与氟碳铈钡矿紧密共生，还与铁白云石、金云母、钠闪石、磁铁矿、石英等矿物共生(张培善和陶克捷，1986)。

样品中的库氟碳铈钡矿分布于条带状萤石型铌稀土铁矿石的细脉中，细脉主要为碳钇钡石，中间一小部分为库氟碳铈钡矿(图 3－110、图 3－111)。

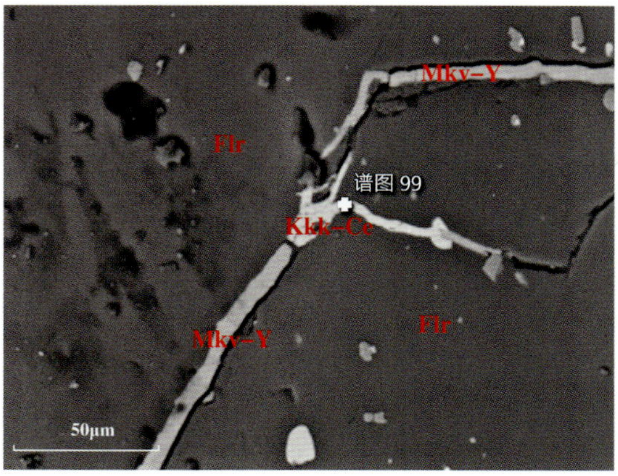

图 3－110　库氟碳铈钡矿(Kkk－Ce)与碳钇钡石(Mkv－Y)呈脉状分布于萤石(Flr)裂隙中(BSE)

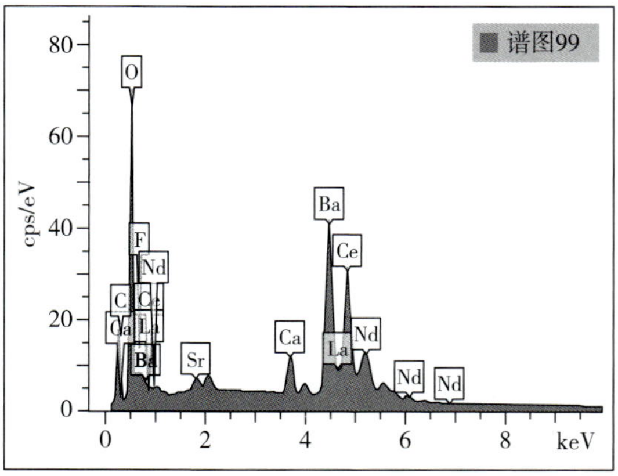

图 3－111　库氟碳铈钡矿能谱图

共伴生矿物：萤石、磁铁矿、氟碳铈矿、独居石、碳钇钡石、黄河矿、氟碳钡铈矿、方解石、菱铁矿等。

表 3-33 为库氟碳铈钡矿能谱测试结果。

表 3-33 库氟碳铈钡矿能谱测试结果 单位：w_t/%

成分	测试点 P1	测试点 P2	测试点 P3	测试点 P4	平均值
C	10.22	11.19	10.59	9.32	10.33
O	23.37	23.99	23.30	23.62	23.57
F	4.10	4.41	3.67	5.91	4.52
Ca	2.19	2.06	2.14	4.21	2.65
Sr	1.10	—	0.83	1.08	0.75
Ba	39.94	38.48	39.64	38.49	39.14
La	5.59	3.05	5.68	3.65	4.49
Ce	11.09	10.23	10.47	9.45	10.31
Nd	2.41	6.59	3.67	4.27	4.24
总计	100.00	100.00	100.00	100.00	100.00

三、其他稀土碳酸盐矿物

白云鄂博的稀土碳酸盐矿物包括碳钇钡石、碳铈钠石、碳锶铈矿、碳钙铈矿及碳铈石。

碳钇钡石 Mckelveyite-(Y)

$NaBa_3CaY(CO_3)_6 \cdot 3H_2O$

晶体结构：单斜晶系，空间群为 Cc。a_0 = 15.8213(7)Å，b_0 = 9.1364(4)Å，c_0 = 13.7522(6)Å，β = 112.44(1)°，Z = 2。

形态：斜方柱晶形，$C_s - m(P)$。多呈不规则状。

物理性质：黄色、橘色-褐色、灰色、绿棕色等，透明-半透明-不透明，玻璃光泽、油脂光泽。摩氏硬度 3.5～4，相对密度 3.25。

显微镜下特征：二轴晶(－)，N_g=1.649～1.658，N_m=1.550～1.554，N_p=1.550～1.554。透射光下呈无色-淡黄色。

碳钇钡石为含重稀土钇的碳酸盐矿物，国内未见有该矿物的报道。本次研究在白云鄂博为首次发现，均产于晚期脉中。

《系统矿物学》(王濮等，1982)有关于碳钇锶石矿物[$NaSr_3CaY(CO_3)_6$]的记载，其电子探针分析资料显示，其组成为 BaO 0.85%，SrO 35.8%，Na_2O 3.37%，CaO 5.75%，Y_2O_3 13.1%，Nd_2O_3 1.83%，La_2O_3 0.45%，CO_2 30.98%，H_2O 6.34%，总计 98.47%。

从化学组成看，白云鄂博发现的碳钇钡石与碳钇锶石均属于碳钇钡石族矿物。碳钇钡石除含 Y 较高外，Gd、Dy、Ho、Er 含量也较高，且含一定量的铈族稀土，占比达 14.75%～17.29%。

1. 条带状萤石型铌稀土铁矿石中的碳钇钡石

样品采自东矿。碳钇钡石呈细脉状切穿萤石、稀土矿物条带，切断氟碳铈矿(图 3－112)。碳钇钡石脉较长，多条近平行分布，有时呈树枝状，有时与方解石脉并行延伸(图 3－114)，或与菱铁矿脉并行，有时可见库氟碳铈钡矿细脉(图 3－116)，图 3－113、图 3－115、图 3－117 分别为碳钇钡石能谱图。

共伴生矿物：萤石、氟碳铈矿、独居石、磁铁矿、赤铁矿、磷灰石、白云石、方解石、黄河矿、氟碳钡铈矿、库氟碳铈钡矿等。

电子探针测试结果(表 3－34)显示，碳钇钡石中的 Y_2O_3 含量为 6.66%～8.33%，占稀土配分总量的 43.27%～48.15%；铈族稀土占稀土配分总量的 20.98%～24.55%，铈族稀土以 Ce 为主，少量 Sm(表 3－35)。

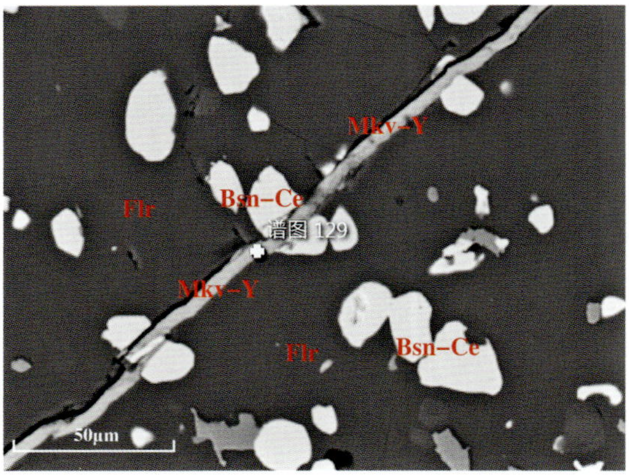

图 3－112　碳钇钡石(Mkv－Y)呈脉状分布，切断氟碳铈矿(Bsn－Ce)颗粒 (BSE)

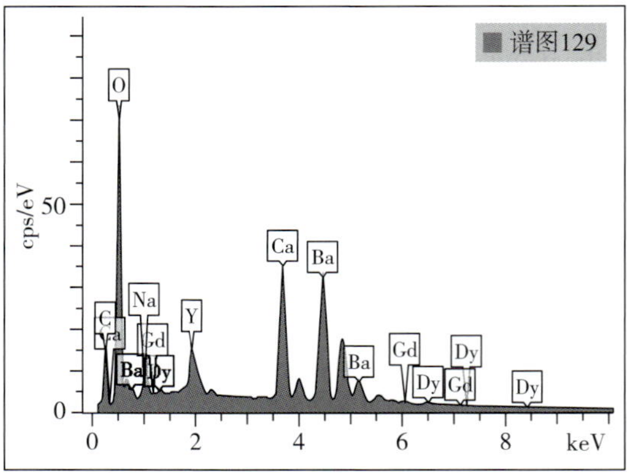

图 3－113　碳钇钡石能谱图

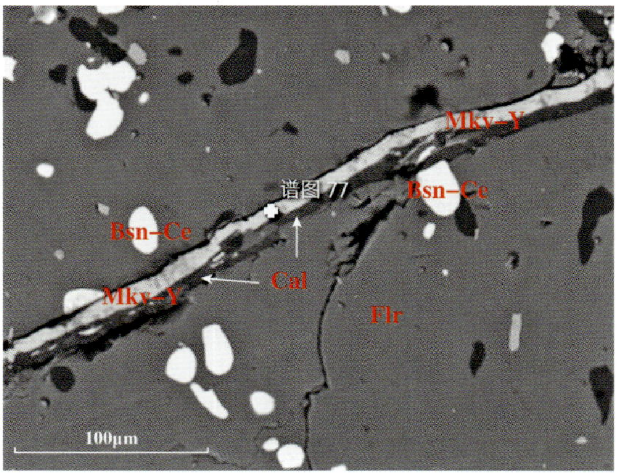

图 3－114　碳钇钡石呈脉状分布，旁边暗色为方解石(Cal)脉(BSE)

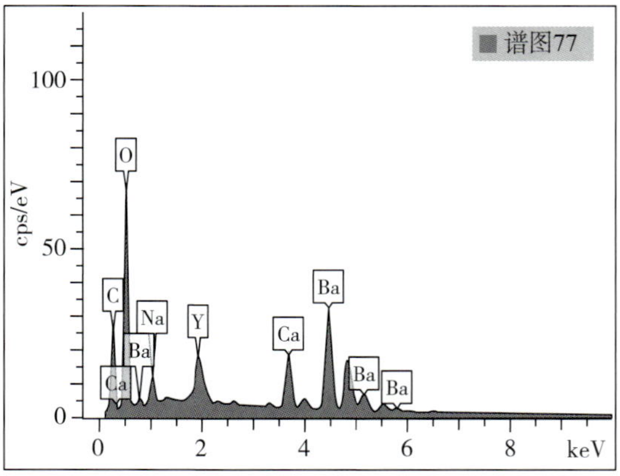

图 3－115　碳钇钡石能谱图

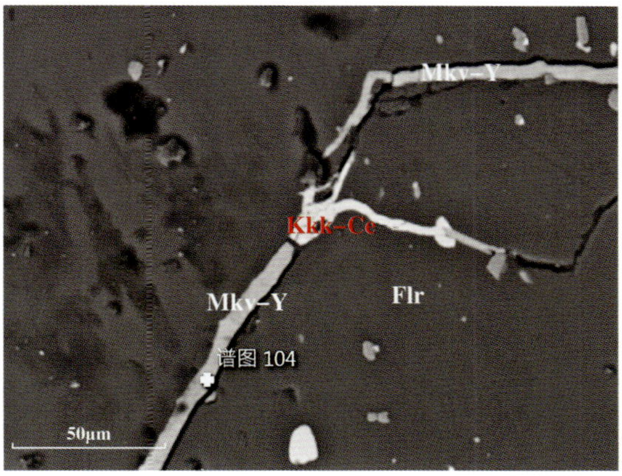

图 3-116　碳钇钡石呈脉状分布，中间脉(亮色)为庢氟碳铈钡矿(Kkk-Ce)(BSE)

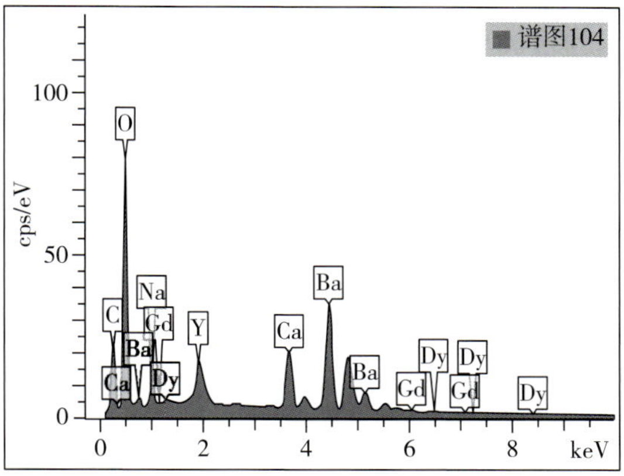

图 3-117　碳钇钡石能谱图

因碳钇钡石矿物中含结晶水较多，CO_2 未做测试，根据理论化学式计算结晶水和 CO_2 的值。根据电子探针测试平均值(表 3-34)，以$[CO_3]^{2-}=6$ 为基数，计算化学式：$Ba_{3.10}(Ca_{1.27}Y_{0.70}REE_{0.52}Na_{0.28}Sr_{0.13})_{\Sigma 2.90}(CO_3)_6 \cdot 3H_2O$。

表 3-34　碳钇钡石电子探针测试结果及稀土配分　　单位：$w_t/\%$

成分	测试点 P1	稀土配分	测试点 P2	稀土配分	测试点 P3	稀土配分	测试点 P4	稀土配分	平均值
SrO	1.05		1.03		1.79		0.99		1.22
CaO	6.29		7.27		6.46		6.52		6.64
Na_2O	0.98	ΣRE_2O_3 =15.75	0.76	ΣRE_2O_3 =15.39	0.77	ΣRE_2O_3 =17.30	0.69	ΣRE_2O_3 =16.61	0.80
BaO	46.09		44.78		42.50		44.30		44.42
F	0.09		1.20		1.26		0.16		0.68
FeO	0.12		0.00		0.00		0.16		0.07
Y_2O_3	7.52	47.75	6.66	43.27	8.33	48.15	7.30	43.95	7.45
La_2O_3	0.00	0	0.00	0	0.10	0.58	0.20	1.20	0.08
Ce_2O_3	2.62	16.63	2.78	18.06	2.91	16.82	3.04	18.30	2.84
Sm_2O_3	0.59	3.75	0.76	4.94	0.58	3.35	0.83	5.00	0.69
Eu_2O_3	0.00	0.00	0.00	0.00	0.04	0.23	0.00	0.00	0.01
Gd_2O_3	2.28	14.47	1.93	12.54	1.76	10.17	1.96	11.80	1.98
Tb_2O_3	0.00	0.00	0.11	0.71	0.00	0.00	0.00	0.00	0.03
Dy_2O_3	1.61	10.22	1.86	12.08	2.00	11.56	2.32	13.97	1.95
Ho_2O_3	0.75	4.76	0.87	5.65	1.00	5.78	0.51	3.07	0.78
Er_2O_3	0.33	2.10	0.23	1.49	0.24	1.39	0.22	1.32	0.25
Yb_2O_3	0.05	0.32	0.00	0.00	0.13	0.75	0.00	0.00	0.05
Lu_2O_3	0.00	0.00	0.19	1.23	0.21	1.21	0.23	1.38	0.16

续表

成分	测试点 P1	稀土配分	测试点 P2	稀土配分	测试点 P3	稀土配分	测试点 P4	稀土配分	平均值
$-O=F_2$	0.04		0.51		0.53		0.07		0.29
CO_2 *									24.70
H_2O *									5.05
总计	70.33	100.00	69.92	100.00	69.55	100.00	69.36	100.00	99.56

表 3-35 碳钇钡石轻、重稀土分布状况 单位：w_t/%

稀土元素氧化物	测试点 P1	分布率	测试点 P2	分布率	测试点 P3	分布率	测试点 P4	分布率
轻稀土(La 至 Eu)	3.21	20.38	3.54	23.00	3.63	20.98	4.08	24.55
重稀土(Gd 至 Lu)	5.02	31.87	5.19	33.72	5.33	30.87	5.23	31.51
Y_2O_3	7.52	47.75	6.66	43.28	8.33	48.15	7.30	43.94
总计	15.75	100.00	15.39	100.00	17.29	100.00	16.61	100.00

2. 条带状白云石型铌稀土铁矿石中的碳钇钡石

样品采自东矿钻孔。碳钇钡石呈脉状分布于萤石矿物之间，脉宽 10～15μm(图 3-118、图 3-119)，表明其形成于富 Ba 的环境中。

共伴生矿物：白云石、磁铁矿、萤石、钠闪石、黄铁矿、磁黄铁矿、氟碳钡铈矿、黄河矿、铈硅磷灰石、硅钛铈矿、易解石、重晶石等。

电子探针测试结果(表 3-36)及轻、重稀土分布状况(表 3-37)显示，碳钇钡石中的 Y_2O_3 含量平均为 7.92%，占稀土配分总量的 48.62%；铈族稀土占稀土配分总量的 23.47%，铈族稀土以 Ce 为主，少量 Sm。

根据电子探针测试结果平均值(表 3-36)及理论化学式，计算 CO_2 和 H_2O 含量；以 $[CO_3]^{2-}=6$ 为基数，计算化学式：$Ba_{3.21}(Ca_{1.30}Y_{0.77}REE_{0.51}Sr_{0.19})_{\Sigma 2.77}(CO_3)_6 \cdot 3H_2O$。

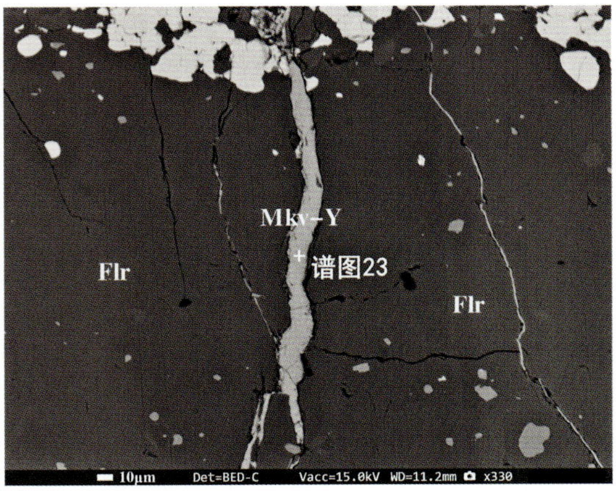

图 3-118 碳钇钡石(Mkv-Y)呈脉状分布于萤石(Flr)之间(BSE)

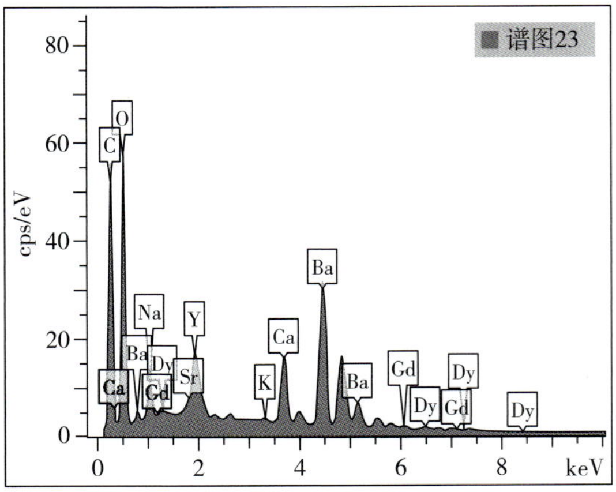

图 3-119 碳钇钡石能谱图

表 3-36　碳钇钡石电子探针测试结果及稀土配分　　单位：w_t/%

成分	测试点 P1	稀土配分	测试点 P2	稀土配分	平均值
SrO	1.39	ΣRE_2O_3 =16.26	2.10	ΣRE_2O_3 =16.33	1.75
FeO	0.04		0.12		0.08
TiO_2	0.03		0.14		0.09
CaO	6.60		6.62		6.61
BaO	45.29		44.22		44.76
F	0.22		1.07		0.65
Y_2O_3	7.84	48.24	8.00	49.00	7.92
Ce_2O_3	3.05	18.78	2.90	17.74	2.98
Sm_2O_3	0.72	4.44	0.64	3.94	0.68
Eu_2O_3	0.24	1.50	0.09	0.55	0.17
Gd_2O_3	1.39	8.52	1.73	10.61	1.56
Dy_2O_3	1.71	10.50	1.69	10.38	1.70
Ho_2O_3	0.70	4.28	0.70	4.28	0.70
Er_2O_3	0.28	1.71	0.30	1.84	0.29
Yb_2O_3	0.06	0.37	0.05	0.33	0.06
Lu_2O_3	0.27	1.65	0.22	1.32	0.24
$-O=F_2$	0.09		0.45		0.27
$CO_2{}^*$					23.90
H_2O^*					4.89
总计	69.74	100.00	70.14	100.00	99.03

表 3-37　碳钇钡石轻、重稀土分布状况　　单位：w_t/%

稀土元素氧化物	测试点 P1	分布率	测试点 P2	分布率
轻稀土(La 至 Eu)	4.02	24.66	3.63	22.23
重稀土(Gd 至 Lu)	4.40	27.10	4.70	28.77
Y_2O_3	7.84	48.24	8.00	49.00
总计	16.26	100.00	16.33	100.00

碳铈钠石　Carbocernaite

$(Sr,Ce,La)(Ca,Na)(CO_3)_2$

晶体结构：斜方晶系，空间群为 $Pmc2_1$。$a_0=6.41$Å，$b_0=7.27$Å，$c_0=5.19$Å。

形态：斜方锥晶形，$C_{2v}-mm2(L^2 2P)$。粒状、板状。

物理性质：无色、白色、黄绿色、黄色等，透明-不透明，条痕白色，玻璃光泽、油脂光泽，性脆。摩氏硬度 3，相对密度 3.53。

显微镜下特征：二轴晶(－)，$2V=52°$。$N_g=1.708$，$N_m=1.679$，$N_p=1.569$。透射光下呈无色透明，两组解理不完全。

碳铈钠石是Ca、Sr的碳酸复盐，REE置换部分Sr，稀土元素主要为Ce、La、Nd等。主要分布于西矿稀土矿化白云岩中(张培善和陶克捷，1986；梁有彬等，1982b)。

白云石型铌稀土矿石中的碳铈钠石

样品采自西矿。碳铈钠石呈无色透明状，分布于方解石、白云石及菱钡镁石矿物间。因样品中碳酸盐矿物较多且均为无色透明，故在显微镜下难以区分。通过探针片进行TIMA[1]扫描时发现该矿物(图3－120)呈不规则粒状分布于方解石与菱钡镁石矿物间，粒径约为0.20mm(图3－121)。

共伴生矿物：白云石、方解石、菱钡镁石、钡解石、毒重石等。

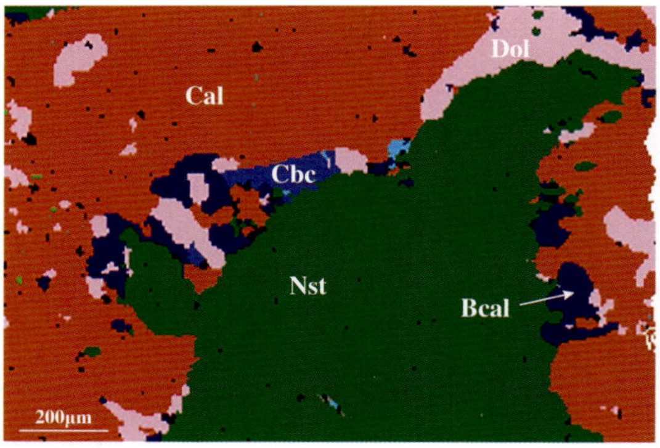

图3－120 碳铈钠石(Cbc)分布于方解石(Cal)与菱钡镁石(Nst)间(TIMA)

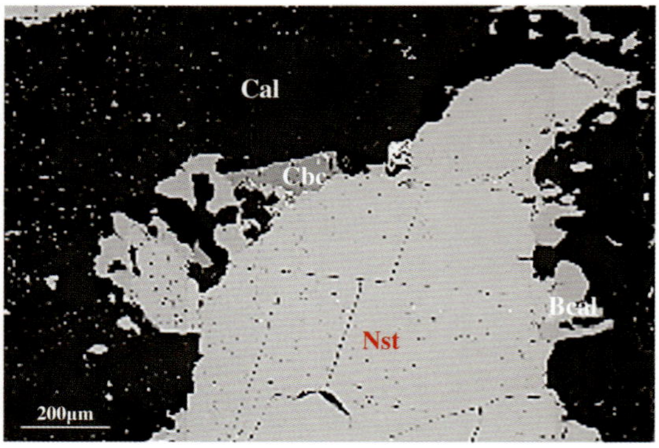

图3－121 碳铈钠石分布于方解石与菱钡镁石间(BSE)

根据电子探针测试(表3－38)结果，以$[CO_3]^{2-}=2$为基数，计算化学式：$(Sr_{0.59}REE_{0.32}Ba_{0.09})_{\Sigma 1.00}(Ca_{0.79}Na_{0.21})_{\Sigma 1.00}(CO_3)_2$。

表3－38 碳铈钠石电子探针测试结果 单位：$w_t/\%$

成分	测试点P1	测试点P2	平均值
CaO	16.53	16.45	16.49
SrO	23.05	23.22	23.14
Na_2O	2.47	2.56	2.52
BaO	4.91	4.89	4.90
FeO	0.05	0.03	0.04
ThO_2	0.07	0.06	0.07
La_2O_3	7.74	7.81	7.78
Ce_2O_3	9.88	9.75	9.82

[1] TIMA：Tescan Integrated Mineral Analyzer，新一代以SEM为基础的自动识别系统。

续表

成分	测试点 P1	测试点 P2	平均值
Nd_2O_3	1.21	1.17	1.19
Sm_2O_3	0.26	0.28	0.27
Gd_2O_3	1.02	0.96	0.99
Lu_2O_3	0.10	0.06	0.08
CO_2 *			33.08
总计	67.29	67.24	100.37

碳锶铈矿　Ancylite -(Ce)

$CeSr(CO_3)_2(OH)\cdot H_2O$

化学组成：SrO 12.11%，CaO 4.36%，$\sum RE_2O_3$ 47.27%，CO_2 28.38%，H_2O 5.55%。

晶体结构：斜方晶系，空间群为 *Pmmm*。a_0 = 4.97～5.03Å，b_0 = 8.49～8.53Å，c_0 = 7.24～7.29Å，Z = 2。

形态：斜方双锥晶形，$D_{2h}-mmm(3L^2 3PC)$。晶体沿 *c* 轴呈长柱状，部分为粒状。

物理性质：淡黄色、橘黄色、黄褐色，半透明，条痕白色，玻璃光泽、油脂光泽，性脆，无解理。摩氏硬度 4～4.5，相对密度 3.95。

显微镜下特征：二轴晶(－)，$2V$=66°。N_g=1.735，N_m=1.700，N_p=1.625。

碳钙铈矿　Calcioancylite -(Ce)

$(Ce,Ca,Sr)(CO_3)(OH,H_2O)$

化学组成：CaO 12.83%，$\sum RE_2O_3$ 49.82%，CO_2 23.70%，H_2O 6.94%。

晶体结构：斜方晶系，空间群为 *Pmmm*。a_0 = 5.01Å，b_0 = 8.50Å，c_0 = 7.27Å，Z = 2。

形态：斜方双锥晶形，$D_{2h}-mmm(3L^2 3PC)$。晶体沿 *c* 轴呈长柱状，部分为粒状。

物理性质：淡黄色、橘黄色、黄褐色，半透明，玻璃光泽，性脆，无解理。摩氏硬度 4～4.5，相对密度 3.8～4.3。

显微镜下特征：二轴晶(－)，$2V$=60°～70°。N_g=1.772，N_m=1.733，N_p=1.654。

碳锶铈矿族矿物中的 Sr 与 Ca 呈完全类质同象。依二等分法，将该族矿物分为碳锶铈矿和碳钙铈矿两个亚种：当 Sr＞Ca(apfu[1])时，为碳锶铈矿；当 Ca＞Sr(apfu)时，为碳钙铈矿。

碳锶铈矿属较少见的稀土碳酸盐矿物，迄今所报道的碳锶铈矿多与火成碳酸岩有关(毛骞等，2012)。

白云鄂博碳锶铈矿主要产于东部接触带的碳酸岩中，共生矿物为白云石、铁白云石、少量方解石。在 BSE 图像中，碳锶铈矿、碳钙铈矿呈几微米至十几微米不规则状，分散于方解石或方解石与白云石的“交生体”范围内(毛骞等，2012)。其他共生矿物还有重晶

[1] apfu 指元素在矿物中的原子分数。

石、磁铁矿、独居石等。

白云鄂博碳锶铈矿高 Sr、高 Ca 两个亚种的化学式分别为$(Sr_{0.61}Ca_{0.19})_{0.80}(Ce_{0.51}Nd_{0.36}La_{0.18}Pr_{0.08}Sm_{0.07})_{1.20}(CO_3)_2(OH_{1.06}F_{0.14})_{1.20}H_2O$ 和$(Ca_{0.73}Sr_{0.28}Ba_{0.17})_{1.18}(Ce_{0.46}Nd_{0.15}La_{0.15}Pr_{0.04}Sm_{0.01})_{0.81}(CO_3)_2(OH_{0.75}F_{0.06})_{0.81}H_2O$(毛骞等，2012)。

碳铈石(镧石) Lanthanite -(Ce)

$Ce_2(CO_3)_3 \cdot 8H_2O$

化学组成：稀土元素中，Ce(apfu)最高。

晶体结构：斜方晶系，空间群为 *Pccn*。$a_0 = 9.482(6)$ Å，$b_0 = 16.938(11)$ Å，$c_0 = 8.965(3)$ Å，$Z = 4$。

形态：斜方双锥晶形，$D_{2h}-mmm(3L^2 3PC)$。晶体呈板状、片状或粒状至土状。

物理性质：无色、淡黄色，透明，条痕白色，玻璃光泽、珍珠光泽，{010}解理极完全。摩氏硬度2.5，相对密度2.76。

显微镜下特征：二轴晶(－)，$2V=60°$。$N_g=1.616$，$N_m=1.594$，$N_p=1.532$。

碳铈石也称为镧石，多产于氧化带。它是一种含水的稀土碳酸盐矿物，且有不同的种。根据稀土元素中以铈、镧或钕为主，分别命名为碳铈石、碳镧石和碳钕石等。

白云鄂博碳铈石为黄河矿的风化产物，有时可见黄河矿的假象。对碳铈石和黄河矿的混合样品进行化学分析，结果见表 3 - 39。

与黄河矿的化学分析结果比较，碳铈石中的 BaO 含量减少，同时还有一定量的水。Fe 和 Si 为矿物中杂质元素。Ba 和 F 为原生矿物黄河矿的残余元素(张培善和陶克捷，1986)。

表 3 - 39　碳铈石风化产物的分析结果　　单位：$w_t/\%$

成分	含量	成分	含量
CaO	5.56	ThO_2	1.50
BaO	15.11	CO_2	14.00
Fe_2O_3	7.70	F	5.43
Al_2O_3	0.50	H_2O	4.54
ΣRE_2O_3	41.70	$-O=F_2$	2.20
SiO_2	6.00		
TiO_2	0.00	总计	100.04

第三节　稀土磷酸盐矿物

白云鄂博稀土磷酸盐矿物主要有独居石族矿物、磷钇矿族矿物及铈硅磷灰石、大青山矿、一水磷铈石、水磷钙钍石等。其中，铈硅磷灰石为磷硅酸盐矿物，它既属于稀土磷酸盐矿物，又属于稀土硅酸盐矿物，故将在下一节与稀土硅酸盐矿物一并叙述，本节主要讨论独居石族矿物、磷钇矿族矿物及其他几种稀土磷酸盐矿物。

一、独居石族

白云鄂博矿区的独居石族矿物主要为铈独居石，偶见钕独居石和镧独居石。独居石(图 3－122)是该矿区分布最广的稀土矿物，产状多种多样，形成时间跨度很长，在矿床各矿石类型和晚期热液脉中均有产出。

图 3－122　独居石手标本

白云鄂博矿区独居石有以下特点。

1)化学组成与理论值接近。其中$\sum RE_2O_3+P_2O_5$的含量占矿物组成的98%以上，十分接近人工合成稀土磷酸盐的组成。

2)独居石的 Th 含量普遍偏低，个别样品 Th 含量较高，部分独居石中含少量 Y，富 Ca 环境中可形成含钙独居石。

3)矿区独居石多呈微粒状-细粒状集合体，也可见板状。

4)深部白云石型铌稀土铁矿石中独居石颗粒较细，以微细粒集合体形式分布，氟碳铈矿少见。地表白云石型铌稀土铁矿石中独居石颗粒稍大，细粒他形独居石中夹少量氟碳铈矿。两和独居石的稀土配分相似。

5)条带状萤石型铌稀土铁矿石中独居石与氟碳铈矿、氟碳钙铈矿紧密共生。

6)钠闪石型铌稀土铁矿石中独居石含 Th 较高，其中一个样品 Th 含量高达 5.11%。

白云鄂博矿区独居石稀土配分特点如下。

1)独居石属于以 Ce 为高峰的强铈族选择配分型。在稀土配分中，Ce_2O_3约占一半，本次研究所测独居石 Ce_2O_3 在稀土配分中占比 25.39%～52.70%，Nd_2O_3 和 La_2O_3 的相对含量变化较大，Nd_2O_3 变化范围为 11.34%～47.12%，La_2O_3 变化范围为 5.03%～34.91%，La_2O_3 与 Nd_2O_3 有明显的负相关。

2)独居石多为以铈为主的铈独居石，偶见钕独居石和镧独居石。稀土配分中大多为 Ce_2O_3＞La_2O_3＞Nd_2O_3，Ce：La：Nd 约为 5：3：1，个别独居石中 Ce_2O_3＞Nd_2O_3＞La_2O_3。本次研究发现有 Nd_2O_3＞Ce_2O_3＞La_2O_3 的钕独居石，其中 Nd_2O_3 占比为 40.64%～47.12%，Ce_2O_3 占比为 29.62%～33.65%，La_2O_3 占比为 5.03%～5.90%，且该独居石含 Th 较高。

3)研究样品中与氟碳钙铈矿共生的独居石产于晚期脉中，其稀土配分不尽相同，大多数为 Ce_2O_3＞La_2O_3＞Nd_2O_3，但也有 La_2O_3＞Ce_2O_3＞Nd_2O_3 的镧独居石，La_2O_3 的稀土配分占比为 30.32%～34.91%，Ce_2O_3 为 25.39%～30.52%，两者含量接近，但 La_2O_3 略大于 Ce_2O_3，且 La 高 Nd 也高，与大多数稀土配分中 La 与 Nd 呈负相关关系的情况不同。

4)与氟碳钙铈矿共生的独居石，其稀土配分与氟碳钙铈矿不同，相对来说，Ce 偏低而 La 与 Nd 偏高，从镜下情况也可以看到，它们不是同期生成，独居石晚于氟碳钙铈矿，有被交代的痕迹。

5)白云石型、钠闪石型、霓石型铌稀土矿石中均见到板状独居石。独居石呈板状、叶片状分布，部分板状独居石颗粒可见两组解理及聚片双晶，粒径为 0.15～0.30mm。

铈独居石　Monazite-(Ce)

$Ce(PO_4)$

化学组成：Ce_2O_3 34.99%，$(La,Nd)_2O_3$ 34.74%，P_2O_3 30.27%。

晶体结构：单斜晶系，空间群为 $P21/c$。a_0 = 6.7902(10)Å，b_0 = 7.0203(6)Å，c_0 = 6.4674(7)Å，β = 103.6°，Z = 4。

形态：斜方柱晶形，$C_{2h}-2/m(L_2PC)$。沿{100}成板状晶体。

物理性质：浅黄色、褐黄色、红棕-棕色，半透明，条痕白色，玻璃光泽、油脂光泽、树脂光泽，性脆，解理{100}完全，{010}不完全。摩氏硬度 5～5.5，相对密度 5～5.5。

显微镜下特征：二轴晶(+)，$2V$=10°～26°。N_g=1.823～1.860，N_m=1.778～1.800，N_p=1.770～1.793。透射光下呈无色透明或微具黄色，突起高，干涉色Ⅲ～Ⅳ级。

白云鄂博独居石晶胞参数：a_0 = 6.802Å，b_0 = 7.028Å，c_0 = 6.476Å。

白云鄂博独居石样品 X 射线粉晶衍射数据见表 3-40。

表 3-40　白云鄂博独居石样品 X 射线粉晶衍射数据

No.	2θ/(°)	d/Å	I/I_0
1	25.331	3.5132	25.0
2	26.946	3.3062	72.0
3	28.760	3.1016	92.7
4	31.081	2.8751	100.0
5	42.125	2.1434	26.4

1. 白云石型矿石中的独居石

(1)钻孔样品

样品采自东矿钻孔，属于钠闪石化白云石型铌稀土铁矿石，独居石含量极高，多以微细粒集合体形式分布于磁铁矿、含锰白云石矿物间，颗粒细小(图 3－123、图 3－124)，粒径为 0.015～0.025mm。

共伴生矿物：白云石、钠闪石、磁铁矿、黄铁矿、铌锰矿、含锰白云石、钛铁矿、红钛锰矿、闪锌矿、褐钇铌矿等。

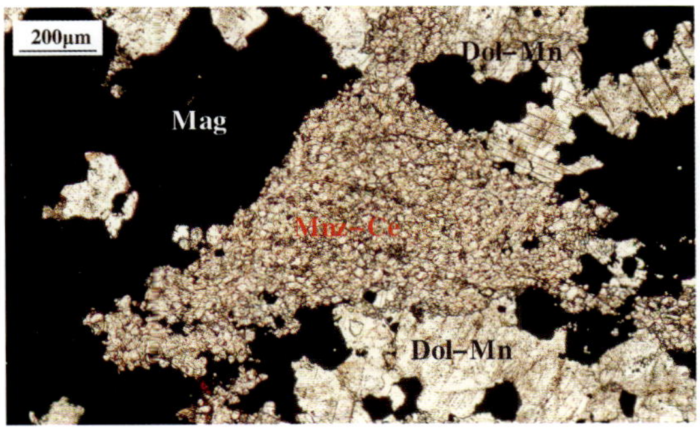

图 3－123　分布于磁铁矿(Mag)、含锰白云石(Dol－Mn)矿物间的微细粒集合体状独居石(Mnz－Ce)(单偏光)

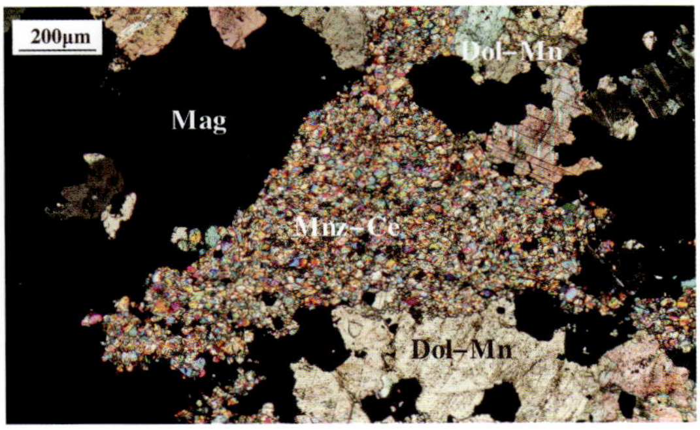

图 3－124　微细粒集合体状独居石(正交偏光)

面扫描元素分布图(图 3－125 至图 3－128)显示粒状集合体中均为独居石矿物，且含钇。

从独居石电子探针测试结果(表 3－41)看，独居石中含少量 Y_2O_3(0.26%～0.52%)，稀土配分中 Ce_2O_3 占 50.19%～51.82%，La_2O_3 占 26.71%～27.35%，符合白云鄂博铈占一半的稀土配分模式。

独居石的电子探针测试中均含有少量 F，约 1%，因 F 的存在未经确认故不参与化学式计算(以下同)。根据电子探针测试结果平均值(表 3－41)，以 O＝4 为基数，计算化学式：$(Ce_{0.50}La_{0.27}Nd_{0.15}Pr_{0.04}Sm_{0.01}Gd_{0.01}Y_{0.01})_{\Sigma 0.99}P_{1.01}O_4$。

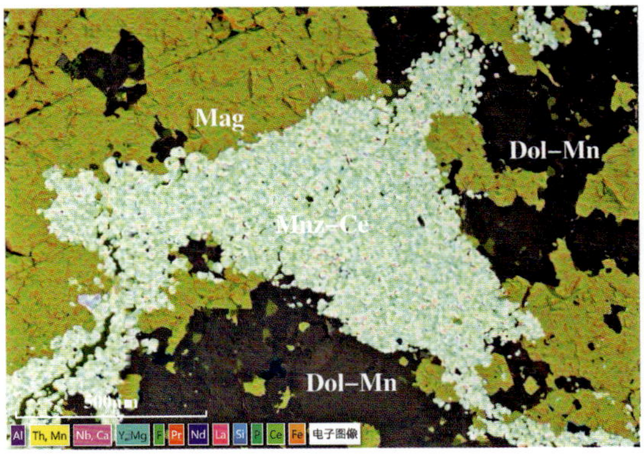

图 3－125　分布于磁铁矿、含锰白云石矿物间的独居石(面扫描元素分布图像)

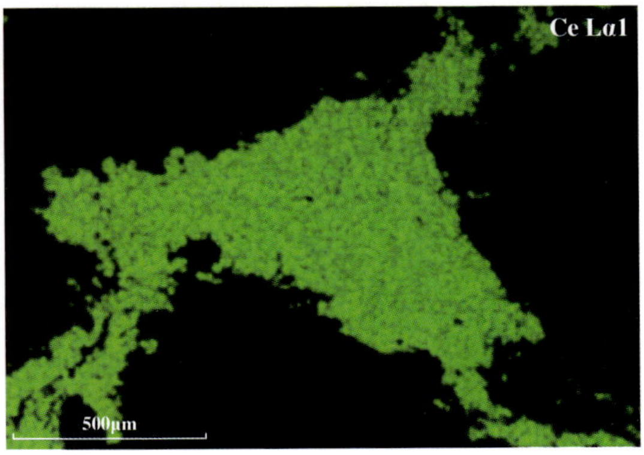

图 3－126　与面扫描独居石部分完全吻合(面扫描 Ce 元素分布图像)

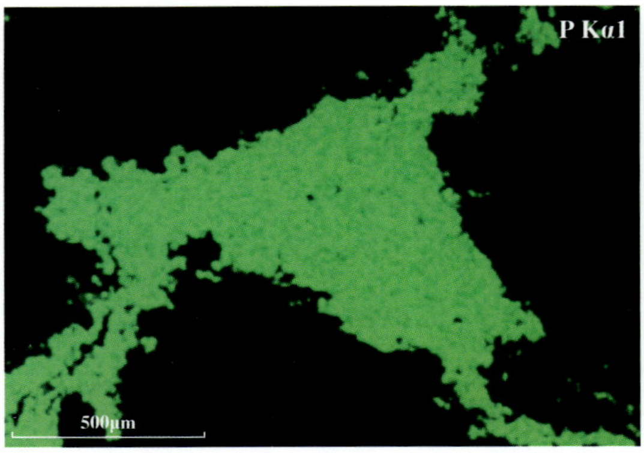

图 3-127　与面扫描 Ce 元素部分完全吻合（面扫描 P 元素分布图像）

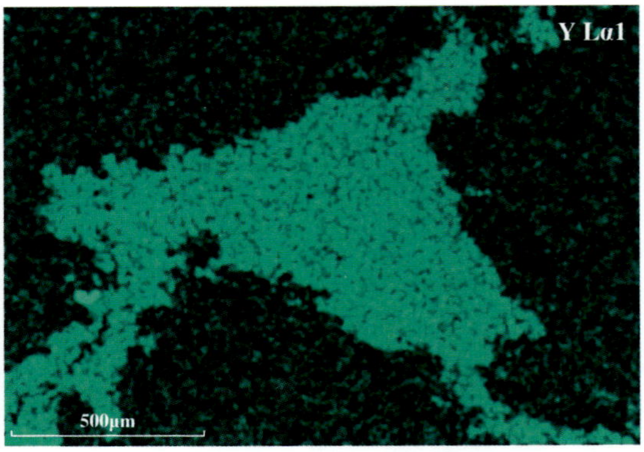

图 3-128　与面扫描 Ce、P 元素部分完全吻合（面扫描 Y 元素分布图像）

表 3-41　独居石电子探针测试结果及稀土配分　　单位：w_t/%

成分	测试点 P1	稀土配分	测试点 P2	稀土配分	测试点 P3	稀土配分	测试点 P4	稀土配分	平均值
P_2O_5	29.49		29.99		29.82		29.97		29.82
CaO	0.10		0.02		0.03		0.10		0.06
SiO_2	0.06		0.01		0.05		0.03		0.04
F	0.79	ΣRE_2O_3 =66.63	0.93	ΣRE_2O_3 =66.88	0.85	ΣRE_2O_3 =67.30	0.52	ΣRE_2O_3 =66.74	0.77
ThO_2	0.11		0.10		0.15		0.19		0.14
UO_2	0.02		0.03		0.00		0.02		0.02
Sc_2O_3	0.00		0.11		0.00		0.10		0.05
La_2O_3	17.99	27.00	18.29	27.35	17.98	26.71	18.24	27.33	18.12
Ce_2O_3	34.53	51.82	34.20	51.14	34.31	50.98	33.50	50.19	34.13
Pr_2O_3	2.64	3.96	2.64	3.95	3.29	4.89	2.54	3.81	2.78
Nd_2O_3	9.50	14.26	10.27	15.36	10.11	15.02	10.76	16.12	10.16
Sm_2O_3	0.81	1.22	0.68	1.02	0.60	0.89	0.66	0.99	0.69
Gd_2O_3	0.73	1.10	0.54	0.81	0.67	0.99	0.52	0.78	0.61
Y_2O_3	0.43	0.64	0.26	0.39	0.34	0.51	0.52	0.78	0.39
$-O=F_2$	0.33		0.39		0.36		0.22		0.32
总计	96.87	100.00	97.68	100.00	97.86	100.00	97.45	100.00	97.45

(2)地表样品

样品采自主矿，属于白云石型铌稀土铁矿石(图 3-129)。独居石主要以细粒状集合体形式分布于白云石矿物间隙，颗粒细小，粒径一般为 0.02～0.03mm(图 3-130、图 3-131)。有少量氟碳铈矿与独居石紧密相邻分布，独居石呈脉状分布于白云石间(图 3-132、图 3-133)。

共伴生矿物：白云石、磁铁矿、褐铁矿、氟碳铈矿、氟碳镧石、铌铁金红石、萤石、重晶石等。

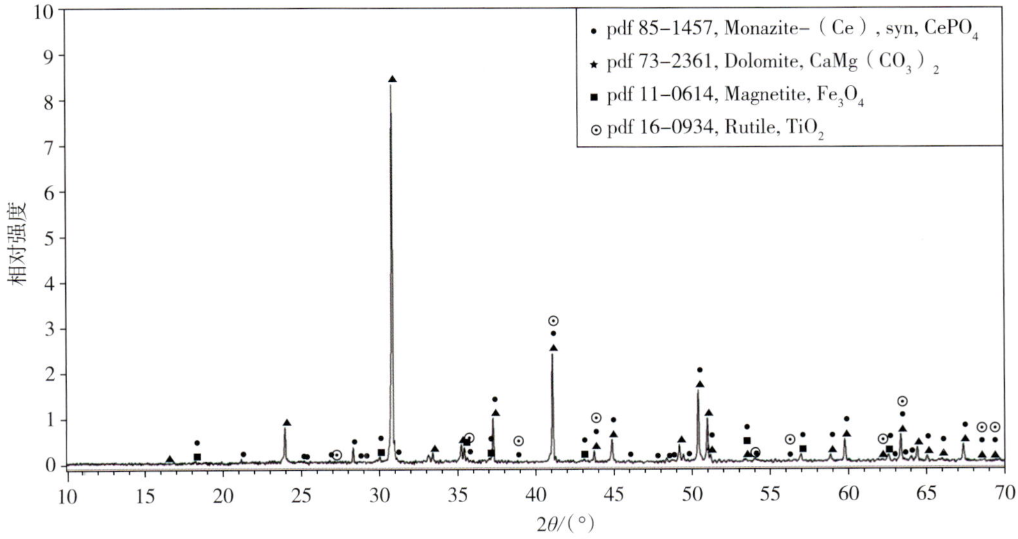

图 3-129 白云石型铌稀土铁矿石 XRD 图谱

图 3-130 分布于白云石(Dol)、磁铁矿(Mag)间的独居石(Mnz-Ce)(单偏光)

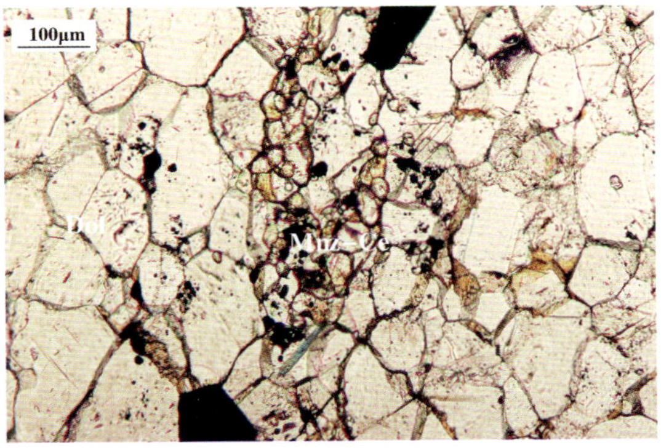

图 3-131 分布于白云石间的独居石(单偏光)

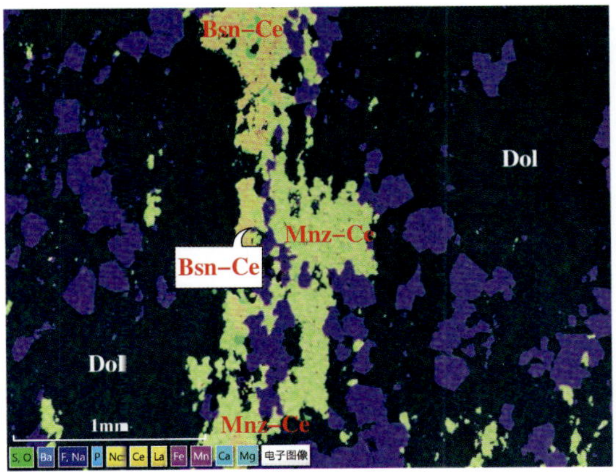

图 3-132 分布于白云石间的独居石、氟碳铈矿(Bsn-Ce)(面扫描元素分布图像)

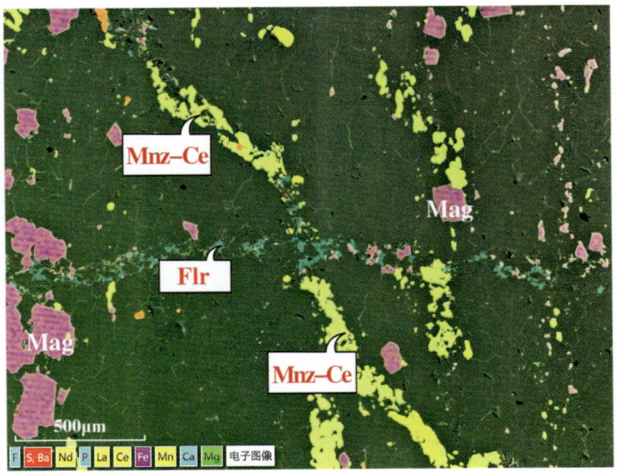

图 3-133 分布于白云石间的独居石条带(面扫描元素分布图像)

样品中的独居石 La_2O_3、Ce_2O_3 平均含量分别为25.92%和33.84%，稀土配分(平均值)分别占38.08%和49.71%，Ce_2O_3 含量占一半，La_2O_3 含量偏高，相对 Nd 含量偏低，Nd_2O_3(稀土配分)仅占8.31%。同一样品中的氟碳铈矿稀土配分中(表3-17)，La_2O_3 最高，属于氟碳镧石。

根据电子探针测试结果平均值(表3-42)，以O=4为基数，计算化学式：$(Ce_{0.50}La_{0.38}Nd_{0.08}Pr_{0.03}Sm_{0.01})_{\Sigma 1.00}P_{1.00}O_4$。

表3-42　独居石电子探针测试结果及稀土配分　　单位：w_t/%

成分	测试点P1	稀土配分	测试点P2	稀土配分	测试点P3	稀土配分	平均值
P_2O_5	29.66	ΣRE_2O_3 =68.06	29.59	ΣRE_2O_3 =68.01	29.47	ΣRE_2O_3 =68.12	29.57
F	0.66		0.68		0.72		0.69
SiO_2	0.08		0.05		0.07		0.07
CaO	0.07		0.07		0.07		0.07
ThO_2	0.12		0.16		0.17		0.15
La_2O_3	26.58	39.05	25.50	37.50	25.67	37.68	25.92
Ce_2O_3	32.74	48.10	34.59	50.86	34.18	50.18	33.84
Pr_2O_3	1.99	2.92	1.73	2.54	1.81	2.66	1.84
Nd_2O_3	5.64	8.29	5.52	8.12	5.81	8.53	5.66
Sm_2O_3	0.57	0.84	0.35	0.51	0.44	0.65	0.45
Eu_2O_3	0.14	0.20	0.00	0.00	0.03	0.04	0.06
Gd_2O_3	0.19	0.28	0.02	0.02	0.00	0.00	0.07
Dy_2O_3	0.00	0.00	0.00	0.00	0.06	0.08	0.02
Ho_2O_3	0.00	0.00	0.14	0.21	0.00	0.00	0.05
Er_2O_3	0.03	0.05	0.03	0.05	0.00	0.00	0.02
Y_2O_3	0.18	0.27	0.13	0.19	0.12	0.18	0.14
$-O_2=F_2$	0.28		0.29		0.30		0.29
总计	98.37	100.00	98.27	100.00	98.32	100.00	98.32

(3)东部接触带样品

样品采自东部接触带，属于白云石型稀土矿石。独居石以半自形-他形粒状集合体形式分布于白云石间，呈无色-淡黄色，高突起，高干涉色，粒径为0.02～0.10mm(图3-134至图3-137)，比东矿钻孔及地表样品中的独居石颗粒粗大。

共伴生矿物：白云石、方解石、磷灰石、磁铁矿、硅镁石等。

电子探针结果(表3-43)显示独居石稀土配分中，La_2O_3 较高，平均为43.34%，Ce_2O_3 接近一半，平均为49.12%，只比 La_2O_3 高5.78%；稀土配分中 Pr_2O_3、Nd_2O_3 较低。

根据电子探针测试结果平均值(表3-43)，以O=4为基数，计算化学式：$(Ce_{0.47}La_{0.41}Nd_{0.05}Pr_{0.02}Mg_{0.04})_{\Sigma 0.99}(P_{0.95}Si_{0.04})_{\Sigma 0.99}O_4$。

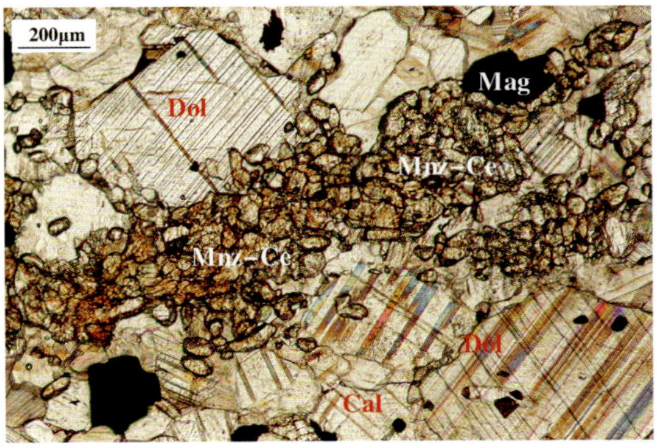

图 3-134　分布于白云石(Dol)间的独居石(Mnz-Ce)条带(单偏光)

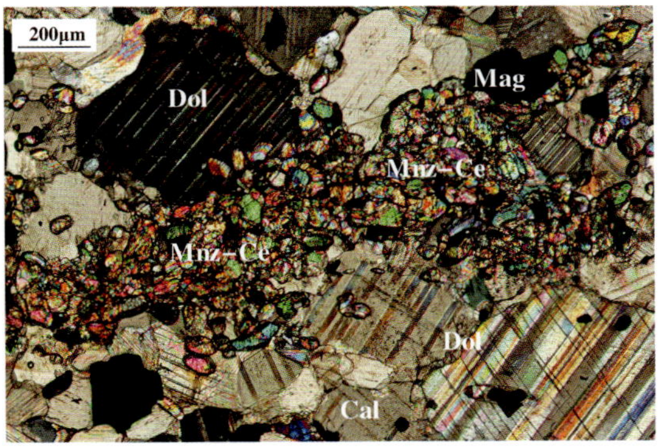

图 3-135　分布于白云石间的独居石条带(正交偏光)

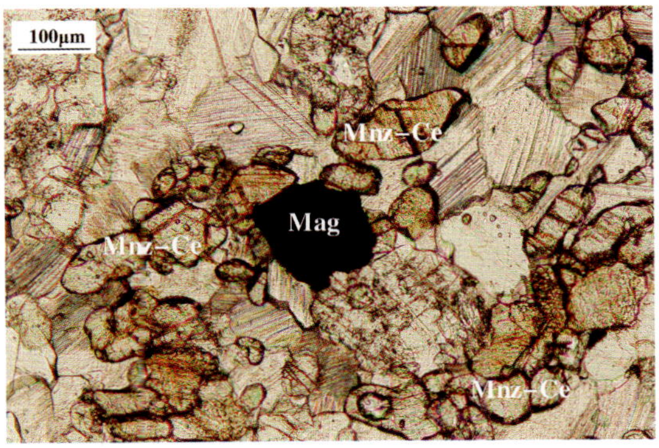

图 3-136　分布于白云石间的独居石(单偏光)

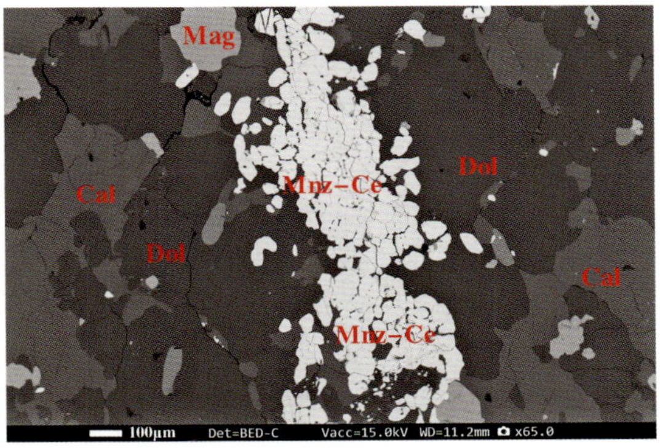

图 3-137　分布于白云石、方解石(Cal)间的独居石条带(BSE)

表 3-43　独居石电子探针测试结果及稀土配分　　单位：w_t/%

成分	测试点 P1	稀土配分	测试点 P2	稀土配分	测试点 P3	稀土配分	平均值
P_2O_5	28.15	ΣRE_2O_3=65.24	27.98	ΣRE_2O_3=64.33	29.08	ΣRE_2O_3=66.39	28.40
MgO	0.88		0.98		0.00		0.62
FeO	0.12		0.21		0.00		0.11
SiO_2	1.43		1.46		0.28		1.06
F	0.62		0.66		0.67		0.65
ThO_2	0.13		0.07		0.10		0.10
Sc_2O_3	0.13		0.00		0.00		0.04
La_2O_3	28.86	44.24	28.29	43.98	27.76	41.81	28.30
Ce_2O_3	31.88	48.87	31.46	48.90	32.92	49.59	32.09
Pr_2O_3	1.29	1.98	1.43	2.22	1.50	2.26	1.41
Nd_2O_3	3.20	4.90	3.13	4.87	4.00	6.03	3.44

续表

成分	测试点 P1	稀土配分	测试点 P2	稀土配分	测试点 P3	稀土配分	平均值
Sm_2O_3	0.00	0.00	0.00	0.00	0.16	0.24	0.05
Gd_2O_3	0.01	0.02	0.00	0.00	0.02	0.03	0.01
Y_2O_3	0.00	0.00	0.02	0.03	0.03	0.05	0.02
$-O=F_2$	0.26		0.28		0.28		0.27
总计	96.44	100.00	95.41	100.00	96.24	100.00	96.03

(4)板状独居石

样品采自主矿，属于褐铁矿化白云石型稀土矿石。白云石因褐铁矿浸染表面呈棕褐色，独居石呈自形的板状分布。薄片无色，干涉色高(图 3-138 至图 3-143)。这种独居石在矿区比较少见，粒径(长轴)为 0.60～1.50mm。图 3-144、图 3-145 为独居石 BSE 图像。

共伴生矿物：含铁白云石、褐铁矿、重晶石、石英等。

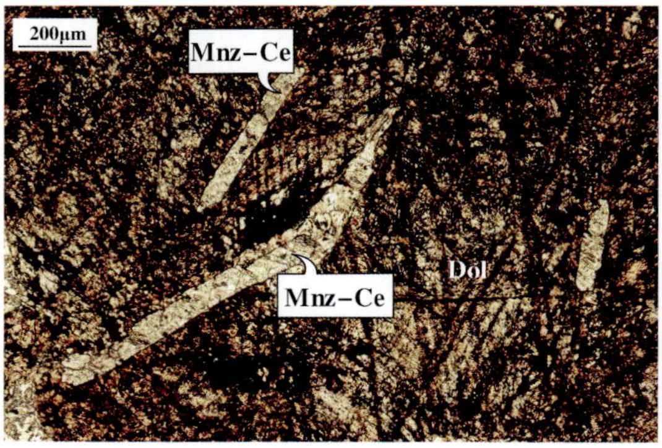

图 3-138　板状独居石(Mnz-Ce)(单偏光)

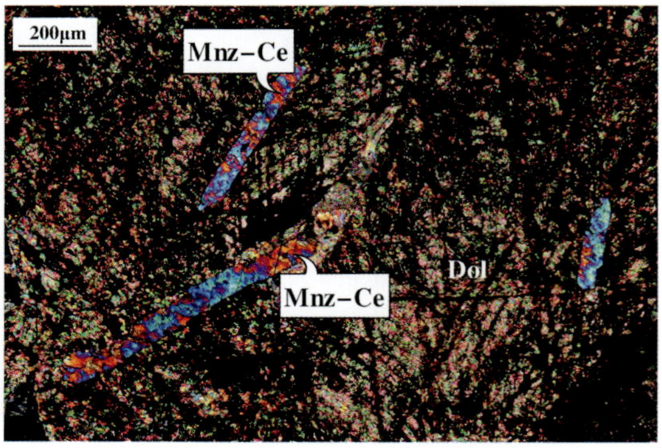

图 3-139　板状独居石(正交偏光)

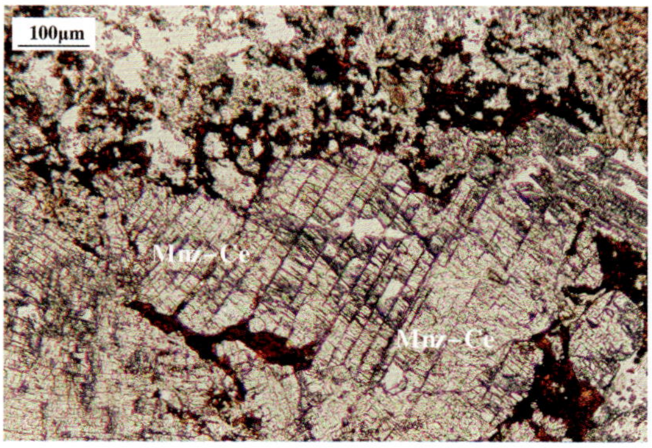

图 3-140　独居石(单偏光)

图 3-141　独居石(正交偏光)

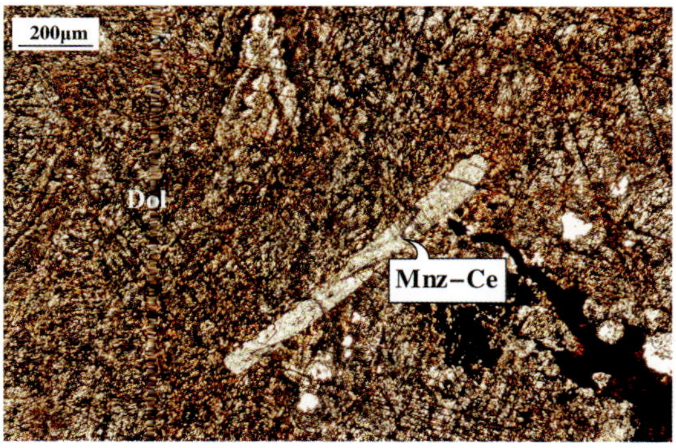

图 3-142　板状独居石(单偏光)

图 3-143　板状独居石(单偏光)

图 3-144　独居石(BSE)

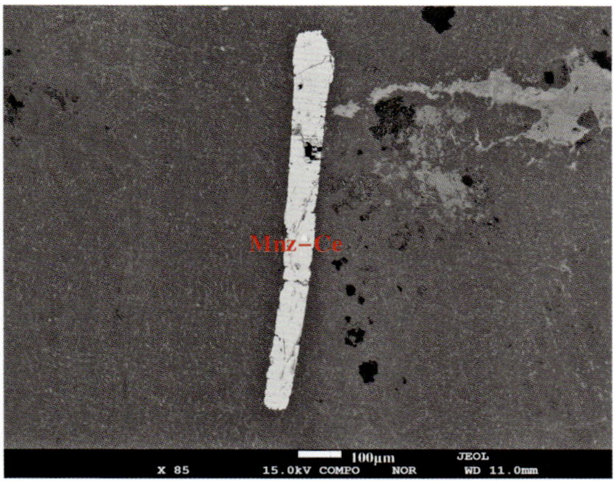

图 3-145　独居石(BSE)

电子探针测试结果(表 3-44)显示，独居石组成比较纯净，少有类质同象，稀土配分中 Ce_2O_3 约占 50%，La_2O_3 约占 30%。

根据电子探针测试结果平均值(表 3-44)，以 O=4 为基数，计算化学式：$(Ce_{0.52}La_{0.32}Nd_{0.12}Pr_{0.04}Ca_{0.01})_{\Sigma 1.01}(P_{0.99}Si_{0.01})_{\Sigma 1.00}O_4$。

表 3-44　独居石电子探针测试结果及稀土配分　　单位：w_t/%

成分	测试点 P1	稀土配分	测试点 P2	稀土配分	测试点 P3	稀土配分	平均值
P_2O_5	29.24	ΣRE_2O_3 =69.41	29.86	ΣRE_2O_3 =68.97	29.45	ΣRE_2O_3 =69.60	29.52
CaO	0.10		0.10		0.05		0.08
SiO_2	0.15		0.06		0.20		0.14
La_2O_3	22.13	31.88	21.94	31.81	21.69	31.16	21.92
Ce_2O_3	36.08	51.98	36.14	52.40	35.69	51.28	35.97
Pr_2O_3	2.86	4.12	2.71	3.93	3.04	4.37	2.87
Nd_2O_3	8.09	11.66	7.99	11.58	8.79	12.63	8.29
Sm_2O_3	0.25	0.36	0.19	0.28	0.39	0.56	0.28
总计	98.90	100.00	98.99	100.00	99.30	100.00	99.06

2. 条带状萤石型铌稀土铁矿石中的独居石

(1)东矿样品

独居石以微细粒集合体形式分布，与萤石、磷灰石、磁铁矿组成条带，条带宽0.50～3.00mm。独居石颗粒细小，粒径为0.02～0.05mm，并与氟碳铈矿、易解石、赤铁矿、磷灰石等矿物紧密共生(图3-146)。图3-147为面扫描P元素分布图像，与图3-146中独居石吻合，其中亮色区域为磷灰石。图3-148独居石呈细粒集合体条带与磁铁矿相间分布或被包裹于磁铁矿中，图3-149为独居石能谱图。

共伴生矿物：萤石、磁铁矿、赤铁矿、磷灰石、氟碳铈矿、氟碳钙铈矿、易解石、烧绿石等。

根据电子探针测试结果平均值(表3-45)，以O=4为基数，计算化学式：$(Ce_{0.52}La_{0.26}Nd_{0.12}Pr_{0.03}Sm_{0.01}Ca_{0.03}Fe_{0.02})_{\Sigma 0.99}P_{1.02}O_4$。

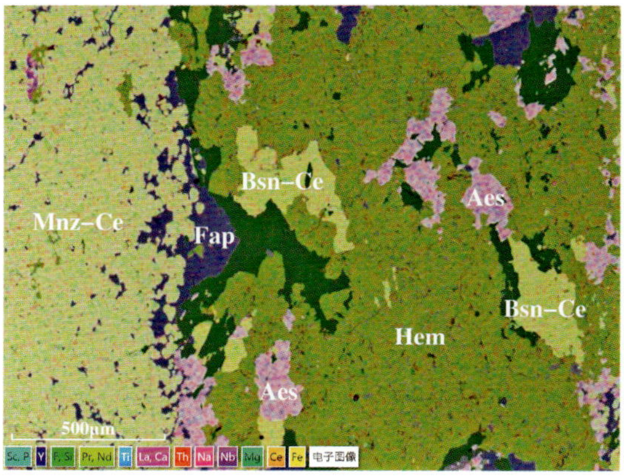

图3-146 独居石(Mnz-Ce)与氟碳铈矿(Bsn-Ce)、易解石(Aes)、赤铁矿(Hem)、磷灰石(Fap)等矿物共伴生(面扫描元素分布图像)

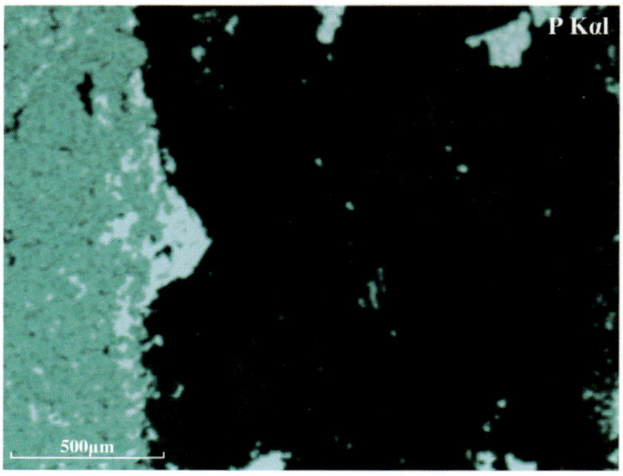

图3-147 蓝色区域部分与图3-146中独居石吻合，亮色区域为磷灰石(面扫描P元素分布图像)

图3-148 独居石呈细粒状分布(BSE)

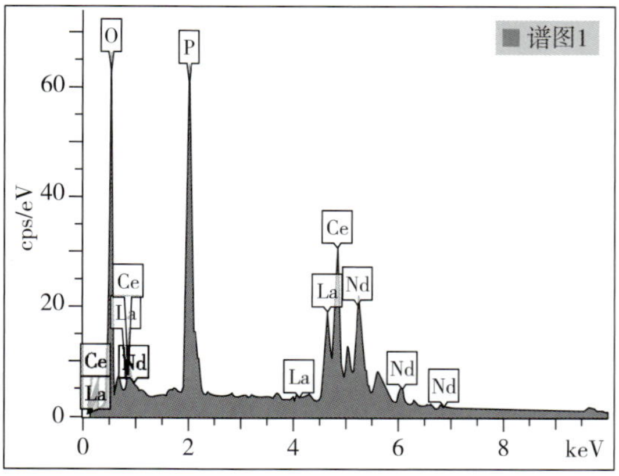

图3-149 独居石能谱图

表 3-45 独居石电子探针测试结果及稀土配分 单位：w_t/%

成分	测试点 P1	稀土配分	测试点 P2	稀土配分	平均值
P_2O_5	30.76	ΣRE_2O_3 =63.89	29.93	ΣRE_2O_3 =67.05	30.34
F	0.83		0.84		0.84
CaO	1.31		0.12		0.71
FeO	0.39		0.99		0.69
SiO_2	0.11		0.03		0.07
ThO_2	0.25		0.23		0.24
Sc_2O_3	0.02		0.06		0.04
La_2O_3	17.52	27.42	18.16	27.08	17.84
Ce_2O_3	34.71	54.33	36.68	54.71	35.69
Pr_2O_3	2.19	3.43	2.43	3.62	2.31
Nd_2O_3	8.31	13.00	8.58	12.80	8.44
Sm_2O_3	0.90	1.41	0.76	1.13	0.83
Eu_2O_3	0.05	0.08	0.00	0.00	0.03
Gd_2O_3	0.01	0.01	0.04	0.06	0.03
Tb_2O_3	0.00	0.00	0.14	0.21	0.07
Dy_2O_3	0.02	0.03	0.00	0.00	0.01
Ho_2O_3	0.07	0.11	0.08	0.12	0.08
Er_2O_3	0.07	0.11	0.01	0.01	0.04
Lu_2O_3	0.00	0.00	0.13	0.19	0.07
Y_2O_3	0.04	0.06	0.04	0.06	0.04
$-O=F_2$	0.35		0.35		0.35
总计	97.21	100.00	98.90	100.00	98.06

(2)莤矿样品

独居石以细粒集合体状与萤石相间组成条带，颗粒细小，粒径为 0.015～0.03mm(图 3-150 至图 3-153)，独居石含 Th 导致周边萤石发生增色效应，使萤石颜色不均匀且呈深紫粉色-黑紫色。

共伴生矿物：萤石、霓石、磁铁矿、黄铁矿等。

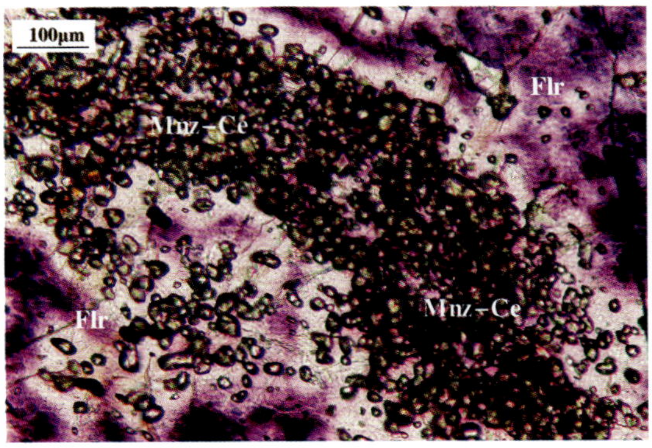

图 3-150 细粒集合体条带状独居石(Mnz-Ce)分布于萤石(Flr)间(单偏光)

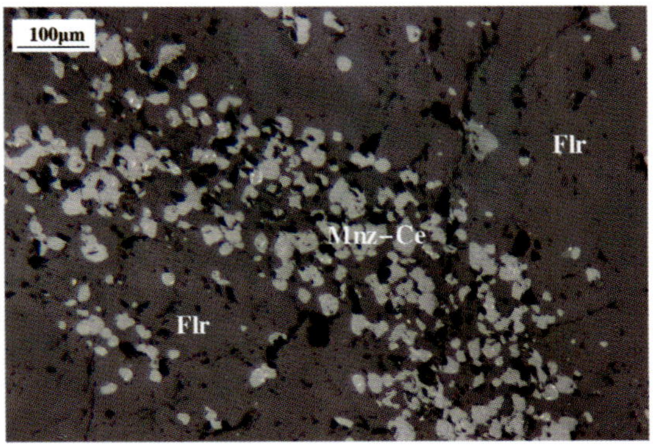

图 3-151 分布于萤石间的独居石条带(反射光)

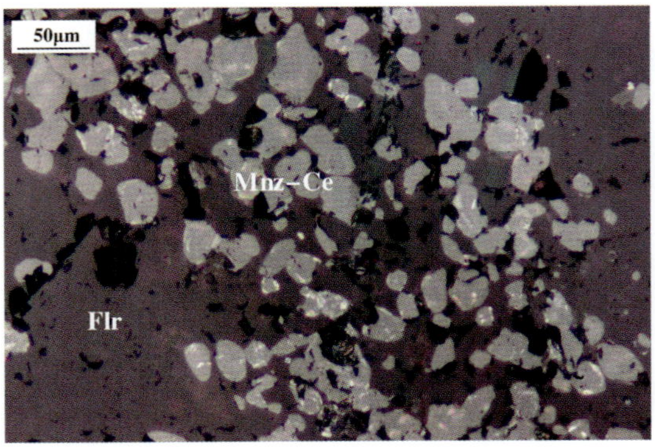

图 3-152　独居石颗粒(反射光)

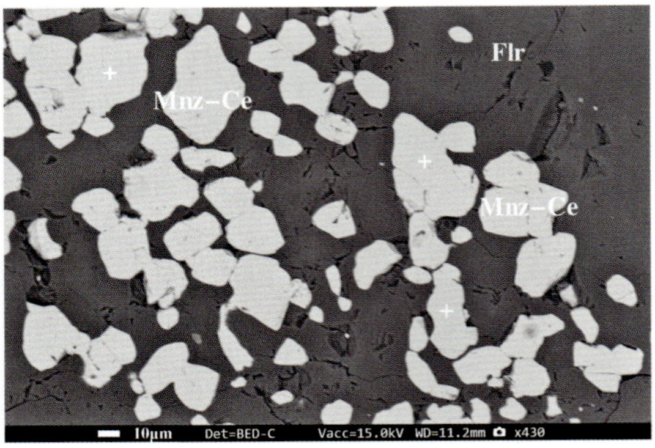

图 3-153　白色“+”为独居石测试点位置(BSE)

电子探针测试结果显示(表 3-46)，独居石 ThO_2 含量平均为 0.95%，稀土配分中 Ce_2O_3 占比平均达到 61.41%，高于白云鄂博矿区 Ce_2O_3 占一半的稀土配分模式。

根据电子探针测试结果平均值(表 3-46)，以 O=4 为基数，计算化学式：$(Ce_{0.57}La_{0.17}Nd_{0.13}Pr_{0.04}Ca_{0.04}Sm_{0.01}Gd_{0.01}Y_{0.01}Th_{0.01})_{\Sigma 0.99}(P_{1.00}Si_{0.01})_{\Sigma 1.01}O_4$。

表 3-46　独居石电子探针测试结果及稀土配分　　单位：w_t/%

成分	测试点 P1	稀土配分	测试点 P2	稀土配分	测试点 P3	稀土配分	平均值
P_2O_5	29.62	ΣRE_2O_3 =66.69	29.70	ΣRE_2O_3 =65.52	29.81	ΣRE_2O_3 =65.27	29.71
F	1.03		1.06		1.11		1.07
SiO_2	0.24		0.18		0.21		0.21
CaO	1.06		0.86		0.88		0.93
ThO_2	0.90		0.97		0.96		0.95
La_2O_3	11.36	17.03	11.39	17.38	11.20	17.16	11.32
Ce_2O_3	41.13	61.67	40.43	61.71	40.43	61.94	40.66
Pr_2O_3	2.91	4.36	2.59	3.95	2.73	4.18	2.74
Nd_2O_3	9.12	13.68	9.03	13.78	9.08	13.91	9.08
Sm_2O_3	0.82	1.23	0.97	1.48	0.73	1.12	0.84
Eu_2O_3	0.21	0.32	0.00	0.00	0.01	0.02	0.07
Gd_2O_3	0.21	0.32	0.39	0.59	0.37	0.57	0.72
Tb_2O_3	0.00	0.00	0.15	0.23	0.21	0.32	0.12
Dy_2O_3	0.14	0.21	0.10	0.15	0.06	0.09	0.10
Ho_2O_3	0.17	0.25	0.16	0.24	0.10	0.15	0.15
Er_2O_3	0.09	0.13	0.00	0.00	0.03	0.05	0.04
Yb_2O_3	0.00	0.00	0.05	0.08	0.00	0.00	0.02
Lu_2O_3	0.15	0.22	0.00	0.00	0.00	0.00	0.05
Y_2O_3	0.38	0.57	0.26	0.40	0.32	0.49	0.32
$-O=F_2$	0.43		0.45		0.47		0.45
总计	99.11	100.00	97.84	100.00	97.77	100.00	98.65

3. 钠闪石型铌稀土矿石中的独居石

(1)西矿样品

样品属于钠闪石型铌稀土矿石(图 3-154)。

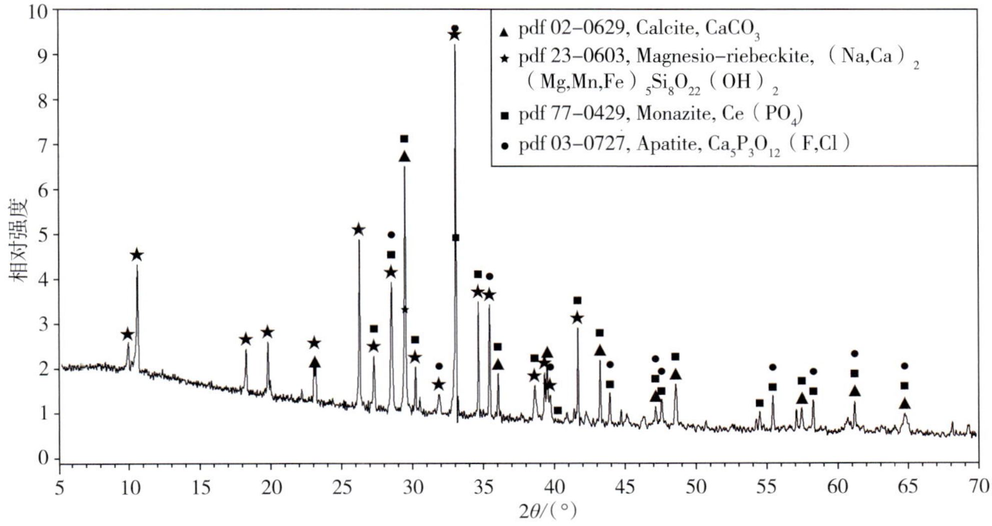

图 3-154 钠闪石型铌稀土矿石 XRD 图谱

独居石以细粒集合体状或带状分布于镁钠闪石矿物间隙，并与磷灰石、方解石等紧密共生(图 3-155 至图 3-157)，粒径为 0.02～0.05mm。

共伴生矿物：镁钠闪石、方解石、磷灰石、黑云母、铁矿物、易解石。

从独居石能谱图(图 3-158)及电子探针测试结果(表 3-47)看，样品中独居石含 Th，两个测试点 ThO_2 分别为 0.95% 和 0.84%。稀土配分中，Ce_2O_3 占比为 47.35% 和 49.76%。

根据电子探针测试结果平均值(表 3-47)，以 O=4 为基数，计算化学式：$(Ce_{0.47}La_{0.25}Nd_{0.15}Pr_{0.07}Sm_{0.01}Ca_{0.01}Fe_{0.01}Th_{0.01})_{\Sigma 0.99}(P_{1.00}Si_{0.02})_{\Sigma 1.02}O_4$。

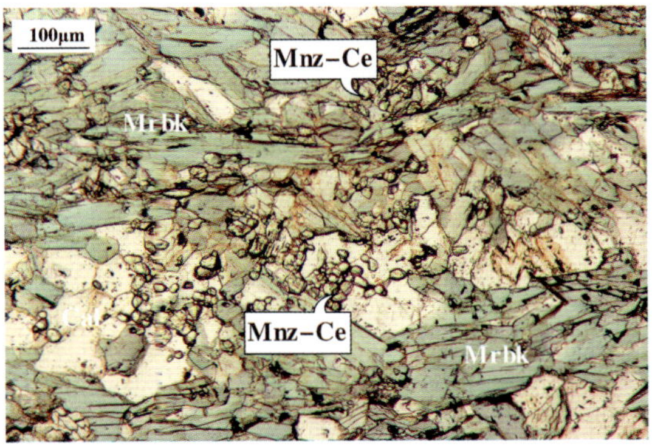

图 3-155 分布于镁钠闪石(Mrbk)、方解石(Cal)间的独居石(Mnz-Ce)(单偏光)

图 3-156 分布于镁钠闪石、方解石间的独居石(正交偏光)

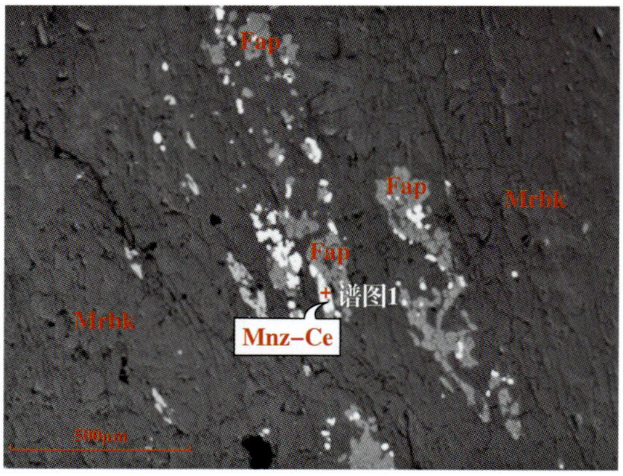

图 3-157 镁钠闪石矿物间分布的独居石及磷灰石(Fap)(BSE)

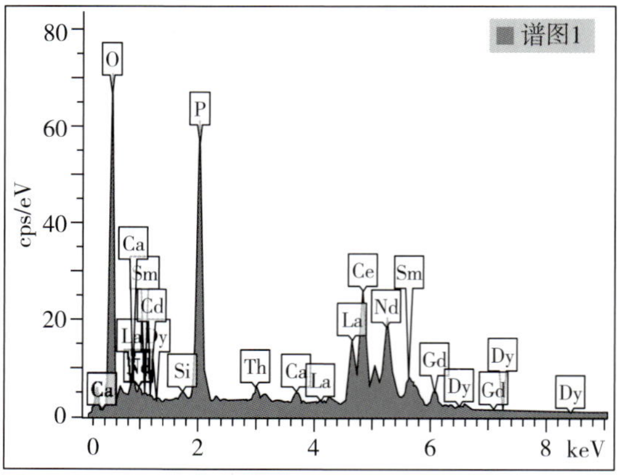

图 3-158 独居石能谱图

表 3-47 独居石电子探针测试结果及稀土配分 单位：w_t/%

成分	测试点 P1	稀土配分	测试点 P2	稀土配分	平均值
P_2O_5	28.84	ΣRE_2O_3 =66.24	29.55	ΣRE_2O_3 =65.62	29.20
CaO	0.16		0.30		0.23
FeO	0.18		0.12		0.15
SiO_2	0.54		0.25		0.39
F	0.33		0.42		0.37
ThO_2	0.95		0.84		0.90
La_2O_3	18.35	27.70	15.19	23.15	16.77
Ce_2O_3	31.36	47.35	32.65	49.76	32.01
Pr_2O_3	4.98	7.52	4.15	6.33	4.57
Nd_2O_3	10.72	16.19	11.53	17.56	11.12
Sm_2O_3	0.64	0.96	1.07	1.63	0.85
Gd_2O_3	0.12	0.18	0.07	0.10	0.09
Dy_2O_3	0.02	0.02	0.25	0.37	0.13
Y_2O_3	0.00	0.00	0.45	0.69	0.23
$-O=F_2$	0.14		0.18		0.16
总计	97.05	100.00	96.66	100.00	96.84

(2)*西矿板状独居石*

样品中的独居石呈自形-半自形板状、叶片状，或细粒状分布，部分板状独居石颗粒可见两组解理及聚片双晶，干涉色较高，粒径为0.15～0.50mm(图3-159至图3-164)，细粒状独居石粒径为0.02～0.03mm(图3-165、图3-166)。

共伴生矿物：钠闪石、钠长石、磁黄铁矿、黄铁矿、磁铁矿、易解石、硅钡铁钛石等。

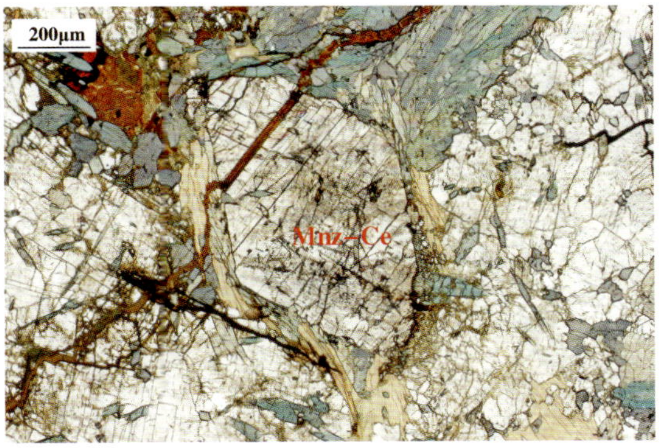

图 3-159　自形晶的独居石（Mnz-Ce）（单偏光）

图 3-160　独居石的干涉色（正交偏光）

图 3-161　板状独居石（单偏光）

图 3-162　独居石的聚片双晶（正交偏光）

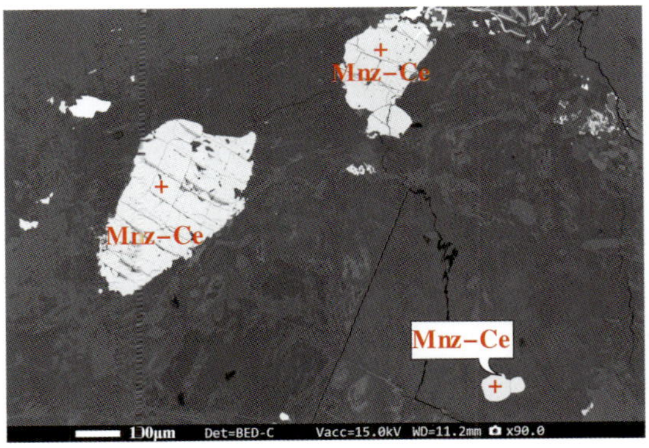

图 3-163　红色“+”为独居石测试点位置（BSE）

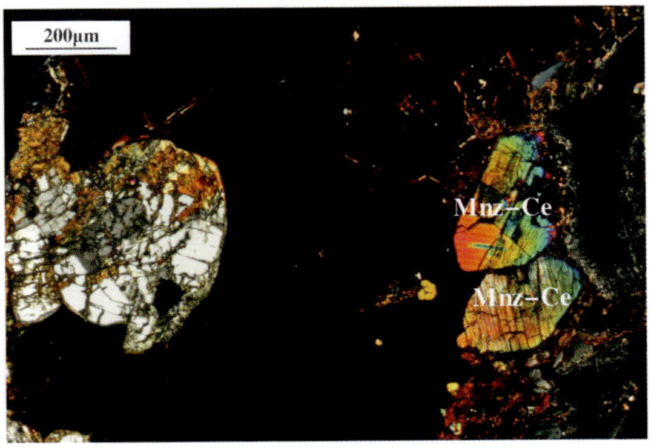

图 3-164　板状独居石（正交偏光）

BSE 图像（图 3-163）中三个“+”为独居石电子探针测试点，粒径不同的独居石其成分与稀土配分均相当。稀土配分中 Ce_2O_3 较高，达到 58.48%～61.51%，La_2O_3 > Nd_2O_3（表 3-48）。

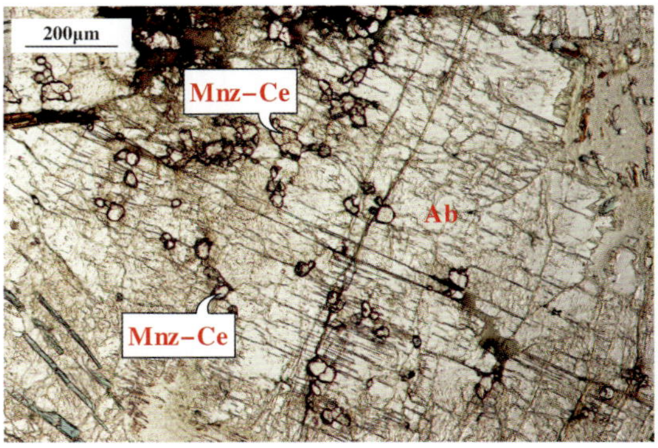

图 3-165 细粒独居石分布于钠长石(Ab)矿物中(单偏光)

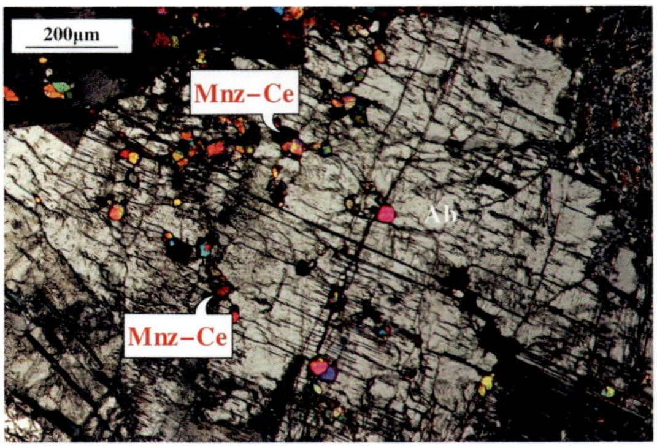

图 3-166 细粒独居石分布于钠长石矿物中(正交偏光)

根据电子探针测试结果平均值(表 3-48),以 O=4 为基数,计算化学式:$(Ce_{0.58}La_{0.22}Nd_{0.12}Pr_{0.04}Sm_{0.01})_{\Sigma 0.97}(P_{1.02}Si_{0.01})_{\Sigma 1.03}O_4$。

表 3-48 独居石电子探针测试结果及稀土配分 单位:w_t/%

成分	测试点 P1	稀土配分	测试点 P2	稀土配分	测试点 P3	稀土配分	平均值
P_2O_5	29.35	ΣRE_2O_3 =65.06	29.51	ΣRE_2O_3 =64.57	29.52	ΣRE_2O_3 =63.50	29.46
F	0.99		1.04		1.04		1.02
SiO_2	0.23		0.19		0.34		0.25
CaO	0.04		0.05		0.04		0.04
ThO_2	0.00		0.12		1.01		0.38
La_2O_3	15.20	23.36	14.93	23.12	13.36	21.04	14.50
Ce_2O_3	39.44	60.62	37.76	58.48	39.06	61.51	38.75
Pr_2O_3	2.46	3.78	2.85	4.41	2.60	4.09	2.64
Nd_2O_3	7.56	11.62	8.23	12.75	7.99	12.58	7.93
Sm_2O_3	0.35	0.54	0.50	0.77	0.30	0.47	0.38
Gd_2O_3	0.00	0.00	0.16	0.25	0.12	0.19	0.09
Y_2O_3	0.05	0.08	0.14	0.22	0.07	0.11	0.09
$-O=F_2$	0.41		0.44		0.44		0.43
总计	95.26	100.00	95.04	100.00	95.01	100.00	95.11

4. 霓石型铌稀土矿石中的独居石

样品采自东矿。独居石颗粒粗大,浅黄-浅棕色,呈半自形-他形粒状分布于霓石、重晶石矿物间,干涉色高(图 3-167 至图 3-170),粒径为 0.20~1.00mm。

共伴生矿物:霓石、萤石、重晶石、黄河矿、铌铁金红石等。

电子探针测试结果(表 3-49)显示,稀土配分中,Ce_2O_3 为 55.20%~56.24%,La_2O_3 为 19.63%~22.03%,Nd_2O_3 为 18.08%~19.39%,La_2O_3 与 Nd_2O_3 接近。

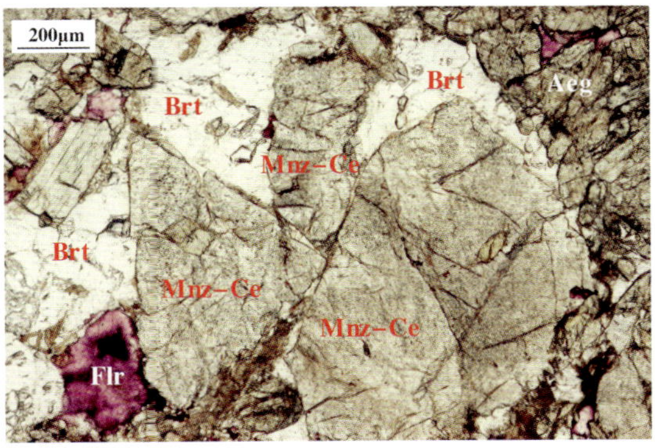

图 3-167　半自形晶分布的独居石(Mnz-Ce)
(单偏光)

图 3-168　独居石的高级干涉色
(正交偏光)

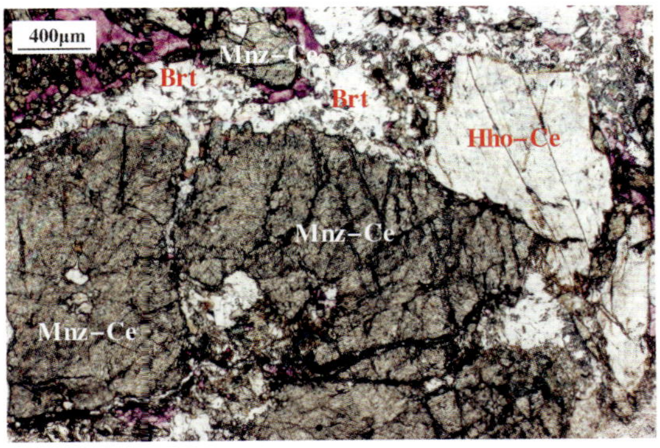

图 3-169　与重晶石(Brt)、黄河矿(Hho-Ce)
共生的独居石(单偏光)

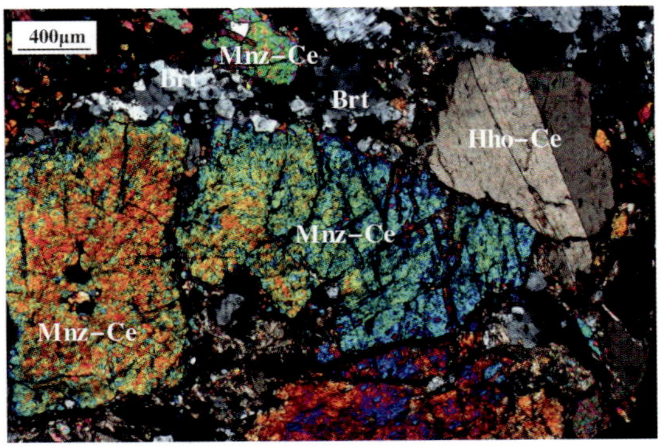

图 3-170　与重晶石、黄河矿共生的独居石
(正交偏光)

根据电子探针测试结果平均值(表 3-49),以 O=4 为基数,计算化学式:$(Ce_{0.55}La_{0.21}Nd_{0.18}Pr_{0.03}Sm_{0.01}Th_{0.01})_{\Sigma 0.99}(P_{0.98}Si_{0.02})_{\Sigma 1.00}O_4$。

表 3-49　独居石电子探针测试结果及稀土配分　　单位:w_t/%

成分	测试点 P1	稀土配分	测试点 P2	稀土配分	测试点 P3	稀土配分	测试点 P4	稀土配分	平均值
P_2O_5	27.58		27.65		27.55		28.64		27.86
CaO	0.05		0.14		0.03		0.04		0.06
F	0.90	ΣRE_2O_3	0.92	ΣRE_2O_3	0.85	ΣRE_2O_3	0.88	ΣRE_2O_3	0.89
SiO_2	0.49	=65.15	0.41	=65.38	0.45	=64.47	0.43	=66.01	0.45
ThO_2	1.63		1.41		1.19		1.32		1.39
UO_2	0.08		0.00		0.02		0.00		0.03
La_2O_3	14.35	22.03	14.02	21.44	13.33	20.68	12.96	19.63	13.66
Ce_2O_3	35.97	55.21	36.17	55.32	36.26	56.24	36.44	55.20	36.21
Pr_2O_3	2.12	3.25	1.42	2.17	1.76	2.73	2.74	4.15	2.01
Nd_2O_3	11.78	18.08	12.48	19.09	11.91	18.47	12.80	19.39	12.24
Sm_2O_3	0.88	1.35	1.01	1.54	0.96	1.49	0.92	1.39	0.94

续表

成分	测试点 P1	稀土配分	测试点 P2	稀土配分	测试点 P3	稀土配分	测试点 P4	稀土配分	平均值
Gd_2O_3	0.00	0.00	0.19	0.29	0.10	0.16	0.00	0.00	0.07
Y_2O_3	0.05	0.08	0.09	0.14	0.15	0.23	0.15	0.23	0.11
$-O=F_2$	0.38		0.39		0.36		0.37		0.38
总计	95.50	100.00	95.52	100.00	94.20	100.00	96.95	100.00	95.54

5. 磷灰石化黑云母型铌稀土铁矿石中的独居石

样品采自主矿。独居石以细粒集合体状分布于黑云母、磷灰石等矿物间隙，颗粒大小均匀，并与钛铁矿、易解石等紧密共生(图 3-171 至图 3-174)，粒径一般为 0.02～0.03mm。

共伴生矿物：黑云母、磷灰石、钛铁矿、赤铁矿、褐铁矿、易解石等。

根据电子探针测试结果平均值(表 3-50)，以 O=4 为基数，计算化学式：$(Ce_{0.49}La_{0.24}Nd_{0.16}Pr_{0.08}Eu_{0.02}Sm_{0.01})_{\Sigma 1.00}P_{1.00}O_4$。

图 3-171　分布于磷灰石(Fap)、黑云母(Bt)间的细粒独居石(Mnz-Ce)(单偏光)

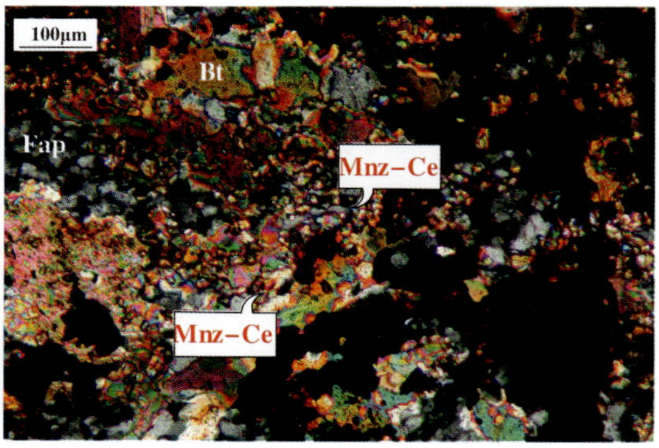

图 3-172　分布于磷灰石、黑云母间的细粒独居石(正交偏光)

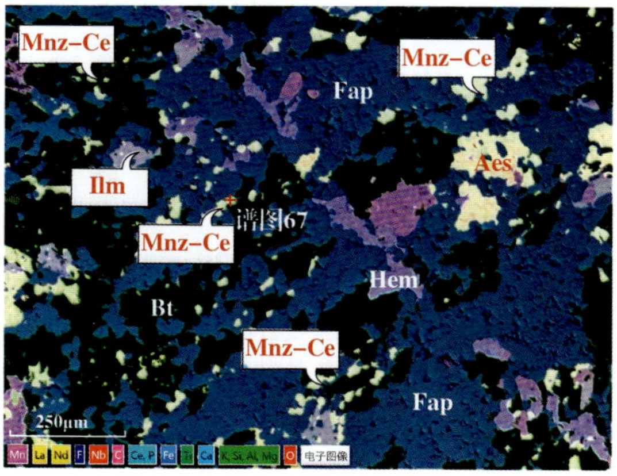

图 3-173　独居石分散分布于黑云母及磷灰石矿物间(面扫描元素分布图像)

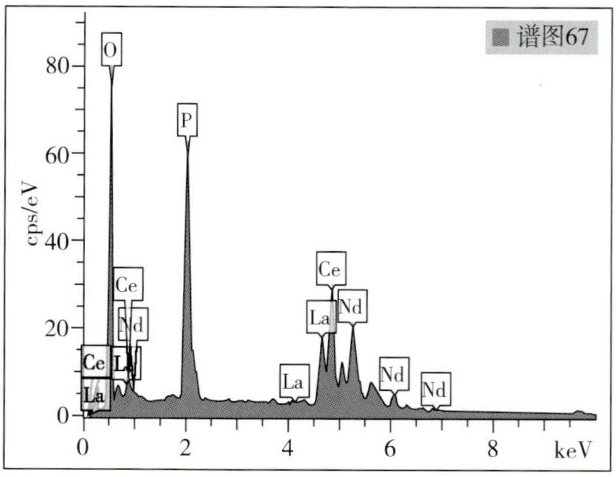

图 3-174　独居石能谱图

表 3-50 独居石电子探针测试结果及稀土配分 单位：w_t/%

成分	测试点 P1	稀土配分	测试点 P2	稀土配分	平均值
P_2O_5	29.15	ΣRE_2O_3 =68.10	29.37	ΣRE_2O_3 =66.58	29.26
SiO_2	0.09		0.09		0.09
F	0.47		0.44		0.46
ThO_2	0.19		0.16		0.17
La_2O_3	16.54	24.29	15.44	23.19	15.99
Ce_2O_3	32.46	47.67	33.89	50.90	33.18
Pr_2O_3	5.35	7.86	5.26	7.90	5.30
Nd_2O_3	11.34	16.65	10.20	15.32	10.77
Sm_2O_3	0.54	0.79	0.71	1.07	0.62
Eu_2O_3	1.74	2.55	1.01	1.52	1.37
Gd_2O_3	0.08	0.12	0.02	0.03	0.05
Lu_2O_3	0.05	0.07	0.05	0.08	0.05
$-O=F_2$	0.20		0.20		0.20
总计	97.80	100.00	96.44	100.00	97.11

钕独居石 Monazite-(Nd)

$Nd(PO_4)$

化学组成：稀土元素中，Nd(apfu)最高。

晶体结构：单斜晶系，空间群为 $P21/c$。a_0 = 6.745(4)Å，b_0 = 6.964(4)Å，c_0 =6.435(4)Å，β = 103.65°，Z = 4。

形态：斜方柱晶形，$C_{2h}-2/m(L_2PC)$。

物理性质：浅玫瑰色-红色，半透明，玻璃光泽。摩氏硬度 5～5.5，相对密度 5.43。

显微镜下特征：二轴晶(+)，N_g=1.830～1.850，N_m=1.771～1.802，N_p=1.770～1.800。

钠闪石型铌稀土铁矿石中的钕独居石

样品采自主矿。钕独居石在样品中含量不高，多呈半自形-他形不规则粒状、稀疏浸染状分布(图 3-175、图 3-176)，粒径一般为 0.03～0.05mm，钕独居石能谱图显示含 Th(图 3-177、图 3-178)。

共伴生矿物：镁钠闪石、磁铁矿、黄铁矿、闪锌矿、方铅矿、硅钡锰钛石、萤石、方解石、重晶石等。

样品富锰、富钍。磁铁矿含 MnO 3.26%、闪锌矿含 MnO 5.73%、钠闪石含 MnO 2.98%，硅钡锰钛石含 MnO 15.39%。

从电子探针测试数据(表 3-51)看，钕独居石含钍较高，四个测试点 Th_2O 含量为 3.45%～5.12%，平均值为 4.18%。通过图 3-175、图 3-177 的对比看出，萤石是被独居石包裹，且萤石显示非均质性(图 3-176)。钕独居石中钍的放射性可能是导致被其包裹的萤石矿物干涉色异常的原因，被包裹的萤石含 Sc 较高，一是因为各矿石类型的 Sc 含量与钠、氟交代的强度有关，二是钍作为放射性元素，能够促使萤石矿物晶体缺陷密度增大，更容易发生类质同象置换，使钙元素被相邻的过渡性金属元素钪替代。

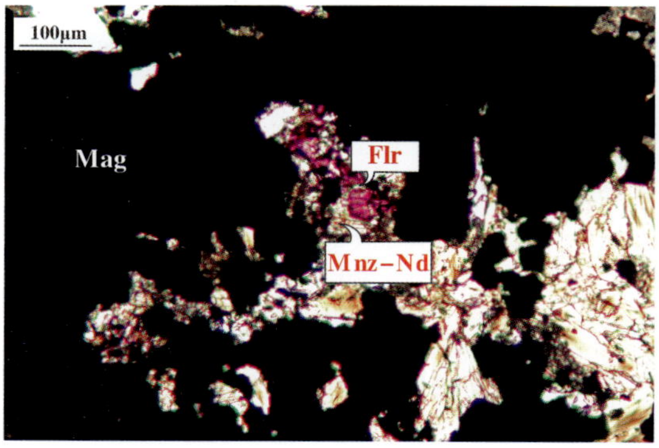

图 3-175　钕独居石(Mnz-Nd)、磁铁矿(Mag)、萤石(Flr)(单偏光)

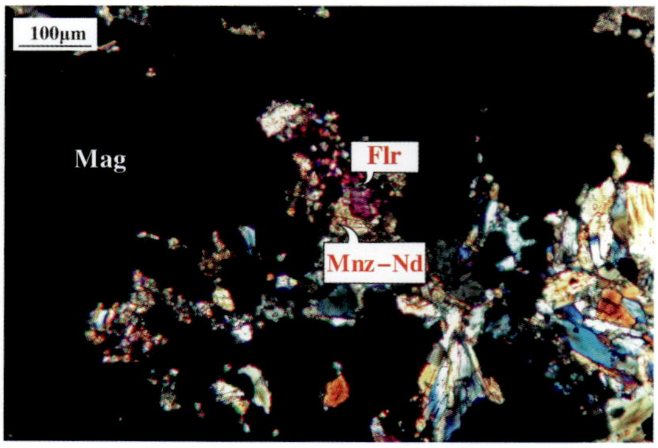

图 3-176　被钕独居石包裹显示非均质性的萤石(正交偏光)

图 3-177　钕独居石包裹萤石(BSE)

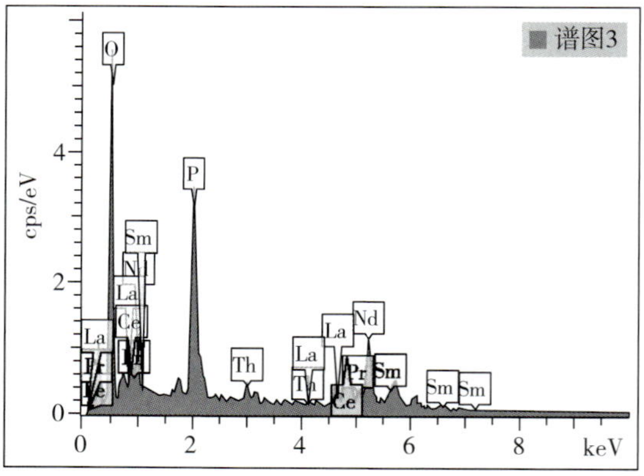

图 3-178　钕独居石能谱图

钕独居石中 Th 含量高，Th 替代了稀土元素，为保持晶格中电价平衡，Si 可取代部分 P，其置换方式为 $Th^{4+}+Si^{4+}\rightarrow Ce^{3+}+P^{5+}$。

白云鄂博矿床独居石的稀土配分多数为 $Ce_2O_3>La_2O_3>Nd_2O_3$，样品中独居石 $Nd_2O_3>Ce_2O_3>La_2O_3$，Nd_2O_3 占稀土总量的 40.63%～47.37%，Ce_2O_3 占 29.78%～33.79%，Nd_2O_3 未达到一半，但 $Nd_2O_3>Ce_2O_3$，根据稀土矿物命名规则(Nickel & Grice，1999)，该独居石属于白云鄂博比较罕见的钕独居石。

钕独居石测试点显示 Eu_2O_3 含量为 3.76%～7.62%，平均值为 5.64%。中国科学院地球化学研究所(1988)研究认为，Eu 属于特殊稀土元素，有重要的地球化学标型特征，不同的矿化阶段，Eu 的含量、所占稀土配分及 La、Ce 与 Eu 的比值不同，代表不同的成矿阶段和成矿环境。

白云鄂博各种类型矿石中，Eu 含量高且其稀土配分占比越小，表明这类矿石形成时氧的作用越强，Eu 含量从高到低依次为条带状萤石型、霓石型、块状、白云石型、钠闪石型矿石。Eu所占稀土配分含量从高到低依次为块状、钠闪石型、白云石型、霓石型和条带状萤石型。氧的作用加强则Eu含量高，其稀土配分占比低，即条带状萤石型、霓石型矿石、白云石型矿石形成时氧的作用强，而钠闪石型矿石形成时氧的作用较弱，所以主矿、东矿条带状萤石型矿石类型较多，而西矿钠闪石型矿石类型较多，与氧的作用强弱有关(中国科学院地球化学研究所，1988)。

但是在东矿的个别钠闪石型矿石中，Eu所占稀土总量的百分含量高达1.18%，稀土配分异常，高峰元素为Nd，有富含Eu、Sm、Nd的特殊矿种形成的可能(中国科学院地球化学研究所，1988)。本样品就属于这种特殊类型，Eu_2O_3 含量达到5.64%(平均值)，占稀土配分的8.46%，且 Nd_2O_3(43.94%)>Ce_2O_3(31.74%)。

根据电子探针测试结果平均值(表3-51)，以O=4为基数，计算化学式：$(Nd_{0.43}Ce_{0.32}Eu_{0.08}La_{0.06}Pr_{0.04}Sm_{0.04}Th_{0.04}Gd_{0.02}Ca_{0.01})_{\Sigma 1.04}(P_{0.95}Si_{0.04})_{\Sigma 0.99}O_4$。

表3-51 钕独居石电子探针测试结果及稀土配分 单位：w_t/%

成分	测试点P1	稀土配分	测试点P2	稀土配分	测试点P3	稀土配分	测试点P4	稀土配分	平均值
CaO	0.13	ΣRE_2O_3 =68.97	0.11	ΣRE_2O_3 =65.02	0.18	ΣRE_2O_3 =65.17	0.09	ΣRE_2O_3 =65.59	0.12
FeO	0.05		0.17		0.10		0.13		0.11
SiO_2	0.79		1.06		0.84		0.72		0.85
P_2O_5	27.65		26.47		26.70		28.10		27.23
F	0.33		0.32		0.42		0.46		0.38
ThO_2	4.03		5.12		4.10		3.45		4.18
La_2O_3	4.07	5.90	3.82	5.88	3.81	5.85	3.32	5.06	3.76
Ce_2O_3	21.58	31.29	21.97	33.79	21.18	32.50	19.53	29.78	21.07
Pr_2O_3	2.89	4.19	2.53	3.89	2.74	4.20	1.45	2.21	2.40
Nd_2O_3	28.02	40.63	28.47	43.79	29.05	44.58	31.07	47.37	29.15
Sm_2O_3	3.35	4.86	2.12	3.26	3.32	5.09	2.52	3.84	2.83
Eu_2O_3	7.62	11.05	4.76	7.32	3.76	5.77	6.43	9.80	5.64
Gd_2O_3	1.32	1.91	1.25	1.92	1.21	1.86	1.20	1.83	1.24
Y_2O_3	0.12	0.17	0.10	0.15	0.10	0.15	0.07	0.11	0.10
$-O=F_2$	0.14		0.14		0.18		0.19		0.16
总计	101.81	100.00	98.13	100.00	97.33	100.00	98.35	100.00	98.90

镧独居石 Monazite-(La)

$La(PO_4)$

化学组成：稀土元素中，La(apfu)最高。

晶体结构：单斜晶系，空间群为 $P21/c$。$a_0=6.84$Å，$b_0=7.07$Å，$c_0=6.45$Å，$\beta=103.85°$，$Z=4$。

形态：斜方柱晶形，$C_{2h}-2/m(L_2PC)$。

物理性质：浅棕色-棕色，玻璃光泽。摩氏硬度 5～5.5，相对密度 5.17～5.27。

显微镜下特征：二轴晶(+)，$2V=12°$。$N_g=1.830～1.850$，$N_m=1.771～1.802$，$N_p=1.770～1.800$。

白云石型铌稀土铁矿石中的镧独居石

样品采自主矿。岩石薄片由两部分组成：一部分颗粒粗大，为自形-半自形板状氟碳钙铈矿与赤铁矿、镧独居石、磷灰石等组成，为晚期脉，脉宽为 1.5～2cm；另一部分为微细粒白云石与赤铁矿、稀土矿物、铌矿物等组成的似条带，稀土矿物粒径小于 10μm。

镧独居石呈浅棕色短柱状、柱状分布或呈六边形包裹氟碳钙铈矿、磷灰石等矿物，长轴为 0.15～0.5mm，短轴为 0.01～0.05mm。

共伴生矿物：氟碳钙铈矿、赤铁矿、磷灰石、白云石、铌钇矿、易解石、石英等。

样品中的独居石、氟碳钙铈矿、磷灰石等均为晚期脉中的矿物，属形成于富 Ca 环境中。独居石不仅颗粒粗大，且含 Ca 较高(表 3－52)，其形成时间晚于氟碳钙铈矿、磷灰石，独居石有交代氟碳钙铈矿及磷灰石的痕迹(图 3－179、图 3－180)，沿边缘交代板状氟碳钙铈矿的独居石，其稀土配分中 $La_2O_3>Ce_2O_3$，属于镧独居石(表 3－52)。样品中多处可见镧独居石呈六边形包裹氟碳钙铈矿或磷灰石(图 3－181 至图 3－183，图 3－184 为镧独居石能谱图)，推测原为磷灰石矿物，后因稀土溶液进入，交代形成氟碳钙铈矿、镧独居石，交代不完全或属富 Ca 环境，所以形成含钙独居石。

表 3－52 电子探针测试结果为图 3－180 镧独居石测试点数据，La_2O_3、Ce_2O_3 平均含量分别为 19.98%和 17.49%，稀土配分(平均值)分别为 37.80%和 33.08%，独居石中稀土元素没有遵从白云鄂博矿床铈含量占 43%～58%变化范围的规则，稀土配分 $La_2O_3>Ce_2O_3>Nd_2O_3$，属于镧独居石。

样品中除镧独居石外，还有部分独居石为铈独居石。

根据电子探针测试结果平均值(表 3－52)，以 O＝4 为基数，计算化学式：$(La_{0.31}Ce_{0.27}Ca_{0.19}Nd_{0.14}Pr_{0.04}Y_{0.02}Sm_{0.01}Fe_{0.01}Sr_{0.01}Al_{0.01}Ba_{0.01}Th_{0.01}Sc_{0.01})_{\Sigma 1.04}P_{1.01}O_4$。

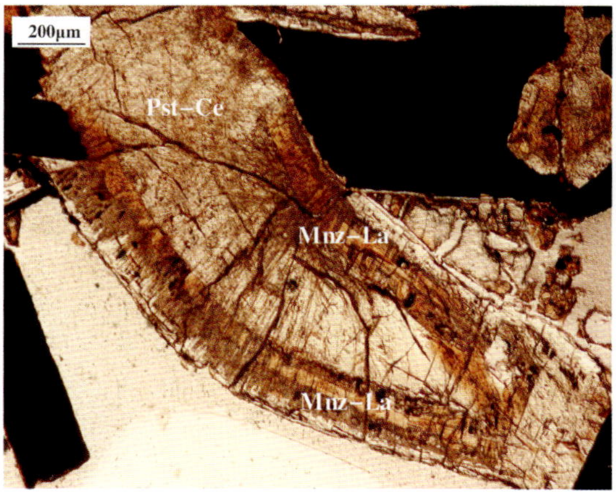

图 3－179　棕色镧独居石(Mnz－La)沿边缘交代发生折曲的柱状分布的氟碳钙铈矿(Pst－Ce)(单偏光)

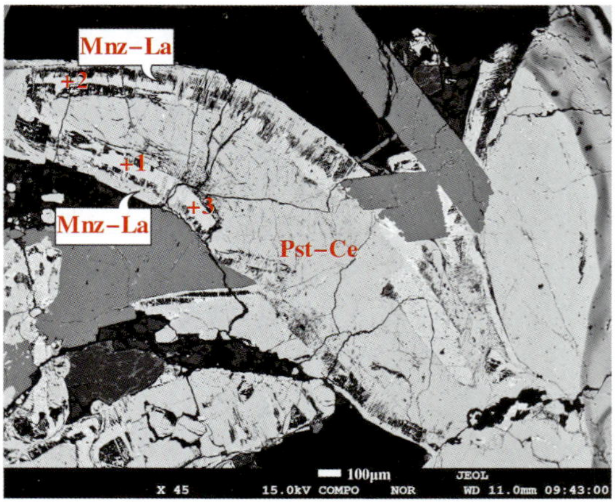

图 3－180　镧独居石电子探针测试点 1、2、3(BSE)

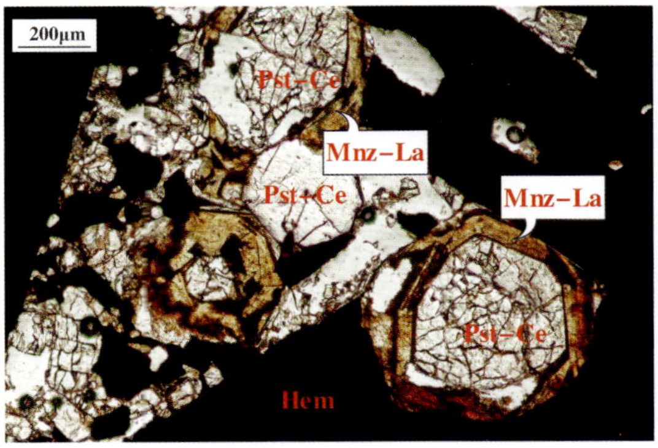

图 3-181 镧独居石呈短柱状构成六边形，包裹氟碳钙铈矿(单偏光)

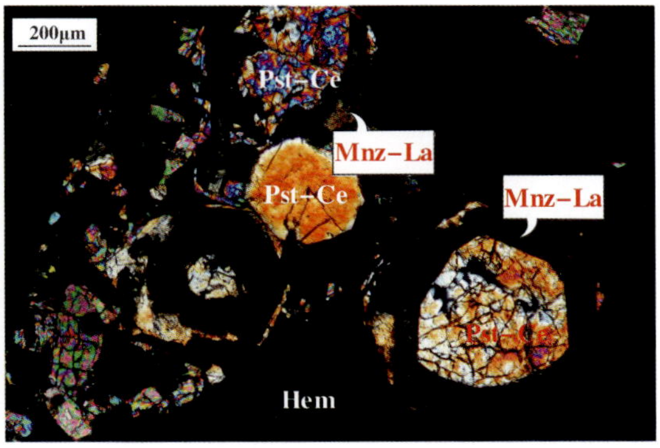

图 3-182 镧独居石呈短柱状构成六边形，包裹氟碳钙铈矿(正交偏光)

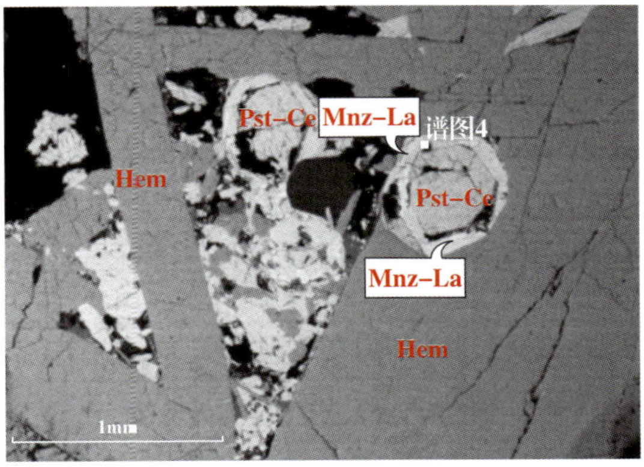

图 3-183 镧独居石呈六边形包裹氟碳钙铈矿(BSE)

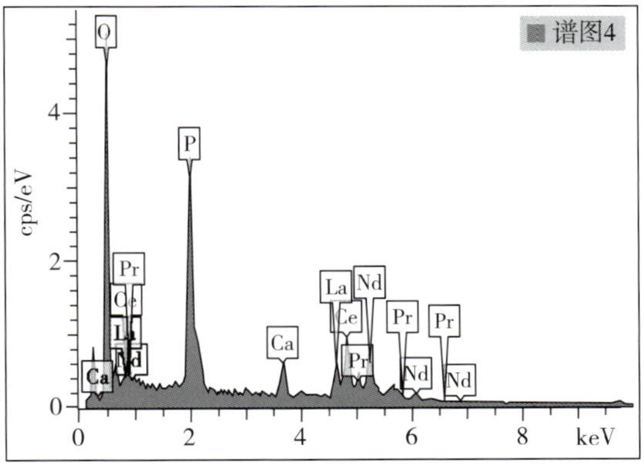

图 3-184 镧独居石能谱图

表 3-52 镧独居石电子探针测试结果及稀土配分 单位：w_t/%

成分	测试点 P1	稀土配分	测试点 P2	稀土配分	测试点 P3	稀土配分	平均值
P_2O_5	28.60		28.68		28.81		28.70
F	1.55		1.24		1.39		1.40
CaO	4.43	$\Sigma RE_2O_3=$	4.33	$\Sigma RE_2O_3=$	4.31	$\Sigma RE_2O_3=$	4.36
ThO_2	0.55	54.47	0.98	51.89	1.01	52.20	0.84
UO_2	0.07		0.05		0.00		0.04
Sc_2O_3	0.22		0.24		0.22		0.23
La_2O_3	20.53	37.69	19.84	38.23	19.57	37.49	19.98
Ce_2O_3	18.56	34.07	16.48	31.76	17.44	33.41	17.49
Pr_2O_3	2.77	5.08	2.82	5.43	2.93	5.61	2.84
Nd_2O_3	9.76	17.92	9.58	18.46	9.55	18.30	9.63
Sm_2O_3	1.14	2.09	1.06	2.04	0.89	1.70	1.03
Eu_2O_3	0.00	0.00	0.04	0.08	0.07	0.13	0.04
Gd_2O_3	0.37	0.68	0.41	0.79	0.22	0.42	0.33
Dy_2O_3	0.16	0.29	0.29	0.56	0.13	0.25	0.19

续表

成分	测试点 P1	稀土配分	测试点 P2	稀土配分	测试点 P3	稀土配分	平均值
Ho_2O_3	0.15	0.28	0.04	0.08	0.14	0.27	0.11
Er_2O_3	0.01	0.02	0.08	0.15	0.07	0.13	0.05
Lu_2O_3	0.09	0.17	0.06	0.12	0.18	0.34	0.11
Y_2O_3	0.93	1.71	1.19	2.29	1.01	1.93	1.04
$-O=F_2$	0.65		0.52		0.59		0.59
总计	89.24	100.00	86.89	100.00	87.35	100.00	87.82

二、磷钇矿族

磷钇矿 Xenotime -(Y)

$Y(PO_4)$

化学组成：Y_2O_3 61.40%，P_2O_5 38.60%。阳离子除 Y 外，还有钇族元素 Yb、Er、Dy、Gd 等，铈族稀土元素较少。少量 Zr、U、Th 等也会替代 Y，同时 Si 替代 P。

晶体结构：四方晶系，空间群为 $I4_1/amd$。$a_0=6.884\sim6.902(4)$Å，$c_0=6.021\sim6.038$Å，$Z=4$。

形态：复四方双锥晶形，$D_{4h}-4/mmm(L^44L^25PC)$。晶形沿 c 轴呈短柱状。

物理性质：灰白色、淡红色、淡绿色、酒黄色、黄褐色、棕色等，半透明-不透明，条痕浅棕色、淡黄色、淡红色，玻璃、树脂光泽，性脆。摩氏硬度 4.0～5.0，相对密度 4.4～5.1。

显微镜下特征：一轴晶(+)，$N_o=1.720$，$N_e=1.816\sim1.827$。

1. 白云石型铌稀土矿石中的磷钇矿

样品采自西矿，磷钇矿呈细脉状分布于褐钇铌矿间(图 3-185、图 3-186)，或交代褐钇铌矿呈不规则状(图 3-187、图 3-188)，粒径为 0.03～0.10mm。图 3-189、图 3-190 分别为图 3-185、图 3-187 的 BSE 图像，磷钇矿属于重稀土矿物，在白云鄂博比较少见，本样品中的磷钇矿应是晚期热液交代而成。

共伴生矿物：白云石、磷灰石、独居石、褐钇铌矿、铌铁矿、铌钙矿、黄铁矿等。

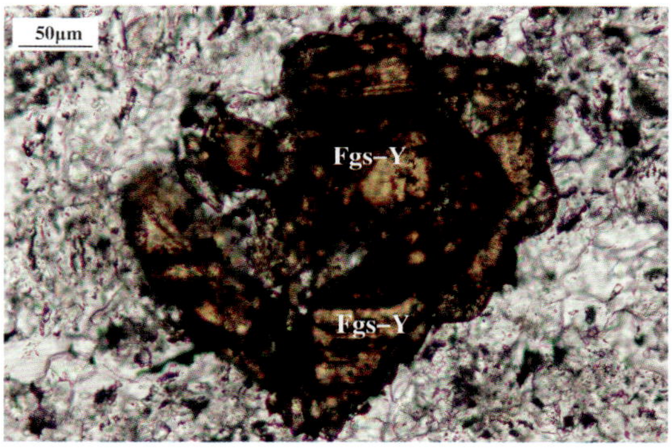

图 3-185 褐钇铌矿(Fgs-Y)(单偏光)

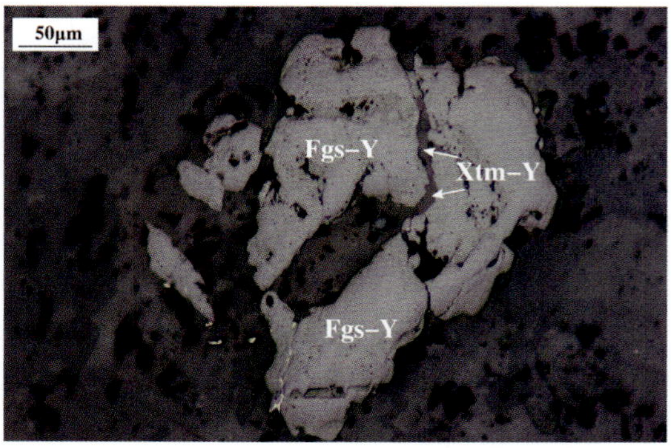

图 3-186 褐钇铌矿裂隙中分布的磷钇矿(Xtm-Y)(反射光)

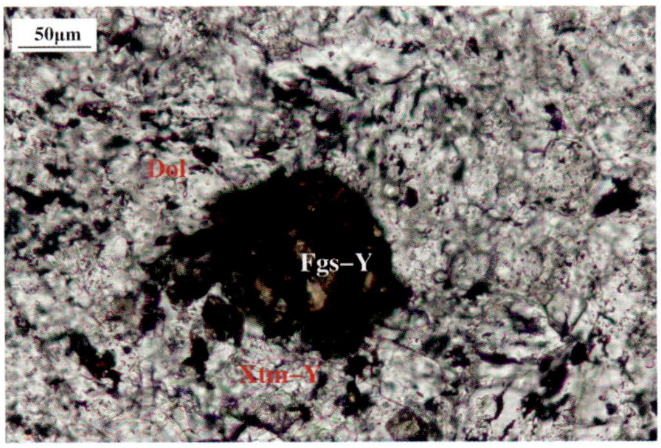

图 3-187 褐钇铌矿(单偏光)

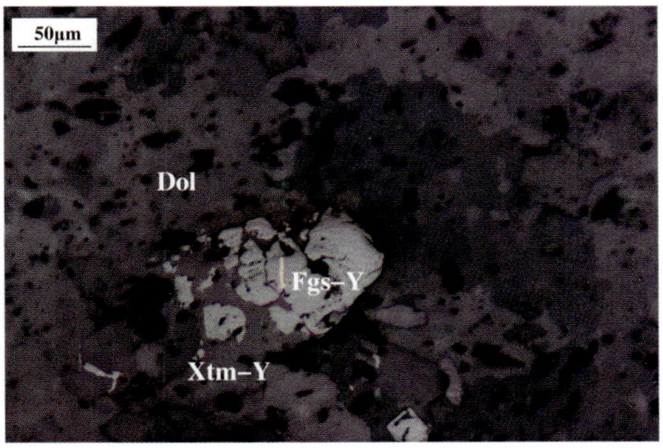

图 3-188 磷钇矿交代褐钇铌矿(反射光)

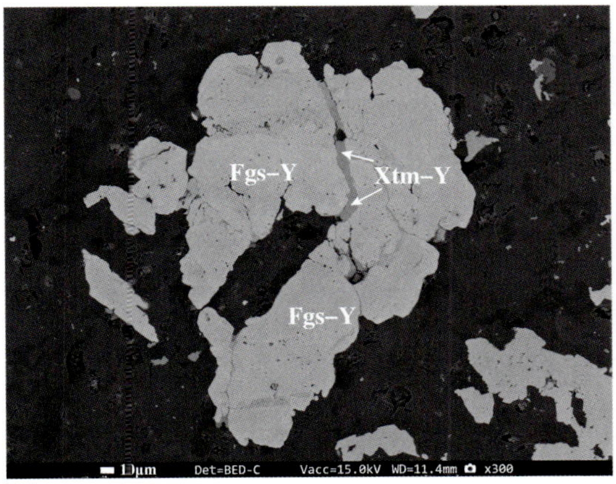

图 3-189 褐钇铌矿裂隙中脉状分布的磷钇矿(BSE)

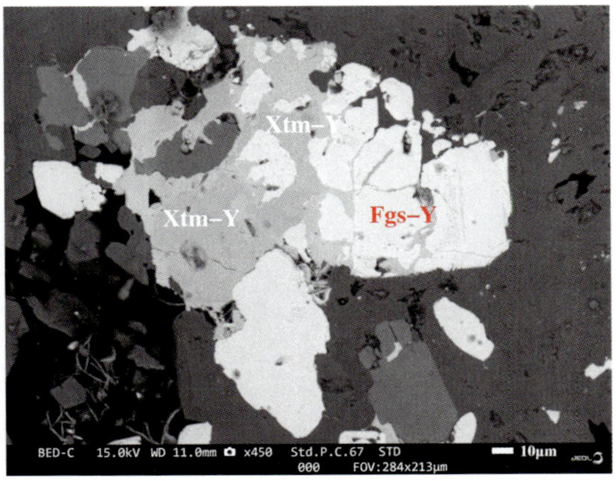

图 3-190 磷钇矿交代褐钇铌矿(BSE)

电子探针测试结果(表 3-53)及轻、重稀土分布状况(表 3-54)显示，稀土元素以 Y 为主，Y_2O_3 含量为 50.68%~51.80%，占稀土配分的 80%左右，除 Y 外，重稀土元素含量较高的分别为 Dy、Gd、Er 及 Yb，稀土配分中除 Y_2O_3 外的重稀土占 17.65%~19.34%，轻稀土仅占 0.89%~1.54%。

根据电子探针测试结果平均值，以 O=4 为基数，计算化学式：$(Y_{0.88}Dy_{0.04}Er_{0.03}Gd_{0.02}Yb_{0.01}Lu_{0.01})_{\Sigma 0.99}P_{1.00}O_4$。

表 3-53 磷钇矿电子探针测试结果及稀土配分 单位：w_t/%

成分	测试点 P1	稀土配分	测试点 P2	稀土配分	测试点 P3	稀土配分	平均值
P_2O_5	36.07	ΣRE_2O_3=64.10	36.92	ΣRE_2O_3=62.63	37.20	ΣRE_2O_3=65.09	36.73
Ta_2O_5	0.07		0.23		0.06		0.12
Y_2O_3	51.80	80.81	50.68	80.92	51.72	79.46	51.40
La_2O_3	0.00	0.00	0.05	0.08	0.14	0.22	0.06
Ce_2O_3	0.00	0.00	0.00	0.00	0.13	0.20	0.04

续表

成分	测试点 P1	稀土配分	测试点 P2	稀土配分	测试点 P3	稀土配分	平均值
Pr_2O_3	0.00	0.00	0.00	0.00	0.13	0.20	0.04
Nd_2O_3	0.44	0.69	0.22	0.35	0.18	0.28	0.28
Sm_2O_3	0.29	0.45	0.14	0.22	0.15	0.23	0.19
Eu_2O_3	0.26	0.41	0.15	0.24	0.05	0.08	0.16
Gd_2O_3	2.18	3.40	2.33	3.72	2.15	3.30	2.22
Dy_2O_3	4.13	6.44	4.01	6.40	4.00	6.15	4.05
Ho_2O_3	0.54	0.84	0.60	0.96	0.22	0.34	0.45
Er_2O_3	2.66	4.15	2.44	3.90	3.39	5.21	2.83
Tm_2O_3	0.00	0.00	0.12	0.19	0.66	1.01	0.26
Yb_2O_3	1.28	2.00	1.27	2.03	1.65	2.53	1.40
Lu_2O_3	0.52	0.81	0.62	0.99	0.52	0.80	0.56
总计	100.24	100.00	99.77	100.00	102.35	100.00	100.78

表 3－54　磷钇矿轻、重稀土分布状况　　单位：$w_t/\%$

稀土元素	测试点 P1	分布率	测试点 P2	分布率	测试点 P3	分布率
轻稀土(La 至 Eu)	0.99	1.54	0.56	0.89	0.78	1.20
重稀土(Gd 至 Lu)	11.31	17.65	11.39	18.19	12.59	19.34
Y_2O_3	51.80	80.81	50.68	80.92	51.72	79.46
总计	64.10	100.00	62.63	100.00	65.09	100.00

2. 钠闪石化白云石型铌稀土矿石中的磷钇矿

样品采自菠萝头，磷钇矿呈透明淡黄色与锆石紧密共生，其反射率低于锆石，锆石粒径约 0.05mm(图 3－191 至图 3－193)，BSE 图像(图 3－194)显示磷钇矿被锆石交代呈不规则状，粒径为 0.02～0.03mm，从矿物交代关系看，磷钇矿应早于锆石形成。

共伴生矿物：钠闪石、白云石、方解石、磁铁矿、独居石、硅钛铈矿、烧绿石、锆石、榍石等。

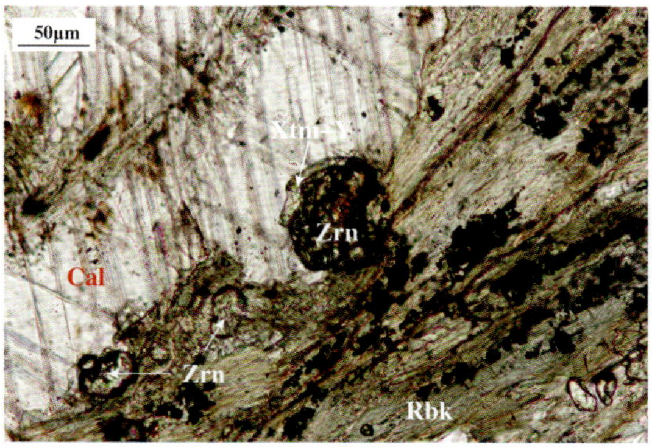

图 3－191　锆石(Zrn)与磷钇矿(Xtm－Y)(单偏光)

图 3－192　锆石与磷钇矿(正交偏光)

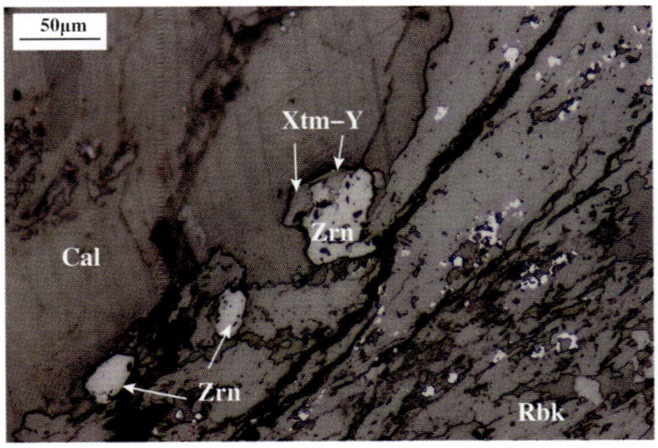

图 3-193 磷钇矿反射率低于与锆石(反射光)

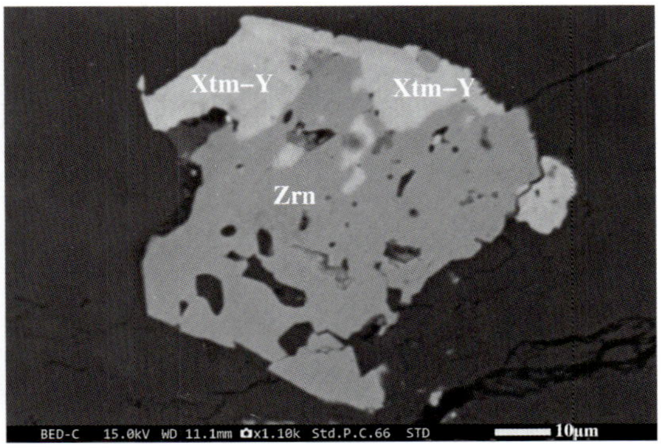

图 3-194 锆石交代磷钇矿(BSE)

电子探针数据(表 3-55)显示稀土元素中 Y_2O_3 含量为 46.88%～49.30%，占稀土配分的 75.58%～77.72%。除 Y 外，含量较高的稀土元素为 Gd、Dy、Er、Yb，稀土配分中，除 Y_2O_3 外的重稀土占 21.16%～22.34%，轻稀土仅占 0.98%～2.10%(表 3-56)。

根据电子探针测试结果平均值，以 O=4 为基数，计算化学式：$(Y_{0.85}Gd_{0.04}Dy_{0.03}Er_{0.03}Yb_{0.02}Sm_{0.01}Sm_{0.01}Tm_{0.01}Lu_{0.01}Ca_{0.01}Th_{0.01})_{\Sigma 1.03}P_{0.98}O_4$。

表 3-55 磷钇矿电子探针测试结果及稀土配分 单位：w_t/%

成分	测试点 P1	稀土配分	测试点 P2	稀土配分	测试点 P3	稀土配分	平均值
P_2O_5	34.55	ΣRE_2O_3 =62.42	35.08	ΣRE_2O_3 =62.03	34.56	ΣRE_2O_3 =63.43	34.73
CaO	0.13		0.19		0.12		0.15
FeO	0.11		0.08		0.26		0.15
ThO_2	1.94		1.32		0.52		1.26
Y_2O_3	47.90	76.74	46.88	75.58	49.30	77.72	48.03
La_2O_3	0.00	0.00	0.05	0.08	0.05	0.08	0.04
Ce_2O_3	0.04	0.06	0.00	0.00	0.00	0.00	0.01
Pr_2O_3	0.08	0.13	0.07	0.11	0.00	0.00	0.05
Nd_2O_3	0.53	0.85	0.33	0.53	0.20	0.32	0.35
Sm_2O_3	0.44	0.70	0.63	1.02	0.37	0.58	0.48
Eu_2O_3	0.22	0.35	0.21	0.34	0.00	0.00	0.15
Gd_2O_3	2.71	4.34	4.68	7.54	3.83	6.04	3.74
Dy_2O_3	2.96	4.74	3.00	4.84	2.13	3.36	2.70
Ho_2O_3	0.56	0.90	0.17	0.27	0.11	0.17	0.28
Er_2O_3	2.91	4.66	2.79	4.50	3.91	6.16	3.20
Tm_2O_3	0.47	0.75	0.70	1.13	0.49	0.77	0.55
Yb_2O_3	2.89	4.63	1.82	2.93	2.55	4.02	2.42
Lu_2O_3	0.71	1.14	0.71	1.13	0.49	0.77	0.64
总计	99.16	100.00	98.70	100.00	98.89	100.00	98.93

表 3-56　磷钇矿轻、重稀土分布状况　　单位：$w_t/\%$

稀土元素	测试点 P1	分布率	测试点 P2	分布率	测试点 P3	分布率
轻稀土(La 至 Eu)	1.31	2.10	1.29	2.08	0.62	0.98
重稀土(Gd 至 Lu)	13.21	21.16	13.86	22.34	13.51	21.30
Y_2O_3	47.90	76.74	46.88	75.58	49.30	77.72
总计	62.42	100.00	62.03	100.00	63.43	100.00

三、其他稀土磷酸盐矿物

除独居石外，稀土磷酸盐矿物还包括大青山矿、一水磷铈石及水磷钙钍石等。

大青山矿* Daqingshanite-(Ce)

$Sr_3Ce(PO_4)(CO_3)_3$

化学组成： Ca、Ba 与 Sr 的类质同象置换。

晶体结构： 三方晶系，空间群为 $R3m$。a_0 = 10.073(10)Å，c_0 = 9.234(5)Å，Z = 3。

形态： 复三方锥晶形，$C_{3v}-3m(L^33P)$。颗粒细小扁平状，呈集合体产出。

物理性质： 浅黄色，透明，条痕白色，玻璃光泽、油脂光泽，贝壳状断口，解理{$10\bar{1}1$}极完全。摩氏硬度 4.5，相对密度 3.81。

显微镜下特征： 一轴晶(-)，N_o=1.708，N_e=1.609。偏光显微镜下无色透明，干涉色较高。

大青山矿为 1982 年在白云鄂博西矿发现的新矿物(任英忱等，1982)。

白云石型铌稀土铁矿石中的大青山矿

样品采自西矿。大青山矿呈无色半自形-他形粒状分布于碳锶石间，显微镜下为无色透明，颗粒较小，粒径为 0.02～0.05mm。碳锶石呈脉状分布于白云石间，脉宽为 0.10～0.50mm，大青山矿矿物颗粒沿碳锶石脉定向分布(图 3-195、图 3-197)，图 3-196、图 3-198 为大青山矿能谱图。

共伴生矿物：白云石、方解石、磁铁矿、黄铁矿、独居石、硅钡铌矿、菱钡镁石、碳锶石、钡解石等。

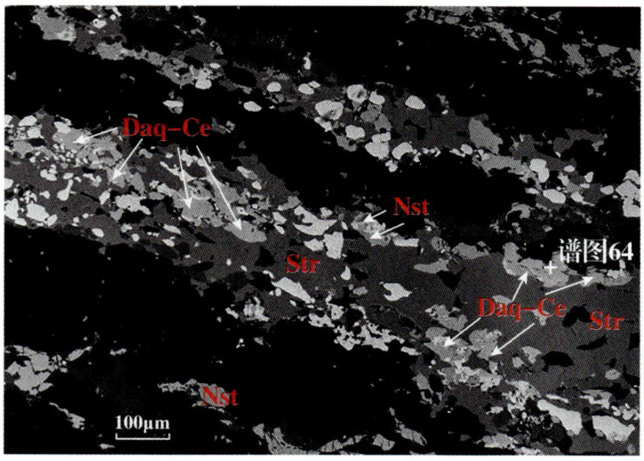

图 3-195　大青山矿(Daq-Ce)分布于碳锶石(Str)间(BSE)

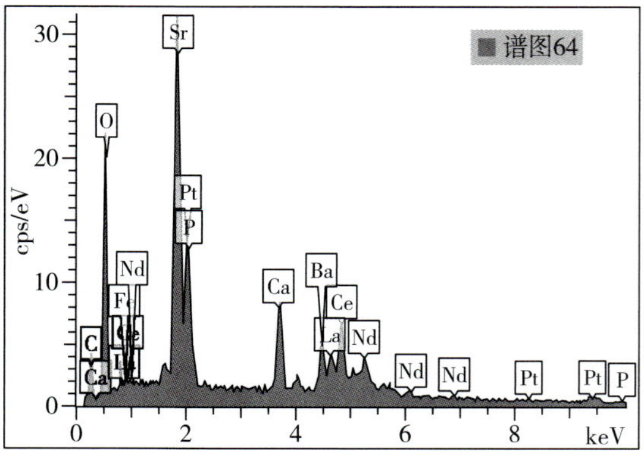

图 3-196　大青山矿能谱图

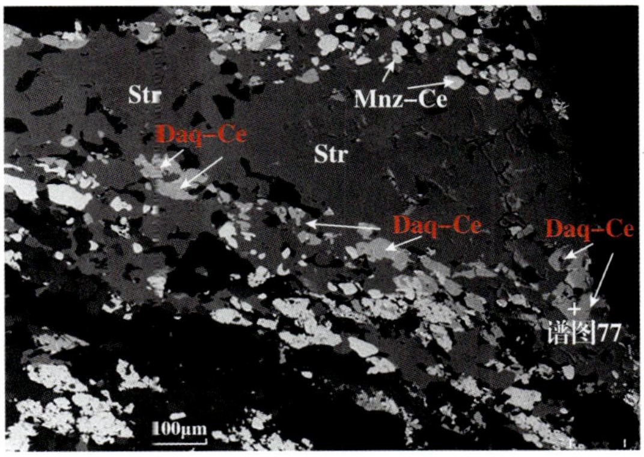

图 3-197 大青山矿分布于碳锶石间（BSE）

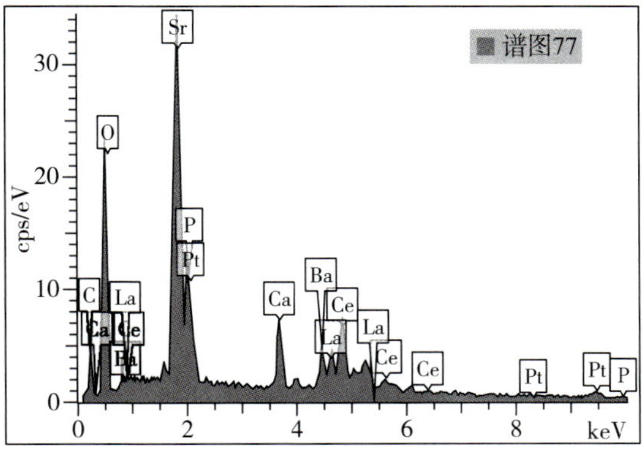

图 3-198 大青山矿能谱图

根据电子探针测试结果平均值（表 3-57）及理论化学式，计算 CO_2 含量；以 $[CO_3]^{2-}=3$ 为基数，计算化学式：$(Sr_{1.94}Ca_{0.65}Ba_{0.44})_{\Sigma 3.03}(Ce_{0.54}La_{0.31}Nd_{0.09}Gd_{0.02}Sm_{0.01})_{\Sigma 0.97}(P_{0.77}O_4)(CO_3)_3$。

表 3-57 大青山矿电子探针测试结果及稀土配分 单位：$w_t/\%$

成分	测试点 P1	稀土配分	测试点 P2	稀土配分	测试点 P3	稀土配分	平均值
SrO	31.95		30.69		30.94		31.19
P_2O_5	8.61	ΣRE_2O_3	8.42	ΣRE_2O_3	8.24	ΣRE_2O_3	8.42
CaO	4.37	=25.14	6.38	=24.76	6.29	=24.84	5.68
BaO	9.67		11.12		10.21		10.33
F	0.46		0.40		0.32		0.39
La_2O_3	7.96	31.66	7.82	31.58	7.64	30.76	7.81
Ce_2O_3	13.38	53.22	13.72	55.42	13.70	55.15	13.60
Pr_2O_3	0.00	0.00	0.07	0.28	0.09	0.36	0.05
Nd_2O_3	2.71	10.78	2.28	9.21	2.36	9.50	2.45
Eu_2O_3	0.04	0.16	0.00	0.00	0.04	0.16	0.03
Sm_2O_3	0.33	1.31	0.30	1.21	0.28	1.13	0.30
Gd_2O_3	0.68	2.71	0.52	2.10	0.61	2.46	0.60
Dy_2O_3	0.04	0.16	0.05	0.20	0.12	0.48	0.07
$-O=F_2$	0.19		0.17		0.13		0.16
CO_2^*							20.51
总计	80.01	100.00	81.60	100.00	80.71	100.00	101.27

一水磷铈石 Rhabdophane-(Ce)

$Ce(PO_4)\cdot H_2O$

化学组成：Ce_2O_3 64.83%，P_2O_5 28.05%，H_2O 7.12%。成分中 Ce 常被 La、Nd、Y、Ca、Th 替

代，P 可被 Si、C 替代。

晶体结构：六方晶系，空间群为 $P6_222$。$a_0 = 7.06$Å，$c_0 = 6.44$Å，$Z = 3$。

形态：晶体少见，常呈土状、皮壳状。

物理性质：棕色、浅粉色、浅黄色，树脂光泽、油脂光泽，性脆，无解理。摩氏硬度 3.5，相对密度 3.77～4.01。

显微镜下特征：一轴晶(+)，$N_o = 1.654 \sim 1.700$，$N_e = 1.703 \sim 1.730$。透射光下呈无色-浅黄色，多色性弱。

发现于氟碳铈矿晶粒边缘和裂隙中，为淡绿色细片状。产于主矿下盘的石英脉中(张培善和陶克捷，1986)。

水磷钙钍石 Brockite

$(Ca,Th,Ce)(PO_4) \cdot H_2O$

化学组成：成分中 Ca 可被 U 替代，Th 可被 Ce 和 Nd 替代。

晶体结构：六方晶系，空间群为 $P6_222$。$a_0 = 6.96(3)$Å，$c_0 = 6.40(3)$Å，$Z = 3$。

形态：柱状晶形，断面为六边形，常呈致密块状或星散粒状集合体分布。

物理性质：红褐色、黄色，条痕浅黄色，半透明-不透明，亚玻璃光泽、树脂光泽、土状光泽等，贝壳状断口，性脆，无解理。摩氏硬度 3.0～4.0，相对密度 3.9。

显微镜下特征：一轴晶(+)，$N_o = 1.680$，$N_e = 1.695$。

白云鄂博水磷钙钍石产于矿区 H_4 石英岩层中的热液成因的细脉中。矿物颜色浅黄色、红褐色、黑色，半透明-不透明，红褐色为玻璃光泽，黑色为沥青光泽。

白云鄂博水磷钙钍石化学组成：CaO 12.43%，ThO_2 45.85%，UO_2 0.73%，La_2O_3 0.18%，Fe_2O_3 4.71，SiO_2 0.38%，P_2O_5 20.74%，SO_3 2.87%，CO_2 2.55%，H_2O^+ 6.14%，H_2O^- 4.85%，总计 101.43%。

矿物化学式为$(Ca_{0.53}Th_{0.48})_{\Sigma 1.01}(P_{0.66}S_{0.12})_{\Sigma 0.78}O_4 \cdot 0.8H_2O$，矿物化学组成中含少量碳。

共生矿物：透辉石、磷灰石、金红石、重晶石、赤铁矿、黄铁矿等(刘铁庚等，1987)。

第四节　稀土硅酸盐和稀土氧化物矿物

目前，在白云鄂博矿区已发现的稀土硅酸盐矿物有铈硅磷灰石族矿物、硅钛铈矿族矿物和褐帘石族矿物。稀土氧化物矿物目前只发现方铈石。

原来认为稀土硅酸盐矿物是产在东部花岗岩与白云岩接触带的特征矿物，表明它们形成于较高的温度，且该区域具有比矿体低的 F、Na、P、C 等元素浓度特征。这种条件下稀土元素才有可能与 Si 结合成硅酸盐，而不形成矿体中的含钠硅酸盐、稀土氟碳酸盐和磷酸盐矿物。但实际上这三种稀土硅酸盐矿物在主、东、西矿区均有分布。

一、铈硅磷灰石族

铈硅磷灰石族矿物主要分布于矿区东部花岗岩接触带的透辉石型稀土矿石及金云母型铌稀土矿石中，在晚期脉及矿区深部均有产出。它是磷灰石结构的硅酸盐矿物，为磷酸盐矿物过渡到硅酸盐矿物的典型代表。铈硅磷灰石可归入磷灰石族矿物，但实际上它属于硅酸盐矿物。

铈硅磷灰石族矿物属于磷灰石超族，矿物化学通式为$(REE,Ca)_5[(Si,P)O_4]_3X$，其中$X=F^-$、OH^-、Cl^-。根据化学式中F与OH的原子数不同，白云鄂博矿床的铈硅磷灰石族矿物可分为两个亚种，即铈硅磷灰石(也称为羟铈硅磷灰石)(OH>F)和氟铈硅磷灰石(F>OH)。根据钙与稀土的原子数不同，氟铈硅磷灰石又可分为氟铈硅磷灰石(REE>Ca)和氟硅磷灰石(也称氟钙硅磷灰石)(Ca>REE)。

在氟磷灰石分子式$Ca_2Ca_3(PO_4)_3F$中，Ca有两个位置：$Ca_Ⅰ$配位数为9，$Ca_Ⅱ$配位数为7，$Ca_Ⅰ:Ca_Ⅱ=2:3$，氟铈硅磷灰石的分子式为$(Ce,Ca)_5(SiO_4,PO_4)_3F$，是磷灰石$Ca_2Ca_3(PO_4)_3(F,OH)$中$Ca_Ⅱ$被稀土替换，同时P被Si置换，按其分子式组成，当P完全被Si替代时，$Ca_Ⅱ$被稀土置换，所以其端员分子式为$Ce_3Ca_2(SiO_4)_3F$。

氟硅磷灰石分子式为$(Ca,REE)_5(SiO_4,PO_4)_3F$，与氟铈硅磷灰石不同的是其分子式中Ca(apfu)>REE，与氟磷灰石不同的是其Si(apfu)>P，所以氟硅磷灰石与氟磷灰石的边界分子式是$Ca_{3.5}REE_{1.5}[(SiO_4)_{1.5}(PO_4)_{1.5}]F$，与氟铈硅磷灰石的边界分子式是$Ca_{2.5}REE_{2.5}[(SiO_4)_{2.5}(PO_4)_{0.5}]F$(Pekov et al.，2007)。三种矿物的关系见图3-199。

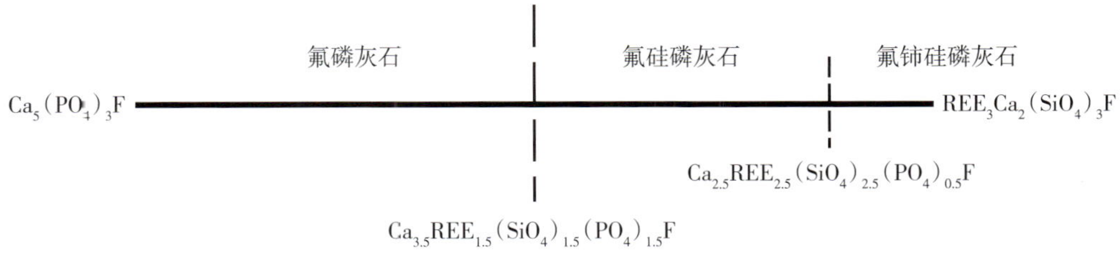

图3-199　氟磷灰石、氟硅磷灰石、氟铈硅磷灰石的关系图

分子式中阳离子Ca除被REE替换外，也经常会有少量Mg、Mn、Sr、Fe、Th、U以类质同象的形式置换，当Th含量较高时，则称为富钍铈磷灰石。

氟铈硅磷灰石　Fluorbritholite-(Ce)

$(Ce,Ca)_5(SiO_4)_3F$

化学成分：分子式中(apfu)：REE>Ca，Si>2.5，F>OH。

晶体结构：六方晶系，空间群为$P6_3/m$。$a_0=9.517Å$，$c_0=6.983Å$，$Z=2$。

形态：双锥晶形，$C_{6h}-6/m(L^6PC)$。断面为六边形，常呈致密块状或浸染粒状。

物理性质：灰色、淡黄色、红褐色，条痕浅棕色，金刚光泽，解理{0001}中等。摩氏硬度5.0，相对密度4.36。

显微镜下特征：一轴晶(—)，N_o=1.792，N_e=1.786。高突起，干涉色低，一般为灰-暗灰色。

氟铈硅磷灰石1977年在加拿大魁北克省的Mont St. Hilaire地区被发现，因为氟铈硅磷灰石中F>OH，以区别于(羟)铈硅磷灰石，故申请了新矿物，并于1991年9月30日被IMA－CNMNC批准(古阶祥等，1996)。

1. 透辉石金云母型铌稀土矿石中的氟铈硅磷灰石

样品采自东部接触带。氟铈硅磷灰石呈不规则粒状或半自形柱状与氟钙烧绿石紧密共生(图3－200、图3－203)或分布于金云母矿物间(图3－202)，颗粒大小不均，因变生干涉色呈均质或不均匀的Ⅰ级灰(图3－201)，粒径为0.10～1.00mm。

共伴生矿物：金云母、透辉石、氟钙烧绿石、铌钙矿、磷灰石等。

图3－200　与氟钙烧绿石(Fcpcl)紧密共生的氟铈硅磷灰石(Fbri－Ce)(单偏光)

图3－201　氟铈硅磷灰石的干涉色(正交偏光)

图3－202　分布于金云母(Phl)间的氟铈硅磷灰石(单偏光)

图3－203　与氟钙烧绿石紧密共生的氟铈硅磷灰石(BSE)

根据电子探针测试结果平均值(表3－58)，以O=12.5为基数，计算化学式：$(REE_{2.79}Ca_{2.07}Mn_{0.03}Sr_{0.03})_{\Sigma 4.92}(Si_{2.83}P_{0.21})_{\Sigma 3.04}O_{12}(F_{0.89}OH_{0.11})_{\Sigma 1.00}$，其中，REE：$(Ce_{1.45}La_{0.70}Nd_{0.38}Pr_{0.20}Gd_{0.04}Sm_{0.02})_{\Sigma 2.79}$。

这时原子数：REE>Ca，Si>2.5，F>OH，故属于氟铈硅磷灰石。

表 3-58 氟铈硅磷灰石电子探针测试结果及稀土配分 单位：w_t/%

成分	测试点 P1	稀土配分	测试点 P2	稀土配分	测试点 P3	稀土配分	平均值
CaO	13.59		14.04		14.17		13.93
MnO	0.43		0.34		0.00		0.26
SrO	0.36		0.47		0.42		0.42
SiO_2	20.75	$\sum RE_2O_3$ =56.55	20.15	$\sum RE_2O_3$ =54.82	20.39	$\sum RE_2O_3$ =54.82	20.43
P_2O_5	1.47		1.99		1.80		1.75
F	2.07		2.10		1.95		2.04
ThO_2	0.03		0.06		0.07		0.05
La_2O_3	14.15	25.02	13.19	24.06	13.95	25.45	13.76
Ce_2O_3	29.16	51.56	28.26	51.55	28.34	51.70	28.59
Pr_2O_3	4.10	7.25	3.95	7.21	3.92	7.15	3.99
Nd_2O_3	7.49	13.24	8.01	14.61	7.28	13.28	7.59
Sm_2O_3	0.45	0.80	0.49	0.89	0.51	0.93	0.48
Eu_2O_3	0.21	0.37	0.00	0.00	0.00	0.00	0.07
Gd_2O_3	0.89	1.57	0.78	1.42	0.68	1.24	0.78
Dy_2O_3	0.02	0.04	0.06	0.11	0.02	0.04	0.03
Y_2O_3	0.08	0.14	0.08	0.15	0.12	0.22	0.09
$-O=F_2$	0.87		0.88		0.82		0.86
总计	94.38	100.00	93.09	100.00	92.80	100.00	93.41

2. 金云母型铌稀土矿石中的氟铈硅磷灰石

样品采自东部接触带。氟铈硅磷灰石呈不规则粒状或粒状集合体形式分布于褐帘石中或金云母矿物间隙，颗粒细小，粒径为 0.01～0.05mm(图 3-204 至图 3-207)。

共伴生矿物：金云母、褐帘石、独居石、磷灰石等。

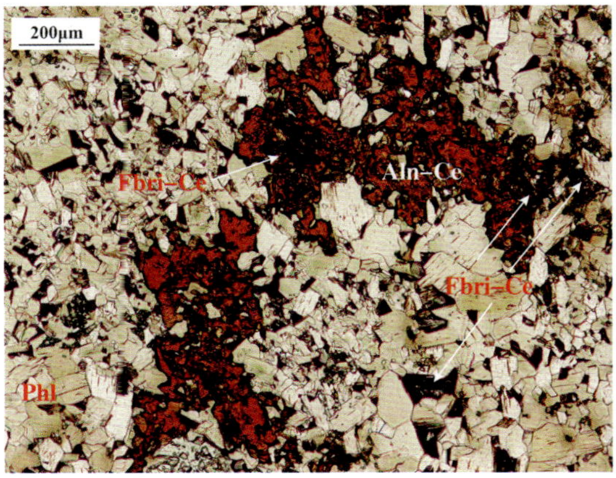

图 3-204 氟铈硅磷灰石(Fbri-Ce)分布于金云母(Phl)、褐帘石(Aln-Ce)间（单偏光）

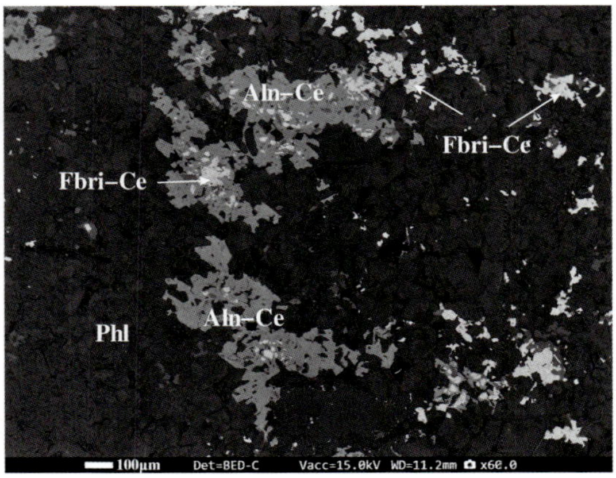

图 3-205 氟铈硅磷灰石分布于金云母、褐帘石间(BSE)

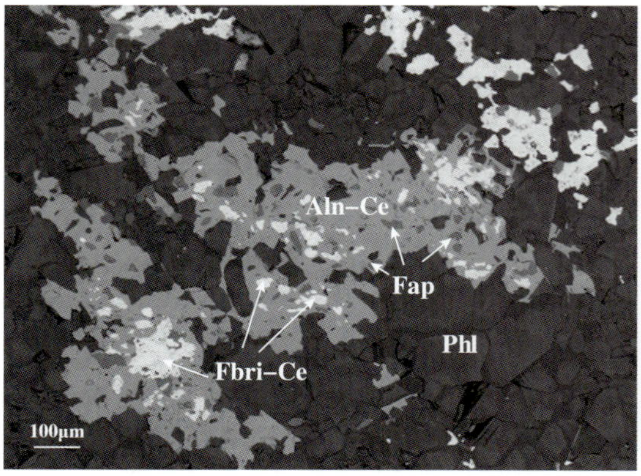

图 3-206　氟铈硅磷灰石分布于褐帘石矿物中(BSE)

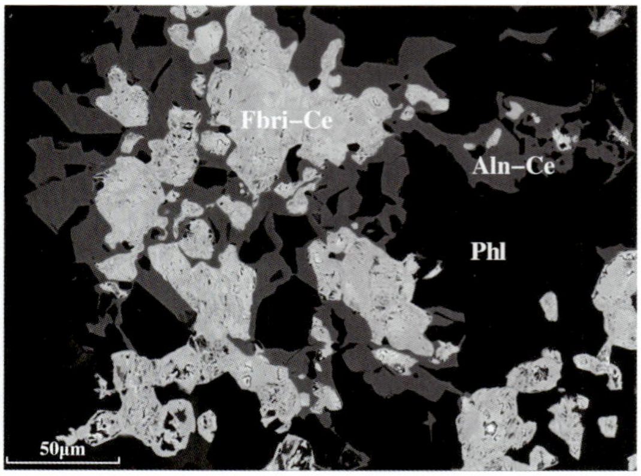

图 3-207　氟铈硅磷灰石与褐帘石(BSE)

对氟铈硅磷灰石区域做了波谱面扫描，Si、Ca、F、P、Ce、La 元素面扫描图像如图 3-208 所示。Ce、La、Si、Ca、F 均较高区域为氟铈硅磷灰石，Si 最高且 Ca、Ce 较高区域为褐帘石，P、Ca、F 较高区域为磷灰石。

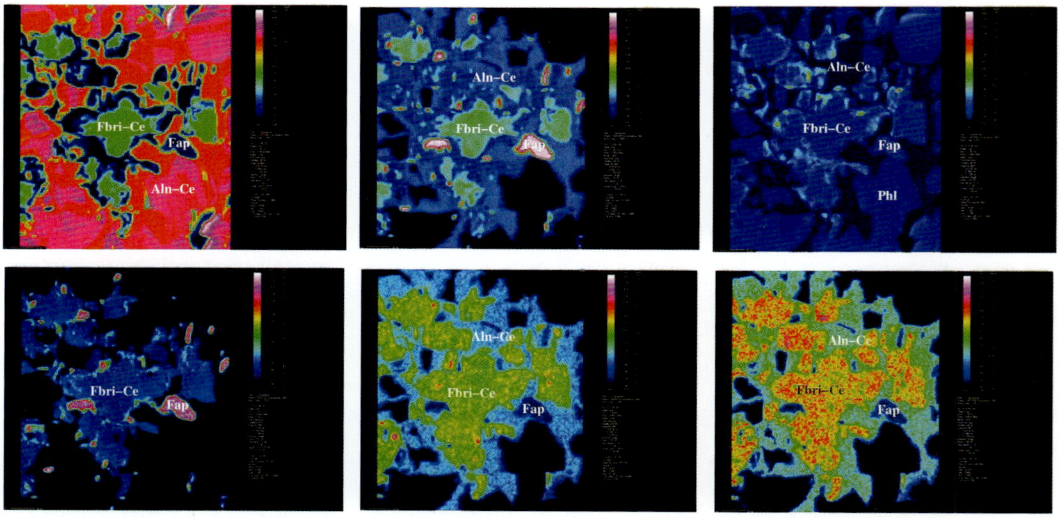

图 3-208　Si、Ca、F、P、Ce、La 元素面扫描分布图像

根据电子探针测试结果平均值(表 3-59)，以 O=12.5 为基数，计算化学式：$(REE_{2.84}Ca_{2.17})_{\Sigma 5.01}(Si_{2.62}P_{0.33})_{\Sigma 2.95}O_{12}(F_{0.94}OH_{0.06})_{\Sigma 1.00}$，其中，REE：$(Ce_{1.48}La_{0.86}Nd_{0.38}Pr_{0.08}Y_{0.02}Sm_{0.01}Dy_{0.01})_{\Sigma 2.84}$。

这时原子数：Ca<2.5，REE>2.5，Si>2.5，F>OH，故属于氟铈硅磷灰石。

3. 白云石型铌稀土铁矿石中的氟铈硅磷灰石

样品采自东矿钻孔。局部有萤石化及钠闪石化。氟铈硅磷灰石呈不规则粒状或粒状集合体形式分布于萤石间并沿某一方向定向延伸(图 3-209、图 3-211、图 3-214)，粒径为 0.03～0.10mm，因变生作用大部分颗粒显均质性或者不均匀的干涉色(图 3-210、

图 3－212)，并与氟碳钡铈矿、氟碳铈矿等紧密共生(图 3－213)。

共伴生矿物：白云石、萤石、黄铁矿、磁铁矿、氟碳铈矿、氟碳钡铈矿、黄河矿、硅钛铈矿、钠闪石、方解石等。

表 3－59 氟铈硅磷灰石电子探针测试结果及稀土配分 单位：$w_t/\%$

成分	测试点 P1	稀土配分	测试点 P2	稀土配分	测试点 P3	稀土配分	测试点 P4	稀土配分	平均值
CaO	15.91	ΣRE_2O_3 =59.15	14.41	ΣRE_2O_3 =60.99	14.89	ΣRE_2O_3 =60.55	16.85	ΣRE_2O_3 =57.79	15.51
P_2O_5	3.36		2.29		2.48		3.72		2.96
SiO_2	19.65		20.45		20.53		19.44		20.02
F	2.45		2.18		2.25		2.21		2.28
ThO_2	0.00		0.04		0.07		0.08		0.05
La_2O_3	17.62	29.79	18.50	30.33	17.91	29.58	17.30	29.94	17.83
Ce_2O_3	30.16	50.99	32.18	52.76	31.90	52.68	29.91	51.76	31.04
Pr_2O_3	7.99	13.51	7.70	12.63	8.52	14.07	7.49	12.96	7.92
Nd_2O_3	1.80	3.04	1.69	2.77	1.66	2.74	1.90	3.29	1.76
Sm_2O_3	0.44	0.74	0.41	0.67	0.04	0.07	0.41	0.71	0.33
Eu_2O_3	0.00	0.00	0.06	0.10	0.00	0.00	0.00	0.00	0.01
Gd_2O_3	0.00	0.00	0.00	0.00	0.08	0.13	0.04	0.07	0.03
Tb_2O_3	0.00	0.00	0.09	0.15	0.02	0.03	0.14	0.24	0.06
Dy_2O_3	0.20	0.34	0.12	0.20	0.09	0.15	0.05	0.09	0.12
Ho_2O_3	0.36	0.61	0.01	0.02	0.07	0.12	0.00	0.00	0.11
Er_2O_3	0.00	0.00	0.00	0.00	0.00	0.00	0.39	0.67	0.10
Tm_2O_3	0.10	0.17	0.00	0.00	0.00	0.00	0.02	0.03	0.03
Lu_2O_3	0.20	0.34	0.00	0.00	0.00	0.00	0.00	0.00	0.05
Y_2O_3	0.28	0.47	0.23	0.38	0.26	0.43	0.14	0.24	0.23
$-O=F_2$	1.03		0.92		0.95		0.93		0.96
总计	99.49	100.00	99.45	100.00	99.82	100.00	99.14	100.00	99.47

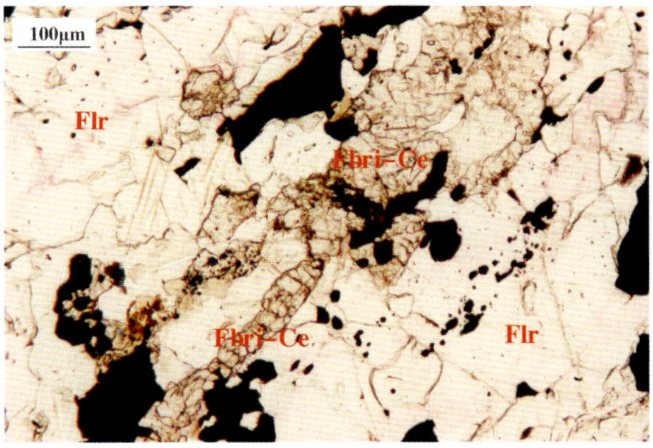

图 3－209 分布于萤石(Flr)间的氟铈硅磷灰石(Fbri－Ce)(单偏光)

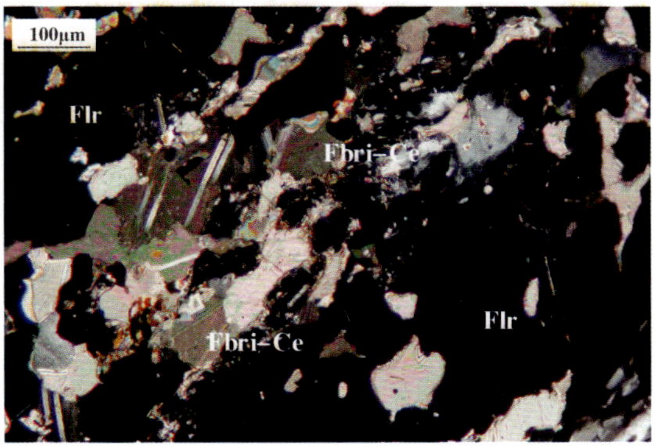

图 3－210 氟铈硅磷灰石的干涉色(正交偏光)

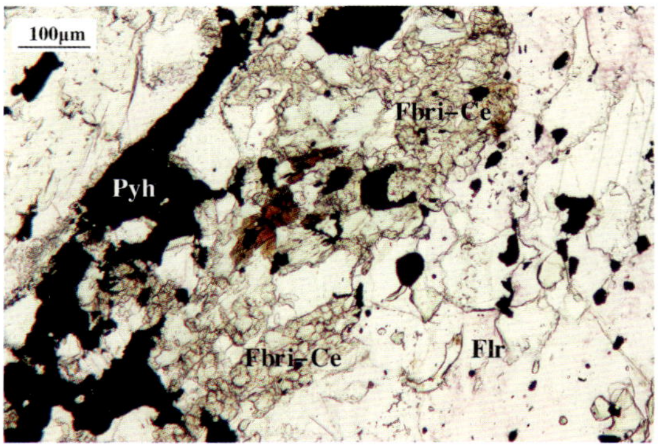

图 3-211　呈粒状集合体形式定向分布的氟铈硅磷灰石(单偏光)

图 3-212　氟铈硅磷灰石的干涉色(正交偏光)

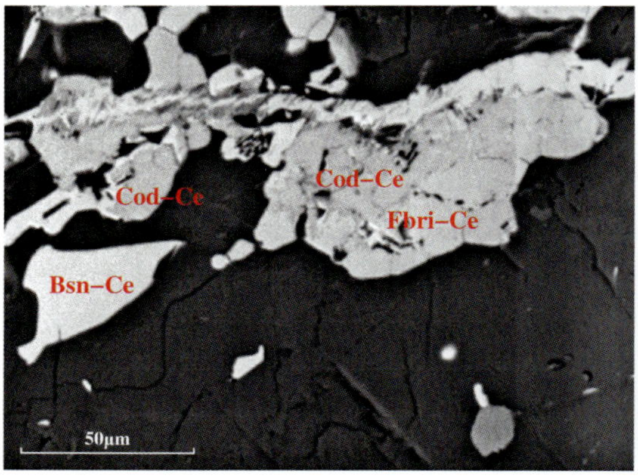

图 3-213　与氟碳钡铈矿(Cod-Ce)紧密共生的氟铈硅磷灰石(BSE)

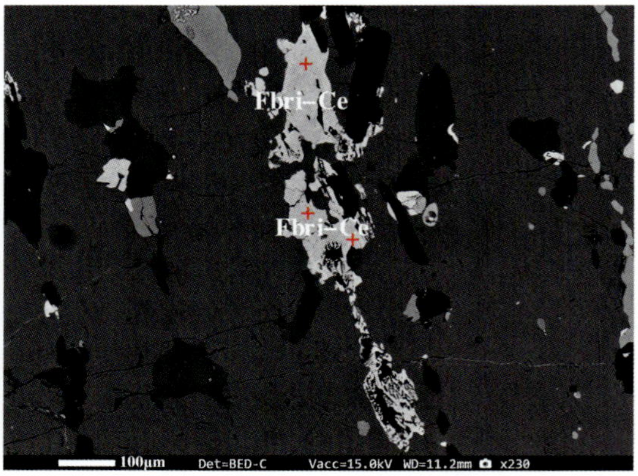

图 3-214　红色“+”为测试点位置(BSE)

根据电子探针测试结果平均值(表 3-60)，以 O=12.5 为基数，计算化学式：$(REE_{3.04}Ca_{1.75}Mn_{0.14}Fe_{0.03}Th_{0.03})_{\Sigma 4.99}(Si_{2.82}P_{0.13})_{2.95}O_{12}F_{1.06}$，其中，REE：$(Ce_{1.58}Nd_{0.93}La_{0.33}Pr_{0.12}Y_{0.03}Gd_{0.01}Dy_{0.01}Ho_{0.01}Tm_{0.01}Lu_{0.01})_{\Sigma 3.04}$。

这时原子数：REE>Ca，Si>2.5，F>OH，故属于氟铈硅磷灰石。

表 3-60　氟铈硅磷灰石电子探针测试结果及稀土配分　　单位：$w_t/\%$

成分	测试点 P1	稀土配分	测试点 P2	稀土配分	测试点 P3	稀土配分	平均值
CaO	11.58		11.67		11.41		11.55
FeO	0.30		0.18		0.25		0.24
MnO	1.15		1.15		1.31		1.20
P_2O_5	0.93	ΣRE_2O_3 =59.32	1.24	ΣRE_2O_3 =58.84	1.06	ΣRE_2O_3 =60.18	1.08
F	2.75		2.25		2.15		2.38
SiO_2	20.25		19.83		19.93		20.00
ThO_2	0.70		0.70		0.96		0.79
SrO	0.13		0.04		0.03		0.07

续表

成分	测试点 P1	稀土配分	测试点 P2	稀土配分	测试点 P3	稀土配分	平均值
La_2O_3	5.29	8.92	6.25	10.62	7.39	12.28	6.31
Ce_2O_3	29.67	50.02	31.06	52.79	31.20	51.84	30.64
Pr_2O_3	2.55	4.30	2.24	3.81	2.35	3.90	2.38
Nd_2O_3	19.99	33.70	17.86	30.35	17.20	28.58	18.35
Gd_2O_3	0.35	0.59	0.30	0.51	0.30	0.50	0.32
Tb_2O_3	0.12	0.20	0.00	0.00	0.11	0.18	0.08
Dy_2O_3	0.24	0.40	0.31	0.53	0.29	0.48	0.28
Ho_2O_3	0.00	0.00	0.17	0.29	0.47	0.78	0.21
Tm_2O_3	0.17	0.29	0.11	0.19	0.14	0.23	0.14
Yb_2O_3	0.00	0.00	0.11	0.19	0.00	0.00	0.04
Lu_2O_3	0.41	0.69	0.25	0.42	0.34	0.56	0.33
Y_2O_3	0.53	0.89	0.18	0.31	0.39	0.65	0.37
$-O=F_2$	1.16		1.37		1.32		1.28
总计	95.95	100.00	94.53	100.00	96.96	100.00	95.48

氟硅磷灰石(氟钙硅磷灰石) Fluorcalciobritholite

$(Ca,REE)_5(SiO_4,PO_4)_3F$

化学成分：分子式中(apfu)：Ca>REE，Si>P，F>OH。

晶体结构：六方晶系，空间群为 $P6_3/m$。$a_0=9.58(7)$Å，$c_0=6.985(4)$Å，$Z=2$。

形态：双锥晶形，$C_{6h}-6/m(L^6PC)$。六方柱状晶体，断面为六边形。

物理性质：浅粉色-棕色，透明-半透明，条痕白色。摩氏硬度 5.5，相对密度 4.2。

显微镜下特征：一轴晶(－)，$N_o=1.735$，$N_e=1.730$。高突起，干涉色低。

1. 透辉石型稀土矿石中的氟硅磷灰石和富钍氟铈硅磷灰石

富钍氟铈硅磷灰石属于氟铈硅磷灰石富钍的变种，1959 年在辽宁被发现时称为凤凰石，属于富钍和铈的磷灰石族新矿物(杨主明等，2001)，但至今未被 IMA－CNMNC 批准为新矿物。本次研究样品为东部接触带透辉石型稀土矿石中的铈硅磷灰石，属于富钍氟铈硅磷灰石。

氟铈硅磷灰石呈自形的双锥状、针状、柱状、粒状或不规则粒状分布，无色-棕黄色，无色部分干涉色为Ⅰ级灰色，棕黄色部分显均质性。棕黄色部分放射性元素 Th 含量高，矿物本身发生变生作用导致非晶化，使其在正交偏光镜下显示均质性，所以比较自形的矿物颗粒，其干涉色看起来呈环带状(图 3－215、图 3－216)。矿物粒径大小不均，一般为 0.10～0.40mm。

因氟铈硅磷灰石的放射性 Th 元素含量高，周边矿物发生改变，例如萤石颜色变为不透明深紫色-黑紫色，并有放射性晕圈。

共伴生矿物：透辉石、硅镁石、黑云母、萤石、方钍石、方解石等。

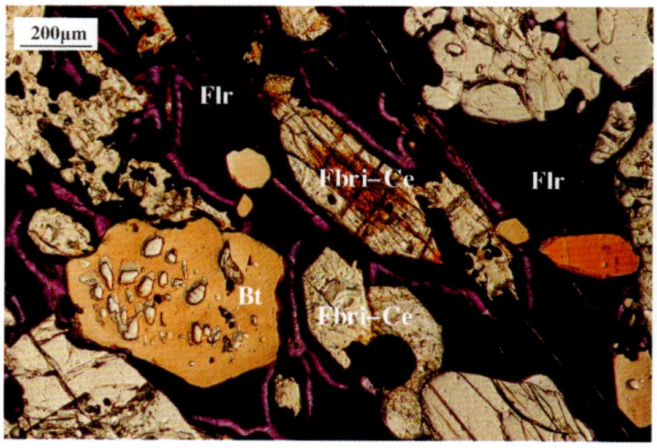

图 3-215　氟铈硅磷灰石(Fbri-Ce)呈自形双锥状分布，中间黄褐色部分因 Th 含量高导致非晶化，放射性元素 Th 使与其接触的萤石(Flr)矿物有放射性晕圈(单偏光)

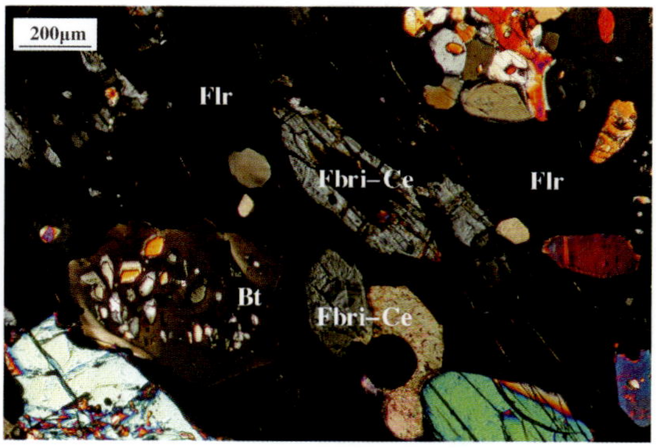

图 3-216　氟铈硅磷灰石为Ⅰ级灰干涉色，中间 Th 含量高的部分因非晶化显示均质性，使氟铈硅磷灰石干涉色呈环带状(正交偏光)

图 3-217、图 3-219 为图 3-215 的 BSE 图像，分别做了横向和纵向线扫描(图 3-218、图 3-220)。通过对比发现中间棕黄色部分与边缘无色部分相比，Th、Ce 增高，Ca、La 降低，P 也有降低，Si 的变化虽然不大，但仍有降低。

电子探针测试结果(表 3-61)显示：中间棕黄色部分含 Th 高、Ca 低，ThO_2 平均含量为 11.21%，说明 Ca 被 REE 置换后，又被 Th 置换了大部分，含量只剩 2.66%(平均值)，稀土总量为 52.63%～55.56%，其中

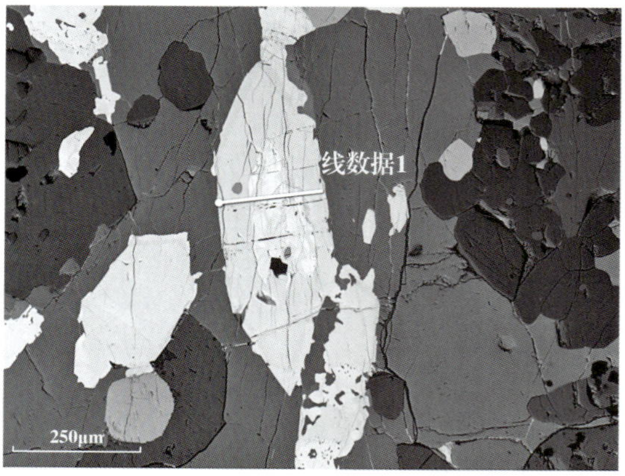

图 3-217　氟铈硅磷灰石横向线扫描(BSE)

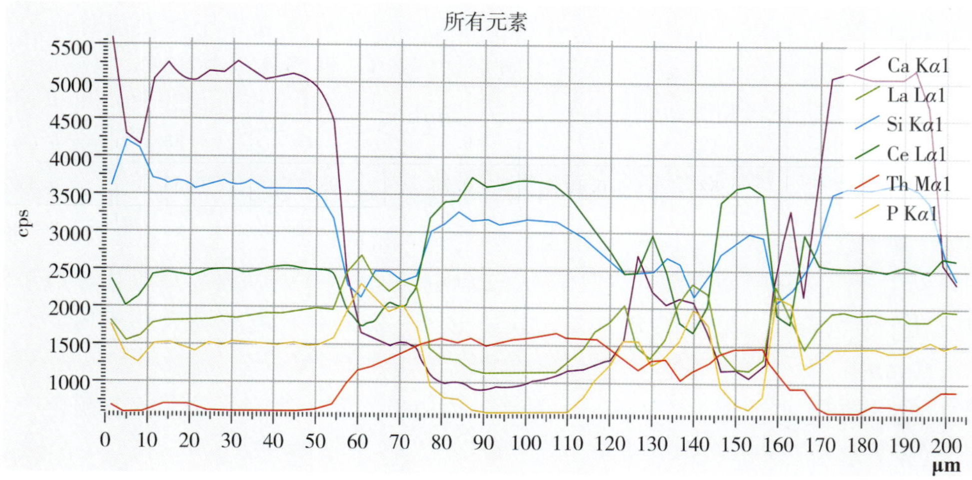

图 3-218　氟铈硅磷灰石横向线扫描对比，中间黄色非晶化部分 Ca↓ La↓ Th↑ Ce↑

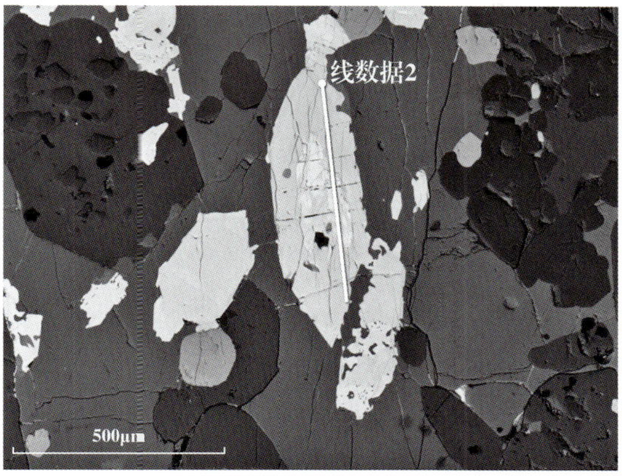

图 3-219 氟铈硅磷灰石纵向线扫描(BSE)

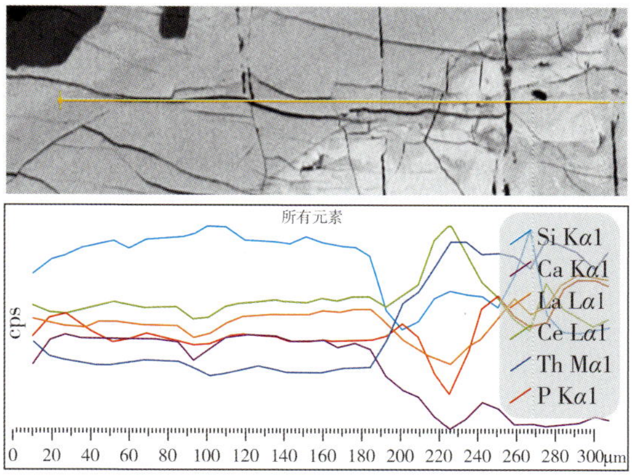

图 3-220 氟铈硅磷灰石纵向线扫描对比，中间黄色非晶化部分 Ca↓ La↓ Th↑ Ce↑

表 3-61 富钍氟铈硅磷灰石电子探针测试结果及稀土配分 单位：$w_t/\%$

成分	测试点 P1	稀土配分	测试点 P2	稀土配分	测试点 P3	稀土配分	平均值
CaO	1.85	ΣRE_2O_3 =55.56	3.20	ΣRE_2O_3 =52.63	2.92	ΣRE_2O_3 =52.43	2.66
MgO	0.40		0.23		0.21		0.28
FeO	0.54		0.62		0.53		0.56
MnO	1.56		1.91		2.41		1.96
SrO	0.08		0.15		0.12		0.12
SiO_2	15.08		13.28		17.08		15.15
P_2O_5	0.16		4.41		1.41		1.99
F	1.40		1.44		1.67		1.50
ThO_2	11.68		11.28		10.66		11.21
UO_2	0.16		0.15		0.11		0.14
La_2O_3	7.97	14.34	14.78	28.08	12.34	23.54	11.70
Ce_2O_3	41.68	75.02	32.25	61.28	34.76	66.30	36.23
Pr_2O_3	1.08	1.94	1.06	2.01	0.90	1.72	1.01
Nd_2O_3	3.40	6.12	3.24	6.16	2.95	5.63	3.20
Sm_2O_3	0.29	0.52	0.40	0.76	0.33	0.63	0.34
Eu_2O_3	0.05	0.09	0.00	0.00	0.04	0.08	0.03
Dy_2O_3	0.72	1.30	0.66	1.25	0.88	1.68	0.75
Y_2O_3	0.37	0.67	0.24	0.46	0.23	0.44	0.28
$-O=F_2$	0.59		0.60		0.70		0.63
总计	87.88	100.00	88.70	100.00	88.85	100.00	88.48

Ce_2O_3 含量达到 32.25%～41.68%，占稀土配分的 61.28%～75.02%，远远超过 Ce_2O_3 占一半的配分模式，而 La_2O_3 的稀土配分仅占 14.34%～28.08%，明显偏低，电子探针

结果与矿物线扫描结果相符，说明 Th 的加入一方面是置换了 Ca，另一方面则是改变了矿物中的稀土配分模式，部分 Th 可能是替代 La 的位置。测试点矿物组成总和为 88.69%，可能与 Th 含量高发生辐射、变生导致空位或水化有关。

边缘部分的测试点(表 3-62)显示：Th 含量相对较低，ThO_2 平均含量为 2.49%，Ce_2O_3 含量为 24.90%和 22.96%，分别占稀土总量的 47.22%和 45.52%，虽然没有达到 50%，但仍符合白云鄂博稀土矿物的配分特征，La_2O_3 占稀土配分总量分别为 31.14%和 34.16%。

根据电子探针测试结果(表 3-61)平均值，以 O=12.5 为基数，计算化学式：$(REE_{3.30}Ca_{0.48}Th_{0.43}Mn_{0.28}Fe_{0.08}Mg_{0.07}Sr_{0.01})_{\Sigma 4.65}(Si_{2.55}P_{0.28})_{\Sigma 2.83}O_{12}(F_{0.80}OH_{0.20})_{\Sigma 1.00}$，其中，REE：$(Ce_{2.23}La_{0.73}Nd_{0.19}Pr_{0.06}Dy_{0.04}Y_{0.03}Sm_{0.02})_{\Sigma 3.30}$。

这时原子数：REE>2.5，Si>2.5，F>OH，Th 原子数(0.43)接近 Ca(0.48)，故属于富钍氟铈硅磷灰石。

根据电子探针测试结果(表 3-62)平均值，以 O=12.5 为基数，计算化学式：$(REE_{2.40}Ca_{2.35}Th_{0.07}Sr_{0.02})_{\Sigma 4.84}(Si_{2.31}P_{0.71})_{\Sigma 3.02}O_{12}(F_{0.86}OH_{0.14})_{\Sigma 1.00}$，其中，REE：$(Ce_{1.13}La_{0.78}Nd_{0.24}Pr_{0.21}Sm_{0.02}Gd_{0.02}Y_{0.01})_{\Sigma 2.40}$。

这时原子数：REE<2.5，Si<2.5，F>OH，故属于氟硅磷灰石。

表 3-62　氟硅磷灰石电子探针测试结果及稀土配分　　单位：w_t/%

成分	测试点 P1	稀土配分	测试点 P2	稀土配分	测试点 P3	稀土配分	平均值
CaO	16.53	ΣRE_2O_3 =52.73	18.28	ΣRE_2O_3 =50.44	17.19	ΣRE_2O_3 =53.23	17.33
FeO	0.11		0.08		0.09		0.09
SrO	0.20		0.22		0.22		0.21
SiO_2	18.71		17.49		18.72		18.31
P_2O_5	5.77		7.59		6.51		6.62
F	2.11		2.13		2.22		2.15
ThO_2	2.47		2.92		2.07		2.49
UO_2	0.05		0.07		0.04		0.05
Sc_2O_3	0.09		0.00		0.11		0.07
La_2O_3	16.42	31.14	17.23	34.16	16.44	30.88	16.70
Ce_2O_3	24.90	47.22	22.96	45.52	25.25	47.43	24.37
Pr_2O_3	4.56	8.65	4.42	8.76	4.56	8.57	4.51
Nd_2O_3	5.65	10.71	4.68	9.28	5.55	10.43	5.29
Sm_2O_3	0.41	0.78	0.46	0.91	0.60	1.13	0.49
Gd_2O_3	0.48	0.91	0.45	0.89	0.59	1.11	0.51
Dy_2O_3	0.15	0.28	0.08	0.16	0.04	0.08	0.09
Y_2O_3	0.16	0.30	0.16	0.32	0.20	0.38	0.17
$-O=F_2$	0.89		0.89		0.93		0.90
总计	97.88	100.00	98.33	100.00	99.47	100.00	98.54

2. 氟硅磷灰石与氟铈硅磷灰石

透辉石型稀土矿石中氟硅磷灰石与氟铈硅磷灰石在显微镜单偏光下为一个矿物颗粒，但因 Ca、REE、Th 含量不同导致矿物呈两种颜色(图 3－221)。

棕黄色和淡黄色的矿物在正交偏光下干涉色也有不同(图 3－222)。分别选择两个位置点(图 3－223)做电子探针测试，结果(表 3－63)显示：四个测试点 ThO_2 含量相当，均为 7%～8%。测试点 P6、P7 的 Ca 为铈硅磷灰石的正常值，Th 置换了 REE，总量近 100%；测试点 P8、P9 的 REE 为铈硅磷灰石的正常值，Ca 偏低，Th 置换了 Ca，且总量偏低，只有近 90%。可以认为，当 Th 置换 REE 时，矿物变生作用较弱；当 Th 置换 Ca 时矿物变生作用强且有水化；当 Th 置换 REE 时，Ca(apfu)＞REE，属于氟硅磷灰石，图 3－224 为氟硅磷灰石能谱图；当 Th 置换 Ca 时，REE(apfu)＞Ca，F(apfu)＞OH，属于氟铈硅磷灰石。

图 3－221 中，显微镜下淡黄色为氟硅磷灰石，棕黄色为氟铈硅磷灰石。

根据电子探针测试(表 3－63)结果，以 O＝12.5 为基数，分别计算其化学式。

测试点 P6、P7 平均值化学式：$(Ca_{2.45}REE_{2.18}Th_{0.23}Sr_{0.02})_{\Sigma 4.88}(Si_{2.49}P_{0.52})_{\Sigma 3.01}O_{12}F_{1.40}$，其中，REE：$(Ce_{1.13}La_{0.81}Nd_{0.16}Pr_{0.05}Y_{0.02}Sm_{0.01})_{\Sigma 2.18}$。

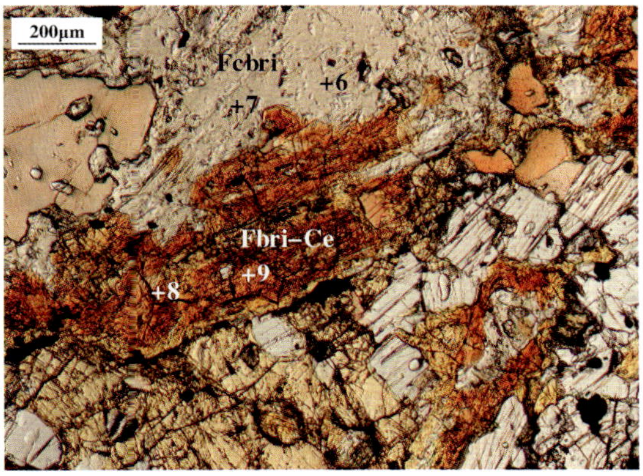

图 3－221 测试点 P6、P7 为氟硅磷灰石(Fcbri)，测试点 P8、P9 为氟铈硅磷灰石(Fbri－Ce)(单偏光)

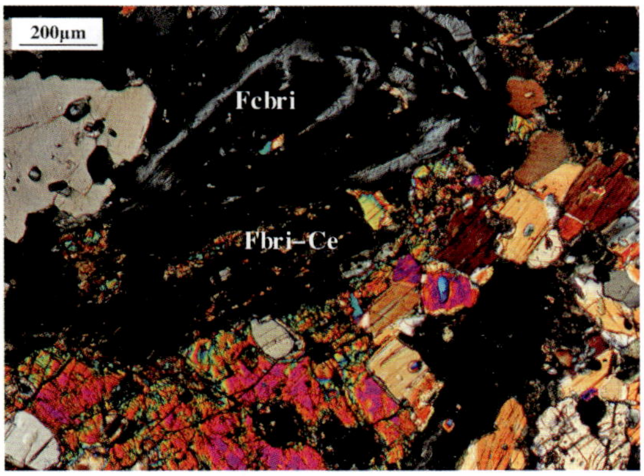

图 3－222 两种矿物的干涉色(正交偏光)

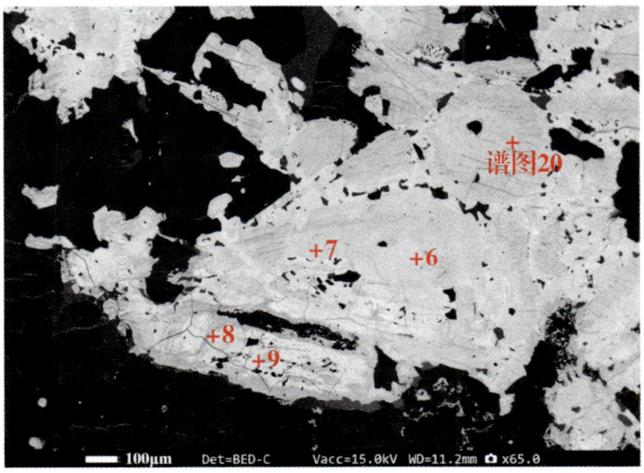

图 3－223 测试点 P6、P7、P8、P9 分别对应两种矿物测试点的位置(BSE)

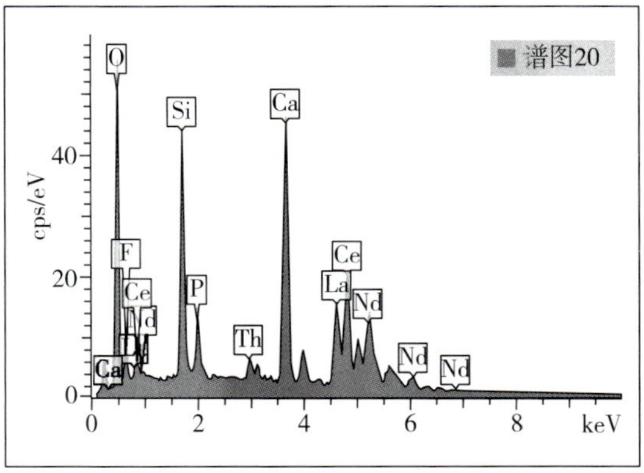

图 3－224 氟硅磷灰石能谱图

这时原子数：Ca>REE，Si<2.50，且 F>OH，故属于氟硅磷灰石。

测试点 P8、P9 平均值化学式：$(REE_{3.30}Ca_{0.53}Th_{0.32}Mn_{0.17}Mg_{0.08}Fe_{0.04})_{\Sigma 4.44}(Si_{2.57}P_{0.36})_{\Sigma 2.93}O_{12}(F_{0.72}OH_{0.28})_{\Sigma 1.00}$，其中，REE：$(Ce_{1.98}La_{0.95}Nd_{0.24}Pr_{0.08}Dy_{0.03}Sm_{0.01}Y_{0.01})_{\Sigma 3.30}$。

这时原子数：REE>Ca，Si>2.5，且 F>OH，故属于氟铈硅磷灰石。

表 3-63　氟硅磷灰石、氟铈硅磷灰石电子探针测试结果及稀土配分 单位：$w_t/\%$

成分	测试点 P6	稀土配分	测试点 P7	稀土配分	P6、P7 平均值	测试点 P8	稀土配分	测试点 P9	稀土配分	P8、P9 平均值
SrO	0.24		0.38		0.31	0.10		0.07		0.08
CaO	17.71		17.83		17.77	2.62		3.38		3.00
FeO	0.06		0.12		0.09	0.34		0.26		0.30
MnO	0.00		0.10		0.05	1.21		1.23		1.22
MgO	0.00		0.04		0.02	0.33		0.29		0.31
P_2O_5	4.54	ΣRE_2O_3 =46.29	5.09	ΣRE_2O_3 =45.72	4.81	2.35	ΣRE_2O_3 =56.37	2.88	ΣRE_2O_3 =53.64	2.62
SiO_2	19.27		19.32		19.54	16.14		15.08		15.61
F	3.43		3.44		3.44	1.39		1.37		1.38
ThO_2	7.75		7.66		7.70	8.75		8.40		8.57
UO_2	0.08		0.16		0.12	0.10		0.17		0.14
Sc_2O_3	0.00		0.00		0.00	0.03		0.06		0.04
La_2O_3	17.30	37.37	16.83	36.81	17.06	14.81	26.27	16.37	30.52	15.59
Ce_2O_3	23.91	51.65	23.79	52.03	23.85	34.68	61.52	31.14	58.05	32.91
Pr_2O_3	1.09	2.35	1.04	2.27	1.07	1.53	2.71	1.17	2.18	1.35
Nd_2O_3	3.51	7.58	3.35	7.33	3.43	4.11	7.29	4.06	7.57	4.08
Sm_2O_3	0.15	0.32	0.12	0.26	0.14	0.40	0.71	0.10	0.19	0.25
Gd_2O_3	0.09	0.19	0.11	0.24	0.10	0.00	0.00	0.00	0.00	0.00
Dy_2O_3	0.05	0.11	0.10	0.22	0.07	0.49	0.87	0.48	0.89	0.48
Y_2O_3	0.19	0.41	0.38	0.83	0.28	0.35	0.62	0.32	0.60	0.33
$-O=F_2$	1.44		1.44		1.44	0.58		0.58		0.58
总计	98.43	100.00	98.42	100.00	98.42	89.15	100.00	86.25	100.00	87.68

铈硅磷灰石 Britholite-(Ce)

$(Ce,Ca)_5(SiO_4)_3OH$

化学组成：分子式中，REE(apfu)>Ca，Si>2.5，OH>F。

晶体结构：六方晶系，空间群为 $P6_3/m$。$a_0=9.61(2)$Å，$c_0=7.03(2)$Å，$Z=2$。

形态：双锥晶形，$C_{6h}-6/m(L^6PC)$。六方柱状晶体，断面为六边形。

物理性质：无色、浅粉色、黄色、褐色，透明-半透明-不透明，玻璃-油脂光泽，贝壳状断口，无解理或不完全解理。摩氏硬度 5.5，相对密度 4.2～4.69。

显微镜下特征：一轴晶(+/-)，$N_o=1.770$，$N_e=1.810$。高突起，干涉色低。

铈硅磷灰石与氟硅磷灰石、氟铈硅磷灰石

样品采自东部接触带，属于透辉石型铌稀土矿石。氟硅磷灰石呈自形柱状，无色，分布于方解石中(图 3-225)，其干涉色显示环带状，边缘为蓝灰色，中间部分因含 Th 高显均质性(图 3-226)，粒径(长轴)约为 1.00mm。

电子探针分析的(表 3-64)四个测试点中(图 3-227)，P3 为干涉色呈蓝灰色的边缘位置，Th 含量低(ThO_2 含量为 1.69%)，其余三个测试点 P1、P2、P4 为干涉色显示均质的中间位置，Th 含量较高，ThO_2 含量分别为 8.85%、10.22%、10.63%。测试点 P1 的 Ca 低 REE 高，Th 是置换了 Ca 的位置，能谱图(图 3-229)显示 REE 较高；两个测试点 P2、P4 的 Ca、REE、Th 含量相似，Th 置换了 REE 的位置，能谱图(图 3-230)显示 Ca 含量较高。

根据电子探针测试结果，以 O=12.5 为基数，分别计算其化学式。四个位置点分别属于三种不同的矿物。

P1 化学式：$(REE_{2.96}Ca_{0.80}Th_{0.31}Mg_{0.06}Mn_{0.06}Fe_{0.02}Ba_{0.01})_{\Sigma 4.22}(Si_{2.86}P_{0.29})_{\Sigma 3.15}O_{12}(OH_{0.62}F_{0.38})_{\Sigma 1.00}$，其中，REE：$(Ce_{1.64}La_{0.71}Nd_{0.29}Pr_{0.18}Gd_{0.06}Sm_{0.03}Dy_{0.02}Y_{0.02}Ho_{0.01}Er_{0.01})_{\Sigma 2.97}$。

这时原子数：REE>Ca，Si>2.5，OH>F，故属于铈硅磷灰石。

P2 化学式：$(Ca_{2.44}REE_{2.27}Th_{0.32}Mn_{0.01}Sr_{0.01})_{\Sigma 5.05}(Si_{2.62}P_{0.50})_{\Sigma 3.12}O_{12}(F_{0.63}OH_{0.37})_{\Sigma 1.00}$，其中，REE：$(Ce_{1.12}La_{0.65}Nd_{0.24}Pr_{0.20}Sm_{0.02}Gd_{0.02}Lu_{0.01}Y_{0.01})_{\Sigma 2.27}$。

这时原子数：因 Th 的置换，Ca 与 REE 均小于 2.5，但 Si>2.5，F>OH，故属于氟铈硅磷灰石。

P3 化学式：$(REE_{2.47}Ca_{2.43}Th_{0.05}Sr_{0.01})_{\Sigma 4.96}(Si_{2.39}P_{0.59})_{\Sigma 2.98}O_{12}(F_{0.73}OH_{0.27})_{\Sigma 1.00}$，其中，REE：$(Ce_{1.20}La_{0.71}Pr_{0.24}Nd_{0.24}Eu_{0.03}Sm_{0.02}Gd_{0.01}Er_{0.01}Y_{0.01})_{\Sigma 2.47}$。

这时原子数：REE 与 Ca 相当，Si<2.5，F>OH，故属于氟硅磷灰石。

P4 化学式：$(Ca_{2.55}REE_{2.03}Th_{0.31}Fe_{0.01}Sr_{0.01})_{\Sigma 4.91}(Si_{2.42}P_{0.57})_{\Sigma 2.99}O_{12}(F_{0.66}OH_{0.34})_{\Sigma 1.00}$，其中，REE：$(Ce_{0.98}La_{0.60}Nd_{0.21}Pr_{0.19}Sm_{0.02}Eu_{0.01}Gd_{0.02})_{\Sigma 2.03}$。

这时原子数：Ca(apfu)>2.5，Si<2.5，F>OH，故属于氟硅磷灰石。

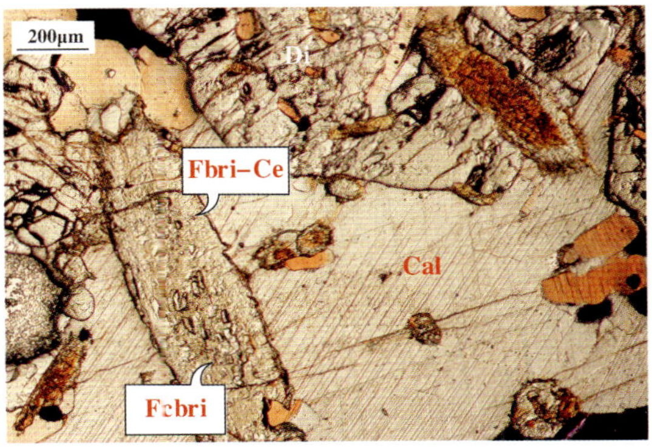

图 3-225　分布于方解石(Cal)中的氟硅磷灰石(Fcbri)(单偏光)

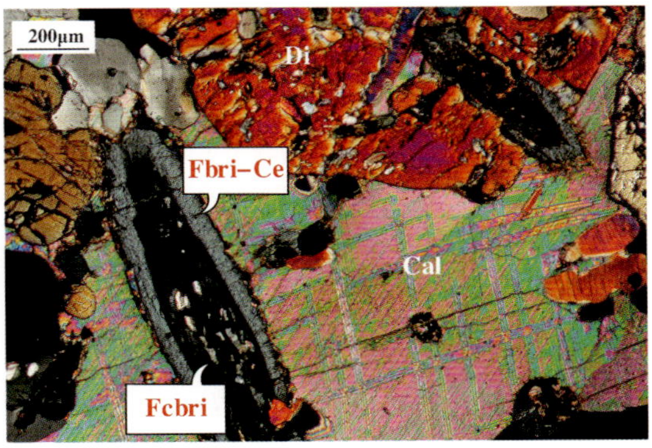

图 3-226　中间部分为氟硅磷灰石，因 Th 含量高导致非晶化，显示均质性，边缘为氟铈硅磷灰石(Fbri-Ce)(正交偏光)

放大图 3－227 中的蓝色框内部分，BSE 图像(图 3－228)显示两个矿物颗粒均呈环带状，中间较亮、边缘较暗。边缘暗色部分含 Ca 高(图 3－231)，属于氟硅磷灰石，中间亮色部分含 REE 高(图 3－232)，属于氟铈硅磷灰石。

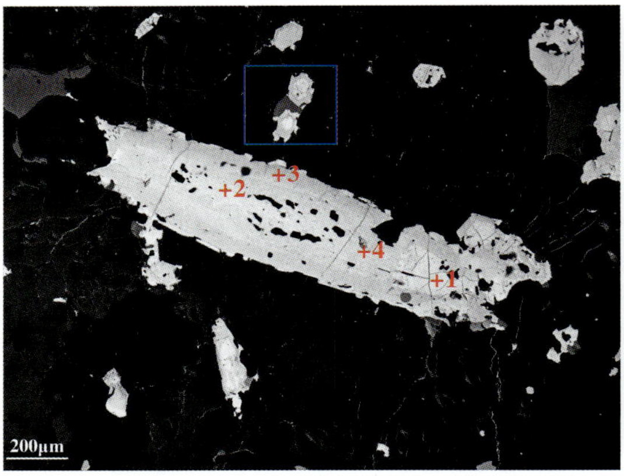

图 3－227　“＋”电子探针测试点的位置(BSE)

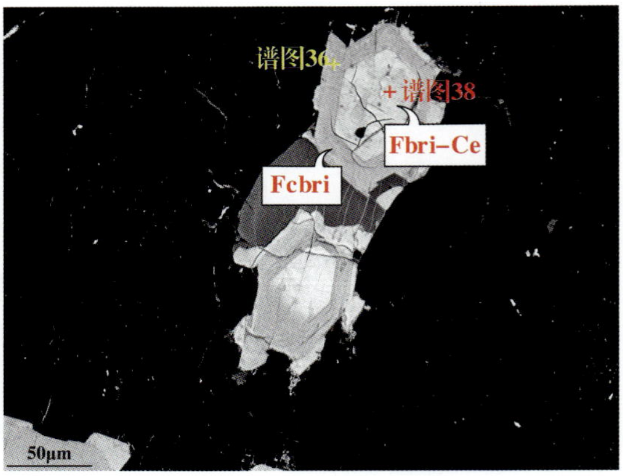

图 3－228　图 3－227 蓝色框内部分的放大，边缘暗色为氟硅磷灰石，中间亮色为氟铈硅磷灰石（BSE）

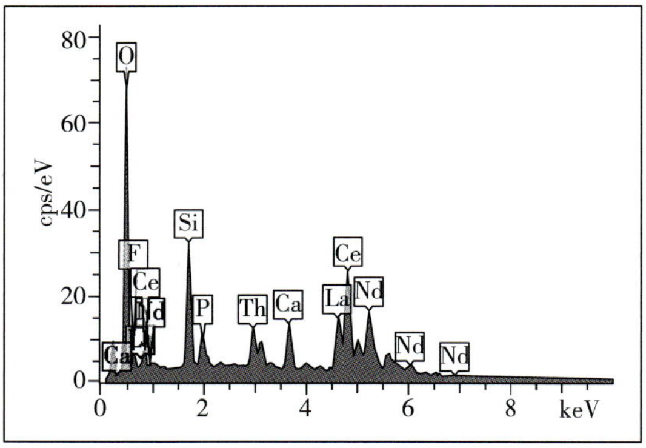

图 3－229　铈硅磷灰石能谱图

图 3－227 中“＋1”测试点位置

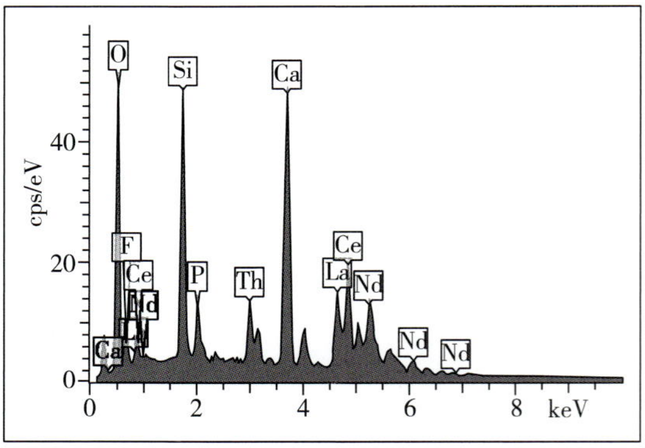

图 3－230　氟硅磷灰石能谱图

图 3－227 中“＋4”测试点位置

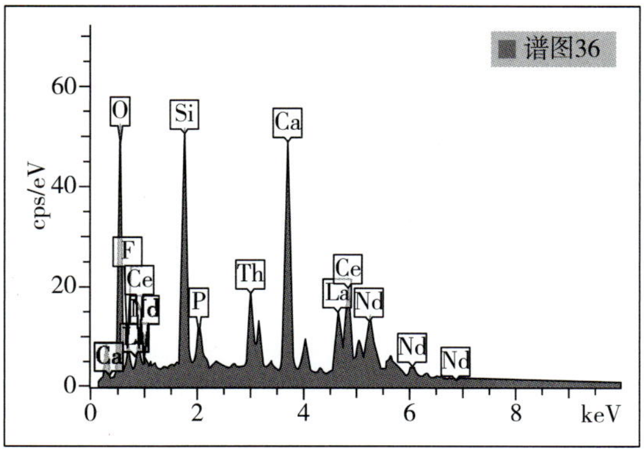

图 3－231　氟硅磷灰石能谱图

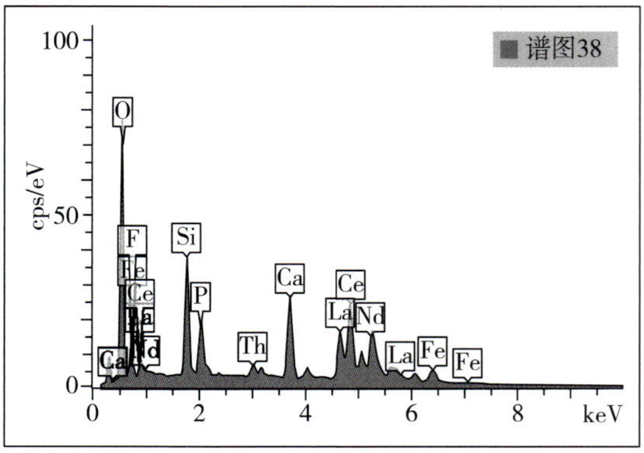

图 3－232　氟铈硅磷灰石能谱图

表 3-64　铈硅磷灰石电子探针测试结果及稀土配分　　　单位：$w_t/\%$

成分	测试点 P1	稀土配分	测试点 P2	稀土配分	测试点 P3	稀土配分	测试点 P4	稀土配分
CaO	4.92		16.41		17.42		18.45	
MgO	0.27		0.04		0.01		0.03	
FeO	0.13		0.04		0.07		0.11	
MnO	0.43		0.13		0.07		0.09	
SrO	0.08		0.16		0.20		0.17	
SiO_2	18.72	ΣRE_2O_3 =53.25	18.88	ΣRE_2O_3 =44.83	18.36	ΣRE_2O_3 =52.02	18.75	ΣRE_2O_3 =43.37
P_2O_5	2.39		4.22		5.38		5.20	
F	0.80		1.43		1.77		1.62	
ThO_2	8.85		10.22		1.69		10.63	
UO_2	0.13		0.15		0.01		0.14	
Sc_2O_3	0.04		0.08		0.08		0.06	
La_2O_3	12.56	23.59	12.74	28.42	14.88	28.60	12.59	29.03
Ce_2O_3	29.34	55.10	22.06	49.21	25.27	48.58	20.88	48.14
Pr_2O_3	3.30	6.20	3.87	8.63	5.00	9.62	4.06	9.36
Nd_2O_3	5.34	10.03	4.92	10.97	5.08	9.77	4.56	10.51
Sm_2O_3	0.48	0.90	0.39	0.87	0.35	0.67	0.48	1.11
Eu_2O_3	0.00	0.00	0.00	0.00	0.78	1.50	0.19	0.44
Gd_2O_3	1.10	2.07	0.43	0.96	0.26	0.50	0.47	1.08
Dy_2O_3	0.35	0.66	0.03	0.07	0.03	0.06	0.00	0.00
Ho_2O_3	0.27	0.51	0.09	0.201	0.02	0.04	0.05	0.12
Er_2O_3	0.18	0.34	0.00	0.00	0.20	0.39	0.00	0.00
Lu_2O_3	0.05	0.09	0.14	0.31	0.00	0.00	0.00	0.00
Y_2O_3	0.28	0.53	0.16	0.36	0.15	0.29	0.09	0.21
$-O=F_2$	0.05		0.60		0.74		0.31	
总计	89.96	100.00	95.99	100.00	96.34	100.00	98.31	100.00

二、硅钛铈矿族

硅钛铈矿族矿物包括硅钛铈矿和珀硅钛铈矿两个亚族，白云鄂博硅钛铈矿亚族包括硅钛铈矿和丁道衡矿，珀硅钛铈矿亚族目前仅有珀硅钛铈矿。

硅钛铈矿（图 3-233）化学通式为 $A_4BC_4O_8(Si_2O_7)_2$，A＝REE^{3+}、Ca^{2+}、Th^{4+}、Ba^{2+}，B、C＝Fe^{2+}、Fe^{3+}、Ti^{4+}、Mg^{2+}、Nb^{5+}、Al^{3+}、Mn^{2+}。

硅钛铈矿和丁道衡矿 A 位以 Ce 为主，丁道衡矿是 2005 年在白云鄂博矿床发现的新矿物，同传统硅钛铈矿相比，在结构上，丁道衡矿是硅钛铈矿的多形；在成分上，丁道衡矿是硅钛铈矿 C(1)位上贫 Fe^{3+} 而富 Ti 的类似物（徐金沙等，2008）。

图 3－233　硅钛铈矿手标本

硅钛铈矿　Chevkinite－(Ce)

$Ce_4(Ti,Fe^{2+},Fe^{3+})_5O_8(Si_2O_7)_2$

化学组成：化学成分变化大，易混入 Th、Nb、Ca、Y、U、Zr、Mg、Mn、Al 等元素。

晶体结构：单斜晶系，空间群为 $C2/m$。$a_0=13.370(3)$Å，$b_0=5.660(2)$Å，$c_0=11.280(3)$Å，$\beta=100.87(3)°$，$Z=2$。

形态：斜方柱晶形，$C_{2h}-2/m(L^2PC)$。平行 b 轴呈柱状，平行{001}呈厚板状，偶见双晶，多呈不规则状。

物理性质：暗红棕色-黑色，半透明-不透明，树脂光泽、半金属光泽，贝壳状断口，性脆。摩氏硬度 5～5.5，相对密度 4.53～4.67。

显微镜下特征：二轴晶(－)。$N_g=2.05$，$N_m=2.02$，$N_p=1.967～1.973$。$N_p \wedge c=11°～26°$。透射光下呈棕黄-棕红-褐色-黑色，多色性明显。反射光下呈灰黄色，内反射色为红色-黄棕色，反射率 R 近于 16%。

白云石型铌稀土铁矿石中的硅钛铈矿

样品采自东矿钻孔，局部有萤石条带及钠闪石化。

硅钛铈矿呈棕红色自形粒状分布于萤石、黄铁矿矿物间(图 3－234、图 3－236)，粒径为 0.05～0.10mm，干涉色被自身颜色掩盖(图 3－235)。

共伴生矿物：白云石、萤石、钠闪石、黄铁矿、氟铈硅磷灰石、氟碳铈矿、氟碳钡铈矿、方解石、褐钇铌矿、易解石等。

硅钛铈矿能谱图(图 3－237)显示含 Nb，电子探针测试结果(表 3－65)显示四个测试点均含 Nb，Nb_2O_5 含量为 1.29%～3.18%，REE、Ti、Fe、Ba、Mn 等元素含量变化大。P1、P2 的 Fe 高、Nb 高、Ti 低，其置换方式为 $Fe^{3+}+Nb^{5+} \rightarrow 2Ti^{4+}$；P3、P4 的 Nb 高、Ba 高、Ti 高，REE 及 Fe 偏低，其置换方式为 $Nb^{5+} \rightarrow REE^{3+}+Fe^{2+}$、$Ti^{4+}+Ba^{2+} \rightarrow 2Fe^{3+}$，$Fe^{2+}$ 和 Fe^{3+} 均被置换，所以 Fe 含量偏低。

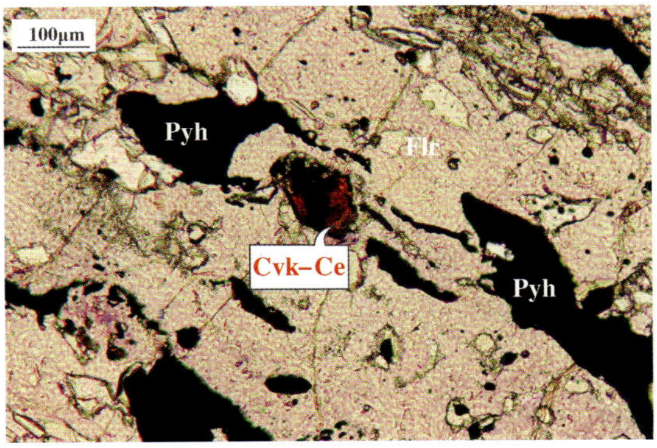

图 3-234 分布于萤石(Flr)矿物间的自形硅钛铈矿(Cvk-Ce)(单偏光)

图 3-235 硅钛铈矿干涉色被本身颜色掩盖(正交偏光)

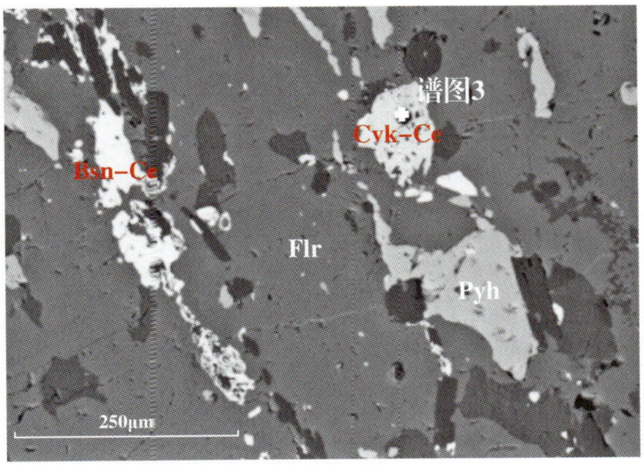

图 3-236 分布于萤石矿物间的自形硅钛铈矿(BSE)

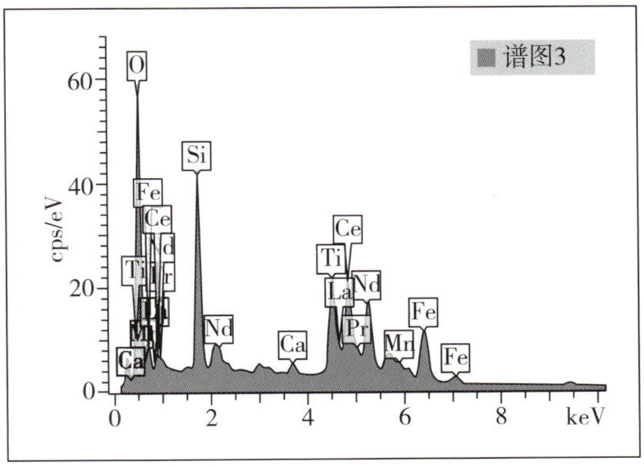

图 3-237 硅钛铈矿能谱图

根据电子探针测试结果(表 3-65)中 P1、P2 平均值及 P3、P4 平均值，以 O=22 为基数，分别计算其化学式。P1、P2 平均值化学式为$(REE_{3.96}Ca_{0.32}Th_{0.03}Ba_{0.01})_{\Sigma 4.32}(Ti_{2.37}Fe^{2+}_{1.99}Si_{0.16}Nb_{0.15}Mn_{0.15}Al_{0.05}Mg_{0.04})_{\Sigma 4.91}(Si_2O_7)_2O_8$，其中，REE：$(Ce_{2.02}Nd_{1.01}La_{0.39}Eu_{0.20}Pr_{0.17}Gd_{0.09}Dy_{0.05}Sm_{0.03})_{\Sigma 3.96}$；P3、P4 平均值化学式为$(REE_{3.24}Ba_{0.36}Ca_{0.33}Sr_{0.03}Th_{0.06})_{\Sigma 4.02}(Ti_{3.35}Fe^{2+}_{0.?1}Nb_{0.30}Si_{0.16}Mn_{0.04})_{\Sigma 4.36}(Si_2O_7)_2O_8$，其中，REE：$(Ce_{1.71}Nd_{0.84}La_{0.28}Pr_{0.14}Eu_{0.12}Gd_{0.09}Sm_{0.03}Dy_{0.02}Ho_{0.01})_{\Sigma 3.24}$。

P3、P4 中的 Ti 高、Fe 低，可能为丁道衡矿。

表 3-65 硅钛铈矿电子探针测试结果及稀土配分 单位：$w_t/\%$

成分	测试点 P1	稀土配分	测试点 P2	稀土配分	P1、P2 平均值	测试点 P3	稀土配分	测试点 P4	稀土配分	P3、P4 平均值
TiO_2	14.50		13.87		14.18	19.41		20.63		20.02
FeO	10.97	ΣRE_2O_3 =48.47	10.45	ΣRE_2O_3 =50.31	10.71	3.74	ΣRE_2O_3 =41.93	1.70	ΣRE_2O_3 =38.72	2.72
BaO	0.03		0.14		0.08	3.33		4.86		4.09
CaO	1.71		0.96		1.33	1.65		1.09		1.37

续表

成分	测试点 P1	稀土配分	测试点 P2	稀土配分	P1、P2 平均值	测试点 P3	稀土配分	测试点 P4	稀土配分	P3、P4 平均值
MgO	0.13		0.12		0.12	0.08		0.04		0.06
MnO	0.43		1.21		0.82	0.00		0.24		0.12
SrO	0.08		0.08		0.08	0.14		0.14		0.14
Al_2O_3	0.11	ΣRE_2O_3	0.28	ΣRE_2O_3	0.19	0.03	ΣRE_2O_3	0.05	ΣRE_2O_3	0.04
SiO_2	18.78	=48.47	18.64	=50.31	18.71	18.92	=41.93	18.39	=38.72	18.66
ThO_2	0.49		0.50		0.50	0.66		1.77		1.21
Nb_2O_5	1.79		1.29		1.54	2.79		3.18		2.99
Sc_2O_3	0.02		0.00		0.01	0.05		0.03		0.04
La_2O_3	4.34	8.95	5.11	10.16	4.73	3.23	7.70	3.48	8.99	3.36
Ce_2O_3	24.01	49.54	25.65	50.98	24.83	21.89	52.21	20.06	51.81	20.98
Pr_2O_3	2.06	4.25	2.07	4.11	2.07	1.87	4.46	1.70	4.39	1.79
Nd_2O_3	13.09	27.01	12.26	24.37	12.67	10.87	25.92	10.29	26.58	10.58
Sm_2O_3	0.49	1.01	0.28	0.56	0.39	0.43	1.03	0.31	0.80	0.37
Eu_2O_3	2.54	5.24	2.64	5.25	2.59	1.66	3.96	1.59	4.11	1.63
Gd_2O_3	1.22	2.52	1.35	2.68	1.29	1.23	2.93	1.07	2.76	1.15
Dy_2O_3	0.61	1.26	0.88	1.75	0.74	0.45	1.07	0.09	0.23	0.27
Ho_2O_3	0.00	0.00	0.02	0.04	0.01	0.23	0.55	0.10	0.26	0.16
Lu_2O_3	0.06	0.12	0.00	0.00	0.03	0.03	0.07	0.00	0.00	0.01
Y_2O_3	0.05	0.10	0.05	0.10	0.05	0.04	0.10	0.03	0.08	0.03
总计	97.51	100.00	97.85	100.00	97.67	92.73	100.00	90.84	100.00	91.79

丁道衡矿* Dingdaohengite-(Ce)

$(Ce,La)_4Fe^{2+}(Ti,Fe^{2+},Mg,Fe^{3+})_2Ti_2(Si_2O_7)_2O_8$

晶体结构：单斜晶系，空间群为 $C2/m$。$a_0 = 13.4656(15)$Å，$b_0 = 5.7356(6)$Å，$c_0 = 11.0977(12)$Å，$\beta = 100.636(2)°$，$Z = 2$。

形态：斜方柱晶形，$C_{2h}-2/m(L_2PC)$。平行 b 轴呈柱状，平行(001)呈厚板状，偶见双晶，多呈不规则状。

物理性质：黑色，条痕褐色，半金属光泽，半透明-不透明，贝壳状断口，性脆，无解理。无磁性。摩氏硬度 6，相对密度 4.83。

显微镜下特征：二轴晶(—)，透射光下呈浅黄-褐色-黑色，多色性明显，有时见(001)双晶。反光射光下呈灰黄色，弱非均质性。

白云鄂博东部接触带金云母型稀土矿石的方解石脉中硅钛铈矿颗粒粗大，呈自形晶产出，X 射线衍射数据显示该矿物为丁道衡矿(徐金沙等，2008)。

产于白云鄂博矿床东部的镁矽卡岩中，共伴生矿物有透辉石、透闪石、氟金云母、硅镁石、斜硅镁石、粒硅镁石、褐帘石、磁铁矿、钛铁矿、尖晶石、榍石、烧绿石、氟磷灰石、方解石、白云石、黄铁矿、石英、萤石、锆石等。

丁道衡矿呈自形或半自形短柱状或平行于(001)的板状晶体产出。大多数单个晶体长0.20～1.00cm，最大者大于1.5cm。

1. 金云母型稀土矿石中的丁道衡矿

样品采自东部接触带。与徐金沙等(2008)研究测试的丁道衡矿属于同一位置同一矿石类型。

(1)自形晶丁道衡矿

丁道衡矿以自形、半自形短柱状产出，棕黄色-棕红-棕褐色-黑色，多色性明显，部分颜色较深者，多色性不明显，干涉色被本身颜色掩盖，高突起，部分可见双晶，自形、半自形晶者多分布于方解石脉中，颗粒较大，粒径一般为0.60～4.00mm(图3-238至图3-241)。自形晶丁道衡矿局部被方解石交代(图3-238、图3-242)，能谱图显示Ti含量较高(图3-243)。

共伴生矿物：金云母、钠闪石、磁铁矿、钛铁矿、方解石、白云石、磷灰石、钠长石等。

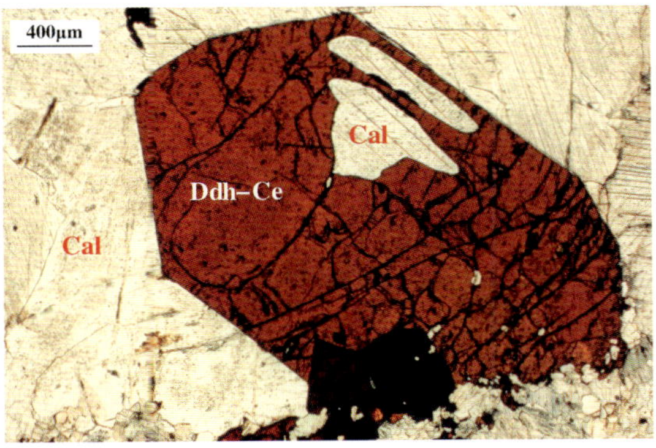

图3-238 分布于方解石(Cal)脉中的自形丁道衡矿(Ddh-Ce)，中间被方解石交代(单偏光)

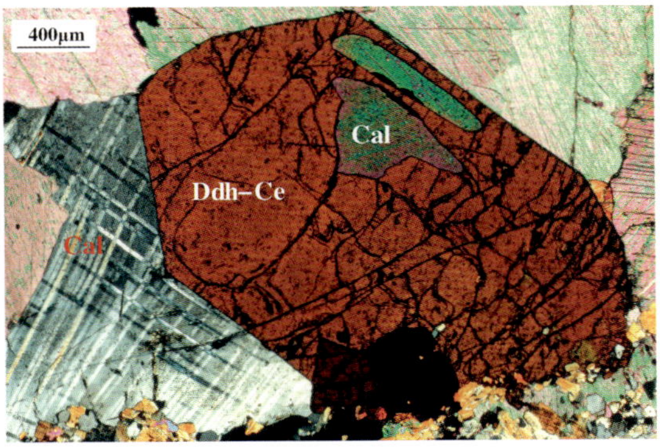

图3-239 丁道衡矿干涉色被本身颜色掩盖(正交偏光)

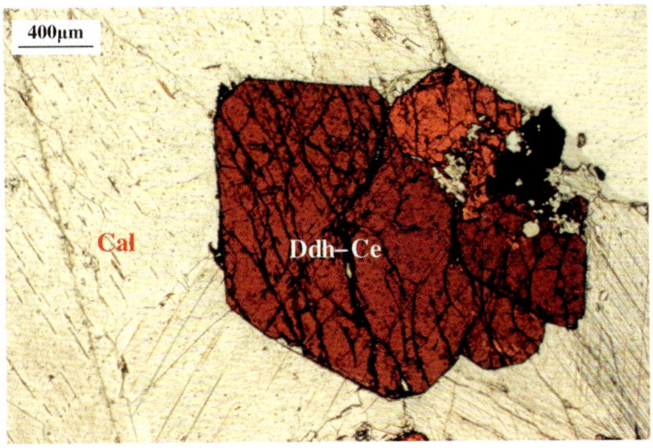

图3-240 分布于方解石脉中的自形丁道衡矿(单偏光)

图3-241 暗红色、黑色丁道衡矿(单偏光)

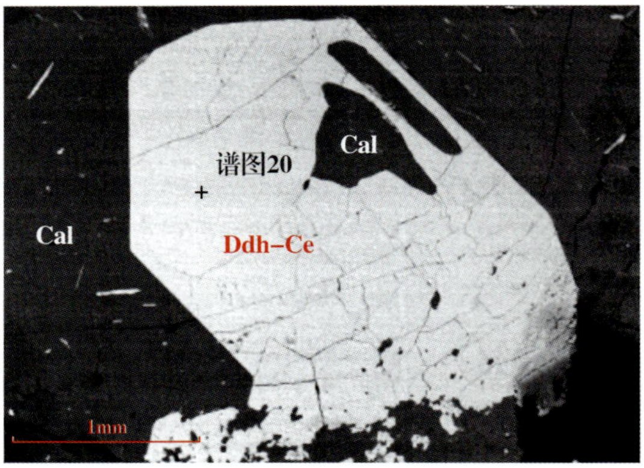

图 3-242　自形晶的丁道衡矿(BSE)

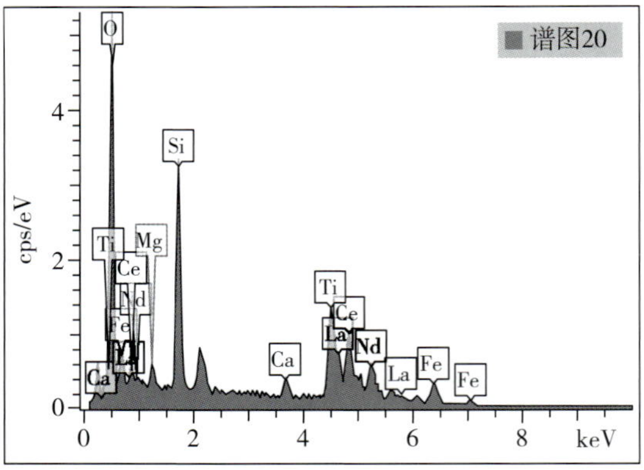

图 3-243　丁道衡矿能谱图

根据电子探针测试结果平均值(表 3-66)，以 O=22 为基数，计算化学式：$(REE_{3.51}Ca_{0.55}Sr_{0.04}Ba_{0.02}Th_{0.01})_{\Sigma 4.13}(Ti_{2.99}Fe^{2+}_{1.42}Mg_{0.36}Nb_{0.08}Si_{0.06})_{\Sigma 4.91}(Si_2O_7)_2O_8$，其中，REE：$(Ce_{1.69}La_{1.04}Nd_{0.34}Pr_{0.29}Gd_{0.10}Sm_{0.02}Eu_{0.01}Sc_{0.02})_{\Sigma 3.51}$。

表 3-66　丁道衡矿电子探针测试结果及稀土配分　　单位：w_t/%

成分	测试点 P1	稀土配分	测试点 P2	稀土配分	测试点 P3	稀土配分	测试点 P4	稀土配分	平均值
TiO_2	21.91	ΣRE_2O_3 =41.30	18.67	ΣRE_2O_3 =43.19	17.18	ΣRE_2O_3 =49.25	17.55	ΣRE_2O_3 =48.38	18.83
FeO	6.05		8.20		9.19		8.77		8.05
BaO	0.34		0.19		0.07		0.16		0.19
CaO	3.00		2.75		1.75		2.17		2.42
MgO	0.57		0.78		1.59		1.57		1.13
SrO	0.58		0.49		0.10		0.17		0.34
SiO_2	18.73		19.47		19.27		19.17		19.16
ThO_2	0.47		0.20		0.15		0.17		0.25
Nb_2O_5	1.10		0.83		0.76		0.81		0.88
La_2O_3	10.58	25.62	13.00	30.10	15.29	31.05	15.17	31.36	13.51
Ce_2O_3	21.66	52.44	20.69	47.90	23.10	46.90	22.00	45.47	21.86
Pr_2O_3	3.19	7.72	3.51	8.13	4.09	8.30	4.10	8.47	3.72
Nd_2O_3	3.83	9.27	4.40	10.19	4.89	9.93	5.12	10.58	4.56
Sm_2O_3	0.21	0.51	0.19	0.44	0.20	0.41	0.24	0.50	0.21
Eu_2O_3	0.42	1.02	0.00	0.00	0.00	0.00	0.13	0.27	0.14
Gd_2O_3	1.29	3.13	1.35	3.13	1.43	2.90	1.40	2.89	1.37
Dy_2O_3	0.12	0.29	0.05	0.12	0.25	0.51	0.22	0.45	0.16
总计	94.14	100.00	94.89	100.00	99.42	100.00	99.01	100.00	96.88

(2)金云母型稀土矿石中的细粒丁道衡矿

样品采自东部接触带的金云母型稀土矿石。部分丁道衡矿呈半自形晶分布于方解石脉中，呈棕红色-暗红色，颗粒较粗，粒径为0.30～0.50mm(图3-244)；部分不规则细粒状多分布于金云母、钠闪石间，并与钛铁矿紧密共生，颗粒较细，粒径一般为0.05～0.20mm(图3-245至图3-247)。丁道衡矿与钛铁矿共生关系见BSE图像(图3-248、图3-249)。

共伴生矿物：金云母、方解石、白云石、磷灰石、赤铁矿、钛铁矿、钠闪石等。

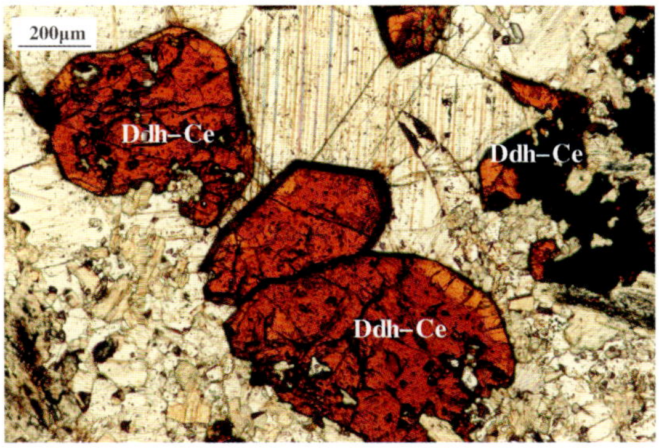

图3-244 半自形棕红色丁道衡矿(Ddh-Ce)(单偏光)

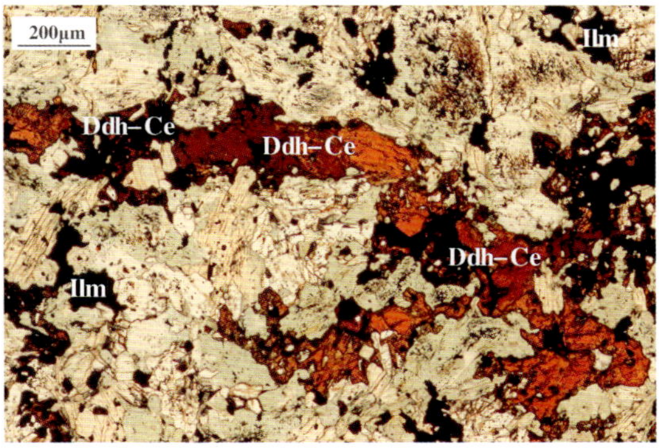

图3-245 丁道衡矿与钛铁矿(Ilm)(单偏光)

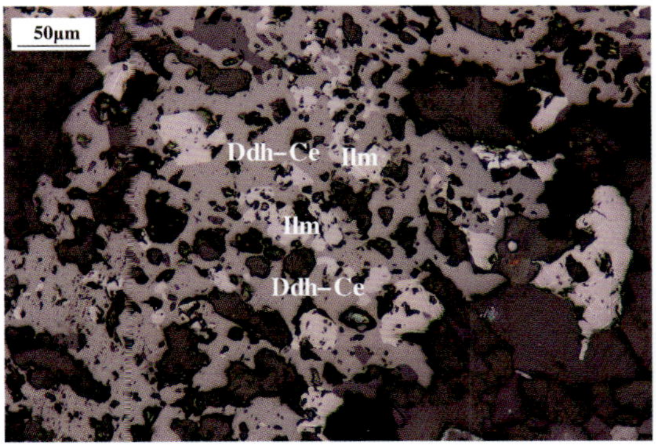

图3-246 丁道衡矿包裹钛铁矿(反射光)

图3-247 丁道衡矿包裹钛铁矿(反射正交)

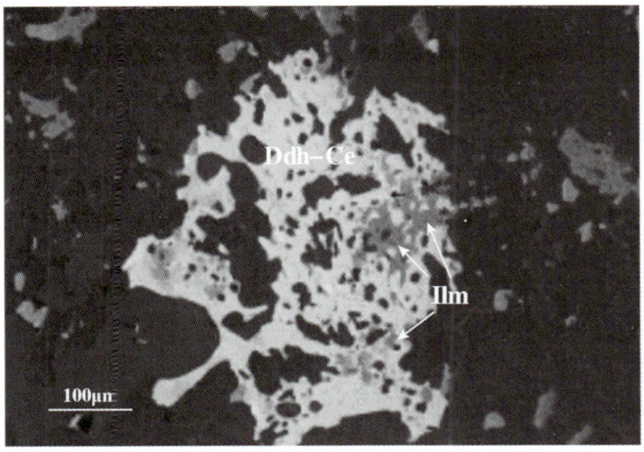

图3-248 丁道衡矿包裹钛铁矿(BSE)

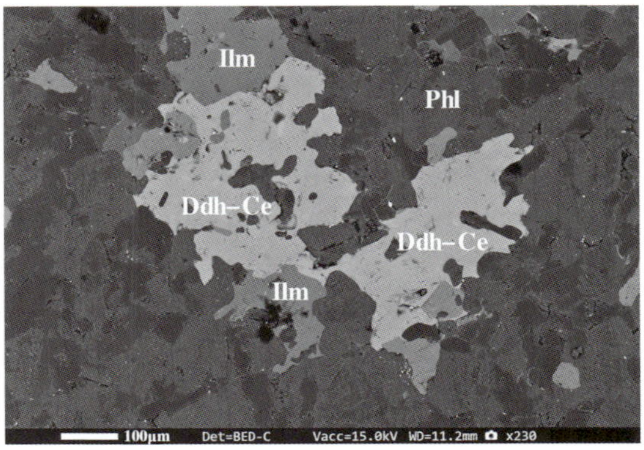

图3-249 丁道衡矿与钛铁矿(BSE)

分别选择半自形晶及不规则细粒状丁道衡矿的位置点做电子探针测试，其矿物成分相似，根据电子探针测试结果平均值(表 3－67)，以 O=22 为基数，计算化学式：$(REE_{3.54}Ca_{0.39}Sr_{0.03}Ba_{0.01}Th_{0.01})_{\Sigma3.98}(Ti_{2.94}Fe^{2+}_{1.51}Mg_{0.60}Si_{0.07}Mn_{0.05}Nb_{0.03})_{\Sigma5.20}(Si_2O_7)_2O_8$。其中，REE：$(Ce_{1.90}La_{1.19}Nd_{0.32}Pr_{0.11}Sm_{0.01}Eu_{0.01})_{\Sigma3.54}$。

表 3－67　丁道衡矿电子探针测试结果及稀土配分　　单位：w_t/%

成分	测试点 P1	稀土配分	测试点 P2	稀土配分	测试点 P3	稀土配分	测试点 P4	稀土配分	平均值
TiO_2	18.90		18.90		17.65		18.44		18.47
FeO	8.64		8.58		8.37		8.45		8.51
CaO	1.69	ΣRE_2O_3 =46.62	1.68	ΣRE_2O_3 =47.00	1.90	ΣRE_2O_3 =45.26	1.66	ΣRE_2O_3 =45.33	1.73
MnO	0.16		0.11		0.17		0.13		0.14
MgO	1.79		1.76		2.00		1.93		1.87
La_2O_3	15.02	32.22	15.89	33.81	15.39	34.01	14.67	32.36	15.24
Ce_2O_3	24.21	51.93	25.30	53.83	24.14	53.34	24.21	53.41	24.46
Pr_2O_3	1.54	3.30	1.36	2.89	1.23	2.72	1.35	2.98	1.37
Nd_2O_3	4.39	9.42	3.89	8.28	4.05	8.95	4.55	10.04	4.22
Sm_2O_3	0.24	0.51	0.13	0.28	0.07	0.15	0.17	0.38	0.15
Eu_2O_3	0.29	0.62	0.35	0.74	0.00	0.00	0.11	0.24	0.19
Tb_2O_3	0.34	0.73	0.00	0.00	0.00	0.00	0.00	0.00	0.09
Dy_2O_3	0.20	0.43	0.00	0.00	0.09	0.20	0.06	0.13	0.09
Ho_2O_3	0.09	0.19	0.00	0.00	0.26	0.57	0.00	0.00	0.09
Er_2O_3	0.03	0.06	0.04	0.08	0.00	0.00	0.00	0.00	0.02
Yb_2O_3	0.00	0.00	0.00	0.00	0.03	0.06	0.13	0.29	0.04
Lu_2O_3	0.22	0.47	0.00	0.00	0.00	0.00	0.05	0.11	0.07
Y_2O_3	0.05	0.11	0.04	0.08	0.00	0.00	0.03	0.07	0.03
总计	98.01	100.00	98.21	100.00	95.22	100.00	95.85	100.00	96.83

2. 霓石型铌稀土铁矿石中的丁道衡矿

样品采自东矿。丁道衡矿呈橙红-棕红色，半自形-他形板状分布，并与包头矿、氟碳铈矿、独居石、磁铁矿等紧密共生(图 3－250、图 3－251)，粒径为 0.05～0.20mm，丁道衡矿与氟碳铈矿、独居石、包头矿等稀土、铌矿物紧密共生(图 3－252、图 3－253)。

共伴生矿物：霓石、萤石、氟碳铈矿、独居石、包头矿、烧绿石、重晶石、易解石、金红石、磁铁矿等。

电子探针测试结果(表 3－68)显示丁道衡矿含少量 Nb(Nb_2O_5 平均含量为 0.88%)、Sc(Sc_2O_3 平均含量为 0.10%)。根据电子探针测试数据平均值，以 O=22 为基数，计算其化学式：$(Ln_{3.21}Fe^{3+}_{0.37}Ca_{0.29}Y_{0.04}Sr_{0.03}Sc_{0.02})_{\Sigma3.96}(Ti_{2.76}Fe^{2+}_{1.92}Si_{0.18}Nb_{0.08}Mn_{0.06})_{\Sigma5.00}(Si_2O_7)_2O_8$，其中，Ln：$(Ce_{1.68}Nd_{0.67}La_{0.73}Pr_{0.11}Eu_{0.02})_{\Sigma3.21}$。

图 3-250 橙红色半自形板状分布的丁道衡矿(Ddh-Ce)(单偏光)

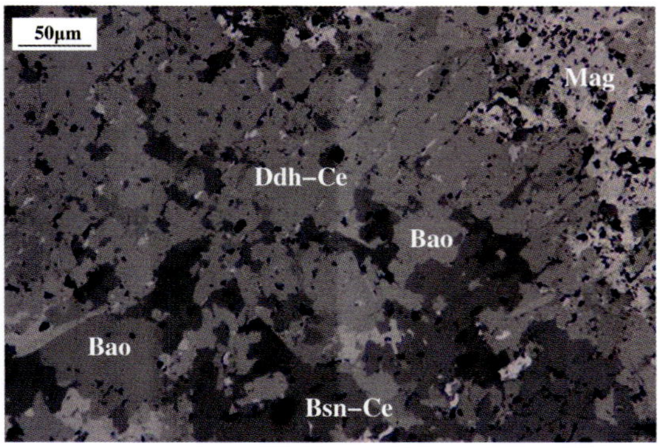

图 3-251 丁道衡矿与包头矿(Bao)、氟碳铈矿(Bsn-Ce)(反射光)

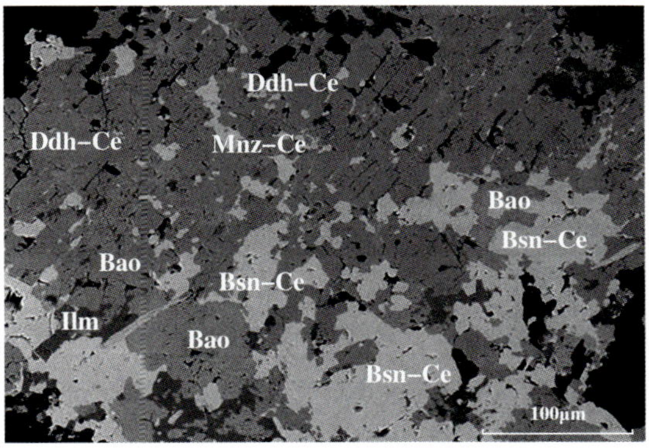

图 3-252 丁道衡矿间分布的包头矿、独居石(Mnz-Ce)、氟碳铈矿(BSE)

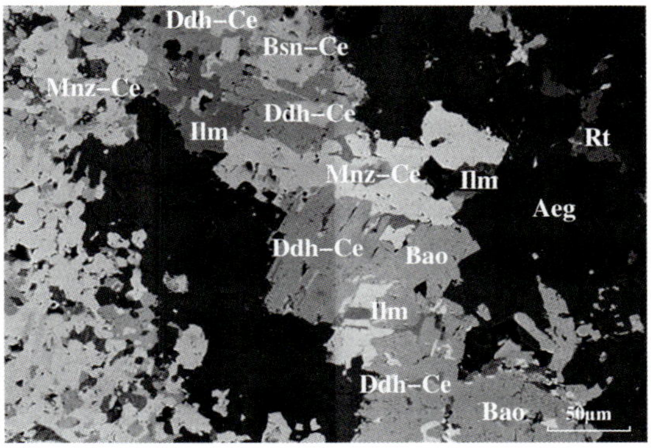

图 3-253 丁道衡矿与独居石、氟碳铈矿、包头矿等紧密共生(BSE)

表 3-68 丁道衡矿电子探针测试结果及稀土配分 单位：w_t/%

成分	测试点 P1	稀土配分	测试点 P2	稀土配分	测试点 P3	稀土配分	测试点 P4	稀土配分	平均值
TiO_2	18.04		17.80		17.80		18.12		17.94
FeO	13.45		13.62		13.10		13.55		13.43
CaO	1.24		1.41		1.34		1.27		1.31
MnO	0.38		0.44		0.34		0.22		0.34
SrO	0.18	ΣRE_2O_3=42.75	0.40	ΣRE_2O_3=41.51	0.23	ΣRE_2O_3=42.96	0.24	ΣRE_2O_3=43.14	0.26
SiO_2	21.24		21.74		21.42		21.19		21.40
ThO_2	0.09		0.07		0.03		0.19		0.10
Nb_2O5	0.91		0.73		0.76		1.12		0.88
Sc_2O_3	0.12		0.09		0.08		0.11		0.10
La_2O_3	9.59	22.43	9.35	22.52	9.91	23.07	9.07	21.02	9.48
Ce_2O_3	22.57	52.80	21.61	52.06	21.64	50.37	22.04	51.09	21.96
Pr_2O_3	1.41	3.30	1.53	3.69	1.13	2.63	1.88	4.36	1.49
Nd_2O_3	8.57	20.05	8.14	19.61	9.76	22.72	9.48	21.97	8.99

续表

成分	测试点 P1	稀土配分	测试点 P2	稀土配分	测试点 P3	稀土配分	测试点 P4	稀土配分	平均值
Eu_2O_3	0.20	0.47	0.38	0.92	0.28	0.65	0.00	0.00	0.22
Gd_2O_3	0.00	0.00	0.00	0.00	0.00	0.00	0.07	0.16	0.02
Dy_2O_3	0.11	0.26	0.07	0.17	0.00	0.00	0.00	0.00	0.05
Y_2O_3	0.30	0.70	0.43	1.04	0.24	0.56	0.60	1.39	0.39
总计	98.39	100.00	97.82	100.00	98.05	100.00	99.14	100.00	98.35

珀硅钛铈矿 Perrierite-(Ce)

$Ce_4MgFe_2^{3+}Ti_2O_8(Si_2O_7)_2$

化学组成：化学式中，B 位(apfu)Mg>Fe^{2+}。

晶体结构：单斜晶系，空间群为 $C2/m$。$a_0=13.60Å$，$b_0=5.615Å$，$c_0=11.68Å$，$\beta=113.6°$，$Z=2$。

形态：单斜柱晶形，$C_{2h}-2/m(L_2PC)$。

物理性质：棕色、红棕色、黑色，条痕褐色，玻璃光泽、油脂光泽，半透明-不透明，贝壳状断口，无解理。摩氏硬度 5.5。

显微镜下特征：二轴晶(－)，$2V=60°$。$N_g=2.02\sim2.06$，$N_p=1.90\sim1.95$，$N_m=2.01$。透射光下呈褐色，高突起。

化学组成与硅钛铈矿相近，二者为同质二象。在白云鄂博矿区产出的地理位置和形成的地质条件截然不同(张培善等，1998)。

白云鄂博珀硅钛铈矿产于东矿的钠辉石型矿石中，与铌钙矿紧密共生。电子探针测试结果显示(wt)：FeO 4.87%，MnO 0.35%，La_2O_3 5.50%，Ce_2O_3 18.18%，Pr_2O_3 2.67%，Nd_2O_3 13.07%，Sm_2O_3 4.66%，Eu_2O_3 0.86%，Gd_2O_3 1.88%，Y_2O_3 < 0.01%，TiO_2 25.45%，SiO_2 19.74%，Nb_2O_5 3.96%，Ta_2O_5 0.01%，总计 101.30%。换算后矿物化学式近于$(Ce,Nd,La,Sm)_4(Ti,Fe,Nb)_5Si_4O_{22}$(张培善等，1998)。

三、褐帘石族

褐帘石族矿物的晶体化学式为$(A1^{2+}A2^{3+})(M1^{3+}M2^{3+}M3^{2+})(Si_2O_7)(SiO_4)O(OH)$，其中，A1＝Ca，$Mn^{2+}$；A2＝Ce，La，Nd，Y；M1＝Al，$Fe^{3+}$、$V^{3+}$；M2＝Al；M3＝$Fe^{2+}$，$Mn^{2+}$，Mg。

褐帘石的化学成分中有两种类质同象的替代：Ca 与 REE 元素的置换和 Al 与 Fe 的置换。替代 Ca 的除 REE 外，还有 Th、U、Mn 等元素，替代 Al 的除 Fe 外，还有 Mg、Ti、Mn 等。因类质同象置换及不同成因类型中稀土元素的不同，褐帘石族矿物包括铈褐帘石、镧褐帘石、钕褐帘石、钇褐帘石、铁铈褐帘石、锰铈褐帘石、镁铈褐帘石、镧镁褐帘石及镧铁褐帘石等。

白云鄂博矿区目前发现的褐帘石主要为铈褐帘石、铁铈褐帘石及镁铈褐帘石。东部接触带铈褐帘石分布较多，主矿、东矿、西矿铈褐帘石、铁铈褐帘石均可见。

铈褐帘石 Allanite -(Ce)

$CaCe(Al_2Fe^{2+})(Si_2O_7)(SiO_4)O(OH)$

化学组成：化学式中 Ca 与 REE、Al 与 Fe 的类质同象置换。

晶体结构：单斜晶系，空间群为 $P2_1/m$。a_0 = 8.927Å，b_0 = 5.761Å，c_0 = 10.15Å，β = 114.77°，Z = 2。

形态：斜方柱晶形，$C_{2h}-2/m(L_2PC)$。晶体常呈柱状，延长方向平行 b 轴，{100}发育呈厚板状或短柱状。

物理性质：褐色-黑色，条痕褐色、灰色，半透明-不透明，玻璃光泽、树脂光泽，性脆，{001}解理不完全。摩氏硬度 5.5～6，相对密度 3.5～4.2。

显微镜下特征：二轴晶(－)，$2V=40°\sim80°$。$N_g=1.733\sim1.828$，$N_m=1.718\sim1.815$，$N_p=1.715\sim1.791$。透射光下呈浅棕色-棕红色、棕褐色，突起高，多色性明显。

1. 褐帘石透辉岩中的铈褐帘石

样品采自东部接触带。黑色褐帘石(图 3－254)分布于透辉石中，属于褐帘石透辉岩(图 3－255)。

图 3－254 褐帘石透辉岩手标本

铈褐帘石呈浅棕-棕红色、棕黄色分布于透辉石中，多色性明显，呈柱状、板状产出，粒径大小不均，双晶发育，干涉色被本身颜色掩盖，呈褐色，铈褐帘石粒径大小相差悬殊(图 3－256 至图 3－259)，长轴一般为 1.00～3.00mm，长短轴之比为 3∶1～5∶1。铈褐帘石 BSE 图像及能谱图见图 3－260、图 3－261。

共伴生矿物：透辉石。

因铈褐帘石化学式中同时有 Fe^{2+} 和 Fe^{3+}，计算时以阳离子总数为 8，电价为 25 计，采用电荷平衡法计算，根据电子探针测试结果平均值(表 3－69)计算化学式：$(Ca_{1.21}Ce_{0.42}La_{0.23}Nd_{0.10}Sm_{0.01}Dy_{0.01}Mn_{0.02})_{\Sigma2.00}(Al_{1.66}Fe^{3+}_{0.29}Si_{0.04})_{\Sigma1.99}(Fe^{2+}_{0.87}Mg_{0.10}Ti_{0.04})_{\Sigma1.01}(Si_2O_7)(SiO_4)O(OH)$。

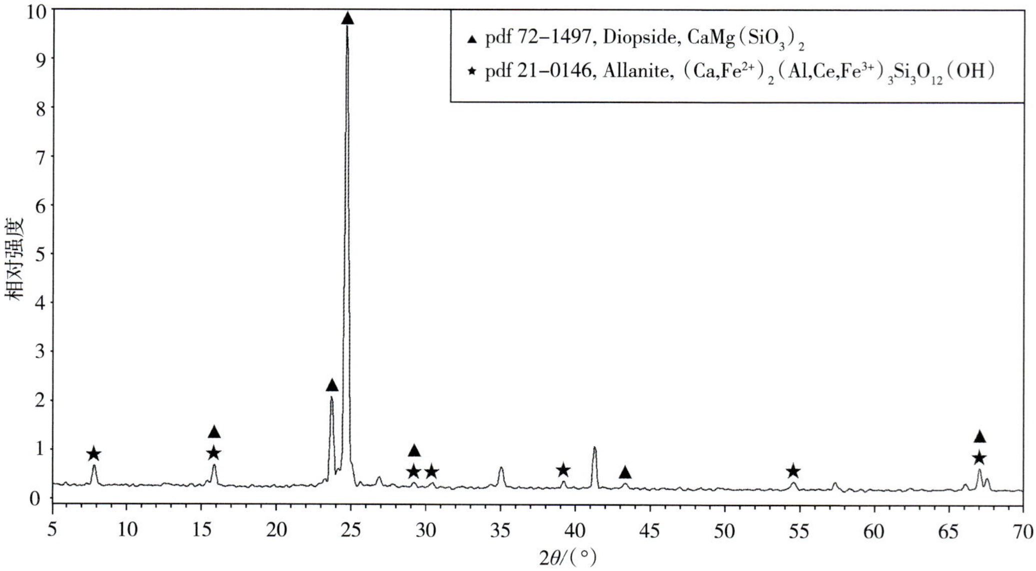

图 3-255 褐帘石透辉岩 XRD 图谱

图 3-256 双晶发育，呈板状穿插分布的铈褐帘石(Aln-Ce)(单偏光)

图 3-257 铈褐帘石干涉色被本身颜色掩盖（正交偏光）

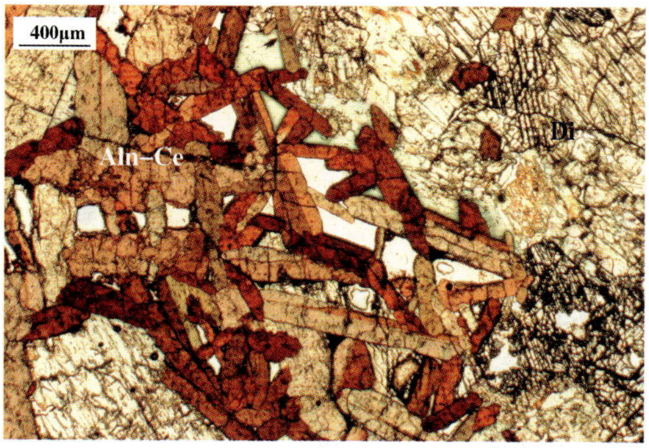

图 3-258 分布于透辉石(Di)间的板状铈褐帘石，双晶发育(单偏光)

图 3-259 分布于透辉石间的板状铈褐帘石，双晶发育(正交偏光)

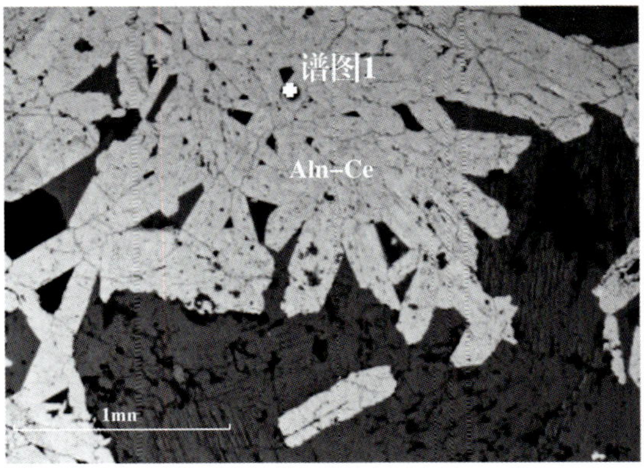

图 3-260 板状铈褐帘石(BSE)

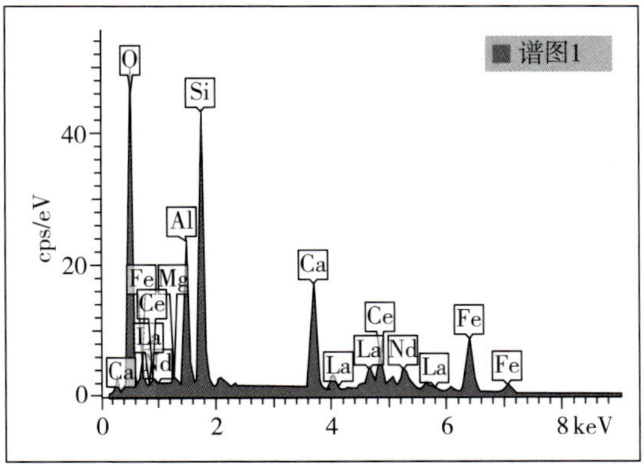

图 3-261 铈褐帘石能谱图

表 3-69 铈褐帘石电子探针测试结果及稀土配分 单位：w_t/%

成分	测试点 P1	稀土配分	测试点 P2	稀土配分	测试点 P3	稀土配分	平均值
FeO	14.44		14.71		14.41		14.52
CaO	11.96		11.88		11.68		11.84
Al_2O_3	14.37		15.07		14.79		14.74
MgO	0.79	ΣRE_2O_3	0.51	ΣRE_2O_3	0.78	ΣRE_2O_3	0.69
TiO_2	0.51	=22.23	0.69	=21.63	0.65	=22.29	0.62
MnO	0.30		0.31		0.24		0.28
SiO_2	31.71		32.20		31.66		31.86
ThO_2	0.03		0.03		0.02		0.03
La_2O_3	6.65	29.91	6.18	28.57	6.86	30.78	6.56
Ce_2O_3	12.08	54.34	11.84	54.74	11.90	53.39	11.94
Nd_2O_3	2.98	13.40	3.12	14.42	3.04	13.64	3.05
Sm_2O_3	0.28	1.26	0.20	0.92	0.31	1.39	0.26
Dy_2O_3	0.24	1.08	0.28	1.29	0.18	0.81	0.23
Y_2O_3	0.00	0.00	0.01	0.05	0.00	0.00	0.00
总计	96.34	100.00	97.03	100.00	96.52	100.00	96.62

2. 金云母片岩中的铈褐帘石

样品采自东部接触带。铈褐帘石呈不规则细粒集合体状分布于金云母矿物间，多色性明显，矿物颜色变化于棕黄色、棕红色、深棕色之间，颗粒细小，干涉色被本身颜色掩盖，粒径一般为 0.05～0.10mm(图 3-262 至图 3-265)。

共伴生矿物：金云母、氟铈硅磷灰石、磷灰石等。

电子探针测试结果(表 3-70)与板状铈褐帘石相比，本样品铈褐帘石稀土稍高，Ca 和 Al 偏低，稀土配分模式与板状铈褐帘石不同，La_2O_3 与 Ce_2O_3 接近，Nd_2O_3 偏低。

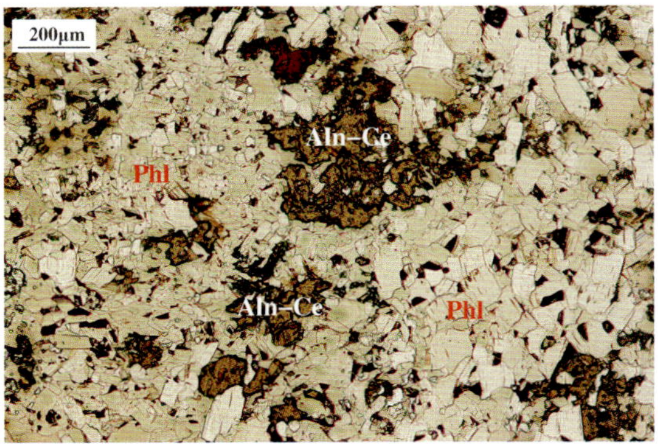

图 3-262　分布于金云母(Phl)间的棕黄色铈褐帘石(Aln-Ce)(单偏光)

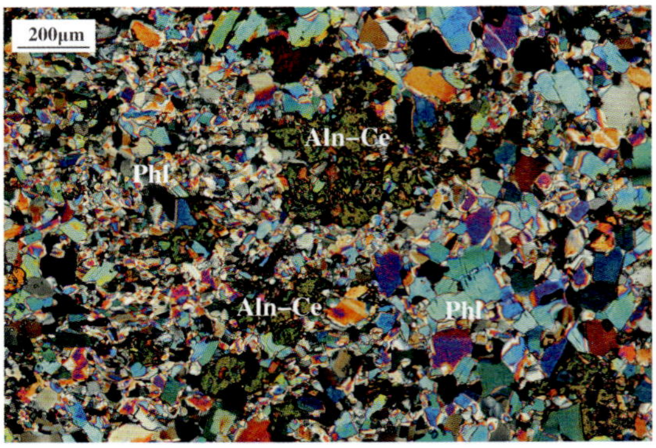

图 3-263　铈褐帘石的干涉色(正交偏光)

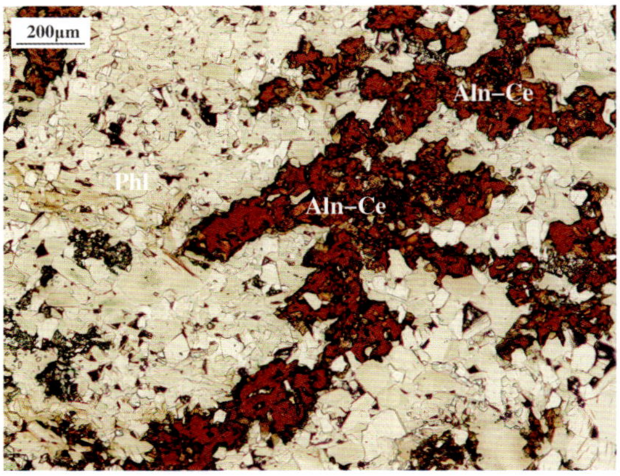

图 3-264　分布于金云母间的暗红色铈褐帘石(单偏光)

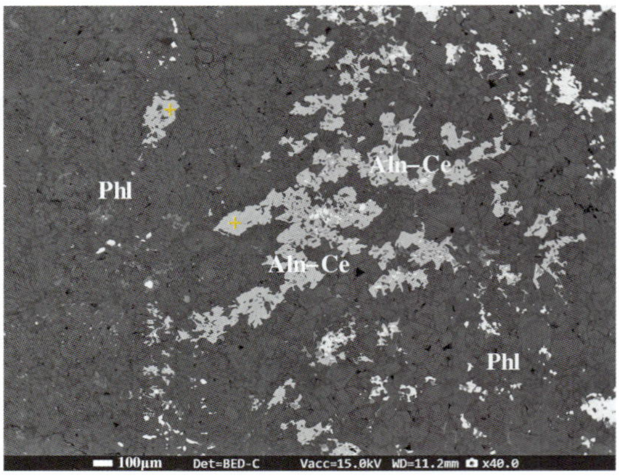

图 3-265　铈褐帘石(BSE)
黄色“+”为测试点位置

根据电子探针测试结果平均值(表 3-70)，以阳离子总数为 8，电价为 25 计，采用电荷平衡法计算化学式：$(Ca_{1.07}Ce_{0.39}La_{0.35}Mn_{0.07}Nd_{0.03}Pr_{0.02}Tm_{0.03}Dy_{0.01})_{\Sigma 1.97}(Al_{1.47}Fe^{3+}_{0.47}Si_{0.08})_{\Sigma 2.02}(Fe^{2+}_{0.68}Mg_{0.28}Ti_{0.03}Sr_{0.01})_{\Sigma 1.00}(Si_2O_7)(SiO_4)O(OH)$。

表 3-70　铈褐帘石电子探针测试结果及稀土配分　　单位：$w_t/\%$

成分	测试点 P1	稀土配分	测试点 P2	稀土配分	测试点 P3	稀土配分	测试点 P4	稀土配分	平均值
FeO	14.40		13.98		14.44		14.42		14.31
CaO	10.42		9.97		10.20		10.61		10.30
Al_2O_3	12.86		12.38		12.90		13.55		12.92
MnO	0.89		0.81		0.92		0.72		0.84
TiO_2	0.31	ΣRE_2O_3 =23.59	0.56	ΣRE_2O_3 =25.28	0.45	ΣRE_2O_3 =24.42	0.49	ΣRE_2O_3 =24.23	0.45
SrO	0.27		0.21		0.24		0.24		0.24
MgO	1.90		2.25		1.84		1.69		1.92
SiO_2	31.90		31.80		31.80		32.06		31.89
ThO_2	0.04		0.00		0.01		0.00		0.01

续表

成分	测试点 P1	稀土配分	测试点 P2	稀土配分	测试点 P3	稀土配分	测试点 P4	稀土配分	平均值
La_2O_3	9.72	41.20	10.89	43.08	9.67	39.60	9.55	39.41	9.96
Ce_2O_3	10.41	44.13	11.19	44.26	11.65	47.71	11.06	45.65	11.08
Pr_2O_3	0.57	2.42	0.64	2.53	0.37	1.52	0.61	2.52	0.55
Nd_2O_3	1.01	4.28	0.87	3.44	1.08	4.42	1.04	4.29	1.00
Sm_2O_3	0.00	0.00	0.00	0.00	0.00	0.00	0.05	0.21	0.01
Eu_2O_3	0.13	0.55	0.09	0.36	0.10	0.41	0.08	0.33	0.10
Tb_2O_3	0.16	0.68	0.00	0.00	0.00	0.00	0.10	0.41	0.07
Dy_2O_3	0.26	1.10	0.29	1.15	0.33	1.35	0.20	0.83	0.27
Ho_2O_3	0.00	0.00	0.12	0.47	0.00	0.00	0.00	0.00	0.03
Er_2O_3	0.02	0.08	0.06	0.24	0.05	0.20	0.11	0.45	0.06
Tm_2O_3	1.16	4.92	1.02	4.03	1.15	4.71	1.22	5.03	1.14
Lu_2O_3	0.13	0.55	0.09	0.36	0.00	0.00	0.21	0.86	0.11
Y_2O_3	0.02	0.08	0.02	0.08	0.02	0.08	0.00	0.00	0.02
总计	96.58	100.00	97.24	100.00	97.22	100.00	98.01	100.00	97.28

铁铈褐帘石 Ferriallanite -(Ce)

$CaCe(Fe^{3+}AlFe^{2+})(Si_2O_7)(SiO_4)O(OH)$

化学组成：铈褐帘石 M1 位置 Al^{3+} 被 Fe^{3+} 置换，且当分子式中 Fe^{3+} 的原子数大于 0.5 时称为铁铈褐帘石。

晶体结构：单斜晶系，空间群为 $P2_1/m$。a_0 = 8.962Å，b_0 = 5.836Å，c_0 = 10.182Å，β = 115.02°，Z = 2。

形态：斜方柱晶形，$C_{2h}-2/m(L_2PC)$。晶体常呈板柱状或短柱状。

物理性质：黑色，条痕褐色，半透明-不透明，树脂光泽，贝壳状断口，性脆，无解理。摩氏硬度 6，相对密度 4.22。

显微镜下特征：二轴晶(－)，$2V$=83°。N_g=1.880，N_m=1.855，N_p=1.825。透射光下呈浅棕色-棕红色、棕褐色，突起高，多色性明显。

白云鄂博铁铈褐帘石晶体结构：空间群为 $P2_1/m$。a_0 = 8.951Å，b_0 = 5.811Å，c_0 = 10.189Å，β =114.75°[本数据由中国地质大学(北京)李国武实测，样品为黑云母型铌稀土铁矿石中的铈铁褐帘石]。

1. 黑云母型铌稀土铁矿石中的铁铈褐帘石

样品采自东矿钻孔。铁铈褐帘石呈半自形-他形板状、粒状产出，呈浅棕-深棕色，多色性明显，偶见有双晶颗粒，矿物干涉色多被本身颜色掩盖，粒径一般为 0.05～0.3mm (图 3－266 至图 3－269)，矿物颗粒间分布有独居石、钍石等(图 3－270、图 3－272)，铁铈褐帘石能谱图如图 3－271、图 3－273 所示。

共伴生矿物：黑云母、磷灰石、磁铁矿、磁黄铁矿、黄铁矿、闪锌矿、褐钇铌矿、钍石、独居石、重晶石、长石、石英。

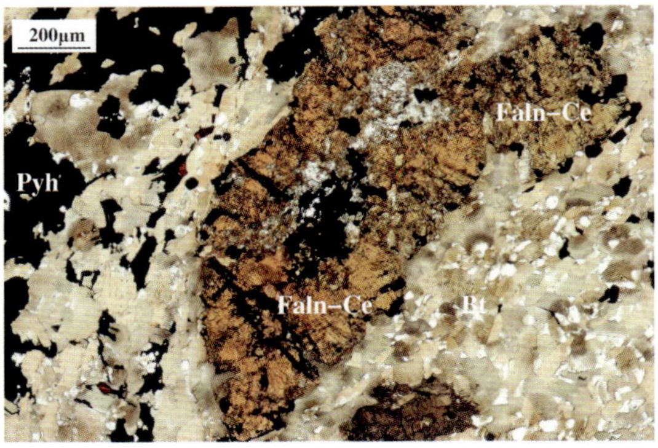

图 3-266　板状分布的铁铈褐帘石（Faln-Ce）（单偏光）

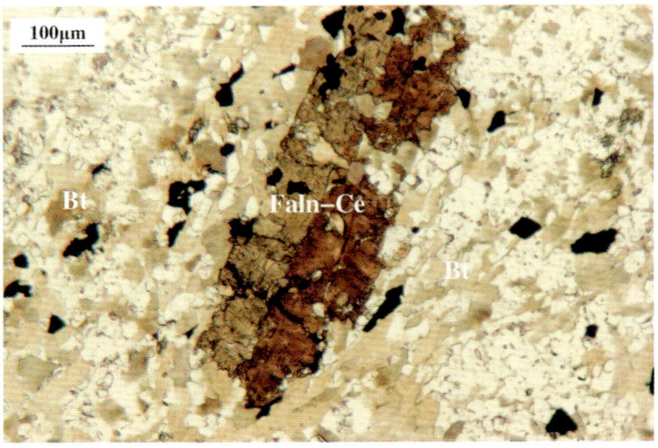

图 3-267　铁铈褐帘石的双晶（单偏光）

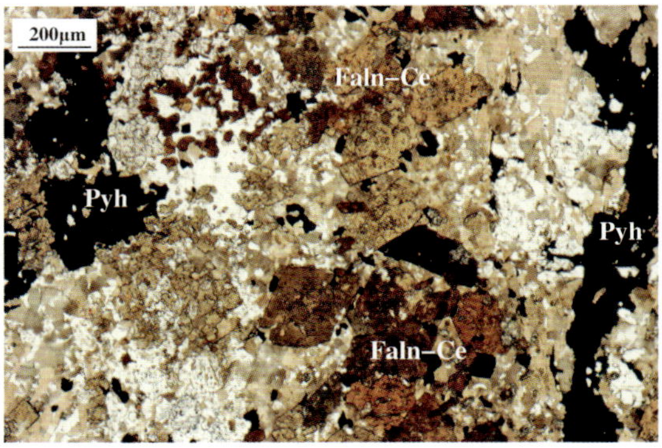

图 3-268　短柱状、板状分布的铁铈褐帘石（单偏光）

图 3-269　短柱状、板状分布的铁铈褐帘石（正交偏光）

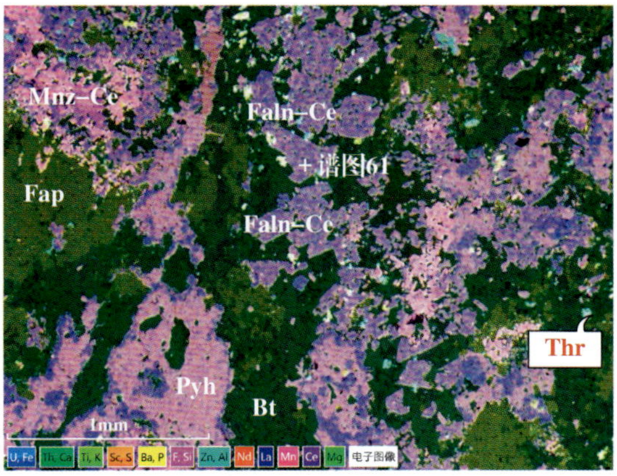

图 3-270　铁铈褐帘石（面扫描元素分布图像）

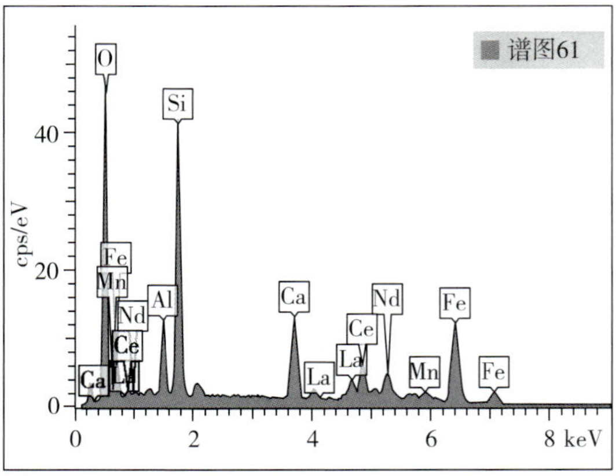

图 3-271　铁铈褐帘石能谱图

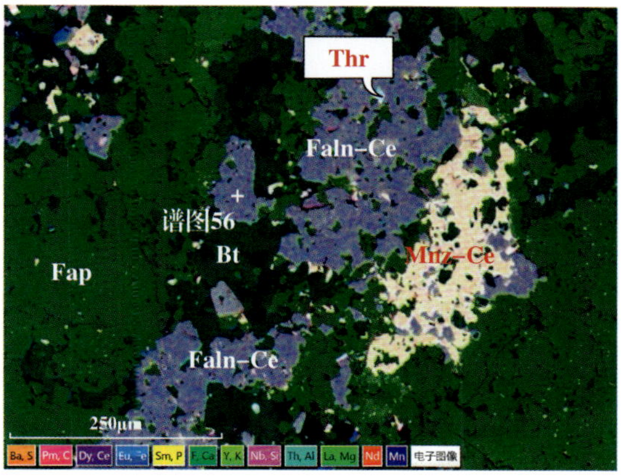

图 3-272　铁铈褐帘石
（面扫描元素分布图像）

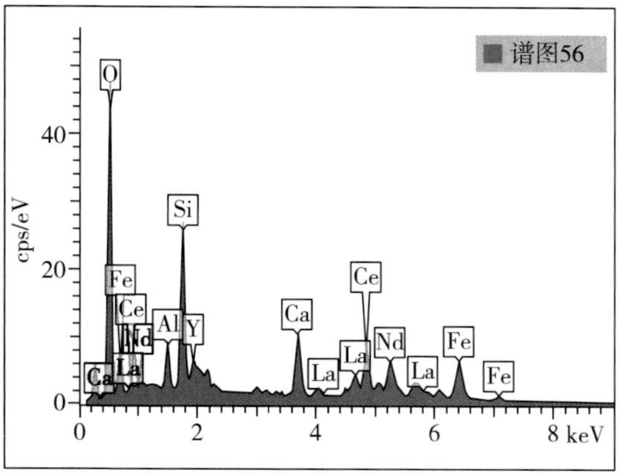

图 3-273　铁铈褐帘石能谱图

电子探针测试结果(表 3-71)显示，本样品中的铁铈褐帘石 Al 低，Fe^{3+} 大量置换了 Al，所以颜色较深；Ca 低，REE 偏高，稀土配分中 Ce_2O_3 大于 50%，$La_2O_3>Nd_2O_3$。

根据电子探针测试结果平均值(表 3-71)，以阳离子总数为 8、电价为 25 计，采用电荷平衡法计算化学式：$(Ca_{0.94}REE_{0.94}Th_{0.01})_{\Sigma1.89}(Fe^{3+}_{1.00}Al_{0.98}Si_{0.07}Ti_{0.04})_{\Sigma2.09}(Fe^{2+}_{0.80}Mn_{0.13}Mg_{0.07})_{\Sigma1.00}(Si_2O_7)(SiO_4)O(OH)$，其中，REE：$(Ce_{0.51}La_{0.24}Nd_{0.16}Dy_{0.02}Sm_{0.01})_{\Sigma0.94}$。

表 3-71　铁铈褐帘石电子探针测试结果及稀土配分　　单位：w_t/%

成分	测试点 P1	稀土配分	测试点 P2	稀土配分	测试点 P3	稀土配分	测试点 P4	稀土配分	平均值
FeO	21.31	ΣRE_2O_3=25.47	20.69	ΣRE_2O_3=25.52	20.96	ΣRE_2O_3=25.48	21.11	ΣRE_2O_3=25.04	21.02
CaO	8.48		8.57		8.52		8.56		8.53
Al_2O_3	8.05		8.11		8.15		8.06		8.09
MgO	0.44		0.44		0.45		0.44		0.44
TiO_2	0.52		0.62		0.53		0.58		0.56
MnO	1.53		1.43		1.42		1.36		1.43
SiO_2	29.39		29.53		30.00		29.90		29.71
ThO_2	0.35		0.38		0.17		0.32		0.31
La_2O_3	6.65	26.11	6.43	25.20	6.27	24.61	6.33	25.28	6.42
Ce_2O_3	13.66	53.63	13.52	52.98	13.84	54.32	13.35	53.31	13.59
Nd_2O_3	4.20	16.49	4.43	17.36	4.35	17.07	4.18	16.69	4.29
Sm_2O_3	0.30	1.18	0.32	1.25	0.31	1.22	0.40	1.60	0.33
Dy_2O_3	0.66	2.59	0.82	3.21	0.71	2.79	0.78	3.12	0.74
总计	95.54	100.00	95.29	100.00	95.68	100.00	95.37	100.00	95.46

2. 霓石型铌稀土铁矿石中的铁铈褐帘石

样品采自主矿。铁铈褐帘石呈不规则粒状分布于萤石、霓石矿物间，颗粒粗大，棕黄色、黄绿色或棕红色，多色性明显，解理清晰，粒径为 1.00～3.00mm(图 3-274 至图 3-277)。

共伴生矿物：霓石、萤石、重晶石、氟碳铈矿、易解石、磁铁矿、黄铁矿、白云石等。

图 3-274 棕黄-棕红色不规则粒状分布的铁铈褐帘石(Faln-Ce)(单偏光)

图 3-275 铁铈褐帘石的干涉色被本身颜色掩盖(正交偏光)

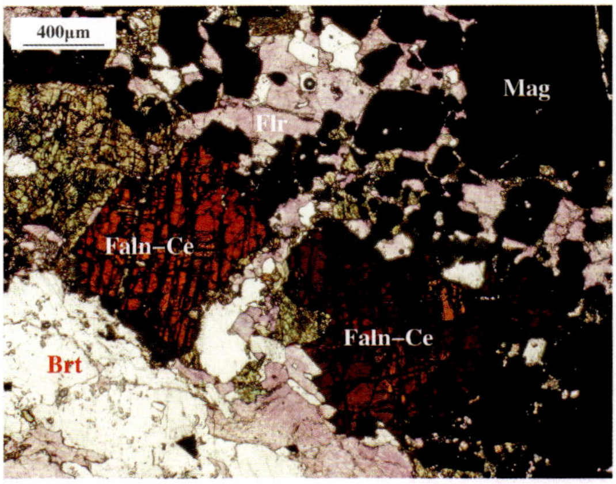

图 3-276 棕红色半自形晶分布的铁铈褐帘石(单偏光)

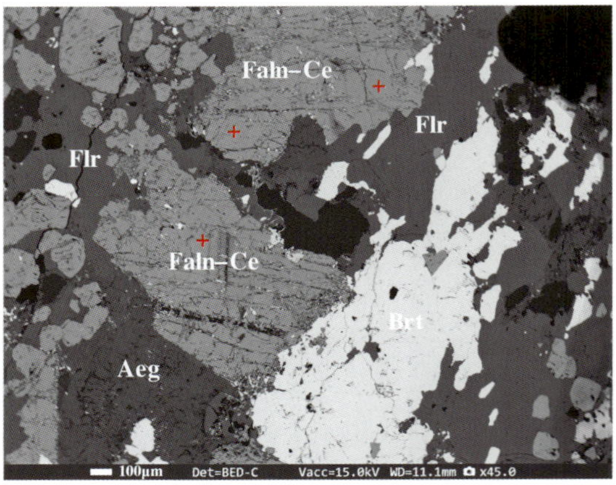

图 3-277 铁铈褐帘石(BSE)红色"+"为测试点位置

本样品中的铁铈褐帘石主要是 Fe^{3+} 置换了 Al，FeO 平均值为 22.70%，Al_2O_3 只有 7.84%(平均值)，Ca 与 REE 变化较小，稀土配分中 Ce_2O_3 大于 50%，La_2O_3 与 Nd_2O_3 值含量接近，但平均值 Nd_2O_3 略高于 La_2O_3。

根据电子探针测试结果平均值(表 3-72)，以阳离子总数为 8、电价为 25 计，采用电荷平衡法计算化学式：$(Ca_{0.99}REE_{0.87}Mn_{0.02})_{\Sigma 1.88}(Fe^{3+}_{1.03}Al_{0.94}Si_{0.15})_{\Sigma 2.12}(Fe^{2+}_{0.90}Mg_{0.09}Ti_{0.01})_{\Sigma 1.00}(Si_2O_7)(SiO_4)O(OH)$，其中，REE：$(Ce_{0.49}Nd_{0.15}La_{0.14}Pr_{0.04}Tm_{0.02}Sm_{0.01}Eu_{0.01}Dy_{0.01})_{\Sigma 0.87}$。

表 3-72 铁铈褐帘石电子探针测试结果及稀土配分 单位：w_t/%

成分	测试点 P1	稀土配分	测试点 P2	稀土配分	测试点 P3	稀土配分	平均值
FeO	22.64	ΣRE_2O_3 =23.48	22.56	ΣRE_2O_3 =23.53	23.12	ΣRE_2O_3 =23.80	22.77
CaO	9.08		8.95		9.22		9.08
Al_2O_3	7.98		7.86		7.69		7.84
MnO	0.18		0.22		0.15		0.18

续表

成分	测试点 P1	稀土配分	测试点 P2	稀土配分	测试点 P3	稀土配分	平均值
TiO_2	0.15	$\sum RE_2O_3$ =23.48	0.11	$\sum RE_2O_3$ =23.53	0.15	$\sum RE_2O_3$ =23.80	0.13
SrO	0.13		0.07		0.08		0.09
MgO	0.71		0.64		0.45		0.60
SiO_2	31.01		30.86		30.93		30.93
ThO_2	0.15		0.20		0.08		0.14
La_2O_3	4.21	17.93	4.08	17.34	3.05	12.82	3.78
Ce_2O_3	13.10	55.79	13.20	56.10	13.17	55.34	13.16
Pr_2O_3	0.97	4.13	1.16	4.93	1.18	4.96	1.10
Nd_2O_3	3.69	15.72	3.92	16.66	4.82	20.25	4.14
Sm_2O_3	0.16	0.68	0.02	0.08	0.34	1.43	0.17
Eu_2O_3	0.23	0.98	0.27	1.15	0.29	1.22	0.26
Dy_2O_3	0.12	0.51	0.17	0.72	0.17	0.71	0.15
Er_2O_3	0.10	0.43	0.00	0.00	0.14	0.59	0.08
Tm_2O_3	0.90	3.83	0.65	2.76	0.62	2.60	0.72
Y_2O_3	0.00	0.00	0.06	0.25	0.02	0.08	0.02
总计	95.51	100.00	95.00	100.00	95.67	100.00	95.34

镁铈褐帘石 Dissakisite -(Ce)

$CaCe(Al_2Mg)(Si_2O_7)(SiO_4)O(OH)$

化学组成： 化学式中，M3 位的(apfu)$Mg>Fe^{2+}$。

晶体结构： 单斜晶系，空间群为 $P2_1/m$。$a_0=8.905$Å，$b_0=5.684$Å，$c_0=10.113$Å，$\beta=114.62°$，$Z=2$。

形态： 斜方柱晶形，$C_{2h}-2/m(L_2PC)$。晶体常呈柱状。

物理性质： 浅黄色-黄褐色，透明，条痕白色，玻璃光泽，贝壳状断口。摩氏硬度 6.5～7.0，相对密度 3.75。

显微镜下特征： 二轴晶(+)，$2V=64°$。$N_g=1.758$，$N_m=1.741$，$N_p=1.735$。

见于矿区东部接触带，含镁较高，化学分析结果见表 3-73。

化学式为$(Ca_{1.15}Ce_{1.08})_{\Sigma 2.23}(Al_{1.72}Fe^{3+}_{0.28})_{\Sigma 2.00}(Mg_{0.52}Fe^{2+}_{0.36}Mn_{0.03})_{\Sigma 0.91}(Si_2O_7)(SiO_4)O(OH)$(张培善和陶克捷，1986)

表 3-73 镁铈褐帘石化学全分析结果 单位：w_t/%

成分	含量	成分	含量	成分	含量
CaO	10.48	Al_2O_3	14.29	ZrO_2	0.76
MgO	3.41	Ce_2O_3	12.82	TiO_2	0.50
MnO	0.30	$(La, Nd, \cdots)_2O_3$	13.69	SiO_2	29.27
FeO	9.60	Y_2O_3	1.64	HO_2^+	0.49
Fe_2O_3	0.08	ThO_2	0.58	HO_2^-	0.12
总计	98.03				

四、稀土氧化物矿物

方铈石 Cerianite -(Ce)

$(Ce^{4+},Th)O_2$

化学组成：CeO_2 80%以上，ThO_2 5%～6%。

晶体结构：等轴晶系，空间群为 $Fm3m$。$a_0=5.42$Å，$Z=4$。

形态：六八面晶形，$O_h—m3m(3L^4 4L^3 6L^2 9PC)$。晶体细小，八面体或立方体状。

物理性质：绿黄色、暗绿色，半透明，玻璃-油脂光泽。摩氏硬度 3.5～3.75，相对密度 3.18。

显微镜下特征：透射光下呈淡黄色或淡红棕色，均质，折射率为 1.90～1.96。

见于主、东矿条带状铌稀土铁矿石和西矿氧化带中，它是氟碳铈矿的风化产物。不规则粒状，粒径一般为 0.03～0.05mm。常呈环带构造，中心有时可见氟碳铈矿残余体。方铈石化学组成见表 3-74(张培善和陶克捷，1986)。

表 3-74 方铈石化学全分析结果 单位：w_t/%

成分	样品 1	样品 2	成分	样品 1	样品 2
CaO	5.16	10.25	Al_2O_3	—	5.12
FeO	5.44	—	MgO	0.76	0.64
Fe_2O_3	—	0.84	MnO	0.07	—
TiO_2	0.06	痕迹	SiO_2	1.30	4.52
Ce_2O_3	37.20	40.00	ThO_2	1.04	0.81
$(La,Nd,\cdots)_2O_3$	45.52	37.41	UO_2	0.28	—
总计				96.83	99.59

第四章　稀土-铌矿物和铌矿物

第一节　铌矿物的分布特征

白云鄂博矿区各类矿石普遍含有铌(Nb)，钽(Ta)含量很低，Nb/Ta 比值极大，至今尚未发现 Ta 的独立矿物，本章只叙述铌矿物。

矿区中的铌主要以独立矿物的形式出现，目前发现的铌矿物有近 30 种(包括稀土-铌矿物)，除易解石和包头矿颗粒粗大(肉眼可见)、烧绿石有时呈较大的晶粒或细粒集合体之外，其余铌矿物均呈细小颗粒产出，在手标本上肉眼难以辨认。

矿区中的铌矿物大多为氧化物类矿物，只有包头矿、铌包头矿、硅钡铌矿属于含铌的钡和钛的硅酸盐矿物。在氧化物类铌矿物中，易解石族矿物、褐钇铌矿族矿物及铌钇矿又属于稀土矿物，故将铌矿物分为稀土-铌氧化物矿物(表 4－1)、铌氧化物矿物(表 4－2)及铌硅酸盐矿物(表 4－3)三大类。另外，含铌较高的氧化物矿物铌铁金红石(钛铁金红石)、铌板钛矿、富铌钛铁矿及硅酸盐矿物富铌硅钛铈矿、富铌榍石也分别归入铌氧化物和铌硅酸盐矿物中进行叙述。

表 4－1　稀土-铌氧化物矿物

稀土-铌氧化物矿物	矿物名称/化学式	化学通式特征	产状	共伴生矿物
易解石族矿物 AB_2O_6	钕铌易解石 $(Nd,Ce)(Nb,Ti)_2(O,OH)_6$	A 中 Nd(apfu)最高，B 中 Nb(apfu)>Ti	产于钠闪石型铌稀土矿石、钠闪石型铌稀土铁矿石中	霓石、钠闪石、重晶石、钠长石、金云母、独居石、重晶石、萤石等
	铈铌易解石 $(Ce,Ca)(Nb,Ti)_2(O,OH)_6$	A 中 Ce(apfu)最高，B 中 Nb(apfu)>Ti	产于白云石型铌稀土铁矿石、萤石型铌稀土铁矿石中	钠闪石、白云石、独居石、褐钇铌矿、铌锰矿、铌铁矿、闪锌矿、磁铁矿、黄铁矿、磷灰石等
	钇铌易解石 $(Y,REE,Ca,Th,Fe)(Nb,Ti,Ta)_2(O,OH)_6$	A 中 Y(apfu)最高，B 中 Nb(apfu)>Ti	产于晚期脉中，与铈铌易解石紧密共生	氟碳钙铈矿、氟碳铈矿、独居石、磷灰石、赤铁矿、铌铁矿、铈铌易解石等
	钇易解石 $(Y,Ln,Ca,Th)(Ti,Nb)_2(O,OH)_6$	A 中 Y(apfu)最高，B 中 Ti(apfu)>Nb	产于晚期脉中，与铈铌易解石紧密共生	氟碳钙铈矿、氟碳铈矿、独居石、磷灰石、赤铁矿、铌铁矿、铈铌易解石等

续表

稀土-铌氧化物矿物	矿物名称/化学式	化学通式特征	产状	共伴生矿物
易解石族矿物 AB_2O_6	钕易解石 $(Nd,Ln,Ca)(Ti,Nb)_2(O,OH)_6$	A中Nd(apfu)最高，B中Ti(apfu)>Nb	分布广泛，主要产于霓石型和白云石型矿石中	氟碳铈矿、重晶石、霓石、钠闪石、石英、萤石、白云石、金云母、榍石、磁铁矿、黄铁矿、闪锌矿、独居石、钛铁矿、烧绿石等
	铈易解石 $(Ce,Ca,Fe,Th)(Ti,Nb)_2(O,OH)_6$	A中Ce(apfu)最高，B中Ti(apfu)>Nb	产于霓石型及磷灰石化黑云母型矿石中	霓石、氟碳铈矿、石英、黑云母、磷灰石、赤铁矿、独居石等
褐钇铌矿族矿物 AB_2O_4	褐钇铌矿 $YNbO_4$	A中Y(apfu)最高	产于钠闪石型铌稀土铁矿石、白云石型铌稀土矿石中	钠闪石、白云石、独居石、铌锰矿、黄铁矿、磁铁矿、闪锌矿、菱锰矿、萤石、氟镁石、烧绿石、钛铁矿、闪锌矿等
	单斜褐钇铌矿 $YNbO_4$	A中Y(apfu)最高	产于钠闪石化白云石型铌稀土铁矿石、黑云母型铌稀土铁矿石中	黑云母、磷灰石、磁铁矿、磁黄铁矿、黄铁矿、闪锌矿、褐帘石、钍石、独居石、重晶石、长石、石英
	单斜褐钕铌矿 $NdNbO_4$	A中Nd(apfu)最高	产于钠闪石化白云石型铌稀土铁矿石、黑云母型铌稀土铁矿石中	黑云母、磷灰石、磁铁矿、磁黄铁矿、黄铁矿、闪锌矿、褐帘石、钍石、独居石、重晶石、长石、石英等
	单斜褐铈铌矿 $CeNbO_4$	A中Ce(apfu)最高	产于东部接触带白云石型铌稀土矿石、东介勒格勒白云石型铌稀土铁矿石中	白云石、方解石、铌钙矿、磷灰石、磁铁矿、铁橄榄石、黄铁矿等
	褐铈铌矿 $CeNbO_4\cdot 0.3H_2O$	A中Ce(apfu)最高	产于东部接触带白云石型铌稀土矿石、东介勒格勒白云石型铌稀土铁矿石中	白云石、方解石、铌钙矿、磷灰石、磁铁矿、黄铁矿、萤石、氟镁石、烧绿石、磁黄铁矿、闪锌矿等
铌钇矿族矿物	铌钇矿 $YFe^{3+}Nb_2O_8$	稀土中Y(apfu)最高，含少量轻稀土	产于白云石型铌稀土铁矿石中	氟碳钙铈矿、独居石、磷灰石、赤铁矿、易解石、石英等

表 4-2 铌氧化物矿物

铌氧化物矿物	矿物名称/化学式	化学通式特征	产状	共伴生矿物
烧绿石族矿物 $A_2Nb_2(O,OH)_6Y$	氟钙烧绿石 $(Ca,Na)_2(Nb,Ti)_2O_6F$	A 中 Ca(apfu)最高，Y 中 F(apfu)>OH	产于透辉石型铌稀土矿石、霓石型铌稀土矿石和白云石型铌稀土矿石中	白云石、萤石、磁铁矿、黄铁矿、闪锌矿、独居石、氟碳铈矿、重晶石、钠闪石、黑云母；金云母、透辉石、铈磷灰石、铌钙矿等
	氟钠烧绿石 $(Na,Pb,Ca,REE,U)_2Nb_2O_6F$	A 中 Na(apfu)最高，Y 中 F(apfu)>OH	产于白云石型铌稀土矿石中	白云石、磷灰石、氟碳铈钡矿、氟碳钡铈矿、独居石、磷灰石、磁铁矿、钠闪石、黄铁矿等
	羟钙烧绿石 $(Ca,Na,U,\square)_2(Nb,Ti)_2O_6(OH)$	A 中 Ca(apfu)最高，Y 中 OH(apfu)>F	产于钠闪石化白云石型铌稀土铁矿石中	白云石、钠闪石、磁铁矿、氟碳铈矿、氟碳钙铈矿、磷灰石、硅钡铁钛石、萤石等
	羟空烧绿石 $(\square,Ce,Ba)_2(Nb,Ti)_2O_6(OH,F)$	A 中□(apfu)最高，Y 中 OH(apfu)>F	产于黄铁矿化白云石型铌稀土矿石中	白云石、方解石、羟钙烧绿石、铌铁矿、铌钙矿、黄铁矿、磷灰石、钠闪石、方铅矿等
	氧铅烧绿石 $Pb_2Nb_2O_7$	A 中 Pb(apfu)最高，Y 位为 O	产于钠闪石化白云石型铌稀土矿石中	钠闪石、方解石、白云石、磁铁矿、赤铁矿、磷灰石、独居石、氟钙烧绿石、铌钙矿、铌铁矿等
黑稀金矿族矿物 AB_2X_6	铌钙矿 $CaNb_2O_6$	少量 REE、Ti 置换 Ca、Nb	产于白云石型铌稀土矿石中	白云石、方解石、磷灰石、磁铁矿、褐铈铌矿、黄铁矿等
	黑稀金矿 $Y(Nb,Ti)_2O_6$	除 Y 外，含少量 Dy、Gd、Er 等	产于白云石型铌稀土矿石中	白云石、方解石、磁铁矿、黄铁矿、独居石、硅钡铌矿、菱钡镁石、碳锶石、大青山矿、褐钇铌矿、磷钇矿等
铌铁矿族矿物	铌铁矿 $Fe^{2+}Nb_2O_6$	Mn 置换 Fe 越多，颜色越浅，含 Y、Sc 高	产于白云石型、云母型等铌稀土铁矿石中	磷灰石、易解石、黄河矿、烧绿石、包头矿、钛铁矿、白云石、萤石、金云母、磁铁矿等
	铌锰矿 $Mn^{2+}Nb_2O_6$	与铌铁矿完全类质同象，含 Y、Sc 高	产于钠闪石化、萤石化、白云石型、黑云母型铌稀土铁矿石中	钠闪石、白云石、独居石、钛铁矿、红钛锰矿、褐钇铌矿、黄铁矿、磁铁矿、锰白云石、闪锌矿、菱锰矿、萤石、硅钡铁钛石、红钛锰矿、菱锰矿等
	铌镁矿 $MgNb_2O_6$	Fe 置换 Mg，含 REE、U 高	产于东部接触带白云石型铌稀土矿石中	白云石、烧绿石、透辉石、铌钙矿、磁铁矿、方解石等
	白鸽矿 $(Nb_{0.8}\square_{0.2})^{4+}O_2$	含 U、Ta 较高	产于白云石型铌稀土矿石中	白云石、磁铁矿、锆石等

续表

铌氧化物矿物	矿物名称/化学式	化学通式特征	产状	共伴生矿物
其他富铌氧化物矿物	鄂博铌矿 $Mg_4Nb_2O_9$	Mg 被 Fe、Mn 置换	产于白云石型铌稀土矿石中	白云石、磷灰石、独居石、磁铁矿、褐钇铌矿、氟钙烧绿石等
	铌铁金红石 $(Ti,Nb,Fe^{3+})O_2$	$Nb^{5+}+Fe^{3+}\rightarrow 2Ti^{4+}$，含 Nb 高	产于霓石型铌稀土矿石中	霓石、萤石、黄河矿、磷灰石、重晶石、钠长石、黑云母、氟碳钡铈矿等
	铌板钛矿 $(Ti,Nb,Fe^{3+})O_2$	$Nb^{5+}+Fe^{3+}\rightarrow 2Ti^{4+}$，含 Nb 高	产于磷灰石化钠闪石型铌稀土矿石中	钠闪石、重晶石、霓石、赤铁矿、磷灰石、独居石、氟碳铈矿、石英等
	富铌钛铁矿 $Fe(Ti,Nb)O_3$	$Nb^{5+}+Fe^{3+}\rightarrow 2Ti^{4+}$，含 Nb 高	产于霓石型铌稀土矿石中	霓石、萤石、黄河矿、磷灰石、重晶石、钠长石、黑云母、氟碳钡铈矿等

表 4-3　铌硅酸盐矿物

矿物名称/化学式	化学通式特征	产状	共伴生矿物
包头矿 $Ba_4Ti_8Si_4O_{28}Cl$	以 Ti 为主， Nb 含量变化较大， $Nb^{5+}+Fe^{3+}\rightarrow 2Ti^{4+}$	产于石英岩、霓石型铌稀土矿石中	石英、黄钾铁矾；钠闪石、榍石、钠长石、硅钛铈矿、钛铁矿、锆石、金红石、方解石、重晶石等；磷灰石、易解石、氟碳铈矿、独居石、黄河矿、烧绿石、铌铁矿、白云石、萤石、磁铁矿、闪锌矿、黄铁矿、磁黄铁矿等
铌包头矿 $Ba_4(Ti_{2.5}Fe^{2+}_{1.5})Nb_4Si_4O_{28}Cl$	Nb 含量较高	产于白云石型铌稀土铁矿石、钠闪石型铌稀土矿石中	白云石、磁铁矿、黄铁矿、氟碳铈矿、独居石、氟碳钙铈矿、铈易解石、铌锰矿、方解石、钠闪石、独居石、闪锌矿、黄铁矿等
硅钡铌矿 $Ba_3Nb_6(Si_2O_7)_2O_{12}$	Nb 被少量 Ti 置换	产于石英岩、白云石型铌稀土矿石中	白云石、方解石、磁铁矿、铌铁矿、钠闪石、黑云母、磷灰石、独居石、菱钡镁石等
富铌硅钛铈矿 $(Ce,Ca,Th)_4Fe^{2+}(Fe^{2+},Ti,Fe^{3+})_2(Ti,Nb,Fe^{3+})_2O_8(Si_2O_7)_2$	$Nb^{5+}+Fe^{3+}\rightarrow 2Ti^{4+}$， $Nb^{5+}\rightarrow REE^{3+}+Fe^{2+}$， 含 Nb 高	产于萤石化白云石型铌稀土铁矿石、钠闪石型铌稀土矿石、霓石型铌稀土矿石中	萤石、黄铁矿、铈磷灰石、氟碳铈矿、氟碳钡铈矿、方解石、单斜褐钕铌矿、易解石、霓石、钠闪石、褐钇铌矿、独居石等
富铌榍石 $Ca(Ti,Nb)(SiO_4)O$	$Nb^{5+}+Fe^{3+}\rightarrow 2Ti^{4+}$， 含 Nb 高	产于黑云母型、钠闪石型铌稀土矿石中	黑云母、白云石、方解石、重晶石、磁铁矿、闪锌矿、磁黄铁矿、独居石、铌铁矿、褐钕铌矿等

由于本区地球化学特点和成矿过程的复杂性，矿区内易解石族矿物和褐钇铌矿族矿物亚种、变种较多。除之前已发现的白云鄂博几种易解石外，本次研究工作获得了以重稀土钇为主的钇铌易解石、钇易解石，使易解石的种类达到了六种。在东矿发现了褐钇铌矿与其铈族端员矿物褐铈铌矿共生、单斜褐钇铌矿与单斜褐钕铌矿共存于同一矿物颗粒的现象；分布于黑云母型铌稀土铁矿石中的单斜褐钇铌矿、单斜褐钕铌矿均含 Th 较高，矿物发生了比较强

的变生作用；分布于东矿钠闪石化白云石型铌稀土铁矿石中的褐钇铌矿、褐铈铌矿含 Th 较低，矿物均未发生变生作用；分布于西矿钠闪石化白云石型铌稀土铁矿石中的褐钕铌矿发生变生作用。易解石及褐钇铌矿族矿物均属于完全配分型稀土-铌矿物，所以中、重稀土元素更容易进入这两种矿物，因有 Th^{4+}、Ti^{4+} 与 REE^{3+}、Nb^{5+} 的置换，Th 元素也容易进入这两种矿物。相对于其他稀土或铌矿物，易解石及褐钇铌矿族矿物中、重稀土及 Th 含量均较高。

铌钇矿也是矿区中重稀土矿物之一，其 Y_2O_3 含量为 4.13%～14.85%，Sc 含量较高，Sc_2C_3 的平均值为 2.25%，最高达 3.75%，在白云鄂博矿区非常罕见，这证实了 Sc 与 Y 的置换关系。

在铌的氧化物矿物中，烧绿石族矿物大多为氟钙烧绿石，少数为氟钠烧绿石、羟钙烧绿石、羟空烧绿石及氧铅烧绿石。不同产出状态的氟钙烧绿石，其类质同象置换不同，多数为 REE 与 Ti 置换 Nb、Na(Ca)等元素，或 U(Th)与 Ca 置换 Nb 与 Na。主矿、东矿以氟钙烧绿石为主且含 Ca 高，羟钙烧绿石中 Sr 高，Na、Ca 较低；西矿氟钙烧绿石含 Na 较高，并过渡到氟钠烧绿石。西矿氟钙烧绿石中间为含 Ba、U 较高的羟空烧绿石，U_2O 含量平均为 3.88%。菠萝头发现了与氟钙烧绿石紧密共生的氧铅烧绿石。东部接触带的氟钙烧绿石含稀土或含 U 较高导致 Na 较低，含 U 较高的氟钙烧绿石中 UO_2 的平均含量为 5.58%(最高达 8.10%)，相应 Ta_2O_5 的平均含量为 0.30%。氟钙烧绿石包裹的羟空烧绿石 UO_2 平均含量为 1.69%，Ta_2O_5 平均含量达到 0.22%。另外，在东矿钻孔样品中发现了含 Ta、U 较高的羟钙烧绿石及羟空烧绿石，其 Ta_2O_5、UO_2 平均含量分别为 12.56%、12.43%和 19.52%、18.00%；被包裹于铌镁矿中的铌钙矿 U 含量高，几个测试点 UO_2 平均含量为 8.37%，同时 Ta_2O_5 平均含量达到 0.33%，证明了 U 与 Ta 的正相关性。几种烧绿石成分和种类的变化证明了后期热液的改造及 F、Ca、Na 与 OH、Sr、Ba、Pb 等元素的负相关。

黑稀金矿族矿物铌钙矿多分布于东部接触带，黑稀金矿则在西矿分布较多，多以白云石型铌稀土矿石为主。

铌铁矿族矿物主要为铌铁矿、铌锰矿及少量铌镁矿。在这三种矿物中，铌铁矿与铌锰矿为完全类质同象，铌铁矿中 Mn 含量越高，则显微镜下矿物颜色越浅。铌铁矿、铌锰矿也是目前发现含 Sc 较高的矿物之一。在测试的几组数据中，铌铁矿中的 Sc_2O_3 平均含量分别为 0.24%、0.31%和 0.21%；铌锰矿中的 Sc_2O_3 平均含量分别为 1.61%、0.18%和 0.29%。这一情况证明了 Sc 主要以类质同象进入这两种矿物，同时置换时需有 Ti 与 Nb 的参与以达到平衡，即：$Sc^{3+}+Ti^{4+}\rightarrow Fe^{2+}(Mn^{2+})+Nb^{5+}$。

白云鄂博有很多含 Ti 的矿物，除了易解石外，还有金红石、钛铁矿、硅钡铁钛石、硅钛铈矿、榍石等。这些矿物中的 Ti 易与 Nb 发生异价类质同象的置换，形成富 Nb 的变种。铌铁金红石、富铌钛铁矿因含 Nb 较高，被归入铌氧化物。铌铁金红石测试点 Nb_2O_5 平均含量为 8.86%～22.18%，铌板钛矿中 Nb_2O_5 高达 41.20%，是否引起晶体结构的变化而成为新矿物有待进一步研究。富铌钛铁矿中测试点 Nb_2O_5 平均含量为 4.65%。

铌硅酸盐矿物主要为包头矿、铌包头矿及硅钡铌矿。包头矿不仅产于石英岩中，在主矿、东矿、西矿各矿体的霓石型、钠闪石型铌稀土铁矿石均可见，其 Nb_2O_5 含量为 9.59%～22.83%，这是由于 Nb 和 Fe 置换 Ti 的量不同，即：$Nb^{5+}+Fe^{3+}\rightarrow 2Ti^{4+}$。

硅钡铌矿是本次研究在白云鄂博发现的另一种铌硅酸盐矿物，其矿物成分与包头矿相似，由 Si、Ba、Nb、Ti 元素组成，但晶体结构不同。硅钡铌矿的 Nb_2O_5 含量高，为 41.87%～52.17%；TiO_2 含量较低，为 1.09%～7.71%。

硅酸盐矿物硅钛铈矿及榍石因含 Nb 较高，被归并至铌硅酸盐矿物。富铌硅钛铈矿的测试数据显示，Nb_2O_5 的平均含量为 3.69%～11.02%，而富铌榍石的两组 Nb_2O_5 平均含量分别为 5.12%和 6.70%。

第二节　稀土-铌氧化物矿物

一、易解石族

易解石族矿物属于 AB_2O_6 型铌钛酸盐矿物，其化学组成复杂。A 组为多次配位的大型阳离子，包括 REE、Th、U、Ca、Fe^{2+}、Mn、Pb；B 组为六次配位的中等大小的阳离子，包括 Ti、Nb、Ta、Fe^{3+}、Zr、Sn。

易解石族矿物是白云鄂博矿区分布最广的铌矿物之一，除了在透辉石型铌稀土矿石中尚未见到外，在其他各类型矿石中均有产出。易解石族矿物在矿区种类较多，从普通易解石到铌易解石，从以 Ce 为主峰的铈易解石到以 Nd 为主峰的钕易解石，以及以 Y 为主峰的钇易解石和钇铌易解石，按 A 组和 B 组阳离子成分的变化，可分为不同的矿物种。B 组阳离子和 A 组阳离子共同组成了各类易解石的词冠，B 组阳离子是分类的基础，最早发现的易解石以 Ti 为主，即为普通易解石；以 Nb 为主的，则另立新种，称为铌易解石（张静，1988）。具体的划分依据为原子数大小，如 Ti＞Nb 为普通易解石，Nb≥(Ti＋Ta)为铌易解石；Ta≥(Ti＋Nb)为钽易解石。因白云鄂博 Nb/Ta 比值大，Ta 含量低，目前没有发现钽易解石。A 组阳离子也是分类命名所必需的，其含量应为 A 组阳离子中最高者，矿物种有铈易解石、钕易解石、钇易解石等（张培善和陶克捷，1986）。因此，根据 A、B 组阳离子组合，白云鄂博矿床目前发现的易解石族矿物有钕铌易解石、铈铌易解石、钕易解石、铈易解石、钇铌易解石、钇易解石六种。

杨主明（2003）在白云鄂博研究发现易解石族矿物有四个矿物种和两个矿物亚种，即：铈易解石、铈铌易解石、钕易解石、钕铌易解石、富钛易解石和富钍铈易解石，本书收纳了严格按照国际矿物学协会（International Mineralogical Association，IMA）命名的六种易解石种类。

1. 易解石族矿物的特点

1）易解石族矿物种类繁多，大部分为钕易解石、铈易解石、铈铌易解石。本次研究发现有钇铌易解石、钇易解石及钕铌易解石。含 Ti 高的易解石较含 Nb 高的易解石颜色浅，即铌易解石颜色更深（图 4-1）。

2）尽管易解石根据其 A、B 组元素含量不同划分为不同种类，但其实矿物在生成过程中元素含量是不断变化的，所以当 A 组阳离子的 Ce 与 Nd、B 组阳离子的 Ti 与 Nb 含量相差较小时，铈易解石与钕易解石、铌易解石与普通易解石，或者几种易解石会同时存

图 4-1　易解石手标本

在，甚至在一个矿物颗粒的不同位置点，其易解石类型都可能不同。

3)易解石含 Th 较高时易发生变生作用，使矿物部分非晶化。变生作用指含稀土和放射性元素的矿物蜕变为非晶质状态的一种特有现象，或称非晶蜕变作用。变生矿物失去了晶体中质点周期性重复排列的特质，不能形成衍射谱图，显均质性。

4)电子探针测试结果显示易解石均含 Th，只是 ThO_2 含量不同，多数易解石 ThO_2 含量很高却不含 U，这与矿区富 Th 贫 U 特征有关。易解石中 ThO_2 含量高时变生作用也较强。

5)铌易解石与普通易解石相比，其 REE 含量偏低，Ca 偏高，因为 Nb 在置换 Ti 时，为保持电价平衡，Ca 与 REE 也参与了置换，其置换方式为 $Nb^{5+}+Ca^{2+}/Fe^{2+} \rightarrow 2REE^{3+}+Ti^{4+}$，所以铌易解石中 $\sum RE_2O_3$ 含量为 24.98%～32.76%，普通易解石中 $\sum RE_2O_3$ 含量为 31.74%～44.16%。

6)同一样品中同时出现两种及以上易解石，比如钇铌易解石、钇易解石与铈铌易解石共存，铈易解石与铌易解石共存于同一样品中，则说明矿区成矿条件复杂多变成矿溶液离子比具有时空变化。

2. 易解石族矿物的稀土配分特征

1)A 组阳离子以稀土元素为主，有时含一定量的 Ca、Mg、Fe、Th 等离子。易解石为富铈族稀土的完全配分型矿物，矿物中稀土元素的配位数为 8，因此有利于离子半径较小的中、重稀土元素进入晶格，以致出现以 Y 为主峰的钇铌易解石、钇易解石。

2)矿区的地球化学特征决定了易解石富 Ce 和富 Th 的特点，Y 和 U 含量一般较低，但很多易解石矿物还是不同程度的含有少量 Y 及其他中、重稀土元素。

3)钕易解石的稀土配分为 $Nd_2O_3 > Ce_2O_3$，Nd_2O_3 占比有时达到一半，有时未到一半，只是略大于 Ce_2O_3，但此时 La_2O_3 与 Pr_2O_3 占比都极低，稀土配分仅为个位数。部分测试点稀土配分中 Sm、Gd、Dy、Ho 较高，证明了中、重稀土更容易进入易解石。Nd

占比高的易解石，其中、重稀土配分占比较高。

4)所有易解石均含 Y，含量高低不同，稀土配分中占比为 1.01%～9.59%，钇铌易解石、钇易解石稀土配分中 Y_2O_3 占 20.00%～33.75%，在稀土元素中最高。

5)钇铌易解石、钇易解石含 Sc 高，Sc_2O_3 含量为 0.07%～0.45%，这与 Sc 的赋存状态有关，Sc^{3+} 可以替代 Y^{3+} 进入矿物晶格，完成类质同象置换。

钕铌易解石 Nioboeschynite-(Nd)

(Nd,Ce)(Nb,Ti)$_2$(O,OH)$_6$

化学组成：化学通式 AB_2O_6 中，A 位 Nd(apfu)最高，B 位 Nb(apfu)>Ti。

晶体结构：斜方晶系，空间群为 *Pnma*。a_0 = 10.9812(18)Å，b_0 = 7.4735(12)Å，c_0 = 5.2998(9)Å，Z = 4。

形态：斜方双锥晶形，$D_{2h}-mmm(3L^2 3PC)$。呈粒状、板状、针状、放射状等晶形产出。

物理性质：褐色、褐黑色，半透明-不透明，条痕浅黄棕色，金刚光泽，贝壳状断口。摩氏硬度 4.5～5.5，相对密度 5.68。

显微镜下特征：多色性弱，正高突起，平行消光，一组解理发育。

1. 钠闪石型铌稀土矿石中的钕铌易解石

样品采自主矿。钕铌易解石颗粒粗大，呈放射状、针状、板状或放射状集合体形式分布于镁钠铁闪石、钠长石矿物间。颜色为棕黄色-棕红色(图 4-2 至图 4-5)，多色性弱，干涉色被本身颜色掩盖，部分颗粒发生变生作用导致非晶化显均质性，粒径为 2.00～10.00mm。

共伴生矿物：镁钠铁闪石、钠长石等。

本样品选择了四个颗粒，做了 24 个点的电子探针测试分析，其中有 18 个点显示 $Nd_2O_3>Ce_2O_3$、6 个点显示 $Ce_2O_3>Nd_2O_3$。在稀土配分中，Nd_2O_3 占比为 24.50%～39.06%，Ce_2O_3 为 19.43%～33.89%。当 $Nd_2O_3>Ce_2O_3$时，Nd_2O_3、Ce_2O_3 占比变化范围都很小，且其含量非常接近。24 个测试点 Nb、Ti 的原子数，有 20 个显示 Nb>Ti、4 个显示 Ti>Nb 且其值也是非常接近(Ti 的原子数为 1.00～1.07，Nb 的原子数为 0.93～0.99)。总体来讲，本样品的原子数关系为 Nd>Ce、Nb>Ti，属于钕铌易解石。

图 4-2 放射状分布的钕铌易解石(Naes-Nd)(单偏光)

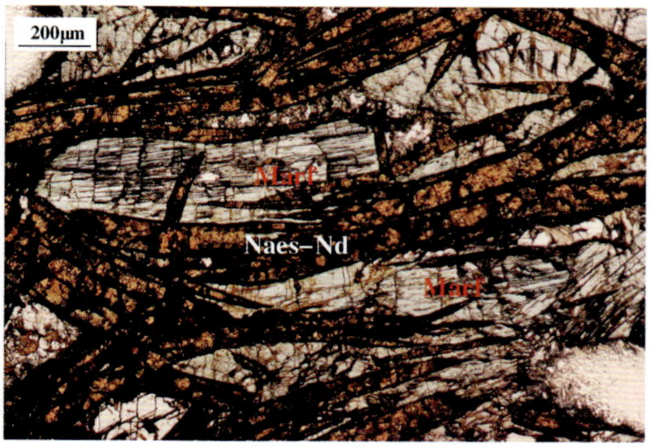

图 4-3 与镁钠铁闪石(Marf)相间分布的钕铌易解石(单偏光)

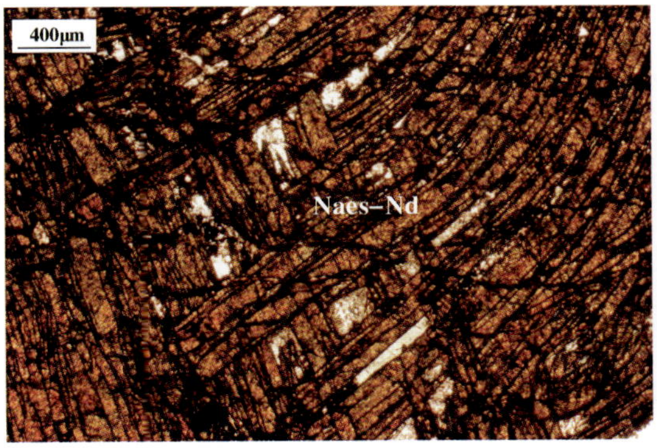

图 4-4 放射状相互垂直穿插分布的钕铌易解石（单偏光）

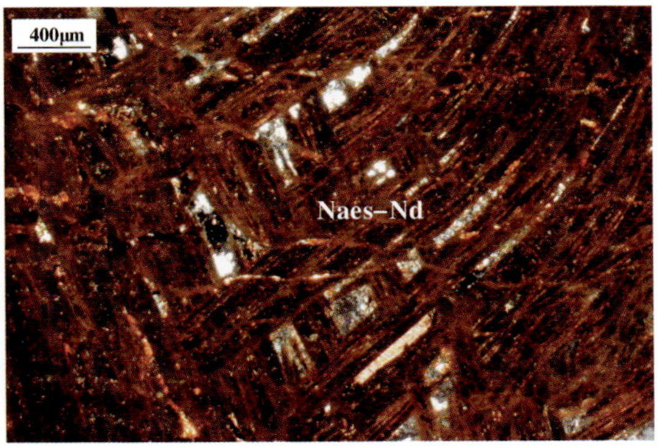

图 4-5 没有完全非晶化的钕铌易解石（正交偏光）

BSE 及能谱图（图 4-6、图 4-7）显示易解石含 Th 和 Y。电子探针测试结果（表 4-4）显示 ThO_2 平均含量为 4.44%，UO_2 平均含量为 0.10%，Y_2O_3 平均含量为 2.11%，故属于含 Y、Th 的钕铌易解石。

根据电子探针测试结果（表 4-4）平均值，以 O=6 为基数，计算化学式：$(Nd_{0.20}Ce_{0.18}Gd_{0.12}Ca_{0.12}Sm_{0.08}Y_{0.07}Th_{0.07}Fe_{0.06}Pr_{0.03}Dy_{0.02}Ho_{0.02}La_{0.01})_{\Sigma 0.98}(Nb_{1.10}Ti_{0.90})_{\Sigma 2.00}O_{6.00}$。

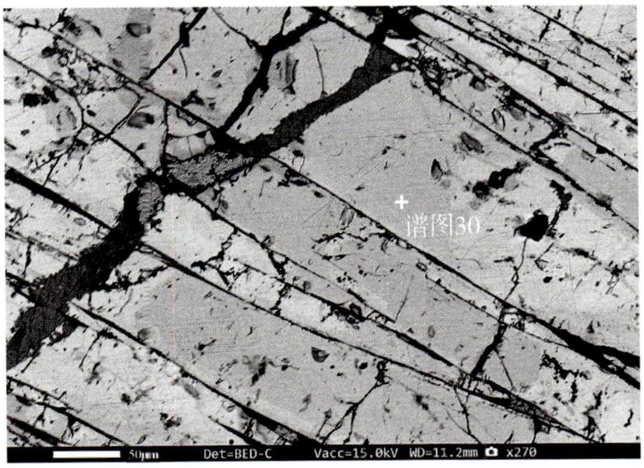

图 4-6 钕铌易解石（BSE）

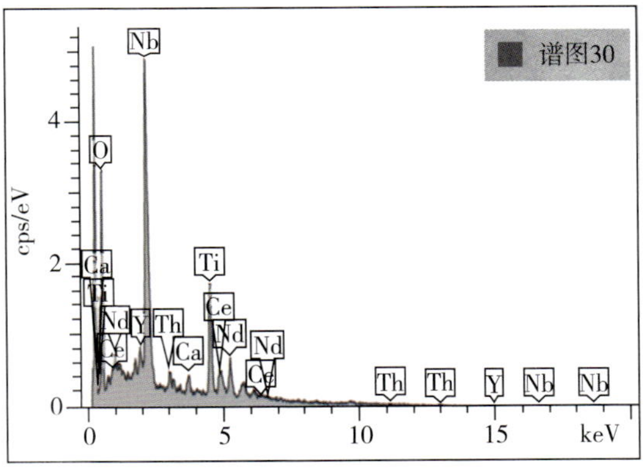

图 4-7 含 Y、Th 的钕铌易解石能谱图

表 4-4 钕铌易解石电子探针测试结果及稀土配分 单位：w_t/%

成分	测试点 P1	稀土配分	测试点 P2	稀土配分	测试点 P3	稀土配分	测试点 P4	稀土配分	平均值
TiO_2	18.69	ΣRE_2O_3 = 32.76	19.31	ΣRE_2O_3 = 31.75	19.12	ΣRE_2O_3 = 31.55	18.64	ΣRE_2O_3 = 31.30	18.94
CaO	1.73		1.67		1.74		1.77		1.73
FeO	0.91		1.11		1.12		0.99		1.03
ThO_2	4.48		4.55		4.35		4.39		4.44
UO_2	0.16		0.11		0.03		0.08		0.10
Nb_2O_5	38.66		37.22		37.73		38.29		37.97
Ta_2O_5	0.10		0.13		0.12		0.10		0.11

续表

成分	测试点 P1	稀土配分	测试点 P2	稀土配分	测试点 P3	稀土配分	测试点 P4	稀土配分	平均值
La_2O_3	0.40	1.22	0.50	1.57	0.56	1.77	0.58	1.85	0.51
Ce_2O_3	8.07	24.63	7.57	23.84	7.55	23.93	7.59	24.25	7.69
Pr_2O_3	1.39	4.24	1.28	4.03	1.16	3.68	1.33	4.25	1.29
Nd_2O_3	8.58	26.19	8.78	27.65	8.68	27.51	8.52	27.22	8.64
Sm_2O_3	3.77	11.51	3.83	12.06	3.91	12.39	3.60	11.50	3.78
Eu_2O_3	0.27	0.82	0.24	0.76	0.00	0.00	0.06	0.19	0.14
Gd_2O_3	5.59	17.06	5.50	17.32	5.40	17.12	5.30	16.93	5.45
Dy_2O_3	1.08	3.30	1.12	3.53	1.13	3.58	1.08	3.45	1.10
Ho_2O_3	1.10	3.36	0.71	2.24	0.75	2.38	1.05	3.35	0.90
Lu_2O_3	0.30	0.92	0.15	0.47	0.27	0.86	0.19	0.61	0.23
Y_2O_3	2.21	6.75	2.07	6.52	2.14	6.78	2.00	6.39	2.11
总计	97.49	100.00	95.85	100.00	95.76	100.00	95.56	100.00	96.16

2. 钠闪石型铌稀土铁矿石中的钕铌易解石

样品采自西矿。钕铌易解石呈放射状或纤状集合体形式分布，单偏光镜下颜色为深棕红色-棕褐色，因变生作用显均质性，粒径为0.50～2.50mm(图4－8至图4－11)。

共伴生矿物：钠闪石、独居石、硅钡铁钛石、闪锌矿、黄铁矿、黄铜矿、钛铁矿、包头矿、黑云母等。

本样品中的钕铌易解石 Nb_2O_5 含量高，远远大于 TiO_2；稀土配分中，Nd_2O_3（40.86%～44.40%）＞Ce_2O_3（36.39%～39.12%），La_2O_3 仅占3.10%～4.04%；ThO_2、UO_2 含量较低。

根据电子探针测试结果（表4－5）平均值，以O＝6为基数，计算化学式：$(Nd_{0.32}Ce_{0.29}Ca_{0.14}Pr_{0.05}Y_{0.04}La_{0.03}Fe_{0.03}Th_{0.02}Sm_{0.01}Dy_{0.01}Tm_{0.01})_{\Sigma 0.95}(Nb_{1.21}Ti_{0.80})_{\Sigma 2.01}O_6$。

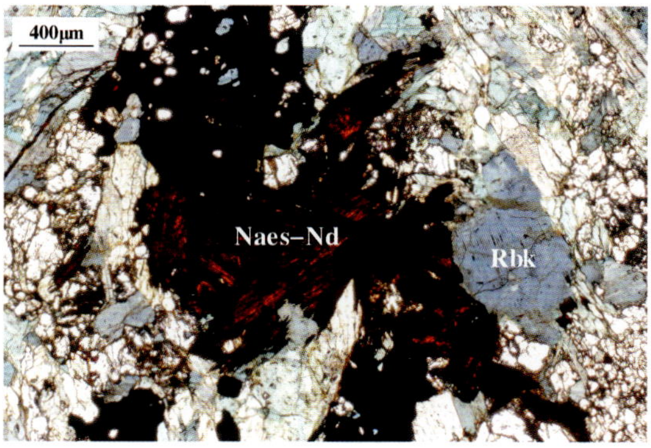

图4－8　放射状分布的钕铌易解石(Naes－Nd)
(单偏光)

图4－9　非晶化的钕铌易解石
(正交偏光)

图 4-10　放射状分布的钕铌易解石（单偏光）

图 4-11　放射状分布的钕铌易解石（单偏光）

表 4-5　钕铌易解石电子探针测试结果及稀土配分　　单位：$w_t/\%$

成分	测试点 P1	稀土配分	测试点 P2	稀土配分	测试点 P3	稀土配分	测试点 P4	稀土配分	平均值
TiO_2	16.59		16.79		16.77		16.79		16.73
CaO	2.23		2.32		1.97		1.74		2.06
FeO	0.62		0.76		0.48		0.64		0.62
SrO	0.14	ΣRE_2O_3 = 34.37	0.00	ΣRE_2O_3 = 32.39	0.17	ΣRE_2O_3 = 33.09	0.13	ΣRE_2O_3 = 33.21	0.11
PbO	0.19		0.21		0.19		0.10		0.17
ThO_2	1.02		0.93		1.87		1.51		1.33
UO_2	0.08		0.09		0.07		0.00		0.06
Nb_2O_5	42.20		41.87		41.97		43.62		42.41
La_2O_3	1.13	3.29	1.31	4.04	1.10	3.32	1.03	3.10	1.14
Ce_2O_3	13.12	38.17	12.67	39.12	12.04	36.39	12.59	37.91	12.60
Pr_2O_3	2.16	6.28	2.28	7.04	2.36	7.13	2.34	7.05	2.29
Nd_2O_3	14.48	42.13	14.38	44.40	13.52	40.86	14.28	43.00	14.16
Sm_2O_3	0.46	1.34	0.22	0.68	0.88	2.66	0.33	0.99	0.47
Gd_2O_3	0.19	0.55	0.23	0.71	0.25	0.76	0.17	0.51	0.21
Dy_2O_3	0.49	1.43	0.20	0.62	0.67	2.02	0.52	1.57	0.47
Ho_2O_3	0.15	0.44	0.03	0.09	0.21	0.63	0.12	0.36	0.13
Er_2O_3	0.04	0.12	0.13	0.40	0.06	0.18	0.04	0.12	0.07
Tm_2O_3	0.46	1.34	0.16	0.49	0.18	0.54	0.26	0.78	0.26
Yb_2O_3	0.30	0.87	0.00	0.00	0.17	0.51	0.23	0.69	0.18
Lu_2O_3	0.42	1.22	0.00	0.00	0.02	0.06	0.02	0.06	0.12
Y_2O_3	0.97	2.82	0.78	2.41	1.63	4.93	1.28	3.85	1.17
总计	97.44	100.0	95.36	100.00	96.58	100.00	97.74	100.00	96.76

铈铌易解石　Nioboaeschynite-(Ce)

(Ce,Ca)(Nb,Ti)$_2$(O,OH)$_6$

化学组成：化学通式 AB_2O_6 中，A 位 Ce(apfu)最高，B 位 Nb(apfu)>Ti。

晶体结构：斜方晶系，空间群为 *Pmnb*。a_0 = 7.68(18)Å，b_0 = 11.03(6)Å，c_0 = 5.35(3)Å，Z = 4。

形态：斜方双锥晶形，$D_{2h}-mmm(3L^2 3PC)$。呈粒状、板状、针状、放射状等晶形产出。

物理性质：黑色、暗红色，半透明-不透明，条痕棕褐色，树脂光泽，贝壳状断口，性脆。摩氏硬度 4.5～5.5，相对密度 4.97～5.13。

显微镜下特征：二轴晶，光性正负均有，$2V=75°\sim97°$。$N_g=2.36\sim2.50$，$N_m=2.32\sim2.38$，$N_p=2.27\sim2.28$。多色性弱，正高突起。透射光下，矿物透明，浅黄褐色、褐色、红褐色；正交偏光下，矿物大多数有光性，部分因变生显均质性；反射光下呈褐灰色，内反射色为红棕色、褐红色。

1. 钠闪石化白云石型铌稀土铁矿石中的铈铌易解石

样品采自东矿钻孔。铈铌易解石呈半自形-他形不规则粒状、粒状集合体形式分布，橘红色、橘黄色、棕黄色，并与棕红-深红色的铌锰矿紧密共生，干涉色多被本身颜色掩盖，粒径为 0.05～0.20mm(图 4-12 至图 4-15)。本样品中铈铌易解石含 Th 低，未发生变生作用。

共伴生矿物：钠闪石、白云石、独居石、褐钇铌矿、铌锰矿、闪锌矿、磁铁矿、黄铁矿、钛铁矿、红钛锰矿、黑云母、磷灰石等。

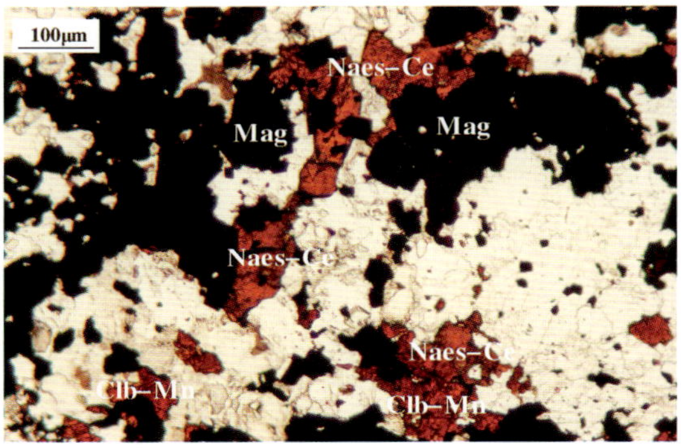

图 4-12 呈棕红色不规则粒状分布的铈铌易解石(Naes-Ce)(单偏光)

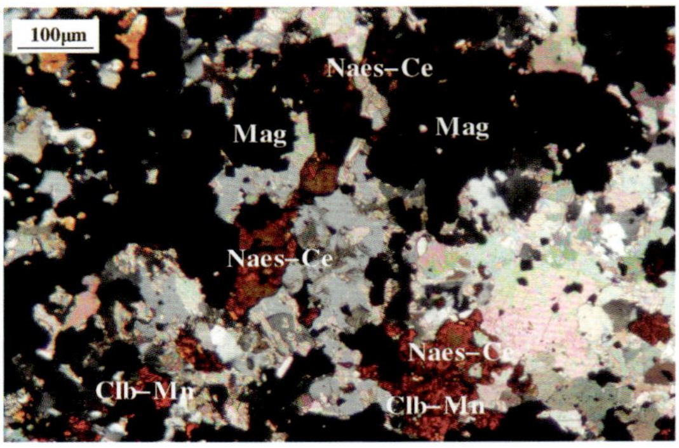

图 4-13 铈铌易解石干涉色被本身颜色掩盖(正交偏光)

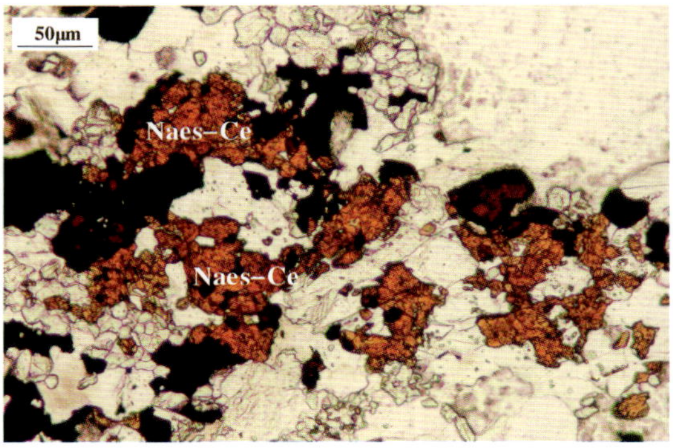

图 4-14 呈棕红色不规则粒状分布的铈铌易解石(单偏光)

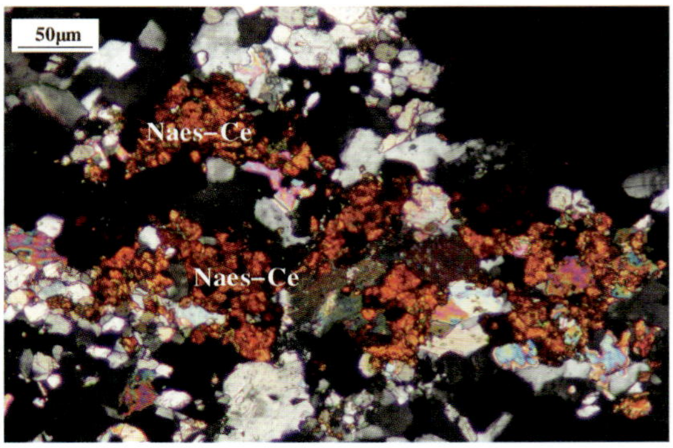

图 4-15 铈铌易解石的干涉色(正交偏光)

电子探针测试结果(表 4-6)显示，铈铌易解石的 Nb_2O_5 含量平均值达到 44.33%；TiO_2 含量较低，平均值为 15.89%；Nb(apfu)(1.22)≫Ti(0.73)，且 Ce(apfu)>Nd，故

为铈铌易解石。

根据电子探针测试结果平均值(表4-6)，以O=6为基数，计算化学式：$(Ce_{0.41}Ca_{0.22}La_{0.16}Nd_{0.10}Fe_{0.06}Pr_{0.03}Y_{0.03}Sm_{0.01})_{\Sigma 1.02}(Nb_{1.25}Ti_{0.75})_{\Sigma 2.00}O_{6.00}$。

表4-6 铈铌易解石电子探针测试结果及稀土配分 单位：w_t/%

成分	测试点P1	稀土配分	测试点P2	稀土配分	测试点P3	稀土配分	平均值
TiO_2	15.42	ΣRE_2O_3 = 31.64	16.12	ΣRE_2O_3 = 32.41	16.14	ΣRE_2O_3 = 32.76	15.89
CaO	3.34		3.19		3.23		3.26
FeO	1.01		1.29		1.04		1.11
BaO	0.13		0.13		0.10		0.12
Nb_2O_5	45.50		43.66		43.84		44.33
ThO_2	0.03		0.07		0.00		0.03
Sc_2O_3	0.03		0.00		0.03		0.02
La_2O_3	7.15	22.60	6.13	18.91	7.35	22.43	6.87
Ce_2O_3	17.16	54.24	18.07	55.77	18.31	55.90	17.85
Pr_2O_3	1.23	3.89	1.28	3.94	1.18	3.61	1.23
Nd_2O_3	4.13	13.05	4.83	14.91	4.36	13.32	4.44
Sm_2O_3	0.48	1.52	0.63	1.95	0.52	1.60	0.54
Eu_2O_3	0.16	0.51	0.00	0.00	0.00	0.00	0.05
Gd_2O_3	0.22	0.70	0.10	0.31	0.03	0.10	0.12
Dy_2O_3	0.09	0.28	0.16	0.48	0.19	0.57	0.15
Ho_2O_3	0.03	0.09	0.17	0.52	0.00	0.00	0.07
Er_2O_3	0.06	0.19	0.02	0.06	0.05	0.14	0.04
Tm_2O_3	0.07	0.22	0.00	0.00	0.00	0.00	0.02
Lu_2O_3	0.07	0.22	0.21	0.64	0.06	0.20	0.11
Y_2O_3	0.79	2.50	0.81	2.50	0.70	2.13	0.77
总计	97.10	100.00	96.87	100.00	97.13	100.00	97.02

2. 萤石型铌稀土铁矿石中的铈铌易解石

样品采自主矿。铈铌易解石呈棕红-暗红色，放射状分布，与榍石、磷灰石、氟碳铈矿等矿物紧密共生，颗粒粗大，粒径为2.00～3.00mm(图4-16至图4-19)。

共伴生矿物：萤石、磷灰石、榍石、氟碳铈矿、氟碳钙铈矿、方解石、霓石、钠闪石、磁铁矿等。

该样品中的铈铌易解石含少量Th、Y。稀土配分(表4-7)中，Ce_2O_3占比约为50%，La_2O_3与Pr_2O_3占比较低。Nb(apfu)>Ti，故为铈铌易解石。

根据电子探针测试结果平均值(表4-7)，以O=6为基数，计算化学式：$(Ce_{0.37}Nd_{0.18}Ca_{0.16}La_{0.05}Pr_{0.04}Sm_{0.03}Y_{0.03}Fe_{0.02}Eu_{0.01}Gd_{0.01}Dy_{0.01}Ho_{0.01}Th_{0.01})_{\Sigma 0.93}(Nb_{1.12}Ti_{0.96})_{\Sigma 2.08}O_{6.00}$。

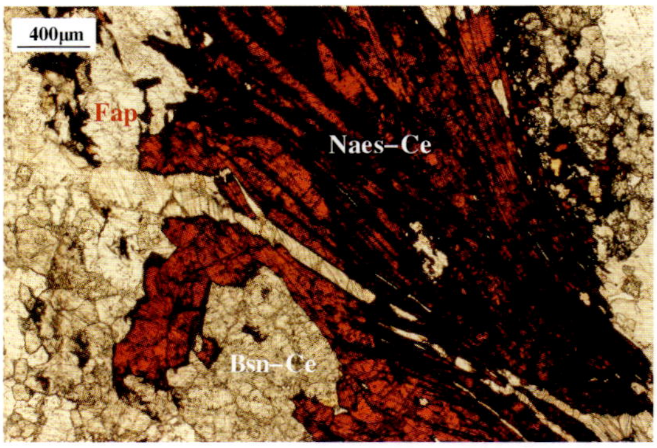

图 4-16　放射状分布的铈铌易解石(Naes-Ce)
(单偏光)

图 4-17　放射状分布的铈铌易解石
(正交偏光)

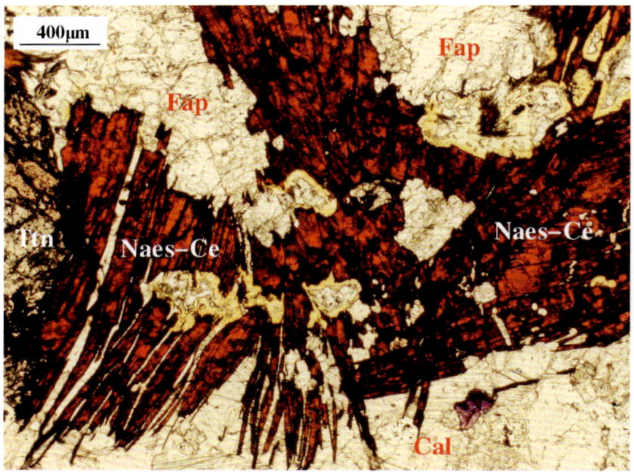

图 4-18　放射状分布的铈铌易解石
(单偏光)

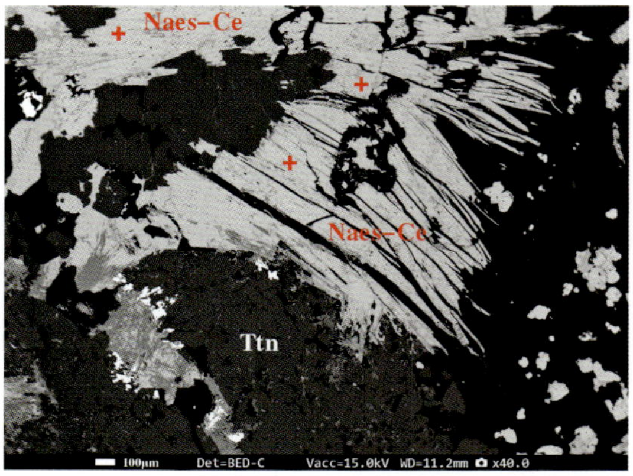

图 4-19　铈铌易解石(BSE)
红色"+"为测试点位置

表 4-7　铈铌易解石电子探针测试结果及稀土配分　　单位：$w_t/\%$

成分	测试点 P1	稀土配分	测试点 P2	稀土配分	测试点 P3	稀土配分	平均值
TiO_2	17.92		19.08		24.21		20.40
CaO	2.53		2.05		2.59		2.39
FeO	0.36		0.42		0.60		0.46
BaO	0.12	$\Sigma RE_2O_3=$ 31.91	0.07	$\Sigma RE_2O_3=$ 32.14	0.13	ΣRE_2O_3 = 31.36	0.11
ThO_2	0.85		1.26		0.86		0.99
UO_2	0.06		0.03		0.00		0.03
Nb_2O_5	43.25		39.97		35.43		39.55
La_2O_3	1.83	5.75	1.71	5.33	2.35	7.51	1.97
Ce_2O_3	16.73	52.41	15.66	48.78	15.85	50.55	16.08
Pr_2O_3	1.91	6.00	1.96	6.09	1.87	5.95	1.91
Nd_2O_3	8.16	25.58	8.55	26.61	7.76	24.75	8.16

续表

成分	测试点 P1	稀土配分	测试点 P2	稀土配分	测试点 P3	稀土配分	平均值
Sm_2O_3	1.38	4.31	1.68	5.22	1.40	4.45	1.48
Eu_2O_3	0.23	0.71	0.48	1.50	0.00	0.00	0.24
Gd_2O_3	0.25	0.79	0.51	1.57	0.48	1.52	0.41
Tb_2O_3	0.00	0.00	0.00	0.00	0.22	0.71	0.08
Dy_2O_3	0.33	1.02	0.26	0.79	0.40	1.29	0.33
Ho_2O_3	0.28	0.87	0.38	1.17	0.19	0.59	0.28
Er_2O_3	0.03	0.10	0.15	0.46	0.07	0.21	0.08
Yb_2O_3	0.00	0.00	0.00	0.00	0.06	0.19	0.02
Lu_2O_3	0.00	0.00	0.06	0.18	0.00	0.00	0.02
Y_2O_3	0.78	2.44	0.74	2.29	0.71	2.28	0.74
总计	97.00	100.00	95.02	100.00	95.18	100.00	95.73

3. 白云石型铌稀土铁矿石中的铈铌易解石

样品采自主矿。铈铌易解石呈放射状、板状或不规则粒状分布，棕红-暗红色，粒径(长轴)为 0.10～0.50mm(图 4-20、图 4-21)。

共伴生矿物：白云石、氟碳钙铈矿、氟碳铈矿、独居石、磷灰石、赤铁矿、铌铁矿、铌钇矿等。

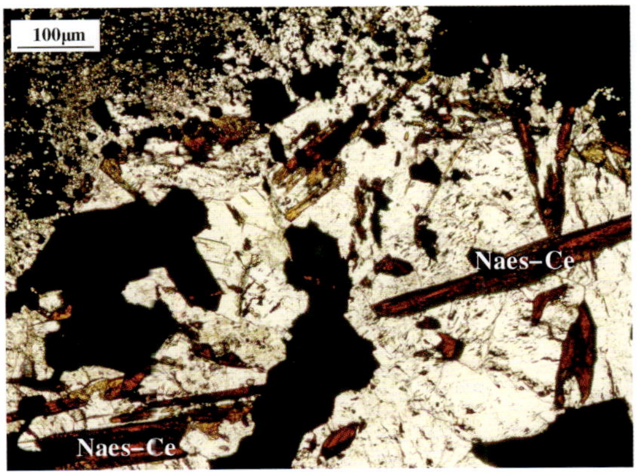

图 4-20 放射状、板状分布的铈铌易解石(Naes-Ce)(单偏光)

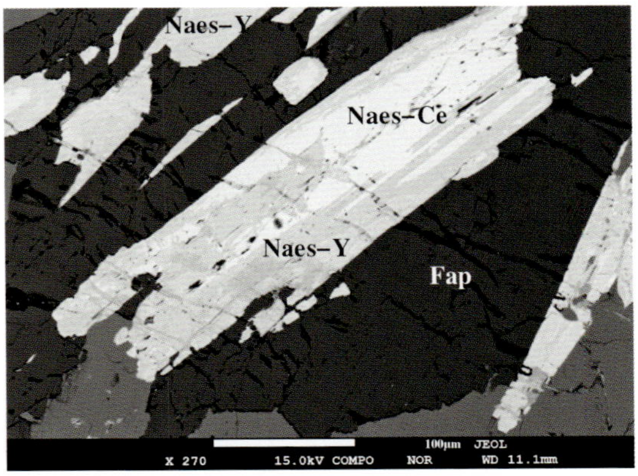

图 4-21 亮色部分为铈铌易解石，暗色部分为钇铌易解石(Naes-Y)(BSE)

本样品中铈铌易解石含少量 Th、Y。稀土配分中，Ce_2O_3>Nd_2O_3 或含量接近，La_2O_3、Pr_2O_3 占比低或无。ΣRE_2O_3 与其他易解石相比变化不大，但 Nb_2O_5 含量高，平均含量 45.04%；TiO_2 含量较低，平均为 15.71%，属于铈铌易解石。

根据电子探针测试结果平均值(表 4-8)，以 O=6 为基数，计算化学式：$(Ce_{0.33}Nd_{0.25}Ca_{0.23}Fe_{0.06}Y_{0.04}La_{0.03}Sm_{0.03}Pr_{0.01}Gd_{0.01}Dy_{0.01})_{\Sigma 1.00}(Nb_{1.30}Ti_{0.75})_{\Sigma 2.05}(O_{5.93}OH_{0.07})_{\Sigma 6.00}$。

表 4-8 铈铌易解石电子探针测试结果及稀土配分　　单位：w_t/%

成分	测试点 P1	稀土配分	测试点 P2	稀土配分	测试点 P3	稀土配分	平均值
TiO_2	15.81	ΣRE_2O_3 = 31.56	15.65	ΣRE_2O_3 = 31.58	15.68	ΣRE_2O_3 = 27.85	15.71
CaO	3.25		3.42		3.35		3.34
FeO	1.04		1.27		1.08		1.13
Nb_2O_5	44.90		44.52		45.71		45.04
ThO_2	0.29		0.39		0.33		0.34
Sc_2O_3	0.03		0.04		0.00		0.03
La_2O_3	1.84	5.81	1.75	5.53	0.00	0.00	1.19
Ce_2O_3	13.56	42.97	14.37	45.49	14.00	50.26	13.98
Pr_2O_3	0.87	2.76	0.78	2.47	0.00	0.00	0.55
Nd_2O_3	11.53	36.55	9.94	31.46	11.73	42.12	11.07
Sm_2O_3	1.22	3.85	1.52	4.81	1.19	4.26	1.31
Eu_2O_3	0.09	0.27	0.04	0.13	0.00	0.00	0.04
Gd_2O_3	0.72	2.28	0.48	1.53	0.00	0.00	0.40
Dy_2O_3	0.49	1.54	0.62	1.96	0.19	0.68	0.43
Ho_2O_3	0.04	0.11	0.24	0.77	0.00	0.00	0.09
Lu_2O_3	0.01	0.03	0.25	0.80	0.00	0.00	0.09
Y_2O_3	1.21	3.82	1.59	5.03	0.75	2.69	1.18
总计	96.87	100.00	96.86	100.00	94.00	100.00	95.93

钇铌易解石　Nioboaeschynite-(Y)

$(Y,REE,Ca,Th,Fe)(Nb,Ti,Ta)_2(O,OH)_6$

化学组成：化学通式 AB_2O_6 中，A 位 Y(apfu)最高，B 位 Nb(apfu)>Ti。

晶体结构：斜方晶系，空间群为 *Pban*。a_0 = 5.279Å，b_0 = 10.966Å，c_0 = 7.443Å。

形态：斜方双锥晶形，$D_{2h}-mmm(3L^2 3PC)$。呈粒状、板状、针状、放射状等晶形产出。

物理性质：暗棕红色，半透明，条痕灰棕色，玻璃光泽，贝壳状断口，性脆，无解理。摩氏硬度 5～6，相对密度 5.34。

显微镜下特征：透射光下呈黄褐色、浅红棕色，因变生显均质性，N=2.14～2.20。加热至 800℃变为非均质体。反射率 R=13.7%～14.6%。

钇易解石　Aeschynite-(Y)

$(Y,Ln,Ca,Th)(Ti,Nb)_2(O,OH)_6$

化学组成：化学通式 AB_2O_6 中，A 位 Y(apfu)最高，B 位 Ti(apfu)>Nb。

晶体结构：斜方晶系，空间群为 *Pmna*。a_0 = 7.47Å，b_0 = 10.98Å，c_0 = 5.18Å，Z = 4。

形态：斜方双锥晶形，$D_{2h}-mmm(3L^2 3PC)$。呈粒状、板状、针状、放射状等晶形产出。

物理性质：浅黄-橘黄色、黄绿色、褐色、黑色，透明-半透明，条痕白色、浅黄色、红色，树脂光泽、半金属光泽，贝壳状断口，性脆，{100}{010}{001}完全解理。摩氏硬度 5～6，相对密度 4.82～4.93。

显微镜下特征：二轴晶(+)，$2V$=70°～80°。N_p=2.19～2.28，N_m=2.21～2.30，N_g=2.34～2.50。

白云石型铌稀土铁矿石中的钇铌易解石

样品采自主矿。钇铌易解石呈深红色-棕红色，板状分布(图4-22、图4-24)，BSE图像(图4-23、图4-25)显示易解石有明暗两种颜色，经电子探针测试(表4-9)确认亮色部分为铈铌易解石，暗色部分为钇铌易解石、钇易解石，它们呈板状规则连生或共生。选择钇易解石部分做Nb、Ti、Y、Ce、Dy、Ho等元素面扫描，如图4-26所示，Y与Dy呈正相关。

共伴生矿物：白云石、赤铁矿、磷灰石、铈铌易解石、氟碳钙铈矿、氟碳铈矿、独居石、铌钇矿等。

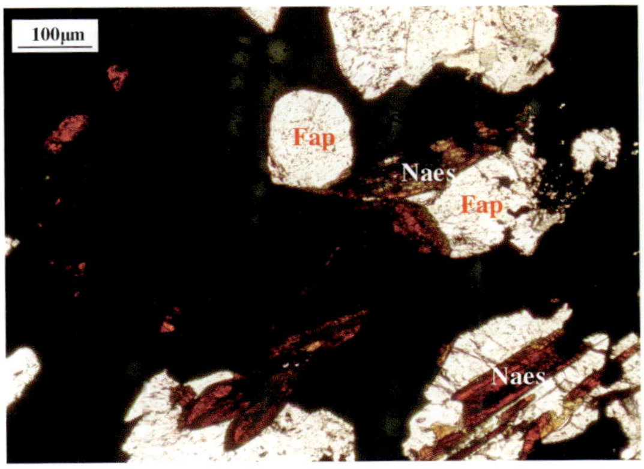

图4-22 板状规则连生的两种易解石(Naes)(单偏光)

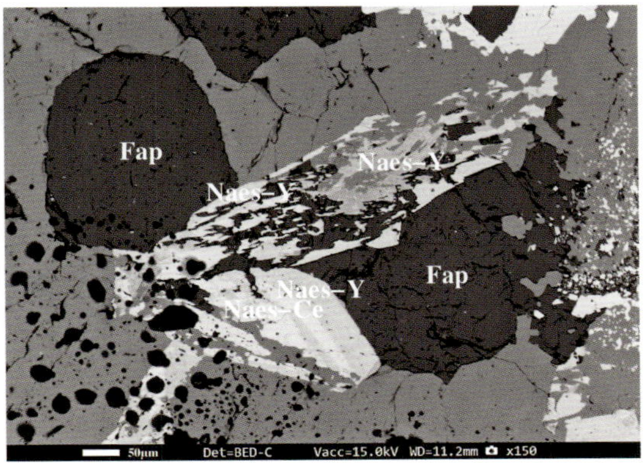

图4-23 亮色部分为铈铌易解石(Naes-Ce)，暗色部分为钇铌易解石(Naes-Y)(BSE)

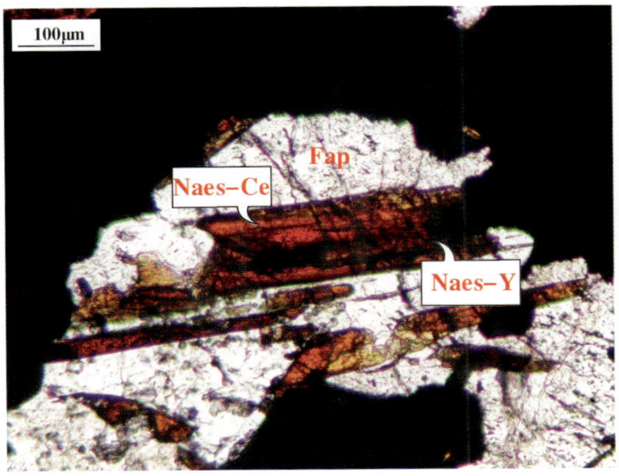

图4-24 钇铌易解石与铈铌易解石共生(单偏光)

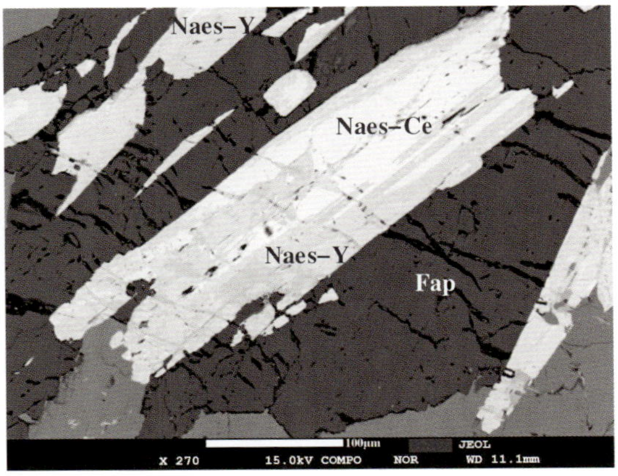

图4-25 亮色部分为铈铌易解石，暗色部分为钇铌易解石(BSE)

在钇铌易解石、钇易解石稀土配分中，钇元素最高，Y_2O_3 占比为20.00%～24.47%；其他含量高的重稀土元素分别是Dy、Gd、Ho、Lu，尤其 Dy_2O_3 含量达到4.04%～4.49 %，占比为14.37%～19.95%；轻稀土元素含量高的是Ce、Nd、Sm，且其含量变化较大。电子探针测试结果显示，P1的 Nd_2O_3 含量为6.79%，大于 Y_2O_3(含量为5.63%)，稀土配分也是 $Nd_2O_3>Y_2O_3$，但Y的原子量比Nd小很多，所以原子数还是Y>Nd。同理，测试点P2

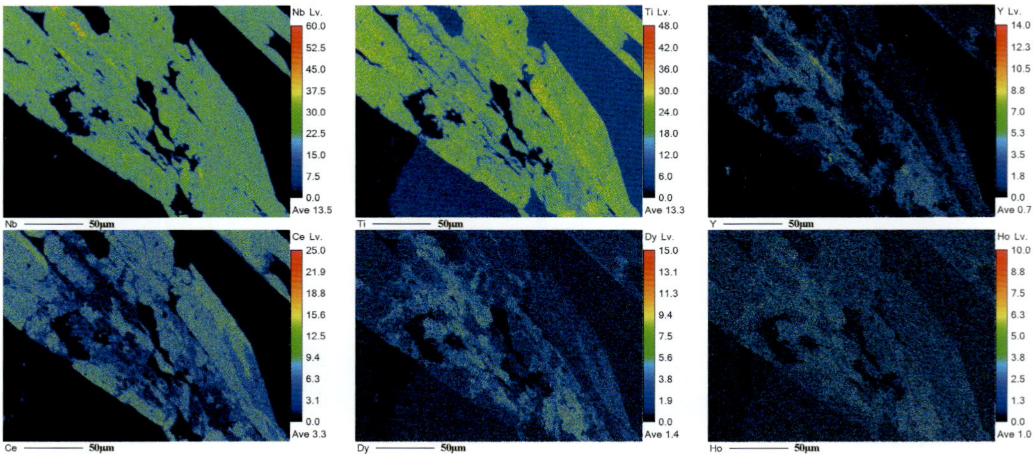

图 4－26　钇易解石面扫描 Nb、Ti、Y、Ce、Dy、Ho 元素分布图像

的 Ce_2O_3 略高于 Y_2O_3，但原子数还是 Y＞Ce。

根据电子探针测试结果(表 4－9)，以 O＝6 为基数，分别计算化学式。

P1、P2 平均值计算化学式：$(Ln_{0.48}Ca_{0.22}Y_{0.20}Fe_{0.20}Th_{0.02}Sc_{0.01}Ba_{0.01})_{\Sigma 1.14}(Nb_{1.13}Ti_{0.68}Si_{0.15})_{\Sigma 1.96}O_6$。其中，Ln(镧系元素)：$(Nd_{0.14}Ce_{0.13}Dy_{0.09}Sm_{0.04}Gd_{0.04}Ho_{0.02}La_{0.01}Lu_{0.01})_{\Sigma 0.48}$。

P3 化学式：$(Ln_{0.35}Ca_{0.33}Fe_{0.26}Y_{0.18}Th_{0.05}Sc_{0.01}Ba_{0.01})_{\Sigma 1.19}(Ti_{0.93}Nb_{0.80}Si_{0.32})_{\Sigma 2.05}O_6$。其中，Ln(镧系元素)：$(Ce_{0.11}Dy_{0.09}Nd_{0.04}Gd_{0.03}Tb_{0.03}Sm_{0.02}Ho_{0.02}Lu_{0.01})_{\Sigma 0.35}$。

在 P1、P2 中，A 组阳离子 Y 含量最高，B 组阳离子 Nb 含量最高，所以确定为钇铌易解石；在 P3 测试点中，A 组阳离子 Y 含量最高，B 组阳离子 Ti 含量最高，所以确定为钇易解石。

表 4－9　钇铌易解石电子探针测试结果及稀土配分　　单位：$w_t/\%$

成分	测试点 P1	稀土配分	测试点 P2	稀土配分	P1、P2 平均值	测试点 P3	稀土配分
TiO_2	14.07		13.72		13.90	20.21	
CaO	2.78		3.58		3.18	3.61	
FeO	3.47		4.02		3.75	5.05	
BaO	0.08	ΣRE_2O_3＝28.13	0.46	ΣRE_2O_3＝26.05	0.27	0.48	ΣRE_2O_3＝21.98
SiO_2	1.88		2.81		2.35	5.26	
Nb_2O_5	38.78		38.23		38.51	29.02	
ThO_2	1.29		1.72		1.51	3.30	
Sc_2O_3	0.07		0.12		0.10	0.14	
Y_2O_3	5.63	20.00	5.35	20.53	5.49	5.38	24.47
La_2O_3	0.35	1.25	0.20	0.78	0.28	0.00	0.00
Ce_2O_3	5.15	18.29	5.52	21.21	5.34	4.89	22.23

续表

成分	测试点 P1	稀土配分	测试点 P2	稀土配分	P1、P2 平均值	测试点 P3	稀土配分
Pr_2O_3	0.20	0.71	0.17	0.65	0.19	0.00	0.00
Nd_2O_3	6.79	24.13	5.00	19.21	5.90	1.60	7.27
Sm_2O_3	2.05	7.29	1.90	7.28	1.98	0.98	4.44
Gd_2O_3	1.95	6.91	1.83	7.02	1.89	1.44	6.54
Tb_2O_3	0.00	0.00	0.00	0.00	0.00	1.64	7.46
Dy_2O_3	4.04	14.37	4.49	17.25	4.27	4.39	19.95
Ho_2O_3	1.06	3.75	0.90	3.47	0.98	0.80	3.62
Tm_2O_3	0.00	0.00	0.30	1.16	0.15	0.25	1.12
Yb_2O_3	0.00	0.00	0.00	0.00	0.00	0.23	1.02
Lu_2O_3	0.93	3.30	0.38	1.45	0.66	0.41	1.87
总计	90.57	100.00	90.71	100.00	90.64	89.06	100.00

钕易解石* Aeschynite-(Nd)

$(Nd,Ln,Ca)(Ti,Nb)_2(O,OH)_6$

化学组成：化学通式 AB_2O_6 中，A 位 Nd(apfu)最高，B 位 Ti(apfu)>Nb。

晶体结构：斜方晶系，空间群为 *Pmna*。

形态：斜方双锥晶形，$D_{2h}-mmm(3L^23PC)$。呈粒状、板状、针状、放射状等晶形产出。

物理性质：浅褐色-深褐色、棕黑色，透明-半透明，条痕浅黄褐色，金刚光泽，贝壳状断口，无解理。摩氏硬度 5～6，相对密度 4.6～5.04。

显微镜下特征：因变生作用而呈均质性，$N=2.1\sim2.4$，$2V=78°\sim82°$。突起高，反射色为暗灰色。

钕易解石是 1982 年在白云鄂博矿区发现的新矿物。

1. 霓石型铌稀土矿石中的钕易解石

样品采自主矿。钕易解石呈棕黄色-棕红色，细长针状、板状、放射状产出，部分颗粒变形弯曲，因变生作用产生非晶质化，显示均质性(图 4-27 至图 4-30)，粒径大小不均，(长轴)一般为 0.40～1.00mm。

共伴生矿物：霓石、钠闪石、磁铁矿、氟碳铈矿、磷灰石、石英、萤石等。

面扫描元素分布图像及能谱图(图 4-31、图 4-32)显示钕易解石中含 Th，电子探针测试结果显示(表 4-10)ThO_2 平均含量为 5.19%，最高达 10.78%，其置换方式为 $2Th^{4+}\rightarrow REE+Nb^{5+}$，所以 Th 含量高，Nb 与 REE 含量偏低，Th 高导致矿物非晶化。

根据电子探针测试结果平均值(表 4-10)，以 O=6 为基数，计算化学式：$(Nd_{0.37}Ce_{0.28}Ca_{0.08}Th_{0.08}Pr_{0.04}La_{0.03}Sm_{0.03}Fe_{0.03}Y_{0.02}Dy_{0.01}Tm_{0.01})_{\Sigma0.98}(Ti_{1.14}Nb_{0.91})_{\Sigma2.05}O_6$。

元素组成中 Nb_2O_5 含量大于 TiO_2，但 Ti(apfu)>Nb，稀土配分中 $Nd_2O_3>Ce_2O_3$，故为钕易解石。

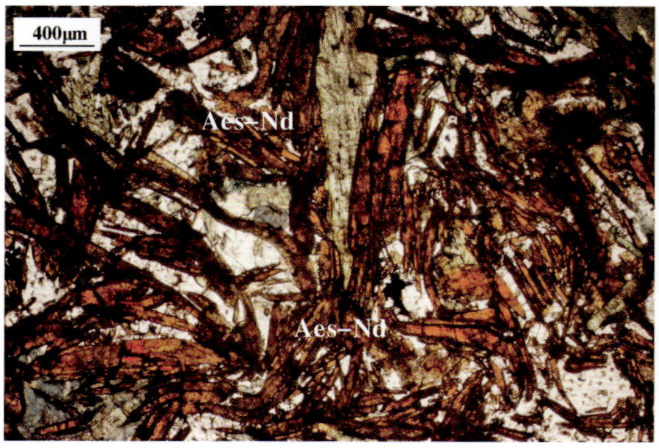

图 4-27　板状、放射状分布的钕易解石（Aes-Nd）（单偏光）

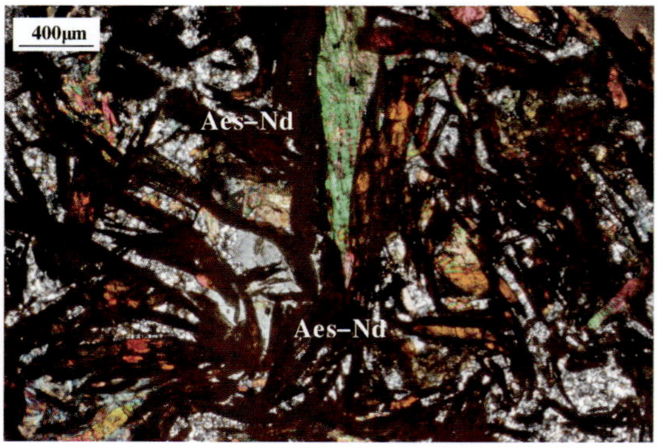

图 4-28　因变生作用产生非晶质化，部分钕易解石显均质性（正交偏光）

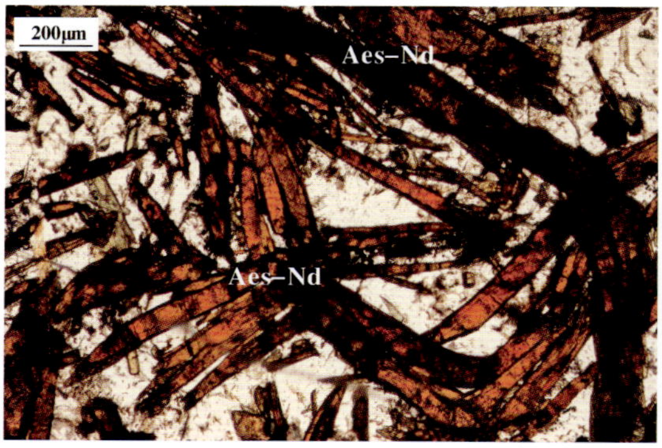

图 4-29　钕易解石矿物颗粒发生弯曲（单偏光）

图 4-30　钕易解石非晶化（正交偏光）

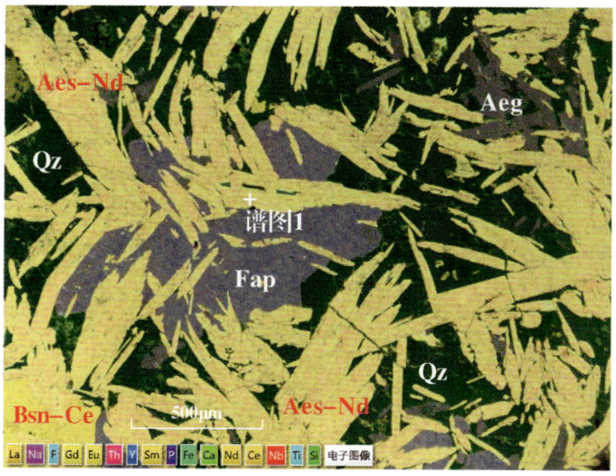

图 4-31　面扫描元素分布图像

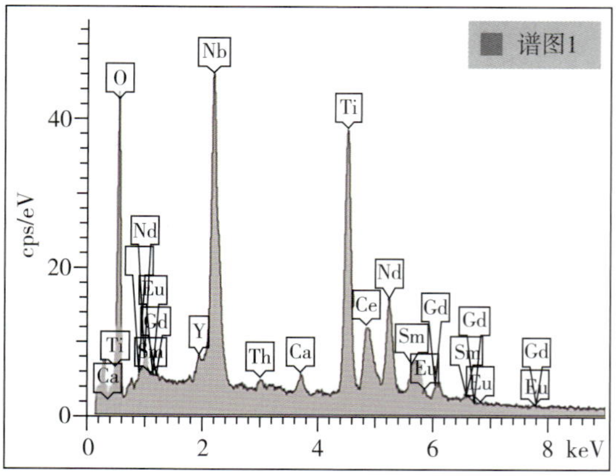

图 4-32　含钍钕易解石能谱图

表 4-10 钕易解石电子探针测试结果及稀土配分 单位：w_t/%

成分	测试点 P1	稀土配分	测试点 P2	稀土配分	测试点 P3	稀土配分	平均值
TiO_2	23.34	ΣRE_2O_3 = 36.44	21.48	ΣRE_2O_3 = 34.61	26.91	ΣRE_2O_3 = 31.74	23.91
CaO	1.26		1.42		0.88		1.19
FeO	0.22		1.04		0.24		0.50
BaO	0.22		0.10		0.10		0.14
Nb_2O_5	33.79		35.58		25.87		31.75
Ta_2O_5	0.06		0.00		0.00		0.02
ThO_2	1.31		3.48		10.78		5.19
UO_2	0.23		0.01		0.12		0.12
La_2O_3	1.47	4.02	0.82	2.38	1.04	3.27	1.11
Ce_2O_3	13.02	35.72	11.47	33.13	11.42	35.99	11.97
Pr_2O_3	1.34	3.68	2.37	6.85	1.54	4.84	1.75
Nd_2O_3	16.73	45.92	16.99	49.09	15.37	48.42	16.36
Sm_2O_3	1.35	3.71	1.16	3.35	1.13	3.57	1.21
Gd_2O_3	0.17	0.46	0.15	0.44	0.17	0.54	0.16
Tb_2O_3	0.20	0.54	0.00	0.00	0.00	0.00	0.07
Dy_2O_3	0.49	1.34	0.32	0.92	0.20	0.63	0.34
Ho_2O_3	0.32	0.89	0.00	0.00	0.00	0.00	0.11
Er_2O_3	0.02	0.04	0.12	0.35	0.04	0.11	0.06
Tm_2O_3	0.29	0.81	0.20	0.58	0.48	1.52	0.32
Yb_2O_3	0.00	0.00	0.03	0.08	0.05	0.16	0.03
Lu_2O_3	0.48	1.30	0.16	0.46	0.12	0.39	0.25
Y_2O_3	0.57	1.57	0.82	2.37	0.18	0.56	0.52
总计	96.88	100.00	97.72	100.00	96.89	100.00	97.08

2. 白云石型铌稀土铁矿石中的钕易解石

样品采自东矿钻孔。钕易解石呈棕红色，不规则粒状、粒状集合体形式分布，颗粒较细，粒径为 0.03～0.15mm(图 4-33、图 4-34)，并与磁铁矿、闪锌矿、独居石等紧密共生(图 4-35 至图 4-37)，能谱图(图 4-38)显示含少量 Th。

稀土配分(表 4-11)中 Nd_2O_3＞Ce_2O_3，但 Nd_2O_3 含量未达到一半，La_2O_3、Pr_2O_3 含量都极低，La_2O_3 占比为 3.52%～3.93%，Pr_2O_3 仅为 1.98%～2.03%，矿物中含少量 Y_2O_3 和 ThO_2。

共伴生矿物：白云石、方解石、金云母、萤石、榍石、磁铁矿、黄铁矿、闪锌矿、独居石、氟碳铈矿、钛铁矿、烧绿石等。

根据电子探针测试结果平均值(表 4-11)，以 O=6 为基数，计算化学式：$(Nd_{0.32}Ce_{0.28}Ca_{0.12}Fe_{0.09}Y_{0.04}La_{0.03}Sm_{0.03}Eu_{0.03}Th_{0.03}Pr_{0.01}Ho_{0.01})_{\Sigma 0.99}(Ti_{1.03}Nb_{0.91}Si_{0.14})_{\Sigma 2.08}O_6$。

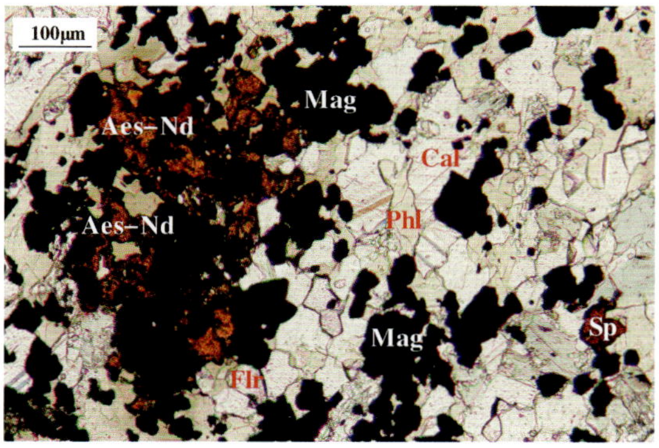

图 4-33　不规则粒状集合体形式分布的钕易解石（Aes-Nd）（单偏光）

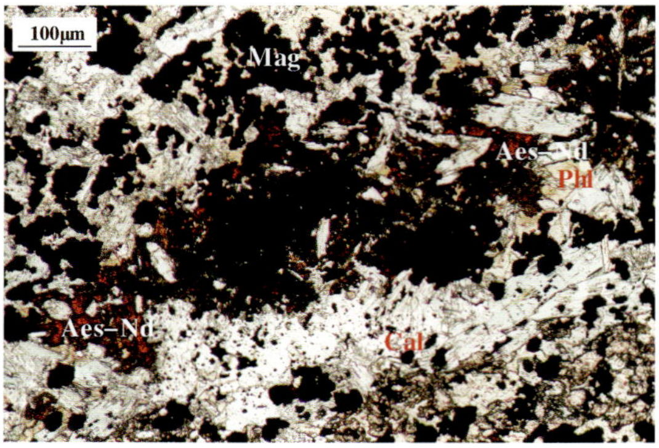

图 4-34　不规则粒状集合体形式分布的钕易解石（单偏光）

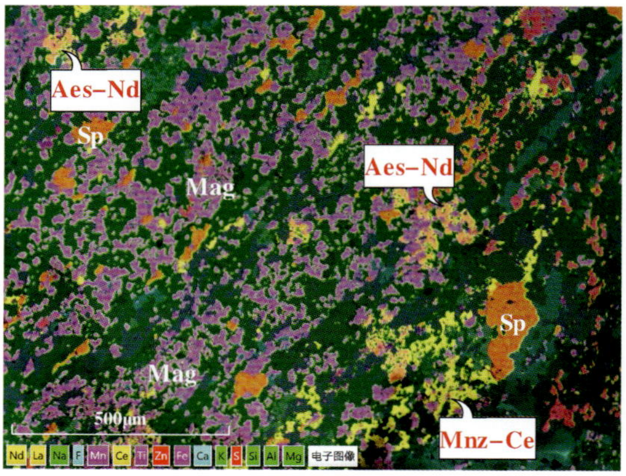

图 4-35　钕易解石与独居石（Mnz-Ce）、磁铁矿（Mag）、闪锌矿（Sp）等矿物共伴生（面扫描元素分布图像）

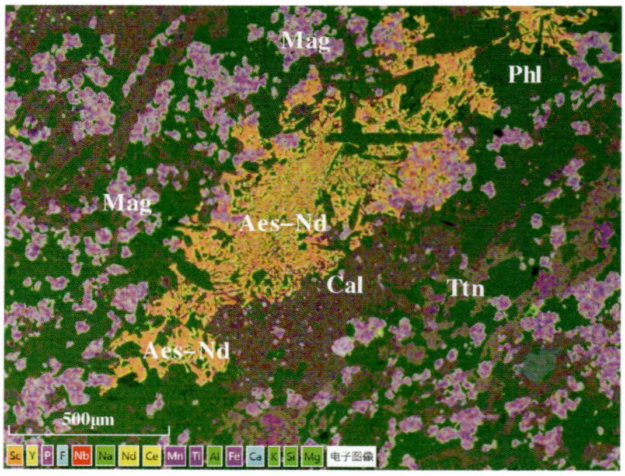

图 4-36　钕易解石与磁铁矿、方解石（Cal）、榍石（Ttn）、金云母（Phl）共伴生（面扫描元素分布图像）

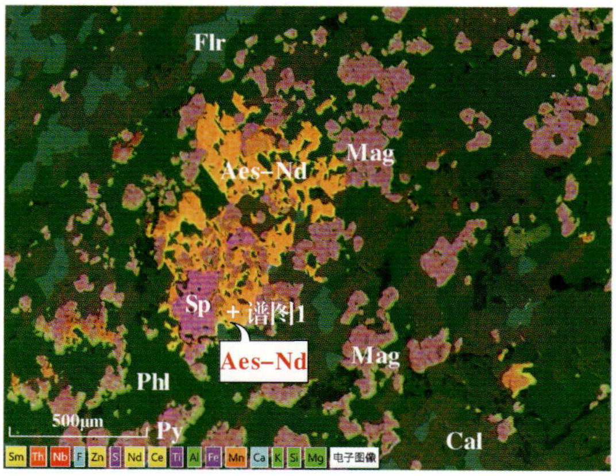

图 4-37　钕易解石与闪锌矿、磁铁矿、萤石（Flr）、金云母等共伴生（面扫描元素分布图像）

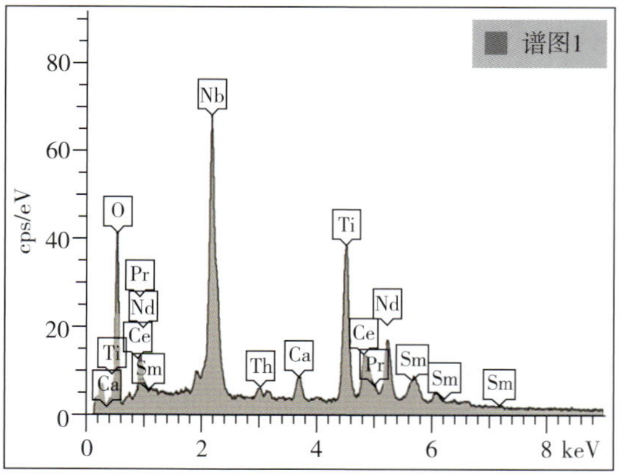

图 4-38　钕易解石能谱图

表 4-11　钕易解石电子探针测试结果及稀土配分　　单位：$w_t/\%$

成分	测试点 P1	稀土配分	测试点 P2	稀土配分	平均值
TiO_2	23.23	ΣRE_2O_3 = 34.03	21.93	ΣRE_2O_3 = 31.78	22.58
CaO	1.85		1.70		1.77
FeO	0.96		2.71		1.84
BaO	0.18		0.05		0.11
SiO_2	1.49		3.16		2.33
Nb_2O_5	33.45		33.10		33.28
ThO_2	1.80		2.03		1.91
La_2O_3	1.34	3.93	1.16	3.52	1.25
Ce_2O_3	13.04	38.32	12.38	37.58	12.71
Pr_2O_3	0.69	2.03	0.65	1.98	0.67
Nd_2O_3	14.84	43.62	14.59	44.30	14.72
Sm_2O_3	1.48	4.36	1.68	5.11	1.58
Eu_2O_3	0.73	2.15	0.58	1.77	0.66
Gd_2O_3	0.25	0.73	0.23	0.71	0.24
Dy_2O_3	0.25	0.73	0.23	0.68	0.24
Ho_2O_3	0.26	0.75	0.30	0.90	0.28
Tm_2C_3	0.02	0.05	0.00	0.00	0.01
Lu_2O_3	0.02	0.06	0.02	0.05	0.02
Y_2O_3	1.11	3.27	1.12	3.39	1.12
总计	96.99	100.00	97.61	100.00	97.30

铈易解石　Aeschynite-(Ce)

(Ce,Ca,Fe,Th)(Ti,Nb)$_2$(O,OH)$_6$

化学组成：化学通式 AB_2O_6 中，A 位 Ce(apfu)最高，B 位 Ti(apfu)>Nb。

晶体结构：斜方晶系，空间群为 *Pmna*。$a_0=7.538\text{Å}$，$b_0=10.958\text{Å}$，$c_0=5.396\text{Å}$，$Z=4$。

形态：斜方双锥晶形，$D_{2h}-mmm(3L^2 3PC)$。呈粒状、板状、针状、放射状等晶形产出。

物理性质：黄色-浅棕色，棕褐色-黑色，半透明，条痕棕褐色，树脂、半金属光泽，贝壳状断口，性脆，{100}不完全解理。摩氏硬度 5～6，相对密度 5.19。

显微镜下特征：橘红、棕红、暗红色，因变生作用部分呈均质性。突起高，反射光下呈暗灰色，内反射色为橘红-棕红色。

1. 霓石型铌稀土矿石中的铈易解石

样品采自东矿(图 4-39、图 4-40)。铈易解石分布于霓石间，呈棕黄-棕红、暗红色，板状、针状、放射状或集合体形式分布，因发生变生作用部分非晶化显均质性，颗粒大小不均，粒径为 0.40～3.00mm(图 4-41 至图 4-44)。

共伴生矿物：霓石、氟碳铈矿、石英、方解石、磷灰石等。

本样品中铈易解石含 Th、Y(表 4-12)，A 组阳离子稀土配分中 Ce、Nd 含量接近，Ce 略大于 Nd，Ce_2O_3 为 38.57%～42.59%，Nd_2O_3 为 35.35%～38.50%，B 组阳离子 Ti(apfu)>Nb，故属于含 Th 和 Y 的铈易解石。

图 4-39　霓石型铌稀土矿石中的易解石手标本

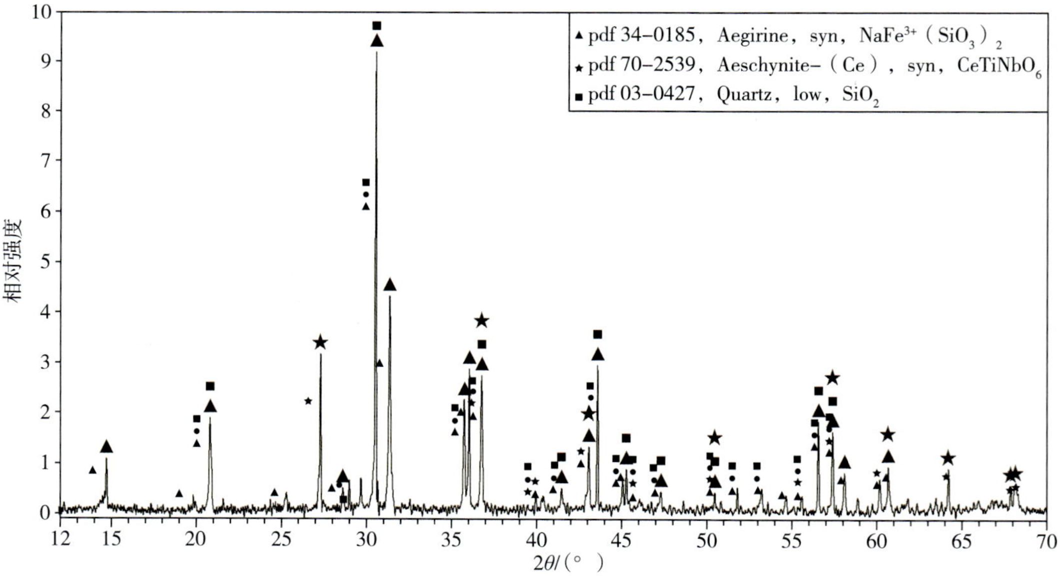

图 4-40　霓石型铌稀土矿石 XRD 图谱

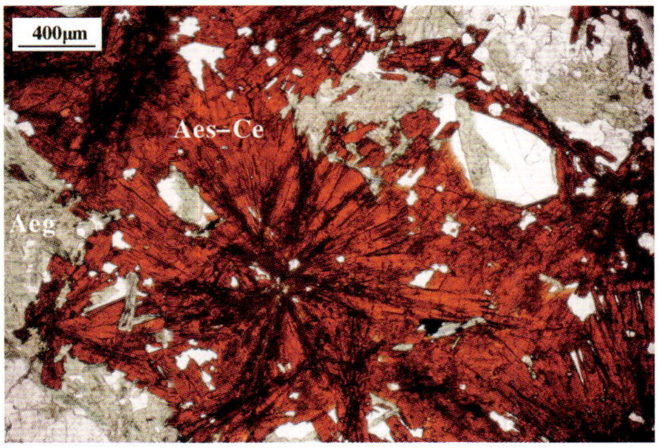

图 4－41 分布于霓石(Aeg)矿物间的放射状铈易解石(Aes－Ce)(单偏光)

图 4－42 易解石干涉色被本身颜色掩盖(正交偏光)

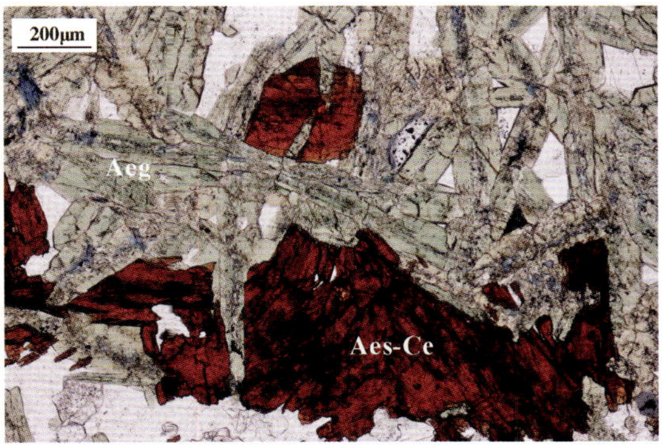

图 4－43 分布于霓石矿物间的铈易解石(单偏光)

图 4－44 铈易解石局部变生呈均质性(正交偏光)

根据电子探针测试结果平均值(表 4－12)，以 O=6 为基数，计算化学式：$(Ce_{0.33}Nd_{0.29}Ca_{0.10}Y_{0.06}La_{0.03}Sm_{0.03}Th_{0.03}Pr_{0.02}Gd_{0.02}Ba_{0.02}Fe_{0.02}Eu_{0.01}Dy_{0.01}Ho_{0.01})_{\Sigma 0.98}(Ti_{1.22}Nb_{0.85})_{\Sigma 2.07}O_6$。

表 4－12 铈易解石电子探针测试结果及稀土配分 单位：$w_t/\%$

成分	测试点 P1	稀土配分	测试点 P2	稀土配分	测试点 P3	稀土配分	测试点 P4	稀土配分	平均值
TiO_2	24.71		27.97		27.97		24.08		26.18
CaO	1.53		1.22		1.57		1.90		1.56
FeO	0.46		0.43		0.60		0.45		0.48
BaO	2.46	ΣRE_2O_3 = 34.67	0.24	ΣRE_2O_3 = 35.60	0.00	ΣRE_2O_3 = 38.02	0.13	ΣRE_2O_3 = 36.06	0.71
Nb_2O_5	29.68		28.33		29.21		33.60		30.20
ThO_2	1.68		3.40		2.07		2.03		2.30
UO_2	0.01		0.22		0.00		0.03		0.06
La_2O_3	1.32	3.81	1.16	3.24	1.19	3.13	1.36	3.78	1.26
Ce_2O_3	14.76	42.59	13.73	38.57	14.99	39.42	14.78	40.99	14.57

续表

成分	测试点 P1	稀土配分	测试点 P2	稀土配分	测试点 P3	稀土配分	测试点 P4	稀土配分	平均值
Pr_2O_3	0.76	2.18	0.85	2.39	0.78	2.06	0.84	2.33	0.81
Nd_2O_3	12.54	36.17	13.71	38.50	13.44	35.35	12.85	35.64	13.13
Sm_2O_3	1.27	3.67	1.63	4.58	1.62	4.26	1.50	4.16	1.51
Eu_2O_3	0.00	0.00	0.00	0.00	2.10	5.53	0.00	0.00	0.53
Gd_2O_3	0.81	2.34	1.11	3.11	0.65	1.71	1.12	3.11	0.92
Dy_2O_3	0.73	2.10	0.88	2.46	0.68	1.80	0.69	1.91	0.74
Ho_2O_3	0.47	1.36	0.49	1.38	0.70	1.85	0.65	1.80	0.58
Tm_2O_3	0.16	0.46	0.06	0.18	0.00	0.00	0.00	0.00	0.06
Lu_2O_3	0.00	0.00	0.20	0.55	0.01	0.02	0.10	0.28	0.08
Y_2O_3	1.85	5.33	1.80	5.04	1.85	4.87	2.17	6.02	1.92
总计	95.20	100.00	97.43	100.01	99.43	100.00	98.28	100.00	97.58

2. 磷灰石化黑云母型铌稀土铁矿石中的铈易解石

样品采自主矿。铈易解石呈黄红色、亮红色、棕红色、暗红色等不同颜色，不规则粒状分布于磁铁矿、磷灰石、钛铁矿、黑云母等矿物间隙，粒径较细，一般为 0.05～0.15mm(图 4-45、图 4-46)。铈易解石反射色呈暗灰色，反射率低于磁铁矿、钛铁矿，内反射色为橘红-暗红色(图 4-47 至图 4-50)。图 4-51、图 4-52 分别为面扫描元素分布图像及 BSE 图像，可见铈易解石与磁铁矿、钛铁矿、磷灰石等矿物紧密共生，铈易解石中包裹着褐铈铌矿。

共伴生矿物：黑云母、磷灰石、磁铁矿、钛铁矿、赤铁矿、独居石等。

该样品中铈易解石 Ti 及 REE 含量高(表 4-13)，$\sum RE_2O_3$ 为 41.72%～42.23%，因为 Nb、Ti 与 REE、Ca 之间存在下列置换：$REE^{3+}+Ti^{4+}\rightarrow Nb^{5+}+Ca^{2+}/Fe^{2+}$，所以 Ti 含量高的易解石，其 REE 含量较铌易解石高。

根据电子探针测试结果(表 4-13)平均值，以 O=6 为基数，计算化学式：$(Ce_{0.49}Nd_{0.26}La_{0.10}Pr_{0.04}Sm_{0.03}Ca_{0.02}Fe_{0.02}Y_{0.02})_{\Sigma 0.98}(Ti_{1.25}Nb_{0.82})_{\Sigma 2.07}O_6$。

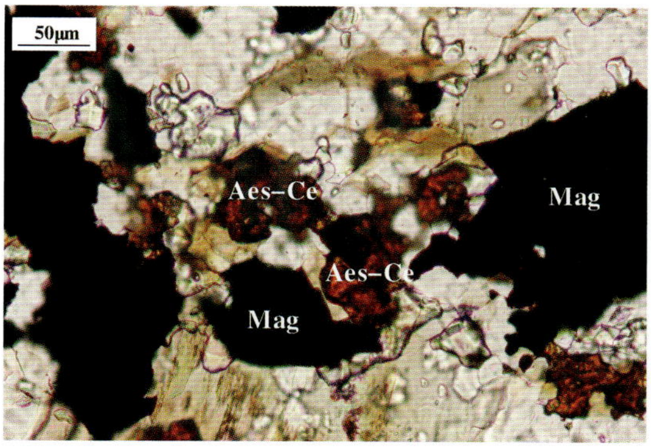

图 4-45 铈易解石(Aes-Ce)与磁铁矿(Mag)(单偏光)

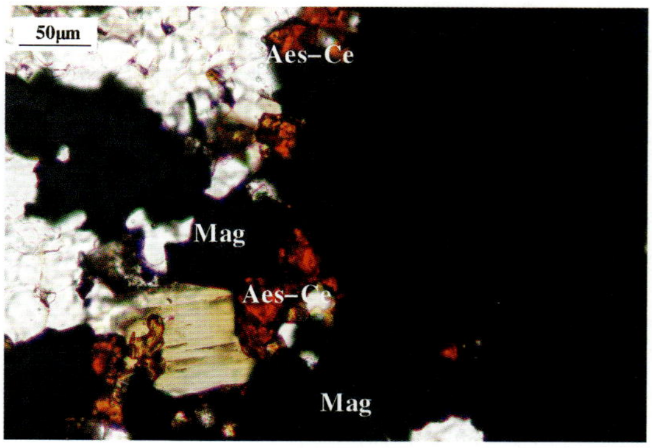

图 4-46 铈易解石与磁铁矿(单偏光)

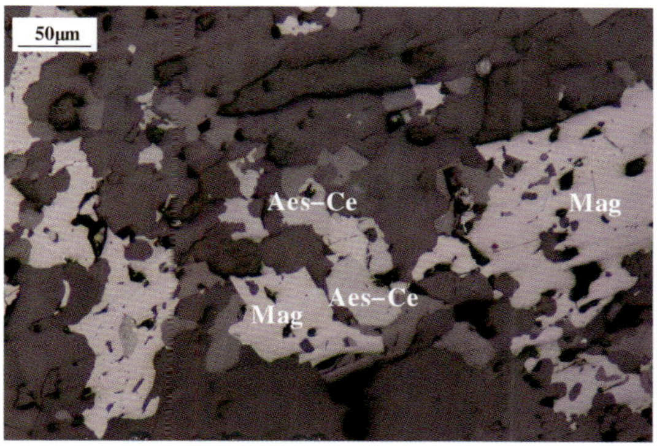

图 4-47　铈易解石反射率低于磁铁矿(反射光)

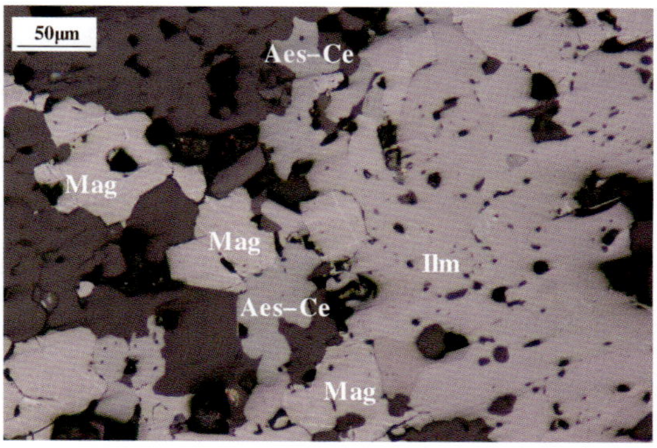

图 4-48　铈易解石反射率低于磁铁矿(反射光)

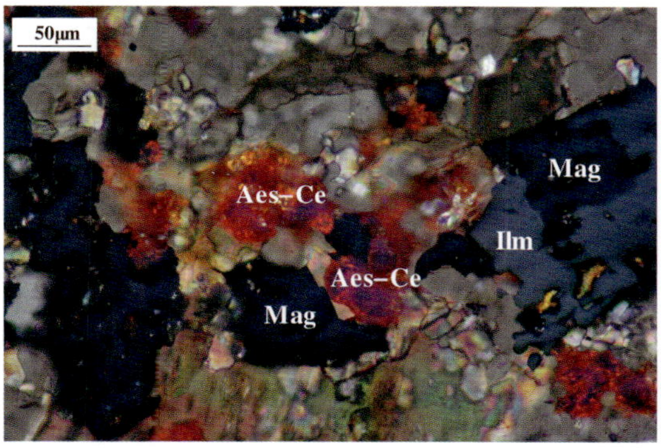

图 4-49　铈易解石的橘红色内反射色
及钛铁矿(Ilm)的非均质性(反射正交)

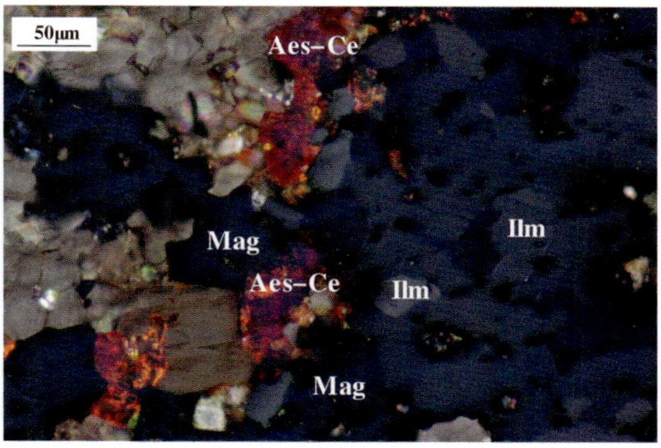

图 4-50　铈易解石的暗红色内反射色
及钛铁矿的非均质性(反射正交)

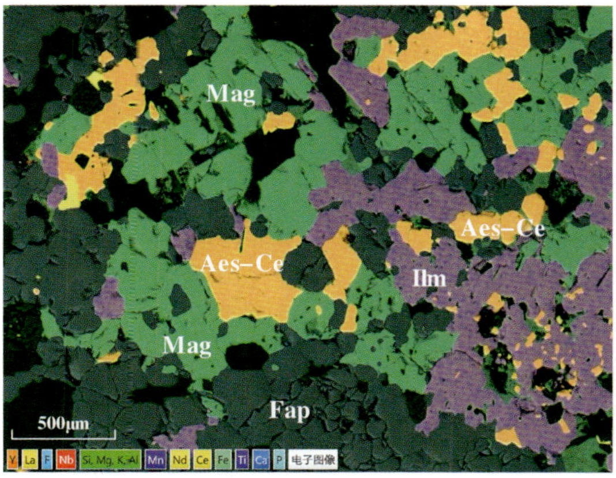

图 4-51　铈易解石分布于磁铁矿、钛铁矿、
磷灰石(Fap)矿物间或被包裹于钛铁矿中
(面扫描元素分布图像)

图 4-52　铈易解石中包裹的褐铈铌矿
(Fgs-Ce)(BSE)

表 4-13　铈易解石电子探针测试结果及稀土配分　　单位：w_t/%

成分	测试点 P1	稀土配分	测试点 P2	稀土配分	测试点 P3	稀土配分	平均值
TiO_2	26.89		27.51		26.24		26.88
CaO	0.35		0.27		0.36		0.33
FeO	0.46		0.36		0.53		0.45
BaO	0.08	ΣRE_2O_3 = 42.23	0.11	ΣRE_2O_3 = 41.72	0.07	ΣRE_2O_3 = 41.73	0.09
Nb_2O_5	29.64		28.46		29.70		29.27
Ta_2O_5	0.03		0.00		0.01		0.02
SiO_2	0.08		0.04		0.05		0.06
ThO_2	0.15		0.19		0.31		0.22
La_2O_3	4.19	9.93	4.20	10.07	4.60	11.02	4.33
Ce_2O_3	21.71	51.42	22.23	53.28	20.82	49.90	21.59
Pr_2O_3	1.83	4.33	1.70	4.06	1.80	4.32	1.78
Nd_2O_3	12.51	29.63	11.86	28.44	11.00	26.37	11.79
Sm_2O_3	0.80	1.90	0.66	1.59	2.51	6.01	1.33
Eu_2O_3	0.20	0.47	0.13	0.31	0.04	0.10	0.12
Gd_2O_3	0.15	0.36	0.21	0.49	0.11	0.27	0.16
Dy_2O_3	0.22	0.53	0.12	0.28	0.18	0.42	0.17
Ho_2O_3	0.20	0.46	0.19	0.45	0.10	0.25	0.16
Y_2O_3	0.41	0.98	0.42	1.01	0.56	1.34	0.47
总计	99.89	100.00	98.66	100.00	98.98	100.00	99.18

样品中的铈易解石矿物颗粒颜色不同，元素组成变化较大，图 4-53 至图 4-56 分别为面扫描元素分布图像、BSE 图像及易解石能谱图，可见图 4-55 与图 4-56 两个易解石颗粒 Ti 与 Nb 含量差别较大，分别对两个颗粒做了电子探针测试，谱图 58 为与上一结

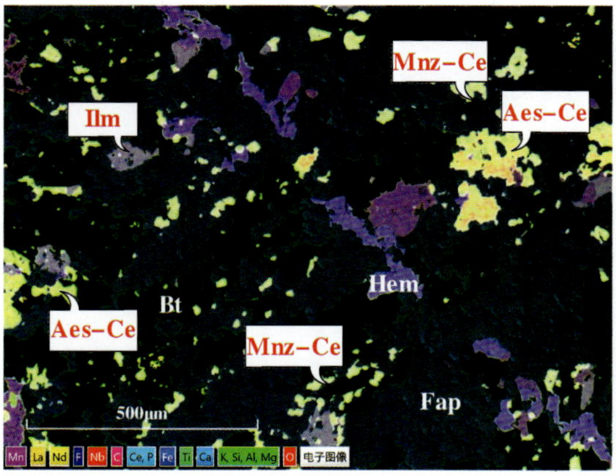

图 4-53　与磷灰石(Fap)、赤铁矿(Hem)、钛铁矿(Ilm)、独居石(Mnz-Ce)共伴生的铈易解石(Aes-Ce)（面扫描元素分布图像）

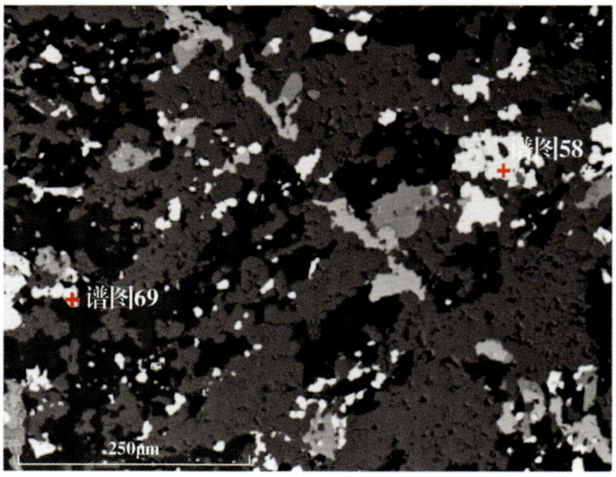

图 4-54　谱图 69 为富钛铈易解石，谱图 58 为铈易解石（BSE）

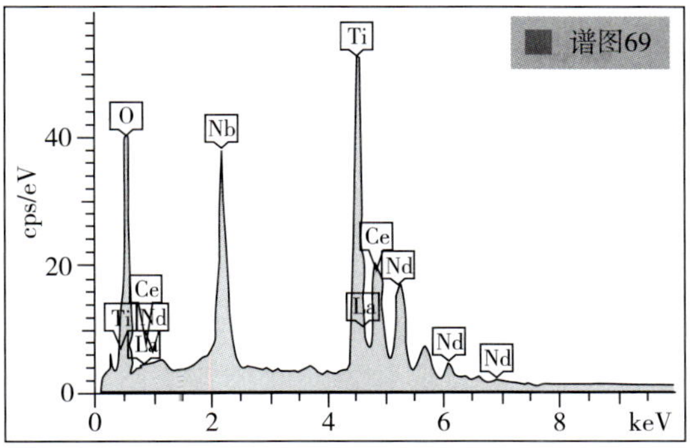

图 4－55　富钛铈易解石能谱图

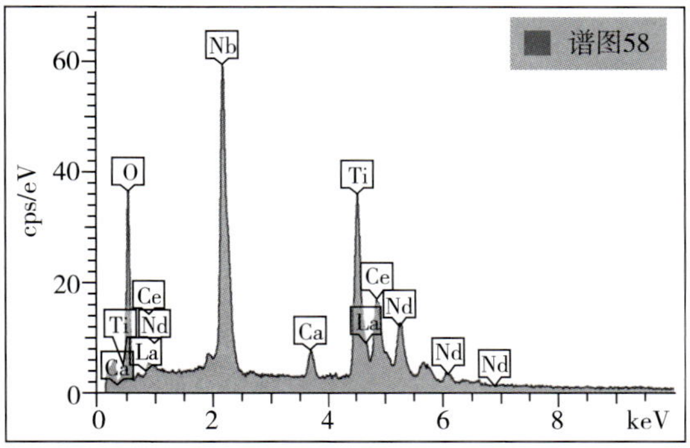

图 4－56　铈易解石能谱图

果相同的铈易解石，谱图 69 同为铈易解石，但 TiO_2 含量平均值为 32.59%，Nb_2O_5 含量较低，平均值 22.04%。因存在 Nb、Ca 与 REE、Ti 的置换，所以易解石中 Ca 低，REE 含量随着 Ti 增高而增加。

根据电子探针测试结果平均值(表 4－14)，以 O＝6 为基数，计算化学式：$(Ce_{0.49}Nd_{0.23}La_{0.15}Pr_{0.05}Ca_{0.04}Sm_{0.02}Y_{0.02}Eu_{0.01}Gd_{0.01}Ho_{0.01}Fe_{0.01})_{\Sigma 1.02}(Ti_{1.49}Nb_{0.60})_{\Sigma 2.09}O_6$。

Ti 与 Nb 的原子数分别为 1.49 和 0.60，Ti＞2Nb，应属于富钛铈易解石。

表 4－14　富钛铈易解石电子探针测试结果及稀土配分　　单位：w_t/%

成分	测试点 P4	稀土配分	测试点 P5	稀土配分	测试点 P6	稀土配分	平均值
TiO_2	31.58	ΣRE_2O_3 = 44.16	33.35	ΣRE_2O_3 = 43.70	32.84	ΣRE_2O_3 = 43.73	32.59
CaO	0.20		1.21		0.23		0.55
FeO	0.28		0.31		0.25		0.28
BaO	0.18		0.10		0.12		0.13
Nb_2O_5	22.72		21.14		22.27		22.04
ThO_2	0.19		0.13		0.29		0.20
Sc_2O_3	0.03		0.01		0.00		0.01
La_2O_3	6.04	13.69	7.11	16.27	6.90	15.77	6.68
Ce_2O_3	22.62	51.23	21.54	49.30	21.63	49.46	21.93
Pr_2O_3	1.98	4.49	2.14	4.90	2.02	4.63	2.05
Nd_2O_3	10.35	23.44	10.10	23.10	10.96	25.07	10.47
Sm_2O_3	0.90	2.04	0.81	1.85	0.86	1.97	0.86
Eu_2O_3	0.92	2.09	0.79	1.80	0.14	0.32	0.62
Gd_2O_3	0.42	0.94	0.22	0.50	0.17	0.39	0.27
Dy_2O_3	0.10	0.22	0.11	0.26	0.07	0.15	0.09
Ho_2O_3	0.21	0.48	0.32	0.74	0.36	0.83	0.30
Tm_2O_3	0.10	0.23	0.01	0.01	0.00	0.00	0.04
Lu_2O_3	0.00	0.00	0.08	0.18	0.00	0.00	0.03
Y_2O_3	0.51	1.15	0.48	1.10	0.62	1.41	0.54
总计	99.34	100.00	99.94	100.00	99.72	100.00	99.54

二、褐钇铌矿族

褐钇铌族矿物属 ABO_4 型结构，A 组阳离子主要是 Y、REE、Ca、U、Th，有时会有少量 Fe^{2+}、Mg、Ba、Na 等；B 组阳离子为 Nb、Ta、Ti，有时可有少量 Fe^{3+}、Zn、Sn 等。

根据 A、B 组阳离子的不同，褐钇铌矿族分为两个亚族，即以 A 组阳离子铈族或钇族稀土含量不同而划分的褐钇铌矿-褐铈铌矿亚族，以 B 组阳离子铌、钽含量不同而划分的褐钇铌矿-黄钇钽矿亚族。白云鄂博矿区铌高钽低，目前尚未发现含钽高的矿物黄钇钽矿，故只有褐钇铌矿-褐铈铌矿亚族。本亚族矿物中 ∑Ce 与 ∑Y 呈完全类质同象置换，根据稀土元素中最高峰的元素命名原则(Nickel & Grice，2000)，目前该族矿物经 IMA - CNMNC 批准的有褐铈铌矿、单斜褐铈铌矿、褐钇铌矿、单斜褐钇铌矿和单斜褐钕铌矿。其中，单斜褐铈铌矿（褐铈铌矿-β)及单斜褐钕铌矿（褐钕铌矿-β)分别为郭其悌等(1973)和孙未君等(1983)在白云鄂博矿区发现的新矿物。

白云鄂博矿区的褐钇铌矿-褐铈铌矿亚族矿物包括低温变体四方晶系 α 相的褐铈铌矿和褐钇铌矿；高温变体单斜晶系 β 相的单斜褐铈铌矿、单斜褐钇铌矿、单斜褐钕铌矿（孙未君等，1983）。四方晶系的褐钇铌矿在 700～1000℃ 的温度范围内是稳定的；单斜晶系的褐钇铌矿(褐钇铌矿-β)为加热到 800～950℃ 的高温单斜变体(王濮，1982)；四方晶系的褐钇铌矿在加热到 800～950℃ 时，可产生高温单斜变体——单斜晶系的褐钇铌矿(贡伟亮，1991b)。

褐钇铌矿是白云鄂博矿区最先发现的重稀土矿物，最初发现于西矿九号矿体下盘和夹层的白云石型铌稀土矿石中(马凤俊等，1981)，在西矿的白云石型和云母闪石型铌稀土铁矿石中也有发现(梁有彬等，1982a)。矿物颜色为黄褐色、黑褐色、淡黄褐色，一般呈细小的不规则粒状，个别为柱状晶体(贡伟亮，1991a)。

单斜褐钇铌矿(褐钇铌矿-β)在西矿九号矿体下盘或夹层的白云石型铌稀土矿石中被发现(马凤俊等，1981)，与钠闪石、金云母、磁铁矿、黄铁矿等共生。矿物已非晶化，加热至 900℃，1 小时后，通过粉末 X 射线衍射分析确认为 β 相。

褐钇铌矿亚族矿物中的另一铈族稀土端员矿物——褐铈铌矿、单斜褐铈铌矿，首先发现于东部接触带的硅镁石、金云母矽卡岩中。郭其悌等(1973)认为褐铈铌矿已经似晶体化，加热后重结晶，并具有褐钇铌矿结构，因此，该新矿物被命名为褐铈铌矿。随后不久，在同一地方又发现了未似晶体化的单斜褐铈铌矿。单斜褐铈铌矿见于东部接触带的铁矿化白云石型铌稀土矿石中(中国科学院地球化学研究所，1988)。

单斜褐钕铌矿产于西矿钠闪石化白云石型铌稀土矿石中，共生矿物为钠闪石、铁白云石、磁铁矿、独居石、氟碳铈矿、易解石、钛铁矿、黄铁矿等(孙未君等，1983)。

矿区褐钇铌矿的特征有以下几点。

1)据《系统矿物学》(王濮，1982)，自然界中本族矿物 A 组阳离子中的稀土元素以及 B 组阳离子中的铌、钽与矿物的产状有密切关系。在花岗岩及伟晶岩中，A 组阳离子以钇及钇族稀土元素为主，而与伟晶岩后期交代作用有关的矿物，B 组阳离子则以钽为主。在碱性岩及其有关矿床中以铈族稀土及铌为主。

2)B组阳离子中钽含量的增高，制约着铈族稀土元素的存在，钽和铈族元素不能大量共存。但B组阳离子中铌的存在并不对钇及钇族稀土、铈族稀土元素的存在起限制作用，所以这也是白云鄂博矿区Nb高Ta低的原因所在。

3)矿区存在着褐钇铌矿与褐铈铌矿的完全类质同象。褐铈铌矿首次在白云鄂博矿区东部接触带发现，本次研究发现东矿深部褐钇铌矿、褐铈铌矿不仅共存，而且存在含铈较高的褐钇铌矿及含钇较高的褐铈铌矿，证明了钇族与铈族稀土的完全类质同象。

4)东矿钻孔样品黑云母型铌稀土铁矿石中，单斜褐钇铌矿与单斜褐钕铌矿共存于同一矿物颗粒，且均含Th高，发生较强的变生作用。两种矿物共存可能与Th对稀土元素的置换不同而成。

5)含Th高的褐钇铌矿变生作用强，显均质性；含Th低的褐钇铌矿未发生变生作用。

褐钇铌矿 Fergusonite -(Y)

$YNbO_4$

化学组成：化学通式中，A位阳离子Y(apfu)最高，常有少量Ca、U、Th、Fe、Mn、Ba等元素置换REE；B位阳离子以Nb为主，含少量Ti、Ta。

晶体结构：四方晶系，空间群为$I4_1/a$。$a_0=5.15$Å，$c_0=10.089$Å，$Z=4$。

形态：四方双锥晶形，$C_{4h}-4/m(L^4PC)$。晶体沿c轴延伸，常呈四方柱状或纺锤状。

物理性质：灰色、黄色、褐色，不透明，条痕黄褐色、褐色、灰绿色，玻璃、半金属光泽，贝壳状断口，性脆，{111}解理不完全。摩氏硬度5.5～6.5，相对密度5.6～5.8。

显微镜下特征：因非晶质化作用常呈均质体，呈均质时折射率$N=2.05\sim2.19$。透射光呈下浅棕色、黄褐色、棕红色，无多色性。反射光下反射率$R=11\%\sim14\%$，内反射色为褐黄色-褐红色。

单斜褐钇铌矿*(褐钇铌矿-β) Clinofergusonite -(Y)

$YNbO_4$

化学组成：化学通式中，A位阳离子Y(apfu)最高，常有少量Ca、U、Th、Fe、Mn、Ba等元素置换REE；B位阳离子以Nb为主，含少量Ti、Ta。

晶体结构：单斜晶系，空间群为$C2/c$。$a_0=5.292$Å，$b_0=10.94$Å，$c_0=5.069$Å，$\beta=94.6°$，$Z=4$。与褐钇铌矿呈同质二象。

形态：斜方柱晶形，$C_{2h}-2/m(L^2PC)$。长柱状晶体，不规则粒状分布。

物理性质：淡黄色，半透明。摩氏硬度5.5～6.5，相对密度5.65。

显微镜下特征：二轴晶(+/-)，$N_g=2.06\sim2.19$，$N_p=2.06\sim2.19$，$N_m=2.06\sim2.19$。

1. 钠闪石化白云石型铌稀土铁矿石中的单斜褐钇铌矿

样品采自东矿钻孔。样品中含有大量浅棕黄色至黄褐色单斜褐钇铌矿，单斜褐钇铌矿呈自形双锥状、不规则粒状分布于其他矿物间隙，颗粒大小不均，一般为0.05～0.15mm(图4-57至图4-60)，单斜褐钇铌矿边缘有被独居石交代的痕迹(图4-61)。除含Y外，单斜褐钇铌矿还含有Gd、Dy、Er及少量轻稀土元素Ce、Nd等(图4-62)。

本样品中的单斜褐钇铌矿均未发生变生作用，干涉色清晰，经中国科学院广州地球化学研究所(简称广州地化所)测试晶体结构为单斜晶系。

共伴生矿物：钠闪石、白云石、独居石、铌锰矿、黄铁矿、磁铁矿、钛铁矿、闪锌矿、菱锰矿等。

从单斜褐钇铌矿的电子探针测试结果(表 4-15)及轻、重稀土分布状况(表 4-16)看，$\sum RE_2O_3$ 为 34.13%～43.14%，稀土配分中 Y_2O_3 占比分别为 60.78%、54.25%、58.10%，其余钇族稀土(Gd 至 Lu，即中、重稀土)占比分别为 30.13%、32.44%和 24.84%，钇族稀土占比为 90.91%、86.69%和 82.94%，铈族稀土，即轻稀土(La 至 Eu)占比为 9.09%～17.06%。

稀土总量较低的测试点 P3 相对 Ba、Ca、Fe、Th 的含量较高，Nb 变化不大，所以是 2 价 Fe、Ba、Ca 与 4 价 Th 置换了 REE 而致，主要置换了重稀土元素，轻稀土总量与 P2 相比变化较小。

根据电子探针测试结果平均值(表 4-15)，以 O=4 为基数，计算化学式：$(Y_{0.56}Ln_{0.26}Fe_{0.05}Ca_{0.03}Si_{0.03}Mn_{0.01}Ba_{0.01}Th_{0.01})_{\Sigma 0.96}(Nb_{1.04}Ti_{0.01})_{\Sigma 1.05}O_4$。其中，Ln：$(Gd_{0.06}Nd_{0.03}Ho_{0.03}Er_{0.03}Ce_{0.02}Sm_{0.02}Dy_{0.02}Yb_{0.02}Lu_{0.02}Eu_{0.01})_{\Sigma 0.26}$。

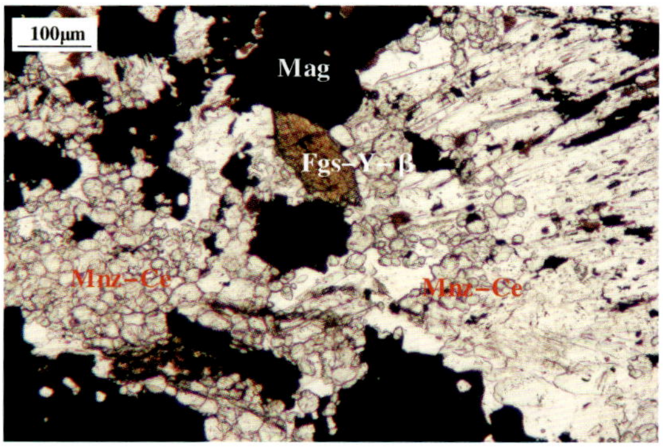

图 4-57 呈双锥状自形晶分布的单斜褐钇铌矿(Fgs-Y-β)(单偏光)

图 4-58 单斜褐钇铌矿的干涉色(正交偏光)

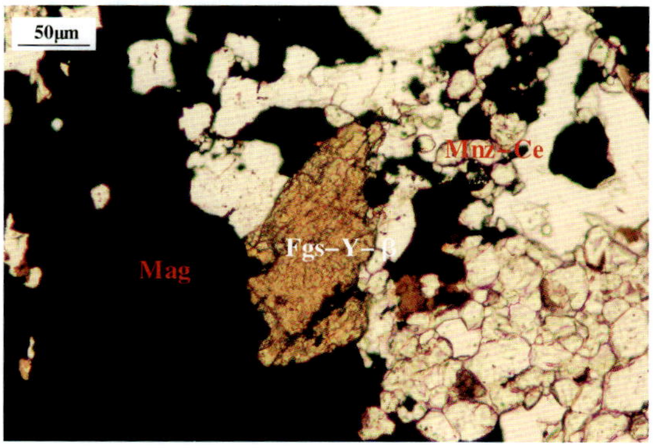

图 4-59 呈半自形晶分布的单斜褐钇铌矿(单偏光)

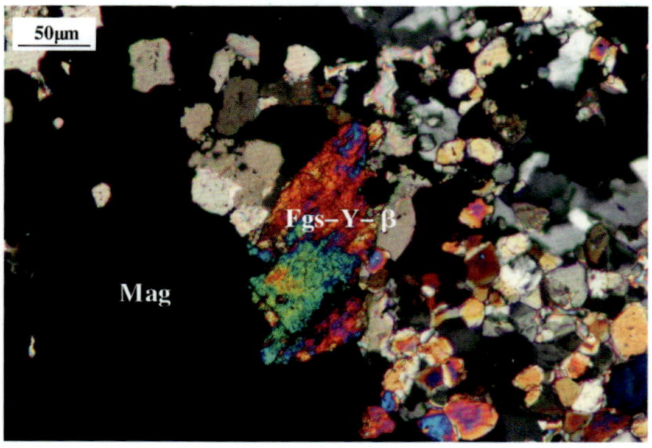

图 4-60 单斜褐钇铌矿的干涉色(正交偏光)

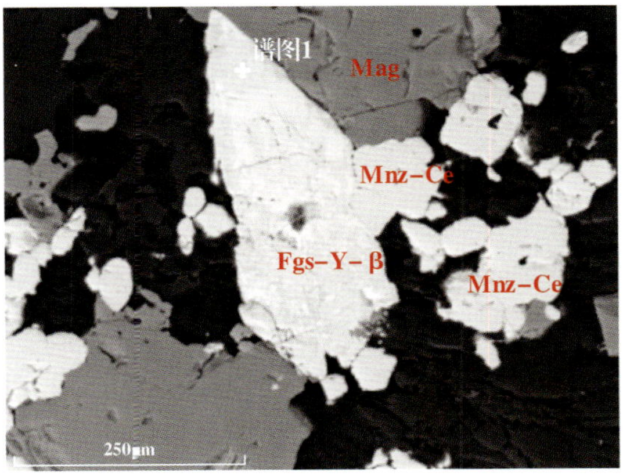

图 4-61 单斜褐钇铌矿边缘被独居石(Mnz-Ce)交代(BSE)

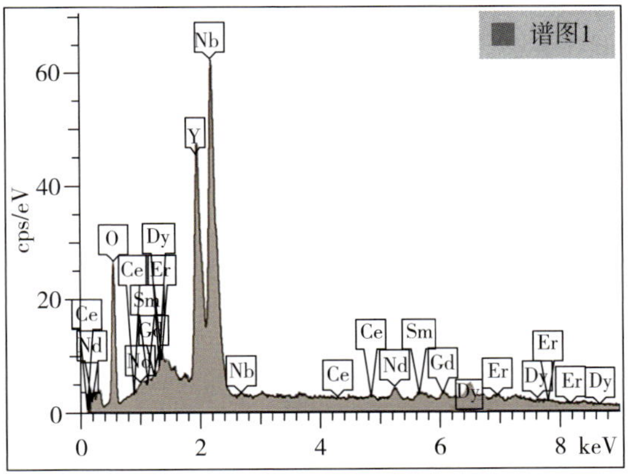

图 4-62 单斜褐钇铌矿能谱图

表 4-15 单斜褐钇铌矿电子探针测试结果及稀土配分 单位：w_t/%

成分	测试点 P1	稀土配分	测试点 P2	稀土配分	测试点 P3	稀土配分	平均值
FeO	0.55		0.33		2.73		1.21
MnO	0.04		0.03		0.64		0.24
TiO_2	0.16		0.25		0.22		0.21
BaO	0.00		0.04		1.93		0.65
CaO	0.26	ΣRE_2O_3	0.35	ΣRE_2O_3	1.29	ΣRE_2O_3	0.63
SiO_2	0.00	=41.07	0.00	=43.14	1.66	=34.13	0.55
Nb_2O_5	50.18		49.68		50.43		50.10
Ta_2O_5	0.17		0.07		0.00		0.08
ThO_2	1.00		0.86		1.78		1.21
Sc_2O_3	0.10		0.10		0.01		0.07
Y_2O_3	24.96	60.78	23.40	54.25	19.83	58.10	22.73
La_2O_3	0.09	0.21	0.09	0.20	0.13	0.38	0.10
Ce_2O_3	0.60	1.45	1.31	3.03	1.23	3.59	1.04
Pr_2O_3	0.12	0.29	0.15	0.34	0.16	0.48	0.14
Nd_2O_3	1.53	3.74	2.12	4.90	2.20	6.44	1.95
Sm_2O_3	0.92	2.23	1.60	3.72	1.78	5.22	1.43
Eu_2O_3	0.48	1.17	0.48	1.12	0.32	0.95	0.43
Gd_2O_3	3.94	9.60	4.08	9.45	2.86	8.37	3.63
Dy_2O_3	1.29	3.14	1.42	3.29	1.07	3.13	1.26
Ho_2O_3	2.07	5.05	2.32	5.38	1.66	4.87	2.02
Er_2O_3	2.38	5.81	2.50	5.80	0.90	2.65	1.93
Tm_2O_3	0.06	0.13	0.42	0.98	0.08	0.23	0.18
Yb_2O_3	1.43	3.47	1.37	3.19	0.46	1.36	1.09

续表

成分	测试点 P1	稀土配分	测试点 P2	稀土配分	测试点 P3	稀土配分	平均值
Lu_2O_3	1.21	2.93	1.89	4.38	1.44	4.22	1.51
总计	93.54	100.00	94.86	100.00	94.81	100.00	94.39

表 4-16　单斜褐钇铌矿测试点轻、重稀土分布状况　　单位：w_t%

稀土元素	测试点 P1	分布率	测试点 P2	分布率	测试点 P3	分布率
Y_2O_3	24.96	60.78	23.40	54.25	19.83	58.10
轻稀土(La 至 Eu)	3.73	9.09	5.74	13.31	5.83	17.06
重稀土(Gd 至 Lu)	12.38	30.13	14.00	32.44	8.47	24.83
总计	41.07	100.00	43.14	100.00	34.13	100.00

本样品中不仅含有大量单斜褐钇铌矿，同时还有以铈族元素为主的褐铈铌矿。褐铈铌矿呈棕红-暗红色与铌锰矿紧密共生(图 4-63、图 4-64)。图 4-65 为图 4-63 蓝色框内的 BSE 图像，可见两种矿物的共生关系，另有单斜褐钇铌矿、磁铁矿、独居石共生。褐铈铌矿能谱图(图 4-66)显示含 Y 较高。

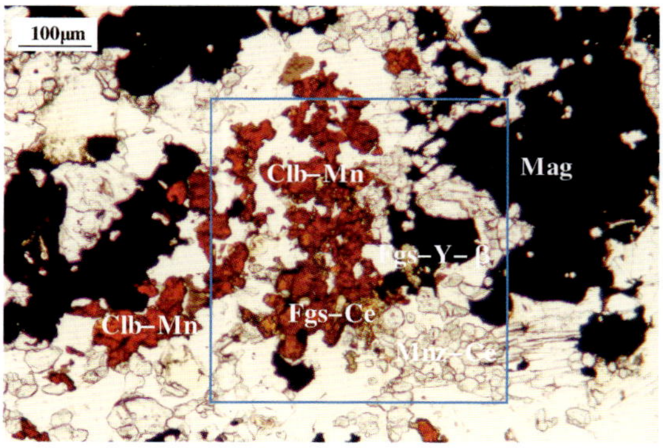

图 4-63　与铌锰矿(Clb-Mn)紧密共生的褐铈铌矿(Fgs-Ce)(单偏光)

图 4-64　与铌锰矿紧密共生的褐铈铌矿(正交偏光)

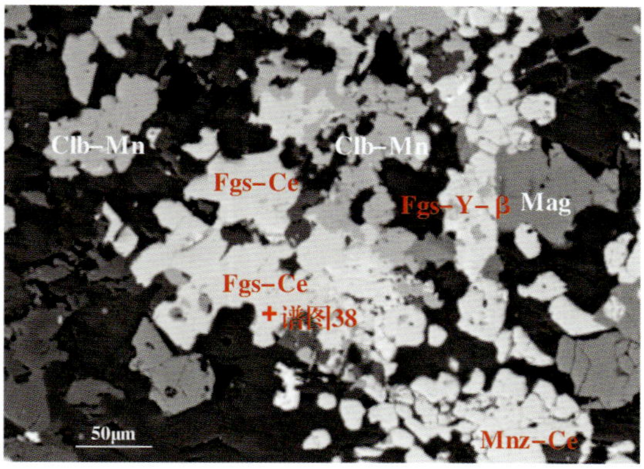

图 4-65　单斜褐钇铌矿(Fgs-Y-β)与褐铈铌矿(BSE)

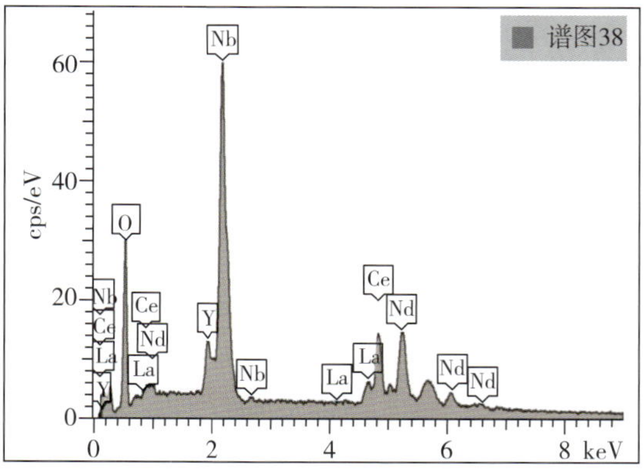

图 4-66　含钇褐铈铌矿能谱图

电子探针测试结果显示(表4-17)稀土总量为48.32%~49.89%，含Th、U较低，Ta含量高，Ta_2O_5平均含量为0.30%。其他类质同象置换较少，测试点矿物稀土配分中Y_2O_3占比为9.24%~11.20%，从轻、重稀土的分布率看(表4-18)，除Y外，钇族其他稀土元素占比较低，为4.23%~5.42%，铈族稀土占比为83.38%~86.53%，属于含钇较高的褐铈铌矿。

根据电子探针测试结果平均值(表4-17)，以O=4为基数，计算化学式：$(Ln_{0.80}Y_{0.14}Ca_{0.01}Fe_{0.01})_{\Sigma 0.96}Nb_{1.04}O_4$。其中，Ln：$(Ce_{0.41}Nd_{0.17}La_{0.11}Pr_{0.04}Sm_{0.03}Gd_{0.02}Ho_{0.01}Er_{0.01})_{\Sigma 0.80}$。

表4-17 褐铈铌矿电子探针测试结果及稀土配分 单位：w_t/%

成分	测试点P1	稀土配分	测试点P2	稀土配分	测试点P3	稀土配分	平均值
FeO	0.10	ΣRE_2O_3 = 49.19	0.12	ΣRE_2O_3 = 49.89	0.14	ΣRE_2O_3 = 48.32	0.12
BaO	0.05		0.07		0.14		0.09
CaO	0.17		0.15		0.25		0.19
Nb_2O_5	46.08		45.29		46.04		45.80
Ta_2O_5	0.33		0.26		0.31		0.30
ThO_2	0.00		0.03		0.00		0.01
Sc_2O_3	0.00		0.02		0.04		0.02
Y_2O_3	5.38	10.94	4.61	9.24	5.41	11.20	5.13
La_2O_3	5.71	11.61	6.32	12.67	5.66	11.71	5.90
Ce_2O_3	22.01	44.74	23.71	47.53	20.74	42.92	22.15
Pr_2O_3	2.06	4.19	2.10	4.21	2.12	4.39	2.10
Nd_2O_3	9.58	19.47	9.41	18.86	9.77	20.22	9.59
Sm_2O_3	1.70	3.46	1.48	2.97	1.76	3.64	1.65
Eu_2O_3	0.15	0.30	0.15	0.30	0.24	0.50	0.18
Gd_2O_3	1.11	2.26	1.04	2.08	1.29	2.67	1.15
Dy_2O_3	0.33	0.67	0.15	0.30	0.29	0.60	0.26
Ho_2O_3	0.46	0.94	0.42	0.84	0.47	0.97	0.45
Er_2O_3	0.47	0.96	0.41	0.82	0.30	0.62	0.39
Yb_2O_3	0.10	0.20	0.00	0.00	0.17	0.35	0.09
Lu_2O_3	0.13	0.26	0.09	0.18	0.10	0.21	0.11
总计	95.92	100.00	95.83	100.00	95.06	100.00	95.33

表4-18 褐铈铌矿测试点轻、重稀土分布状况 单位：w_t/%

稀土元素	测试点P1	分布率	测试点P2	分布率	测试点P3	分布率
Y_2O_3	5.38	10.94	4.61	9.24	5.41	11.20
轻稀土(La至Eu)	41.21	83.77	43.17	86.53	40.29	83.38
重稀土(Gd至Lu)	2.60	5.29	2.11	4.23	2.62	5.42
总计	49.19	100.00	49.89	100.00	48.32	100.00

2. 云母型铌稀土铁矿石中的单斜褐钇铌矿

样品采自东矿钻孔。单斜褐钇铌矿呈半自形-不规则粒状，无色、淡黄色或浅棕色分布于黑云母矿物间，并与褐帘石紧密共生，颗粒大小不均，粒径为0.02～0.25mm，因变生严重导致非晶化使矿物呈均质性(图4-67至图4-70)。

共伴生矿物：金云母、磷灰石、磁铁矿、磁黄铁矿、黄铁矿、闪锌矿、褐帘石、钍石、独居石、重晶石、长石、石英。

对本样品中的不同矿物颗粒做了41个电子探针测试点，其中23个测试点为单斜褐钇铌矿，18个测试点为单斜褐钕铌矿，一个矿物颗粒不同位置其BSE图像亮色部分Nd高为单斜褐钕铌矿，相对暗色部分Y高为单斜褐钇铌矿。这两种矿物均含Th较高，ThO_2含量为6.35%～16.47%，Th与REE的置换方式为$Th^{4+}+Ti^{4+} \rightarrow REE^{3+}+Nb^{5+}$，所以Th高而REE、Nb偏低。

本样品中的褐钇铌矿因变生严重无法测试晶体结构，根据褐钇铌矿与单斜褐钕铌矿的紧密共生关系推测为单斜褐钇铌矿。

对图4-67、图4-69所示的两个矿物颗粒分别做了6个和11个电子探针测试点，结果显示：单斜褐钇铌矿和单斜褐钕铌矿各半。表4-19中电子探针测试点为单斜褐钇铌矿，P1、P2为图4-69(图4-71为BSE图像)中的测试点，P3、P4为图4-67(图4-72为BSE图像)中的测试点，ThO_2平均值为8.43%，含Th高是导致非晶化的主要原因。

从图4-71、图4-72可知，矿物颗粒明暗不均，其中暗色部分为单斜褐钇铌矿，亮色部分则是矿物中Y含量减少，铈族元素Ce、Nd等含量增加，图4-71边缘红色"+"部分为单斜褐钕铌矿(电子探针测试结果见表4-29)，图4-72中暗色部分为单斜褐钇铌矿，亮色为单斜褐钕铌矿，即轻稀土矿物单斜褐钕铌矿与重稀土矿物单斜褐钇铌矿共存于同一颗粒中。

单斜褐钇铌矿测试点轻、重稀土分布状况见表4-20。稀土配分中，轻稀土占比为12.75%～49.55%，其中图4-69中的单斜褐钇铌矿(P1、P2)轻稀土与重稀土含量相当，但Y含量最高，图4-67中的单斜褐钇铌矿(P3、P4)轻稀土含量分别为30.66%和26.19%，均属于含铈较高的单斜褐钇铌矿。

根据电子探针测试结果平均值(表4-19)，以O=4为基数，计算化学式：$(Y_{0.35}Ln_{0.45}Th_{0.09}Ca_{0.05}Fe_{0.02})_{\Sigma 0.96}(Nb_{1.00}Ti_{0.01})_{\Sigma 1.01}O_{4.00}$。其中，Ln：$(Nd_{0.13}Gd_{0.08}Sm_{0.08}Dy_{0.07}Ce_{0.04}Er_{0.02}Pr_{0.01}Eu_{0.01}L_{U0.01})_{\Sigma 0.45}$。

图4-67　分布于金云母(Phl)矿物间的单斜褐钇铌矿(Fgs-Y-β)(单偏光)

图4-68　单斜褐钇铌矿因非晶化显均质性(正交偏光)

图 4-69　单斜褐钇铌矿与褐帘石(Aln-Ce)紧密共生(单偏光)

图 4-70　单斜褐钇铌矿因非晶化显均质性(正交偏光)

图 4-71　单斜褐钇铌矿与单斜褐钕铌矿(Fgs-Nd-β)紧密共生(BSE)

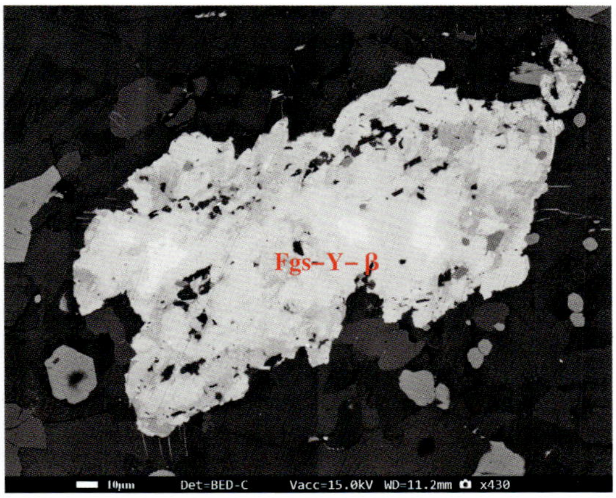

图 4-72　单斜褐钇铌矿(BSE)

表 4-19　单斜褐钇铌矿电子探针测试结果及稀土配分　　单位：w_t/%

成分	测试点 P1	稀土配分	测试点 P2	稀土配分	测试点 P3	稀土配分	测试点 P4	稀土配分	平均值
CaO	0.99		0.88		1.04		0.97		0.97
TiO_2	0.36		0.12		0.32		0.25		0.26
FeO	0.99		1.16		0.09		0.08		0.58
MnO	0.07		0.04		0.02		0.00		0.03
BaO	0.12	ΣRE_2O_3 = 39.27	0.31	ΣRE_2O_3 = 40.86	0.12	ΣRE_2O_3 = 41.59	0.00	ΣRE_2O_3 = 40.28	0.14
PbO	0.29		0.17		0.32		0.38		0.29
Nb_2O_5	43.95		45.54		46.76		44.85		45.28
ThO_2	10.87		6.86		8.41		7.56		8.43
UO_2	0.13		0.06		0.52		0.14		0.21

续表

成分	测试点 P1	稀土配分	测试点 P2	稀土配分	测试点 P3	稀土配分	测试点 P4	稀土配分	平均值
Y_2O_3	9.62	24.50	11.60	28.39	15.80	37.99	17.38	43.15	13.60
La_2O_3	0.16	0.41	0.12	0.29	0.00	0.00	0.03	0.07	0.08
Ce_2O_3	3.48	8.86	3.04	7.44	1.79	4.30	1.48	3.67	2.45
Pr_2O_3	1.05	2.67	0.97	2.37	0.75	1.80	0.47	1.17	0.81
Nd_2O_3	8.83	22.49	9.56	23.40	5.29	12.72	4.78	11.87	7.12
Sm_2O_3	5.57	14.18	5.45	13.34	4.48	10.77	3.57	8.86	4.77
Eu_2O_3	0.37	0.94	0.55	1.35	0.44	1.06	0.22	0.55	0.40
Gd_2O_3	5.32	13.55	4.98	12.19	4.47	10.75	4.05	10.05	4.71
Dy_2O_3	3.32	8.45	3.25	7.95	5.13	12.33	4.75	11.79	4.11
Er_2O_3	0.92	2.34	0.70	1.71	1.76	4.23	1.68	4.17	1.27
Tm_2O_3	0.00	0.00	0.00	0.00	0.00	0.00	0.30	0.74	0.08
Yb_2O_3	0.00	0.00	0.00	0.00	0.30	0.72	0.36	0.89	0.17
Lu_2O_3	0.63	1.60	0.64	1.57	1.38	3.32	1.21	3.00	0.97
总计	97.04	100.00	96.00	100.00	99.19	100.00	94.51	100.00	96.69

表 4－20　单斜褐钇铌矿测试点轻、重稀土分布状况　　单位：$w_t/\%$

稀土元素	测试点 P1	分布率	测试点 P2	分布率	测试点 P3	分布率	测试点 P4	分布率
Y_2O_3	9.62	24.50	11.60	28.39	15.80	37.99	17.38	43.15
轻稀土(La 至 Eu)	19.46	49.55	19.69	48.19	12.75	30.66	10.55	26.19
重稀土(Gd 至 Lu)	10.19	25.95	9.57	23.42	13.04	31.35	12.35	30.66
总计	39.27	100.00	40.86	100.00	41.59	100.00	40.28	100.00

3. 白云石型铌稀土矿石中的褐钇铌矿

样品采自西矿。褐钇铌矿呈黄棕色、棕红色、棕色，半自形-他形粒状分布于白云石矿物间(图 4－73、图 4－75)，其反射色为棕灰色，内反射色为浅棕红色(图 4－74、图 4－76、图 4－77)，图 4－78 为 BSE 图像，褐钇铌矿粒径为 0.03～0.15mm。

共伴生矿物：白云石、方解石、磁铁矿、褐铁矿、铌铁矿、独居石、黑稀金矿、磷钇矿、磷灰石等。

电子探针测试结果(表 4－21)显示，Y_2O_3 含量为 30.49%～36.51%，稀土配分占比为 61.87%～73.49%，轻稀土仅占 3.22%～7.26%(表 4－22)。

根据电子探针测试结果平均值(表 4－21)，以 O＝4 为基数，计算化学式：$(Y_{0.78}Ln_{0.23})_{\Sigma 1.01}Nb_{0.98}O_4$。其中，Ln：$(Dy_{0.07}Gd_{0.06}Er_{0.04}Nd_{0.02}Yb_{0.02}Sm_{0.01}Lu_{0.01})_{\Sigma 0.23}$。

图 4-73 褐钇铌矿(Fgs-Y)呈棕黄-棕色分布（单偏光）

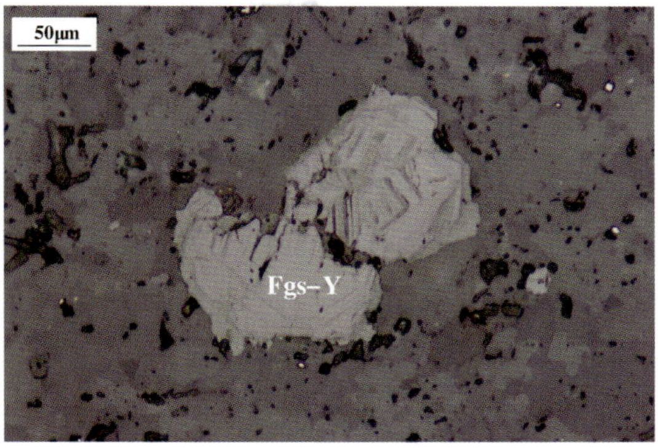

图 4-74 褐钇铌矿的反射率（反射光）

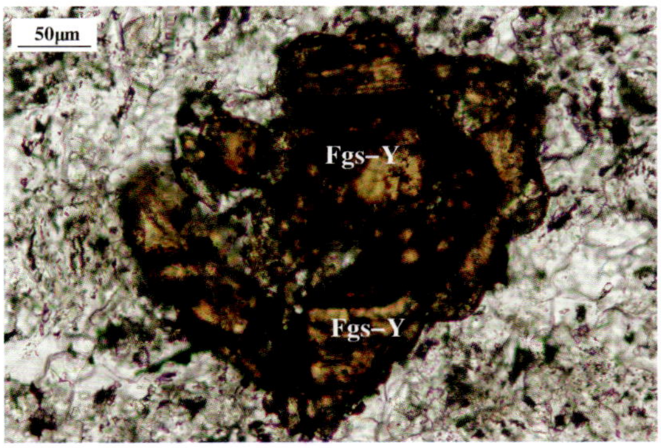

图 4-75 褐钇铌矿呈棕黄-棕色分布（单偏光）

图 4-76 褐钇铌矿的内反射色(反射正交)

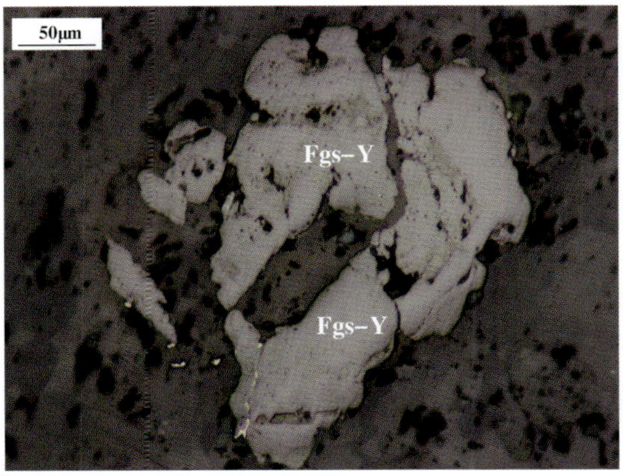

图 4-77 褐钇铌矿的反射色（反射光）

图 4-78 褐钇铌矿(BSE)

表 4－21　褐钇铌矿电子探针测试结果及稀土配分　　单位：w_t/%

成分	测试点 P1	稀土配分	测试点 P2	稀土配分	测试点 P3	稀土配分	测试点 P4	稀土配分	平均值
CaO	0.06		0.04		0.12		0.16		0.09
TiO_2	0.10		0.16		0.00		0.09		0.09
FeO	0.04		0.15		0.05		0.39		0.16
Nb_2O_5	48.63	$\sum RE_2O_3$ = 50.40	48.55	$\sum RE_2O_3$ = 49.68	48.29	$\sum RE_2O_3$ = 51.30	48.67	$\sum RE_2O_3$ = 49.28	48.54
Ta_2O_5	0.05		0.03		0.01		0.18		0.07
ThO_2	0.00		0.01		0.03		0.09		0.03
Sc_2O_3	0.02		0.00		0.03		0.03		0.02
Y_2O_3	32.42	64.33	36.51	73.49	32.67	63.68	30.49	61.87	33.02
La_2O_3	0.00	0.00	0.00	0.00	0.05	0.10	0.32	0.65	0.09
Ce_2O_3	0.00	0.00	0.00	0.00	0.07	0.14	0.08	0.16	0.04
Pr_2O_3	0.00	0.00	0.00	0.00	0.20	0.39	0.00	0.00	0.05
Nd_2O_3	2.09	4.15	1.12	2.25	1.36	2.65	0.59	1.20	1.29
Sm_2O_3	1.43	2.84	0.48	0.97	1.07	2.09	0.82	1.66	0.95
Eu_2O_3	0.14	0.28	0.00	0.00	0.55	1.07	0.04	0.08	0.18
Gd_2O_3	4.57	9.07	2.25	4.53	4.35	8.48	4.56	9.25	3.93
Dy_2O_3	4.60	9.13	4.26	8.57	5.25	10.23	5.25	10.65	4.84
Ho_2O_3	0.29	0.58	0.25	0.50	0.34	0.66	0.32	0.65	0.30
Er_2O_3	3.24	6.43	2.84	5.72	3.23	6.30	3.50	7.10	3.20
Tm_2O_3	0.00	0.00	0.05	0.10	0.19	0.37	0.48	0.97	0.18
Yb_2O_3	1.29	2.56	1.52	3.06	1.47	2.87	2.34	4.75	1.65
Lu_2O_3	0.33	0.65	0.40	0.81	0.50	0.97	0.49	0.99	0.43
总计	99.30	100.00	98.62	100.00	99.83	100.00	98.89	100.00	99.15

表 4－22　褐钇铌矿测试点轻、重稀土分布状况　　单位：w_t/%

稀土元素	测试点 P1	分布率	测试点 P2	分布率	测试点 P3	分布率	测试点 P4	分布率
Y_2O_3	32.42	64.33	36.51	73.49	32.67	63.68	30.49	61.87
轻稀土(La 至 Eu)	3.66	7.26	1.60	3.22	3.30	6.44	1.85	3.75
重稀土(Gd 至 Lu)	14.32	28.41	11.57	23.29	15.33	29.88	16.94	34.38
总计	50.40	100.00	49.68	100.00	51.30	100.00	49.28	100.00

4. 钠闪石型铌稀土铁矿石中的褐钇铌矿

样品采自东矿。褐钇铌矿呈棕-棕红色，半自形-他形粒状分散分布，颗粒较细，粒径一般为 0.05～0.15mm(图 4－79、图 4－81)，其反射率较低，反射色为棕黄色，褐钇铌矿多与独居石、黄铁矿、磁铁矿等紧密共生(图 4－80、图 4－82 至图 4－84)。

共伴生矿物：钠闪石、霓石、独居石、黄铁矿、易解石、硅钡锰钛石、重晶石、红钛锰矿等。

据电子探针测试结果(表 4－23)，本样品中的褐钇铌矿 Y_2O_3 含量最高，达 16.94%～18.77%，占稀土总量的 37.04%～42.63%。据褐钇铌矿测试点轻、重稀土分布状况

(表 4-24)可知除 Y_2O_3 外，其他重稀土占稀土总量的 28.97%～32.46%，轻稀土占 24.91%～33.99%；褐钇铌矿含少量 ThO_2，平均值为 1.37%。

根据电子探针测试结果平均值(表 4-23)，以 O=4 为基数，计算化学式：$(Y_{0.45}Ln_{0.43}Ca_{0.01}Th_{0.01})_{\Sigma 0.90}Nb_{1.05}O_4$。其中，Ln：$(Nd_{0.12}Dy_{0.08}Gd_{0.07}Ce_{0.04}Sm_{0.04}Er_{0.04}Yb_{0.02}Pr_{0.01}Lu_{0.01})_{\Sigma 0.43}$。

图 4-79　棕红色粒状分布的褐钇铌矿(Fgs-Y)(单偏光)

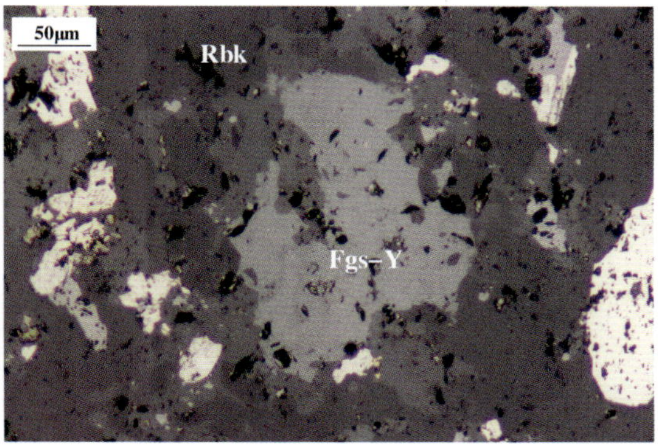

图 4-80　褐钇铌矿的反射色(反射光)

图 4-81　半自形粒状褐钇铌矿(单偏光)

图 4-82　褐钇铌矿的棕黄色内反射色(反射正交)

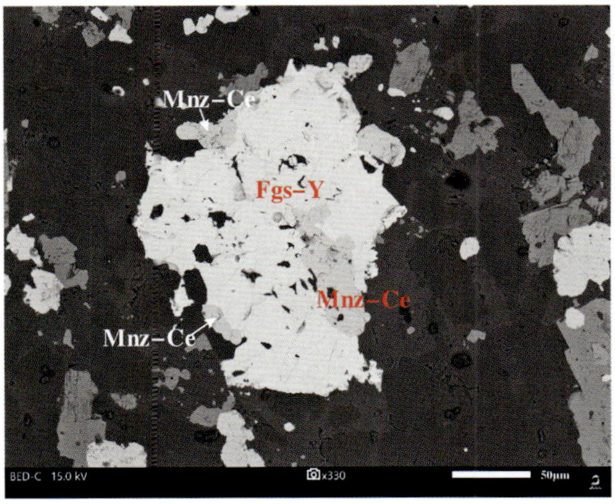

图 4-83　褐钇铌矿与独居石(Mnz-Ce)(BSE)

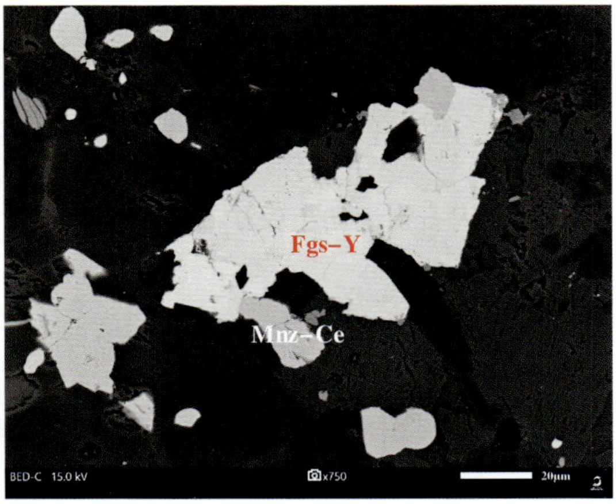

图 4-84　褐钇铌矿与独居石(BSE)

表 4-23 褐钇铌矿电子探针测试结果及稀土配分 单位：w_t/%

成分	测试点 P1	稀土配分	测试点 P2	稀土配分	测试点 P3	稀土配分	平均值
TiO_2	0.17	$\sum RE_2O_3$ = 45.73	0.00	$\sum RE_2O_3$ = 45.69	0.05	$\sum RE_2O_3$ = 44.03	0.07
CaO	0.12		0.08		0.11		0.10
Nb_2O_5	48.30		48.08		48.91		48.43
ThO_2	1.29		1.29		1.55		1.37
Sc_2O_3	0.02		0.03		0.00		0.02
Y_2O_3	16.94	37.04	17.66	38.65	18.77	42.63	17.79
La_2O_3	0.45	0.98	0.26	0.57	0.00	0.00	0.24
Ce_2O_3	3.17	6.93	2.45	5.36	1.56	3.54	2.39
Pr_2O_3	0.62	1.36	0.39	0.85	0.37	0.84	0.46
Nd_2O_3	7.89	17.25	7.45	16.31	6.14	13.95	7.16
Sm_2O_3	2.66	5.82	2.40	5.25	1.90	4.32	2.32
Eu_2O_3	0.75	1.64	0.58	1.27	1.00	2.27	0.77
Gd_2O_3	4.32	9.45	4.80	10.51	4.67	10.61	4.60
Dy_2O_3	4.62	10.10	5.06	11.07	5.44	12.36	5.04
Er_2O_3	2.32	5.07	2.23	4.88	2.50	5.68	2.35
Yb_2O_3	1.13	2.47	1.49	3.26	1.16	2.63	1.26
Lu_2O_3	0.86	1.88	0.92	2.01	0.52	1.18	0.77
总计	95.62	100.00	95.17	100.00	94.64	100.00	95.15

表 4-24 褐钇铌矿测试点轻、重稀土分布状况 单位：w_t/%

稀土元素	测试点 P1	分布率	测试点 P2	分布率	测试点 P3	分布率
Y_2O_3	16.94	37.04	17.66	38.65	18.77	42.63
轻稀土(La 至 Eu)	15.54	33.99	13.53	29.61	10.97	24.91
重稀土(Gd 至 Lu)	13.25	28.97	14.50	31.74	14.29	32.46
总计	45.73	100.00	45.69	100.00	44.03	100.00

5. 霓石型铌稀土矿石中的褐钇铌矿

样品采自东矿。褐钇铌矿呈半自形-他形，棕黄色-棕红色分布于霓石矿物间(图 4-85、图 4-86)，或被包裹于硅钛铈矿中，多色性明显(图 4-87、图 4-88、图 4-91)，反射率高于硅钛铈矿(图 4-89、图 4-90)，内反射色呈淡黄色-棕黄色(图 4-92)，颗粒大小不均，粒径为 0.05～0.50mm。样品中有大量硅钛铈矿呈橘黄色-棕红色-暗红色-黑色与褐钇铌矿紧密共生。

共伴生矿物：霓石、钠闪石、方解石、重晶石、独居石、硅钛铈矿、黄铁矿、磁黄铁矿、方铅矿等。

根据电子探针测试结果(表 4-25)，本样品中的褐钇铌矿 Y_2O_3 含量最高，16.12%～19.07%，占稀土总量的 32.74%～39.67%。根据褐钇铌矿测试点轻、重稀土分布状况

(表 4-26)，除 Y_2O_3 外，其他重稀土占稀土总量的 18.60%～21.94%，轻稀土占 40.69%～47.56%，因轻稀土含量相对较高，褐钇铌矿颜色偏棕红色。

根据电子探针测试结果平均值(表 4-25)，以 O=4 为基数，计算化学式：$(Y_{0.44}Ln_{0.49}Th_{0.01})_{\Sigma 0.94}Nb_{1.02}O_4$。其中，Ln：$(Nd_{0.20}Ce_{0.08}Sm_{0.05}Gd_{0.05}Dy_{0.04}Er_{0.03}La_{0.01}Pr_{0.01}Yb_{0.01}Lu_{0.01})_{\Sigma 0.49}$。

图 4-85 半自形褐钇铌矿(Fgs-Y)分布于霓石(Aeg)间(单偏光)

图 4-86 褐钇铌矿分布于霓石间(单偏光)

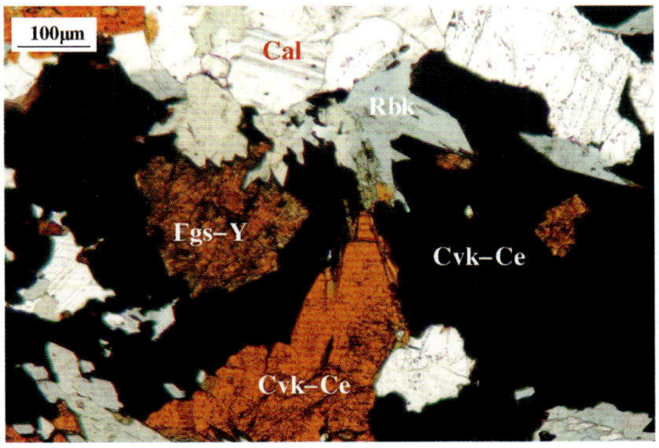

图 4-87 褐钇铌矿被硅钛铈矿(Cvk-Ce)包裹(单偏光)

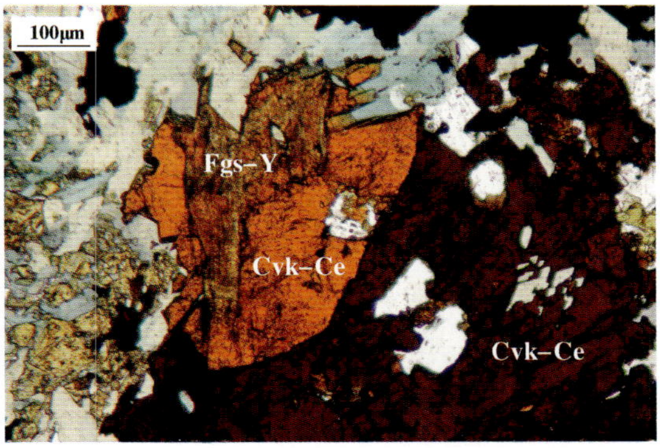

图 4-88 褐钇铌矿被硅钛铈矿包裹(单偏光)

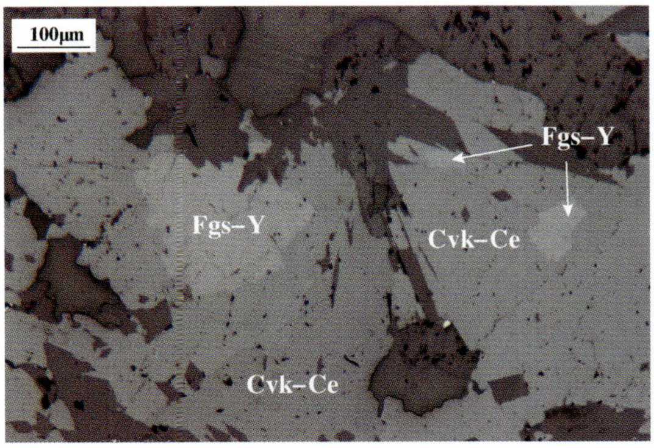

图 4-89 褐钇铌矿反射率高于硅钛铈矿(反射光)

图 4-90 褐钇铌矿反射率高于硅钛铈矿(反射光)

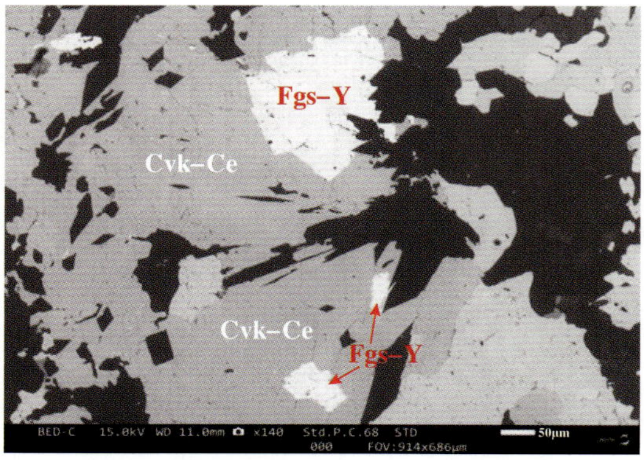

图 4-91　褐钇铌矿被硅钛铈矿包裹（BSE）

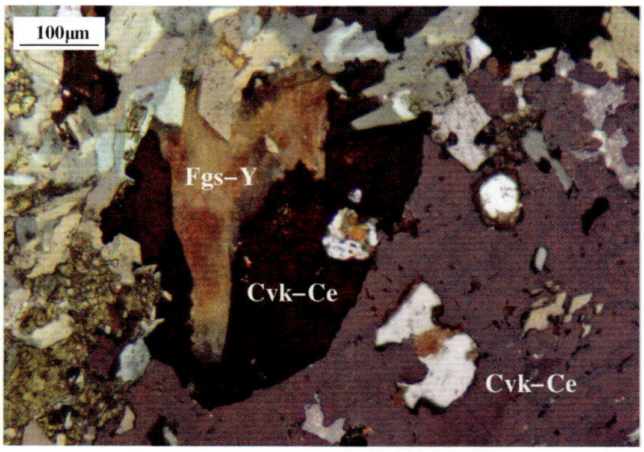

图 4-92　褐钇铌矿的内反射色(反射正交)

表 4-25　褐钇铌矿电子探针测试结果及稀土配分　　单位：$w_t/\%$

成分	测试点 P1	稀土配分	测试点 P2	稀土配分	测试点 P3	稀土配分	测试点 P4	稀土配分	平均值
Nb_2O_5	47.26	$\sum RE_2O_3 = 48.72$	48.86	$\sum RE_2O_3 = 51.86$	49.46	$\sum RE_2O_3 = 48.07$	47.56	$\sum RE_2O_3 = 49.24$	48.29
Ta_2O_5	0.22		0.00		0.00		0.00		0.05
CaO	0.08		0.10		0.15		0.06		0.10
ThO_2	0.87		0.47		0.62		0.59		0.64
Y_2O_3	17.44	35.80	18.97	36.58	19.07	39.67	16.12	32.74	17.90
La_2O_3	0.44	0.90	0.91	1.75	0.48	1.00	0.42	0.85	0.56
Ce_2O_3	5.23	10.73	5.13	9.89	4.50	9.36	4.91	9.97	4.94
Pr_2O_3	0.69	1.42	0.61	1.18	0.73	1.52	0.80	1.62	0.71
Nd_2O_3	12.22	25.08	11.09	21.38	10.39	21.61	13.46	27.34	11.79
Sm_2O_3	3.62	7.43	3.14	6.05	3.13	6.51	3.70	7.51	3.40
Eu_2O_3	0.02	0.04	0.63	1.21	0.33	0.69	0.13	0.26	0.28
Gd_2O_3	2.61	5.36	3.58	6.90	2.50	5.20	4.36	8.85	3.26
Dy_2O_3	3.08	6.32	3.44	6.63	3.11	6.47	2.27	4.61	2.98
Ho_2O_5	0.00	0.00	0.42	0.81	0.49	1.02	0.00	0.00	0.23
Er_2O_3	1.57	3.22	2.23	4.30	1.59	3.31	1.70	3.45	1.77
Tm_2O_5	0.40	0.82	0.02	0.04	0.41	0.85	0.01	0.02	0.21
Yb_2O_3	1.03	2.11	1.29	2.49	0.64	1.33	1.08	2.19	1.01
Lu_2O_3	0.37	0.76	0.40	0.77	0.70	1.46	0.28	0.57	0.44
总计	97.15	100.00	101.29	100.00	98.30	100.00	97.45	100.00	98.56

表 4-26　褐钇铌矿测试点轻、重稀土分布状况　　单位：$w_t/\%$

稀土元素	测试点 P1	分布率	测试点 P2	分布率	测试点 P3	分布率	测试点 P4	分布率
Y_2O_3	17.44	35.80	18.97	36.58	19.07	39.67	16.12	32.74
轻稀土(La 至 Eu)	22.22	45.60	21.51	41.48	19.56	40.69	23.42	47.56
重稀土(Gd 至 Lu)	9.06	18.60	11.38	21.94	9.44	19.64	9.70	19.70
总计	48.72	100.00	51.86	100.00	48.07	100.00	49.24	100.00

单斜褐钕铌矿 *（褐钕铌矿-β）　Clinofergusonite-(Nd)

$NdNbO_4$

化学组成：化学通式中，A位阳离子Nd(apfu)最高，含少量Th、Fe^{2+}、Mg、Ca等，B位阳离子以Nb为主。

晶体结构：单斜晶系。$a_0 = 5.07$Å，$b_0 = 5.62$Å，$c_0 = 5.41$Å，$\beta = 93°$，$Z = 2$。

物理性质：红色、棕红色、黄褐色，半透明，条痕浅棕色，玻璃-油脂光泽，无解理，贝壳状断口，性脆。摩氏硬度5.5～6.5，相对密度6.45。

显微镜下特征：因非晶化导致矿物常呈均质性，突起较高，$N=2.0$。

1. 云母型铌稀土铁矿石中的单斜褐钕铌矿

样品采自东矿钻孔，与单斜褐钇铌矿为同一样品。单斜褐钕铌矿呈不规则粒状，无色、淡黄色或浅棕色分布于金云母矿物间，并与褐帘石紧密共生。颗粒大小不均，粒径为0.02～0.10mm，因变生作用导致非晶化显均质性(图4-93至图4-96)。

共伴生矿物：金云母、磷灰石、磁铁矿、磁黄铁矿、黄铁矿、闪锌矿、褐帘石、钍石、独居石、重晶石、长石、石英。

图4-93　分布于褐帘石(Aln-Ce)中的单斜褐钕铌矿(Fgs-Nd-β)(单偏光)

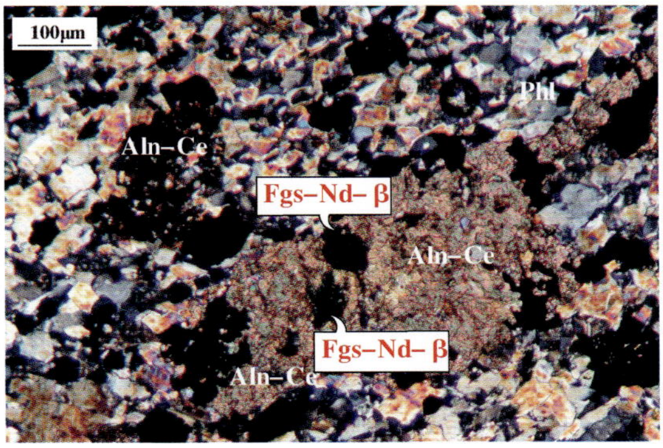

图4-94　单斜褐钕铌矿因非晶化显均质性(正交偏光)

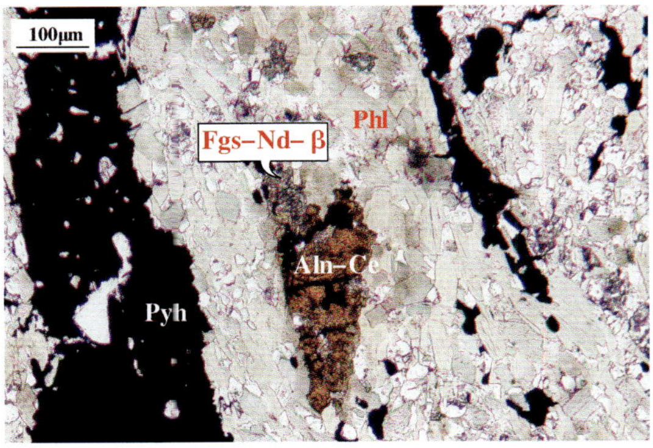

图4-95　单斜褐钕铌矿与褐帘石紧密共生(单偏光)

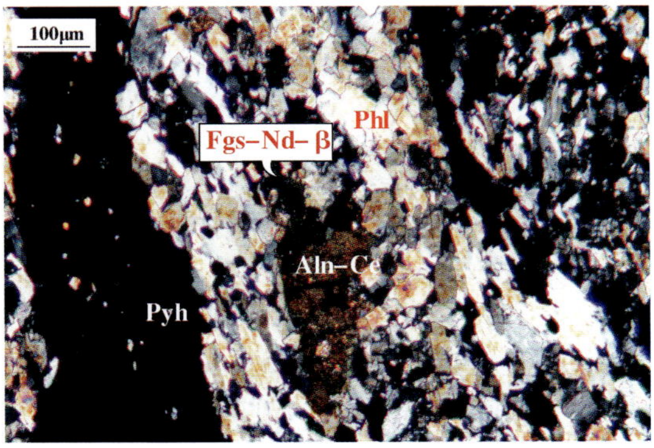

图4-96　单斜褐钕铌矿因非晶化显均质性(正交偏光)

单斜褐钕铌矿电子探针测试结果及轻、重稀土分布状况分别见表 4－27、表 4－28。稀土配分中，轻稀土占比为 64.52%～72.45%，其中 Nd_2O_3 占比为 27.78%～31.74%，Y_2O_3 占比为 9.86%～14.64%，属于含钇较高的单斜褐钕铌矿。

根据电子探针测试结果平均值(表 4－27)，以 O=4 为基数，计算化学式：$(Ln_{0.71}Y_{0.15}Th_{0.08}Ca_{0.06}Fe_{0.01})_{\Sigma 1.01}(Nb_{0.98}Ti_{0.01})_{\Sigma 0.99}O_{4.00}$。其中，Ln：$(Nd_{0.25}Ce_{0.12}Sm_{0.12}Gd_{0.09}Pr_{0.04}Eu_{0.03}Dy_{0.02}La_{0.01}Ho_{0.01}Tm_{0.01}Lu_{0.01})_{\Sigma 0.71}$。

表 4－27　单斜褐钕铌矿电子探针测试结果及稀土配分　　单位：w_t/%

成分	测试点 P1	稀土配分	测试点 P2	稀土配分	测试点 P3	稀土配分	平均值
CaO	1.35	ΣRE_2O_3 = 46.04	1.10	ΣRE_2O_3 = 47.36	1.25	ΣRE_2O_3 = 46.44	1.23
Nb_2O_5	42.12		43.56		44.72		43.47
TiO_2	0.04		0.16		0.23		0.14
FeO	0.29		0.15		0.13		0.19
ThO_2	7.68		6.04		7.95		7.22
UO_2	0.01		0.03		0.03		0.02
Y_2O_3	5.72	12.42	4.67	9.86	6.80	14.64	5.73
La_2O_3	0.73	1.59	0.56	1.18	0.49	1.06	0.59
Ce_2O_3	6.34	13.77	7.83	16.53	5.77	12.42	6.65
Pr_2O_3	2.07	4.50	2.37	5.00	1.76	3.79	2.07
Nd_2O_3	14.19	30.82	15.03	31.74	12.90	27.78	14.04
Sm_2O_3	6.80	14.77	6.64	14.02	7.11	15.31	6.85
Eu_2O_3	1.89	4.11	1.88	3.97	1.93	4.16	1.90
Gd_2O_3	5.06	10.99	4.94	10.43	5.48	11.80	5.16
Tb_2O_3	0.15	0.33	0.11	0.23	0.00	0.00	0.09
Dy_2O_3	1.58	3.43	1.10	2.32	1.33	2.86	1.34
Ho_2O_3	0.24	0.52	0.75	1.58	1.10	2.37	0.70
Er_2O_3	0.20	0.43	0.33	0.70	0.40	0.86	0.31
Tm_2O_3	0.76	1.65	0.77	1.63	0.82	1.77	0.78
Lu_2O_3	0.31	0.67	0.38	0.80	0.55	1.18	0.41
总计	97.53	100.00	98.40	100.00	100.75	100.00	98.89

表 4－28　单斜褐钕铌矿测试点轻、重稀土分布状况　　单位：w_t/%

稀土元素	测试点 P1	分布率	测试点 P2	分布率	测试点 P3	分布率
Y_2O_3	5.72	12.42	4.67	9.86	6.80	14.64
轻稀土(La 至 Eu)	32.02	69.55	34.31	72.45	29.96	64.52
重稀土(Gd 至 Lu)	8.30	18.03	8.38	17.69	9.68	20.84
总计	46.04	100.00	47.36	100.00	46.44	100.00

图 4－98 为图 4－97 的 BSE 图像，单斜褐钇铌矿边缘亮色为单斜褐钕铌矿，红色“+”为单斜褐钕铌矿电子探针测试点位置，测试结果及轻、重稀土分布状况分别见表 4－29、表 4－30。稀土配分中，轻稀土占比为 63.31%～80.23%，约占三分之二，其中

Nd_2O_3 占比为 27.76%～33.28%，Y_2O_3 占比为 12.67%～17.47%，属于含钇较高的单斜褐钕铌矿。ThO_2 含量较高（平均值为 9.72%）是导致矿物非晶化的原因。

根据电子探针测试结果平均值（表 4-29），以 O=4 为基数，计算化学式：$(Ln_{0.62}Y_{0.14}Th_{0.11}Ca_{0.06}Fe_{0.03}Ba_{0.01})_{\Sigma 0.97}(Nb_{1.01}Ti_{0.01})_{\Sigma 1.02}O_{4.00}$。其中，Ln：$(Nd_{0.24}Ce_{0.12}Sm_{0.10}Gd_{0.06}Pr_{0.04}Eu_{0.01}Dy_{0.03}La_{0.01}Er_{0.01})_{\Sigma 0.62}$。

图 4-97　单斜褐钕铌矿（Fgs-Nd-β）与褐帘石（Aln-Ce）紧密共生（单偏光）

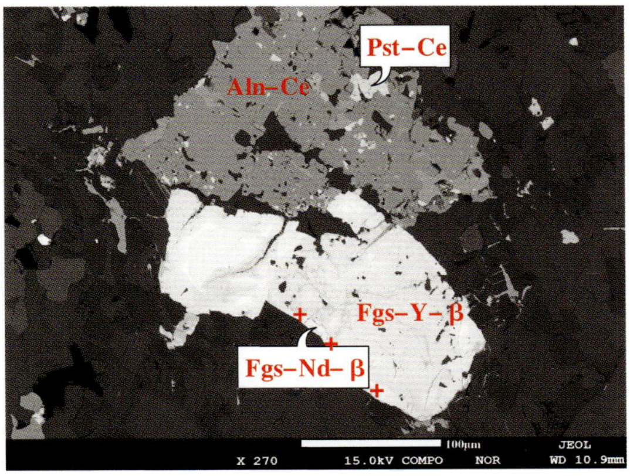

图 4-98　单斜褐钇铌矿（Fgs-Y-β）边缘亮色为单斜褐钕铌矿（BSE）

表 4-29　单斜褐钕铌矿电子探针测试结果及稀土配分　　单位：w_t/%

成分	测试点 P1	稀土配分	测试点 P2	稀土配分	测试点 P3	稀土配分	平均值
CaO	0.72		1.46		0.97		1.05
TiO_2	0.11		0.37		0.08		0.19
FeO	0.67		0.86		0.67		0.73
BaO	0.25	ΣRE_2O_3 = 43.80	0.99	ΣRE_2O_3 = 34.29	0.06	ΣRE_2O_3 = 43.15	0.43
PbO	0.19		0.32		0.05		0.19
Nb_2O_5	43.24		45.13		42.23		43.53
ThO_2	8.03		12.66		8.46		9.72
UO_2	0.02		0.14		0.42		0.19
Y_2O_3	5.55	12.67	5.99	17.47	6.13	14.21	5.89
La_2O_3	0.59	1.35	0.38	1.11	0.58	1.34	0.52
Ce_2O_3	7.55	17.24	4.62	13.47	7.52	17.43	6.56
Pr_2O_3	2.37	5.41	1.24	3.62	2.15	4.98	1.92
Nd_2O_3	14.54	33.20	9.52	27.76	14.36	33.28	12.81
Sm_2O_3	6.01	13.72	5.60	16.33	5.95	13.79	5.85
Eu_2O_3	0.78	1.78	0.35	1.02	0.73	1.69	0.62
Gd_2O_3	3.62	8.26	4.15	12.10	3.33	7.72	3.70
Dy_2O_3	1.49	3.40	2.07	6.04	1.74	4.03	1.77
Er_2O_3	0.94	2.15	0.37	1.08	0.53	1.23	0.61
Tm_2O_3	0.09	0.21	0.00	0.00	0.13	0.30	0.07

续表

成分	测试点 P1	稀土配分	测试点 P2	稀土配分	测试点 P3	稀土配分	平均值
Lu_2O_3	0.27	0.62	0.00	0.00	0.00	0.00	0.09
总计	97.03	100.00	96.22	100.00	96.09	100.00	96.44

表 4-30　单斜褐钕铌矿测试点轻、重稀土分布状况　　单位：w_t%

稀土元素	测试点 P1	分布率	测试点 P2	分布率	测试点 P3	分布率
Y_2O_3	5.55	12.67	5.99	17.47	6.13	14.21
轻稀土(La 至 Eu)	31.84	72.69	21.71	63.31	31.29	72.51
重稀土(Gd 至 Lu)	6.41	14.64	6.59	19.22	5.73	13.28
总计	43.80	100.00	34.29	100.00	43.15	100.00

2. 钠闪石化白云石型铌稀土铁矿石中的单斜褐钕铌矿

样品采自西矿。单斜褐钕铌矿呈黄棕色-红棕色，自形-半自形晶分布，颗粒大小不均，粒径为 0.05～0.20mm，因含 Th 导致非晶化显均质性(图 4-99 至图 4-102)，反射光下呈棕灰色，反射率较低，内反射色呈棕黄色至棕红色(图 4-103、图 4-104)，BSE 图像显示单斜褐钕铌矿与独居石相互包裹(图 4-105、图 4-106)。

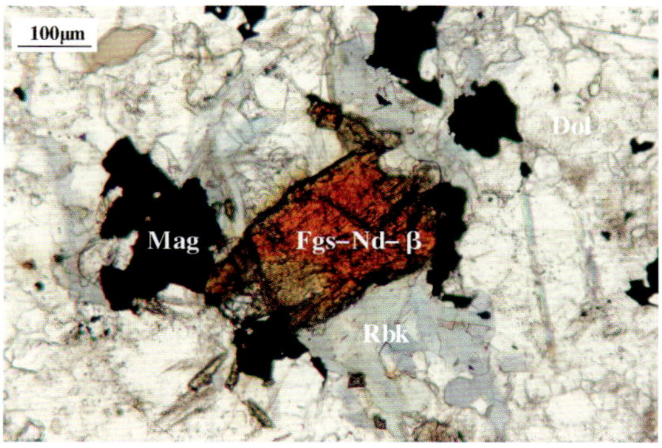

图 4-99　自形单斜褐钕铌矿(Fgs-Nd-β)(单偏光)

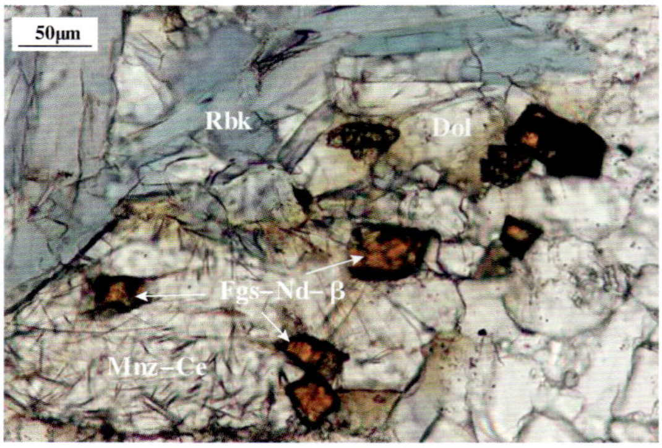

图 4-100　单斜褐钕铌矿分布于独居石(Mnz-Ce)中(单偏光)

图 4-101　自形单斜褐钕铌矿(单偏光)

图 4-102　单斜褐钕铌矿因含 Th 导致非晶化显均质性(正交偏光)

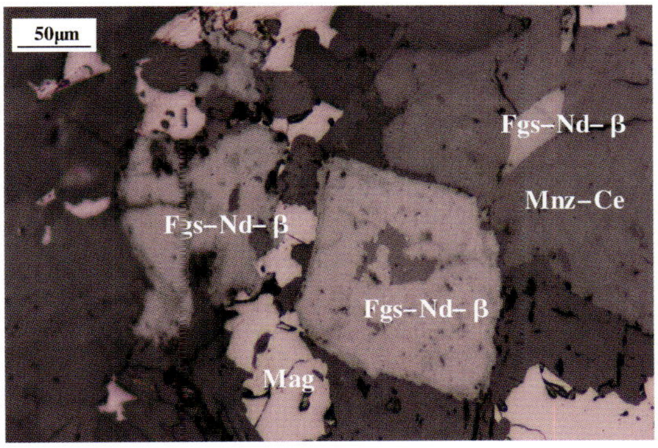

图 4-103 单斜褐钕铌矿的反射色
（反射光）

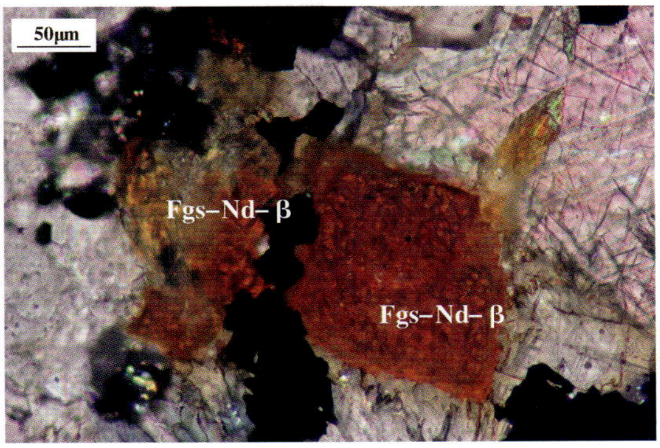

图 4-104 单斜褐钕铌矿的棕红色内反射色
（反射正交）

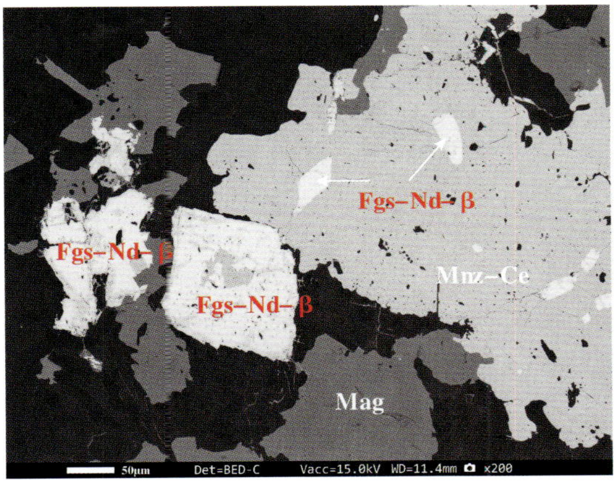

图 4-105 单斜褐钕铌矿被独居石包裹（BSE）

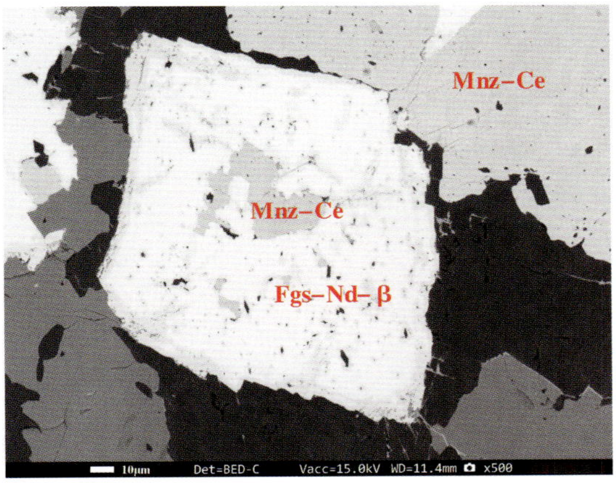

图 4-106 单斜褐钕铌矿包裹独居石（BSE）

共伴生矿物：白云石、钠闪石、磁铁矿、独居石、氟碳铈矿、烧绿石、闪锌矿、方铅矿等。

电子探针测试结果（表 4-31）及轻、重稀土分布状况（表 4-32）显示，稀土配分以轻稀土为主（91.53%～92.62%），其中 Nd_2O_3 最高（46.39%～47.75%），重稀土仅占 5.64%～6.79%，Y_2O_3 较低。

表 4-31 单斜褐钕铌矿电子探针测试结果及稀土配分 单位：$w_t/\%$

成分	测试点 P1	稀土配分	测试点 P2	稀土配分	测试点 P3	稀土配分	平均值
CaO	0.05	$\sum RE_2O_3$ = 52.17	0.07	$\sum RE_2O_3$ = 51.92	0.07	$\sum RE_2O_3$ = 52.27	0.06
PbO	0.13		0.38		0.41		0.30
TiO	0.09		0.04		0.04		0.06
F	0.30		0.25		0.34		0.29
Nb_2O_5	45.93		43.94		44.66		44.84
ThO_2	2.10		2.13		2.95		2.39
UO_2	0.02		0.04		0.03		0.03

续表

成分	测试点 P1	稀土配分	测试点 P2	稀土配分	测试点 P3	稀土配分	平均值
La_2O_3	3.08	5.90	3.12	6.01	3.08	5.89	3.09
Ce_2O_3	13.82	26.49	13.87	26.71	13.92	26.63	13.87
Pr_2O_3	1.59	3.05	1.44	2.77	1.48	2.83	1.50
Nd_2O_3	24.91	47.75	24.71	47.59	24.25	46.39	24.62
Sm_2O_3	4.92	9.43	4.92	9.48	5.11	9.78	4.98
Gd_2O_3	2.16	4.14	2.21	4.26	2.37	4.53	2.25
Dy_2O_3	0.19	0.36	0.12	0.23	0.21	0.40	0.17
Ho_2O_3	0.62	1.19	0.60	1.16	0.60	1.15	0.61
Tm_2O_3	0.00	0.00	0.00	0.00	0.23	0.44	0.08
Lu_2O_3	0.07	0.13	0.00	0.00	0.14	0.27	0.07
Y_2O_3	0.81	1.55	0.93	1.79	0.88	1.68	0.87
$-O=F_2$	0.13		0.11		0.14		0.12
总计	100.66	100.00	98.66	100.00	100.63	100.00	99.99

根据电子探针测试结果平均值，以 O=4 为基数，计算化学式：$(Nd_{0.44}Ce_{0.25}Sm_{0.09}La_{0.06}Gd_{0.04}Pr_{0.03}Th_{0.03}Y_{0.02}Ho_{0.01})_{\Sigma 0.97}Nb_{1.01}O_4$。

表 4-32　单斜褐钕铌矿测试点轻、重稀土分布状况　　单位：$w_t/\%$

稀土元素	测试点 P1	分布率	测试点 P2	分布率	测试点 P3	分布率
Y_2O_3	0.81	1.55	0.93	1.79	0.88	1.68
轻稀土(La 至 Eu)	48.32	92.62	48.06	92.57	47.84	91.53
重稀土(Gd 至 Lu)	3.04	5.83	2.93	5.64	3.55	6.79
总计	52.17	100.00	51.92	100.00	52.27	100.00

单斜褐铈铌矿*（褐铈铌矿-β）　Clinofergusonite-(Ce)

$CeNbO_4$

化学组成：化学通式中，A 位阳离子 Ce(apfu)最高，含少量 Th、Fe^{2+}、Mg、Ca 等元素，B 位阳离子以 Nb 为主。

晶体结构：单斜晶系，空间群为 $B2/m$。$a_0=5.19$Å，$b_0=11.34$Å，$c_0=5.48$Å；$\beta=84.95°$，$Z=4$。

形态：斜方柱晶形，$C_{2h}-2/m(L^2PC)$。

物理性质：红色-红棕色，透明，玻璃光泽、油脂光泽。摩氏硬度 5.5～6.5，相对密度 5.34。

显微镜下特征：二轴晶(+)，光轴角很小。透射光下呈棕红色-暗红色，高突起，干涉色被本身颜色覆盖，部分颗粒因非晶化显示均质性。

褐铈铌矿　Fergusonite-(Ce)

$CeNbO_4 \cdot 0.3H_2O$

化学组成：化学通式中，A 位阳离子 Ce(apfu)最高，含少量 Th、Fe^{2+}、Mg、Ca 等元素，B 位阳离子以 Nb 为主。

晶体结构：四方晶系，空间群为 $I4_1/a$。$a_0=5.17\text{Å}$，$c_0=5.30\text{Å}$。

形态：斜方柱晶形，$C_{4h}-4/m(L^4PC)$。

物理性质：暗红-黑色，玻璃-油脂光泽。摩氏硬度5.5～6.5，相对密度5.48。

显微镜下特征：一轴晶(−)，$N_o=2.30$，$N_e=2.20$。加热1000℃以后，矿物转为二轴晶(+)，光轴角很小，即单斜褐铈铌矿。透射光下呈棕红色-暗红色，高突起，干涉色被本身颜色覆盖，部分颗粒因非晶化显示均质性。

单斜褐铈铌矿作为新矿物于1973年首次在白云鄂博东部接触带发现，从而组成了褐钇铌矿-褐铈铌矿系列中富含铈族稀土元素的端员矿物。

本次研究所见褐铈铌矿均未发生变生作用，因未做XRD结构测试，褐铈铌矿可能既有四方晶系，也有单斜晶系。

1. 白云石型铌稀土矿石中的褐铈铌矿

样品采自东部接触带。褐铈铌矿呈不规则细粒状与铌钙矿、磁铁矿紧密共生，棕红-暗红色，干涉色被本身颜色掩盖，粒径为0.05～0.50mm(图4-107至图4-112)。

共伴生矿物：白云石、方解石、铌钙矿、磷灰石、磁铁矿、铁橄榄石、黄铁矿等。

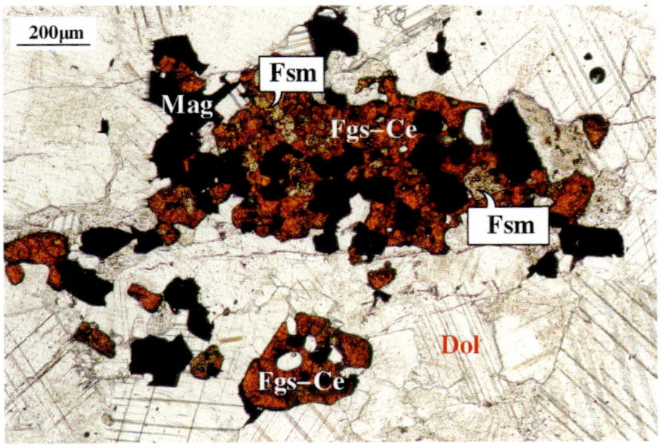

图4-107 与磁铁矿(Mag)、铌钙矿(Fsm)紧密共生的褐铈铌矿(Fgs-Ce)(单偏光)

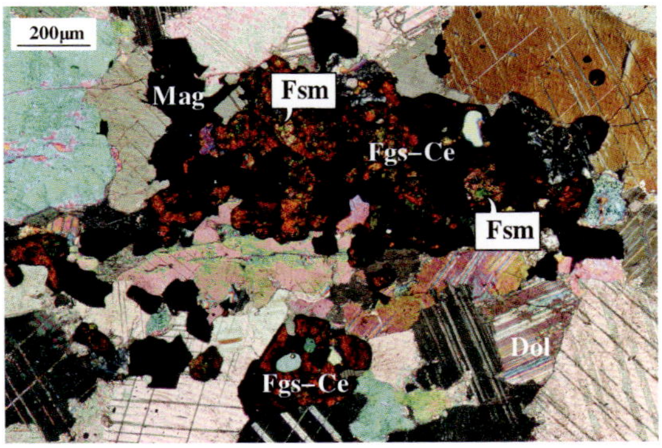

图4-108 与磁铁矿、铌钙矿紧密共生的褐铈铌矿(正交偏光)

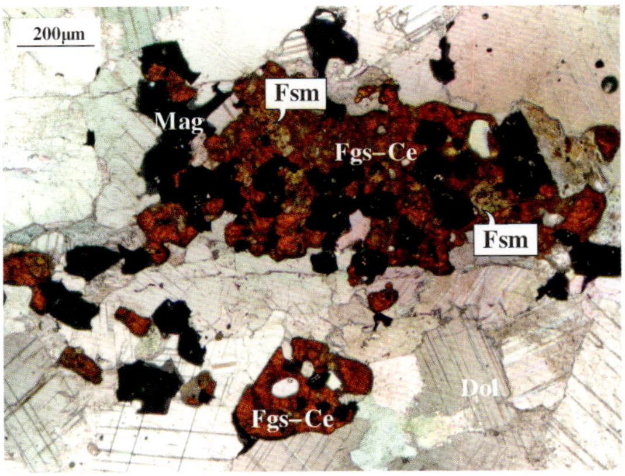

图4-109 褐铈铌矿的内反射色(反射正交)

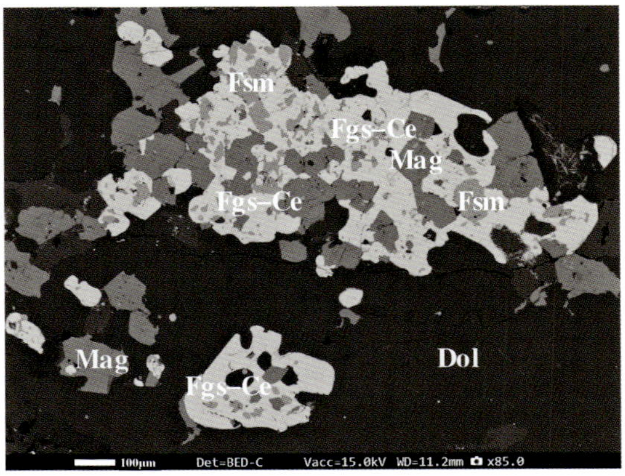

图4-110 褐铈铌矿与铌钙矿、磁铁矿(BSE)

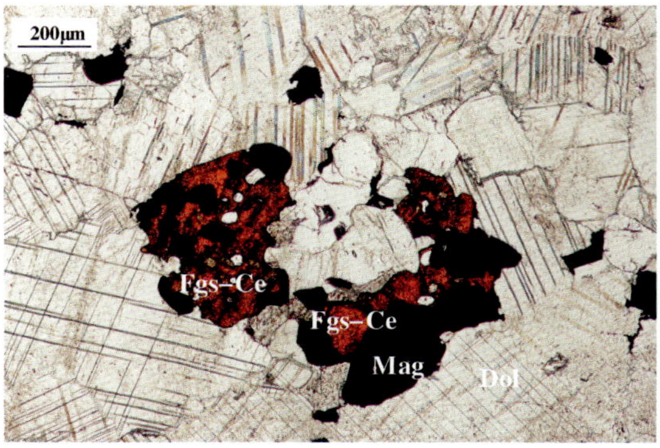

图 4-111　褐铈铌矿与磁铁矿(单偏光)

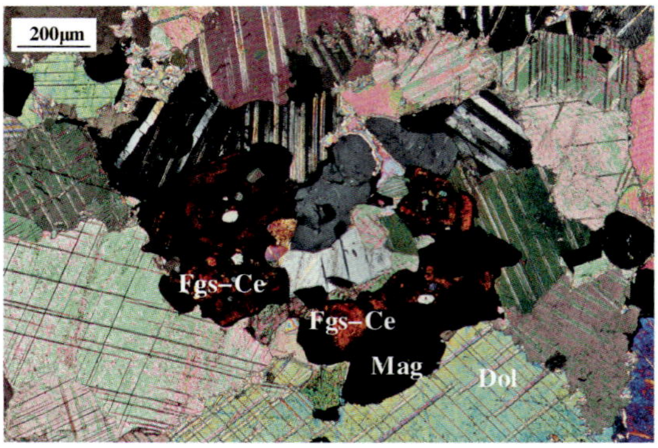

图 4-112　褐铈铌矿与磁铁矿(正交偏光)

本样品中褐铈铌矿含少量 Th、Sc、Ta，根据电子探针测试结果(表 4-33)平均值，以 O=4 为基数，计算化学式：$(Ce_{0.51}La_{0.28}Nd_{0.09}Pr_{0.03}Ca_{0.02}Sm_{0.01}Y_{0.01}Th_{0.01})_{\sum 0.96}Nb_{1.03}O_4$。

表 4-33　褐铈铌矿电子探针测试结果及稀土配分　　单位：w_t%

成分	测试点 P1	稀土配分	测试点 P2	稀土配分	测试点 P3	稀土配分	平均值
CaO	0.40	$\sum RE_2O_3$ = 50.49	0.47	$\sum RE_2O_3$ = 50.73	0.43	$\sum RE_2O_3$ = 50.72	0.43
FeO	0.02		0.11		0.06		0.06
ThO_2	0.21		0.49		1.48		0.73
UO_2	0.00		0.12		0.01		0.04
Nb_2O_5	45.29		45.20		46.74		45.74
Ta_2O_5	0.08		0.06		0.14		0.09
Sc_2O_3	0.04		0.08		0.00		0.04
La_2O_3	15.54	30.78	15.42	29.24	15.71	30.96	15.56
Ce_2O_3	27.25	53.96	29.81	56.55	27.06	53.35	28.04
Pr_2O_3	1.69	3.34	1.57	2.97	1.73	3.41	1.66
Nd_2O_3	5.17	10.24	5.28	10.01	5.33	10.51	5.26
Sm_2O_3	0.60	1.18	0.34	0.65	0.52	1.02	0.48
Gd_2O_3	0.11	0.22	0.05	0.09	0.13	0.25	0.10
Y_2O_3	0.14	0.28	0.26	0.49	0.25	0.49	0.22
总计	96.54	100.00	99.26	100.00	99.59	100.00	98.45

如图 4-113 所示为东部接触带另一白云石型铌稀土矿石中的褐铈铌矿颗粒单偏光下显微镜照片，呈亮红色-深红色分布于铌钙矿矿物间或边缘，颗粒较细，粒径为 0.05～0.20mm，并与磁铁矿紧密共生(图 4-114、图 4-115)，图 4-116 为褐铈铌矿能谱图。

与前面的褐铈铌矿(表 4-33)相比，本样品中矿物 La_2O_3 含量较高，为 17.14%～20.92%，稀土配分占比为 34.72%～39.57%，Ce_2O_3 为 42.78%～50.91%，Nd_2O_3 偏低仅为 4.27%～6.63%。

根据电子探针测试结果(表 4-34)平均值，以 O=4 为基数，计算化学式：$(Ce_{0.43}La_{0.34}Pr_{0.09}Nd_{0.05}Ca_{0.04}Mg_{0.03}Th_{0.01}Sc_{0.01}Fe_{0.01})_{\Sigma1.01}Nb_{1.00}O_4$。

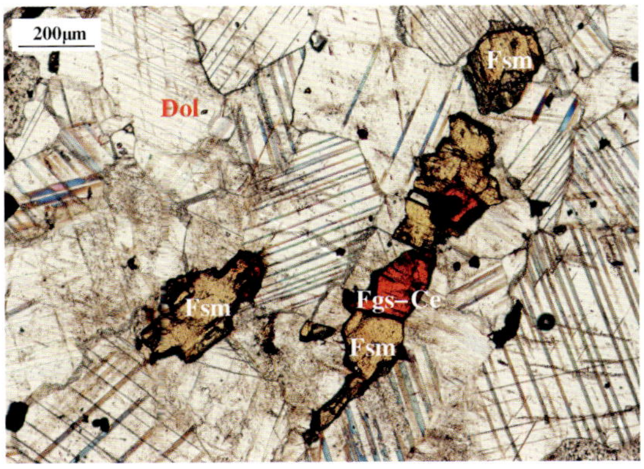

图 4-113　与铌钙矿(Fsm)紧密共生的褐铈铌矿(Fgs-Ce)(单偏光)

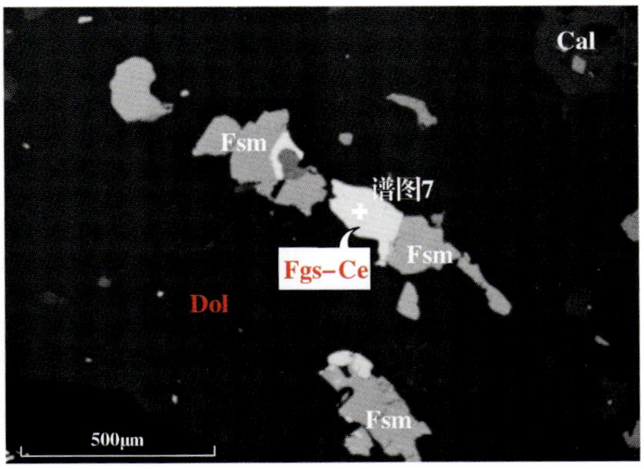

图 4-114　褐铈铌矿分布于铌钙矿间(BSE)

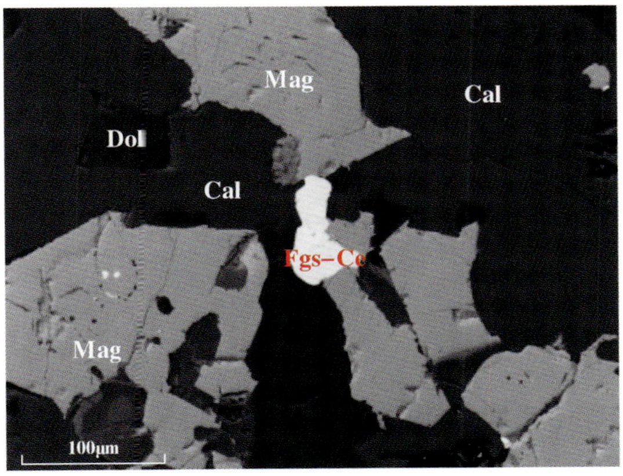

图 4-115　分布于磁铁矿间的褐铈铌矿(BSE)

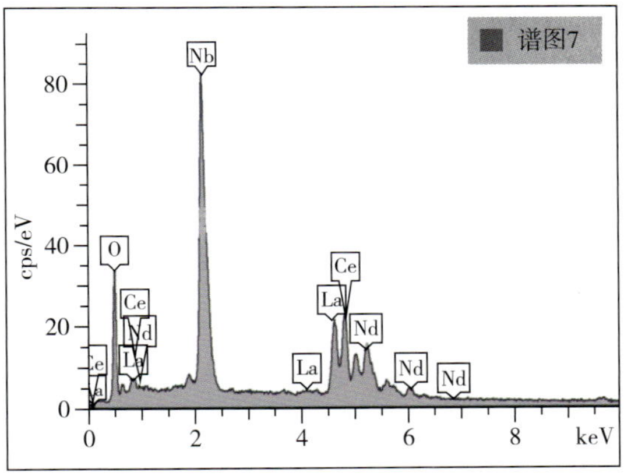

图 4-116　褐铈铌矿能谱图

表 4-34　褐铈铌矿电子探针测试结果及稀土配分　　单位：w_t/%

成分	测试点 P1	稀土配分	测试点 P2	稀土配分	测试点 P3	稀土配分	测试点 P4	稀土配分	平均值
CaO	0.32		1.50		1.07		0.34		0.81
MgO	0.13		1.04		0.24		0.08		0.37
FeO	0.04		0.37		0.05		0.12		0.15
Nb_2O_5	45.16	ΣRE_2O_3 = 52.87	44.26	ΣRE_2O_3 = 50.01	46.62	ΣRE_2O_3 = 49.38	45.88	ΣRE_2O_3 = 52.77	45.48
ThO_2	0.32		0.95		1.94		0.22		0.86
UO_2	0.00		0.00		0.14		0.00		0.04
Sc_2O_3	0.10		0.11		0.14		0.13		0.12
La_2O_3	20.92	39.57	17.64	35.28	17.14	34.72	20.87	39.54	19.14
Ce_2O_3	22.70	42.94	25.33	50.65	25.14	50.91	22.58	42.78	23.94

续表

成分	测试点 P1	稀土配分	测试点 P2	稀土配分	测试点 P3	稀土配分	测试点 P4	稀土配分	平均值
Pr_2O_3	5.51	10.42	4.65	9.29	4.54	9.2	5.55	10.52	5.06
Nd_2O_3	3.30	6.24	2.14	4.27	2.32	4.7	3.50	6.63	2.82
Sm_2O_3	0.21	0.39	0.19	0.37	0.16	0.33	0.13	0.24	0.17
Dy_2O_3	0.09	0.17	0.00	0	0.00	0	0.00	0.00	0.02
Y_2O_3	0.15	0.27	0.07	0.13	0.07	0.14	0.15	0.29	0.11
总计	98.95	100	98.25	100	99.57	100	99.55	100.00	99.08

2. 白云石型铌稀土铁矿石中的褐铈铌矿

样品采自东介勒格勒。褐铈铌矿呈棕红-暗红色，半自形粒状集合体与磁铁矿紧密共生，粒径为 0.03～0.10mm（图 4－117、图 4－121），内反射色为棕红色（图 4－118），褐铈铌矿有交代磁铁矿痕迹（图 4－119、图 4－120），且有其他矿物的细粒包裹体存在，细粒包裹体一般小于 10μm（图 4－122）。

共伴生矿物：白云石、方解石、磁铁矿、闪锌矿、黄铁矿、硅镁石、氟碳铈矿、独居石、菱钡镁石、毒重石等。

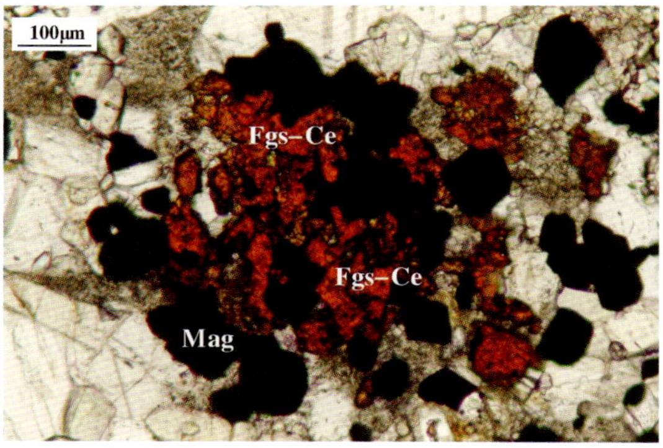

图 4－117　褐铈铌矿（Fgs－Ce）与磁铁矿（Mag）（单偏光）

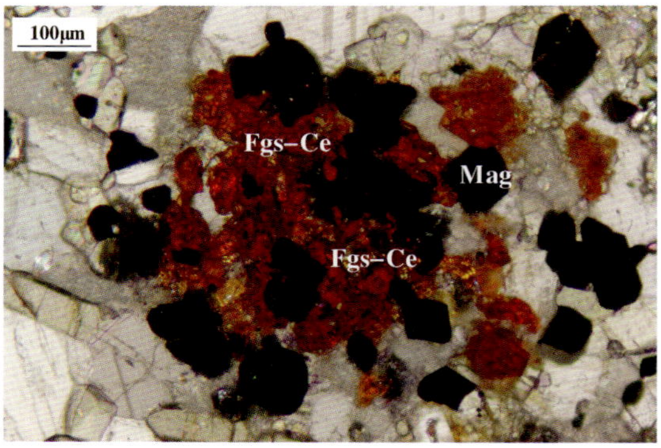

图 4－118　褐铈铌矿的内反射色呈棕红色（反射正交）

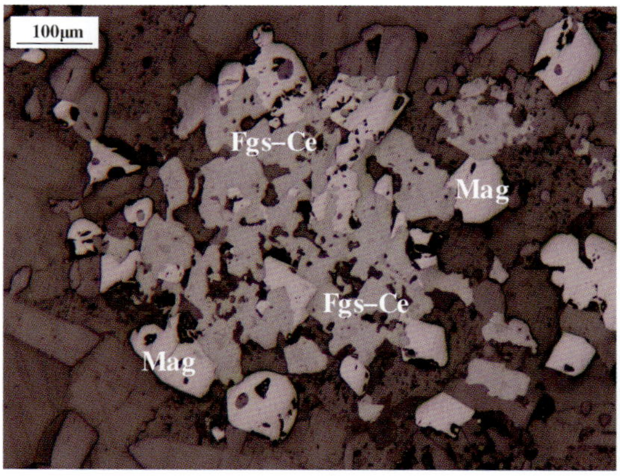

图 4－119　褐铈铌矿与磁铁矿（反射光）

图 4－120　褐铈铌矿与磁铁矿（BSE）

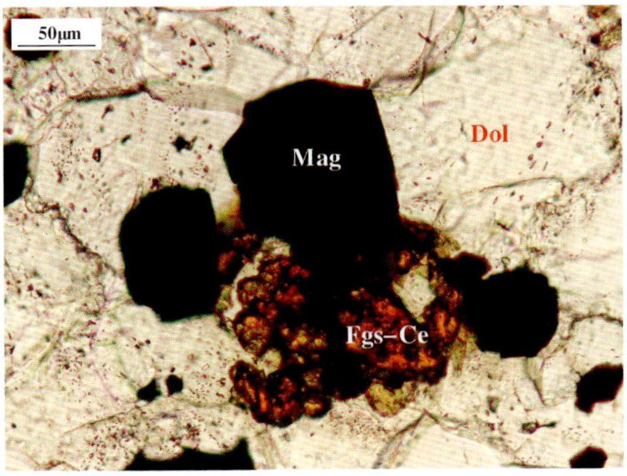

图 4-121　褐铈铌矿与磁铁矿(单偏光)

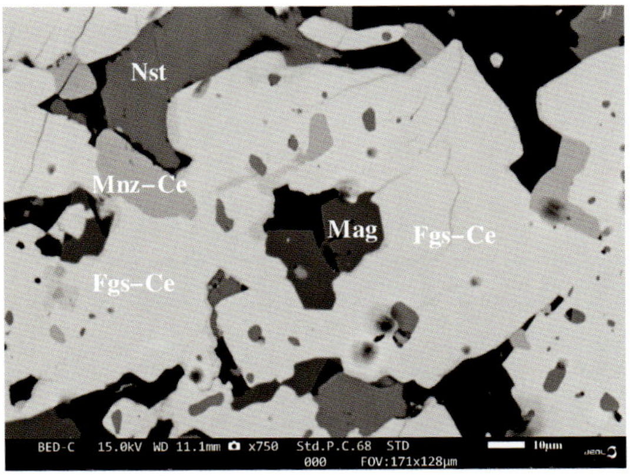

图 4-122　褐铈铌矿与磁铁矿(BSE)

根据电子探针测试结果(表 4-35)，与东部接触带样品中的褐铈铌矿相比，东介褐铈铌矿中稀土元素含量关系为 $Ce_2O_3 > Nd_2O_3 > La_2O_3$，$Nd_2O_3$ 含量较高，稀土配分占比为 30.78%～33.19%，La_2O_3 含量低，仅为 6.47%～8.97%，除此外，Y、Dy、Gd 等含量较高。据表 4-36，轻稀土占稀土总量的 86.13%～91.10%，Y_2O_3 占 4.36%～8.34%，其余重稀土占 3.51%～5.53%。

根据电子探针测试结果(表 4-35)平均值，以 O=4 为基数，计算化学式：$(Ln_{0.83}Y_{0.08}Th_{0.03}Ca_{0.01})_{\Sigma 0.95}Nb_{1.01}O_4$。其中，Ln：$(Ce_{0.37}Nd_{0.29}La_{0.07}Pr_{0.04}Sm_{0.04}Gd_{0.01}Dy_{0.01})_{\Sigma 0.83}$。

表 4-35　褐铈铌矿电子探针测试结果及稀土配分　　单位：w_t/%

成分	测试点 P1	稀土配分	测试点 P2	稀土配分	测试点 P3	稀土配分	测试点 P4	稀土配分	平均值
Nb_2O_5	45.60	ΣRE_2O_3 = 51.93	45.28	ΣRE_2O_3 = 51.23	45.89	ΣRE_2O_3 = 52.34	45.31	ΣRE_2O_3 = 50.11	45.52
ThO_2	3.25		2.39		2.43		2.84		2.73
CaO	0.21		0.18		0.16		0.21		0.19
TiO_2	0.06		0.17		0.01		0.19		0.11
La_2O_3	4.66	8.97	3.80	7.42	4.50	8.60	3.24	6.47	4.05
Ce_2O_3	21.41	41.23	20.95	40.89	21.56	41.19	18.95	37.82	20.72
Nd_2O_3	16.26	31.31	16.94	33.07	16.11	30.78	16.63	33.19	16.49
Pr_2O_3	2.33	4.49	2.64	5.15	2.66	5.08	2.20	4.39	2.46
Sm_2O_3	2.04	3.93	2.13	4.16	2.20	4.20	2.12	4.23	2.12
Eu_2O_3	0.09	0.17	0.21	0.41	0.21	0.40	0.02	0.04	0.13
Gd_2O_3	0.78	1.50	0.85	1.66	1.04	1.99	0.97	1.94	0.91
Dy_2O_3	1.02	1.96	0.62	1.21	0.66	1.26	0.90	1.80	0.80
Ho_2O_3	0.00	0.00	0.02	0.04	0.33	0.63	0.00	0.00	0.09
Er_2O_3	0.28	0.54	0.00	0.00	0.00	0.00	0.15	0.30	0.11
Tm_2O_3	0.22	0.42	0.03	0.06	0.47	0.90	0.45	0.90	0.29
Yb_2O_3	0.00	0.00	0.28	0.55	0.32	0.61	0.30	0.60	0.22

续表

成分	测试点 P1	稀土配分	测试点 P2	稀土配分	测试点 P3	稀土配分	测试点 P4	稀土配分	平均值
Y_2O_3	2.84	5.47	2.76	5.39	2.28	4.36	4.18	8.34	3.02
总计	101.05	100.00	99.25	100.00	100.83	100.00	98.66	100.00	99.13

表 4-36 褐铈铌矿轻、重稀土分布状况 单位：w_t/%

稀土元素	测试点 P1	分布率	测试点 P2	分布率	测试点 P3	分布率	测试点 P4	分布率
Y_2O_3	2.84	5.47	2.76	5.39	2.28	4.36	4.18	8.34
轻稀土(La 至 Eu)	46.79	90.10	46.67	91.10	47.24	90.26	43.16	86.13
重稀土(Gd 至 Lu)	2.30	4.43	1.80	3.51	2.82	5.39	2.77	5.53
总计	51.93	100.00	51.23	100.00	52.34	100.00	50.11	100.00

3. 白云石型条带状铌稀土铁矿石中的褐铈铌矿

样品采自东矿钻孔。褐铈铌矿呈棕色-棕红色，他形粒状与氟钙烧绿石紧密共生(图 4-123、图 4-124)，或呈半自形粒状分布于白云石、萤石、氟镁石、磁黄铁矿之间，内反射色为橘黄色(图 4-126、图 4-127)，粒径为 0.03～0.05mm。

共伴生矿物：白云石、萤石、氟镁石、氟钙烧绿石、钛铁矿、磁铁矿、磁黄铁矿、方铅矿、闪锌矿等。

褐铈铌矿能谱图(图 4-128)显示该矿物中含量为 Nd>Ce，电子探针测试七个点，只有一个点 $Nd_2O_3>Ce_2O_3$，其余测试点均是 $Ce_2O_3>Nd_2O_3$，为褐铈铌矿。表 4-37 中的三个测试点稀土配分中，Ce_2O_3 占比为 34.11%～37.00%，Nd_2O_3 占比为 27.14%～28.60%。相对白云鄂博矿物的稀土配分模式，Ce_2O_3 偏低、Nd_2O_3 偏高。轻稀土占比为 79.10%～83.36%；Y_2O_3 平均含量为 4.79%，占比为 8.19%～10.79%(表 4-38)，属于含钇较高的褐铈铌矿。

根据电子探针测试结果平均值(表 4-37)，以 O=4 为基数，计算化学式：$(Ln_{0.82}Y_{0.13}Ca_{0.02}Th_{0.01}Fe_{0.01})_{\Sigma 0.99}Nb_{1.01}O_4$。其中，Ln：$(Ce_{0.33}Nd_{0.25}Sm_{0.07}La_{0.04}Pr_{0.04}Gd_{0.04}Ho_{0.02}Eu_{0.01}Er_{0.01}Lu_{0.01})_{\Sigma 0.82}$。

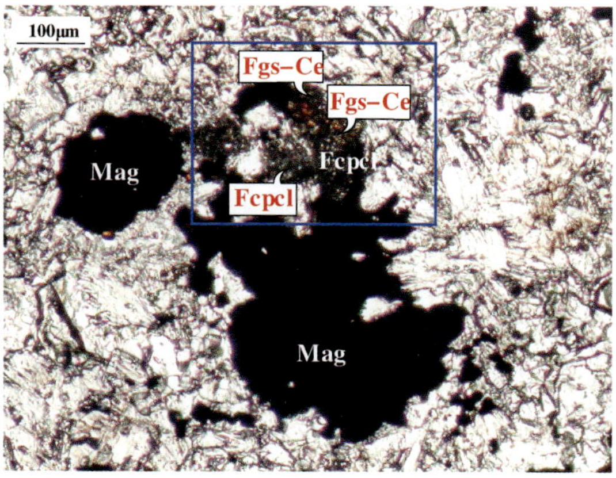

图 4-123 他形粒状褐铈铌矿(Fgs-Ce)与氟钙烧绿石(Fcpcl)紧密共生(单偏光)

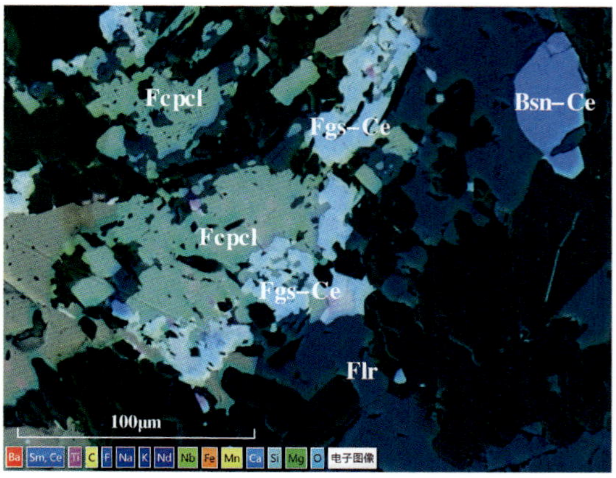

图 4-124 褐铈铌矿与氟钙烧绿石(面扫描元素分布图像)

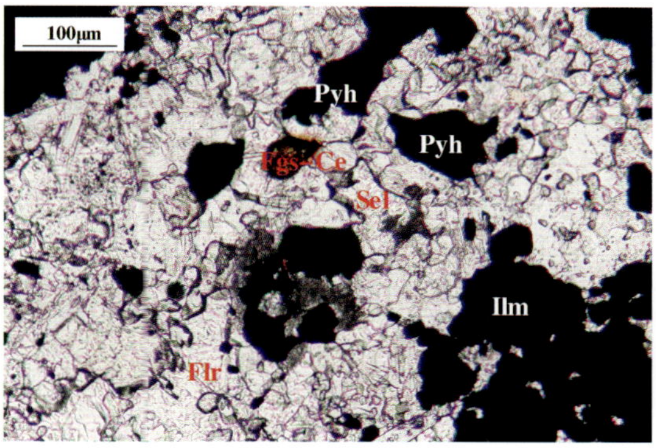

图 4-125　半自形粒状分布的褐铈铌矿（单偏光）

图 4-126　褐铈铌矿的橘黄色内反射色（反射正交）

图 4-127　褐铈铌矿与磁黄铁矿（Pyh）、钛铁矿（Ilm）、氟镁石（Sel）等矿物共伴生（BSE）

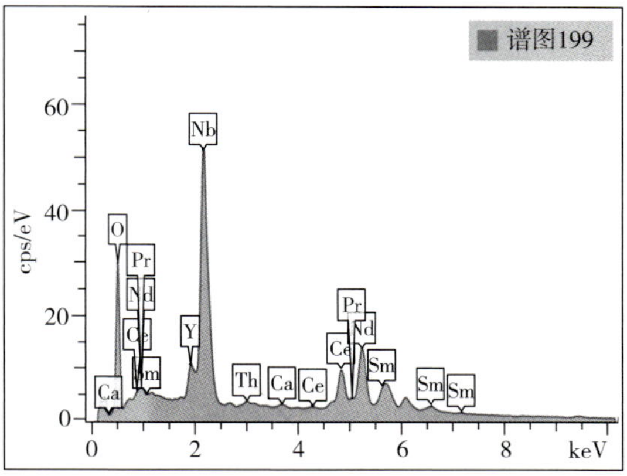

图 4-128　褐铈铌矿能谱图

表 4-37　褐铈铌矿电子探针测试结果及稀土配分　　　单位：w_t/%

成分	测试点 P1	稀土配分	测试点 P2	稀土配分	测试点 P3	稀土配分	平均值
FeO	0.11		0.06		0.18		0.12
BaO	0.10		0.05		0.03		0.06
CaO	0.36	ΣRE_2O_3 = 50.92	0.33	ΣRE_2O_3 = 50.64	0.36	ΣRE_2O_3 = 50.33	0.35
SO_3	0.05		0.13		0.06		0.08
Nb_2O_5	45.05		44.20		44.41		44.55
ThO_2	1.08		1.12		1.42		1.20
Y_2O_3	4.17	8.19	4.77	9.42	5.43	10.79	4.79
La_2O_3	2.06	4.05	2.02	3.99	1.89	3.75	1.99
Ce_2O_3	18.84	37.00	17.89	35.32	17.17	34.11	17.97
Pr_2O_3	2.53	4.97	2.49	4.92	2.31	4.58	2.44
Nd_2O_3	14.56	28.60	14.19	28.02	13.66	27.14	14.14
Sm_2O_3	4.22	8.29	4.24	8.38	4.37	8.69	4.28

续表

成分	测试点 P1	稀土配分	测试点 P2	稀土配分	测试点 P3	稀土配分	平均值
Eu_2O_3	0.23	0.46	0.44	0.86	0.42	0.83	0.36
Gd_2O_3	2.49	4.89	2.42	4.78	2.90	5.77	2.60
Dy_2O_3	0.16	0.31	0.00	0.00	0.00	0.00	0.05
Ho_2O_3	1.04	2.05	1.32	2.60	1.21	2.40	1.19
Er_2O_3	0.40	0.78	0.42	0.83	0.37	0.74	0.40
Tm_2O_3	0.00	0.00	0.00	0.00	0.14	0.27	0.05
Yb_2O_3	0.00	0.00	0.09	0.18	0.00	0.00	0.03
Lu_2O_3	0.21	0.42	0.35	0.70	0.47	0.93	0.34
总计	97.67	100.00	96.53	100.00	96.79	100.00	97.00

表 4-38 褐铈铌矿轻、重稀土分布状况 单位：w_t%

稀土元素	测试点 P1	分布率	测试点 P2	分布率	测试点 P3	分布率
Y_2O_3	4.17	8.19	4.77	9.42	5.43	10.79
轻稀土(La 至 Eu)	42.45	83.36	41.27	81.49	39.81	79.10
重稀土(Gd 至 Lu)	4.30	8.45	4.60	9.09	5.09	10.11
总计	50.92	100.00	50.64	100	50.33	100

三、铌钇矿族

铌钇矿族矿物属于铌铁矿超族，在白云鄂博目前只发现铌钇矿，铌钇矿化学组成比较复杂，主要是由 Fe^{3+}、Nb 及钇族稀土元素等组成的铌矿物，Nb－Ta 之间为完全类质同象。

铌钇矿 Samarskite -(Y)

$YFe^{3+}Nb_2O_8$

晶体结构：单斜晶系，空间群为 $P2/c$。$a_0 = 9.8020(8)$Å，$b_0 = 5.6248(3)$Å，$c_0 = 5.2073(4)$Å，$\beta = 93.406(4)°$，$Z = 2$。

形态：斜方柱晶形，$C_{2h}-2/m(L^2PC)$。晶体常平行[001]呈柱状，平行{100}或{010}呈板状。沿着(100)与铌铁矿形成规则连生。

物理性质：浅黄褐色-褐黑-黑色，条痕暗红棕色-黑色，玻璃、树脂或半金属光泽，贝壳状或次贝壳状断口，性脆，{010}解理不完全。摩氏硬度 5～6，相对密度 5～5.69。

显微镜下特征：显均质性，N＝2.1～2.2。透射光下呈红色或暗红色，反射率 R＝14.8%～16.6%，弱非均质性，内反射色为红棕色。

白云石型铌稀土铁矿石中的铌钇矿

样品采自主矿。铌钇矿呈板状、细长柱状分布于氟碳钙铈矿、独居石、赤铁矿、磷灰石等矿物间，并有交代磷灰石、赤铁矿等现象，铌钇矿颗粒细长，棕红-深棕红色(图 4-129、图 4-130)，图 4-131、图 4-132 为其对应的 BSE 图像，铌钇矿反射色为灰白带浅棕色，内反射色为棕红色(图 4－133、图 4－134)，矿物粒径(长轴)为 0.05～1.00mm。

铌钇矿明显晚于氟碳钙铈矿、独居石、赤铁矿、磷灰石形成。

共伴生矿物：白云石、氟碳钙铈矿、氟碳铈矿、独居石、磷灰石、赤铁矿、易解石、石英等。

本样品中的铌钇矿，含 Sc 较高(表 4－39)，Sc_2O_3 最高达 3.09%，平均为 2.22%，在白云鄂博矿区实属罕见。Sc 在自然界以 Sc^{3+} 形式出现，与稀土元素有相同的电价，但其离子半径较小，地球化学性质与钇族稀土元素更为接近，所以 Sc^{3+} 是直接替代 Y^{3+} 进入矿物晶格完成类质同象置换。

两个铌钇矿颗粒(图 4－129、图 4－130)，其 BSE 图像中可分辨出明暗差别(图 4－131、图 4－132)，图像中暗色部分含 Fe 较高，亮色部分 Y 含量高。

根据电子探针测试结果平均值，以 O＝8 为基数，计算化学式：$(Y_{0.53}Ln_{0.22}Sc_{0.15}Ca_{0.05}Ba_{0.02}Th_{0.01})_{\Sigma 0.98}(Fe^{3+}_{0.95}Ti_{0.06})_{\Sigma 1.01}(Nb_{1.95}Ti_{0.05})_{\Sigma 2.00}O_8$。其中，Ln：$(Gd_{0.05}Dy_{0.04}Ho_{0.03}Ce_{0.02}Nd_{0.02}Sm_{0.02}Lu_{0.02}Eu_{0.01}Er_{0.01})_{\Sigma 0.22}$。

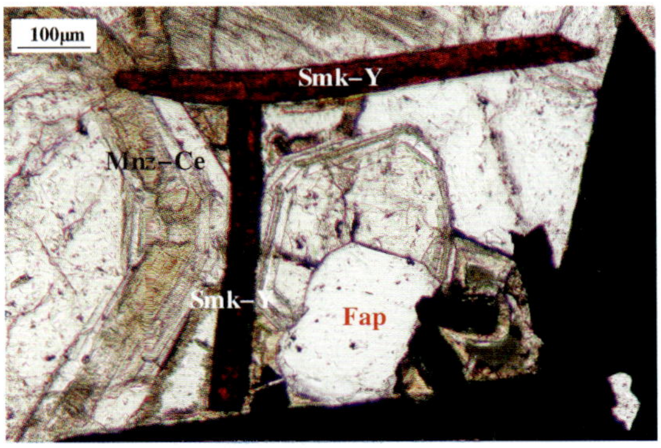

图 4－129 铌钇矿(Smk－Y)(单偏光)

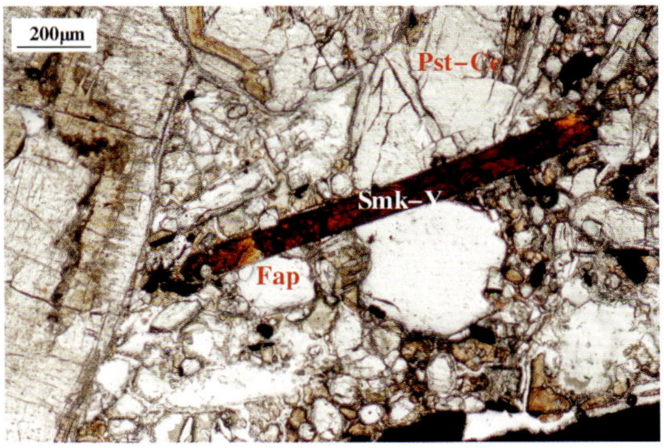

图 4－130 铌钇矿(单偏光)

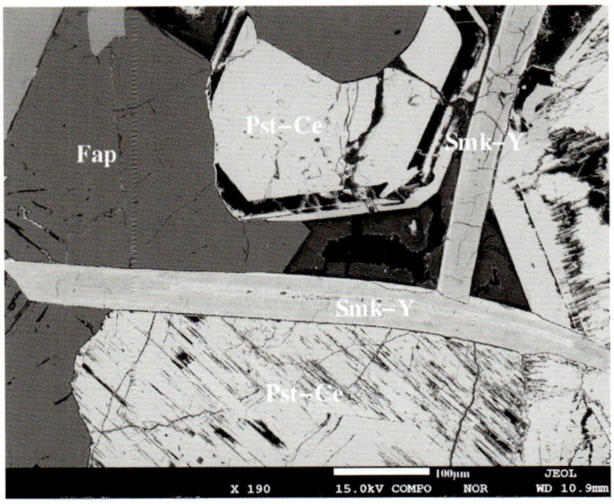

图 4－131 铌钇矿暗色部分含 Fe 高，亮色部分含 Y 高(BSE)

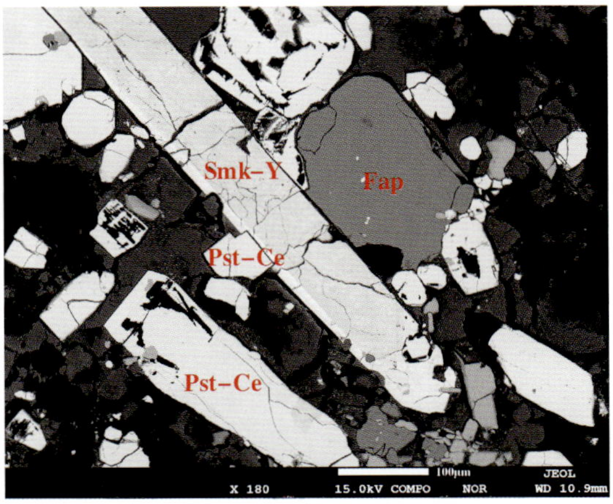

图 4－132 铌钇矿暗色部分含 Fe 高，边缘亮色部分含 Y 高(BSE)

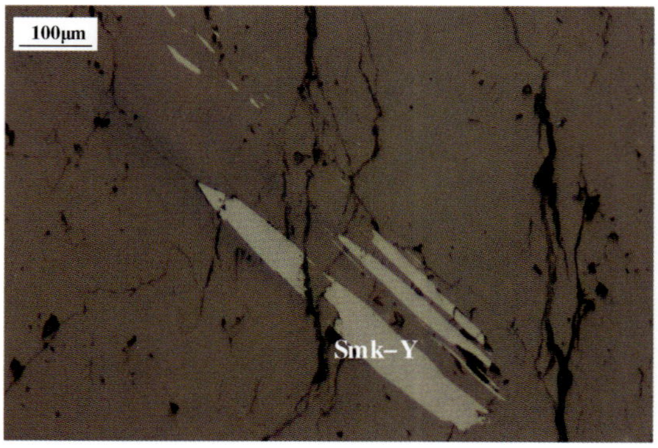

图 4－133　铌钇矿的反射色（反射光）

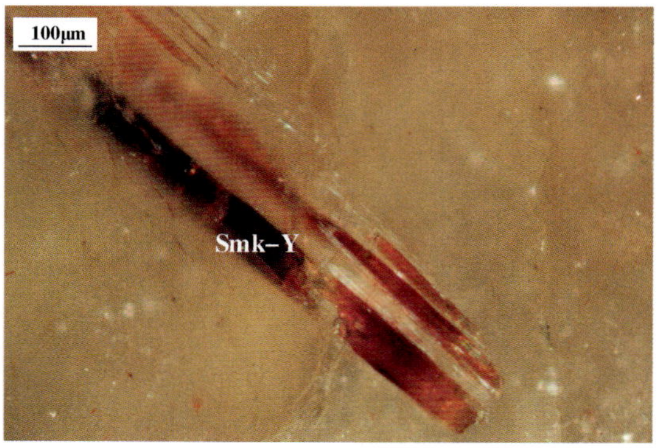

图 4－134　铌钇矿的内反射色（反射正交）

从测试点轻、重稀土分布状况(表 4－40)来看，稀土配分中 Y_2O_3 占比为 52.54%～62.42%，其余的重稀土占 26.72%～35.43%，轻稀土占 8.86%～13.98%。测试点 Sc_2O_3 平均含量达到 2.22%，分子式中原子数为 0.15。

表 4－39　铌钇矿电子探针测试结果及稀土配分　　单位：w_t/%

成分	测试点 P1	稀土配分	测试点 P2	稀土配分	测试点 P3	稀土配分	平均值
FeO	14.48		14.09		14.94		14.50
MnO	0.13		0.09		0		0.07
TiO_2	1.65		1.97		2.16		1.93
BaO	0.55	$\sum RE_2O_3$ = 22.22	0.81	$\sum RE_2O_3$ = 21.23	0.72	$\sum RE_2O_3$ = 21.45	0.69
CaO	0.28		0.57		0.94		0.60
Nb_2O_5	55.27		55.09		53.82		54.73
ThO_2	0.38		0.44		0.87		0.56
Sc_2O_3	1.90		3.09		1.66		2.22
Y_2O_3	13.87	62.42	12.59	59.30	11.27	52.54	12.58
La_2O_3	0.00	0.00	0.10	0.47	0.00	0.00	0.03
Ce_2O_3	0.10	0.45	0.85	4.00	1.22	5.69	0.72
Pr_2O_3	0.00	0.00	0.11	0.52	0.02	0.09	0.04
Nd_2O_3	0.68	3.06	0.86	4.05	0.70	3.26	0.75
Sm_2O_3	0.83	3.74	0.58	2.73	0.64	2.98	0.68
Eu_2O_3	0.36	1.62	0.47	2.21	0.00	0.00	0.28
Gd_2O_3	1.91	8.60	2.07	9.75	2.12	9.88	2.03
Tb_2O_3	0.12	0.54	0.00	0.00	0.15	0.70	0.09
Dy_2O_3	1.32	5.94	1.05	4.95	2.74	12.77	1.70
Ho_2O_3	1.24	5.58	1.10	5.18	1.63	7.60	1.32
Er_2O_3	0.60	2.70	0.77	3.63	0.00	0.00	0.46

续表

成分	测试点 P1	稀土配分	测试点 P2	稀土配分	测试点 P3	稀土配分	平均值
Tm_2O_3	0.00	0.00	0.08	0.38	0.21	0.98	0.10
Yb_2O_3	0.19	0.86	0.10	0.47	0.00	0.00	0.10
Lu_2O_3	1.00	4.50	0.50	2.36	0.75	3.50	0.75
总计	96.86	100.00	97.38	100.00	96.56	100.00	96.91

表 4-40 铌钇矿测试点轻、重稀土分布状况 单位：w_t/%

稀土元素	测试点 P1	分布率	测试点 P2	分布率	测试点 P3	分布率
Y_2O_3	13.87	62.42	12.59	59.30	11.27	52.54
轻稀土(La 至 Eu)	1.97	8.86	2.97	13.98	2.58	12.03
重稀土(Gd 至 Lu)	6.38	28.72	5.67	26.72	7.60	35.43
总计	22.22	100.00	21.23	100.00	21.45	100.00

图 4-135、图 4-136 为反射光下铌钇矿交代赤铁矿及磷灰石，铌钇矿反射色为浅灰棕色，内反射色呈暗红色，图 4-137、图 4-138 为铌钇矿交代磷灰石及氟碳钙铈矿，放大蓝色方框内铌钇矿矿物颗粒，其 BSE 图像(图 4-139)显示中间部分为亮色，边缘部分为暗色，图 4-140 的 BSE 图像铌钇矿中间部分较亮，分别选择中间亮色部分为电子探针测试点，结果见表 4-41。

根据电子探针测试结果平均值，以 O=8 为基数，计算化学式：$(Y_{0.61}Ln_{0.22}Sc_{0.13}Ba_{0.02}Ca_{0.01}Mn_{0.01})_{\Sigma 1.00}(Fe^{3+}_{0.85}Ti_{0.08})_{\Sigma 0.93}Nb_{2.02}O_8$。其中，Ln：$(Dy_{0.08}Gd_{0.06}Er_{0.01}Nd_{0.03}Yb_{0.01}Eu_{0.01}Ho_{0.01}Lu_{0.01})_{\Sigma 0.22}$。

化学式中，A 位的 Y(apfu)最高，为 0.61，从测试点轻、重稀土分布状况(表 4-42)来看，稀土配分中 Y_2O_3 占比为 59.38%～66.74%，其余的重稀土占 26.34%～34.77%，轻稀土占 5.22%～7.92%，测试点稀土总量及配分模式相差较小。测试点 Sc_2O_3 平均含量达到 1.89%，最高达到 2.14%，分子式中原子数为 0.13。

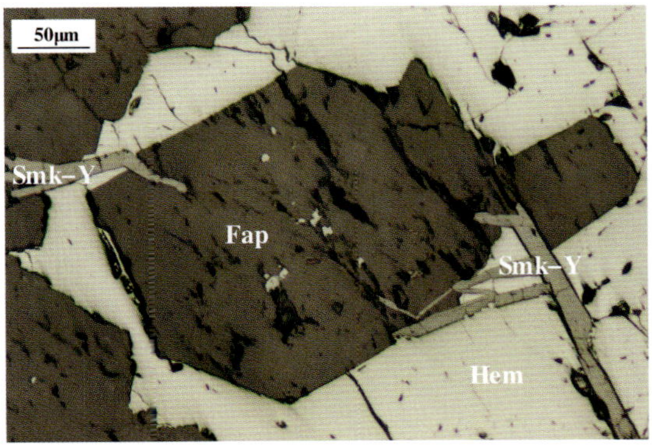

图 4-135 交代磷灰石(Fap)和赤铁矿(Hem)的铌钇矿(Smk-Y)(反射光)

图 4-136 铌钇矿的内反射色(反射正交)

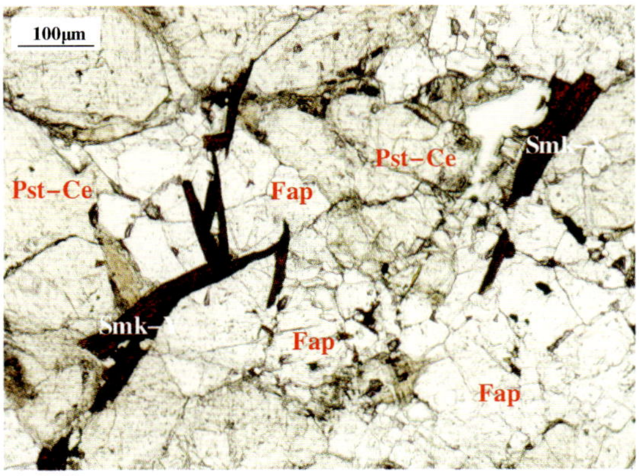

图 4-137　呈褐红色分布的铌钇矿(单偏光)

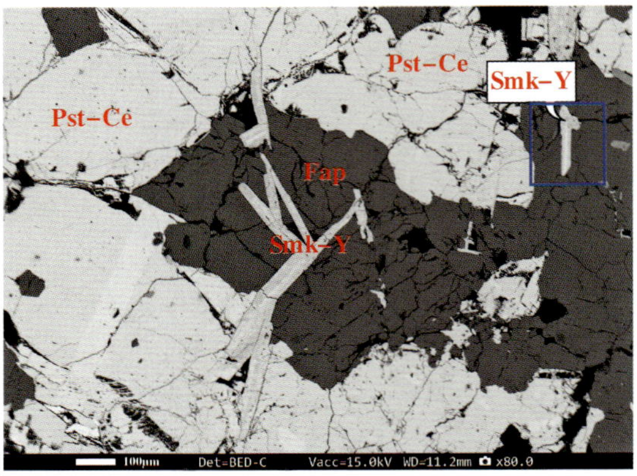

图 4-138　铌钇矿分布于磷灰石、氟碳钙铈矿(Pst-Ce)中(BSE)

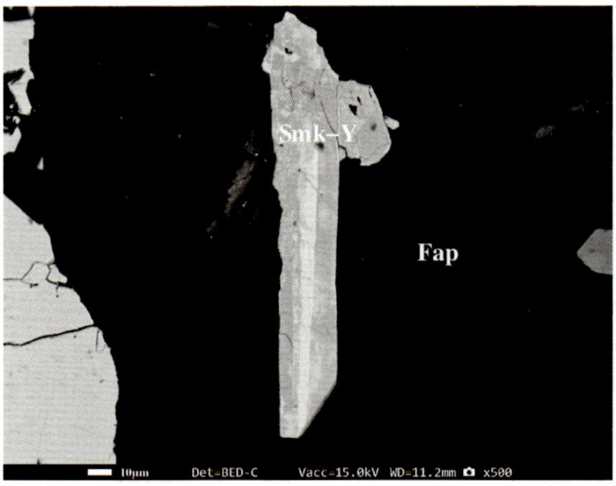

图 4-139　铌钇矿(BSE)

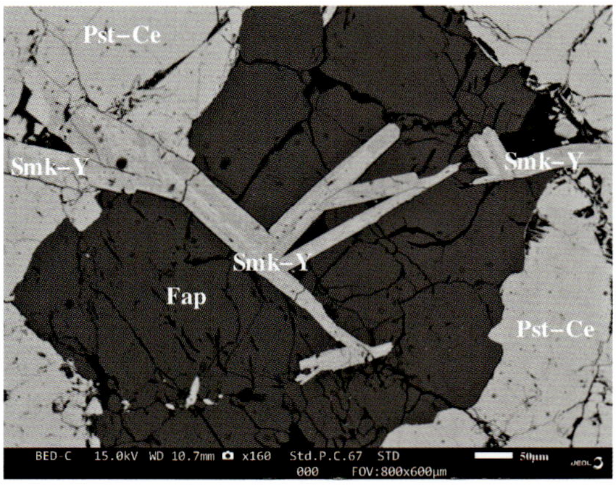

图 4-140　铌钇矿(BSE)

表 4-41　铌钇矿电子探针测试结果及稀土配分　　单位：w_t/%

<table>
<tr><th>成分</th><th>测试点 P1</th><th>稀土配分</th><th>测试点 P2</th><th>稀土配分</th><th>测试点 P3</th><th>稀土配分</th><th>测试点 4</th><th>稀土配分</th><th>平均值</th></tr>
<tr><td>FeO</td><td>13.38</td><td rowspan="8">ΣRE_2O_3 = 23.11</td><td>13.53</td><td rowspan="8">ΣRE_2O_3 = 22.25</td><td>12.08</td><td rowspan="8">ΣRE_2O_3 = 24.37</td><td>12.42</td><td rowspan="8">ΣRE_2O_3 = 23.58</td><td>12.85</td></tr>
<tr><td>TiO_2</td><td>1.48</td><td>1.38</td><td>1.35</td><td>1.27</td><td>1.37</td></tr>
<tr><td>BaO</td><td>0.42</td><td>0.51</td><td>0.57</td><td>0.28</td><td>0.44</td></tr>
<tr><td>MnO</td><td>0.16</td><td>0.09</td><td>0.14</td><td>0.11</td><td>0.13</td></tr>
<tr><td>CaO</td><td>0.15</td><td>0.11</td><td>0.15</td><td>0.15</td><td>0.14</td></tr>
<tr><td>ThO_2</td><td>0.15</td><td>0.15</td><td>0.15</td><td>0.30</td><td>0.19</td></tr>
<tr><td>Nb_2O_5</td><td>56.31</td><td>55.54</td><td>56.02</td><td>57.41</td><td>56.32</td></tr>
<tr><td>Sc_2O_3</td><td>1.96</td><td>1.80</td><td>2.14</td><td>1.68</td><td>1.89</td></tr>
<tr><td>Y_2O_3</td><td>14.55</td><td>62.96</td><td>14.85</td><td>66.74</td><td>14.47</td><td>59.38</td><td>14.15</td><td>60.01</td><td>14.50</td></tr>
<tr><td>Ce_2O_3</td><td>0.09</td><td>0.39</td><td>0.22</td><td>0.99</td><td>0.24</td><td>0.98</td><td>0.14</td><td>0.59</td><td>0.17</td></tr>
<tr><td>Nd_2O_3</td><td>1.21</td><td>5.24</td><td>0.63</td><td>2.83</td><td>1.17</td><td>4.80</td><td>0.58</td><td>2.46</td><td>0.90</td></tr>
</table>

续表

成分	测试点 P1	稀土配分	测试点 P2	稀土配分	测试点 P3	稀土配分	测试点 4	稀土配分	平均值
Sm_2O_3	0.00	0.00	0.22	0.99	0.03	0.12	0.00	0.00	0.06
Eu_2O_3	0.53	2.29	0.47	2.11	0.42	1.72	0.51	2.16	0.48
Gd_2O_3	2.40	10.39	1.81	8.13	2.47	10.14	2.24	9.50	2.23
Dy_2O_3	3.10	13.41	1.84	8.27	3.24	13.30	3.44	14.59	2.91
Ho_2O_3	0.33	1.43	0.14	0.63	0.34	1.40	0.59	2.50	0.35
Er_2O_3	0.48	2.08	0.49	2.20	0.59	2.42	0.57	2.42	0.53
Tm_2O_3	0.00	0.00	0.00	0.00	0.18	0.74	0.49	2.08	0.17
Yb_2O_3	0.42	1.82	0.66	2.97	0.70	2.87	0.45	1.91	0.56
Lu_2O_3	0.00	0.00	0.92	4.13	0.52	2.13	0.42	1.78	0.47
总计	97.12	100.00	95.36	100.00	96.97	100.00	97.20	100.00	96.66

表 4-42　铌钇矿测试点轻、重稀土分布状况　　单位：w_t/%

稀土元素	测试点 P1	分布率	测试点 P2	分布率	测试点 P3	分布率	测试点 P4	分布率
Y_2O_3	14.55	62.96	14.85	66.74	14.47	59.38	14.15	60.01
轻稀土(La 至 Eu)	1.83	7.92	1.54	6.92	1.86	7.63	1.23	5.22
重稀土(Gd 至 Lu)	6.73	29.12	5.86	26.34	8.04	32.99	8.20	34.77
总计	23.11	100.00	22.25	100.00	24.37	100.00	23.58	100.00

表 4-43 为图 4-139、图 4-140 BSE 图像中的暗色部分测试结果，根据电子探针测试结果平均值，以 O=8 为基数，计算化学式：$(Y_{0.30}Fe^{3+}_{0.28}Ln_{0.17}Sc_{0.11}Ca_{0.04}Mn_{0.04}Ba_{0.04}Th_{0.02})_{\Sigma 1.00}(Fe^{3+}_{0.89}Ti_{0.11})_{\Sigma 1.00}Nb_{2.00}O_8$。其中，Ln：$(Gd_{0.04}Dy_{0.04}Ce_{0.02}Eu_{0.02}Er_{0.02}Nd_{0.01}Yb_{0.01}Ho_{0.01})_{\Sigma 0.17}$。

表 4-43 中，各暗色测试点稀土总量变化较大，为 8.28%～20.31%；Fe 含量较高，为 15.91%～21.57%，与稀土总量呈负相关，Fe^{3+} 不仅占 B 位，还置换了 A 位的部分稀土元素。根据化学式，Fe^{3+} 原子数达到 0.28，属于富 Fe 的铌钇矿。

表 4-43　铌钇矿电子探针测试结果及稀土配分　　单位：w_t/%

成分	测试点 P1	稀土配分	测试点 P2	稀土配分	测试点 P3	稀土配分	测试点 P4	稀土配分	平均值
FeO	17.57		17.36		21.57		15.91		18.10
MnO	0.49		0.73		0.88		0.34		0.61
TiO_2	2.15		1.76		1.95		1.74		1.90
CaO	0.59	ΣRE_2O_3 = 13.72	0.63	ΣRE_2O_3 = 13.64	0.50	ΣRE_2O_3 = 8.28	0.37	ΣRE_2O_3 = 20.31	0.52
BaO	0.97		1.10		1.42		0.64		1.03
ThO_2	0.95		1.01		1.15		0.81		0.98
Nb_2O_5	56.22		56.91		57.48		55.61		56.56
Sc_2O_3	1.53		1.62		1.33		1.75		1.56

续表

成分	测试点 P1	稀土配分	测试点 P2	稀土配分	测试点 P3	稀土配分	测试点 P4	稀土配分	平均值
Y_2O_3	6.79	49.49	7.45	54.62	3.76	45.41	10.88	53.57	7.22
Ce_2O_3	1.00	7.29	0.67	4.91	0.45	5.43	0.51	2.51	0.66
Nd_2O_3	0.48	3.50	0.38	2.79	0.03	0.36	0.89	4.38	0.45
Sm_2O_3	0.02	0.15	0.03	0.22	0.12	1.45	0.04	0.20	0.05
Eu_2O_3	0.39	2.84	0.76	5.57	0.74	8.94	0.86	4.23	0.69
Gd_2O_3	1.38	10.06	1.47	10.78	0.68	8.21	2.26	11.13	1.45
Tb_2O_3	0.02	0.15	0.00	0.00	0.14	1.69	0.01	0.05	0.04
Dy_2O_3	1.94	14.14	0.98	7.18	1.11	13.41	1.80	8.86	1.46
Ho_2O_3	0.29	2.11	0.12	0.88	0.38	4.59	0.52	2.56	0.33
Er_2O_3	0.85	6.20	1.01	7.40	0.26	3.14	1.06	5.22	0.80
Tm_2O_3	0.07	0.51	0.00	0.00	0.29	3.50	0.47	2.31	0.21
Yb_2O_3	0.11	0.80	0.45	3.30	0.13	1.57	0.71	3.50	0.35
Lu_2O_3	0.38	2.77	0.32	2.35	0.19	2.29	0.30	1.48	0.30
总计	94.19	100.00	94.76	100.00	94.56	100.00	97.48	100.00	95.25

从测试点轻、重稀土分布状况(表 4－44)来看，稀土配分中 Y_2O_3 占比为 45.41%～54.62%，其余的重稀土占 31.89%～38.41%，轻稀土占 11.32%～16.18%。与亮色部分相比，Y_2O_3 含量减少，轻稀土稍高。测试点 Sc_2O_3 平均含量达到 1.56%，最高为 1.75%，分子式中原子数为 0.11，与亮色部分比较，因为 Sc 是置换 Y，Y 低，故 Sc 相对稍低。

表 4－44　铌钇矿测试点轻、重稀土分布状况　　单位：w_t/%

稀土元素	测试点 P1	分布率	测试点 P2	分布率	测试点 P3	分布率	测试点 P4	分布率
Y_2O_3	6.79	49.49	7.45	54.62	3.76	45.41	10.88	53.57
轻稀土(La 至 Eu)	1.89	13.78	1.84	13.49	1.34	16.18	2.30	11.32
重稀土(Gd 至 Lu)	5.04	36.73	4.35	31.89	3.18	38.41	7.13	35.11
总计	13.72	100.00	13.64	100.00	8.28	100.00	20.31	100.00

第三节　铌氧化物矿物

一、烧绿石族

烧绿石超族是指晶体化学式为 $A_{2-m}B_2X_{6-w}Y_{1-n}$ ($m = 0～1.7, w = 0～0.7, n = 0～1.0$)的氧化物，根据 B 位的主量元素 Nb^{5+}、Ta^{5+}、Sb^{5+}、Ti^{4+} 及 W^{6+} 划分为五个族：烧绿石族、细晶石族、锑钙石族、贝塔石族和脆钨石族，各族矿物以 Y 位上占优势的阴离子或空位为第一前缀，再以A位阳离子种类、H_2O或空位为第二前缀来划分矿物种(李国武等，2014)。

烧绿石族矿物化学通式为$A_2Nb_2(O,OH)_6Y$，是指烧绿石超族B位以Nb为主的矿物，由于B位阳离子比较稳定，计算分子式以B=2为基数进行计算。化学式中A位占位元素同价或异价类质同象较多，其中A为Na、Ca、REE、Mn、Zr、Ba、Sr、Sn^{2+}、Pb、Th、U等元素；B位占位元素为六次配位离子，一般为高价阳离子，主要是Nb及少量Ti、Ta、Sn^{4+}、Zr、Hf、Fe^{3+}、Mg、Al、Si等；Y为阴离子，也可能是空位、H_2O或半径较大的低价阳离子(半径≫0.1nm)，该位上典型离子为OH^-、F^-、O^{2-}等(李国武等，2014)。

烧绿石族矿物的分类命名以A位及Y位离子名称共同构成，目前已被IMA-CNMNC批准的矿物有氟钙烧绿石、氟钠烧绿石、氧钙烧绿石、氧钠烧绿石、水烧绿石、羟铅烧绿石、羟钙烧绿石、羟钠烧绿石等十余种。其中氟钙烧绿石是首次在白云鄂博发现的新矿物(Li et al.，2016)。

目前在白云鄂博矿床中发现的烧绿石族矿物有氟钙烧绿石、氟钠烧绿石、羟钙烧绿石、羟空烧绿石及氧铅烧绿石五种。

烧绿石属于钠钙的焦钛钽铌酸盐类含F^-或OH^-的氧化物，在白云鄂博矿区分布广泛，它是透辉石型铌稀土矿石、霓石型铌稀土矿石、黑云母型铌稀土铁矿石和白云石型铌稀土矿石中的主要铌矿物。在块状铌稀土铁矿石、霓石型铌稀土铁矿石和白云石型铌稀土铁矿石中也可见，条带状铌稀土铁矿石中则少见。

白云鄂博矿区烧绿石的特征有以下几点。

1)白云鄂博矿区以氟钙烧绿石为主，少量氟钠烧绿石和羟钙烧绿石，偶见羟空烧绿石和氧铅烧绿石。从东部接触带到主矿、东矿，再到西矿，氟钙烧绿石含Na逐渐增高，所以氟钠烧绿石多分布于西矿。电子探针所测氟钙烧绿石中Na_2O含量分别为东部接触带3.36%～4.65%；主矿、东矿5.11%～6.25%；西矿6.57%～8.23%。

2)几乎所有烧绿石均含有一定量的REE，总量均不高，一般为3%～6%，但东部接触带某样品的烧绿石稀土总量达到9.51%～12.37%，接触带另一样品稀土总量仅有1.27%～2.96%。REE与Nb的置换方式为$REE^{3+}+Ti^{4+}\rightarrow Nb^{5+}+2Na^+$，所以Ti与REE同高或同低并与Na成反相关。

3)东部接触带的两种氟钙烧绿石元素类质同象置换方式完全不同，一种为$REE^{3+}+Ti^{4+}\rightarrow Nb^{5+}+2Na^+$、$Ti^{4+}+Ca^{2+}\rightarrow Nb^{5+}+Na^+$，所以Ti及REE含量极高，Nb、Na含量偏低；另一种置换方式为$U(Th)^{4+}+Ca^{2+}\rightarrow Nb^{5+}+Na^+$，REE、Ti与Nb的置换较少，所以U、Ca偏高，Na偏低；主要是U与Nb的置换，所以U越高，Nb相对越低。

4)羟钙烧绿石中含Na较低，因羟钙烧绿石中含Sr较高，Sr与Na的置换方式为$Sr^{2+}+Ti^{4-}\rightarrow Nb^{5+}+Na^+$，Sr越高，Na越低。

5)在西矿可见氟钙烧绿石中间为含Ba、U高的羟钙烧绿石，BaO含量平均高达6.88%，U_2O含量平均为3.88%。

6)氧铅烧绿石分布于菠萝头附近，且与氟钙烧绿石呈环带相间，这部分烧绿石后期改造比较严重。

7)烧绿石为铈族选择配分型矿物。由于Nb的地球化学性质与$\sum Ce$的关系较$\sum Y$密切，矿区有$\sum Ce \gg \sum Y$，$Nb \gg Ta$的地球化学特征，因此决定了矿区所产烧绿石的富

$\sum$Ce、Nb 而贫$\sum$Y、Ta 的特征。

氟钙烧绿石* Fluorcalciopyrochlore

$(Ca,Na)_2(Nb,Ti)_2O_6F$

化学组成：Na_2O 8.52%，CaO 15.14%，Nb_2O_5 73.05%，F 5.22%。

晶体结构：等轴晶系，空间群为 $Fd3m$。a_0 = 10.4164(9)Å，Z = 8。

形态：六八面体晶形，$O_h-m3m(3L^4 4L^3 6L^2 9PC)$。常呈粒状或粒状集合体分布。

物理性质：黄绿色、黄棕色、橘红色，条痕浅黄色，透明-半透明，金刚光泽、油脂光泽，贝壳状断口，无解理。摩氏硬度 5，相对密度 4.34。

显微镜下特征：透射光下呈浅黄色、浅棕色、棕黄色、棕红色，含 U 高呈橘黄-橘红色，突起高，均质性，N=1.96～2.27。反射光下呈灰白色，反射率 R=8.2%～13.7%，内反射色为白色-淡黄色。

白云鄂博氟钙烧绿石晶胞参数：a_0 = 10.393Å，b_0 = 10.393Å，c_0 = 10.393Å。

白云鄂博氟钙烧绿石样品 X 射线粉晶衍射数据见表 4-45。

表 4-45 白云鄂博氟钙烧绿石 X 射线粉晶衍射数据

No.	2θ/(°)	d/Å	I/I_0
1	14.761	5.9965	19.0
2	28.469	3.1327	21.6
3	29.764	2.9993	100.0
4	49.570	1.8375	42.7
5	58.892	1.5669	30.8

1. 白云石型铌稀土铁矿石中的氟钙烧绿石

样品采自东矿钻孔。氟钙烧绿石呈淡黄色半自形-他形粒状分布于白云石、萤石矿物间，粒径为 0.05～0.20mm，显均质性(图 4-141、图 4-142)，并与氟碳铈矿共伴生，能谱图显示含 Ti 及 REE(图 4-143、图 4-144)。

共伴生矿物：白云石、萤石、磁铁矿、黄铁矿、闪锌矿、独居石、氟碳铈矿、重晶石、钠闪石、黑云母等。

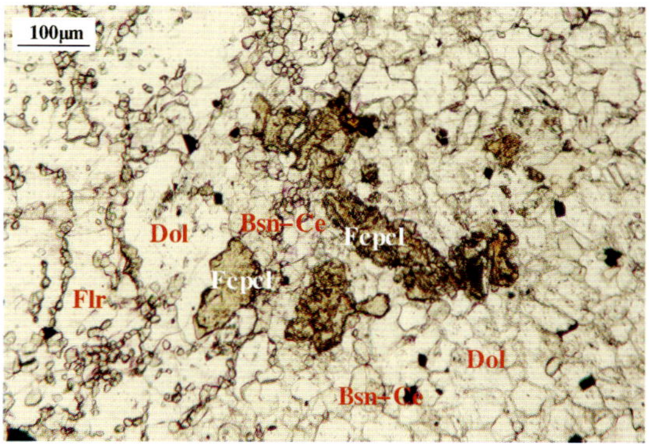

图 4-141 不规则粒状氟钙烧绿石(Fcpcl)分布于白云石(Dol)间（单偏光）

图 4-142 氟钙烧绿石呈均质性(正交偏光)

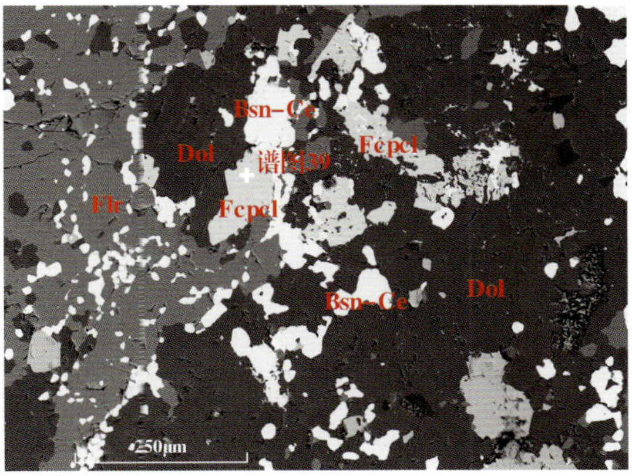

图 4-143 氟钙烧绿石与白云石、氟碳铈矿(Bsn-Ce)、萤石(Flr)等紧密共生(BSE)

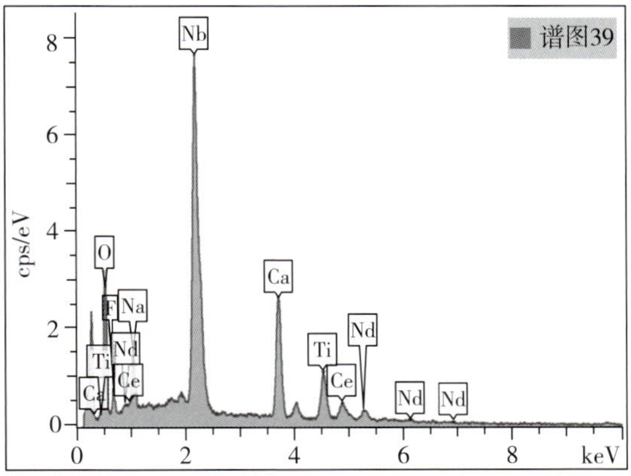

图 4-144 氟钙烧绿石能谱图

从电子探针测试结果(表 4-46)看，本样品中的氟钙烧绿石含少量 REE，与理论成分相比 Ti、REE 偏高，Nb、Na 偏低，置换方式为 $REE^{3+}+Ti^{4+}\rightarrow Nb^{5+}+2Na^{+}$。

根据电子探针测试结果平均值，以 B 组阳离子=2 为基数，计算化学式：$(Ca_{1.13}Na_{0.72}REE_{0.12}Sr_{0.01}Pb_{0.01}Fe_{0.01})_{\Sigma 2.00}(Nb_{1.82}Ti_{0.18})_{\Sigma 2.00}O_{6.00}(F_{0.90}OH_{0.10})_{\Sigma 1.00}$。

表 4-46 氟钙烧绿石电子探针测试结果及稀土配分 单位：w_t/%

成分	测试点 P1	稀土配分	测试点 P2	稀土配分	测试点 P3	稀土配分	平均值
TiO_2	3.91		3.67		3.94		3.84
CaO	15.42		17.16		16.78		16.45
FeO	0.10		0.22		0.04		0.12
BaO	0.00		0.10		0.09		0.06
Na_2O	5.85	ΣRE_2O_3 = 6.17	5.84	ΣRE_2O_3 = 4.77	5.71	ΣRE_2O_3 = 5.32	5.80
SrO	0.18		0.26		0.10		0.18
PbO	0.39		0.34		0.38		0.37
F	3.96		5.20		4.18		4.45
Nb_2O_5	63.08		62.39		63.55		63.01
ThO_2	0.18		0.14		0.22		0.18
La_2O_3	0.27	4.40	0.31	6.58	0.40	7.48	0.33
Ce_2O_3	3.17	51.44	2.33	48.73	2.51	47.24	2.67
Pr_2O_3	0.16	2.66	0.15	3.06	0.14	2.57	0.15
Nd_2O_3	1.81	29.29	1.41	29.53	1.51	28.32	1.58
Sm_2O_3	0.21	3.45	0.08	1.72	0.12	2.27	0.14
Dy_2O_3	0.00	0.00	0.00	0.00	0.20	3.78	0.07
Y_2O_3	0.54	8.76	0.50	10.38	0.44	8.34	0.49
$-O=F_2$	1.66		2.18		1.76		1.87
总计	97.56	100.00	97.92	100.00	98.55	100.00	98.00

2. 萤石化白云石型铌稀土铁矿石中的氟钙烧绿石

样品采自西矿。氟钙烧绿石呈不规则粒状或粒状集合体形式分布于萤石或白云石矿物间，颗粒大小不均，粒径为0.05～0.15mm(图4-145至图4-147)。氟钙烧绿石与萤石、白云石、独居石紧密共生，部分氟钙烧绿石中有钛铁矿包裹体，钛铁矿中又有铌铁矿、独居石、氟碳钙铈矿包裹体(图4-148)。

电子探针测试结果(表4-47)显示，氟钙烧绿石含少量Sn，且REE、Ti较高，Na、Ca、Nb偏低，置换方式：$REE^{3+}+Ti^{4+}/Sn^{4+} \rightarrow Nb^{5+}+2Na^{+}/Ca^{2+}$。

共伴生矿物：白云石、萤石、磁铁矿、钛铁矿、独居石、氟碳钙铈矿、铌铁矿等。

根据电子探针测试结果平均值，以B组阳离子=2为基数，计算化学式：$(Ca_{0.96}Na_{0.80}REE_{0.08}Sr_{0.02}Ba_{0.01}Th_{0.01})_{\Sigma 1.88}(Nb_{1.77}Ti_{0.20}Sn_{0.03})_{\Sigma 2.00}O_6(F_{0.97}OH_{0.03})_{\Sigma 1.00}$。

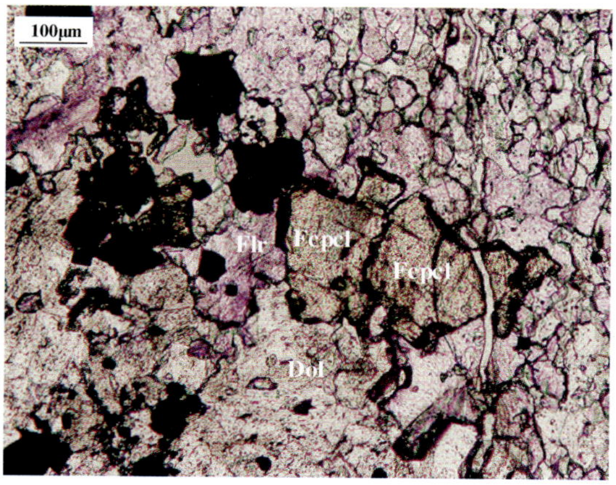

图4-145　半自形粒状氟钙烧绿石(Fcpcl)分布于萤石(Flr)、白云石(Dol)矿物间(单偏光)

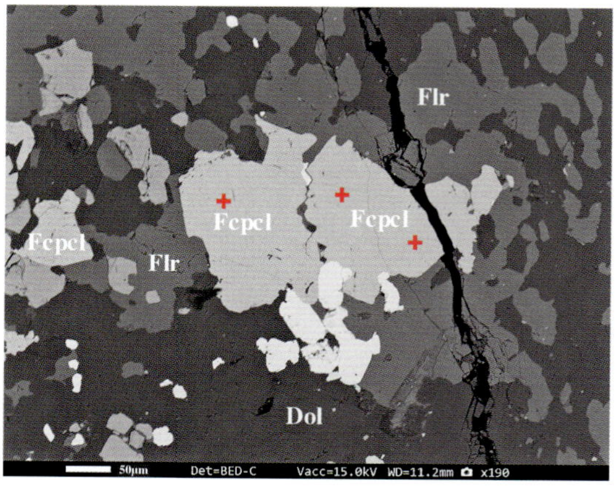

图4-146　红色"+"为氟钙烧绿石测试点位置(BSE)

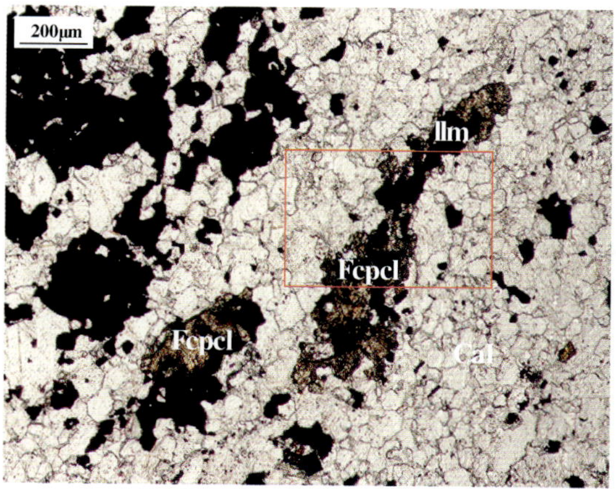

图4-147　不规则粒状氟钙烧绿石与钛铁矿(Ilm)紧密共生(单偏光)

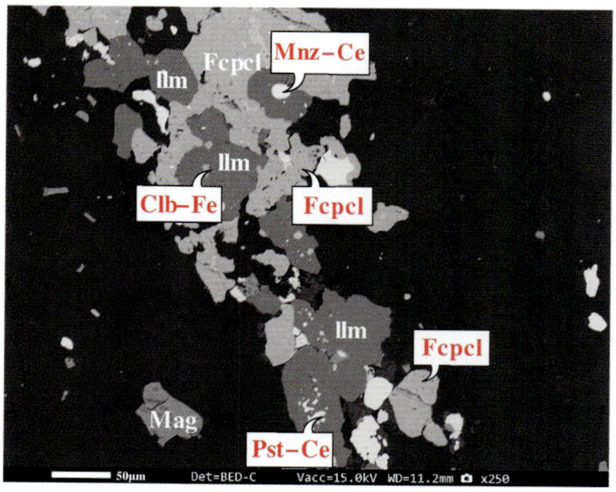

图4-148　氟钙烧绿石包裹钛铁矿，钛铁矿中有铌铁矿(Clb-Fe)、独居石(Mnz-Ce)、氟碳钙铈矿(Pst-Ce)等包裹体(BSE)

表 4-47　氟钙烧绿石电子探针测试结果及稀土配分　　单位：w_t/%

成分	测试点 P1	稀土配分	测试点 P2	稀土配分	测试点 P3	稀土配分	平均值
Na_2O	6.57		6.91		6.67		6.72
CaO	14.55		14.51		14.64		14.57
F	5.23		4.93		5.03		5.07
TiO_2	5.04		3.27		4.55		4.29
SnO_2	1.93	$\sum RE_2O_3$ = 3.64	1.09	$\sum RE_2O_3$ = 2.94	1.48	$\sum RE_2O_3$ = 3.48	1.50
SrO	0.50		0.54		0.44		0.49
BaO	0.04		0.90		0.07		0.34
ThO_2	0.36		0.38		0.38		0.37
Nb_2O_5	63.00		65.45		63.33		63.93
Ce_2O_3	2.17	59.60	1.89	64.38	2.07	59.44	2.04
Pr_2O_3	0.36	9.85	0.22	7.62	0.26	7.33	0.28
Nd_2O_3	1.00	27.33	0.75	25.48	0.85	24.32	0.86
Sm_2O_3	0.02	0.52	0.00	0.00	0.17	4.77	0.06
Y_2O_3	0.10	2.69	0.07	2.52	0.14	4.14	0.11
$-O=F_2$	2.20		2.07		2.11		2.13
总计	98.67	100.00	98.84	100.00	97.97	100.00	98.49

3. 萤石化霓石型铌稀土铁矿石中的氟钙烧绿石

样品采自东矿。样品中氟钙烧绿石较多，呈自形-半自形晶或粒状集合体形式分布于霓石、萤石间或萤石矿物中，淡黄-黄棕-红棕色，部分颗粒中包裹微细粒铁矿物，粒径为0.05～0.15mm(图 4-149 至图 4-152)。图 4-153 为氟钙烧绿石内反射色，图 4-154 为氟钙烧绿石 BSE 图像。

共伴生矿物：霓石、萤石、氟碳铈矿、重晶石、金红石、磁铁矿等。

图 4-149　霓石(Aeg)、萤石(Flr)间的氟钙烧绿石(Fcpcl)(单偏光)

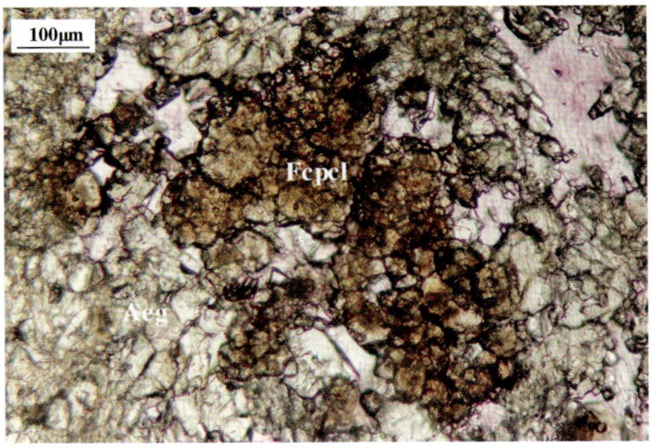

图 4-150　氟钙烧绿石分布于霓石间(单偏光)

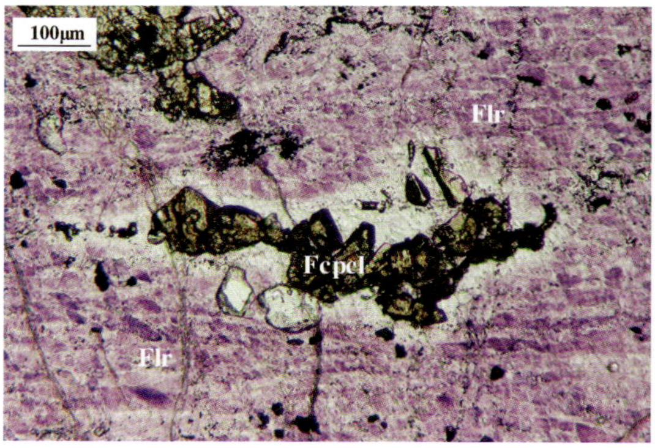

图 4－151　呈半自形粒状集合体分布于萤石中的氟钙烧绿石(单偏光)

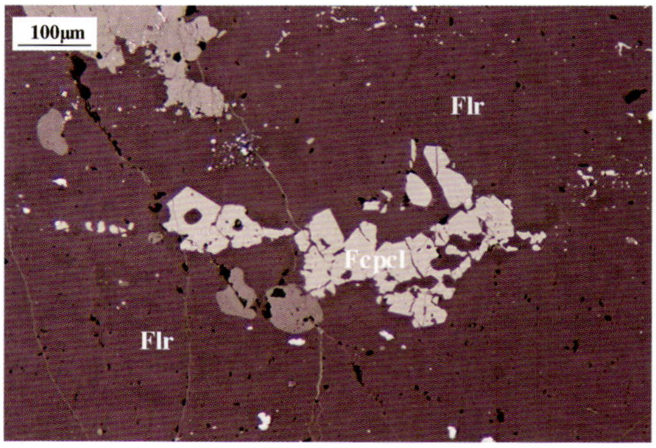

图 4－152　氟钙烧绿石的反射色(反射光)

图 4－153　氟钙烧绿石的内反射色(反射正交)

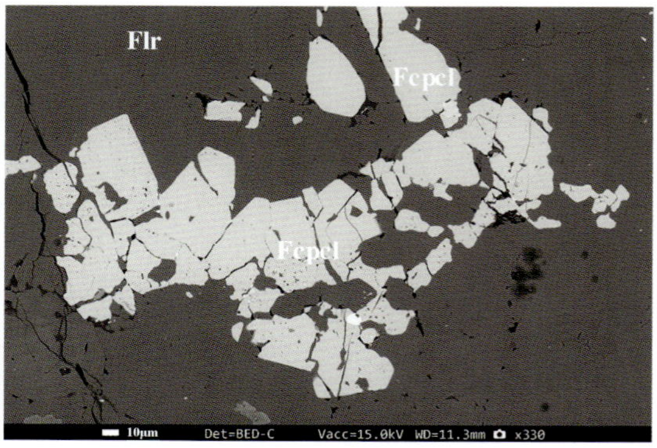

图 4－154　半自形粒状分布于萤石中的氟钙烧绿石(BSE)

电子探针测试结果显示，烧绿石中有少量 REE、Pb 及 Th 的置换。

根据电子探针测试平均值(表 4－48)，以 B 组阳离子＝2 为基数，计算化学式：$(Ca_{1.09}Na_{0.74}REE_{0.05}Pb_{0.02}Sr_{0.01})_{\Sigma 1.91}(Nb_{1.82}Ti_{0.18})_{\Sigma 2.00}O_{6.00}F_{1.00}$。

表 4－48　氟钙烧绿石电子探针测试结果及稀土配分　　单位：$w_t/\%$

成分	测试点 P1	稀土配分	测试点 P2	稀土配分	测试点 P3	稀土配分	平均值
CaO	16.37		16.44		16.20		16.34
Na_2O	6.25		5.93		6.20		6.13
F	4.92		5.09		5.29		5.10
TiO_2	3.64		3.61		4.18		3.81
PbO	1.04	$\Sigma RE_2O_3 = 2.43$	1.06	$\Sigma RE_2O_3 = 1.94$	1.00	$\Sigma RE_2O_3 = 2.38$	1.03
SrO	0.18		0.09		0.34		0.20
FeO	0.10		0.06		0.10		0.09
ThO_2	0.24		0.22		0.19		0.22
Nb_2O_5	65.36		64.96		64.10		64.81

续表

成分	测试点 P1	稀土配分	测试点 P2	稀土配分	测试点 P3	稀土配分	平均值
La_2O_3	0.18	7.41	0.15	7.73	0.24	10.08	0.19
Ce_2O_3	1.24	51.03	0.85	43.81	1.15	48.32	1.08
Pr_2O_3	0.00	0.00	0.13	6.70	0.29	12.18	0.14
Nd_2O_3	0.53	21.81	0.51	26.29	0.40	16.81	0.48
Sm_2O_3	0.05	2.06	0.09	4.64	0.00	0.00	0.05
Eu_2O_3	0.02	0.82	0.00	0.00	0.01	0.42	0.01
Gd_2O_3	0.10	4.12	0.05	2.58	0.06	2.52	0.07
Dy_2O_3	0.09	3.70	0.02	1.03	0.00	0.00	0.04
Ho_2O_3	0.06	2.47	0.01	0.52	0.00	0.00	0.02
Tm_2O_3	0.02	0.82	0.00	0.00	0.04	1.68	0.02
Yb_2O_3	0.00	0.00	0.02	1.03	0.06	2.52	0.03
Lu_2O_3	0.06	2.47	0.03	1.55	0.00	0.00	0.03
Y_2O_3	0.08	3.29	0.08	4.12	0.13	5.46	0.10
$-O=F_2$	2.07		2.14		2.22		2.14
总计	98.46	100.00	97.26	100.00	97.76	100.00	97.85

4. 黑云母型铌稀土铁矿石中的氟钙烧绿石

样品采自东矿钻孔。氟钙烧绿石呈不规则粒状分布于磁铁矿、钛铁矿间，或呈等粒状分布，并包裹有大量微细粒自形-半自形的磁铁矿、钛铁矿，粒径为 0.10～0.25mm。透射光下烧绿石颜色不可分辨(图 4-155、图 4-156)，反射光下可见烧绿石分布于磁铁矿、钛铁矿的间隙(图 4-157、图 4-159)及烧绿石的内反射色(图 4-158、图 4-160)，BSE 图像中氟钙烧绿石包裹磁铁矿、钛铁矿(图 4-161、图 4-162)。

共伴生矿物：黑云母、石英、褐帘石、磁铁矿、钛铁矿、黄河矿、磷灰石、锡石等。

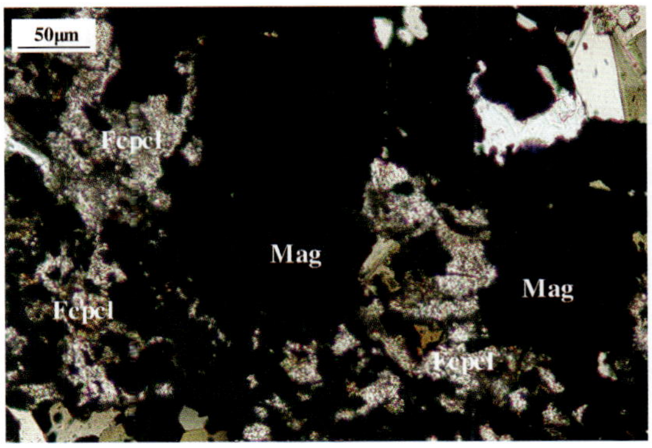

图 4-155 氟钙烧绿石 (Fcpcl) 分布于磁铁矿(Mag)间(单偏光)

图 4-156 氟钙烧绿石与磁铁矿(正交偏光)

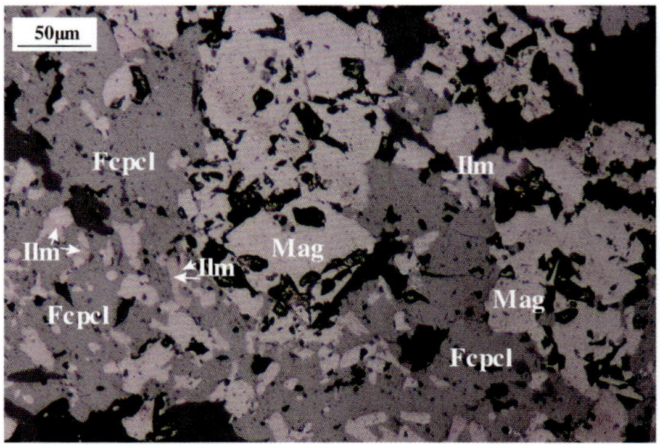

图 4-157　氟钙烧绿石与钛铁矿(Ilm)、磁铁矿(反射光)

图 4-158　氟钙烧绿石的内反射色(反射正交)

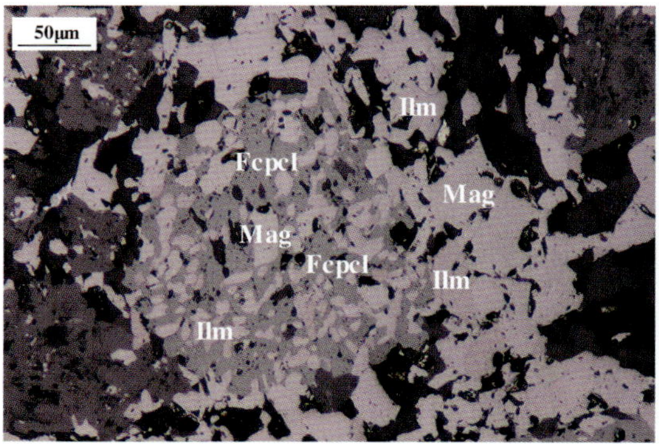

图 4-159　氟钙烧绿石与钛铁矿、磁铁矿(反射光)

图 4-160　氟钙烧绿石的内反射色呈无色-淡黄色(反射正交)

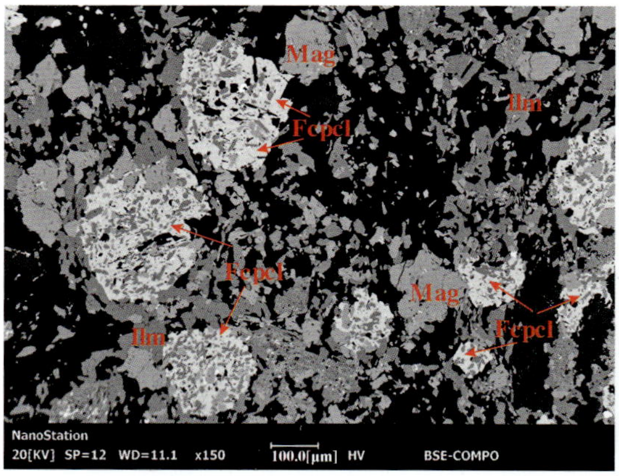

图 4-161　氟钙烧绿石中有大量包裹体(BSE)

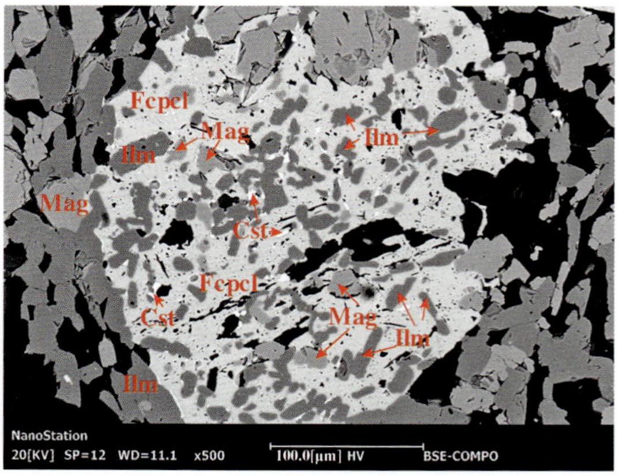

图 4-162　氟钙烧绿石中的钛铁矿、磁铁矿及锡石(Cst)包裹体(BSE)

根据电子探针测试结果平均值(表 4-49)，以 B 组阳离子＝2 为基数，计算化学式：$(Ca_{1.16}Na_{0.65}REE_{0.06}Pb_{0.01}Sr_{0.01}Fe_{0.01})_{\Sigma 1.90}(Nb_{1.75}Ti_{0.25})_{\Sigma 2.00}O_{6.00}F_{1.05}$。

表 4-49 氟钙烧绿石电子探针测试结果及稀土配分 单位：$w_t/\%$

成分	测试点 P1	稀土配分	测试点 P2	稀土配分	测试点 P3	稀土配分	平均值
CaO	17.39		17.25		16.78		17.14
Na_2O	5.11		5.44		5.45		5.33
TiO_2	5.39		5.01		5.32		5.24
F	5.30		5.23		5.35		5.29
SrO	0.19	$\Sigma RE_2O_3 = 3.00$	0.18	$\Sigma RE_2O_3 = 2.47$	0.17	$\Sigma RE_2O_3 = 2.83$	0.18
PbO	0.40		0.24		0.34		0.32
FeO	0.20		0.13		0.44		0.26
Nb_2O_5	61.39		62.61		60.33		61.44
ThO_2	0.16		0.16		0.21		0.18
La_2O_3	0.28	9.25	0.27	10.93	0.18	6.25	0.24
Ce_2O_3	1.38	46.20	1.21	49.02	1.47	51.99	1.35
Pr_2O_3	0.23	7.57	0.00	0.04	0.19	6.71	0.14
Nd_2O_3	0.53	17.62	0.57	23.13	0.74	26.01	0.61
Sm_2O_3	0.09	3.05	0.00	0.00	0.02	0.74	0.04
Gd_2O_3	0.13	4.49	0.15	6.14	0.11	3.92	0.13
Dy_2O_3	0.06	2.08	0.06	2.56	0.04	1.55	0.06
Ho_2O_3	0.06	1.84	0.07	2.76	0.02	0.81	0.05
Er_2O_3	0.00	0.00	0.04	1.50	0.00	0.00	0.01
Tm_2O_3	0.09	2.88	0.00	0.00	0.00	0.00	0.03
Yb_2O_3	0.00	0.00	0.05	1.87	0.00	0.00	0.02
Lu_2O_3	0.03	1.04	0.00	0.00	0.00	0.00	0.01
Y_2O_3	0.12	3.99	0.05	2.03	0.06	2.01	0.08
$-O=F_2$	2.23		2.20		2.25		2.22
总计	96.28	100.00	96.52	100.00	94.98	100.00	95.93

5. 透辉石型铌稀土矿石中的氟钙烧绿石

样品采自东部接触带。氟钙烧绿石呈黄色-黄棕色，不规则粒状或集合体状分布于金云母、透辉石矿物间，粒径不均，一般为 0.05～0.20mm，个别颗粒大于 1mm(图 4-163 至图 4-166)，氟钙烧绿石含 Ti、REE，并与铈硅磷灰石、金云母紧密共生(图 4-167，图 4-168)。

共伴生矿物：金云母、透辉石、铈硅磷灰石、铌钙矿等。

白云鄂博氟钙烧绿石的特点是普遍含稀土元素，但稀土元素并不大量进入氟钙烧绿石，仅在东部接触带产出的氟钙烧绿石稀土含量较高。本样品中，氟钙烧绿石电子探针测试结果(表 4-50)显示 ΣRE_2O_3 含量为 9.51%～12.39%，稀土配分中 Ce_2O_3 占 62.03%～67.03%. 氟钙烧绿石中 Ti、REE、Ca 含量高，Nb、Na 含量偏低，推测稀土进入晶格置换方式为 $REE^{3+}+Ti^{4+}\rightarrow Nb^{5+}+2Na^{+}$、$Ti^{4+}+Ca^{2+}\rightarrow Nb^{5+}+Na^{+}$。

图 4-163　分布于金云母(Phl)间的氟钙烧绿石(Fcpcl)(单偏光)

图 4-164　氟钙烧绿石与铈硅磷灰石(Bri-Ce)(单偏光)

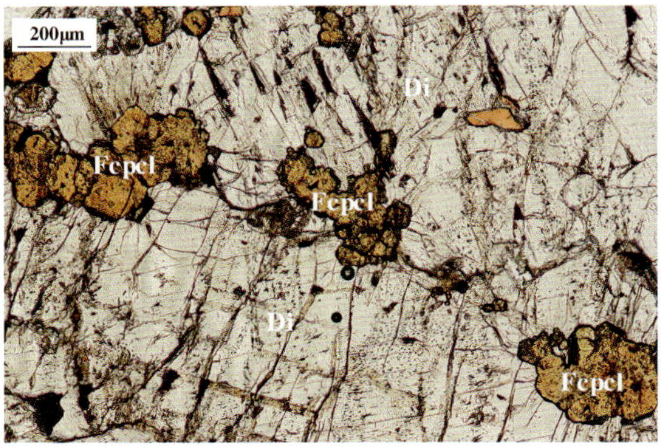

图 4-165　分布于透辉石(Di)间的氟钙烧绿石(单偏光)

图 4-166　氟钙烧绿石显均质性(正交偏光)

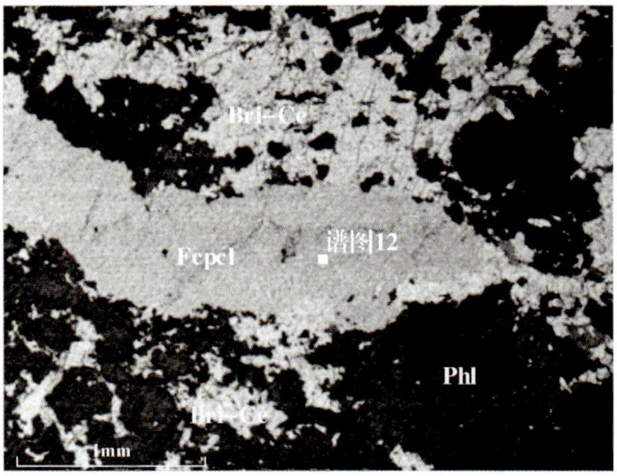

图 4-167　氟钙烧绿石与铈硅磷灰石分布于金云母间(BSE)

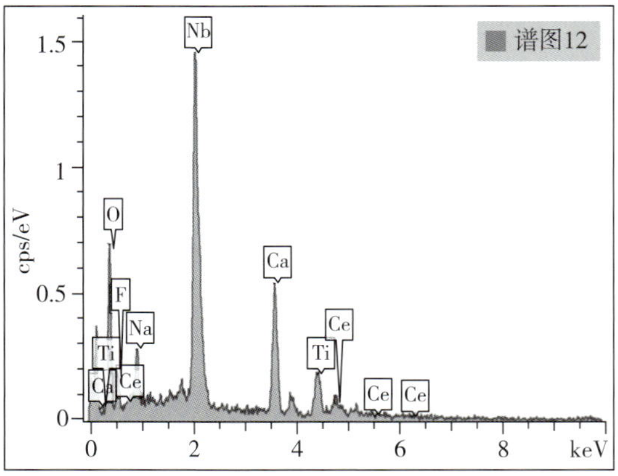

图 4-168　含 Ce、Ti 氟钙烧绿石能谱图

根据电子探针测试结果平均值(表 4-50)，以 B 组阳离子=2 为基数，计算化学式：$(Ca_{1.22}Na_{0.44}REE_{0.25}Fe_{0.03}Sr_{0.01})_{\Sigma 1.95}(Nb_{1.42}Ti_{0.58})_{\Sigma 2.00}O_{6.00}(F_{0.53}OH_{0.34}O_{0.13})_{\Sigma 1.00}$。

表 4-50 氟钙烧绿石电子探针测试结果及稀土配分 单位：$w_t/\%$

成分	测试点 P1	稀土配分	测试点 P2	稀土配分	测试点 P3	稀土配分	平均值
TiO_2	10.23	ΣRE_2O_3 = 9.51	13.71	ΣRE_2O_3 = 12.39	13.00	ΣRE_2O_3 = 11.43	12.31
CaO	18.48		17.88		18.43		18.26
FeO	0.17		0.60		0.68		0.48
Na_2O	4.03		3.36		3.46		3.62
SrO	0.34		0.21		0.17		0.24
F	2.88		2.37		2.74		2.67
ThO_2	0.16		0.15		0.19		0.17
Nb_2O_5	53.87		47.96		49.45		50.43
Ta_2O_5	0.26		0.18		0.14		0.19
La_2O_3	0.72	7.59	0.91	7.37	0.97	8.48	0.87
Ce_2O_3	6.38	67.03	7.67	62.03	7.34	64.16	7.13
Pr_2O_3	0.28	2.89	0.34	2.77	0.36	3.16	0.33
Nd_2O_3	1.26	13.19	2.02	16.31	1.82	15.94	1.70
Sm_2O_3	0.00	0.03	0.14	1.09	0.03	0.25	0.06
Eu_2O_3	0.10	1.09	0.36	2.88	0.00	0.00	0.15
Gd_2O_3	0.38	3.98	0.43	3.44	0.43	3.73	0.41
Dy_2O_3	0.05	0.55	0.00	0.00	0.16	1.38	0.07
Ho_2O_3	0.00	0.00	0.24	1.90	0.05	0.41	0.09
Yb_2O_3	0.00	0.03	0.02	0.14	0.08	0.71	0.03
Y_2O_3	0.34	3.61	0.26	2.07	0.20	1.78	0.27
$-O=F_2$	1.21		1.00		1.15		1.12
总计	98.73	100.00	97.80	100.00	98.55	100.00	98.36

6. 白云石型铌稀土矿石中的含铀氟钙烧绿石

含铀氟钙烧绿石分布于东部接触带白云石型铌稀土矿石(图 4-169)中，呈淡棕-棕黄色、浅黄-橘黄色，粒状、正方形、六边形状产出。颗粒大小较均匀，粒径一般为 0.10～0.20mm，氟钙烧绿石高突起，均质性，多色性弱，部分颗粒边缘为浅黄色，中心颜色为深棕黄-橘黄色，中间颜色深为含 U 较高所致，BSE 图像中含 U 高的部分较亮(图 4-170 至图 4-175)。

共伴生矿物：白云石、透辉石、方解石、磁铁矿等。

电子探针测试结果(表 4-51)显示，本样品中烧绿石含 U、Ta 较高，其中 UO_2 最高达 8.10%，Ta_2O_5 平均为 0.30%，REE 及 TiO_2 含量较低，Na 偏低，Ca 变化小。

根据电子探针测试结果平均值，以 B 组阳离子 = 2 为基数，计算化学式：$(Ca_{1.14}Na_{0.57}Fe_{0.10}U_{0.08}REE_{0.05}Sr_{0.03}Th_{0.01})_{\Sigma 1.98}(Nb_{1.97}Ti_{0.03}Ta_{0.01})_{\Sigma 2.01}O_{6.00}(F_{0.61}OH_{0.49})_{\Sigma 1.00}$。

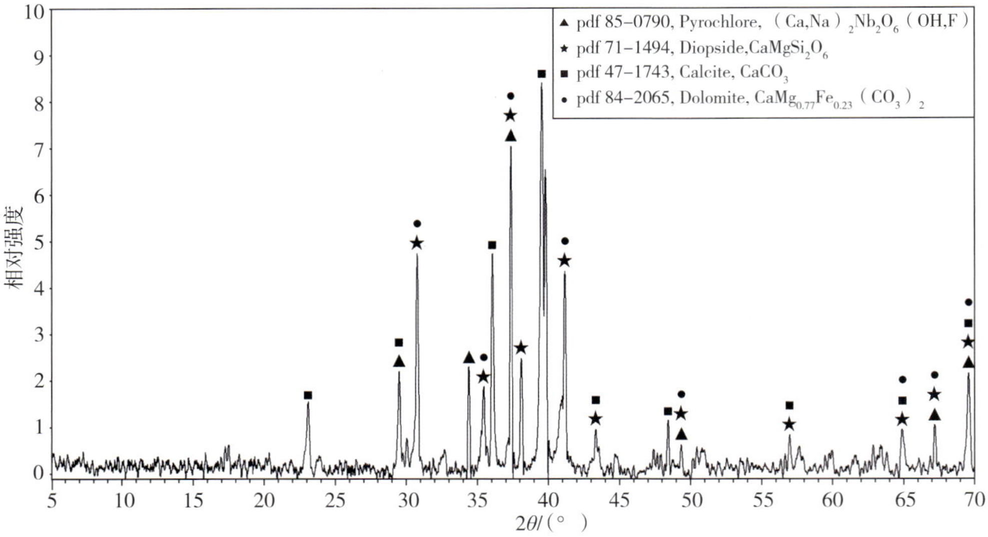

图 4-169　白云岩型铌稀土矿石 XRD 图谱

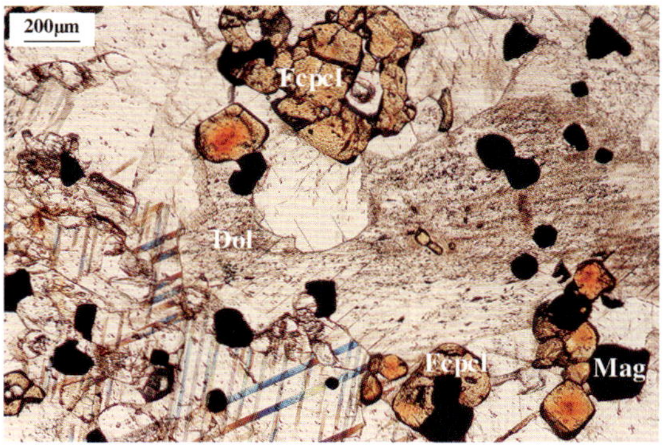

图 4-170　呈自形-半自形粒状分布于白云石(Dol)中的氟钙烧绿石（Fcpcl），中间橘色部分含 U 高(单偏光)

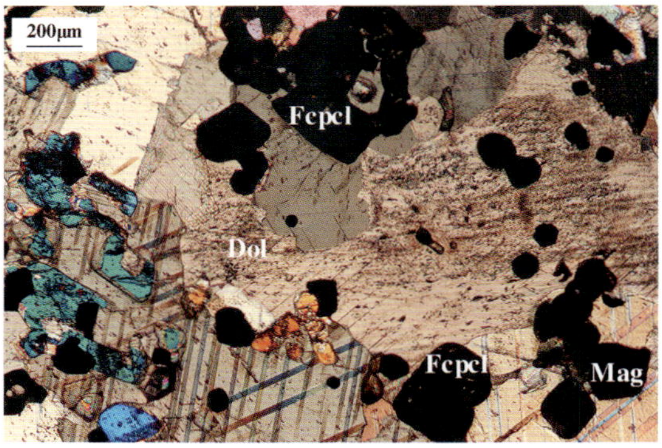

图 4-171　呈均质性的烧绿石颗粒(正交偏光)

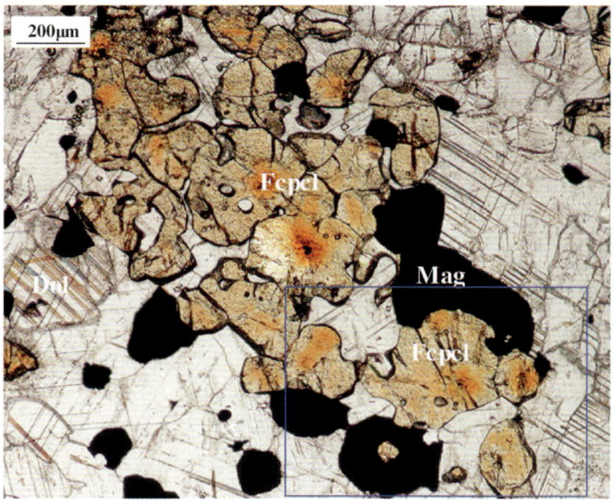

图 4-172　呈半自形粒状分布于白云石间的氟钙烧绿石(单偏光)

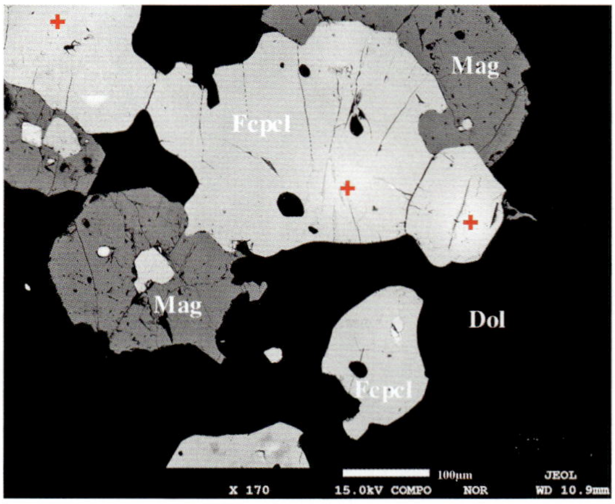

图 4-173　亮色部分含 U 高(BSE)
红色“+”为 P1、P2、P3 测试点位置

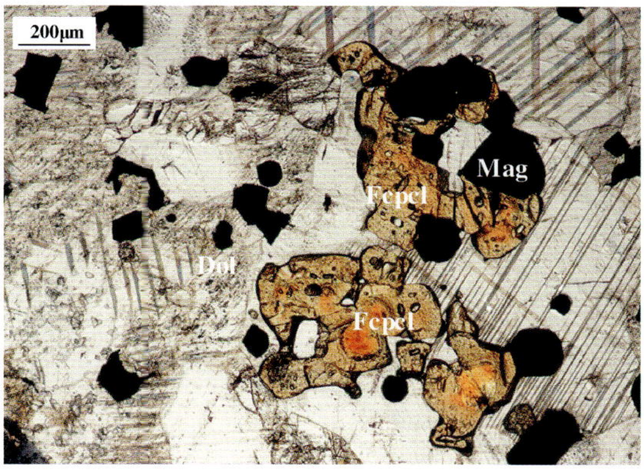

图 4-174 呈半自形粒状分布于白云石间的氟钙烧绿石(单偏光)

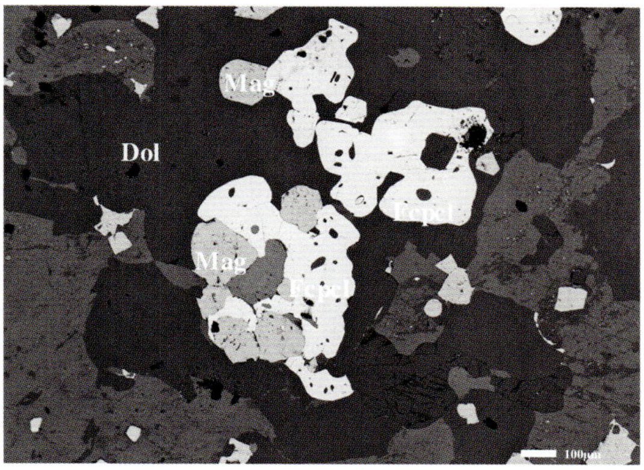

图 4-175 氟钙烧绿石与磁铁矿(BSE)

表 4-51 氟钙烧绿石电子探针测试结果及稀土配分 单位：w_t/%

成分	测试点 P1	稀土配分	测试点 P2	稀土配分	测试点 P3	稀土配分	平均值
Na_2O	4.35		4.27		4.65		4.42
CaO	15.51		16.34		15.65		15.83
SrO	0.82		0.92		0.81		0.85
FeO	1.96		1.78		1.56		1.77
TiO_2	0.64		0.49		0.46		0.53
F	2.63	$\sum RE_2O_3$ = 1.99	2.96	$\sum RE_2O_3$ = 1.74	3.14	$\sum RE_2O_3$ = 2.19	2.91
Nb_2O_5	64.14		63.56		67.98		65.23
Ta_2O_5	0.40		0.30		0.20		0.30
ThO_2	0.25		0.46		0.27		0.33
UO_2	8.10		4.76		3.90		5.58
Sc_2O_3	0.03		0.05		0.09		0.06
La_2O_3	0.31	15.48	0.16	9.02	0.03	1.51	0.17
Ce_2O_3	0.56	28.14	0.73	41.72	0.86	39.22	0.72
Pr_2O_3	0.00	0.00	0.00	0.00	0.31	14.25	0.10
Nd_2O_3	0.22	11.21	0.27	15.29	0.28	12.60	0.26
Eu_2O_3	0.00	0.00	0.21	12.07	0.00	0.00	0.07
Gd_2O_3	0.14	7.04	0.26	14.71	0.09	4.11	0.16
Tb_2O_3	0.14	7.14	0.00	0.00	0.21	9.36	0.12
Dy_2O_3	0.00	0.00	0.07	4.02	0.10	4.57	0.06
Ho_2O_3	0.06	3.07	0.03	1.67	0.00	0.00	0.03
Er_2O_3	0.00	0.00	0.00	0.00	0.02	1.00	0.01
Tm_2O_3	0.09	4.52	0.00	0.00	0.00	0.18	0.03
Lu_2O_3	0.35	17.54	0.03	1.44	0.21	9.50	0.19

续表

成分	测试点 P1	稀土配分	测试点 P2	稀土配分	测试点 P3	稀土配分	平均值
Y_2O_3	0.12	5.93	0.00	0.00	0.08	3.84	0.07
$-O=F_2$	1.10		1.24		1.32		1.22
总计	99.72	100.00	96.39	100.00	99.56	100.00	98.58

7. 黑云母型铌稀土铁矿石中的氟钙烧绿石

样品采自主矿。氟钙烧绿石呈浅棕-棕黄色，自形-半自形粒状或他形粒状集合体形式分布于黑云母、磁铁矿间(图 4-176 至图 4-179)，部分氟钙烧绿石有被铌铁矿交代痕迹(图 4-180、图 4-181)，BSE 图像(图 4-182、图 4-183)中有锆石共伴生或被氟钙烧绿石包裹。样品中氟钙烧绿石矿物含量较高，颗粒大小不均，粒径为 0.03～0.25mm。

共伴生矿物：黑云母、萤石、磁铁矿、氟碳铈矿、独居石、铌铁矿、黄河矿、闪锌矿、易解石、钛铁矿、锆石等。

根据电子探针测试结果平均值(表 4-52)，以 B 组阳离子＝2 为基数，计算化学式：$(Ca_{1.03}Na_{0.71}REE_{0.08}Sr_{0.03}Pb_{0.01}Th_{0.01})_{\Sigma 1.87}(Nb_{1.79}Ti_{0.21})_{\Sigma 2.00}O_{6.00}F_{1.05}$。

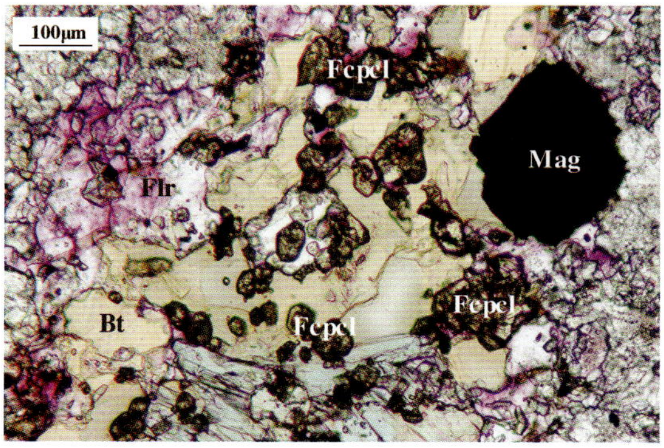

图 4-176　呈半自形粒状分布于黑云母(Bt)间的氟钙烧绿石 (Fcpcl)(单偏光)

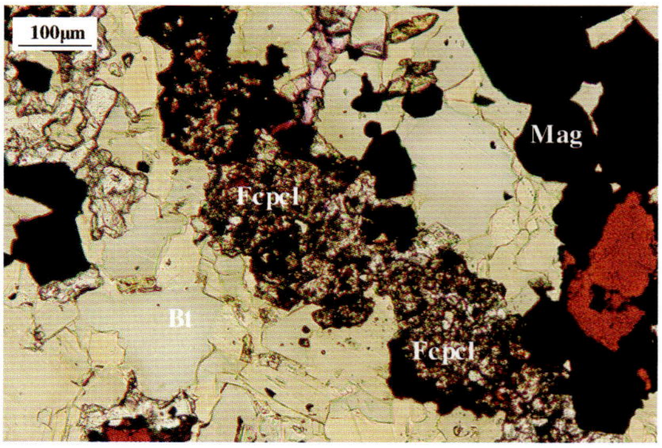

图 4-177　呈他形粒状集合体分布于黑云母间的氟钙烧绿石(单偏光)

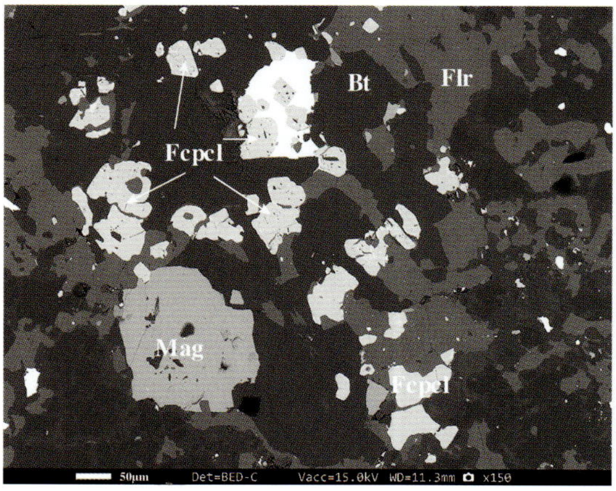

图 4-178　半自形粒状分布的氟钙烧绿石(BSE)

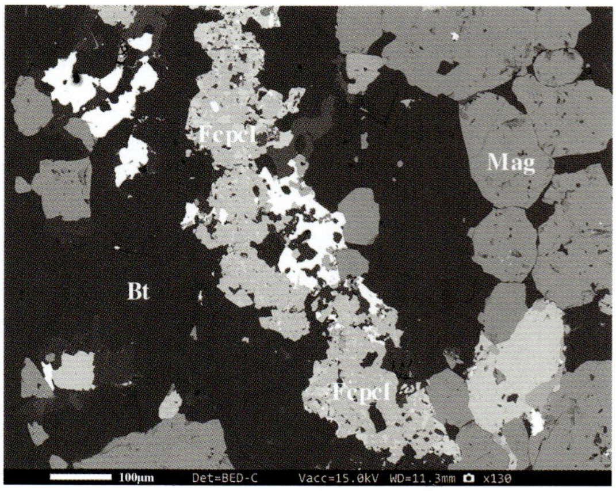

图 4-179　粒状集合体分布的氟钙烧绿石(BSE)

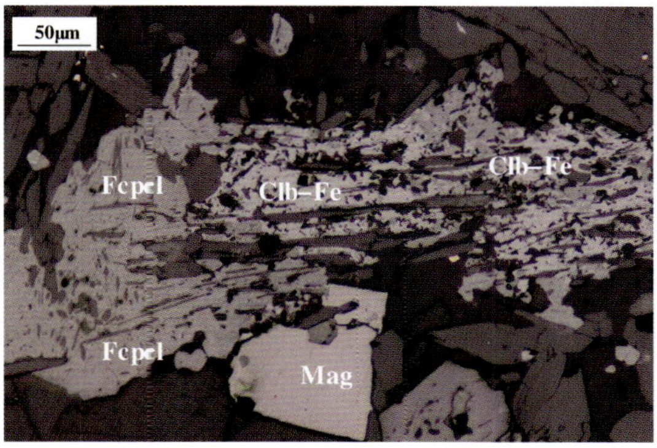

图 4-180　氟钙烧绿石被铌铁矿(Clb-Fe)交代(反射光)

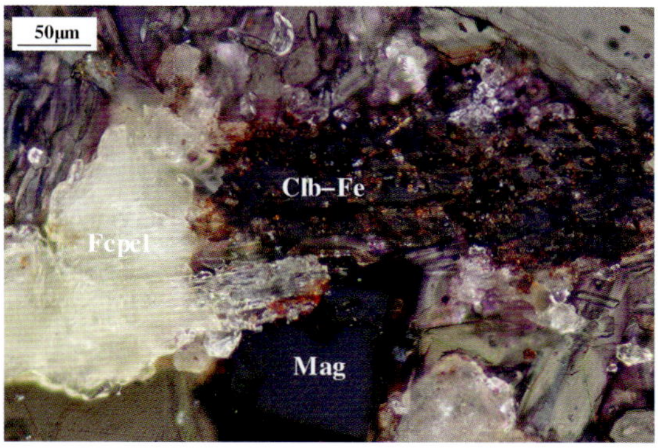

图 4-181　氟钙烧绿石与铌铁矿的内反射色(反射正交)

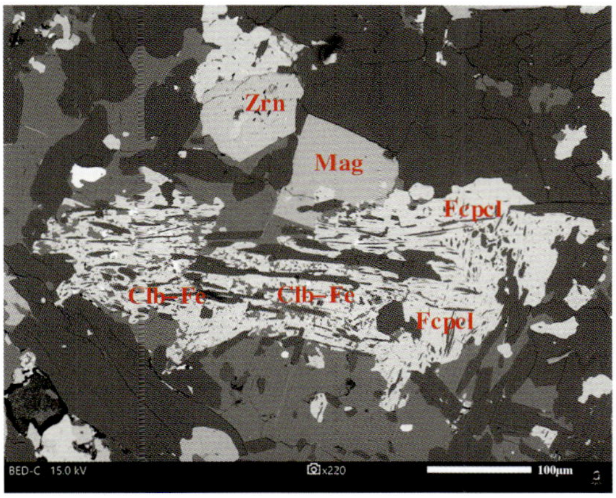

图 4-182　氟钙烧绿石与铌铁矿、磁铁矿、锆石(Zrn)等矿物共伴生(BSE)

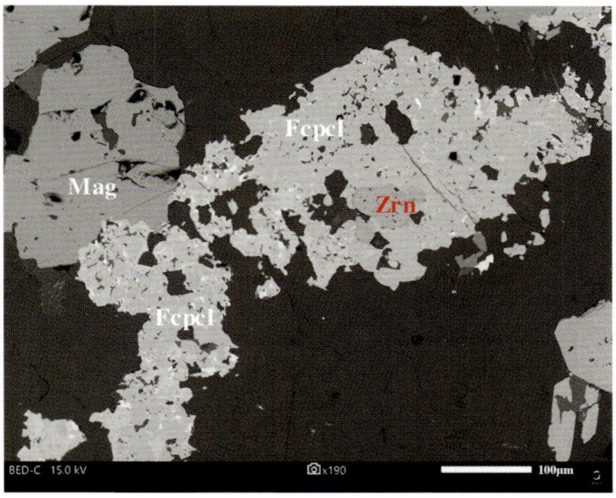

图 4-183　氟钙烧绿石中包裹锆石(BSE)

表 4-52　氟钙烧绿石电子探针测试结果及稀土配分　　单位：$w_t/\%$

成分	测试点 P1	稀土配分	测试点 P2	稀土配分	测试点 P3	稀土配分	测试点 P4	稀土配分	平均值
Na_2O	6.15		5.85		5.70		5.73		5.86
CaO	15.28		15.57		15.35		15.19		15.35
F	5.44		5.37		5.00		5.41		5.31
TiO_2	4.68	ΣRE_2O_3 = 3.44	5.01	ΣRE_2O_3 = 3.80	4.22	ΣRE_2O_3 = 3.87	4.19	ΣRE_2O_3 = 3.55	4.52
SrO	0.96		1.02		0.81		0.87		0.92
PbO	0.58		0.32		0.53		0.25		0.42
Nb_2O_5	62.57		62.07		63.48		63.93		63.01
ThO_2	0.52		0.62		0.76		0.43		0.58
La_2O_3	0.23	6.69	0.24	6.37	0.27	7.05	0.16	4.59	0.23
Ce_2O_3	1.50	43.52	1.58	41.47	1.56	40.31	1.24	35.04	1.47

续表

成分	测试点 P1	稀土配分	测试点 P2	稀土配分	测试点 P3	稀土配分	测试点 P4	稀土配分	平均值
Pr_2O_3	0.09	2.73	0.05	1.18	0.00	0.00	0.21	6.00	0.09
Nd_2O_3	0.90	26.22	1.03	27.05	1.32	34.08	1.28	36.00	1.13
Sm_2O_3	0.45	13.05	0.56	14.71	0.41	10.70	0.47	13.32	0.47
Eu_2O_3	0.06	1.63	0.00	0.00	0.00	0.00	0.08	2.11	0.03
Gd_2O_3	0.10	3.02	0.08	2.00	0.10	2.64	0.06	1.77	0.09
Dy_2O_3	0.03	0.73	0.13	3.39	0.00	0.00	0.00	0.00	0.04
Ho_2O_3	0.00	0.00	0.04	0.97	0.12	3.13	0.00	0.00	0.04
Y_2O_3	0.09	2.47	0.11	2.82	0.09	2.20	0.04	1.24	0.08
$-O=F_2$	2.28		2.26		2.10		2.27		2.23
总计	97.34	100.00	97.37	100.00	97.62	100.00	97.30	100.00	97.41

氟钠烧绿石 Fluornatropyrochlore

$(Na,Pb,Ca,REE,U)_2Nb_2O_6F$

化学组成：化学通式中，A 位 Na(apfu)最高，Y 位 F(apfu)>OH。

晶体结构：等轴晶系，空间群为 $Fd3m$。$a_0=10.5053(10)$Å，$Z=8$。

形态：六八面体晶形，$O_h-m3m(3L^44L^36L^29PC)$。晶体除了呈八面体外，也常呈八面体与菱形十二面体的聚形。

物理性质：棕黄色-橘红色，透明-半透明，条痕浅黄色，金刚光泽，性脆。摩氏硬度 4～4.5，相对密度 5.275。

显微镜下特征：透射光下呈无色、浅黄色、浅棕色、棕黄色，突起高，均质性，$N=2.10$。

1. 白云石型铌稀土矿石中的粗粒氟钠烧绿石

样品采自西矿。烧绿石多呈菱形、六边形或等轴粒状自形-半自形晶分布，粒径为 0.05～0.10mm，并与磷灰石、氟碳铈钡矿、氟碳钡铈矿、独居石等紧密共生，应为后期热液侵入白云岩时形成，局部烧绿石定向与磷灰石呈脉状分布或分布于氟碳铈钡矿、磷灰石中(图 4-184 至图 4-186)，图 4-187 为图 4-186 黄色框内氟钠烧绿石颗粒。

共伴生矿物：白云石、磷灰石、氟碳铈钡矿、氟碳钡铈矿、独居石、磁铁矿、钠闪石、黄铁矿等。

经大量电子探针测试结果分析，样品中烧绿石为氟钙烧绿石及氟钠烧绿石两种，但 Na_2O 含量普遍较高，计算化学式中的原子数，Na 与 Ca 接近或 Na>Ca，当 Na>Ca 时为氟钠烧绿石。矿物中 Ti、REE 稍高，$REE^{3+}+Ti^{4+}\rightarrow Nb^{5+}+Ca^{2+}$，可能是导致 Na 高 Ca 低的原因。

根据电子探针测试结果平均值(表 4-53)，以 B 组阳离子=2 为基数，计算化学式：$(Na_{0.96}Ca_{0.93}REE_{0.08}Sr_{0.01}Pb_{0.01}Th_{0.01})_{\Sigma 2.00}(Nb_{1.79}Ti_{0.21})_{\Sigma 2.00}O_{6.00}F_{1.01}$。

图 4－184　自形-半自形粒状氟钠烧绿石（Fnpcl）分布于氟碳铈钡矿（Ceb－Ce）、磷灰石（Fap）中（单偏光）

图 4－185　自形-半自形粒状氟钠烧绿石（正交偏光）

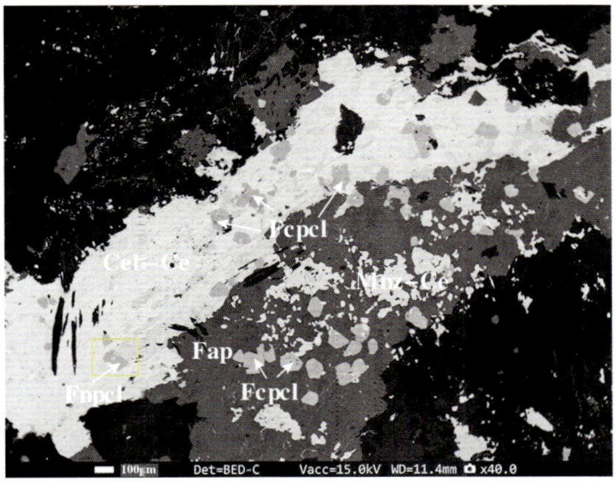

图 4－186　氟钠烧绿石与氟钙烧绿石（Fcpcl）（BSE）

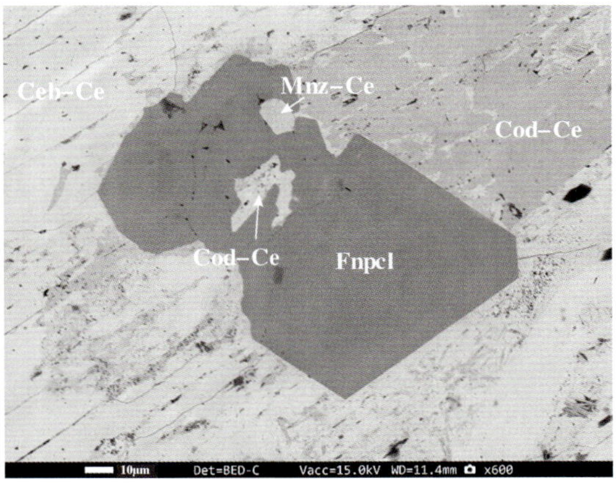

图 4－187　氟钠烧绿石中包裹氟碳铈钡矿、独居石（Mnz－Ce）（BSE）

表 4－53　氟钠烧绿石电子探针测试结果及稀土配分　　单位：w_t/%

成分	测试点 P1	稀土配分	测试点 P2	稀土配分	测试点 P3	稀土配分	平均值
Na_2O	8.23		8.12		8.04		8.13
CaO	14.18		14.01		14.29		14.16
TiO_2	4.58		4.36		4.65		4.53
SrO	0.35	$\Sigma RE_2O_3 = 3.55$	0.40	$\Sigma RE_2O_3 = 3.56$	0.39	$\Sigma RE_2O_3 = 3.58$	0.38
PbO	0.52		0.33		0.34		0.39
ThO_2	0.82		0.90		0.81		0.84
F	5.18		5.30		5.18		5.22
Nb_2O_5	64.82		65.22		64.64		64.89
La_2O_3	0.43	12.11	0.35	9.83	0.38	9.87	0.38
Ce_2O_3	2.08	58.59	2.13	59.83	2.04	52.99	2.08

续表

成分	测试点 P1	稀土配分	测试点 P2	稀土配分	测试点 P3	稀土配分	平均值
Pr_2O_3	0.10	2.82	0.04	1.12	0.28	7.27	0.14
Nd_2O_3	0.42	11.83	0.57	16.01	0.66	17.14	0.55
Sm_2O_3	0.10	2.82	0.08	2.25	0.13	3.38	0.10
Gd_2O_3	0.12	3.38	0.14	3.93	0.22	5.71	0.16
Dy_2O_3	0.04	1.13	0.03	0.84	0.00	0.00	0.02
Ho_2O_3	0.00	0.00	0.03	0.84	0.02	0.52	0.02
Er_2O_3	0.08	2.25	0.04	1.12	0.00	0.00	0.04
Tm_2O_3	0.09	2.54	0.01	0.28	0.00	0.00	0.03
Lu_2O_3	0.09	2.54	0.08	2.25	0.00	0.00	0.06
Y_2O_3	0.09	2.54	0.06	1.69	0.12	3.12	0.09
$-O=F_2$	3.02		3.07		3.02		3.03
总计	99.30	100.00	99.13	100.00	99.17	100.00	99.18

2. 白云石型铌稀土矿石中的细粒氟钠烧绿石

样品采自西矿。氟钠烧绿石呈半自形-自形粒状分散分布于白云石矿物间，颗粒细小，粒径一般为0.03～0.05mm(图4-188至图4-191)。部分氟钠烧绿石中包裹着磷灰石、白云石、独居石等微细粒矿物，并被更晚形成的铌铁矿交代(图4-192、图4-193)。

共伴生矿物：白云石、方解石、磷灰石、铌铁矿、磁铁矿、独居石等。

电子探针测试结果显示，矿物中Sr较高，Sr^{2+}与Ca^{2+}的置换是导致Na相对高的主要原因。

根据电子探针测试结果平均值(表4-56)，以B组阳离子=2为基数，计算化学式：$(Na_{0.86}Ca_{0.79}Sr_{0.11}REE_{0.07}Fe_{0.02})_{\Sigma 1.85}(Nb_{1.95}Ti_{0.05})_{\Sigma 2.00}O_{6.00}F_{1.06}$。

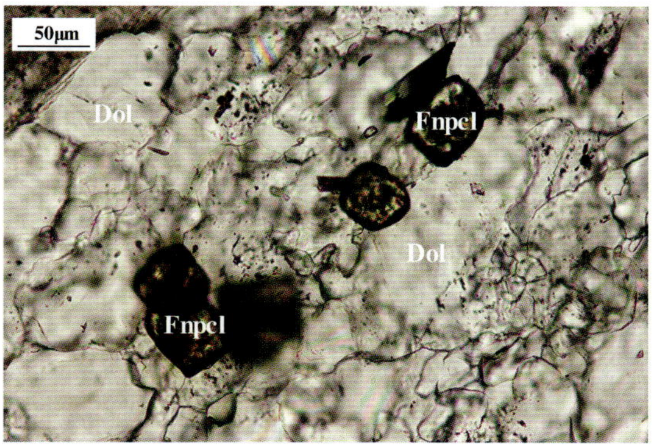

图4-188 分布于白云石(Dol)间的自形粒状氟钠烧绿石(Fnpcl)(单偏光)

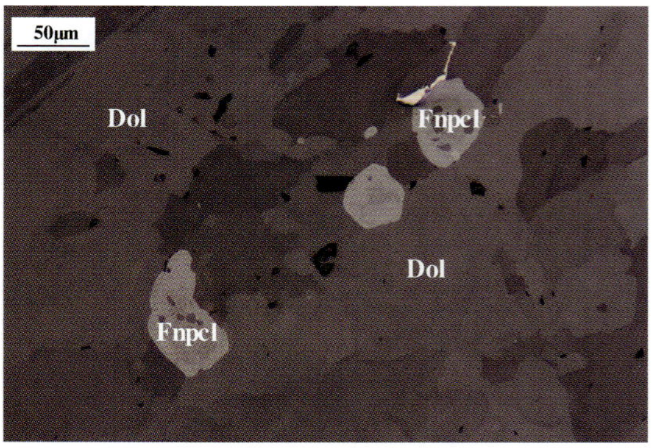

图4-189 分布于白云石间的氟钠烧绿石(反射光)

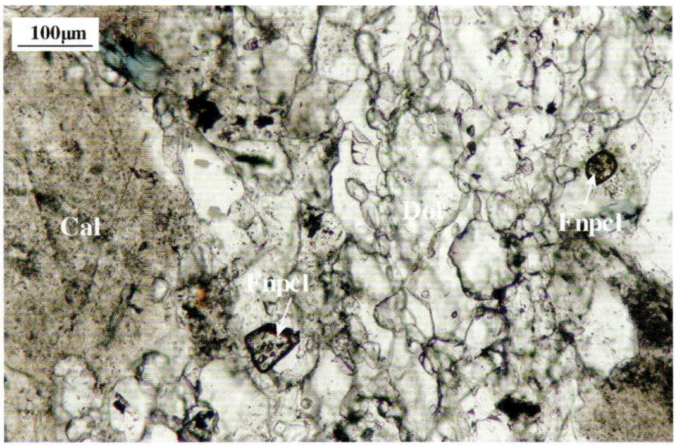

图 4-190 分布于白云石间的半自形粒状氟钠烧绿石（单偏光）

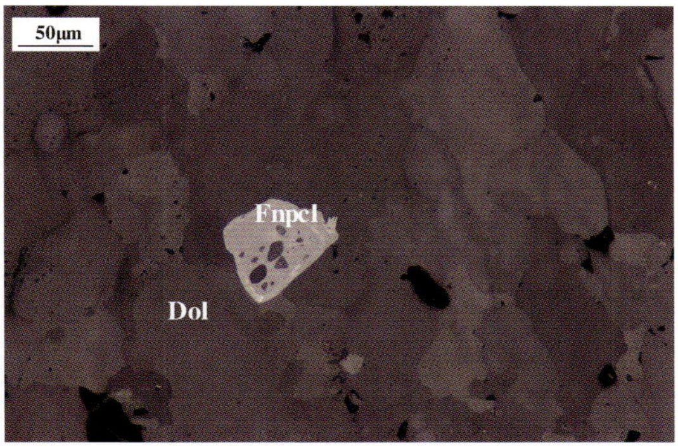

图 4-191 氟钠烧绿石中包裹着其他矿物（反射光）

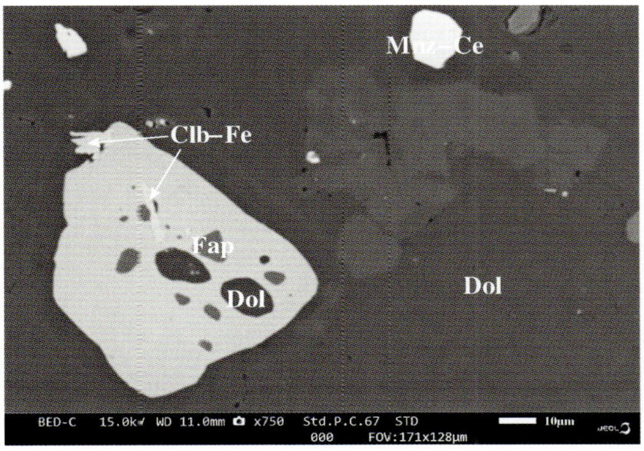

图 4-192 氟钠烧绿石中包裹磷灰石（Fap）及白云石，并被铌铁矿（Clb-Fe）交代（BSE）

图 4-193 氟钠烧绿石中包裹着微细粒独居石（Mnz-Ce）（BSE）

表 4-54 氟钠烧绿石电子探针测试结果及稀土配分 单位：$w_t/\%$

成分	测试点 P1	稀土配分	测试点 P2	稀土配分	测试点 P3	稀土配分	测试点 P4	稀土配分	平均值
Na_2O	7.12	ΣRE_2O_3 = 2.69	7.13	ΣRE_2O_3 = 2.99	6.98	ΣRE_2O_3 = 3.59	7.14	ΣRE_2O_3 = 2.15	7.09
CaO	11.96		11.79		11.58		11.61		11.73
TiO_2	1.26		1.30		1.33		0.45		1.09
SrO	3.14		2.66		2.77		3.72		3.07
FeO	0.28		0.40		0.47		0.16		0.33
ThO_2	0.06		0.08		0.05		0.13		0.08
F	5.08		5.40		5.48		5.43		5.35
Nb_2O_5	69.84		67.83		67.97		69.93		68.89
La_2O_3	0.15	5.70	0.31	10.42	0.23	6.30	0.15	7.11	0.21
Ce_2O_3	1.23	45.72	1.40	46.66	1.60	44.68	1.24	57.55	1.37
Pr_2O_3	0.00	0.00	0.10	3.44	0.10	2.87	0.00	0.00	0.05
Nd_2O_3	0.93	34.70	0.91	30.33	1.25	34.81	0.38	17.51	0.87
Sm_2O_3	0.00	0.00	0.12	3.84	0.00	0.00	0.00	0.00	0.03

续表

成分	测试点 P1	稀土配分	测试点 P2	稀土配分	测试点 P3	稀土配分	测试点 P4	稀土配分	平均值
Eu_2O_3	0.12	4.58	0.12	4.11	0.30	8.47	0.24	11.10	0.20
Dy_2O_3	0.25	9.31	0.00	0.00	0.07	2.01	0.08	3.67	0.10
Y_2O_3	0.00	0.00	0.04	1.20	0.03	0.86	0.07	3.07	0.03
$-O=F_2$	2.30		2.48		2.51		2.45		2.44
总计	99.13	100.00	97.10	100.00	97.70	100.00	98.27	100.00	98.05

羟钙烧绿石 Hydroxycalciopyrochlore

$(Ca,Na,U,\square)_2(Nb,Ti)_2O_6(OH)$

化学组成：化学通式中，A 位 Ca(apfu)最高，Y 位 OH(apfu)>F。

晶体结构：等轴晶系，空间群为 $Fd3m$。$a_0=10.381(4)$Å，$Z=8$。

形态：六八面体晶形，$O_h-m3m(3L^44L^36L^29PC)$。

物理性质：黄绿色、暗棕色、暗绿色-黑色，条痕棕褐色，半透明，油脂光泽，贝壳状断口，无解理。摩氏硬度 5～6，相对密度 5.10。

显微镜下特征：透射光下呈浅黄色、浅棕色、棕黄色，突起高，均质性。

1. 含锶的羟钙烧绿石

样品采自主矿，属于钠闪石化白云石型铌稀土铁矿石。羟钙烧绿石呈半自形晶分布于方解石中或被硅钡铁钛石包裹，淡黄色，显均质性，粒径为 0.10～0.50mm(图 4－194 至图 4－196)，有包头矿呈细脉状分布其中(图 4－197)。

共伴生矿物：白云石、钠闪石、磁铁矿、氟碳铈矿、氟碳钙铈矿、磷灰石、硅钡铁钛石、萤石、包头矿等。

本样品中的羟钙烧绿石 Sr、Ti、REE、Fe、Si 含量偏高，Na、Ca、Nb 含量偏低，尤其 Na_2O 值只有 0.97%～1.94%，SrO 含量为 3.63%～6.24%，与 Na_2O、CaO 成负相关，推测其主要置换方式为 $Sr^{2+}+Ti^{4+}\rightarrow Nb^{5+}+Na^{+}$；其次还有 $REE^{3+}/Fe^{3+}+Ti^{4+}\rightarrow Nb^{5+}+Ca^{2+}$ 等。两种置换方式中均有 Ti 的参与，所以相对于 REE 的含量，TiO_2 偏高。

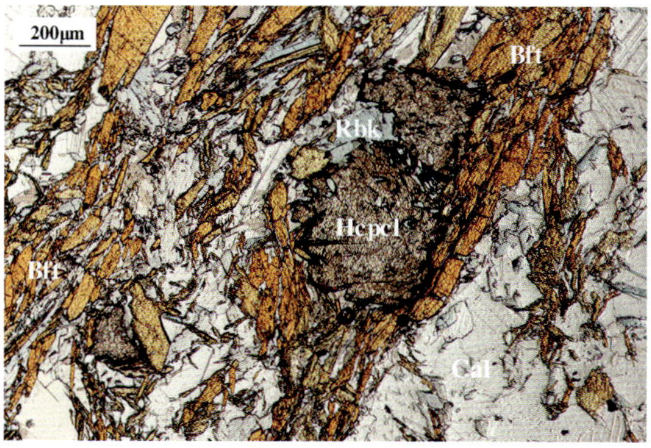

图 4－194 被硅钡铁钛石(Bft)包裹的羟钙烧绿石（Hcpcl）(单偏光)

图 4－195 羟钙烧绿石显均质性(正交偏光)

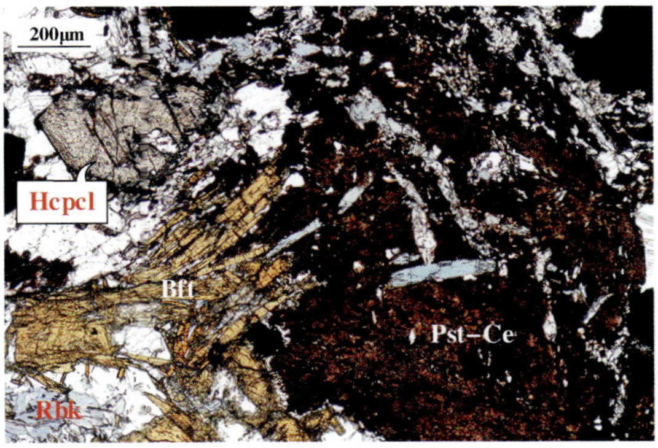

图 4-196　半自形晶分布的羟钙烧绿石(单偏光)

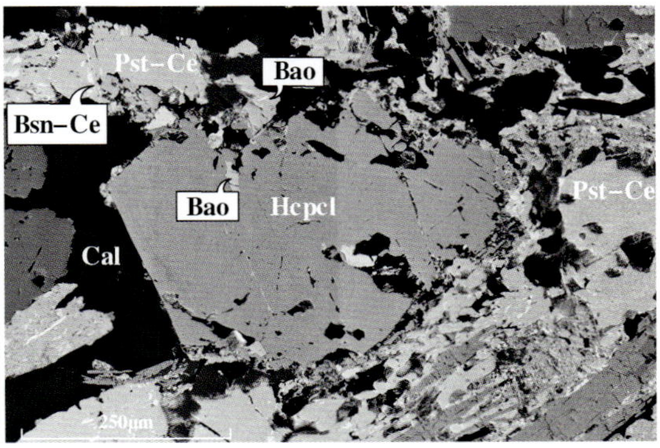

图 4-197　羟钙烧绿石矿物间有细脉包头矿(Bao)分布(BSE)

根据电子探针测试结果平均值(表 4-55)，以 B 组阳离子=2 为基数，计算化学式：$(Ca_{0.80}Sr_{0.20}Na_{0.15}Fe_{0.10}REE_{0.06}Th_{0.01}\square_{0.68})_{\Sigma 2.00}(Nb_{1.68}Ti_{0.22}Si_{0.10})_{\Sigma 2.00}O_6(OH_{0.64}F_{0.38})_{\Sigma 1.00}$。从化学式看，A 组阳离子有空位。化学式中 OH>F，属含锶羟钙烧绿石。

表 4-55　羟钙烧绿石电子探针测试结果及稀土配分　　单位：$w_t/\%$

成分	测试点 P1	稀土配分	测试点 P2	稀土配分	测试点 P3	稀土配分	平均值
TiO_2	4.84		4.65		5.16		4.88
CaO	11.24		10.79		12.89		11.64
FeO	2.19		2.36		1.97		2.17
MnO	0.12		0.10		0.00		0.07
Na_2O	0.97		0.70		1.94		1.20
SrO	6.00	ΣRE_2O_3 = 2.73	6.24	ΣRE_2O_3 = 2.58	3.63	ΣRE_2O_3 = 3.30	5.29
F	1.98		1.83		1.88		1.90
SiO_2	1.17		1.71		2.06		1.65
ThO_2	0.70		0.92		0.58		0.73
UO_2	0.18		0.18		0.18		0.18
Nb_2O_5	61.79		60.39		61.80		61.33
Sc_2O_3	0.06		0.02		0.02		0.03
La_2O_3	0.09	3.41	0.10	3.73	0.09	2.57	0.09
Ce_2O_3	1.21	44.24	1.19	46.12	1.31	39.72	1.24
Pr_2O_3	0.02	0.88	0.03	1.09	0.09	2.79	0.05
Nd_2O_3	1.20	43.98	1.14	44.29	1.43	43.20	1.26
Sm_2O_3	0.13	4.66	0.12	4.62	0.23	6.91	0.16
Dy_2O_3	0.08	2.82	0.00	0.00	0.07	2.03	0.05
Y_2O_3	0.00	0.00	0.00	0.16	0.09	2.79	0.03
$-O=F_2$	0.83		0.77		0.79		0.80
总计	93.14	100.00	91.69	100.00	94.62	100.00	93.15

2. 含钽、铀的羟钙烧绿石

样品采自东矿钻孔，属于黄铁矿化白云石型铌稀土矿石。羟钙烧绿石颗粒粗大，呈半自形晶分布于方解石矿物间，粒径为0.50～1.50mm；铌铁矿沿边缘或裂隙交代羟钙烧绿石(图4-198至图4-201)，因Ta、U含量较高羟钙烧绿石呈橘红-暗红色，内反射色为橘红色，铌铁矿可见强非均质性，羟钙烧绿石矿物中包裹细粒锆石(图4-202、图4-203)。

共伴生矿物：白云石、方解石、铌铁矿、铌钙矿、黄铁矿、磷灰石、钠闪石、方铅矿等。

根据电子探针测试结果(表4-56)，本样品中的羟钙烧绿石含Ta和U较高，三个测试点Ta_2O_5含量平均值为12.56%，UO_2含量平均值为12.43%，但REE、Th含量均较低，$\sum RE_2O_3$平均值为1.07%，ThO_2低于检出限，交代羟钙烧绿石的铌铁矿Ta、U含量低。

根据电子探针测试结果平均值(表4-56)，以B组阳离子=2为基数，计算化学式：$(Ca_{0.71}Na_{0.48}U_{0.19}Fe_{0.04}REE_{0.03}Ba_{0.02}\square_{0.53})_{\Sigma 2.00}(Nb_{1.67}Ta_{0.24}Ti_{0.10})_{\Sigma 2.01}O_6(OH_{0.54}F_{0.46})_{\Sigma 1.00}$。

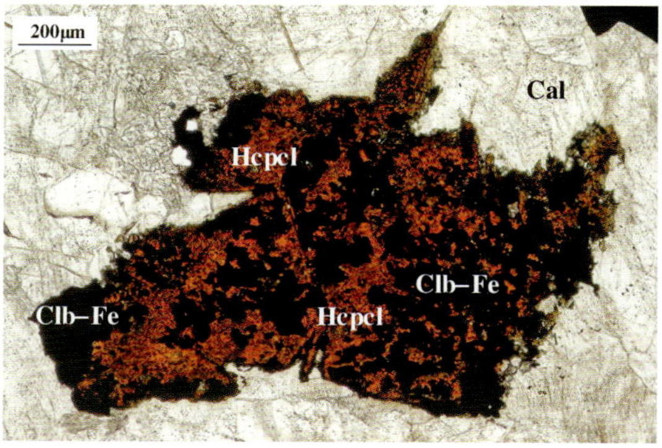

图4-198　半自形晶分布的羟钙烧绿石(Hcpcl)(单偏光)

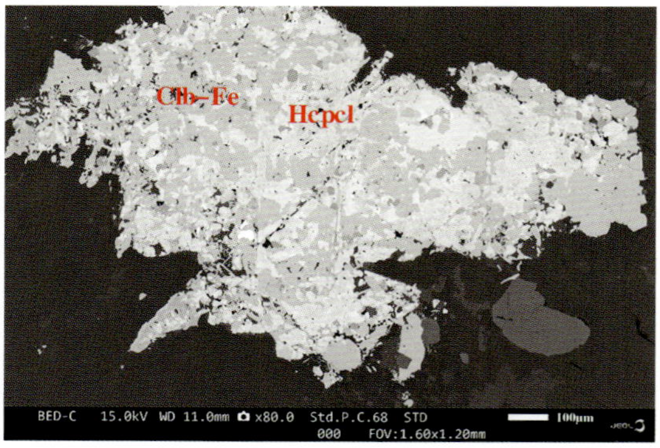

图4-199　羟钙烧绿石被铌铁矿(Clb-Fe)交代(BSE)

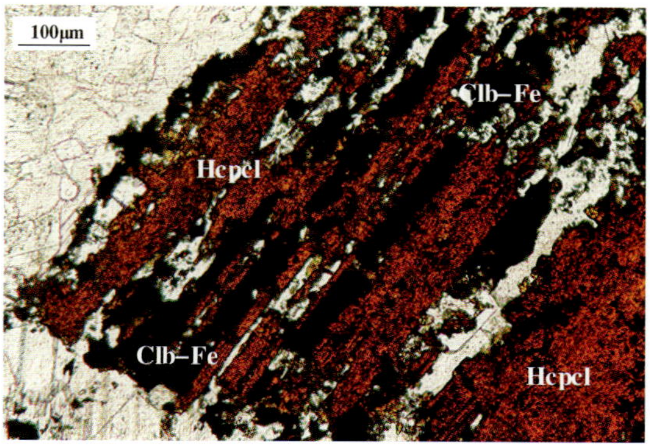

图4-200　羟钙烧绿石与铌铁矿相间分布(单偏光)

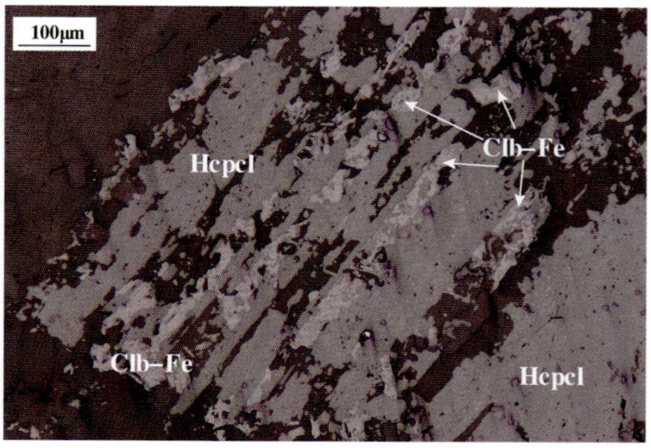

图4-201　羟钙烧绿石与铌铁矿(反射光)

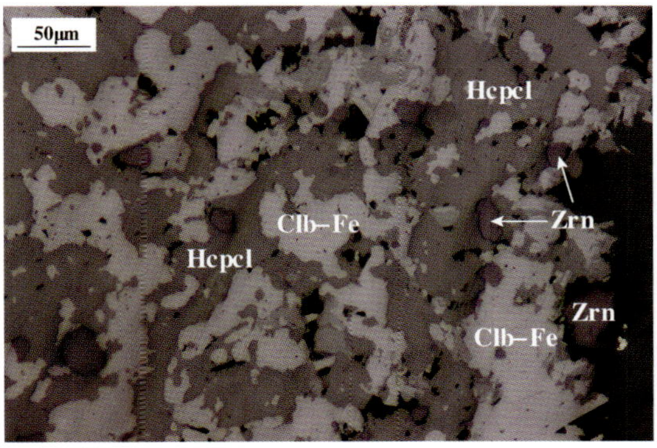

图 4-202　羟钙烧绿石被铌铁矿交代，并包裹锆石(Zrn)(反射光)

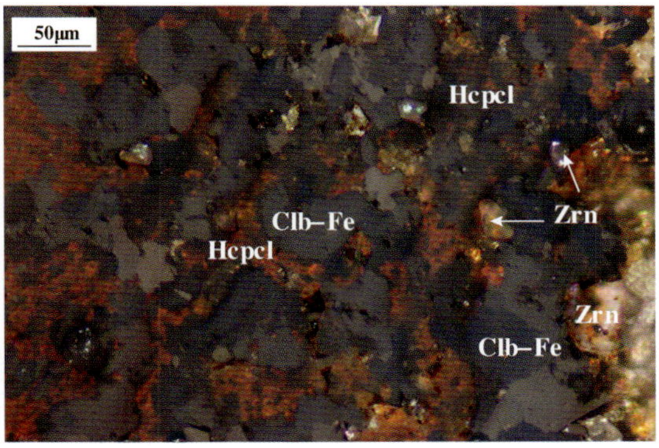

图 4-203　羟钙烧绿石的橘红色内反射色及铌铁矿的非均质性(反射正交)

表 4-56　羟钙烧绿石电子探针测试结果及稀土配分　　单位：w_t/%

成分	测试点 P1	测试点 P2	测试点 P3	平均值
Nb_2O_5	49.48	59.12	50.87	53.16
Ta_2O_5	13.77	9.43	14.49	12.56
UO_2	14.33	8.73	14.23	12.43
CaO	9.42	10.23	8.81	9.48
TiO_2	2.16	1.42	2.34	1.97
Na_2O	3.37	3.99	3.42	3.59
FeO	0.87	0.32	1.09	0.76
BaO	0.18	0.48	1.16	0.61
SiO_2	0.16	0.04	0.12	0.11
F	2.05	2.38	1.92	2.12
Sc_2O_3	0.03	0.00	0.02	0.02
ΣREE_2O_3	0.99	0.93	1.28	1.07
Y_2O_3	0.07	0.00	0.04	0.03
$-O=F_2$	0.86	1.00	0.81	0.89
总计	96.02	96.06	98.97	97.02

羟空烧绿石　Hydroxykenopyrochlore

$(\square,Ce,Ba)_2(Nb,Ti)_2O_6(OH,F)$

化学组成： 化学通式中，A 位□(apfu)最高，Y 位 OH(apfu)>F。

晶体结构： 等轴晶系，空间群为 $Fd3m$。a_0 = 10.590(5)Å，Z = 2。

形态： 六八面体晶形，$O_h-m3m(3L^4 4L^3 6L^2 9PC)$。

物理性质： 柠檬黄-黄色，半透明，油脂光泽，条痕棕褐色，无解理，贝壳状断口，性脆。摩氏硬度 4.5，相对密度 4.36。

显微镜下特征： 透射光下呈浅黄色、浅棕色、棕黄色，突起高，均质性。

1. 含钽、铀的羟空烧绿石

样品同含钽、铀的羟钙烧绿石，采自东矿，属于黄铁矿化白云石型铌稀土矿石。羟钙烧绿石颗粒粗大，含 Ta、U 较高，并被铌铁矿交代(图 4-204、图 4-205)，羟钙烧绿石 BSE 图像中可见有特别亮的部分，这部分含 Ta、U 尤其高，致使矿物中 Nb、Ca、Na 含量降低，分子式中 A 位□多于 Ca，属于羟空烧绿石(图 4-206、图 4-207)。

共伴生矿物：白云石、方解石、羟钙烧绿石、铌铁矿、铌钙矿、黄铁矿、磷灰石、钠闪石、方铅矿等。

根据电子探针测试结果(表 4-57)，本样品中的羟空烧绿石四个测试点 Ta_2O_5 含量平均值为 19.52%，最高值为 21.10%；UO_2 含量平均值为 18.00%，最高值为 19.72%。矿物中 $\sum RE_2O_3$ 含量降低，平均值为 0.88%，ThO_2 低于检出限。

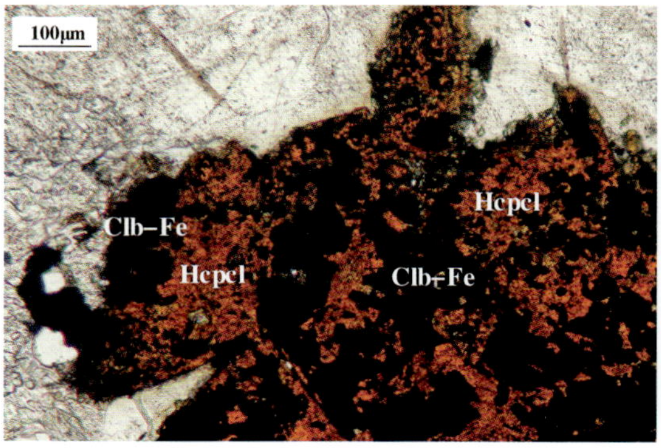

图 4-204 羟钙烧绿石(Hcpcl)与铌铁矿(Clb-Fe)(单偏光)

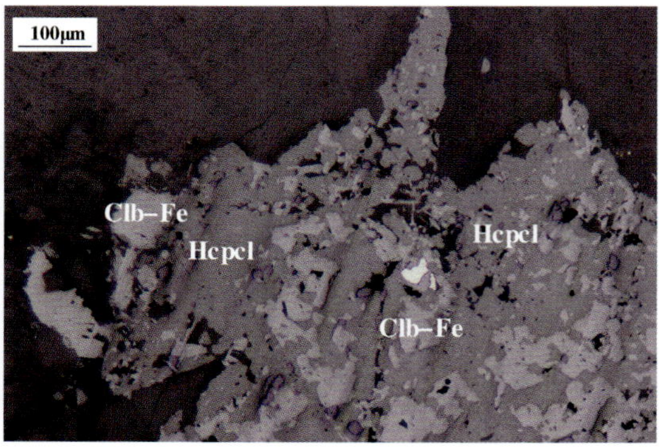

图 4-205 羟钙烧绿石与铌铁矿(反射光)

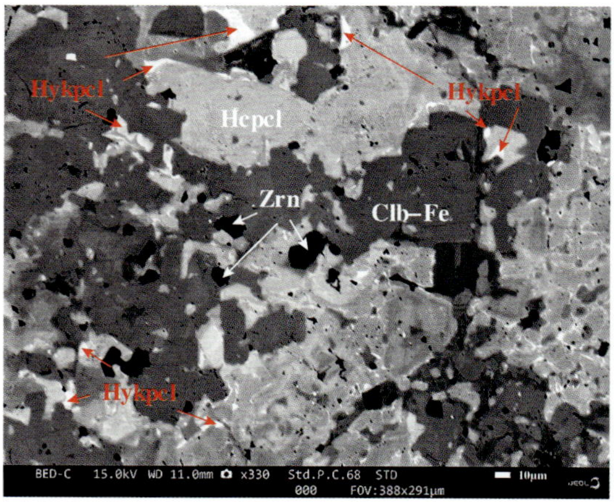

图 4-206 羟钙烧绿石中最亮部分为羟空烧绿石(Hykpcl)(BSE)

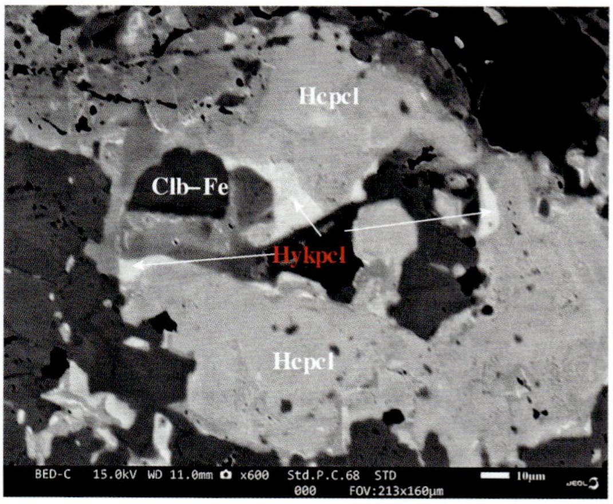

图 4-207 羟空烧绿石(BSE)

根据电子探针测试结果平均值，以 B 组阳离子=2 为基数，计算化学式：$(\square_{0.77}Ca_{0.51}Na_{0.39}U_{0.28}Fe_{0.02}REE_{0.02}Ba_{0.01})_{\Sigma 2.00}(Nb_{1.36}Ta_{0.38}Ti_{0.25}Si_{0.01})_{\Sigma 2.00}O_6(OH_{0.70}F_{0.30})_{\Sigma 1.00}$。分子式中空位数(0.77)大于 Ca 的原子数(0.51)，OH(apfu)>F，属于羟空烧绿石。

表 4-57　羟空烧绿石电子探针测试结果及稀土配分　　单位：w_t/%

成分	测试点 P1	测试点 P2	测试点 P3	测试点 P4	平均值
Nb_2O_5	40.07	43.66	43.19	42.90	42.46
Ta_2O_5	17.30	21.10	19.65	20.03	19.52
UO_2	19.72	14.27	19.32	18.69	18.00
CaO	7.61	7.19	5.87	6.36	6.76
TiO_2	7.38	3.13	4.38	4.19	4.77
Na_2O	3.24	3.17	2.43	2.63	2.87
FeO	0.18	0.30	0.36	0.20	0.26
BaO	0.04	1.85	0.12	0.00	0.50
SiO_2	0.29	0.22	0.19	0.24	0.23
F	1.23	1.72	1.22	1.28	1.36
Sc_2O_3	0.04	0.07	0.07	0.06	0.06
ΣRE_2O_3	1.49	0.97	0.48	0.59	0.88
Y_2O_3	0.00	0.06	0.05	0.02	0.03
$-O=F_2$	0.52	0.72	0.51	0.54	0.57
总计	98.07	96.99	96.82	96.65	97.13

2. 含铀、钡的羟空烧绿石

1)样品采自西矿，属于白云石型铌稀土矿石。氟钙烧绿石多呈菱形、六边形或等轴粒状自形晶分布，烧绿石中有环带或裂纹分布(图 4-208 至图 4-210、图 4-212)，环带的暗色部分在 BSE 图像中较亮，为含 Ba、U 较高的羟空烧绿石(图 4-211、图 4-213)，氟钙烧绿石粒径为 0.05～0.30mm，羟空烧绿石粒径约为 0.05mm。

共伴生矿物：白云石、磷灰石、氟碳铈钡矿、氟碳钡铈矿、独居石、氟钙烧绿石、方解石、磁铁矿、钠闪石、黄铁矿等。

对烧绿石矿物颗粒做面扫描，其 Nb、Ba、U、Ca、Na、F 元素变化如图 4-214 所示，羟空烧绿石与氟钙烧绿石 Nb 含量相当，Ba、U 高，Ca 低，不含 Na、F；电子探针测试结果(表 4-58)显示 BaO 含量平均高达 6.88%，U_2O 含量平均为 3.88%。

图 4-208　自形晶氟钙烧绿石(Fcpcl)分布于磷灰石(Fap)及氟碳铈钡矿(Ceb-Ce)颗粒间（单偏光）

图 4-209　氟钙烧绿石的内反射色(反射正交)

图 4-210　氟钙烧绿石中间环带和裂纹处为羟空烧绿石(Hykpcl)(反射光)

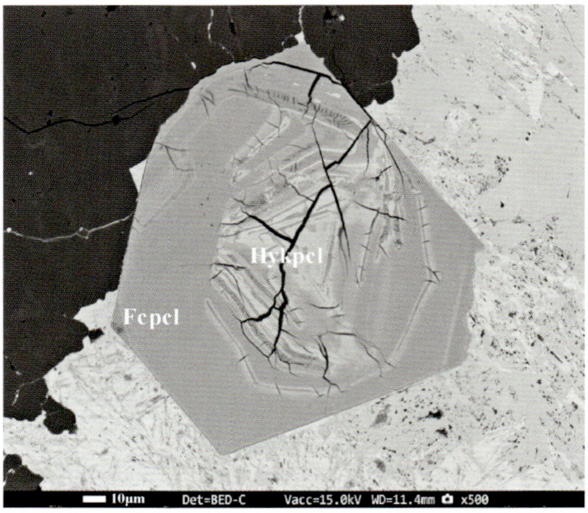

图 4-211　氟钙烧绿石中的羟空烧绿石(BSE)

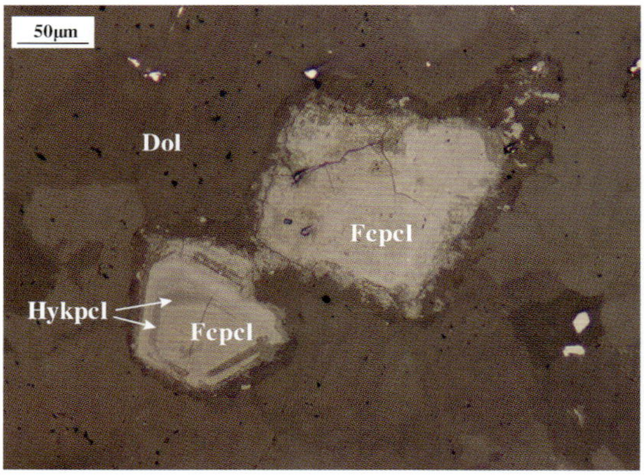

图 4-212　氟钙烧绿石中的暗色部分为含 Ba、U 的羟空烧绿石(反射光)

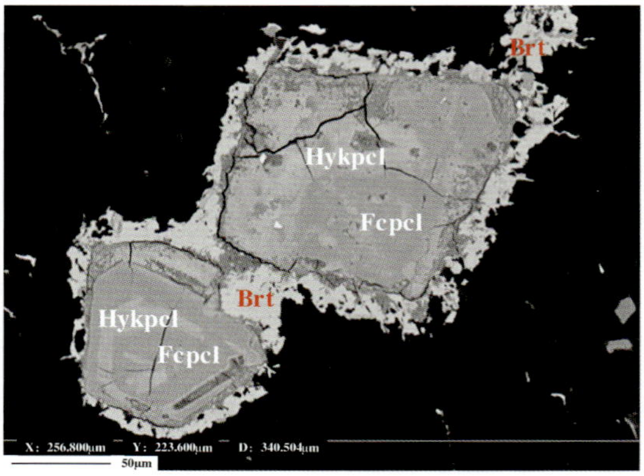

图 4-213　氟钙烧绿石边缘被重晶石(Brt)包围，颗粒中间亮色部分为含 Ba、U 的羟空烧绿石(BSE)

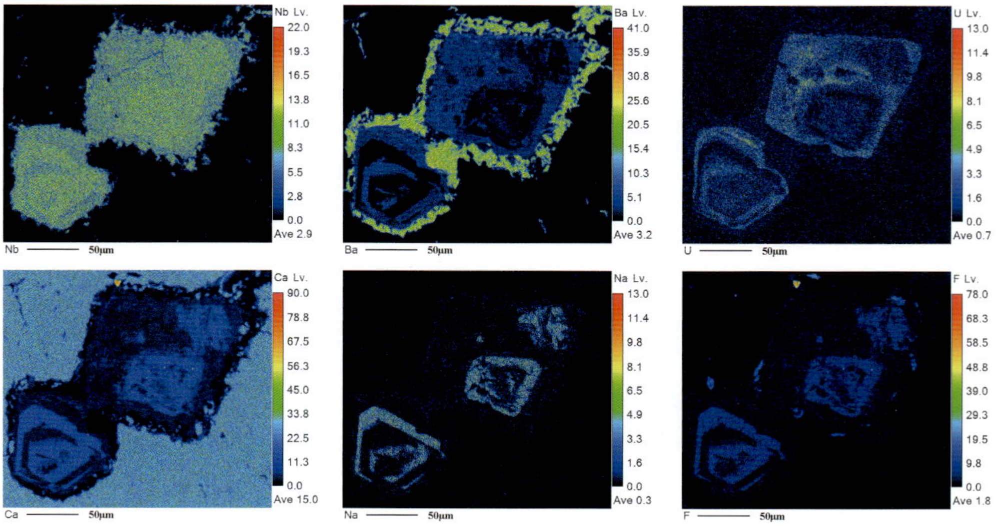

图 4-214　烧绿石 Nb、Ba、U、Ca、Na、F 元素扫描图像

根据电子探针测试结果平均值，以 B 组阳离子=2 为基数，计算化学式：$(\square_{1.36}Ca_{0.25}Ba_{0.16}Fe_{0.09}REE_{0.06}U_{0.05}Sr_{0.02}Pb_{0.01}Mn_{0.01}Th_{0.01})_{\Sigma 2.00}(Nb_{1.80}Ti_{0.20})_{\Sigma 2.05}O_6(OH_{0.92}F_{0.02})_{\Sigma 1.00}$。

因含 U 高导致分子式 A 位□较高，属于羟空烧绿石。

表 4-58 羟空烧绿石电子探针测试结果及稀土配分 单位：$w_t/\%$

成分	测试点 P1	稀土配分	测试点 P2	稀土配分	测试点 P3	稀土配分	测试点 P4	稀土配分	平均值
CaO	3.94		5.23		3.57		3.24		3.99
BaO	7.78		5.65		6.65		7.44		6.88
SrO	0.44		0.64		0.33		0.49		0.47
TiO_2	4.28		4.23		4.90		4.65		4.52
FeO	1.65		1.62		2.30		2.26		1.96
PbO	0.59	ΣRE_2O_3 = 2.99	0.42	ΣRE_2O_3 = 2.94	0.73	ΣRE_2O_3 = 2.64	0.37	ΣRE_2O_3 = 2.55	0.53
MgO	0.03		0.00		0.08		0.13		0.06
MnO	0.19		0.13		0.29		0.28		0.22
F	0.10		0.27		0.06		0.07		0.12
ThO_2	0.29		0.41		0.26		0.29		0.31
UO_2	3.50		1.81		5.42		4.79		3.88
Nb_2O_5	68.99		72.52		68.41		67.35		69.32
Ce_2O_3	2.39	79.93	2.20	74.83	1.91	72.35	1.85	72.55	2.09
Nd_2O_3	0.36	12.04	0.52	17.69	0.36	13.64	0.32	12.55	0.39
Sm_2O_3	0.10	3.34	0.04	1.36	0.26	9.85	0.20	7.84	0.15
Gd_2O_3	0.09	3.01	0.11	3.74	0.03	1.14	0.02	0.78	0.06
Dy_2O_3	0.00	0.00	0.00	0.00	0.00	0.00	0.10	3.92	0.03
Y_2O_3	0.05	1.67	0.07	2.38	0.08	3.03	0.06	2.35	0.07
$-O=F_2$	0.04		0.11		0.02		0.03		0.05
总计	94.73	100.00	95.76	100.00	95.62	100.00	93.88	100.00	95.00

2)样品采自东部接触带，属于白云石型铌稀土矿石。图 4-215 方框内为氟钙烧绿石，其包裹的两个矿物颗粒为羟空烧绿石(图 4-216)，粒径约 10μm。

根据电子探针测试结果(表 4-59)，羟空烧绿石含 Ba、U 较高，BaO 含量平均高达 11.49%，U_2O 含量平均为 1.69%；同时含少量 Sr 与 Fe。

根据电子探针测试结果平均值，以 B 组阳离子=2 为基数，计算化学式：$(\square_{1.02}Ca_{0.40}Ba_{0.29}REE_{0.08}Sr_{0.07}Fe_{0.07}Mg_{0.05}U_{0.02})_{\Sigma 2.00}(Nb_{1.89}Si_{0.06}Ti_{0.04})_{\Sigma 2.00}O_6(OH)$。

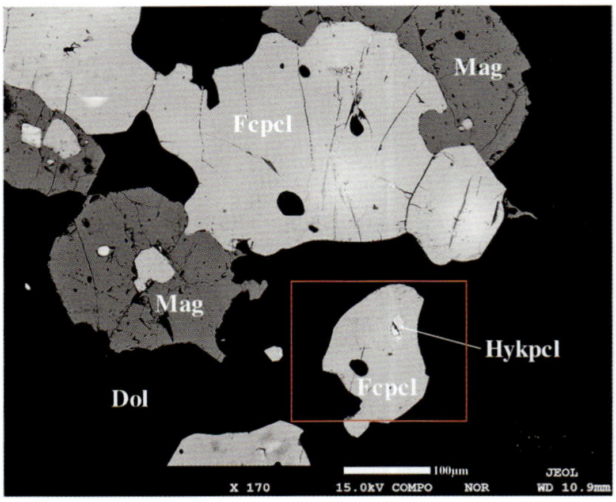

图 4-215 方框内的氟钙烧绿石(Fcpcl)包裹两粒细小的羟空烧绿石(Hykpcl)(BSE)

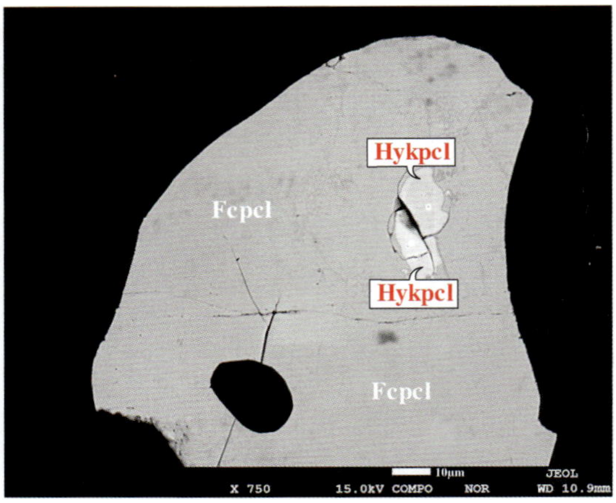

图 4-216 被氟钙烧绿石包裹的羟空烧绿石(BSE)

表 4-59 羟空烧绿石电子探针测试结果及稀土配分 单位：w_t/%

成分	测试点 P1	稀土配分	测试点 P2	稀土配分	测试点 P3	稀土配分	平均值
CaO	5.90		5.84		5.53		5.76
BaO	10.96		11.84		11.67		11.49
SrO	1.67		2.09		1.85		1.87
MgO	0.54		0.63		0.41		0.53
FeO	1.13		1.13		1.36		1.21
TiO_2	1.09	ΣRE_2O_3 = 3.05	0.73	ΣRE_2O_3 = 3.95	0.73	ΣRE_2O_3 = 3.58	0.85
F	0.15		0.00		0.00		0.05
SiO_2	0.86		1.09		1.00		0.98
ThO_2	0.14		0.18		0.13		0.15
UO_2	1.48		1.99		1.60		1.69
Nb_2O_5	65.87		65.18		63.67		64.91
Ta_2O_5	0.30		0.11		0.24		0.22
La_2O_3	0.48	15.74	0.37	9.37	0.44	12.29	0.43
Ce_2O_3	1.76	57.70	2.09	52.91	2.37	66.20	2.07
Pr_2O_3	0.01	0.33	0.34	8.61	0.13	3.63	0.16
Nd_2O_3	0.34	11.15	0.43	10.89	0.34	9.50	0.37
Sm_2O_3	0.04	1.31	0.00	0.00	0.11	3.07	0.05
Gd_2O_3	0.11	3.61	0.23	5.82	0.00	0.00	0.11
Tb_2O_3	0.00	0.00	0.13	3.29	0.04	1.12	0.06
Dy_2O_3	0.17	5.57	0.21	5.32	0.13	3.63	0.17
Ho_2O_3	0.00	0.00	0.12	3.04	0.01	0.28	0.04
Er_2O_3	0.14	4.59	0.00	0.00	0.01	0.28	0.05

续表

成分	测试点 P1	稀土配分	测试点 P2	稀土配分	测试点 P3	稀土配分	平均值
Y_2O_3	0.00	0.00	0.03	0.76	0.00	0.00	0.01
$-O=F_2$	0.06		0.00		0.00		0.02
总计	93.17	100.00	94.84	100.00	91.86	100.00	93.29

氧铅烧绿石* Oxyplumbopyrochlore

$Pb_2Nb_2O_7$

化学组成：化学通式中，A 位 Pb 为主，Y 位为 O。

晶体结构：等轴晶系，空间群为 $Fd3m$。$a_0=10.6074(12)$Å，$Z=8$。

形态：六八面体晶形，$m3m(3L^4 4L^3 6L^2 9PC)$。

物理性质：棕黑色，不透明，半金属光泽，无解理。相对密度(计算)6.71。

显微镜下特征：透射光下呈浅棕-棕黄色，突起高，均质性。

氧铅烧绿石是由包钢集团矿山研究院(有限责任公司)与广州地化所及中国科学院地质与地球物理研究所合作发现的新矿物，也是白云鄂博发现的第 22 个新矿物。

钠闪石化白云石型铌稀土矿石中的氧铅烧绿石

样品采自菠萝头附近。氟钙烧绿石呈棕黄色-深褐色，自形-半自形晶分布于钠闪石间(图 4-217、图 4-218)，反射光(图 4-219)可见氟钙烧绿石中的亮色部分为氧铅烧绿石，其反射率高于氟钙烧绿石，与氟钙烧绿石相间或呈环带分布，反射正交下(图 4-220)内反射色氧铅烧绿石(浅棕色)较氟钙烧绿石(棕红色)浅。氧铅烧绿石粒径为 0.03～0.05mm。

图 4-221 为 Nb、Ca、Na、Pb、F 元素波谱面扫描及 BSE 图像，对比可知氟钙烧绿石中的 Ca、Na、F 与氧铅烧绿石中的 Pb 成反相关。

共伴生矿物：钠闪石、白云石、方解石、磁铁矿、赤铁矿、磷灰石、独居石、氟钙烧绿石、铌钙矿、铌铁矿等。

根据电子探针测试结果平均值(表 4-60)，以 B 组阳离子＝2 为基数，计算化学式：$(Pb_{1.42}Fe^{2+}_{0.15}Ca_{0.06}REE_{0.06}Sr_{0.01}Mn_{0.01})_{\Sigma 1.72}(Nb_{1.78}Si_{0.14}Ti_{0.08})_{\Sigma 2.00}O_6(O_{0.65}H_2O_{0.35})_{\Sigma 1.00}$。

图 4-217 分布于钠闪石(Rbk)间的氟钙烧绿石(Fcpcl)(单偏光)

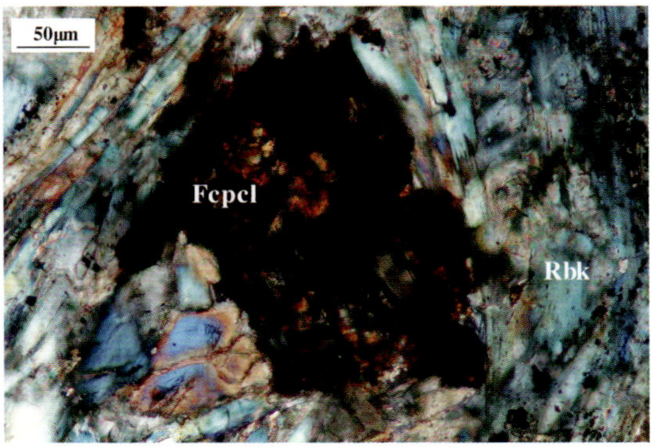

图 4-218 半自形粒状分布的氟钙烧绿石(正交偏光)

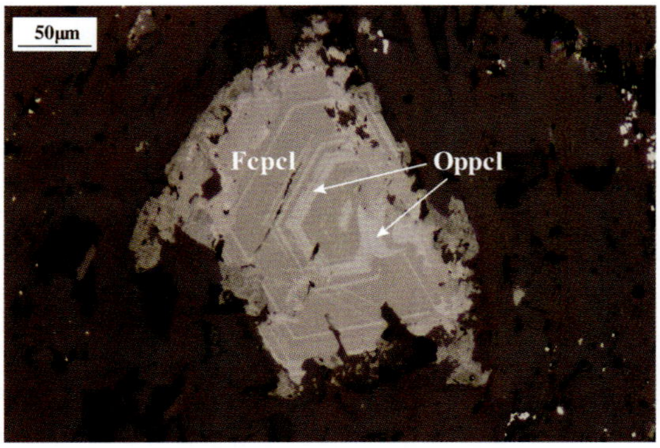

图 4-219　氧铅烧绿石（Oppcl）呈环带分布于氟钙烧绿石中（反射光）

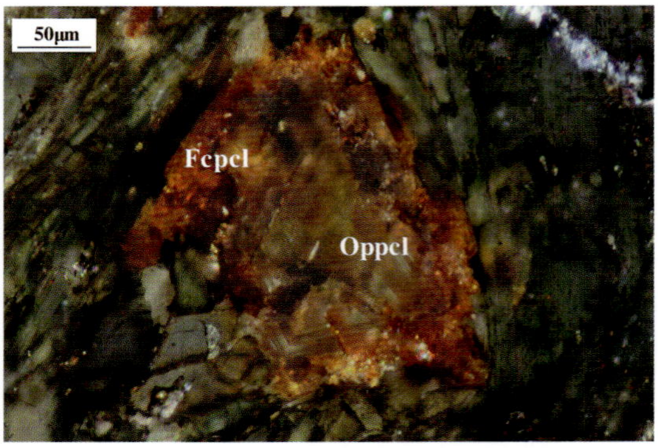

图 4-220　两种烧绿石的内反射色（反射正交）

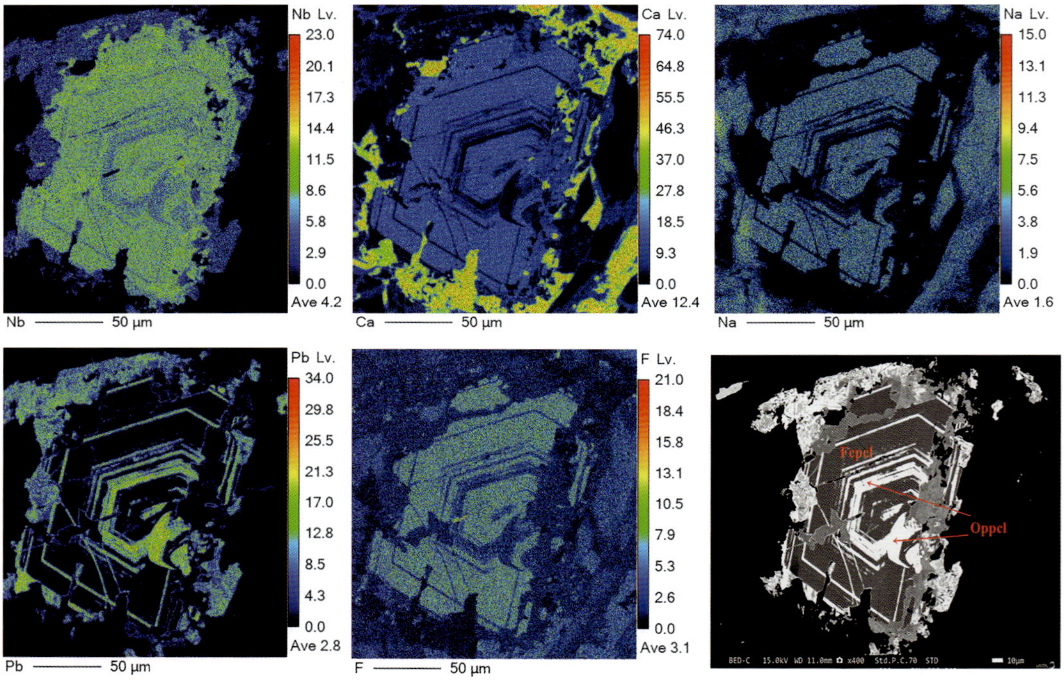

图 4-221　氧铅烧绿石 Nb、Ca、Na、Pb、F 元素面扫描及 BSE 图像

表 4-60　氧铅烧绿石电子探针测试结果　　单位：w_t/%

成分	含量范围	平均值
PbO	50.02～55.18	52.97
SrO	0.00～0.42	0.13
TiO_2	0.81～1.40	1.06
FeO	0.75～3.41	1.83
CaO	0.23～0.93	0.60
MnO	0.07～0.16	0.11
SiO_2	0.68～2.44	1.37

续表

成分	含量范围	平均值
UO_2	0.00～0.72	0.20
Nb_2O_5	35.91～42.85	39.45
La_2O_3	0.00～0.14	0.07
Ce_2O_3	0.48～2.48	1.12
Pr_2O_3	0.00～0.37	0.06
Nd_2O_3	0.06～0.19	0.12
Sm_2O_3	0.00～0.17	0.06
Gd_2O_3	0.00～0.25	0.10
Tm_2O_3	0.00～0.10	0.04
H_2O(计算)		1.06
总计		100.35

二、黑稀金矿族

黑稀金矿族矿物化学通式为 AB_2X_6，白云鄂博矿区目前发现有铌钙矿和黑稀金矿。

铌钙矿 Fersmite

$CaNb_2O_6$

化学组成：CaO 17.42%，Nb_2O_5 82.58%

晶体结构：斜方晶系，空间群为 *Pbcn*。a_0＝14.926(4)Å，b_0＝5.752(4)Å，c_0＝5.204(4)Å，Z＝4。

形态：斜方双锥晶形，$D_{2h}-mmm(3L^2 3PC)$。与铌铁矿、黑稀金矿的晶体形态相似，沿 C 轴呈短柱状或不规则粒状。

物理性质：柠檬黄-黄褐色、深褐色、黑色，条痕灰褐色，半透明-不透明，树脂光泽到半金属光泽，贝壳状断口，性脆，{100}解理完全。摩氏硬度 4～4.5，相对密度 4.78。

显微镜下特征：二轴晶(＋)，2V ＝ 20°～25°。N_g 和 N_m—无色至浅黄绿色，N_p—暗绿黄色。N_g＝2.19，N_m＝2.08，N_p＝2.07。透射光下呈浅黄色-褐黄色，具弱多色性，突起高，反射光下呈灰色，内反射色为红黄色，反射率小于铌铁矿。

白云鄂博铌钙矿晶胞参数：a_0＝14.966Å，b_0＝5.749Å，c_0＝5.226Å。

白云鄂博铌钙矿样品 X 射线粉晶衍射数据见表 4-61。

表 4-61 铌钙矿 X 射线粉晶衍射数据

No.	$2\theta/(°)$	d/Å	I/I_0
1	23.597	3.7673	39.2
2	23.758	3.7421	28.9
3	29.188	3.0571	100.0
4	35.971	2.4947	23.9
5	60.548	1.5280	26.7

铌钙矿是矿区东部接触带分布较广的铌矿物之一。化学通式中，A 组阳离子以钙为主，其次为 REE、Th、Fe^{2+}、Mg、Na、K、Pb 等；B 组阳离子以铌为主，其次有 Ti、Si、Al、Fe^{3+}、Sn 等。

白云鄂博矿区铌钙矿的特点是 K_2O、Na_2O、CaO 和 Nb_2O_5 的含量相对较高，而 TiO_2 和 RE_2O_3 含量相对较低。

1. 东部接触带白云石型铌稀土矿石中的铌钙矿

1)铌钙矿呈浅黄-浅棕黄色，自形-半自形晶或他形晶分布于白云石矿物间，并与磁铁矿紧密共生或交代半自形晶磁铁矿，突起高，多色性不明显，干涉色高，部分干涉色被本身颜色掩盖，颗粒大小不均，粒径(长轴)一般为 0.06～0.25mm(图 4－222 至图 4－227)。

共伴生矿物：白云石、磷灰石、方解石、磁铁矿、铁橄榄石、褐钸铌矿、黄铁矿等。

电子探针数据显示，铌钙矿成分较纯净，除了 Nb 和 Ca 只含少量 REE 和 Fe。

根据电子探针测试结果平均值(表 4－62)，以 O＝6 为基数，计算化学式：$(Ca_{0.96}REE_{0.03}Fe_{0.01})_{\Sigma 1.00}(Nb_{1.99}Ti_{0.01})_{\Sigma 2.00}O_{6.00}$。

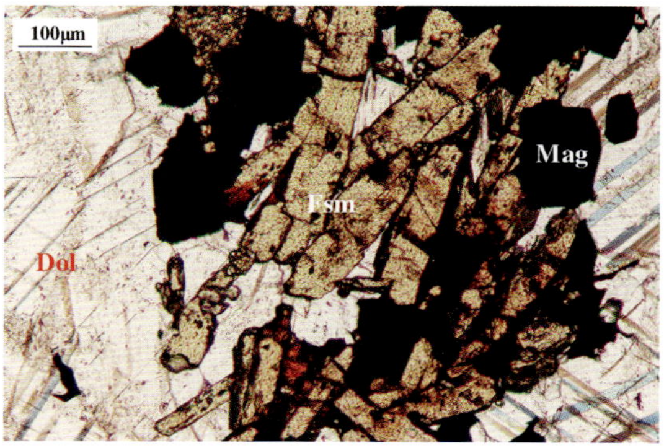

图 4－222　板状分布的铌钙矿(Fsm)(单偏光)

图 4－223　铌钙矿的干涉色(正交偏光)

图 4－224　铌钙矿与磁铁矿(Mag)紧密共生(单偏光)

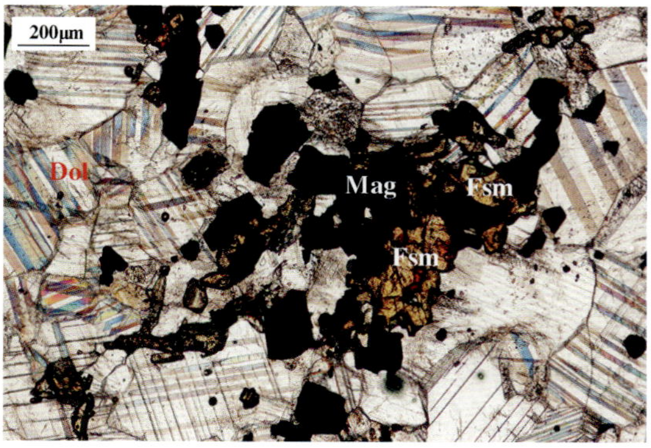

图 4－225　铌钙矿与磁铁矿(单偏光)

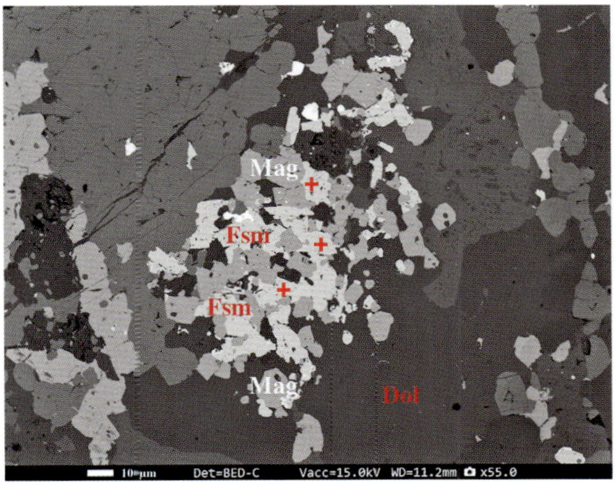

图 4-226 铌钙矿与磁铁矿(BSE)
红色“+”为测试点位置

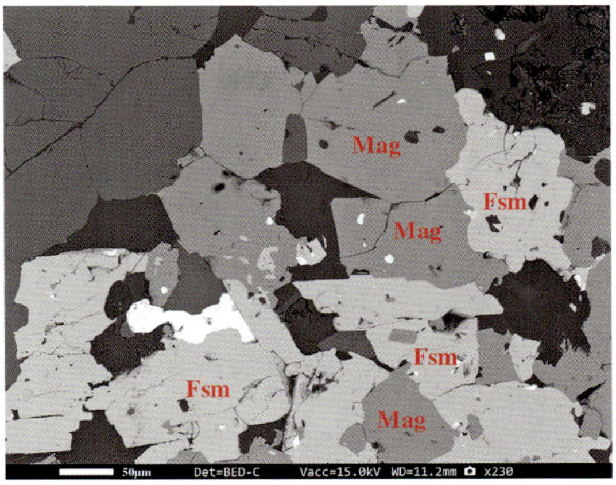

图 4-227 铌钙矿与磁铁矿(BSE)

表 4-62 铌钙矿电子探针测试结果及稀土配分 单位：w_t/%

成分	测试点 P1	稀土配分	测试点 P2	稀土配分	测试点 P3	稀土配分	平均值
CaO	16.25	ΣRE_2O_3 = 2.31	16.62	ΣRE_2O_3 = 1.25	16.71	ΣRE_2O_3 = 0.81	16.53
MgO	0.00		0.18		0.15		0.11
FeO	0.39		0.29		0.22		0.30
TiO_2	0.00		0.27		0.27		0.18
Nb_2O_5	80.34		81.84		81.73		81.30
Ta_2O_5	0.06		0.11		0.05		0.07
Sc_2O_3	0.04		0.06		0.11		0.07
La_2O_3	0.61	26.61	0.32	25.54	0.23	28.59	0.39
Ce_2O_3	0.93	40.12	0.68	54.12	0.37	46.49	0.66
Pr_2O_3	0.17	7.48	0.09	7.34	0.06	7.66	0.11
Nd_2O_3	0.24	10.54	0.13	10.69	0.09	10.87	0.16
Sm_2O_3	0.07	3.11	0.00	0.00	0.00	0.00	0.02
Dy_2O_3	0.00	0.00	0.01	0.77	0.02	2.46	0.01
Y_2O_3	0.28	12.14	0.02	1.54	0.03	3.92	0.11
总计	99.38	100.00	100.62	100.00	100.04	100.00	100.02

2)铌钙矿呈不规则细粒状或半自形晶分布于褐钸铌矿矿物间隙，浅黄-棕黄色，粒径为 0.05～0.20mm(图 4-228、图 4-229)，其反射率低于褐钸铌矿，内反射色为浅棕黄色(图 4-230、图 4-231)。

共伴生矿物：白云石、方解石、磷灰石、褐钸铌矿、磁铁矿、黄铁矿等。

电子探针测试结果(表 4-63)与理论值相比，少量 Ca 与 Nb 被 REE 和 Ti 置换：$REE^{3+} + Ti^{4+} \rightarrow Ca^{2+} + Nb^{5+}$。

根据电子探针测试结果平均值，以 O=6 为基数，计算化学式：$(Ca_{0.90}REE_{0.07}Fe_{0.01})_{\Sigma 0.98}$

$(Nb_{1.96}Ti_{0.05})_{\Sigma 2.01}O_{6.00}$。

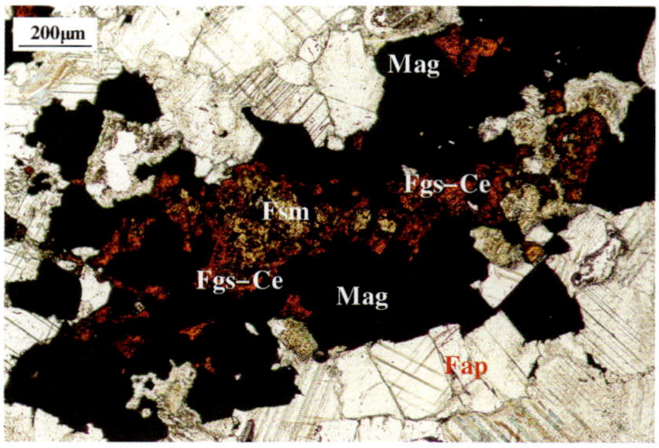

图 4-228 铌钙矿(Fsm)与磁铁矿(Mag)、褐铈铌矿(Fgs-Ce)紧密共生(单偏光)

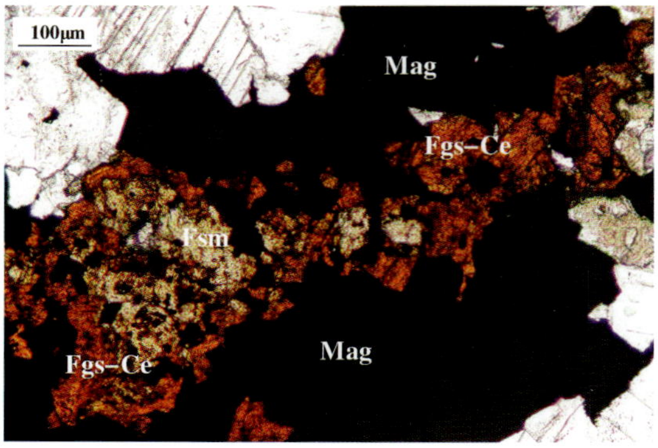

图 4-229 铌钙矿与磁铁矿、褐铈铌矿紧密共生(单偏光)

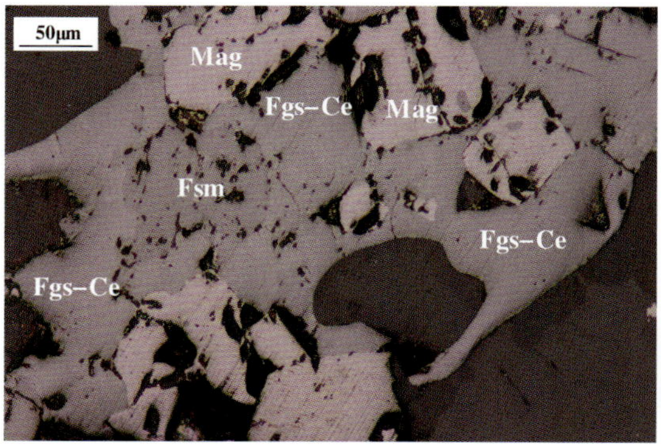

图 4-230 铌钙矿的反射率略低于褐铈铌矿(反射光)

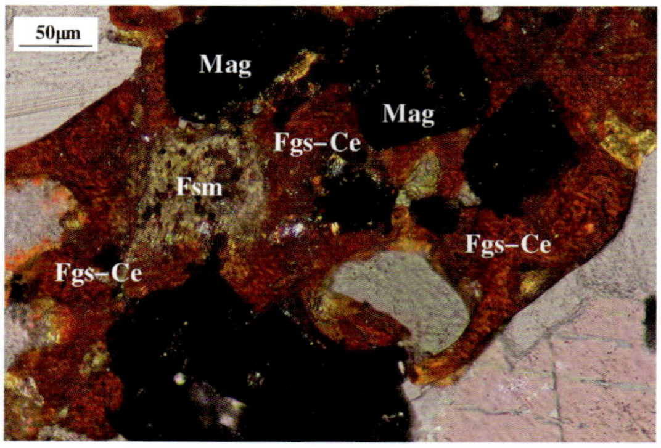

图 4-231 铌钙矿的内反射色(反射正交)

表 4-63 铌钙矿电子探针测试结果及稀土配分 单位：$w_t/\%$

成分	测试点 P1	稀土配分	测试点 P2	稀土配分	测试点 P3	稀土配分	平均值
CaO	15.57	ΣRE_2O_3 = 2.57	15.52	ΣRE_2O_3 = 2.86	14.93	ΣRE_2O_3 = 4.59	15.34
FeO	0.22		0.16		0.28		0.22
MnO	0.19		0.00		0.12		0.10
TiO_2	0.76		1.09		1.54		1.13
ThO_2	0.06		0.15		0.14		0.12
Nb_2O_5	79.61		78.97		78.34		78.97
Ta_2O_5	0.06		0.02		0.01		0.03
Sc_2O_3	0.03		0.05		0.02		0.03
La_2O_3	0.89	34.59	0.49	17.10	1.02	22.16	0.80
Ce_2O_3	1.42	55.19	1.68	58.69	2.55	55.42	1.88
Pr_2O_3	0.11	4.28	0.03	1.19	0.17	3.77	0.11
Nd_2O_3	0.05	1.94	0.27	9.27	0.48	10.45	0.27

续表

成分	测试点 P1	稀土配分	测试点 P2	稀土配分	测试点 P3	稀土配分	平均值
Sm_2O_3	0.00	0.00	0.21	7.17	0.07	1.59	0.09
Ho_2O_3	0.02	0.66	0.03	0.87	0.08	1.72	0.04
Er_2O_3	0.03	1.20	0.03	0.91	0.05	1.04	0.04
Yb_2O_3	0.02	0.58	0.00	0.00	0.04	0.85	0.02
Lu_2O_3	0.04	1.44	0.00	0.00	0.02	0.41	0.02
Y_2O_3	0.00	0.00	0.13	4.55	0.12	2.55	0.08
总计	99.07	100.00	98.83	100.00	99.98	100.00	99.28

2. 白云石型铌稀土矿石中的铌钙矿

样品采自东矿钻孔。铌钙矿呈棕黄色-暗棕色半自形晶分布于白云石间，或呈细粒集合体状分布于阳起石矿物间(图 4-232、图 4-233)，反射色为亮棕灰色，内反射色为红棕色(4-234、图 4-235)。铌钙矿粒径为 0.02～0.15mm，颗粒粗大者有被改造破碎的痕迹(图 4-236、图 4-237)。

共伴生矿物：白云石、方解石、独居石、阳起石、铌铁矿、黄铁矿等。

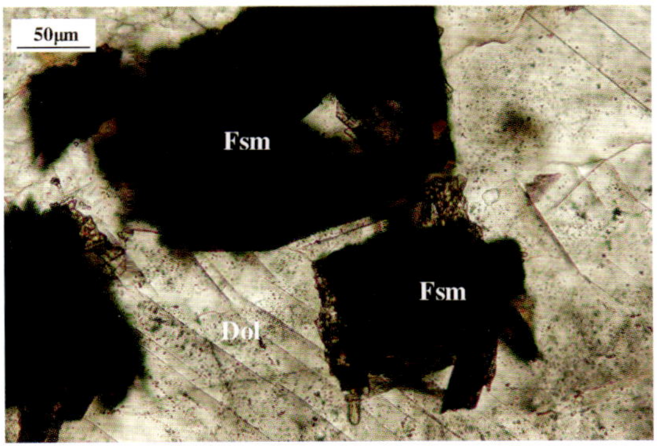

图 4-232 半自形铌钙矿(Fsm)分布于白云石(Dol)间（单偏光）

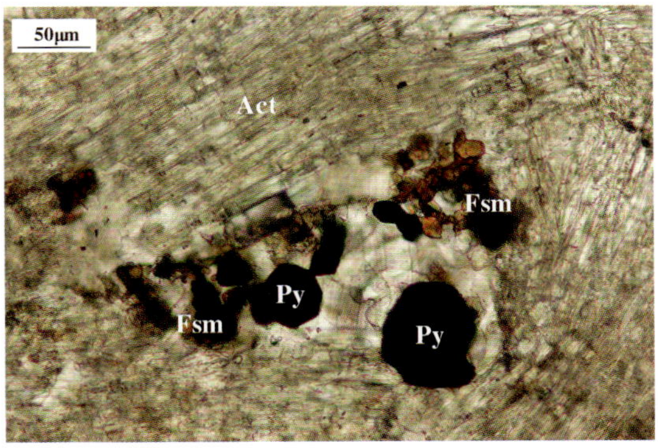

图 4-233 细粒铌钙矿集合体状分布于阳起石(Act)矿物间(单偏光)

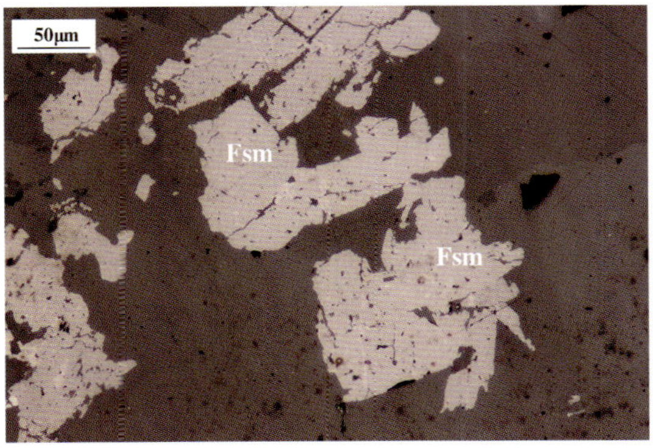

图 4-234 铌钙矿的反射率(反射光)

图 4-235 铌钙矿的内反射色(反射正交)

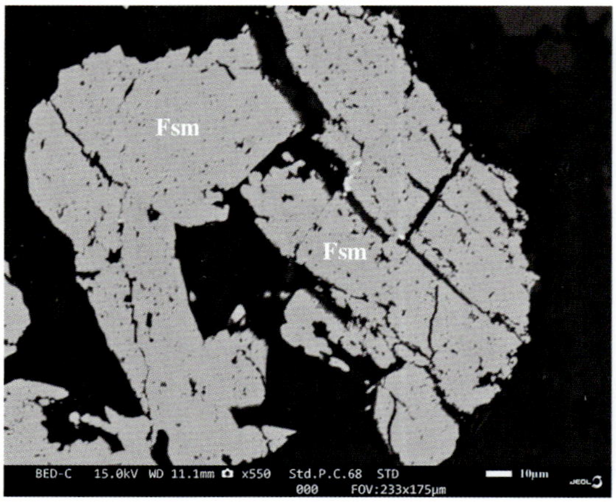

图 4-236　铌钙矿(BSE)

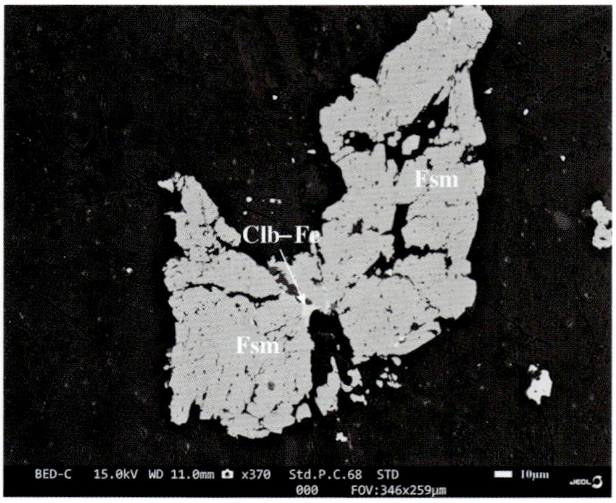

图 4-237　铌钙矿间有细粒铌铁矿(Clb-Fe)(BSE)

电子探针测试结果(表 4-64)显示，铌钙矿含 Ti 与 REE 较高，应是与 Nb 和 Ca 发生了置换，$REE^{3+}+Ti^{4+}\rightarrow Nb^{5+}+Ca^{2+}$。

根据电子探针测试结果平均值，以 O=6 为基数，计算化学式：$(Ca_{0.80}REE_{0.11}Fe_{0.02})_{\Sigma 0.93}(Nb_{1.92}Ti_{0.11})_{\Sigma 2.03}O_{6.00}$。

表 4-64　铌钙矿电子探针测试结果及稀土配分　　单位：w_t/%

成分	测试点 P1	稀土配分	测试点 P2	稀土配分	测试点 P3	稀土配分	平均值
FeO	0.24	ΣRE_2O_3 = 5.32	0.24	ΣRE_2O_3 = 5.87	0.90	ΣRE_2O_3 = 5.09	0.46
TiO_2	2.40		2.94		2.76		2.70
CaO	14.20		13.67		12.97		13.61
Nb_2O_5	77.46		77.52		78.24		77.74
ThO_2	0.08		0.09		0.16		0.11
La_2O_3	0.62	11.65	0.56	9.54	0.20	3.93	0.46
Ce_2O_3	2.01	37.78	2.29	39.01	1.20	23.58	1.83
Pr_2O_3	0.21	3.95	0.26	4.43	0.11	2.16	0.19
Nd_2O_3	1.04	19.55	1.58	26.92	1.13	22.20	1.25
Sm_2O_3	0.11	2.07	0.21	3.58	0.25	4.91	0.19
Eu_2O_3	0.23	4.32	0.13	2.21	0.17	3.34	0.18
Gd_2O_3	0.33	6.20	0.00	0.00	0.52	10.22	0.28
Dy_2O_3	0.04	0.75	0.22	3.75	0.04	0.79	0.10
Ho_2O_3	0.17	3.20	0.00	0.00	0.00	0.00	0.06
Er_2O_3	0.00	0.00	0.08	1.36	0.29	5.70	0.13
Yb_2O_3	0.23	4.32	0.09	1.53	0.06	1.18	0.13
Lu_2O_3	0.18	3.38	0.00	0.00	0.13	2.55	0.10

续表

成分	测试点 P1	稀土配分	测试点 P2	稀土配分	测试点 P3	稀土配分	平均值
Y_2O_3	0.15	2.82	0.45	7.67	0.99	19.45	0.53
总计	99.70	100.00	100.33	100.00	100.12	100.00	100.05

3. 含铀、含钡的铌钙矿

样品采自东部接触带，属于含透辉石的白云石型铌稀土矿石。铌镁矿呈等粒状分布于透辉石矿物中，铌镁矿中间包裹着铌钙矿，铌镁矿粒径为 0.05～0.08mm，铌钙矿粒径约为 0.02mm(图 4-238 至图 4-241)。

共伴生矿物：白云石、氟钙烧绿石、透辉石、铌镁矿、磁铁矿、方解石等。

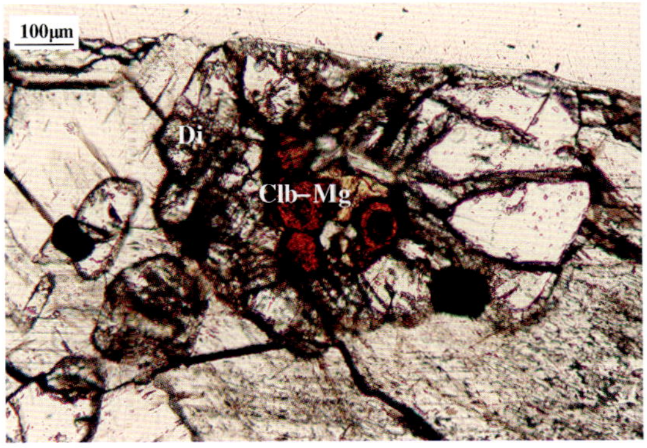

图 4-238 分布于透辉石 (Di) 间的铌镁矿 (Clb-Mg)颗粒(单偏光)

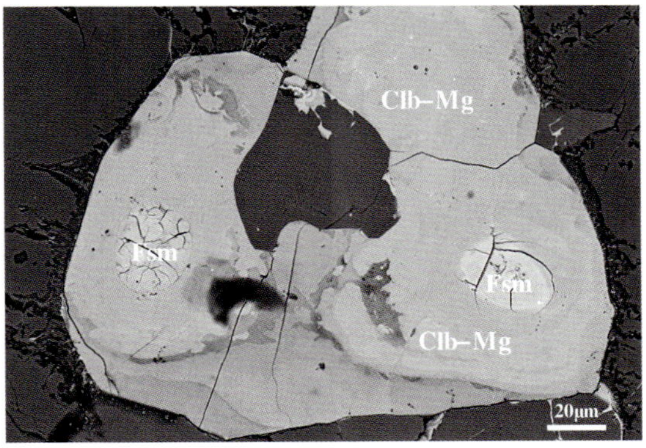

图 4-239 铌镁矿中的铌钙矿(Fsm)(BSE)

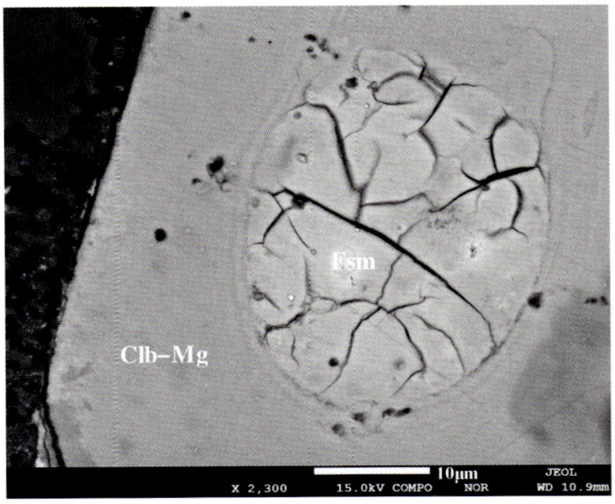

图 4-240 铌镁矿中的铌钙矿(BSE)

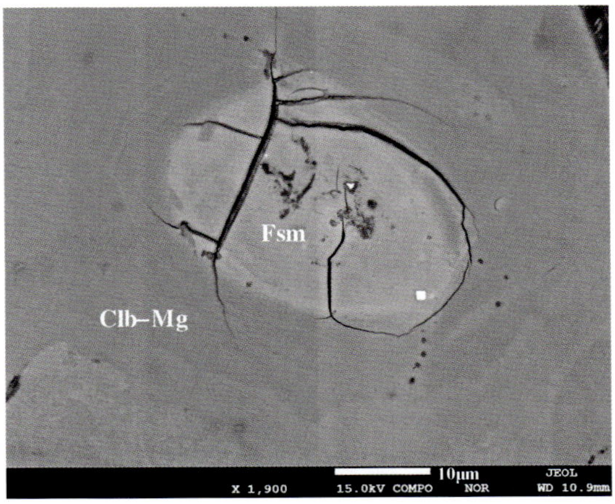

图 4-241 铌镁矿中的铌钙矿(BSE)

电子探针测试结果(表 4-65)显示被包裹的铌钙矿含 U、Ta 较高，UO_2 平均含量为 8.37%，Ta_2O_5 为 0.33%。

根据电子探针测试结果，以 O=6 为基数，计算化学式：$(Ca_{0.37}U_{0.11}Mn_{0.10}Sr_{0.10}Mg_{0.08}REE_{0.04}Ba_{0.03}Fe_{0.02}Pb_{0.01})_{\Sigma 0.86}(Nb_{1.74}Si_{0.25}Ti_{0.04}Ta_{0.01})_{\Sigma 2.03}O_6$。

分子式中除 Ca 外，U 的原子数最大达到 0.11，属于含 U 铌钙矿。

表 4-65　铌钙矿电子探针测试结果及稀土配分　　单位：$w_t/\%$

成分	测试点 P1	稀土配分	测试点 P2	稀土配分	测试点 P3	稀土配分	测试点 P4	稀土配分	平均值
CaO	5.59		5.78		5.57		5.89		5.71
MgO	0.74		0.75		0.90		0.93		0.83
FeO	0.62		0.42		0.42		0.47		0.48
MnO	2.00		1.87		2.07		2.06		2.00
BaO	1.00		1.06		1.10		1.06		1.06
PbO	0.36		0.34		1.32		0.26		0.57
SrO	3.28	$\Sigma RE_2O_3=2.62$	3.40	$\Sigma RE_2O_3=1.95$	2.41	$\Sigma RE_2O_3=1.30$	2.80	$\Sigma RE_2O_3=1.70$	2.97
SiO_2	3.71		4.29		3.52		4.82		4.09
TiO_2	0.97		1.06		0.93		0.99		0.99
ThO_2	0.11		0.13		0.07		0.09		0.10
UO_2	7.56		8.73		8.87		8.30		8.37
Nb_2O_5	64.91		62.23		63.18		64.94		63.82
Ta_2O_5	0.47		0.34		0.34		0.18		0.33
Sc_2O_3	0.03		0.03		0.00		0.04		0.03
La_2O_3	0.50	19.08	0.39	20.00	0.14	10.77	0.08	4.71	0.28
Ce_2O_3	1.54	58.78	1.17	60.00	0.67	51.54	0.79	46.47	1.04
Pr_2O_3	0.00	0.00	0.06	3.08	0.00	0.00	0.04	2.35	0.03
Nd_2O_3	0.49	18.70	0.30	15.38	0.28	21.54	0.23	13.53	0.33
Eu_2O_3	0.01	0.38	0.00	0.00	0.21	16.15	0.47	27.65	0.17
Y_2O_3	0.08	3.05	0.03	1.54	0.00	0.00	0.09	5.29	0.05
总计	93.97	100.00	92.38	100.00	92.00	100.00	94.53	100.00	93.25

4. 含钽的铌钙矿

样品采自东矿钻孔，属于黄铁矿化白云石型铌稀土矿石。本样品中羟钙烧绿石含 Ta、U 高，Ta_2O_5 含量平均值为 12.56%，UO_2 含量平均值为 12.43%(表 4-56)，羟钙烧绿石颗粒粗大，边缘或裂隙有铌铁矿交代，铌铁矿周围有淡黄色细长针状或板状铌钙矿分布，颗粒细小，粒径(长轴)为 0.02～0.03mm，应为晚期交代铌铁矿而成(图 4-242 至图 4-245)。

共伴生矿物：白云石、方解石、羟钙烧绿石、铌铁矿、黄铁矿、磷灰石、钠闪石、方铅矿等。

电子探针测试结果(表 4-66)显示，铌钙矿含 Ta 较高，三个测试点平均值为 3.61%，Th、U、Sc 均含量较低，REE 含量高，ΣRE_2O_3 为 4.39%～6.87%，所以除了 Ta 对 Nb 的置换，还有 $REE^{3+}+Ti^{4+}\rightarrow Nb^{5+}+Ca^{2+}$。

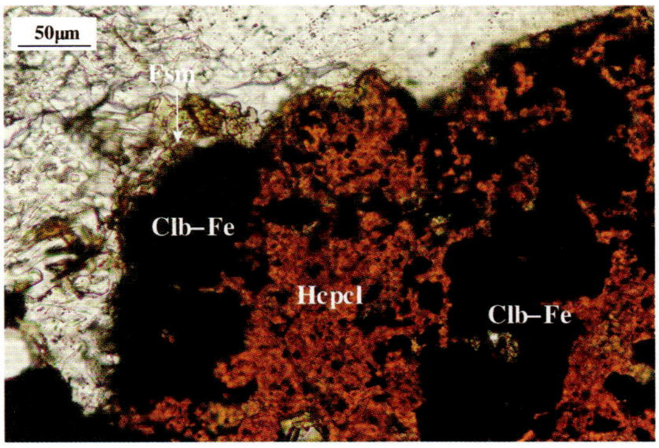

图 4-242　铌钙矿(Fsm)沿铌铁矿(Clb-Fe)边缘分布(单偏光)

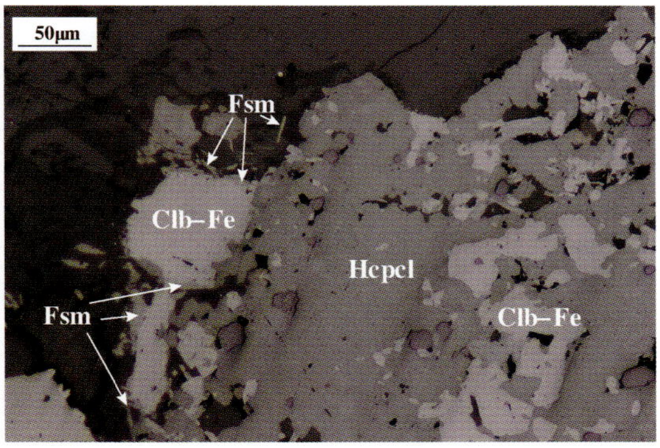

图 4-243　铌钙矿沿铌铁矿边缘分布(反射光)

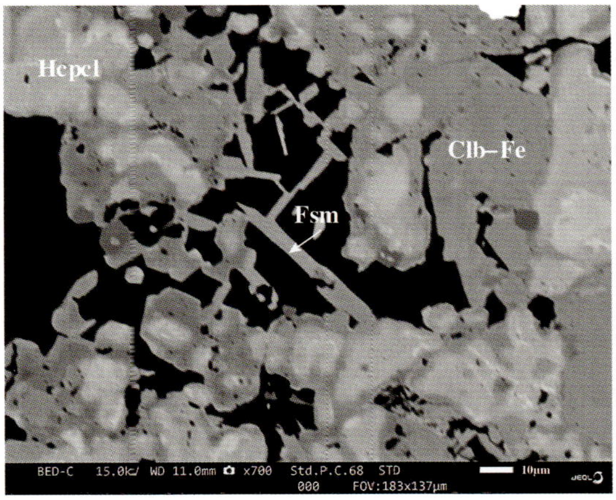

图 4-244　细长针状分布的铌钙矿(BSE)

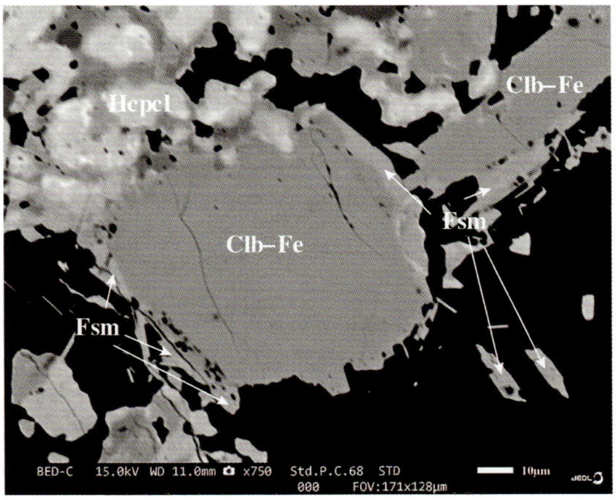

图 4-245　细长针状分布的铌钙矿(BSE)

根据电子探针测试结果，以 O=6 为基数，计算化学式：$(Ca_{0.76}Fe_{0.06}Ce_{0.05}Nd_{0.03}La_{0.02}Mn_{0.01})_{\Sigma 0.93}(Nb_{1.87}Ti_{0.10}Ta_{0.05})_{\Sigma 2.02}O_6$。

表 4-66　含钽铌钙矿电子探针测试结果及稀土配分　　单位：w_t/%

成分	测试点 P1	稀土配分	测试点 P2	稀土配分	测试点 P3	稀土配分	平均值
Nb_2O_5	74.84		74.55		74.12		74.50
Ta_2O_5	3.41		3.70		3.71		3.61
CaO	13.82		11.16		13.08		12.69
TiO_2	1.85		2.77		2.73		2.45
MnO	0.10	$\Sigma RE_2O_3 = 5.08$	0.52	$\Sigma RE_2O_3 = 4.39$	0.00	$\Sigma RE_2O_3 = 6.87$	0.21
FeO	0.35		3.18		0.49		1.34
ThO_2	0.07		0.04		0.34		0.15
UO_2	0.00		0.03		0.14		0.05
Sc_2O_3	0.00		0.03		0.03		0.02

续表

成分	测试点 P1	稀土配分	测试点 P2	稀土配分	测试点 P3	稀土配分	平均值
La_2O_3	0.88	17.32	0.74	16.86	0.83	12.08	0.82
Ce_2O_3	2.27	44.69	2.08	47.38	3.35	48.76	2.56
Pr_2O_3	0.00	0.00	0.00	0.00	0.18	2.62	0.06
Nd_2O_3	1.38	27.17	1.16	26.42	1.88	27.37	1.48
Sm_2O_3	0.06	1.18	0.00	0.00	0.36	5.24	0.14
Eu_2O_3	0.20	3.94	0.15	3.42	0.18	2.62	0.18
Yb_2O_3	0.08	1.57	0.20	4.56	0.00	0.00	0.09
Y_2O_3	0.21	4.13	0.06	1.37	0.09	1.31	0.12
总计	99.52	100.00	100.37	100.00	101.51	100.00	100.47

黑稀金矿 Euxenite -(Y)

$(Y,Ca,Ce,U,Th)(Nb,Ta,Ti)_2O_6$

化学组成：稀土元素除 Y 为主外，相对含量较高的还有 Dy、Er、Yb 等。A 位阳离子除 Y 为主的稀土元素外，还有 Th、U、Ca、Fe^{2+} 及少量 Mg、Mn、Pb、Na、K、Sc 等；B 位阳离子主要是 Nb、Ti 及少量 Fe^{3+}、Sn、Zr。

晶体结构：斜方晶系，空间群为 *Pbcn*。$a_0 = 5.5528Å$，$b_0 = 14.6423Å$，$c_0 = 5.1953Å$，$Z = 4$。同铌钙矿等结构。

形态：斜方双锥晶形，$D_{2h}-mmm(3L^2 3PC)$。晶体呈板状、板柱状。集合体呈块状、放射状。

物理性质：黑色、绿色或棕色，条痕灰色、黄色、红棕色。半透明-不透明，半金属光泽、玻璃光泽或油脂光泽，贝壳状断口，无解理，性脆。摩氏硬度 5.5～6.5，相对密度 5.3～5.9。

显微镜下特征：二轴晶(+)，$2V = 69°(70°)$。$N_g = 2.15(2.26)$，$N_m = 2.144(2.21)$，$N_p = 2.14(2.18)$。透射光下呈棕黄色-棕色，常因非晶质化呈均质性，光学性质随非晶化程度不同而变化。反射光下呈灰白色，不显多色性，反射率(白光)$R = 15.5\% \sim 16.5\%$，通常为均质性，内反射色为淡黄色、黄褐色、红褐色及暗红色。

1. 白云石型铌稀土矿石中的粗粒黑稀金矿

样品采自西矿。黑稀金矿呈棕黄色-棕红色、黄褐色半自形晶分布于白云石矿物间(图 4－246、图 4－250)，反射色为棕灰色，内反射色为棕黄色-红褐色(图 4－247、图 4－248)，粒径一般 0.05～0.10mm。BSE 图像(图 4－249、图 4－251)中亮色及暗色部分均为黑稀金矿，因稀土元素含量不同导致。

共伴生矿物：白云石、磷灰石、独居石、褐钇铌矿、磷钇矿、铌铁矿、铌钙矿、黄铁矿等。

根据电子探针数据(表 4－67)，除重稀土元素 Y 外，含量高的稀土元素依次为 Dy、Gd、Nd、Er 等。黑稀金矿测试点轻、重稀土分布状况(表 4－68)中，Y_2O_3 含量为 12.92%～16.68%，占稀土配分的 44.44%～48.53%，其余重稀土占 36.78%～44.81%，轻稀土占 10.38%～13.89%。

根据电子探针测试结果平均值，以 O=6 为基数，计算化学式：$(Y_{0.45}Ln_{0.33}Fe_{0.11}Ca_{0.09})_{\Sigma 0.98}(Nb_{1.11}Ti_{0.88}Si_{0.03})_{\Sigma 2.02}O_6$。

其中，Ln：$(Dy_{0.10}Gd_{0.08}Nd_{0.04}Er_{0.03}Sm_{0.02}Yb_{0.02}Ce_{0.01}Eu_{0.01}Ho_{0.01}Lu_{0.01})_{\Sigma 0.33}$。

图 4-246　半自形晶分布的黑稀金矿(Eux-Y)(单偏光)

图 4-247　黑稀金矿内反射色(反射正交)

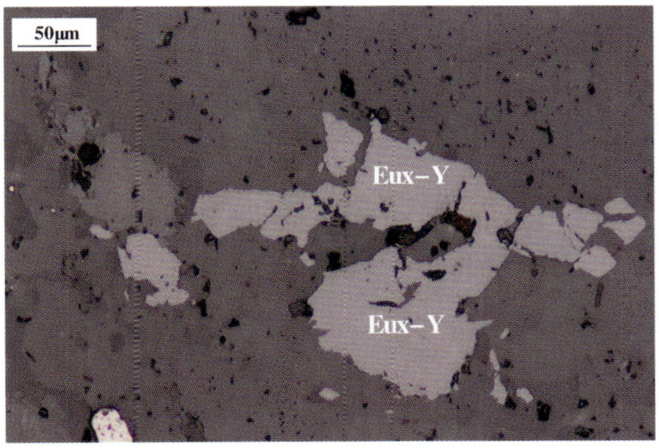

图 4-248　黑稀金矿的反射色

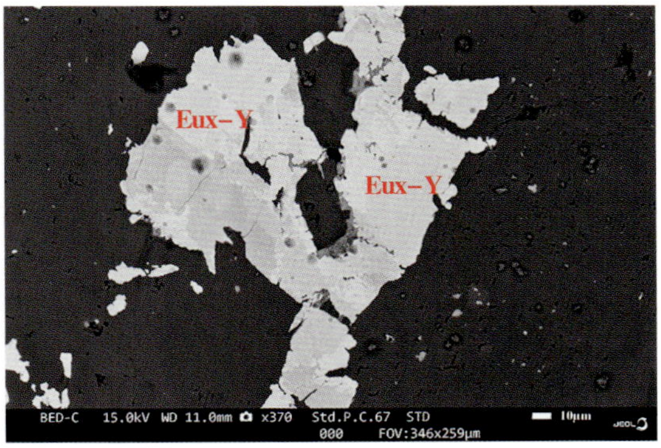

图 4-249　黑稀金矿(BSE)

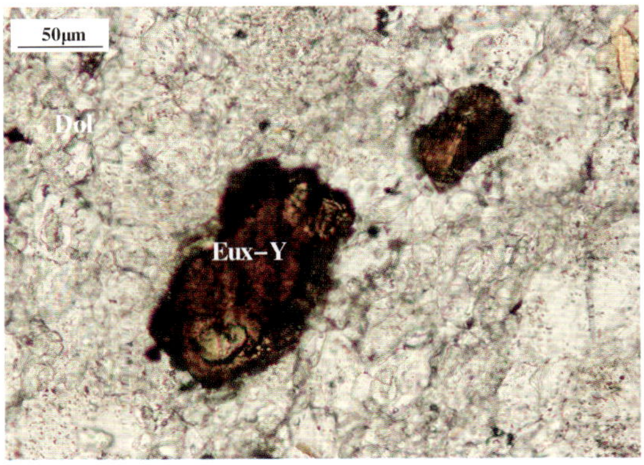

图 4-250　半自形晶分布的黑稀金矿(单偏光)

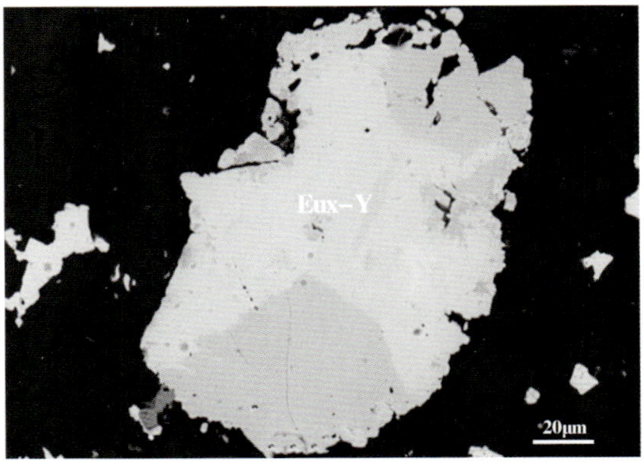

图 4-251　黑稀金矿(BSE)

表 4-67 黑稀金矿电子探针测试结果及稀土配分　　单位：w_t/%

成分	测试点 P1	稀土配分	测试点 P2	稀土配分	测试点 P3	稀土配分	测试点 P4	稀土配分	平均值
TiO_2	19.11		19.13		20.31		20.87		19.85
CaO	1.05		3.22		0.76		0.72		1.44
FeO	1.99		0.30		4.00		2.80		2.27
SiO_2	0.63	ΣRE_2O_3 = 32.49	0.00	ΣRE_2O_3 = 34.37	0.61	ΣRE_2O_3 = 28.83	0.65	ΣRE_2O_3 = 30.38	0.47
Nb_2O_5	42.86		42.56		42.27		39.40		41.77
ThO_2	0.41		0.20		0.39		0.33		0.33
UO_2	0.10		0.18		0.23		0.04		0.14
Y_2O_3	14.44	44.44	16.68	48.53	12.92	44.81	13.90	45.75	14.48
Ce_2O_3	0.44	1.35	0.49	1.43	0.30	1.04	0.49	1.61	0.43
Pr_2O_3	0.37	1.14	0.04	0.12	0.14	0.49	0.00	0.00	0.14
Nd_2O_3	2.11	6.49	2.72	7.91	1.56	5.41	1.93	6.35	2.08
Sm_2O_3	0.89	2.74	1.54	4.48	0.67	2.32	1.23	4.05	1.08
Eu_2O_3	0.40	1.23	0.26	0.76	0.32	1.11	0.57	1.88	0.39
Gd_2O_3	4.05	12.47	4.03	11.73	3.71	12.87	3.91	12.87	3.92
Dy_2O_3	5.92	18.22	4.78	13.91	5.38	18.66	4.39	14.45	5.12
Ho_2O_3	0.00	0.00	0.45	1.31	0.29	1.01	0.34	1.12	0.27
Er_2O_3	1.61	4.96	1.91	5.56	1.84	6.38	1.79	5.89	1.79
Tm_2O_3	0.37	1.14	0.02	0.06	0.19	0.66	0.00	0.00	0.15
Yb_2O_3	1.78	5.48	1.10	3.20	0.97	3.36	1.42	4.67	1.32
Lu_2O_3	0.11	0.34	0.35	1.02	0.54	1.87	0.41	1.35	0.35
总计	98.64	100.00	99.96	100.00	97.40	100.00	95.19	100.00	97.79

表 4-68 黑稀金矿测试点轻、重稀土分布状况　　单位：w_t/%

稀土元素	测试点 P1	分布率	测试点 P2	分布率	测试点 P3	分布率	测试点 P	分布率
Y_2O_3	14.44	44.44	16.68	48.53	12.92	44.81	13.90	45.75
轻稀土(La 至 Eu)	4.21	12.96	5.05	14.69	2.99	10.38	4.22	13.89
重稀土(Gd 至 Lu)	13.84	42.60	12.64	36.78	12.92	44.81	12.26	40.36
总计	32.49	100.00	34.37	100.00	28.83	100.00	30.38	100.00

2. 白云石型铌稀土矿石中的细粒黑稀金矿

样品采自西矿。黑稀金矿呈半自形板状分布于铌铁矿、碳锶石间隙，颗粒较细，粒径约 10μm(图 4-252)，能谱图(图 4-253)及电子探针测试结果(表 4-69)显示，稀土元素除了 Y 外，含量较高的依次为 Dy、Nd、Sm、Ho、Gd 等元素。

共伴生矿物：白云石、方解石、磁铁矿、黄铁矿、独居石、硅钡铌矿、菱钡镁石、碳锶石、大青山矿等。

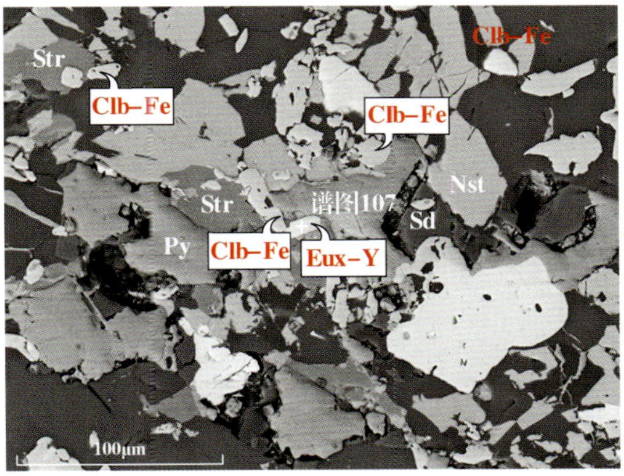

图 4-252　板状分布的黑稀金矿（Eux-Y）（BSE）

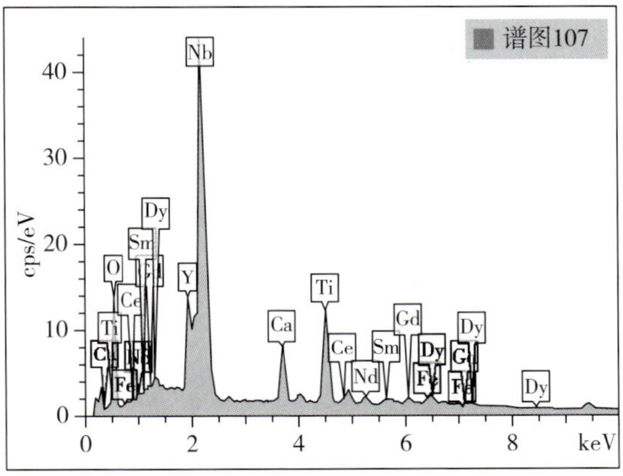

图 4-253　黑稀金矿能谱图

表 4-69　黑稀金矿电子探针测试结果及稀土配分　　单位：w_t/%

成分	测试点 P1	稀土配分	测试点 P2	稀土配分	测试点 P3	稀土配分	平均值
TiO_2	13.40		15.14		16.63		15.05
CaO	6.25		6.28		5.05		5.86
FeO	1.32		1.08		0.97		1.12
BaO	0.24	ΣRE_2O_3 = 22.70	0.11	ΣRE_2O_3 = 22.90	0.17	ΣRE_2O_3 = 24.54	0.17
ThO_2	0.13		0.14		0.07		0.11
Nb_2O_5	54.89		53.40		51.64		53.31
PbO	0.28		0.41		0.35		0.35
Sc_2O_3	0.03		0.03		0.01		0.03
Y_2O_3	9.71	42.78	10.74	46.92	11.61	47.32	10.69
Ce_2O_3	0.86	3.78	0.59	2.59	0.60	2.43	0.68
Pr_2O_3	0.26	1.15	0.26	1.15	0.36	1.45	0.29
Nd_2O_3	1.86	8.19	1.74	7.58	1.67	6.78	1.75
Sm_2O_3	1.77	7.81	1.71	7.48	1.77	7.21	1.75
Gd_2O_3	0.99	4.35	1.04	4.55	1.18	4.82	1.07
Dy_2O_3	4.24	18.69	4.61	20.11	4.59	18.72	4.48
Ho_2O_3	1.72	7.59	1.61	7.03	1.69	6.89	1.67
Er_2O_3	0.68	2.98	0.47	2.03	0.57	2.32	0.57
Tm_2O_3	0.17	0.76	0.05	0.21	0.30	1.22	0.17
Yb_2O_3	0.14	0.63	0.00	0.00	0.01	0.03	0.05
Lu_2O_3	0.29	1.30	0.08	0.35	0.20	0.81	0.19
总计	99.23	100.00	99.48	100.00	99.43	100.00	99.38

表 4-70 黑稀金矿测试点轻、重稀土分布状况，稀土配分中，Y_2O_3 占比为 42.78%～47.32%，其他重稀土占 34.26%～36.30%，轻稀土占 17.88%～20.92%。

根据电子探针测试结果平均值，以 O=6 为基数，计算化学式：$(Ca_{0.36}Y_{0.32}Ln_{0.23}Fe_{0.05}Pb_{0.01})_{\Sigma 0.97}(Nb_{1.37}Ti_{0.65})_{\Sigma 2.02}O_6$。

其中，Ln：$(Dy_{0.08}Nd_{0.04}Sm_{0.03}Ho_{0.03}Gd_{0.02}Ce_{0.01}Pr_{0.01}Er_{0.01})_{\Sigma 0.23}$。

表 4-70　黑稀金矿测试点轻、重稀土分布状况　　单位：w_t/%

稀土元素	测试点 P1	分布率	测试点 P2	分布率	测试点 P3	分布率
Y_2O_3	9.71	42.78	10.74	46.92	11.61	47.32
轻稀土(La 至 Eu)	4.75	20.92	4.31	18.82	4.39	17.88
重稀土(Gd 至 Lu)	8.24	36.30	7.85	34.26	8.54	34.80
总计	22.70	100.00	22.90	100.00	24.54	100.00

三、铌铁矿超族

矿区产出铌铁矿超族矿物有铌铁矿族的铌铁矿、铌镁矿、铌锰矿，铌钇矿族的铌钇矿。铌钇矿已在第二节详细介绍。2022 年发现的新矿物白鸽矿属于铌铁矿超族-锡铁钽矿族矿物。

铌铁矿　Columbite-(Fe)

$Fe^{2+}Nb_2O_6$

化学组成：FeO 21.28%，Nb_2O_5 78.72%。Fe 与 Mn、Nb 与 Ta 为完全类质同象。常有 Ti、Sn、W、Zr、Al、U、REE、Y 等混入。

晶体结构：斜方晶系，空间群为 *Pbcn*。a_0 = 14.266(1)Å，b_0 = 5.7321(4)Å，c_0 = 5.0503(4)Å，Z = 4。

形态：斜方双锥晶形，$D_{2h}-mmm(3L^2 3PC)$。晶体呈{100}发育的薄板状、厚板状、柱状、针状。集合体呈块状、晶簇状放射状。

物理性质：黑-褐黑色，不透明，条痕暗棕-黑色，玻璃光泽、半金属光泽，次贝壳状断口，性脆，{110}解理完全。摩氏硬度 6，相对密度 5.2～6.65。

显微镜下特征：二轴晶(－)。薄片中呈暗红-黑色，半透明-不透明，含锰高透明度较好，多色性明显。反射光下呈灰白色微带褐色，不显多色性，反射率(白光)R=15.5%～20.95%，强非均质性(黄灰色-暗蓝色)，内反射色为樱红色-褐红。

白云鄂博铌铁矿晶胞参数：a_0 = 14.240Å，b_0 = 5.721Å，c_0 = 5.046Å。

白云鄂博铌铁矿样品 X 射线粉晶衍射数据见表 4-71。

表 4-71　白云鄂博铌铁矿样品 X 射线粉晶衍射数据

No.	2θ/(°)	d /Å	I/I_0
1	24.357	3.6514	47.2
2	30.190	2.9579	100.0

续表

No.	2θ/(°)	d /Å	I/I_0
3	37.887	2.3728	29.1
4	53.301	1.7173	41.0
5	63.694	1.4599	31.8

铌铁矿在白云鄂博矿区分布较广，条带状萤石型铌稀土铁矿石、白云石型铌稀土铁矿石、白云石型铌稀土矿石、钠闪石型和云母型铌稀土矿石中均有分布。不同矿石类型铌铁矿的分布状况不同，在条带状矿石中与磁铁矿、金红石等紧密共生，在白云石型、钠闪石型、云母型矿石中与烧绿石、易解石等紧密共生，铌铁矿大多颗粒较细，显微镜下呈棕红色-暗红色-黑色，反射率与磁铁矿接近，比磁铁矿略显棕灰色，含 Mn 高时颜色红，较透明，与易解石难以区别，但易解石反射率明显低于铌铁矿，反射正交下易解石为通透的棕红色，铌铁矿为暗红色或仅边缘为樱红色。铌铁矿与钛铁矿区别是透射光下铌铁矿边缘可见红色，反射光下反射率相当，但钛铁矿更显棕色调，多色性也较强，反射正交下均有强非均质性，铌铁矿内反射色可见红色。

1. 磷灰石化白云石型铌稀土铁矿石中的铌铁矿

样品采自东矿钻孔。铌铁矿呈暗红色-黑色与易解石、铌包头矿紧密共生，或被包裹于易解石中(图 4-254 至图 4-256、图 4-258)，粒径为 0.02～0.05mm，反射光下铌铁矿反射率高于易解石及铌包头矿(图 4-257、图 4-259)，图 4-260、图 4-261 为 BSE 图像，可清晰分辨铌铁矿、铌包头矿、易解石的共生关系。

共伴生矿物：白云石、磷灰石、易解石、黄河矿、烧绿石、铌包头矿、钛铁矿、萤石、金云母、磁铁矿等。

本样品中的铌铁矿 Fe、Mn 含量基本相当，介于铌锰矿和铌铁矿之间，Sc 含量高，Sc_2O_3 平均值 0.24%。

根据电子探针测试结果平均值(表 4-72)，以 O=6 为基数，计算化学式：$(Fe_{0.46}Mn_{0.46}Ti_{0.04}Mg_{0.02}Y_{0.01}Sc_{0.01})_{\Sigma 1.00}(Nb_{1.94}Ti_{0.06})_{\Sigma 2.00}O_6$。

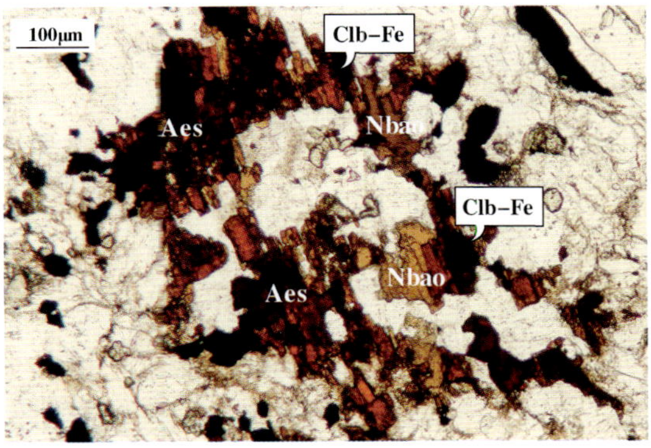

图 4-254 与铌包头矿(Nbao)、易解石(Aes)紧密共生的铌铁矿(Clb-Fe)(单偏光)

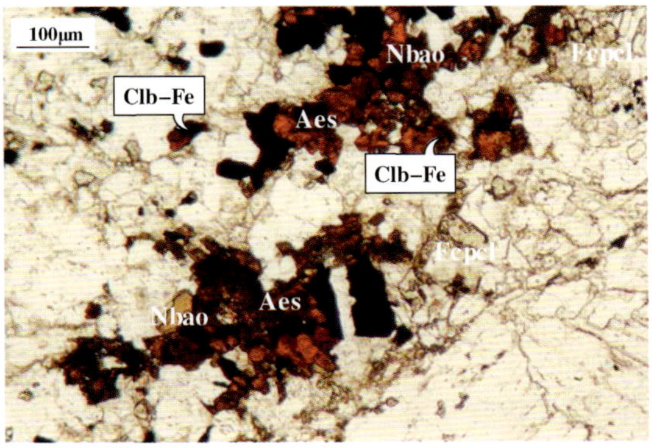

图 4-255 与铌包头矿、易解石紧密共生的铌铁矿(单偏光)

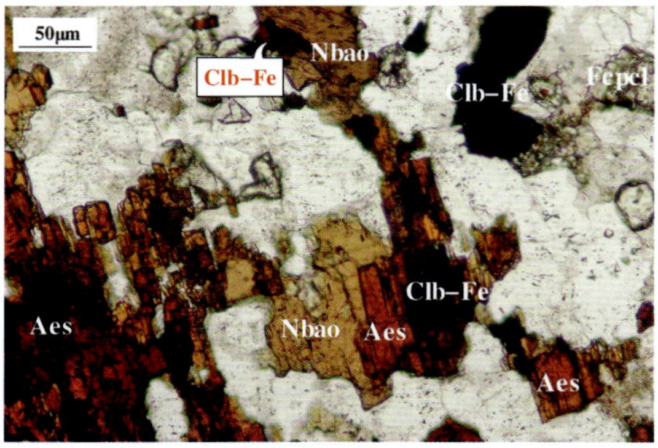

图 4-256　铌铁矿与铌包头矿、易解石紧密共生（单偏光）

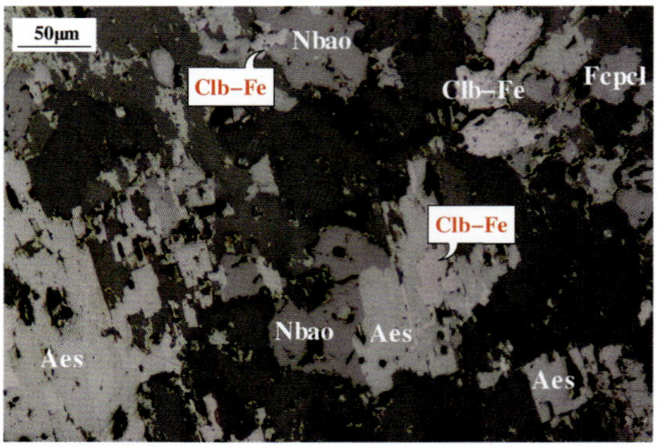

图 4-257　铌铁矿、铌包头矿、易解石的反射色（反射光）

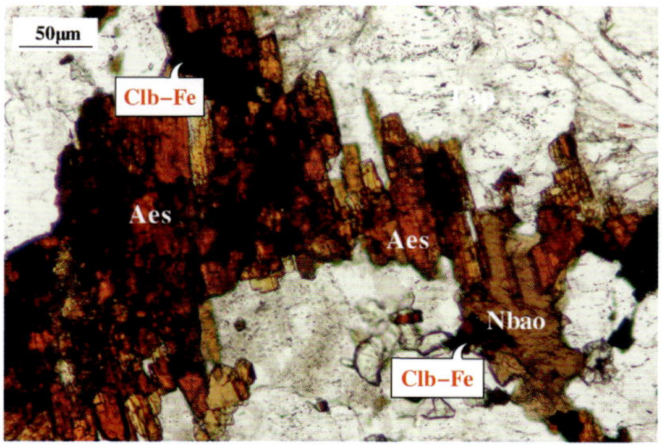

图 4-258　铌铁矿与铌包头矿、易解石紧密共生（单偏光）

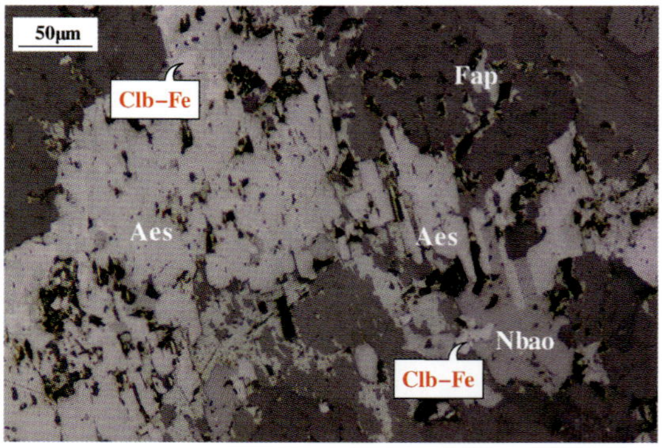

图 4-259　铌铁矿的反射率高于铌包头矿、易解石（反射光）

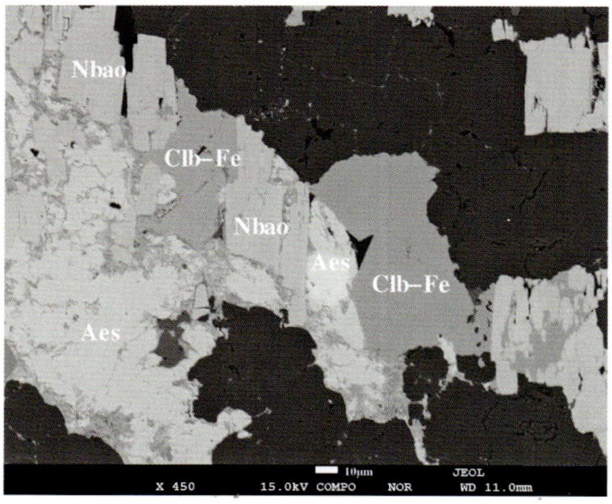

图 4-260　铌铁矿与铌包头矿、易解石紧密共生（BSE）

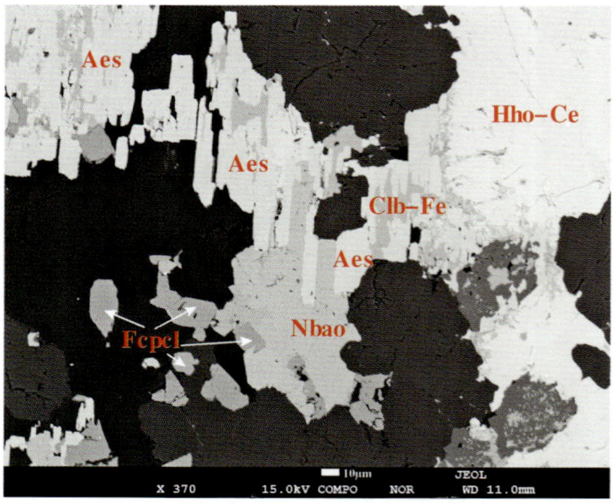

图 4-261　分布于易解石中的铌铁矿（BSE）

表 4-72 铌铁矿电子探针测试结果 单位：w_t/%

成分	测试点 P1	测试点 P2	测试点 P3	平均值
MnO	10.10	9.95	9.40	9.82
FeO	9.85	9.79	10.17	9.94
TiO_2	1.96	2.35	2.87	2.39
MgO	0.24	0.24	0.24	0.24
Nb_2O_5	78.63	77.22	77.20	77.68
Y_2O_3	0.26	0.19	0.26	0.24
Sc_2O_3	0.24	0.21	0.27	0.24
总计	101.27	99.94	100.41	100.54

2. 白云石型铌稀土矿石中的铌铁矿

样品采自西矿，属于白云石型铌稀土矿石。白云石有两种：一种为细粒集合体状分布，粒径约为 0.05mm；另一种为粗粒，表面污浊，应为含 Fe 或 Mn 的白云石，粒径为 0.50～2.00mm。黑云母及稀土矿物(主要为独居石)呈浸染状或脉状侵入白云岩，颗粒较细。铌铁矿多呈不规则粒状或粒状集合体形式分布，透射光下呈暗红色(或边缘透红)-黑色，反射色较磁铁矿稍显灰色(图 4-262 至图 4-264)，具强非均质性且内反射色透红(图 4-265)。铌铁矿与钛铁矿紧密共生时，两种矿物呈现不同色调的反射色，钛铁矿更显棕色调，它们均具强非均质性但铌铁矿内反射色透红(图 4-266、图 4-267)。铌铁矿颗粒较细，为 0.02～0.06mm。图 4-268、图 4-269 为 BSE 图像下的铌铁矿与钛铁矿。

共伴生矿物：白云石、黑云母、磁铁矿、钛铁矿、黄铁矿、磁黄铁矿、独居石、辉钼矿等。

根据电子探针测试结果平均值(表 4-73)，以 O=6 为基数，计算化学式：$(Fe_{0.78}Mg_{0.11}Mn_{0.10}Sc_{0.02}Ca_{0.01}Y_{0.01})_{\Sigma 1.03}(Nb_{1.92}Ti_{0.08})_{\Sigma 2.00}O_6$。

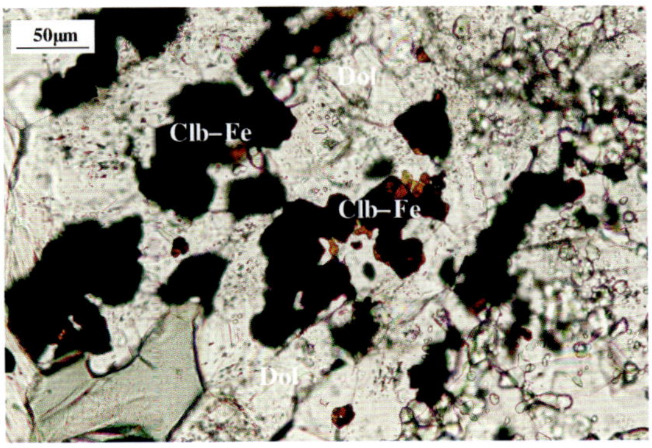

图 4-262 暗红-黑色的铌铁矿(Clb-Fe)(单偏光)

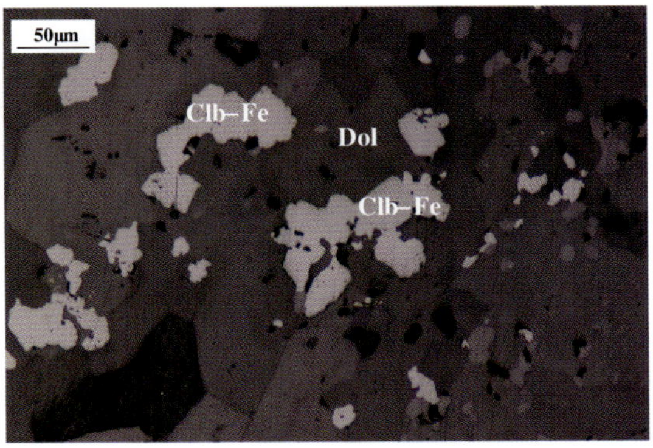

图 4-263 铌铁矿的反射色(反射光)

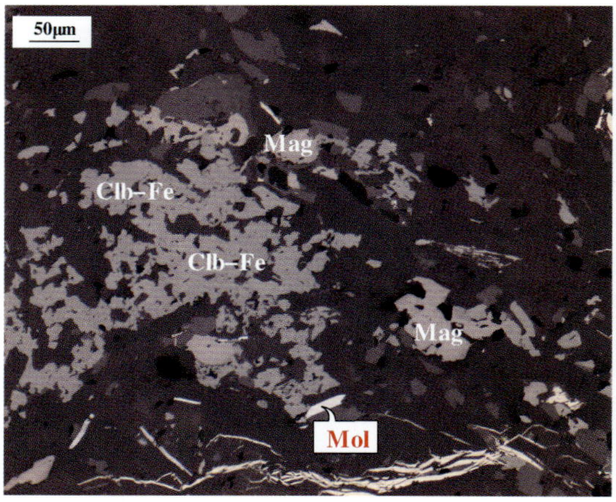

图 4-264　铌铁矿与磁铁矿(Mag)、辉钼矿(Mol)(反射光)

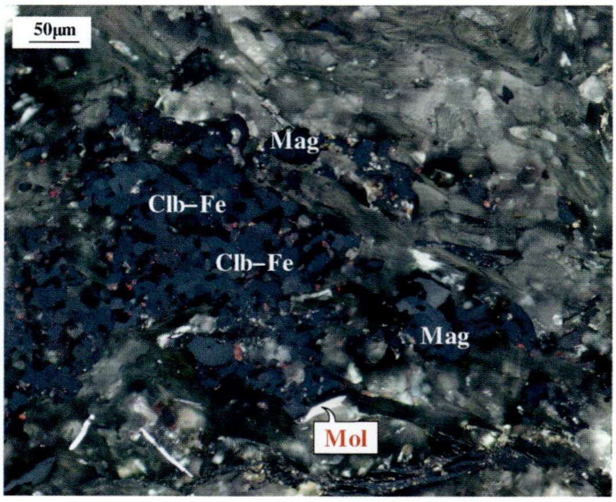

图 4-265　铌铁矿的内反射色(边缘红色)与非均质性(反射正交)

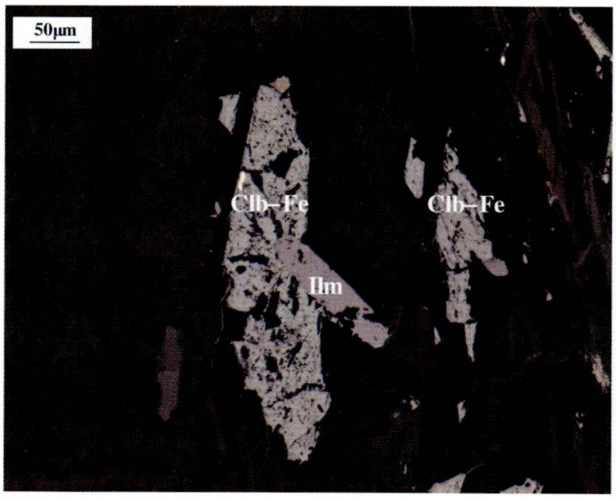

图 4-266　铌铁矿与钛铁矿(Ilm)不同色调的反射色(反射光)

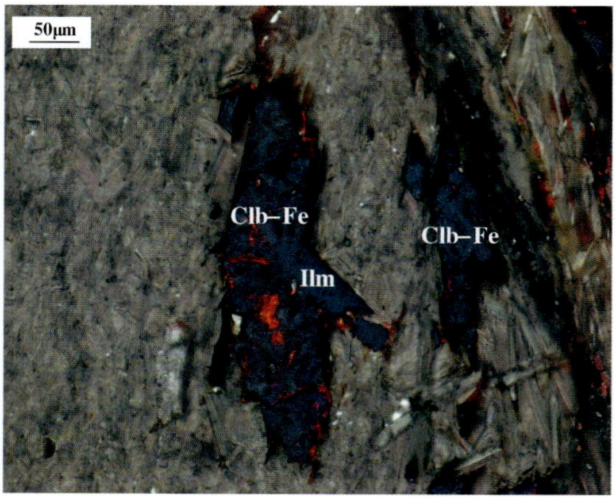

图 4-267　铌铁矿的内反射色(反射正交)

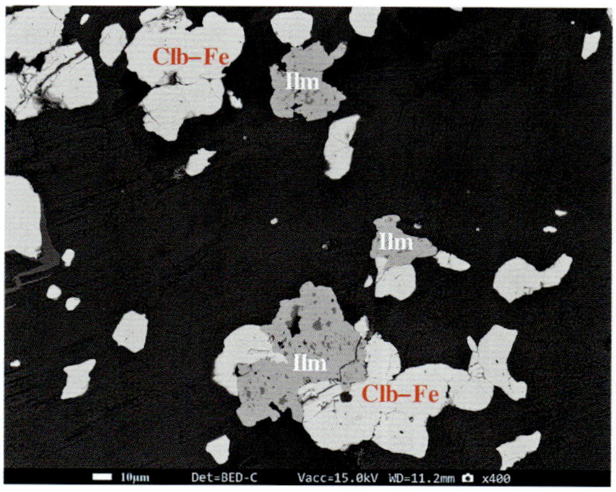

图 4-268　铌铁矿与钛铁矿(BSE)

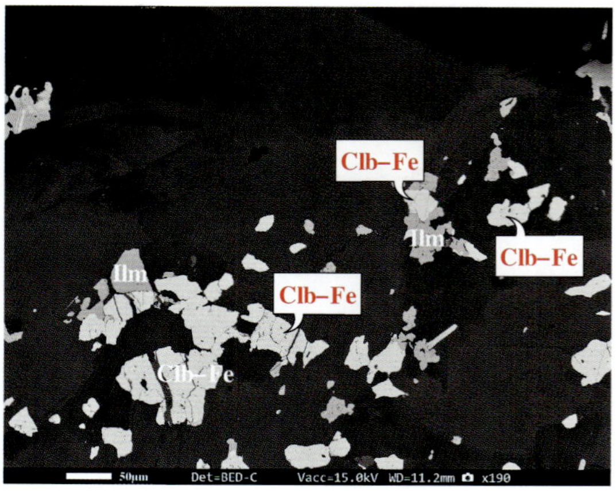

图 4-269　铌铁矿与钛铁矿(BSE)

表 4-73 铌铁矿电子探针测试结果 单位：$w_t/\%$

成分	测试点 P1	测试点 P2	测试点 P3	测试点 P4	测试点 P5	测试点 P6	测试点 P7	测试点 P8	平均值
FeO	16.77	17.01	16.75	16.81	16.65	16.32	17.33	16.56	16.78
MgO	1.45	1.34	1.44	1.44	1.42	1.12	1.25	1.48	1.37
MnO	2.03	1.99	2.13	2.20	2.22	2.28	1.70	2.18	2.09
TiO_2	1.58	2.16	1.81	1.93	2.38	2.02	2.02	1.93	1.98
CaO	0.18	0.05	0.08	0.04	0.05	0.10	0.07	0.23	0.10
BaO	0.05	0.39	0.29	0.39	0.09	0.32	0.19	0.18	0.24
PbO	0.23	0.22	0.19	0.26	0.21	0.26	0.27	0.28	0.24
Nb_2O_5	77.14	75.71	77.25	75.87	75.05	75.58	76.30	76.64	76.19
ΣRE_2O_3	0.05	0.11	0.02	0.14	0.05	0.21	0.03	0.15	0.10
Y_2O_3	0.35	0.29	0.09	0.12	0.21	0.05	0.45	0.46	0.25
Sc_2O_3	0.14	0.25	0.16	0.32	0.29	0.48	0.41	0.42	0.31
总计	99.97	99.52	100.21	99.52	98.62	98.74	100.02	100.51	99.65

3. 萤石化白云石型铌稀土矿石中的铌铁矿

样品采自西矿。铌铁矿呈黑色微透红色与棕黄色氟钙烧绿石紧密共生，正交偏光下氟钙烧绿石为均质，铌铁矿呈暗红色-黑色(图 4-270、图 4-271)，反射光下铌铁矿较氟钙烧绿石反射率高，铌铁矿具非均质性，偏光色为黄灰色-暗蓝色，内反射色透红，氟钙烧绿石内反射色为白色-淡黄色(图 4-272、图 4-273)。铌铁矿颗粒较细，他形粒状分布，与氟钙烧绿石紧密相间分布或氟钙烧绿石分布于铌铁矿粒隙间(图 4-274、图 4-275)，粒径为 0.03～0.20mm。

共伴生矿物：白云石、萤石、磷灰石、黑云母、氟钙烧绿石、磁铁矿、闪锌矿、黄铁矿、磁黄铁矿等。

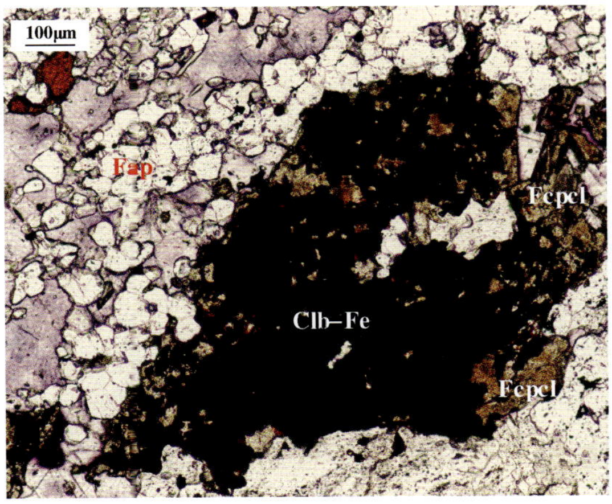

图 4-270 铌铁矿(Clb-Fe)与氟钙烧绿石(Fcpcl)紧密共生（正交偏光）

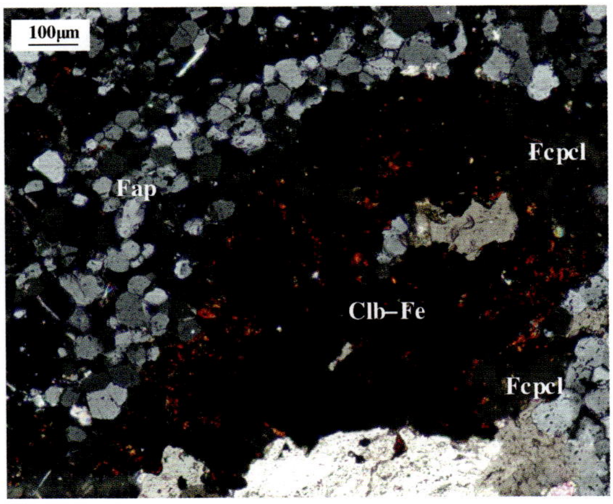

图 4-271 铌铁矿边缘可见暗红色，氟钙烧绿石为均质（正交偏光）

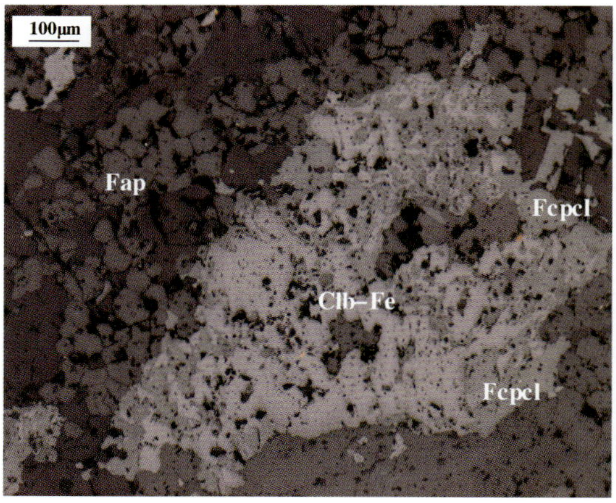

图 4-272 铌铁矿反射率高于氟钙烧绿石（反射光）

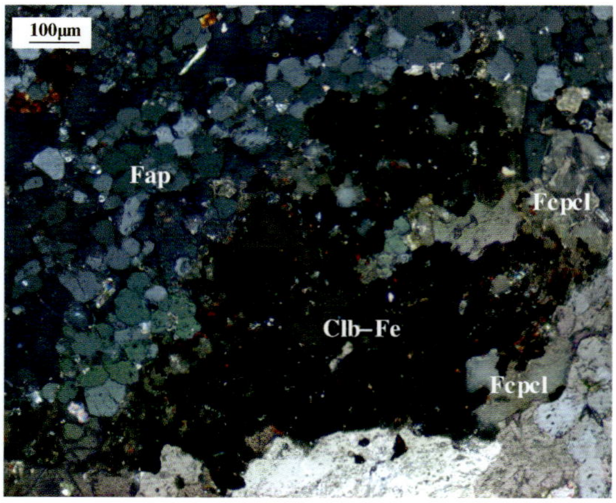

图 4-273 铌铁矿的内反射色（边缘透红）及非均质性，偏光色为黄灰色-暗蓝色；氟钙烧绿石内反射色呈白色-淡黄色（反射正交）

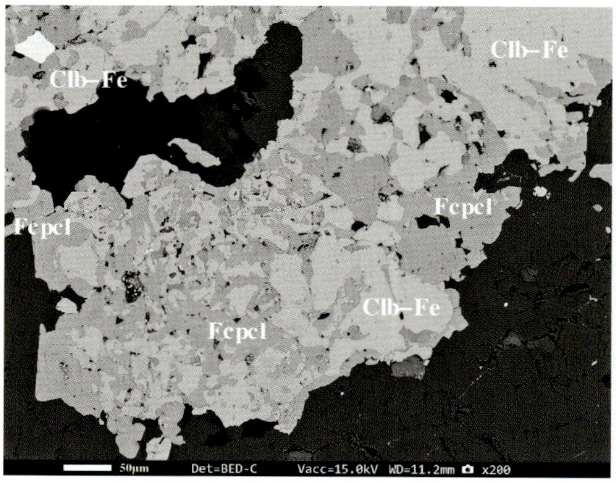

图 4-274 铌铁矿与氟钙烧绿石紧密共生（BSE）

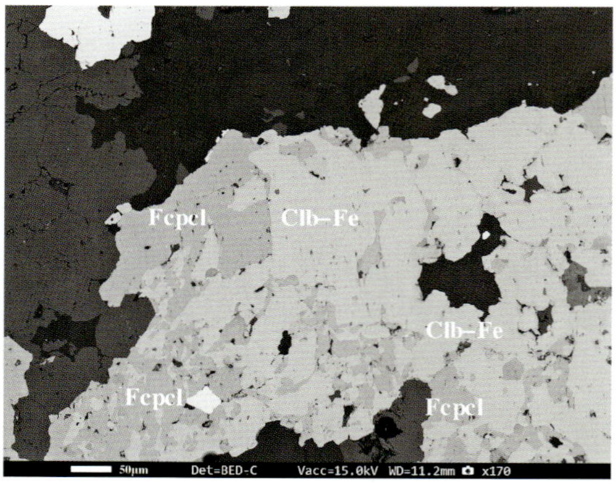

图 4-275 铌铁矿与氟钙烧绿石紧密共生（BSE）

根据电子探针测试结果平均值（表 4-74），以 O=6 为基数，计算化学式：$(Fe_{0.78}Mg_{0.10}Mn_{0.10}Ca_{0.01}Y_{0.01}Sc_{0.01})_{\Sigma 1.01}(Nb_{1.94}Ti_{0.06})_{\Sigma 2.00}O_6$。

表 4-74 铌铁矿电子探针测试结果 单位：$w_t/\%$

成分	测试点 P1	测试点 P2	测试点 P3	测试点 P4	测试点 P5	平均值
FeO	16.35	15.83	16.22	18.42	18.49	17.06
MgO	2.29	0.45	2.28	0.44	0.41	1.17
MnO	1.60	4.31	1.71	1.49	1.48	2.12
TiO_2	0.64	0.97	0.56	2.73	2.70	1.52
CaO	0.08	0.13	0.23	0.06	0.05	0.11
BaO	0.04	0.18	0.06	0.19	0.05	0.10

续表

成分	测试点 P1	测试点 P2	测试点 P3	测试点 P4	测试点 P5	平均值
PbO	0.17	0.21	0.26	0.34	0.23	0.24
Nb_2O_5	79.97	77.73	80.54	77.11	77.55	78.58
Y_2O_3	0.10	0.22	0.25	0.10	0.29	0.19
Sc_2O_3	0.05	0.22	0.06	0.42	0.31	0.21
总计	101.30	100.25	102.17	101.30	101.56	101.37

4. 白云石型铌稀土矿石中的铌铁矿

样品采自西矿。铌铁矿呈暗红-黑色细粒集合体状分布于白云石矿物间，略具定向，反射色为灰棕色，内反射色为樱红色-暗红色，非均质性明显(图 4-276 至图 4-279)，粒径为 0.005～0.03mm。图 4-280、图 4-281 为图 4-276 中两处局部的 BSE 图像，从图 4-281 中可看到铌铁矿被黄铁矿包裹。

共伴生矿物：白云石、磷灰石、独居石、褐钇铌矿、磷钇矿、黑稀金矿、易解石、铌钙矿、方解石、赤铁矿、黄铁矿等。

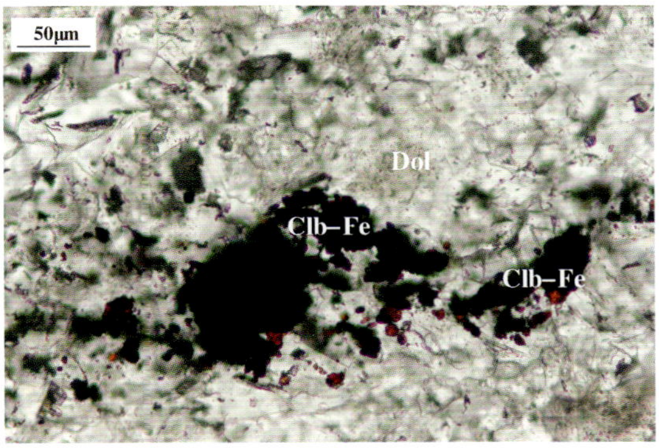

图 4-276 铌铁矿(Clb-Fe)分布于白云石(Dol)间(单偏光)

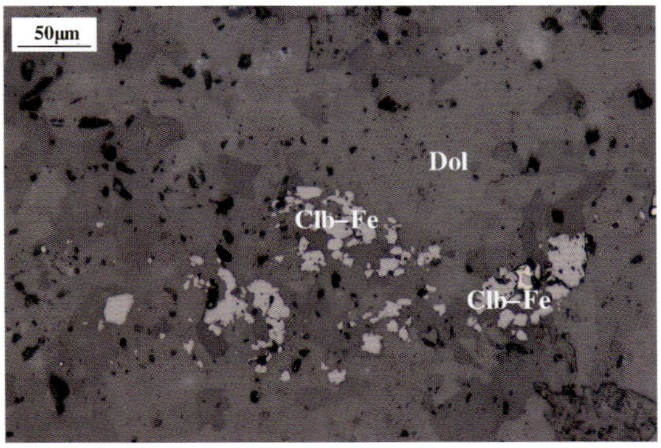

图 4-277 铌铁矿的反射色(反射光)

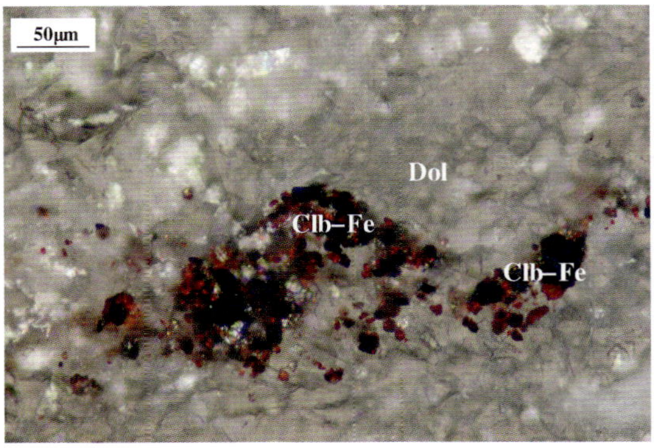

图 4-278 铌铁矿的内反射色(反射正交)

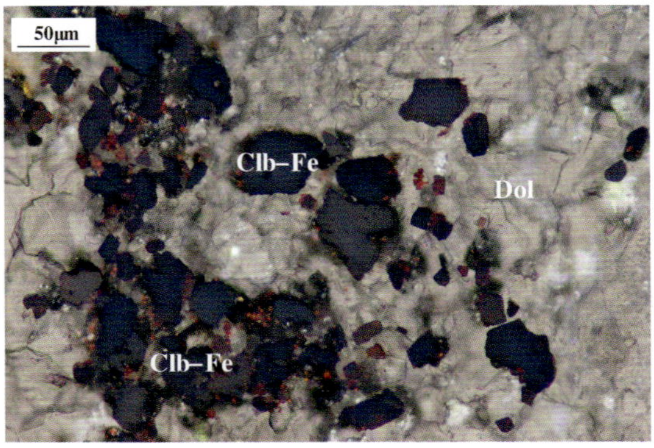

图 4-279 铌铁矿的内反射色及非均质性(反射正交)

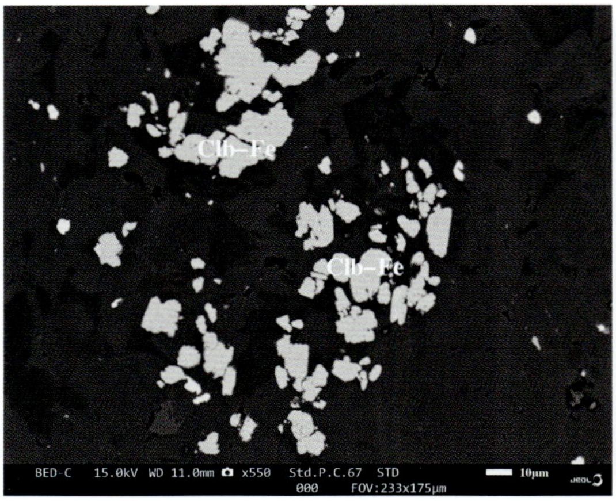

图 4-280 细粒集合体分布的铌铁矿（BSE）

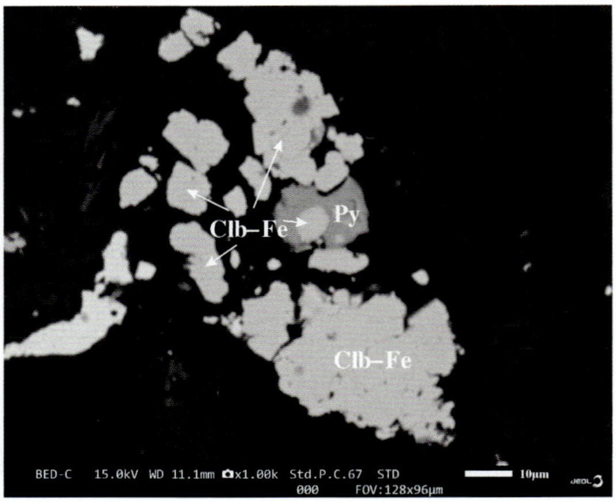

图 4-281 铌铁矿外围有黄铁矿(Py)包裹(BSE)

根据电子探针测试结果平均值(表 4-75)，以 O=6 为基数，计算化学式：$(Fe_{0.85}Mn_{0.07}Mg_{0.06}Ca_{0.01})_{\Sigma 0.99}(Nb_{1.96}Ti_{0.05})_{\Sigma 2.01}O_6$。

表 4-75 铌铁矿电子探针测试结果 单位：w_t/%

成分	测试点 P1	测试点 P2	测试点 P3	测试点 P4	测试点 P5	平均值
FeO	18.83	17.85	18.53	18.03	19.00	18.64
MgO	0.83	0.80	0.90	0.76	0.58	0.74
MnO	1.59	1.57	1.47	1.38	1.82	1.65
TiO_2	0.04	0.13	0.05	0.29	0.18	0.12
CaO	1.60	1.53	1.17	1.26	1.01	1.26
Nb_2O_5	78.62	78.99	79.52	78.29	77.47	78.41
Ce_2O_3	0.10	0.05	0.04	0.12	0.09	0.07
Y_2O_3	0.11	0.10	0.11	0.13	0.11	0.11
Sc_2O_3	0.02	0.02	0.00	0.08	0.09	0.04
总计	101.73	101.04	101.79	100.34	100.36	101.05

5. 云母型铌稀土铁矿石中的铌铁矿

样品采自东介勒格勒。铌铁矿多呈暗红色-黑色，不规则细粒状集合体形式分布，并与金云母、钠闪石、细粒磁铁矿、铁尖晶石等矿物定向排列，颗粒较细，粒径为 0.02～0.05mm，局部矿物颗粒被拉长(图 4-282 至图 4-285)。

共伴生矿物：金云母、磁铁矿、钠闪石、铁尖晶石、易解石等。

根据电子探针测试结果平均值(表 4-76)，以 O=6 为基数，计算化学式：$(Fe_{0.79}Mn_{0.12}Mg_{0.09}REE_{0.01})_{\Sigma 1.01}(Nb_{1.96}Ti_{0.04})_{\Sigma 2.00}O_6$。

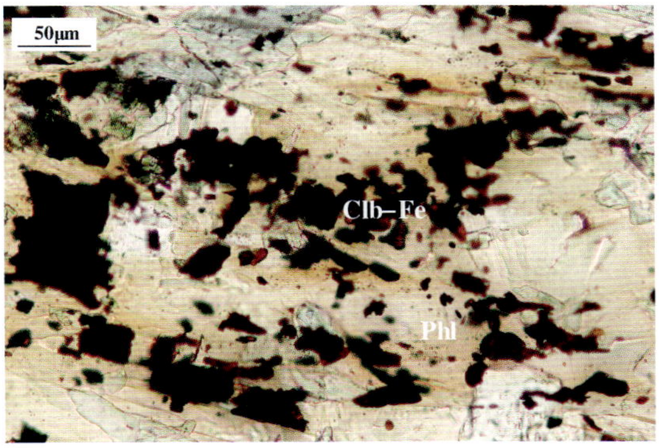

图 4－282　金云母(Phl)中分布的铌铁矿(Clb－Fe)(单偏光)

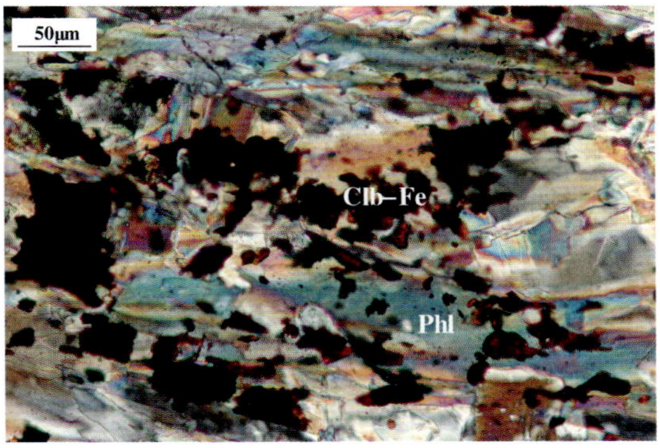

图 4－283　金云母中分布的铌铁矿(正交偏光)

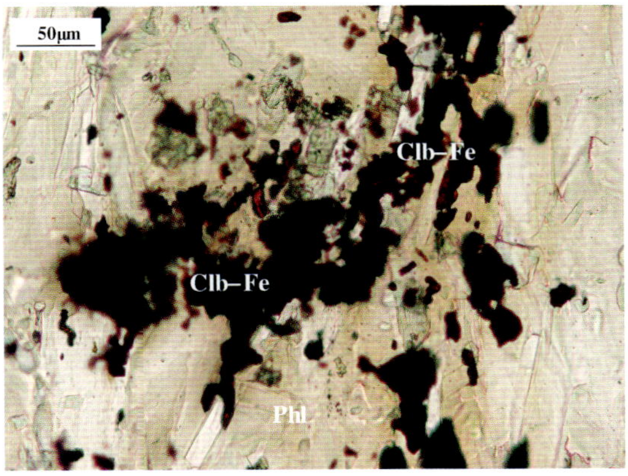

图 4－284　细粒集合体状分布的铌铁矿(单偏光)

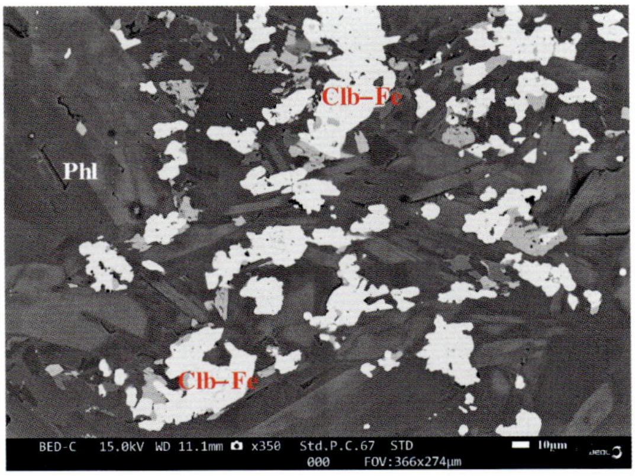

图 4－285　金云母中分布的铌铁矿(BSE)

表 4－76　铌铁矿电子探针测试结果　　单位：w_t/%

成分	测试点 P1	测试点 P2	测试点 P3	测试点 P4	测试点 P5	平均值
FeO	16.75	17.26	17.69	17.19	17.10	17.20
MgO	1.24	1.02	1.05	1.17	1.12	1.11
MnO	2.68	2.64	2.32	2.26	2.52	2.54
TiO_2	0.79	1.03	1.39	0.98	1.05	1.06
Nb_2O_5	79.75	78.61	78.44	78.56	79.12	78.01
Ce_2O_3	0.32	0.60	0.43	0.53	0.36	0.41
Y_2O_3	0.10	0.04	0.21	0.23	0.11	0.11
Sc_2O_3	0.10	0.06	0.04	0.05	0.02	0.05
总计	101.73	101.25	101.56	100.96	101.40	101.48

铌锰矿 Columbite -(Mn)

$Mn^{2+}Nb_2O_6$

化学组成：铌锰矿与铌铁矿呈完全类质同象，化学式中(apfu)Mn>Fe。

晶体结构：斜方晶系，空间群为 *Pbcn*。a_0 = 14.433(2)Å，b_0 = 5.7637(7)Å，c_0 = 5.0832(8)Å，Z = 4。

形态：斜方双锥晶形，$D_{2h}-mmm(3L^2 3PC)$。板状、柱状或不规则粒状。

物理性质：暗红色-棕褐色-黑色，条痕暗红-黑色，透明-半透明-不透明，玻璃-半金属光泽，次贝壳状断口，性脆，{100}解理完全。摩氏硬度 6，相对密度 5.2～6.65。

显微镜下特征：二轴晶(－)，透射光下，呈橘红-亮红-暗红-浅褐色，多色性弱，干涉色被矿物红色掩盖。反射光下呈灰白色微带褐色，不显多色性，反射率(白光)R=16.7%～25.0%，强非均质性(棕灰色-暗灰色)，内反射色樱红色-褐红色。

铌锰矿与铌铁矿呈完全类质同象，随着 Mn 含量增加，矿物颜色由黑色-暗红-棕红色-亮红色，铌锰矿多形成于富 Mn 环境，因此共生的矿物有红钛锰矿、菱锰矿、锰白云石等。

1. 钠闪石化白云石型铌稀土铁矿石中的铌锰矿

样品采自东矿钻孔。铌锰矿呈不规则粒状分布于钠闪石、磁铁矿之间，颗粒较细，粒径为 0.03～0.50mm，矿物呈棕红-暗红色，多色性不明显，干涉色被本身颜色掩盖(图 4-286、图 4-287、图 4-290、图 4-291)，反射率与磁铁矿相当，反射色较磁铁矿略显棕色，内反射色为樱红色(图 4-288、图 4-289)。

图 4-292 为面扫描元素分布图，铌锰矿颗粒较细，并与磁铁矿、独居石、钛铁矿、钠闪石等紧密共生，含 Ti、Sc 较高(图 4-293)。铌锰矿中除了 Mn 对 Fe 的类质同象置换，还有 Mg、Ba 对 Fe 的置换，Ti 对 Nb 的置换，Th、U、Ta 含量极低，但 Sc、Y 含量较高，尤其 Sc_2O_3 含量 1.23%～1.82%，平均值为 1.61%，其他稀土总量为 0.04%～0.47%(表 4-77)。

共伴生矿物：钠闪石、白云石、独居石、钛铁矿、红钛锰矿、褐钇铌矿、黄铁矿、磁铁矿、闪锌矿、菱锰矿等。

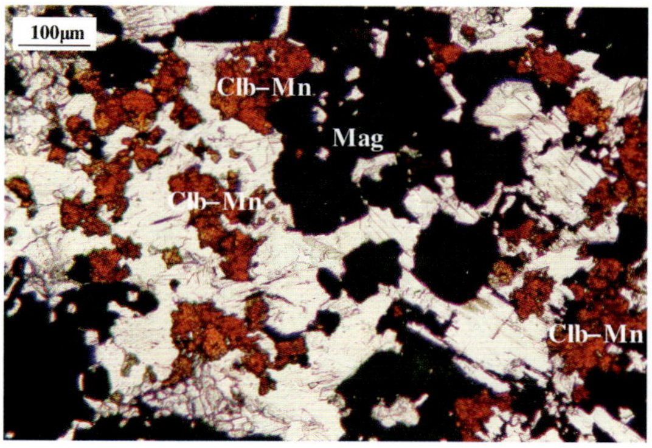

图 4-286 呈不规则粒状分布的铌锰矿(Clb-Mn)(单偏光)

图 4-287 铌锰矿的干涉色被本身颜色掩盖(正交偏光)

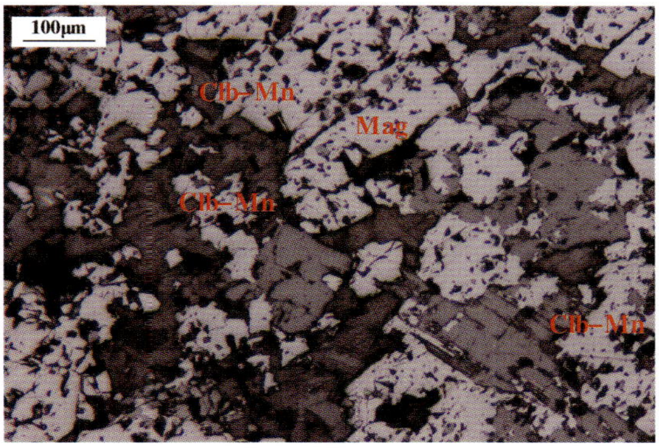

图 4-288　铌锰矿反射率与磁铁矿(Mag)相当，反射色略显棕色(反射光)

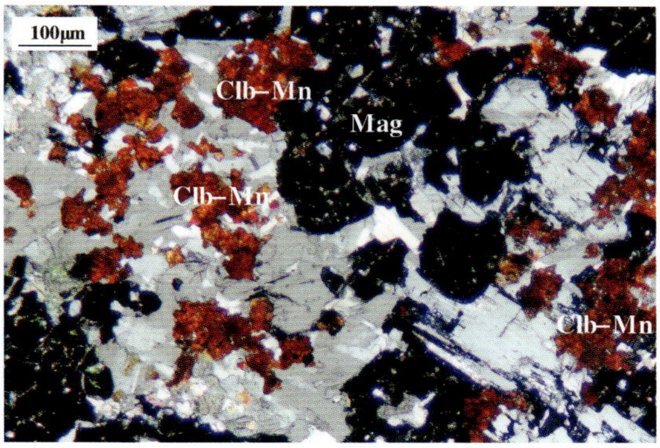

图 4-289　铌锰矿的樱红色内反射色(反射正交)

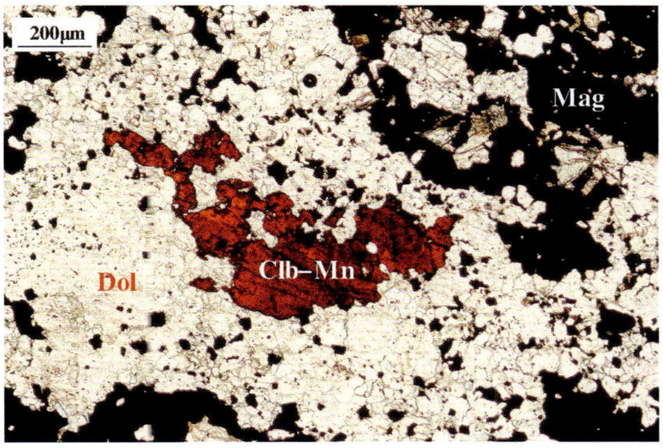

图 4-290　分布于白云石(Dol)间呈亮红色的铌锰矿(单偏光)

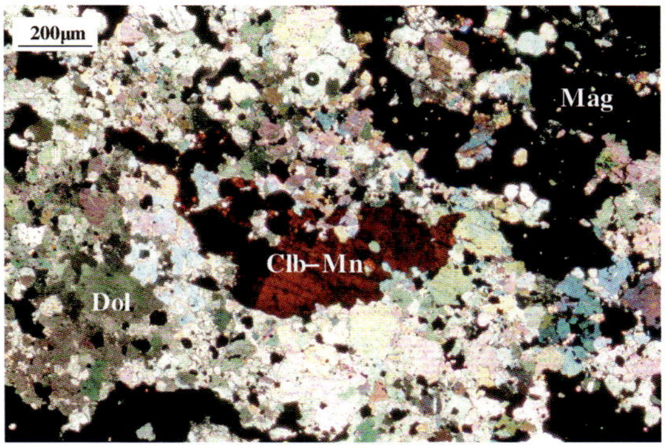

图 4-291　铌锰矿的干涉色被本身颜色掩盖(正交偏光)

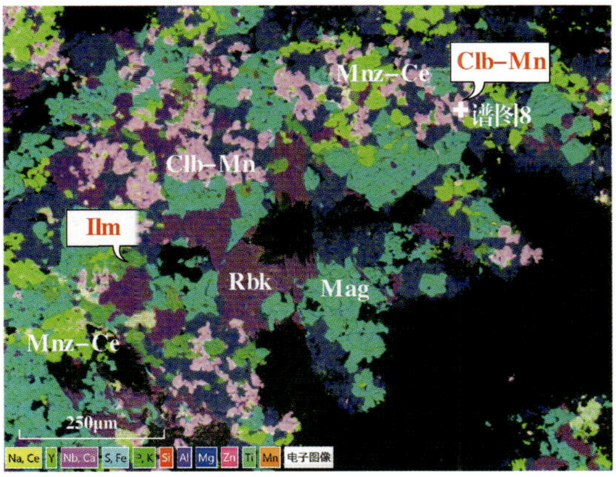

图 4-292　铌锰矿与磁铁矿、钛铁矿、独居石、钠闪石等共生(面扫描元素分布图像)

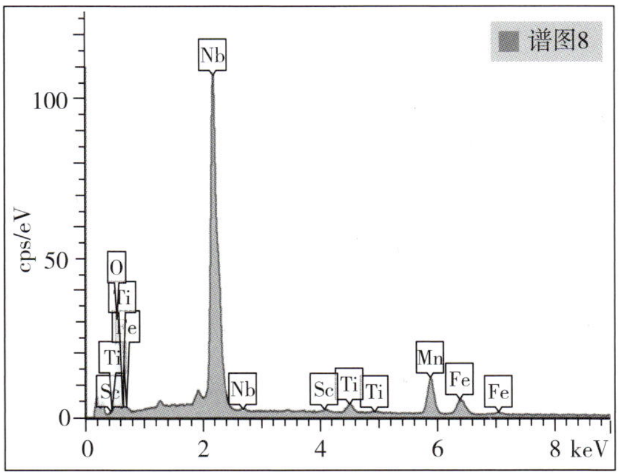

图 4-293　铌锰矿能谱图

根据电子探针测试结果平均值，以 O=6 为基数，计算化学式：$(Mn_{0.54}Fe_{0.33}Sc_{0.08}Mg_{0.04}Ba_{0.01}REE_{0.01}Y_{0.01})_{\Sigma 1.02}(Nb_{1.89}Ti_{0.12})_{\Sigma 2.01}O_{6.00}$。

表 4-77 铌锰矿电子探针测试结果 单位：$w_t/\%$

成分	测试点 P1	测试点 P2	测试点 P3	测试点 P4	测试点 P5	测试点 P6	平均值
FeO	7.25	7.38	7.49	7.66	5.50	7.45	7.12
MnO	11.29	11.01	10.80	10.97	13.83	10.89	11.47
TiO_2	3.17	2.82	2.49	3.17	1.73	3.37	2.79
BaO	0.35	0.32	0.32	0.38	0.25	0.35	0.33
MgO	0.51	0.48	0.53	0.51	0.48	0.50	0.50
Nb_2O_5	75.23	75.46	74.46	74.68	77.53	74.78	75.36
Sc_2O_3	1.65	1.57	1.58	1.80	1.23	1.82	1.61
ΣRE_2O_3	0.04	0.13	0.47	0.56	0.33	0.39	0.32
Y_2O_3	0.27	0.39	0.35	0.30	0.15	0.31	0.30
总计	99.76	99.56	98.49	100.03	101.03	99.86	99.79

2. 白云石型铌稀土铁矿石中的铌锰矿

样品采自东矿钻孔。铌锰矿为富锰环境下形成，分布于磁铁矿及锰白云石、菱铁矿、菱镁矿、菱锰矿等菱铁矿系列矿物间。铌锰矿呈棕红色不规则粒状与磁铁矿、菱铁矿等紧密共生，粒径为 0.05～0.20mm(图 4-294、图 4-295)，图 4-296 为图 4-294 蓝色框内部分 BSE 图像，能谱图(图 4-297)显示含少量 Ti。

共伴生矿物：白云石、锰白云石、磁铁矿、褐钇铌矿、菱铁矿、菱镁矿、菱锰矿、独居石、钛铁矿、红钛锰矿、钠闪石、黄铁矿、闪锌矿、氟碳铈矿、独居石等。

电子探针测试结果(表 4-78)铌锰矿中 Sc、Y 含量较高，Sc_2O_3 含量为 0.15%～0.19%，平均为 0.18%，Y_2O_3 含量为 0.29%～0.67%，平均为 0.55%。

根据电子探针测试结果平均值(表 4-78)，以 O=6 为基数，计算化学式：$(Mn_{0.60}Fe_{0.30}Mg_{0.04}REE_{0.03}Y_{0.02}Sc_{0.01})_{\Sigma 1.00}(Nb_{1.93}Ti_{0.08})_{\Sigma 2.01}O_6$。

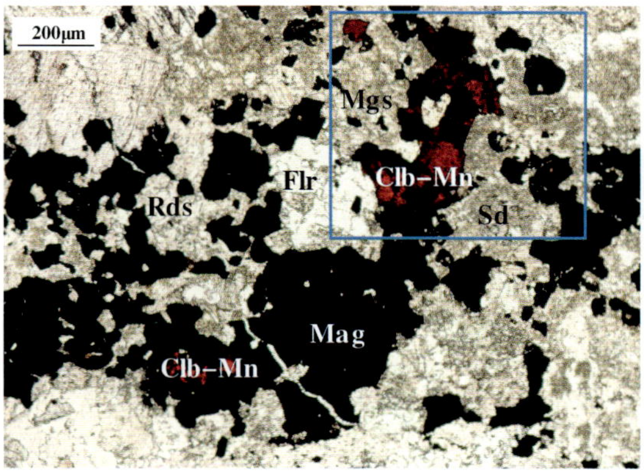

图 4-294 分布于菱铁矿(Sd)、菱镁矿(Mgs)、磁铁矿(Mag)、萤石(Flr)间的铌锰矿(Clb-Mn)(单偏光)

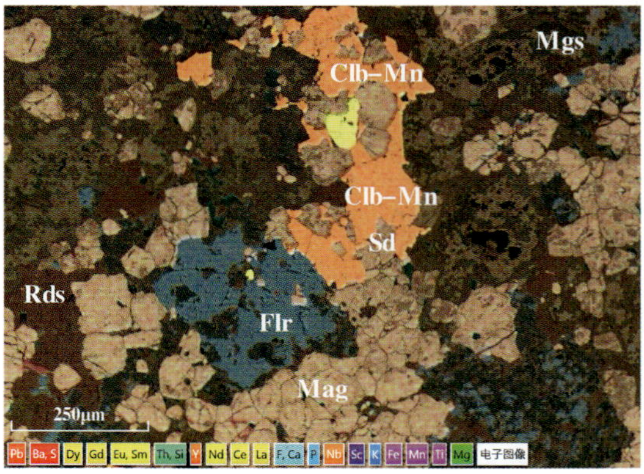

图 4-295 铌锰矿与磁铁矿、菱铁矿、菱镁矿、萤石(面扫描元素分布图像)

图 4-296 铌锰矿(BSE)

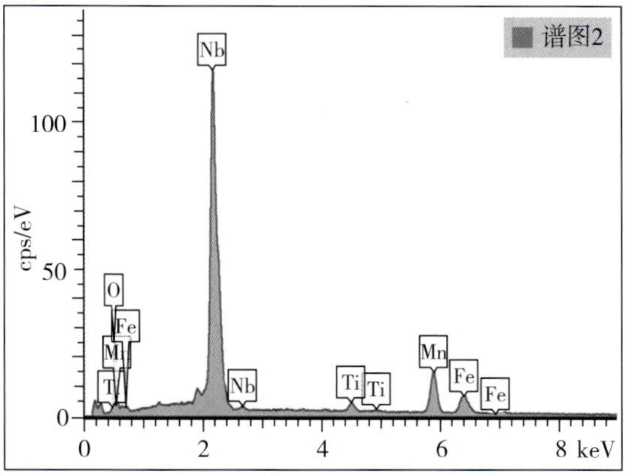

图 4-297 铌锰矿能谱图

表 4-78 铌锰矿电子探针测试结果 单位：w_t/%

成分	测试点 P1	测试点 P2	测试点 P3	测试点 P4	平均值
MnO	13.64	13.31	11.55	12.52	12.75
FeO	5.69	6.40	8.51	5.37	6.49
TiO_2	1.90	2.09	1.94	1.42	1.84
MgO	0.39	0.45	0.56	0.38	0.44
Nb_2O_5	76.19	75.35	75.78	77.54	76.22
Ta_2O_5	0.04	0.06	0.10	0.00	0.05
Sc_2O_3	0.15	0.19	0.19	0.17	0.18
$\sum RE_2O_3$	0.98	0.98	0.83	0.67	0.87
Y_2O_3	0.67	0.61	0.29	0.64	0.55
总计	99.64	99.44	99.75	98.70	99.38

3. 萤石化白云石型铌稀土铁矿石中的铌锰矿

样品采自主矿。铌锰矿呈棕红色、橘红色，半自形晶或不规则粒状分布，与闪锌矿相似，但闪锌矿显均质性，铌锰矿粒径较细，一般为 0.05～0.10mm(图 4-298、图 4-300、图 4-301)，图 4-299 为图 4-298 蓝色框内 BSE 图像，铌锰矿与磁铁矿、氟碳铈矿紧密共生，图 4-302 为图 4-300 蓝色框内 BSE 图像，铌锰矿与磁铁矿、独居石紧密共生，且有独居石被包裹其中，能谱图(图 4-303)显示 Mn 含量大于 Fe，含少量 Ti。图 4-304 的铌锰矿分布于磁铁矿间隙，磁铁矿中有独居石包裹体，能谱图(图 4-305)显示铌锰矿含 Sc。

共伴生矿物：白云石、萤石、独居石、闪锌矿、磁铁矿、钠闪石、硅钡铁钛石、红钛锰矿、菱铁矿、菱锰矿等。

电子探针测试结果(表 4-79)显示，Sc、REE、Y 含量较高，Sc_2O_3、$\sum RE_2O_3$、Y_2O_3 平均含量分别为 0.29%、0.97%、0.40%。

根据电子探针测试结果平均值，以 O=6 为基数，计算化学式：$(Mn_{0.70}Fe_{0.25}Mg_{0.03}REE_{0.02}Y_{0.01}Sc_{0.01})_{\Sigma 1.02}(Nb_{1.94}Ti_{0.05})_{\Sigma 1.99}O_6$。

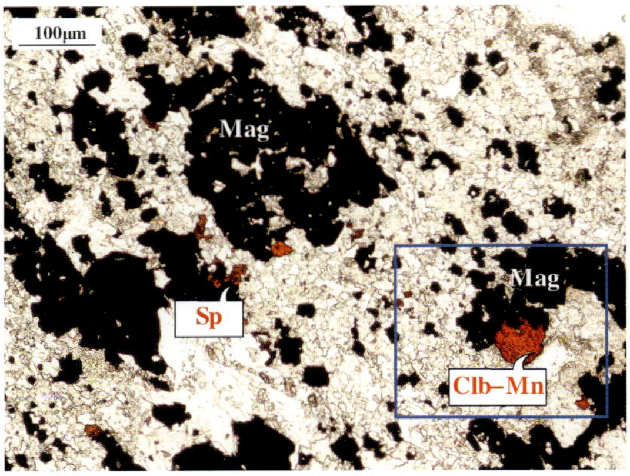

图 4-298　铌锰矿(Clb-Mn)与磁铁矿(Mag)紧密共生(单偏光)

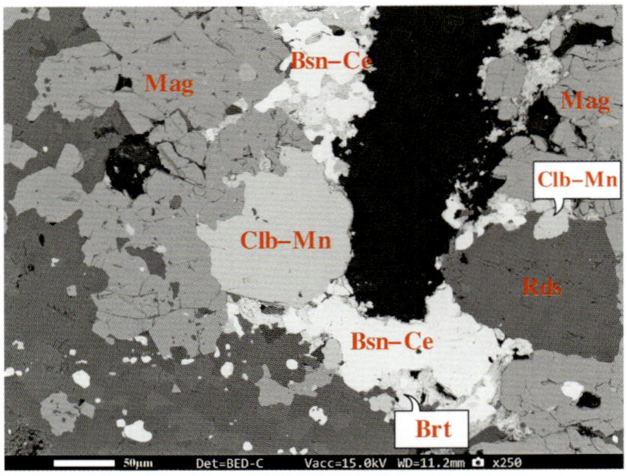

图 4-299　铌锰矿与磁铁矿、氟碳铈矿(Bsn-Ce)紧密共生(BSE)

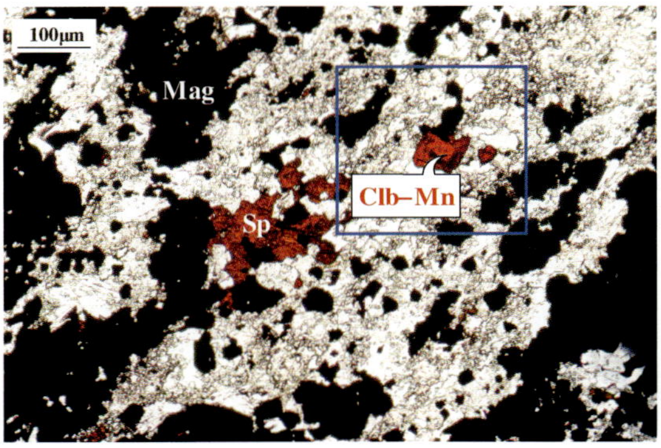

图 4-300　铌锰矿、闪锌矿(Sp)、磁铁矿(单偏光)

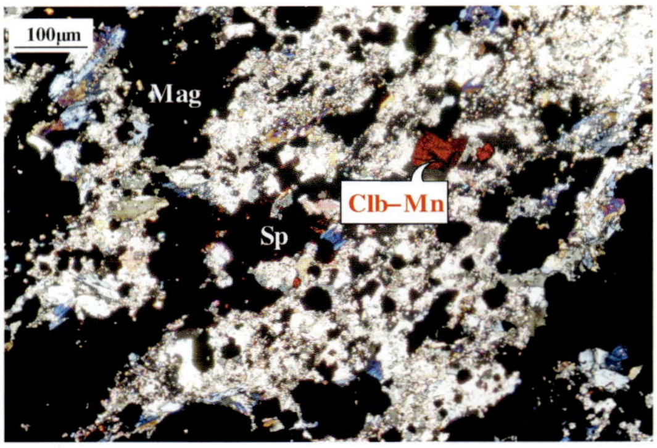

图 4-301　铌锰矿、闪锌矿、磁铁矿(正交偏光)

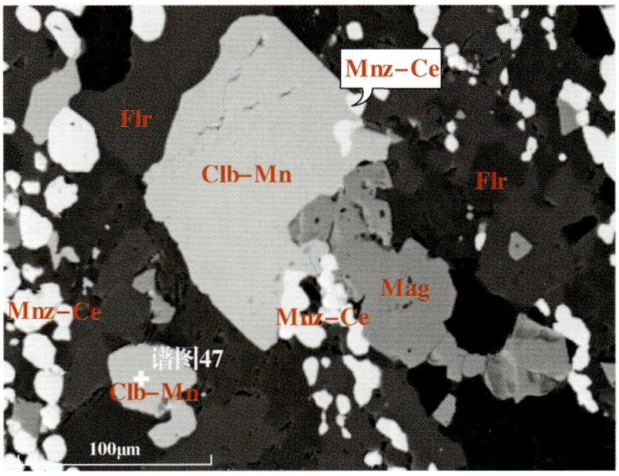

图 4-302　铌锰矿中有独居石(Mnz-Ce)包裹体(BSE)

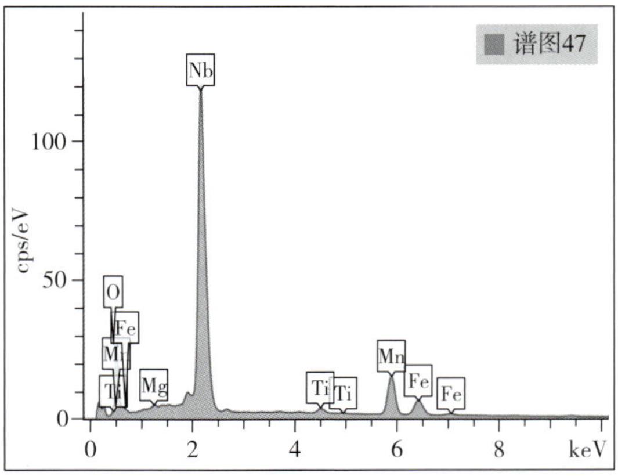

图 4-303　铌锰矿能谱图

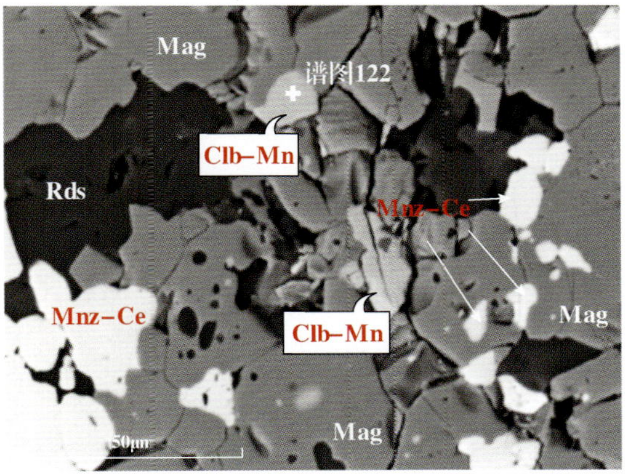

图 4-304 铌锰矿分布于磁铁矿间隙，磁铁矿中有独居石包裹体(BSE)

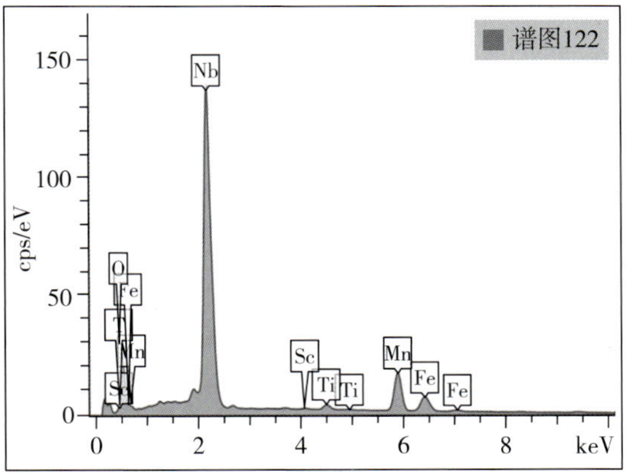

图 4-305 铌锰矿能谱图

表 4-79 铌锰矿电子探针测试结果 单位：w_t/%

成分	测试点 P1	测试点 P2	测试点 P3	平均值
FeO	4.91	5.30	5.91	5.37
MnO	15.72	14.82	13.36	14.63
TiO_2	0.94	1.21	1.48	1.21
MgO	0.41	0.38	0.33	0.37
BaO	0.33	0.07	0.11	0.17
Nb_2O_5	75.77	75.83	76.08	75.89
Ta_2O_5	0.10	0.12	0.01	0.08
Sc_2O_3	0.24	0.13	0.50	0.29
ΣRE_2O_3	0.65	1.44	0.83	0.97
Y_2O_3	0.31	0.41	0.48	0.40
总计	99.38	99.70	99.09	99.39

4. 黑云母型铌稀土铁矿石中的铌锰矿

样品采自主矿。铌锰矿多呈不规则细粒状与氟钙烧绿石紧密共生，被烧绿石包裹或包裹烧绿石，反射率高于氟钙烧绿石，内反射色呈樱红-暗红色(图 4-306 至图 4-309)，粒径为 0.01～0.05mm。由图 4-310、图 4-311 可知，铌锰矿与氟钙烧绿石的相互包裹关系。

共伴生矿物：黑云母、萤石、磁铁矿、氟碳铈矿、独居石、氟钙烧绿石、黄河矿、闪锌矿、易解石、钛铁矿、锆石等。

根据电子探针测试结果平均值(表 4-80)，以 O=6 为基数，计算化学式：$(Mn_{0.62}Fe_{0.30}Mg_{0.03}REE_{0.02}Ca_{0.01})_{\Sigma 0.98}(Nb_{1.96}Ti_{0.06})_{\Sigma 2.02}O_6$。

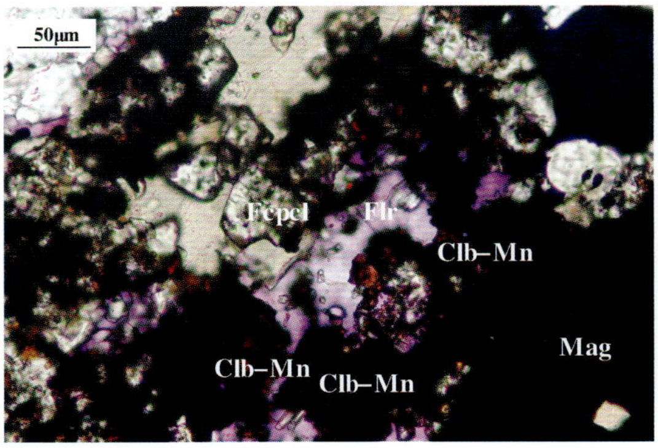

图 4-306　铌锰矿(Clb-Mn)与氟钙烧绿石(Fcpcl)紧密共生(单偏光)

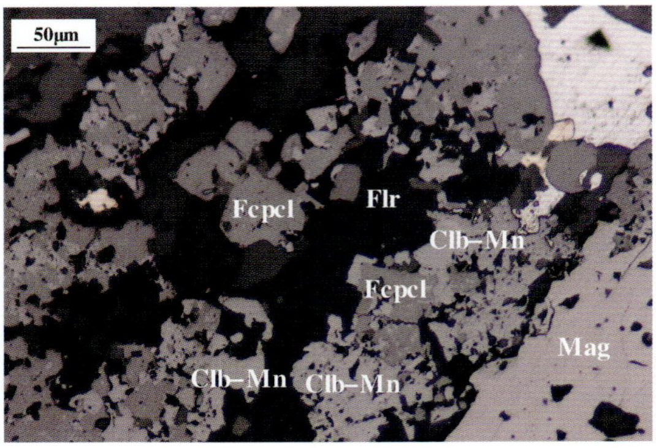

图 4-307　铌锰矿与氟钙烧绿石(反射光)

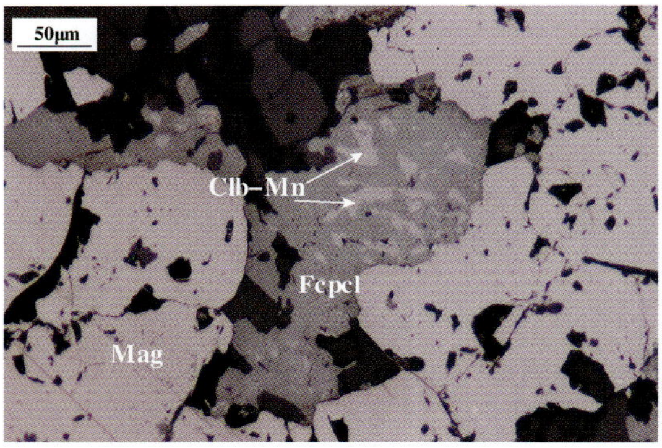

图 4-308　氟钙烧绿石中包裹铌锰矿(反射光)

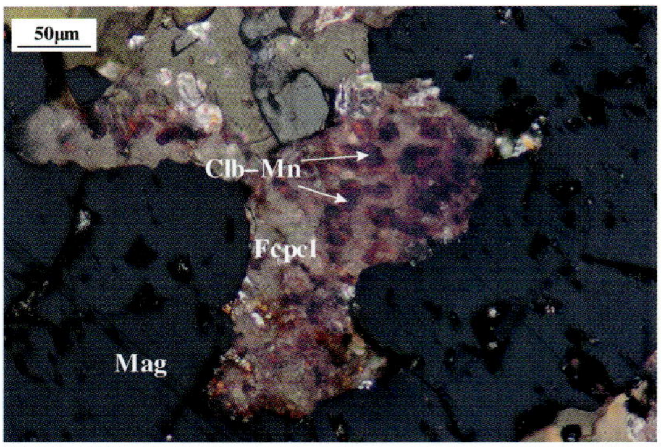

图 4-309　铌锰矿的内反射色(反射正交)

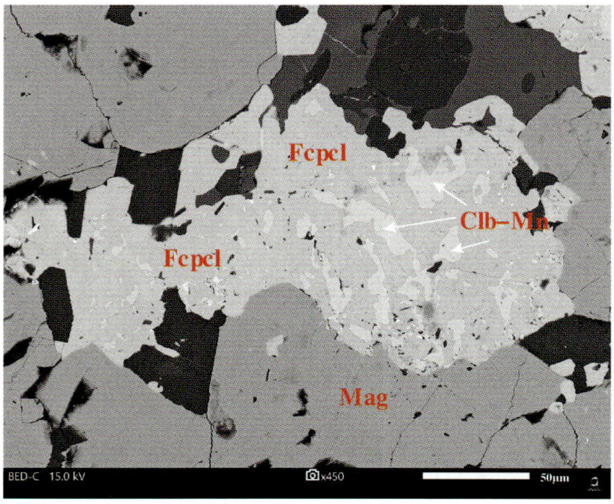

图 4-310　氟钙烧绿石中包裹铌锰矿(BSE)

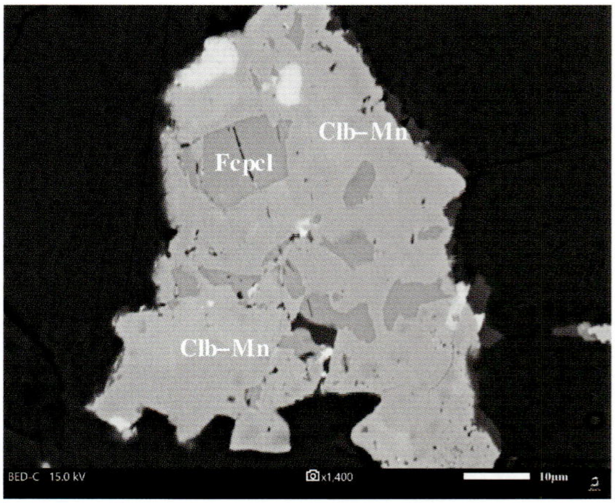

图 4-311　铌锰矿中包裹氟钙烧绿石(BSE)

表 4-80　铌锰矿电子探针测试结果　　单位：$w_{t}/\%$

成分	测试点 P1	测试点 P2	测试点 P3	测试点 P4	测试点 P5	测试点 P6	平均值
MnO	13.10	13.78	12.70	12.04	13.10	13.38	13.02
FeO	6.36	5.67	6.42	7.10	6.41	6.07	6.34
TiO_2	1.35	1.37	1.74	1.34	1.39	0.98	1.36
MgO	0.36	0.31	0.36	0.39	0.37	0.34	0.35
CaO	0.16	0.23	0.27	0.47	0.11	0.05	0.22
Nb_2O_5	77.15	78.27	75.88	76.81	76.88	78.31	77.22
Sc_2O_3	0.01	0.02	0.00	0.00	0.05	0.00	0.01
ΣRE_2O_3	1.29	0.56	0.74	0.53	0.71	1.24	0.85
Y_2O_3	0.01	0.13	0.08	0.23	0.23	0.27	0.16
总计	99.79	100.33	98.19	98.92	99.25	100.65	99.52

铌镁矿　Columbite-(Mg)

$MgNb_2O_6$

化学组成：MgO 13.17%，Nb_2O_5 86.83%。常有 Fe、Ta、Ti 类质同象混入。

晶体结构：斜方晶系，空间群为 *Pbcn*。a_0 = 5.65Å，b_0 = 14.17Å，c_0 = 5.02Å，Z = 4。晶体结构与铌铁矿相同。

形态：斜方双锥晶形，$D_{2h}-mmm(3L^2 3PC)$。晶体常呈针状、板状或不规则状。

物理性质：黑-褐黑色，半透明-不透明，条痕暗褐色，半金属光泽。摩氏硬度 6.5，相对密度 5.17。

显微镜下特征：二轴晶(+)，2V = 80°。N_g = 2.39～2.44，N_p = 2.33～2.36。薄片中呈棕黄色或暗红色，多色性：N_p—浅棕黄色，N_g—棕红色。

白云石型铌稀土矿石中的铌镁矿

样品采自东部接触带。铌镁矿呈粒状分布于透辉石矿物间，粒径为 0.05～0.08mm，铌镁矿中间包裹着含 U 高的铌钙矿(图 4-312 至图 4-315)。

共伴生矿物：白云石、透辉石、氟钙烧绿石、铌钙矿、磁铁矿、方解石等。

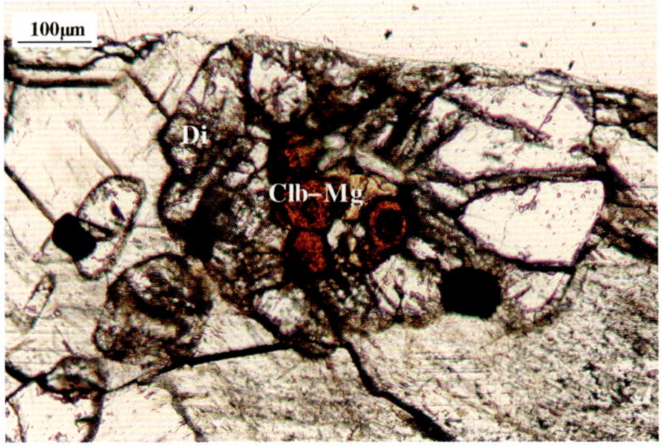

图 4-312　分布于透辉石 (Di) 中的铌镁矿 (Clb-Mg)颗粒(单偏光)

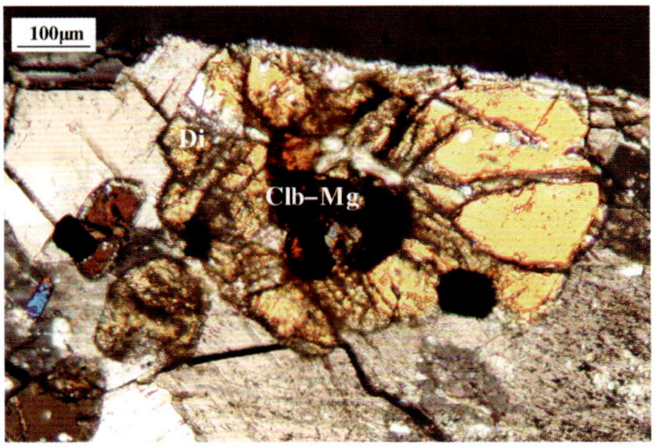

图 4-313　分布于透辉石中的铌镁矿颗粒 (正交偏光)

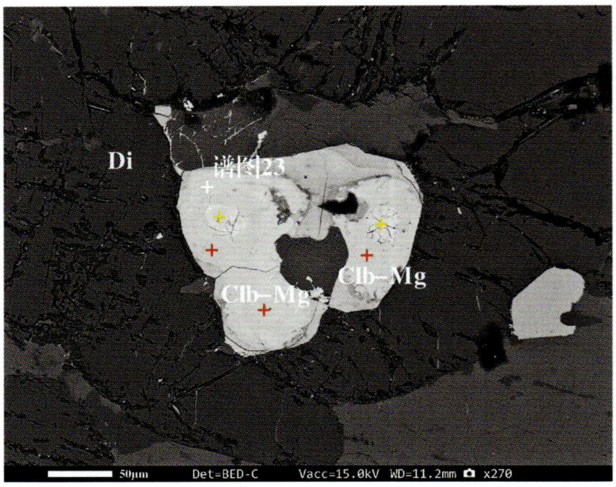

图 4-314 红色“+”为铌镁矿测试点，黄色“+”为包裹于铌镁矿中的铌钙矿(BSE)

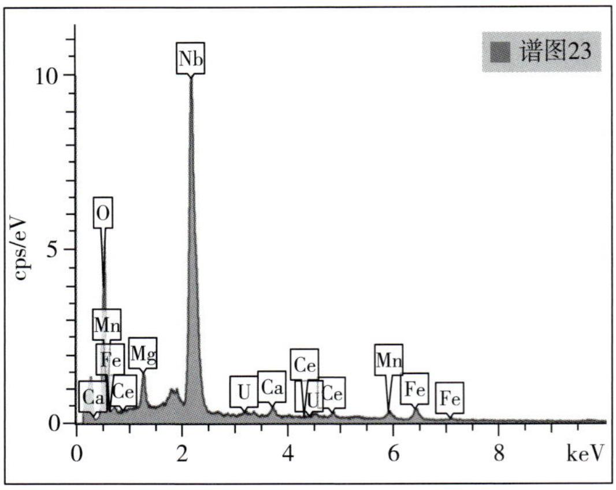

图 4-315 含铈、铀、锰的铌镁矿

该铌镁矿 U 高 Ta 高 Th 低(表 4-81)，UO_2 平均含量为 1.04%，Ta_2O_5 平均含量为 0.12%，ThO_2 平均含量为 0.10%。铌镁矿含少量稀土，铈族稀土为主，稀土配分中 Ce_2O_3 含量约占 50%，类质同象置换为 REE^{3+} 与 U^{4+} 或 Si^{4+} 置换 Nb^{5+} 与 Fe^{2+}，$REE^{3+}+Ti^{4+}/Si^{4+}/U^{4+}\rightarrow Nb^{5+}+Fe^{2+}$；同时，$Fe^{2+}$、Mn、Ca、Mg、Ba、Sr 之间存在类质同象置换。

根据电子探针测试结果平均值(表 4-81)，以 O=6 为基数，计算化学式：$(Mg_{0.33}Fe_{0.31}Mn_{0.17}REE_{0.11}Ca_{0.08}Sr_{0.06}Ba_{0.01}U_{0.01})_{\Sigma 1.08}(Nb_{1.87}Ti_{0.03}Si_{0.05})_{\Sigma 1.95}O_6$。

根据化学式结果，Mg(apfu)(0.33)>Fe(0.31)，属于铌镁矿。

表 4-81 铌镁矿电子探针测试结果 单位：w_t/%

成分	测试点 P1	稀土配分	测试点 P2	稀土配分	测试点 P3	稀土配分	平均值
FeO	6.15	ΣRE_2O_3 = 4.76	6.04	ΣRE_2O_3 = 4.36	5.80	ΣRE_2O_3 = 5.59	6.00
SiO2	1.06		0.76		0.71		0.84
CaO	1.38		1.15		1.09		1.21
MgO	3.47		3.52		3.63		3.54
MnO	3.39		3.41		3.04		3.28
SrO	1.99		1.93		1.47		1.80
TiO_2	0.65		0.65		0.71		0.67
BaO	0.58		0.58		0.70		0.62
ThO_2	0.15		0.03		0.11		0.10
UO_2	1.11		1.94		0.07		1.04
Nb_2O_5	67.42		67.68		68.44		67.85
Ta_2O_5	0.14		0.09		0.12		0.12
Sc_2O_3	0.09		0.05		0.13		0.09

续表

成分	测试点 P1	稀土配分	测试点 P2	稀土配分	测试点 P3	稀土配分	平均值
La_2O_3	0.74	15.64	0.70	16.07	0.83	14.89	0.76
Ce_2O_3	2.30	48.39	1.86	42.73	2.60	46.55	2.26
Pr_2O_3	0.22	4.60	0.05	1.17	0.18	3.15	0.15
Nd_2O_3	0.02	0.38	0.04	0.96	0.06	1.13	0.04
Sm_2O_3	0.21	4.46	0.26	5.95	0.18	3.29	0.22
Tb_2O_3	0.00	0.00	0.14	3.24	0.34	6.10	0.16
Dy_2O_3	1.20	25.29	1.23	28.27	1.31	23.39	1.25
Y_2O_3	0.06	1.24	0.07	1.61	0.08	1.49	0.07
总计	92.33	100.00	92.19	100.00	91.61	100.00	92.04

白鸽矿* Nioboixiolite-(□)

$(Nb_{0.8}□_{0.2})^{4+}O_2$

晶体结构：斜方晶系，空间群为 *Pbcn*。a_0 = 4.7071Å，b_0 = 5.7097(7)Å，c_0 = 5.1111(6)Å，Z = 4。

形态：斜方双锥晶形，$D_{2h}-mmm(3L^2 3PC)$。自形、半自形粒状分布。

物理性质：黑色，半金属光泽，不透明，参差状-贝壳状断口。摩氏硬度 6～6.5，不完全解理，性脆。

白鸽矿是中国地质科学院矿产资源研究所李以科团队发现的新矿物，该矿物已于 2022 年 12 月 2 日获得 IMA-CNMNC 通过，为纪念在白云鄂博地区首次发现铌铁矿并开启铌资源调查研究的白鸽研究员(1930—2020)，申报者将矿物中文名称确定为“白鸽矿”。

白鸽矿是在白云鄂博矿床发现的第 16 个新矿物。

白鸽矿发现于白云鄂博铌-稀土-铁矿床西侧隐伏碳酸岩体中，距离西矿 1.5km。它是一种黑色不透明的铌钽氧化物。一直以来白云鄂博矿床被认为是富钍(Th)贫铀(U)、富铌(Nb)贫钽(Ta)，但白鸽矿中 UO_2 和 Ta_2O_5 含量分别达到 20.21%和 13.75%，该矿物的发现丰富了白云鄂博铌矿物种类同时为找寻铀和钽资源提供了方向。

白鸽矿简化的化学式为$[(Nb,Ta)^{5+}□,(Ti,Si)^{4+},U^{6+},(Ca,Sr)^{2+},(Fe,REE)^{3+}]O_2$，理想化学式为$(Nb_{0.8}□_{0.2})^{4+}O_2$。

四、其他富铌氧化物

鄂博铌矿* Oboniobite

$Mg_4Nb_2O_9$

化学组成：Mg 常被 Fe、Mn 置换。

晶体结构：三方晶系，空间群为 $P\bar{3}c1$。a_0 = 5.1804(2)Å，c_0 = 14.0768(6)Å。

形态：六角形斜面体，$D_{3d}-\bar{3}m(L^3 3L^2 3PC)$。

物理性质：暗红色-黑色，不透明，金属光泽。

显微镜下特征：透射光下呈橘红色-暗红色，反射光下反射率明显低于磁铁矿。

鄂博铌矿是2024年5月经IMA－CNMNC批准，由中国科学院地质与地球物理研究所范宏瑞团队发现的新矿物，也是白云鄂博矿床发现的第19个新矿物。

白云石型铌稀土矿石中的鄂博铌矿

样品采自主矿。鄂博铌矿呈暗红色不规则粒状分布，颗粒粗大，边缘多被磁铁矿交代(图4－316、图4－318、图4－322、图4－323)，部分微细粒磁铁矿被包裹于鄂博铌矿中(图4－321)，反射率较低，内反射色为暗红色(图4－317、图4－319、图4－320)，矿物粒径为0.50～2.00mm。

共伴生矿物：白云石、磷灰石、独居石、磁铁矿、褐钇铌矿、氟钙烧绿石等。

根据电子探针测试结果(表4－82)，Fe、Mn及少量REE置换了Mg，根据电子探针测试结果平均值，以O=9为基数，计算化学式：$(Mg_{3.16}Fe_{0.58}Mn_{0.31}REE_{0.06})_{\Sigma 4.11}(Nb_{1.91}Ti_{0.05})_{\Sigma 1.96}O_9$。

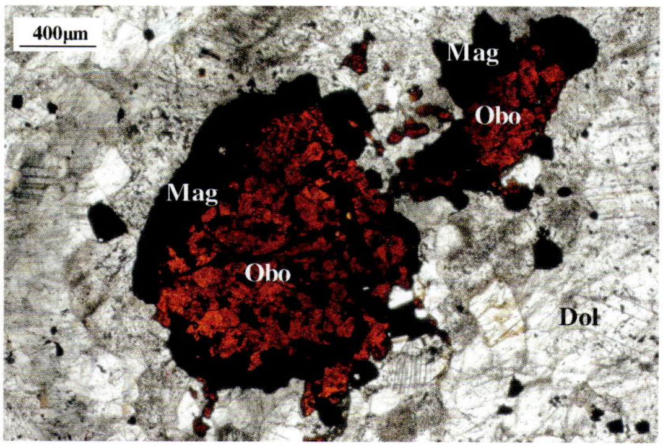

图4－316　分布于白云石(Dol)间的鄂博铌矿(Obo)颗粒(单偏光)

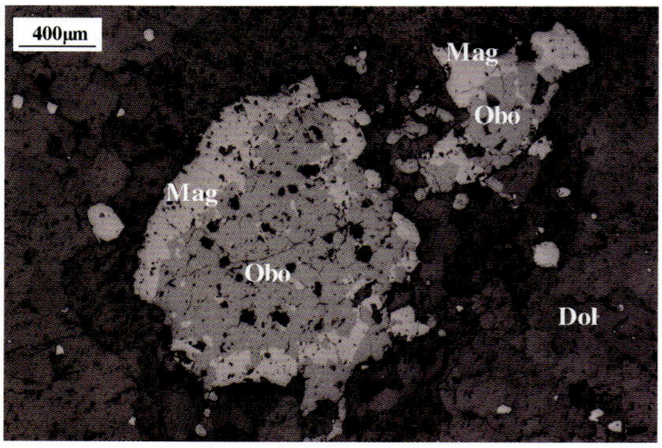

图4－317　鄂博铌矿反射率低于磁铁矿(Mag)(反射光)

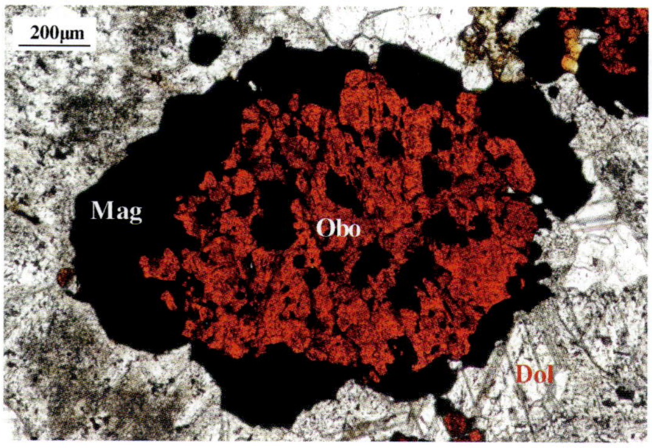

图4－318　分布于白云石间的鄂博铌矿(单偏光)

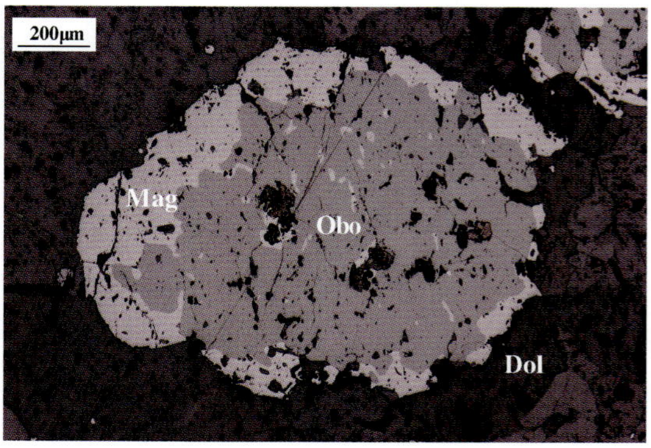

图4－319　鄂博铌矿被磁铁矿沿边缘交代(反射光)

图 4-320　鄂博铌矿的内反射色(反射正交)

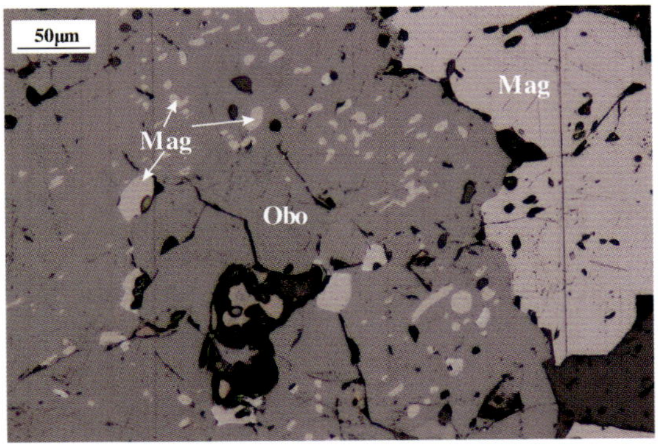

图 4-321　鄂博铌矿中的细粒磁铁矿包裹体(反射光)

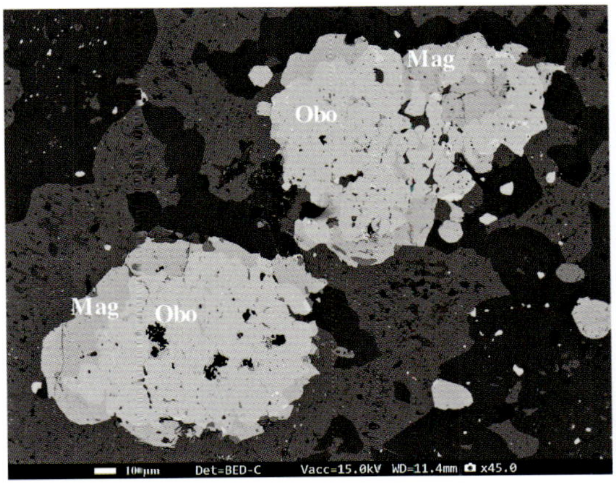

图 4-322　磁铁矿沿边缘交代鄂博铌矿(BSE)

图 4-323　磁铁矿沿边缘交代鄂博铌矿(BSE)

表 4-82　鄂博铌矿电子探针测试结果　　单位：w_t/%

成分	测试点 P1	测试点 P2	测试点 P3	平均值
Nb_2O_5	55.61	55.92	55.78	55.77
MgO	28.17	27.41	27.78	27.79
FeO	9.08	9.60	9.11	9.26
MnO	4.66	4.97	4.85	4.83
TiO_2	0.69	0.98	0.80	0.82
PbO	0.24	0.13	0.08	0.15
$\sum RE_2O_3$	2.40	2.29	2.23	2.31
总计	100.85	100.30	100.63	100.93

铌铁金红石(钛铁金红石)　Ilmenorutile

$(Ti,Nb,Fe^{3+})O_2$

化学组成：Nb、Fe 置换 Ti，$Nb^{5+}+Fe^{3+}\rightarrow 2Ti^{4+}$。

晶体结构：四方晶系，空间群为 $P4_2/mnm$。$a_0=4.606Å$，$c_0=2.982Å$，$Z=2$。

形态：复四方双锥晶形，$D_{4h}-4/mmm(L^44L^25PC)$。

物理性质：棕褐色、黑色，不透明，半金属光泽，条痕红棕色，贝壳状断口。摩氏硬度 6～6.5，相对密度 4.35～4.92。

显微镜下特征：一轴晶(－)。透射光下呈浅棕色-棕褐色，含 Nb 高则颜色深。反射光下，呈白色微带蓝色，反射率较磁铁矿稍高，反射率(白光)$R=23.5\%$，强非均质性(灰-深灰色，有时带黄灰)，内反射色为淡黄褐色-黄褐色。

铌铁金红石也称钛铁金红石，是金红石富含铌、铁的变种，但没有被 IMA－CNMNC 承认。金红石是 TiO_2，常有 Fe、Nb、Sn 等元素的置换，Ti^{4+} 与 Nb^{5+} 离子半径接近，致使 Nb 有可能进入钛矿物晶格，在这种异价类质同象置换中，为了达到静电平衡，Fe^{3+} 进入晶格与 Nb^{5+} 共同置换 Ti^{4+}。

铌铁金红石在白云鄂博分布较广，也是选铌的主要矿物之一，本次研究所测数据 Nb_2O_5 含量为 5.61%～24.96%。铌铁金红石含铌越高颜色相对越深，同时晶形也由长柱状、针状变为短柱状，所以铌铁金红石多呈短柱状或粒状分布。

1. 霓石型铌稀土矿石中的铌铁金红石

样品采自主矿。铌铁金红石呈棕褐色、不等粒状分布于霓石、萤石等矿物间隙，粒径为 0.10～0.30mm，铌铁金红石矿物边缘被富铌钛铁矿包裹(图 4－324 至图 4－327)。

共伴生矿物：霓石、萤石、黄河矿、磷灰石、重晶石、钠长石、黑云母、钛铁矿、氟碳钡铈矿等。

电子探针测试结果(表 4－83)中 Nb_2O_5 含量在 8.16%～24.96%，Nb、Fe 置换了 Ti：$Nb^{5+}+Fe^{3+}\rightarrow 2Ti^{4+}$，故 Nb 与 Fe 是同高或同低。

根据电子探针测试结果，以 O＝2 为基数，分别计算 P1、P2、P3 平均值及 P4、P5 平均值化学式。P1、P2、P3 平均值化学式：$(Ti_{0.89}Nb_{0.06}Fe_{0.06})_{\Sigma 1.01}O_2$；P4、P5 平均值化学式：$(Ti_{0.76}Nb_{0.15}Fe_{0.15})_{\Sigma 1.06}O_2$。

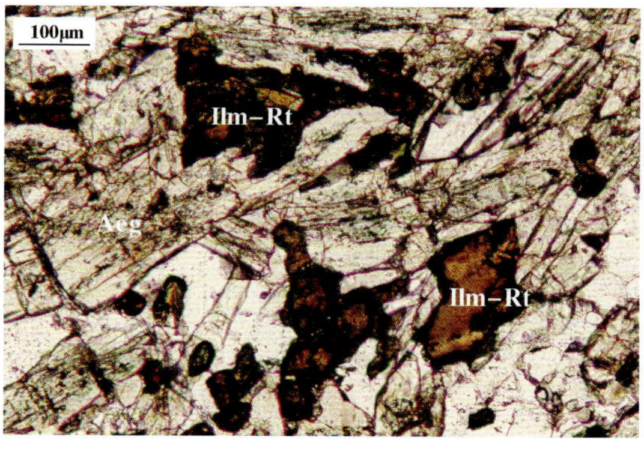

图 4－324　分布于霓石(Aeg)间的铌铁金红石(Ilm－Rt)(单偏光)

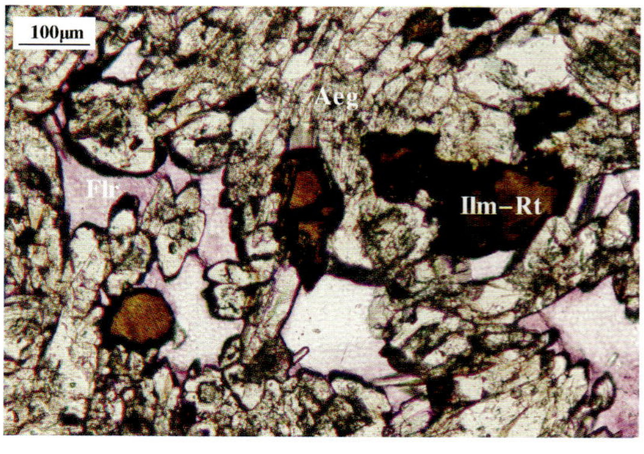

图 4－325　分布于霓石、萤石(Flr)间的铌铁金红石(单偏光)

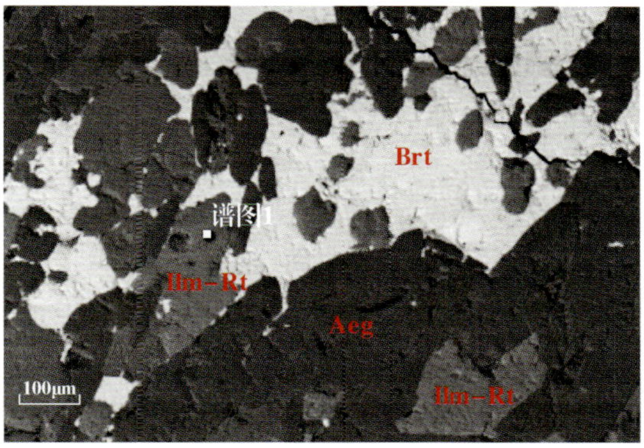

图 4-326　铌铁金红石与霓石、重晶石(Brt)(BSE)

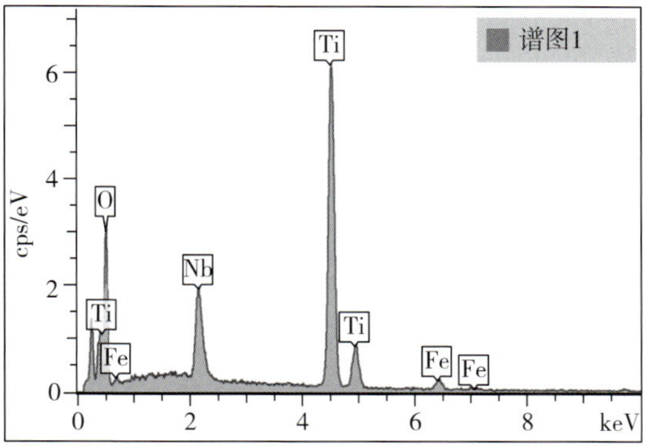

图 4-327　铌铁金红石能谱图

表 4-83　铌铁金红石电子探针测试结果　　单位：$w_t/\%$

成分	测试点 P1	测试点 P2	测试点 P3	P1、P2、P3 平均值	测试点 P4	测试点 P5	P4、P5 平均值
TiO_2	83.65	84.90	87.51	85.35	70.78	64.06	67.42
FeO	5.24	5.04	4.25	4.84	8.49	10.11	9.30
MnO	0.00	0.00	0.00	0.00	0.01	0.04	0.03
Nb_2O_5	11.13	10.26	8.16	9.85	19.40	24.96	22.18
Y_2O_3	0.04	0.00	0.02	0.02	0.03	0.00	0.02
总计	100.06	100.20	99.94	100.07	98.71	99.17	98.95

2. 萤石化霓石型铌稀土矿石中的铌铁金红石

样品采自东矿。铌铁金红石呈浅棕-暗棕色不规则粒状分布于霓石、萤石及重晶石矿物间，含 Nb 高呈棕褐色，含 Nb 低呈浅棕色，粒径为 0.05～0.50mm(图 4-328、图 4-329)，反射率较高(图 4-330)，BSE 图像因 Nb 含量不同呈现不同的亮度(图 4-331)。部分铌铁金红石呈微细粒定向分布于萤石矿物中，颗粒细小，粒径为 0.01～0.02mm(图 4-332、图 4-333)，反射色为灰白色(图 4-334)，内反射色为淡黄色(图 4-335)。

共伴生矿物：霓石、萤石、磁铁矿、重晶石、白云石、氟钙烧绿石、氟碳铈矿等。

选择 BSE 图像下不同亮度的位置点+1 至+6 做电子探针测试(图 4-331)，测试结果(表 4-84)显示 Nb_2O_5 含量差别较大，亮色位置点(+1 至+4)Nb_2O_5 含量为 20.46%～22.16%，暗色位置点(+5、+6)Nb_2O_5 仅为 12.29%和 8.14%。

根据电子探针测试结果平均值(表 4-84)，以 O=2 为基数，计算化学式：$(Ti_{0.80}Nb_{0.11}Fe_{0.07})_{\Sigma 0.98}O_2$。

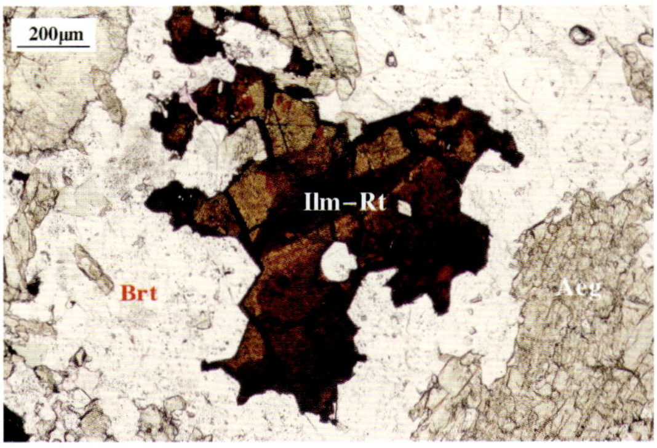

图 4-328　浅棕色-深棕色的铌铁金红石(Ilm-Rt)(单偏光)

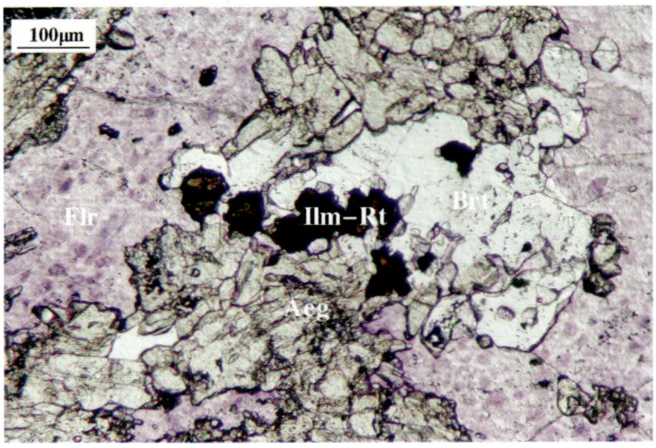

图 4-329　粒状分布的铌铁金红石(单偏光)

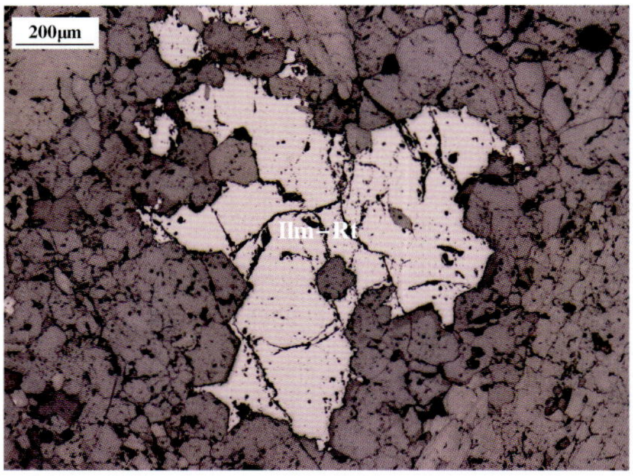

图 4-330　铌铁金红石的反射率(反射光)

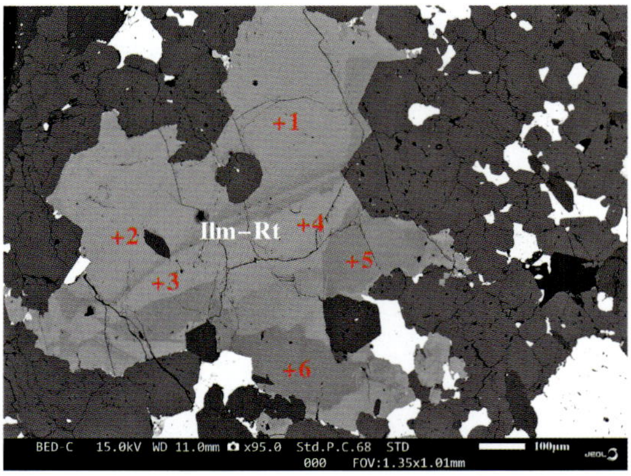

图 4-331　电子探针测试点位置(BSE)

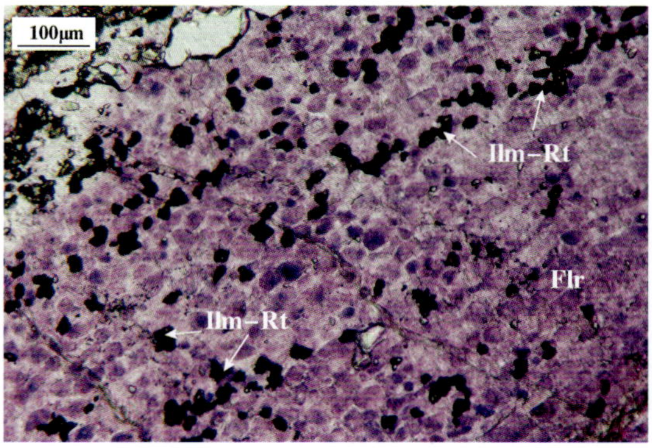

图 4-332　分布于萤石(Flr)矿物中的细粒铌铁金红石(单偏光)

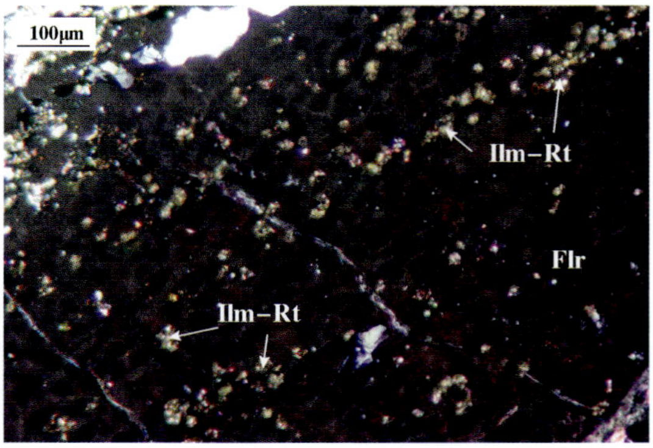

图 4-333　铌铁金红石(Ilm-Rt)的干涉色(正交偏光)

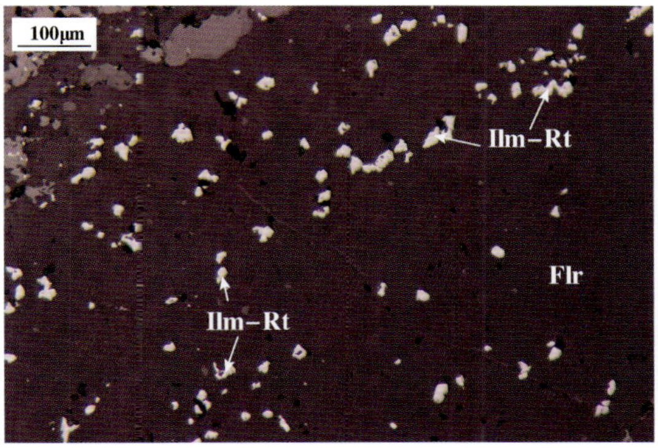

图 4-334 铌铁金红石的反射色(反射光)

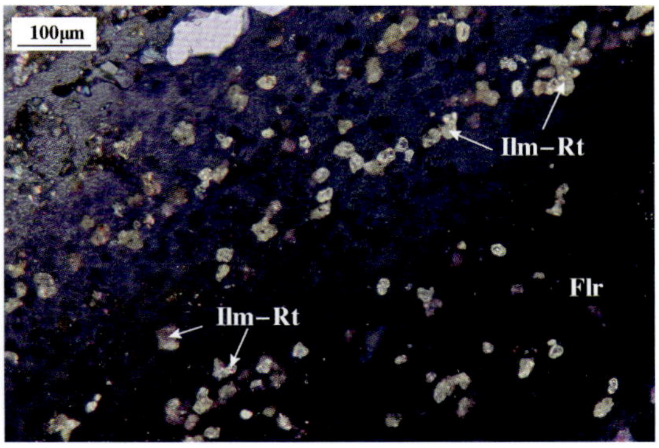

图 4-335 铌铁金红石的内反射色(反射正交)

表 4-84 铌铁金红石电子探针测试结果 单位：$w_t/\%$

成分	测试点 P1	测试点 P2	测试点 P3	测试点 P4	测试点 P5	测试点 P6	平均值
TiO_2	71.05	71.55	70.87	68.94	84.22	90.22	76.14
FeO	7.46	7.12	7.42	7.98	5.11	3.55	6.44
Nb_2O_5	20.94	20.46	20.61	22.16	12.29	8.14	17.43
CaO	0.04	0.03	0.03	0.06	0.03	0.02	0.03
$\sum RE_2O_3$	0.17	0.30	0.09	0.29	0.05	0.00	0.15
总计	99.65	99.45	99.01	99.43	101.70	101.93	100.19

3. 霓石型铌稀土矿石中的铌铁金红石

样品采自东矿。铌铁金红石呈棕黄-棕褐色他形粒状分布于霓石、萤石等矿物间隙，粒径为C.10～0.30mm(图 4-336 至图 4-339)，图 4-341 方框内为对应图 4-340 的BSE电子图像，显微镜下棕黄色铌铁金红石在BSE图像中较暗，棕褐色则较亮(右框)，这部分金红石含铌较高。即显微镜下铌铁金红石颜色越深含铌越高，BSE电子图像颜色越亮含铌越高。

共生伴矿物：霓石、萤石、黄河矿、独居石、重晶石、氟碳钡铈矿等。

图 4-336 分布于霓石(Aeg)矿物间的铌铁金红石(Ilm-Rt)(单偏光)

图 4-337 铌铁金红石的内反射色(黄棕色)(反射正交)

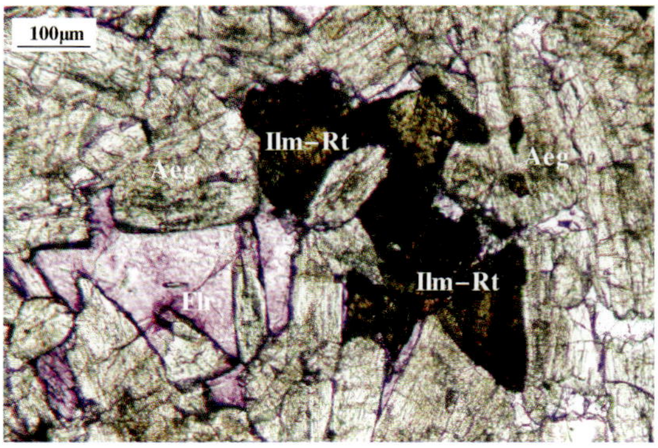

图 4-338　深棕色的铌铁金红石（单偏光）

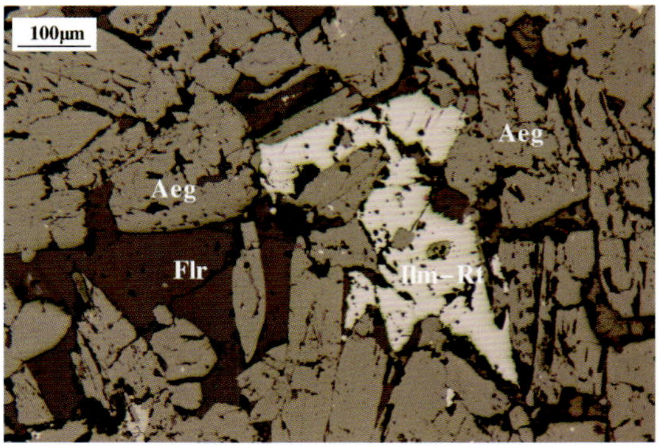

图 4-339　铌铁金红石的反射率（反射光）

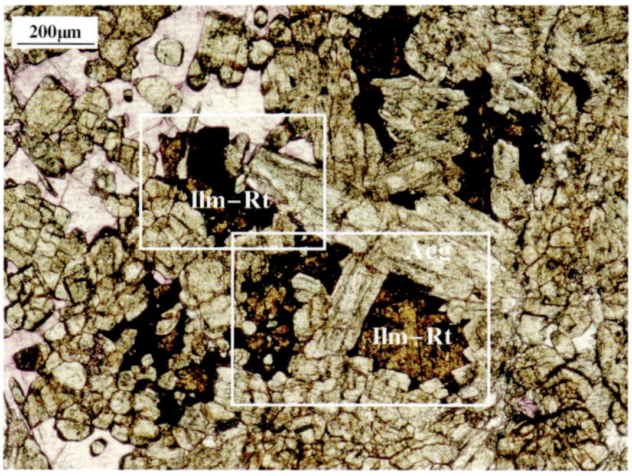

图 4-340　颜色越深的铌铁金红石含铌越高(单偏光)

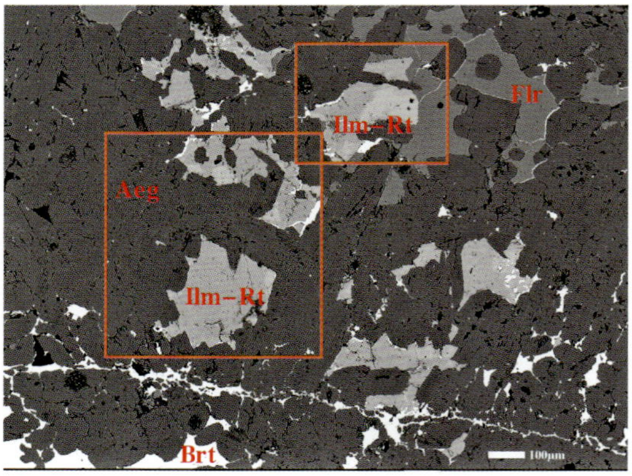

图 4-341　含铌高的铌铁金红石颜色更亮(BSE)

电子探针测试结果(表 4-85)中 Nb_2O_5 含量为 5.61%～13.60%，平均为 8.86%，FeO 含量为 1.8%～6.50%，平均为 3.77%。Nb、Fe 置换了 Ti：$Nb^{5+}+Fe^{3+}\rightarrow 2Ti^{4+}$，故 Nb 与 Fe 是正相关关系，同高或同低。

根据电子探针测试结果平均值，以 O=2 为基数，计算化学式：$(Ti_{0.91}Nb_{0.06}Fe_{0.04})_{\Sigma 1.01}O_2$。

表 4-85　铌铁金红石电子探针测试结果　　单位：w_t/%

成分	测试点 P1	测试点 P2	测试点 P3	测试点 P4	测试点 P5	测试点 P6	测试点 P7	测试点 P8	平均值
TiO_2	88.65	80.82	91.78	81.34	81.52	91.86	91.27	90.99	87.28
FeO	2.55	6.36	1.85	6.47	6.50	2.11	2.14	2.20	3.77
CaO	0.01	0.06	0.07	0.00	0.02	0.01	0.00	0.00	0.02
Nb_2O_5	6.86	12.79	5.61	13.49	13.60	6.04	6.11	6.37	8.86
Ta_2O_5	0.00	0.02	0.00	0.02	0.05	0.00	0.00	0.00	0.01
Y_2O_3	0.00	0.01	0.01	0.00	0.05	0.03	0.02	0.02	0.02

续表

成分	测试点 P1	测试点 P2	测试点 P3	测试点 P4	测试点 P5	测试点 P6	测试点 P7	测试点 P8	平均值
总计	98.08	100.04	99.32	101.31	101.75	100.06	99.54	99.58	99.95

铌板钛矿 Nb - bearing Brookite

$(Ti,Nb,Fe^{3+})O_2$

化学组成：Nb、Fe 置换 Ti，$Nb^{5+}+Fe^{3+}\rightarrow 2Ti^{4+}$。

晶体结构：斜方晶系，空间群为 *Pbca*。$a_0=5.4558$Å，$b_0=9.1819$Å，$c_0=5.1429$Å，$Z=8$。

形态：斜方双锥晶形，$D_{2h}-mmm(3L^2 3PC)$。主要为板状及柱状。

物理性质：棕色、黄褐色、红棕色、深褐色-铁黑色，透明、半透明、不透明，条痕白色-灰白色或黄白色，金刚光泽、半金刚光泽、金属光泽、玻璃光泽，性脆，解理{110}不完全。摩氏硬度 5.5～6.0，相对密度 4.08～4.18。

显微镜下特征：二轴晶(+)，$2V=10°\sim20°$。$N_g=2.700$，$N_p=2.583$，$N_m=2.584$。

本样品晶体结构由广州地化所测试所得，因含铌较高，晶胞参数较板钛矿小了很多。

晶胞参数：$a_0=4.601$Å，$b_0=5.6105$Å，$c_0=4.9769$Å。

磷灰石化钠闪石型铌稀土矿石中的铌板钛矿

样品采自主矿。铌板钛矿呈透明-半透明、棕红色-深棕色，半自形或不规则状分布，半自形分布的铌板钛矿粒径为 0.02～0.05mm，反射率较高(图 4 - 342 至图 4 - 345)，不规则状分布的多为交代重晶石形成并呈网脉状分布(图 4 - 346、图 4 - 347)。

共伴生矿物：钠闪石、重晶石、霓石、赤铁矿、磷灰石、独居石、氟碳铈矿、石英等。

图 4 - 348 为局部铌板钛矿 Nb、Ti、Fe、Ba、Si 元素分布及 BSE 图像，电子探针测试结果(表 4 - 86)显示铌板钛矿中铌含量较高，Nb_2O_5 含量平均值为 41.20%，TiO_2 平均含量为 36.48%，FeO 平均含量为 20.31%，较少有其他元素置换。

根据电子探针测试结果平均值，以 O=2 为基数，计算化学式：$(Ti_{0.44}Nb_{0.30}Fe_{0.24})_{\Sigma 0.98}O_2$。

图 4 - 342 铌板钛矿(Brk - Nb)颜色深的部分含 Nb 高(单偏光)

图 4 - 343 铌板钛矿的反射率较高，呈亮白色(反射光)

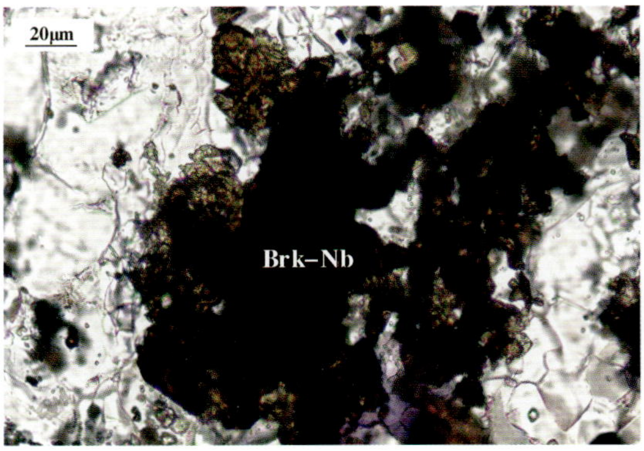

图 4-344　棕色-深棕色的铌板钛矿(单偏光)

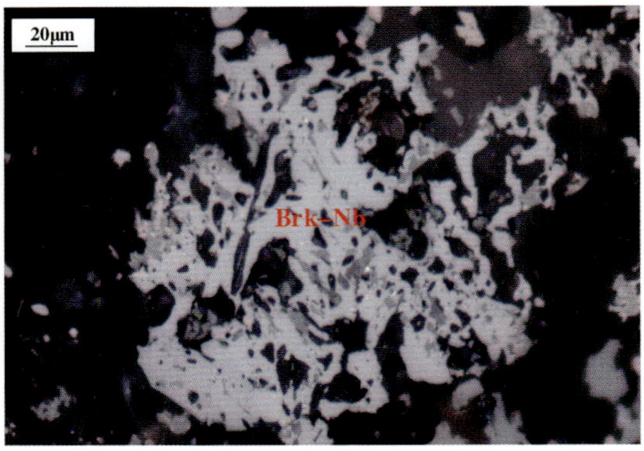

图 4-345　铌板钛矿的反射率(反射光)

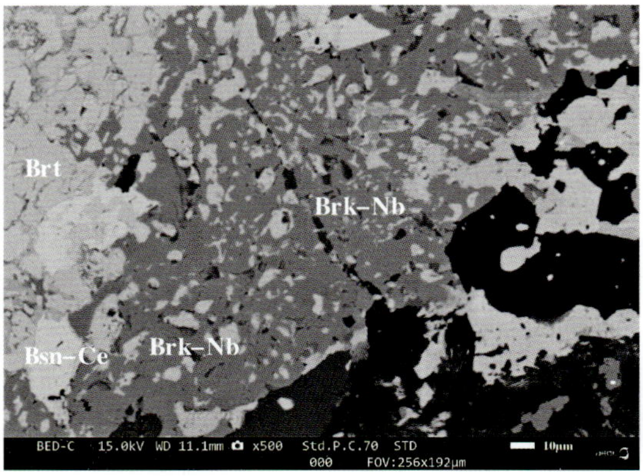

图 4-346　铌板钛矿与重晶石(Brt)(BSE)

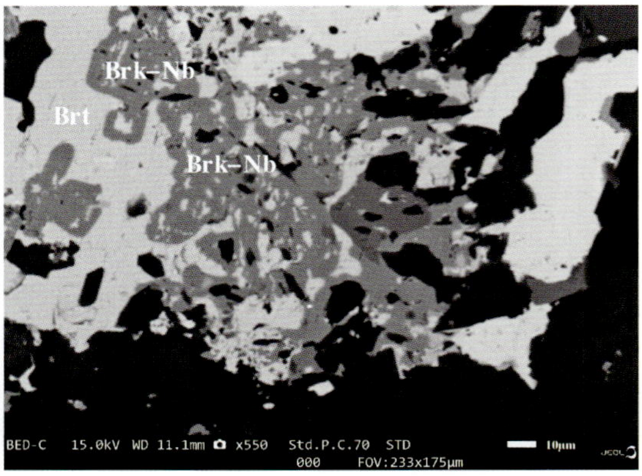

图 4-347　铌板钛矿与重晶石(BSE)

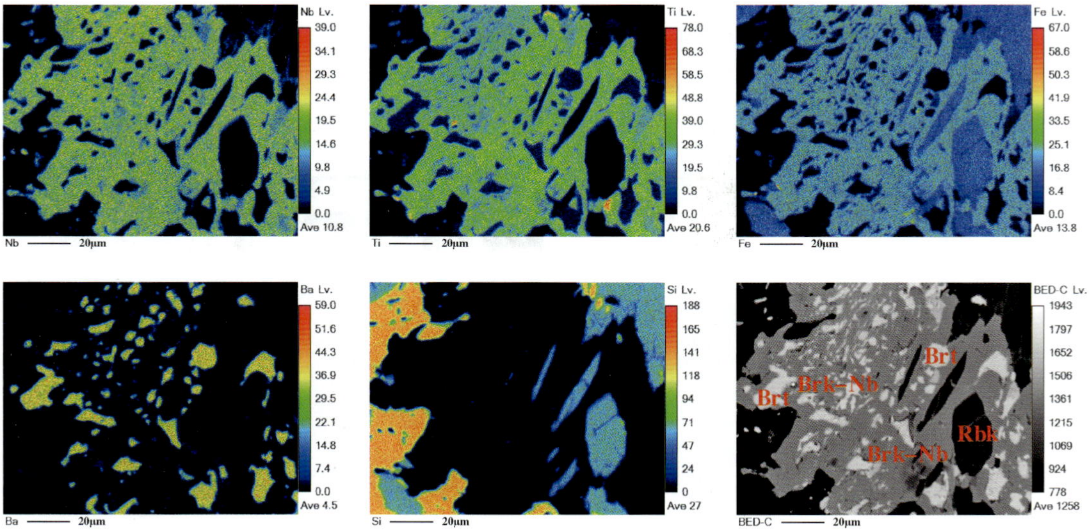

图 4-348　Nb、Ti、Fe、Ba、Si 元素分布及 BSE 图像

表 4-86　铌板钛矿电子探针测试结果　　单位：w_t/%

成分	测试点 P1	测试点 P2	测试点 P3	测试点 P4	测试点 P5	平均值
FeO	20.49	20.84	20.35	19.93	19.92	20.31
TiO_2	36.88	34.44	36.76	36.85	37.48	36.48
Nb_2O_5	40.68	44.26	41.32	39.61	40.13	41.20
BaO	0.50	0.14	0.43	1.44	0.37	0.58
MnO	0.09	0.05	0.11	0.11	0.11	0.09
Ta_2O_5	0.04	0.15	0.00	0.02	0.10	0.06
Sc_2O_3	0.08	0.07	0.04	0.02	0.02	0.05
Ce_2O_3	0.58	0.38	0.55	0.57	0.48	0.33
总计	99.33	100.32	99.56	98.55	98.61	99.27

富铌钛铁矿　Nb-bearing Ilmenite

Fe(Ti,Nb)O_3

霓石型铌稀土矿石中的富铌钛铁矿

与铌铁金红石第一个样品为同一样品，富铌钛铁矿与铌铁金红石紧密共生，呈棕黑色沿边缘包裹中间的铌铁金红石，铌铁金红石呈不规则粒状分布(图 4-349 至图 4-352)，含 Nb 较高，钛铁矿含 Nb 也较高，Nb_2O_5 平均含量为 4.65%(表 4-87)，同样是 Nb、Fe 置换了 Ti，$Nb^{5+}+Fe^{3+}\rightarrow 2Ti^{4+}$。

根据电子探针测试结果平均值(表 4-87)，以 O=3 为基数，计算化学式：$(Ti_{0.94}Nb_{0.06})_{\Sigma 1.00}(Fe_{0.92}Mn_{0.04}Zn_{0.01})_{\Sigma 0.97}O_3$。

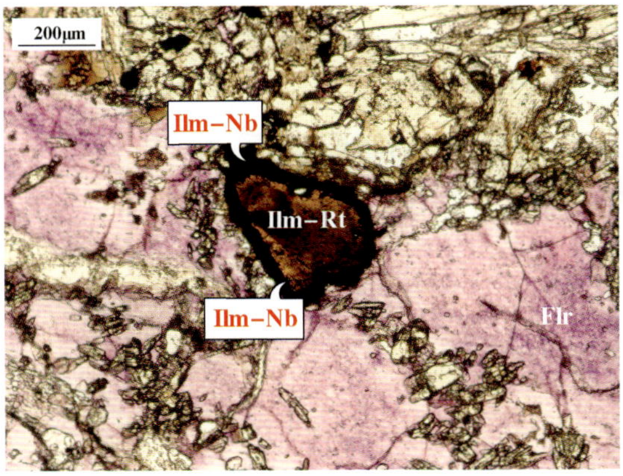

图 4-349　富铌钛铁矿(Ilm-Nb)沿铌铁金红石(Ilm-Rt)矿物外圈包裹（单偏光）

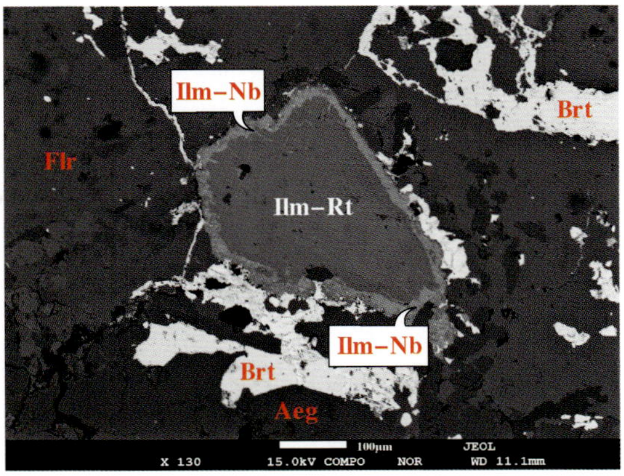

图 4-350　铌铁金红石外圈边缘亮色为富铌钛铁矿(BSE)

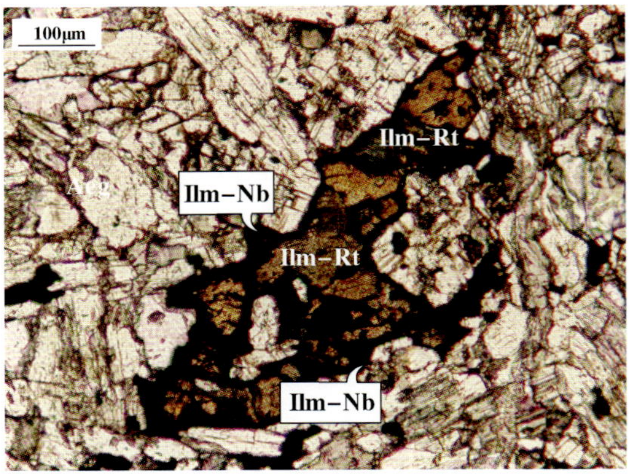

图 4-351 富铌钛铁矿沿铌铁金红石矿物外圈包裹（单偏光）

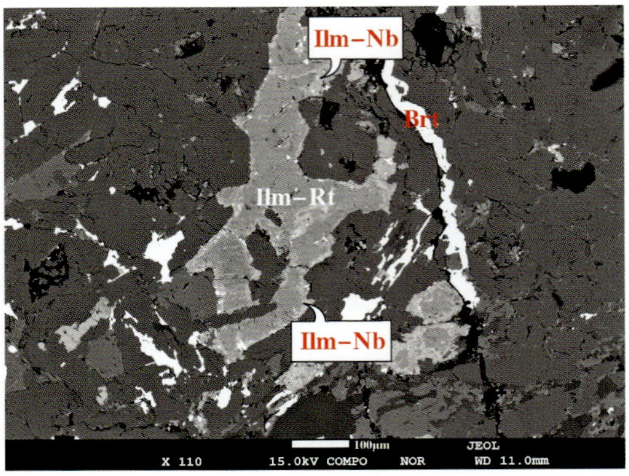

图 4-352 边缘亮色为富铌钛铁矿(BSE)

表 4-87 富铌钛铁矿电子探针分析结果 单位：w_t/%

成分	测试点 P1	测试点 P2	平均值
TiO_2	49.11	48.99	49.05
FeO	43.60	42.39	42.99
MnO	2.00	1.80	1.90
ZnO	0.42	0.20	0.31
CaO	0.10	0.23	0.17
MgO	0.06	0.03	0.04
Nb_2O_5	4.56	4.74	4.65
Y_2O_3	0.06	0.28	0.17
总计	99.90	98.66	99.28

第四节 铌硅酸盐矿物

白云鄂博矿区铌的硅酸盐矿物主要是包头矿，它是一种钛、铌和钡的硅酸盐矿物，又名硅钡钛铌矿，因 1959 年在白云鄂博首次被发现而得名（谢苗诺夫和洪文兴，1960）。除包头矿外，本次研究发现了罕见的硅钡铌矿，2023 年，核工业北京地质研究院又发现了新矿物——铌包头矿。此外还有含 Nb 量较高的硅钛铈矿及榍石的富铌变种，在本节一并介绍。

包头矿* Baotite

$Ba_4Ti_8Si_4O_{28}Cl$

化学组成： Ti 与 Nb、Fe 成类质同象替代，$Nb^{5+}+Fe^{3+}\rightarrow 2Ti^{4+}$。

晶体结构： 四方晶系，空间群为 $I4_1/a$。$a_0=20.02$Å，$c_0=6.00$Å，$Z=16$。

形态：四方双锥晶形，$C_{4h}-4/m(L^4PC)$。矿物颗粒呈四方柱状，不规则粒状或粒状集合体形式产出。

物理性质：浅褐色-黑色，透明-不透明，玻璃光泽、半金属光泽，性脆，{110}完全解理。摩氏硬度6，相对密度4.42～4.71。

显微镜下特征：一轴晶(+)，$N_e=2.16$，$N_o=1.94$，$N_e-N_o=0.22$，N_e—黑褐色-浅黄绿色，N_o—浅褐-无色。透射光下呈浅黄褐-棕红色-棕褐色，高突起，多色性明显，反射光下具多色性。

白云鄂博包头矿晶胞参数：$a_0=19.989$Å，$b_0=19.989$Å，$c_0=5.903$Å。

白云鄂博包头矿样品X射线粉晶衍射数据见表4-88。

表4-88　白云鄂博包头矿样品X射线粉晶衍射数据

No.	$2\theta/(°)$	d/Å	I/I_0
1	25.200	3.5312	100.0
2	28.232	3.1584	69.4
3	31.136	2.8702	46.5
4	35.900	2.4995	49.3
5	40.310	2.2356	60.3

1. 石英岩中的包头矿

样品采自东介勒格勒，属于含包头矿石英岩(图4-353)。包头矿呈黄褐-棕褐色，短柱状，不规则粒状产出，高突起，多色性明显，因自身颜色较深，无法判断干涉色颜色，一组解理可见，颗粒较粗，粒径为0.50～1.00mm(图4-354至图4-357)。

共伴生矿物：石英、黄铁矿、黄钾铁矾等。

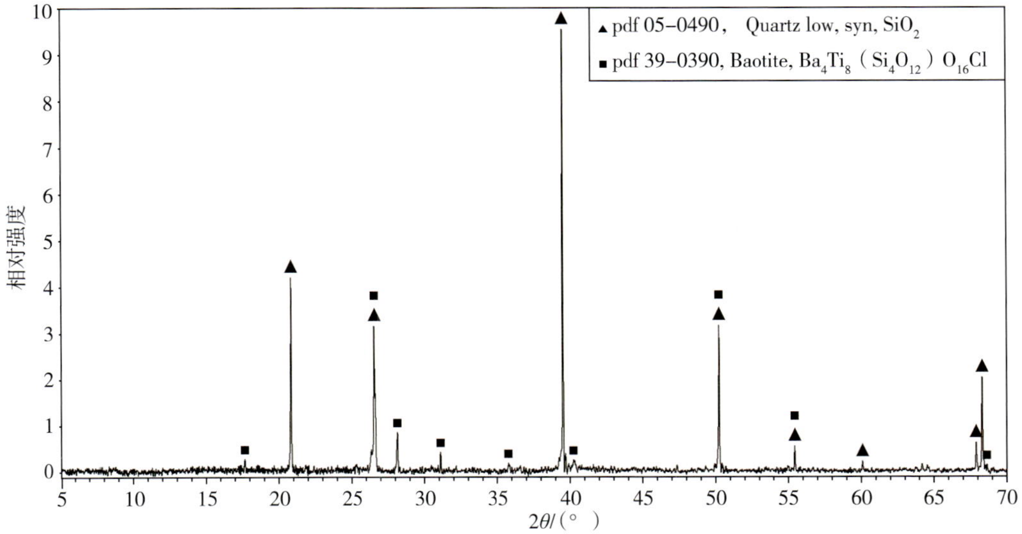

图4-353　含包头矿石英岩XRD图谱

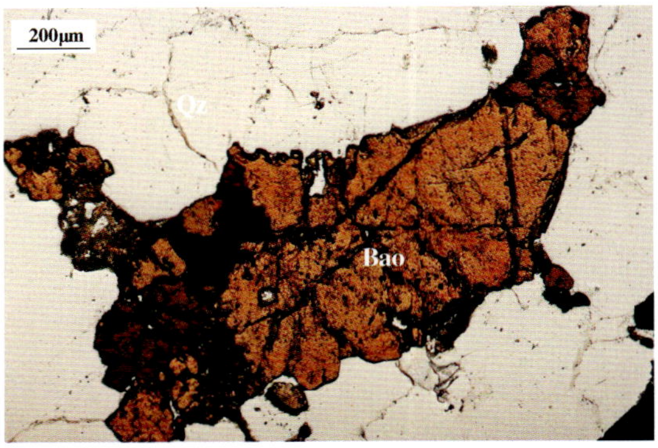

图 4-354　石英(Qz)中分布的包头矿(Bao)(单偏光)

图 4-355　包头矿的多色性(单偏光)

图 4-356　包头矿的多色性(单偏光)

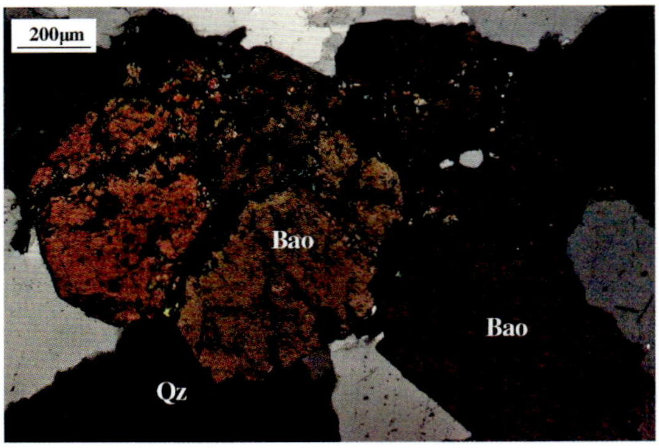

图 4-357　包头矿的干涉色被自身颜色掩盖(正交偏光)

根据电子探针测试结果平均值(表 4-89)，以 O=28.5 为基数，计算化学式：$(Ba_{3.66}Sr_{0.24})_{\Sigma 3.90}(Ti_{5.46}Nb_{2.05}Fe_{0.45})_{\Sigma 7.96}O_{16}(Si_{3.80}Fe^{3+}_{0.20})_{\Sigma 4.00}O_{12}Cl_{1.05}$。

表 4-89　包头矿电子探针测试结果　　单位：w_t/%

成分	测试点 P1	测试点 P2	测试点 P3	平均值
BaO	34.81	35.63	35.40	35.28
TiO_2	27.60	26.46	28.51	27.52
FeO	3.27	3.32	2.22	2.94
SrO	1.09	1.86	1.78	1.58
SiO_2	14.36	14.33	14.37	14.35
Cl	2.38	2.34	2.34	2.35
Nb_2O_5	17.71	17.56	16.25	17.17
$-O=Cl_2$	0.55	0.54	0.54	0.54
总计	100.66	100.95	100.33	100.65

2. 霓石型铌稀土矿石中的包头矿

样品采自东矿。包头矿以粒状集合体形式呈脉状分布，脉宽 0.05mm(图 4-359)，或以半自形晶集合体状分布于霓石矿物间，并与硅钛铈矿、易解石、铈硅磷灰石等紧密共生，多色性明显，从浅棕黄色-深棕色，反射光下仍具多色性，粒径为 0.03～0.10mm(图 4-358、图 4-360、图 4-361)。

共伴生矿物：霓石、磁铁矿、金红石、硅钛铈矿、易解石、铈硅磷灰石、氟碳铈矿、独居石、烧绿石、萤石、钠闪石、白云石、方解石等。

根据电子探针测试结果平均值(表 4-90)，以 O=28.5 为基数，计算化学式：$(Ba_{3.71}Sr_{0.19}Fe_{0.09})_{\Sigma 3.99}(Ti_{6.85}Nb_{1.11}Fe_{0.04})_{\Sigma 8.00}O_{16}(Si_{3.82}Fe^{3+}_{0.18})_{\Sigma 4.00}O_{12}Cl_{1.04}$。

图 4-358 半自形粒状分布于霓石矿物间的包头矿(Bao)(单偏光)

图 4-359 包头矿呈脉状分布（单偏光）

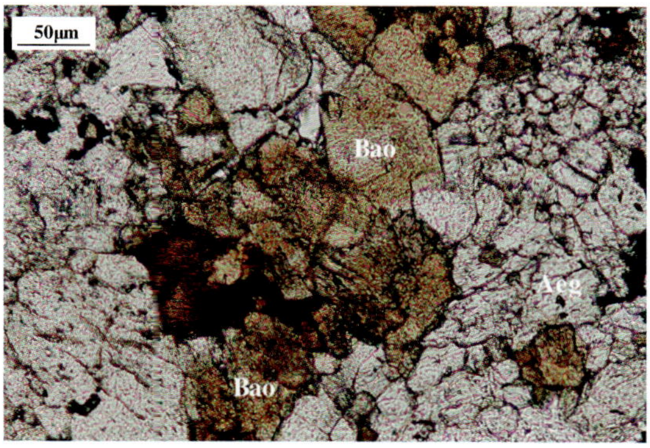

图 4-360 半自形粒状分布的包头矿（单偏光）

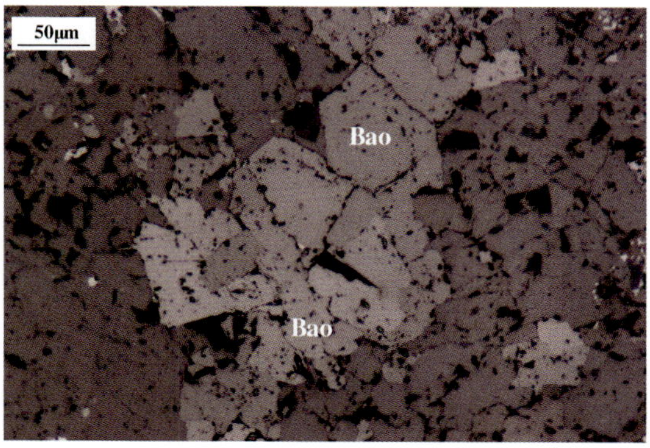

图 4-361 包头矿的反射多色性（反射光）

表 4-90 包头矿电子探针测试结果 单位：$w_B/\%$

成分	测试点 P1	测试点 P2	测试点 P3	平均值
BaO	36.99	36.63	36.63	36.75
TiC_2	36.94	35.29	34.14	35.46
FeO	1.03	1.32	1.93	1.43
SrO	1.13	1.01	1.73	1.29

续表

成分	测试点 P1	测试点 P2	测试点 P3	平均值
SiO_2	15.06	14.76	14.66	14.82
Cl	2.37	2.41	2.37	2.38
Nb_2O_5	7.78	10.23	10.75	9.59
$-O=Cl_2$	0.55	0.55	0.55	0.55
总计	100.75	101.10	101.66	101.17

铌包头矿* Niobobaotite

$Ba_4(Ti_{2.5}Fe^{2+}_{1.5})Nb_4Si_4O_{28}Cl$

化学组成： Nb、Fe 置换 Ti，$Nb^{5+}+Fe^{3+}\rightarrow 2Ti^{4+}$。

晶体结构： 四方晶系，空间群为 $I4_1/a$。$a_0=20.0264(6)$Å，$c_0=5.9592(2)$Å，$Z=16$。

形态： 四方双锥晶形，$C_{4h}-4/m(L^4PC)$。矿物颗粒呈半自形-他形柱状或板状产出。

物理性质： 棕-黑色，玻璃光泽，透明，不规则状断口。摩氏硬度约 6。

显微镜下特征： 一轴晶(+)，$N_e=2.16$，$N_o=1.94$，$N_e-N_o=0.22$。透射光下呈黄褐-棕红色-棕褐色，高突起，多色性明显。

铌包头矿是核工业北京地质研究院葛祥坤、范光和李婷等研究发现的新矿物，该矿物已于 2023 年 10 月 3 日获得 IMA - CNMNC 批准确认，因是在白云鄂博矿床发现的包头矿的富铌类似物，申报者将其命名为 Niobobaotite，中文名称为铌包头矿。

铌包头矿是在白云鄂博矿床发现的第 17 个新矿物。

铌包头矿发现于白云鄂博矿床铌-稀土-铁矿石中，呈棕色至黑色，半自形-他形柱状或板状分布，粒径为 20～80μm(图 4 - 362、图 4 - 363)。

共伴生矿物：白云石、磁铁矿、黄铁矿、氟碳铈矿、独居石、氟碳钙铈矿、铈易解石、铌锰矿、方解石、石英等。

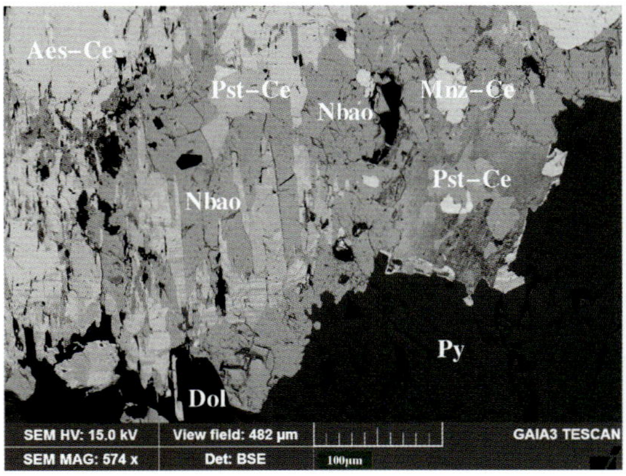

图 4 - 362 板状柱状分布的铌包头矿(Nbao)与氟碳钙铈矿(Pst - Ce)、独居石(Mnz - Ce)、铈易解石(Aes - Ce)共生(BSE)

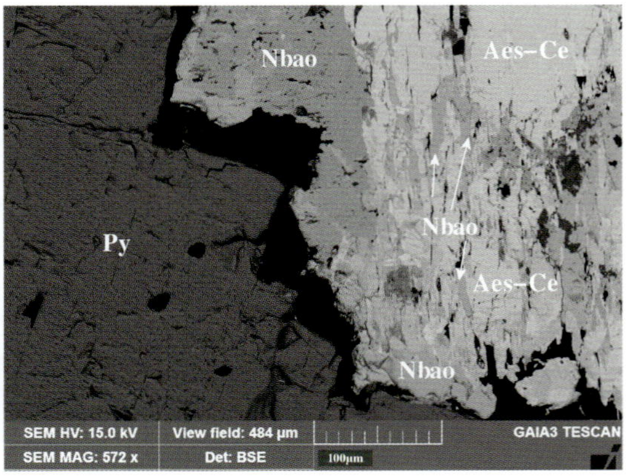

图 4 - 363 铌包头矿与铈易解石紧密共生(BSE)

铌包头矿是一种富含 Ba、Nb、Ti、Fe、Cl 的硅酸盐矿物，其化学组成为 Nb_2O_5 26.04%，SiO_2 14.23%，TiO_2 14.93%，Al_2O_3 0.29%，SrO 0.15%，BaO 35.53%，FeO 3.38%，Fe_2O_3 3.73%，Cl 2.10%，$-O = Cl_2$ 0.48%，总计99.90%。

铌包头矿简化化学式为 $Ba_4(Ti,Fe^{2+},Fe^{3+})_4(Nb,Fe^{3+})_4(Si,Al)_4O_{28}Cl$，理想式为 $Ba_4(Ti_{2.5}Fe^{2+}_{1.5})Nb_4Si_4O_{28}Cl$。

1. 白云石型铌稀土铁矿石中的铌包头矿

样品采自东矿钻孔，属于磷灰石化白云石型铌稀土铁矿石。铌包头矿呈棕黄-棕红色，与棕红-暗红色的易解石紧密共生，半自形短柱状或不规则粒状粒分布，多色性明显，粒径为 0.05～0.15mm(图 4－364、图 4－365)，铌包头矿与易解石、铌铁矿、氟钙烧绿石等紧密共生(图 4－366、图 4－367)。

共伴生矿物：白云石、磷灰石、易解石、氟碳铈矿、独居石、黄河矿、氟钙烧绿石、铌铁矿、钛铁矿、萤石、磁铁矿等。

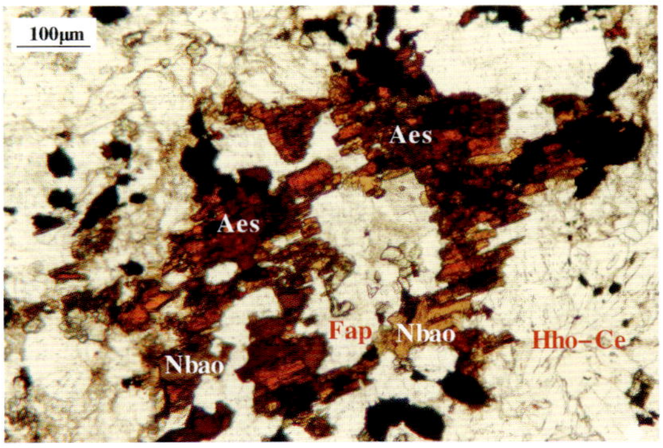

图 4－364　与易解石(Aes)紧密共生的铌包头矿(Nbao)(单偏光)

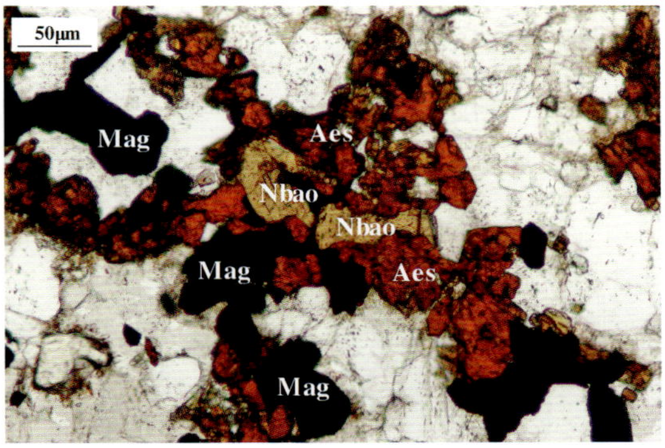

图 4－365　分布于易解石矿物间的铌包头矿(单偏光)

图 4－366　与易解石紧密共生的铌包头矿(BSE)

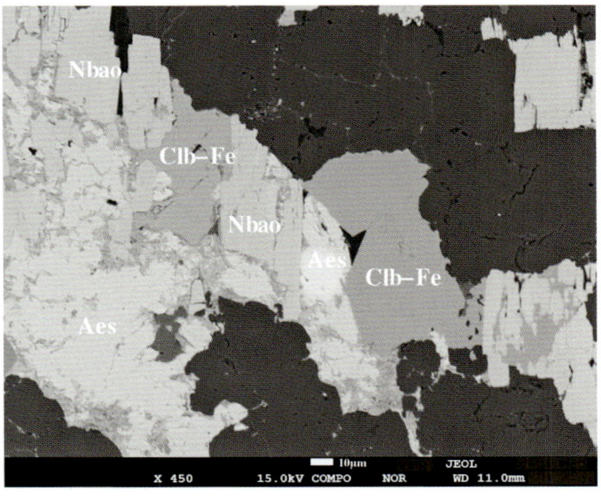

图 4－367　铌包头矿与易解石、铌铁矿(BSE)

根据电子探针测试结果平均值(表 4－91)，以 O＝28.5 为基数，计算化学式：$(Ba_{3.75}Sr_{0.13})_{\Sigma 3.88}Ti_{3.93}(Nb_{2.50}Fe^{3+}_{0.81}Ti_{0.69})_{\Sigma 4.00}O_{16}(Si_{3.78}Fe^{3+}_{0.22})_{\Sigma 4.00}O_{12}Cl_{1.04}$。

表 4-91 铌包头矿电子探针测试结果 单位：w_t/%

元素组成	测试点 P1	测试点 P2	测试点 P3	平均值
BaO	35.66	35.55	35.47	35.56
TiO_2	22.35	24.26	22.13	22.92
FeO	4.67	4.31	4.84	4.61
SrO	0.44	1.13	0.97	0.85
SiO_2	14.10	14.08	14.03	14.07
Cl	2.27	2.31	2.29	2.29
Sc_2O_3	0.05	0.00	0.00	0.02
Nb_2O_5	20.83	19.67	21.34	20.61
$-O=Cl_2$	0.52	0.53	0.53	0.53
总计	99.86	100.77	100.55	100.39

2. 钠闪石型铌稀土矿石中的铌包头矿

样品采自西矿。铌包头矿呈棕红色，不规则粒状分布于钠闪石间，并与闪锌矿、独居石、磁黄铁矿等矿物紧密共生(图 4-368 至图 4-371)，粒径为 0.10～0.20mm。

共伴生矿物：钠闪石、独居石、闪锌矿、磁铁矿、黄铁矿、磁黄铁矿等。

图 4-368 铌包头矿(Nbao)分布于钠闪石(Rbk)矿物间（单偏光）

图 4-369 铌包头矿与闪锌矿(Sp)、独居石(Mnz-Ce)、钠闪石(正交偏光)

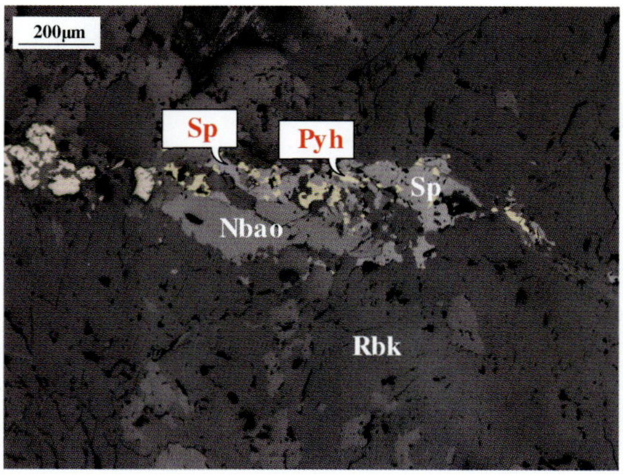

图 4-370 铌包头矿与闪锌矿、磁黄铁(Pyh)矿紧密共生(反射光)

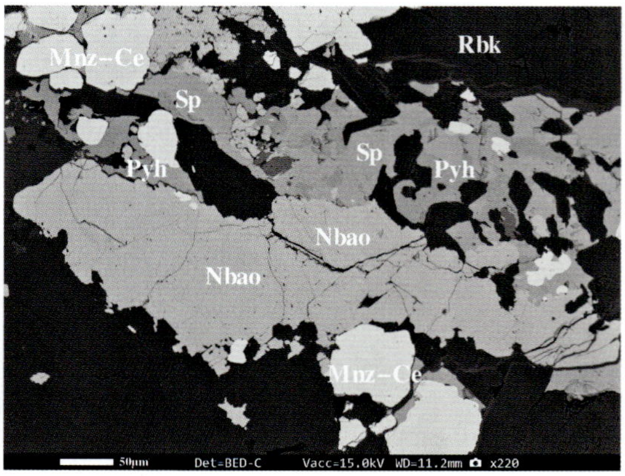

图 4-371 铌包头矿与闪锌矿、磁黄铁矿紧密共生(BSE)

根据电子探针测试结果平均值(表 4－92)，以 O＝28.5 为基数，计算化学式：$(Ba_{3.68}REE_{0.14}Fe_{0.08}Sr_{0.03})_{\Sigma 3.93}(Ti_{3.75}Fe_{0.25})_{\Sigma 4.00}(Nb_{2.81}Fe^{3+}_{1.19})_{\Sigma 4.00}O_{16}(Si_{3.95}Fe^{3+}_{0.05})_{\Sigma 4.00}O_{12}Cl_{1.05}$。

表 4－92 铌包头矿电子探针测试结果 单位：w_t/%

成分	测试点 P1	测试点 P4	测试点 P6	平均值
BaO	34.42	34.01	34.53	34.32
TiO_2	19.71	15.87	19.30	18.29
FeO	6.34	7.96	6.58	6.96
SrO	0.21	0.14	0.23	0.19
SiO_2	14.57	14.20	14.55	14.44
Cl	2.29	2.28	2.24	2.27
Nb_2O_5	21.55	25.33	21.60	22.83
ΣRE_2O_3	1.48	1.03	1.78	1.43
$-O=Cl_2$	0.53	0.52	0.52	0.52
总计	100.04	100.30	100.30	100.22

硅钡铌矿 Belkovite

$Ba_3Nb_6(Si_2O_7)_2O_{12}$

化学组成： Ti 与 Nb、Fe 成类质同象替代，$Nb^{5+}+Fe^{3+}\rightarrow 2Ti^{4+}$。

晶体结构： 六方晶系，空间群为 $P\bar{6}2m$。$a_0=8.966(3)$Å，$c_0=7.799(3)$Å，$Z=1$。

形态： 复三方双锥晶形，$D_{3h}-\bar{6}m2(L_i^6 3L^2 3P)$。不规则粒状或粒状集合体形式产出。

物理性质： 棕色，条痕白色，透明，金刚光泽，性脆。摩氏硬度 6～7，相对密度 4.16。

显微镜下特征： 一轴晶(＋)，$N_e=2.002$，$N_o=1.928$，$N_e-N_o=0.074$。透射光下呈无色-淡黄色、淡褐色，高突起。

1. 分布于包头矿间的硅钡铌矿

该包头矿产于石英岩中，颗粒粗大，包头矿矿物粒隙间分布有细粒状铌矿物，BSE 图像中较包头矿亮，粒径为 0.01～0.03mm(图 4－372、图 4－373)。

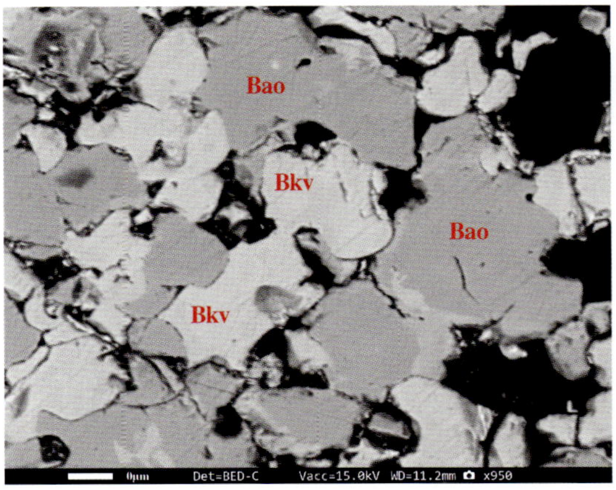

图 4－372 暗色矿物为包头矿(Bao)，亮色矿物为硅钡铌矿(Bkv)(BSE)

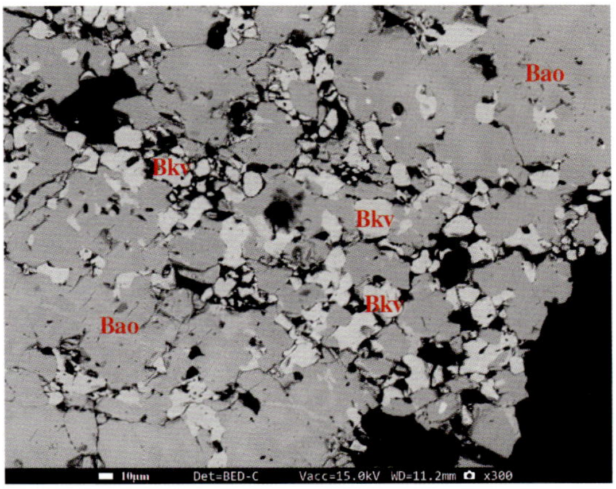

图 4－373 硅钡铌矿分布于包头矿间隙(BSE)

电子探针测试结果(表 4－93)显示，与包头矿对比，硅钡铌矿 Nb 含量高，Ti 含量低，不含 Cl，Si 和 Ba 变化较小，含少量稀土。

根据电子探针测试结果平均值，以 O＝26 为基数，计算化学式：$(Ba_{2.83}REE_{0.21}Sr_{0.02}K_{0.01})_{\Sigma 3.07}(Nb_{4.72}Ti_{1.30}Si_{0.22})_{\Sigma 6.24}(Si_2O_7)_2O_{12}$。

表 4－93　硅钡铌矿电子探针测试结果　　单位：$w_t/\%$

成分	测试点 P1	测试点 P2	测试点 P3	测试点 P4	测试点 P5	测试点 P6	平均值
BaO	30.02	30.13	29.94	29.88	29.56	29.18	29.79
K_2O	0.08	0.08	0.07	0.07	0.08	0.07	0.08
SrO	0.10	0.15	0.12	0.16	0.11	0.23	0.15
FeO	0.07	0.03	0.13	0.00	0.03	0.10	0.06
TiO_2	7.71	7.63	7.39	7.30	7.43	5.62	7.18
SiO_2	17.45	17.54	17.39	17.43	17.41	17.26	17.41
ThO_2	0.00	0.00	0.00	0.00	0.02	0.02	0.01
Nb_2O_5	41.87	43.28	43.32	43.54	42.19	44.78	43.16
ΣRE_2O_3	2.64	2.41	2.38	1.79	2.58	2.25	2.34
总计	99.94	101.24	100.74	100.17	99.40	99.51	100.18

2. 白云石型铌稀土矿石中的硅钡铌矿

样品采自西矿。硅钡铌矿呈比较自形的柱状、短柱状与铌铁矿紧密共生，分布于碳酸盐矿物方解石及菱钡镁石间，无色透明，突起较高，反射率较低，内反射色为透明色，图 4－374 至图 4－379 分别为硅钡铌矿的单偏光、反射光及反射正交下的图片。图 4－380 至图 4－382 为 BSE 图像，硅钡铌矿与方解石、菱钡镁石紧密共生或被包裹于菱钡镁石中，图 4－383 为硅钡铌矿能谱图。

共伴生矿物：白云石、方解石、磁铁矿、铌铁矿、钠闪石、黑云母、磷灰石、独居石、菱钡镁石等。

根据电子探针测试结果平均值(表 4－94)，以 O＝26 为基数，计算化学式：$(Ba_{2.73}K_{0.03}Fe_{0.05}Y_{0.02}Ca_{0.02}Sr_{0.01})_{\Sigma 2.86}(Nb_{5.65}Si_{0.26}Ti_{0.24})_{\Sigma 6.15}(Si_2O_7)_2O_{12}$。

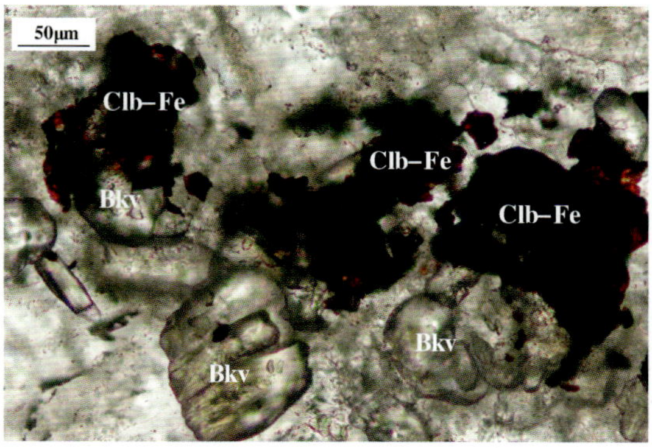

图 4－374　硅钡铌矿(Bkv)与铌铁矿(Clb－Fe)紧密共生（单偏光）

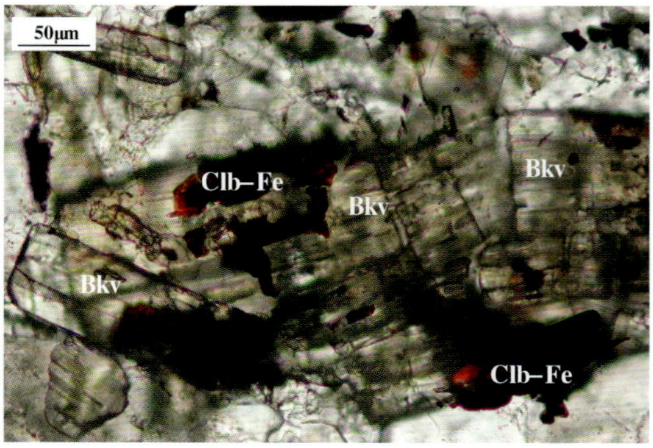

图 4－375　硅钡铌矿呈自形柱状分布(单偏光)

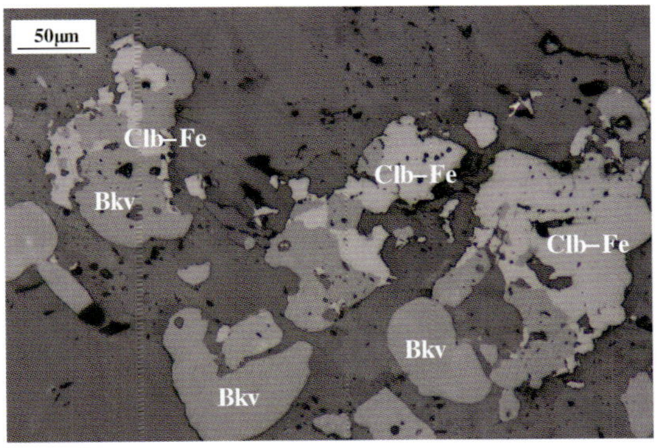

图 4-376 硅钡铌矿与铌铁矿(反射光)

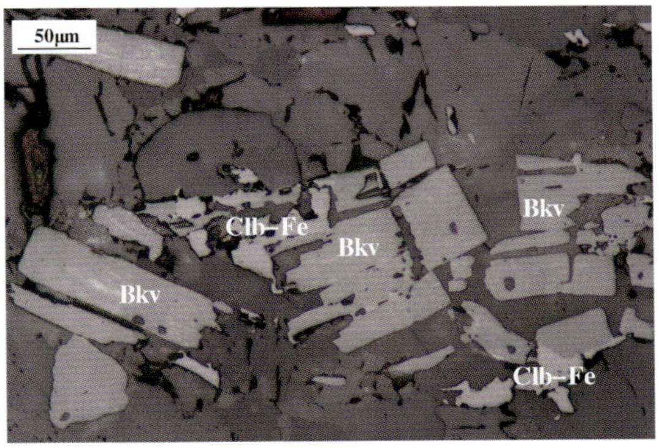

图 4-377 硅钡铌矿与铌铁矿(反射光)

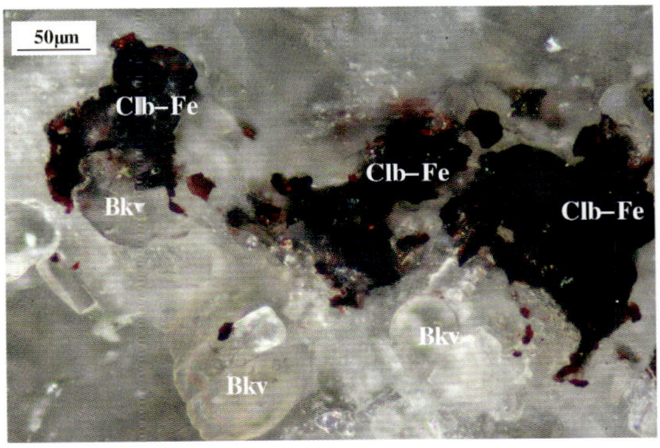

图 4-378 硅钡铌矿无色透明的内反射色及铌铁矿的强非均质性和樱红色内反射色(反射正交)

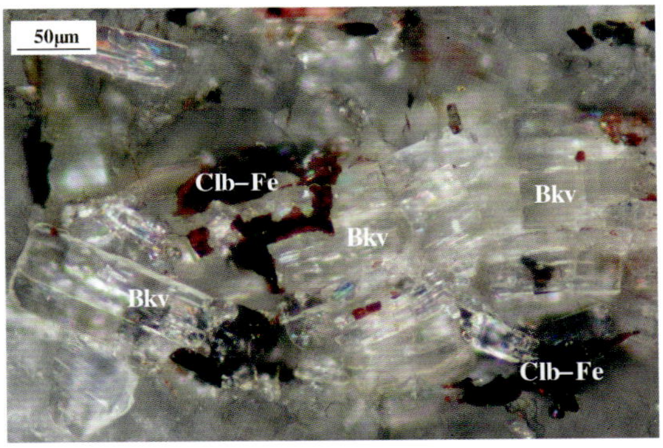

图 4-379 硅钡铌矿与铌铁矿(反射正交)

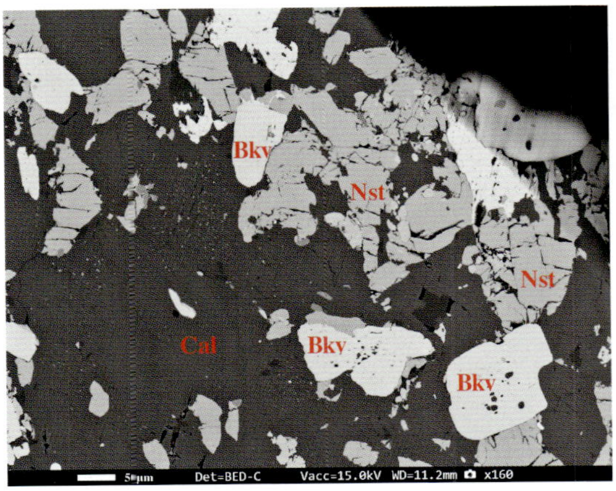

图 4-380 硅钡铌矿与菱钡镁石(Nst)紧密共生(BSE)

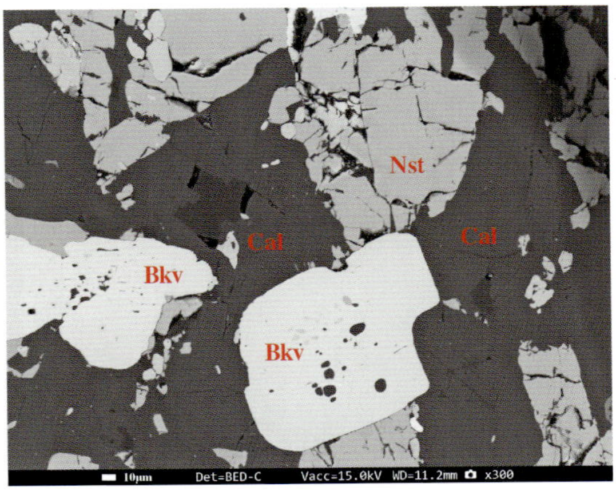

图 4-381 硅钡铌矿与菱钡镁石分布于方解石(Cal)中(BSE)

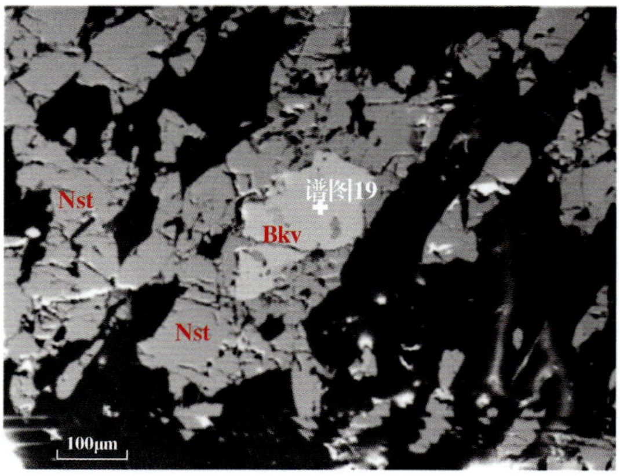

图 4-382　硅钡铌矿被菱钡镁石包裹(BSE)

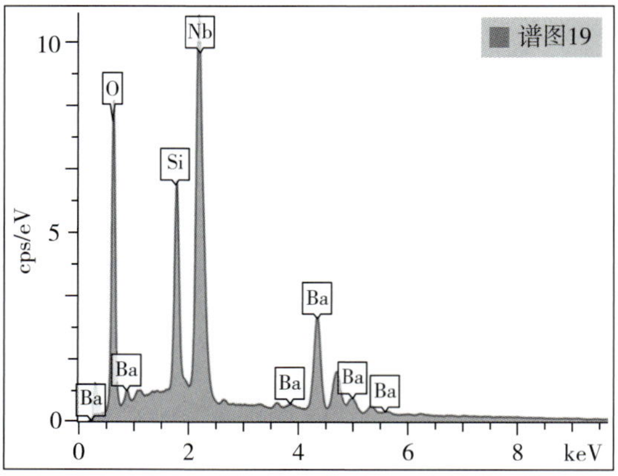

图 4-383　硅钡铌矿能谱图

表 4-94　硅钡铌矿电子探针测试结果　　单位：$w_t/\%$

成分	测试点 P1	测试点 P2	测试点 P3	测试点 P4	测试点 P5	测试点 P6	平均值
BaO	28.41	28.78	28.50	28.81	28.75	28.48	28.62
K_2O	0.18	0.14	0.04	0.15	0.04	0.06	0.10
SrO	0.16	0.02	0.00	0.06	0.00	0.07	0.05
FeO	0.31	0.22	0.19	0.33	0.08	0.23	0.23
SnO_2	0.09	0.04	0.02	0.06	0.05	0.05	0.05
CaO	0.08	0.05	0.05	0.07	0.06	0.06	0.06
TiO_2	1.37	1.36	1.30	1.42	1.18	1.09	1.29
SiO_2	17.76	17.70	17.41	17.67	17.14	17.24	17.49
Nb_2O_5	51.32	51.13	51.62	50.73	52.17	51.64	51.44
Y_2O_3	0.11	0.18	0.01	0.36	0.22	0.00	0.15
总计	99.79	99.62	99.15	99.65	99.69	98.92	99.45

富铌硅钛铈矿　Nb-bearing chevkinite-(Ce)

$(Ce,Ca,Th)_4Fe^{2+}(Fe^{2+},Ti,Fe^{3+})_2(Ti,Nb,Fe^{3+})_2O_8(Si_2O_7)_2$

1. 萤石化白云石型铌稀土铁矿石中的富铌硅钛铈矿

样品采自东矿钻孔。富铌硅钛铈矿呈棕红-暗红色，半自形-他形粒状分布于方解石、萤石矿物间，柱状、板状集合体形式产出(图 4-384、图 4-385)，粒径为 0.05～0.30mm，图 4-386 为图 4-385 的 BSE 图像，图 4-387 为图 4-385 蓝框内富铌硅钛铈矿 BSE 图像，可见富铌硅钛铈矿与氟碳铈矿紧密共生。

共伴生矿物：白云石、萤石、钠闪石、方解石、磁铁矿、黄铁矿、铈硅磷灰石、氟碳铈矿、氟碳钡铈矿、单斜褐钕铌矿、易解石等。

电子探针测试结果(表 4-95)显示，硅钛铈矿中 Nb 含量较高，Ti 为硅钛铈矿的正常含量，Ba、Ca 增加，而 Fe 和 REE 的量减少，应为 Nb^{5+} 与 $REE^{3+}+Fe^{2+}$ 的置换。

根据电子探针测试结果平均值(表 4-95)，以 O=22 为基数，计算化学式：$(REE_{2.61}Ca_{0.56}Ba_{0.28}Sr_{0.07}Mn_{0.06}Mg_{0.04}Th_{0.02})_{\Sigma 3.64}(Ti_{2.70}Fe_{1.18}Nb_{1.02})_{\Sigma 4.90}(Si_{3.91}Fe^{3+}_{0.09})_{\Sigma 4.00}O_{22}$。其中，REE：$(Ce_{1.35}Nd_{0.59}La_{0.32}Pr_{0.14}Eu_{0.08}Gd_{0.07}Dy_{0.03}Sm_{0.02}Y_{0.01})_{\Sigma 2.61}$。

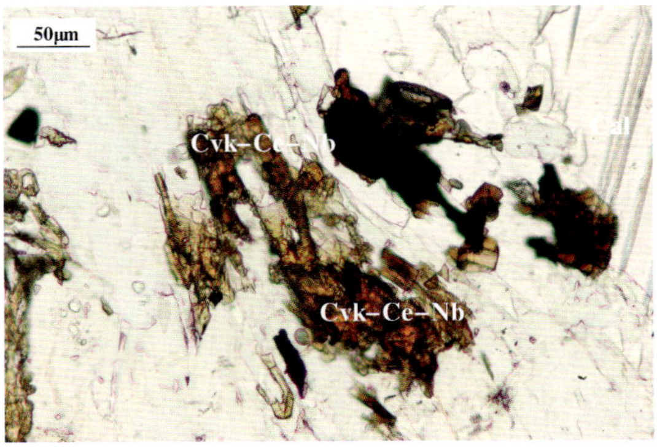

图 4-384 短柱状分布的富铌硅钛铈矿(Cvk-Ce-Nb)(单偏光)

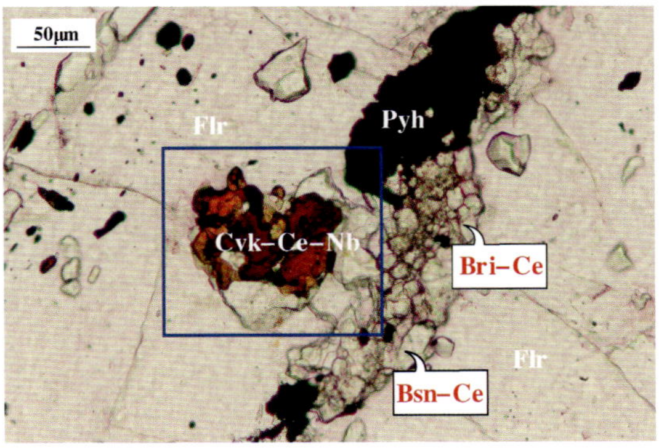

图 4-385 分布于萤石(Flr)矿物间的富铌硅钛铈矿(单偏光)

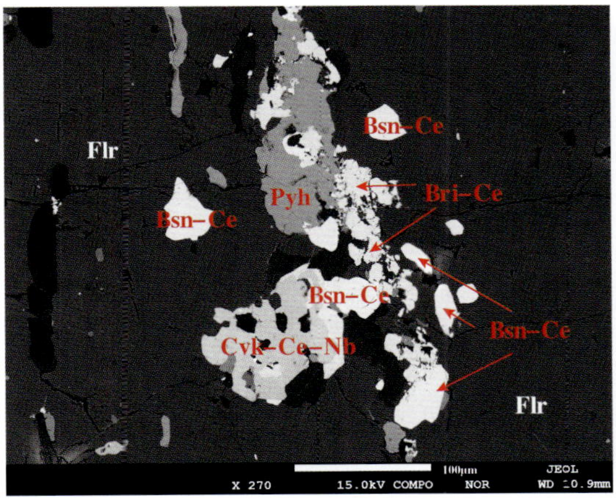

图 4-386 富铌硅钛铈矿与氟碳铈矿(Bsn-Ce)、铈硅磷灰石(Bri-Ce)(BSE)

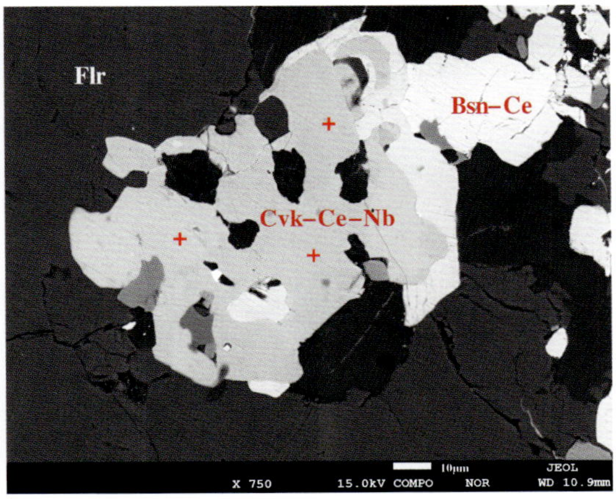

图 4-387 富铌硅钛铈矿与氟碳铈矿(BSE)红色“+”为测试点位置

表 4-95 富铌硅钛铈矿电子探针测试结果及稀土配分 单位：$w_t/\%$

元素	测试点 P1	稀土配分	测试点 P2	稀土配分	测试点 P3	稀土配分	平均值
TiO_2	17.97	ΣRE_2O_3 = 32.62	17.46	ΣRE_2O_3 = 39.96	17.38	ΣRE_2O_3 = 33.90	17.60
FeO	7.04		8.10		7.26		7.47
BaO	3.81		2.82		3.73		3.45
CaO	2.67		2.00		2.99		2.55
MgO	0.12		0.18		0.12		0.14
MnO	0.55		0.45		0.00		0.33
SrO	0.59		0.46		0.65		0.56

续表

元素	测试点 P1	稀土配分	测试点 P2	稀土配分	测试点 P3	稀土配分	平均值
SiO_2	17.62	ΣRE_2O_3 = 32.62	18.83	ΣRE_2O_3 = 39.96	17.94	ΣRE_2O_3 = 33.90	18.13
F	0.47		0.71		0.53		0.57
ThO_2	0.55		0.27		0.51		0.44
Nb_2O_5	12.42		7.81		12.82		11.02
Sc_2O_3	0.00		0.01		0.00		0.01
La_2O_3	2.96	9.07	6.27	15.69	3.36	9.92	4.20
Ce_2O_3	16.48	50.52	20.77	51.98	16.97	50.05	18.07
Pr_2O_3	1.62	4.96	2.27	5.68	1.64	4.85	1.84
Nd_2O_3	7.88	24.15	7.91	19.79	8.39	24.75	8.06
Sm_2O_3	0.25	0.77	0.25	0.63	0.42	1.25	0.31
Eu_2O_3	1.58	4.85	0.48	1.20	1.51	4.45	1.19
Gd_2O_3	0.90	2.75	1.18	2.95	0.88	2.59	0.98
Dy_2O_3	0.41	1.27	0.60	1.50	0.51	1.52	0.51
Ho_2O_3	0.06	0.17	0.09	0.23	0.00	0.00	0.05
Er_2O_3	0.22	0.66	0.00	0.00	0.01	0.03	0.08
Tm_2O_3	0.00	0.00	0.08	0.20	0.01	0.02	0.03
Yb_2O_3	0.06	0.19	0.00	0.00	0.00	0.00	0.02
Lu_2O_3	0.12	0.36	0.00	0.00	0.02	0.05	0.05
Y_2O_3	0.09	0.29	0.06	0.15	0.18	0.53	0.11
$-O=F_2$	0.20		0.30		0.22		0.24
总计	96.23	100.00	98.76	100.00	97.60	100.00	97.54

2. 钠闪石型铌稀土矿石中的富铌硅钛铈矿

样品采自菠萝头。富铌硅钛铈矿呈棕黄、棕红色-暗红色半自形粒状分布于钠闪石、方解石矿物间，多色性明显，反射色为暗灰棕色，内反射色为深棕红色(图 4-388 至图 4-390)，粒径为 0.05～0.10mm。图 4-391 为图 4-390 中富铌硅钛铈矿的 BSE 图像。

共伴生矿物：钠闪石、白云石、方解石、磁铁矿、榍石、磷灰石、独居石、烧绿石、易解石、石英、长石等。

电子探针测试结果(表 4-96)显示，Nb_2O_5 平均含量约为 3.69%，Nb 主要是替代 Ti 的位置，FeO 含量较高，CaO 含量低。

根据电子探针测试结果平均值，以 O=22 为基数，计算化学式：$(REE_{3.25}Fe_{0.66}Ca_{0.13})_{\Sigma 4.04}(Ti_{3.25}Fe_{1.40}Nb_{0.35})_{\Sigma 5.00}(Si_{3.68}Fe_{0.32})_{\Sigma 4.00}O_{22}$。其中，REE：$(Ce_{1.69}La_{0.98}Nd_{0.43}Pr_{0.10}Y_{0.02}Eu_{0.01}Er_{0.01}Lu_{0.01})_{\Sigma 3.25}$。

图 4-388　粒状富铌硅钛铈矿(Cvk-Ce-Nb)分布于钠闪石(Rbk)、方解石(Cal)间(单偏光)

图 4-389　富铌硅钛铈矿的内反射色(反射正交)

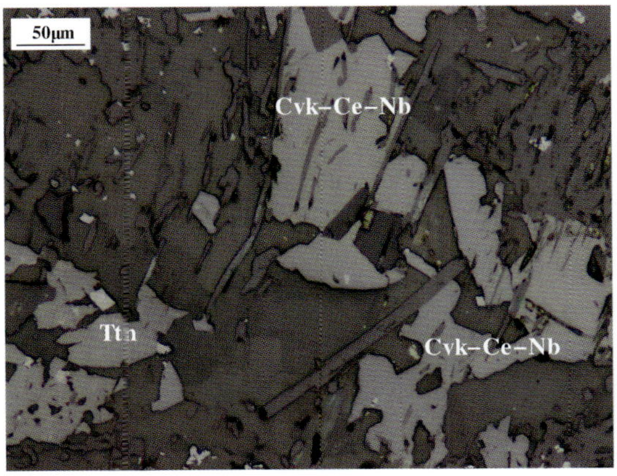

图 4-390　富铌硅钛铈矿的反射色(反射光)

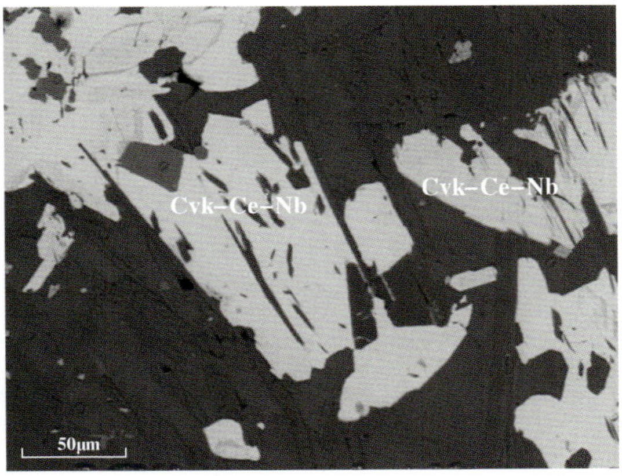

图 4-391　富铌硅钛铈矿(BSE)

表 4-96　富铌硅钛铈矿电子探针测试结果及稀土配分　　单位：$w_t/\%$

成分	测试点 P1	稀土配分	测试点 P2	稀土配分	测试点 P3	稀土配分	测试点 P4	稀土配分	平均值
Nb_2O_5	3.28	ΣRE_2O_3 = 44.56	4.21	ΣRE_2O_3 = 41.37	3.37	ΣRE_2O_3 = 44.14	3.92	ΣRE_2O_3 = 42.02	3.69
CaO	0.50		0.63		0.47		0.76		0.59
TiO_2	20.82		21.12		20.24		21.04		20.80
FeO	12.94		13.54		12.61		12.66		12.94
SiO_2	17.13		17.72		17.79		18.08		17.68
Sc_2O_3	0.00		0.02		0.00		0.02		0.01
La_2O_3	13.78	30.92	11.94	28.86	13.25	30.02	11.96	28.46	12.73
Ce_2O_3	22.71	50.96	20.75	50.16	23.42	53.06	21.96	52.26	22.21
Pr_2O_3	1.39	3.12	1.33	3.21	1.35	3.06	1.18	2.81	1.31
Nd_2O_3	5.85	13.13	6.29	15.20	5.18	11.74	5.98	14.23	5.82
Sm_2O_3	0.12	0.27	0.00	0.00	0.12	0.27	0.00	0.00	0.06
Eu_2O_3	0.35	0.79	0.20	0.48	0.08	0.18	0.20	0.48	0.20
Gd_2O_3	0.08	0.18	0.00	0.00	0.14	0.32	0.00	0.00	0.05

续表

成分	测试点 P1	稀土配分	测试点 P2	稀土配分	测试点 P3	稀土配分	测试点 P4	稀土配分	平均值
Dy_2O_3	0.00	0.00	0.05	0.12	0.00	0.00	0.00	0.00	0.01
Ho_2O_3	0.00	0.00	0.11	0.27	0.05	0.11	0.00	0.00	0.04
Er_2O_3	0.00	0.00	0.29	0.70	0.09	0.20	0.32	0.76	0.18
Yb_2O_3	0.14	0.31	0.17	0.41	0.00	0.00	0.00	0.00	0.08
Lu_2O_3	0.00	0.00	0.00	0.00	0.26	0.59	0.24	0.57	0.13
Y_2O_3	0.14	0.31	0.24	0.58	0.20	0.45	0.18	0.43	0.19
总计	99.23	100.00	98.61	100.00	98.62	100.00	98.50	100.00	98.74

3. 霓石型铌稀土矿石中的富铌硅钛铈矿

样品采自东矿。富铌硅钛铈矿颗粒粗大，呈橘红色-深红色-黑色，半自形-他形晶分布，多色性明显(图 4－392、图 4－393)，反射率较低，内反射色为红棕色(图 4－394、图 4－395)，图 4－396、图 4－397 分别为图 4－392、图 4－393 的 BSE 图像，可见硅钛铈矿与独居石紧密共生，并有细粒褐钇铌矿分布。

共伴生矿物：霓石、钠闪石、方解石、重晶石、褐钇铌矿、独居石、黄铁矿、磁黄铁矿、方铅矿等。

图 4－392　橘红色-深红色-黑色的富铌硅钛铈矿(Cvk－Ce－Nb)(单偏光)

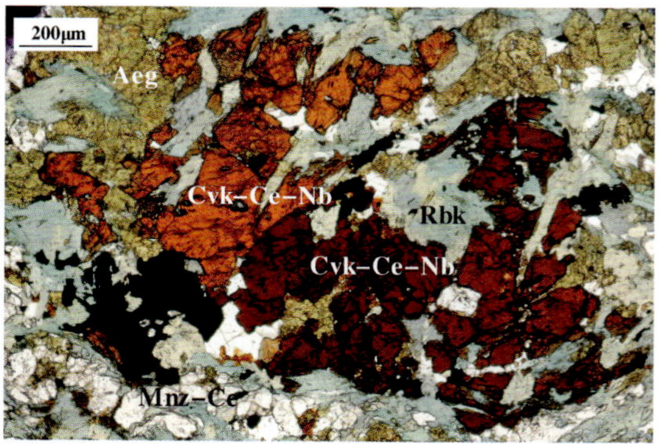

图 4－393　富铌硅钛铈矿的多色性(单偏光)

图 4－394　富铌硅钛铈矿的反射率(反射光)

图 4－395　富铌硅钛铈矿的内反射色(反射正交)

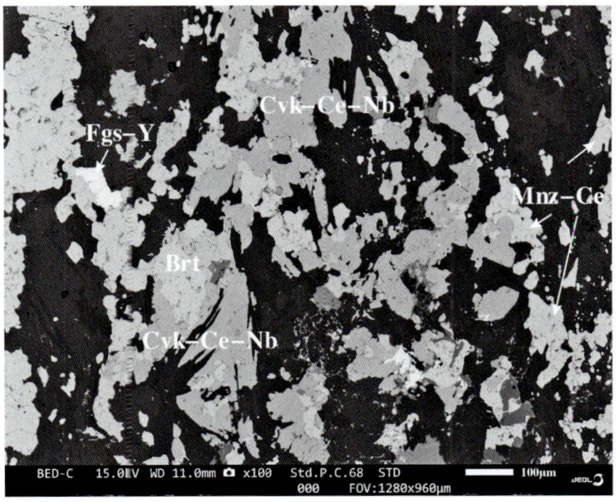

图 4-396　富铌硅钛铈矿(BSE)

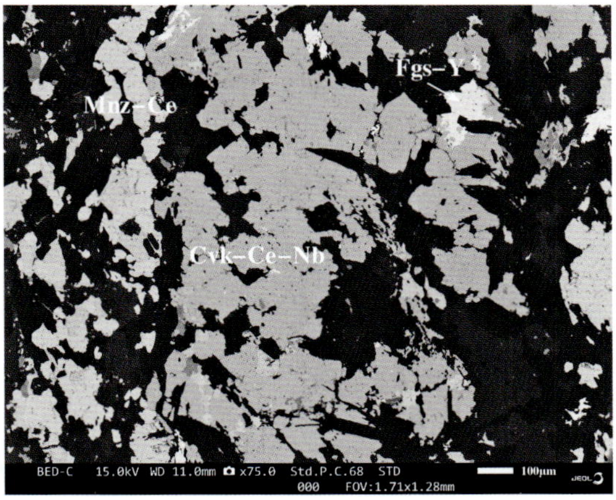

图 4-397　富铌硅钛铈矿(BSE)

电子探针测试结果(表 4-97)显示，REE、Nb 含量较高，Ti 含量低，三个测试点平均值 Nb_2O_5 为 4.91%，TiO_2 为 14.31%。

根据电子探针测试结果平均值(表 4-97)，以 O=22 为基数，计算化学式：$(REE_{3.80}Ca_{0.11}Sr_{0.07})_{\Sigma 3.98}(Ti_{2.30}Fe_{2.01}Nb_{0.47}Mn_{0.13}Th_{0.01}Si_{0.01})_{\Sigma 4.93}Si_{4.00}O_{22}$。

其中，REE：$(Ce_{1.98}La_{0.90}Nd_{0.72}Pr_{0.13}Tb_{0.02}Y_{0.02}Eu_{0.01}Ho_{0.01}Tm_{0.01})_{\Sigma 3.80}$。

表 4-97　富铌硅钛铈矿电子探针测试结果及稀土配分　　单位：w_t/%

成分	测试点 P1	稀土配分	测试点 P2	稀土配分	测试点 P3	稀土配分	平均值
FeO	10.38		11.63		11.78		11.26
TiO_2	14.53		14.36		14.04		14.31
CaO	0.60		0.40		0.44		0.48
MnO	0.62	ΣRE_2O_3 = 47.81	0.71	ΣRE_2O_3 = 48.97	0.86	ΣRE_2O_3 = 49.53	0.73
SrO	0.50		0.73		0.39		0.54
SiO_2	18.84		18.83		18.44		18.70
Nb_2O_5	5.08		4.70		4.96		4.91
ThO_2	0.04		0.13		0.24		0.14
La_2O_3	11.59	24.24	11.39	23.26	11.34	22.90	11.44
Ce_2O_3	24.00	50.20	25.81	52.71	26.14	52.78	25.32
Pr_2O_3	1.66	3.47	1.73	3.53	1.72	3.47	1.70
Nd_2O_3	9.42	19.70	9.37	19.13	9.35	18.88	9.38
Sm_2O_3	0.14	0.29	0.00	0.00	0.00	0.00	0.05
Eu_2O_3	0.29	0.61	0.19	0.39	0.10	0.20	0.20
Tb_2O_3	0.02	0.04	0.12	0.25	0.52	1.05	0.22
Ho_2O_3	0.29	0.61	0.18	0.37	0.00	0.00	0.16
Er_2O_3	0.06	0.13	0.00	0.00	0.00	0.00	0.02
Tm_2O_3	0.06	0.13	0.00	0.00	0.21	0.42	0.09

续表

成分	测试点 P1	稀土配分	测试点 P2	稀土配分	测试点 P3	稀土配分	平均值
Y_2O_3	0.28	0.59	0.18	0.37	0.15	0.30	0.20
总计	98.40	100.00	100.46	100.00	100.67	100.00	99.84

富铌榍石 Nb－bearing titanite

Ca(Ti,Nb)(SiO_4)O

1. 黑云母型铌稀土矿石中的富铌榍石

样品采自东矿钻孔。富铌榍石呈淡黄色不规则粒状分布于黑云母矿物间，并与重晶石紧密共生(图 4－398、图 4－399)，粒径一般为 0.02～0.08mm。富铌榍石中除有少量 Fe、Mg、Sr、Ba 的类质同象置换外，含 Nb 较高(图 4－400、图 4－401)，$Nb^{5+}+Fe^{3+}\rightarrow 2Ti^{4+}$，所以 Nb 和 Fe 也较普通榍石高，电子探针测试结果(表 4－98)显示 Nb_2O_5 含量平均为 5.12%，FeO 含量平均为 3.97%。本矿物疑为某种铌矿物例如包头矿蚀变分解而成，原矿物晶形为板状。

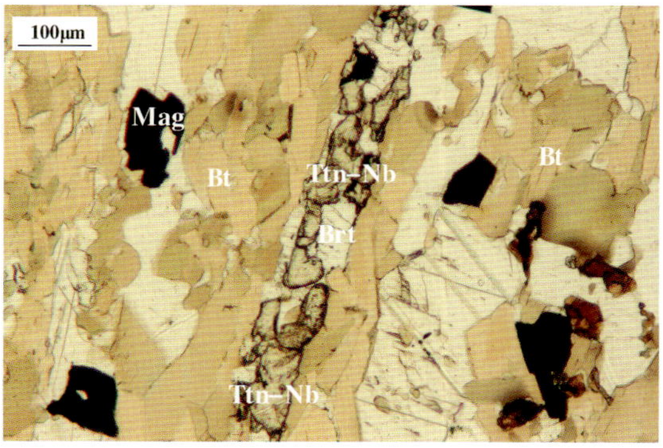

图 4－398　富铌榍石(Ttn－Nb)与重晶石(Brt)紧密相间分布于黑云母(Bt)矿物间(单偏光)

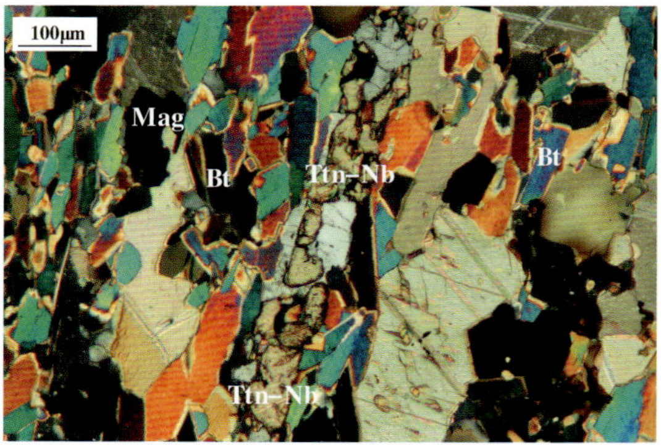

图 4－399　富铌榍石的高级白干涉色(正交偏光)

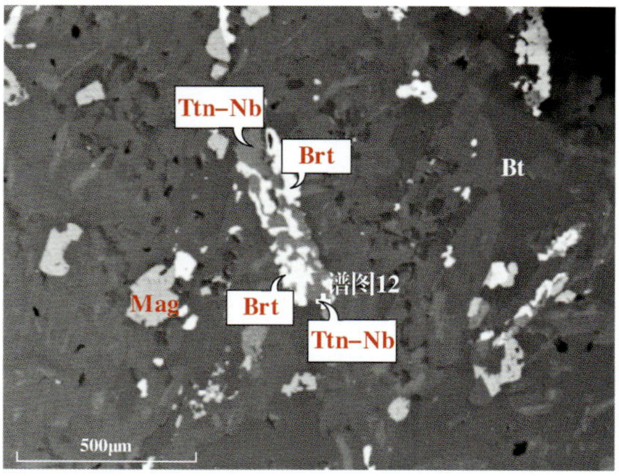

图 4－400　暗色为富铌榍石，亮色为重晶石(BSE)

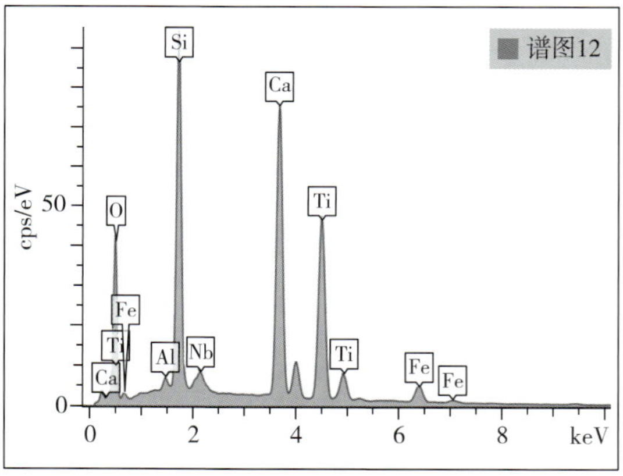

图 4－401　富铌榍石能谱图

共伴生矿物：黑云母、白云石、方解石、重晶石、磁铁矿、闪锌矿、磁黄铁矿、铌铁矿、褐钕铌矿等。

根据电子探针测试结果平均值(表 4-98)，以 O=5 为基数，计算化学式：$(Ca_{0.99}Sr_{0.02}Mg_{0.02})_{\Sigma 1.03}(Ti_{0.81}Fe_{0.11}Nb_{0.08}Si_{0.02})_{\Sigma 1.02}(SiO_4)O$。

表 4-98 富铌榍石电子探针测试结果 单位：w_t/%

成分	测试点 P1	测试点 P2	测试点 P3	平均值
CaO	27.32	26.86	27.31	27.16
TiO_2	32.39	31.85	31.24	31.83
BaO	0.21	0.27	0.11	0.20
SrO	1.00	1.05	0.51	0.85
MnO	0.27	0.23	0.24	0.25
FeO	3.66	4.06	4.20	3.97
MgO	0.29	0.61	0.38	0.43
SiO_2	29.87	29.86	29.79	29.84
F	0.35	0.42	0.42	0.40
Nb_2O_5	4.58	5.00	5.78	5.12
Ta_2O_5	0.04	0.00	0.01	0.02
Sc_2O_3	0.05	0.00	0.00	0.02
$-O=F_2$	0.15	0.18	0.18	0.17
总计	99.89	100.03	99.81	99.91

2. 钠闪石型铌稀土矿石中的富铌榍石

样品采自菠萝头。富铌榍石呈浅棕红色自形晶分布于方解石、钠闪石矿物间，高级白干涉色，粒径为 0.05～0.20mm(图 4-402、图 4-403)。图 4-404、图 4-405 为富铌榍石 BSE 图像，可以看出，富铌榍石颗粒因成分不均匀，有亮色和暗色两部分，亮色部分含铌高。

共伴生矿物：钠闪石、白云石、方解石、霓石、氟钙烧绿石、硅钛铈矿、磷灰石、石英、长石等。

电子探针测试结果(表 4-99)显示，亮色部分(P1 至 P5)Nb_2O_5 含量平均为 6.70%，暗色部分(P6 至 P8)Nb_2O_5 含量平均为 1.80%。分别根据其平均值，以 O=5 为基数，计算化学式：P1 至 P5 化学式：$(Ca_{1.00}Na_{0.02})_{\Sigma 1.02}(Ti_{0.80}Nb_{0.11}Fe^{3+}_{0.09})_{\Sigma 1.00}[(Si_{0.97}Fe^{3+}_{0.02}Al_{0.01})_{\Sigma 1.00}O_4]O$；P6 至 P8 化学式：$(Ca_{1.01}Na_{0.01})_{\Sigma 1.02}(Ti_{0.90}Fe^{3+}_{0.08}Nb_{0.03})_{\Sigma 1.01}[(Si_{0.99}Al_{0.01})_{\Sigma 1.00}O_4]O$。

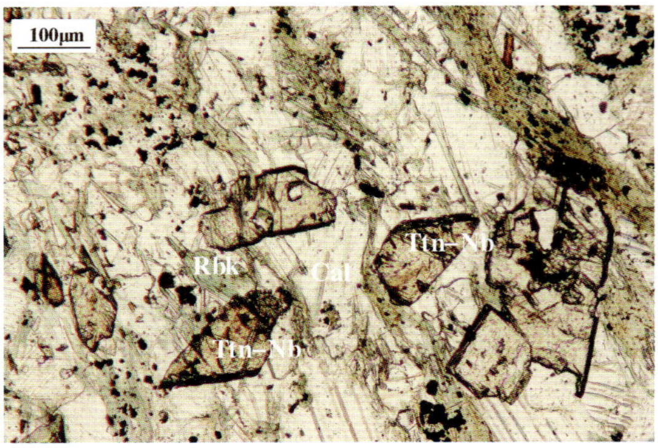

图 4-402　富铌榍石(Ttn-Nb)分布于方解石(Cal)、钠闪石(Rbk)矿物间(单偏光)

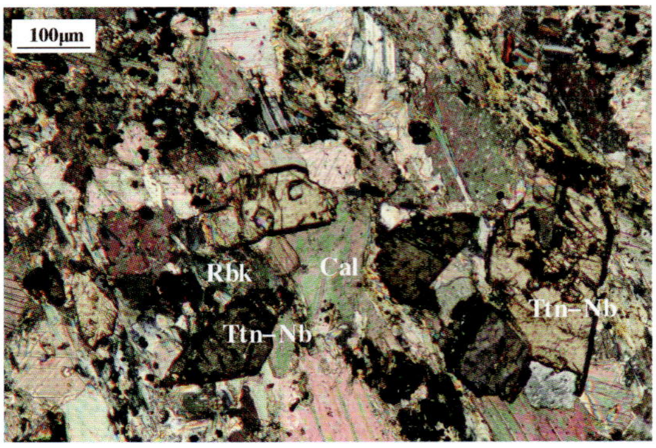

图 4-403　富铌榍石的高级白干涉色(正交偏光)

图 4-404　富铌榍石矿物颗粒的亮色部分含 Nb 高(BSE)

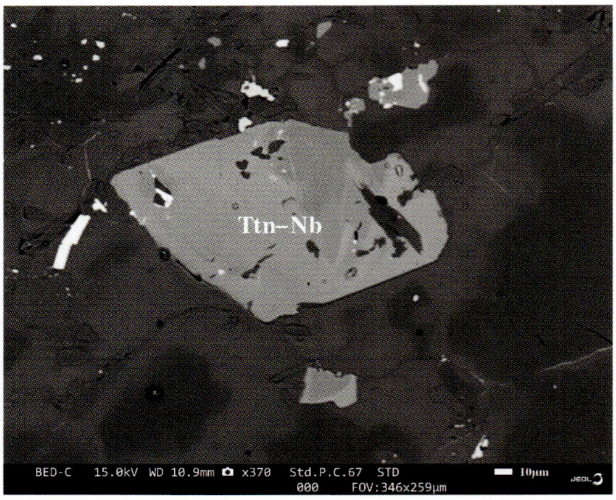

图 4-405　富铌榍石矿物颗粒的亮色部分含 Nb 高(BSE)

表 4-99　富铌榍石电子探针测试结果　　单位：w_t/%

成分	测试点 P1	测试点 P2	测试点 P3	测试点 P4	测试点 P5	P1 至 P5 平均值	测试点 P6	测试点 P7	测试点 P8	P6 至 P8 平均值
CaO	27.48	27.18	26.67	27.34	26.99	27.13	28.01	28.25	28.10	28.12
TiO_2	30.99	31.79	30.56	31.93	30.66	31.18	34.23	35.99	36.80	35.67
FeO	3.96	3.84	4.11	3.95	4.31	4.03	3.02	2.93	2.63	2.86
BaO	0.29	0.23	0.24	0.15	0.32	0.25	0.17	0.16	0.30	0.21
MnO	0.10	0.11	0.15	0.16	0.13	0.13	0.17	0.13	0.16	0.16
Na_2O	0.25	0.35	0.40	0.23	0.45	0.34	0.13	0.09	0.16	0.13
Al_2O_3	0.17	0.20	0.19	0.15	0.18	0.18	0.31	0.25	0.20	0.25
SiO_2	28.40	27.30	28.22	28.52	29.07	28.30	31.08	29.00	28.29	29.46
Nb_2O_5	6.53	6.61	7.01	5.48	7.89	6.70	2.70	1.47	1.22	1.80
ΣRE_2O_3	0.44	0.42	0.40	0.18	0.17	0.32	0.01	0.55	0.27	0.28
总计	98.60	98.02	97.95	98.10	100.15	98.56	99.82	98.82	98.11	98.92

第五章 萤石及钛、锰矿物

第一节 萤石

萤石是白云鄂博矿床分布范围最广、生成时间延续最长的矿物，在各种类型矿石中均有产出，它是白云鄂博矿产资源综合利用的重要组成部分。条带状萤石型铁矿石是白云鄂博矿床中萤石含量最高的铁矿石，也可以说是萤石矿。

萤石 Fluorite

CaF_2

化学组成：Ca 51.33%，F 48.67%。Ca 经常会被 REE、Sc 等元素替代。

晶体结构：等轴晶系，空间群为 $Fm3m$。a_0 = 5.4626Å，Z = 4。

在晶体结构中，Ca 离子分布在立方晶胞的顶角与面中心，如果将晶胞分为八个小立方体，则在每一立方体中心为 F 占据，其配位数分别为 8 和 4。也可看成 Ca 离子呈立方最紧密堆积，F 离子占据所有四面体空隙。

形态：六八面体晶形，$O_h-m3m(3L^4 4L^3 6L^2 9PC)$。晶体常呈立方体 a{100}，少数为菱形十二面体 d{110}及八面体{111}。集合体常呈粒状、块状等。

物理性质：颜色多样，常见紫色、蓝色、绿色，无色及黄色少见，条痕白色，玻璃光泽，透明-半透明，性脆，{111}解理完全。摩氏硬度 4，相对密度 3.18～3.56。

显微镜下特征：均质，负突起，N=1.433～1.448。

白云鄂博矿区中萤石的晶胞参数：a_0 = 5.464Å，b_0 = 5.464Å，c_0 = 5.464Å。

白云鄂博矿区中萤石样品的 X 射线粉晶衍射数据见表 5-1。

表 5-1 白云鄂博矿区中萤石的 X 射线粉晶衍射数据

No.	2θ/(°)	d/Å	I/I_0
1	28.285	3.1526	100.0
2	47.021	1.9310	36.3
3	55.779	1.6468	10.6
4	58.494	1.5766	0.6
5	68.674	1.3656	2.2

萤石(图 5-1)在白云鄂博矿区分布不均匀，大部分萤石产于主矿、东矿，其次为西矿，东部接触带等分布较少。

白云鄂博矿区有多期次强烈的 F-Na 交代作用，被交代岩石的岩性不同，形成的蚀

图 5-1　萤石手标本

变产物也不同。氟主要与钙质岩石发生反应，形成典型的条带状萤石型铌稀土铁矿石，其矿物共生组合为萤石、磁铁矿、赤铁矿、氟碳铈矿、独居石、磷灰石等。在霓石型、白云石型矿石中，尽管氟的交代作用比较弱，萤石经常以浸染状分布，但是仍见萤石与霓石、磁铁矿或与白云石、磁铁矿等组成条带状分布。在钠闪石型矿石中，萤石含量较低且呈浸染状分布。在东部接触带的透辉石型和白云石型矿石中，萤石含量极少。

白云鄂博矿区萤石的特征如下。

1)尽管萤石在白云鄂博矿区分布范围较广，但是纯净的萤石并不多见，多数萤石中都含有不同大小的包裹体。在主矿、东矿条带状萤石型、白云石型、霓石型、钠闪石型铁矿石中，萤石的包裹体主要为磁铁矿，且萤石与磁铁矿可以相互在对方的晶粒中形成细微的包裹体，一般规律是铁矿物富集的区域萤石纯度低，铁矿物少的区域萤石纯度高。萤石中包裹的微粒粒径主要集中在 5～30μm。在西矿云母闪石型铁矿石中，无论是以浸染状、细脉浸染状出现的萤石，还是以片状、条带状出现的萤石，都比较纯净。萤石中的包裹体，包括萤石与磁铁矿的相互包裹体，粒径一般只有 3～5μm 或 10μm 左右，这最终导致选矿作业中铁精矿氟含量过高及萤石品位无法提升到理想高度。

2)矿区萤石多为不规则粒状，或细粒集合体状分布，大小相差悬殊，粒径为 0.02～3.00mm。萤石颜色为不同程度的紫色，少见无色，部分萤石为黑紫色，几乎不透明。萤石的颜色与整个矿区地质环境的放射性辐照有关，当与萤石共伴生的矿物中有钍石、方钍石，或含 Th 的稀土、铌矿物时，则萤石颜色变深；Th 含量越高，萤石颜色越深，并且在萤石周边会形成放射性晕圈。

3)李新安等(1985)对白云鄂博萤石颜色起因及萤石生成的地球化学环境进行了研究，认为萤石的染色机制为胶体钙所致，即放射性元素长时间辐照在晶体中生成胶体钙，它们停留在萤石的晶格缺陷中，具有 560～580nm 的特征吸收带，从而使萤石显示紫色。辐照越强，产生的胶体钙越多，导致晶体缺陷越多，萤石的颜色越深。

4)中国科学院地球化学研究所(1988)对矿区萤石进行了人工辐照研究，结果发现无色萤石变为紫色、淡紫色萤石变为深紫色、深紫色萤石变为黑紫色。还发现萤石可由均质变为非均质，且发育许多微裂隙。本次研究发现某样品有呈非均质的粉紫色萤石，该萤石被独居石包裹，独居石的 ThO_2 含量达 4%以上，但萤石颜色未变为黑紫色，推测萤石的非均质性及颜色也与放射元素 Th 有关。

5)被放射性元素 Th 辐射过的萤石，其 Sc 含量均较高。Th 的放射性使萤石晶体缺陷密度增大，更容易发生类质同象的置换，这能够促使萤石矿物中的 Ca 与其相邻的过渡性金属元素 Sc 发生替代，致使 Sc 含量相对较高。对含 Sc 萤石中颜色浅和深的区域分别做了电子探针测试，除了 Sc 含量较高外，Th 及其他元素没有差别。

6)在白云鄂博矿区，萤石立方体晶形基本不见，多以粒状集合体形式分布，共伴生矿物有磁铁矿、赤铁矿、氟碳铈矿、独居石、霓石、钠闪石、黑云母、重晶石、氟碳钙铈矿、黄河矿、钍石、磷灰石、白云石等。

图 5-2 至图 5-4 均为条带状萤石型铌稀土铁矿石中的萤石，萤石分别与稀土矿物、铁矿物、磷灰石组成不同的条带，因取样位置不同，萤石颜色不同，与萤石组成条带的矿物颗粒均较细。

图 5-5 为云母片岩中的萤石，颗粒粗大，呈不规则粒状分布，两组解理近垂直，颜色为蓝紫色。

图 5-6 为霓石型铌稀土矿石中的萤石，霓石颗粒粗大，萤石呈浸染状分布。

图 5-7 至图 5-9 为霓石型铌稀土矿石中的萤石，因钍石含量较高，萤石多受到辐射影响呈黑紫色，图 5-8 中与钍石接触处的萤石有放射性晕圈。

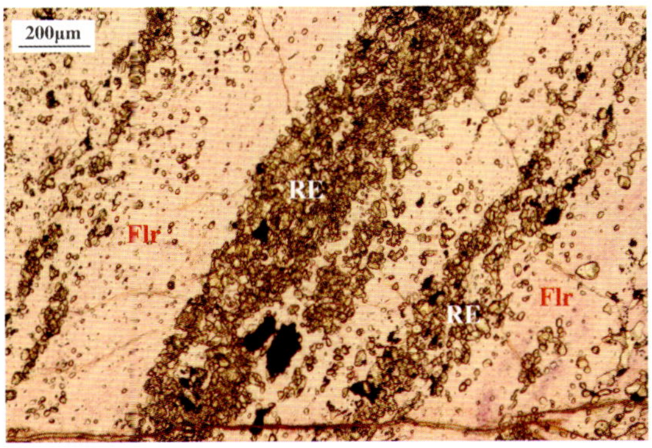

图 5-2 萤石(Flr)与稀土矿物(RE)条带(单偏光)

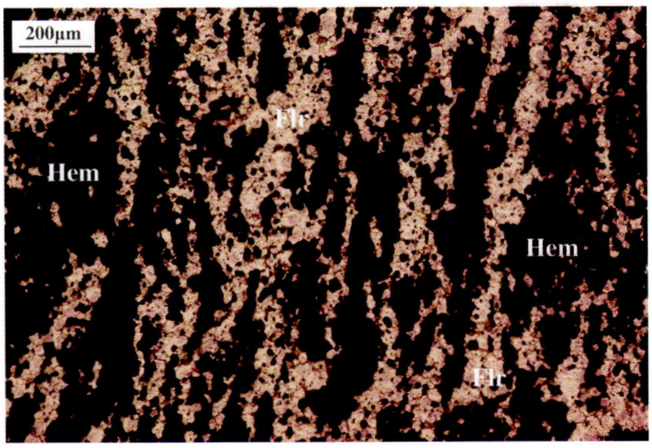

图 5-3 萤石与赤铁矿(Hem)沿某一方向定向呈条带状分布(单偏光)

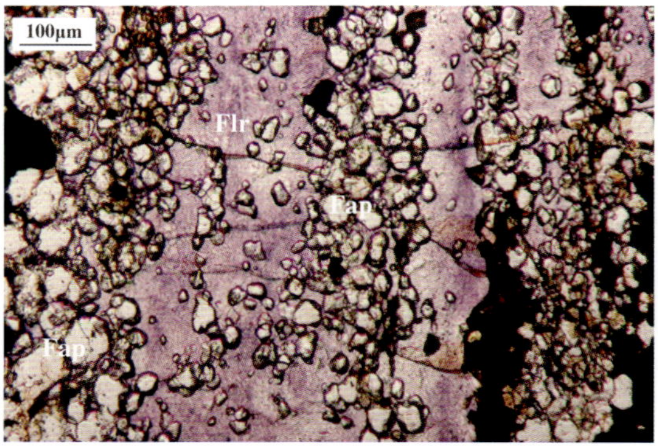

图 5-4　萤石与磷灰石(Fap)条带(单偏光)

图 5-5　近垂直解理的萤石（单偏光）

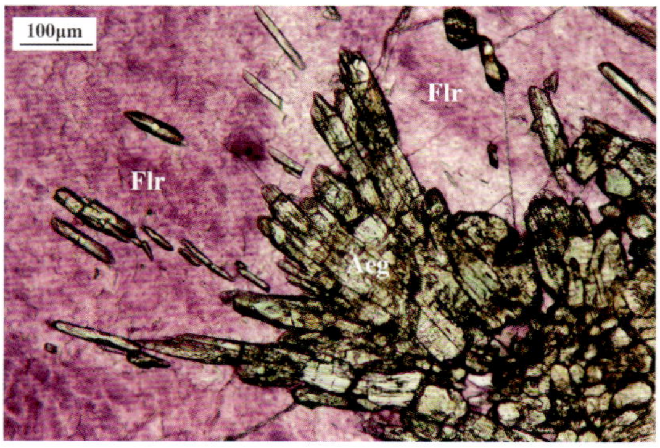

图 5-6　萤石与霓石(Aeg)(单偏光)

图 5-7　分布于霓石矿物间的花斑状萤石，裂隙处被方解石(Cal)充填(单偏光)

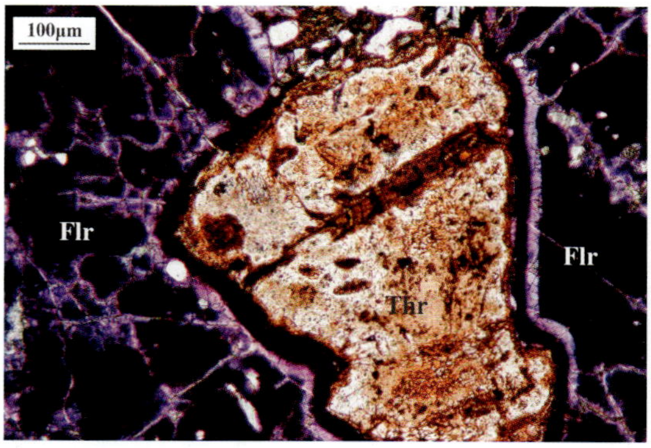

图 5-8　因钍石(Thr)的放射性，萤石与钍石的接触处有放射性晕圈(单偏光)

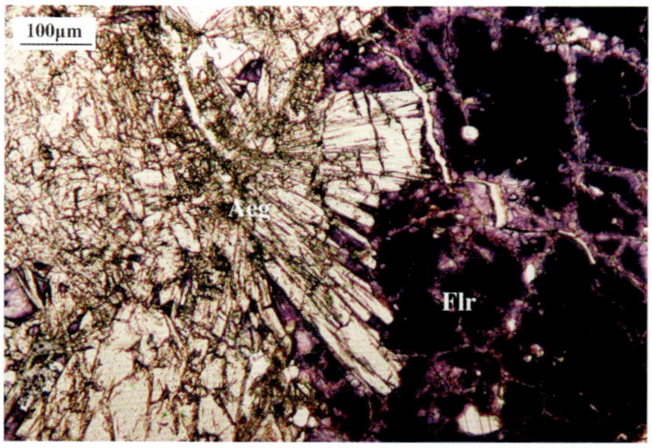

图 5-9　萤石与霓石的交代关系(单偏光)

图 5-10 为东部接触带的透辉石型稀土矿石，氟铈硅磷灰石含 Th 高，致使其与萤石接触处有放射性晕圈且萤石呈黑紫色。

图 5-11 为钠闪石型铌稀土铁矿石中的萤石，正交偏光镜下显非均质性。图 5-12 为其 BSE 图像，萤石被独居石包裹，该独居石属于钕独居石，ThO_2 含量平均值为 4.18%（表 3-49），且萤石被辐射后含 Sc 量较高（图 5-13）。

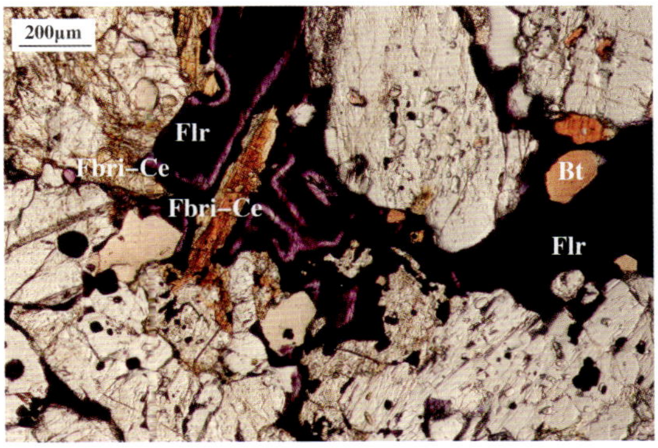

图 5-10 含 Th 氟铈硅磷灰石（Fbri-Ce）的放射性导致萤石（Flr）呈不透明的黑紫色（单偏光）

图 5-11 分布于磁铁矿（Mag）间的萤石，显非均质性（正交偏光）

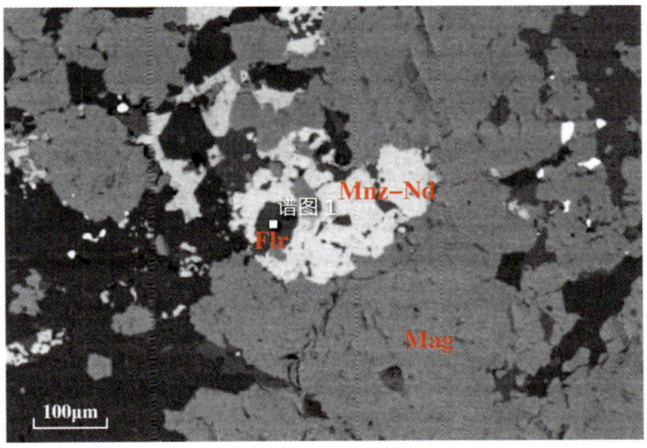

图 5-12 磁铁矿间分布的钕独居石（Mnz-Nd）包裹萤石（BSE）

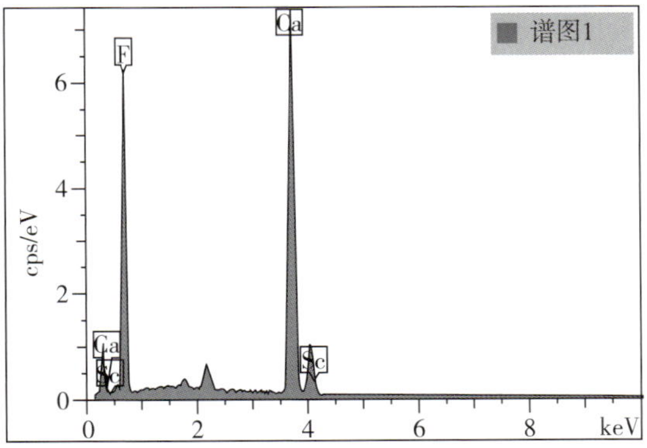

图 5-13 含 Sc 萤石能谱图

图 5-14、图 5-15 为黑云母化萤石型铌稀土矿石中的萤石，因稀土矿物黄河矿及氟碳铈矿均含少量 Th，萤石的颜色较深。表 5-2 为图 5-14 中萤石的电子探针测试结果，除含少量稀土（REE 为 0.13%），其他元素含量均低。根据电子探针测试平均值，计算萤石分子式，为 $Ca_{1.00}F_{2.00}$。

图 5-16、图 5-17 为霓石型铌稀土矿石中的萤石，因与萤石接触的矿物有钍石及含 Th 氟碳钙铈矿（ThO_2 含量为 1.57%），萤石呈黑紫色并有放射性晕圈，分别在萤石浅色（黄色“+”）和深色（红色“+”）区域做电子探针测试，其中 P1、P2 为黄色“+”测试点，P3、P4 为红色“+”测试点，结果见表 5-3。深色区域测试点萤石中 Sc 含量较高，分别为 0.19%和 0.20%。

根据电子探针测试平均值，计算萤石分子式，为 $Ca_{0.98}F_{2.02}$。

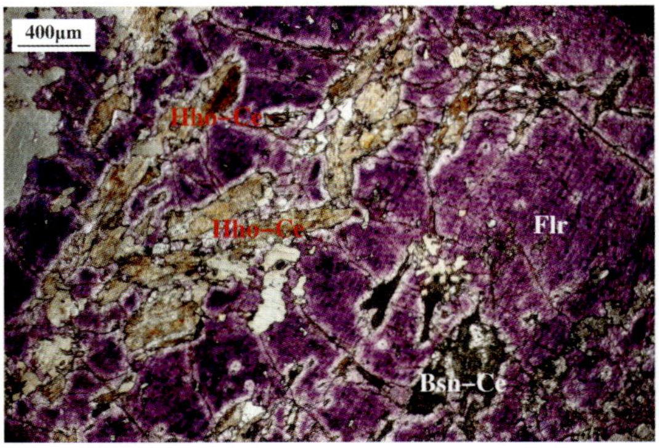

图 5-14　黄河矿(Hho-Ce)含少量 Th，使萤石颜色呈较深的紫色(单偏光)

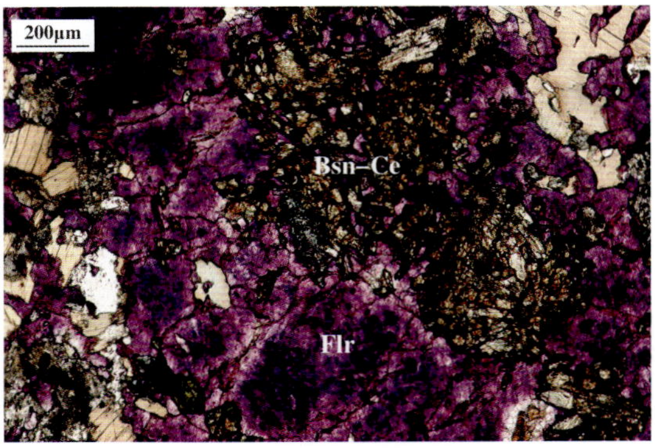

图 5-15　氟碳铈矿(Bsn-Ce)含少量 Th，使萤石颜色呈较深的紫色(单偏光)

表 5-2　萤石电子探针测试结果　　　单位：w_t/%

成分	测试点 P1	测试点 P2	测试点 P3	测试点 P4	测试点 P5	平均值
Ca	50.91	51.28	50.83	51.20	50.08	50.86
F	48.63	48.59	48.47	47.80	48.67	48.43
Sr	0.03	0.02	0.12	0.12	0.06	0.07
Mn	0.01	0.00	0.03	0.00	0.11	0.03
Fe	0.04	0.04	0.07	0.00	0.35	0.10
Mg	0.00	0.01	0.13	0.01	0.00	0.03
Na	0.03	0.00	0.09	0.03	0.05	0.04
REE	0.15	0.01	0.07	0.31	0.14	0.13
Y	0.06	0.04	0.00	0.01	0.03	0.03
Th	0.00	0.03	0.18	0.07	0.01	0.06
总计	99.84	99.43	99.47	99.55	99.49	99.56

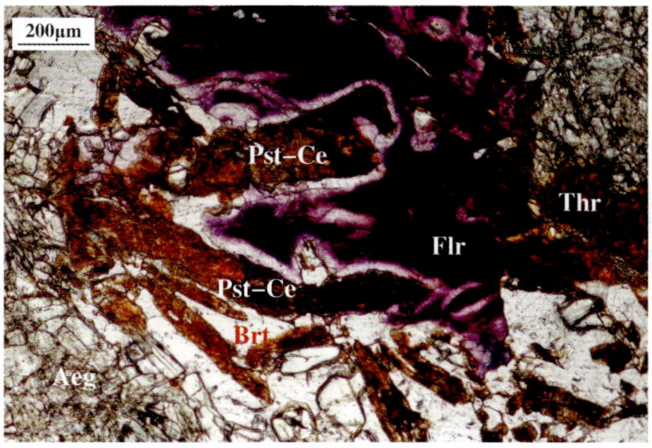

图 5-16　钍石(Thr)及氟碳钙铈矿(Pst-Ce)含 Th 高，使萤石(Flr)呈黑紫色并有放射性晕圈（单偏光）

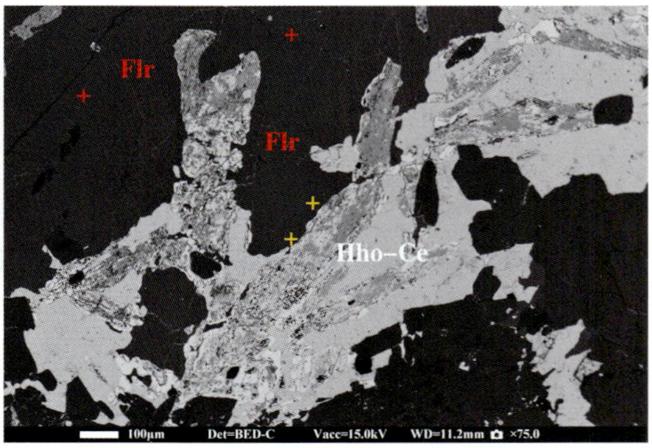

图 5-17　对应图 5-16 的测试点位置，P1、P2 为黄色“+”测试点，P3、P4 为红色“+”测试点(BSE)

表 5-3　萤石电子探针测试结果　　　单位：w_t/%

成分	测试点 P1	测试点 P2	测试点 P3	测试点 P4	平均值
Ca	49.02	49.53	48.50	49.20	49.06
F	48.12	47.95	48.33	47.72	48.03
Sr	0.19	0.15	0.13	0.11	0.15
Fe	0.05	0.01	0.00	0.03	0.02
Na	0.00	0.01	0.04	0.00	0.01
Mn	0.01	0.02	0.00	0.04	0.02
P	0.01	0.01	0.02	0.00	0.01
Th	0.00	0.00	0.03	0.00	0.01
Ta	0.01	0.00	0.00	0.04	0.01
Sc	0.03	0.01	0.19	0.20	0.11
REE	0.23	0.27	0.12	0.66	0.32
Y	0.08	0.05	0.06	0.02	0.05
总计	97.74	98.01	97.42	98.02	97.80

第二节　钛矿物

在白云鄂博矿床中，Ti 大部分以独立矿物的形式存在，除形成钛铁矿、金红石以外，在热液阶段主要与 Nb、REE 等形成 Ti、Nb、REE 的氧化物(如易解石、铌铁金红石)和硅酸盐矿物(如包头矿、硅钡铁钛石、硅钛铈矿、榍石)等。此外，矿床中的磁铁矿、黑云母、铌铁矿、铌锰矿、褐帘石等一般均含少量 TiO_2。

本次研究工作中还发现了红钛锰矿、艾锌钛矿，它们均属于 Mn、Zn 与钛铁矿中 Fe 类质同象置换，且分子式中 Mn、Zn(apfu)均高于 Fe，这两种矿物在白云鄂博矿床均为首次发现。

本矿床中的主要含 Ti 矿物见表 5-4。其中，包头矿、铌包头矿硅钡铌矿、铌铁金红石、易解石、硅钛铈矿等在其他章节已经介绍，本章着重叙述金红石、钛铁矿、红钛锰矿、艾锌钛矿、白钛矿等钛的氧化物及榍石、硅钡铁钛石、硅钡锰钛石等钛的硅酸盐矿物特征。

表 5-4　白云鄂博矿床含 Ti 的矿物种类及 TiO_2 含量

矿物类别	矿物名称	化学式	TiO_2 含量 w_t/%
氧化物类	金红石	TiO_2	94.13～98.99
	铌铁金红石	$(Ti,Nb,Fe)O_2$	34.44～91.78
	钛铁矿	$Fe^{2+}Ti^{4+}O_3$	48.64～52.41
	红钛锰矿	$Mn^{2+}Ti^{4+}O_3$	48.14～51.31
	艾锌钛矿	$(Zn,Mn,Fe)TiO_3$	51.12～52.57
	易解石族	$(Ce,Nd)(Ti,Nb)_2O_6$	15.42～33.35
硅酸盐类	包头矿	$Ba_4Ti_8Si_4O_{28}Cl$	26.46～36.94

续表

矿物类别	矿物名称	化学式	TiO_2 含量 w_t/%
硅酸盐类	铌包头矿	$Ba_4(Ti_{2.5}Fe^{2+}_{1.5})Nb_4Si_4O_{28}Cl$	15.87～24.26
	硅钡铌矿	$Ba_3(Nb,Ti)_6(Si_2O_7)_2O_{12}$	1.09～7.71
	硅钛铈矿	$Ce_4(Ti,Fe^{2+},Fe^{3+})_5O_8(Si_2O_7)_2$	13.87～21.91
	榍石	$CaTi(SiO_4)O$	31.24～38.44
	硅钡铁钛石	$Ba_2Fe^{2+}_4Ti_2(Si_2O_7)_2O_2(OH)_2F_2$	14.11～16.9
	硅钡锰钛石	$Ba_2Mn^{2+}_4Ti_2(Si_2O_7)_2O_2(OH)_2F_2$	12.68～16.40

注：TiO_2 含量为本次研究测试数据。

一、钛的氧化物

金红石 Rutile

TiO_2

化学组成：常含有 Fe、Nb 等元素的类质同象置换。

晶体结构：四方晶系，空间群为 $P4_2/mnm$。$a_0=4.5937$Å，$c_0=2.9587$Å，$Z=2$。

形态：复四方双锥晶形，$D_{4h}-4mmm(L^44L^25PC)$。常具完好的四方柱或针状晶形，集合体呈致密块状。单晶体呈短柱状、长柱状或针状，当有 Nb、Ta、Fe、Sn 等混入时，常形成双锥状、短柱状晶形；当结晶速度较快时，则出现长柱状、针状晶形。

物理性质：棕色、灰色-暗红色、褐红色、黑色，条痕浅黄-浅褐色，透明，金刚光泽，性脆。摩氏硬度 6～6.5，相对密度 4.23。电磁性很弱。白云鄂博矿床中的金红石大多含 Nb。随着含 Nb 量增加，矿物颜色变深，相对密度加大(约为 4.40)，电磁性增强。

显微镜下特征：一轴晶(+)，多色性强，突起高，N_o—黄色至褐色，N_e—暗红色至暗褐色，$N_o=2.605\sim2.613$，$N_e=2.899\sim2.901$。透射光下，呈棕黄色、棕褐色、棕绿色，干涉色常被自身颜色掩盖；反射光下，呈白色微带蓝色，反射率(白光)$R=23.5\%$，强非均质性(灰-深灰色，有时带黄灰)，内反射色为淡黄褐色-黄褐色。

白云鄂博矿床中的金红石晶胞参数：$a_0=4.615$Å，$b_0=4.615$Å，$c_0=2.979$Å。

白云鄂博矿床中的金红石样品 X 射线粉晶衍射数据见表 5-5。

表 5-5 白云鄂博矿床中的金红石 X 射线粉晶衍射数据

No.	$2\theta/(°)$	d/Å	I/I_0
1	27.301	3.2640	100.0
2	35.847	2.5030	53.3
3	54.007	1.6965	79.3
4	56.332	1.6319	25.4
5	68.595	1.3670	30.9

1. 条带状萤石型铌稀土铁矿石中的金红石

样品采自主矿。金红石呈棕绿色-褐黑色细长柱状分布于萤石、白云石、磁铁矿矿物间，因矿物颜色较深，干涉色显褐黑色，反射光下呈亮白色，内反射色显浅黄棕色，矿物长轴粒径为 0.05～0.20mm(图 5 - 18 至图 5 - 21)。图 5 - 22、图 5 - 23 为金红石 BSE 图像。

共伴生矿物：磁铁矿、萤石、白云石、独居石、氟碳铈矿、磁黄铁矿等。

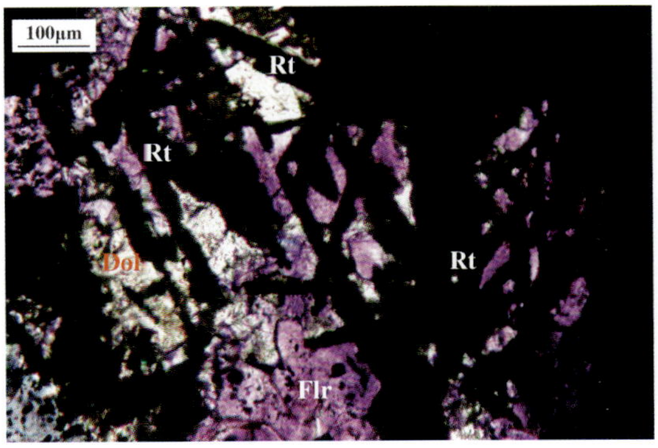

图 5 - 18　分布于萤石(Flr)、白云石(Dol)间、呈棕绿色-褐黑色的金红石(Rt)(单偏光)

图 5 - 19　分布于萤石间的金红石(单偏光)

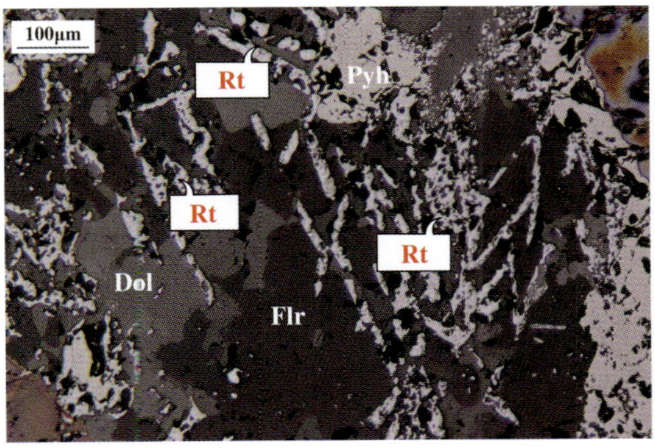

图 5 - 20　金红石的反射色呈亮白色(反射光)

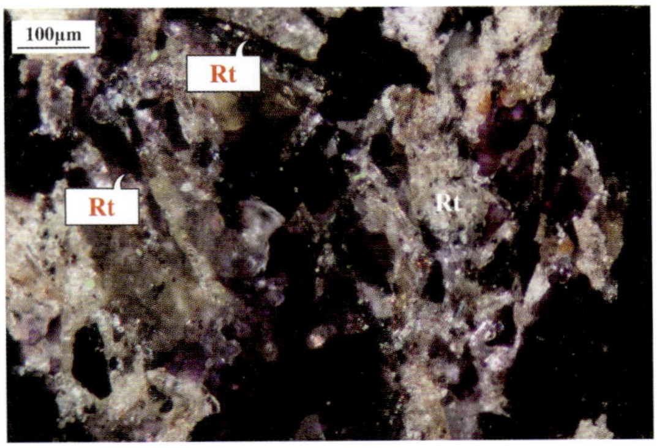

图 5 - 21　金红石的内反射色(淡黄褐色)(反射正交)

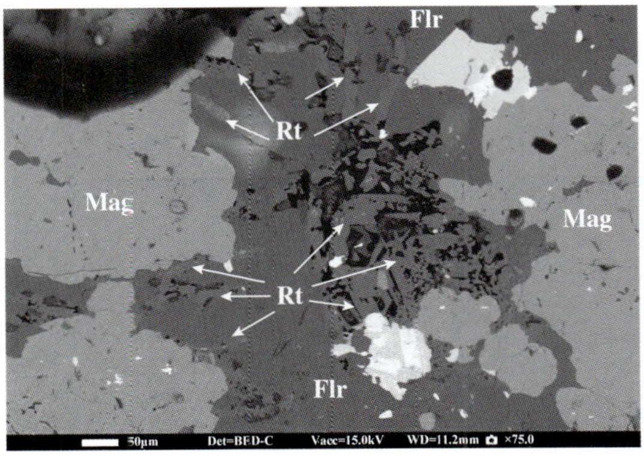

图 5 - 22　金红石分布于萤石、磁铁矿(Mag)间(BSE)

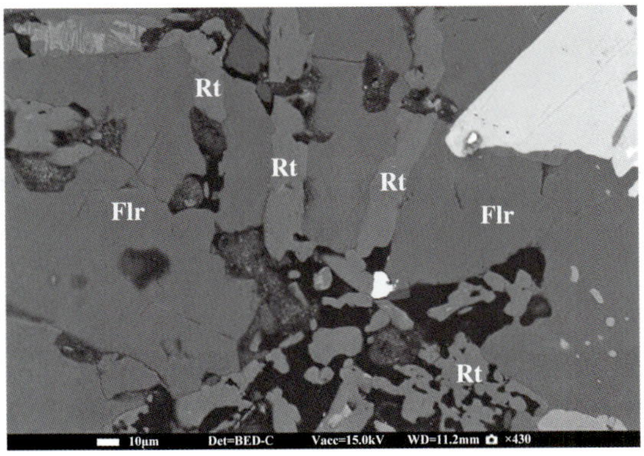

图 5 - 23　金红石分布于萤石间(BSE)

电子探针测试结果(表5－6)显示金红石较纯净，含Nb量较低，仅有少量Ca、Fe置换Ti。

根据电子探针测试结果平均值，以O=2为基数，计算化学式：$(Ti_{0.99}Ca_{0.01}Fe_{0.01})_{\Sigma 1.01}O_2$。

表5－6　金红石电子探针测试结果　　单位：w_t/%

成分	测试点P1	测试点P2	测试点P3	测试点P4	测试点P5	测试点P6	测试点P7	测试点P8	平均值
TiO_2	97.28	96.50	96.13	96.87	96.87	97.40	98.13	98.33	97.19
CaO	1.14	1.28	1.60	1.45	0.82	0.98	0.30	0.77	1.04
FeO	0.58	0.71	0.64	0.52	0.76	0.58	0.62	0.61	0.63
Nb_2O_5	0.05	0.42	0.26	0.17	0.29	0.20	0.18	0.11	0.21
Na_2O	0.05	0.06	0.03	0.04	0.04	0.00	0.01	0.03	0.03
总计	99.19	99.05	98.77	99.11	98.88	99.27	99.31	99.93	99.18

2. 霓石型铌稀土铁矿石中的金红石

样品采自主矿。金红石呈棕黄色-棕褐色细粒状集合体状分布于霓石矿物间，或呈细长柱状分布于萤石、重晶石间(图5－24、图5－25)，细粒状金红石粒径为0.01～0.02mm，细长柱状金红石粒径(长轴)为0.10～0.20mm。图5－26至图5－28为金红石在不同倍数下的BSE图像，柱状金红石为磁铁矿(亮色区域)与金红石(暗色区域)的固溶体结构，金红石矿物中含少量Fe(图5－29)。

样品中与磁铁矿呈固溶体结构的金红石几乎不含Nb，没有与磁铁矿构成固溶体结构的金红石则呈短柱状或等粒状分布于其他矿物间，含Nb量较高。

共伴生矿物：霓石、钠闪石、萤石、磁铁矿、钛铁矿、包头矿、烧绿石、重晶石、硅钛铈矿、独居石、氟碳铈矿、易解石等。

电子探针测试结果(表5－7)显示金红石含Nb量较低，仅有少量Ca、Fe置换Ti。

根据电子探针测试结果平均值，以O=2为基数，计算化学式：$(Ti_{0.98}Fe_{0.02}Ca_{0.01})_{\Sigma 1.01}O_2$。

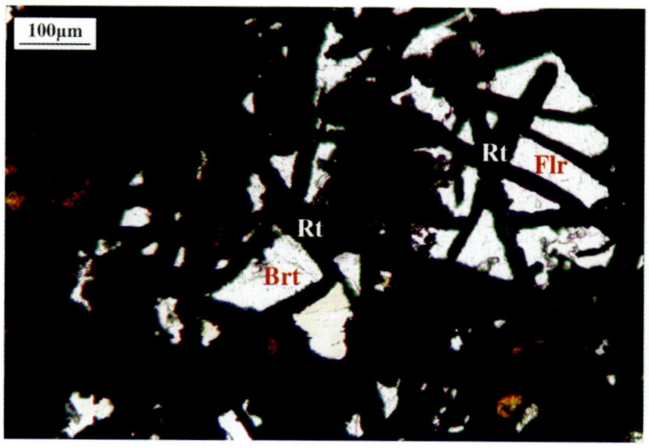

图5－24　呈棕色-褐黑色、细长柱状分布于重晶石(Brt)、萤石(Flr)间的金红石(Rt)(单偏光)

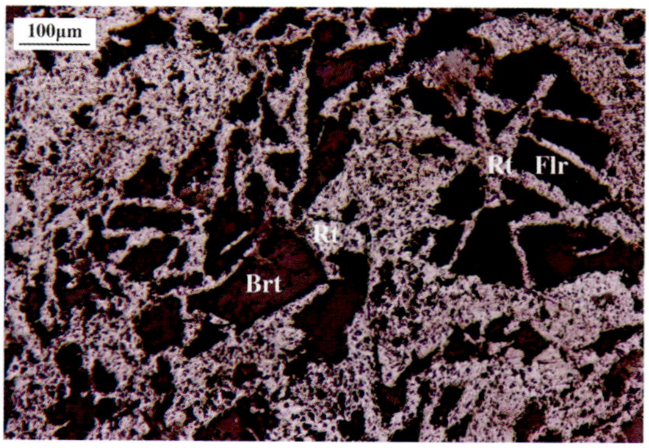

图5－25　金红石的反射率(反射光)

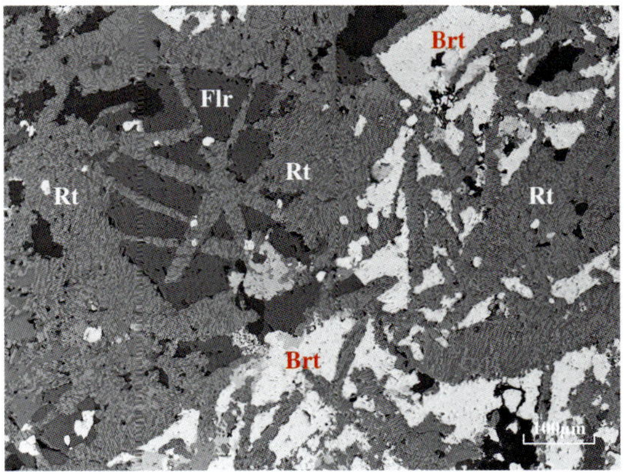

图 5-26 金红石与重晶石（BSE）

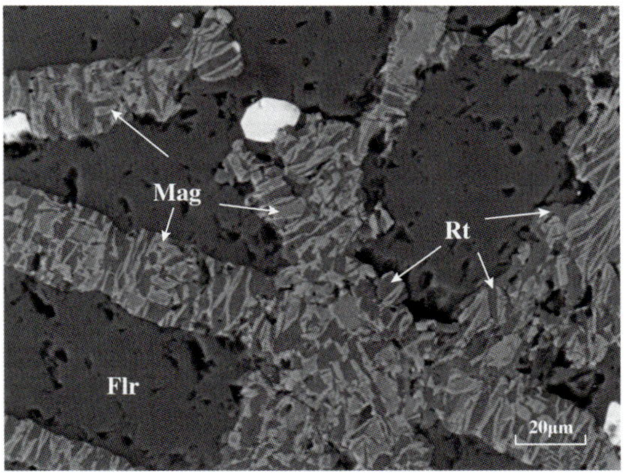

图 5-27 金红石与磁铁矿（Mag）呈固溶体结构（BSE）

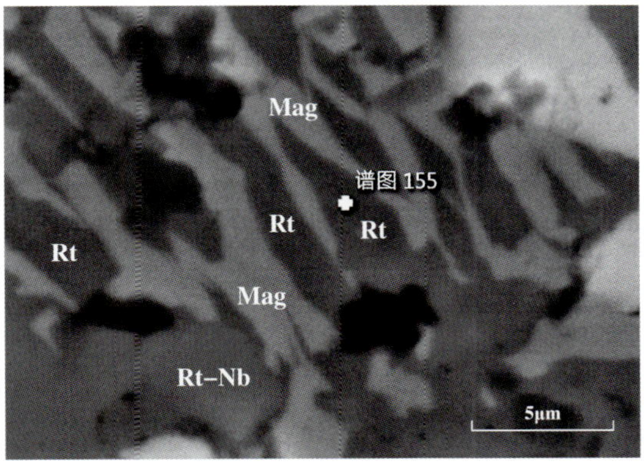

图 5-28 金红石与磁铁矿呈固溶体结构（BSE）

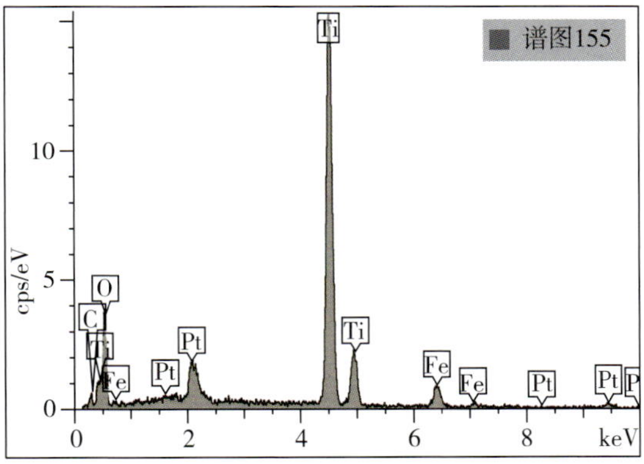

图 5-29 金红石能谱图

表 5-7 金红石电子探针测试结果 单位：$w_t/\%$

成分	测试点 P1	测试点 P2	测试点 P3	测试点 P4	测试点 P5	平均值
TiO_2	97.28	96.5	96.13	97.63	97.33	96.97
CaO	0.41	0.28	0.65	0.37	0.77	0.50
FeO	1.88	2.17	2.64	1.62	2.06	2.07
Nb_2O_5	0.03	0.08	0.11	0.05	0.03	0.06
Na_2O	0.08	0.07	0.05	0.04	0.07	0.06
总计	99.68	99.1	99.58	99.71	100.26	99.66

3. 钠闪石型铌稀土铁矿石中的金红石

样品采自主矿磷灰石矿化带与钠闪石型铌稀土铁矿石接触处。金红石呈黄棕色，以细粒集合体形式与磁铁矿、易解石紧密共生(图 5-30、图 5-31)，粒径为 0.03～0.05mm。金红石反射率较磁铁矿稍高，反射色为亮白色，磁铁矿则略显棕色(图 5-32、图 5-33)，内反射色为浅黄色(图 5-34、图 5-35)，图 5-36、图 5-37 显示了金红石与磁铁矿的紧密共生关系。

共伴生矿物：钠闪石、霓石、白云石、磷灰石、磁铁矿、氟碳铈矿、易解石、铌锰矿、重晶石等。

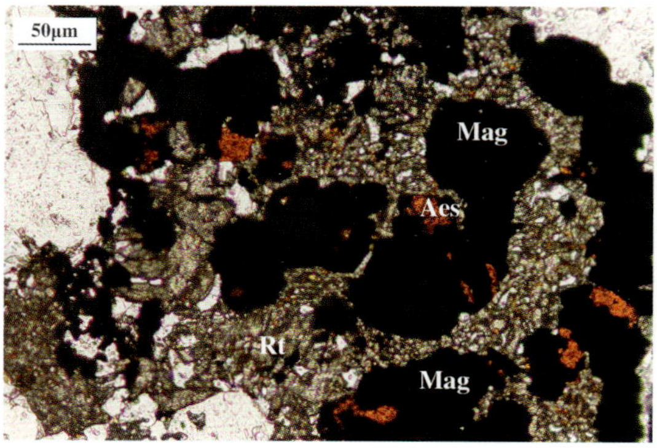

图 5-30　金红石(Rt)与磁铁矿(Mag)、易解石(Aes)紧密共生（单偏光）

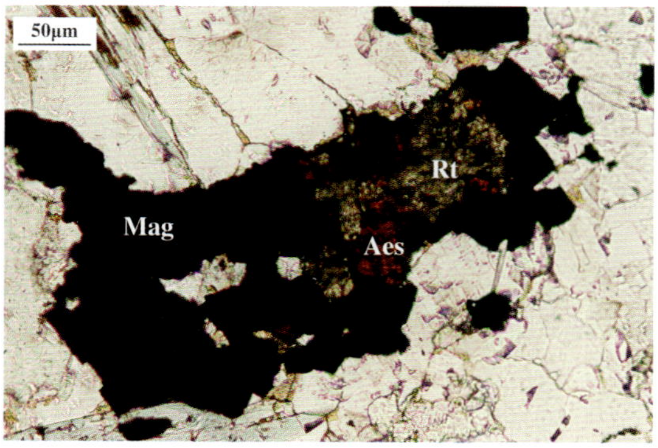

图 5-31　金红石与磁铁矿紧密共生(单偏光)

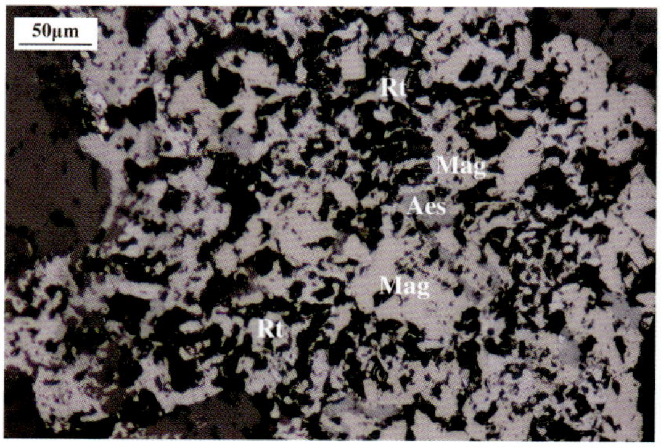

图 5-32　金红石与磁铁矿、易解石(反射光)

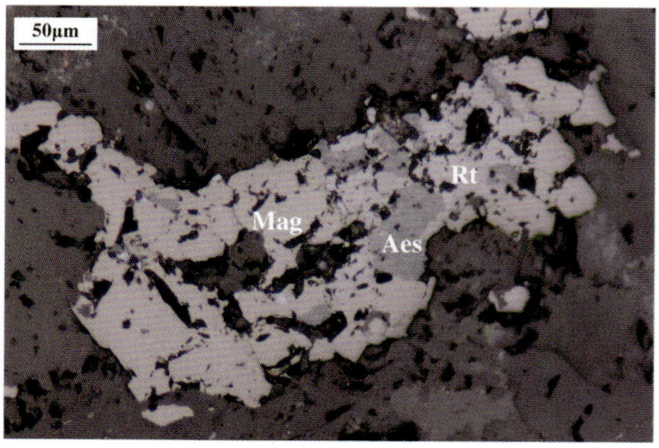

图 5-33　金红石反射率略高于磁铁矿，反射色较磁铁矿更显白(反射光)

图 5-34　金红石内反射色为浅黄色（反射正交）

图 5-35　金红石的内反射色(反射正交)

图 5 - 36　金红石与磁铁矿(BSE)

图 5 - 37　金红石与磁铁矿(BSE)

电子探针测试结果(表 5 - 8)显示金红石含少量 Nb、Fe，根据电子探针测试结果平均值，以 O=2 为基数，计算化学式：$(Ti_{0.98}Nb_{0.01}Fe_{0.01}Ca_{0.01})_{\Sigma 1.01}O_2$。

表 5 - 8　金红石电子探针测试结果　　单位：w_t/%

成分	测试点 P1	测试点 P2	测试点 P3	测试点 P4	平均值
TiO_2	94.46	97.07	98.23	98.67	97.11
Nb_2O_5	2.36	0.45	0.73	0.11	0.91
MgO	0.04	0.04	0.00	0.00	0.02
FeO	1.75	0.99	1.02	1.15	1.23
CaO	0.67	0.40	0.87	0.08	0.50
总计	99.27	98.95	100.85	100.01	99.77

4. 板岩中的金红石

样品采自东矿钻孔，属于碳质板岩。板岩主要由微细粒金云母、钠长石、钾长石组成。金红石以深棕色板状、柱状或不规则粒状集合体形式分布于碳质板岩中，并包裹和交代磁黄铁矿(图 5 - 38 至图 5 - 41)，颗粒较细，粒径为 0.02～0.10mm。图 5 - 42、图 5 - 43 为 BSE 图像。

共伴生矿物：金云母、磁黄铁矿、磁铁矿、方铅矿、黄铁矿、钠长石、钾长石、磷灰石、重晶石、独居石、磷钇矿等。

金红石含 Nb、Fe 量均较低，根据电子探针测试结果平均值(表 5 - 9)，以 O=2 为基数，计算化学式：$(Ti_{0.98}Nb_{0.01}Fe_{0.01})_{\Sigma 1.00}O_2$。

表 5 - 9　金红石电子探针测试结果　　单位：w_t/%

成分	测试点 P1	测试点 P2	测试点 P3	测试点 P4	测试点 P5	测试点 P6	平均值
TiO_2	98.56	98.49	98.40	94.13	98.81	98.99	97.90
Nb_2O_5	1.85	2.21	2.14	5.22	1.56	1.80	2.46
FeO	0.40	0.66	0.60	1.62	0.39	0.45	0.69
CaO	0.04	0.00	0.02	0.06	0.06	0.01	0.03
总计	100.86	101.37	101.16	101.02	100.82	101.25	101.08

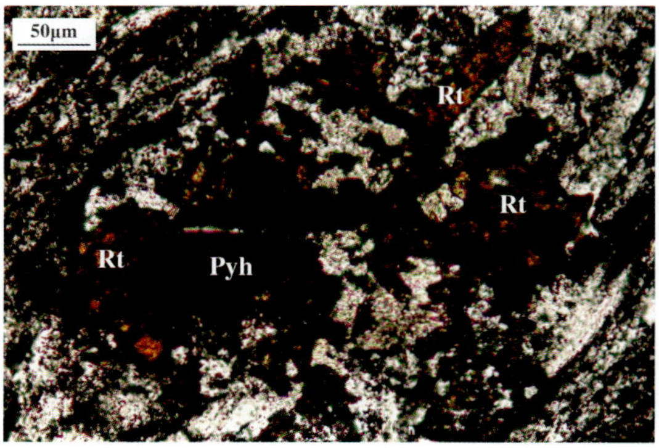

图 5-38　分布于板岩中的金红石(Rt)(单偏光)

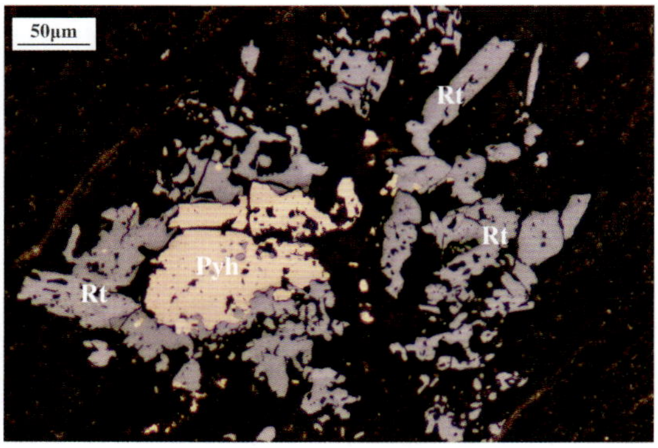

图 5-39　板状、柱状分布的金红石包裹并交代磁黄铁矿(Pyh)(反射光)

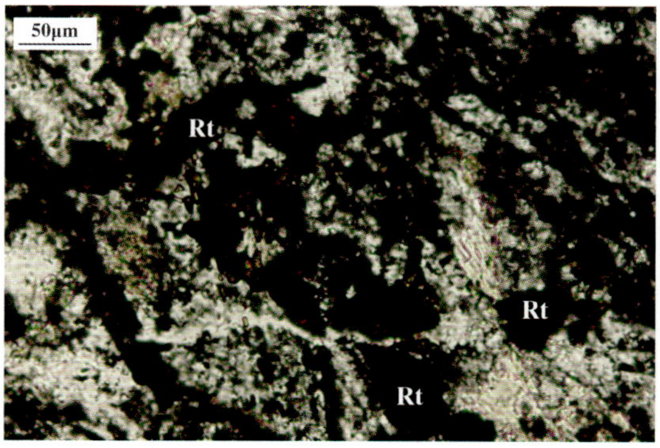

图 5-40　深棕色不规则粒状分布的金红石(单偏光)

图 5-41　金红石的反射率(反射光)

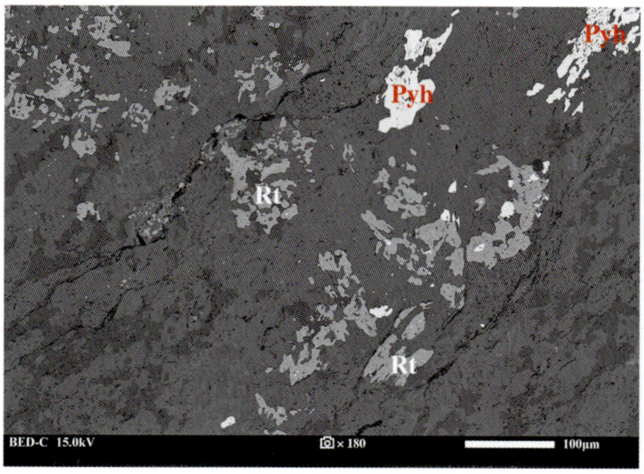

图 5-42　细粒集合体状分布的金红石(BSE)

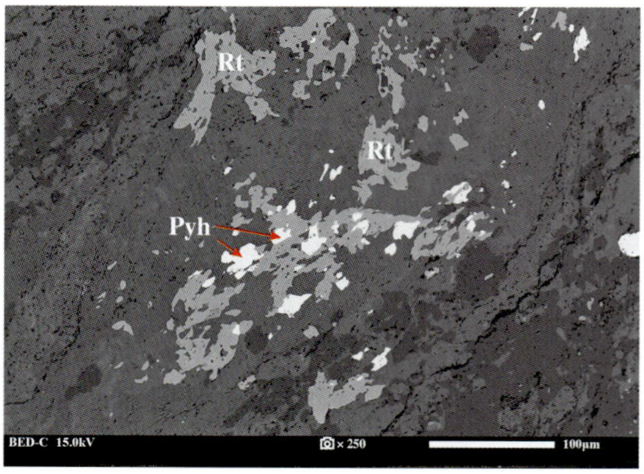

图 5-43　金红石包裹磁黄铁矿(BSE)

钛铁矿　Ilmenite

$Fe^{2+}Ti^{4+}O_3$

化学组成：TiO_2 52.63%，FeO 47.37%。

晶体结构：三方晶系，空间群为 $R\overline{3}$。a_0 = 5.08854(7)Å，c_0 = 14.0924(3)Å，Z = 6。

形态：菱面体晶形，$C_{3i}-\overline{3}(L^3C)$。常呈不规则粒状、鳞片状或厚板状。

物理性质：钢灰色-黑色，条痕红棕色-黑色，金属-半金属光泽，不透明，无解理，贝壳或亚贝壳状断口，性脆。摩氏硬度5～6，相对密度4.68～4.76，具弱磁性。

显微镜下特征：一轴晶(－)，不透明，N=2.7。反射光下呈灰色带棕色，具反射多色性(浅棕色-暗棕色)，反射率R(白光)=17.8%～21.1%，非均质性显著(淡黄-绿蓝-紫色)。

钛铁矿(图5-44)分布于白云鄂博矿床的各种类型矿石中，而以霓石型、钠闪石型和黑云母型矿石中较为常见，且常与易解石、硅钡铁钛石、包头矿等含Ti矿物共生。磁铁矿矿石中的钛铁矿形成较早，呈细小等轴状、短柱状及不规则粒状，赤铁矿在钛铁矿中以固溶体分离的形式呈叶片状或网格状，当温度高时，Fe_2O_3 在 $FeTiO_3$ 中有较大的溶解度；当温度降低时，赤铁矿先析出。

图5-44　钛铁矿手标本

白云鄂博钛铁矿中Fe能被Mn、Zn等元素置换，当Mn(apfu)>Fe时称为红钛锰矿，当Zn(apfu)>Fe时称为艾锌钛矿。

1. 霓石型铌稀土铁矿石中的钛铁矿

样品采自主矿上盘。钛铁矿呈黑色不透明，长板状同向或交叉分布，并与磁铁矿、褐铁矿等紧密共生，颗粒粗大，长轴一般为5.00～10.00mm，短轴为0.30～1.50mm。反射光下呈淡棕色，强非均质性(图5-45至图5-48)。

共伴生矿物：霓石、磁铁矿、赤铁矿、褐铁矿、黄河矿、氟碳钙铈矿、易解石、方解石、重晶石、萤石等。

电子探针测试结果(表 5 - 10)显示钛铁矿含少量 Mn，MnO 平均含量为 5.75%。

根据电子探针测试结果平均值，以 O=3 为基数，计算化学式：$(Fe_{0.91}Mn_{0.13}Na_{0.01})_{\Sigma 1.04}Ti_{0.97}O_3$。

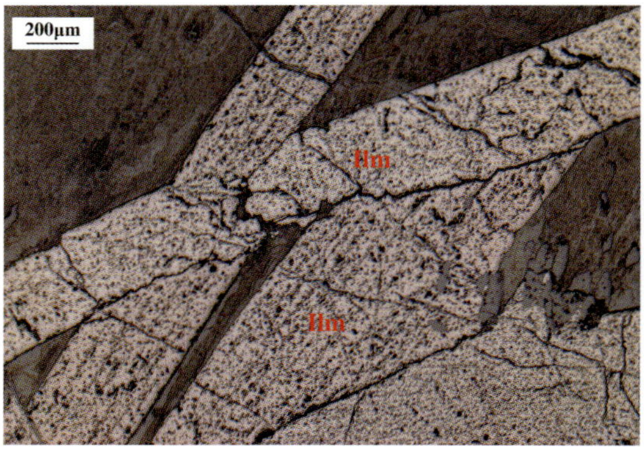

图 5 - 45　板状交叉分布的钛铁矿(Ilm)
(反射光)

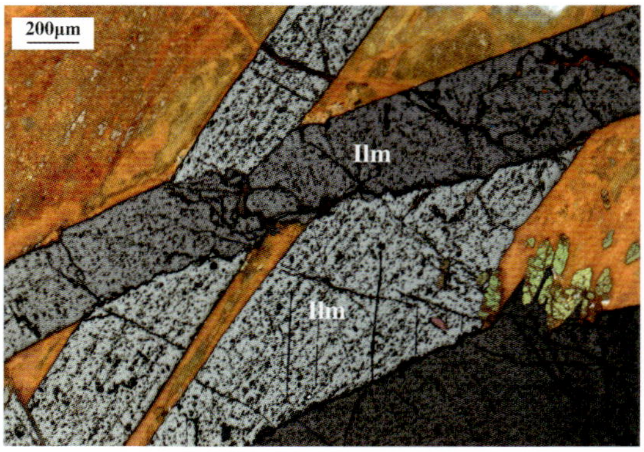

图 5 - 46　钛铁矿的强非均质性及
偏光色(绿蓝色-蓝紫色)(反射正交)

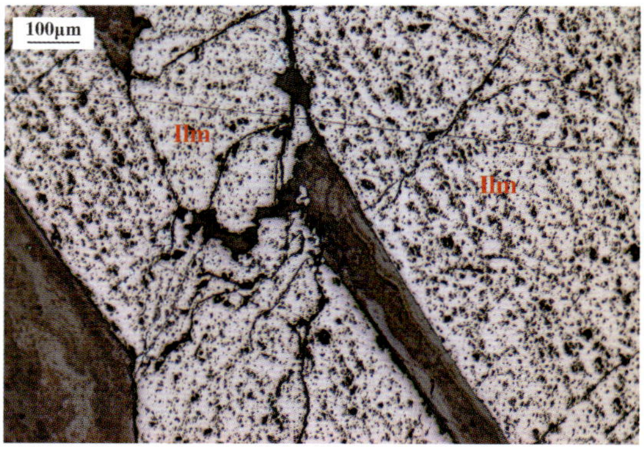

图 5 - 47　钛铁矿的反射色
(反射光)

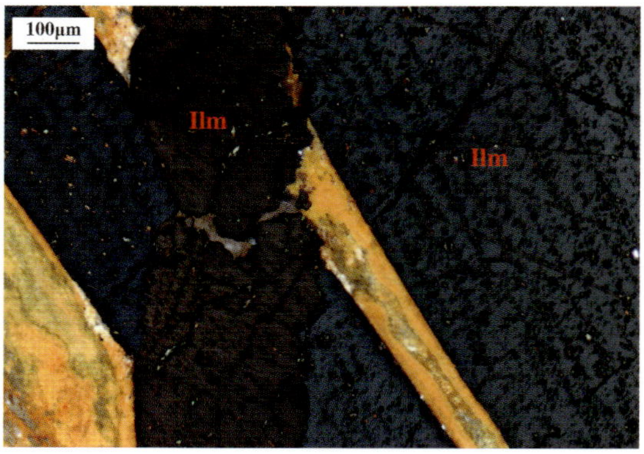

图 5 - 48　钛铁矿的强非均质性及
偏光色(反射正交)

表 5 - 10　钛铁矿电子探针测试结果　　单位：w_t/%

成分	测试点 P1	测试点 P2	测试点 P3	平均值
FeO	41.89	41.57	41.99	41.82
MnO	6.01	5.86	5.37	5.75
TiO_2	49.68	49.81	48.68	49.39
BaO	0.38	0.28	0.53	0.40

续表

成分	测试点 P1	测试点 P2	测试点 P3	平均值
Na_2O	0.06	0.04	0.38	0.16
K_2O	0.02	0.01	0.11	0.05
SiO_2	0.09	0.15	0.29	0.18
Nb_2O_5	0.23	0.23	0.26	0.24
总计	98.36	97.95	97.62	97.98

2. 磷灰石化黑云母型铌稀土铁矿石中的钛铁矿

样品采自主矿。钛铁矿与磁铁矿紧密共生，两种矿物的反射率、反射色近似，难以区分，钛铁矿比磁铁矿反射色更显棕色。反射正交下，钛铁矿有强非均质性，颗粒较细，粒径为0.02～0.03mm(图5-49至图5-52)，另有部分钛铁矿呈不规则粒状与磁铁矿、易解石、磷灰石等紧密共生(图5-53)，钛铁矿能谱图(图5-54)显示含Mn。

共伴主矿物：黑云母、磁铁矿、磷灰石、铈易解石、赤铁矿、独居石等。

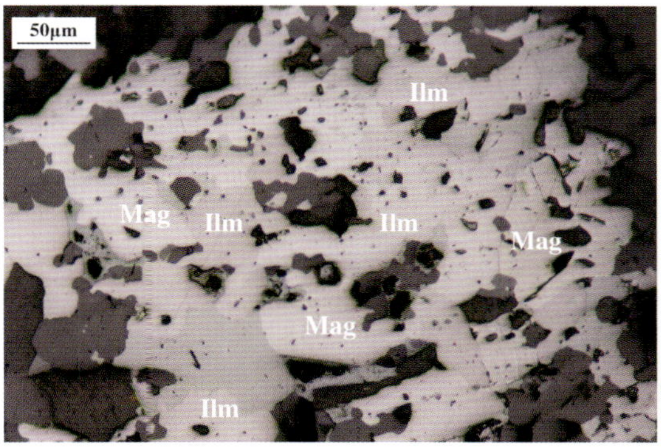

图5-49 钛铁矿(Ilm)与磁铁矿(Mag)紧密共生(反射光)

图5-50 钛铁矿的强非均质性(反射正交)

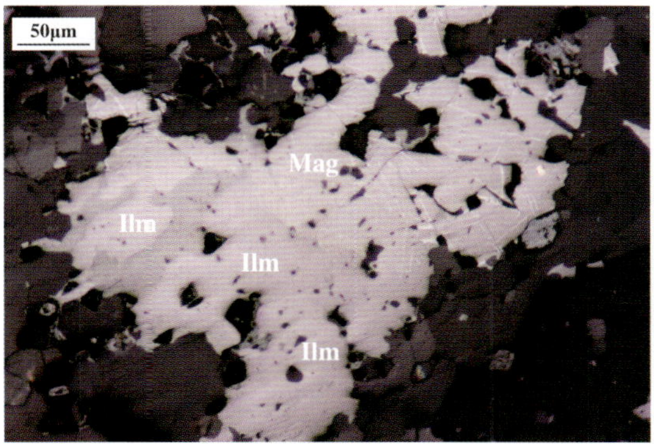

图5-51 钛铁矿与磁铁矿(反射光)

图5-52 钛铁矿的强非均质性(反射正交)

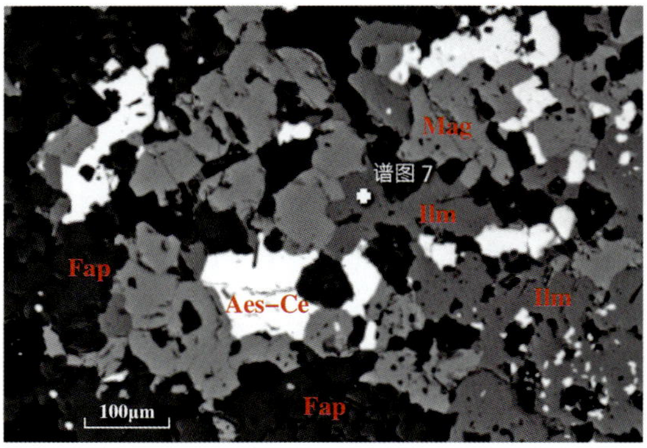

图 5-53　钛铁矿与铈易解石(Aes-Ce)、磁铁矿、磷灰石(Fap)等紧密共生（BSE）

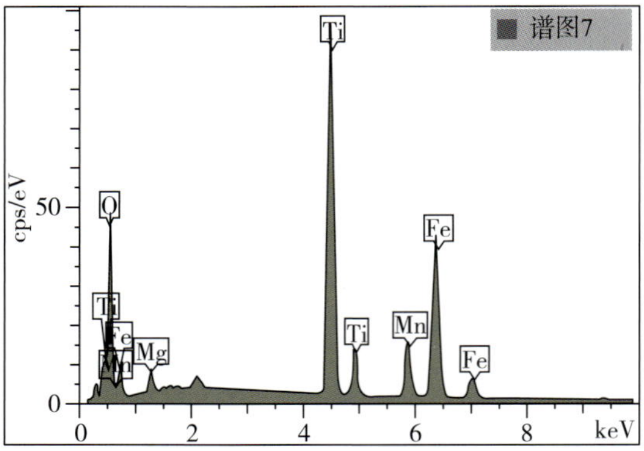

图 5-54　钛铁矿能谱图

电子探针测试结果(表 5-11)显示，本样品中钛铁矿含 Sc 较高，测试点 P1 高达 0.42%，平均值为 0.15%。三个测试点中，P1 测试点 MnO 含量大于 FeO，为红钛锰矿，另外两个测试点 MnO 含量也较高，分别为 11.97%和 11.25%。

根据电子探针测试结果，以 O=3 为基数，分别计算化学式。P1 化学式：$(Mn_{0.54}Fe_{0.39}Mg_{0.08}Sc_{0.01})_{\Sigma 1.02}(Ti_{0.98}Nb_{0.01})_{\Sigma 0.99}O_3$，当 Mn(apfu)>Fe 时，为红钛锰矿。

P2、P3 平均值化学式：$(Fe_{0.73}Mn_{0.25}Mg_{0.06})_{\Sigma 1.04}Ti_{0.98}O_3$，当 Fe(apfu)>Mn 时，为钛铁矿。

表 5-11　钛铁矿电子探针测试结果　　单位：w_t/%

成分	测试点 P1	测试点 P2	测试点 P3	P2、P3 平均值
TiO_2	52.41	51.41	51.65	51.53
FeO	18.57	33.93	35.00	34.47
MnO	25.75	11.97	11.25	11.61
ZnO	0.07	0.04	0.05	0.05
CaO	0.13	0.12	0.00	0.06
MgO	2.24	1.36	1.54	1.45
Nb_2O_5	0.56	0.21	0.21	0.21
Sc_2O_3	0.42	0.14	0.15	0.15
总计	100.13	99.17	99.83	99.50

3. 黑云母型铌稀土铁矿石的钛铁矿

样品采自主矿。钛铁矿呈自形-半自形的板状或集合体形式分布于黑云母、萤石矿物间，或与硅钡铁钛石紧密共生(图 5-55、图 5-56)，反射率较高，反射正交下可见强非均质性(图 5-57 至图 5-60)，钛铁矿粒径为 0.10～0.25mm。

共伴生矿物：黑云母、萤石、硅钡铁钛石、氟碳铈矿、钾长石、石英等。

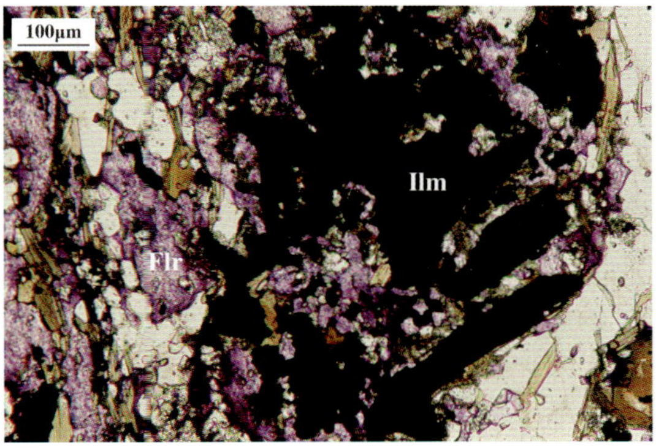

图 5-55 分布于萤石(Flr)间的钛铁矿(Ilm)(单偏光)

图 5-56 钛铁矿与硅钡铁钛石(Bft)(单偏光)

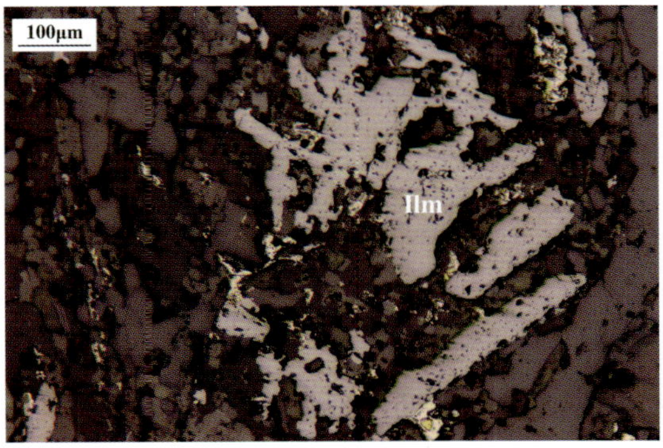

图 5-57 钛铁矿的反射率(反射光)

图 5-58 钛铁矿的反射率(反射光)

图 5-59 钛铁矿的非均质性(反射正交)

图 5-60 钛铁矿的非均质性(反射正交)

电子探针测试结果(表 5-12)显示，本样品中钛铁矿 Nb_2O_5 含量为 0.59%～1.14%，平均值为 0.89%，MnO 含量平均为 4.36%。

根据电子探针测试结果平均值，以 O=3 为基数，计算化学式：$(Fe_{0.92}Mn_{0.10})_{\Sigma 1.02}(Ti_{0.98}Nb_{0.01})_{\Sigma 0.99}O_3$。

表 5-12　钛铁矿电子探针测试结果　　单位：w_t/%

成分	测试点 P1	测试点 P2	测试点 P3	平均值
TiO_2	50.27	50.13	51.54	50.65
FeO	42.53	42.51	42.66	42.57
CaO	0.09	0.08	0.03	0.07
MnO	4.43	4.33	4.33	4.36
Nb_2O_5	0.92	1.14	0.59	0.89
总计	98.23	98.21	99.16	98.53

4. 钠闪石型铌稀土铁矿石中的钛铁矿

样品采自西矿。钛铁矿呈半自形粒状与硅钡铁钛石紧密共生，或被包裹于硅钡铁钛石中(图 5-61、图 5-65、图 5-66)，反射光下可见钛铁矿的反射多色性，反射正交下可见其强非均质性及双晶(图 5-62 至图 5-64)，钛铁矿粒径为 0.15～0.50mm。

共伴生矿物：钠闪石、黄铁矿、磁黄铁矿、磁铁矿、硅钡铁钛石、独居石、易解石等。

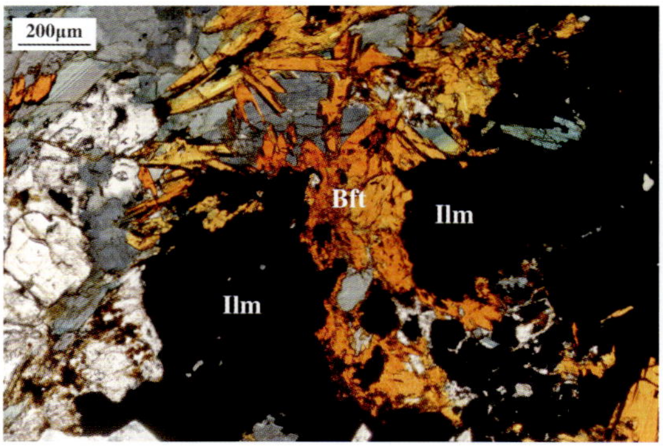

图 5-61　与硅钡铁钛石(Bft)紧密共生的钛铁矿(Ilm)(单偏光)

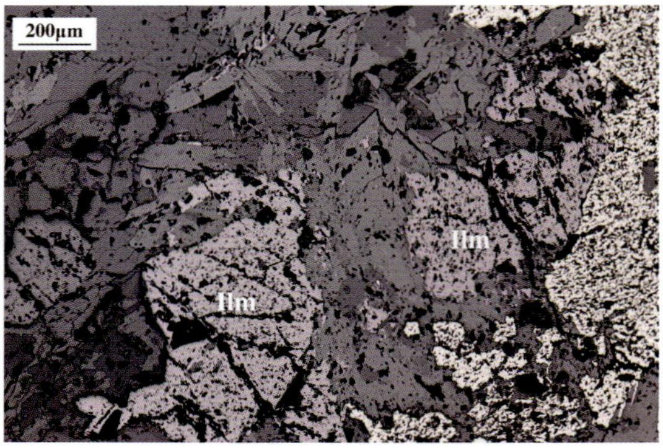

图 5-62　钛铁矿的反射色（反射光）

图 5-63　钛铁矿的双晶(反射正交)

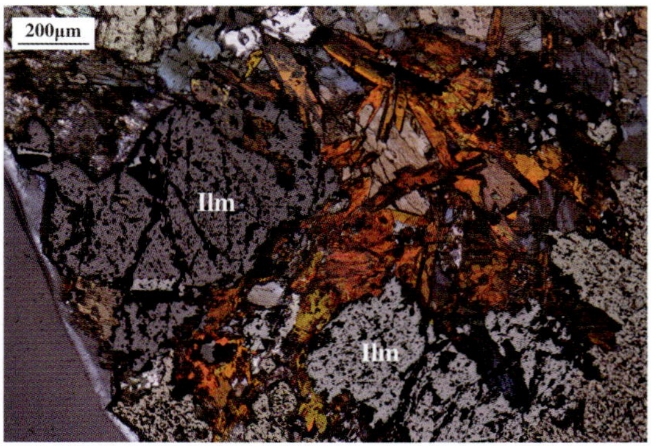

图 5-64　钛铁矿的强非均质性(反射正交)

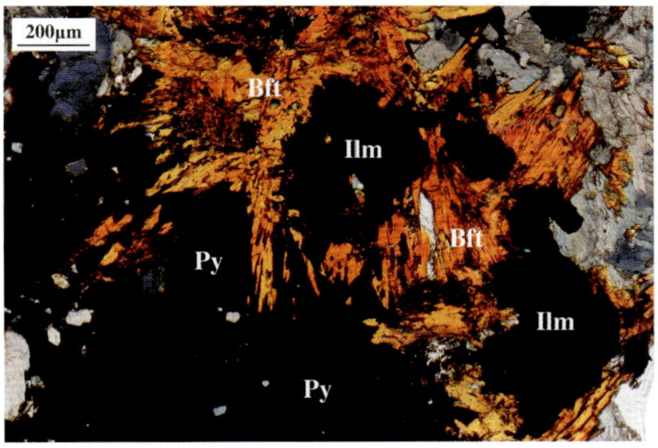

图 5-65　钛铁矿被硅钡铁钛石包裹(单偏光)

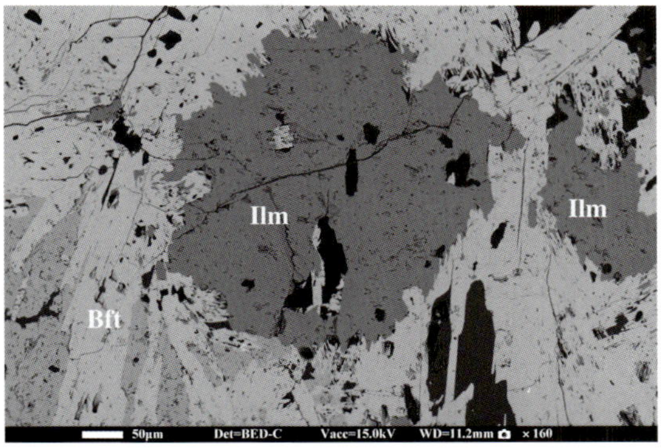

图 5-66　钛铁矿被硅钡铁钛石包裹(BSE)

电子探针测试结果(表 5-13)显示，本样品中的钛铁矿含少量 Nb，Nb_2O_5 平均含量为 0.34%，含 Mn 较高，MnO 平均含量 9.22%。

根据电子探针测试结果平均值，以 O=3 为基数，计算化学式：$(Fe_{0.85}Mn_{0.21})_{\Sigma 1.06}Ti_{0.98}O_3$。

表 5-13　钛铁矿电子探针测试结果　　　　单位：w_t/%

成分	测试点 P1	测试点 P2	测试点 P3	平均值
FeO	39.10	38.62	38.48	38.73
TiO_2	48.64	49.31	48.94	48.96
MnO	9.19	9.35	9.13	9.22
SiO_2	0.04	0.02	0.12	0.06
MgO	0.14	0.08	0.13	0.12
BaO	0.36	0.35	0.40	0.37
Nb_2O_5	0.28	0.47	0.27	0.34
总计	97.74	98.21	97.46	97.80

5. 白云石型铌稀土矿石中的钛铁矿

样品采自西矿。主要矿物为粗粒、细粒白云石，有黑云母及稀土矿物呈浸染状或脉状侵入，钛铁矿与磁铁矿、铌铁矿等紧密共生。当钛铁矿与铌铁矿共生时，两种矿物的反射率相当，但呈现不同色调的反射色：钛铁矿呈棕色调，铌铁矿更显灰色调。反射正交下均具非均质性，但铌铁矿内反射色透红(图 5-67、图 5-68)。与磁铁矿相比，钛铁矿反射率略低且反射色显棕色调。反射正交下，磁铁矿为均质，钛铁矿有非均质性(图 5-69、图 5-70)。钛铁矿多呈板状分布，并与磁黄铁矿、辉钼矿等紧密共生(图 5-71、图 5-72)，粒径(长轴)为 0.10～1.00mm。

共伴生矿物：白云石、黑云母、绿泥石、磁铁矿、铌铁矿、黄铁矿、磁黄铁矿、闪锌矿、独居石、辉钼矿等。

根据电子探针测试结果平均值(表 5-14)，以 O=3 为基数，计算化学式：$(Fe_{0.93}Mn_{0.04}Mg_{0.01})_{\Sigma 0.98}(Ti_{1.00}Nb_{0.01})_{\Sigma 1.01}O_3$。

图 5-67　钛铁矿(Ilm)比铌铁矿(Clb-Fe)反射色显棕色调(反射光)

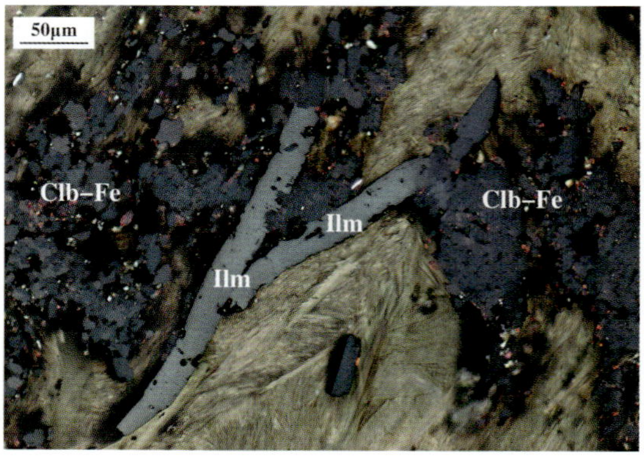

图 5-68　钛铁矿、铌铁矿均有非均质性，铌铁矿内反射色透红(反射正交)

图 5-69　钛铁矿比磁铁矿(Mag)反射率稍低，且显棕色调(反射光)

图 5-70　钛铁矿有非均质性，磁铁矿为均质(反射正交)

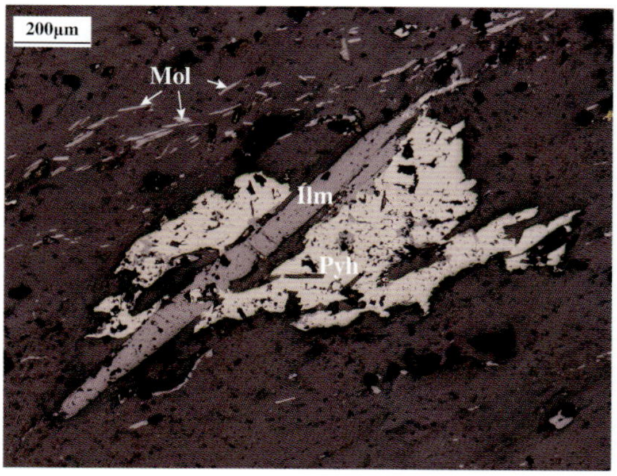

图 5-71　钛铁矿与磁黄铁矿(Pyh)紧密共生(反射光)

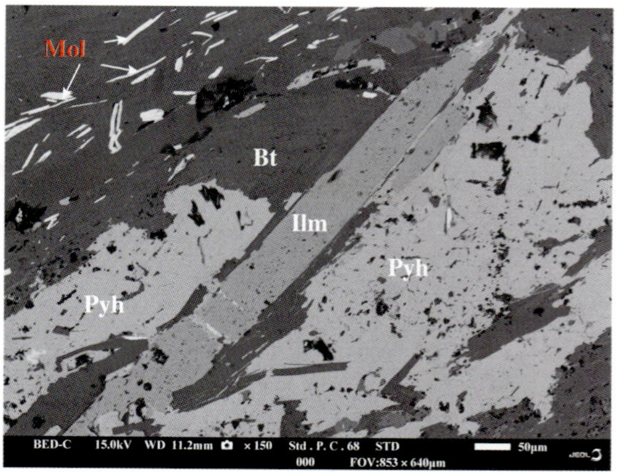

图 5-72　钛铁矿与磁黄铁矿、辉钼矿(Mol)(BSE)

表 5－14　钛铁矿电子探针测试结果　　单位：w_t/%

成分	测试点 P1	测试点 P2	测试点 P3	测试点 P4	测试点 P5	平均值
FeO	44.24	43.49	43.97	43.77	42.31	43.56
TiO_2	52.14	52.78	52.26	52.10	53.28	52.51
MnO	1.62	1.66	1.89	1.88	1.63	1.73
Nb_2O_5	0.92	0.83	0.75	0.66	0.43	0.72
MgO	0.11	0.18	0.21	0.21	0.08	0.16
总计	99.03	98.94	99.08	98.62	97.73	98.68

6. 绿泥石片岩中的钛铁矿

样品采自主矿。钛铁矿沿某一方向呈不连续脉状定向分布，自形-半自形板状、柱状，颗粒大小不均，粒径为 0.02～0.50mm(图 5－73 至图 5－77)，部分钛铁矿颗粒中有微细粒金红石包裹体(图 5－78)。

共伴生矿物：绿泥石、长石、金红石、独居石、褐帘石、黑云母等。

根据电子探针测试结果平均值(表 5－15)，以 O＝3 为基数，计算化学式：$(Fe_{0.97}Mn_{0.01})_{\Sigma 0.98}(Ti_{1.00}Nb_{0.01})_{\Sigma 1.01}O_3$。

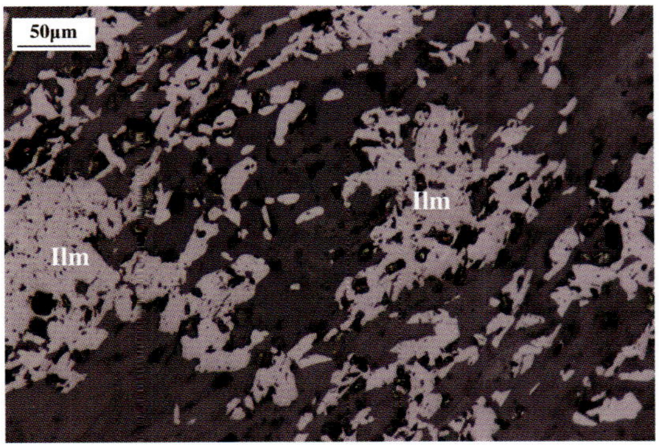

图 5－73　钛铁矿(Ilm)(反射光)

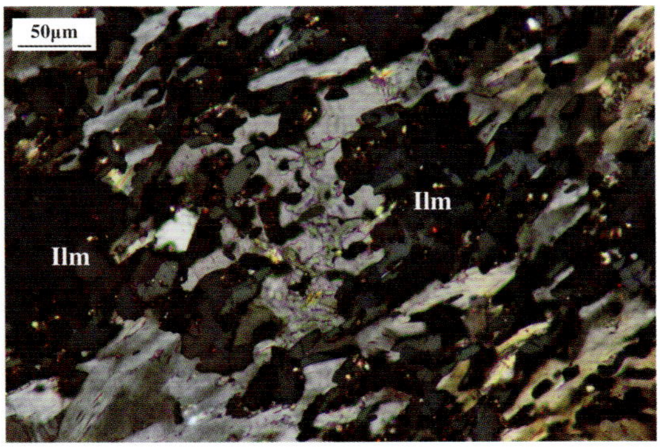

图 5－74　钛铁矿的非均质性(反射正交)

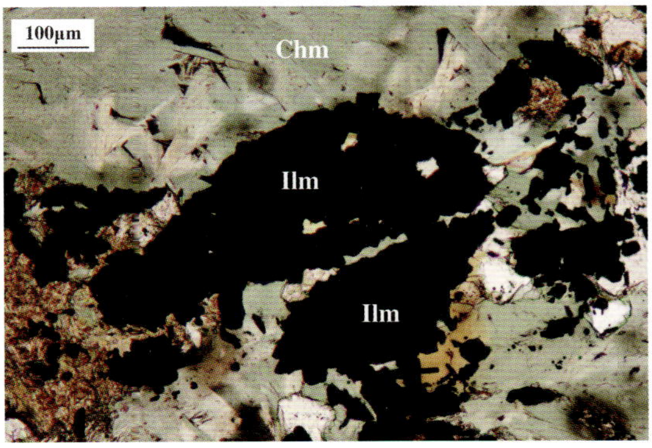

图 5－75　分布于绿泥石(Chm)中的钛铁矿(单偏光)

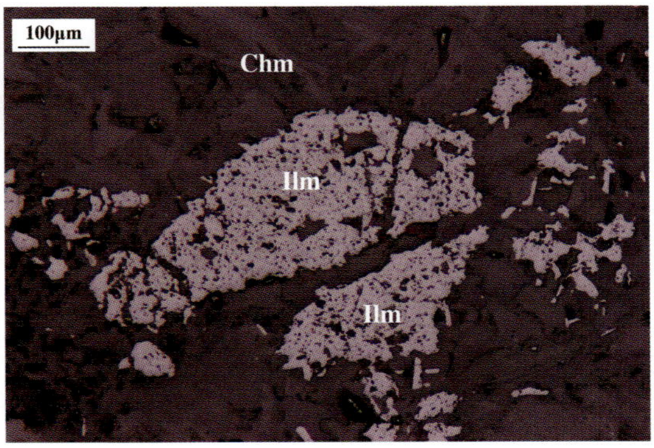

图 5－76　钛铁矿的反射色呈灰棕色(反射光)

图 5-77 钛铁矿的非均质性
(反射正交)

图 5-78 钛铁矿中包裹细粒
金红石(Rt)(BSE)

表 5-15 钛铁矿电子探针测试结果 单位：w_t/%

成分	测试点 P1	测试点 P2	测试点 P3	测试点 P4	测试点 P5	平均值
FeO	45.34	45.21	44.82	45.22	45.31	45.18
TiO_2	54.32	53.53	53.45	53.59	53.69	53.72
MnO	0.35	0.36	0.26	0.21	0.35	0.31
Nb_2O_5	0.80	0.58	0.73	0.73	0.43	0.66
MgO	0.02	0.00	0.06	0.04	0.03	0.03
总计	100.82	99.68	99.33	99.80	99.81	99.89

红钛锰矿 Pyrophanite

$Mn^{2+}TiO_3$

化学组成：TiO_2 52.96%，MnO 47.04%。

晶体结构：三方晶系，空间群为 $R\overline{3}$。a_0 = 5.13948(7)Å，c_0 = 14.2829(4)Å，Z = 6。与钛铁矿相似，相当于 Mn 占据 Fe 的位置形成。

形态：菱面体晶形，$C_{3i}-\overline{3}(L^3C)$。晶体少见，与钛铁矿形态相似。

物理性质：棕黄色、暗棕色、深红色，条痕黄色微带绿。金属-半金属光泽，贝壳状断口，不透明。摩氏硬度 5～6，相对密度 4.537。

显微镜下特征：一轴晶(－)，N_o=2.481，N_e=2.210，无多色性。反射率为 15%～22%。

红钛锰矿于 1986 年在河北某花岗岩中被发现，呈板状，黑色，金属光泽，具弱磁性。

白云鄂博矿区红钛锰矿与河北红钛锰矿产状不同，研究中发现含红钛锰矿的几个样品属于钠闪石型或钠闪石化白云石型铌稀土铁矿石，矿物形成于钠质热液交代阶段的富锰环境，所以 Mn 含量大于 Fe 形成红钛锰矿。

1. 钠闪石化白云石型铌稀土铁矿石中的红钛锰矿

样品采自主矿。红钛锰矿呈黑色不规则粒状分布，有交代硅钡铁钛石痕迹(图 5-79、图 5-80、图 5-85)，反射光下比磁铁矿略显灰棕色，具强非均质性及暗红色内反射色(图 5-81 至图 5-84)，能谱图(图 5-86)显示含 Fe 较高。红钛锰矿颗粒较细，粒径为

0.05～0.30mm。

共伴生矿物：白云石、钠闪石、磁铁矿、黄铁矿、独居石、铌锰矿、闪锌矿、金云母、硅钡铁钛石、菱锰矿等。

图 5-79　细粒状红钛锰矿(Pph)分布于硅钡铁钛石(Bft)、磁铁矿(Mag)间（单偏光）

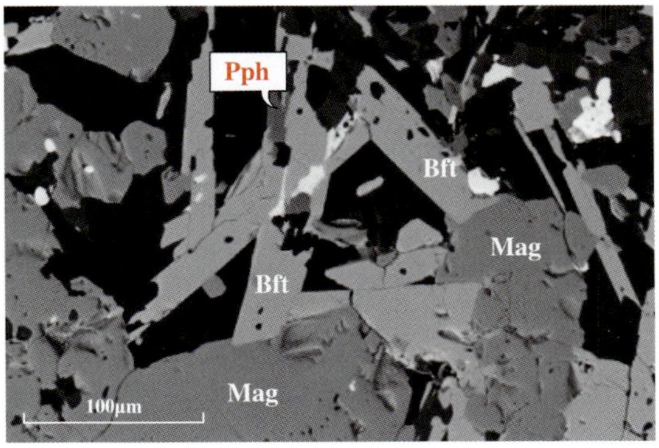

图 5-80　红钛锰矿分布于硅钡铁钛石中(BSE)

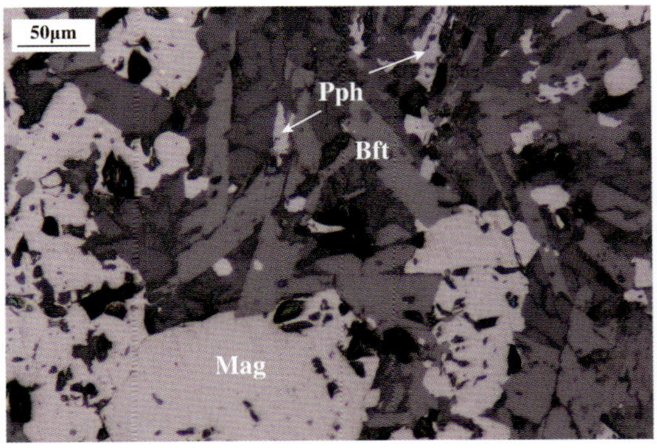

图 5-81　不规则粒状红钛锰矿(反射光)

图 5-82　红钛锰矿的非均质性(反射正交)

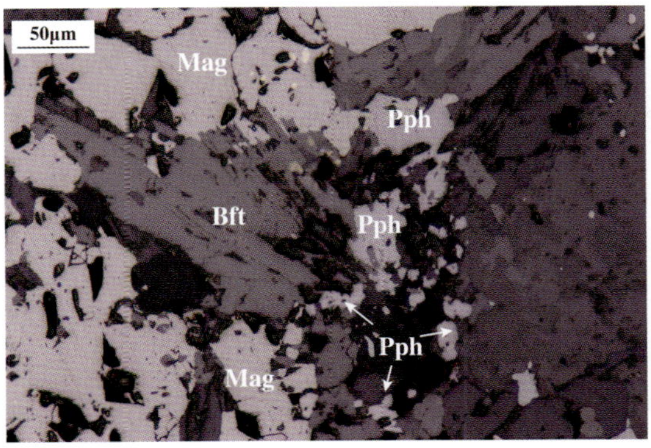

图 5-83　红钛锰矿反射色比磁铁矿显灰棕色调（反射光）

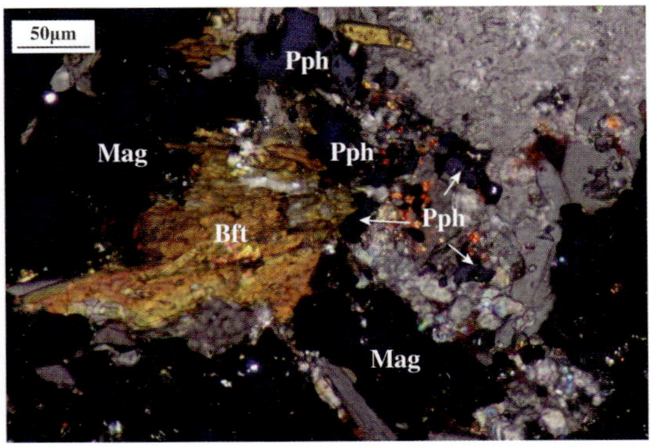

图 5-84　红钛锰矿的非均质性及内反射色(暗红色)(反射正交)

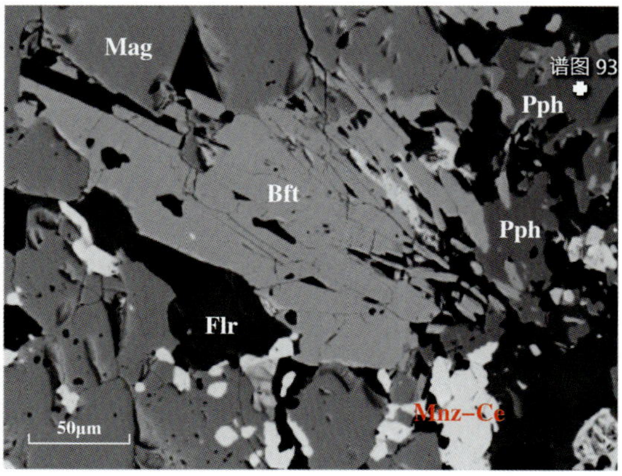

图 5-85 与硅钡铁钛石、磁铁矿紧密共生的红钛锰矿(BSE)

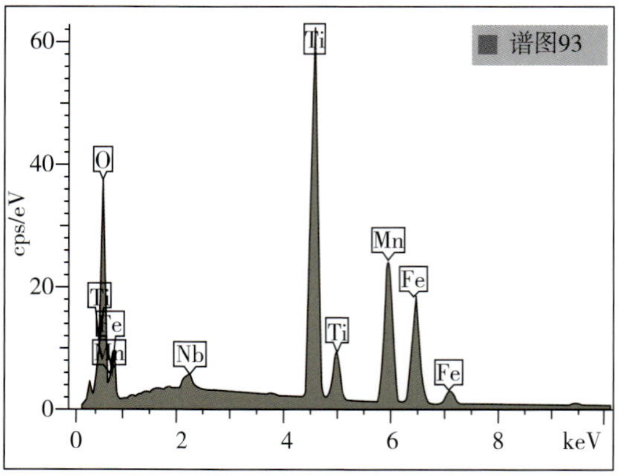

图 5-86 红钛锰矿能谱图

为富 Mn 环境形成，故共伴生矿物中锰矿物或含锰矿物较多。电子探针测试结果(表 5-16)显示，本样品中红钛锰矿含 Nb 及少量 REE，Nb_2O_5 平均含量为 2.04%，$\sum RE_2O_3$ 含量平均值为 0.27%。

根据电子探针测试平均值，以 O=3 为基数，计算化学式：$(Mn_{0.58}Fe_{0.43})_{\Sigma 1.01}(Ti_{0.97}Nb_{0.02})_{\Sigma 0.99}O_3$。

表 5-16 红钛锰矿电子探针测试结果 单位：w_t/%

成分	测试点 P1	测试点 P2	测试点 P3	平均值
FeO	20.16	20.08	17.97	19.40
MnO	25.66	25.80	26.23	25.90
TiO_2	48.99	48.14	49.73	48.95
MgO	0.10	0.11	0.06	0.09
BaO	0.27	0.30	0.49	0.35
Nb_2O_5	2.25	2.24	1.64	2.04
$\sum RE_2O_3$	0.53	0.23	0.06	0.27
总计	97.94	96.90	96.17	97.00

2. 钠闪石型铌稀土铁矿石中的红钛锰矿

样品采自主矿。红钛锰矿呈黑色不规则粒状分布，多与细纤状钠闪石矿物紧密共生(图 5-87 至图 5-89)，颗粒较细，反射光下比磁铁矿略显灰色，反射正交下显强非均质性及樱红色内反射色(图 5-90 至图 5-92)，粒径为 0.10～0.40mm。图 5-93 为元素面扫描图像，显示红钛锰矿分布于钠闪石矿物间，图 5-94 为红钛锰矿能谱图。

共伴生矿物：钠闪石、磁铁矿、闪锌矿、独居石、含锰白云石等。

样品为富 Mn 环境，电子探针测试结果(表 5-17)显示，除了 Fe 替代 Mn 较多，其他元素置换较少，样品中 Nb_2O_5 平均含量为 1.00%。

根据电子探针测试平均值，以 O=3 为基数，计算化学式：$(Mn_{0.66}Fe_{0.35})_{\Sigma 1.01}(Ti_{0.98}Nb_{0.01})_{\Sigma 0.99}O_3$。

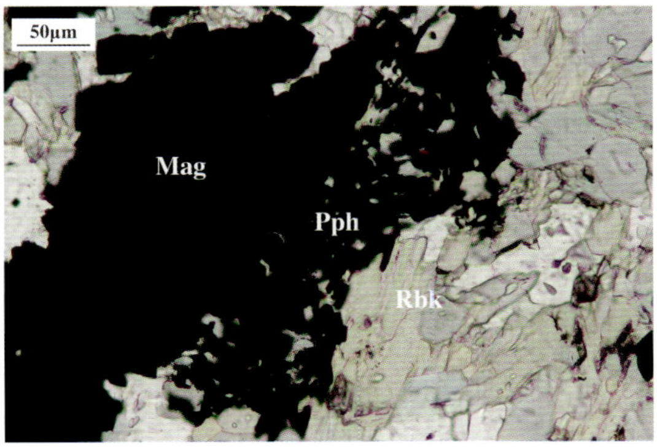

图 5-87 粒状集合体分布的红钛锰矿(Pph)(单偏光)

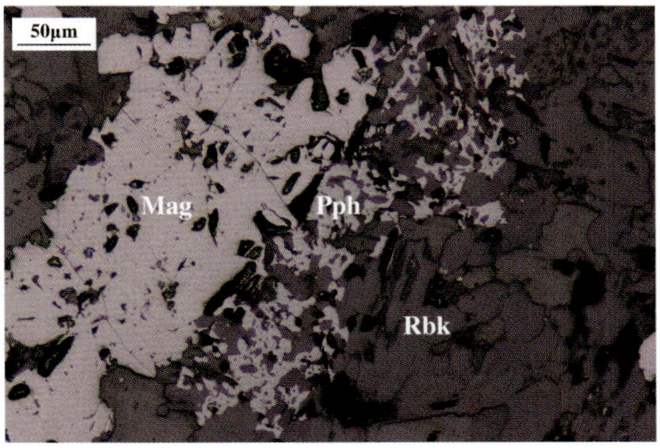

图 5-88 红钛锰矿的反射率与磁铁矿(Mag)相当，反射色略偏灰色(反射光)

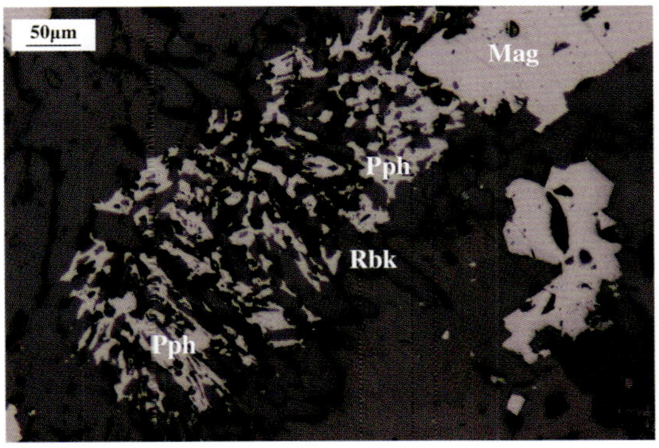

图 5-89 分布于钠闪石(Rbk)矿物间的红钛锰矿(反射光)

图 5-90 红钛锰矿的非均质性及内反射色(边缘透红)(反射正交)

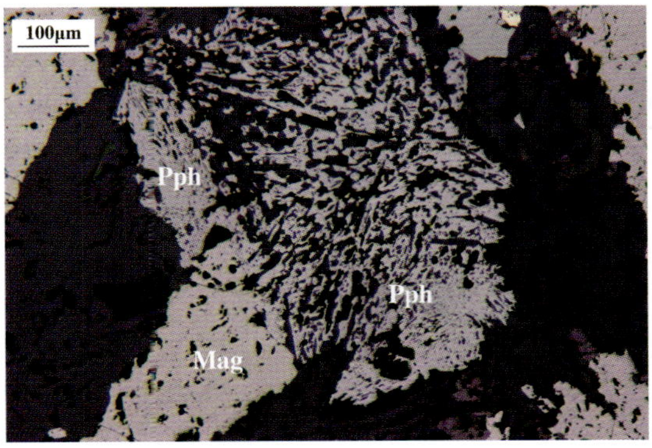

图 5-91 红钛锰矿与磁铁矿(反射光)

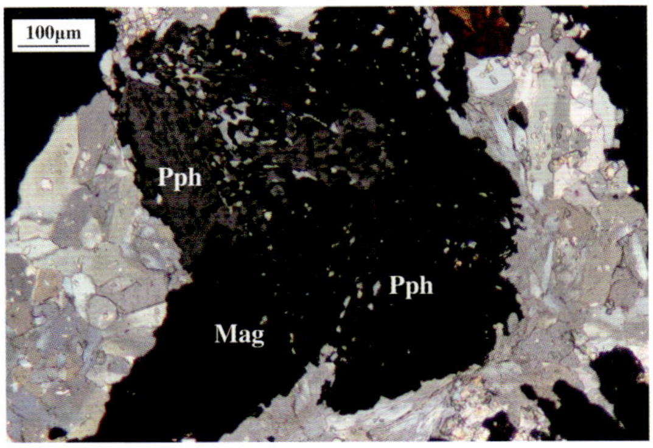

图 5-92 红钛锰矿的非均质性(反射正交)

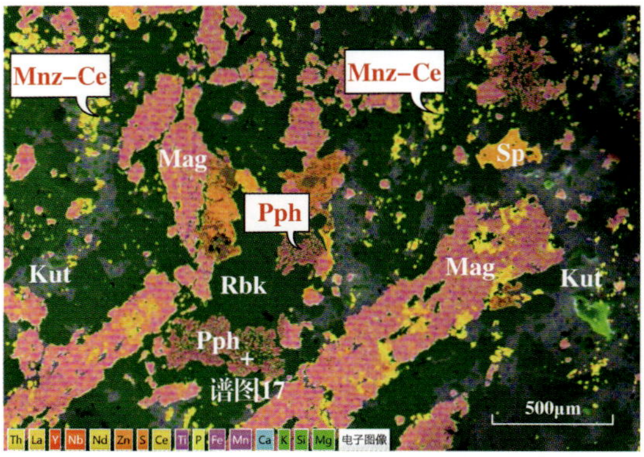

图 5-93 红钛锰矿分布于钠闪石间（面扫描元素分布图像）

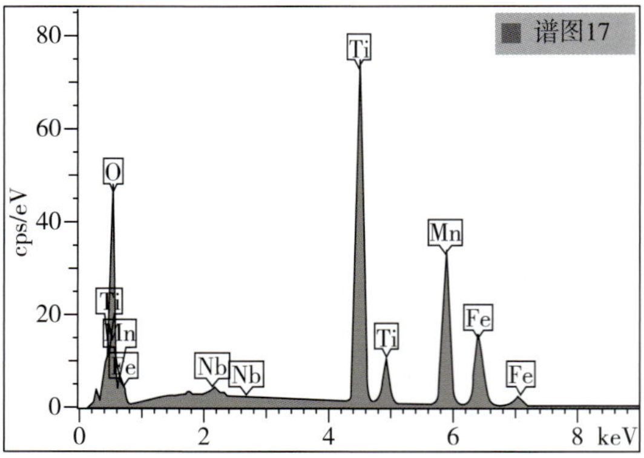

图 5-94 红钛锰矿能谱图

表 5-17 红钛锰矿电子探针测试结果 单位：$w_t/\%$

成分	测试点 P1	测试点 P2	测试点 P3	平均值
TiO_2	50.80	50.36	51.31	50.82
MnO	30.31	30.70	30.65	30.56
FeO	17.22	16.03	16.89	16.71
Nb_2O_5	1.05	0.94	1.00	1.00
总计	99.38	98.03	99.85	99.09

艾锌钛矿 Ecandrewsite

$(Zn,Fe^{2+},Mn^{2+})TiO_3$

化学组成：TiO_2 50.79%，ZnO 31.05%，MnO 9.02%，FeO 9.14%。

晶体结构：三方晶系，空间群为 $R\overline{3}$。$a_0=5.09$Å，$c_0=14.03$Å，$Z=6$。与钛铁矿相似，相当于Zn占据Fe的位置而成。

形态：菱面体晶形，$C_{3i}-\overline{3}(L^3C)$。晶体呈板状或粒状，常呈不规则粒状、鳞片状或厚板状。

物理性质：呈深褐色-黑色，条痕深褐色或黑色，半金属光泽，不透明。摩氏硬度5～6，相对密度4.98～4.99。

显微镜下特征：一轴晶（－），透射光下呈深红色-深橘褐色，反射光下呈灰白带粉色调，反射率$R=17\%\sim20\%$。

艾锌钛矿最初被发现于澳大利亚新南威尔士墨尔本罗克韦尔矿（Melbourne Rockwell Mine），产于富含石英的角闪岩相-麻粒岩相的沉积物中，1988年被IMA-CNMNC批准为新矿物。国内尚未见对此矿物的报道。

白云鄂博矿区艾锌钛矿与金红石、钛铁矿、包头矿等含Ti矿物共伴生。

钠闪石片岩中的艾锌钛矿

艾锌钛矿呈棕红、暗红、黑色，不规则粒状分布于榍石矿物间，透射光下艾锌钛矿有红色、黑色两种（图5-95、图5-96），其反射率相当，反射正交下红色艾锌钛矿内反射色为红棕色，黑色艾锌钛矿可见非均质性，且边缘透红（图5-97至图5-102）。

钛铁矿包裹艾锌钛矿或沿艾锌钛矿裂隙呈细脉状分布，包头矿分布于艾锌钛矿裂隙中（图 5-1C3、图 5-104），艾锌钛矿粒径为 0.03～0.20mm。

共伴生矿物：钠闪石、榍石、钠长石、钛铁矿、红钛锰矿、锆石、金红石、方解石、包头矿、重晶石等。

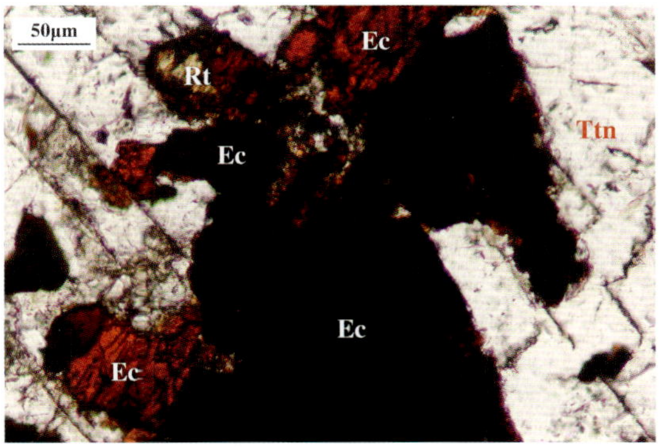

图 5-95　暗红色-黑色艾锌钛矿(Ec)分布于榍石(Ttn)间（单偏光）

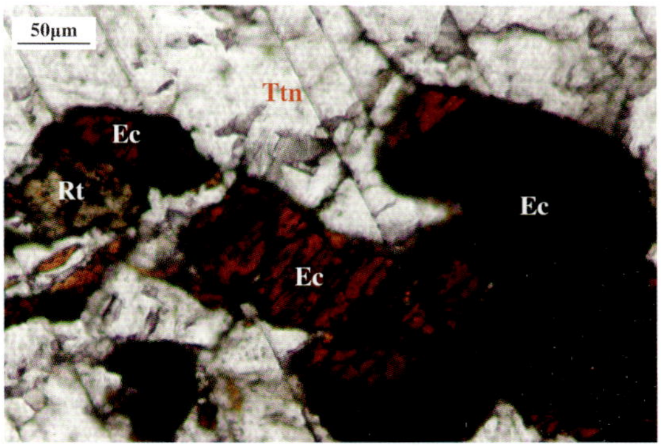

图 5-96　自形板状艾锌钛矿与金红石(Rt)紧密共生（单偏光）

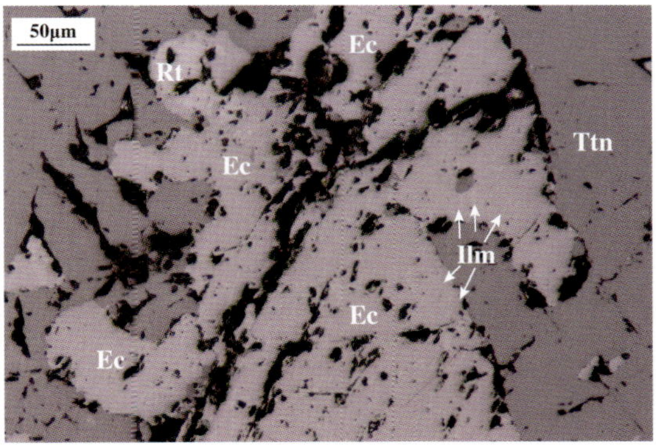

图 5-97　艾锌钛矿的反射率（反射光）

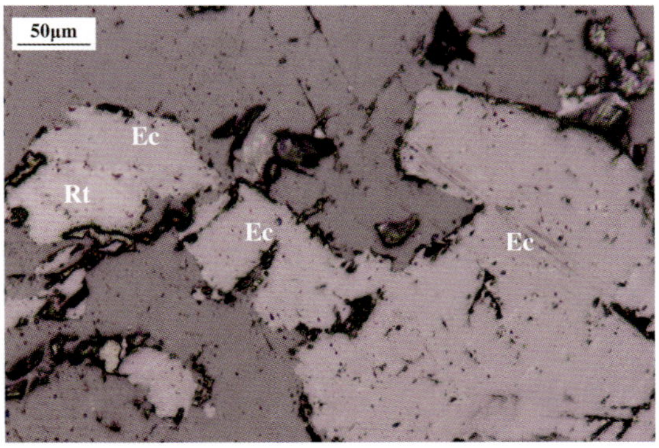

图 5-98　艾锌钛矿与金红石（反射光）

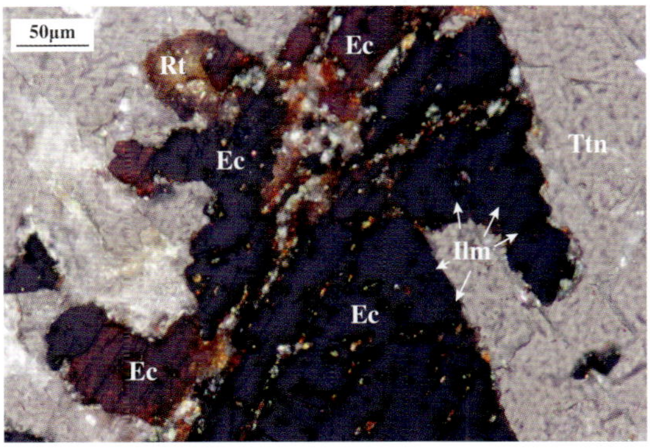

图 5-99　艾锌钛矿的内反射色及非均质性，裂隙中有钛铁矿(Ilm)(反射正交)

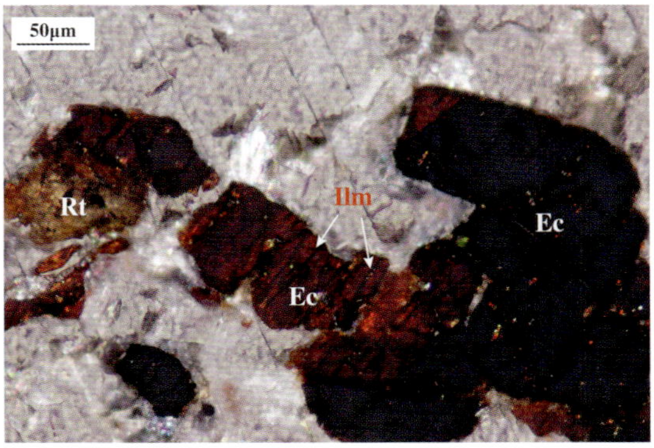

图 5-100　艾锌钛矿的内反射色及非均质性，裂隙中有钛铁矿(反射正交)

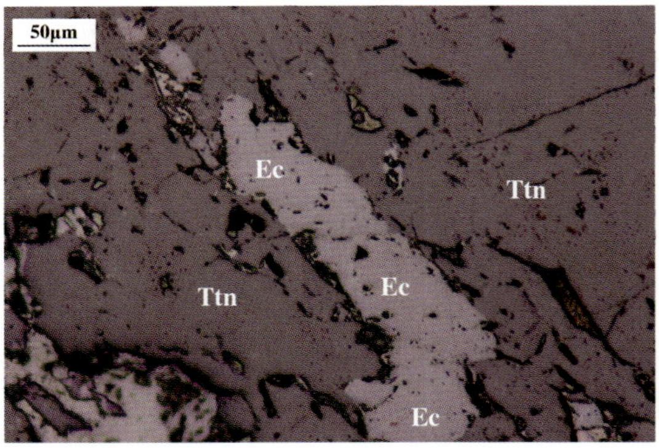

图 5-101　分布于榍石中的艾锌钛矿(反射光)

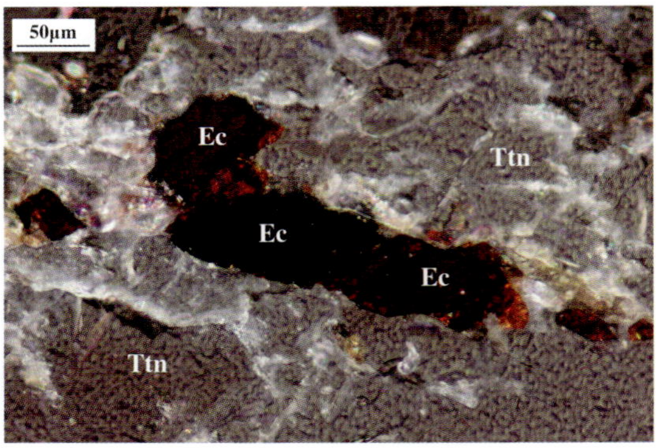

图 5-102　艾锌钛矿的内反射色(反射正交)

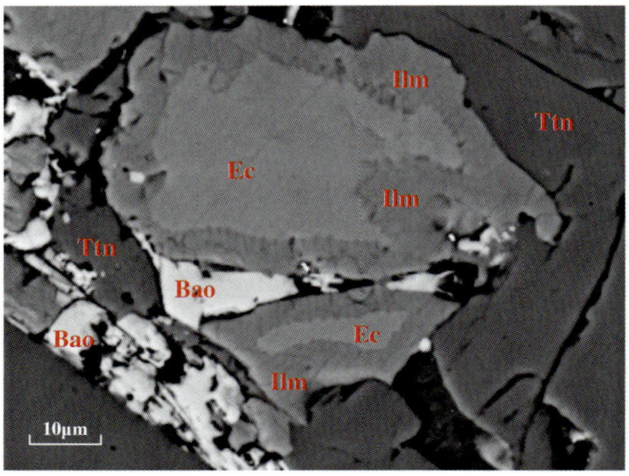

图 5-103　艾锌钛矿边缘被钛铁矿包裹，裂隙中有包头矿(Bao)(BSE)

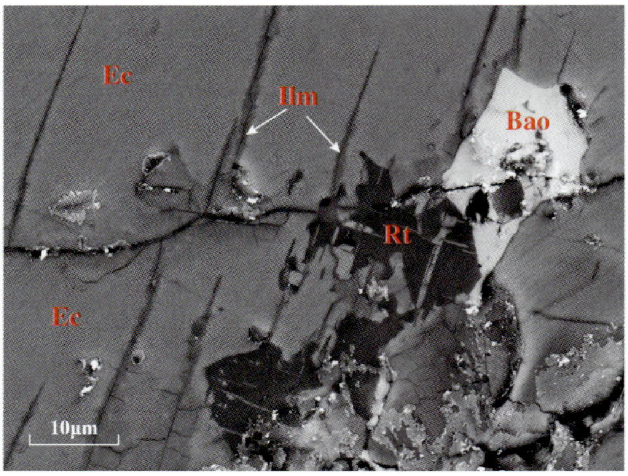

图 5-104　艾锌钛矿中有细脉状钛铁矿(BSE)

对两种不同颜色的矿物分别做电子探针测试(表 5-18)，黑色艾锌钛矿 Fe、Mn 的类质同象置换(测试点 P1、P2、P3)较多，ZnO 含量较低，平均为 20.99%；红色艾锌钛矿 Fe、Mn 的类质同象置换(测试点 P4、P5)较少，ZnO 含量高，平均为 31.66%。

根据电子探针测试结果，五个测试点中 Zn、Fe、Mn 含量变化不同，以 O=3 为基数，分别计算化学式。P1、P2、P3 平均值(黑色)化学式：$(Zn_{0.39}Fe_{0.34}Mn_{0.25}Na_{0.04})_{\Sigma1.02}Ti_{0.99}O_3$。P4、P5 平均值(红色)化学式：$(Zn_{0.61}Mn_{0.17}Fe_{0.14}Na_{0.06})_{\Sigma0.98}Ti_{1.02}O_3$。

表 5-18　艾锌钛矿电子探针测试结果　　单位：w_t/%

成分	测试点 P1	测试点 P2	测试点 P3	P1、P2、P3 平均值	测试点 P4	测试点 P5	P4、P5 平均值
TiO_2	51.27	51.31	51.12	51.23	52.57	51.16	51.86
FeO	16.30	16.08	15.38	15.92	6.94	5.99	6.47
ZnO	20.41	20.72	21.83	20.99	31.02	32.29	31.66
MnO	11.83	11.45	11.00	11.43	7.05	7.96	7.51
Na_2O	0.84	0.78	0.83	0.82	1.22	1.32	1.27

续表

成分	测试点 P1	测试点 P2	测试点 P3	P1、P2、P3 平均值	测试点 P4	测试点 P5	P4、P5 平均值
Nb_2O_5	0.21	0.34	0.32	0.29	0.14	0.31	0.22
总计	100.86	100.69	100.49	100.68	98.94	99.03	98.98

白钛石 Leucoxene

$TiO_2 \cdot nH_2O$

化学组成：白钛石不是一种独立的矿物，而是隐晶质锐钛矿、金红石、板钛矿、赤铁矿、榍石等的混合物。化学成分中 TiO_2 最高含量可达 94%，一般为 60%～70%，含 H_2O 和少量 Fe_2O_3、SiO_2 等。

形态：微粒-隐晶质的致密集合体，呈浑圆状产出，有时呈花瓣状，或呈钛铁矿等原生矿物的假象。

物理性质：白色、砖黄色、浅棕色、灰色、褐色等，条痕白色或浅褐色，油脂光泽，贝壳状断口。摩氏硬度 4～5.5，相对密度 3.5～4.5。

白钛石为含钛矿物的蚀变产物，矿床氧化带中含钛矿物的周围偶有所见(张培善和陶克捷，1986)。

二、钛的硅酸盐类

榍石 Titanite

$CaTi(SiO_4)O$

化学组成：CaO 28.50%，TiO_2 40.78%，SiO_2 30.72%。常含少量 Fe^{3+}、Mn、Na、Al、F，白云鄂博榍石含少量 REE 和 Nb 等。

晶体结构：单斜晶系，空间群为 $P2_1/b$。$a_0 = 7.057Å$，$b_0 = 8.707Å$，$c_0 = 6.555Å$，$\beta = 113.81°$，$Z = 4$。

形态：斜方柱晶形，$C_{2h}-2/m(L_2PC)$。晶体形态多种多样，常见晶形为具有楔形横截面的扁平信封状晶体，有时为板状、柱状、针状、粒状集合体等。

物理性质：无色、黄色、绿色、橘色、土黄色、浅褐色、深褐色，含 Mn 高时呈棕红色等，条痕无色，金刚光泽，油脂光泽，透明-半透明，{110}解理中等，性脆。摩氏硬度 5～5.5，相对密度 3.48～3.6，弱电磁性。

显微镜下特征：二轴晶(+)，$2V = 17°～40°$。$N_g = 1.943～2.110$，$N_m = 1.870～2.034$，$N_p = 1.843～1.950$。$N_m = b$，$N_g \wedge c = 47°～57°$。透射光下呈无色、浅黄褐色、玫瑰色，突起高，多色性强，干涉色高级白，有时见菱形解理。

1. 钠闪石片岩中的榍石

样品采自主矿，属于钠闪石片岩(图 5-105)。榍石以脉状分布于钠闪石间(图 5-106)，脉宽约 2.00cm。显微镜下榍石呈板状、菱形、楔形或不规则粒状分布，突起高，多色性明显，一组或两组解理清晰，解理缝中为碳酸盐矿物充填，高级白干涉色，颗粒粗大，粒径一般为 0.60～3.00mm(图 5-107 至图 5-110)，榍石矿物间分布有艾锌钛矿、包头矿、锆石等(图 5－111、图 5－112)。

共伴生矿物：钠闪石、钠长石、钛铁矿、艾锌钛矿、金红石、方解石、包头矿、重晶石等。

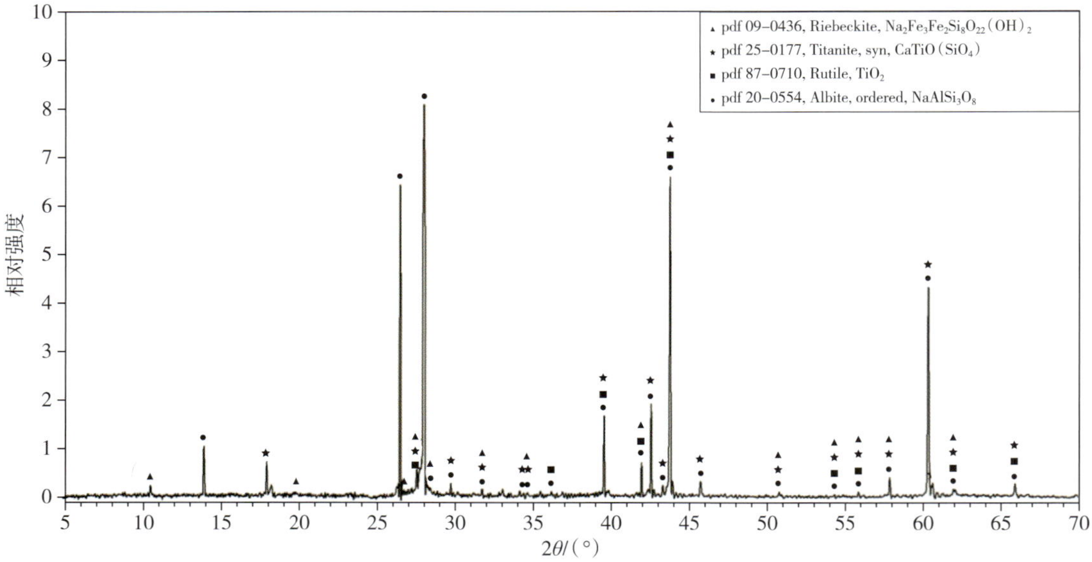

图 5－105　钠闪石片岩 XRD 图谱

图 5－106　榍石呈脉状分布于钠闪石中

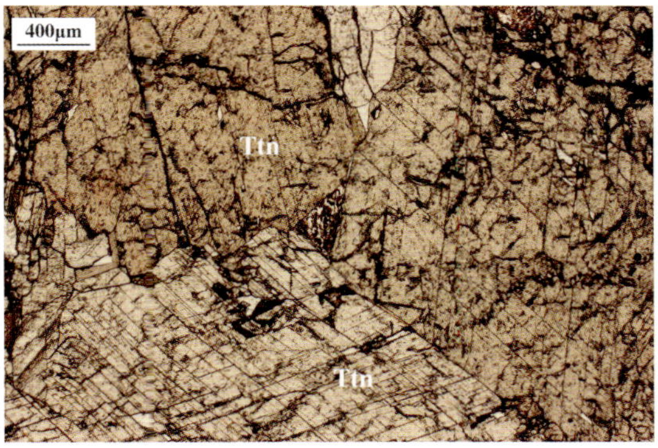

图 5-107　榍石(Ttn)的解理及多色性(单偏光)

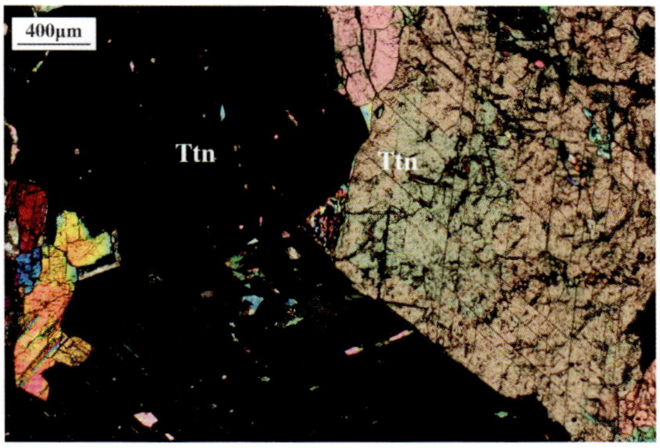

图 5-108　榍石高级白干涉色(正交偏光)

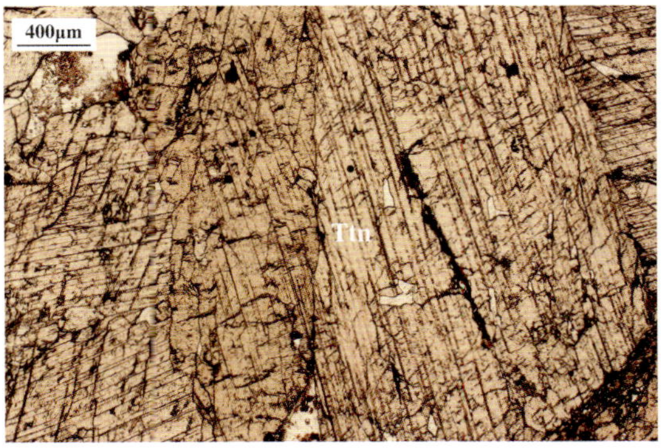

图 5-109　榍石的解理及多色性(单偏光)

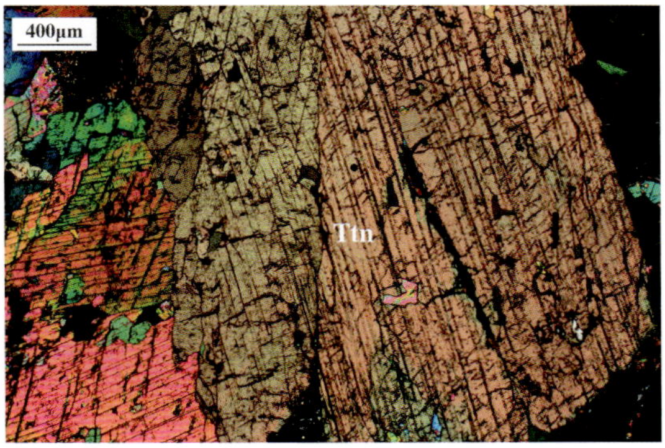

图 5-110　榍石干涉色(正交偏光)

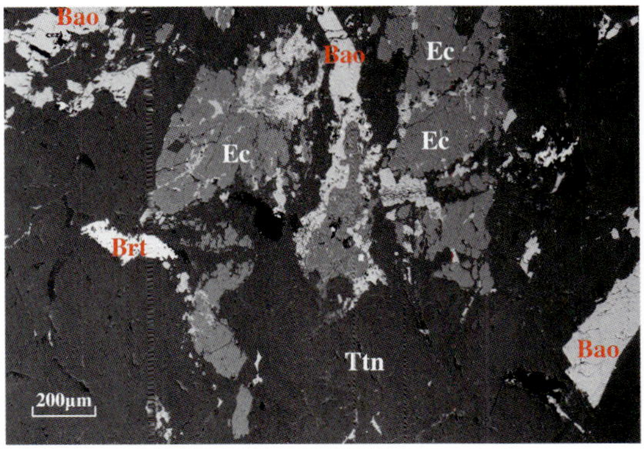

图 5-111　榍石矿物中分布的艾锌钛矿(Ec)、包头矿(Bao)、重晶石(Brt)等(BSE)

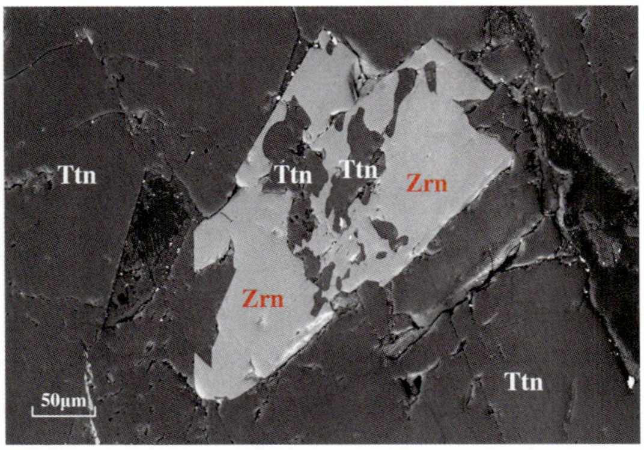

图 5-112　榍石中分布的锆石(Zrn)(BSE)

电子探针测试结果(表 5-19)，本样品中榍石含 Nb，Nb_2O_5 含量为 0.91%～4.68%，平均值为 2.51%。

根据电子探针测试结果平均值，以 O=5 为基数，计算化学式：$(Ca_{0.95}Na_{0.03}Sr_{0.02})_{\Sigma 1.00}(Ti_{0.93}Fe_{0.03}Nb_{0.04}Al_{0.01})_{\Sigma 1.01}(SiO_4)O$。

表 5-19 榍石电子探针测试结果 单位：$w_t/\%$

成分	测试点 P1	测试点 P2	测试点 P3	测试点 P4	测试点 P5	测试点 P6	平均值
CaO	27.03	26.60	26.60	25.82	25.84	26.66	26.42
TiO_2	38.44	38.06	36.41	35.43	35.82	37.99	37.03
Na_2O	0.37	0.48	0.45	0.69	0.67	0.39	0.51
BaO	0.35	0.21	0.27	0.24	0.32	0.29	0.28
SrO	1.40	2.23	0.52	0.98	0.66	1.59	1.23
MnO	0.16	0.17	0.11	0.07	0.10	0.12	0.12
FeO	0.91	0.92	1.66	1.35	1.54	1.01	1.23
Al_2O_3	0.17	0.14	0.40	0.29	0.28	0.15	0.24
SiO_2	30.23	29.90	29.63	29.43	29.49	29.91	29.76
Nb_2O_5	0.91	2.06	2.19	4.68	3.67	1.59	2.51
总计	99.97	100.77	98.24	98.98	98.39	99.70	99.33

2. 萤石化白云石型铌稀土矿石中的榍石

样品采自主矿。榍石颗粒粗大，呈半自形粒状或粒状集合体形式与磷灰石、氟碳铈矿、易解石等矿物紧密共生，粒径为 0.20～1.00mm(图 5-113、图 5-114)。

共伴生矿物：白云石、萤石、磷灰石、氟碳铈矿、易解石、磁铁矿、霓石、钠闪石、重晶石、钛铁矿、石英等。

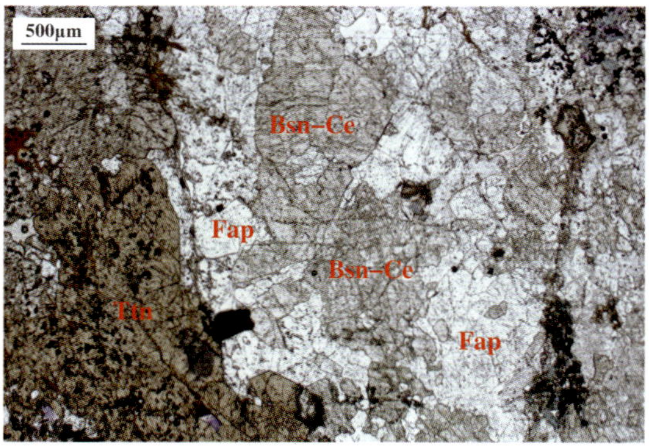

图 5-113 榍石(Ttn)与氟碳铈矿(Bsn-Ce)、磷灰石(Fap)紧密共生(单偏光)

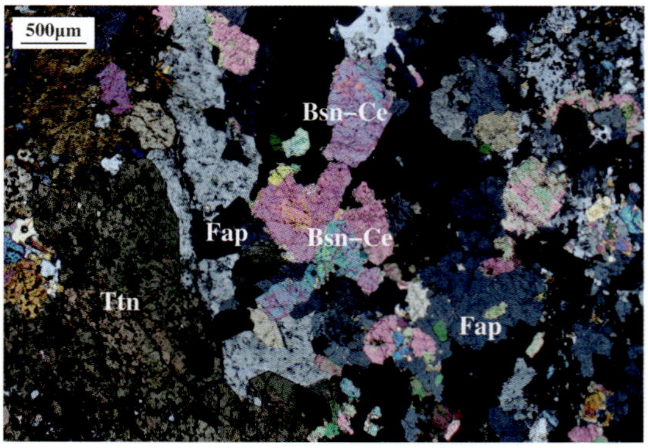

图 5-114 榍石与氟碳铈矿、磷灰石紧密共生(正交偏光)

榍石电子探针测试结果(表 5-20)显示，含少量稀土(RE_2O_3 平均含量为 1.72%)和铌(Nb_2O_5 平均含量 1.07%)。

根据电子探针测试结果平均值，以 O=5 为基数，计算化学式：$(Ca_{0.92}Na_{0.04}Fe_{0.02}REE_{0.02})_{\Sigma 1.00}(Ti_{0.93}Fe_{0.03}Nb_{0.02}Si_{0.02})_{\Sigma 1.00}(SiO_4)O$。

表 5-20　榍石电子探针测试结果　　单位：$w_t/\%$

成分	测试点 P1	测试点 P2	平均值
SrO	0.13	0.11	0.12
SiO_2	29.83	30.04	29.93
Al_2O_3	0.20	0.18	0.19
CaO	24.95	25.27	25.11
FeO	2.17	1.65	1.91
MnO	0.13	0.20	0.16
TiO_2	34.68	37.41	36.04
Na_2O	0.57	0.70	0.63
BaO	0.25	0.27	0.26
Nb_2O_5	1.07	1.07	1.07
$\sum RE_2O_3$	1.84	1.60	1.72
总计	95.82	98.50	97.14

3. 辉长岩中的榍石

样品采自东部接触带靠近花岗岩部分。榍石呈半自形-自形晶分布于长石及普通辉石矿物间，淡黄-淡棕色，高级白干涉色，粒径为 0.05～0.20mm（图 5-115 至图 5-118）。

共伴生矿物：正长石、钠长石、普通辉石等。

本样品中的榍石 Nb 含量较低，含少量 REE。

根据电子探针测试结果（表 5-21）平均值，以 O=5 为基数，计算化学式：$(Ca_{0.95}REE_{0.02}Fe_{0.06})_{\Sigma 1.03}(Ti_{0.91}Fe_{0.02}Al_{0.05}Si_{0.02})_{\Sigma 1.00}(SiO_4)O$。

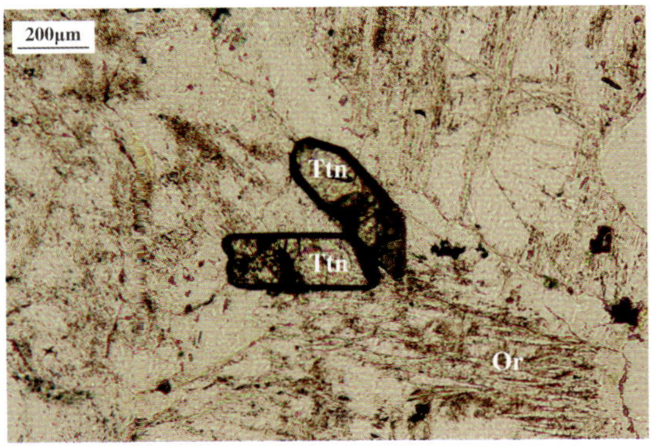

图 5-115　分布于正长石（Or）间的榍石（Ttn）（单偏光）

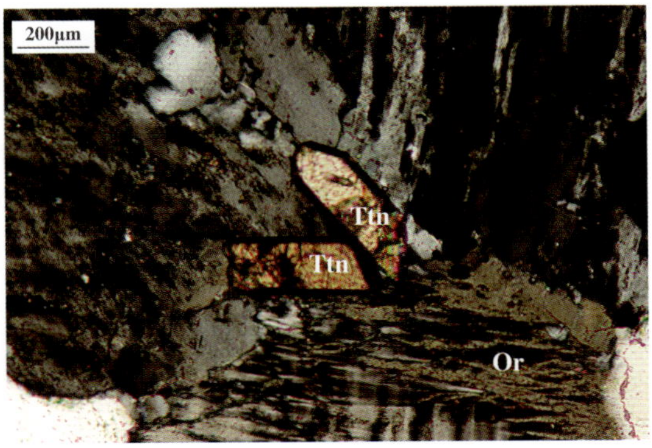

图 5-116　榍石的高级白干涉色（正交偏光）

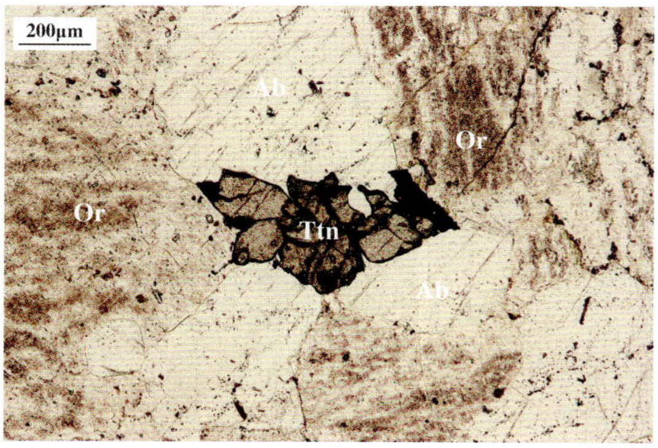

图 5-117　分布于正长石、钠长石(Ab)间的榍石(单偏光)

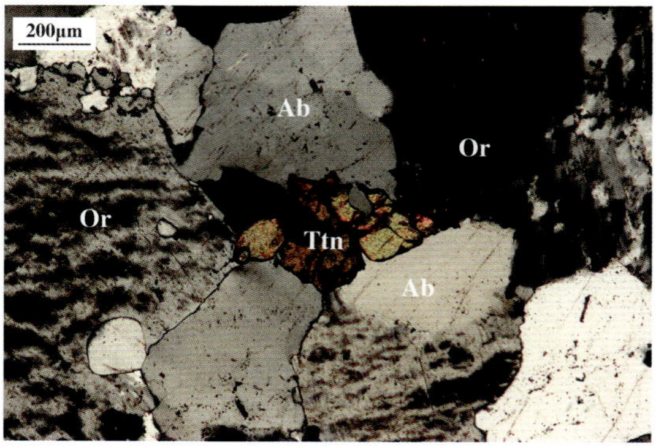

图 5-118　分布于正长石、钠长石间的榍石(正交偏光)

表 5-21　榍石电子探针测试结果　　单位：$w_t/\%$

成分	测试点 P1	测试点 P2	测试点 P3	平均值
CaO	26.30	26.88	25.55	26.24
FeO	3.40	2.31	2.93	2.88
MnO	0.19	0.13	0.11	0.14
TiO_2	34.55	36.32	35.91	35.59
SrO	0.10	0.06	0.06	0.07
Al_2O_3	1.22	1.29	1.09	1.20
BaO	0.22	0.21	0.23	0.22
SiO_2	29.89	30.35	29.76	30.00
F	1.00	0.99	0.72	0.90
Nb_2O_5	0.11	0.10	0.50	0.24
ΣRE_2O_3	1.42	0.56	1.86	1.28
Y_2O_3	0.19	0.00	0.24	0.15
$-O=F_2$	0.42	0.42	0.30	0.38
总计	98.17	98.78	98.66	98.53

4. 钠闪石化白云石型铌稀土矿石中的榍石

样品采自主矿。榍石颗粒粗大，呈不规则粒状分布于钠闪石、方解石矿物间，并与金红石紧密共生或包裹硅钛铈矿，榍石反射率低，反射正交下显淡黄色，榍石粒径为0.20～0.50mm(图5-119至图5-124)。

共伴生矿物：白云石、钠闪石、氟碳铈矿、独居石、易解石、硅钛铈矿、方解石、重晶石、磷灰石、金红石等。

本样品中的榍石含少量Nb和REE，根据电子探针测试结果(表5-22)平均值，以O=5为基数，计算化学式：$(Ca_{0.86}Fe_{0.10}Na_{0.03}REE_{0.02})_{\Sigma 1.01}(Ti_{0.88}Si_{0.07}Nb_{0.03}Al_{0.01})_{\Sigma 0.99}(SiO_4)O$。

图 5-119　暗棕色榍石(Ttn)(单偏光)

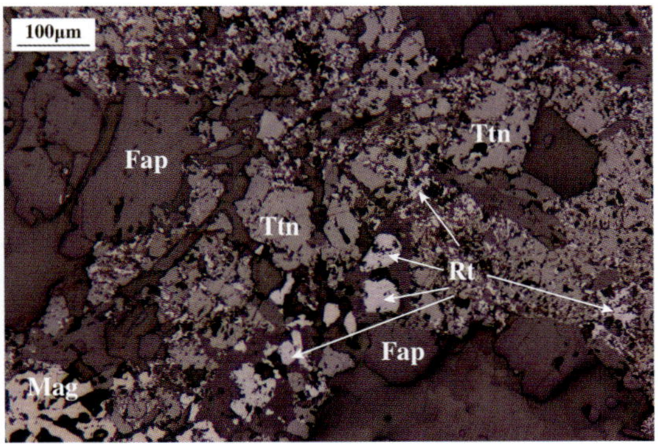

图 5-120　榍石与金红石(Rt)紧密共生(反射光)

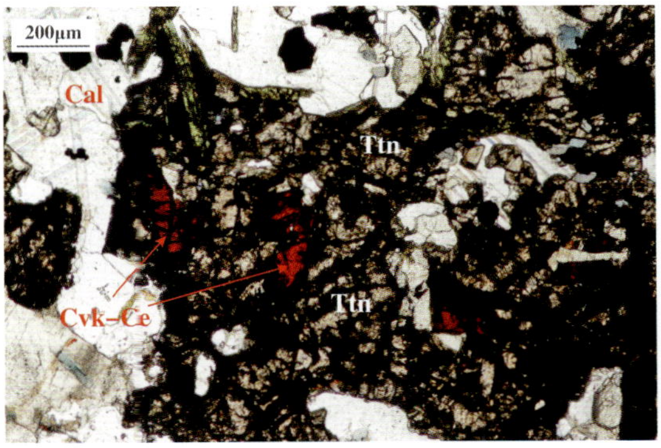

图 5-121　榍石与暗红色硅钛铈矿(Cvk-Ce)(单偏光)

图 5-122　榍石与硅钛铈矿(反射正交)

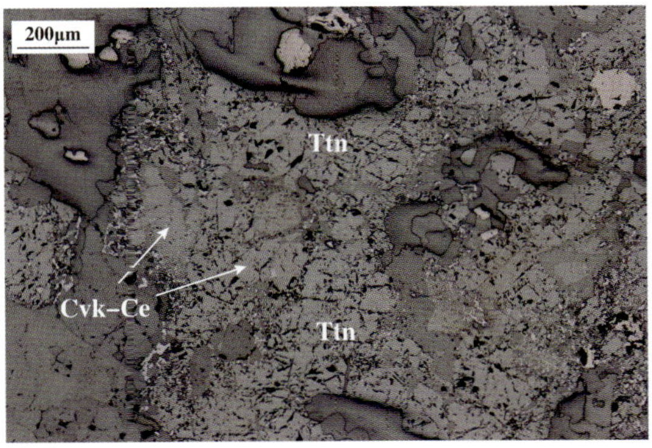

图 5-123　榍石反射率低(反射光)

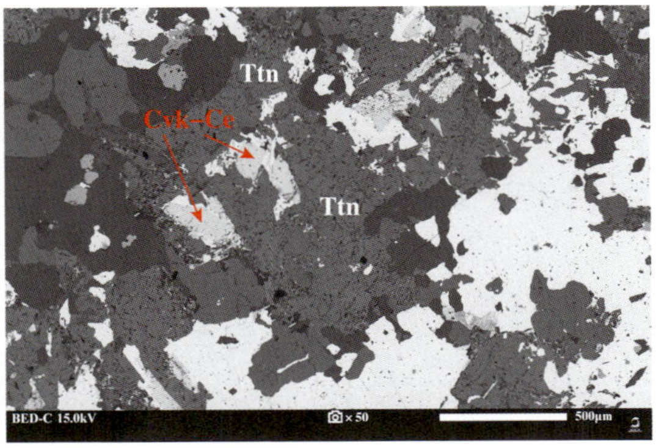

图 5-124　榍石包裹硅钛铈矿(BSE)

表 5-22 榍石电子探针测试结果 单位：w_t/%

成分	测试点 P1	测试点 P2	测试点 P3	测试点 P4	测试点 P5	平均值
CaO	24.29	24.53	23.73	23.63	23.74	23.98
TiO_2	36.26	35.16	34.61	34.85	34.22	35.02
FeO	3.74	3.69	3.42	3.30	3.52	3.53
BaO	0.32	0.18	0.24	0.16	0.27	0.24
Na_2O	0.43	0.46	0.57	0.66	0.65	0.55
MnO	0.13	0.10	0.09	0.09	0.13	0.11
Al_2O_3	0.10	0.18	0.24	0.33	0.33	0.23
SiO_2	32.09	32.49	32.12	32.07	31.76	32.11
Nb_2O_5	0.76	1.41	2.73	2.98	2.88	2.15
F	0.69	0.70	0.44	0.36	0.29	0.49
ΣRE_2O_3	1.56	1.29	1.87	1.50	1.72	1.59
$-O=F_2$	0.29	0.29	0.18	0.15	0.12	0.21
总计	100.08	99.90	99.88	99.78	99.39	99.79

硅钡铁钛石* Bafertisite

$Ba_2Fe^{2+}_4Ti_2(Si_2O_7)_2O_2(OH)_2F_2$

化学组成：Fe^{2+}可以被Fe^{3+}、Mn^{2+}代替，Ti^{4+}可被Nb^{5+}、Sn^{4+}代替，同时伴随着$(OH)^-$被O^{2-}代替。

晶体结构：三斜晶系，空间群为 C1。a_0 = 10.665(2)Å，b_0 = 13.743(2)Å，c_0 = 11.721(3)Å，α = 90.30(4)°，β = 112.27(2)°，γ = 90.00(3)°。

形态：一般呈长板状、放射状或片状晶体出现。

物理性质：呈黄棕色、黄红色、橘色、棕红色、浅褐色，条痕白色，玻璃光泽，一组解理发育。摩氏硬度 5，相对密度 3.96～4.25。

显微镜下特征：二轴晶(－)，$2V$ = 54°～86°。N_g = 1.852～1.862，N_m = 1.813～1.835，N_p = 1.786～1.808。$N_g = b$，$N_m \wedge c = 31°$。透射光下呈黄色-棕红色，颜色浅其干涉色较高，颜色深者干涉色被本身颜色掩盖。

硅钡铁钛石(图 5-125)是一种钡、钛和铁的硅酸盐矿物，于 1959 年在白云鄂博矿床被首次发现，也是白云鄂博矿床发现的首个新矿物，但是硅钡铁钛石分子式的确定一直存在分歧(沈敢富，2012)。

硅钡铁钛石主要与钠闪石、黑云母紧密共生，是一种在还原条件下钠质、钾质热液作用的产物，是介质中存在大量 Si 时，Ti、Fe、Ba 有较密切的组合关系，容易形成 Fe、Ti、Ba 的硅酸盐矿物，当处于富 Mn 环境中，Mn 便以类质同象置换大量 Fe。

硅钡铁钛石中 Fe 可以部分被 Mn 置换，当 Fe(apfu)＞Mn 时，称为硅钡铁钛石，当 Mn(apfu)＞Fe 时，则为硅钡锰钛石。因产状不同，矿物颜色、晶形及颗粒大小均有差异，当含 Fe 高时，呈棕红色；当含 Mn 高时，呈浅黄色。

图 5-125 硅钡铁钛石手标本

1. 霓石片岩中的硅钡铁钛石

样品采自主矿(图 5-126)。

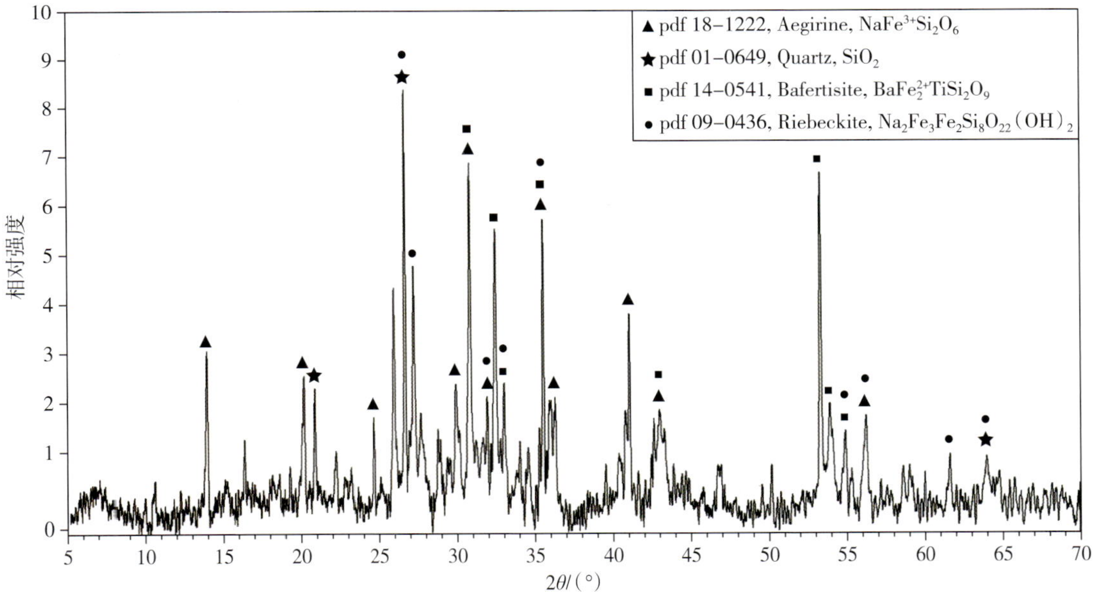

图 5-126 霓石片岩 XRD 图谱

硅钡铁钛石呈棕黄-棕红色，长板状、纤状、放射状集合体形式分布，并与钠闪石紧密相间穿插分布，突起较高，多色性明显，干涉色被本身颜色掩盖，颗粒粗大，粒径一般为 0.50～2.00mm(图 5-127 至图 5-130)。

共伴生矿物：霓石、钠闪石、萤石、磷灰石、白云石、方解石、石英等。

根据电子探针测试结果平均值(表5-23)，以阳离子数=12为基数，计算化学式：$(Ba_{1.86}Sr_{0.08})_{\Sigma 1.94}(Fe_{3.58}Mn_{0.28}Mg_{0.05}Na_{0.04}K_{0.03})_{\Sigma 3.98}(Ti_{1.98}Nb_{0.11})_{\Sigma 2.09}[(Si_{3.91}Sn_{0.04}Ti_{0.05})_{\Sigma 4.00}O_{14}]O_2[(OH)_{1.69}O_{0.24}F_{0.07}]_{\Sigma 2.00}F_{2.00}$。

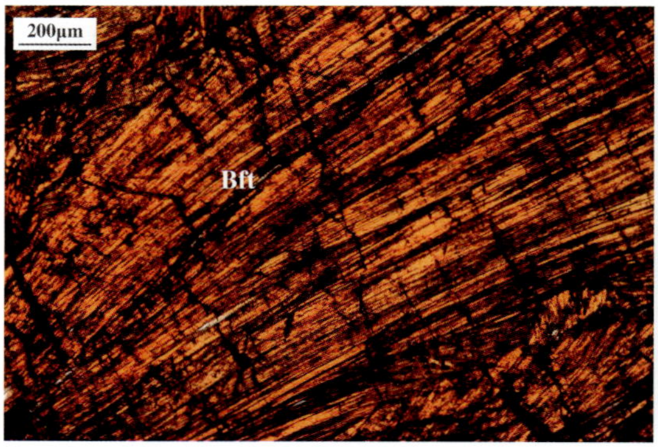

图5-127　放射状分布的硅钡铁钛石(Bft)(单偏光)

图5-128　放射状分布的硅钡铁钛石(正交偏光)

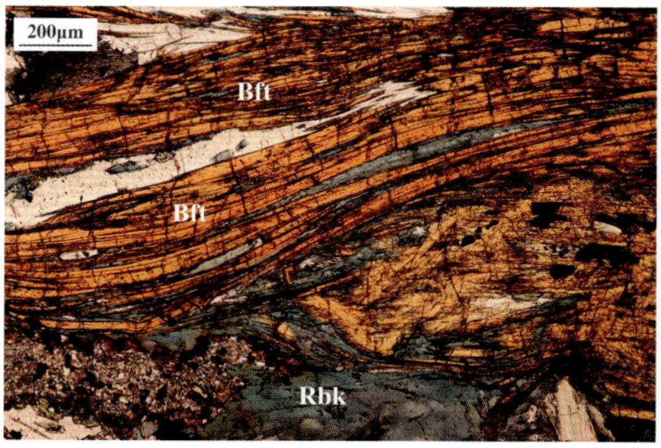

图5-129　与钠闪石(Rbk)紧密相间穿插分布的硅钡铁钛石(单偏光)

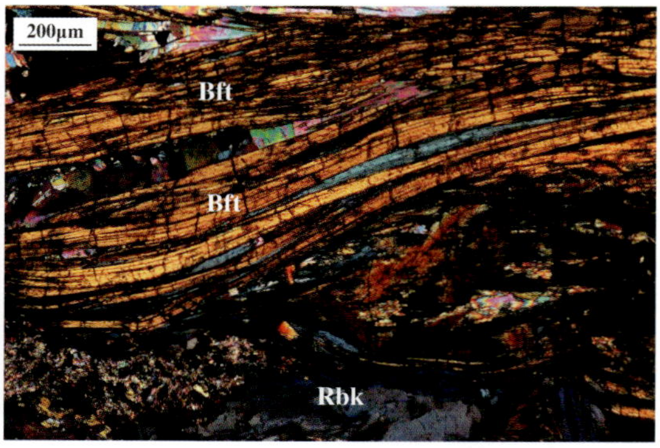

图5-130　硅钡铁钛石的干涉色(正交偏光)

表5-23　硅钡铁钛石电子探针测试结果　　单位：$w_t/\%$

成分	测试点P1	测试点P2	测试点P3	测试点P4	平均值
BaO	27.04	27.23	27.73	27.76	27.44
FeO	24.48	25.10	25.49	24.60	24.92
TiO_2	15.42	15.62	15.93	15.82	15.70
MnO	2.08	1.94	1.50	2.16	1.92
SnO_2	1.13	0.21	0.43	0.39	0.54
SrO	0.89	0.73	0.81	0.68	0.78
CaO	0.05	0.01	0.01	0.03	0.02
MgO	0.20	0.23	0.18	0.17	0.19
Na_2O	0.13	0.12	0.07	0.06	0.10
K_2O	0.12	0.22	0.16	0.13	0.16
SiO_2	22.54	22.68	22.81	22.56	22.65

续表

成分	测试点 P1	测试点 P2	测试点 P3	测试点 P4	平均值
F	2.66	4.30	4.06	4.22	3.81
Nb_2O_5	1.15	1.80	1.65	1.23	1.46
ThO_2	0.02	0.00	0.00	0.00	0.01
UO_2	0.02	0.00	0.04	0.04	0.03
$-O=F_2$	1.12	1.81	1.70	0.72	1.34
总计	96.80	98.37	99.17	98.13	98.12

2. 云母型铌稀土矿石中的的硅钡铁钛石

(1)西矿黑云母型铌稀土矿石

黑云母呈细小鳞片状与磷灰石、石英相间分布，并沿长轴方向定向延伸，硅钡铁钛石呈黄色-黄棕色自形板状分布于黑云母矿物间，多色性明显，淡黄色-黄棕色-橘黄色，矿物颗粒粗大，粒径为0.50～2.50mm(图5-131至图5-134)。

共伴生矿物：黑云母、易解石、独居石、磷灰石、钛铁矿、萤石、石英、磁铁矿、黄铁矿、磁黄铁矿、闪锌矿、白云石等。

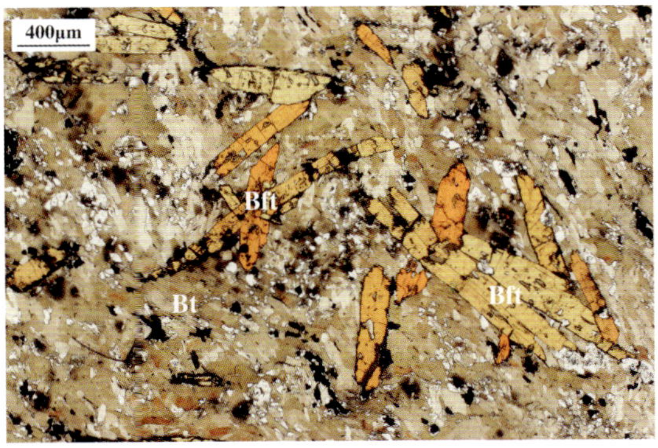

图5-131 分布于黑云母(Bt)矿物间的硅钡铁钛石(Bft)(单偏光)

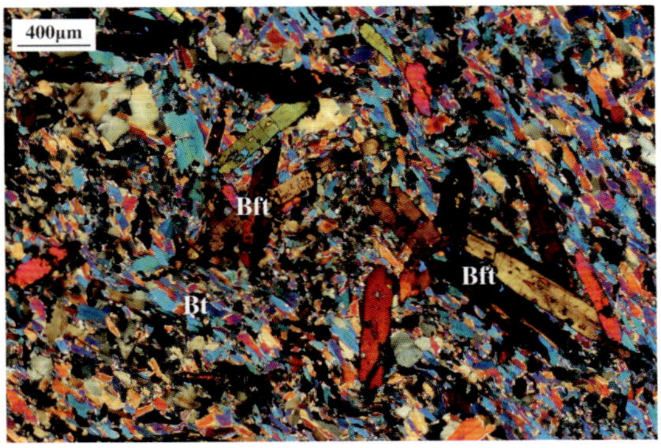

图5-132 硅钡铁钛石的干涉色(正交偏光)

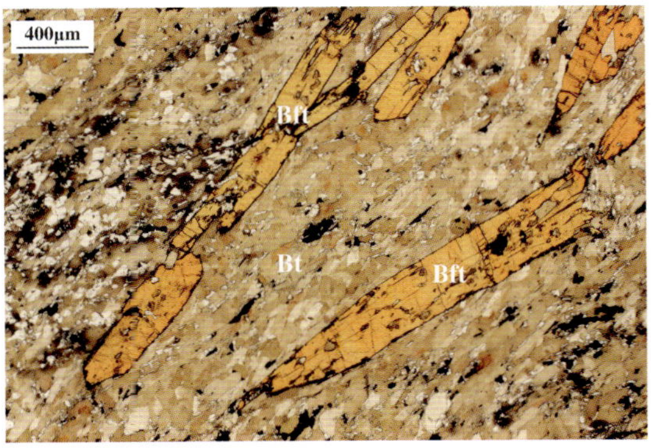

图5-133 与黑云母定向分布的硅钡铁钛石(单偏光)

图5-134 板状分布的硅钡铁钛石(单偏光)

根据电子探针测试结果平均值(表5-24)，以阳离子=12为基数，计算化学式：$(Ba_{1.90}Sr_{0.04})_{\Sigma 1.94}(Fe_{3.76}Mn_{0.14}Ti_{0.10}Mg_{0.06})_{\Sigma 4.06}(Ti_{1.94}Nb_{0.06})_{\Sigma 2.10}[(Si_{3.93}Ti_{0.04}Sn_{0.03})_{\Sigma 4.00}O_{14}]O_2[(OH)_{1.70}O_{0.26}F_{0.04}]_{\Sigma 2.00}F_{2.00}$。

表5-24 硅钡铁钛石电子探针测试结果 单位：$w_t/\%$

成分	测试点P1	测试点P2	平均值
BaO	28.19	28.23	28.21
FeO	26.35	26.21	26.28
TiO_2	16.10	16.26	16.18
MnO	0.94	1.02	0.98
SnO_2	0.43	0.57	0.50
SrO	0.46	0.37	0.42
MgO	0.18	0.25	0.22
SiO_2	23.03	22.84	22.94
F	4.10	3.44	3.77
Nb_2O_5	0.58	0.88	0.73
$-O=F_2$	1.72	1.44	1.58
总计	98.64	98.63	98.64

(2)*东矿金云母型铌稀土矿石*

硅钡铁钛石颗粒粗大，呈板状、柱状分布于金云母、钠长石间，金黄色-橘黄色，多色性明显，部分颗粒可见双晶(图5-135、图5-136)，硅钡铁钛石有被钠长石、重晶石交代痕迹(图5-137、图5-138)，另有部分硅钡铁钛石蚀变为磁铁矿、钛铁矿或被磁黄铁矿、黄铜矿交代(图5-139至图5-142)，硅钡铁钛石粒径为0.05～1.00mm。

共伴生矿物：金云母、钠长石、霓石、钠闪石、重晶石、硅钛铈矿、钛铁矿、磁铁矿、磁黄铁矿、黄铜矿、氟碳铈钡矿、独居石、包头矿、钡解石等。

图5-135 分布于钠长石(Ab)、金云母(Phl)矿物间的硅钡铁钛石(Bft)(单偏光)

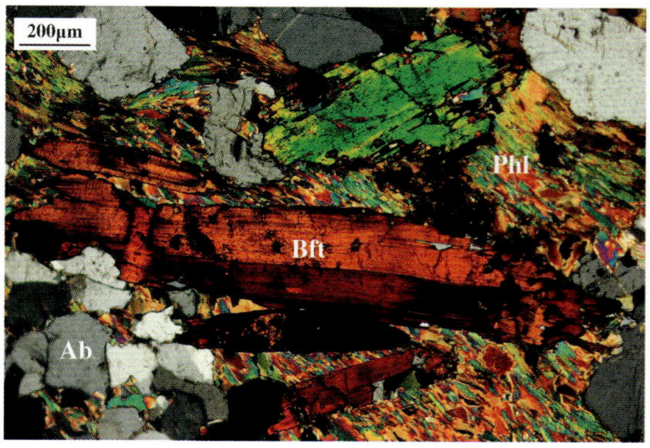

图5-136 硅钡铁钛石的双晶(正交偏光)

图 5-137　硅钡铁钛石被钠长石交代(单偏光)

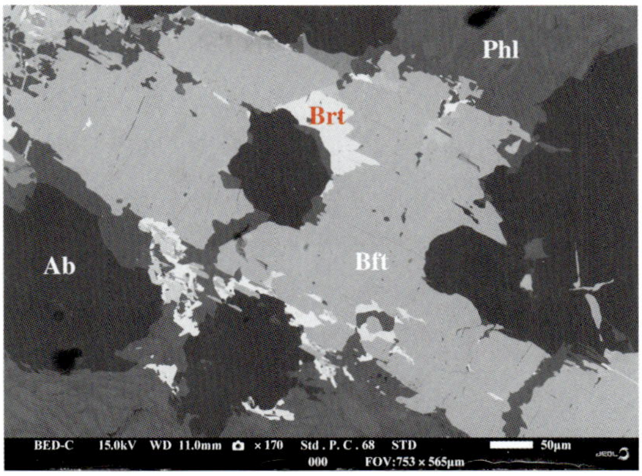

图 5-138　硅钡铁钛石被重晶石(Brt)交代(BSE)

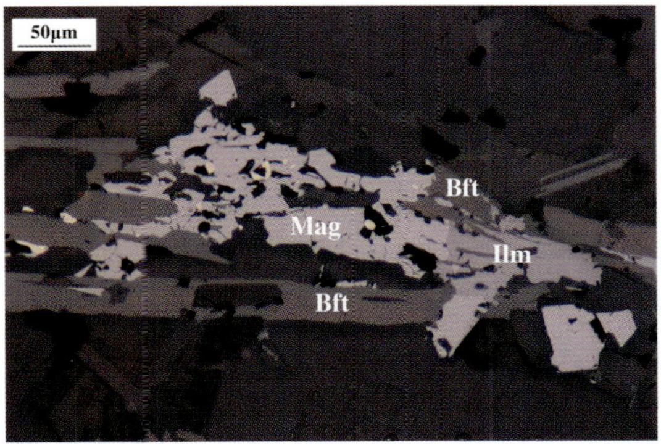

图 5-139　硅钡铁钛石蚀变为磁铁矿(Mag)、钛铁矿(Ilm)(反射光)

图 5-140　硅钡铁钛石与磁铁矿、钛铁矿(反射正交)

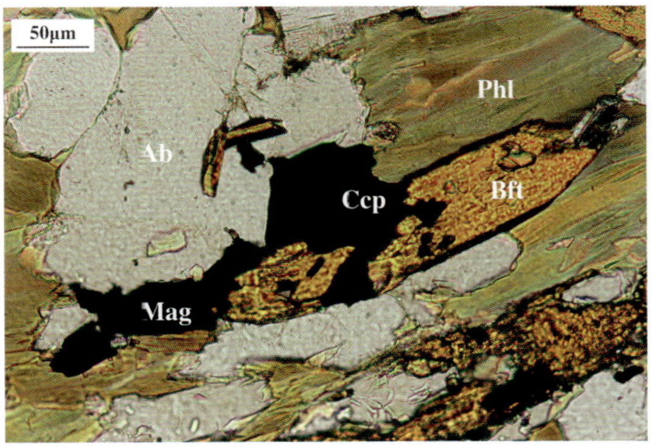

图 5-141　硅钡铁钛石被黄铜矿(Ccp)交代(单偏光)

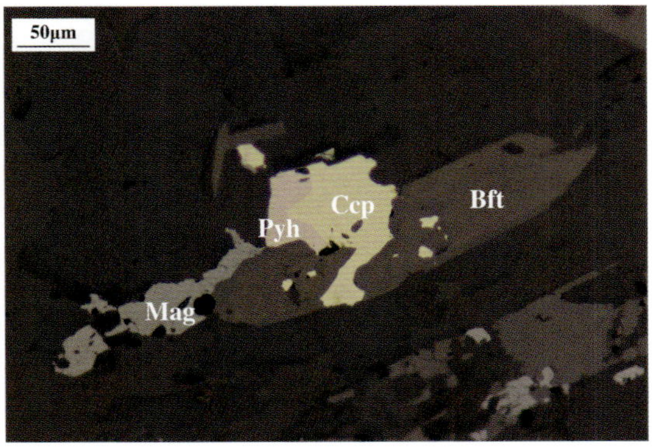

图 5-142　硅钡铁钛石被黄铜矿交代(反射光)

根据电子探针测试结果平均值(表5-25)，以阳离子=12为基数，计算化学式：$Ba_{1.98}(Fe_{3.35}Mn_{0.50}Mg_{0.17})_{\Sigma 4.02}(Ti_{1.96}Nb_{0.04})_{\Sigma 2.00}[(Si_{3.72}Fe_{0.18}Ti_{0.10})_{\Sigma 4.00}O_{14}]O_2[O_{0.97}(OH)_{0.06}]_{\Sigma 2.00}(F_{1.42}OH_{0.58})_{\Sigma 2.00}$。

表5-25　硅钡铁钛石电子探针测试结果　　单位：w_t/%

成分	测试点P1	测试点P2	测试点P3	测试点P4	测试点P5	平均值
BaO	29.56	29.71	29.67	29.59	29.87	29.68
FeO	24.82	24.74	24.16	25.42	24.99	24.83
TiO_2	16.12	16.39	16.43	16.33	15.30	16.11
MnO	3.19	3.41	3.52	3.63	3.65	3.48
MgO	0.59	0.66	0.65	0.70	0.65	0.65
SiO_2	21.95	22.07	22.93	21.65	21.58	21.84
F	2.56	2.68	2.64	2.72	2.59	2.64
Nb_2O_5	0.87	0.40	0.47	0.55	0.65	0.58
$-O=F_2$	1.07	1.13	1.11	1.14	1.09	1.11
总计	98.59	98.93	99.36	99.45	98.19	98.70

3. 钠闪石型稀土铁矿石中的硅钡铁钛石

(1)主矿钠闪石型铌稀土铁矿石

样品采自主矿。硅钡铁钛石呈黄色、橙黄色、橙红色，以纤状、柱状、放射状集合体形式分布(图5-143至图5-145)，部分颗粒与钠闪石彼此紧密共生定向延伸，或交代、切断钠闪石、氟碳钙铈矿等(图5-146)，硅钡铁钛石粒径(长轴)为0.10～1.00mm。

共伴生矿物：钠闪石、方解石、磁铁矿、氟碳铈矿、氟碳钙铈矿、烧绿石、萤石、磷灰石等。

硅钡铁钛石含少量Mn及Sn，根据电子探针测试结果平均值(表5-26)，以阳离子=12为基数，计算化学式：$Ba_{2.01}(Fe_{3.21}Mn_{0.54}Mg_{0.20}Na_{0.06})_{\Sigma 4.01}(Ti_{1.84}Fe_{0.09}Nb_{0.07})_{\Sigma 2.00}[(Si_{3.76}Fe_{0.18}Sn_{0.06})_{\Sigma 4.00}O_{14}]O_2[O_{0.75}(OH)_{0.50}]_{\Sigma 2.00}[F_{1.34}(OH)_{0.66}]_{\Sigma 2.00}$。

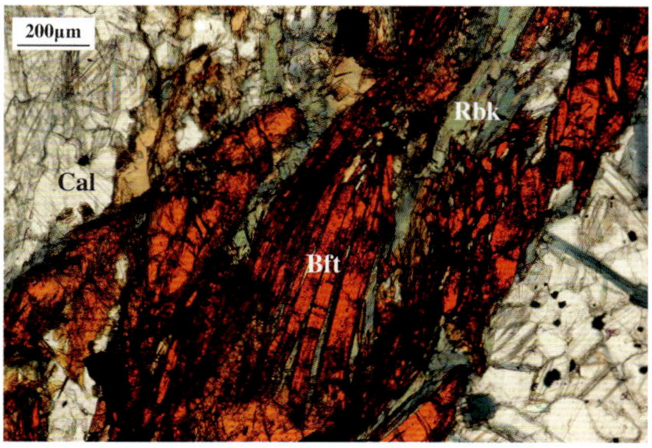

图5-143　放射状分布的硅钡铁钛石(Bft)(单偏光)

图5-144　硅钡铁钛石分布于方解石(Cal)、磁铁矿(Mag)间(单偏光)

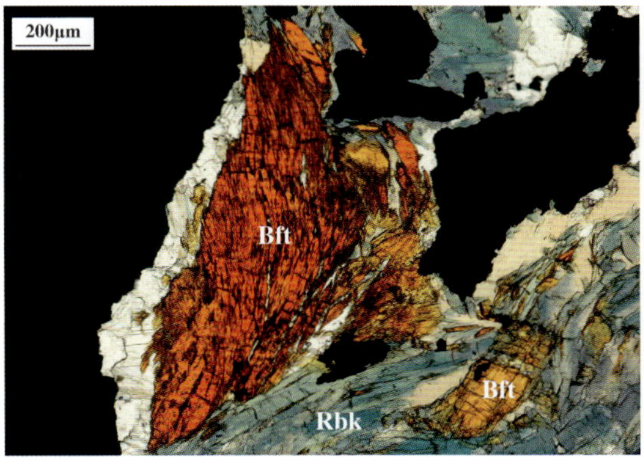

图 5 - 145　分布于钠闪石(Rbk)间的硅钡铁钛石(单偏光)

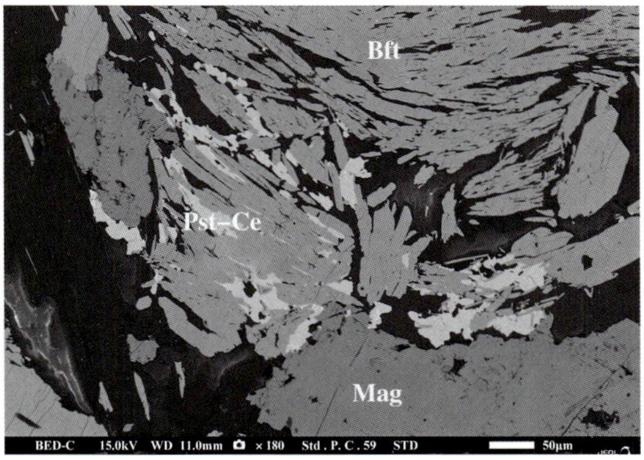

图 5 - 146　硅钡铁钛石间有氟碳钙铈矿(Pst - Ce)充填(BSE)

表 5 - 26　硅钡铁钛石电子探针测试结果　　　单位：w_t/%

成分	测试点 P1	测试点 P2	测试点 P3	测试点 P4	平均值
BaO	27.50	27.38	27.92	28.32	27.78
FeO	25.51	25.30	24.98	25.44	25.31
TiO_2	14.64	14.63	15.34	15.01	14.90
MnO	3.73	3.70	4.24	3.82	3.87
Na_2O	0.17	0.07	0.35	0.12	0.18
MgO	0.76	0.82	0.82	0.80	0.80
SnO_2	0.98	1.08	0.72	0.74	0.88
SiO_2	22.37	22.71	23.04	22.96	22.77
F	2.58	2.53	2.53	2.54	2.54
Nb_2O_5	1.46	0.64	0.93	0.68	0.93
$-O=F_2$	1.08	1.06	1.06	1.07	1.07
总计	98.61	97.80	99.80	99.34	98.88

(2)西矿钠闪石型铌稀土铁矿石

样品采自西矿某钻孔。硅钡铁钛石颗粒较大，呈放射状或柱状、板状与钛铁矿、钠闪石、独居石等紧密共生，矿物颜色为黄色-棕黄色，干涉色高(图 5 - 147 至图 5 - 150)，粒径为 0.15～0.50mm。

共伴生矿物：钠闪石、黄铁矿、磁黄铁矿、磁铁矿、钛铁矿、独居石、易解石、包头矿等。

根据电子探针测试结果平均值(表 5 - 27)，以阳离子＝12 为基数，计算化学式：$(Ba_{1.85}REE_{0.14}Sr_{0.01})_{\Sigma 2.00}(Fe_{3.10}Mn_{0.60}Mg_{0.20}Ti_{0.06}Na_{0.02})_{\Sigma 3.98}(Ti_{1.89}Si_{0.10}Nb_{0.01})_{\Sigma 2.00}(Si_2O_7)_2O_2[(OH)_{1.74}O_{0.26}]_{\Sigma 2.00}[F_{1.34}(OH)_{0.66}]_{\Sigma 2.00}$。

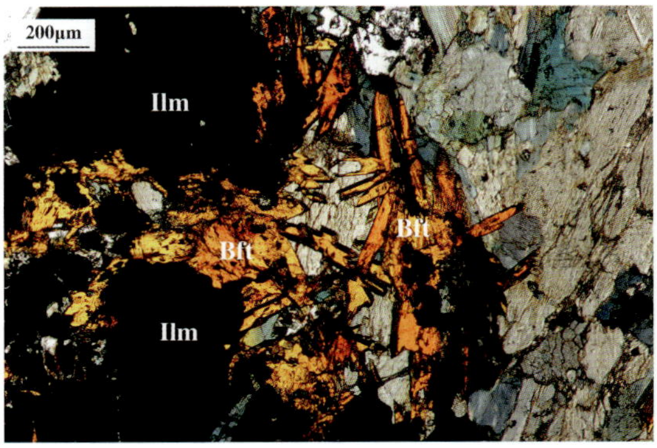

图 5-147 分布于钛铁矿(Ilm)间的硅钡铁钛石(Bft)(单偏光)

图 5-148 硅钡铁钛石的干涉色(正交偏光)

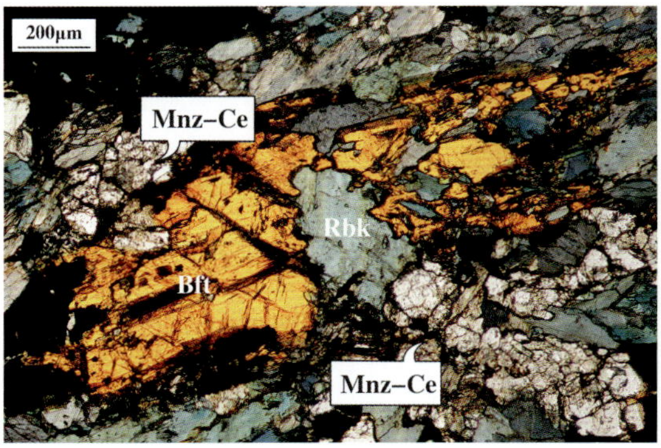

图 5-149 分布于钠闪石(Rbk)、独居石(Mnz-Ce)矿物间的硅钡铁钛石(单偏光)

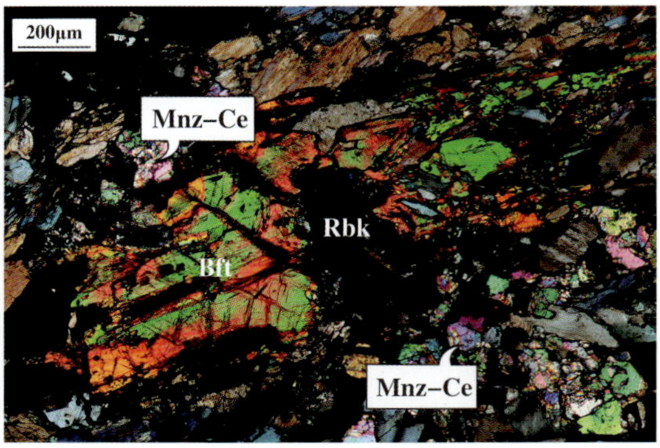

图 5-150 硅钡铁钛石的干涉色(正交偏光)

表 5-27 硅钡铁钛石电子探针测试结果 单位：$w_t/\%$

成分	测试点 P1	测试点 P2	测试点 P3	平均值
BaO	28.10	27.97	27.69	27.92
FeO	22.11	21.95	21.81	21.96
TiO_2	15.04	15.90	15.22	15.38
MnO	4.18	4.28	4.13	4.20
SrO	0.17	0.12	0.15	0.15
MgO	0.85	0.80	0.69	0.78
Na_2O	0.10	0.11	0.10	0.10
SiO_2	24.39	24.12	24.15	24.22
F	2.55	2.56	2.42	2.51
Nb_2O_5	0.00	0.00	0.44	0.15
ΣRE_2O_3	2.39	2.51	2.03	2.31

续表

成分	测试点 P1	测试点 P2	测试点 P3	平均值
$-O=F_2$	1.07	1.08	1.02	1.05
总计	98.81	99.25	97.81	98.62

4. 白云石型铌稀土铁矿石中的硅钡铁钛石

样品采自主矿。硅钡铁钛石呈浅黄色板状分布，与磁铁矿、红钛锰矿等紧密共生，粒径为 0.10～0.20mm(图 5－150 至图 5－153)，能谱图显示测试点含 Mn 较高(图 5－154)。

共伴生矿物：白云石、磁铁矿、萤石、黄铁矿、闪锌矿、铌锰矿、红钛锰矿、菱锰矿、独居石、黑云母等。

该样品在富锰环境下形成，电子探针测试结果(表 5－28)显示 MnO 平均含量为 11.07%。

根据电子探针测试结果平均值，以阳离子＝12 为基数，计算化学式：$(Ba_{1.82}REE_{0.16})_{\Sigma 1.98}(Fe_{1.96}Mn_{1.58}Mg_{0.29}Ti_{0.13}Na_{0.03}K_{0.03})_{\Sigma 4.02}(Ti_{1.79}Si_{0.16}Nb_{0.05})_{\Sigma 2.00}(Si_4O_{14})O_2[(OH)_{1.59}O_{0.41}]_{\Sigma 2.00}[(OH)_{1.11}F_{0.89}]_{\Sigma 2.00}$。

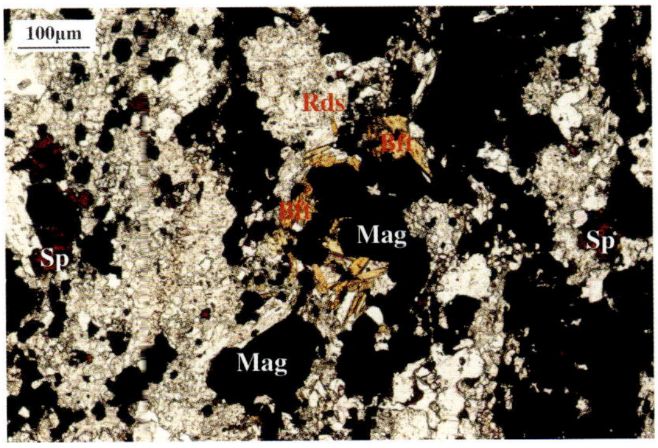

图 5－151　硅钡铁钛石(Bft)与磁铁矿(Mag)紧密共生(单偏光)

图 5－152　硅钡铁钛石与磁铁矿(正交偏光)

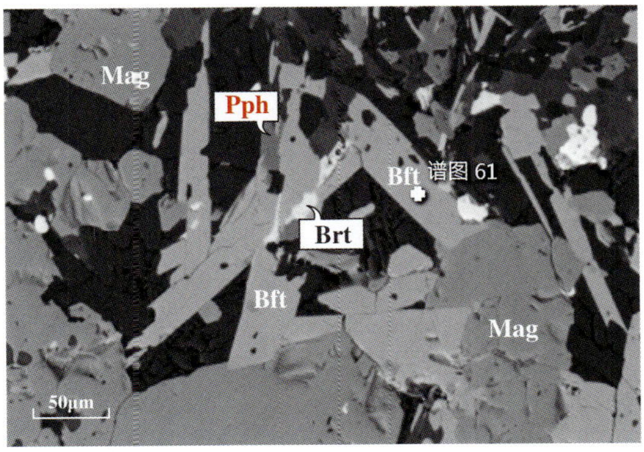

图 5－153　硅钡铁钛石与红钛锰矿(Pph)、磁铁矿紧密共生(BSE)

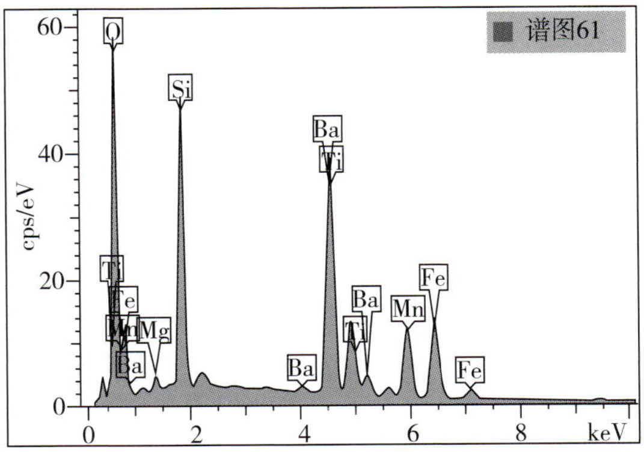

图 5－154　含锰硅钡铁钛石能谱图

表 5-28 硅钡铁钛石电子探针测试结果　　单位：$w_t/\%$

成分	测试点 P1	测试点 P2	测试点 P3	平均值
BaO	27.32	27.70	27.13	27.38
FeO	13.58	14.14	14.01	13.91
TiO_2	15.00	14.51	15.78	15.10
MnO	10.29	11.39	11.53	11.07
SrO	0.07	0.05	0.07	0.07
MgO	1.16	1.21	1.13	1.16
Na_2O	0.10	0.11	0.08	0.10
K_2O	0.11	0.11	0.14	0.12
SiO_2	24.51	24.51	24.66	24.56
F	2.48	2.52	0.00	1.66
Nb_2O_5	0.51	0.78	0.64	0.64
$\sum RE_2O_3$	2.31	2.50	2.82	2.54
$-O=F_2$	1.04	1.06	0.00	0.70
总计	96.48	98.45	98.00	97.64

硅钡锰钛石(海特曼石)　Hejtmanite

$Ba_2Mn_4^{2+}Ti_2(Si_2O_7)_2O_2(OH)_2F_2$

晶体结构：三斜晶系，空间群为 $C1$。$a_0=10.716(2)$Å，$b_0=13.795(3)$Å，$c_0=11.778(2)$Å，$\alpha=90.07(3)°$，$\beta=112.24(3)°$，$\gamma=90.03(3)°$。

形态：一般呈长板状、放射状或片状晶体出现。

物理性质：浅黄色、金黄色、褐色，条痕黄色、褐色，玻璃光泽，半透明，性脆，{110}解理发育。摩氏硬度 4.5，相对密度 3.97～4.06。

显微镜下特征：二轴晶(−)，$2V=76°\sim76.8°$。$N_g=1.867$，$N_m=1.846$，$N_p=1.814$。透射光下呈淡黄色-浅棕黄色，含 Fe 高则颜色加深。

硅钡锰钛石也称为海特曼石，是硅钡铁钛石中 Mn(apfu)＞Fe。该矿物名称为了纪念布拉格查尔斯大学的海特曼教授，命名为海特曼石，它最初被发现于赞比亚中部 Mbolwe 河地区 Mkushi 山中，其电子探针测定结果为 SiO_2 23.52%，TiO_2 13.27%，Nb_2O_5 1.4%，Al_2O_3 0.37%，FeO 11.29%，MnO 14.12%，MgO 0.13%，BaO 30.2%，Na_2O 0.06%，K_2O 0.30%，F 3.3%，Cl＜0.1%，H_2O 1.86%，总计 98.43%(Vrana et al.，1992)。

1. 钠闪石型铁矿石中的硅钡锰钛石

样品取自主矿。样品中的硅钡锰钛石呈淡黄-棕黄色，自形柱状、板状分布于钠闪石矿物间，干涉色较高，但多数被本身颜色掩盖(图 5-155 至图 5-158)，部分硅钡锰钛石已蚀变为重晶石及钛铁矿，但仍保留其板状晶形(图 5-159、图 5-160)，粒径为 0.10～0.25mm。

共伴生矿物：镁钠铁闪石、磁铁矿、黄铁矿、闪锌矿、方铅矿、独居石、萤石、重晶石等。

图 5-155　板状分布的硅钡锰钛石(Hej)（单偏光）

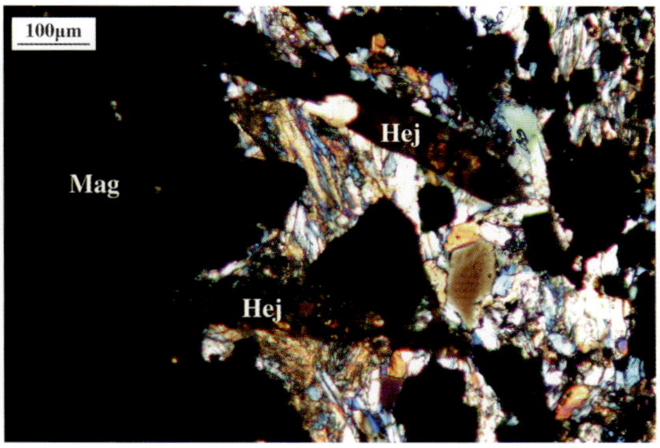

图 5-156　板状分布的硅钡锰钛石(正交偏光)

图 5-157　硅钡锰钛石(单偏光)

图 5-158　硅钡锰钛石分布于镁钠铁闪石(Marf)矿物间（单偏光）

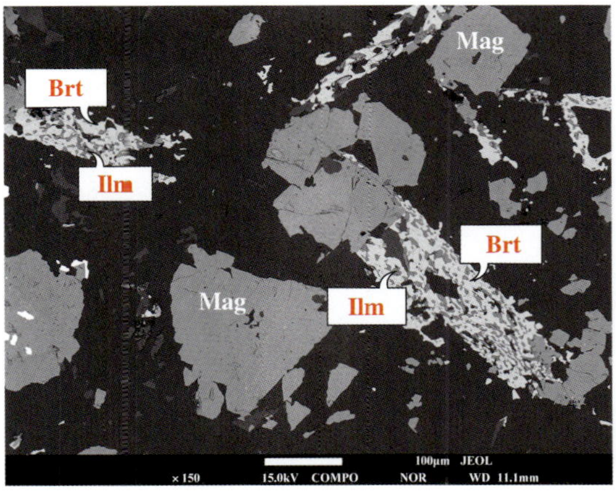

图 5-159　硅钡锰钛石已蚀变为重晶石(Brt)及钛铁矿(Ilm)(BSE)

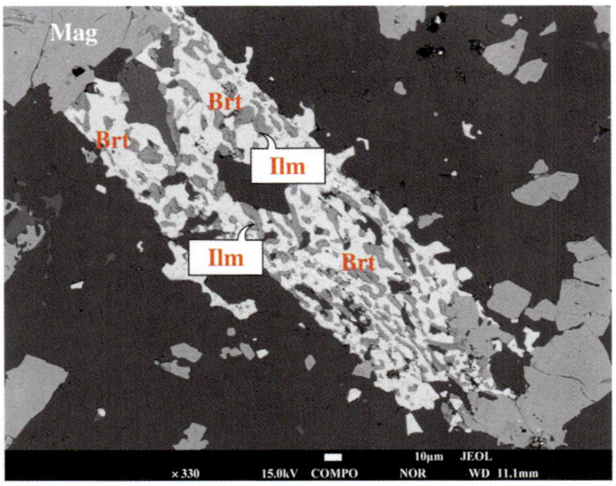

图 5-160　硅钡锰钛石已蚀变为重晶石及钛铁矿(BSE)

根据电子探针测试结果平均值(表5-29)，以阳离子=12为基数，计算化学式：$(Ba_{1.85}Sr_{0.06})_{\Sigma 1.91}(Mn_{3.04}Fe_{0.89}Mg_{0.14}Ti_{0.02})_{\Sigma 4.09}(Ti_{1.92}Nb_{0.08})_{\Sigma 2.00}[(Si_{3.88}Sn_{0.06}Ti_{0.06})_{\Sigma 4.00}O_{14}]O_2[(OH)_{1.89}O_{0.11}]_{\Sigma 2.00}F_{1.99}$。

Mn(apfu)=3.04，大于Fe(0.89)，为硅钡锰钛石。

表5-29 硅钡锰钛石电子探针测试结果 单位：$w_t/\%$

成分	测试点P1	测试点P2	测试点P3	测试点P4	测试点P5	测试点P6	平均值
BaO	27.75	27.86	27.39	27.69	27.96	27.67	27.72
TiO_2	15.49	16.00	14.60	15.65	16.40	15.94	15.68
MnO	21.90	21.66	19.84	21.44	21.80	20.18	21.13
FeO	5.11	5.34	7.17	6.21	6.31	7.36	6.25
SnO_2	1.57	0.22	2.38	0.84	0.06	0.27	0.89
CaO	0.05	0.01	0.05	0.03	0.06	0.38	0.10
MgO	0.79	0.66	0.50	0.42	0.33	0.49	0.53
SrO	0.65	0.50	0.68	0.48	0.74	0.51	0.59
K_2O	0.06	0.07	0.09	0.12	0.04	0.09	0.08
SiO_2	23.03	22.48	22.60	22.97	22.71	22.84	22.77
F	3.18	4.26	3.18	3.45	4.30	3.84	3.70
Nb_2O_5	0.69	1.06	1.02	1.55	0.57	1.03	0.99
$-O=F_2$	1.55	1.79	1.33	1.45	1.81	1.61	1.59
总计	98.72	98.33	98.17	99.40	99.47	98.99	98.84

2. 黑云母型铌稀土铁矿石中的硅钡锰钛石

样品采自东矿钻孔. 硅钡锰钛石呈淡黄色板状、柱状分布于磁铁矿间，多色性变化于淡黄色与黄色之间，干涉色不高或被本身颜色掩盖，内反射色为黄色，粒径为0.05～0.30mm(图5-161至图5-163)，图5-164为BSE图像，硅钡锰钛石分布于磁铁矿间。

共伴生矿物：黑云母、磁铁矿、闪锌矿、铌锰矿、独居石、白云石等。

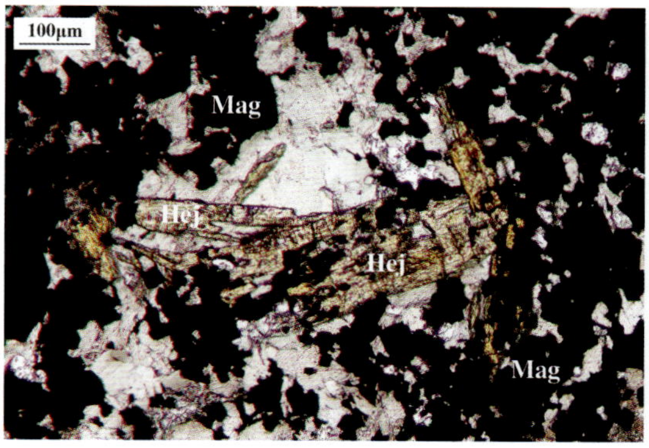

图5-161 硅钡锰钛石(Hej)呈淡黄色分布于磁铁矿(Mag)间（单偏光）

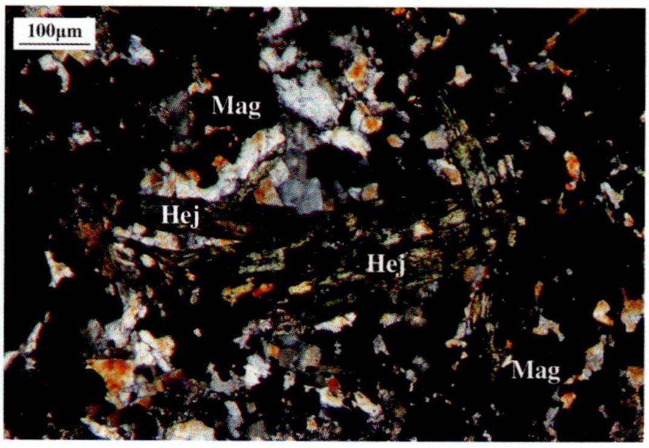

图5-162 硅钡锰钛石分布于磁铁矿间（正交偏光）

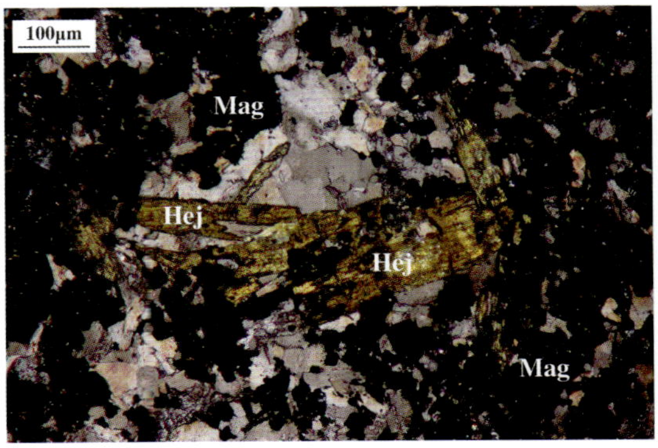

图 5-163 硅钡锰钛石呈浅棕黄色（反射正交）

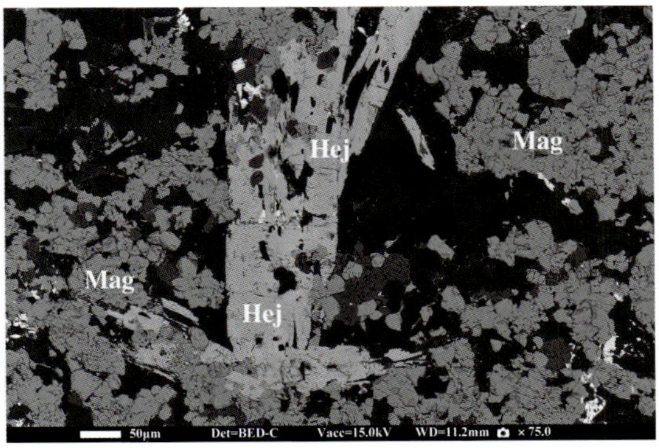

图 5-164 硅钡锰钛石与磁铁矿（BSE）

根据电子探针测试结果平均值（表 5-30），以阳离子=12 为基数，计算化学式：$Ba_{1.82}(Mn_{2.25}Fe_{1.63}Ti_{0.21}Mg_{0.06})_{\Sigma 4.15}(Ti_{1.63}Si_{0.22}Nb_{0.08}Sn_{0.07})_{\Sigma 2.00}(Si_{4.00}O_{14})O_2[(OH)_{1.50}O_{0.50}]_{\Sigma 2.00}[F_{1.20}(OH)_{0.80}]_{\Sigma 2.00}$。

Mn 原子数为 2.25，大于 Fe 原子数 1.63，为硅钡锰钛石。

表 5-30 硅钡锰钛石电子探针测试结果　　单位：w_t/%

成分	测试点 P1	测试点 P2	测试点 P3	测试点 P4	测试点 P5	平均值
BaO	26.80	26.68	26.67	26.51	26.72	26.68
TiO_2	14.65	14.34	14.80	12.68	14.10	14.11
MnO	16.25	15.62	14.28	13.80	16.36	15.26
FeO	10.69	10.80	11.91	11.85	10.81	11.21
SnO_2	0.57	0.44	0.40	3.27	0.73	1.08
CaO	0.03	0.06	0.07	0.18	0.06	0.08
MgO	0.17	0.21	0.28	0.27	0.22	0.23
K_2O	0.18	0.14	0.15	0.06	0.17	0.14
Na_2O	0.11	0.11	0.08	0.05	0.08	0.09
SiO_2	24.08	24.01	24.15	24.34	24.50	24.22
F	2.19	2.11	2.21	2.23	2.20	2.19
Nb_2O_5	0.90	1.41	0.88	0.99	1.18	1.07
$-O=F_2$	0.92	0.89	0.93	0.94	0.92	0.92
总计	95.70	95.04	94.95	95.29	96.21	95.44

第三节 锰矿物

白云鄂博矿区的锰矿物种类多，但分布量均不高。主要为菱锰矿、铌锰矿、锰白云石、红钛锰矿、硅钡锰钛石、硬锰矿、拉锰矿、锰钡矿、软锰矿及水锰矿等。前五种锰矿物分别在其他章节叙述，本章节只简述硬锰矿、拉锰矿、锰钡矿、软锰矿及水锰矿。

硬锰矿 Psilomelane

$BaMn^{2+}Mn_9^{4+}O_{20} \cdot 3H_2O$

化学组成： Mn^{4+}可被Mn^{2+}代替，Mn^{4+}∶Mn^{2+}达9∶1，也可被W^{6+}、Fe^{3+}、Al^{3+}和V^{5+}所代替；Mg、Co、Cu可代替Mn^{2+}；Ca、U、Sr、Na可代替Ba。

形态： 通常为葡萄状、肾状、皮壳状、钟乳状、土状等，也有致密块状或树枝状。

物理性质： 呈铁黑色，条痕棕黑色-黑色，半金属光泽，不透明，钟乳状、结核状、被膜状，隐晶质。摩氏硬度5～6，相对密度4.7～4.72。

狭义的硬锰矿为一个矿物种，有独自的成分结构和物理性质，在自然界分布并不广。广义的硬锰矿不是一个独立的矿物种，而是一些细分散、多矿物的集合体，其成分以锰的氧化物和氢氧化物为主体，含有多种微量元素。在成因和形态上都是外生成因，具一般胶体形成的葡萄状、钟乳状、肾状、结核状等特征的块体。

白云鄂博硬锰矿主要分布在主矿氧化带中与脉状方解石共生，或呈结核状与表生石膏共生(图5-165)。

图5-165 硬锰矿与石膏手标本

拉锰矿 Ramsdellite

MnO_2

化学组成： Mn 63.19%，O 36.81%。

晶体结构： 斜方晶系，空间群为*Pbnm*。a_0 = 4.53Å，b_0 = 9.27Å，c_0 = 2.86Å，Z = 4。

形态：斜方双锥晶形，$D_{2h}-mmm(3L^2 3PC)$。多呈细粒集合体、放射状、纤维状集合体分布。可与软锰矿形成规则连生，此时两者的 a、b、c 彼此平行。

物理性质：钢灰色-黑色，条痕棕黑色、黑色，不透明，半金属光泽。摩氏硬度 3.0，相对密度 4.37。

显微镜下特征：反射光下呈带黄的白色，多色性明显，反射率(绿光)$R=11.7\%\sim33.0\%$，具强非均质性。

拉锰矿又称斜方锰矿，与软锰矿、锰钡矿属于同质三象。软锰矿是 MnO_2 变体中的 $\beta-MnO_2$，四方晶系，金红石结构；拉锰矿是斜方晶系，为 $\gamma-MnO_2$ 变体；另一种变体 $\alpha-MnO_2$，只有当引入大半径的附加阳离子 K、Na、Ba、Pb 等的情况下结构才稳定，此时形成四方晶系的锰钾矿、锰钠矿和单斜晶系的锰钡矿、锰铅矿。

块状铁矿石中的拉锰矿

样品采自主矿。铁矿石表面有 1.00～2.00mm 厚的拉锰矿，呈钢灰色，硬度较高，可见放射状晶形(图 5-166)。

图 5-166　拉锰矿手标本

拉锰矿颗粒粗大，呈长板状、放射状分布。反射光下多色性明显，浅肉色-浅棕色；反射正交下具强非均质性，黄棕色-暗灰色(图 5-167 至图 5-170)，拉锰矿边缘被锰钡矿交代，锰钡矿反射率高于拉锰矿(图 5-171 至图 5-174)，拉锰矿粒径为 1.00～3.00mm。

共伴生矿物：赤铁矿、针铁矿、锰钡矿、白云石、方解石、独居石、氟碳铈矿、磷灰石、石英等。

拉锰矿电子探针测试结果见表 5-31。

图 5－167　板状分布的拉锰矿（Rmd）（反射光）

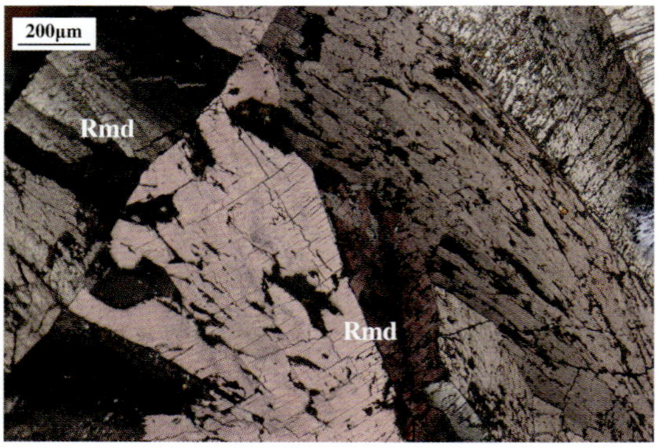

图 5－168　拉锰矿的强非均质性，黄棕色-暗灰色（反射正交）

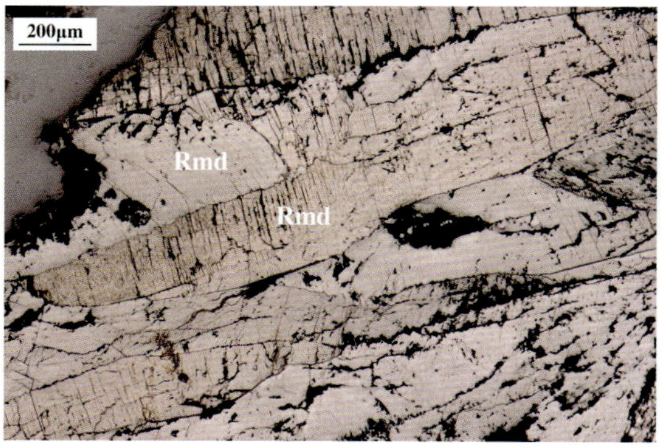

图 5－169　浅肉色-肉棕色、板状分布的拉锰矿（反射光）

图 5－170　拉锰矿的强非均质性，黄棕色-暗灰色（反射正交）

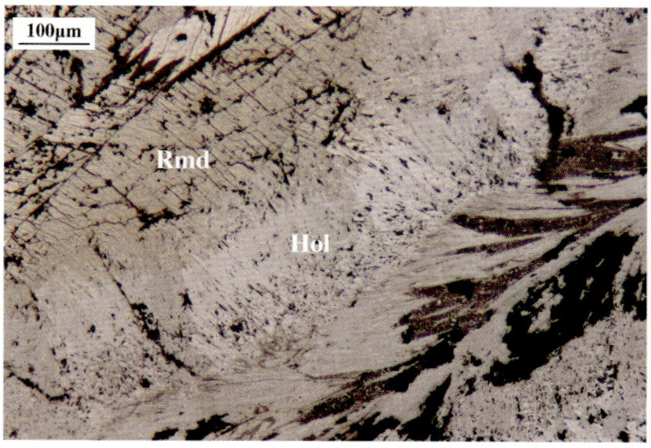

图 5－171　拉锰矿边缘被锰钡矿（Hol）交代（反射光）

图 5－172　板状拉锰矿与纤状锰钡矿（反射正交）

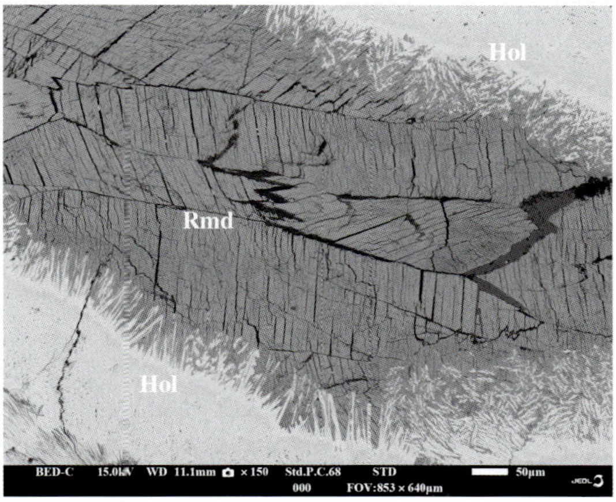

图 5-173 拉锰矿被锰钡矿沿边缘交代(BSE)

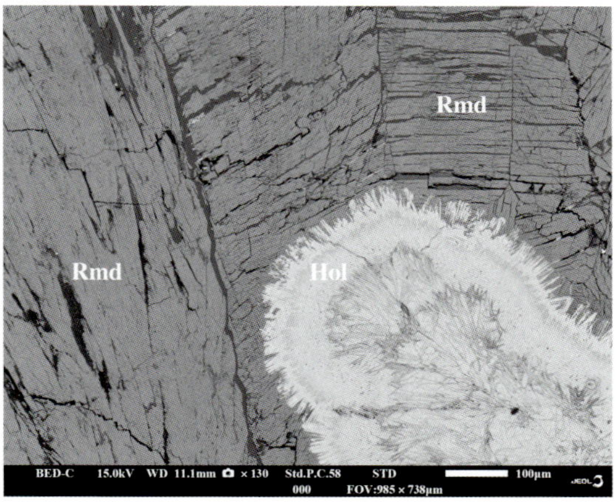

图 5-174 拉锰矿与锰钡矿(BSE)

表 5-31 拉锰矿电子探针测试结果 单位：w_t/%

成分	测试点 P1	测试点 P2	测试点 P3	测试点 P4	测试点 P5	测试点 P6	平均值
MnO_2	99.31	99.02	98.88	97.56	98.47	99.63	98.81
FeO	0.19	0.20	0.16	0.17	0.28	0.23	0.20
BaO	0.02	0.06	0.00	0.00	0.01	0.10	0.03
Na_2O	0.05	0.06	0.02	0.04	0.00	0.04	0.03
K_2O	0.04	0.01	0.00	0.00	0.03	0.03	0.02
CaO	0.30	0.32	0.12	0.13	0.20	0.09	0.19
MgO	0.17	0.10	0.19	0.20	0.20	0.21	0.18
总计	100.08	99.77	99.37	98.10	99.19	100.32	99.47

锰钡矿 Hollandite

$Ba(Mn_6^{4+}Mn_2^{3+})O_{16}$

化学组成： Ba 可被 Pb、K、Na 替代，Mn 可被 Fe、Al 替代。

晶体结构： 单斜晶系，空间群为 $I2/m$。$a_0=10.02$Å，$b_0=2.87$Å，$c_0=9.72$Å，$\beta=91.03°$，$Z=1$。

形态： 斜方柱晶形，$C_{2h}-2/m(L^2PC)$。单体呈短柱状，集合体呈块状、放射状、纤维状、粒状分布。

物理性质： 银灰色-灰黑色、黑色，条痕黑色，不透明，金属光泽，性脆，解理{110}可见。摩氏硬度 4～6，相对密度 4.95。

显微镜下特征： 反射光下呈白色，多色性明显，反射率(绿光)R=28.50%。强非均质性。

块状铁矿石中的锰钡矿

与拉锰矿为同一个样品。锰钡矿呈细纤状、放射状集合体分布，反射色为白色，具反射多色性，反射率高于拉锰矿(图 5-175、图 5-177、图 5-179)，反射正交光下具强非均质性，银白色-暗灰色(图 5-176、图 5-178、图 5-180)，锰钡矿多为沿拉锰矿边缘交代而成，并由细纤状、针状组成放射状、柱状、椭圆状、叶片状集合体，细纤状锰钡矿长轴粒径为0.10～0.20mm，集合体粒径为0.50～2.00mm。

共伴生矿物：赤铁矿、针铁矿、拉锰矿、白云石、方解石、独居石、氟碳铈矿、磷灰石、石英等。

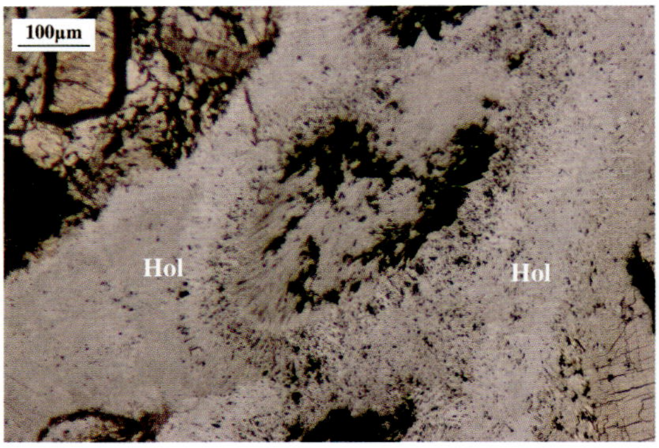

图5-175　细纤状锰钡矿(Hol)集合体(反射光)

图5-176　细纤状锰钡矿显非均质性(反射正交)

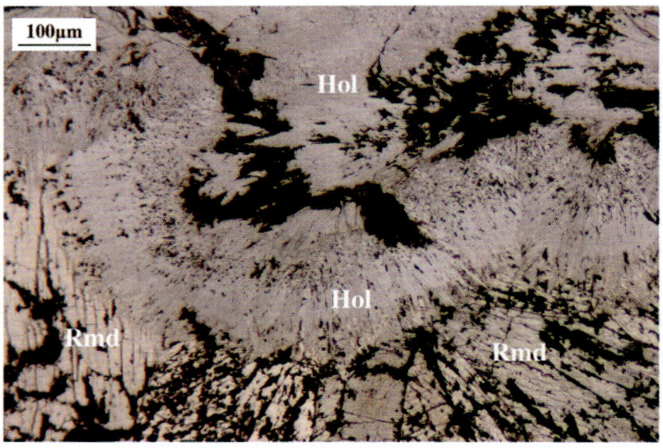

图5-177　锰钡矿沿边缘交代拉锰矿(Rmd)(反射光)

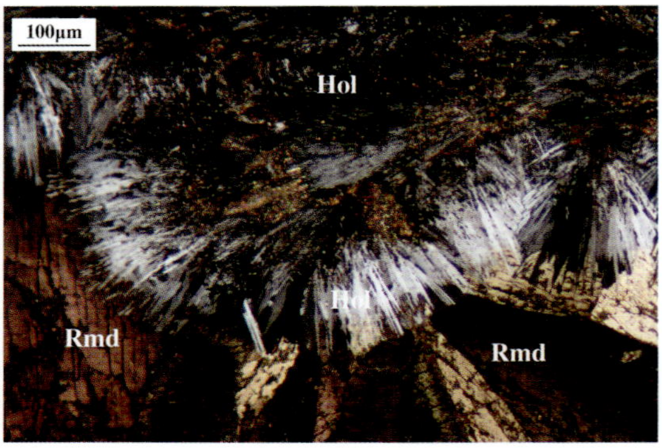

图5-178　细纤状锰钡矿的非均质性，银白色-暗灰色(反射正交)

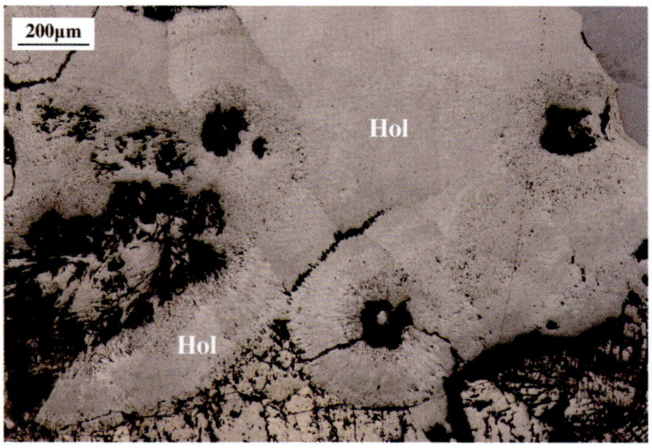

图5-179　细纤状锰钡矿集合体组成柱状、椭圆状晶形(反射光)

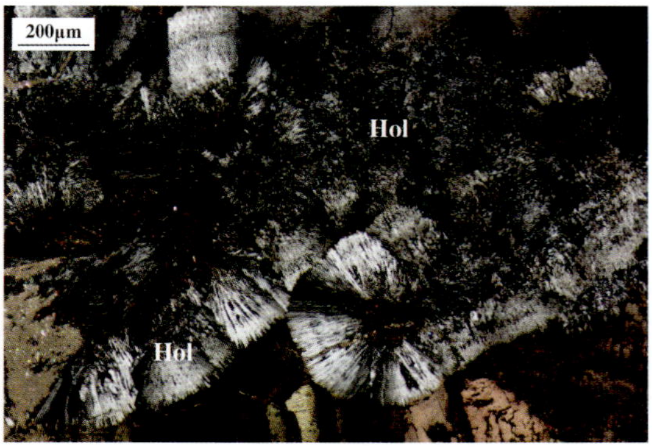

图5-180　细纤状锰钡矿(反射正交)

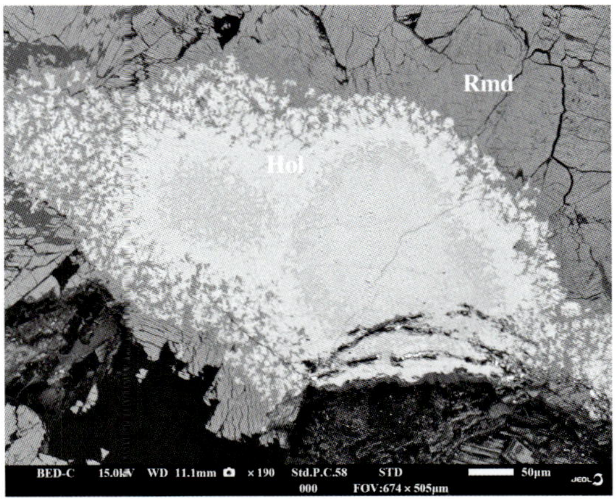

图 5-181　锰钡矿交代拉锰矿(BSE)

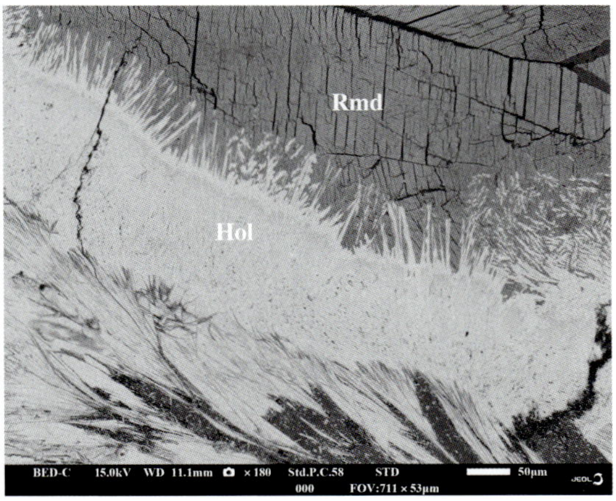

图 5-182　锰钡矿与拉锰矿(反射正交)

拉锰矿电子探针测试结果见表 5-32，根据测试结果平均值，计算化学式：$(Ba_{1.27}Ca_{0.03}Na_{0.03}Mg_{0.03})_{\Sigma 1.36}(Mn^{4+}_{6.00}Mn^{3+}_{1.69}Fe^{3+}_{0.12})_{\Sigma 7.81}O_{16}$。

表 5-32　锰钡矿电子探针测试结果　　单位：w_t/%

成分	测试点 P1	测试点 P2	测试点 P3	测试点 P4	测试点 P5	测试点 P6	平均值
MnO_2	68.38	68.29	67.39	68.61	67.45	67.64	67.96
BaO	20.62	21.27	20.65	20.70	20.07	20.87	20.70
FeO	0.93	1.36	1.31	0.42	0.49	0.93	0.90
Na_2O	0.17	0.05	0.07	0.10	0.12	0.08	0.10
K_2O	0.04	0.01	0.02	0.02	0.04	0.04	0.03
CaO	0.28	0.16	0.10	0.19	0.26	0.22	0.20
MgO	0.15	0.10	0.05	0.15	0.20	0.18	0.14
总计	90.57	91.24	89.58	90.18	88.63	89.95	90.02

软锰矿　Pyrolusite

MnO_2

化学组成：Mn 63.19%，O 36.81%。

晶体结构：四方晶系，空间群为 $P4_2/mnm$。a_0 = 4.4041(1)Å，c_0 = 2.8765(1)Å，Z = 2。结构属于金红石型。

形态：复四方双锥晶形，$D_{4h}-4/mmm(L^4 4L^2 5PC)$。晶体平行 c 轴呈柱状或近等轴状，但很少见。多呈四方柱、四方锥、针状、棒状、放射状集合体分布。

物理性质：钢灰色-黑色，条痕蓝黑-黑色，半金属光泽，不透明，性脆，{110}解理完全。硬度随形态和结晶程度而异，隐晶或块状集合体摩氏硬度 2.0，显晶者为 6.0～6.5，相对密度 5.04～5.08。

显微镜下特征：反射光下呈白色或带乳黄色调，多色性明显，无内反射，强非均质性(灰白、淡黄色-蓝灰色-棕红色)，反射率(绿光)R=34.5%。

软锰矿在地表条件下形成，地表氧化带中分布较广，白云鄂博软锰矿光谱分析中除锰外，还有钴、锌、钙、钡、锶、镧等(张培善和陶克捷，1986)。

水锰矿 Manganite

$Mn^{3+}O(OH)$

晶体结构：单斜晶系，空间群为 $P2_1/b$。$a_0=8.94$Å，$b_0=5.28$Å，$c_0=5.74$Å，$\beta=90°$，$Z=8$。

形态：斜方柱晶形，$C_{2h}-2/m(L_2PC)$。晶体常呈柱状沿 c 轴伸长。

物理性质：暗灰-铁黑色，条痕红棕色-黑色，树脂光泽、半金属光泽，不透明，性脆，{010}解理完全，{110}及{001}中等。摩氏硬度 4，相对密度 4.29～4.34。

显微镜下特征：二轴晶(+)，$2V$ 很小。$N_g=2.53$，$N_m=2.25$，$N_p=2.25$，透明光下多色性呈红棕黄-棕黄色。反射光下呈灰色或带棕的灰色，具多色性，反射率(白光)$R=14\%\sim20\%$，强非均质性(淡黄色-淡蓝灰色)，内反射色为血红色-棕红色。

水锰矿产于近地表处，常见于矿体下盘，多呈细脉出现(张培善和陶克捷，1986)。

第六章　钍、铀及钪的矿物

第一节　钍、铀的矿物

钍和铀是自然界存在的天然放射性元素。地壳中钍的丰度值为铀的 3～4 倍，钍在地壳不同岩石中的分布是构成钍成矿作用的重要环节。按照类质同象的生成规律，钍是铈族矿物的主要成员，仅有 4 价，因此在自然界较为稳定(仉宝聚等，2005)。

白云鄂博矿床不同类型的铌、稀土、铁矿石中均不同程度含有钍(Th)、铀(U)，其中钍的平均含量为$(96.4\sim571)\times10^{-6}$，最低为$55\times10^{-6}$(白云石型铌稀土铁矿石)，最高为$9040\times10^{-6}$(钠闪石型铌稀土铁矿石)；铀的平均含量为$(1.7\sim4.1)\times10^{-6}$，最高为$8.5\times10^{-6}$(钠闪石型铌稀土铁矿石)；Th/U 比值也是相差悬殊，最小值为 38(条带状萤石型铌稀土铁矿石)，最大值为 1004(钠闪石型铌稀土铁矿石)(中国科学院地球化学研究所，1988)。

白云鄂博矿区富 Th 贫 U。Th 除了有独立矿物方钍石和钍石外，大多以类质同象形式存在于稀土及铌稀土矿物中(罗明标等，2009；刘正义等，2016)。侯晓志等(2018a)通过对白云鄂博矿区萤石型铁矿石中 Th 的赋存状态及分布规律的研究，认为主矿、东矿萤石型铁矿石中 Th 的独立矿物极少，Th 主要以类质同象形式赋存于稀土矿物(氟碳铈矿、独居石)中，且主矿氟碳铈矿与独居石中的 ThO_2 含量接近，东矿氟碳铈矿是独居石的 3.4 倍；而在云母型矿石中(侯晓志等，2018b)，主矿含有一定量的 Th 的独立矿物，东矿中 Th 的独立矿物极少，主矿、东矿云母型矿石氟碳铈矿中 ThO_2 平均含量比约为 4∶1，独居石中 ThO_2 平均含量比约为 10∶1。白云鄂博矿区中 Th 储量居世界第二(徐光宪和师昌绪，2005)，但目前还没有得到利用(张铁柱等，2015)。

U 的独立矿物在白云鄂博矿区目前还没有发现，主要以类质同象形式赋存于不同矿物中。

一、钍的矿物

钍石　Thorite

$Th(SiO_4)$

化学组成：ThO_2 81.5%，SiO_2 18.5%。Th 可以被 Fe、Mn、Ca、Ba、U、REE 等替代，$[SiO_4]^{4-}$ 会被$[PO_4]^{3-}$、$[CO_3]^{2-}$ 替代。

晶体结构：四方晶系，空间群为 $I4_1/amd$。$a_0=7.132Å$，$c_0=6.322Å$，$Z=4$。晶体结构与锆石相似。

形态：复四方双锥晶形，$D_{4h}-4/mmm(L^44L^25PC)$。四方双锥状、柱状、粒状或致密块状。

物理性质：黄色、黄棕色、红褐色、绿色、橘黄-黑色，条痕棕色或黄棕色，油脂光泽，不透明，贝壳状断口，无解理，性脆。摩氏硬度4.5，相对密度6.7。具放射性，电磁性弱。

显微镜下特征：一轴晶(－)，N_o＝1.79～1.84，N_e＝1.78～1.82，常呈均质性，透射光下呈棕黄色、橘黄色、棕红色。

铁钍石 Ferrithorite

$(Th,Fe^{3+})Si(O,OH)_4$

钍石的变种，含Fe高者称铁钍石，含U高者则称铀钍石。

钍石在霓石型铌稀土矿石中多呈浸染状产出，有时可富集成密集浸染状。条带状矿石中也有产出，呈稀疏浸染状。西矿黑云母型铌稀土铁矿石中发现了富U的变种(杨敏之和李永春，1980)，与黄铁矿、萤石、钠闪石、黑云母、磁铁矿伴生。

钍石常见非晶化，是由钍石晶体结构受Th和U放射性衰变时产生的α粒子破坏引起的。衰变不仅使晶体非晶化，还造成水化和氧化作用，使钍石含有水分；U^{4+}氧化成U^{6+}，Fe^{2+}氧化成Fe^{3+}，同时物理性质、光学性质也发生变化，如相对密度减小，折射率变小，光性显均质性。

1. 霓石型稀土矿石中的钍石

样品采自主矿。钍石呈浅黄棕、棕红、棕褐色、局部橘黄色(图6－1)。

图6－1 钍石手标本

显微镜下，钍石呈不规则粒状分布，因放射性导致非晶化，矿物呈均质性，在矿物与萤石接触处有棕褐色放射性晕圈，相邻的萤石颜色为深紫-黑紫色。钍石颗粒粗大，粒径一般为0.15～0.50mm(图6－2至图6－5)。图6－6为图6－2的BSE图像，钍石包裹的板状棕褐色矿物为含 Fe 氟碳钙铈矿，图 6-7 能谱图显示钍石含 Fe 及 REE。

共伴生矿物：霓石、萤石、黄河矿、氟碳钙铈矿、钠闪石、重晶石、石英、长石等。

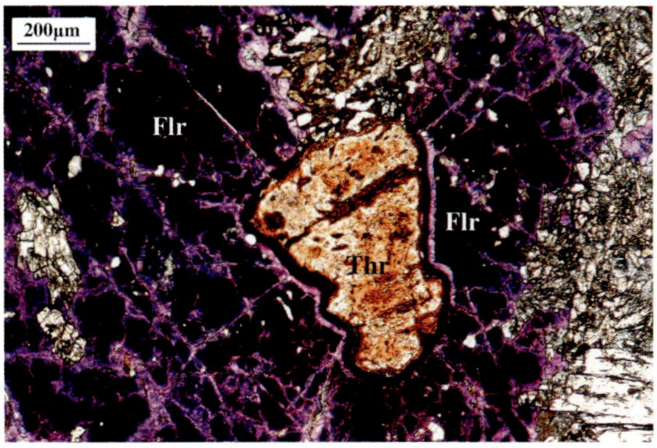

图 6-2　分布于萤石(Flr)矿物中的钍石(Thr)，其放射性使萤石接触边缘有放射性晕圈，并使萤石矿物呈深紫色(单偏光)

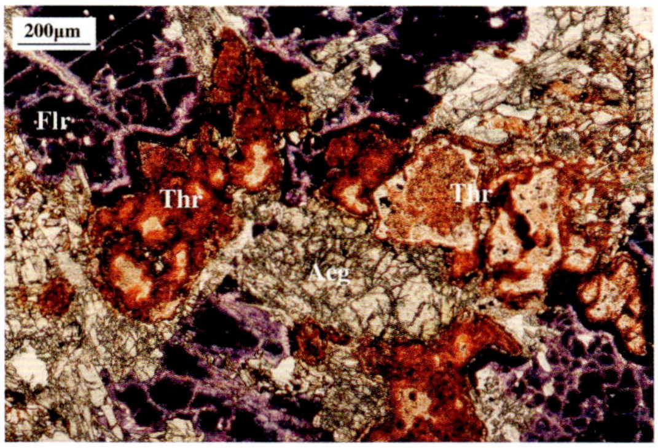

图 6-3　分布于萤石、霓石(Aeg)矿物间的钍石（单偏光）

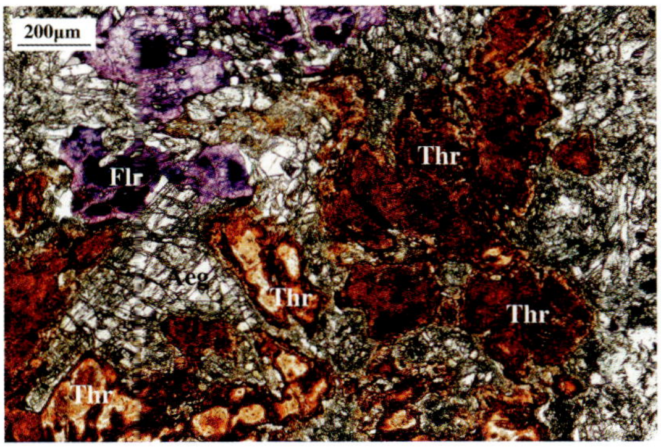

图 6-4　分布于霓石矿物间的钍石（单偏光）

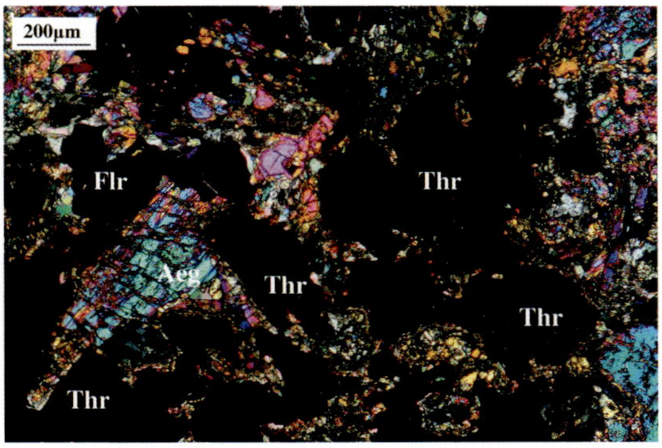

图 6-5　显均质性的钍石(正交偏光)

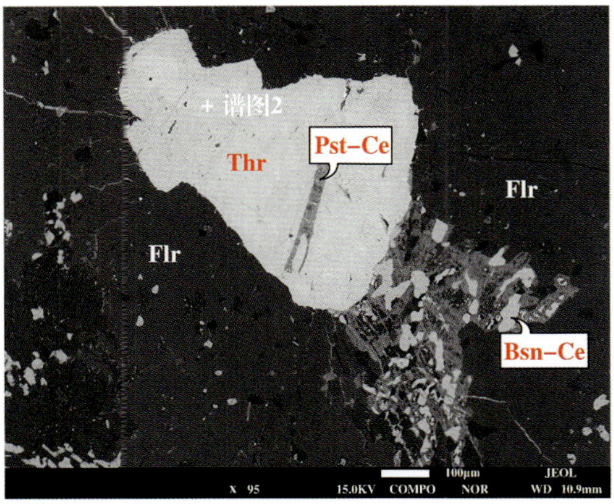

图 6-6　钍石分布于萤石矿物中，包裹的矿物为含 Fe 氟碳钙铈矿(Pst-Ce)(BSE)

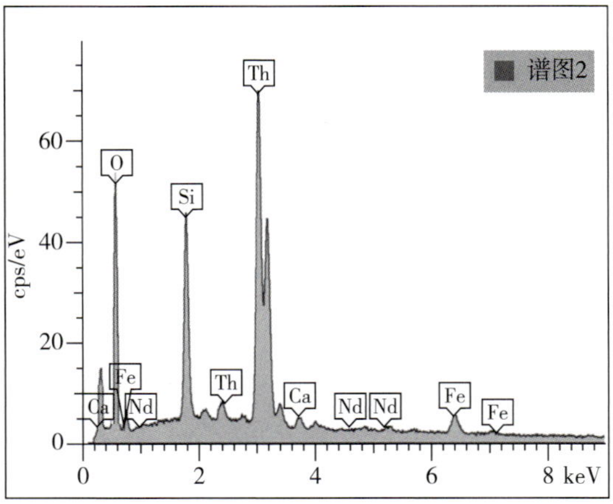

图 6-7　钍石能谱图

本样品中钍石稀土含量较高，平均值为5.94%(表6-1)；Fe含量较高，FeO平均含量为7.10%，最高含量为10.76%。

根据电子探针测试结果平均值，以阳离子=2为基数，计算化学式：$(Th_{0.66}Fe^{3+}_{0.15}REE_{0.11}Ca_{0.06}U_{0.01}Y_{0.01})_{\Sigma 1.00}(Si_{0.84}Fe^{3+}_{0.15}P_{0.01})_{\Sigma 1.00}(O_{3.44}OH_{0.43}F_{0.13})_{\Sigma 4.00}$。

表6-1 钍石电子探针测试结果 单位：w_t/%

成分	测试点P1	测试点P2	平均值
ThO_2	55.06	59.56	57.31
CaO	1.08	1.04	1.06
FeO	10.76	3.43	7.10
MnO	0.05	0.00	0.03
F	0.48	1.17	0.83
SiO_2	14.53	18.51	16.52
P_2O_5	0.34	0.32	0.33
Nb_2O_5	0.06	0.02	0.04
UO_2	0.23	0.87	0.55
Sc_2O_3	0.11	0.05	0.08
ΣRE_2O_3	5.12	6.75	5.94
Y_2O_3	0.42	0.59	0.51
$-O=F_2$	0.20	0.49	0.35
总计	88.04	91.83	89.94

图6-8为霓石型稀土矿石中的钍石，棕褐色部分含Fe、Mn较高，图6-9为其BSE图像，图6-10为能谱图，显示含Mn，图6-11为局部面扫描元素分布图，钍石间有氟碳钙铈矿分布，图6-12为Th元素面扫描分布图，图6-13亮黄色部分为含Mn高的位置。

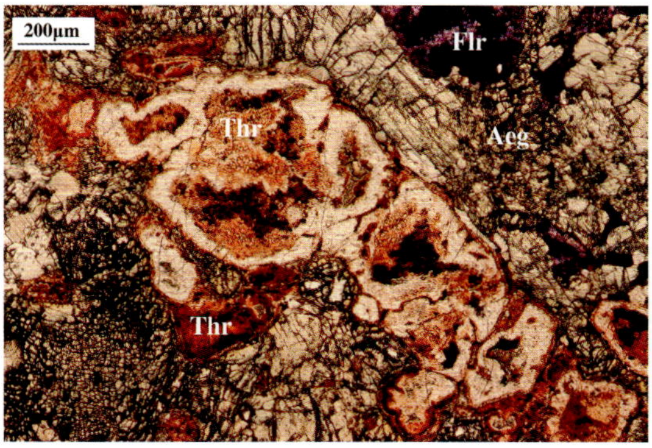

图6-8 呈不规则粒状分布于霓石(Aeg)、萤石(Flr)矿物间的钍石(Thr)(单偏光)

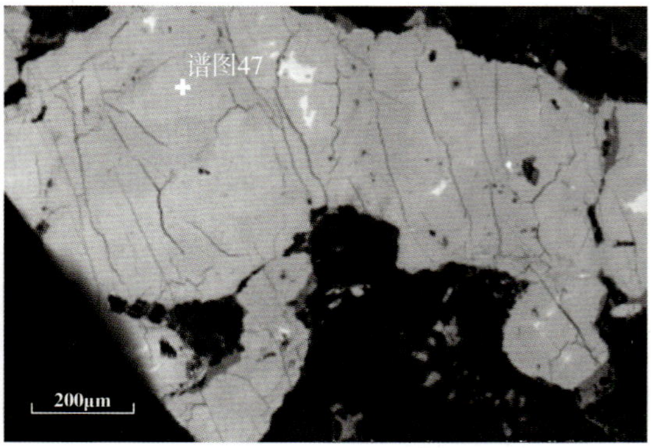

图6-9 钍石(BSE)

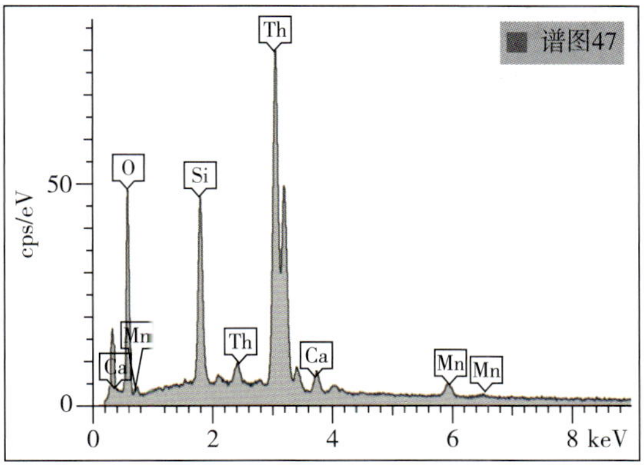

图 6-10　含 Mn 钍石能谱图

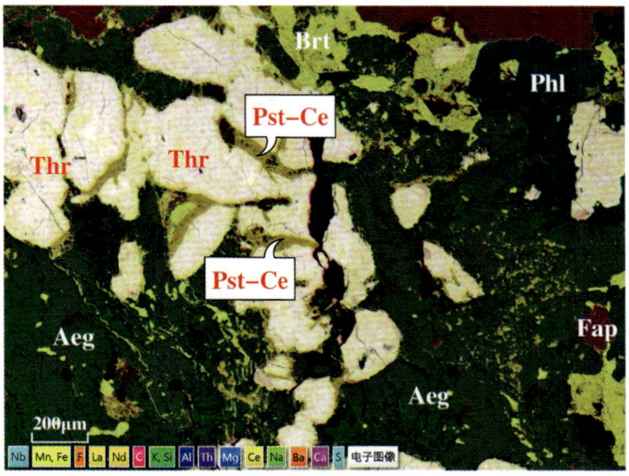

图 6-11　钍石间有氟碳钙铈矿(Pst-Ce)
(面扫描元素分布图)

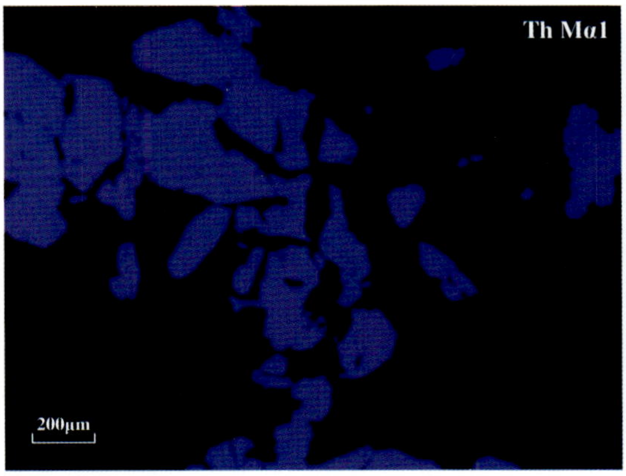

图 6-12　面扫描 Th 元素分布图

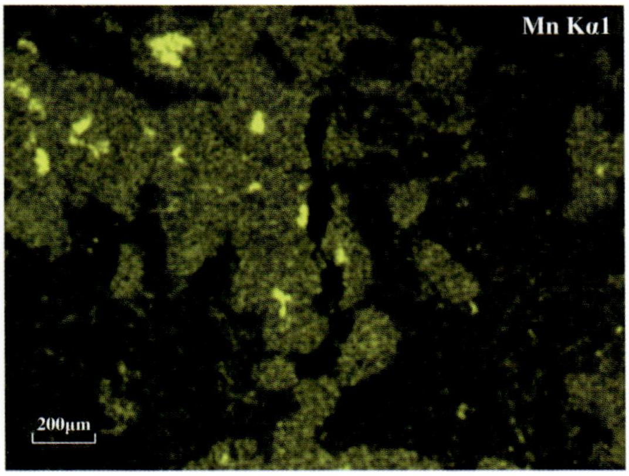

图 6-13　面扫描 Mn 元素分布图
亮黄色为钍石中含 Mn 高的区域

2. 黑云母化萤石型稀土矿石中的钍石

样品采自东矿。钍石呈不规则粒状分布于黑云母、氟碳铈矿及萤石矿物间，棕红色，正交偏光下显均质性，粒径为 0.20～0.50mm(图 6-14、图 6-15)。

共伴生矿物：萤石、黑云母、氟碳铈矿、氟碳钙铈矿、黄河矿、重晶石、方解石等。

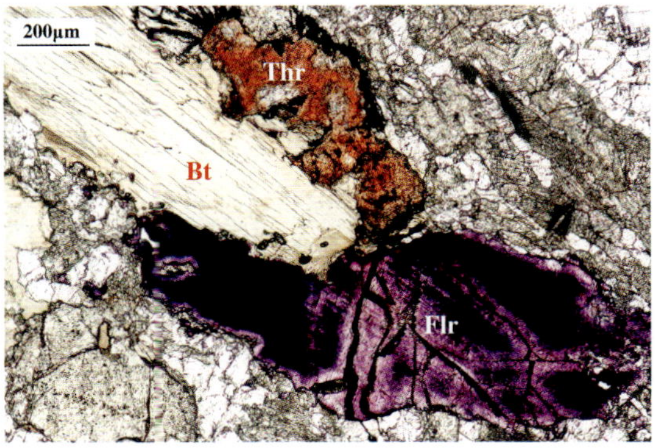

图 6-14　呈不规则粒状分布的钍石(Thr)(单偏光)

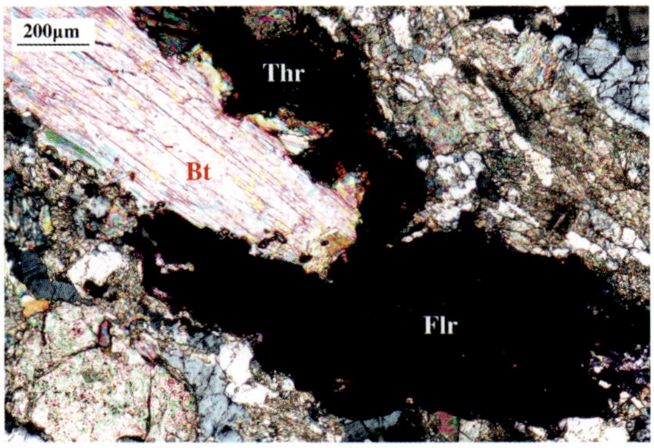

图 6-15　显均质性的钍石(正交偏光)

本样品中钍石测试点(表 6-2)，只有 P4 含 Fe 低(0.12%)，P1 至 P3 中 FeO 含量分别为 5.47%、6.18%、7.78%，总平均值为 4.89%。P2、P3 稀土含量较高，分别为 6.43%和 5.68%。因放射性导致的水化，总量均较低。

根据电子探针测试结果平均值，以阳离子=2 为基数，计算化学式：$(Th_{0.76}Ca_{0.08}Fe^{3+}_{0.07}REE_{0.07}U_{0.01}Mn_{0.01})_{\Sigma 1.00}(Si_{0.83}Fe^{3+}_{0.16}P_{0.01})_{\Sigma 1.00}(O_{3.30}OH_{0.59}F_{0.11})_{\Sigma 4.00}$。

表 6-2　钍石电子探针测试结果　　单位：w_t/%

成分	测试点 P1	测试点 P2	测试点 P3	测试点 P4	平均值
ThO_2	65.09	57.40	56.73	58.69	59.48
CaO	1.51	0.86	1.09	1.94	1.35
FeO	5.47	6.18	7.78	0.12	4.89
MnO	0.12	0.00	0.00	0.87	0.25
F	0.68	0.52	0.71	0.49	0.60
SiO_2	15.61	15.06	14.80	13.59	14.76
P_2O_5	0.28	0.33	0.33	0.18	0.28
Nb_2O_5	0.00	0.03	0.07	0.00	0.02
UO_2	0.88	0.74	0.77	0.66	0.76
Sc_2O_3	0.05	0.14	0.05	0.03	0.07
ΣRE_2O_3	0.35	6.43	5.68	1.58	3.51
Y_2O_3	0.17	0.16	0.25	0.07	0.16
$-O=F_2$	0.29	0.22	0.30	0.21	0.25
总计	89.92	87.63	87.96	78.02	85.88

3. 白云石型铌稀土矿石中的钍石

样品采自西矿。钍石颗粒粗大，手标本呈暗红-棕红色。因含 Fe 高，透射光下，呈黑色，不透明；边缘部分含 Fe 低，呈浅棕色，反射光下反射率较低，内反射色为暗红-红色(图 6-16 至图 6-19)，钍石粒径为 0.20～5.00mm。有磁黄铁矿、黄铁矿呈脉状分布于钍石中，钍石间有粗粒独居石分布(图 6-20 至图 6-25)。

共伴生矿物：白云石、霓石、方解石、独居石、磁铁矿、黄铁矿、磁黄铁矿等。

电子探针测试结果(表 6-3)显示，P1 至 P3 为钍石中间位置测试点，含 Fe 较高，FeO 含量平均值为 12.95%；P4 至 P5 为边缘浅棕色位置测试点，FeO 含量平均值为 7.38%。钍石中 U 含量较高，Fe 含量高的测试点 UO_2 平均为 0.93%，Fe 含量低的测试点 UO_2 最高达 5.19%，钍石中还含少量 Nb、REE、Sc 等。

根据电子探针测试结果平均值，以阳离子=2 为基数，分别计算化学式。P1 至 P3 平均值化学式：$(Th_{0.59}Fe^{3+}_{0.26}Ca_{0.09}REE_{0.03}Y_{0.02}U_{0.01}Sc_{0.01})_{\Sigma 1.01}(Si_{0.75}Fe^{3+}_{0.24}Nb_{0.01})_{\Sigma 1.00}(O_{3.27}OH_{0.73})_{\Sigma 4.00}$。P4 至 P6 平均值化学式：$(Th_{0.65}Fe^{3+}_{0.17}Ca_{0.10}REE_{0.03}U_{0.03}Y_{0.02}Sc_{0.01})_{\Sigma 1.00}(Si_{0.84}Fe^{3+}_{0.13}Nb_{0.03})_{\Sigma 1.00}(O_{3.47}OH_{0.53})_{\Sigma 4.00}$。

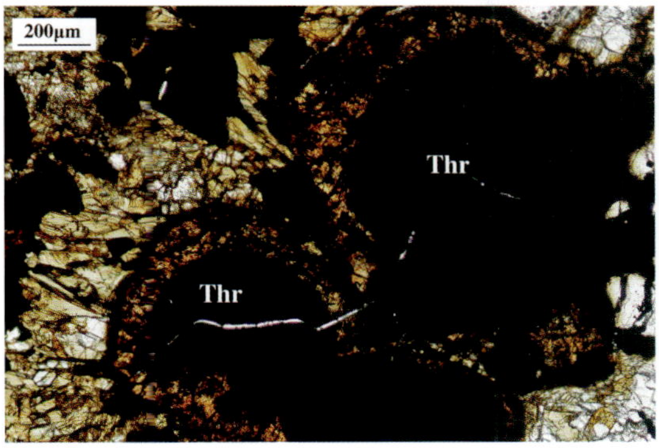

图6-16　因含Fe高，钍石(Thr)呈不透明的黑色(单偏光)

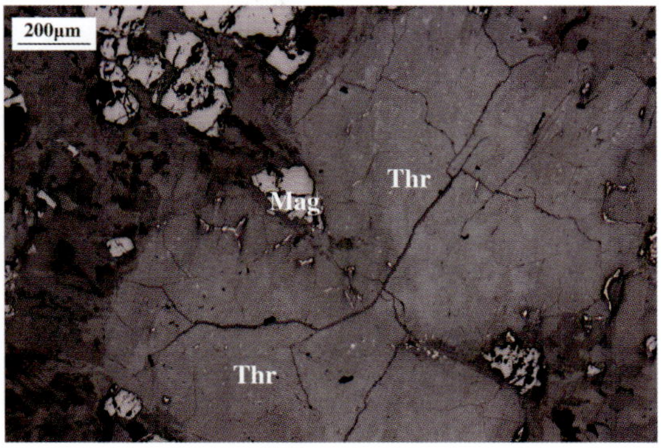

图6-17　钍石反射率较低(反射光)

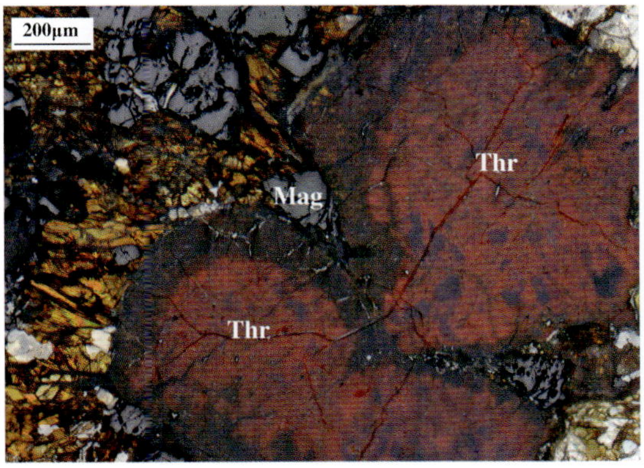

图6-18　钍石的暗红色内反射色，边缘暗色部分含Fe低(反射正交)

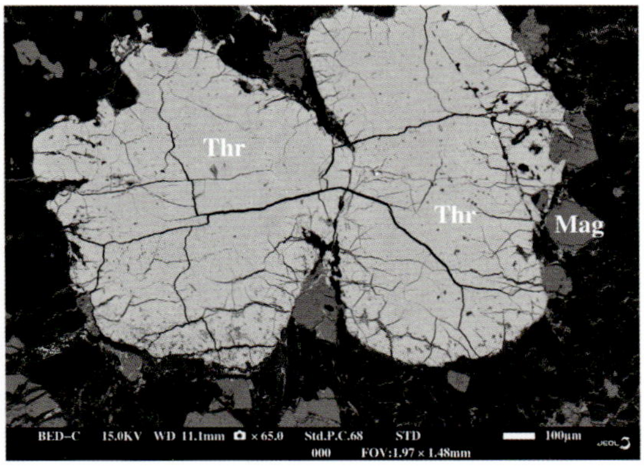

图6-19　自形晶分布的钍石(BSE)

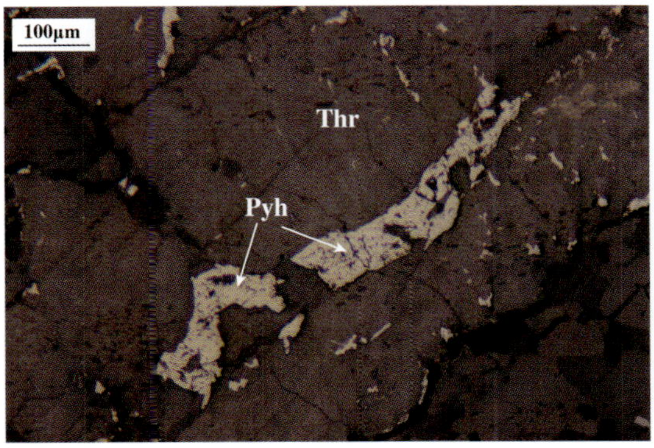

图6-20　磁黄铁矿(Pyh)分布于钍石间(反射光)

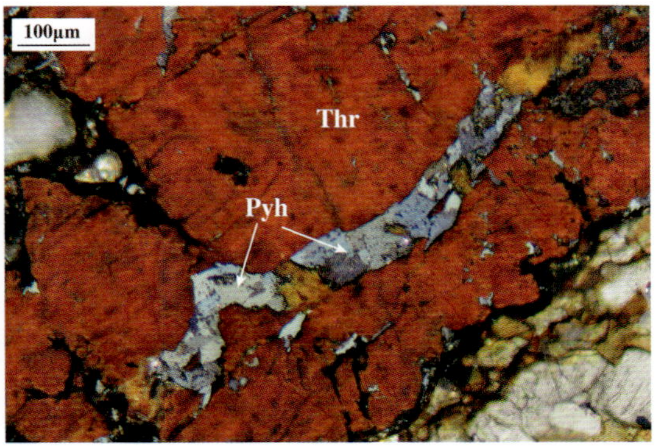

图6-21　钍石的内反射色为红色，裂隙中的磁黄铁矿显非均质性(反射正交)

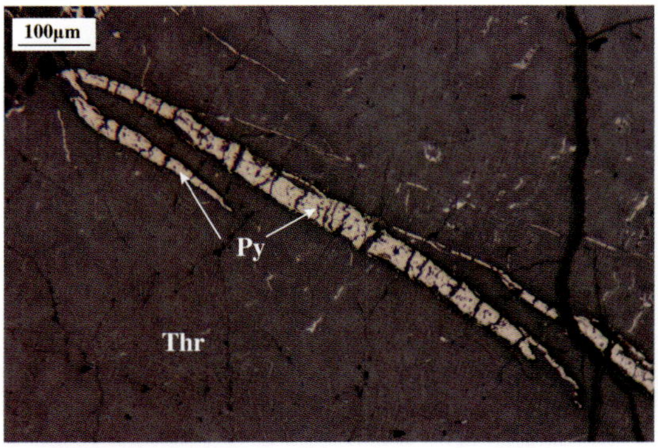

图 6-22 黄铁矿(Py)分布于钍石中(反射光)

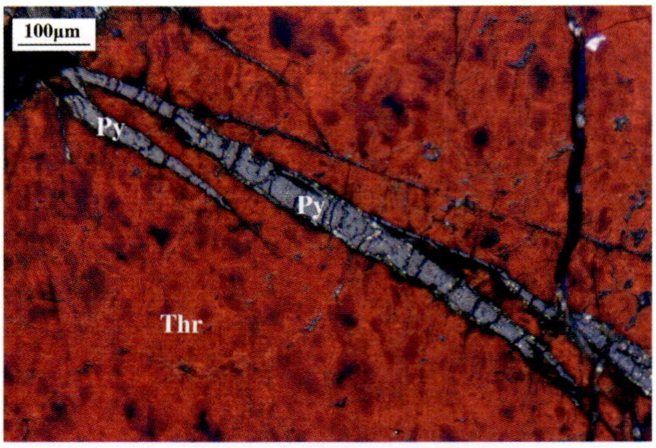

图 6-23 钍石的红色内反射色(反射正交)

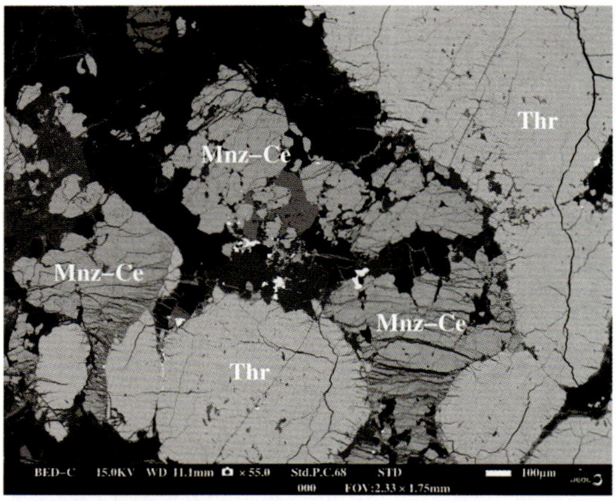

图 6-24 钍石间分布的粗粒独居石(Mnz-Ce)(BSE)

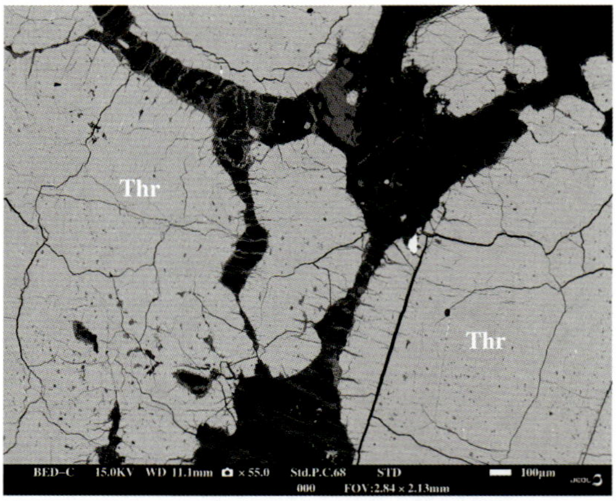

图 6-25 钍石(BSE)

表 6-3 钍石电子探针测试结果 单位：$w_t/\%$

成分	测试点 P1	测试点 P2	测试点 P3	P1、P2、P3 平均值	测试点 P4	测试点 P5	测试点 P6	P4、P5、P6 平均值
ThO_2	53.34	55.39	56.63	55.12	56.49	56.59	58.06	57.05
CaO	1.81	1.87	1.91	1.86	1.91	1.53	2.15	1.86
FeO	14.23	12.05	12.55	12.95	6.44	7.62	8.07	7.38
SiO_2	15.48	15.81	16.54	15.94	17.07	16.56	16.70	16.78
Nb_2O_5	0.61	0.63	0.45	0.56	1.22	1.26	1.53	1.34
UO_2	0.90	0.90	0.98	0.93	5.19	1.04	0.99	2.41
Sc_2O_3	0.12	0.15	0.20	0.16	0.20	0.11	0.16	0.16
ΣRE_2O_3	2.40	1.26	1.53	1.73	0.76	2.36	1.33	1.48
Y_2O_3	0.78	0.65	0.67	0.70	0.88	1.10	0.71	0.90
总计	89.68	88.71	91.46	89.95	90.17	88.17	89.71	89.35

4. 钠闪石型铌稀土矿石中的钍石

样品采自主矿。钍石呈暗红色-黑色自形晶分布于钠闪石、方解石矿物间(图 6-26)，反射率较低，反射色偏蓝灰色，内反射色为棕红-暗红色(图 6-27、图 6-28)，粒径为 0.10～0.50mm，钍石中包裹磁铁矿、赤铁矿(图 6-27、图 6-29)。

共伴生矿物：钠闪石、方解石、磁铁矿、氟碳铈矿、氟碳钙铈矿、烧绿石、萤石、磷灰石等。

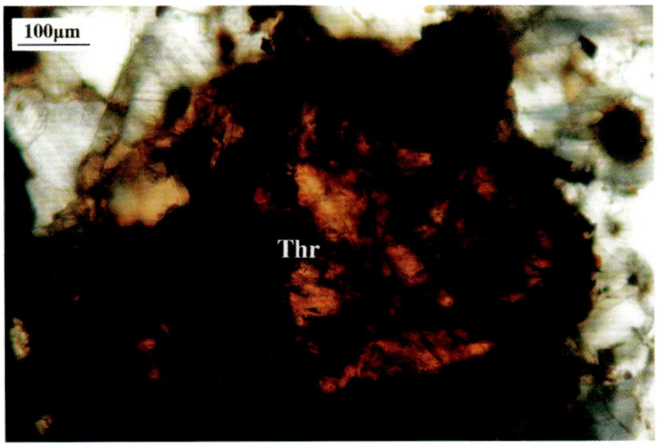

图 6-26　钍石(Thr)(单偏光)

图 6-27　钍石的反射率低，反射色偏蓝灰色(反射光)

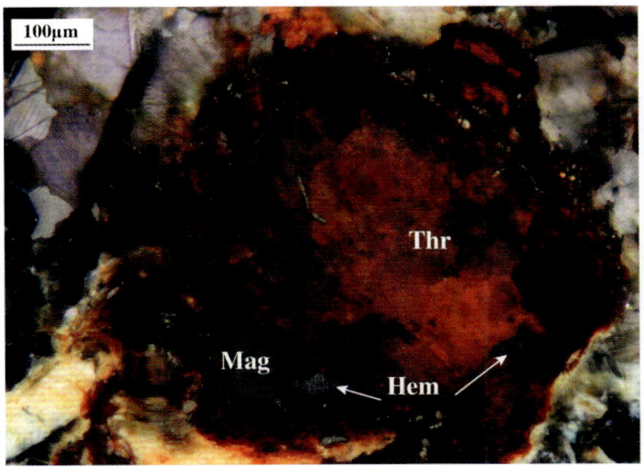

图 6-28　钍石的内反射色(反射正交)

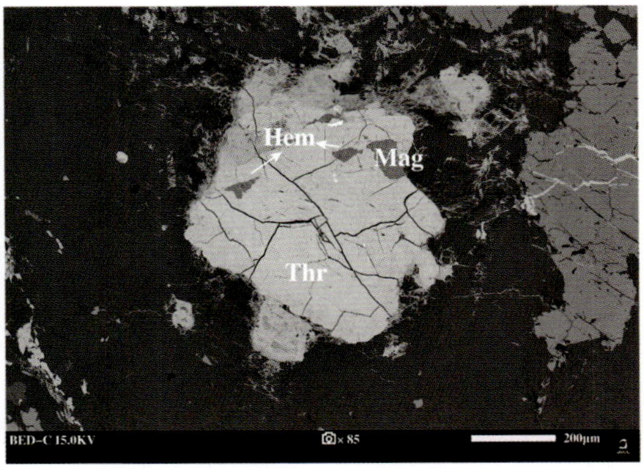

图 6-29　钍石(BSE)

根据电子探针测试结果平均值(表 6-4)，以阳离子=2 为基数，计算化学式：$(Th_{0.67}Ca_{0.10}Cr_{0.07}Fe_{0.04}Sc_{0.05}Mg_{0.02}REE_{0.02}Y_{0.02}U_{0.01})_{\Sigma 1.00}(Si_{0.77}Fe^{3+}_{0.13}Nb_{0.09}P_{0.01})_{\Sigma 1.00}(O_{3.53}OH_{0.37}F_{0.10})_{\Sigma 4.00}$。

表 6-4　钍石电子探针测试结果　　单位：$w_t/\%$

成分	测试点 P1	测试点 P2	测试点 P3	测试点 P4	测试点 P5	平均值
ThO_2	52.91	50.74	54.85	52.32	55.94	53.35
CaO	1.34	1.36	1.98	1.63	1.95	1.65

续表

成分	测试点 P1	测试点 P2	测试点 P3	测试点 P4	测试点 P5	平均值
FeO	2.34	5.52	3.71	5.38	2.34	3.86
Cr_2O_3	1.55	1.97	0.78	2.17	1.47	1.59
MgO	0.18	0.17	0.19	0.17	0.30	0.20
SiO_2	13.89	14.21	14.22	13.64	14.46	14.08
P_2O_5	0.18	0.14	0.11	0.16	0.11	0.14
F	0.83	0.44	0.49	0.51	0.58	0.57
Nb_2O_5	2.53	2.97	4.61	2.41	5.47	3.60
UO_2	0.97	0.83	0.91	0.99	0.93	0.93
Sc_2O_3	1.46	1.36	0.48	1.30	0.44	1.01
ΣRE_2O_3	1.01	2.19	0.38	0.71	1.16	1.09
Y_2O_3	1.44	1.03	0.15	0.89	0.14	0.73
$-O=F_2$	0.35	0.18	0.21	0.21	0.24	0.24
总计	80.28	82.74	82.63	82.06	85.05	82.55

钍石以细粒包裹体形式被包裹于褐帘石中，BSE 图像如图 6－30 所示。钍石分布于褐帘石矿物间(图 6－32)，图 6－31、图 6－33 分别为钍石能谱图，均含少量 Fe。

钍石以微细粒包裹体形式分布于氟碳铈矿中，BSE 图像如图 6－34 所示，并与萤石、磁铁矿、磁黄铁矿等矿物共伴生(图 6－34)，图 6－35 为钍石能谱图，显示含少量稀土。

微细粒钍石分布于氟碳铈矿颗粒间隙，BSE 图像如图 6－36 所示，图 6－37 为钍石能谱图。

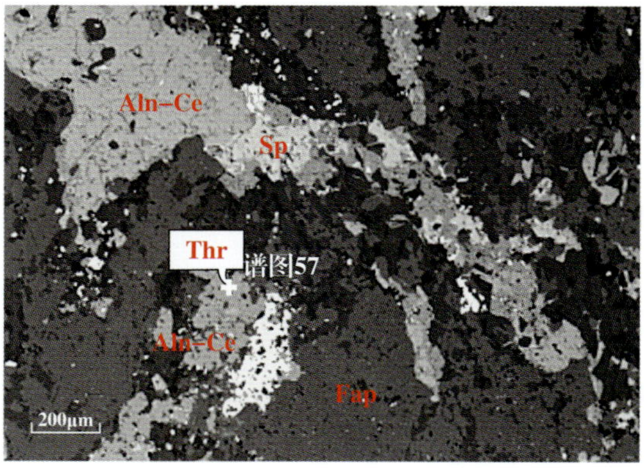

图 6－30　钍石(Thr)呈细粒包裹体分布于褐帘石(Aln－Ce)矿物中，共伴生矿物还有闪锌矿(Sp)、磷灰石(Fap)等(BSE)

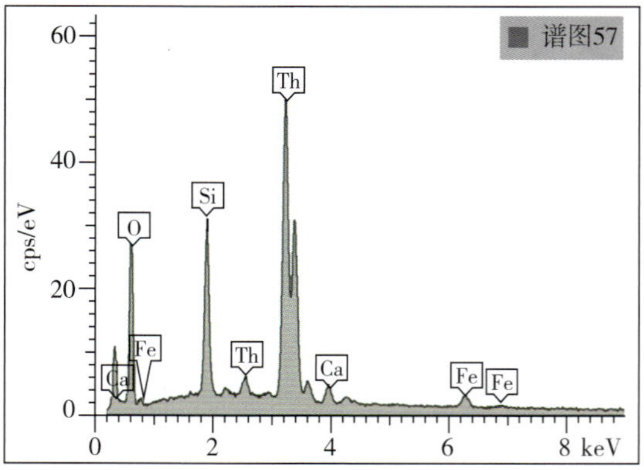

图 6－31　钍石能谱图

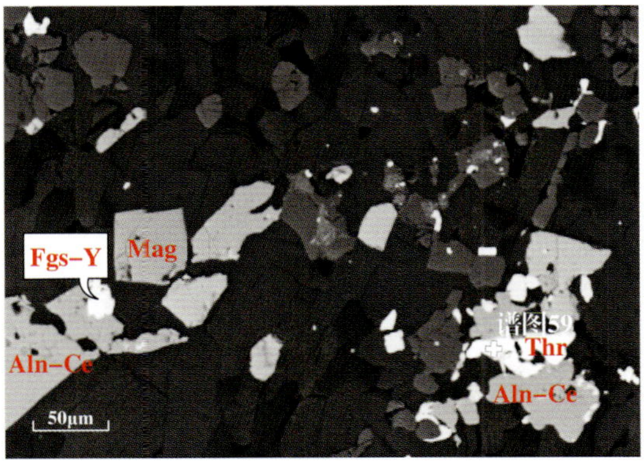

图 6-32　钍石分布于褐帘石矿物间，共伴生矿物为磁铁矿(Mag)、磷灰石及褐钇铌矿(Fgs-Y)等(BSE)

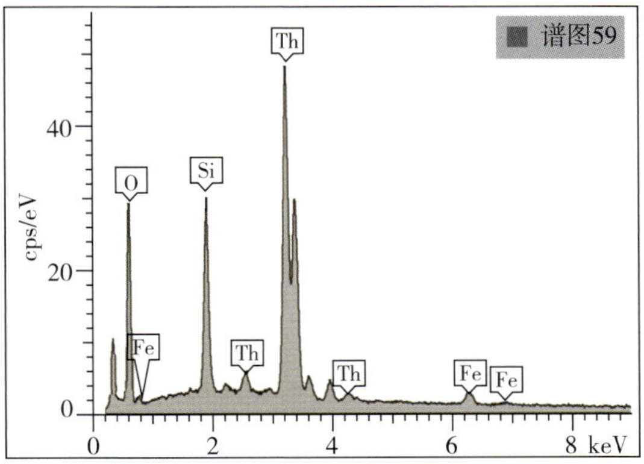

图 6-33　钍石能谱图

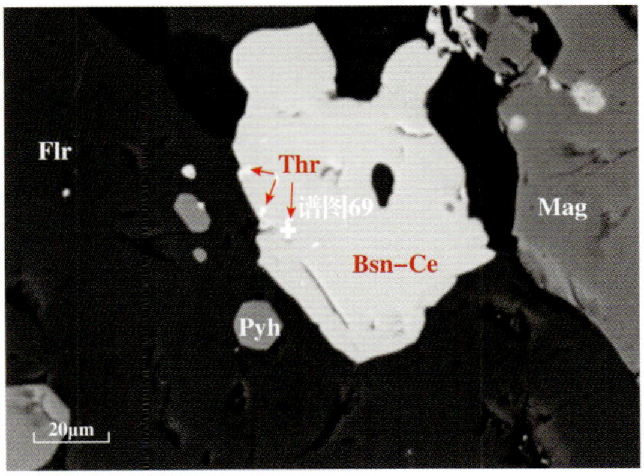

图 6-34　钍石呈微细粒包裹体分布于氟碳铈矿(Bsn-Ce)中，共伴生矿物有萤石(Flr)、磁铁矿及磁黄铁矿(Pyh)(BSE)

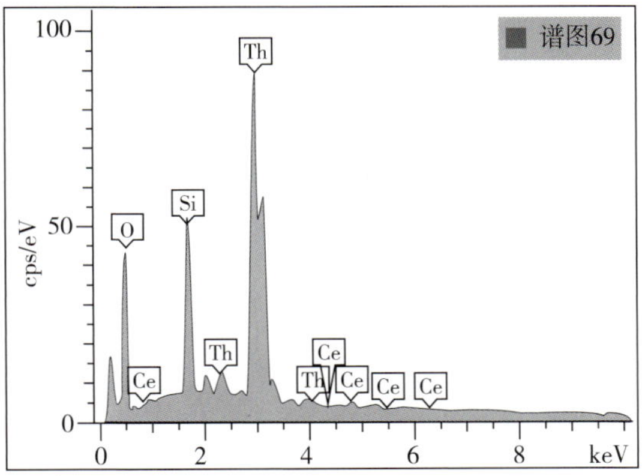

图 6-35　钍石能谱图

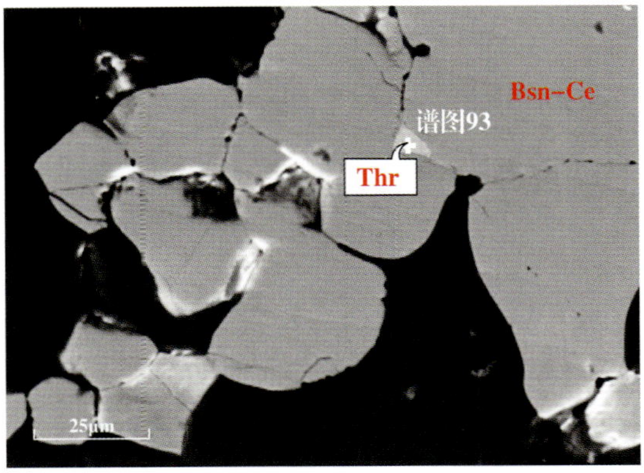

图 6-36　钍石呈微细粒状分布于氟碳铈矿矿物间隙(BSE)

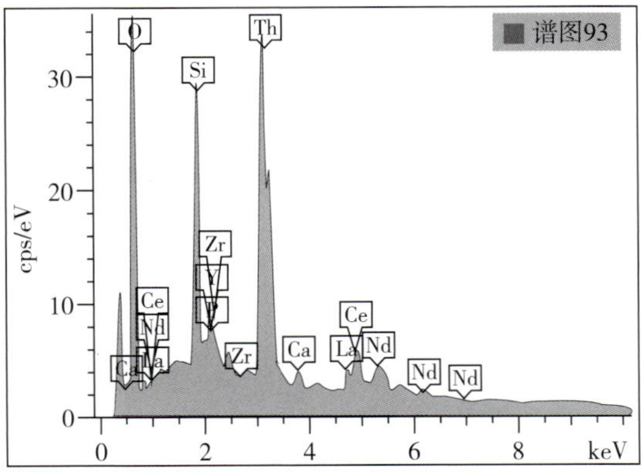

图 6-37　钍石能谱图

铀钍石 Uranothorite

(Th,U)SiO_4

化学组成：ThO_2 50.08%，UO_2 26.69%，FeO 2.05%。

晶体结构：四方晶系，空间群为 $I4_1/amd$。

物理性质：棕红色，油脂光泽，贝壳状断口。摩氏硬度约4，相对密度5.01。

显微镜下特征：薄片中呈橘黄色-橘红色，细粒集合体形式分布。

铀钍石属铀石-钍石硅酸盐矿物系列中罕见的矿物之一，杨敏之和李永春(1980)在对白云鄂博矿区西矿进行稀土-铌-铁物质成分研究时，在钠闪石-白云岩内发现一种细小的棕红色矿物，经鉴定为铀钍石。铀钍石呈断续细脉状产于元古宇白云鄂博群上部含稀土-铌-铁矿石的钠闪石-白云岩内，与黄铁矿、萤石、钠闪石、黑云母伴生。

铀钍矿的颜色为红褐色、黑褐色，粒径为0.04～0.07mm，薄片中不透明，但常常引起共生矿物边缘产出暗色晕，并与磁铁矿和黑云母共生。该矿物含U量比国外铀钍石含U量高。电子探针测试结果见表6-5(梁有彬等，1982b)。

根据电子探针测试结果平均值，以阳离子=2为基数，计算化学式：$(Th_{0.56}U_{0.36}Fe_{0.02}Mn_{0.03}Al_{0.03})_{\Sigma1.00}(Si_{0.85}Fe_{0.15})_{\Sigma1.00}(O_{3.56}OH_{0.44})_{\Sigma4.00}$。

表6-5 铀钍石电子探针测试结果 单位：w_t/%

成分	测试点1	测试点2	测试点3	测试点4	测试点5	平均值
ThO_2	50.87	47.40	46.71	47.13	47.20	47.86
UO_2	27.40	32.25	31.16	32.76	31.92	31.10
FeO	3.52	4.45	4.49	3.37	4.68	4.10
Al_2O_3	—	0.15	0.14	0.14	2.22	0.53
MnO	0.61	0.61	0.46	0.80	0.54	0.60
SiO_2	19.95	15.95	15.95	15.41	14.65	16.38
总计	101.70	100.77	98.91	99.85	101.21	100.49

碳质板岩中的铀钍石

样品采自主矿。铀钍石呈正方形分布，并与黄铜矿、钠长石、正长石等矿物紧密共生，粒径约25μm(图6-38)。对铀钍石做了Th、U、Cd、Y、Zr、Si等元素面扫描(图6-40)，结果显示中间区域U含量高，边缘部分则Cd、Y、Zr含量高，分别选择不同的位置点做了电子探针测试(图6-39)，结果见表6-6至表6-8。

表6-6为中间区域紫色"+"测试点结果，ThO_2含量平均为28.90%，UO_2含量平均为18.14%，CdO含量为2.76%，总量为69.27%，推测剩余部分H_2O含量为30.73%。根据电子探针测试结果平均值，以Si=1为基数，计算化学式：$(Th_{0.42}U_{0.26}Ca_{0.10}Cd_{0.08}Y_{0.03}REE_{0.03}Sc_{0.01})_{\Sigma0.93}(Si_{0.98}P_{0.01}S_{0.01})_{\Sigma1.00}(O_{3.66}OH_{0.34})_{4.00}\cdot12.8H_2O$。

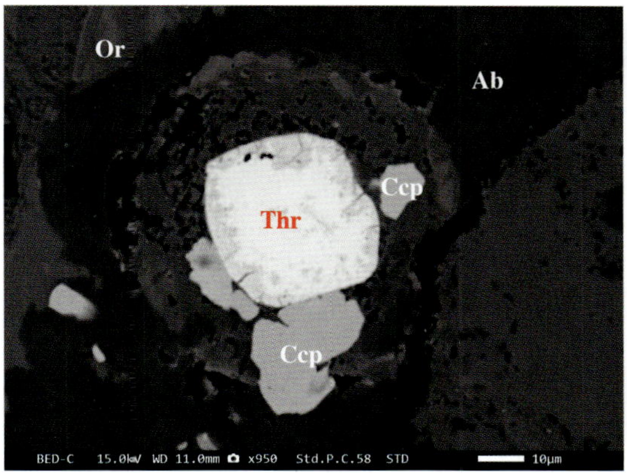

图 6-38 钍石与黄铜矿(Ccp)、钠长石(Ab)、正长石(Or)共生（BSE）

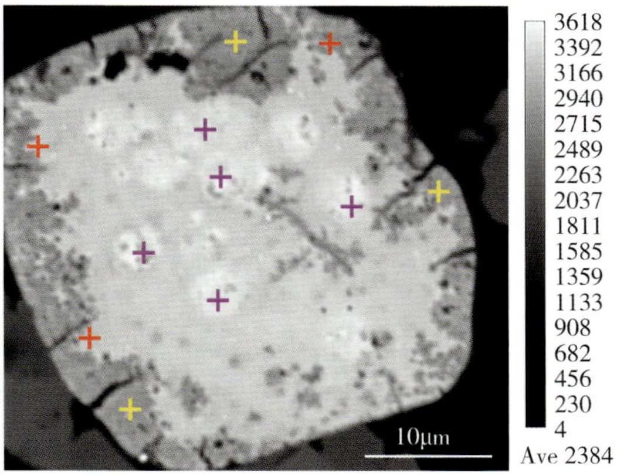

图 6-39 测试点位置（BSE）

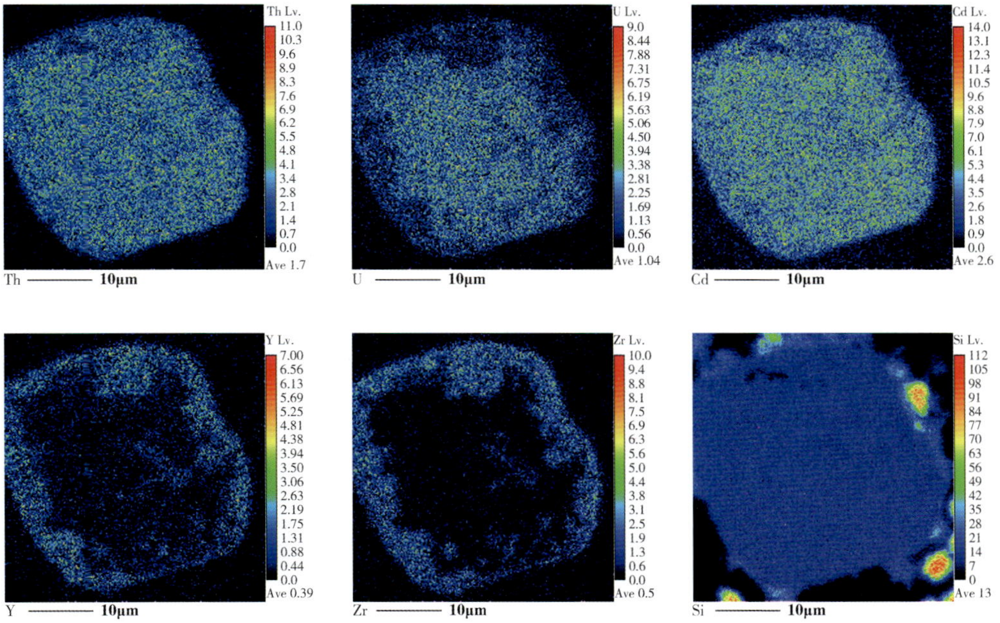

图 6-40 铀钍石 Th、U、Cd、Y、Zr、Si 元素面扫描图像

表 6-6 铀钍石电子探针测试结果 单位：w_t/%

成分	测试点 1	测试点 2	测试点 3	测试点 4	测试点 5	测试点 6	平均值
ThO_2	28.27	28.69	27.42	31.67	27.70	29.63	28.90
UO_2	18.17	18.20	19.74	16.68	18.21	17.85	18.14
SiO_2	15.25	15.67	15.66	15.47	14.49	15.38	15.32
CdO	2.66	2.79	2.48	2.92	2.83	2.87	2.76
CaO	1.57	1.30	1.22	1.28	1.76	1.87	1.50
P_2O_5	0.22	0.22	0.11	0.18	0.27	0.30	0.22

续表

成分	测试点 1	测试点 2	测试点 3	测试点 4	测试点 5	测试点 6	平均值
SO_3	0.02	0.13	0.15	0.13	0.25	0.19	0.15
ZrO_2	0.00	0.03	0.11	0.05	0.43	0.01	0.11
Y_2O_3	0.66	0.57	1.12	0.68	1.17	0.98	0.86
Sc_2O_3	0.15	0.12	0.08	0.09	0.15	0.14	0.12
ΣRE_2O_3	0.86	0.70	0.50	1.71	2.02	1.33	1.19
H_2O^*	32.17	31.58	31.41	29.14	30.72	29.45	30.73
总计	100.00	100.00	100.00	100.00	100.00	100.00	100.00

表 6－7 为靠近边缘红色“＋”测试点结果，ThO_2 平均含量为 26.39％，UO_2 平均含量为 5.56％，Y_2O_3、ZrO_2 含量较高，平均值分别为 8.40％和 6.89％，CdO 平均含量为 2.44％，总量为 71.81％，推测剩余部分 H_2O 含量为 28.19％。根据电子探针测试结果平均值，以 Si＝1 为基数，计算化学式：$(Th_{0.37}Y_{0.27}Zr_{0.21}Ca_{0.13}U_{0.08}REE_{0.07}Cd_{0.07}Sc_{0.04})_{\Sigma 1.23}(Si_{0.95}P_{0.03}S_{0.01})_{\Sigma 1.00}O_{4.10}\cdot 11.5H_2O$。

表 6－7　铀钍石电子探针测试结果　　单位：w_t/％

成分	测试点 1	测试点 2	测试点 3	平均值
ThO_2	23.71	28.01	27.45	26.39
UO_2	4.30	7.68	4.70	5.56
SiO_2	15.17	15.32	16.08	15.52
Y_2O_3	8.41	7.52	9.27	8.40
ZrO_2	7.59	6.34	6.76	6.89
CdO	2.20	2.58	2.55	2.44
CaO	2.08	1.87	1.79	1.91
P_2O_5	0.55	0.57	0.84	0.65
SO_3	0.27	0.32	0.18	0.26
Sc_2O_3	0.82	0.71	0.83	0.79
ΣRE_2O_3	2.80	2.30	3.89	3.00
H_2O^*	32.1	26.78	25.66	28.19
总计	100.00	100.00	100.00	100.00

表 6－8 为边缘黄色“＋”测试点结果，ThO_2 平均含量 26.86％，UO_2 平均含量 8.85％，CdO 含量高，平均值为 18.22％，Y_2O_3、ZrO_2 平均含量分别为 5.92％和 4.53％，总量 87.59％。根据化学式计算，有羟基及 H_2O。本化学式仅供参考，是单一矿物或者混合物有待进一步研究。

根据电子探针测试结果平均值，以 Si 与其他阳离子比例，计算化学式：$(Cd_{1.63}Th_{1.25}U_{0.37}Zr_{0.42}Y_{0.60}Ca_{0.42}REE_{0.19}Sc_{0.09})_{\Sigma 4.97}(Si_{2.87}P_{0.09}S_{0.04})_{\Sigma 3.00}O_{12}(OH)_3$。

表 6-8 铀钍石电子探针测试结果　　单位：w_t/%

成分	测试点 1	测试点 2	测试点 3	平均值
ThO_2	31.79	28.39	26.39	28.86
UO_2	12.05	11.14	3.36	8.85
CdO	20.33	18.10	16.24	18.22
SiO_2	14.84	15.24	15.12	15.06
Y_2O_3	2.85	4.86	10.04	5.92
ZrO_2	1.84	4.55	7.19	4.53
CaO	2.44	1.88	1.91	2.08
P_2O_5	0.41	0.50	0.84	0.58
SO_3	0.23	0.28	0.31	0.27
Sc_2O_3	0.30	0.49	0.87	0.55
ΣRE_2O_3	2.22	2.37	3.44	2.67
总计	89.28	87.81	85.69	87.59

方钍石 Thorianite

ThO_2

化学组成：Th 87.88%，O 13.12%。

晶体结构：等轴晶系，空间群为 *Fm*3*m*。a_0 = 5.595Å，*Z* = 4。a_0 随着 U^{4+} 替代 Th 量的增加而降低。属萤石型结构，Th 的配位数是 8，O 的配位数是 4。

形态：六八面体晶形，$O_h - m3m(3L^4 4L^3 6L^2 9PC)$。晶体细小，一般结晶成立方体或浑圆细粒状。

物理性质：暗灰色、暗红棕色、褐色-黑色，条痕绿灰色、灰色、黑色，树脂光泽、半金属光泽，不透明，性脆。摩氏硬度 6.5～7.0，相对密度 9.7～9.8，强放射性。

显微镜下特征：透射光下呈红棕-暗棕色，均质性，N=2.20，反射率 R=13.5%，内反射色为褐红色。

方钍石为钍的氧化物，自然界比较少见，除 U 的类质同象外，还有 REE 的置换，Sc 在方钍石的含量也较高。白云鄂博矿区方钍石晶粒细小，呈立方体或浑圆细粒状产出，大多以细小包裹体形式分布于其他矿物中。

1. 分布于氟铈硅磷灰石中的方钍石

样品采自东部接触带的矽卡岩，与刘正义等(2016)描述的样品相同，属于透辉石型稀土矿石。

方钍石一部分呈暗棕-棕褐色微细粒集合体状被包裹于富钍氟铈硅磷灰石中，颗粒细小，呈均质性，高突起(图 6-41、图 6-42)，图 6-43、图 6-44 分别为面扫描元素分布图及 Th 元素分布图。另一部分以微细粒集合体分布于钍石中，显均质性，反射率低于磁铁矿，内反射色呈无色透明-浅棕黄色(图 6-45 至图 6-48)，粒径为 0.01～0.02mm。

共伴生矿物：透辉石、硅镁石、富钍氟铈硅磷灰石、钍石、黑云母、萤石、方解石等。

根据电子探针测试结果(表 6-9)平均值，以 O=2 为基数，计算化学式：$(Th_{0.96}REE_{0.01}U_{0.01}Sc_{0.01})_{\Sigma 0.99}O_2$。

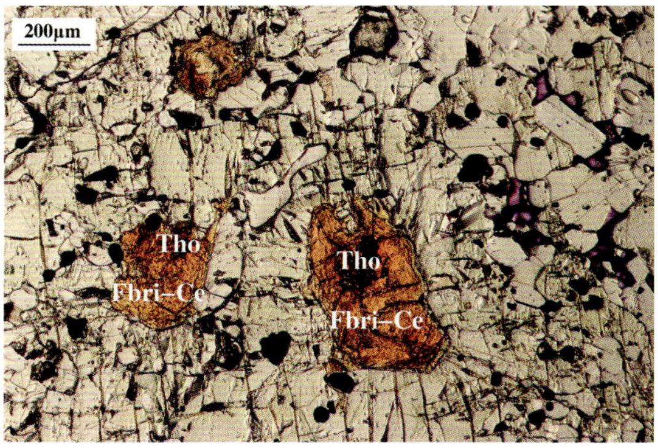

图 6-41　方钍石(Tho)呈微细粒状被包裹于富钍氟铈硅磷灰石(Fbri-Ce)中(单偏光)

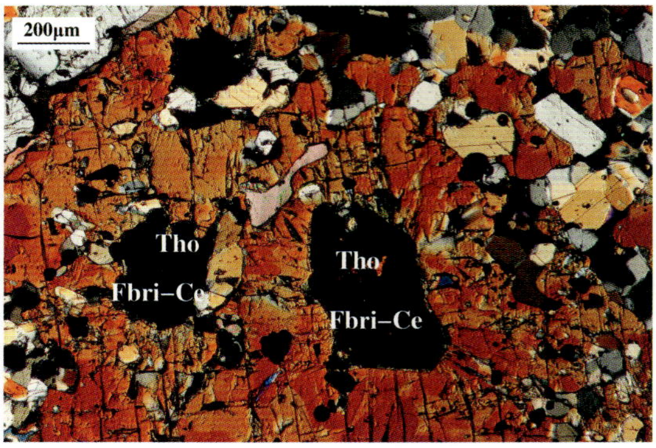

图 6-42　方钍石、富钍氟铈硅磷灰石显均质性(正交偏光)

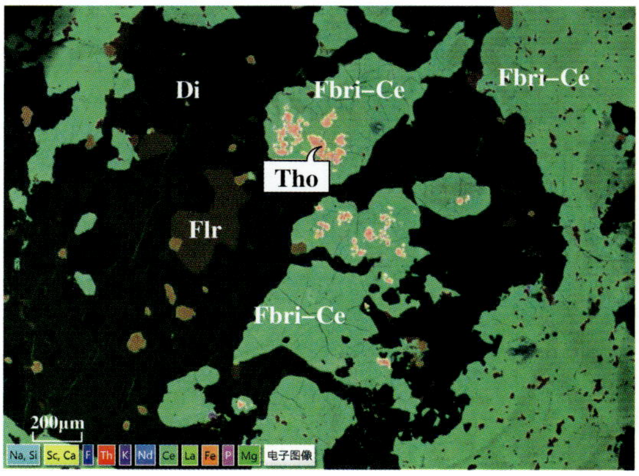

图 6-43　方钍石分布于富钍氟铈硅磷灰石中(面扫描元素分布图)

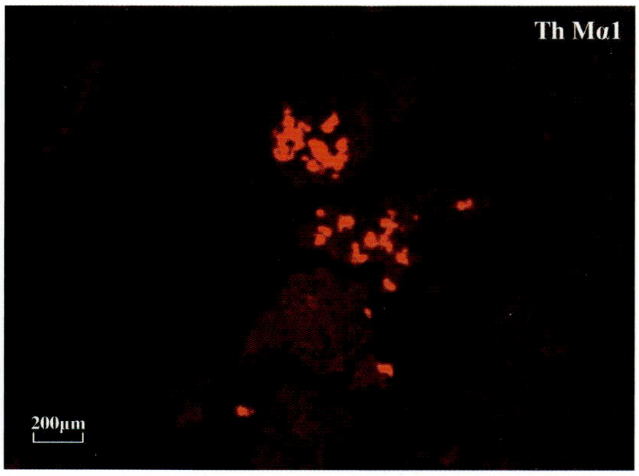

图 6-44　面扫描 Th 元素分布图

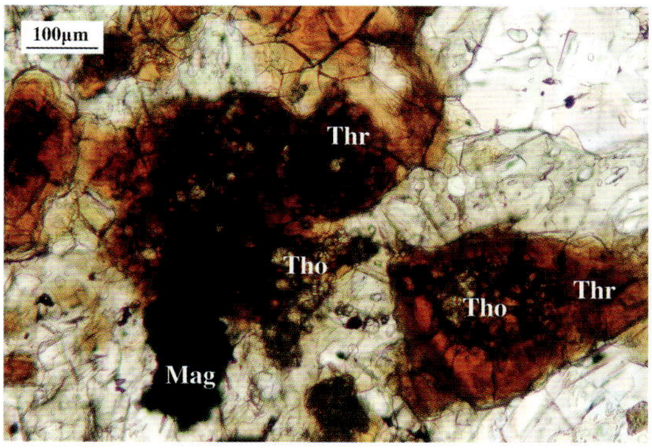

图 6-45　方钍石分布于钍石(Thr)中(单偏光)

图 6-46　方钍石、钍石的均质性(正交偏光)

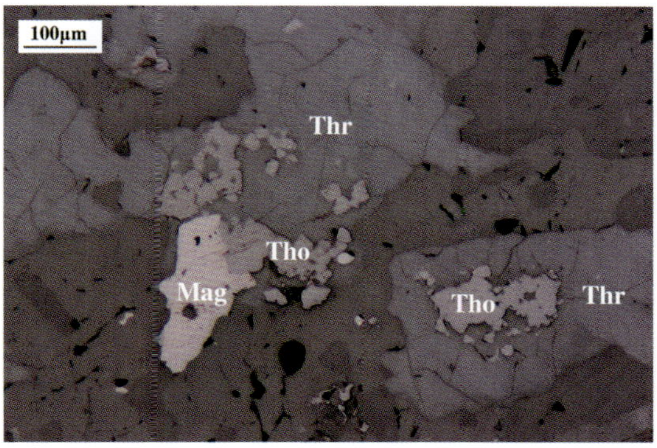

图 6-47　方钍石、钍石的反射率(反射光)

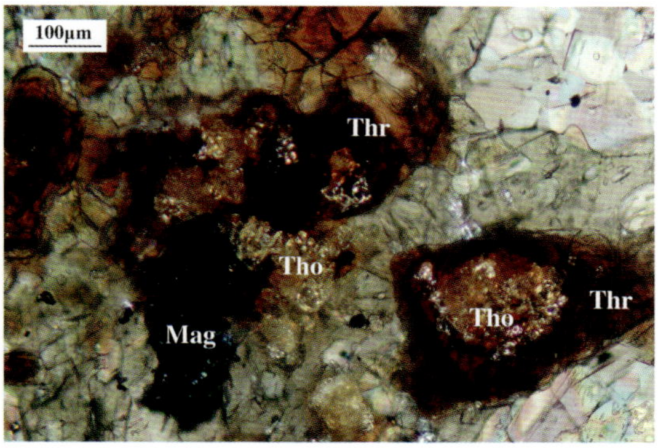

图 6-48　方钍石的内反射色(反射正交)

表 6-9　方钍石电子探针测试结果　　单位：$w_t/\%$

成分	测试点 P1	测试点 P2	测试点 P3	平均值
ThO_2	98.72	97.51	97.22	97.82
UO_2	1.34	1.63	1.59	1.52
PbO	0.00	0.21	0.23	0.14
SiO_2	0.03	0.03	0.02	0.03
Sc_2O_3	0.07	0.20	0.17	0.15
$\sum RE_2O_3$	0.33	0.63	0.73	0.56
总计	100.49	100.20	99.96	100.21

2. 其他矿物中的方钍石

图 6-49 为分布于白云石中的方钍石，图 6-51 为分布于氟碳铈矿中的微细粒包裹体方钍石，图 6-50、图 6-52 分别为方钍石能谱图。

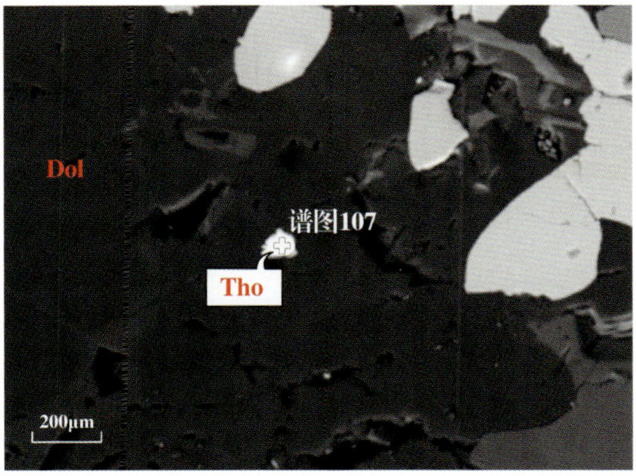

图 6-49　分布于白云石(Dol)中的方钍石(Tho)(BSE)

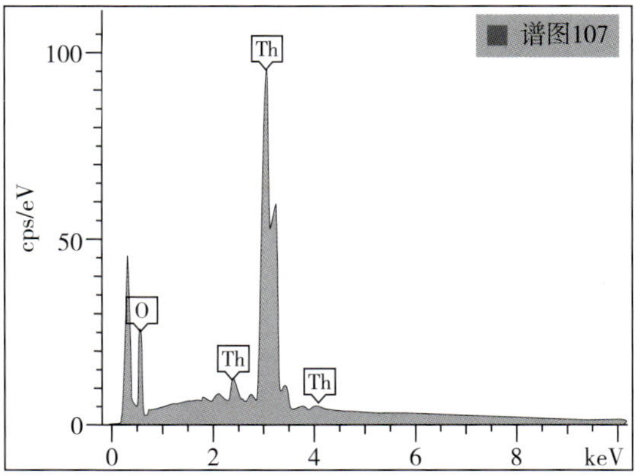

图 6-50　方钍石能谱图

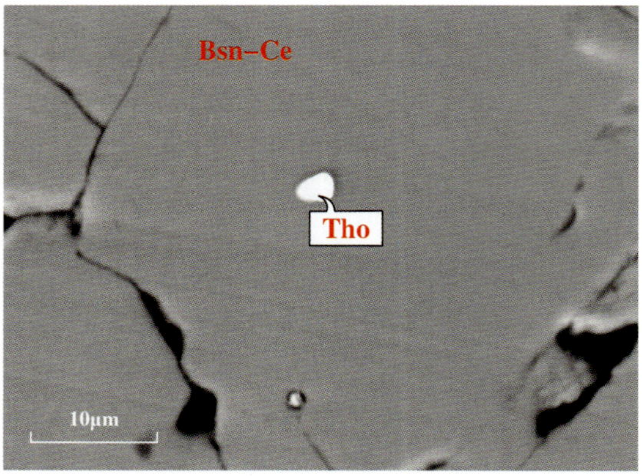

图 6-51　包裹于氟碳铈矿中的方钍石(BSE)

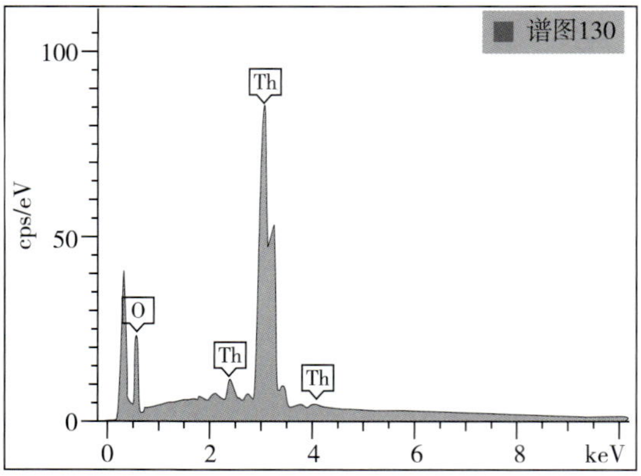

图 6-52　方钍石能谱图

二、含钍的矿物

根据本次研究所做的电子探针测试结果，计算各矿物中 ThO_2 含量平均值，见表 6-10 。

表 6-10　不同矿物中 ThO_2 平均含量　　单位：w_t/%

矿物名称	ThO_2	矿物名称	ThO_2
氟铈硅磷灰石	4.46	褐帘石	0.12
易解石	2.62	铌钙矿	0.06
褐钇铌矿	1.46	氟镁石	0.05
铌钇矿	0.74	硅镁石	0.03
独居石	0.73	萤石	0.03
铌铁矿	0.56	金云母	0.02
烧绿石	0.44	包头矿	0.01
硅钛铈矿	0.43	钠闪石	0.01
钡氟碳酸盐稀土矿物	0.31	硅钡铁钛石	0.01
氟碳钙铈矿	0.28	磷灰石	0.01
褐铈铌矿	0.24	黑云母	0.01
氟碳铈矿	0.16	榍石	0.01

注：平均含量是指本次研究该矿物电子探针测试所有数据的平均值，有些测试点较多有一百多个，有些测试点较少，只有几个，故只代表本次研究结果。

ThO_2 平均含量最高的是富钍氟铈硅磷灰石，最高达 12.41%，矿物颗粒中间发生变生部分平均值大于 10%，但这种矿物在白云鄂博矿区极少见，不具代表性。ThO_2 平均含量次高的是易解石，本次研究易解石有 6 个种类，电子探针测试了 100 多个点，每种易解石都含 Th，ThO_2 平均含量见表 6-11。

表 6－11　不同种类易解石 ThO_2 平均含量　　单位：w_t/%

矿物名称	钕铌易解石	铈铌易解石	钇铌易解石	钇易解石	钕易解石	铈易解石
ThO_2	4.66	0.45	1.51	3.30	0.98	3.23

易解石 ThO_2 含量是所有矿物中最高的，例如钕铌易解石平均值为 4.66%，铈易解石平均值为 3.23%，但测试点最高值达到了 9.41%。

除了富钍氟铈硅灰石和易解石，按 ThO_2 含量平均值依次排序为褐钇铌矿 1.46%、铌钇矿 0.74%、独居石 0.73%、铌铁矿 0.56%、烧绿石 0.44%、硅钛铈矿 0.43%，其中独居石有一个样品 ThO_2 达到 4.12%，拉高了其平均值，除去这个值，独居石 ThO_2 平均值为 0.38%。

通过以上分析看出，排除异常值，Th 主要赋存于白云鄂博矿区以下矿物中：易解石、褐钇铌矿、铌钇矿、铌铁矿、烧绿石、硅钛铈矿、独居石、钡氟碳酸盐稀土矿物、氟碳钙铈矿、褐铈铌矿、氟碳铈矿等。在其他硅酸盐矿物中也均有少量分布，但都含量较低。

产于伟晶岩的独居石 ThO_2 含量最高，其次是花岗岩，到热液阶段含量大大降低。从稀土总量来看，热液期含量最高，铈族稀土元素含量变化也是如此，钇族稀土的含量热液期最低，$\sum Ce_2O_3/\sum Y_2O_3$ 在岩浆期或伟晶岩期为 8～35，而在热液期，其比值可达 100 以上(王濮，1982)。

在铈族稀土元素范围内，各阶段重铈族稀土元素与轻铈族稀土元素的分配也不同，在岩浆期和伟晶岩期，La/Nd<1.6，但热液期 La/Nd 比值为 1.6～4.5。

在岩浆期和伟晶岩期，独居石中相对含部分钇族稀土元素，但热液期几乎不含钇族稀土元素。

白云鄂博矿床的独居石中 Th 大多含量较低，说明了其生成于热液期，同时，当 Th 含量高时，它是置换了其中的稀土元素，同时为保持电价平衡 Si 要参与进来，替换 P 元素，所以白云鄂博矿区的独居石 Th、Si 含量均较低。

白云鄂博矿区富 Th 贫 U，Th 没有大量进入独居石而是主要进入易解石、褐钇铌矿等铌稀土矿物中。这种情况与矿物的元素组成及晶体结构有关，易解石为 AB_2O_6，A 主要为稀土元素，B 为 Nb、Ti，当 Th 置换 REE 时，Nb 与 Ti 同时参与置换以保持电价平衡，即：$Th^{4+}+Ti^{4+}\rightarrow REE^{3+}+Nb^{5+}$。

在铌钇矿、铌铁矿中，Th 加入的同时有 REE 的参与，共同置换其中的 Nb 与 Fe 元素，即：$REE^{3+}+Th^{4+}\rightarrow Nb^{5+}+Fe^{2+}$。所以在白云鄂博矿区，受成矿环境、矿物元素组成、晶体结构等影响，Th 元素除了形成两种独立矿物外，主要先进入易解石、褐钇铌矿等稀土铌矿物，其次进入铌钇矿、铌铁矿、烧绿石等铌矿物，然后才是独居石、氟的碳酸盐稀土矿物及褐铈铌矿等以轻稀土为主的稀土矿物，其他硅酸盐矿物中 Th 含量很低。

图 6－53 至图 6－58 为含 Th 矿物导致的矿物增色效应。因易解石、独居石等矿物含 Th，导致萤石、黑云母矿物颜色加深。

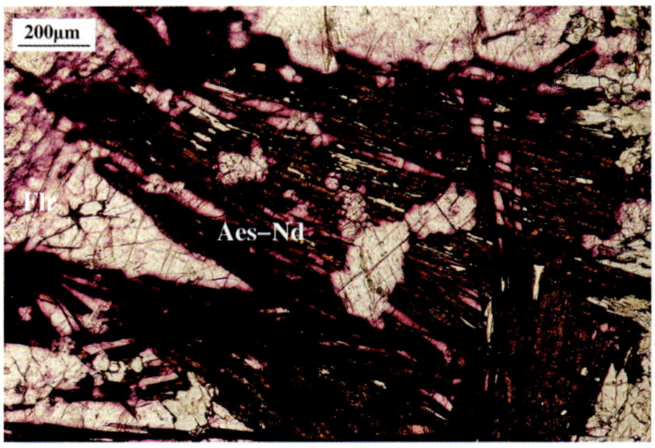

图 6 - 53　钕易解石(Aes - Nd)含 Th，导致萤石(Flr)增色（单偏光）

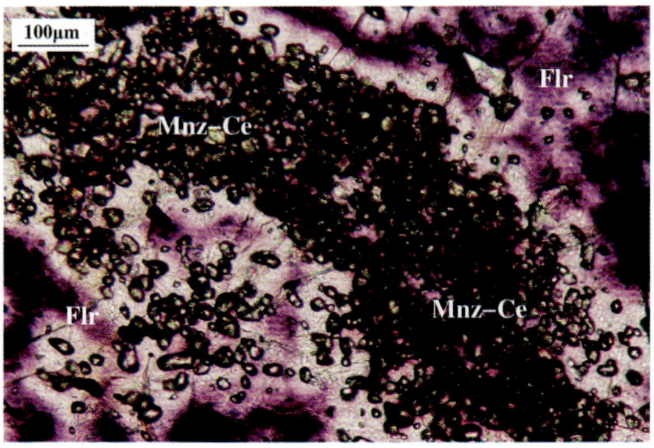

图 6 - 54　独居石(Mnz - Ce)含 Th，导致萤石增色（单偏光）

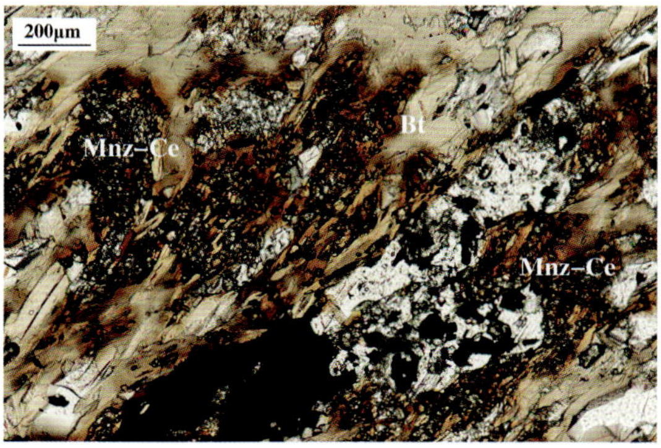

图 6 - 55　独居石含 Th，导致黑云母(Bt)增色（单偏光）

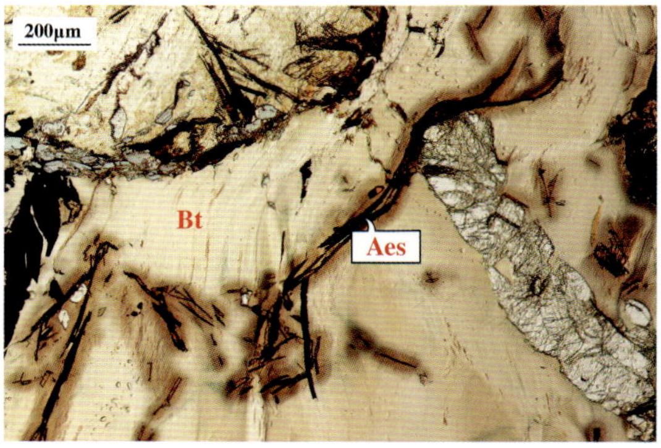

图 6 - 56　易解石(Aes)含 Th，导致黑云母增色（单偏光）

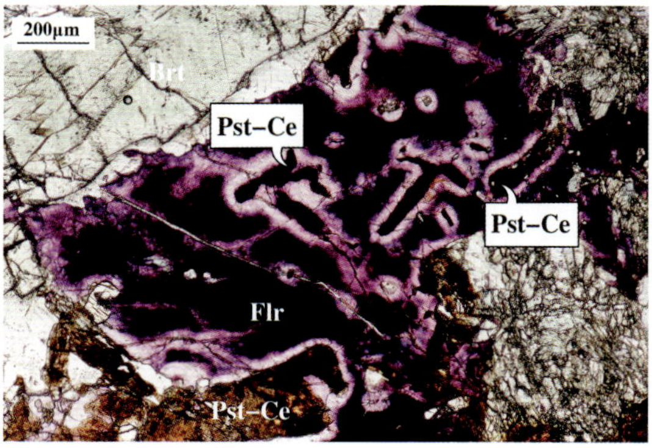

图 6 - 57　氟碳钙铈矿(Pst - Ce)含 Th，导致萤石呈黑紫色，并有放射性晕圈（单偏光）

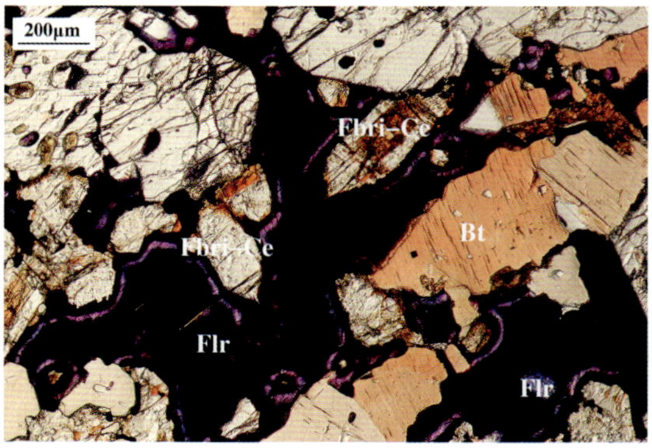

图 6 - 58　氟铈硅磷灰石(Fbri - Ce)含 Th 高，导致萤石呈黑紫色（单偏光）

三、含铀的矿物

根据本次研究电子探针测试结果，统计测试点平均值 UO_2 含量大于 0.10%的矿物，见表 6-12。

表 6-12 不同矿物中 UO_2 平均含量 单位：w_t/%

矿物名称	UO_2	采样位置及矿石类型	矿物名称	UO_2	采样位置及矿石类型
羟空烧绿石	18.00	主矿白云石型	钍石	0.93	主矿钠闪石型
羟钙烧绿石	12.43	主矿白云石型	钍石	0.76	主矿黑云母化萤石型
铌钙矿	8.37	东部接触带	钍石	0.55	主矿霓石型
氟钙烧绿石	5.58	东部接触带	氧铅烧绿石	0.24	菠萝头
羟空烧绿石	3.88	西矿白云石型	单斜褐钇铌矿	0.21	东矿黑云母型
钍石	2.41	西矿白云石型	羟钙烧绿石	0.18	主矿钠闪石化白云石型
金云母	1.59	东部接触带	黑稀金矿	0.14	西矿白云石型
方钍石	1.52	东部接触带	氟铈硅磷灰石	0.14	东部接触带
羟空烧绿石	1.69	东部接触带	钕易解石	0.12	主矿霓石
铌镁矿	1.04	东部接触带	钕铌易解石	0.10	主矿钠闪石型

本次研究中含 U 最高的矿物为主矿黄铁矿化白云石型铌稀土矿石中的羟钙烧绿石（见第四章第三节），三个测试点 UO_2 含量平均值为 12.43%，Ta_2O_5 平均含量值为 12.56%。羟钙烧绿石 BSE 图像中最亮部分为羟空烧绿石，四个测试点 UO_2 含量平均值为 18.00%，最高值为 19.72%，同时 Ta_2O_5 含量平均值为 19.52%，最高值为 21.10%。

U 含量次高的矿物是东部接触带被铌镁矿包裹的铌钙矿，四组测试数据中 UO_2 平均值达到 8.37%（表 4-65）；东部接触带的氟钙烧绿石，矿物颗粒中心部分含 U 高，边缘部分或浅黄色部分含 U 低，三个测试点 UO_2 平均值为 5.58%（表 4-51）。东部接触带氟钙烧绿石包裹的羟空烧绿石样品三个测试点 UO_2 平均值达到 1.69%（表 4-59）。另一含 U 高的羟空烧绿石样品在西矿白云石型矿石中，UO_2 平均值达到 3.88%（表 4-58）。

菠萝头的氧铅烧绿石和主矿钠闪石化白云石型矿石中的羟钙烧绿石含 UO_2 平均值分别为 0.24%和 0.18%。西矿、主矿各种矿石类型中的钍石 UO_2 平均含量分别为 2.41%、0.93%、0 76%、0.55%。

采自东部接触带样品中的金云母、方钍石、铌镁矿等 UO_2 平均值含量为 1.59%、1.52%、1.04%。单斜褐钇铌矿及黑稀金矿 UO_2 平均含量分别为 0.21%、0.14%，钕铌易解石和钕易解石 UO_2 平均含量分别为 0.10%、0.12%。

综上所述，东部接触带样品的矿物中 U 含量较高，虽然不是所有矿物有含 U，但至少说明在花岗岩与白云岩发生接触交代作用时有 U 的富集。其次，U 多赋存于铌矿物或稀土铌矿物中，比如烧绿石、铌钙矿含量较高，重稀土矿物单斜褐钇铌矿及黑稀金矿含少量 U。除此之外，其他矿物中 UO_2 含量均小于 0.10%，独居石及氟碳酸盐稀土矿物 UO_2

含量均小于0.01%。

U在矿物中的含量较低也并无规律可言，U与Th的关系有时为正消长关系有时未见相关性，如U、Ta含量最高的烧绿石中Th却低于检出限，钍石和方钍石中，大多数情况是Th含量高但U含量极低，未见有规律分布。Th元素是4价，U有4价和6价，当U呈4价时，它可以置换Th元素；当U呈6价时，它与4价Th元素会发生分异。

第二节　钪及含钪的矿物

自然界中含Sc的矿物较多，但Sc的独立矿物较少。常见的钪钇石、硅铍钇矿、水磷钪矿等，一般产于花岗岩伟晶岩或沉积型矿床中。这些矿物在自然界的分布极少，仅在少数地区发现具有工业价值的Sc独立矿床(范亚洲等，2014)。白云鄂博矿床中的各种岩石、矿石普遍含Sc，且矿石含Sc量高于岩石。梁有彬(1986)发现含Sc最高的矿物为硅镁钡石，其次为铌铁金红石，其他矿物均含Sc较低。

白云鄂博矿床各种类型的矿石中Sc_2O_3含量平均约为85×10^{-6}，富集程度约为克拉克值的5～6倍。各种矿物中Sc_2O_3含量不等，其中铌铁矿、铌铁金红石可达1675×10^{-6}和1540×10^{-6}(中国科学院地球化学研究所，1988)。本次研究电子探针测试的铌铁矿、铌锰矿样品中Sc含量高也证实了这一点。

一、钪的矿物

白云鄂博矿床目前发现Sc的独立矿物有钪钇石、钪钠辉石、钪绿柱石和翟钪闪石，其中翟钪闪石是在白云鄂博发现的第20个新矿物，2024年6月通过IMA-CNMNC批准。

钪钇石　Thortveitite

$Sc_2(Si_2O_7)$

化学组成：Sc可被Y、Zr、Al、Fe、Mn、Mg、Ca、Hf、REE等置换。

晶体结构：单斜晶系，空间群为$B2/m$。$a_0=6.65Å$，$b_0=8.61Å$，$c_0=4.68Å$，$\beta=102.2°$。

形态：斜方柱晶形，$2/m(L^2PC)$。晶体柱状，常具{110}柱面。

物理性质：带灰的绿色、棕黄色、灰色、黑色等，条痕白色，半透明-透明，玻璃光泽，贝壳状断口，性脆。摩氏硬度6.0～7.0，相对密度3.27～3.58。

显微镜下特征：二轴晶(－)，$2V=65°$。$N_g=1.809$，$N_m=1.793$，$N_p=1.756$。

1. 条带状萤石型铌稀土铁矿石中的钪钇石

样品采自主矿。钪钇石呈不规则细粒状分布于其他矿物间(图6-59)，粒径小于10μm，具微弱的带状特征。

共伴生矿物：萤石、磁铁矿、氟碳铈矿、独居石、白云石、磷灰石等。

图6-60钪钇石矿物颗粒为选矿流程样品在矿物自动定量分析系统(TIMA)矿物定量

分析时获得，粒径约为 10μm。

电子探针测试结果见表 6-13，根据测试结果平均值，以 O=7 为基数，计算化学式：$(Sc_{1.91}Fe_{0.06}Al_{0.02}Mn_{0.01}Ca_{0.01}Mg_{0.01})_{\Sigma 2.02}(Si_2O_7)$。

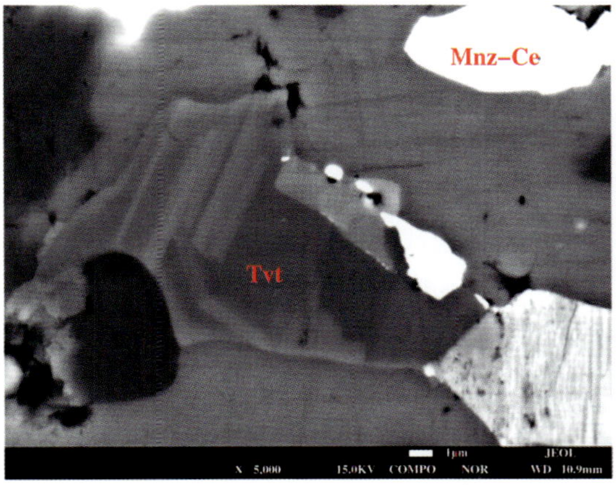

图 6-59　微细粒分布的钪钇石(Tvt)(BSE)

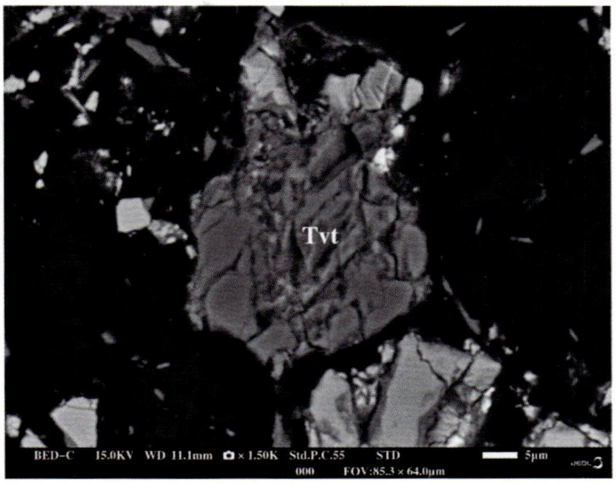

图 6-60　钪钇石矿物颗粒(BSE)

表 6-13　钪钇石电子探针测试结果　　单位：w_t/%

成分	测试点 P1	测试点 P2	测试点 P3	测试点 P4	测试点 P5	平均值
Sc_2O_3	50.74	50.83	48.82	50.96	51.81	50.63
SiO_2	45.41	46.51	45.55	45.86	47.02	46.07
FeO	1.13	1.85	2.22	1.38	1.32	1.58
MgO	0.25	0.09	0.13	0.09	0.05	0.12
Al_2O_3	0.41	0.03	1.06	0.73	0.04	0.45
MnO	0.58	0.11	0.13	0.15	0.12	0.22
TiO_2	0.13	0.19	0.19	0.14	0.12	0.15
SnO_2	0.02	0.20	0.24	0.17	0.09	0.14
CaO	0.86	0.06	0.06	0.09	0.08	0.23
ZrO_2	0.05	0.05	0.00	0.03	0.00	0.03
Y_2O_3	0.17	0.10	0.30	0.26	0.13	0.19
总计	99.75	100.02	98.70	99.86	100.78	99.82

2. 磷灰石化白云石型条带状铌稀土铁矿石中的钪钇石

样品采自东矿。钪钇石呈半自形—他形粒状分布于铈易解石、萤石、钠闪石矿物间，颗粒细小，粒径为 5～10μm(图 6-61、图 6-62)。共生矿物钠闪石含 Sc 较高，Sc_2O_3 最高可达 5.33%。

图 6-63 为钪钇石 Sc、Si、Y、Nb、Mg 面扫描及 BSE 图像。

共伴生矿物：白云石、磷灰石、钠闪石、铈易解石、萤石、钛铁矿、磁铁矿、赤铁矿、铌铁金红石等。

电子探针测试结果见表 6-14，根据测试结果平均值，以 O=7 为基数，计算化学式：$(Sc_{1.88}Y_{0.06}Fe_{0.04})_{\Sigma 1.98}(Si_{2.01}O_7)$。

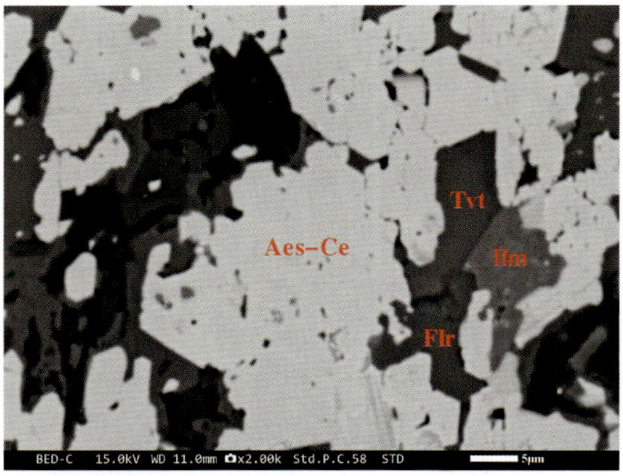

图 6-61 钪钇石(Tvt)分布于铈易解石(Aes-Ce)、钛铁矿(Ilm)、萤石(Flr)间(BSE)

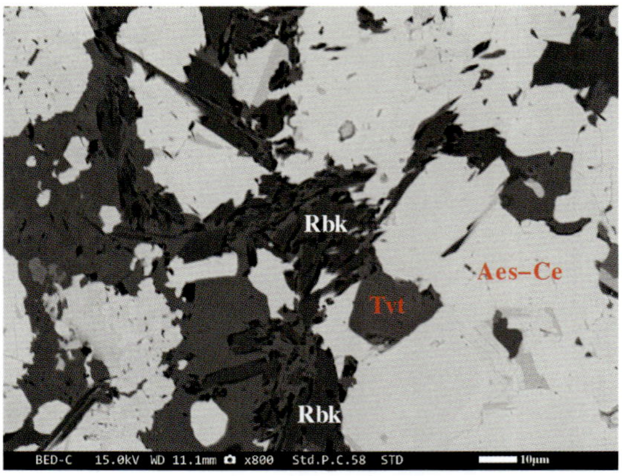

图 6-62 钪钇石分布于铈易解石、钠闪石(Rbk)间(BSE)

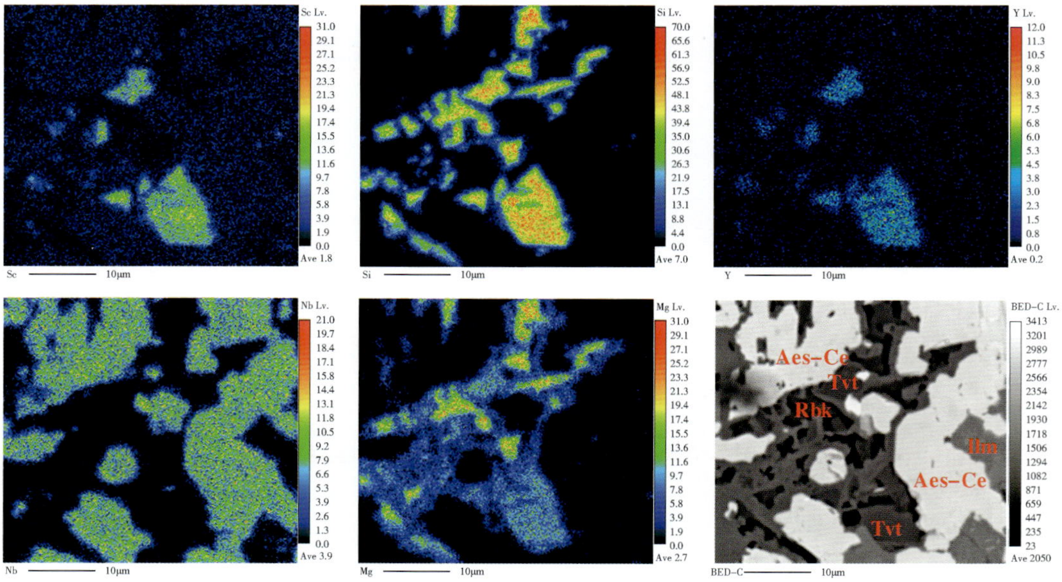

图 6-63 钪钇石 Sc、Si、Y、Nb、Mg 面扫描及 BSE 图像

表 6-14 钪钇石电子探针测试结果 单位：w_t/%

成分	测试点 P1	测试点 P2	测试点 P3	平均值
Sc_2O_3	49.16	48.51	47.61	48.43
Y_2O_3	2.13	2.64	3.33	2.70
FeO	1.07	1.27	1.00	1.11

续表

成分	测试点 P1	测试点 P2	测试点 P3	平均值
Ce_2O_3	0.32	0.11	0.13	0.18
SiO_2	45.53	45.33	44.61	45.16
总计	98.21	97.85	96.68	97.58

钪霓辉石 Jervisite

$NaSc^{3+}Si_2O_6$

化学组成：霓石中 Sc^{3+} 替代了 Fe^{3+} 的位置。

晶体结构：单斜晶系，空间群为 $B2/b$。$a_0=9.8478(2)$Å，$b_0=9.0575(1)$Å，$c_0=5.3409(3)$Å，$\beta=106.82(7)°$，$Z=4$。

形态：斜方柱晶形，$C_{2h}-2/m(L^2PC)$。

物理性质：浅绿色，条痕白色，半透明-透明，玻璃光泽。摩氏硬度 6.0。

显微镜下特征：二轴晶(+)，$2V=69.2°$。$N_g=1.733(12)$，$N_m=1.704(6)$，$N_p=1.684(2)$。

条带状萤石型铌稀土铁矿石中的钪霓辉石

样品采自主矿。钪霓辉石颗粒较小，呈无色-浅黄绿色分布于钠闪石、萤石间(图 6-64)或磁铁矿、萤石间(图 6-65)，粒径 0.01～0.03mm。图 6-66、图 6-67 分别为图 6-64、图 6-65 红色框内区域 BSE 图像，由 BSE 图像可见钪霓辉石多以半自形-他形分布。

钪霓辉石是白云鄂博矿区钪的独立矿物之一，与霓石($NaFe^{3+}Si_2O_6$)形成类质同象，是霓石中 Sc^{3+} 替代了 Fe^{3+} 的位置。

共伴生矿物：萤石、磁铁矿、石英、重晶石、黑云母、磷灰石、钠铁闪石、白云石、氟碳铈矿、独居石、钠闪石、方解石等。

根据电子探针测试结果平均值(表 6-15)，以 O=6 为基数，计算化学式：$Na_{1.02}(Sc_{1.04}Mg_{0.01}Ca_{0.02})_{\Sigma 1.07}(Si_{1.81}Fe_{0.07}Zr_{0.03}Ti_{0.03}V_{0.02}Al_{0.01})_{\Sigma 1.97}O_6$。

钪霓辉石矿物由西北大学宋文磊团队提供。

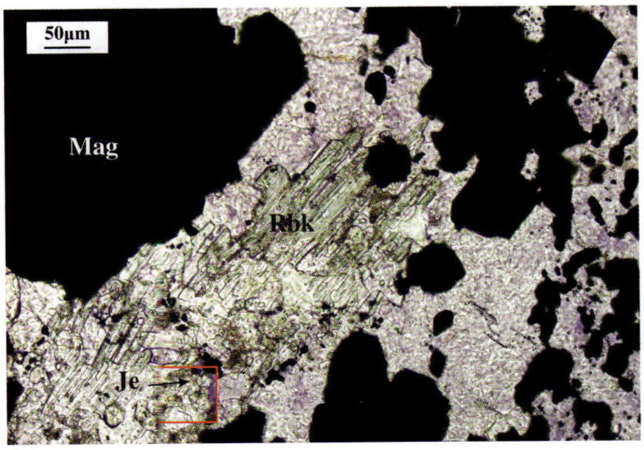

图 6-64 钪霓辉石(Je)分布于钠闪石(Rbk)、萤石(Flr)间(单偏光)

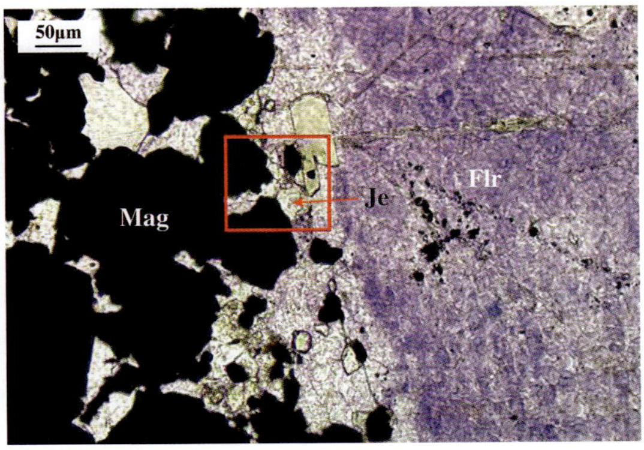

图 6-65 钪霓辉石分布于磁铁矿(Mag)、萤石间(单偏光)

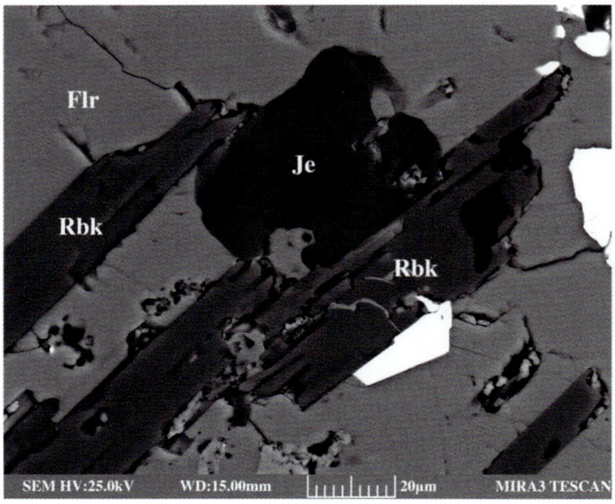

图 6－66　钪霓辉石分布于钠闪石、萤石间(BSE)

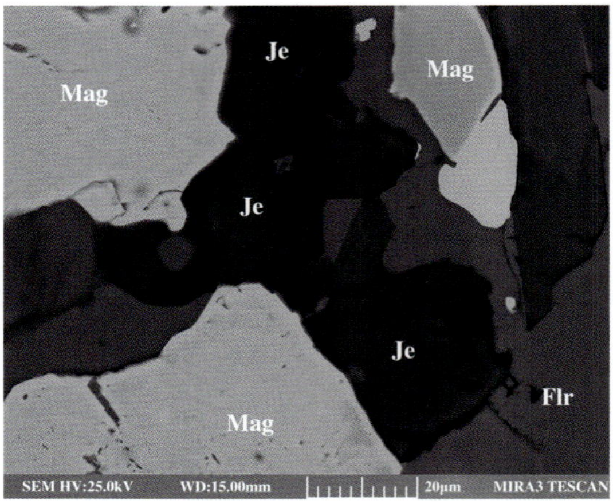

图 6－67　钪霓辉石分布于磁铁矿、萤石间（BSE）

表 6－15　钪霓辉石电子探针测试结果　　单位：$w_t/\%$

成分	测试点 P1	测试点 P2	测试点 P3	测试点 P4	平均值
Sc_2O_3	31.48	30.89	31.18	31.24	31.20
Na_2O	13.75	14.02	13.09	13.94	13.70
MgO	0.09	0.11	0.33	0.20	0.18
Al_2O_3	0.22	0.30	0.17	0.09	0.19
FeO	1.85	2.14	2.09	2.47	2.14
SnO_2	0.18	0.20	0.23	0.01	0.15
CaO	0.21	0.36	0.67	0.60	0.46
SiO_2	47.39	47.43	46.46	46.93	47.05
ZrO_2	1.81	1.68	1.63	1.53	1.66
TiO_2	1.39	1.48	0.76	0.20	0.96
V_2O_3	0.99	1.27	0.30	0.30	0.71
总计	99.36	99.88	96.91	97.51	98.4

翟钪闪石* Scandio－fluoro－eckermannite

$NaNa_2(Mg_4Sc)(Si_8O_{22})F_2$

化学组成：翟钪闪石中的 A 位点由 Na^+ 主导；$^BM(4)$位置由 Na^+ 主导，可存在少量 Ca^{2+} 相互替代；$^CM(1)$和$^CM(3)$位置由 Mg^{2+} 主导，$^CM(2)$位置被 Sc^{3+} 占据且可与 Al^{3+}、Fe^{3+} 形成类质同象替代，Sc^{3+} 是 C 位点的主导三价阳离子；W 位点由 F^- 主导，可与 OH^- 相互替代。

晶体结构：单斜晶系，空间群为 $C2/m$。$a_0 = 9.8212(3)$Å，$b_0 = 18.0866(5)$Å，$c_0 = 5.3091(2)$Å，$\beta = 103.767(4)°$，$Z = 2$。

物理性质：显微镜下为透明、淡黄色或淡蓝色透明晶体，条痕蓝灰色，玻璃光泽。摩氏硬度 5～6，计算密度为 3.098 g/cm^3。

显微镜下特征：二轴晶(－)，N_p=1.62～1.63，N_m=1.63～1.64，N_g=1.64～1.66。

翟钪闪石是由中国科学院地质与地球物理研究所、包钢集团、核工业北京地质研究所、中南大学多位科研人员共同发现的新矿物，在钪矿物鉴定理论方面得到了芬兰地质工作者的大力支持(钪元素于1879年在北欧首次被发现)。该矿物是我国首次发现新的钪独立矿物，也是白云鄂博矿床发现的第20个新矿物。以我国著名前寒武纪地质与变质地质学家翟明国院士姓氏命名，致敬他在推动我国矿床学研究中所做的杰出贡献，同时兼顾该矿物钪含量高的特点。

翟钪闪石、钪绿柱石矿物内容均由刘双良提供。

钠闪石型铌稀土铁矿石中的翟钪闪石

样品采自东矿。翟钪闪石在显微镜下透明，呈淡黄绿色分布于钠闪石矿物的中心部位，颗粒较大，粒径为0.10～0.35mm，并与黑云母、独居石、磁铁矿等共生(图6-68、图6-69)。图6-70为电子探针钪含量面扫描图像，右图为图6-68中的翟钪闪石。

共伴生矿物:钠闪石、方解石、白云石、磁铁矿、黑云母、独居石、氟碳铈矿、易解石等。

根据电子探针测试结果平均值(表6-16)，以O=23为基数，计算化学式：$(Na_{0.72}K_{0.09}\square_{0.19})_{\Sigma 1.00}(Na_{1.65}Ca_{0.18}Mn^{2+}_{0.17})_{\Sigma 2.00}(Mg_{2.84}Fe^{2+}_{1.15}Sc_{0.90}Al_{0.09}Fe^{3+}_{0.01})_{\Sigma 5.01}(Si_{7.85}Al_{0.15})_{\Sigma 8.00}O_{22}[F_{1.32}(OH)_{0.68}]_{\Sigma 2.00}$。

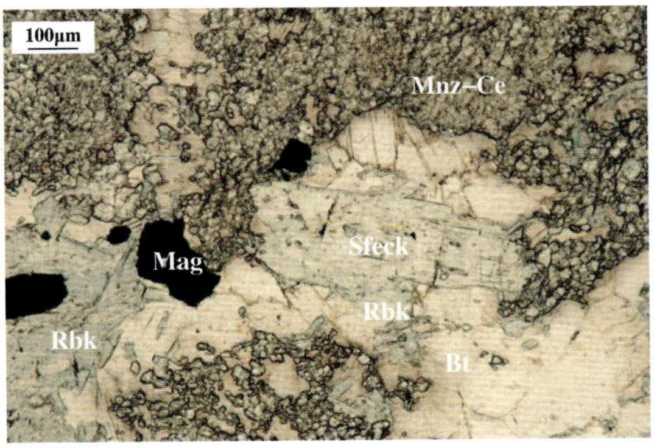

图6-68　翟钪闪石(Sfeck)分布于钠闪石(Rbk)矿物的中心部位(单偏光)

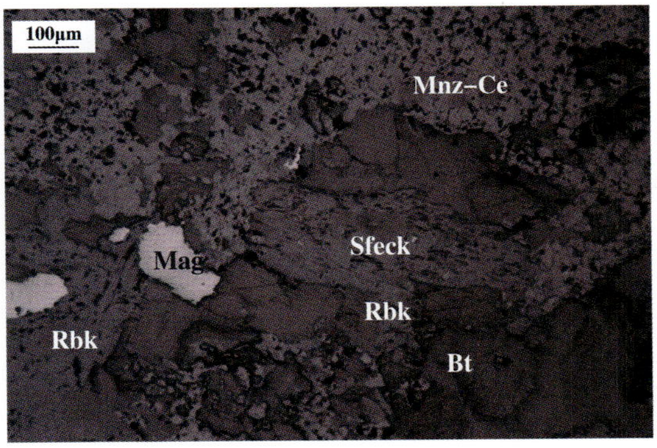

图6-69　翟钪闪石分布于钠闪石矿物的中心部位(反射光)

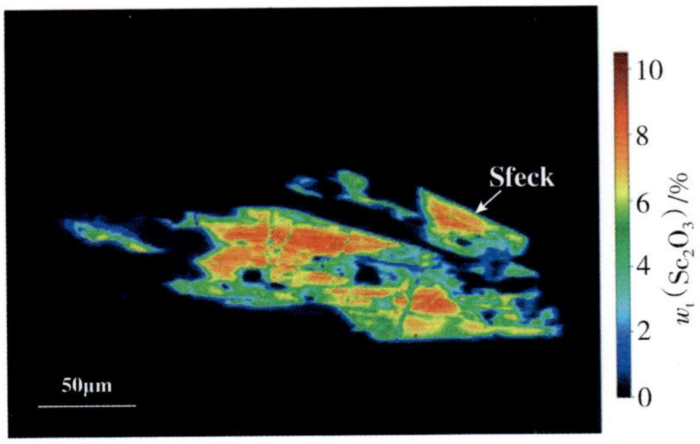

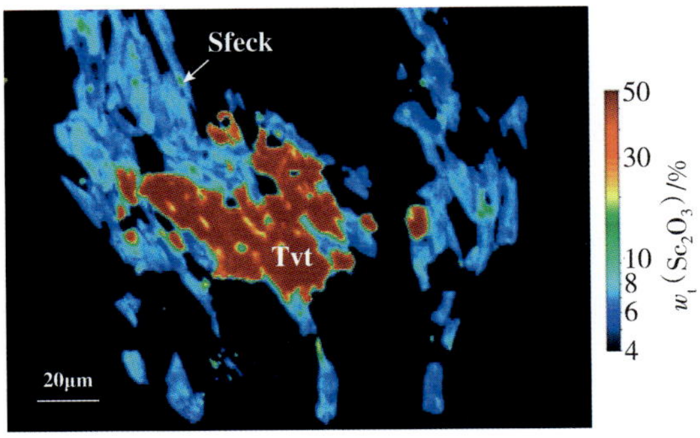

图6-70　电子探针钪含量面扫描图像

表 6-16　翟钪闪石电子探针测试结果　　单位：w_t/%

成分	测试点 P1	测试点 P2	测试点 P3	测试点 P4	测试点 P5	测试点 P6	平均值
SiO_2	53.34	53.37	54.88	54.72	53.33	53.80	53.91
Al_2O_3	1.31	1.31	1.27	1.37	1.50	1.50	1.38
Sc_2O_3	6.11	6.99	7.33	7.47	7.50	7.16	7.09
MnO	1.50	1.33	1.34	1.36	1.34	1.37	1.38
FeO	9.87	10.11	9.72	9.30	9.35	9.33	9.61
MgO	13.32	12.71	12.97	13.14	12.98	13.23	13.06
CaO	1.41	1.00	1.00	0.98	1.16	1.29	1.14
Na_2O	8.41	8.12	8.70	8.35	8.55	8.45	8.43
K_2O	0.32	0.82	0.74	0.44	0.26	0.23	0.47
F	2.83	3.22	2.74	2.69	2.49	3.30	2.88
$-O=F_2$	1.19	1.35	1.15	1.13	1.05	1.39	1.21
总计	97.23	97.62	99.53	98.69	97.41	98.28	98.13

钪绿柱石　Bazzite

$Be_3(Sc,Fe^{3+},Mg)_2Si_6O_{18}\cdot Na_{0.32}\cdot nH_2O$

化学组成：绿柱石中的 Al^{3+} 位置被 Sc^{3+} 占据，可含有一定量的 Li^+、Na^+、K^+、Ca^+、Rb^+、Cs^+、H_2O 等在结构空腔内。

晶体结构：六方晶系，空间群为 $P6/mcc$。$a_0=9.521(5)$Å，$c_0=9.165(5)$Å，$Z=2$。

形态：六方双锥晶形，$6/mmm(L^6 6L^2 7PC)$。晶体多呈柱状，或沿{0001}发育成板状。

物理性质：天蓝色、蓝绿色，条痕白色，透明-半透明，玻璃光泽、性脆。摩氏硬度 6.5～7.0，相对密度 2.77～2.8。

显微镜下特征：一轴晶(－)，N_o=1.622～1.637，N_e=1.602～1.622。

萤石型稀土铁矿石中的钪绿柱石

样品采自主矿。钪绿柱石颗粒较小，呈被蚀变的他形，与萤石、翟钪闪石、白云石、方解石、磁铁矿共生(图 6-71、图 6-72)，粒径约 0.05mm，是白云鄂博矿区钪的独立矿物之一。图 6-73、图 6-74 分别为图 6-71 黄色框内区域 BSE 图像和 Sc 面扫描图像。

共伴生矿物：萤石、翟钪闪石、白云石、方解石、磁铁矿、氟碳铈矿、独居石等。

根据电子探针测试结果平均值(表 6-17)，以 O=18 为基数，计算化学式：$Be_{2.98}(Sc_{1.23}Fe_{0.38}Mg_{0.35}Ca_{0.04}Mn_{0.03})_{\Sigma 2.03}(Na_{0.51}K_{0.03})_{\Sigma 0.54}(Si_{5.96}Al_{0.03}Fe_{0.01})_{\Sigma 6.00}O_{18}\cdot 1.61H_2O$。

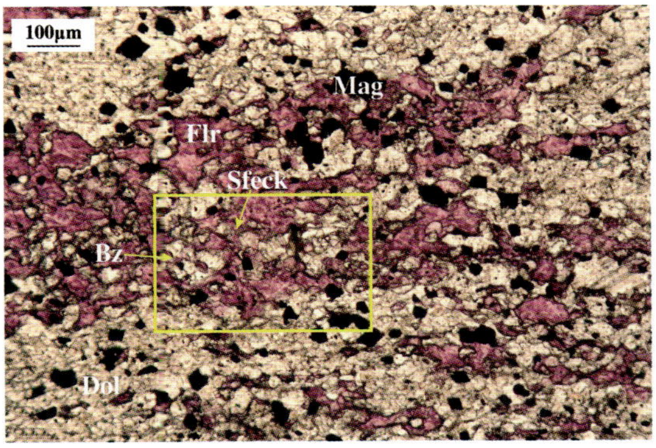

图 6-71 钪绿柱石(Bz)与翟钪闪石(Sfeck)、萤石(Flr)、白云石(Dol)、磁铁矿(Mag)共伴生(单偏光)

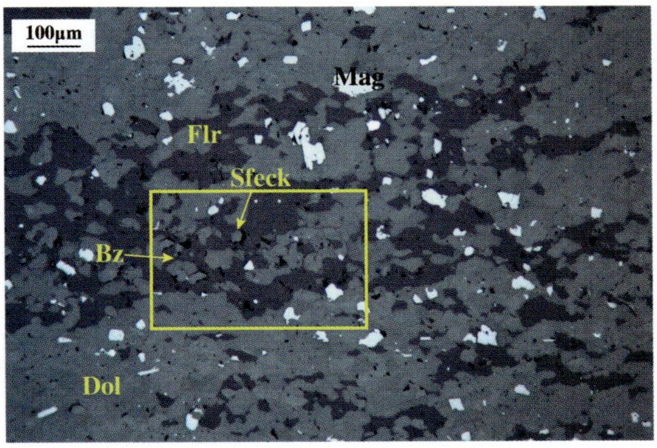

图 6-72 钪绿柱石与翟钪闪石、萤石、白云石、磁铁矿共伴生(反射光)

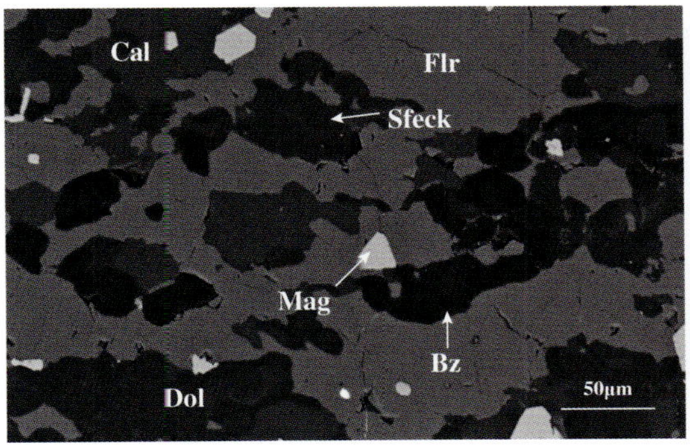

图 6-73 钪绿柱石(BSE)

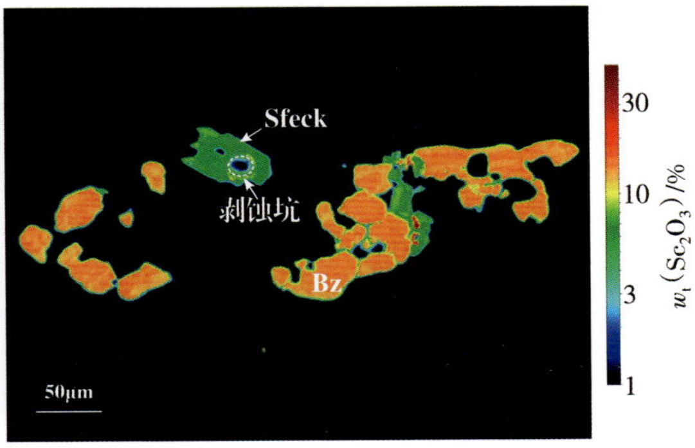

图 6-74 电子探针钪含量面扫描图像

表 6-17 钪绿柱石电子探针测试结果 单位：w_t/%

成分	测试点 P1	测试点 P2	测试点 P3	测试点 P4	平均值
SiO_2	59.64	59.41	59.71	60.09	59.71
Al_2O_3	0.20	0.18	0.22	0.36	0.24
Fe_2O_3	4.68	5.57	4.68	6.08	5.25
MnO	0.31	0.39	0.33	0.28	0.33
MgO	2.35	1.87	2.47	2.59	2.32
CaO	0.62	0.36	0.30	0.09	0.34
Na_2O	2.72	2.72	2.67	2.42	2.63
K_2O	0.19	0.20	0.21	0.21	0.20
BeO*	12.41	12.37	12.43	12.51	12.43
Sc_2O_3	14.51	14.38	14.40	13.21	14.13
H_2O*	2.37	2.55	2.58	2.17	2.42
总计	97.63	97.45	97.42	97.83	97.58

* BeO 为基于化学式中原子数 Be/Si=0.5 的计算值。

二、含钪的矿物

Sc在白云鄂博矿物中的赋存状态研究不够深入，白云鄂博矿区Sc的独立矿物含量极少，所以Sc多是以类质同象形式赋存于其他矿物中。Sc与稀土元素同为第Ⅲ副族，因此它们的地球化学性质有一定的相似性，Sc在自然界以Sc^{3+}形式出现，与稀土元素有相同的电价，但其离子半径较小，因此它的地球化学性质与钇族稀土元素更为接近，但矿区铈族元素富集成矿，钇族稀土含量相对较低，所以以类质同象进入晶格的Sc含量有限。

Shimazaki等(2008)通过电子探针微区分析(EMPA)手段，对白云鄂博矿床中矿物的钪含量分析得出，霓石、珀硅钛铈矿和铌铁矿是三种富含Sc的矿物，Sc_2O_3含量分别为0.34%～3.45%、2.82%～3.64%和0.20%～1.04%，三种富Sc矿物的实验分子式见表6-18。

表6-18　富钪矿物分子式

矿物名称	一般分子式	平均实验分子式
霓石	$NaFe^{3+}(Si_2O_6)$	$Na_{1.04}(Fe^{3+}_{0.63}Al_{0.07}Sc_{0.04}Ca_{0.04}Mg_{0.03})_{\Sigma 0.82}Si_{2.15}O_6$
珀硅钛铈矿	$Ce_4MgFe_2Ti_2O_8(Si_2O_7)_2$	$(Ce_{1.45}Ca_{1.01}Nd_{0.511}La_{0.61}Sr_{0.28}Pr_{0.17}Eu_{0.03})_{\Sigma 4.07}Fe^{2+}_{1.00}(Ti_{2.65}Sc_{0.57}Al_{0.48}Fe^{2+}_{0.11}Si_{0.16}Nb_{0.04})_{\Sigma 3.84}(Si_2O_7)_2O_8$
铌铁矿	$(Fe^{2+},Mn^{2+})(Nb,Ti,Ta)_2O_6$	$(Fe^{2+}_{0.78}Mn^{2+}_{0.14}Sc_{0.03}Sn_{0.01}Y_{0.01})_{\Sigma 0.98}(Nb_{1.80}Ti_{0.25})_{\Sigma 2.05}O_6$

硅镁钡石是苏联专家于1965年在白云鄂博矿床发现的新矿物，被认为是白云鄂博含Sc最高的矿物，Sc_2O_3含量达2.1%。但裘愉卓等(2009)对硅镁钡石的电子探针及等离子质谱测定发现硅镁钡石中Al_2O_3及Sc_2O_3含量并没有文献(谢苗诺夫，1965)中的高，本次研究获得的电子探针数据与裘愉卓等(2009)相似(见第十章第三节硅镁钡石)。硅镁钡石IMA分子式为$KBaFe^{3+}Mg_7Si_8O_{22}(OH)_2F_6$，当时确定新矿物时为$KBa(Mg,Fe^{2+})_6(Al,Sc)(Si_6O_{20})F_2$，说明Sc是替代$Fe^{3+}$、$Al^{3+}$的位置，白云鄂博矿区钪的独立矿物钪霓石、翟钪闪石、钪绿柱石，均是Sc^{3+}替代Fe^{3+}、Al^{3+}的位置。

本次研究根据电子探针测试结果，统计不同矿物中Sc_2O_3平均含量，见表6-19(因Sc_2O_3在矿物中的含量较低，故保留至千分位；因检出限问题数据仅供参考)。

表6-19　不同矿物中Sc_2O_3平均含量　　单位：w_t/%

矿物名称	Sc_2O_3	矿物名称	Sc_2O_3	矿物名称	Sc_2O_3
铌钇矿	1.890	硅钛铈矿	0.035	氟碳钙铈矿	0.011
铌锰矿	0.693	钠闪石	0.031	橄榄石	0.010
铌铁矿	0.173	易解石	0.029	包头矿	0.010
方钍石	0.145	铈磷灰石	0.029	普通辉石	0.009
钍石	0.074	独居石	0.026	榍石	0.009

续表

矿物名称	Sc_2O_3	矿物名称	Sc_2O_3	矿物名称	Sc_2O_3
磷灰石	0.066	烧绿石	0.024	菱镁矿	0.008
褐钇铌矿	0.063	氟碳铈矿	0.022	锆石	0.007
萤石	0.053	黑云母	0.021	正长石	0.007
钛铁矿	0.047	霓石	0.021	菱铁矿	0.006
铌钙矿	0.045	透辉石	0.016	白云石	0.003
褐铈铌矿	0.043	钠长石	0.012	硅钡铁钛石	0.002

注：平均含量是指本次研究该矿物电子探针测试所有数据的平均值，有些测试点多达 100 余个，有些测试点较少，只有几个，故只代表本次研究结果。

本次研究测试结果中，Sc_2O_3 含量最高的是铌钇矿，平均为 1.890%，三组测试数据平均值分别为 2.22%、1.89%和 1.56%，最高含量达到 3.09%(见第四章表 4－41、表 4－39 和表 4－43)，其次是铌锰矿、铌铁矿，这几种矿物都是含 Fe 矿物，且铌钇矿又是重稀土矿物，利于 Sc 与 Y 的置换。

易解石属于富铈族稀土的完全配分型矿物，虽含有少量中重稀土元素，但钇族稀土含量仍很低，所以 Sc 的置换仍然有限。而钇易解石中则 Sc_2O_3 含量达到 0.191%，就是因为有 Y 可以为 Sc 所替代。

褐钇铌矿为白云鄂博矿区发现最早的重稀土矿物，Sc^{3+} 可以替代 Y^{3+} 进入矿物晶格完成类质同象置换，褐铈铌矿为褐钇铌矿的轻稀土的另一端员矿物，当褐铈铌矿中 Y 含量较高时，Sc 含量也高，当褐铈铌矿中 Y 含量很低时，则 Sc 含量也很低。

Sc 具有亲铁性，与氧六配位的离子半径为 0.745Å，因此它可能以 $Sc^{3+}+Nb^{5+}\rightarrow 2Ti^{4+}$ 的类质同象方式进入金红石或富铌金红石的晶格，而以 $Sc^{3+}+Ti^{4+}\rightarrow Fe^{2+}+Nb^{5+}$ 的方式进入铌铁矿。同时，因矿区的钠闪石、霓石、黑云母等都含 Fe^{3+}，所以 Sc 也容易进入这些矿物的晶格进行置换，使这些硅酸盐矿物均含 Sc，或形成钪的独立矿物。

萤石中 Sc 含量较高，与放射性元素 Th 有关，与萤石伴生的矿物中有钍石、方钍石，或含 Th 的稀土、铌矿物时，则萤石颜色变深，Th 含量越高，萤石颜色越深，并且在萤石周边会形成放射性晕圈(见第五章卤化物矿物萤石)，同时 Sc 含量较高，图 6－75 中萤石与图 6－76 中 Sc 元素分布图完全耦合。图 6－77 为 BSE 图像，能谱图(图 6－78)显示萤石含 Sc。

综上所述，Sc 的赋存状态有以下特点。

1)与重稀土元素有关，Y 越高，则 Sc 越高。

2)Sc 是亲 Fe 元素，所以更容易进入铌铁矿、铌锰矿等矿物晶格，与 Nb、Fe 发生置换。

3)与硅酸盐矿物中的 Fe^{3+}、Al^{3+} 发生类质同象置换形成钪霓辉石、翟钪闪石、钪绿柱石等。

4)放射性元素 Th 的辐射导致萤石 Sc 含量增高。

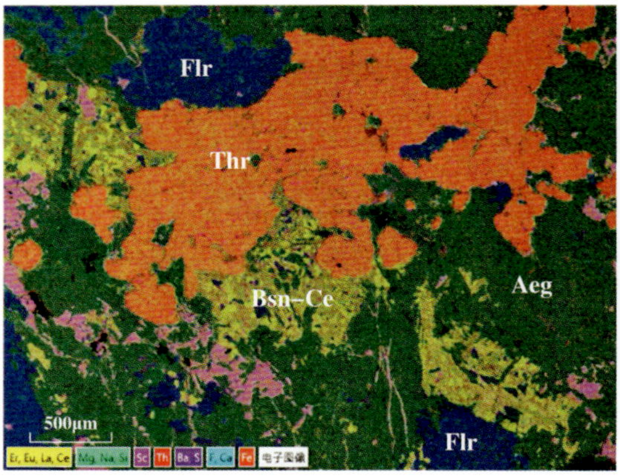

图 6-75　钍石(Thr)与萤石(Flr)(BSE)

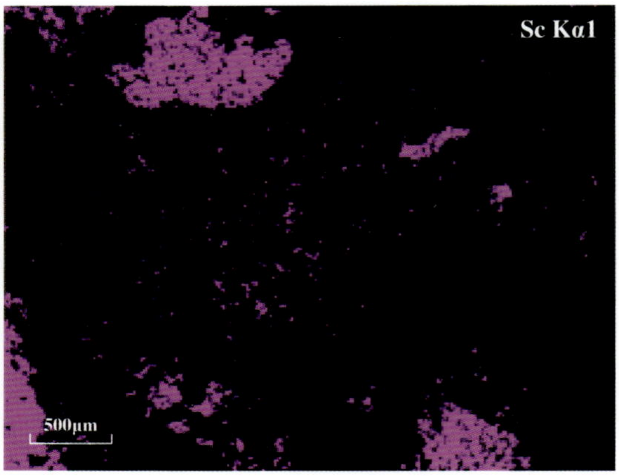

图 6-76　Sc 的分布与图 6-72 中萤石完全吻合（面扫描 Sc 元素分布图）

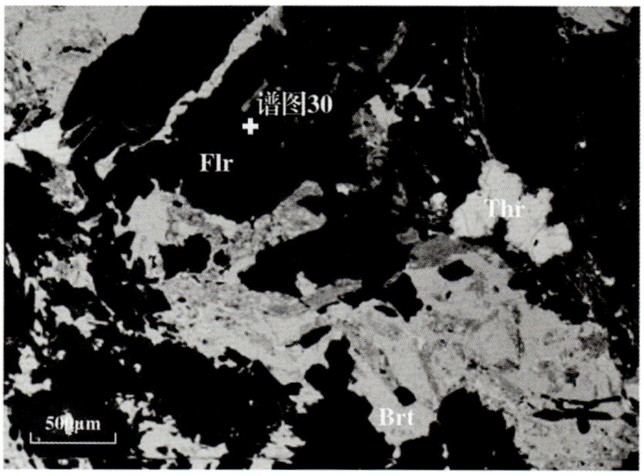

图 6-77　钍石、重晶石(Brt)与萤石(BSE)

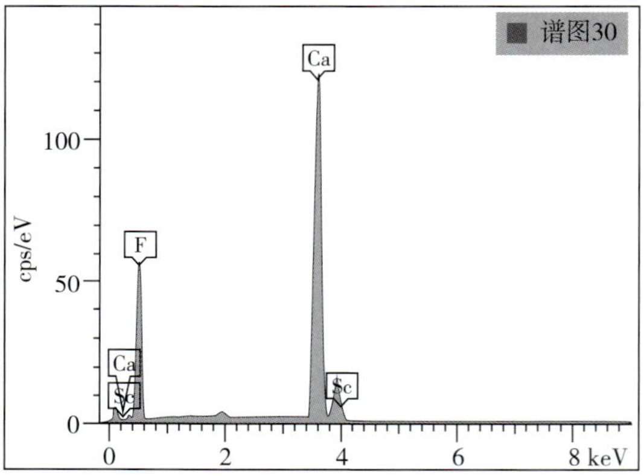

图 6-78　含 Sc 萤石能谱图

第七章　卤化物、氧化物及自然元素

第一节　卤化物矿物

卤化物矿物为金属阳离子与卤族(氟、氯、溴、碘)阴离子相化合形成的矿物，其中主要是氟化物与氯化物矿物。

白云鄂博矿区氟化物矿物主要是萤石和少量氟镁石，另外还有近几年发现的氟氯化物矿物——张培善矿，萤石已写在第五章，本节简述氟镁石和张培善矿。

一、氟化物矿物

氟镁石　Sellaite

MgF_2

化学组成：Mg 39.02%，F 60.98%。

晶体结构：四方晶系，空间群为 $P4_2/mnm$。$a_0=4.6213(2)$Å，$c_0=3.0519(1)$Å，$Z=2$。晶体结构属于金红石型，[MgF_6]八面体沿着 c 轴以共棱方式联结成链，链间通过八面体共角顶的形式联结起来。

形态：复四方双锥晶形，$D_{4h}-4/mmm(L^4 4L^2 5PC)$。晶体常呈柱状，有时为粒状。双晶发育。

物理性质：颜色多为无色或白色，透明，条痕白色，玻璃光泽，贝壳状断口。{010}和{110}完全解理，{011}可见双晶。摩氏硬度5～5.2，相对密度3.15。

显微镜下特征：一轴晶(+)，负突起，$N_o=1.378$，$N_e=1.390$，正延性，干涉色Ⅰ级灰色，平行消光或对称消光。

1. 白云石型铌稀土铁矿石中的氟镁石

样品采自东矿钻孔。氟镁石呈无色、不规则粒状分布于方解石、萤石等矿物间隙，Ⅰ级灰干涉色，粒径大小不均，为0.05～0.10mm(图7-1至图7-4)，图7-5为面扫描元素分布图像，图7-6为氟镁石能谱图。

共伴生矿物：白云石、萤石、方解石、烧绿石、褐钇铌矿、褐铈铌矿、钛铁矿、磁铁矿、赤铁矿、磁黄铁矿、方铅矿、闪锌矿等。

表7-1为电子探针测试结果，氟镁石矿物比较纯净，Ca、Fe、Mn等元素含量均较低，根据平均值，计算化学式：$Mg_{0.99}F_2$。

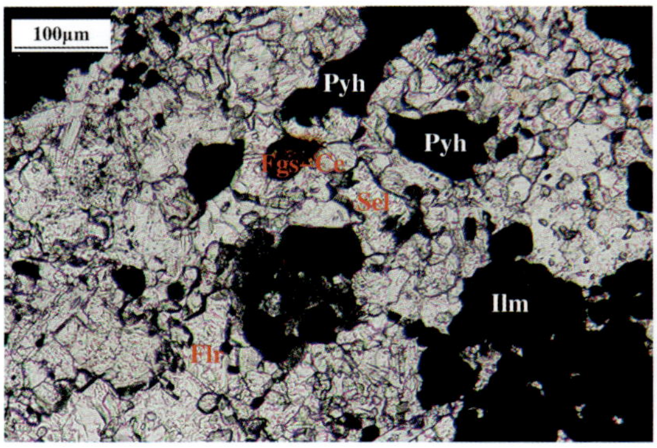

图 7-1　氟镁石(Sel)分布于萤石(Flr)矿物间（单偏光）

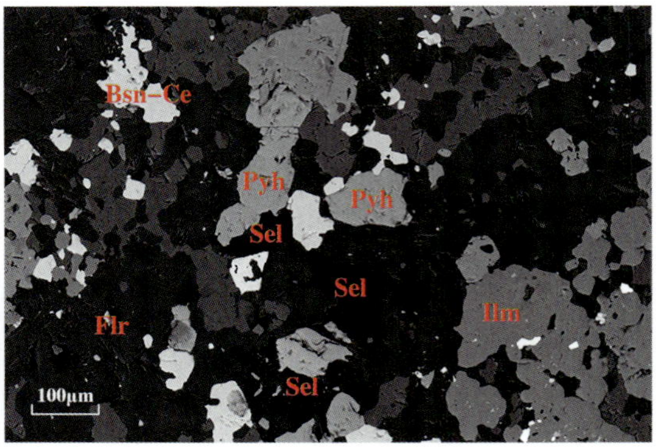

图 7-2　氟镁石分布于萤石矿物间（BSE）

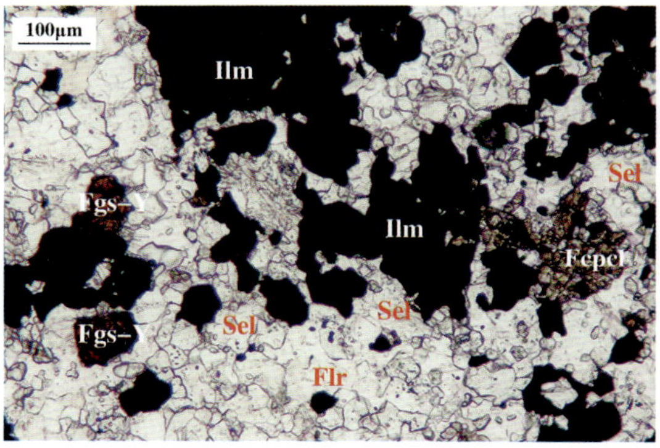

图 7-3　氟镁石分布于萤石、钛铁矿(Ilm)矿物间(单偏光)

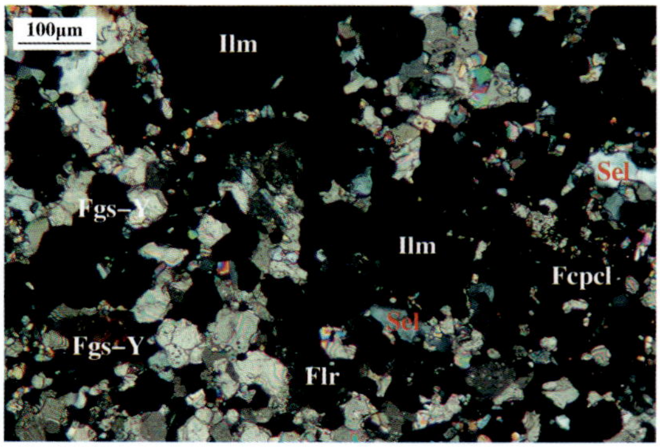

图 7-4　氟镁石的Ⅰ级灰干涉色（正交偏光）

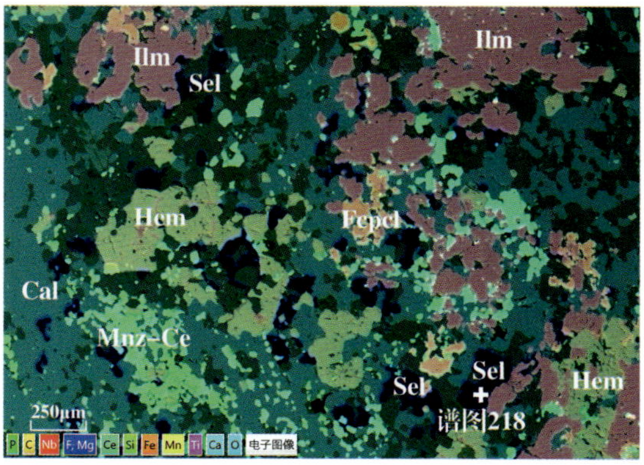

图 7-5　氟镁石呈不规则粒状分布（面扫描元素分布图像）

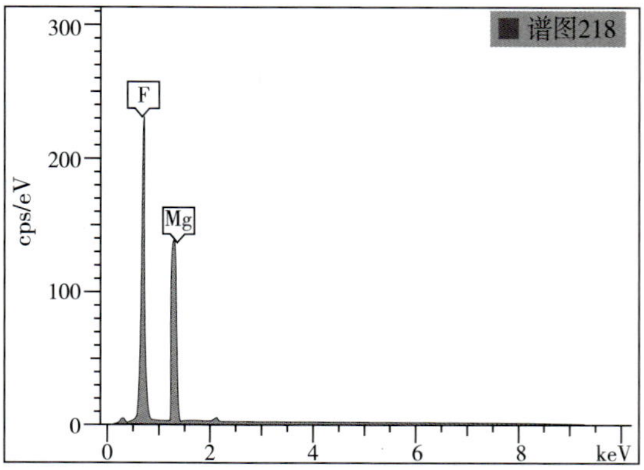

图 7-6　氟镁石能谱图

表 7－1　氟镁石电子探针测试结果　　单位：$w_t/\%$

成分	测试点 P1	测试点 P2	测试点 P3	平均值
F	60.97	61.06	60.63	60.89
Mg	38.16	38.01	37.98	38.05
Ca	0.01	0.01	0.02	0.01
Mn	0.02	0.01	0.02	0.02
Fe	0.12	0.04	0.08	0.08
Th	0.08	0.02	0.06	0.05
REE	0.09	0.04	0.01	0.04
Y	0.03	0.00	0.01	0.01
总计	99.47	99.17	98.79	99.14

2. 白云石型铌稀土矿石中的氟镁石

样品采自主矿。氟镁石以半自形短柱状、脉状形式分布于白云石间，单偏光下无色，正交偏光下显Ⅰ级灰白干涉色，部分颗粒可见双晶，粒径为 0.20～0.50mm（图 7－7 至图 7－10）。

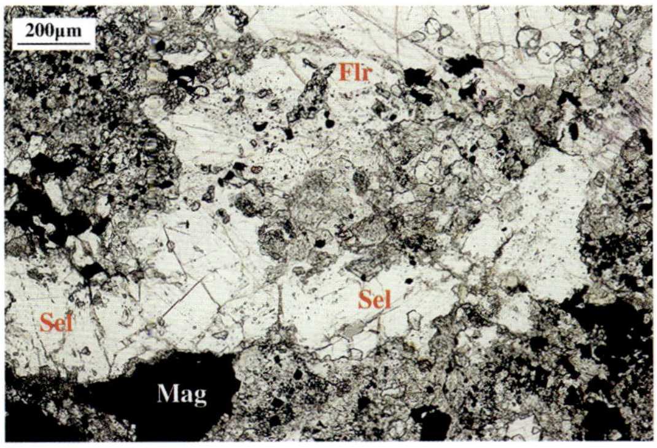

图 7－7　半自形短柱状分布的氟镁石（Sel）（单偏光）

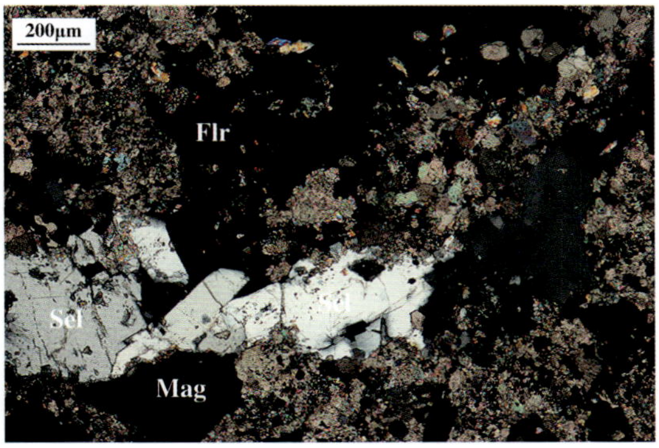

图 7－8　氟镁石的Ⅰ级灰白干涉色（正交偏光）

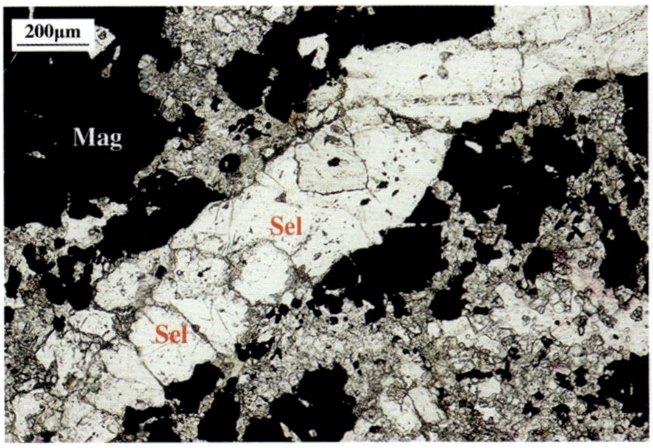

图 7－9　脉状分布的氟镁石（单偏光）

图 7－10　氟镁石的Ⅰ级灰白干涉色及双晶（正交偏光）

共伴生矿物：白云石、黑云母、磁铁矿、萤石、磷灰石、独居石、闪锌矿、钛铁矿、方铅矿、褐铁矿、磁黄铁矿等。

根据电子探针测试结果平均值(表 7-2)，计算化学式：$Mg_{0.99}F_{2.01}$。

表 7-2　氟镁石电子探针测试结果　　单位：w_t/%

成分	测试点 P1	测试点 P2	测试点 P3	测试点 P1	测试点 P2	测试点 P3	平均值
F	61.79	60.82	61.09	61.43	61.20	61.16	61.25
Mg	37.83	37.75	37.90	37.77	38.11	37.85	37.87
总计	99.62	98.57	98.99	99.2	99.31	99.01	99.12

二、氟氯化物矿物

张培善矿* Zhangpeishanite

BaFCl

化学组成：Ba 70.90%，F 9.88%，Cl 18.85%。

晶体结构：四方晶系，空间群为 $P4/nmm$。a_0 = 4.3951(8)Å，c_0 = 5.7462(2)Å，Z = 2。

形态：复四方双锥晶形，$D_{4h}-4/mmm(L^4 4L^2 5PC)$。晶体常呈柱状，有时为粒状，双晶发育。

物理性质：无色，条痕白色，透明，玻璃光泽。摩氏硬度 2.5，相对密度 4.54。

显微镜下特征：一轴晶(－)，N_o=1.656(2)，N_e=1.652(2)。

张培善矿是 2006 年在白云鄂博发现的第 11 个新矿物，属于氟氯铅矿矿物族。根据测试分析晶格，计算矿物化学式：$Ba_{0.99}F_{0.99}Cl_{1.02}$，该矿物作为包裹体产出于白云鄂博的萤石矿物中(图 7—11)，理想化学式为 BaFCl，矿物粒径约为 100μm，共生矿物有重晶石、赤铁矿、菱钡镁石等(谢先德，2010)。

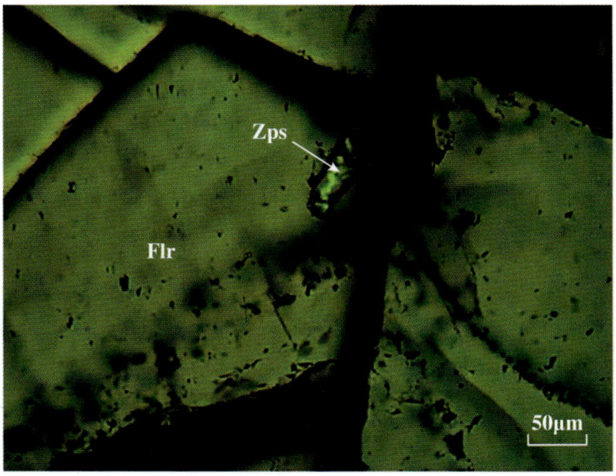

图 7-11　萤石(Flr)中包裹的张培善矿(Zps)

第二节 氧化物矿物

白云鄂博矿区分布有大量的氧化物和氢氧化物，如铁、锰、钛、钍的氧化物及复杂的钛铌酸盐氧化物等，这些矿物已在前面的章节详细描述，本节主要介绍尖晶石族矿物、石英族矿物、金红石族矿物锡石及金绿宝石族矿物金绿宝石等。

一、尖晶石族

尖晶石族矿物属于 AB_2X_4 型，A 代表二价的 Mg、Fe、Zn、Mn 等元素，B 代表三价的 Fe、Al、Cr。本族矿物之间广泛发育着完全和不完全的类质同象置换。

根据三价阳离子的不同，尖晶石族矿物分为尖晶石系列（铝-尖晶石）、磁铁矿系列（铁-尖晶石）和铬铁矿系列（铬-尖晶石）。三个系列之间存在着不同的类质同象关系，铬铁矿系列与磁铁矿系列之间为连续的类质同象，铬铁矿系列与尖晶石系列之间为不连续的类质同象，尖晶石系列与磁铁矿系列不发生类质同象。磁铁矿、铬铁矿已在第二章描述。

根据二价阳离子不同，尖晶石系列矿物（铝-尖晶石）分为尖晶石、铁尖晶石、锌尖晶石、锰尖晶石等。

白云鄂博矿床目前发现的尖晶石族系列矿物有尖晶石、铁尖晶石、锌尖晶石。

尖晶石 Spinel

$MgAl_2O_4$

化学组成：Mg 28.2%，Al_2O_3 71.8%。Mg^{2+} 经常有 Fe^{2+} 的类质同象替代。

晶体结构：等轴晶系，空间群为 $Fd3m$。$a_0 = 8.0898(9)$Å，$Z = 8$。尖晶石因 Fe^{2+} 和 Cr^{3+} 等类质同象替代 Mg^{2+} 和 Al^{3+}，a_0 有所增大。属于正尖晶石型结构。

形态：六八面体晶形，$O_h - m3m(3L^4 4L^3 6L^2 9PC)$。经常呈八面体，有时与菱形十二面体和立方体形成聚形。

物理性质：黑色、蓝色、红色、绿色、粉色、褐色等，条痕灰白色，透明-半透明，玻璃光泽，无解理，性脆。摩氏硬度 7.5～8，相对密度 3.6～4.1。

显微镜下特征：$N=1.719$，薄片中褐色，均质性，高突起，粒状分布。

黑云母化白云石型铌稀土铁矿石中的尖晶石

样品采自西矿。尖晶石呈棕绿-绿色，自形-半自形晶分布于褐铁矿、白云石间，正交偏光下显均质性，粒径为 0.15～0.50mm（图 7－12 至图 7－15）。反射光下尖晶石反射率较低（图 7－16），图 7－17 为尖晶石 BSE 图像。

共伴生矿物：白云石、黑云母、磁铁矿、褐铁矿、方解石、独居石、氟碳铈矿、铌铁矿、黄铁矿、磁黄铁矿等。

根据电子探针测试结果平均值（表 7－3），以 O=4 为基数，计算化学式：$(Mg_{0.49}Fe^{2+}_{0.48}Mn_{0.02}Zn_{0.01})_{\Sigma 1.00}(Al_{1.93}Fe_{0.07})_{\Sigma 2.00}O_4$。

化学式中，少量 Fe^{3+} 替代 Al^{3+} 的位置，Fe^{2+} 原子数(0.48)小于 Mg^{2+}(0.49)，属于尖晶石。

图 7-12　分布于褐铁矿间的尖晶石(Spl)(单偏光)

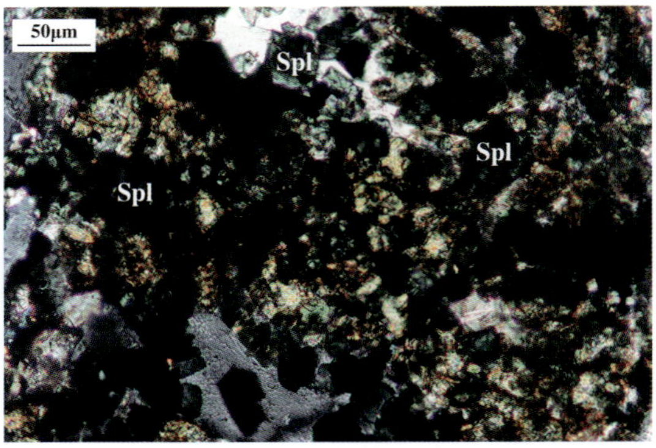

图 7-13　显均质性的尖晶石(正交偏光)

图 7-14　半自形晶的尖晶石(单偏光)

图 7-15　半自形晶的尖晶石(正交偏光)

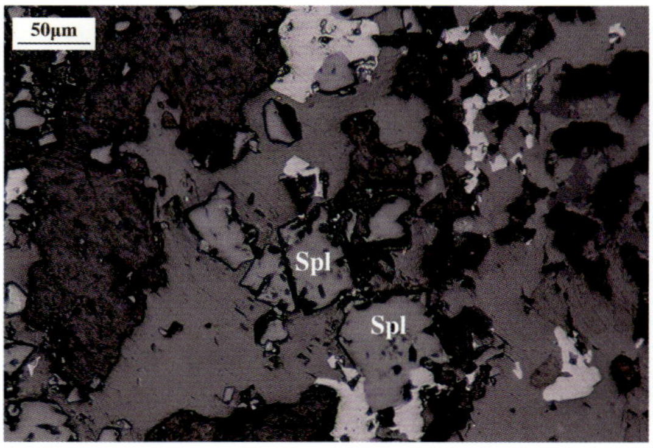

图 7-16　半自形晶的尖晶石(反射光)

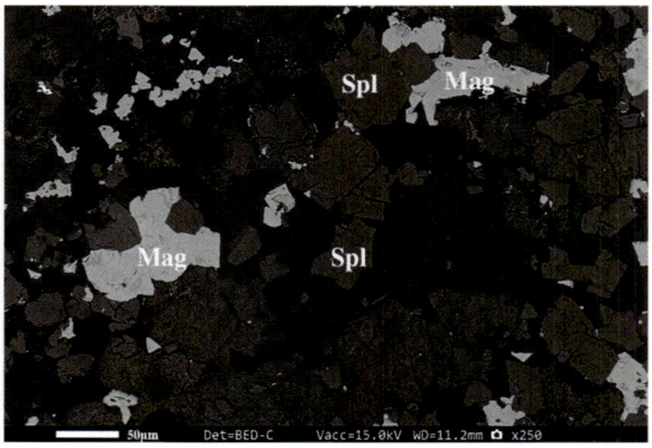

图 7-17　尖晶石(BSE)

表 7-3 尖晶石电子探针测试结果 单位：w_t/%

成分	测试点 P1	测试点 P2	测试点 P3	测试点 P4	平均值
MgO	12.17	12.31	11.74	12.16	12.10
MnO	0.82	0.86	0.97	0.95	0.90
ZnO	0.69	0.59	0.67	0.66	0.65
Al_2O_3	61.32	60.92	62.22	60.72	61.30
FeO	24.27	24.49	24.79	24.95	24.12
CaO	0.10	0.08	0.17	0.13	0.12
总计	100.42	100.26	100.72	99.65	100.26

铁尖晶石 Hercynite

$(Fe,Mg)(Al,Fe)_2O_4$

晶体结构：等轴晶系，空间群为 $Fd3m$。$a_0=8.135$Å，$Z=8$。铁尖晶石中(apfu)$Fe^{2+}>Mg^{2+}$，Fe^{2+}、Mg^{2+}为一完全类质同象系列，Al^{3+}可被Fe^{3+}或Cr^{3+}有限替代。

形态：六八面体晶形，$O_h-m3m(3L^4 4L^3 6L^2 9PC)$。呈粒状集合体及块状。

物理性质：黑绿色-黑色，条痕暗绿色，玻璃光泽。摩氏硬度 7.5～8，相对密度 4.39。

显微镜下特征：$N=1.835$，薄片中绿色，均质性，高突起，粒状分布。

云母型铌稀土铁矿石中的铁尖晶石

样品采自东介勒格勒。铁尖晶石呈暗绿色半自形-他形粒状分散分布，或与磁铁矿紧密共生，颗粒大小不均，与金云母、磁铁矿相间并沿金云母长轴方向定向延伸，粒径为0.02～0.2Cmm(图 7-18 至图 7-21)。图 7-22、图 7-23 为磁铁矿包裹铁尖晶石的 BSE 图像。

共伴生矿物：金云母、钡镁脆云母、磁铁矿、赤铁矿、独居石、铌铁矿、方解石等。

根据电子探针测试结果平均值(表 7-4)，以 O=4 为基数，计算化学式：$(Fe_{0.79}Mg_{0.16}Zn_{0.05}Mn_{0.02})_{\Sigma 1.02}(Al_{1.75}Fe_{0.25})_{\Sigma 2.00}O_4$。

根据电子探针结果及化学式，少量Fe^{3+}置换Al^{3+}，少量 Mg、Zn 置换Fe^{2+}。

图 7-18 铁尖晶石(Hc)与磁铁矿(Mag)紧密共生（单偏光）

图 7-19 铁尖晶石与磁铁矿(反射光)

图 7-20　铁尖晶石被磁铁矿包裹(单偏光)

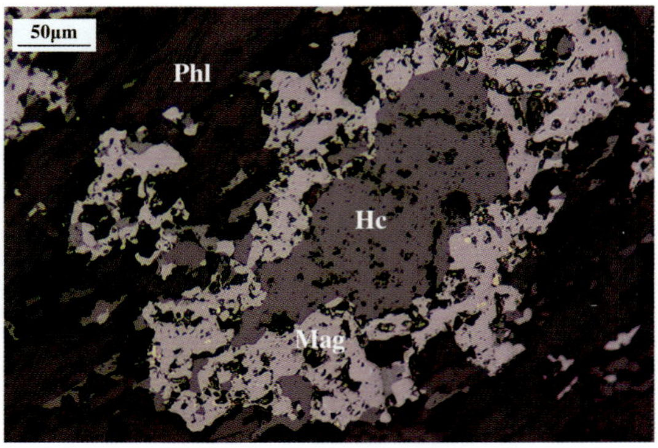

图 7-21　铁尖晶石与磁铁矿(反射光)

图 7-22　铁尖晶石被磁铁矿包裹(BSE)

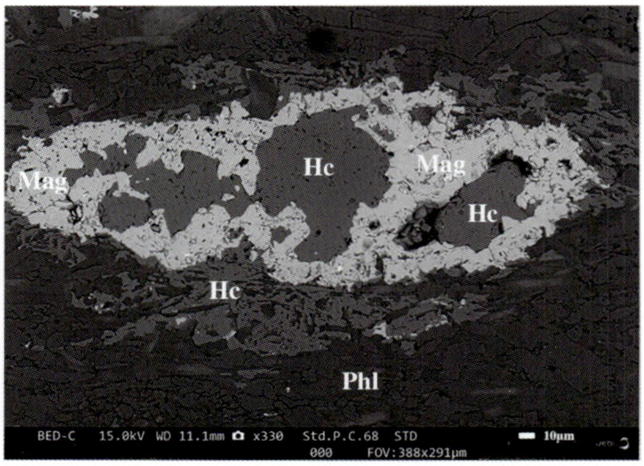

图 7-23　铁尖晶石被磁铁矿包裹(BSE)

表 7-4　铁尖晶石电子探针测试结果　　单位：w_t/%

成分	测试点 P1	测试点 P2	测试点 P3	测试点 P4	测试点 P5	测试点 P6	平均值
FeO	42.80	41.77	42.91	43.04	43.66	43.35	42.92
MgO	3.78	3.68	3.51	3.59	3.42	3.39	3.56
Al_2O_3	51.35	50.93	50.62	50.75	51.67	50.72	51.00
MnO	0.90	0.98	1.08	0.93	0.93	1.02	0.97
ZnO	2.31	1.96	2.23	2.20	2.22	1.87	2.13
总计	101.14	99.31	100.35	100.51	101.89	100.34	100.59

锌尖晶石　Gahnite

$ZnAl_2O_4$

化学组成：Zn 44.3%，Al_2O_3 55.7%。Zn 经常有 Fe^{2+}、Mg^{2+}、Mn^{2+} 的类质同象替代，Al^{3+} 有少量 Fe^{3+} 的替代。

晶体结构：等轴晶系，空间群为 $Fd3m$。$a_0 = 8.062$Å，$Z = 8$。

形态：六八面体晶形，$O_h - m3m(3L^4 4L^3 6L^2 9PC)$。常呈八面体，有时可见菱形十二面体和立方体。

物理性质：暗蓝绿色、黄色、棕色、黑色，条痕灰色，半透明，玻璃光泽，性脆。摩氏硬度 7.5～8，相对密度 4.62。

白云石型铌稀土铁矿石中的锌尖晶石

样品采自东矿钻孔。锌尖晶石颗粒较细，被包裹于磁铁矿中(图 7-24、图 7-26)，图 7-25、图 7-27 分别为锌尖晶石能谱图。

共伴生矿物：白云石、磁铁矿、钛铁矿、辉钼矿、毒砂、锡石、方铅矿、黄铁矿、独居石、烧绿石等。

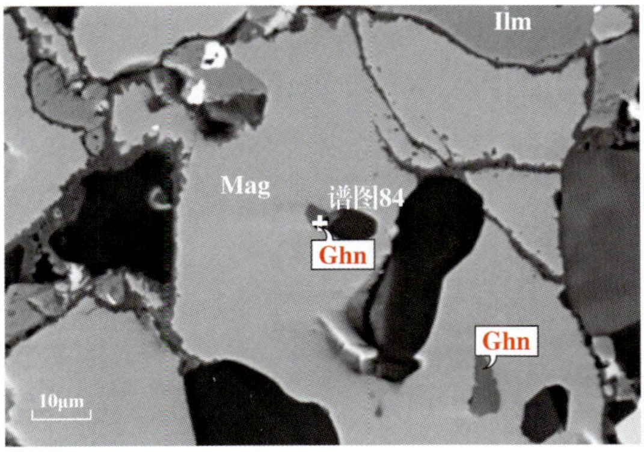

图 7-24　锌尖晶石(Ghn)被磁铁矿(Mag)包裹(BSE)

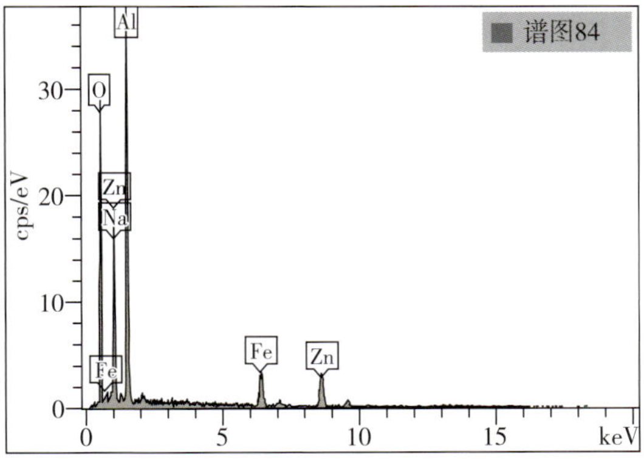

图 7-25　锌尖晶石能谱图

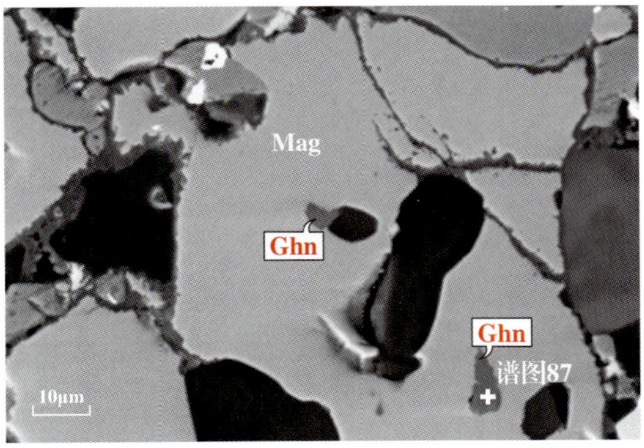

图 7-26　锌尖晶石被磁铁矿包裹(BSE)

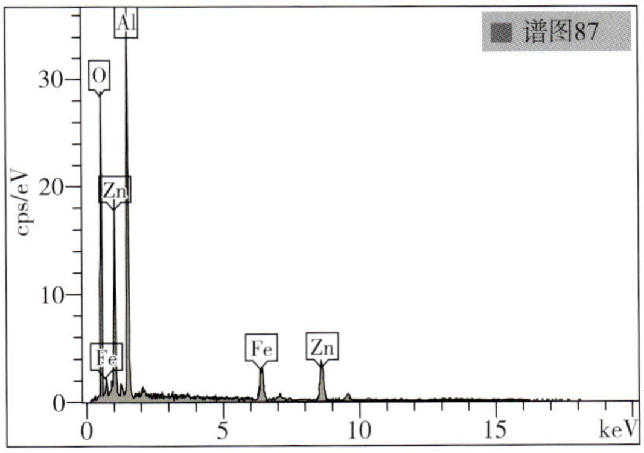

图 7-27　锌尖晶石能谱图

二、石英族

石英　Quartz

SiO_2

晶体结构：三方晶系，空间群为 $P3_121$。$a_0 = 4.9133$Å，$c_0 = 5.4053$Å，$Z = 3$。

形态：三方偏方面体晶形，$D_3-32(L^33L^2)$。常呈发育完好的柱状晶体，少数为板状，集合体多呈晶簇或粒状。

物理性质：无色、白色、玫红色、黄色、绿色、棕色、蓝色、黑色等，透明-半透明，条痕白色，玻璃光泽，贝壳状断口，性脆。摩氏硬度 7，相对密度 2.65～2.66。

显微镜下特征： 一轴晶(+)，$N_o=1.544$，$N_e=1.553$，$N_e-N_o=0.009$。透射镜下无色透明。

石英在白云鄂博矿区分布不广，个别地段有细粒石英与赤铁矿、萤石、氟碳铈矿共生。

在霓石片岩、钠闪石片岩、黑云母片岩中有大量石英共生。在热液脉中，石英与萤石、重晶石共生，在风化岩脉或褐铁矿矿石中有石英细脉发育。矿区的花岗岩、板岩、片岩中，石英则是主要的造岩矿物。

图7-28、图7-29为条带状萤石型铌稀土铁矿石中的石英，以细粒集合体状组成条带或散粒状分布于萤石中，粒径为0.05～0.10mm。

共伴生矿物：萤石、霓石、白云石、磁铁矿、钠闪石、氟碳铈矿、独居石、磷灰石等。

图7-30、图7-31为黑云母型铌稀土铁矿石中的石英，石英与黑云母沿长轴方向定向分布，石英间有萤石充填，石英粒径为0.05～0.15mm。

共伴生矿物：黑云母、磁铁矿、磁黄铁矿、萤石、独居石、白云石、烧绿石等。

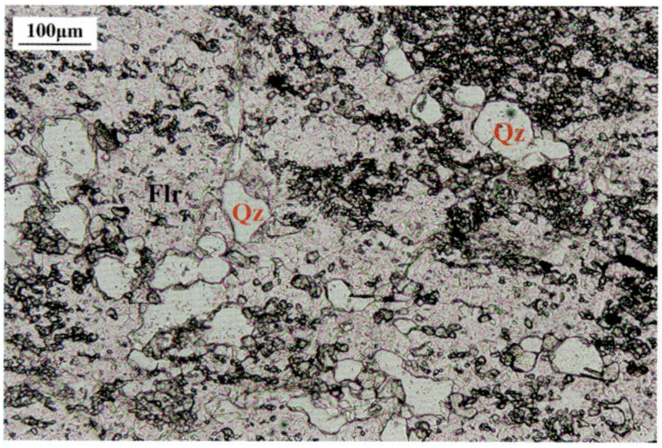

图7-28　萤石(Flr)矿物间的的石英(Qz)(单偏光)

图7-29　萤石矿物间的的石英(正交偏光)

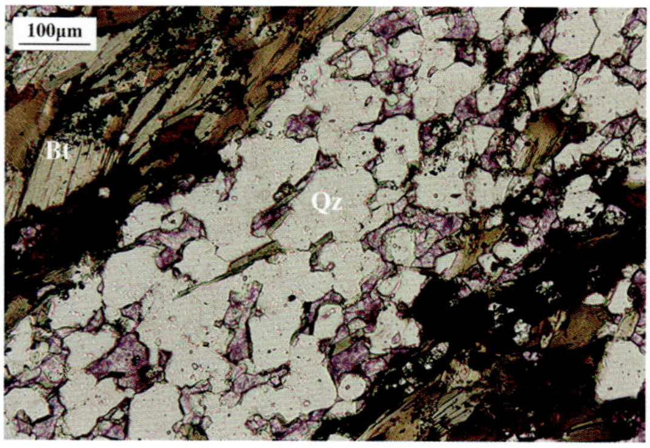

图7-30　黑云母(Bt)中的石英条带(单偏光)

图7-31　黑云母中的石英条带(正交偏光)

图 7-32、图 7-33 为霓石型铌稀土矿石中分布于霓石矿物间的石英条带，与霓石呈定向分布，粒径为 0.10～0.20mm。

共伴生矿物：霓石、氟碳铈矿、易解石、独居石、磁铁矿等。

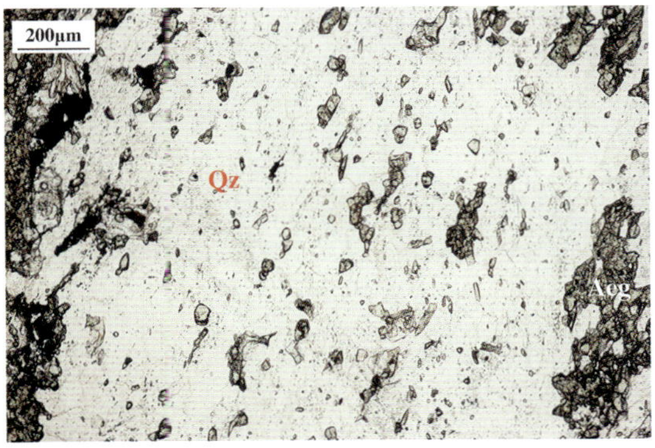

图 7-32　定向分布的石英(单偏光)

图 7-33　定向分布的石英(正交偏光)

玉髓 Chalcedony

SiO_2

形态： 玉髓是石英的纤维状变体，呈隐晶质或纤维状、放射状集合体形式分布，常呈球粒状出现。

物理性质： 无色、白色、灰色、褐色，条痕白色，半透明，蜡质光泽，贝壳状断口，性脆，无解理。摩氏硬度 6.5～7，相对密度 2.6。

白云岩中的玉髓

样品采自西矿。玉髓呈放射状、同心圆状分布于白云石矿物颗粒间，因有铁的浸染呈棕红色或暗红色，成分为隐晶质 SiO_2，正交偏光下有波状消光，粒径为 0.50～1.00mm（图 7-34 至图 7-37）。

共伴生矿物：白云石、赤铁矿、方解石等。

根据电子探针测试结果平均值（表 7-5），以 O=2 为基数，计算化学式：$(Si_{0.99}Fe_{0.01})_{\Sigma 1.00}O_2$。

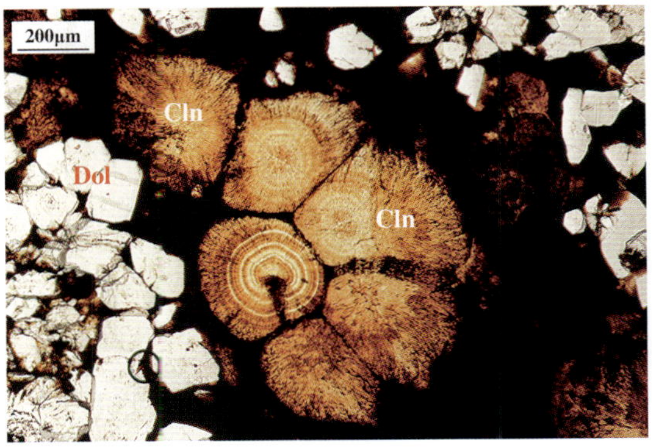

图 7-34　玉髓(Cln)呈球粒状彼此相间分布，因含 Fe 呈棕黄色（单偏光）

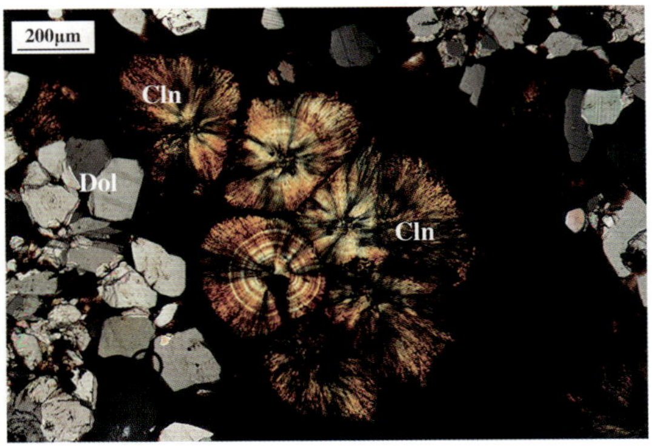

图 7-35　玉髓的纤维放射状干涉色(正交偏光)

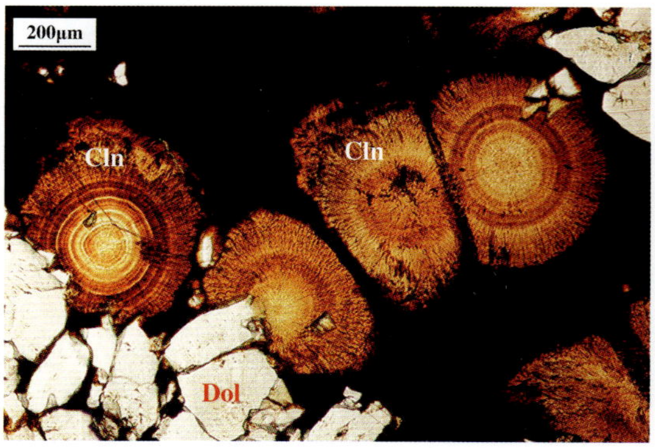

图 7-36　玉髓呈球粒状彼此相间分布，因含 Fe 呈棕黄色（单偏光）

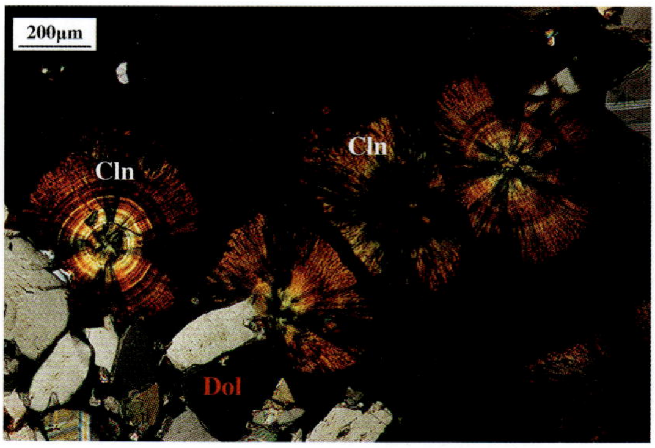

图 7-37　玉髓的纤维放射状干涉色（正交偏光）

表 7-5　玉髓电子探针测试结果　　单位：$w_t/\%$

成分	测试点 P1	测试点 P2	测试点 P3	测试点 P3	平均值
SiO_2	96.94	97.40	95.42	96.38	96.54
FeO	2.44	0.52	2.12	1.66	1.68
SrO	0.21	0.25	0.17	0.21	0.21
K_2O	0.01	0.02	0.02	0.02	0.02
CaO	0.03	0.01	0.02	0.01	0.02
Na_2O	0.03	0.01	0.00	0.03	0.02
MnO	0.04	0.01	0.03	0.05	0.03
总计	99.99	98.41	97.91	98.56	98.72

蛋白石　Opal
$SiO_2 \cdot nH_2O$

形态：蛋白石是二氧化硅的非晶质，由富水的二氧化硅凝胶脱水而成。常呈钟乳状、致密块状或结核状。

物理性质：无色、白色、黄色、红色、橘色、绿色、灰色、棕色等，透明-半透明，条痕白色，玻璃-油脂光泽，贝壳状断口，无解理、性脆。摩氏硬度 5～5.5，相对密度 1.9～2.3。

显微镜下特征：薄片中无色透明，无解理，均质，折射率和相对密度与含水量有关，含水量越高，折射率和相对密度越低。

产状：矿床氧化带中时有所见（张培善，1986）。

三、金红石族

锡石　Cassiterite
SnO_2

化学组成：Sn 78.8%，O 21.2%。常含 Fe、Nb、Ta、W、Mn 等。

晶体结构：四方晶系，空间群为 $P4_2/mnm$。$a_0=4.7382(4)$Å，$c_0=3.1871(1)$Å，$Z=2$。金红石型

结构。

形态：复四方双锥晶形，$D_{4h}-4/mmm(L^4 4L^2 5PC)$。晶体常呈双锥状、锥柱状，有时呈针状分布。

物理性质：黑色、黄色、褐色、红色或白色，条痕白色、灰色、浅棕色，透明、半透明、不透明，半金属-金刚光泽，性脆。摩氏硬度 6～7，相对密度 6.98～7.01。

显微镜下特征：一轴晶(+)，N_e=2.093～2.100，N_o=1.990～2.010。反射色为灰色带褐色，显双反射，反射率(白光)R=11.2%～12.8%。显著非均质性(灰色-暗灰色)，内反射色为淡黄色-黄褐色。

1. 东矿块状磁铁矿中的锡石

样品采自东矿。锡石呈不规则粒状分布于磁铁矿矿物间隙，粒径为 0.03～0.08mm(图 7-38、图 7-39)。

电子探针分析测试结果显示，锡石中含 Nb 较高，Nb_2O_5 平均含量为 0.94%，同时，Sn 被少量 Fe、Ti、Mn、Ca 等元素替代。

共伴生矿物：磁铁矿、白云石、金云母、独居石、氟碳铈矿、钠闪石、磁黄铁矿、黄铁矿等。

根据电子探针测试结果平均值(表 7-6)，以 O=2 为基数，计算化学式：$(Sn_{0.95}Fe_{0.03}Ti_{0.01}Ca_{0.01}Nb_{0.01})_{\Sigma 1.01}O_2$。

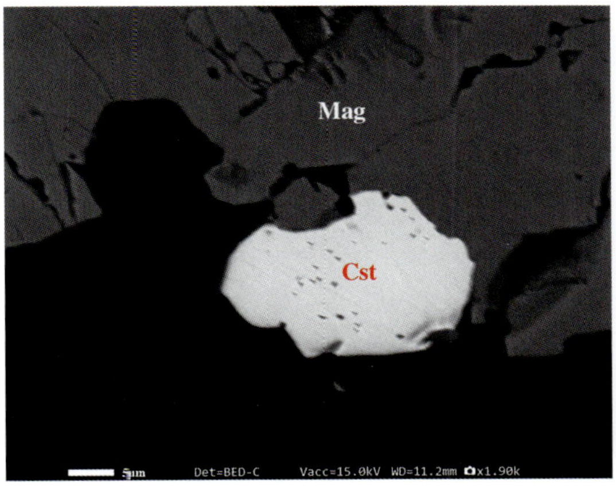

图 7-38　分布于磁铁矿(Mag)间的锡石(Cst)(BSE)

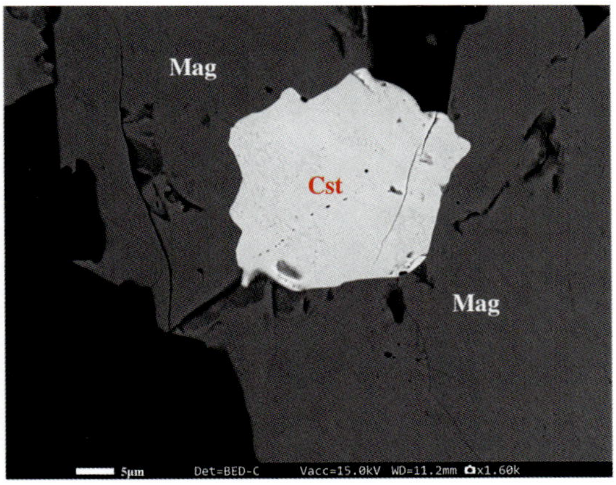

图 7-39　分布于磁铁矿间的锡石(BSE)

表 7-6　锡石电子探针测试结果　　单位：w_t/%

成分	测试点 P1	测试点 P2	测试点 P3	平均值
SnO_2	95.97	94.63	96.03	95.55
FeO	1.44	1.95	0.80	1.40
MnO	0.04	0.36	0.12	0.17
TiO_2	0.35	0.80	0.54	0.57
CaO	0.43	0.38	0.37	0.39
BaO	0.07	0.25	0.16	0.16
Nb_2O_5	0.13	1.69	1.01	0.94
总计	98.44	100.06	99.03	99.18

2. 主矿块状磁铁矿中的锡石

样品采自主矿。锡石呈无色、淡黄色、棕黄色半自形-他形细粒状分布于磁铁矿间的白云石中(图 7-40、图 7-41),反射光下暗棕灰色,反射正交下淡黄色-橘红色(图 7-42 至图 7-46),粒径为 0.01～0.03mm。由 BSE 图像(图 7-47 至图 7-49)可见锡石的自形晶及粒状集合体分布。

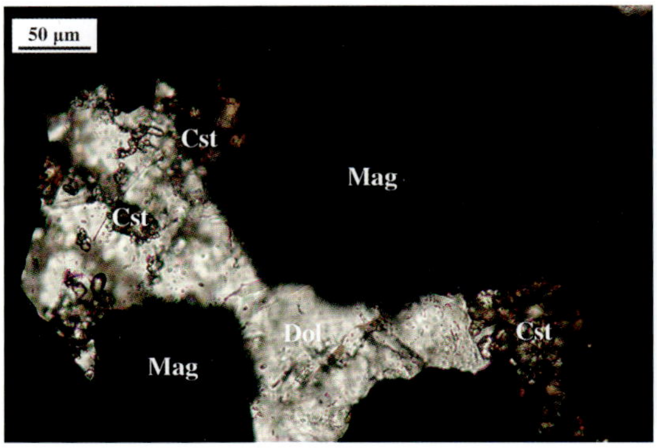

图 7-40 分布于磁铁矿(Mag)间的锡石(Cst)(单偏光)

图 7-41 分布于磁铁矿间的锡石(单偏光)

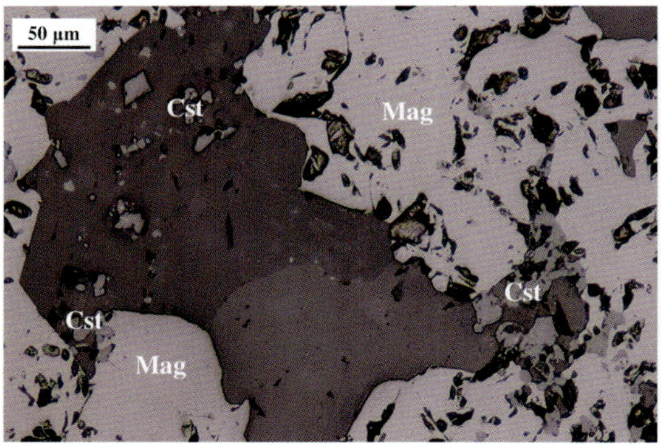

图 7-42 锡石反射色为暗棕色(反射光)

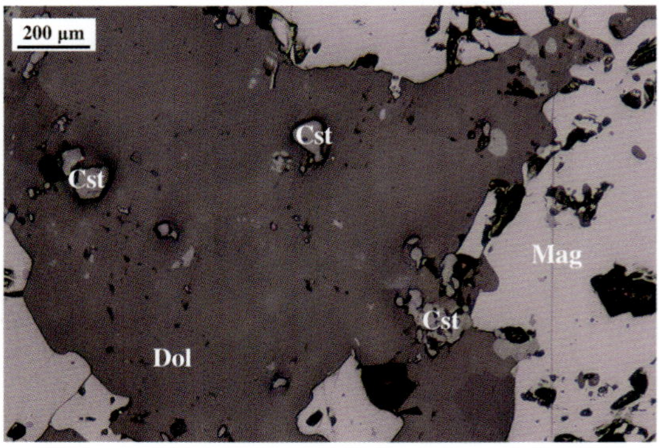

图 7-43 细粒锡石(反射光)

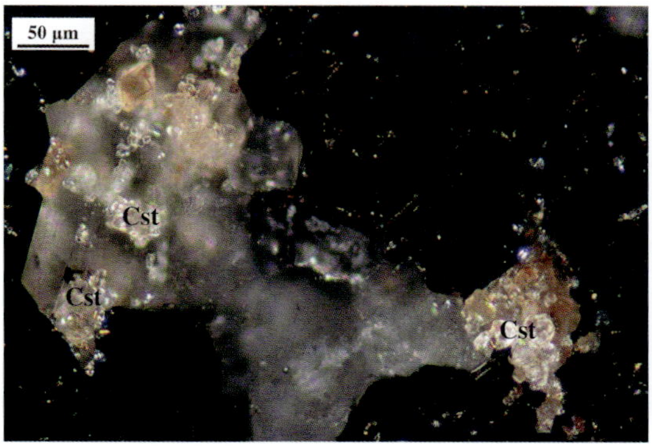

图 7-44 锡石内反射色呈淡黄色-棕黄色(反射正交)

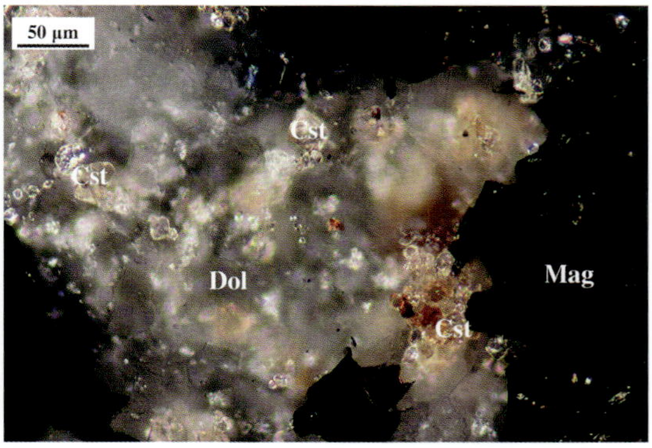

图 7-45 锡石内反射色呈淡黄色-橘红色(反射正交)

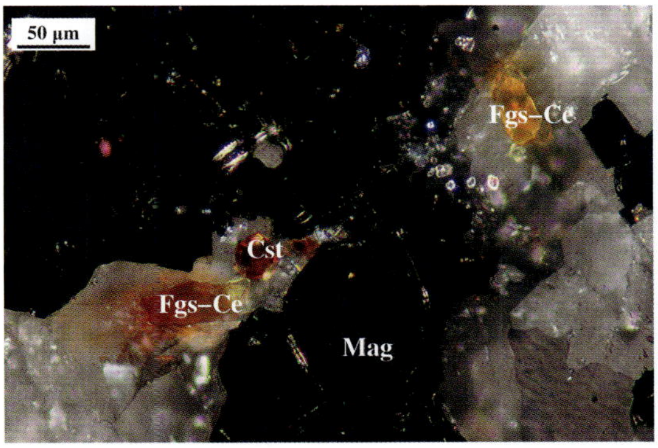

图 7-46　锡石与褐铈铌矿(Fgs-Ce)内反射色颜色相近(反射正交)

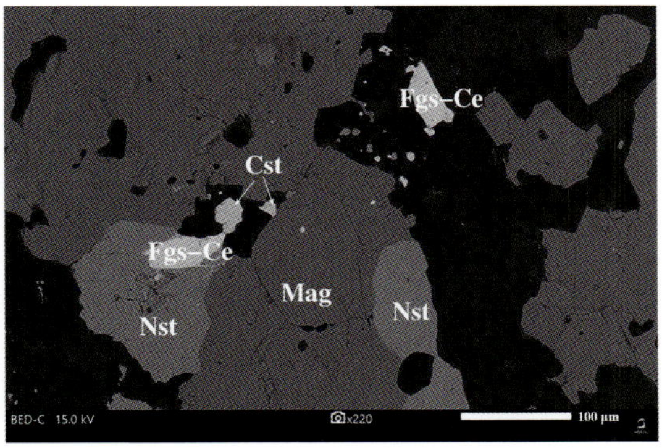

图 7-47　锡石分布于磁铁矿间，并与褐铈铌矿、磁铁矿、菱钡镁石(Nst)共生(BSE)

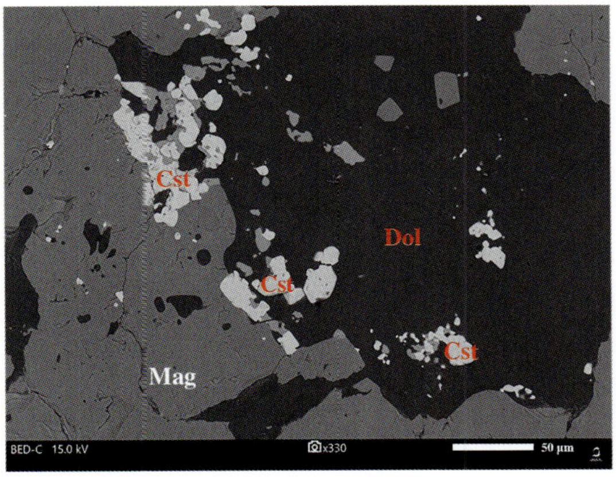

图 7-48　细粒集合体状分布的锡石(BSE)

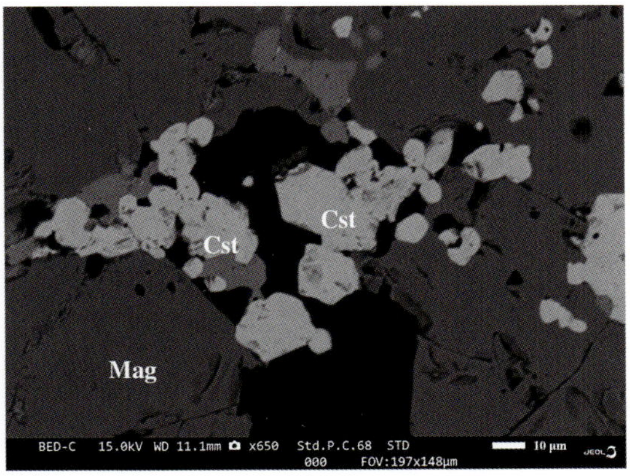

图 7-49　自形晶分布的锡石(BSE)

共伴生矿物：磁铁矿、白云石、萤石、独居石、氟碳铈矿、褐铈铌矿、菱钡镁石、烧绿石、黑云母、钠闪石、闪锌矿、磁黄铁矿、黄铁矿等。

根据电子探针测试结果平均值(表 7-7)，以 O=2 为基数，计算化学式：$(Sn_{0.96}Fe_{0.03}Ti_{0.01}Ca_{0.02})_{\Sigma 1.02}O_2$。

表 7-7　锡石电子探针测试结果　　单位：w_t/%

成分	测试点 P1	测试点 P2	测试点 P3	测试点 P4	测试点 P5	测试点 P6	平均值
SnO_2	97.06	98.85	92.54	98.11	97.72	98.78	97.17
BaO	0.11	0.15	0.19	0.00	0.00	0.12	0.10
TiO_2	0.93	0.24	0.24	0.30	0.61	0.28	0.43
FeO	0.66	0.34	5.35	0.76	0.49	0.76	1.39
Nb_2O_5	0.43	0.24	0.12	0.26	0.23	0.12	0.23
CaO	0.82	0.84	0.93	0.88	0.82	0.81	0.85
总计	100.02	100.66	99.36	100.31	99.85	100.86	100.18

3. 黑云母型铌稀土铁矿石中的锡石

样品采自东矿钻孔。锡石呈不规则细粒状分布于磁铁矿、磷灰石、钛铁矿间隙，或被包裹于氟钙烧绿石中(图 7－50 至图 7－53)，粒径较细，一般为 0.01～0.02mm。

共伴生矿物：黑云母、磁铁矿、钛铁矿、氟碳铈矿、独居石、磷灰石、氟钙烧绿石、褐帘石、黄河矿、萤石、白云石等。

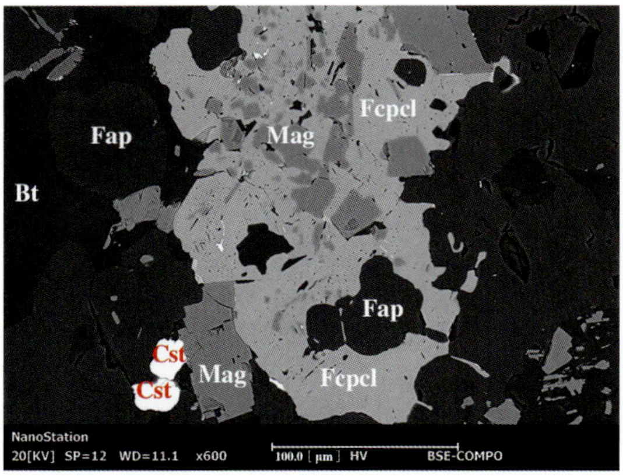

图 7－50 锡石(Cst)分布于磷灰石(Fap)矿物间(BSE)

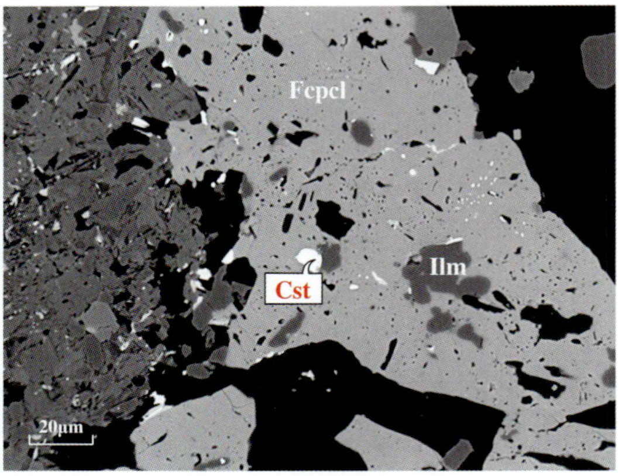

图 7－51 锡石被包裹于氟钙烧绿石(Fcpcl)矿物中(BSE)

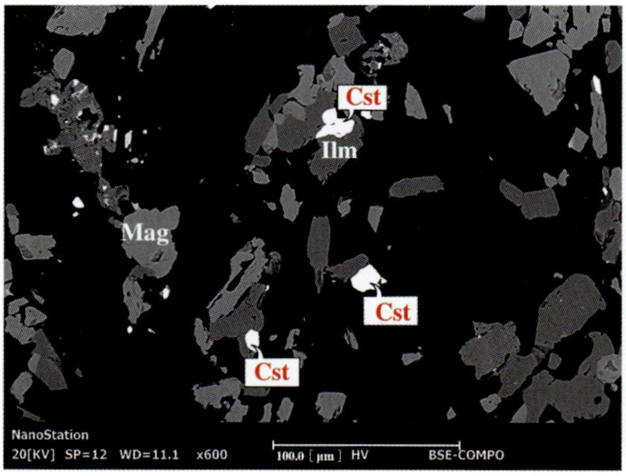

图 7－52 锡石与钛铁矿(Ilm)紧密共生(BSE)

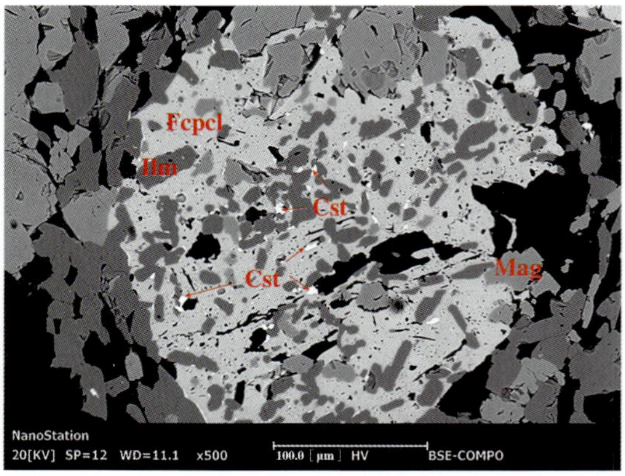

图 7－53 氟钙烧绿石中的微细粒锡石包裹体 (BSE)

四、金绿宝石族

金绿宝石 Chrysoberyl

$BeAl_2O_4$

化学组成：BeO 19.8%，Al_2O_3 80.2%。

晶体结构：斜方晶系，空间群为 *Pbnm*。a_0 = 5.481Å，b_0 = 9.415Å，c_0 = 4.428Å，Z = 6。

形态：斜方双锥晶形，$D_{2h}-mmm(3L^2 3PC)$。板状、短柱状分布。

物理性质：黄色、黄绿色、绿白色、绿棕色等，条痕无色，玻璃光泽，半透明-透明，性脆。摩氏硬度 8.5，相对密度 3.75。

显微镜下特征：二轴晶(+)，$2V=70°$。$N_g=1.756$，$N_m=1.748$，$N_p=1.746$。

产状及共生矿物：产于白云鄂博主矿晚期细脉中，与萤石、白云石、氟碳铈矿共生。金绿宝石的形成反映了铍在成矿作用晚期富铝介质中的富集。

金绿宝石化学全分析结果(w_t%)显示：BeO 18.52，Al_2O_3 71.31，Fe_2O_3 8.09，SiO_2 2.15，TiO_2 0.92，总计 100.99。化学式：$(Al_{1.83}Fe_{0.13}Ti_{0.01})_{\Sigma 1.97}(Be_{0.97}Si_{0.05})_{\Sigma 1.02}O_4$(张培善和陶克捷,1986)。

第三节　自然元素

一、自然铋族

自然铋　Bismuth
Bi

化学组成：Bi。成分较纯，有时含微量 Fe、Pb、S 等元素。

晶体结构：三方晶系，空间群为 $R\bar{3}m$。$a_0=4.55$Å，$c_0=11.85$Å，$Z=6$。

形态：复三方偏三角面体晶形，$D_{3d}-\bar{3}m(L^3 3L^2 3PC)$。晶体少见，通常呈粒状、片状或致密块状分布。

物理性质：新鲜面呈微带浅黄色的银白色，空气中暴露过久则出现浅红色的锖色，条痕银白色，不透明、金属光泽。{0001}完全解理。具弱延展性，具抗磁性。摩氏硬度 2～2.5，相对密度 9.7～9.83。

显微镜下特征：反射色为亮白色微带粉红或玫瑰色、淡玫瑰色，常带乳黄色。不显多色性，反射率(白光)$R=67.9\%$，弱非均质性(亮土黄色或金黄-橘黄棕色)，无内反射。

自然铋在自然界不常见，一般形成于热液成因 S 浓度不太高的条件下。本样品采自东矿钻孔，属于白云石型条带状铌稀土铁矿石。自然铋呈微细粒状被包裹于方铅矿中，粒径为 3～10μm(图 7-54 至图 7-56)，图 7-57 为自然铋能谱图。

共伴生矿物：萤石、白云石、磁铁矿、黄铁矿、钛铁矿、磁黄铁矿、闪锌矿、方铅矿、褐钇铌矿、烧绿石、氟镁石等。

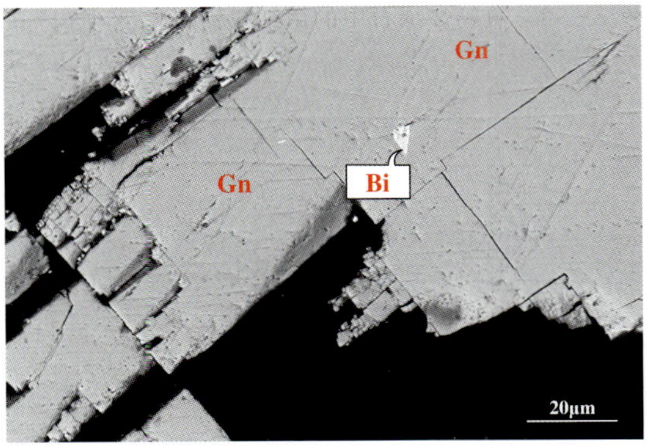

图 7-54　包裹于方铅矿(Gn)中的自然铋(Bi)(BSE)

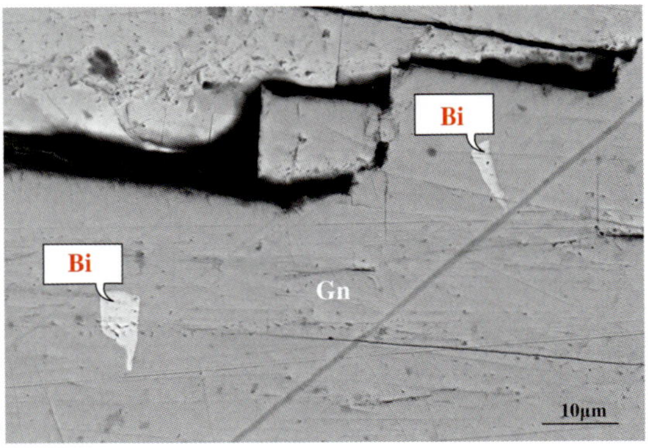

图 7-55　包裹于方铅矿中的自然铋(BSE)

图 7-56　包裹于方铅矿中的自然铋(BSE)

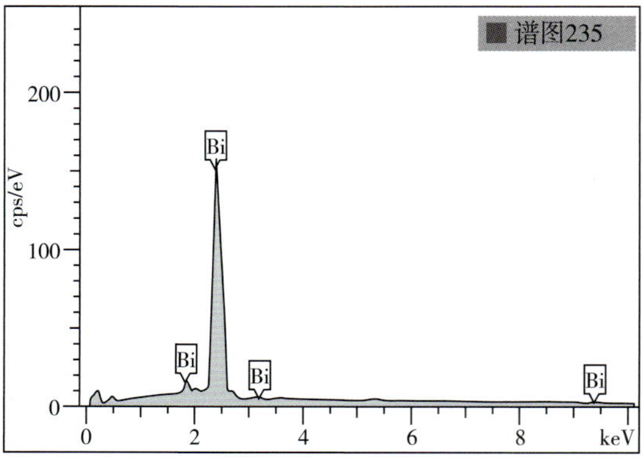

图 7-57　自然铋能谱图

二、石墨族

石墨　Graphite

C

化学组成：C。常含有 SiO_2、Al_2O_3、FeO、CaO、MgO 等杂质。

晶体结构：六方晶系，空间群为 $P6_3/mmc$。$a_0 = 2.463$Å，$c_0 = 6.714$Å，$Z = 4$。

石墨具典型的层状结构，C 原子排列成六方网状层，面网结点上的 C 原子相对于上下邻层网格的中心，重复层数为 2，为通常的 2H 多型；若重复层数为 3，属 3R 多型，称为石墨-3R，空间群为 $R\bar{3}m$。$a_0 = 2.46$Å，$c_0 = 10.06$Å，$Z = 6$。

形态：复六方双锥晶形，$D_{6h}-6/mmm(L^6 6L^2 7PC)$。六方板状晶形，一般为鳞片状、土状、致密块状。

物理性质：铁黑-钢灰色，条痕光亮黑色，条痕黑色-钢灰色，不透明，半金属光泽。隐晶集合体呈土状者光泽暗淡。解理{0001}完全。摩氏硬度 1～2，相对密度 2.09～2.23。

显微镜下特征：一轴晶(－)，不透明。反射光下呈浅棕灰色，多色性明显，反射率(白光)$R=$ 6.0%～17%，强非均质性(草黄色-紫灰色)，无内反射。

秦朝建等(2009)在白云向斜南翼(H_9)富钾板岩中发育的灰色白云岩夹层中，见石墨以细粒集合体形式存在于白云石之间，呈灰黑色-黑色。利用透射电镜对石墨的显微形貌学观察，认为其为低结晶度的石墨，可能为沉积的有机质，经历浅变质或交代作用形成低结晶度的无定型石墨。

在西矿黑云母板岩中见呈亮黑色隐晶质或低结晶度的石墨。

三、自然金族

自然金　Gold

Au

化学组成：Au。纯金极少，化学组成中经常含有银的类质同象。

晶体结构：等轴晶系，空间群为 $Fm3m$。$a_0 = 4.0786Å$，$Z = 4$。铜型结构，a_0 随 Ag 的代替量增大而增大。

形态：六八面体晶形，$O_h - m3m(3L^4 4L^3 6L^2 9PC)$。自然金常呈细小包体状存在于黄铁矿、黄铜矿、闪锌矿、方铅矿中或脉石矿物石英中。

物理性质：颜色与条痕为金黄色，富含银者为淡黄色-乳黄色，条痕淡黄色，不透明，金属光泽，无解理。具延展性，可压成薄箔。摩氏硬度 2.5～3，相对密度 15～19.3。

显微镜下特征：反射光下金黄色或亮黄色，反射率 $R = 47\% \sim 86\%$，均质，无内反射。

白云鄂博矿区中自然金产于矿区北部附近的白云鄂博群中的石英岩层（H_4 等）中，颗粒细小，肉眼难见，金的出现与矽化作用有关，自然金与黄铁矿等硫化物矿物共生（张培善等，1991）。

第八章　硫化物与硫酸盐、钼酸盐矿物

第一节　硫化物矿物

白云鄂博矿区可见的硫化物类矿物种类繁多，以黄铁矿、磁黄铁矿为主，它们在各种类型的矿石中均有分布；闪锌矿、方铅矿比较常见；黄铜矿、辉钼矿、毒砂比较少见；斑铜矿偶然可见；辉砷钴矿、斜方砷钴矿为首次在白云鄂博发现。

一、黄铁矿族

黄铁矿　Pyrite

FeS_2

化学组成：Fe 46.55%，S 53.45%。常有 Co、Ni 类质同象替代 Fe，As、Se 替代 S。

晶体结构：等轴晶系，空间群为 $Pa3$。$a_0 = 5.417$Å，$Z = 4$。黄铁矿型晶体结构中，Fe 原子占据立方体晶胞的角顶与面中心，S 原子组成哑铃状的$[S_2]^{2-}$，其中心位于晶胞棱的中心和体中心。每个 Fe 原子为六个 S 原子围绕形成八面体配位，而每个 S 原子则仅为三个 Fe 原子所围绕。

形态：偏复方十二面体晶形，$T_h - m3(3L^2 4L^3 3PC)$。常呈立方体和五角十二面体，较少为八面体。集合体呈粒状、致密块状。

物理性质：黄色、铜黄色，不透明，条痕绿黑色，金属光泽，性脆。摩氏硬度 6～6.5，相对密度 4.8～5.0。

显微镜下特征：反射光下呈淡黄色，反射率(白光)$R = 54.5\%$。均质性，无多色性，无内反射。

白云鄂博黄铁矿晶胞参数：$a_0 = 5.415$Å，$b_0 = 5.415$Å，$c_0 = 5.415$Å。

白云鄂博黄铁矿样品 X 射线粉晶衍射数据见表 8－1。

表 8－1　黄铁矿 X 射线粉晶衍射数据

No.	$2\theta/(°)$	d/Å	I/I_0
1	33.064	2.7071	100.0
2	37.095	2.4216	33.4
3	40.782	2.2108	23.3
4	47.447	1.9146	23.8
5	56.291	1.6330	50.1

黄铁矿(图 8－1)在白云鄂博矿区分布广泛，尤其在白云石型、钠闪石型、黑云母型铌稀土铁矿石中，霓石型矿石中产出较少。因为钠闪石、黑云母的形成是在相对还原条件下，而霓石在相对氧化条件下，硫在霓石中以重晶石形式出现。

图 8－1　黄铁矿手标本

图 8－2、图 8－3 为主矿白云石型铌稀土矿石中的黄铁矿。黄铁矿呈自形-半自形集合体状分布，反射正交下显均质性，粒径为 0.10～0.30mm。

共伴生矿物：白云石、磷灰石、方解石、烧绿石、钠闪石、方铅矿等。

图 8－2　自形、半自形黄铁矿(Py)(反射光)

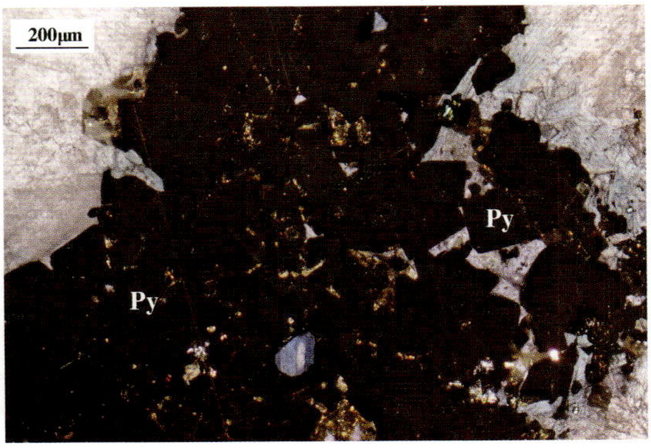

图 8－3　黄铁矿的均质性(反射正交)

图8-4、图8-5为主矿磁铁矿化黑云母铌稀土矿石中的黄铁矿。黄铁矿呈自形晶分布，与磁黄铁矿紧密共生，并有细脉状黄铜矿在边缘交代黄铁矿，反射正交下黄铁矿显均质性，磁黄铁矿显非均质性，粒径为0.20～0.50mm。

共伴生矿物：黑云母、长石、磁铁矿、磁黄铁矿、黄铜矿、闪锌矿、硅钡铁钛石、重晶石、氟碳铈矿、独居石、包头矿等。

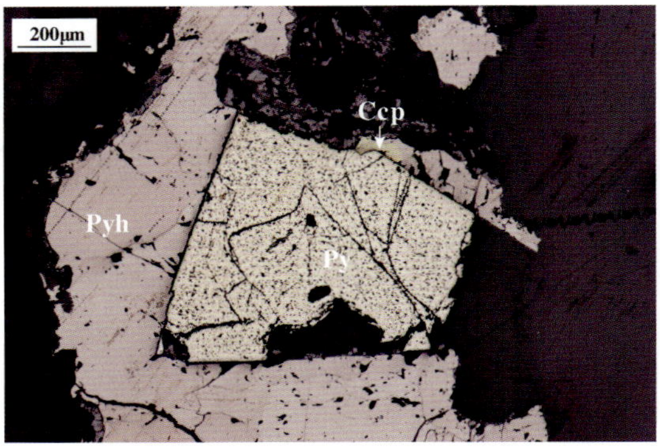

图8-4　自形晶黄铁矿(Py)边缘被磁黄铁矿(Pyh)交代(反射光)

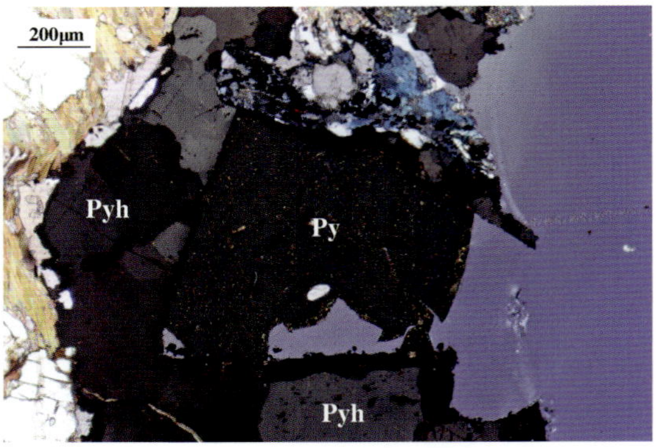

图8-5　黄铁矿显均质性，磁黄铁矿显非均质性(反射正交)

图8-6、图8-7为东矿方铅矿矿石中的黄铁矿。黄铁矿呈自形晶分布于方铅矿中，颗粒较粗，粒径为0.10～1.00mm。

共伴生矿物：方铅矿、重晶石。

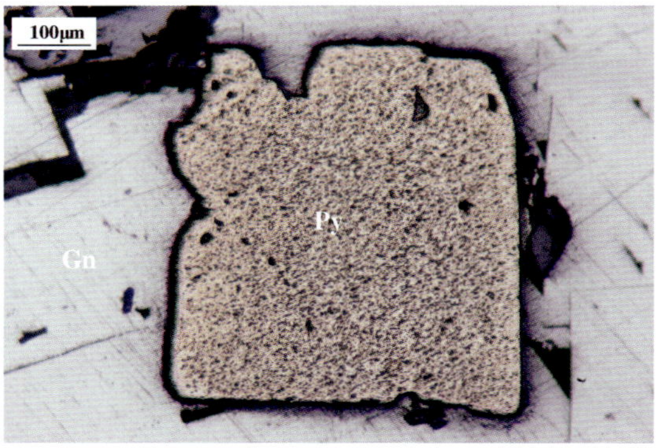

图8-6　自形晶黄铁矿(Py)分布于方铅矿(Gn)中(反射光)

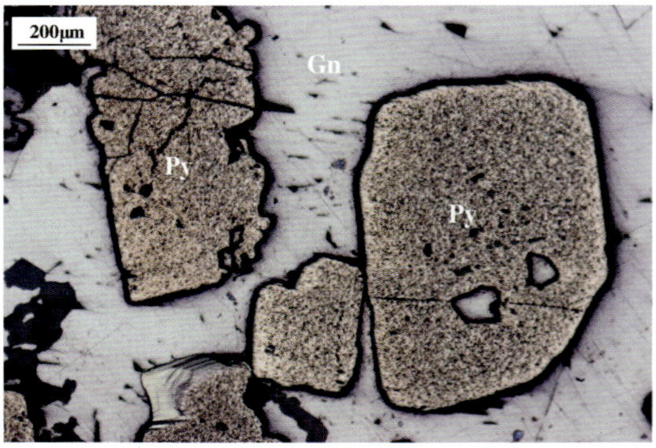

图8-7　自形黄铁矿分布于方铅矿中(反射光)

图8-8、图8-9为西矿黑云母型铌稀土铁矿石中与磁黄铁矿紧密共生的黄铁矿。黄铁矿呈半自形-他形粒状分布于磁黄铁矿间，粒径为0.05～0.15mm。

共伴生矿物：黑云母、磁铁矿、赤铁矿、磁黄铁矿、闪锌矿，白云石、独居石等。

根据电子探针测试结果平均值(表8-2)，以S=2为基数，计算化学式：$Fe_{0.98}S_{2.00}$。

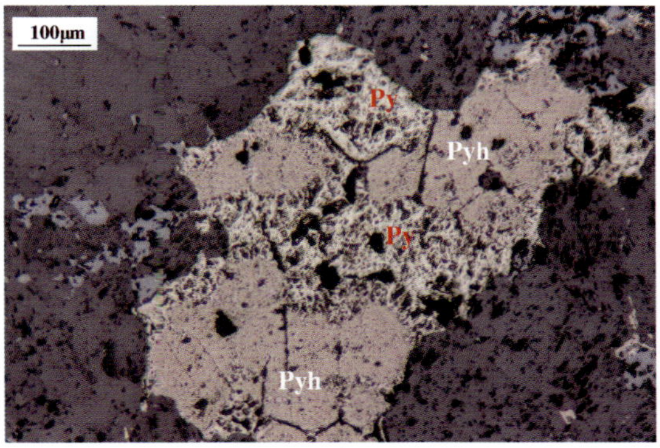

图 8-8 黄铁矿(Py)与磁黄铁矿(Pyh)紧密共生(反射光)

图 8-9 黄铁矿与磁黄铁矿(反射光)

表 8-2 黄铁矿电子探针测试结果 单位：$w_t/\%$

成分	测试点 P1	测试点 P2	测试点 P3	平均值
Fe	45.77	45.57	45.94	45.76
Zn	0.00	0.00	0.02	0.01
Cu	0.00	0.02	0.00	0.01
S	54.16	53.68	53.20	53.68
总计	99.93	99.27	99.16	99.46

二、磁黄铁矿族

磁黄铁矿 Pyrrhotite

Fe_7S_8

化学组成：成分近似于 FeS，一般用 $Fe_{1-x}S$ 表示。六方磁黄铁矿分子式近于 FeS－Fe_7S_8 之间的固溶体；单斜磁黄铁矿分子式近于 Fe_7S_8。磁黄铁矿成分中有少量 Ni、Co、Mn、Cu 的替代。

晶体结构：单斜晶系，空间群为 $C2/c$。$a_0=11.88$Å，$b_0=6.87$Å，$c_0=22.79$Å，$\beta=90.47°$。

形态：棱柱状晶形，$C_{2h}-2/m(L^2PC)$。常见为粒状集合体、致密块状、不规则粒状或脉状分布。

物理性质：黄棕色、棕红色、暗棕色，不透明，条痕深灰黑色，金属光泽，无解理。摩氏硬度 3.5～4，相对密度 4.58～4.65。

显微镜下特征：反射光下呈乳黄色带玫瑰色，反射率(白光)$R=38\%\sim45\%$。具有显著的双反射。强非均质性(浅蓝灰-褐黄色-略红棕)，无内反射。

白云鄂博磁黄铁矿晶胞参数：$a_0=6.897$Å，$b_0=6.897$Å，$c_0=63.114$Å。

白云鄂博磁黄铁矿样品 X 射线粉晶衍射数据见表 8-3。

磁黄铁矿在白云鄂博矿区分布较广，各类型矿石中均有产出，以黑云母型及钠闪石型矿石中居多，并与黄铁矿、磁铁矿紧密共生，有时以固溶体结构分布于磁铁矿中，共生矿物有磁铁矿、黄铁矿、方铅矿、闪锌矿、白云石、黑云母、钠闪石、独居石、易解石等。

表 8-3 白云鄂博磁黄铁矿 X 射线粉晶衍射数据

No.	2θ/(°)	d/Å	I/I。
1	29.883	2.9876	42.6
2	33.501	2.6728	23.2
3	33.812	2.6489	33.5
4	43.702	2.0696	100.0
5	53.061	1.7245	39.7

图 8-10 至图 8-13 为主矿黑云母型铌稀土铁矿石中的磁黄铁矿。图 8-10 显示磁黄铁矿呈半自形晶分布，边缘被重晶石包裹，应为后期含 Ba^{2+} 热液与磁黄铁矿发生交代反应所致。图 8-11 为反射光下磁黄铁矿包裹黄铜矿，图 8-12 磁黄铁矿显示非均质性，图 8-13BSE 图像显示重晶石包裹磁黄铁矿。磁黄铁矿粒径为 0.05～0.50mm。

共伴生矿物：黑云母、磁铁矿、黄铁矿、黄铜矿、闪锌矿、硅钡铁钛石、重晶石、钠长石、氟碳铈矿、独居石、包头矿等。

图 8-10 半自形磁黄铁矿(Pyh)边缘被重晶石(Brt)包裹(单偏光)

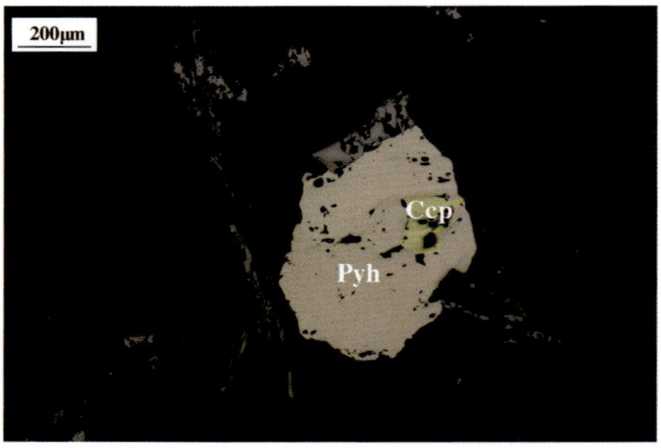

图 8-11 磁黄铁矿中包裹黄铜矿(Ccp)(反射光)

图 8-12 磁黄铁矿的非均质性(反射正交)

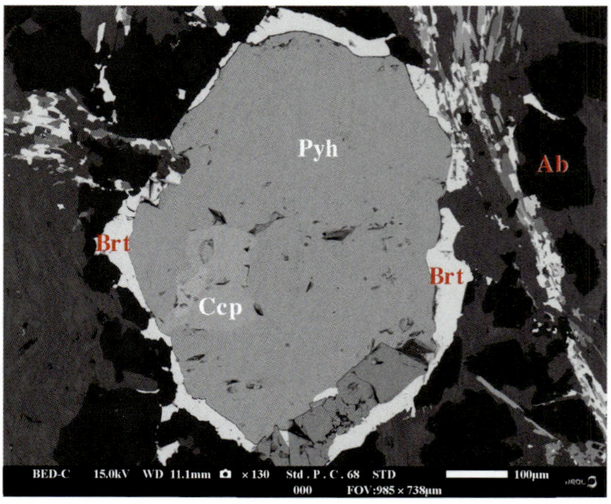

图 8-13 磁黄铁矿被重晶石包裹(BSE)

图 8-14、图 8-15 为主矿云母化白云石型铌稀土矿石中的磁黄铁矿。磁黄铁矿呈不规则状分布，并包裹闪锌矿、与黄铜矿紧密共生，或呈网脉状分布，颗粒较粗，粒径为 0.20～0.50mm。

共伴生矿物：白云石、金云母、磁铁矿、方铅矿、闪锌矿、黄铜矿、独居石、铌铁矿、方解石等。

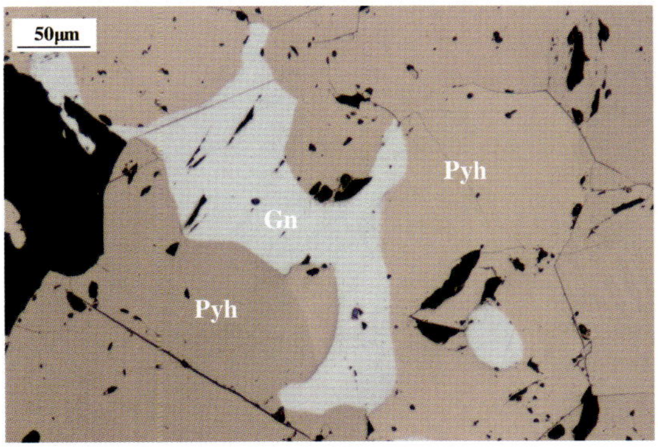

图 8-14 磁黄铁矿(Pyh)包裹方铅矿(Gn)，反射多色性明显(反射光)

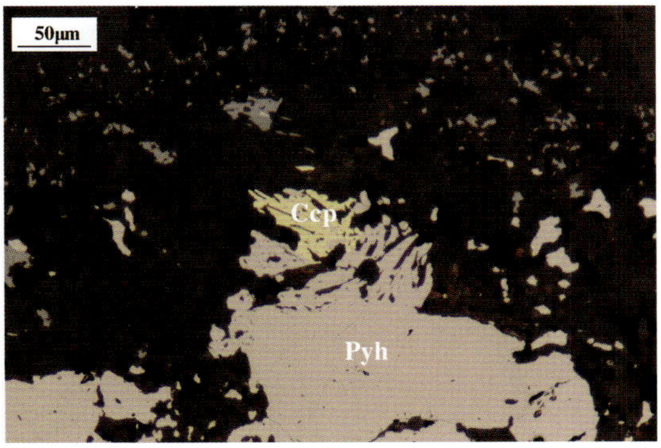

图 8-15 磁黄铁矿与黄铜矿(Ccp)(反射光)

图 8-16、图 8-17 为西矿钠闪石型铌稀土铁矿石中的磁黄铁矿。磁黄铁矿呈长板状与钠闪石相间并定向分布，颗粒粗大。

共伴生矿物：钠闪石、黄铁矿、磁铁矿、钛铁矿、独居石、易解石、包头矿等。

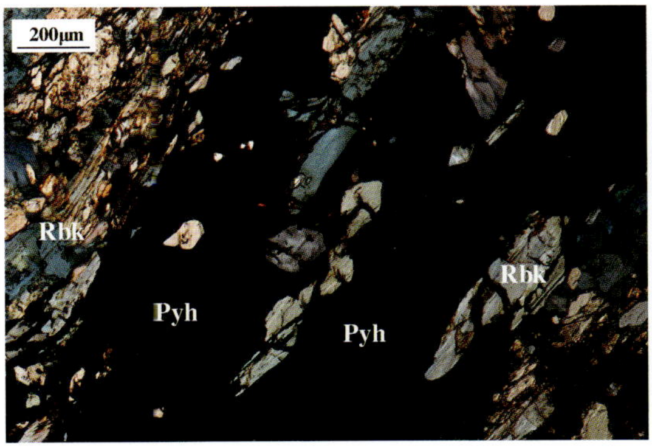

图 8-16 与钠闪石(Rbk)紧密共生的磁黄铁矿(单偏光)

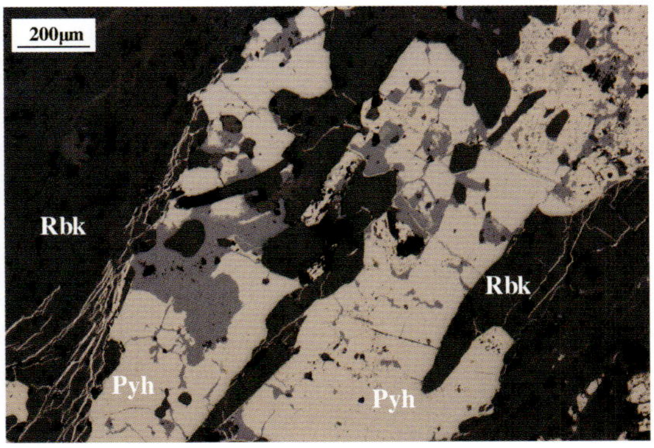

图 8-17 板状磁黄铁矿与钠闪石(反射光)

图 8-18、图 8-19 为东矿黑云母型铌稀土铁矿石中的磁黄铁矿。它与黄铁矿紧密共生或与磁铁矿相间分布，多呈不规则粒状或半自形板状分布，粒径不均，为 0.05～0.50mm。图 8-19 可见磁黄铁矿的偏光色，呈黄褐色-玫瑰棕色。

共伴生矿物：黑云母、磁铁矿、黄铁矿、闪锌矿、磷灰石、褐帘石、褐钇铌矿、独居石、氟碳铈矿、重晶石、长石、石英等。

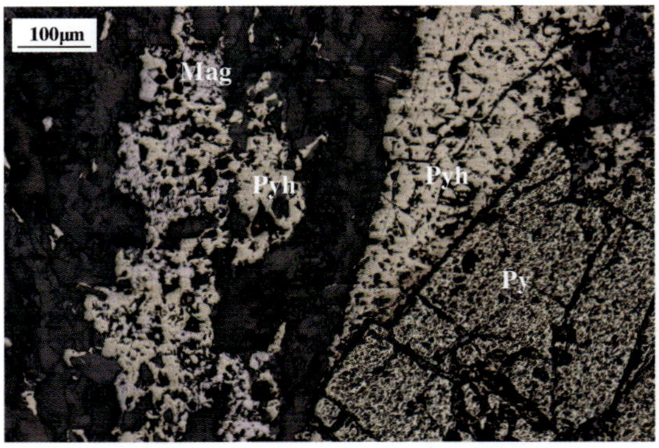

图 8-18 磁黄铁矿(Pyh)与黄铁矿(Py)、磁铁矿(Mag)(反射光)

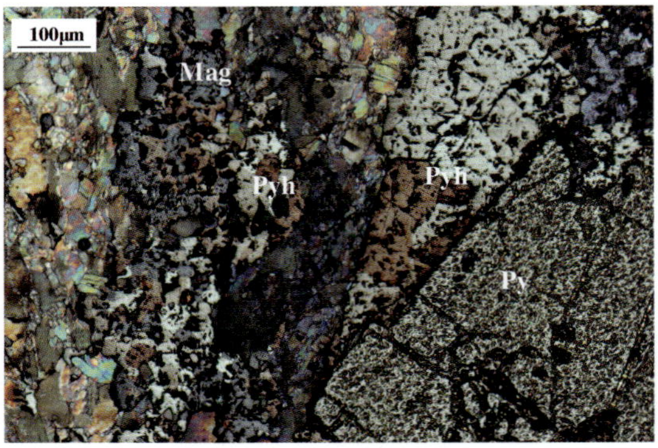

图 8-19 磁黄铁矿的偏光色呈黄色-玫瑰棕色(反射正交)

根据电子探针测试结果平均值(表 8-4),以 S=1 为基数,计算化学式:$Fe_{0.83}S$;或以 S=8 为基数,计算化学式:$Fe_{6.66}S_8$。

表 8-4 磁黄铁矿电子探针测试结果 单位:w_t/%

成分	测试点 P1	测试点 P2	测试点 P3	平均值
Fe	58.65	59.25	58.71	58.87
Zn	0.02	0.00	0.01	0.01
Cu	0.00	0.00	0.01	0.00
S	40.51	40.38	40.37	40.42
总计	99.18	99.63	99.10	99.30

三、闪锌矿族

闪锌矿 Sphalerite

ZnS

化学组成:Zn 67.10%,S 32.90%。化学组成中常含 Fe、Mn、Ge、In、Ga、Tl 的类质同象混入。

晶体结构:等轴晶系,空间群为 $F\bar{4}3m$。$a_0=5.406$Å,$Z=4$。晶体结构为立方面心格子,Zn 离子分布于晶胞之角顶及所有面的中心,S 位于晶胞所分成的四个 1/8 小立方体的中心。也可视为 S 离子作立方最紧密堆积,Zn 离子充填在半数四面体空隙中。

形态:六四面体晶形,$T_d-\bar{4}3m(3L_i^4 4L^3 6P)$。晶体常呈四面体或与立方体、菱形十二面体组成聚形,一般呈粒状集合体分布。

物理性质:无色、黄色、橘黄色、浅棕-深褐色、红棕色、黑色等,透明-半透明,条痕淡黄色-棕色,树脂光泽、金刚光泽,贝壳状断口,性脆,{011}解理完全。摩氏硬度 3.5~4,相对密度 3.9~4.1。

显微镜下特征:透射光下呈浅棕色、橘黄色、棕褐色、棕红色、暗红色,均质性,$N=2.369$。反射光下呈灰色微带褐色调,反射率(白光)$R=17.5\%$。无多色性,内反射色为浅黄、棕黄、褐黄、暗红、红褐色等。含 Fe 越高,则颜色越深,反射率越高。

在白云鄂博矿床中，闪锌矿是分布较广的硫化物矿物之一，且多为含铁闪锌矿。闪锌矿颜色与 Fe 含量有关，当 Fe 含量渐高时，其颜色也越深，从浅黄色到橘黄色、棕红色、深棕红色，条痕也由白色到褐色。含 Fe 达到 25%时，称为黑闪锌矿，属于闪锌矿富 Fe 的变种。

闪锌矿通常形成于各种热液成因矿床中，其成分与形成条件的关系也较复杂。一般而言，在高温条件下形成的闪锌矿，Fe 和 Mn 含量较高，并形成铁闪锌矿，与磁黄铁矿、黄铁矿等矿物共生。在中低温热液矿床中则常与方铅矿共生。

在闪锌矿中，Fe^{2+}的配位数是 4，在磁黄铁矿中其配位数是 6，所以压力增高也会提升磁黄铁矿的稳定性而降低闪锌矿中 Fe 的含量；同样，S 浓度的增高也会降低闪锌矿中 Fe 的含量，其反应式：$2(Zn_{0.5}Fe_{0.5})S+S=ZnS+FeS_2$。

1. 黑云母化白云石型铌稀土铁矿石中的闪锌矿

样品采自主矿。闪锌矿呈浅棕色半自形-他形粒状分布，反射光下可见闪锌矿中包裹细粒不规则状磁黄铁矿，从电子探针测试结果（表 8-5）看，本样品中的闪锌矿含 Fe 较低，所以透射光下颜色较浅，粒径为 0.05～0.30mm（图 8-20、图 8-21）。

共伴生矿物：白云石、黑云母、磁铁矿、萤石、氟碳铈矿、氟碳钙铈矿、易解石、铌铁矿、烧绿石、磷灰石等。

根据电子探针测试结果平均值，以 S=1 为基数，计算化学式：$(Zn_{0.94}Fe_{0.02})_{\Sigma 0.96}S$。

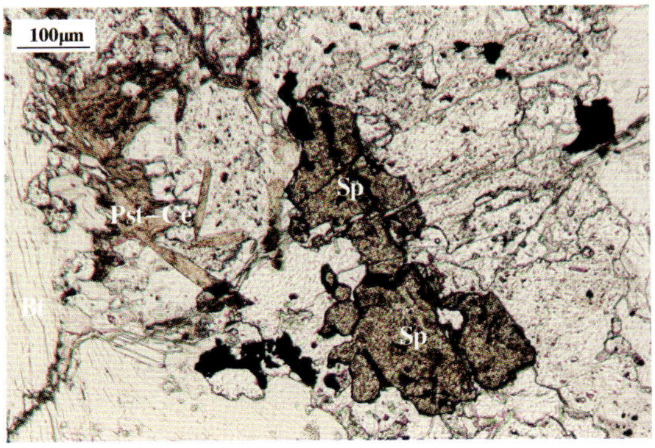

图 8-20　浅棕色的闪锌矿(Sp)(单偏光)

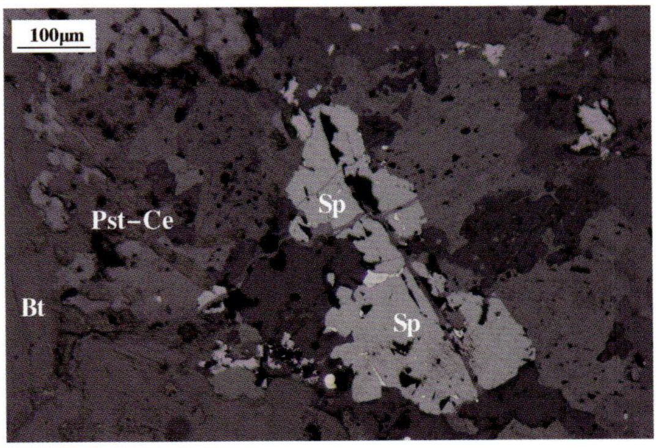

图 8-21　闪锌矿(反射光)

表 8-5　闪锌矿电子探针测试结果　　单位：w_t/%

成分	测试点 P1	测试点 P2	测试点 P3	平均值
S	33.62	33.80	33.97	33.80
Zn	64.29	64.81	64.61	64.57
Fe	1.41	1.23	1.30	1.31
Mn	0.04	0.01	0.07	0.04
总计	99.36	99.85	99.95	99.72

2. 黑云母型铌稀土铁矿石中的闪锌矿

样品采自东矿钻孔。闪锌矿呈不规则粒状与黄铁矿、磁铁矿紧密相间分布，颜色为棕黄色-棕红色，在正交偏光下显均质，在反射光下比磁铁矿稍暗且显灰棕色，内反射色为棕红色，粒径为 0.10～0.25mm(图 8－22 至图 8－25)。

共伴生矿物：黑云母、磷灰石、褐帘石、磁铁矿、磁黄铁矿、黄铁矿、黄铜矿、褐钇铌矿、钍石、独居石、重晶石、长石、石英等。

图 8－22　闪锌矿(Sp)与磁黄铁矿(Pyh)(单偏光)

图 8－23　闪锌矿的均质性(正交偏光)

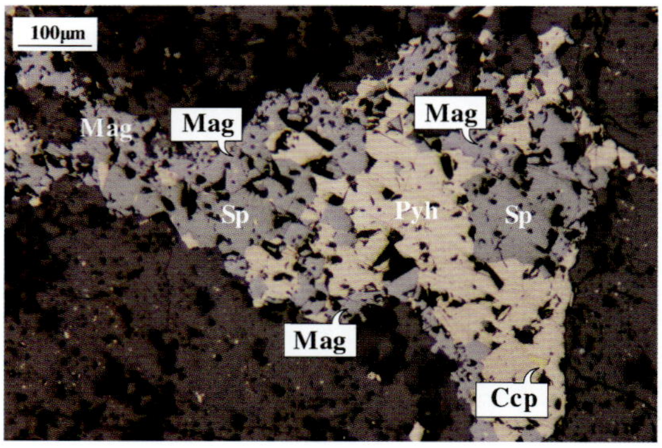

图 8－24　闪锌矿与磁黄铁矿、磁铁矿(Mag)(反射光)

图 8－25　闪锌矿的棕红色内反射色(反射正交)

电子探针测试结果(表 8－6)显示，Fe 含量平均值为 8.06%。

根据电子探针测试结果平均值，计算化学式：$(Zn_{0.87}Fe_{0.14}Mn_{0.02})_{\Sigma 1.03}S$。

表 8－6　闪锌矿电子探针测试结果　　单位：w_t/%

成分	测试点 P1	测试点 P2	测试点 P3	平均值
S	32.95	32.87	32.76	32.86
Zn	57.90	58.51	57.77	58.06
Fe	8.10	8.17	7.91	8.06
Mn	1.08	1.08	1.18	1.11
总计	100.03	100.63	99.62	100.09

3. 金云母化白云石型铌稀土铁矿石中的闪锌矿

样品采自主矿钻孔。闪锌矿呈不规则粒状分散分布于白云石间，或与磁黄铁矿、方铅矿等紧密共生，粒径为0.05～0.25mm，颜色为橘红色、棕红色、深红色，在正交偏光下显均质性，反射正交下显棕红色内反射色(图8－26至图8－29)。

共伴生矿物：白云石、方解石、金云母、磁铁矿、磁黄铁矿、方铅矿、黄铜矿、独居石、铌铁矿等。

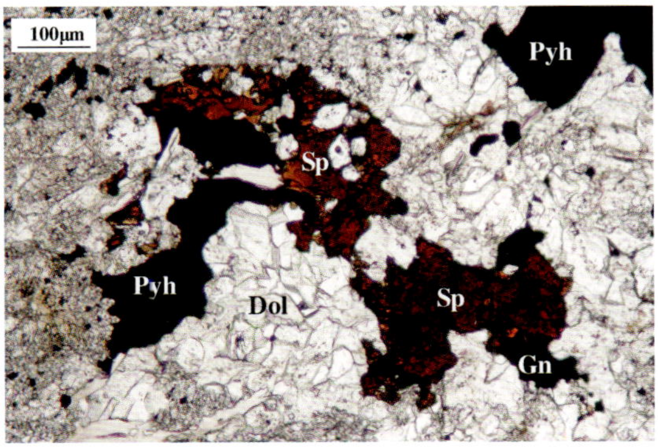

图8－26 棕红色闪锌矿(Sp)与磁黄铁矿(Pyh)、方铅矿(Gn)分布于白云石(Dol)间

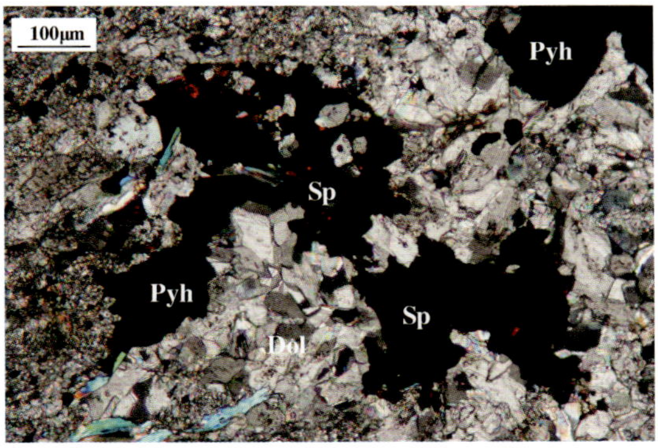

图8－27 闪锌矿的均质性(正交偏光)

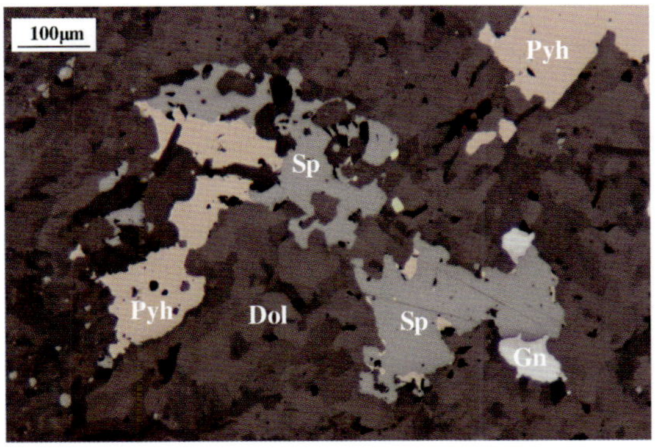

图8－28 闪锌矿与磁黄铁矿、方铅矿(反射光)

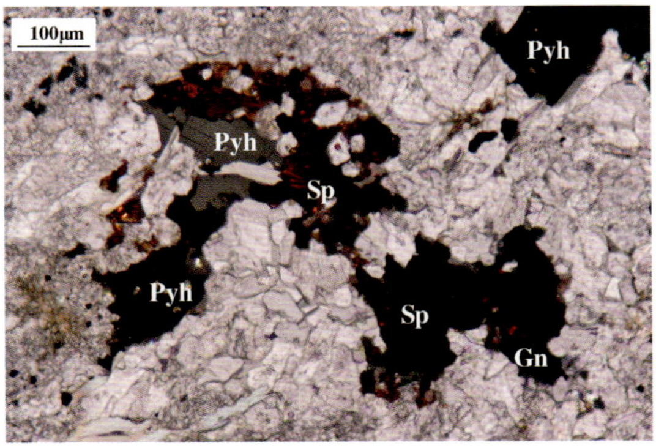

图8－29 闪锌矿的棕红色内反射色(反射正交)

根据电子探针测试结果平均值(表8－7)，以S=1为基数，计算化学式：$(Zn_{0.80}Fe_{0.14}Mn_{0.02})_{\Sigma 0.96}S$。

表8－7 闪锌矿电子探针测试结果 单位：$w_t/\%$

成分	测试点P1	测试点P2	测试点P3	测试点P4	测试点P5	平均值
S	34.50	34.57	34.73	33.72	34.17	34.34
Zn	56.08	56.12	55.89	56.71	55.51	56.06
Mn	0.88	1.07	0.97	1.13	1.70	1.15
Fe	8.45	8.37	8.32	8.35	8.56	8.41
总计	99.91	100.13	99.91	99.91	99.94	99.96

4. 钠闪石型铌稀土铁矿石的闪锌矿

样品采自主矿，属于钠闪石型铌稀土铁矿石。闪锌矿呈棕红-暗红色，不规则粒状分布，在反射光下闪锌矿与磁铁矿反射率相近，闪锌矿稍显灰色，粒径一般为 0.05～0.20mm(图 8-30、图 8-31)。图 8-32 为其 BSE 图像(方向不同)，相比较闪锌矿比磁铁矿颜色浅，图 8-33 能谱图显示闪锌矿中含 Fe、Mn。

共伴生矿物：钠闪石、磁铁矿、黄铁矿、方铅矿、硅钡锰钛石、萤石、独居石、方解石、重晶石等。

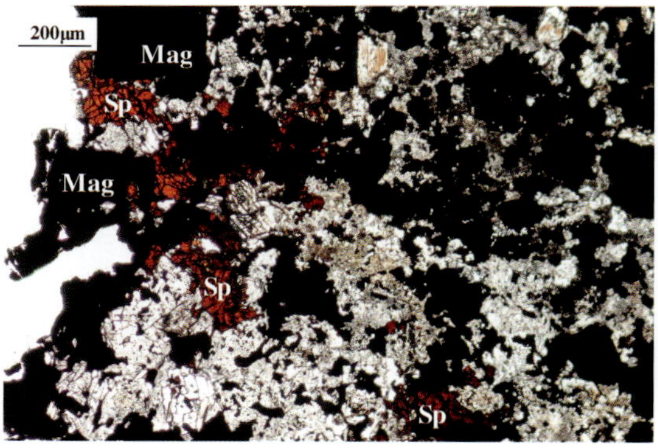

图 8-30 闪锌矿(Sp)与磁铁矿(Mag)(单偏光)

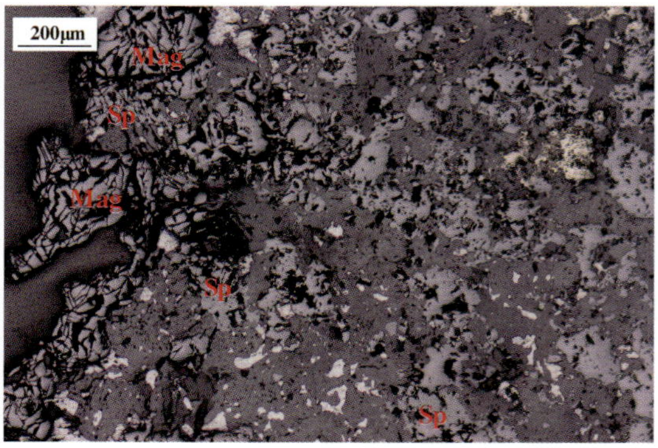

图 8-31 闪锌矿与磁铁矿(反射光)

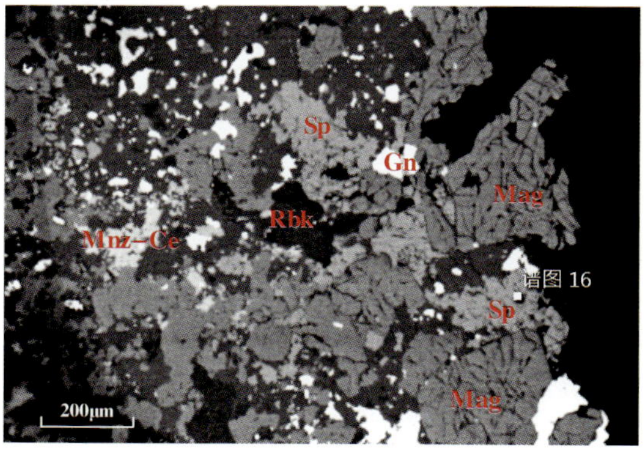

图 8-32 闪锌矿与磁铁矿(BSE)

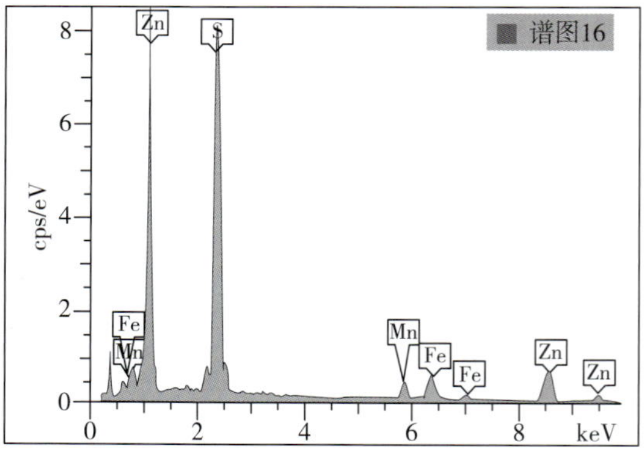

图 8-33 含 Fe、Mn 的闪锌矿能谱图

电子探针测试结果(表 8-8)显示，Fe、Mn 平均含量分别为 9.54%和 7.29%。根据电子探针测试结果平均值，以 S=1 为基数，计算化学式：$(Zn_{0.69}Fe_{0.16}Mn_{0.12})_{\Sigma 0.97}S$。

表 8-8 铁闪锌矿电子探针分析测试结果 单位：w_t/%

成分	测试点 P1	测试点 P2	测试点 P3	测试点 P4	平均值
S	34.65	34.09	35.04	35.01	34.70
Zn	50.66	50.41	46.52	47.00	48.65
Fe	8.75	8.65	10.30	10.46	9.54

续表

成分	测试点 P1	测试点 P2	测试点 P3	测试点 P4	平均值
Mn	5.79	6.18	9.09	8.09	7.29
总计	99.85	99.33	100.95	100.56	100.18

5. 绿泥石片岩中的闪锌矿

样品采自主矿。闪锌矿呈棕黄色分布于鲕绿泥石矿物间，在正交偏光下显均质性，反射色为灰棕色，内反射色为黄棕色，粒径为 0.05～0.10mm(图 8－34 至图 8－37)。

共伴生矿物：鲕绿泥石、长石、独居石、褐帘石等。

图 8－34　棕黄色闪锌矿(Sp)分布于鲕绿泥石(Chm)间(单偏光)

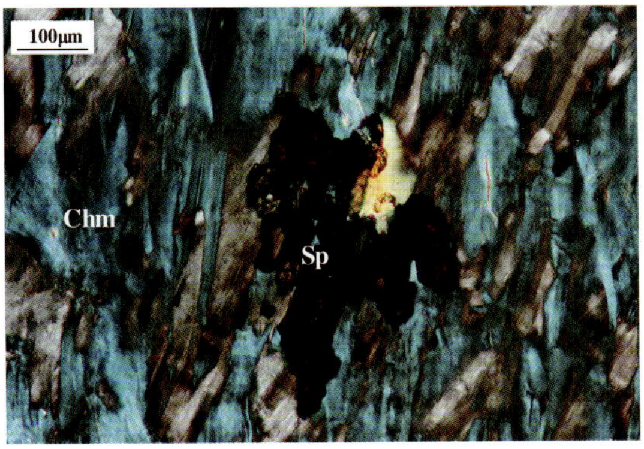

图 8－35　闪锌矿显均质性(正交偏光)

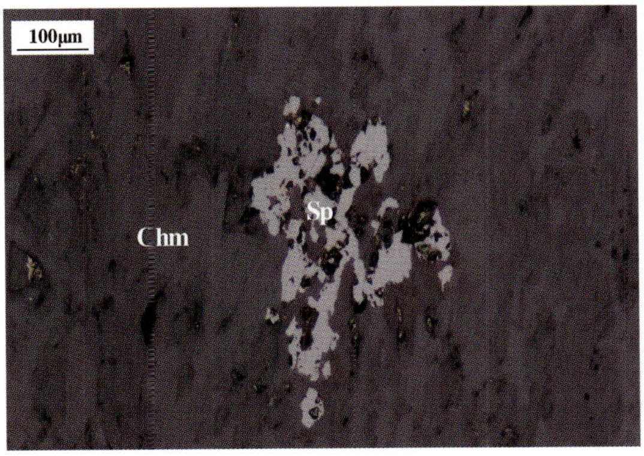

图 8－36　闪锌矿的灰棕色反射色(反射光)

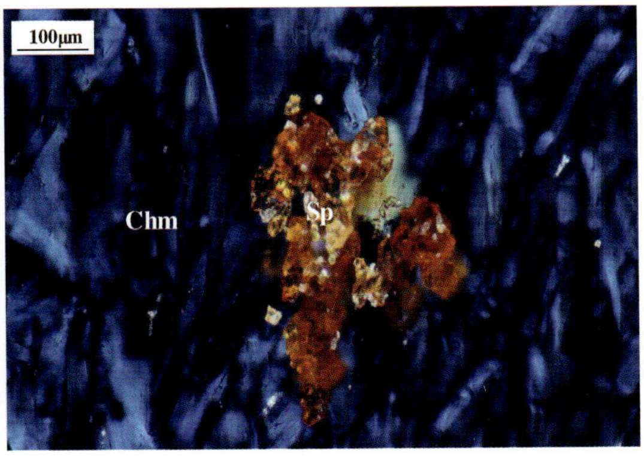

图 8－37　闪锌矿的棕黄色内反射色(反射正交)

6. 白云石型铌稀土矿石中的闪锌矿

样品采自西矿。闪锌矿与铌铁矿共同交代黄铁矿，磁铁矿则分布于黄铁矿边缘，反射光下这三种矿物对比其反射色略有差别，磁铁矿显棕色，闪锌矿显灰色，铌铁矿显偏亮或偏蓝的灰色(图 8－38)，反射正交下黄铁矿、磁铁矿显均质性，闪锌矿可见红棕色内反射色，铌铁矿具非均质性且内反射透红(图 8－39)。

共伴生矿物：白云石、黑云母、独居石、磁铁矿、钛铁矿、铌铁矿、黄铁矿、磁黄铁矿等。

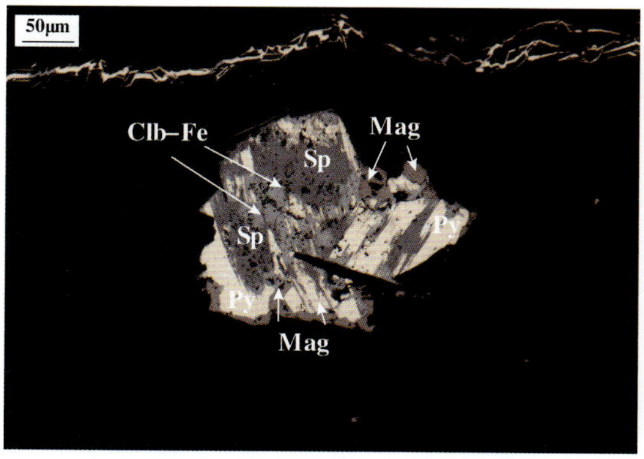

图 8－38　磁铁矿(Mag)、闪锌矿(Sp)、铌铁矿(Clb－Fe)的反射色(反射光)

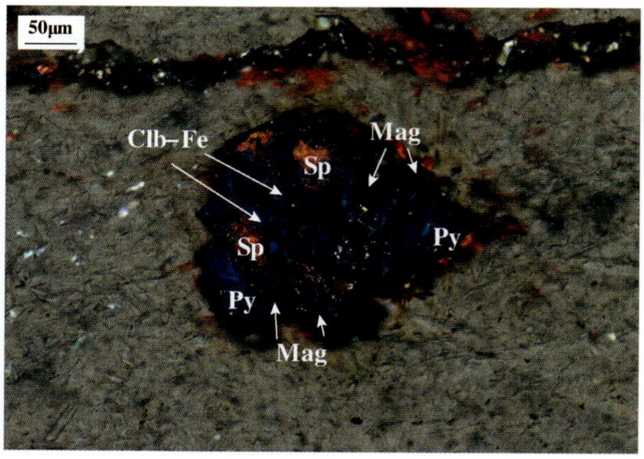

图 8－39　闪锌矿的红棕色内反射色，铌铁矿具非均质性且内反射透红(反射正交)

四、方铅矿族

方铅矿　Galena

PbS

化学组成：Pb 86.60%，S 13.40%。常含 Ag、Bi、Sb、Se 等元素。

晶体结构：等轴晶系，空间群为 $Fm3m$。$a_0=5.9362$Å，$Z=4$。氯化钠型结构。

形态：六八面体晶形，$O_h-m3m(3L^4 4L^3 6L^2 9PC)$。晶体常呈立方体和八面体状，一般呈致密块状、粒状集合体分布。

物理性质：铅灰色，不透明，条痕铅灰色，金属、半金属光泽，性脆，{001}解理完全。摩氏硬度 2.5，相对密度 7.60。

显微镜下特征：反射光下呈纯白色，无反射多色性，反射率(白光)$R=43.2\%$。均质性，无内反射。

白云鄂博方铅矿晶胞参数：$a_0=5.934$Å，$b_0=5.934$Å，$c_0=5.934$Å。

白云鄂博方铅矿样品 X 射线粉晶衍射数据见表 8－9。

表 8－9　白云鄂博方铅矿 X 射线粉晶衍射数据

No.	2θ/(°)	d/Å	I/Io
1	25.975	3.4275	34.4
2	30.096	2.9669	100.0
3	43.077	2.0982	25.4
4	51.001	1.7892	19.3
5	62.562	1.4835	9.3

方铅矿(图 8-40)产于各种类型矿石中，但仅在局部富集，与磁铁矿、磁黄铁矿、黄铁矿、闪锌矿、萤石、白云石、独居石、氟碳铈矿、钠闪石、重晶石等矿物共生。

图 8-40　方铅矿手标本

图 8-41 至图 8-46 为主矿重晶石矿石样品中的方铅矿，颗粒粗大，可见三组解理构成的黑三角，部分自形-半自形的黄铁矿分布于方铅矿中，重晶石与方铅矿紧密接触共生，粒径为 0.20～2.00mm。

共伴生矿物：重晶石、黄铁矿、方解石、霓石等。

图 8-47、图 8-48 为主矿黑云母型铌稀土铁矿石中的方铅矿，方铅矿与闪锌矿、钛铁矿、磁铁矿等紧密共生，或被包裹于闪锌矿中，方铅矿间有磁黄铁矿分布。

共伴生矿物：黑云母、白云石、磁铁矿、磁黄铁矿、闪锌矿、钛铁矿、氟碳铈矿、独居石、易解石等。

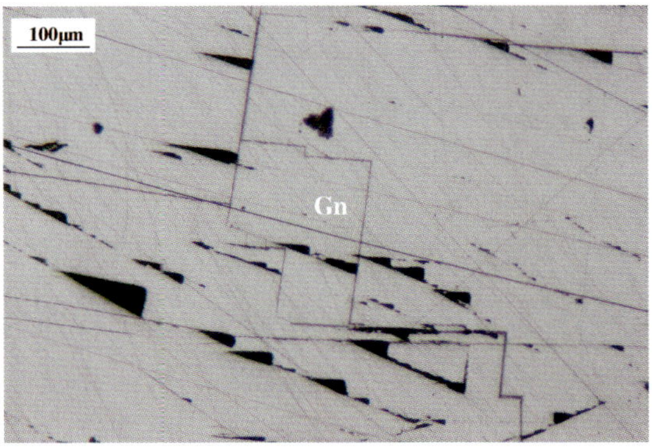

图 8-41　方铅矿(Gn)三组解理构成的黑三角孔（反射光）

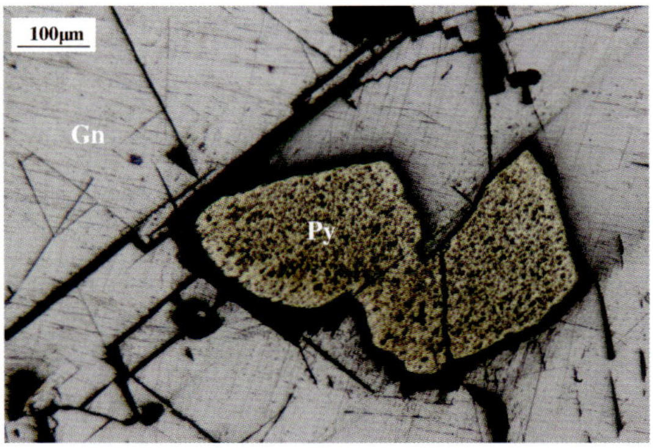

图 8-42　方铅矿中包裹的黄铁矿(Py)(反射光)

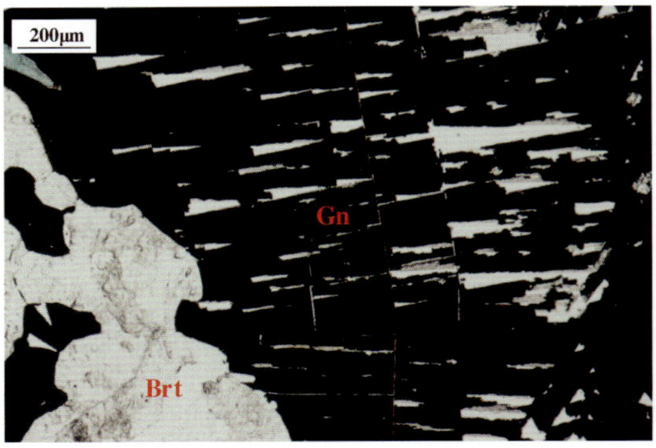

图 8-43　方铅矿与重晶石(Brt)(单偏光)

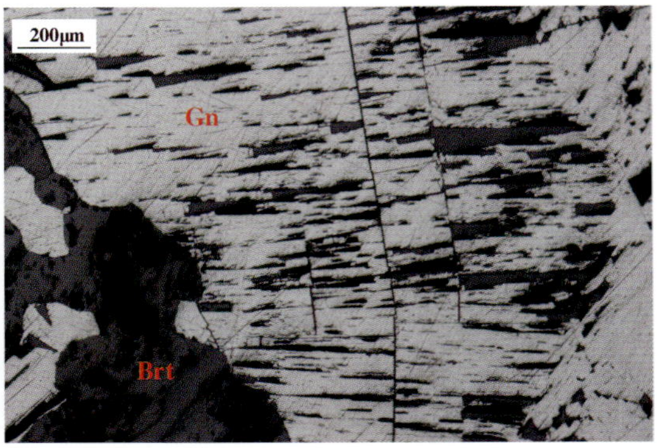

图 8-44　方铅矿与重晶石(反射光)

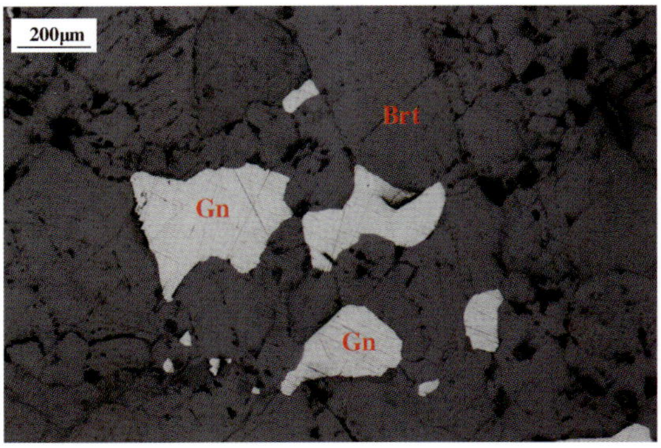

图 8-45　重晶石中的方铅矿(反射光)

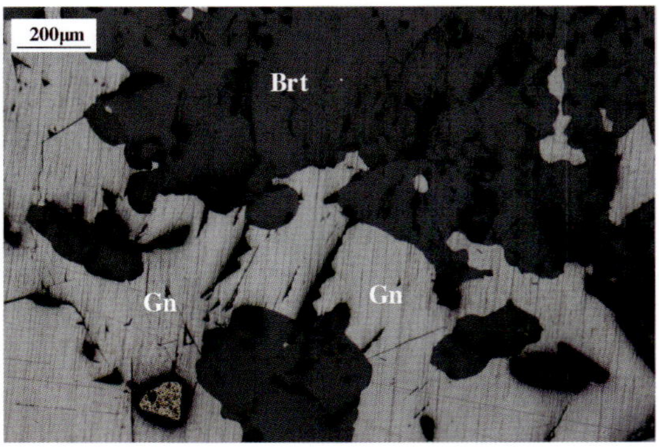

图 8-46　方铅矿与重晶石紧密共生(反射光)

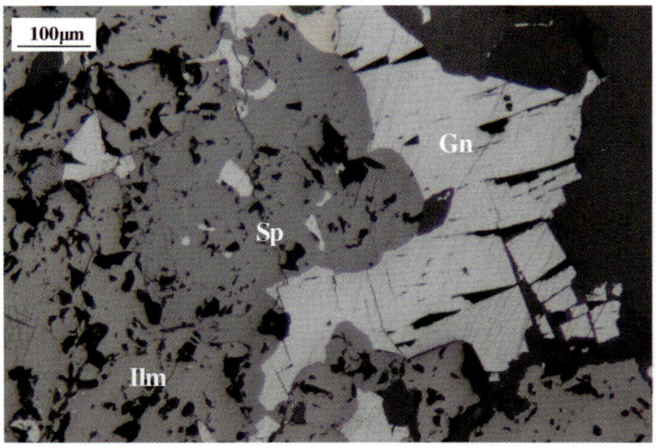

图 8-47　方铅矿与闪锌矿(Sp)、钛铁矿(Ilm)紧密共生(反射光)

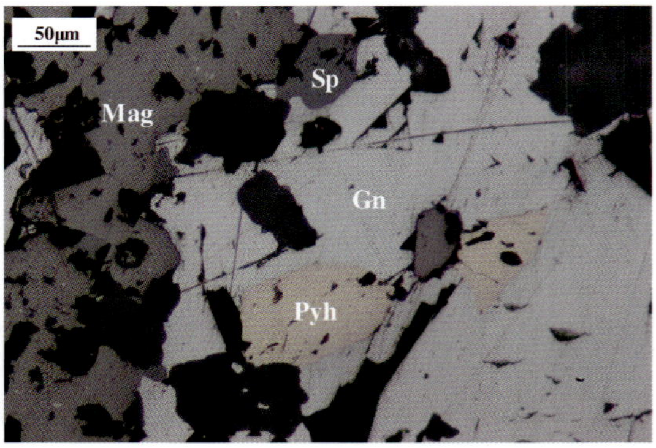

图 8-48　方铅矿与磁铁矿(Mag)、闪锌矿、磁黄铁矿(Pyh)紧密共生(反射光)

图 8-49 至图 8-52 为主矿黑云母化白云石型铌稀土铁矿石中的方铅矿。方铅矿呈不规则状粒状与磁黄铁矿紧密共生，粒径为 0.05～0.20mm。反射光下亮白色，反射正交下显均质性，磁黄铁矿则具反射多色性和强非均质性，并可见暗灰色、棕红色偏光色。

共伴生矿物：白云石、黑云母、磁铁矿、磁黄铁矿、闪锌矿、黄铜矿、独居石、氟碳铈矿、铌铁矿、长石、方解石等。

图 8－49 方铅矿(Gn)的亮白色反射色，磁黄铁矿(Pyh)具反射多色性(反射光)

图 8－50 方铅矿显均质性，磁黄铁矿显较强的非均质性(反射正交)

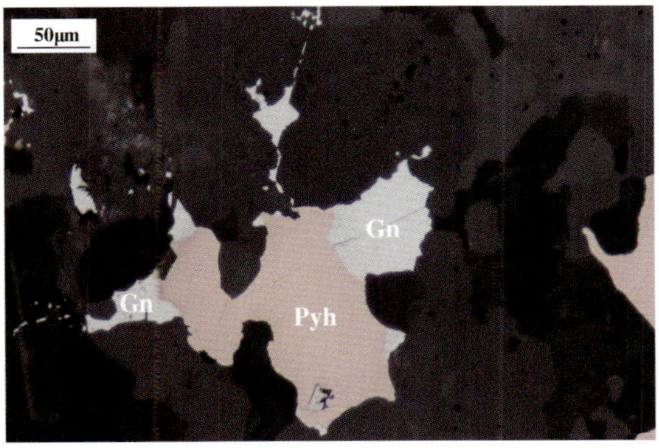

图 8－51 方铅矿与磁黄铁矿紧密共生(反射光)

图 8－52 方铅矿显均质性，磁黄铁矿的偏光色(暗灰色、棕红色)(反射正交)

图 8－53、图 8－54 为东矿钻孔样品，属于白云石型条带状铌稀土铁矿石。BSE 图像中可见方铅矿的解理构成的黑三角并包裹自然铋。

共伴生矿物：白云石、萤石、方解石、烧绿石、褐钇铌矿、独居石、钛铁矿、磁铁矿、赤铁矿、磁黄铁矿、氟镁石、自然铋、闪锌矿等。

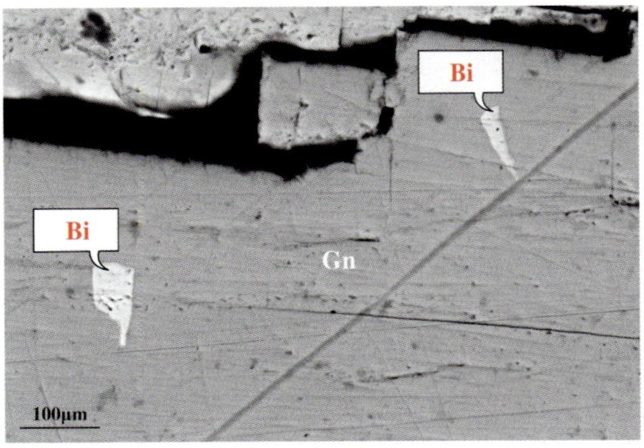

图 8－53 方铅矿(Gn)中包裹自然铋(Bi)(BSE)

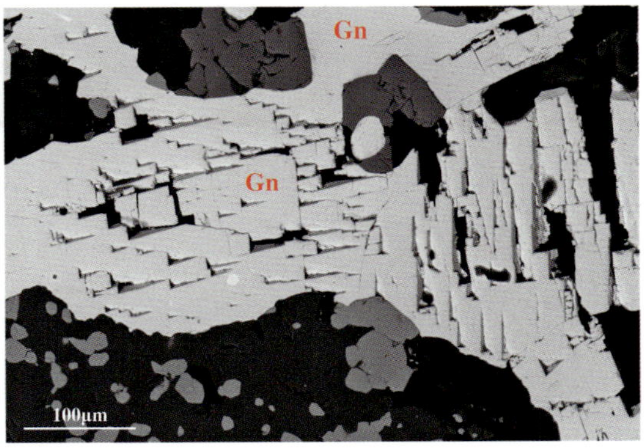

图 8－54 方铅矿三组解理构成的黑三角(BSE)

根据电子探针测试结果平均值(表 8－10)，以 S＝1 为基数，计算化学式：$(Pb_{0.97}Fe_{0.01})_{\Sigma 0.98}S$。

表 8－10　方铅矿电子探针测试结果　　单位：w_t/%

成分	测试点 P1	测试点 P2	平均值
Pb	85.61	86.12	85.87
Fe	0.21	0.30	0.26
S	13.66	13.70	13.68
Mn	0.04	0.01	0.02
总计	99.52	100.13	99.83

五、黄铜矿族

黄铜矿　Chalcopyrite

$CuFeS_2$

化学组成：Fe 30.42%，Cu 34.64%，S 34.94%。常有 Mn、As、Sb、Ag、Zn、In、Bi 的混入。

晶体结构：四方晶系，空间群为 $I\bar{4}2d$。a_0＝5.289Å，c_0＝10.423Å，Z＝4。

形态：四方偏三角面体、四方四面体、四方双锥等晶形，$D_{2d}-\bar{4}2m(L_i^4 2L^2 2P)$。晶体比较少见。

物理性质：铜黄色，不透明，条痕绿黑色，金属光泽，性脆。摩氏硬度 3.5～4，相对密度 4.1～4.3。

显微镜下特征：反射光下呈铜黄色，反射率(白光)R＝44%～46%。不显多色性，弱非均质性(带绿土黄色-带橙的土黄色)，常呈均质性，无内反射。

白云鄂博矿床黄铜矿比较少见，一般与磁黄铁矿紧密共生或分布于黄铁矿、闪锌矿等硫化物矿物间。

图 8－55 至图 8－58 为主矿黑云母化白云石型铌稀土铁矿石中的黄铜矿，黄铜矿呈不规则细粒状与磁黄铁矿、闪锌矿紧密共生，反射色与磁黄铁矿相比为较纯的浓黄色，反射率略高于磁黄铁矿，粒径为 0.02～0.05mm。

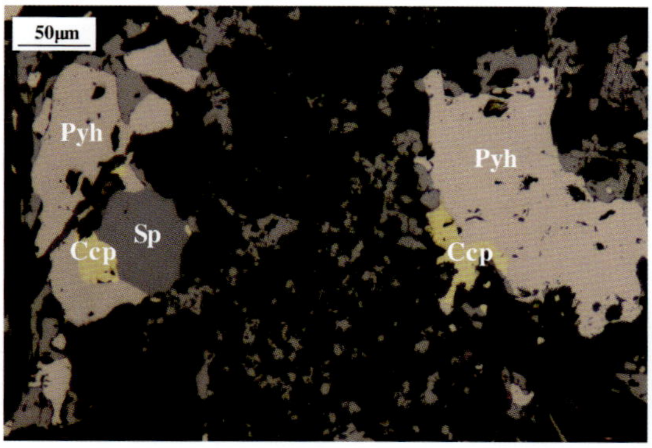

图 8－55　黄铜矿(Ccp)与磁黄铁矿(Pyh)、闪锌矿(Sp)紧密共生(反射光)

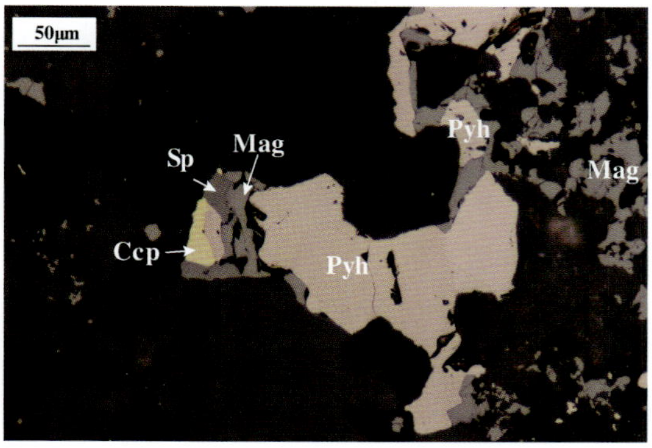

图 8－56　黄铜矿与磁黄铁矿、闪锌矿、磁铁矿(Mag)紧密共生(反射光)

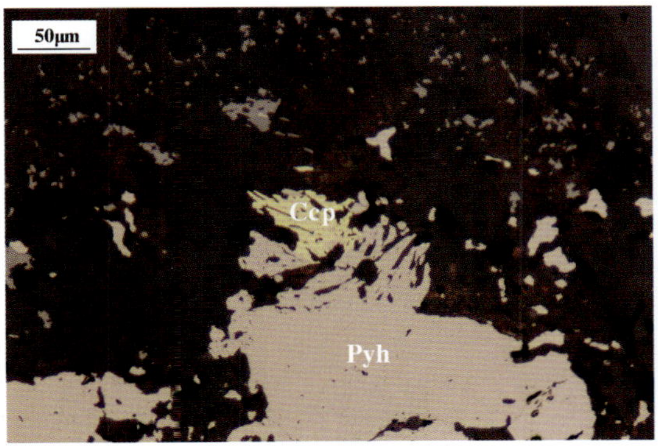

图 8-57 黄铜矿与磁黄铁矿(反射光)

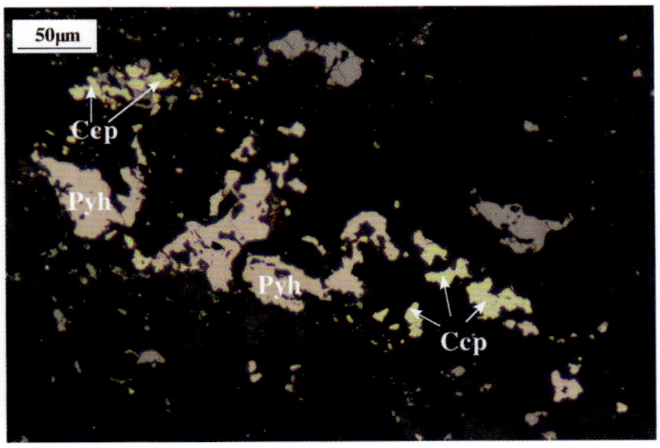

图 8-58 黄铜矿与磁黄铁矿(反射光)

共伴生矿物：白云石、方解石、黑云母、钠闪石、磁铁矿、闪锌矿、方铅矿、辉钼矿、氟碳铈矿、独居石等。

图 8-59 至图 8-62 为云母型铌稀土矿石中的黄铜矿。图 8-59、图 8-60 显示黄铜矿沿硅钡铁钛石边缘或解理缝分布，图 8-61、图 8-62 显示黄铜矿与闪锌矿、磁黄铁矿紧密共生并分布于金云母中，在反射正交下黄铜矿显均质性，磁黄铁矿显非均质性，闪锌矿可见棕红色内反射色，黄铜矿颗粒较细，粒径为 0.02～0.08mm。

共伴生矿物：金云母、钠长石、霓石、钠闪石、重晶石、硅钡铁钛石、钛铁矿、闪锌矿、磁铁矿、磁黄铁矿、氟碳铈钡矿、独居石、包头矿等。

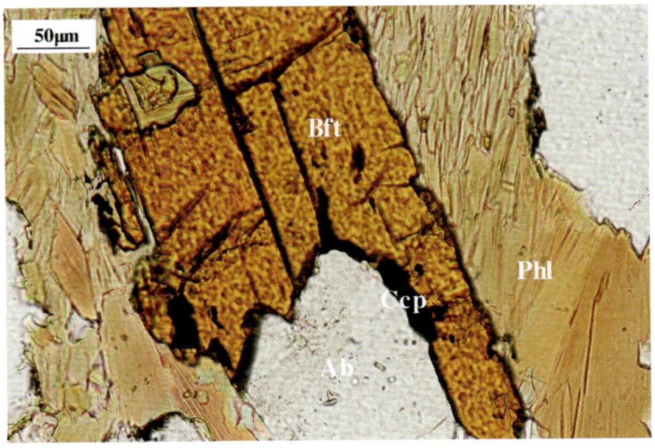

图 8-59 黄铜矿(Ccp)分布于硅钡铁钛石(Bft)边缘(单偏光)

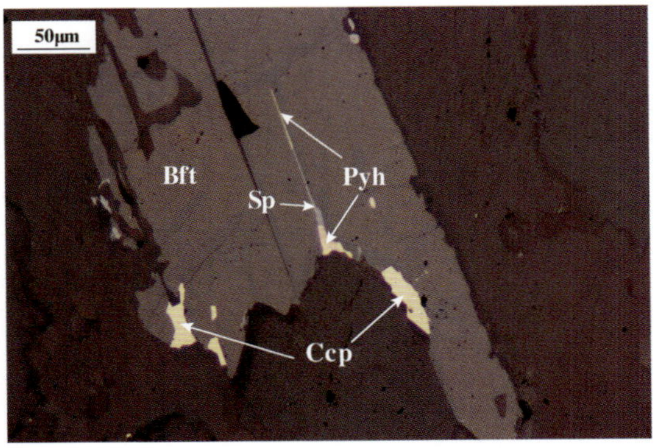

图 8-60 黄铜矿沿硅钡铁钛石边缘或解理缝分布(反射光)

图 8-63、图 8-64 为西矿钠闪石型铌稀土铁矿石中的黄铜矿，黄铜矿呈不规则粒状分布于磁黄铁矿与易解石矿物间，或呈细粒状分布于闪锌矿中，粒径为 0.01～015mm。

共伴生矿物：钠闪石、黄铁矿、磁黄铁矿、闪锌矿、方铅矿、磁铁矿、钛铁矿、独居石、易解石、包头矿等。

图 8-65、图 8-66 为黑云母型铌稀土铁矿石中的黄铜矿，呈固溶体结构分布于磁黄铁矿中，粒径为 0.01～0.06mm。

共伴生矿物：黑云母、磷灰石、褐帘石、磁铁矿、磁黄铁矿、黄铁矿、黄铜矿、褐钇铌矿、独居石、重晶石等。

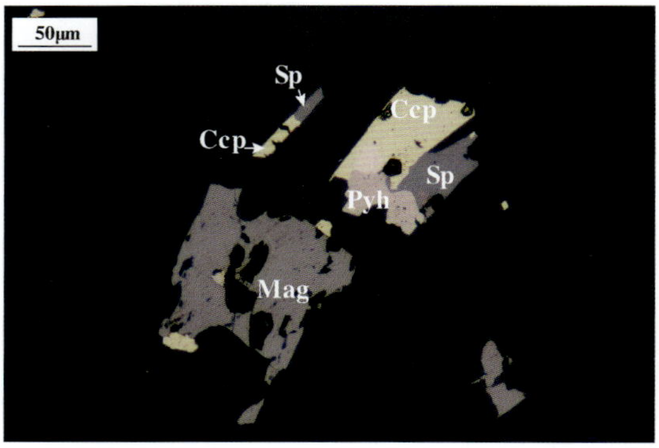

图 8-61　黄铜矿与磁黄铁矿(Pyh)、闪锌矿(Sp)紧密共生(反射光)

图 8-62　黄铜矿显均质性，磁黄铁矿显非均质性，闪锌矿有棕红色内反射色(反射正交)

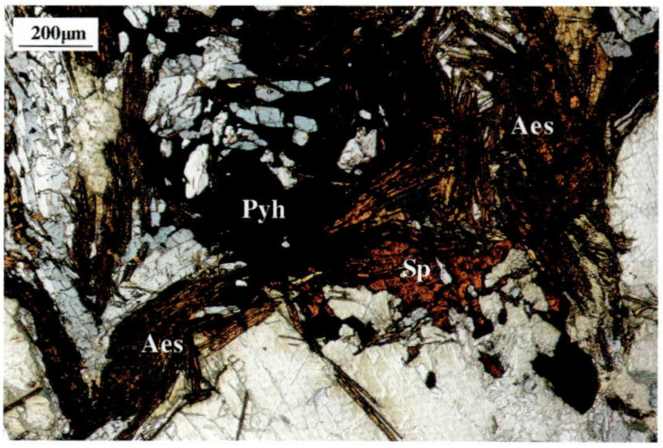

图 8-63　闪锌矿与易解石(Aes)、磁黄铁矿(单偏光)

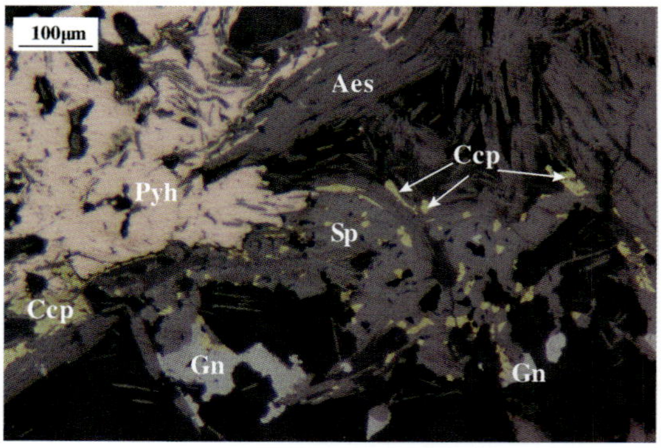

图 8-64　闪锌矿、方铅矿(Gn)、磁黄铁矿、易解石间分布的黄铜矿(反射光)

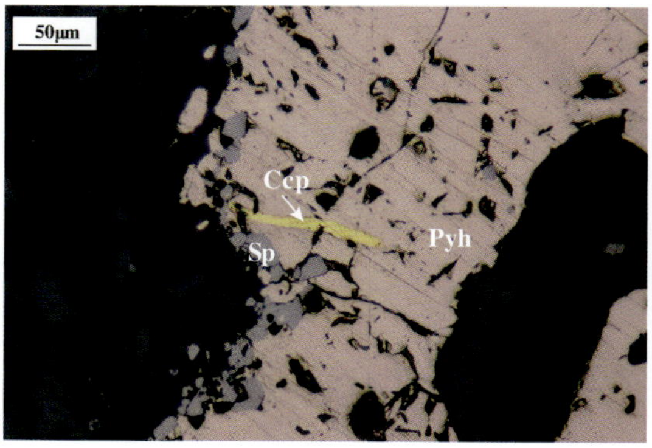

图 8-65　黄铜矿(Ccp)呈固溶体结构分布于磁黄铁矿中(反射光)

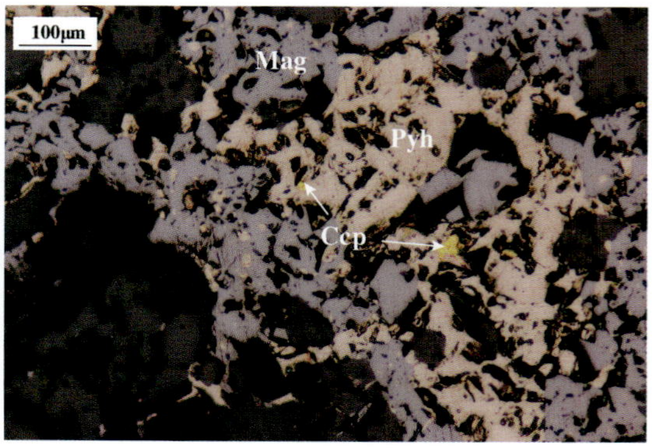

图 8-66　黄铜矿呈固溶体结构分布于磁黄铁矿中(反射光)

根据电子探针测试结果平均值(表 8-11),以 S=2 为基数,计算化学式:$(Cu_{1.01}Fe_{1.00}Zn_{0.01})_{\Sigma 2.02}S_2$。

表 8-11 黄铜矿矿电子探针测试结果 单位:$w_t/\%$

成分	测试点 P1	测试点 P2	测试点 P3	测试点 P4	测试点 P5	平均值
S	34.46	34.78	34.14	35.15	34.88	34.68
Cu	34.94	34.92	34.86	34.29	34.72	34.75
Fe	29.62	29.85	30.10	30.70	30.87	30.23
Zn	0.53	0.25	0.22	0.03	0.05	0.22
Mn	0.02	0.01	0.00	0.02	0.02	0.01
总计	99.57	99.81	99.32	100.19	100.54	99.89

六、辉钼矿族

辉钼矿 Molybdenite

MoS_2

化学组成:Mo 59.94%,S 40.06%。常有 Re、Os、Pt、Pd 等类质同象混入,Se 可替代 S。

晶体结构:六方晶系,空间群为 $P6_3/mmc$。$a_0=3.16$Å,$c_0=12.3$Å,$Z=2$。

形态:复六方双锥晶形,$D_{6h}-6/mmm(L^6 6L^2 7PC)$。晶体呈平行{0001}的六方板状、片状,集合体通常呈片状或鳞片状。

物理性质:钢灰色、灰色,不透明、金属光泽,条痕为亮铅灰色,釉瓷板上为微带绿的灰黑色,韧性好,{0001}极完全解理。摩氏硬度 1~1.5,相对密度 4.62~4.73。

显微镜下特征:一轴晶(-),$N_o=4.336$,$N_e=2.03$。反射光下呈灰白色,多色性强(灰白-灰带淡蓝色),反射率(白光)$R=15.2\%\sim37\%$。强非均质性,在 45°位置时白色微带淡粉黄色,不显内反射。

白云鄂博辉钼矿晶胞参数:$a_0=3.160$Å,$b_0=3.160$Å,$c_0=12.291$Å。

白云鄂博辉钼矿样品 X 射线粉晶衍射数据见表 8-12。

表 8-12 白云鄂博辉钼矿 X 射线粉晶衍射数据

No	$2\theta/(°)$	d /(Å)	I/Io
1	8.824	10.0133	11.8
2	14.401	6.1455	100.0
3	26.623	3.3455	45.0
4	29.517	3.0238	26.9
5	39.538	2.2775	29.3

辉钼矿(图 8－67)在白云鄂博矿区含量较少，仅在局部地段富集。白云石型、钠闪石型、黑云母型矿石及硫化物细脉中均有产出。

图 8－67　辉钼矿手标本

白云石型铌稀土矿石中的辉钼矿

样品采自西矿。黑云母、稀土矿物及黄铁矿、磁黄铁矿、辉钼矿组成的条带呈脉状或浸染状侵入，并沿某一方向定向分布，局部与白云石相间，脉宽为 0.50～2.00mm，辉钼矿呈自形-半自形片状晶产出，稀疏浸染状定向分布。在透射光下为黑色，反射率较高，反射多色性较强，具强非均质性，矿物粒径(长轴)为 0.05～0.15mm(图 8－68 至图 8－75)。

共伴生矿物：白云石、黑云母、独居石、磁铁矿、黄铁矿、磁黄铁矿、铌铁矿等。

图 8－68　辉钼矿(Mol)的反射色(反射光)

图 8－69　辉钼矿的偏光色(反射正交)

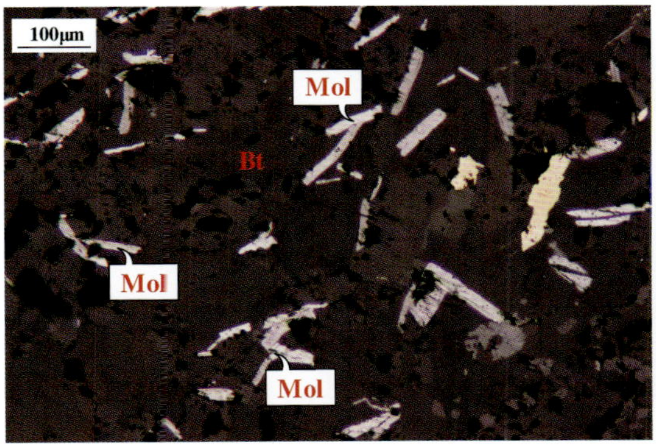

图 8-70　辉钼矿的反射色(反射光)

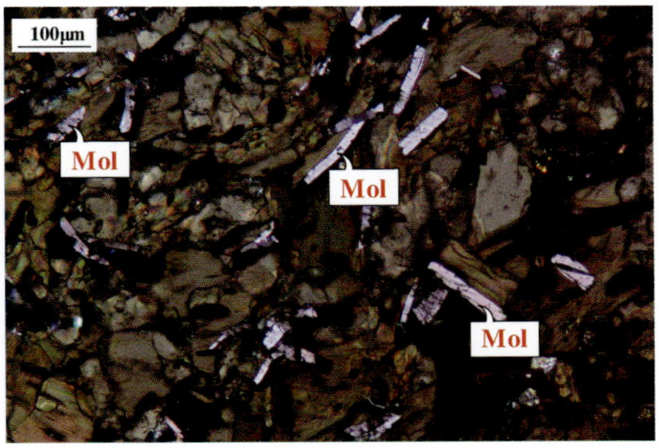

图 8-71　辉钼矿的非均质性(反射正交)

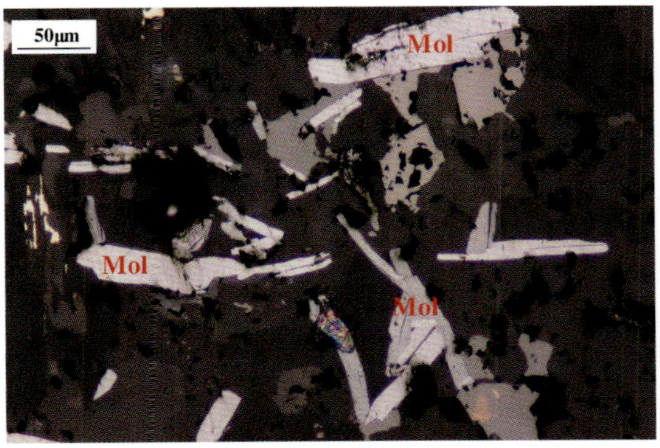

图 8-72　辉钼矿的反射多色性(反射光)

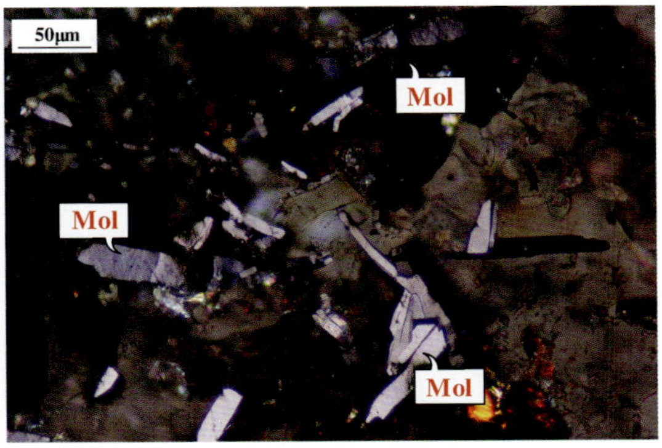

图 8-73　辉钼矿的偏光色(反射正交)

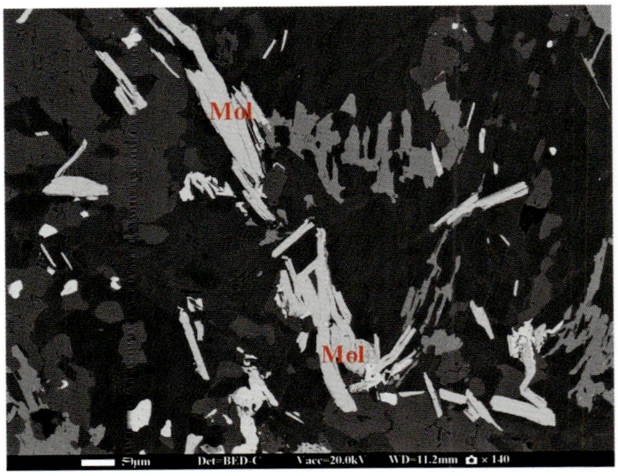

图 8-74　片状分布的辉钼矿(BSE)

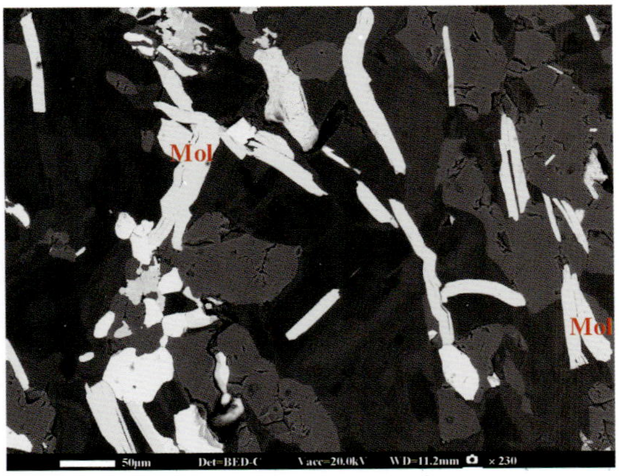

图 8-75　片状分布的辉钼矿(BSE)

根据电子探针测试结果平均值(表 8-13)，以 S=2 为基数，计算化学式：$Mo_{0.95}S_{2.00}$。

表 8-13　辉钼矿电子探针测试结果　　单位：w_t/%

成分	测试点 P1	测试点 P2	测试点 P3	测试点 P4	测试点 P5	测试点 P6	测试点 P7	平均值
S	41.37	41.41	41.12	41.05	41.02	41.39	41.54	41.27

续表

成分	测试点 P1	测试点 P2	测试点 P3	测试点 P4	测试点 P5	测试点 P6	测试点 P7	平均值
Mo	58.47	58.46	58.32	58.35	58.75	58.94	59.11	58.63
Sb	0.01	0.04	0.07	0.04	0.05	0.07	0.03	0.04
Re	0.03	0.00	0.00	0.09	0.11	0.04	0.05	0.05
Cu	0.06	0.07	0.06	0.08	0.03	0.06	0.07	0.06
Fe	0.08	0.05	0.01	0.06	0.08	0.16	0.07	0.07
总计	100.04	100.03	99.58	99.67	100.04	100.66	100.87	100.12

图 8-76 至图 8-79 为主矿黑云母化白云石型铌稀土矿石中的辉钼矿。辉钼矿呈片状、鳞片状定向分布于黑云母间，矿物粒径(长轴)为 0.02～0.05mm。

共伴生矿物：白云石、黑云母、钠闪石、磁铁矿、磁黄铁矿、黄铜矿、闪锌矿、方铅矿、氟碳铈矿、独居石、方解石等。

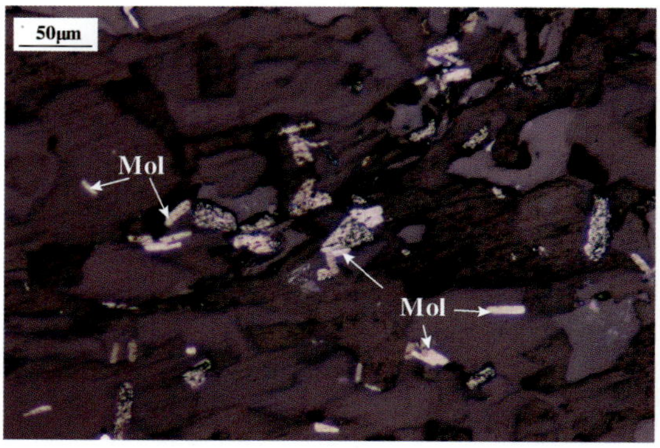

图 8-76　辉钼矿(Mol)的反射多色性(反射光)

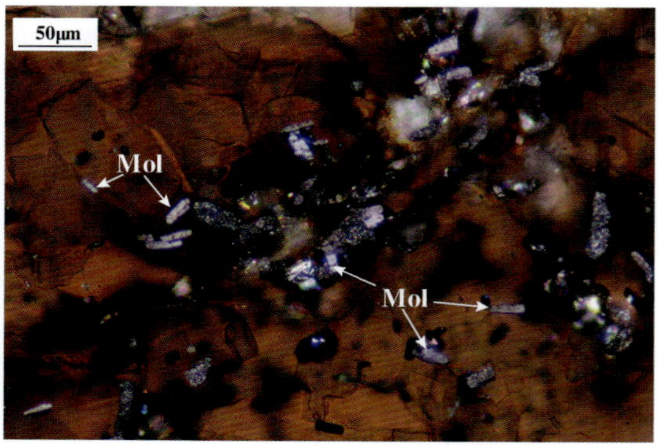

图 8-77　辉钼矿的偏光色(反射正交)

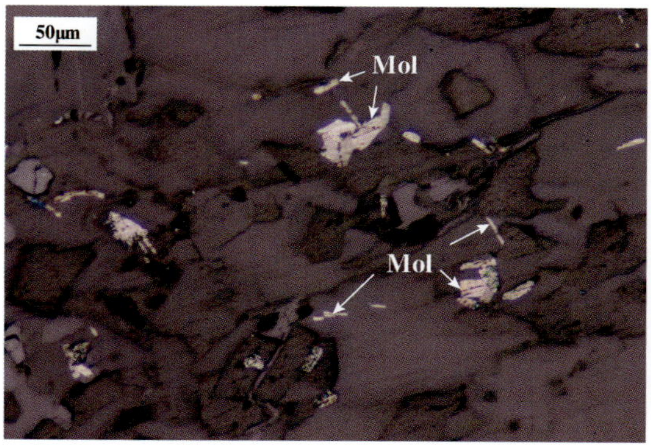

图 8-78　辉钼矿的反射多色性(反射光)

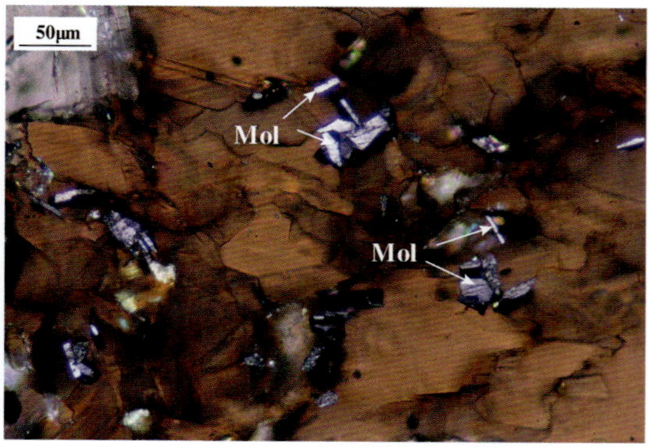

图 8-79　辉钼矿的偏光色(反射正交)

图 8-80 至图 8-81 为霓石型铌稀土矿石中的辉钼矿。辉钼矿呈细小鳞片状分布于重晶石间，与黄铁矿、钠闪石为后期侵入，粒径为 0.02～0.15mm。

共伴生矿物：霓石、重晶石、钠闪石、易解石、氟碳铈矿、磁铁矿、黄铁矿。

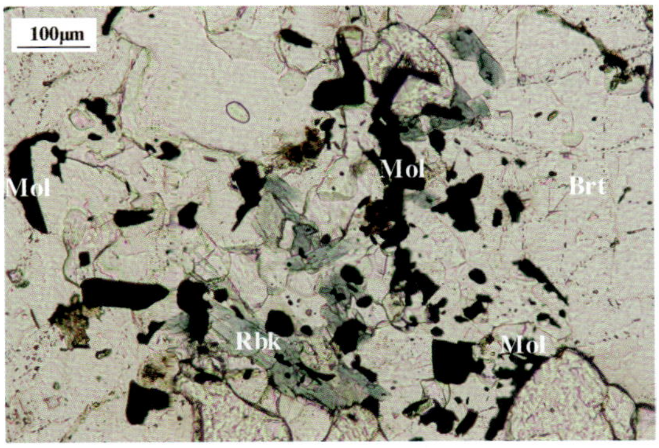

图 8-80　鳞片状辉钼矿(Mol)(单偏光)

图 8-81　鳞片状辉钼矿(反射光)

七、毒砂-辉砷钴矿族

毒砂　Arsenopyrite

FeAsS

化学组成：As 46.01%，Fe 34.30%，S 19.69%。Fe 可被 Co、Ni 替代。阴离子 As 与 S 的变化范围为 $FeAs_{0.9}S_{1.1}$ 到 $FeAs_{1.1}S_{0.9}$，利用 As/S 值可以估计其形成条件，高温形成的毒砂富 As，低温的富 S。

晶体结构：单斜晶系，空间群为 $P2_1/c$。$a_0=5.7612(8)$Å，$b_0=5.6841(7)$Å，$c_0=5.7674(8)$Å，$\beta=111.721(8)°$，$Z=4$。

形态：斜方柱晶形，$C_{2h}-2/m(L^2PC)$。晶体多为柱状或短柱状，集合体呈粒状或致密块状。

物理性质：银白-钢灰色，不透明，条痕灰黑色，金属、半金属光泽，性脆，解理平行{101}{010}不完全。摩氏硬度 5.5～6.0，相对密度 6.07。

显微镜下特征：反射光下呈亮白色微带奶油或淡红色调，弱多色性，反射率(白光)$R=51.7\%\sim55.7\%$。强非均质性(淡绿蓝色-玫瑰棕色)，无内反射。

1. 磷灰石化白云石型铌稀土矿石中的毒砂

样品采自西矿。局部黑云母、黄铁矿、毒砂等矿物以脉状或稀疏浸染状侵入，毒砂呈自形的柱状分布，粒径为 0.03～0.10mm，反射率较高，亮白色，强非均质性，不同方向显示蓝色和紫红色的偏光色(图 8-82 至图 8-85)。

共伴生矿物：白云石、磷灰石、独居石、黑云母、磁铁矿、黄铁矿、铌铁矿、钛铁矿、萤石等。

2. 碳质板岩中的毒砂

样品采自主矿钻孔。毒砂呈半自形分布于黑云母矿物间，反射率高，反射色为亮白色带奶油黄色，偏光色显蓝色，粒径为 0.05～0.10mm(图 8-86 至图 8-91)。

共伴生矿物：正长石、钠长石、黑云母、磁黄铁矿、方铅矿、金红石、磷灰石、钠闪石、白云石等。

图 8-82　毒砂(Apy)的反射色为亮白色（反射光）

图 8-83　毒砂的不同方向的偏光色呈蓝绿色、玫瑰紫色(反射正交)

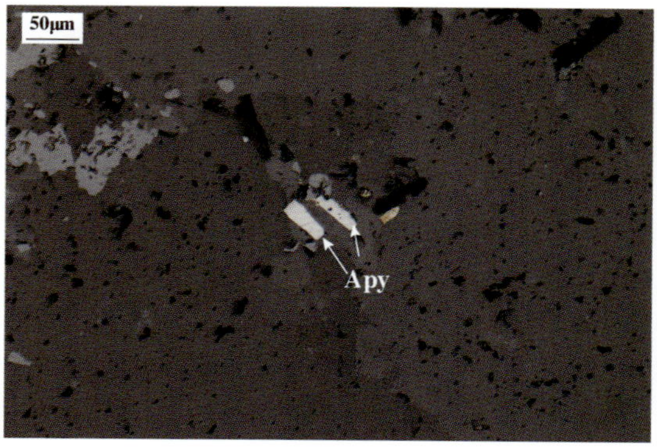

图 8-84　毒砂的反射色(反射光)

图 8-85　毒砂的偏光色呈蓝色(反射正交)

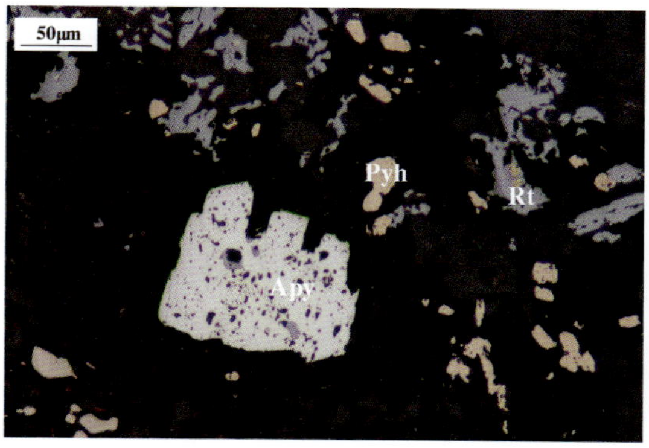

图 8-86　毒砂的反射色呈亮白色带奶油黄色(反射光)

图 8-87　毒砂的偏光色呈蓝色(反射正交)

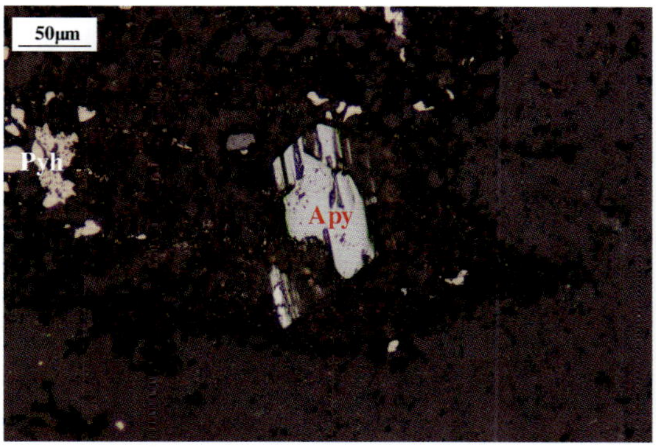

图 8-88　毒砂的反射色(反射光)

图 8-89　毒砂的偏光色(反射正交)

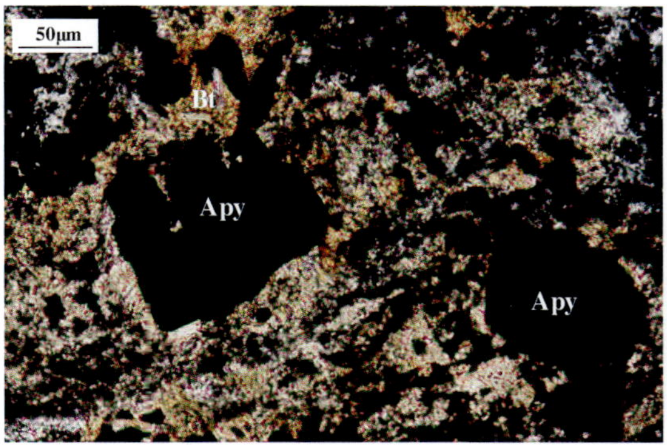

图 8-90　毒砂呈半自形分布于黑云母(Bt)间(单偏光)

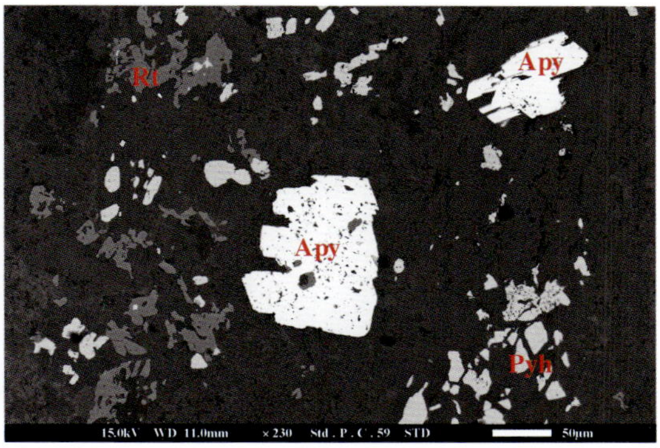

图 8-91　毒砂(BSE)

钴毒砂　Danaite

$(Fe_{0.90}Co_{0.10})AsS-(Fe_{0.65}Co_{0.35})AsS$

Co可类质同象替代毒砂中的Fe，当Co含量大于3%时为毒砂的变种，称为钴毒砂。

白云石型铌稀土矿石中的钴毒砂

样品采自东矿钻孔。局部萤石、稀土矿物(主要为独居石)呈带状、脉状、浸染状侵入并定向分布形成似条带。钴毒砂矿物与磁铁矿、磁黄铁矿紧密共生，粒径约为0.15mm，反射率较高，具强非均质性，不同方向可见其紫红色-蓝色的偏光色(图8-92、图8-95)。

图8-96为BSE图像，可见钴毒砂与磁铁矿、磁黄铁矿的紧密共生关系，图8-97为钴毒砂能谱图，显示含Co较高。

共伴生矿物：白云石、萤石、独居石、氟碳铈矿、磁铁矿、黄铁矿、磁黄铁矿、闪锌矿、铌锰矿等。

电子探针测试结果平均值(表8-14)显示，钴毒砂中Co含量平均值为4.49%，属于毒砂的变种——钴毒砂。根据电子探针测试结果平均值，计算钴毒砂化学式：$(Fe_{0.87}$

$Co_{0.13})_{\Sigma 1.00}As_{1.17}S_{0.93}$。

本样品中 As 与 S 比值为 1.17∶0.93，属于高温钴毒砂。

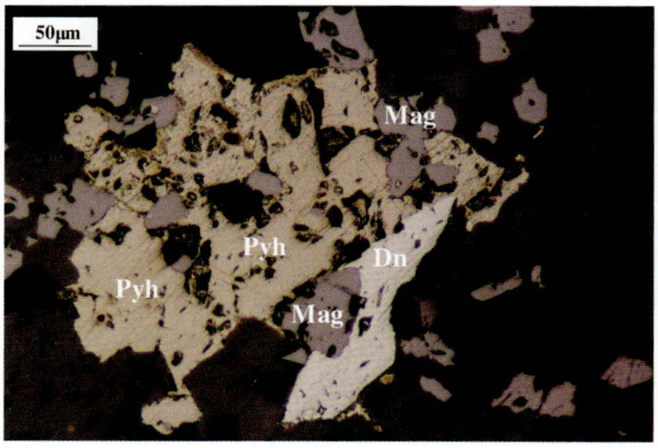

图 8-92　与磁铁矿(Mag)、磁黄铁矿(Pyh)紧密共生的钴毒砂(Dn)(反射光)

图 8-93　钴毒砂的偏光色(反射正交)

图 8-94　钴毒砂的偏光色呈玫瑰紫色(反射正交)

图 8-95　钴毒砂的偏光色呈蓝色(反射正交)

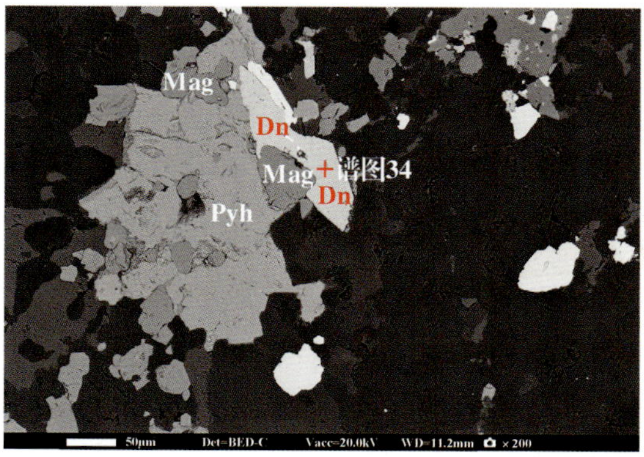

图 8-96　与磁铁矿、磁黄铁矿紧密共生的钴毒砂(BSE)

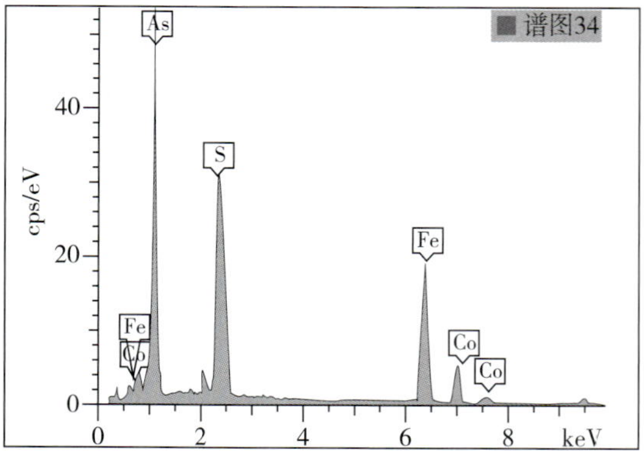

图 8-97　钴毒砂能谱图

表 8-14 钴毒砂电子探针测试结果 单位：w_t/%

成分	测试点 P1	测试点 P2	测试点 P3	平均值
As	50.07	51.19	49.29	50.18
S	17.79	16.08	17.57	17.15
Fe	28.98	27.12	27.45	27.85
Co	3.67	4.71	5.10	4.49
Pb	0.04	0.01	0.01	0.02
Ni	0.01	0.02	0.01	0.02
Sb	0.05	0.01	0.03	0.03
Cu	0.04	0.03	0.02	0.03
Mn	0.07	0.04	0.03	0.05
总计	100.72	99.21	99.51	99.82

辉砷钴矿 Cobaltite

CoAsS

化学组成：Co 35.41%，As 45.26%，S 19.33% 。成分中 Co 常被 Fe 和 Ni 类质同象置换。

晶体结构：辉砷钴矿 850℃以上为等轴晶系，850℃以下为斜方晶系。斜方晶系，空间群为 $Pca2_1$。a_0= 5.5833(7)Å，b_0= 5.5892(6)Å，c_0= 5.5812(8)Å，Z = 4。

形态：斜方柱晶形，$C_{2v}-mm2(L^2 2P)$。集合体呈不规则粒状和致密块状。

物理性质：银白色，微带玫瑰色调，含 Fe 高者呈灰黑色，含 Ni 高者呈钢灰带紫色。不透明，条痕灰黑色，金属光泽，性脆，{001}解理完全。摩氏硬度 5.5，相对密度 6.33。

显微镜下特征：反射光下呈白色带玫瑰色调，弱多色性，反射率(白光)R=52.7%。均质性，有的具弱非均质性(蓝灰-褐色)，无内反射。

白云石型铌稀土矿石中的辉砷钴矿

样品采自东矿钻孔。辉砷钴矿呈四边形分布于磁黄铁矿、独居石矿物间隙，在反射光下亮白色微带玫瑰色调，在反射正交下显均质性，颗粒较细，粒径为 0.03mm(图 8-98 至图 8-99)。

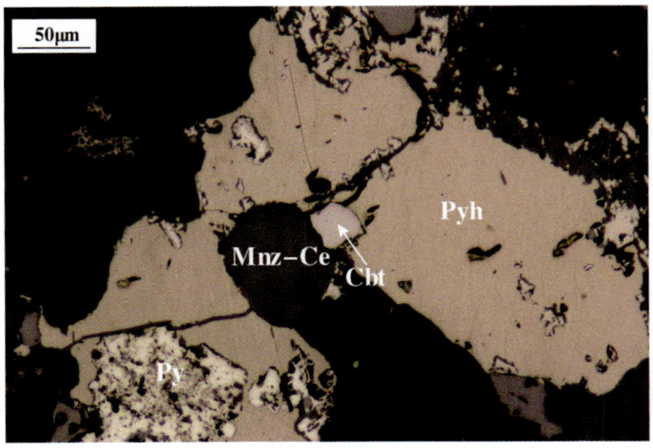

图 8-98 辉砷钴矿(Cbt)在反射光下呈亮白色微带玫瑰色调色(反射光)

图 8-99 辉砷钴矿显均质性(反射正交)

共伴生矿物：白云石、磁铁矿、钛铁矿、辉钼矿、毒砂、锡石、方铅矿、磁黄铁矿、黄铁矿、独居石、烧绿石等。

图 8－100 为 BSE 图像，图 8－101 辉砷钴矿能谱图显示含少量 Fe。

根据能谱测试结果平均值(表 8－15)，计算化学式：$(Co_{0.84}Fe_{0.14})_{\Sigma 0.98}As_{1.02}S_{0.98}$。

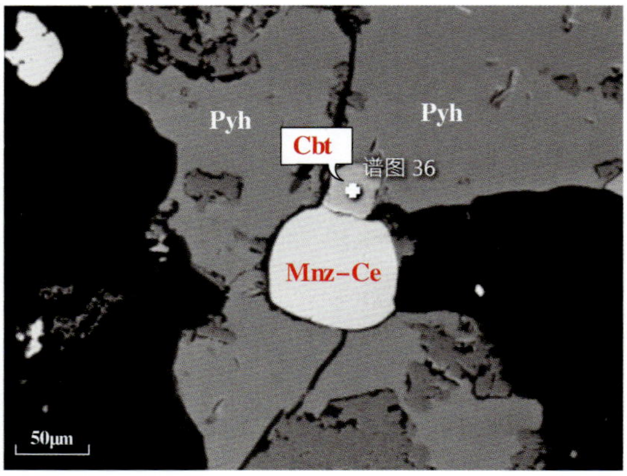

图 8－100　分布于磁黄铁矿(Pyh)、独居石(Mnz－Ce)间的辉砷钴矿(BSE)

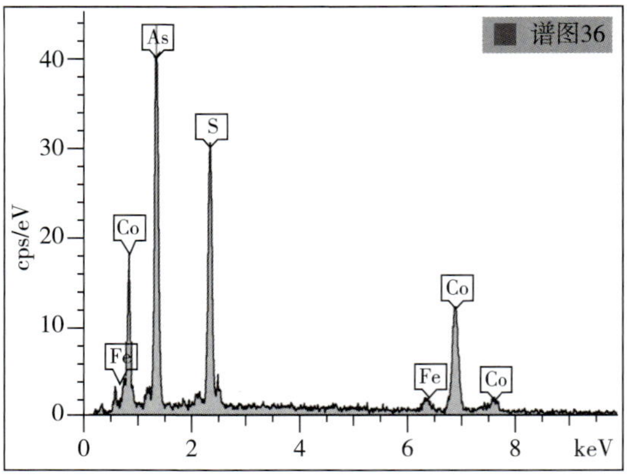

图 8－101　辉砷钴矿能谱图

表 8－15　辉砷钴矿能谱测试结果　　单位：w_t/%

成分	测试点 P1	测试点 P1	平均值
Co	30.71	29.36	30.03
As	45.74	46.45	46.10
S	19.28	18.63	18.96
Fe	4.27	5.56	4.91
总计	100.00	100.00	100.00

八、斜方砷铁矿族

斜方砷钴矿　Safflorite

$CoAs_2$

化学组成：Co 28.23%，As 71.77%。常有 Fe、Ni、S、Bi、Cu 等类质同象的混入，与斜方砷铁矿成类质同象系列。

晶体结构：斜方晶形，空间群为 $Pnnm$。$a_0=5.173$Å，$b_0=5.954$Å，$c_0=2.999$Å，$Z=2$。

形态：斜方双锥晶形，$D_{2h}-mmm(3L^2 3PC)$。依{011}有五连晶，依{101}可见双晶。

物理性质：锡白色-暗灰色，不透明，条痕灰黑色，金属光泽，性脆。摩氏硬度 4.5～5，相对密度 7.2。

显微镜下特征：反射光下呈亮白色微带黄色，多色性明显，反射率(白光)$R=53\%$。强非均质性。

白云石型铌稀土矿石中的斜方砷钴矿

样品采自东矿钻孔。斜方砷钴矿呈半自形微细粒分布于磁铁矿矿物间隙或被包裹于磁铁矿中(图 8－102 至图 8－104)，粒径为 5～10μm。能谱图(图 8－105)显示含 Fe、Ni 较高。

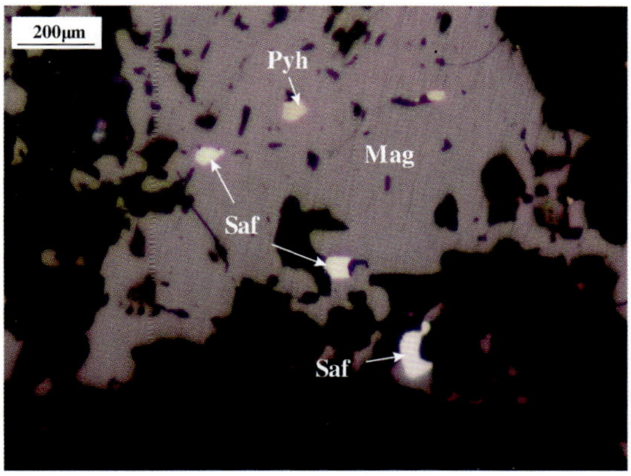

图 8－102　斜方砷钴矿(Saf)的反射色呈亮白色微带黄(反射光)

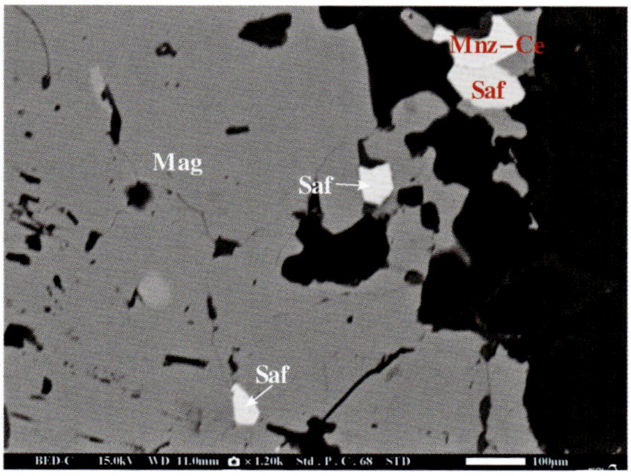

图 8－103　斜方砷钴矿分布于磁铁矿(Mag)间(BSE)

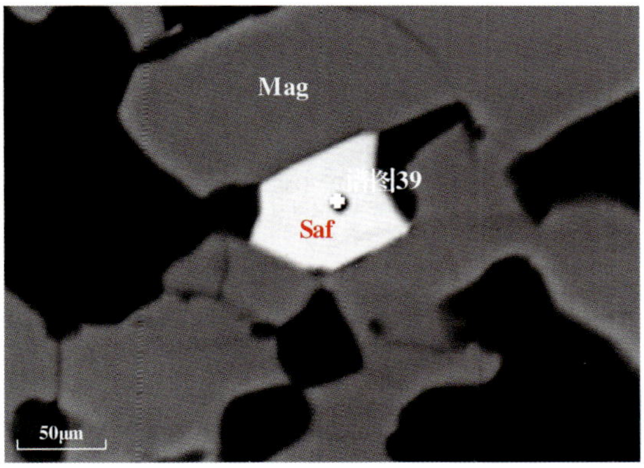

图 8－104　半自形斜方砷钴矿分布于磁铁矿间隙(BSE)

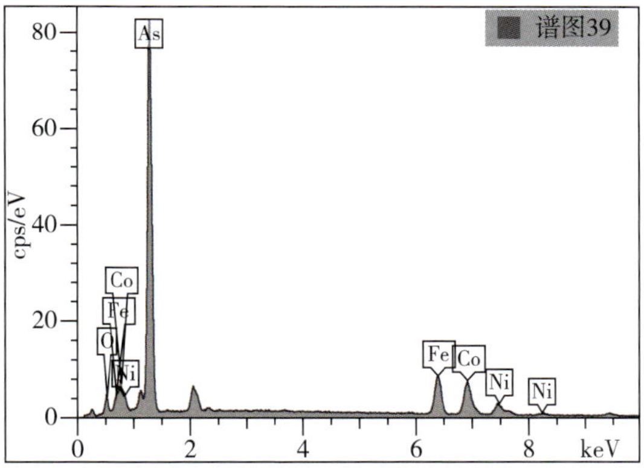

图 8－105　斜方砷钴矿能谱图

共伴生矿物：白云石、方解石、磁铁矿、黄铁矿、独居石、磷灰石等。

根据能谱测试结果平均值(表 8－16)，计算化学式：$(Co_{0.42}Fe_{0.40}Ni_{0.15}Mo_{0.01})_{\Sigma 0.98}(As_{1.99}S_{0.01})_{\Sigma 1.00}$。

表 8－16　斜方砷钴矿能谱测试结果　　单位：w_t/%

成分	测试点 P1	测试点 P2	平均值
As	71.91	72.77	72.34
Fe	10.96	10.55	10.76
Co	11.87	12.09	11.98
Ni	4.46	4.19	4.33
Mo	0.80	/	0.40

续表

成分	测试点 P1	测试点 P2	平均值
S	/	0.40	0.20
总计	100.00	100.00	100.00

九、斑铜矿族

斑铜矿 Bornite

Cu_5FeS_4

化学组成： Cu 63.33%，Fe 11.12%，S 25.55%

晶体结构： 斜方晶系，空间群为 *Pbca*。a_0 = 10.97016(18)Å，b_0 = 21.8803(4)Å，c_0 = 10.9637(2)Å，Z = 16。

形态： 斜方双锥晶形，$D_{2h}-mmm(3L^2 3PC)$。晶体少见，通常为致密块状或不规则粒状。

物理性质： 暗铜红色-粉红褐色，表面失去光泽常有锖色，不透明，条痕灰黑色，金属光泽，性脆。摩氏硬度 3，相对密度 5.05～5.09。

显微镜下特征： 反射光下呈淡玫瑰棕色，反射率(白光)R=21.9%。显均质性，有时见微弱非均质性，无内反射。

分布于晚期脉中，属于在白云鄂博比较少见的矿物，与方铅矿、闪锌矿共生(张培善和陶克捷，1986)。

第二节　硫酸盐矿物

白云鄂博矿区发现的硫酸盐类矿物有重晶石、天青石、石膏、黄钾铁矾、黄钠铁矾、明矾石及水绿矾，除重晶石、天青石外，均为次生氧化矿物。

一、重晶石族

重晶石 Baryte

$Ba(SO_4)$

化学组成： BaO 65.70%，SO_3 34.30%，部分含少量 Sr。

晶体结构： 斜方晶系，空间群为 *Pnma*。a_0 = 8.884(2)Å，b_0 = 5.457(3)Å，c_0 = 7.157(2)Å，Z = 4。

形态： 斜方双锥晶形，$D_{2h}-mmm(3L^2 3PC)$。晶体常沿{001}发育成板状，有时呈柱状，少数为三向等长。通常形成板状、粒状、纤维状集合体，有时可见双晶。

物理性质： 无色、白色、黄色、棕色、蓝色等，条痕白色，玻璃光泽，透明-半透明-不透明，{001}解理完全，{210}中等，{010}不完全，性脆。摩氏硬度 3，相对密度 4.50。

显微镜下特征： 二轴晶(+)，$2V$=36°～42°。N_p=1.636，N_m=1.637，N_g= 1.648。透射光下无

色，常见两种正交的解理，干涉色Ⅰ级灰-暗灰、Ⅰ级黄。

白云鄂博重晶石晶胞参数：$a_0 = 8.880Å$，$b_0 = 5.450Å$，$c_0 = 7.154Å$。

白云鄂博重晶石样品X射线粉晶衍射数据见表8-17。

表8-17 白云鄂博重晶石X射线粉晶衍射数据

No.	2θ/(°)	d/Å	I/I_0
1	24.884	3.5753	46.9
2	25.869	3.4413	100.0
3	28.755	3.1022	46.7
4	42.610	2.1201	71.3
5	42.939	2.1046	39.0

重晶石(图8-106)是矿区分布比较广的矿物，在主矿、东矿体内尤为常见，西矿钠闪石及云母型矿石是在相对还原条件下形成，硫多形成黄铁矿、磁黄铁矿等硫化物，主矿、东矿霓石型矿石是在相对氧化条件下，硫在霓石中以重晶石形式出现，因此霓石型矿石中均有重晶石矿物。

图8-106 重晶石手标本

重晶石通常呈细粒或粒状集合体分布，粒径大小不均，多为0.05～0.20mm，只有在晚期脉中，晶体可长达几个厘米。重晶石颜色有白色、淡黄色、淡蓝色等，在矿石的空隙中见有完整的淡黄色重晶石晶体。

1. 霓石型铌稀土矿石中的重晶石

样品采自主矿。重晶石呈半自形-他形粒状集合体形式分布于霓石矿物间，颗粒粗大，部分颗粒可见两组解理，粒径为0.20～0.50mm(图8-107至图8-110)。

共伴生矿物：霓石、钠闪石、易解石、氟碳铈矿、磁铁矿、黄铁矿、辉钼矿等。

图 8-107　分布于霓石(Aeg)矿物间的重晶石(Brt)(单偏光)

图 8-108　重晶石的Ⅰ级灰干涉色(正交偏光)

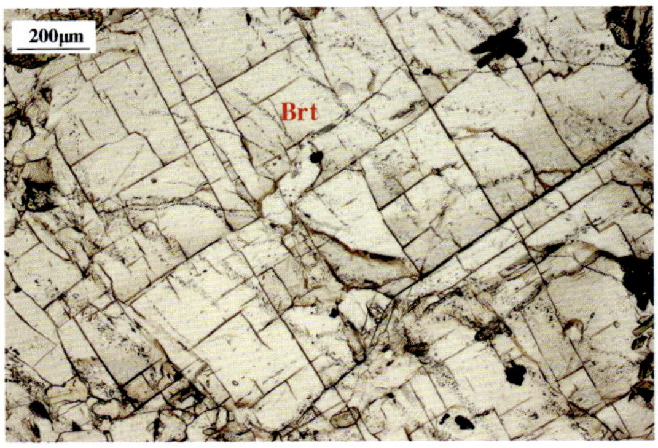

图 8-109　重晶石的解理(单偏光)

图 8-110　重晶石的解理(正交偏光)

根据电子探针测试结果平均值(表 8-18)，以 O=4 为基数，计算化学式：$(Ba_{0.97}Sr_{0.03})_{\Sigma 1.00}SO_4$。

表 8-18　重晶石电子探针测试结果　　单位：w_t/%

成分	测试点 P1	测试点 P2	测试点 P3	测试点 P4	测试点 P5	测试点 P6	平均值
BaO	64.60	64.79	64.91	63.84	64.64	64.09	64.48
SrO	0.99	1.12	1.63	1.88	1.28	0.81	1.28
SO_3	34.72	34.42	34.68	34.96	34.55	34.89	34.70
总计	100.31	100.31	101.22	100.68	100.47	99.79	100.46

2. 钠闪石型铌稀土矿石中的重晶石

样品采自主矿。重晶石多沿黄铁矿边缘分布，或以不规则细粒状分散分布，应为后期含 Ba^{2+} 热液交代而成，粒径为 0.10～0.50mm(图 8-111 至图 8-114)。

共伴生矿物：钠闪石、霓石、黄铁矿、独居石、方解石、铌铁矿、烧绿石、黑云母等。

根据电子探针测试结果平均值(表 8-19)，以 O=4 基数，计算化学式：$Ba_{1.02}SO_4$。

图 8-111 重晶石(Brt)围绕黄铁矿(Py)边缘分布(单偏光)

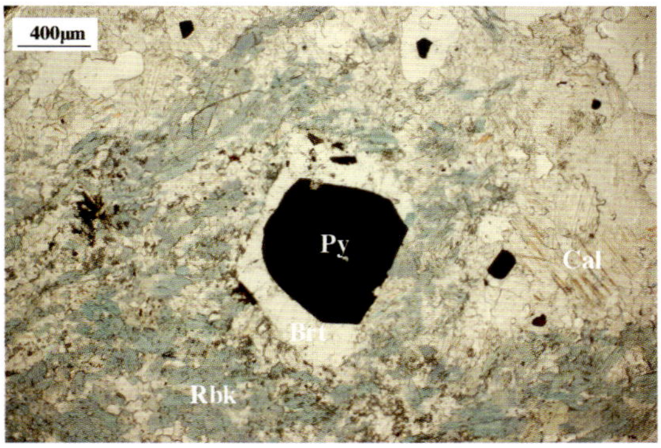

图 8-112 重晶石围绕黄铁矿边缘分布(单偏光)

图 8-113 重晶石围绕黄铁矿边缘分布(正交偏光)

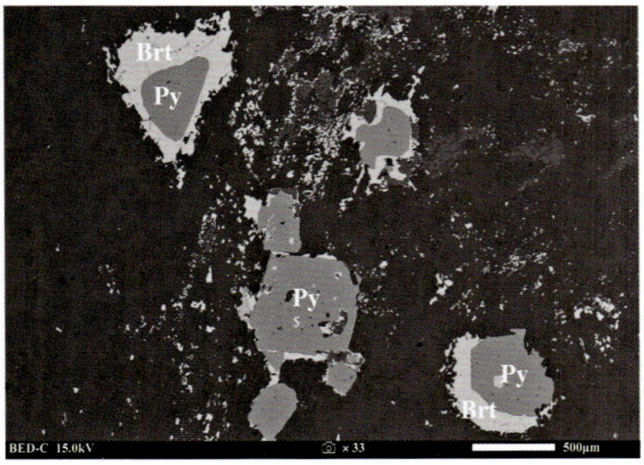

图 8-114 重晶石围绕黄铁矿边缘分布(BSE)

表 8-19 重晶石电子探针测试结果 单位：w_t/%

成分	测试点 P1	测试点 P2	测试点 P3	测试点 P4	测试点 P5	测试点 P6	平均值
BaO	65.31	65.42	65.79	66.42	65.93	64.91	65.63
SO_3	33.77	33.50	33.73	33.37	33.82	33.14	33.55
SrO	0.00	0.00	0.01	0.02	0.01	0.03	0.01
总计	99.08	98.92	99.53	99.81	99.76	98.08	99.19

3. 白云石型铌稀土矿石中的重晶石

样品采自西矿。重晶石呈不规则粒状分布于白云石、方解石矿物间隙，粒径为 0.05～0.15mm(图 8-115 至图 8-118)。

共伴生矿物：白云石、方解石、磷灰石、烧绿石、独居石、磁铁矿、铌铁矿、钠闪石、天青石等。

根据电子探针测试结果平均值(表 8-20)，以 O=4 为基数，计算化学式：$(Ba_{0.97}Ca_{0.03}Na_{0.01}Sr_{0.01})_{\Sigma 1.02}SO_4$。

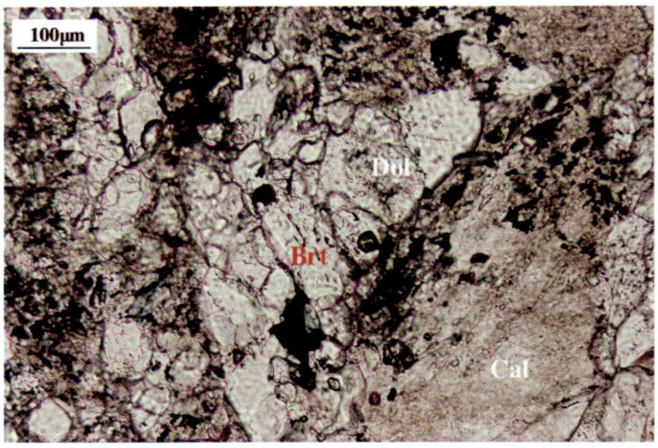

图 8-115　重晶石(Brt)分布于白云石(Dol)、方解石(Cal)间(单偏光)

图 8-116　重晶石与白云石、方解石(正交偏光)

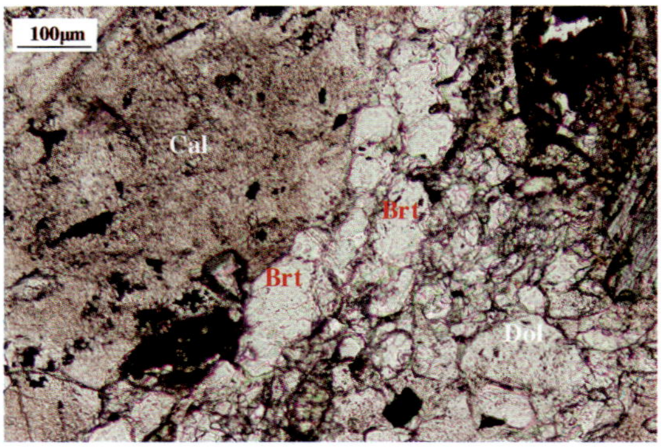

图 8-117　重晶石分布于白云石、方解石间隙(单偏光)

图 8-118　重晶石与白云石、方解石(正交偏光)

表 8-20　重晶石电子探针测试结果　　单位：$w_t/\%$

成分	测试点 P1	测试点 P2	测试点 P3	测试点 P4	平均值
CaO	0.51	0.27	0.85	0.97	0.65
BaO	64.08	63.18	64.71	64.40	65.09
Na_2O	0.14	0.11	0.21	0.17	0.16
SrO	0.41	1.48	0.12	0.15	0.54
SO_3	34.1	34.72	34.15	33.95	34.23
总计	99.24	99.76	100.04	99.64	99.67

图 8-119 至图 8-122 为与方铅矿紧密共生的重晶石块状矿石中的重晶石，显微镜下重晶石呈半自形粒状彼此紧密嵌布，颗粒粗大，Ⅰ级灰、Ⅰ级黄干涉色，少部分可见两组近垂直的解理，粒径一般为 1.00mm 左右，个别可达 3.00mm，另有部分重晶石呈细脉状分布于大颗粒重晶石矿物间隙，粒径一般为 0.03～0.10mm。

共伴生矿物：方铅矿、黄铁矿、霓石及碳酸盐矿物。

图 8-123 为东矿钻孔黑云母型铌稀土矿石中的重晶石，重晶石呈不规则粒状与榍石紧密共生，粒径为 0.05～0.10mm，应为某种板、柱状晶形矿物蚀变分解而成。

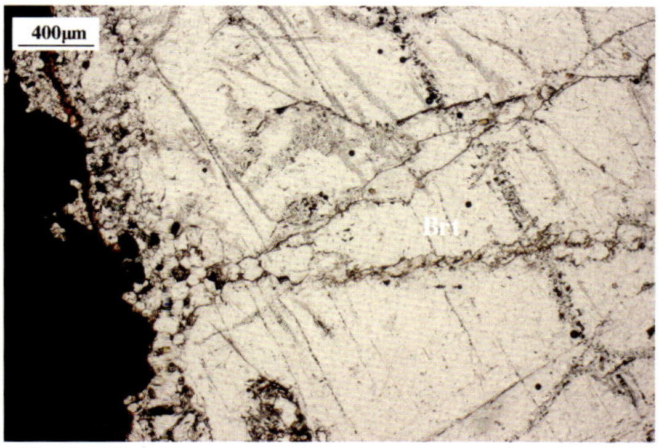

图 8-119　板状重晶石(Brt)颗粒间充填细粒重晶石脉(单偏光)

图 8-120　板状重晶石颗粒间充填细粒状重晶石脉(正交偏光)

图 8-121　与方铅矿(Gn)紧密接触共生的重晶石(单偏光)

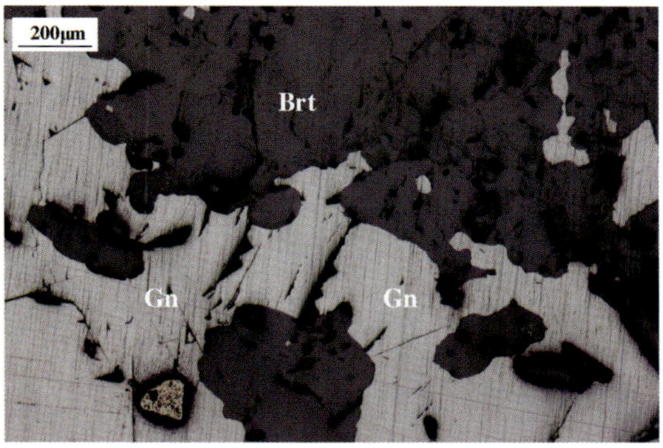

图 8-122　与方铅矿紧密接触共生的重晶石(反射光)

共伴生矿物:黑云母、白云石、方解石、榍石、磁铁矿、闪锌矿、磁黄铁矿、褐钇铌矿等。

图 8-124 为钠闪石型铁矿石中的硅钡锰钛石，BSE 图像显示该矿物已蚀变为重晶石及钛铁矿。

共伴生矿物：钠闪石、磁铁矿、黄铁矿、闪锌矿、方铅矿、独居石、萤石、硅钡锰钛石等。

图 8-123　分布于黑云母中，与榍石(Ttn)紧密共生的重晶石(Brt)(单偏光)

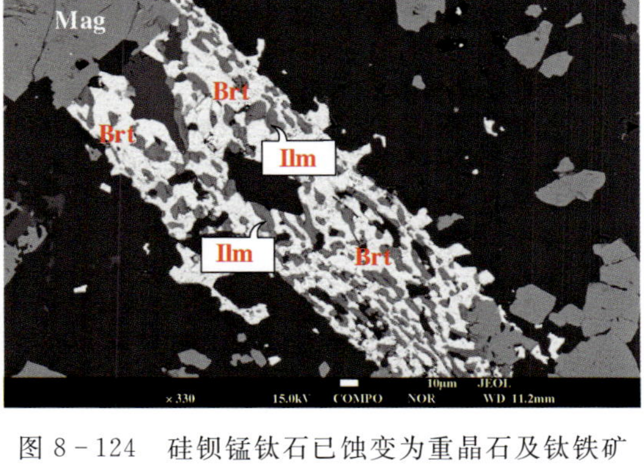

图 8-124　硅钡锰钛石已蚀变为重晶石及钛铁矿(Ilm)(BSE)

天青石 Celestite

Sr(SO_4)

化学组成： BaO 65.70%，SO_3 34.30%，部分含少量 Sr。

晶体结构： 斜方晶系，空间群为 $Pnma$。a_0 = 8.359Å，b_0 = 5.352Å，c_0 = 6.866Å，Z = 4。

形态： 斜方双锥晶形，$D_{2h}-mmm(3L^2 3PC)$。晶体常沿{001}发育成板状，通常形成板状、粒状、纤维状集合体。

物理性质： 无色、白色、淡蓝色、淡红色、淡绿色、褐色、灰色；透明-不透明，条痕白色，玻璃光泽，性脆，{001}解理完全，{210}中等，{010}不完全。摩氏硬度 3～3.5，相对密度 3.96～3.98。

显微镜下特征： 二轴晶(+)，$2V$ = 50°～51°。N_p = 1.619～1.622，N_m = 1.622～1.624，N_g = 1.630～1.632。

白云石型铌稀土矿石中的天青石

样品采自西矿。天青石与重晶石紧密共生分布于白云石中，天青石呈半自形晶或细长板状分布，粒径为 30～40μm(图 8－125、图 8－126)。

共伴生矿物：白云石、方解石、重晶石、磷灰石、独居石、氟碳铈矿、烧绿石、铌铁矿、钠闪石、碳锶石等。

根据电子探针测试结果平均值(表 8－21)，以 O=4 为基数，计算化学式：$(Sr_{0.72}Ba_{0.27}Ca_{0.01})_{\Sigma 1.00}SO_4$。

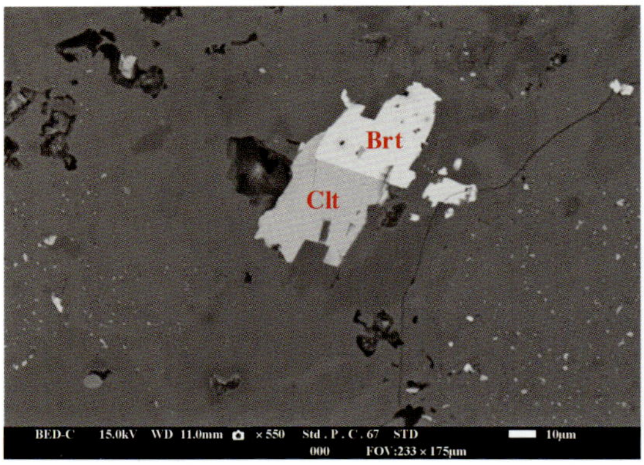

图 8－125 天青石(Clt)与重晶石(Brt)(BSE)

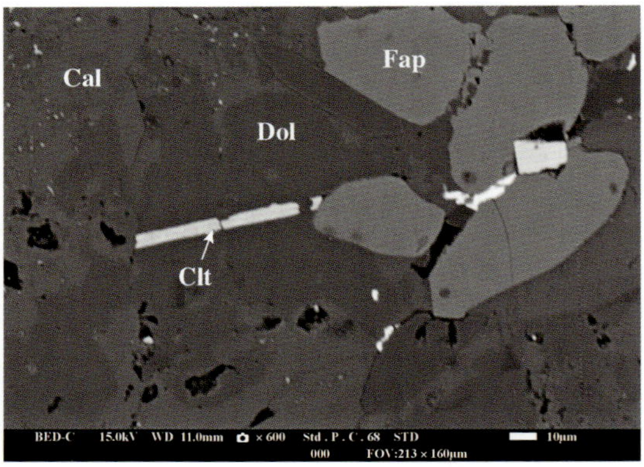

图 8－126 天青石分布于白云石(Dol)中(BSE)

表 8－21 天青石电子探针分析测试结果 单位：w_t/%

成分	测试点 P1	测试点 P2	测试点 P3	平均值
SrO	40.99	42.02	43.20	42.07
BaO	24.21	23.43	22.61	23.42
CaO	0.39	0.24	0.15	0.26
Na_2O	0.10	0.07	0.06	0.07
SO_3	36.02	36.31	36.08	36.14

续表

成分	测试点 P1	测试点 P2	测试点 P3	平均值
总计	101.71	102.07	102.10	101.96

二、石膏族

石膏 Gypsum

$CaSO_4 \cdot 2H_2O$

化学组成：CaO 32.57%，SO_3 46.50%，H_2O 20.93%。

晶体结构：单斜晶系，空间群为 $C2/c$。a_0 = 5.679(5)Å，b_0 = 15.202(14)Å，c_0 = 6.522(6)Å，β = 118.43°，Z = 4。结构中$[SO_4]^{2-}$由 Ca^{2+} 联结成平行{010}的双层，双层间以水分子联结，石膏的完全解理，即沿着此方向产生。Ca^{2+} 的配位数是 8，每个 Ca^{2+} 被相邻四个$[SO_4]^{2-}$中的六个 O^{2-} 和两个 H_2O 中的 C^{2-} 联结。

形态：斜方柱晶形，$C_{2h}-2/m(L^2PC)$。晶体常呈{010}发育的板状，也有呈柱状，集合体多呈致密块状或纤维状，还有土状、片状等。

物理性质：无色、白色，透明、半透明、不透明，条痕白色，玻璃光泽，解理面显珍珠光泽，纤维状集合体呈丝绢光泽。平行{010}极完全解理，平行{100}和{011}解理中等，韧性好。摩氏硬度 2，相对密度 2.31～2.32。

显微镜下特征：二轴晶(+)，$2V=58°$。N_g=1.529～1.530，N_m=1.522～1.523，N_p=1.519～1.521。

次生矿物。见于东矿条带状铌稀土铁矿石的裂隙中，呈片状，大小为 0.5cm×0.1cm。偶尔可见大的石膏晶体(图 8-127)。

图 8-127 石膏与硬锰矿手标本

三、明矾石族

黄钾铁矾 Jarosite

$KFe_3^{3+}(SO_4)_2(OH)_6$

化学组成：K_2O 9.4%，Fe_2O_3 47.90%，SO_3 31.90%，H_2O 10.80%。Na 常常代替 K，当 Na>K 时称黄钠铁矾。

晶体结构：三方晶系，空间群为 $R3m$。a_0 = 7.304Å，c_0 = 17.268Å，Z = 3。

形态：复三方单锥晶形，$C_{3v}-3m(L^33P)$。晶体细小通常呈致密块状、土状、皮壳状等。

物理性质：锗黄色、黄褐色、浅黄色-褐色，半透明，条痕浅黄色，玻璃光泽、树脂光泽、半金刚光泽。性脆，解理平行{0001}中等或完全。摩氏硬度 2.5～3.5，相对密度 2.9～3.26。

显微镜下特征：一轴晶(-)，N_o=1.815～1.820，N_e=1.713～1.715，多色性明显。

石英岩中的黄钾铁矾

样品采自东介勒格勒。黄钾铁矾呈棕黄-棕褐色、土状集合体形式，沿包头矿边缘或石英岩裂隙分布(图 8-128 至图 8-130)，图 8-131 为黄钾铁矾能谱图。

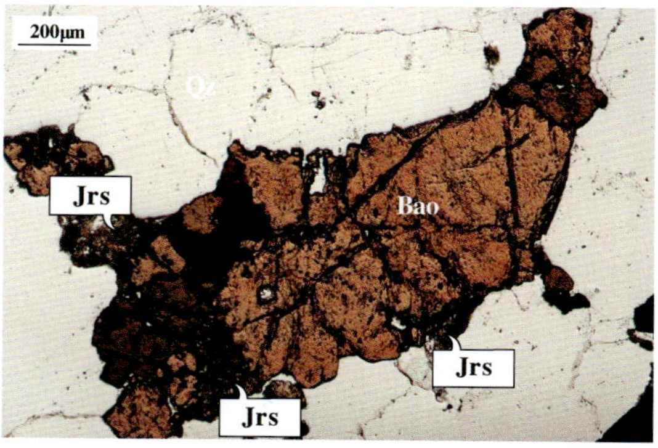

图 8-128 黄钾铁矾(Jrs)沿包头矿(Bao)边缘或裂隙分布(单偏光)

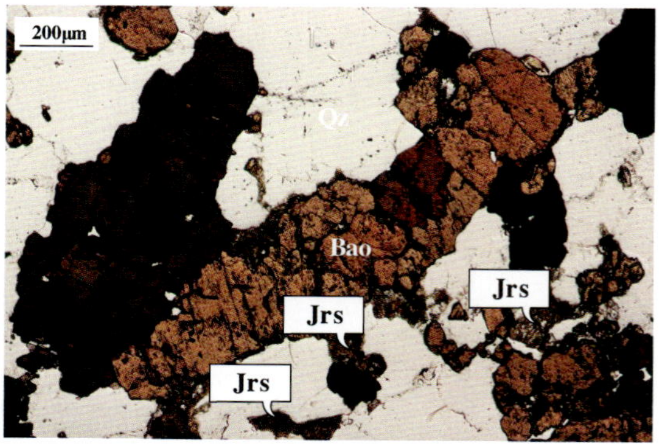

图 8-129 黄钾铁矾与包头矿(单偏光)

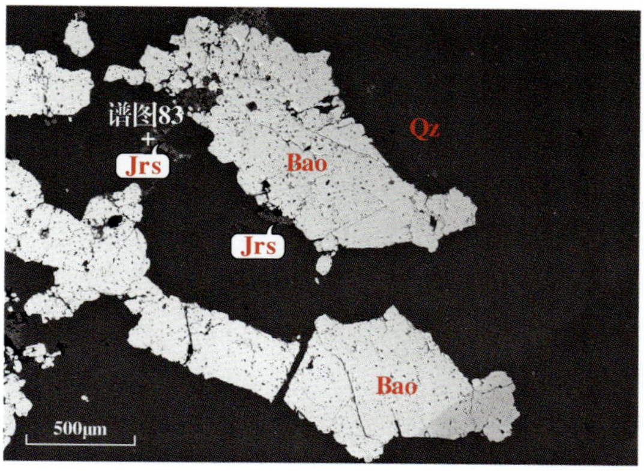

图 8-130 分布于石英(Qz)及包头矿边缘裂隙中的的黄钾铁矾(BSE)

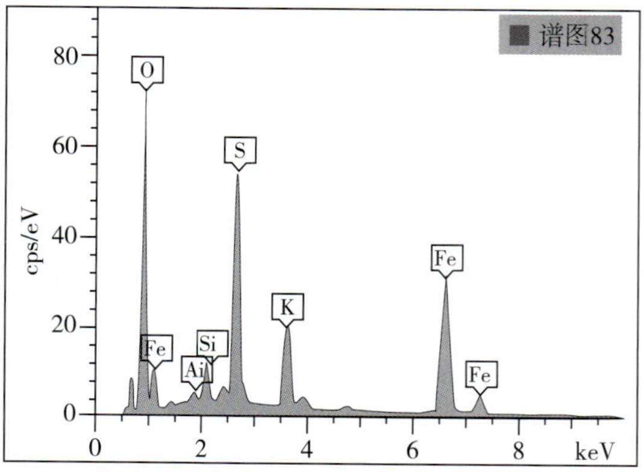

图 8-131 黄钾铁矾能谱图

共伴生矿物：石英、包头矿、重晶石、钠长石、黄钠铁矾等。

根据电子探针测试结果平均值(表 8-22)，以 O=11 为基数，计算化学式：$(K_{0.68}Na_{0.17}Ba_{0.01})_{\Sigma 0.86}(Fe^{3+}_{2.95}Al_{0.02})_{\Sigma 2.97}(SO_4)(OH)_6$。

表 8-22 黄钾铁矾电子探针分析测试结果　　单位：w_t/%

成分	测试点 P1	测试点 P2	测试点 P3	测试点 P4	平均值
FeO	40.69	40.71	41.60	40.84	40.96
K_2O	7.33	7.10	2.61	7.72	6.19
Na_2O	0.51	0.56	2.65	0.28	1.00
BaO	0.42	0.25	0.28	0.29	0.31
TiO_2	0.14	0.07	0.33	0.04	0.14
Al_2O_3	0.18	0.22	0.02	0.25	0.16
SO_3	31.15	31.15	31.97	31.73	31.50
SiO_2	0.55	0.89	0.29	0.40	0.53
ThO_2	0.02	0.00	0.06	0.00	0.02
总计	80.99	80.95	79.81	81.55	80.81

黄钠铁矾 Natrojarosite

$NaFe^{3+}_3(SO_4)_2(OH)_6$

化学组成：Na_2O 6.39%，Fe_2O_3 49.42%，SO_3 33.04%，H_2O 11.15%。K 常代替 Na。

晶体结构：三方晶系，空间群为 $R3m$。$a_0 = 7.33$Å，$c_0 = 16.74$Å，$Z = 3$。

形态：复三方单锥晶形，$C_{3v}-3m(L^3 3P)$。晶体细小通常呈致密块状、土状、皮壳状等。

物理性质：黄色、金黄色、红棕色，透明、半透明，玻璃光泽、贝壳状断口，性脆，解理平行{0001}完全。摩氏硬度 2.5～3.5，相对密度 3.18。

显微镜下特征：一轴晶(－)，$N_o=1.830$，$N_e=1.750$，多色性明显。

见于矿床氧化带中，产于钠长石和霓石淋滤的孔洞中，矿物的形成可能与硫化物和硅酸盐的风化有关，在霓石型矿石地表氧化带中常见到。黄钠铁矾化学全分析结果见表 8-23(张培善和陶克捷，1986)。

表 8-23 黄钠铁矾化学全分析结果　　单位：w_t/%

成分	质量	成分	质量
Fe_2O_3	45.20	Al_2O_3	0.28
K_2O	1.20	MgO	0.23
Na_2O	4.96	MnO	0.22
BaO	0.01	PbO	0.54
TiO_2	0.18	H_2O^+	11.06
SO_3	29.23	H_2O^-	0.06
SiO_2	6.13		
总计	99.30		

石英岩中的黄钠铁矾

样品采自东介勒格勒。黄钠铁矾沿包头矿边缘的石英岩裂隙分布(图 8-132)，与黄钾铁矾紧密共生，图 8-133 为黄钠铁矾矿物能谱图。

共伴生矿物：石英、包头矿、重晶石、钠长石、黄钾铁矾等。

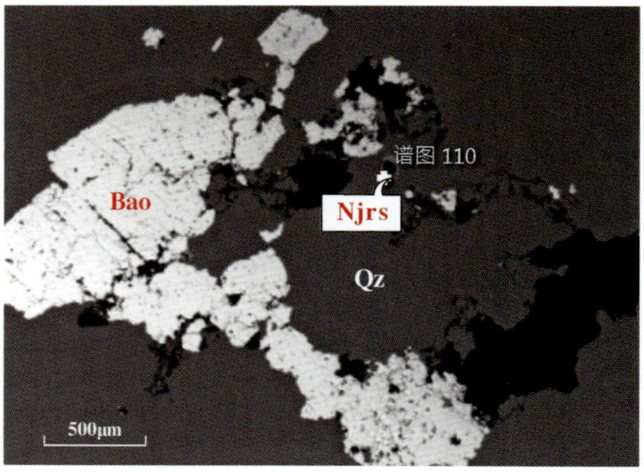

图 8-132　分布于石英(Qz)裂隙中的黄钠铁矾(Njrs)(BSE)

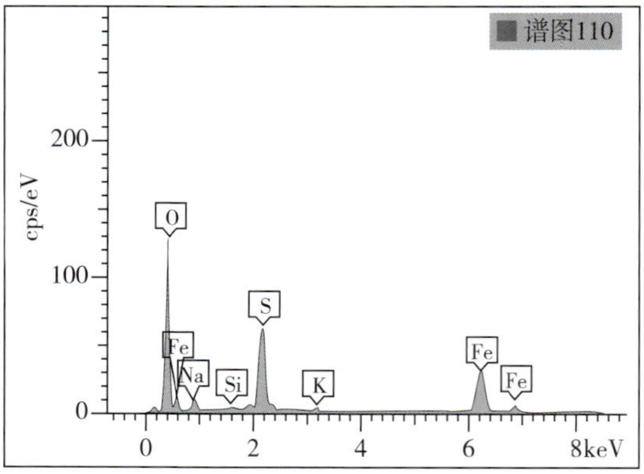

图 8-133　黄钠铁矾能谱图

明矾石　Alunite

$KAl_3(SO_4)_2(OH)_6$

化学组成：K_2O 11.37%，Al_2O_3 36.92%，SO_3 38.66%，H_2O 13.05%。常有少量 Na 替代 K，当 Na>K 时称钠明矾石。少量 Fe^{3+} 可以替代 Al。

晶体结构：三方晶系，空间群为 $R3m$。a_0 = 6.98Å，c_0 = 17.32Å。

形态：复三方单锥晶形，$C_{3v}-3m(L^3 3P)$。晶体少见，通常为粒状、致密块状、土状、纤维状、结核状等。

物理性质：白色、黄色、红色、红褐色，透明-半透明，条痕白色，玻璃光泽、珍珠光泽，贝壳状断口。性脆，解理{0001}中等。摩氏硬度 3.5～4，相对密度 2.6～2.9。

显微镜下特征：一轴晶(+)，N_o=1.572，N_e=1.592。透射光下为无色。

见于东矿，呈细脉状(厚 0.5cm)切穿条带状铌稀土铁矿石(张培善和陶克捷，1986)。

四、水绿矾族

水绿矾　Melanterite

$FeSO_4 \cdot 7H_2O$

化学组成：FeO 25.84%，SO_3 28.80%，H_2O 45.36%。常有少量 Cu、Mg、Zn、Mn 的替代。

晶体结构：单斜晶系，空间群为 $P2_1/c$。a_0 = 14.077Å，b_0 = 6.509Å，c_0 = 11.054Å；β = 105.6°，Z = 4。

形态：斜方柱晶形，$C_{2h}-2/m(L_2PC)$。晶体呈短柱状、厚板状，通常为块状、纤维状、细粒状、钟乳状、皮壳状等。

物理性质：无色-白色、绿色，当含 Cu 时为绿色-蓝绿色，条痕白色，半透明-不透明，玻璃光泽，贝壳状断口，性脆。摩氏硬度 2，相对密度 1.89。

显微镜下特征：二轴晶(+)，$2V=86°$。$N_g=1.486$，$N_m=1.477\sim1.480$，$N_p=1.470\sim1.471$。透射光下无色，干涉色低。

水绿矾是黄铁矿氧化后的产物，见于东矿钻孔岩芯内，矿区分布较少(张培善和陶克捷，1986)。

第三节　钼酸盐矿物

钼铅矿族

钼铅矿　Wulfenite

$PbMoO_4$

化学组成：PbO 60.79%，MoO_3 39.21%。

晶体结构：四方晶系，空间群为 $I4_1/a$。$a_0=5.433$Å，$c_0=12.110$Å，$Z=4$。

形态：四方双锥晶形，$C_{4h}-4/m(L^4PC)$。一般呈板状、薄板状，少数呈锥状，集合体呈粒状。

物理性质：黄色、橘黄色、橘红色、无色、灰色、棕色、橄榄绿等，条痕白色，透明、半透明，金刚光泽、半金刚光泽、树脂光泽，性脆，{011}解理完全。摩氏硬度 2.5～3，相对密度 6.5～7.0。

显微镜下特征：一轴晶(−)，$N_o=2.405$，$N_e=2.283$，平行消光，负延性。

图 8－134、图 8－135 为钼铅矿的 BSE 图像及能谱图，样品采自东介勒格勒，钼铅矿呈细脉状沿石英岩裂隙分布。

共伴生矿物：石英、包头矿、重晶石、钠长石、黄铁钾矾等。

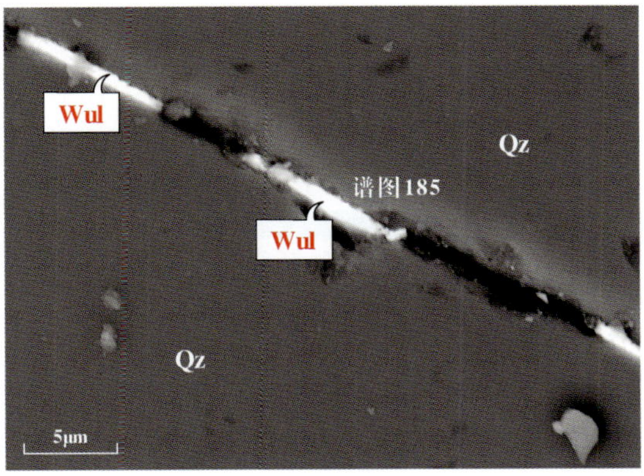

图 8－134　分布于石英岩(Qz)裂隙中的钼铅矿(Wul)细脉(BSE)

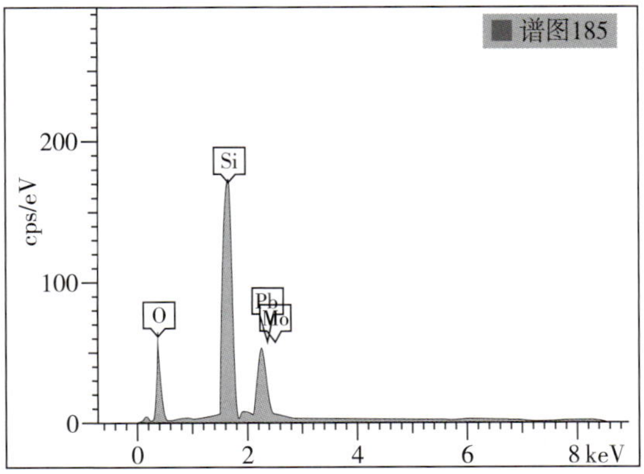

图 8－135　钼铅矿能谱图

第九章 碳酸盐及磷酸盐矿物

白云鄂博矿区的碳酸盐矿物种类多且分布广，尤其是含 Fe、REE 的赋矿白云岩，它们更是确定白云鄂博矿床成因的关键。几十年来，关于赋矿白云岩的成因及其演化过程一直存在不同的观点。

白云鄂博矿区的主要赋矿层为灰褐色、黄褐色中厚层状-块状白云岩和含铁白云岩，富含稀土元素。富矿白云岩东西长达 18km，南北宽 2km。矿区白云岩中部厚 500～700m，向东西变薄，为 50～100m(刘淑春等，1999；肖荣格等，2003)。

前人对白云鄂博矿床富矿白云岩的成因主要有以下四种观点。

1)沉积型或沉积热液叠加型，含矿 H_8 白云岩被认为是正常的沉积岩(孟庆润，1982)或热水沉积(微晶丘沉积)(章雨旭等，2005)。这种观点认为矿床围岩 H_8 是沉积成因，成矿物质的富集主要发生在沉积阶段。

2)火成碳酸岩型，可分为侵入碳酸岩型(周振玲等，1980；刘铁庚，1985)和海相火山碳酸岩型(白鸽等，1996)。这种观点认为成矿围岩 H_8 是火成碳酸岩，白云鄂博矿床是火成碳酸岩岩浆作用的产物。

3)沉积变质热液交代，铁和围岩是沉积成因，部分学者认为热液来自地幔(杨晓勇等，2015；曹荣龙等，1994)，部分学者认为热液来自花岗岩浆(朱祥坤等，2012)。

4)成矿成岩作用具有多来源、多期次、多成因的成矿模式(中国科学院地球化学研究所，1988)。

白云鄂博矿床富矿白云岩长期存在“水”“火”之争，但随着现代分析测试技术的快速发展及矿床成因研究的深入，近几年更多的证据支持火成模式。

杨学明等(1998b)对白云鄂博矿区不同产状的碳酸盐矿物进行了系统的电子探针分析，结果表明富矿白云岩无论是粗粒结构，还是细粒结构，其主要造岩矿物白云石或铁白云石均具有高 Mn($w_t>0.5\%$)、高 Sr($w_t>1.5\%$)的特征，这是火成碳酸岩的重要标型特征[$w_t(Mn)>0.15\%$，$w_t(Sr)>0.15\%$]。富矿白云岩中白云石的 Sr、Mn 含量系统变化说明碳酸岩浆发生了分离结晶作用，其结果可以导致残余岩浆中稀土的高度富集。

除了富矿白云岩，在矿区内外还分布有呈脉状、透镜状发育的碳酸岩岩墙(脉)，它们数量多、分布广。根据岩石化学分析结果，碳酸岩岩墙(脉)可分为方解石碳酸岩脉和白云石碳酸岩脉。白云石碳酸岩脉的结构构造和矿物组成与富矿细粒稀土白云石碳酸岩相似；方解石碳酸岩脉的结构构造比较复杂，从细粒到中粗粒均有。尽管矿区内存在多种类型碳酸岩，它们的岩石化学成分变化也较大，但在 CaO－MgO 图上，都落在范围比较小的区间，表明它们具有同一来源，是同一岩浆源不同分异阶段的产物(张健生等，1997)。

陶克捷等(1998)在白云鄂博矿区周围填出28条火成碳酸岩岩墙，走向以北东—南西向为主，其次为北西—南东向，南北向及东西向较少。地表出露规模不大，最长200m，最短5.5m，最宽4.4m，最窄0.5m。通过对13条岩墙进行主矿物化学成分电子探针分析，将碳酸岩岩墙分为三种类型，即白云石型、方解石型、方解石和白云石共存型；按岩石再结晶和蚀变程度，碳酸岩岩墙分为七种结构类型，其稀土、铌含量差别也较大，方解石型稀土含量较高，白云石型稀土含量较低。

王凯怡等(2002)通过对白云鄂博碳酸岩岩墙的研究，认为分为三种类型，即白云石型碳酸岩岩墙、方解石型碳酸岩岩墙、白云石与方解石共存型碳酸岩岩墙，与陶克捷等(1998)一致，且共存型分布最广，其地球化学特征与主矿、东矿、西矿富矿白云岩十分相似。

袁忠信等(2004)研究认为，矿区白云岩呈层状产出，普遍发生大理岩化变质作用形成大理岩，是矿区的主要富矿岩石。按矿物组成，白云岩可分为白云石或铁白云石-白云岩，方解石-白云石白云岩和方解石-白云岩。按矿物粒径，白云岩又分为粗晶白云岩和细晶白云岩。粗晶白云岩是碳酸盐岩浆结晶早期阶段的产物，细晶白云岩是岩浆演化晚期熔体-溶液阶段结晶的产物，即细晶白云岩的形成可看成粗晶白云岩岩浆先期冷凝固结、含矿碳酸盐岩浆进一步演化、挥发及成矿元素进一步富集的结果。

刘玉龙等(2006)对陶克捷(1998)研究的部分碳酸岩岩墙，即矿区东部及宽沟北的碳酸岩岩墙取样，并挑选锆石做U-Pb年龄测试、全岩做Pb同位素测试，结论为白云鄂博矿区碳酸岩岩墙至少有两个阶段的侵入事件：第一阶段为距今2.0Ga左右，第二阶段为距今1.2Ga左右，矿区的稀土矿化与第二阶段的碳酸岩岩墙侵位有关。

朱祥坤和孙剑(2012)对白云鄂博矿床主要年代学资料做了总结和分析，对稀土的成矿时代、成矿期次和物质来源得出结论：白云鄂博矿床稀土矿化的主期年龄约为1.3Ga，与碳酸岩岩墙形成的时代一致，成矿物质来源于地幔；加里东期的热事件(约0.44Ga)导致晚期稀土矿脉的形成和原有矿体中部分稀土矿物的重结晶，成矿物质为原有矿体中稀土的再循环，外源物质贡献不明显，这次事件导致稀土的活化和进一步富集；距今1.3～0.44Ga的一系列单矿物年龄为后期热扰动的结果，并不代表成矿事件。简言之，白云鄂博矿床只在中元古代发生过一次实质性的稀土矿化作用，地幔是稀土物质的单一来源。

Chen等(2020)通过对白云岩的微区地球化学数据分析，提出了关于其形成机制的新见解。研究表明，白云石大理岩分为三种岩石类型：粗粒型、细粒型和混合型。所有碳酸盐矿物均为高铁白云石，具有较高的SrO和MnO含量，这与火成岩起源一致。这些白云石的微量元素组成在不同样品及样品内部变化很大，粗粒白云石显示出最强的轻稀土元素富集。研究结果支持白云鄂博矿床中的白云岩具有中元古代火成岩起源，并在早古生代经历了强烈的交代作用。

Wang(2024)通过扫描电子显微镜(SEM)、能谱分析(EDS)、电子探针微区分析(EP-MA)等技术手段，对矿床的矿物组合、成矿机制和成矿过程进行了深入分析，研究识别出了三个成矿期和六个成矿阶段，包括中元古代的岩浆事件(包括粗粒白云石阶段和细粒白云石阶段)、中元古代剪切变形-热液成矿期(包括浸染矿化阶段、条带矿化阶段和块状矿化阶段)，以及古生代热液期(脉矿化阶段)。研究认为白云鄂博矿床的 Nb－REE－Fe 资源的异常丰富是由于中元古代岩浆和热液流体活动的结合(从第一阶段到第五阶段)，而古生代阶段(第六阶段)的流体仅引起了先前沉积的矿物质的活化，而没有外来物质的加入。

Li 等(2024)认为白云鄂博矿床由粗粒白云石和细粒白云石组成，这两种白云石是稀土矿化的寄主岩石。粗粒和细粒均源自碳酸岩浆，代表了不同阶段的碳酸岩结晶。粗粒代表了早期、较原始的碳酸岩，而细粒代表了晚期、高度演化的碳酸岩。白云鄂博碳酸岩的高度演化特征为稀土元素的积累提供了基础，碳酸岩浆的分异作用导致了稀土元素在残余流体中的富集，进而形成了大规模的稀土矿化。此外，细粒中的稀土矿物主要与热液活动有关，表明稀土元素的矿化作用主要发生在热液过程中。

本次工作未对矿区白云岩做深入研究，只是对在白云鄂博矿床出现的碳酸盐矿物做了简单总结和测试。

第一节　碳酸盐矿物

白云鄂博矿区碳酸盐矿物主要为无水碳酸盐和氟碳酸盐矿物，氟碳酸盐矿物在矿区都是稀土矿物，本章节只论述无水碳酸盐矿物。

本区已发现的碳酸盐矿物(除稀土矿物)种类多(包括矿物的亚种和变种)，其中有简单碳酸盐矿物如方解石、菱铁矿系列等，也有复杂碳酸盐矿物如白云石、菱钡镁石、钡解石等。矿区碳酸岩不仅种属多，而且许多属于国内首次发现或非常罕见的矿物。

根据晶体结构及阳离子的不同，矿区碳酸盐矿物分为白云石族、钡解石族、方解石族及文石族矿物。

一、白云石族

白云石族矿物为两种阳离子按固定比例与$[CO_3]^{2-}$结合而成的复盐，分为白云石亚族和菱钡镁石亚族。白云石亚族除白云石外，还包括铁白云石、锰白云石等。菱钡镁石亚族包括菱钡镁石和菱碱土矿。

白云石　Dolomite

$CaMg(CO_3)_2$

化学组成：CaO 30.41%，MgO 21.86%，CO_2 47.33%。常见类质同象：Fe、Mn、Co、Zn 替代 Mg，Pb 替代 Ca，有时出现 Na 替代 Ca、Ca 替代 Mg 的情况。

晶体结构：三方晶系，空间群为 $R\bar{3}$。a_0 = 4.8012(1)Å，c_0 = 16.002Å，Z = 3。

形态：菱面体晶形，$C_{3i}-\bar{3}(L^3C)$。晶体常呈菱面体状，晶面弯曲成马鞍形。菱面体最发育，集合体呈粒状、致密块状等。

物理性质：无色、白色、灰色、浅棕色，透明-半透明，玻璃光泽、树脂光泽，亚贝壳状断口，性脆，解理$\{10\bar{1}1\}$完全，依$\{02\bar{2}1\}$可见聚片双晶。摩氏硬度 3.5～4，相对密度 2.84～2.86。

显微镜下特征：一轴晶(－)，N_o＝1.679～1.681，N_e＝1.500～1.503，N_o-N_e＝0.179。折射率随着成分中 Fe、Mn 含量的增加而增大。透射光下无色透明，有时被污染成褐色，具闪突起。

白云鄂博白云石晶胞参数：a_0＝4.812Å，b_0＝4.812Å，c_0＝16.046Å。

白云鄂博白云石样品 X 射线粉晶衍射数据见表 9－1。

表 9－1 白云石 X 射线粉晶衍射数据

No.	2θ/(°)	d/Å	I/I_0
1	30.925	2.8893	100.0
2	41.098	2.1945	4.3
3	44.901	2.0171	2.6
4	50.450	1.8075	6.7
5	64.425	1.4450	2.8

铁白云石 Ankerite

$Ca(Fe^{2+},Mg)(CO_3)_2$

化学组成：化学组成中除 Ca 外，以 Fe 为主，Fe^{2+}与 Mg、Mn 成完全类质同象替代。

晶体结构：三方晶系，空间群为 $R\bar{3}$。a_0＝4.8312(2)Å，c_0＝16.1663(3)Å，Z＝3。

形态：菱面体晶形，$C_{3i}-\bar{3}(L^3C)$。晶体常呈菱面体状，亦呈细粒状、致密块状等。

物理性质：褐色、白色-灰色、黄色-褐色，条痕白色，半透明，珍珠光泽，性脆，解理{$10\bar{1}1$}完全。摩氏硬度 3.5～4，相对密度 2.93～3.10。

显微镜下特征：一轴晶(－)，N_o＝1.690～1.750，N_e＝1.510～1.548，当 Fe∶Mg＝1∶1 时，N_o＝1.728，N_e＝1.531。

铁白云石是 $CaMg(CO_3)_2$－$CaFe(CO_3)_2$ 类质同象系列的中间成员，这个系列的纯 Fe 端员矿物在自然界尚未发现，铁白云石成分中(apfu)Fe^{2+}∶Mg＝1∶1～2.6∶1。也就是说只有当白云石中 Fe^{2+}、Mg 原子数百分比大于 1 时，或者 FeO 含量大于 18%(Chakhmouradian et al.，2015)时，才能称为铁白云石；若小于这个值，则称为含铁白云石。

分别对白云鄂博矿区主矿、东矿、西矿白云石做了简单的主量元素测试，白云石均含不同量的 Fe、Mn，有的白云石中 Fe、Mn 含量均较高，但 FeO 含量未达到 18%，故均为含铁白云石。

1. 西矿白云石型铌稀土矿石中的含铁白云石

白云石呈半自形-他形粒状分布，并与颗粒粗大的方解石紧密共生，白云石与方解石矿物裂隙间有细粒集合体状分布的磷灰石，白云石间有独居石及烧绿石矿物，粒径为 0.05～0.20mm(图 9－1 至图 9－4)。

共伴生矿物：方解石、磷灰石、独居石、氟钙烧绿石、磁铁矿、钠闪石等。

电子探针测试结果(表 9－2)显示，白云石含 Fe 较高，FeO 平均值为 10.95%，另含少量 SrO 和 MnO，测试点平均含量分别为 0.57%和 1.94%。

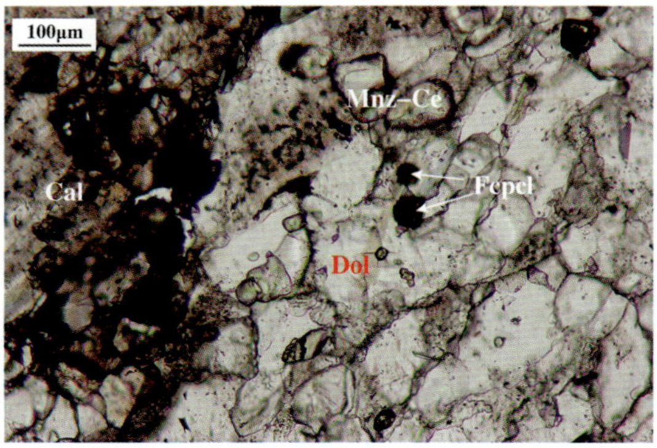

图 9-1 半自形-他形分布的白云石(Dol)间有独居石(Mnz-Ce)和氟钙烧绿石(Fcpcl)(单偏光)

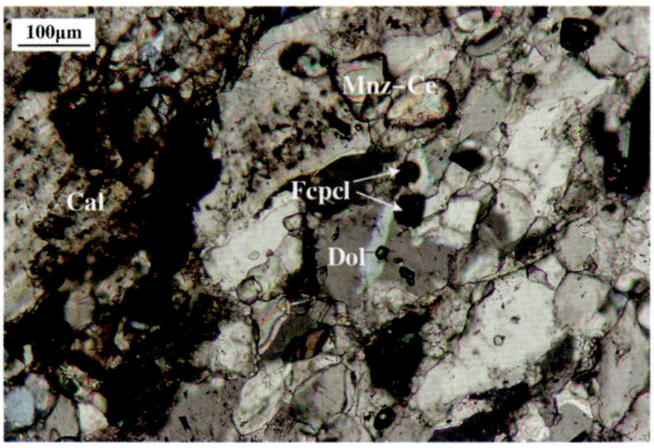

图 9-2 半自形-他形分布的白云石间有独居石和氟钙烧绿石(正交偏光)

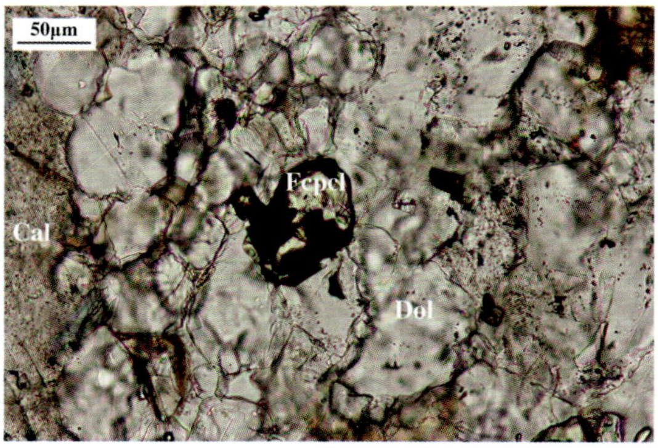

图 9-3 白云石间有氟钙烧绿石（单偏光）

图 9-4 白云石间有氟钙烧绿石（正交偏光）

根据电子探针测试结果平均值及理论化学式，计算 CO_2 含量，以$[CO_3]^{2-}=2$ 为基数，计算化学式：$(Ca_{1.01}Mg_{0.62}Fe_{0.30}Mn_{0.05}Sr_{0.01})_{\Sigma 2.00}(CO_3)_2$。

表 9-2 白云石电子探针测试结果 单位：$w_t/\%$

成分	测试点 P1	测试点 P2	测试点 P3	测试点 P4	测试点 P5	测试点 P6	平均值
CaO	28.68	29.10	28.98	29.00	29.06	28.75	28.93
SrO	0.57	0.54	0.65	0.73	0.60	0.35	0.57
FeO	11.06	10.80	10.85	10.95	11.05	10.99	10.95
MnO	1.92	1.93	2.07	1.95	1.87	1.90	1.94
MgO	12.60	12.96	12.66	12.32	12.92	12.88	12.72
CO_2*							44.86
总计	54.83	55.33	55.21	54.95	55.50	54.85	99.97

2. 西矿白云石型铌稀土矿石中的含铁白云石

白云石呈半自形-他形粒状紧密相间分布，因含 Fe 高表面浑浊，颗粒较均匀，粒径为

0.05～0.10mm(图9-5、图9-6)。

共伴生矿物：黑云母、方解石、磷灰石、独居石、烧绿石、磁铁矿、铌铁矿等。

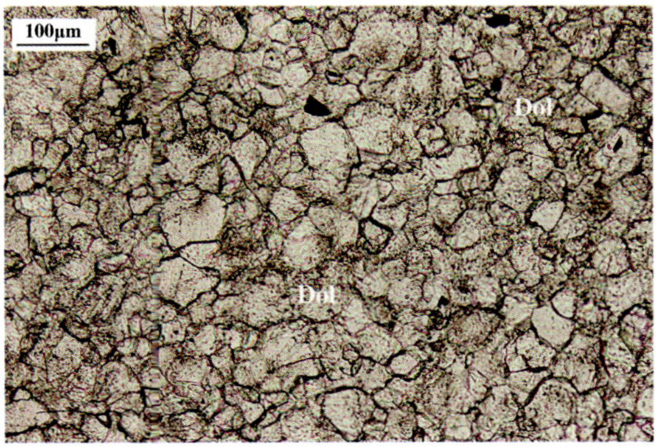

图9-5　半自形细粒状分布的白云石(Dol)(单偏光)

图9-6　半自形细粒状分布的白云石(正交偏光)

电子探针测试结果(表9-3)显示，白云石中FeO含量平均值为7.68%，另含少量MnO，测试点平均含量为0.75%。

根据电子探针测试结果平均值及理论化学式计算CO_2含量，以$[CO_3]^{2-}=2$为基数，计算化学式：$(Ca_{0.99}Mg_{0.78}Fe_{0.20}Mn_{0.02})_{\Sigma 2.00}(CO_3)_2$。

表9-3　白云石电子探针测试结果　　单位：w_t/%

成分	测试点P1	测试点P2	测试点P3	测试点P4	测试点P5	测试点P6	平均值
CaO	27.99	29.62	28.79	29.04	29.35	29.27	29.01
FeO	8.92	8.35	6.26	7.98	7.29	7.29	7.68
MnO	0.92	0.55	0.75	0.85	0.69	0.73	0.75
MgO	15.63	15.89	17.08	16.57	16.57	1643	16.36
CO_2^*							45.95
总计	53.46	54.41	52.88	54.44	53.9	53.72	99.75

3. 东矿萤石化白云石型条带状铌稀土铁矿石中的含锰、铁白云石

白云石呈不规则粒状与磁铁矿、黑云母等紧密共生，因含Fe、Mn较高，颜色浑浊不清亮，粒径为0.05～0.10mm(图9-7、图9-8)。

共伴生矿物：萤石、磁铁矿、黄铁矿、闪锌矿、方铅矿、钛铁矿、氟镁石、黑云母、氟碳铈矿、独居石、褐钇铌矿、烧绿石等。

电子探针四个测试点(表9-4)中Mn、Fe含量互有高低，平均含量MnO(8.06%)>FeO(6.97%)，为含Mn、Fe的白云石。

根据电子探针测试结果平均值及理论化学式计算CO_2含量，以$[CO_3]^{2-}=2$为基数，计算化学式：$(Ca_{0.93}Mg_{0.64}Mn_{0.23}Fe_{0.19}Sr_{0.01})_{\Sigma 2.00}(CO_3)_2$。

图 9-7 因含 Fe、Mn 白云石(Dol)表面浑浊(单偏光)

图 9-8 白云石与磁铁矿(Mag)(正交偏光)

表 9-4 白云石电子探针测试结果 单位：w_t/%

成分	测试点 P1	测试点 P2	测试点 P3	测试点 P4	平均值
CaO	26.22	26.35	26.40	26.48	26.36
MgO	12.40	12.37	13.33	13.66	12.94
MnO	9.56	9.56	6.28	6.84	8.06
FeO	6.78	6.56	7.83	6.72	6.97
SrO	0.40	0.32	1.12	0.80	0.66
CO_2 *					44.48
总计	55.36	55.16	54.96	54.5	99.47

4. 东矿白云石型铌稀土铁矿石中的含铁白云石

样品采自东矿钻孔。白云石呈半自形-他形粒状紧密相间分布，含 Fe 白云石表面较污浊，颗粒较细，粒径一般为 0.03～0.08mm(图 9-9、图 9-10)。

共伴生矿物：磁铁矿、闪锌矿、磁黄铁矿、萤石、氟碳铈矿、独居石、方钍石等。

图 9-9 含 Fe 白云石(Dol)(单偏光)

图 9-10 含 Fe 白云石(正交偏光)

根据电子探针测试结果平均值(表 9－5)及理论化学式计算 CO_2 含量，以$[CO_3]^{2-}=2$ 为基数，计算化学式：$(Ca_{0.97}Mg_{0.67}Fe_{0.25}Mn_{0.09}Sr_{0.01})_{\Sigma 2.00}(CO_3)_2$。

表 9－5　白云石电子探针测试结果　　单位：w_t/%

成分	测试点 P1	测试点 P2	测试点 P3	测试点 P4	测试点 P5	平均值
CaO	27.15	27.04	28.70	27.26	28.71	27.77
MgO	12.43	12.67	15.31	12.80	15.38	13.72
FeO	11.34	11.26	6.51	10.99	6.42	9.30
MnO	2.94	2.72	3.66	2.81	3.75	3.18
SrO	0.89	0.70	0.92	0.46	0.86	0.76
CO_2*						44.89
总计	54.75	54.39	55.1	54.32	55.12	99.62

5. 主矿白云石型铌稀土矿石中的含铁白云石

白云石呈半自形晶等粒状紧密相间分布，因含 Fe 高表面污浊，有独居石细粒集合体组成条带或脉状分布，白云石粒径为 0.05～0.15mm，大多为 0.10mm(图 9－11 至图 9－14)。

共伴生矿物：独居石、氟碳铈矿、烧绿石、黑云母、磷灰石、辉钼矿、萤石、方铅矿等。

图 9－11　半自形等粒状白云石(Dol)(单偏光)

图 9－12　半自形等粒状白云石(正交偏光)

图 9－13　白云石间的独居石(Mnz－Ce)条带(单偏光)

图 9－14　白云石间的独居石条带(正交偏光)

根据电子探针测试结果平均值(表 9-6)及理论化学式计算 CO_2 含量，以$[CO_3]^{2-}=2$ 为基数，计算化学式：$(Ca_{0.99}Mg_{0.78}Fe_{0.19}Mn_{0.04})_{\Sigma 2.00}(CO_3)_2$。

表 9-6　白云石电子探针测试结果　　单位：$w_t/\%$

成分	测试点 P1	测试点 P2	测试点 P3	测试点 P4	测试点 P5	平均值
CaO	28.45	28.74	28.79	29.19	29.08	28.85
MgO	15.87	16.09	16.25	16.28	16.52	16.20
MnO	1.33	1.36	1.58	1.32	1.47	1.41
FeO	7.34	7.87	7.68	7.18	6.37	7.29
SrO	0.04	0.00	0.23	0.00	0.06	0.06
CO_2^*						45.82
总计	53.03	54.06	54.53	53.97	53.5	99.63

6. 主矿云母化白云石型铌稀土矿石中的含铁、锰白云石

样品采自主矿，属于云母化白云石型铌稀土矿石。白云石呈半自形-他形粒状分布，因含 Fe、Mn 较高表面污浊不清，颗粒大小均匀，粒径为 0.05～0.25mm(图 9-15 至图 9-18)。

共伴生矿物：金云母、磁铁矿、铬铁矿、方铅矿、闪锌矿、黄铜矿、磁黄铁矿、独居石、铌铁矿、褐帘石、方解石等。

根据电子探针测试结果平均值(表 9-7)及理论化学式计算 CO_2 含量，以$[CO_3]^{2-}=2$ 为基数，计算化学式：$(Ca_{1.00}Mg_{0.61}Fe_{0.24}Mn_{0.15})_{\Sigma 2.00}(CO_3)_2$。

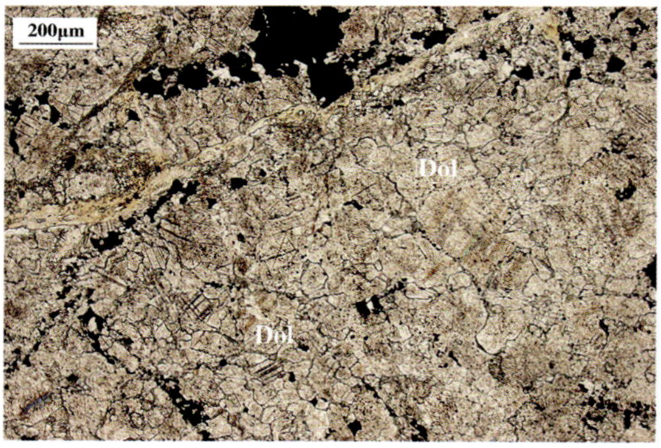

图 9-15　半自形粒状分布的白云石(Dol)(单偏光)

图 9-16　半自形粒状分布的白云石(正交偏光)

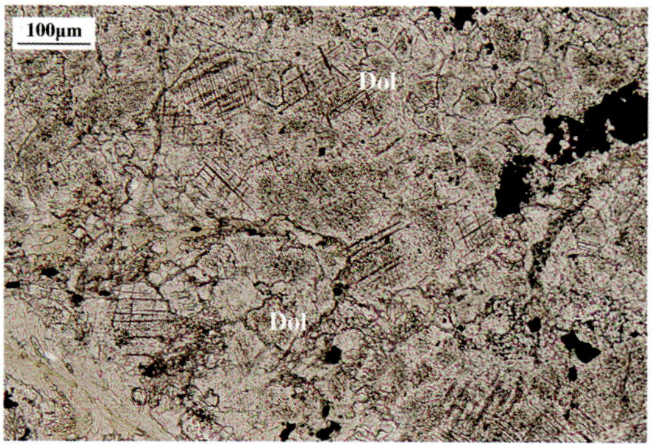

图 9-17　半自形粒状分布的白云石(单偏光)

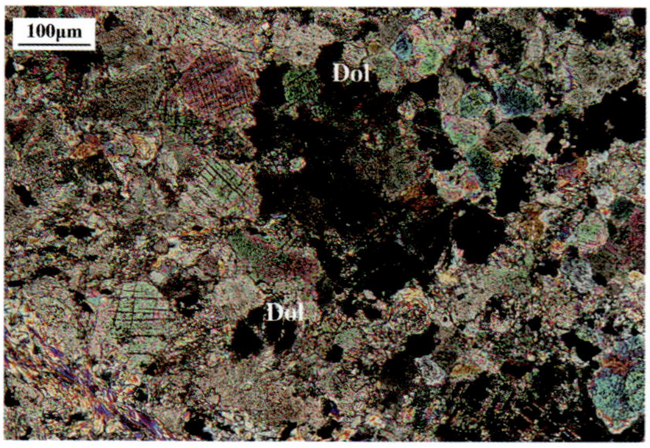

图 9-18　半自形粒状分布的白云石(正交偏光)

表 9-7 白云石电子探针测试结果 单位：w_t/%

成分	测试点 P1	测试点 P2	测试点 P3	测试点 P4	测试点 P5	测试点 P6	平均值
CaO	28.65	27.93	28.78	28.57	28.40	29.05	28.56
FeO	7.45	6.98	11.76	7.35	8.13	10.10	8.63
MgO	11.51	11.32	12.36	11.79	14.11	13.09	12.36
MnO	7.74	9.24	1.80	7.46	3.70	3.30	5.54
SrO	0.30	0.23	0.00	0.34	0.30	0.08	0.21
CO_2^*							44.83
总计	55.65	55.7	54.7	55.51	54.64	55.62	100.13

7. 主矿白云石型铌稀土矿石中的含铁白云石

样品采自主矿钻孔。白云石颗粒粗大呈不规则粒状分布，解理及双晶可见，因含 Fe 表面污浊(图 9-19 至图 9-22)，有大量自形-半自形板状、柱状磷灰石分布于白云石间，并有被白云石交代痕迹，有少量不规则粒状方解石分布于白云石间，白云石粒径为 0.20～2.00mm。

共伴生矿物：磷灰石、方解石、烧绿石、铌铁矿、黄铁矿、方铅矿、钠闪石、氟碳铈矿等。

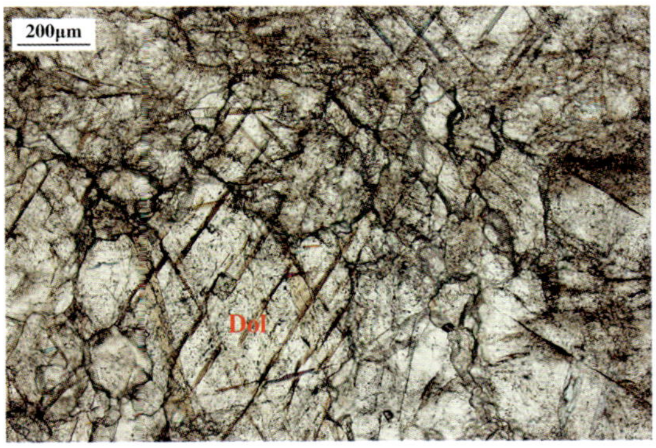

图 9-19 粗粒白云石(Dol)(单偏光)

图 9-20 粗粒白云石(正交偏光)

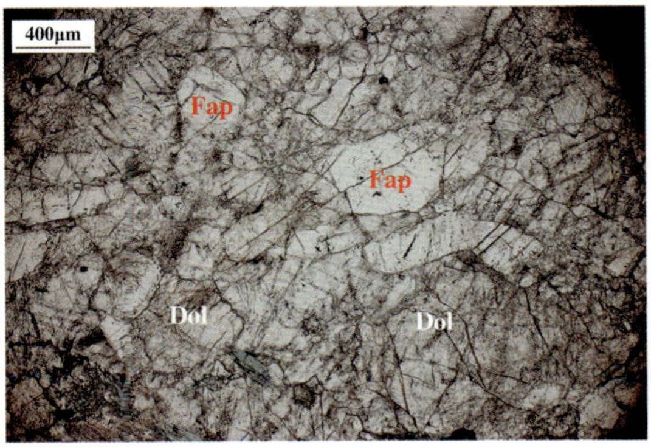

图 9-21 白云石间分布的磷灰石(Fap)(单偏光)

图 9-22 白云石间分布的磷灰石(正交偏光)

根据电子探针测试结果平均值(表 9－8)及理论化学式计算 CO_2 含量，以 $[CO_3]^{2-}=2$ 为基数，计算化学式：$(Ca_{0.97}Mg_{0.89}Fe_{0.12}Mn_{0.02})_{\Sigma 2.00}(CO_3)_2$。

表 9－8　白云石电子探针测试结果　　单位：$w_t/\%$

成分	测试点 P1	测试点 P2	测试点 P3	测试点 P4	平均值
CaO	28.76	29.44	29.24	29.33	29.19
FeO	5.11	5.23	4.19	4.24	4.69
MgO	18.72	18.52	19.50	19.44	19.04
MnO	0.50	0.58	0.52	0.52	0.53
SrO	0.17	0.38	0.20	0.20	0.24
CO_2^*					47.17
总计	53.26	54.15	53.65	53.73	100.86

锰白云石　Kutnohorite

$CaMn^{2+}(CO_3)_2$

化学组成：锰白云石中除 Ca 以外，以 Mn 为主，Fe、Mg 以类质同象替代 Mn，Fe 与 Mn 之间的替代是完全的，Mg 的替代是有限的。

晶体结构：三方晶系，空间群为 $R\bar{3}$。$a_0=4.8518(3)$Å，$c_0=16.217(2)$Å，$Z=3$。

形态：菱面体晶形，$C_{3i}-\bar{3}(L^3C)$。常呈粒状集合体分布。

物理性质：白色、淡玫瑰红色、粉色，半透明，条痕白色，亚玻璃光泽、树脂光泽，性脆，解理{10$\bar{1}$1}完全。摩氏硬度 3.5～4，相对密度 3.12。

显微镜下特征：一轴晶(－)，$N_o=1.710\sim1.727$，$N_e=1.519\sim1.535$。

1. 钠闪石型稀土铁矿石中的锰白云石

样品采自主矿。锰白云石以不规则粒状分布于钠闪石矿物间隙，粒径为 0.05～0.20mm，样品为富锰环境，除锰白云石外，还有菱锰矿、红钛锰矿等。图 9－23、图 9－24 为面扫描元素分布图像，锰白云石分布于钠闪石矿物间隙，图 9－25、图 9－26 分别为图 9－23 中 Ca、Mn 的面扫描分布图像，Ca 与 Mn 耦合处为锰白云石。图 9－27 为图 9－24 的 BSE 图像，图 9－28 为锰白云石能谱图。

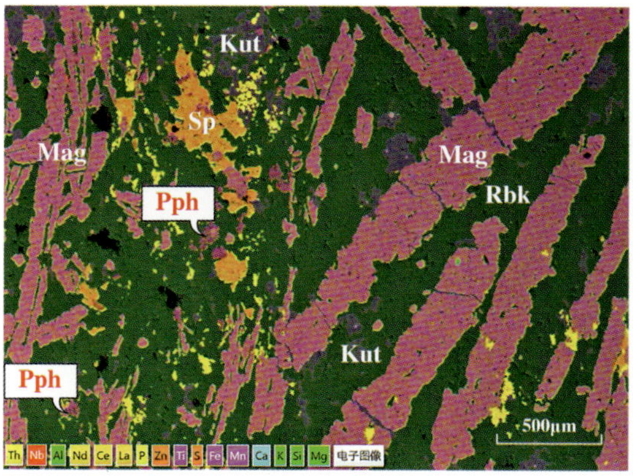

图 9－23　锰白云石(Kut)分布于钠闪石(Rbk)间(面扫描元素分布图像)

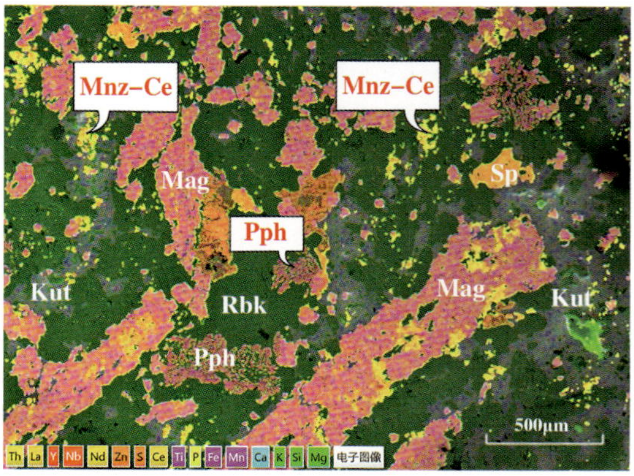

图 9－24　锰白云石分布于钠闪石间(面扫描元素分布图像)

共伴生矿物：磁铁矿、钠闪石、白云石、菱锰矿、独居石、闪锌矿、黄铁矿、红钛锰矿等。

根据电子探针测试结果平均值(表 9－9)及理论化学式计算 CO_2 含量，以$[CO_3]^{2-}=2$为基数，计算化学式：$(Ca_{1.21}Mn_{0.64}Fe_{0.07}Mg_{0.05}Sr_{0.03})_{\Sigma 2.00}(CO_3)_2$。

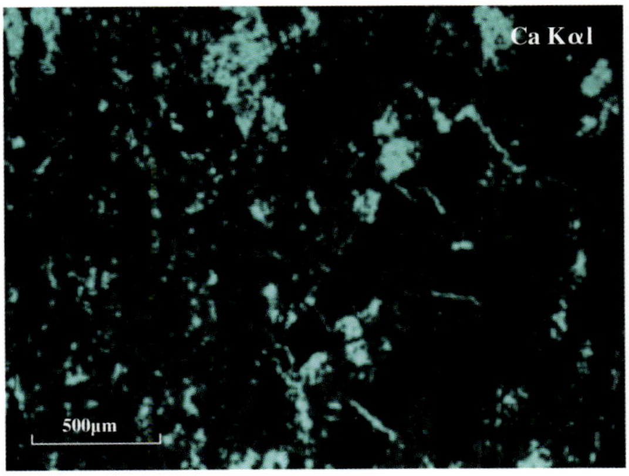

图 9－25 面扫描 Ca 元素分布图

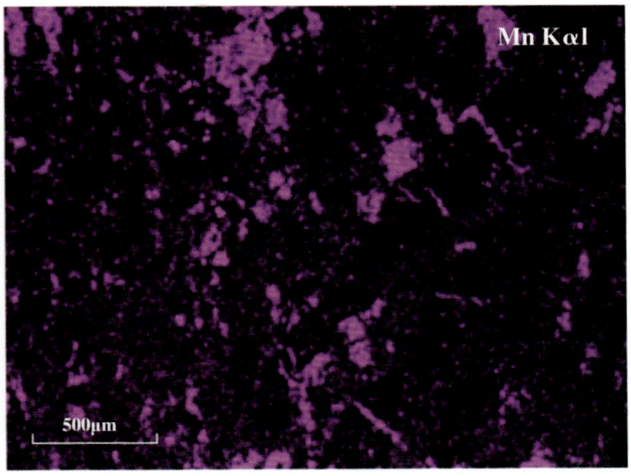

图 9－26 面扫描 Mn 元素分布图

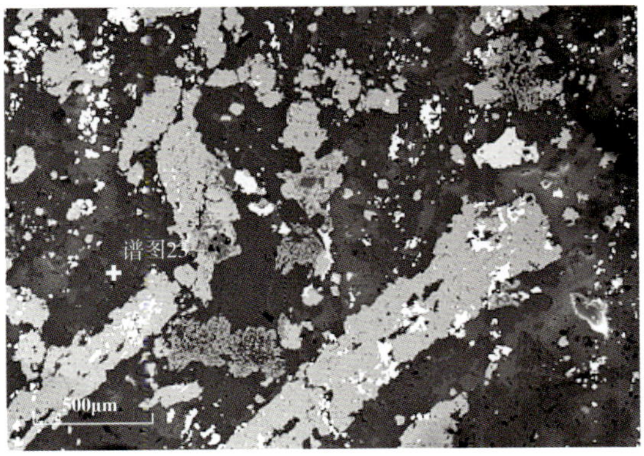

图 9－27 BSE 图像

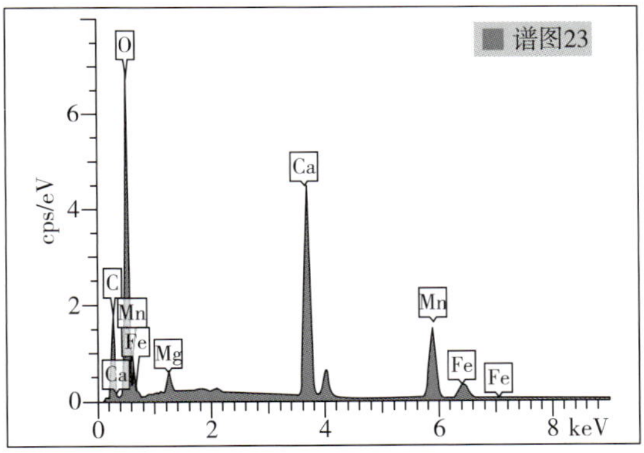

图 9－28 锰白云石能谱图

表 9－9 锰白云石电子探针测试结果 单位：$w_t/\%$

成分	测试点 P1	测试点 P2	测试点 P3	平均值
CaO	32.72	30.09	33.46	32.09
MnO	21.21	22.35	20.44	21.33
MgO	0.63	1.59	0.63	0.95
SrO	1.71	1.24	1.75	1.57
FeO	2.19	3.02	2.34	2.52
CO_2 *				41.68
总计	58.46	58.31	58.62	100.15

2. 白云石型铌稀土铁矿石中的锰白云石

样品采自主矿。样品中含有大量锰的碳酸盐矿物菱锰矿，锰白云石与菱锰矿紧密共生，显微镜下均为无色透明，无法区分。样品处于富锰环境下，除锰的碳酸盐矿物，还有铌锰矿、红钛锰矿等(图 9－29、图 9－30)。

共伴生矿物：磁铁矿、白云石、菱锰矿、硅钡铁钛石、独居石、金云母、铌锰矿、重晶石、红钛锰矿、钠闪石等。

根据电子探针测试结果平均值(表 9－10)及理论化学式计算 CO_2 含量，以$[CO_3]^{2-}=2$ 为基数，计算化学式：$(Ca_{0.77}Mn_{0.72}Mg_{0.33}Fe_{0.18})_{\Sigma 2.00}(CO_3)_2$。

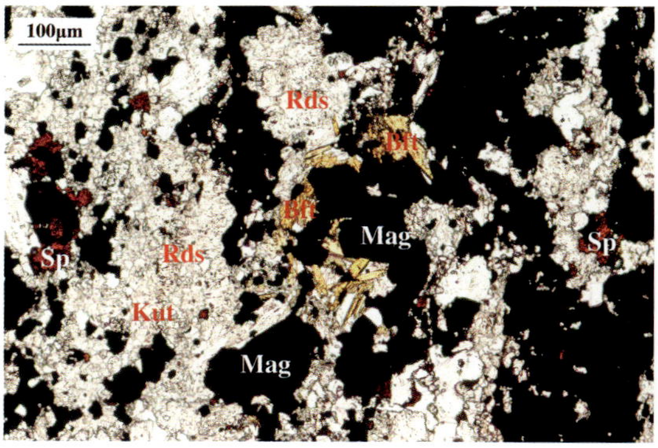

图 9－29　浅色部分为富锰的碳酸盐矿物，菱锰矿(Rds)、锰白云石(Kut)等(单偏光)

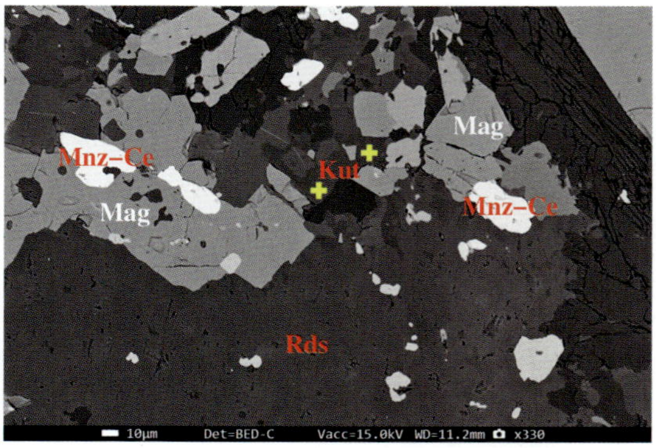

图 9－30　黄色“＋”为锰白云石测试点(BSE)

表 9－10　锰白云石电子探针测试结果　　单位：$w_t/\%$

成分	测试点 P1	测试点 P2	平均值
FeO	4.82	7.28	6.05
MnO	24.86	23.90	24.38
MgO	7.09	5.60	6.34
CaO	20.38	20.41	20.39
SrO	0.06	0.12	0.09
Nb_2O_5	0.08	0.07	0.08
ΣRE_2O_3	0.43	0.26	0.34
$CO_2{}^*$			41.80
总计	57.72	57.64	99.48

菱钡镁石(钡白云石)　Norsethite

$BaMg(CO_3)_2$

化学组成：BaO 54.44%，MgO 14.31%，CO_2 31.25%。

晶体结构：三方晶系，空间群为 $R32$。$a_0=5.02$Å，$c_0=16.75$Å，$Z=3$。

形态：三方偏方面体晶形，$D_3-32(L^3 3L^2)$。常呈板状、粒状、菱面体状。

物理性质：无色-白色，透明-半透明，条痕白色，亚玻璃光泽、树脂、蜡状光泽，性脆，{1011}完全解理。摩氏硬度 3.5，相对密度 3.84。

显微镜下特征：一轴晶(－)，$N_e=1.519$，$N_o=1.694$。

1. 白云石型铌稀土矿石中的菱钡镁石

样品采自西矿。菱钡镁石呈无色半自形-他形粒状或集合体状分布于方解石中，显微镜下均为无色透明的碳酸盐矿物，无法区分，BSE 图像(图 9－31 至图 9－34)可清晰分辨菱钡镁石与方解石，菱钡镁石粒径为 0.02～0.10mm。

共伴生矿物：白云石、方解石、磁铁矿、黄铁矿、独居石、硅钡铌矿、铌铁矿、碳锶石、大青山矿等。

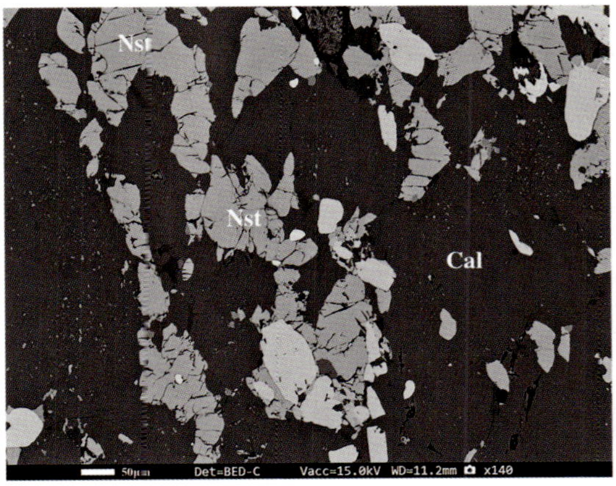

图 9－31　菱钡镁石(Nst)分布于方解石(Cal)中(BSE)

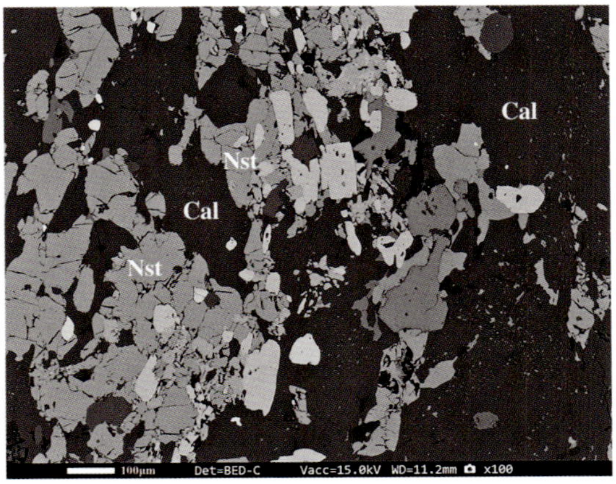

图 9－32　菱钡镁石与方解石(BSE)

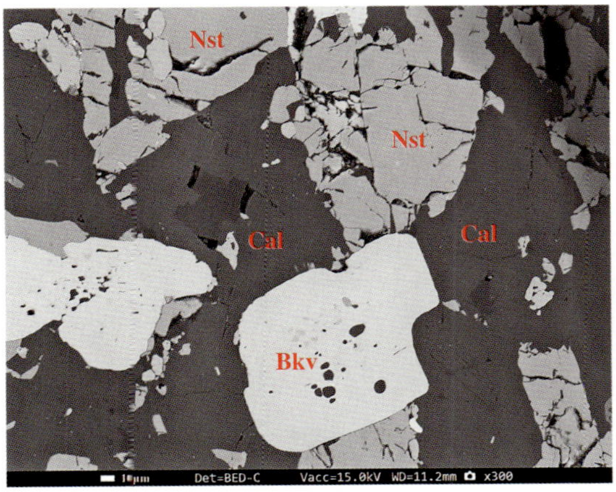

图 9－33　菱钡镁石与硅钡铌矿(Bkv)(BSE)

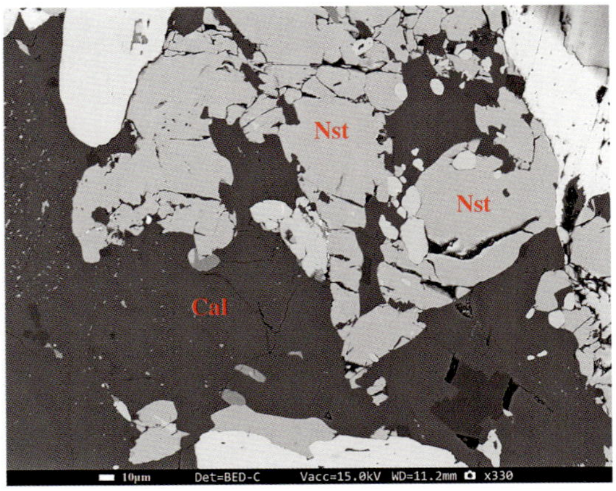

图 9－34　菱钡镁石分布于方解石中(BSE)

根据电子探针测试结果平均值(表 9－11)及理论化学式计算 CO_2 含量，以$[CO_3]^{2-}=2$为基数，计算化学式：$(Ba_{0.95}Sr_{0.01}Na_{0.01})_{\Sigma 0.97}(Mg_{0.92}Fe_{0.07}Mn_{0.02}Ca_{0.02}Ti_{0.01})_{\Sigma 1.04}(CO_3)_2$。

表 9-11　菱钡镁石电子探针测试结果　　单位：w_t/%

成分	测试点 P1	测试点 P2	测试点 P3	平均值
BaO	52.06	52.23	52.14	52.14
MgO	13.34	13.28	13.23	13.28
CaO	0.27	0.59	0.21	0.36
MnO	0.56	0.48	0.51	0.52
FeO	1.50	1.80	1.81	1.70
SrO	0.26	0.27	0.20	0.24
TiO_2	0.25	0.22	0.21	0.23
Na_2O	0.15	0.09	0.11	0.12
CO_2*				31.65
总计	68.39	68.96	68.42	100.24

2. 白云石型铌稀土矿石中的菱钡镁石

样品采自东介勒格勒。菱钡镁石呈半自形-他形粒状分布于白云石或萤石间，表面较白云石纯净，高级白干涉色，粒径为0.10～0.30mm(图9-35至图9-38)。

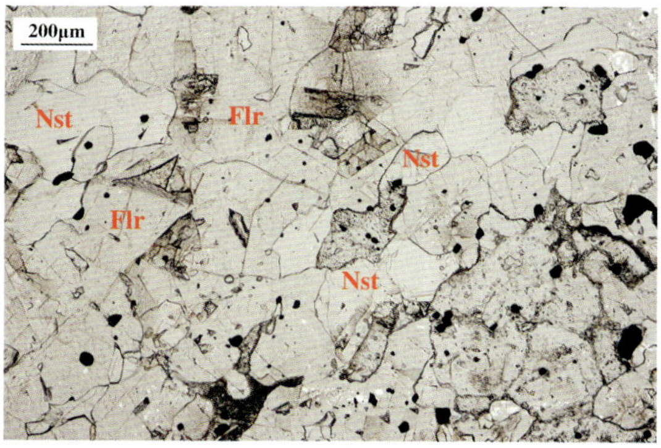

图 9-35　菱钡镁石(Nst)分布于萤石(Flr)间(单偏光)

图 9-36　钡镁石分布于萤石间(正交偏光)

图 9-37　菱钡镁石(BSE)

图 9-38　菱钡镁石分布于白云石(Dol)间(BSE)

共伴生矿物：白云石、方解石、钠闪石、硅镁石、萤石、磁铁矿、褐铈铌矿、独居石、毒重石、氟碳铈矿、蛇纹石等。

根据电子探针测试结果平均值(表 9-12)及理论化学式计算 CO_2 含量，以$[CO_3]^{2-}=2$ 为基数，计算化学式：$Ba_{1.01}(Mg_{0.89}Mn_{0.05}Fe_{0.04}Ca_{0.02})_{\Sigma 1.00}(CO_3)_2$。

表 9-12　菱钡镁石电子探针测试结果　　单位：$w_t/\%$

成分	测试点 P1	测试点 P2	测试点 P3	测试点 P4	测试点 P5	平均值
BaO	54.08	53.93	54.04	53.80	54.05	53.98
CaO	0.31	0.36	0.34	0.29	0.37	0.33
MgO	12.08	12.37	12.19	12.55	12.80	12.40
MnO	0.99	1.05	1.31	1.25	1.08	1.14
FeO	0.98	1.02	0.99	1.10	1.03	1.02
CO_2*						30.76
总计	68.44	68.73	68.87	68.99	69.33	99.63

菱碱土矿　Benstonite

$Ba_6Ca_6Mg(CO_3)_{13}$

化学组成：Ba、Ca 可分别被 Sr、Mn 类质同象替代。

晶体结构：三方晶系，空间群为 $R\bar{3}$。$a_0=18.280$Å，$c_0=8.652$Å，$Z=3$。

形态：菱面体晶形，$C_{3i}-\bar{3}(L^3C)$。扁平菱面体状、粒状。

物理性质：白色-乳白色，淡黄色、浅黄褐色，条痕白色，半透明，玻璃光泽。摩氏硬度 3～4，相对密度 3.95。

显微镜下特征：一轴晶(－)，$N_e=1.527$，$N_o=1.690$。

产状及共伴生矿物：产于白云岩的碳酸盐脉中，与白云石、独居石、碳铈钠石、烧绿石等矿物共生(张培善和陶克捷，1986)。

菱碱土矿化学分析结果：BaO 40.23%，SrO 7.55%，CaO 17.50%，MgO 2.14%，Fe_2O_3 0.64%，RE_2O_3 1.24%，K_2O 0.012%，Na_2O 0.096%，CO_2 32.05%，总计 101.59%。

二、钡解石族

钡解石(钡方解石)　Barytocalcite

$BaCa(CO_3)_2$

化学组成：BaO 51.56%，CaO 18.85%，CO_2 29.59%。

晶体结构：单斜晶系，空间群为 $P2_1/m$。$a_0=8.092(1)$Å，$b_0=5.2344(6)$Å，$c_0=6.544(1)$Å，$\beta=106.05°$。

形态：斜方柱晶形，$C_{2h}-2/m(L^2PC)$。晶体少见，常呈板状、柱状、粒状，有时呈致密块状分布。

物理性质：无色、白色、灰色、浅绿色、浅黄色，条痕白色，透明-半透明，玻璃光泽、树脂光泽，性脆，解理{110}完全，{001}中等，三组解理夹角近于方解石。摩氏硬度 4.0，相对密度 3.66～3.71。

显微镜下特征：二轴晶(－)，$2V=15°$。$N_g=1.686$，$N_m=1.684$，$N_p=1.525$。

1. 白云石型铌稀土矿石中的钡解石

样品采自西矿。钡解石呈无色半自形-他形粒状分布于白云石、方解石、碳锶石等碳酸盐矿物间，显微镜下均为无色透明，BSE 图像(图 9－39、图 9－41)可清晰分辨钡解石与菱钡镁石、碳锶石，钡解石粒径为 0.01～0.02mm。图 9－40、图 9－42 分别为钡解石能谱图，Sr 以类质同象置换了部分 Ba。

共伴生矿物：白云石、方解石、磁铁矿、黄铁矿、独居石、硅钡铌矿、菱钡镁石、碳锶石、大青山矿等。

根据电子探针测试结果平均值(表 9－13)及理论化学式计算 CO_2 含量，以$[CO_3]^{2-}=2$ 为基数，计算化学式：$(Ba_{0.67}Sr_{0.32})_{\Sigma 0.99}(Ca_{0.90}Mg_{0.07}Na_{0.02}Mn_{0.02}Fe_{0.01})_{\Sigma 1.02}(CO_3)_2$。

图 9－39 钡解石(Bcal)分布于菱钡镁石(Nst)、碳锶石(Str)、黄铁矿(Py)间(BSE)

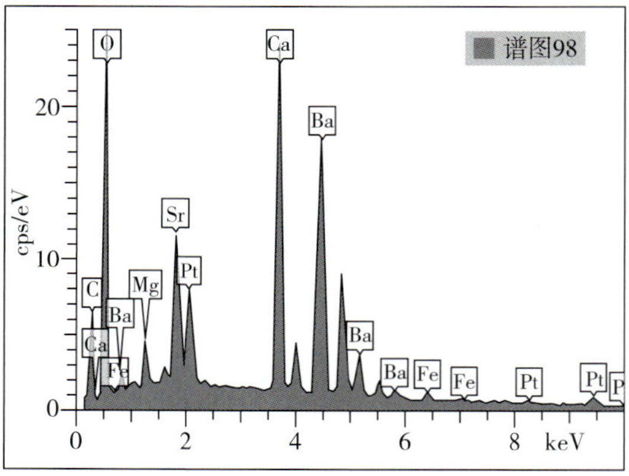

图 9－40 钡解石能谱图

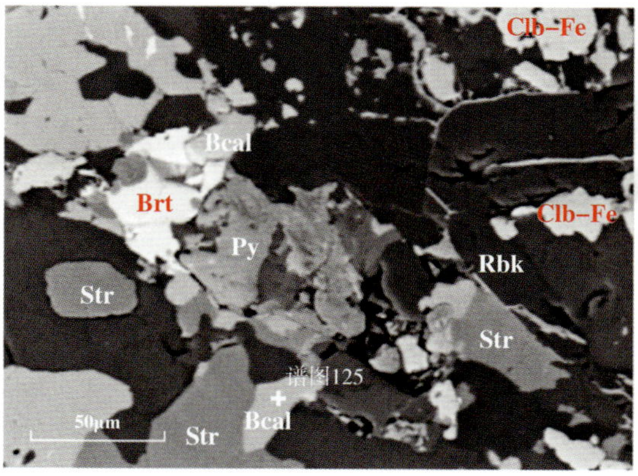

图 9－41 钡解石与碳锶石、重晶石(Brt)、黄铁矿等矿物共伴生(BSE)

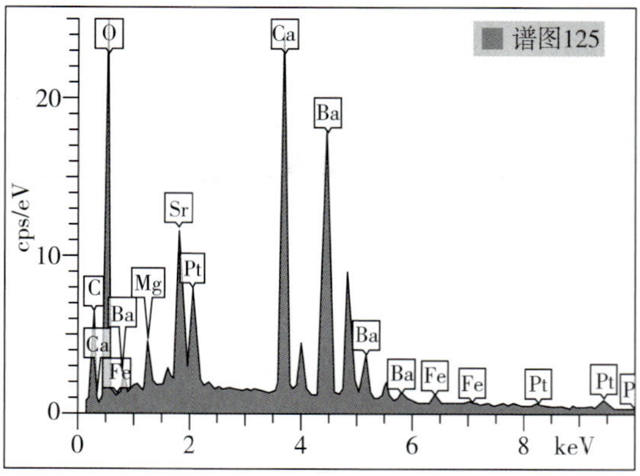

图 9－42 钡解石能谱图

表 9-13 钡解石电子探针测试结果 单位：$w_t/\%$

成分	测试点 P1	测试点 P2	测试点 P3	测试点 P4	测试点 P5	平均值
BaO	43.21	42.01	33.77	32.86	32.24	36.82
CaO	16.47	16.42	19.88	19.00	19.06	18.17
SrO	6.74	8.90	14.34	13.74	16.61	12.07
MgO	2.15	2.00	0.28	0.19	0.26	0.98
FeO	0.33	0.37	0.23	0.16	0.25	0.26
MnO	0.14	0.20	0.54	0.65	0.60	0.43
Na_2O	0.25	0.18	0.15	0.14	0.12	0.17
TiO_2	0.07	0.07	0.08	0.12	0.05	0.08
$CO_2{}^*$						31.73
总计	69.36	70.15	69.27	66.86	69.19	100.71

2. 云母型铌稀土矿石中的钡解石

样品采自主矿。钡解石呈不规则粒状与重晶石紧密共生或交代硅钡铁钛石矿物形成，显微镜下不易区分，BSE 图像中可见与其他矿物的共生关系，粒径为 0.03～0.10mm（图 9-43 至图 9-46）。

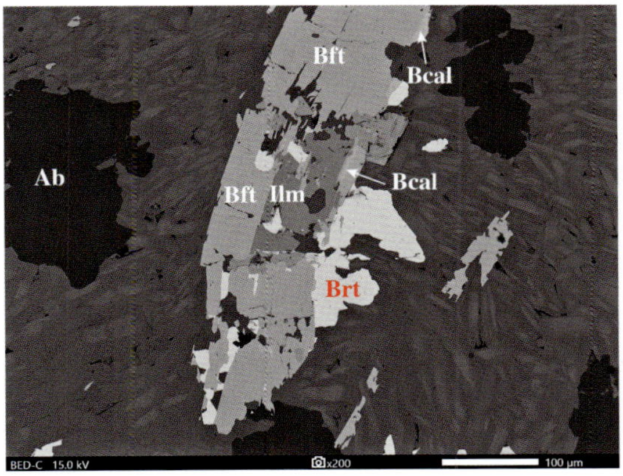

图 9-43 钡解石(Bcal)与硅钡铁钛石(Bft)(BSE)

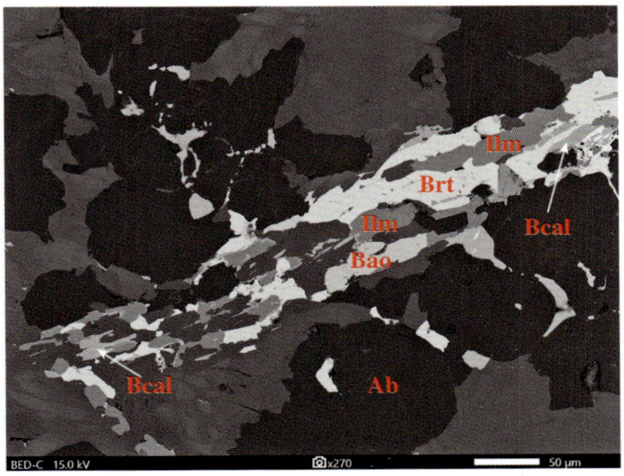

图 9-44 钡解石与重晶石(Brt)(BSE)

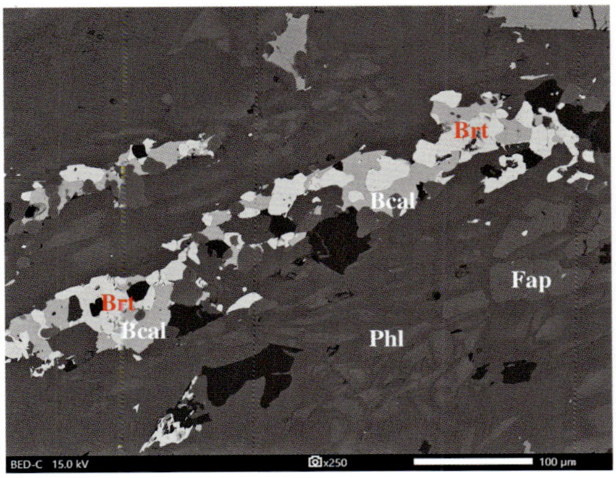

图 9-45 钡解石与重晶石紧密共生(BSE)

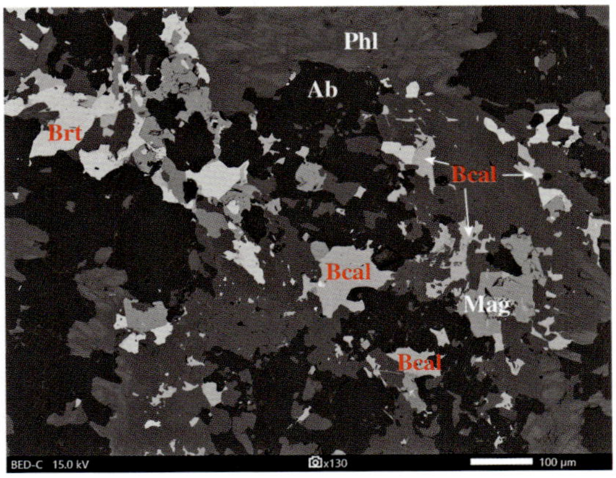

图 9-46 不规则粒状分布的钡解石(BSE)

共伴生矿物：金云母、钠长石、霓石、钠闪石、重晶石、硅钡铁钛石、硅钛铈矿、钛铁矿、磁铁矿、磁黄铁矿、黄铜矿、氟碳铈钡矿、独居石、包头矿等。

根据电子探针测试结果平均值(表9-14)及理论化学式计算CO_2含量，以$[CO_3]^{2-}=2$为基数，计算化学式：$(Ba_{1.02}Sr_{0.01})_{\Sigma 1.03}(Ca_{0.95}Fe_{0.01})_{\Sigma 0.96}(CO_3)_2$。

表9-14　钡解石电子探针测试结果　　单位：$w_t/\%$

成分	测试点P1	测试点P2	测试点P3	测试点P4	测试点P5	平均值
CaO	17.80	18.07	17.91	17.80	17.71	17.86
BaO	52.25	52.68	51.8	52.47	51.62	52.16
FeO	0.53	0.21	0.10	0.04	0.45	0.26
MgO	0.00	0.01	0.00	0.00	0.03	0.01
SrO	0.62	0.40	0.28	0.71	0.53	0.51
MnO	0.00	0.05	0.10	0.06	0.07	0.06
$CO_2{}^*$						29.41
总计	71.2	71.42	70.19	71.08	70.41	100.27

3. 白云石型铌稀土矿石中的钡解石

样品采自主矿。钡解石呈脉状分布于磷灰石矿物间，脉宽0.05～0.10mm，或以不规则粒状与重晶石、黄铁矿紧密共生，粒径为10～20μm(图9-47、图9-48)。

共伴生矿物：白云石、黄铁矿、重晶石、磷灰石、磁铁矿、闪锌矿、钠闪石、黑云母、氟碳铈矿、独居石、方解石等。

根据电子探针测试结果平均值(表9-15)及理论化学式计算CO_2含量，以$[CO_3]^{2-}=2$为基数，计算化学式：$(Ba_{1.00}Sr_{0.01})_{\Sigma 1.01}(Ca_{0.97}Fe_{0.01}Mg_{0.01})_{\Sigma 0.99}(CO_3)_2$。

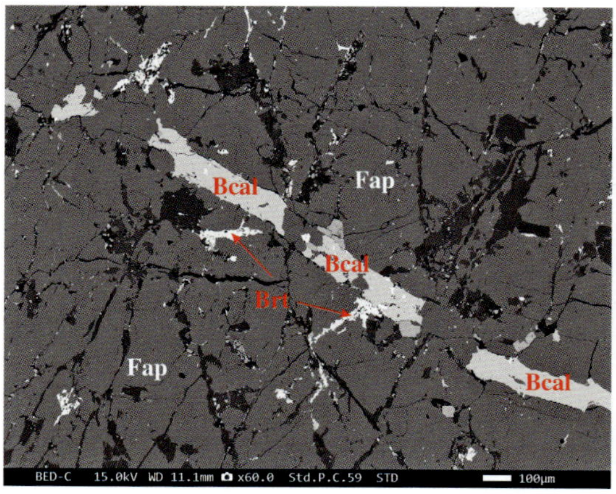

图9-47　钡解石(Bcal)分布于磷灰石(Fap)矿物间(BSE)

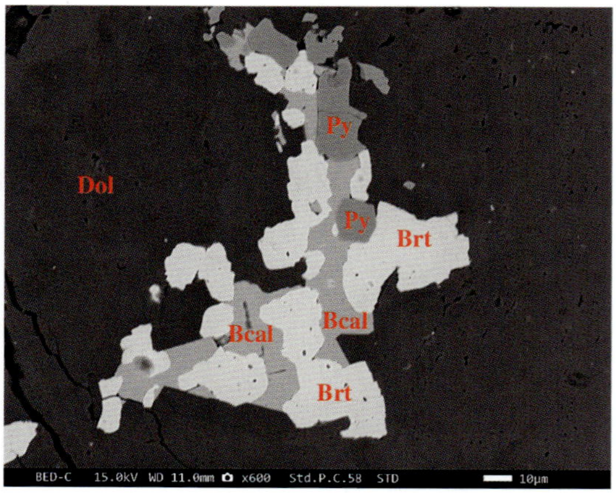

图9-48　钡解石与重晶石(Brt)、黄铁矿(Py)紧密共生(BSE)

表 9-15 钡解石电子探针测试结果 单位：w_t/%

成分	测试点 P1	测试点 P2	测试点 P3	测试点 P4	测试点 P5	平均值
BaO	51.48	51.44	51.51	51.26	50.65	51.27
FeO	0.23	0.14	0.03	0.23	0.52	0.23
MgO	0.08	0.13	0.09	0.10	0.16	0.11
SrO	0.22	0.52	0.26	0.28	0.41	0.34
CaO	18.59	18.30	18.29	18.64	17.43	18.25
MnO	0.11	0.14	0.09	0.11	0.04	0.10
CO_2*						29.55
总计	70.71	70.67	70.27	70.62	69.21	99.85

三、方解石族

白云鄂博矿区方解石族矿物包括方解石及菱铁矿系列矿物——菱镁矿、菱铁矿、菱锰矿。

方解石 Calcite

$CaCO_3$

化学组成：CaO 56.03%，CO_2 43.97%。经常有 Mg、Fe、Mn 的混入物，变种有镁方解石、锰方解石、铁方解石等。

晶体结构：三方晶系，空间群为 $R\bar{3}c$。a_0 = 4.9896(2)Å，c_0 = 17.061(11)Å，Z = 6。

形态：复三方偏三角面体晶形，$D_{3d}-\bar{3}m(L^3 3L^2 3PC)$。晶体主要为柱状、板状，集合体为片状、纤维状、致密块状、粒状、土状、钟乳状、豆状、结核状等。

物理性质：白色、黄色、红色、橘色、蓝色、绿色、棕色、灰色等，透明-半透明，条痕白色，玻璃光泽、树脂光泽，贝壳状断口，性脆，解理{$10\bar{1}1$}完好。摩氏硬度 3，相对密度 2.71。

显微镜下特征：一轴晶(-)，N_e=1.486，N_o=1.658。透射光下无色，解理发育，具典型的闪突起。反射光下呈灰色，双反射显著，反射率 R=4%～6%，强非均质性(浅灰-暗灰色)，内反射无或乳白色、棕黄色。

白云鄂博方解石晶胞参数：a_0 = 4.986Å，b_0 = 4.986Å，c_0 = 17.048Å。

白云鄂博方解石样品 X 射线粉晶衍射数据见表 9-16。

表 9-16 白云鄂博方解石 X 射线粉晶衍射数据

No.	2θ/(°)	d/Å	I/I_0
1	29.415	3.0341	100.0
2	39.433	2.2833	7.7
3	43.187	2.0931	7.5

续表

No.	2θ/(°)	d/Å	I/I_0
4	47.534	1.9113	12.5
5	48.538	1.8741	10.2

矿区方解石含量较少，分布却很广泛，它呈浸染状分布于白云石中，呈晚期脉状分布，有部分方解石因退白云石化现象而产生。退白云石化主要指接触变质作用产生的大理岩化、矽卡岩化使白云石变为方解石，及区域热动力变质作用、局部性交代蚀变作用使白云石被方解石替代。与局部性交代蚀变作用有关的方解石，与 Nb - REE - Fe 的成矿作用有着密切的关系，其特征为 Mn 含量较高，Fe 含量较高，Sr 含量也高。

1. 白云石型铌稀土矿石中的含锶方解石

样品采自西矿。方解石颗粒粗大呈半自形晶分布，双晶发育，因含 Fe、Mn、Sr 等致表面污浊，粒径为 1.00～2.00mm(图 9 - 49 至图 9 - 52)。方解石间分布着颗粒较小的磷灰石及白云石，方解石中包裹有细小的碳锶石，粒径小于 10μm(图 9 - 53、图 9 - 54)。

共伴生矿物：白云石、磷灰石、磁铁矿、烧绿石、独居石、铌铁矿、碳锶石等。

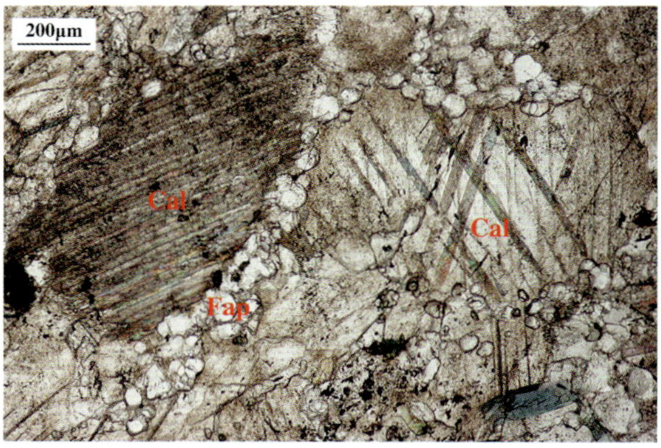

图 9 - 49　方解石(Cal)颗粒间分布的细粒磷灰石(Fap)(单偏光)

图 9 - 50　方解石颗粒间分布的细粒磷灰石(正交偏光)

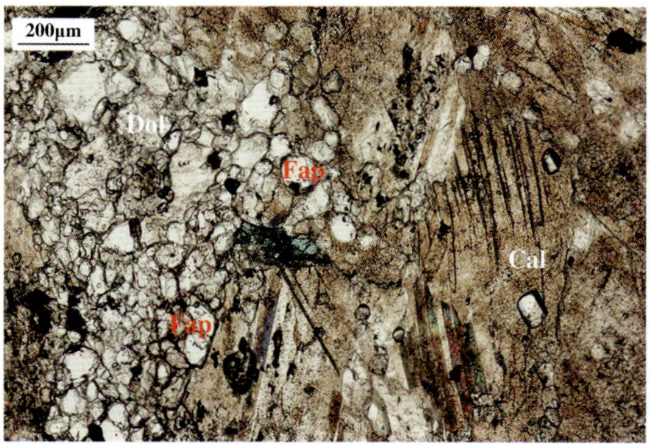

图 9 - 51　方解石矿物间分布的磷灰石、白云石(Dol)(单偏光)

图 9 - 52　方解石矿物间分布的磷灰石、白云石(正交偏光)

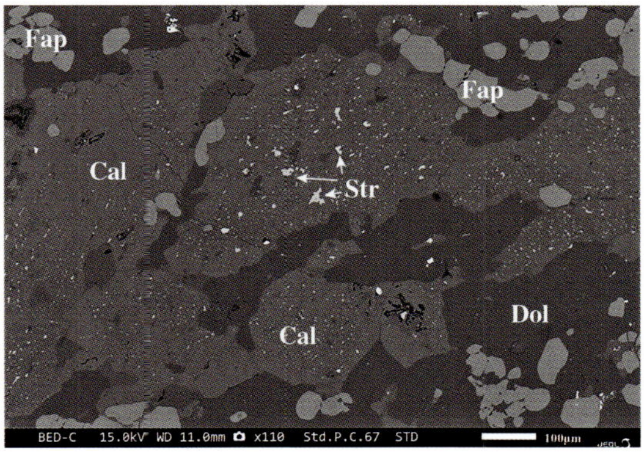

图 9－53　方解石矿物中的微细粒碳锶石(Str)(BSE)

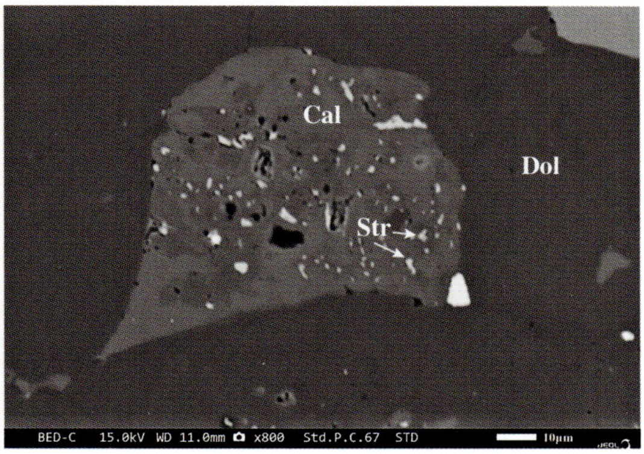

图 9－54　方解石矿物中的碳锶石(BSE)

电子探针数据显示(表 9－17)，方解石含 Sr 较高，SrO 平均为 2.02%，最高值达 4.22%，另含少量 Fe、Mn、Mg。

根据电子探针测试结果平均值(表 9－17)及理论化学式计算 CO_2 含量，以$[CO_3]^{2-}=1$ 为基数，计算化学式：$(Ca_{0.94}Sr_{0.02}Mn_{0.01}Fe_{0.02}Mg_{0.01})_{\Sigma 1.00}CO_3$。

表 9－17　方解石电子探针测试结果　　单位：w_t/%

成分	测试点 P1	测试点 P2	测试点 P3	测试点 P4	测试点 P5	测试点 P6	平均值
CaO	52.97	54.21	50.29	51.96	52.57	51.24	52.21
BaO	0.10	0.02	0.47	0.00	0.13	0.23	0.16
FeO	1.17	1.00	1.47	0.58	0.82	1.06	1.02
MgO	0.58	0.38	1.07	0.26	0.42	0.53	0.54
MnO	0.59	0.65	0.62	0.45	0.59	0.47	0.56
SrO	2.35	0.80	4.22	0.40	1.22	3.14	2.02
CO_2^*							43.49
总计	57.76	57.06	58.14	53.65	55.75	56.67	100.00

2. 霓石型铌稀土矿石中的含锰方解石

样品采自东矿。方解石呈他形粒状分布于石英、霓石、磷灰石等矿物间隙，粒径为 0.05～0.30mm(图 9－55 至图 9－57)，图 9－58 为方解石能谱图，含少量 Mn、Fe。

共伴生矿物：霓石、氟碳铈矿、易解石、磷灰石、石英、钠闪石、萤石、磁铁矿等。

电子探针测试结果(表 9－18)显示，MnO 平均含量为 7.80%，FeO 平均含量为 3.40%，属于含 Mn、Fe 方解石。

根据电子探针测试结果平均值及理论化学式计算 CO_2 含量，以$[CO_3]^{2-}=1$ 为基数，计算化学式：$(Ca_{0.81}Mn_{0.11}Fe_{0.05}Mg_{0.02}Sr_{0.01})_{\Sigma 1.00}CO_3$。

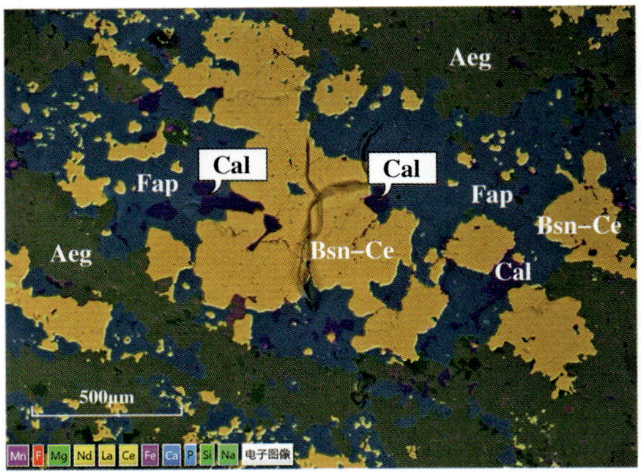

图 9-55　分布于磷灰石(Fap)矿物间的方解石(Cal)(面扫描元素分布图像)

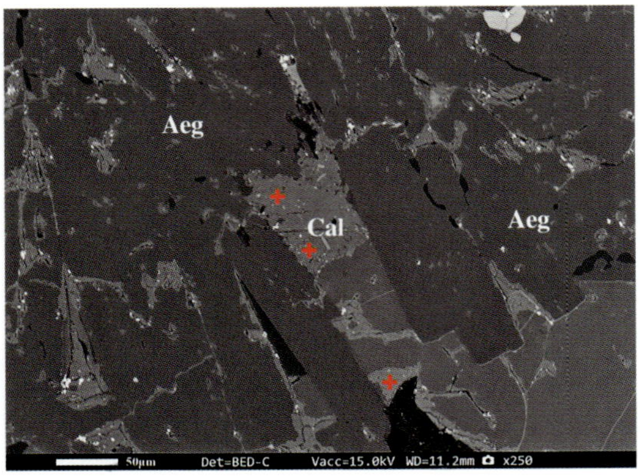

图 9-56　红色“+”为方解石测试点(BSE)

图 9-57　分布于磷灰石间的方解石(BSE)

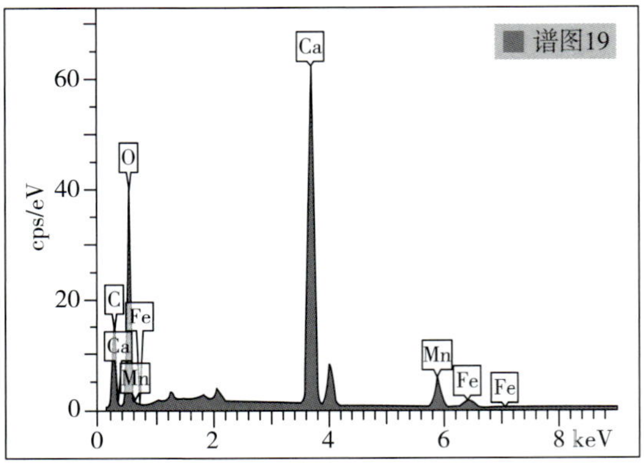

图 9-58　含 Mn、Fe 方解石能谱图

表 9-18　含锰方解石电子探针测试结果　　单位：w_t/%

成分	测试点 P1	测试点 P2	测试点 P3	平均值
FeO	2.50	4.13	3.56	3.40
MnO	6.59	8.82	7.98	7.80
SrO	0.82	1.04	0.98	0.95
CaO	46.85	41.66	43.38	43.96
MgO	0.32	1.10	0.68	0.70
$CO_2{}^*$				42.63
总计	57.08	56.75	56.58	99.44

3. 钠闪石型铌稀土矿石中的含锰方解石

样品采自主矿。方解石呈半自形粒状分布于钠闪石、磁铁矿间，双晶清晰，粒径为0.05～0.20mm(图 9-59 至图 9-62)。

共伴生矿物：钠闪石、磁铁矿、氟碳铈矿、氟碳钙铈矿、烧绿石、硅钡铁钛石、萤石、磷灰石等。

电子探针测试结果(表 9-19)显示，MnO 平均含量为 5.32%，FeO 平均含量为 1.85%，属于含 Mn 较高的方解石。

根据电子探针测试结果平均值及理论化学式计算 CO_2 含量，以$[CO_3]^{2-}=1$为基数，计算化学式：$(Ca_{0.87}Mn_{0.08}Mg_{0.03}Fe_{0.02})_{\Sigma 1.00}CO_3$。

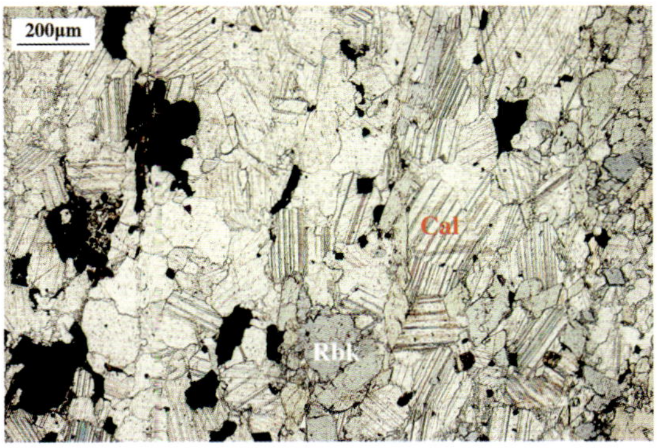

图 9-59　半自形粒状方解石(Cal)(单偏光)

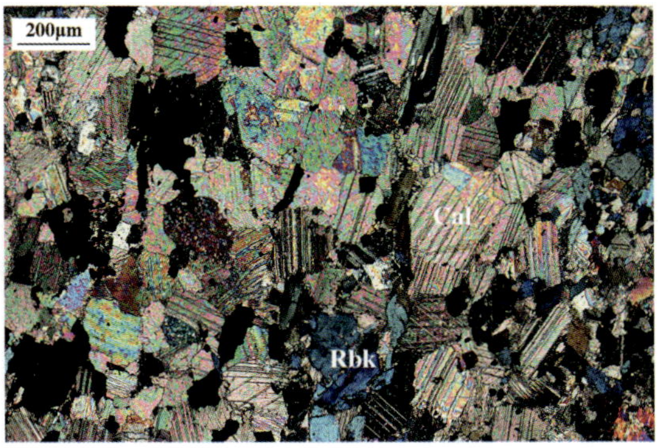

图 9-60　半自形粒状方解石(正交偏光)

图 9-61　钠闪石(Rbk)间的方解石(单偏光)

图 9-62　半自形粒状方解石(正交偏光)

表 9-19　方解石电子探针测试结果　　单位：w_t/%

成分	测试点 P1	测试点 P2	测试点 P3	测试点 P4	测试点 P5	测试点 P6	平均值
CaO	46.84	48.07	48.16	47.93	47.16	48.18	47.72
BaO	0.04	0.00	0.10	0.07	0.07	0.14	0.07
FeO	2.37	1.48	1.76	1.81	2.16	1.53	1.85
MgO	1.14	1.03	1.00	1.02	1.06	1.02	1.04
MnO	5.17	5.45	5.04	5.52	5.40	5.38	5.32
$CO_2{}^*$							43.07
总计	55.56	56.03	56.06	56.35	55.85	56.25	99.07

4. 云母片岩中的含锶、锰方解石

样品采自东矿钻孔。鳞片状金云母矿物间有半自形-他形粒状方解石分布，或方解石呈脉状分布于金云母、长石矿物间，粒径为 0.05～0.20mm(图 9-63、图 9-64)。

4. **云母片岩中的含锶、锰方解石**

样品采自东矿钻孔。鳞片状金云母矿物间有半自形-他形粒状方解石分布，或方解石呈脉状分布于金云母、长石矿物间，粒径为0.05～0.20mm(图9-63、图9-64)。

电子探针测试结果(表9-20)显示，方解石含较高的Mn和Sr，MnO、SrO平均含量分别为10.87%和1.22%。

共伴生矿物：金云母、正长石、石英、磁黄铁矿、红钛锰矿、锰铝榴石、榍石、磷灰石、黄铜矿、闪锌矿等。

根据电子探针测试结果平均值及理论化学式计算 CO_2 含量，以 $[CO_3]^{2-}=1$ 为基数，计算化学式：$(Ca_{0.80}Mn_{0.16}Mg_{0.02}Fe_{0.01}Sr_{0.01})_{\Sigma1.00}CO_3$。

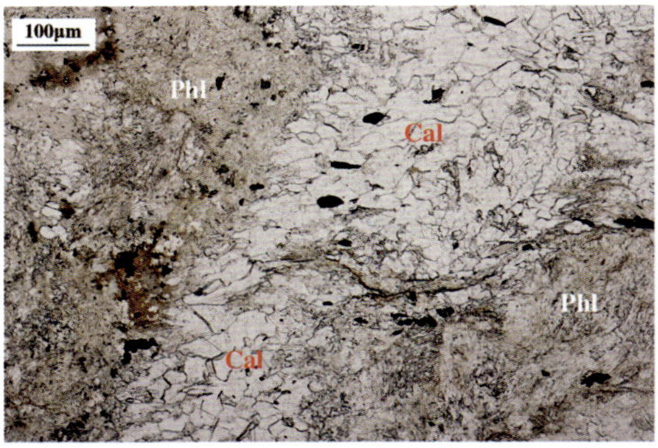

图9-63　分布于金云母(Phl)间的方解石(Cal)(单偏光)

图9-64　分布于金云母间的方解石(正交偏光)

表9-20　方解石电子探针测试结果　　单位：$w_t/\%$

成分	测试点P1	测试点P2	测试点P3	测试点P4	测试点P5	测试点P6	平均值
FeO	0.63	0.47	0.48	0.60	0.81	0.51	0.58
MgO	0.52	0.60	0.59	0.57	0.80	0.73	0.64
SrO	1.46	1.29	1.40	1.49	0.46	1.20	1.22
CaO	43.91	44.22	43.18	44.64	44.84	44.60	44.23
MnO	10.63	10.74	11.10	10.90	10.79	11.05	10.87
CO_2*							43.07
总计	57.15	57.32	56.75	58.2	57.7	58.09	100.61

菱铁矿系列矿物包括菱铁矿、菱镁矿、菱锰矿，其成分中Mg-Fe、Fe-Mn间呈完全类质同象，但Mg-Mn间的代替是有限的。原来的研究认为，菱铁矿-菱镁矿系列主要集中分布在西矿，向东逐渐减少，但在白云鄂博矿区东矿钻孔样品中，有很多菱铁矿系列的矿物，大多是以Mg、Fe、Mn类质同象形式同时存在，只能根据其元素含量不同和原子百分比来判断主要是哪一种，它们大多与白云石、含铁、锰白云石等共生，有菱锰矿存在时，多为富锰环境，一般有含锰白云石、铌锰矿、红钛锰矿等矿物共生。

菱镁矿 Magnesite

$MgCO_3$

化学组成：MgO 47.81%，CO_2 52.19%，Mg 有时会被 Fe、Mn 的类质同象替换。

晶体结构：三方晶系，空间群为 $R\bar{3}c$。a_0 = 4.6632Å，c_0 = 15.015Å，Z = 6。与方解石等结构。

形态：复三方偏三角面体晶形，$D_{3d}-\bar{3}m(L^3 3L^2 3PC)$。晶体少见，常呈显晶粒状或隐晶质的致密块状分布。

物理性质：无色、白色、灰白色、浅黄色、褐色等，透明-半透明，条痕白色，玻璃光泽，贝壳状断口，性脆，解理{$10\bar{1}1$}完好。摩氏硬度 3.5～4.5，相对密度 2.98～3.02，含 Fe 则相对密度增大。

显微镜下特征：一轴晶(－)，N_o=1.700，N_e=1.509。透射光下无色，折射率及双折率会随着含 Fe 量增加而增大。

白云鄂博菱镁矿晶胞参数：a_0=4.637Å，b_0=4.637Å，c_0=15.035Å。

白云鄂博菱镁矿样品 X 射线粉晶衍射数据见表 9－21。

表 9－21 白云鄂博菱镁矿 X 射线粉晶衍射数据

No.	2θ/(°)	d/Å	I/I_0
1	32.604	2.7442	100.0
2	35.796	2.5065	13.0
3	42.930	2.1050	23.2
4	53.810	1.7023	28.6
5	69.265	1.3554	6.5

白云石型铌稀土铁矿石中的菱镁矿

样品采自东矿钻孔。碳酸盐矿物除白云石外，还有大量菱镁矿、菱铁矿、菱锰矿等菱铁矿系列矿物(图 9－65、图 9－66)，白云石含 Fe、Mn 较高。菱镁矿呈不规则粒状与菱铁矿、磁铁矿紧密共生，粒径为 0.05～0.10mm。

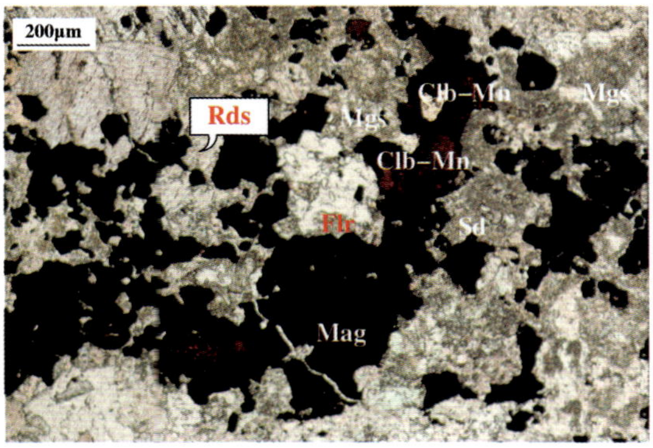

图 9－65 图中无色部分为菱铁矿系列矿物，包括菱铁矿(Sd)、菱镁矿(Mgs)、菱锰矿(Rds)等(单偏光)

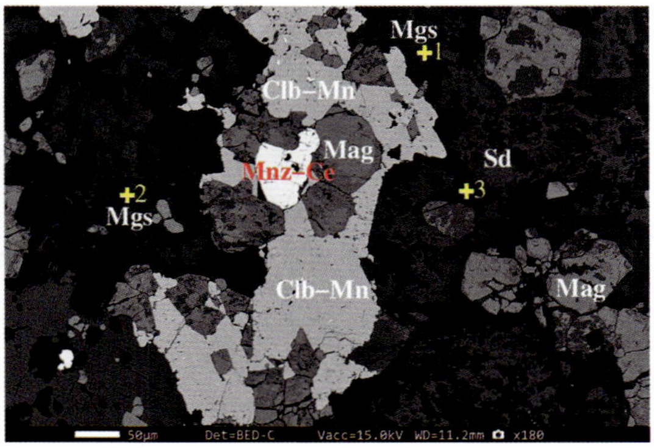

图 9－66 黄色“＋”为菱镁矿测试点位置(BSE)

共伴生矿物：白云石、菱铁矿、菱锰矿、磁铁矿、黄铁矿、闪锌矿、独居石、铌锰矿、萤石、重晶石等。

根据电子探针测试结果平均值(表 9－22)及理论化学式计算 CO_2 含量，以$[CO_3]^{2-}=1$为基数，计算化学式：$(Mg_{0.50}Fe_{0.35}Mn_{0.14}Ca_{0.01})_{\Sigma 1.00}CO_3$。

表 9－22 菱镁矿电子探针测试结果 单位：$w_t/\%$

成分	测试点 P2	测试点 P3	测试点 P4	平均值
FeO	22.82	24.63	25.52	24.32
MgO	18.95	19.03	20.21	19.40
MnO	11.39	9.33	8.03	9.58
CaO	0.61	1.05	0.46	0.71
ZnO	0.04	0.00	0.00	0.01
BaO	0.00	0.05	0.04	0.03
CO_2^*				42.70
总计	53.81	54.09	54.26	96.75

菱铁矿 Siderite

$FeCO_3$

化学组成：FeO 62.01%，CO_2 37.99%。Fe 有时会被 Mg、Mn 的类质同象替换。

晶体结构：三方晶系，空间群为 $R\bar{3}c$。$a_0=4.6916$Å，$c_0=15.3796$Å，$Z=6$。

形态：复三方偏三角面体晶形，$D_{3d}-\bar{3}m(L^3 3L^2 3PC)$。晶体成菱面体状、短柱状或偏三角面体状，通常呈粒状、土状、致密块状集合体。

物理性质：无色、浅灰白色、浅黄白色，棕褐色-灰褐色，风化后转为褐色、棕红色、黑色。半透明，条痕白色，玻璃光泽、丝绢光泽、珍珠光泽，性脆，解理$\{10\bar{1}1\}$完好。摩氏硬度 3.5～4.5，相对密度 3.96，含 Mg、Mn 增高则密度降低。

显微镜下特征：一轴晶(－)，$N_o=1.875$，$N_e=1.633$。透射光下呈无色-灰色，折射率会随着含 Mg、Mn 量增多而降低。

1. 西矿白云石型铌稀土矿石中的菱铁矿

样品采自西矿。菱铁矿呈自形晶粒状集合体分布，矿物间隙为方解石充填(图 9－67 至图 9－70)，反射光下可见菱铁矿边缘区域较亮，中间区域较暗(图 9－71)，分别在不同位置选择测试点，显示矿物颗粒边缘含 Fe 高，中间区域 Fe 被 Mg 置换较多(图 9－72)。菱铁矿粒径为 0.02～0.03mm。

共伴生矿物：白云石、方解石、烧绿石、磷灰石、氟碳钡铈矿、黄河矿等。

根据电子探针测试结果平均值(表 9－23)及理论化学式计算 CO_2 含量，以$[CO_3]^{2-}=1$为基数，计算化学式：$(Fe_{0.70}Mg_{0.18}Ca_{0.09}Mn_{0.03})_{\Sigma 1.00}CO_3$。

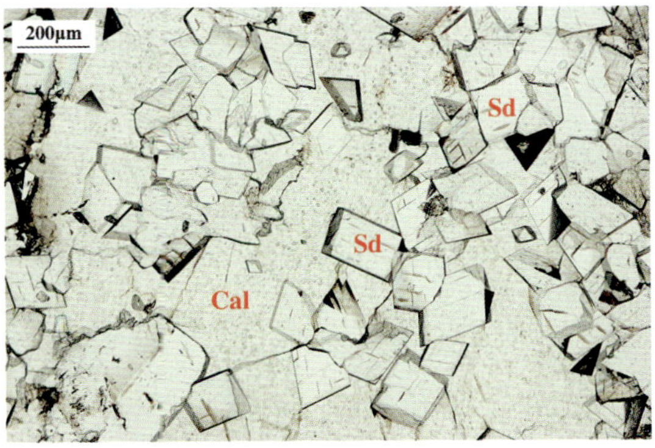

图 9-67 自形晶分布的菱铁矿(Sd)
(单偏光)

图 9-68 菱铁矿间的方解石(Cal)
(正交偏光)

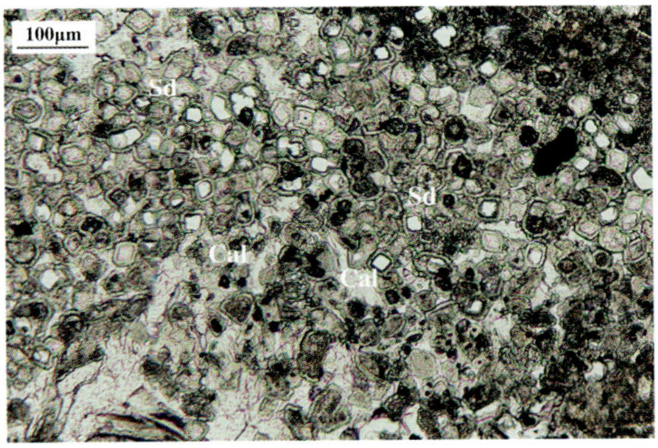

图 9-69 自形晶分布的菱铁矿(Sd)
(单偏光)

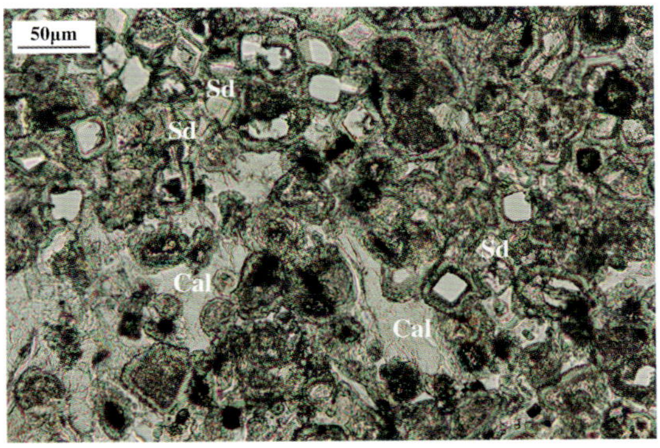

图 9-70 菱铁矿间的方解石(Cal)
(单偏光)

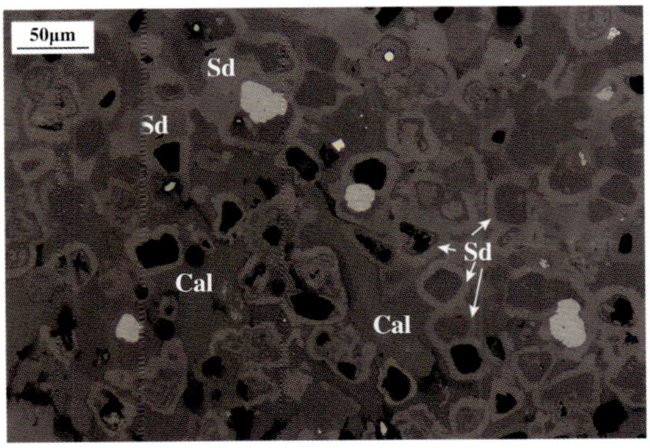

图 9-71 自形晶分布的菱铁矿
(反射光)

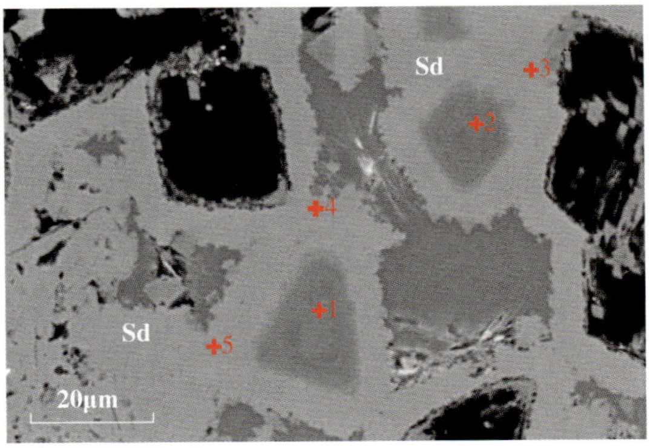

图 9-72 +1 至+5 为测试点位置，暗色区域 Mg 含量高(BSE)

表 9-23 菱铁矿电子探针测试结果 单位：w_t/%

成分	测试点 P1	测试点 P2	测试点 P3	测试点 P4	测试点 P5	平均值
FeO	36.09	38.11	50.17	53.93	53.92	46.44
MgO	15.33	14.74	1.51	0.75	1.04	6.67
CaO	5.22	4.98	4.06	3.71	3.90	4.37
Na_2O	0.10	0.11	0.04	0.01	0.06	0.06
MnO	0.45	0.53	4.44	2.78	3.02	2.24
CO_2*						40.54
总计	57.19	58.47	60.22	61.18	61.94	100.32

2. 西矿白云石型铌稀土铁矿石中的菱铁矿

菱铁矿呈淡黄色，板柱状、粒状或粒状集合体分布于黑云母、磁铁矿、白云石间，粒径为 0.03～0.10mm(图 9-73 至图 9-76)。

图 9-73 菱铁矿(Sd)分布于黑云母(Bt)、磁铁矿(Mag)间(单偏光)

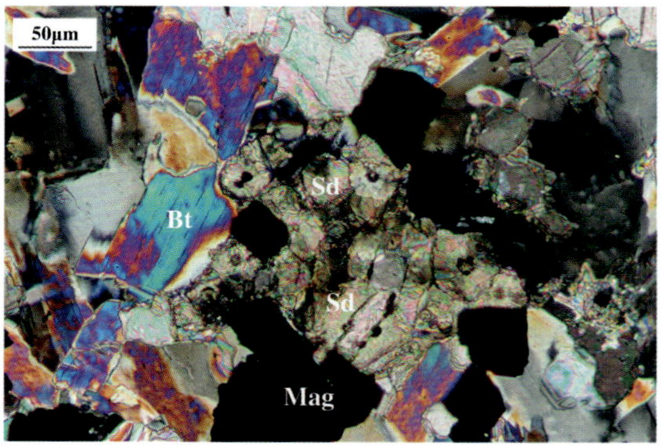

图 9-74 菱铁矿与磁铁矿(正交偏光)

图 9-75 粒状菱铁矿(单偏光)

图 9-76 细粒集合体分布的菱铁矿(单偏光)

共伴生矿物：黑云母、磁铁矿、白云石、方解石、独居石、铌铁矿、钠闪石、蛇纹石等。

根据电子探针测试结果平均值(表 9-24)及理论化学式计算 CO_2 含量，以$[CO_3]^{2-}=1$为基数，计算化学式：$(Fe_{0.84}Mg_{0.12}Ca_{0.04})_{\Sigma 1.00}CO_3$。

表 9-24 菱铁矿电子探针测试结果 单位：$w_t/\%$

成分	测试点 P3	测试点 P4	测试点 P5	平均值
FeO	55.39	55.49	49.29	53.39
MnO	0.08	0.01	0.45	0.18
CaO	2.34	2.40	1.65	2.13
MgO	2.45	2.23	7.64	4.11
BaO	0.27	0.34	0.18	0.26
SrO	0.59	0.39	0.00	0.33
Na_2O	0.12	0.12	0.15	0.13
Al_2O_3	0.12	0.21	0.06	0.13
CO_2*				38.82
总计	61.36	61.19	59.42	99.48

3. 西矿白云石型铌稀土矿石中的菱铁矿

菱铁矿呈淡黄-棕黄色粒状集合体分布于白云石矿物间，并与黄铁矿、磷灰石等矿物紧密共生，粒径为 0.05～0.30mm(图 9-77 至图 9-80)。

共伴生矿物：白云石、方解石、磷灰石、磁铁矿、黄铁矿、烧绿石、独居石、铌铁矿、碳锶石等。

根据电子探针测试结果平均值(表 9-25)及理论化学式计算 CO_2 含量，以$[CO_3]^{2-}=1$为基数，计算化学式：$(Fe_{0.67}Mg_{0.22}Ca_{0.09}Mn_{0.02})_{\Sigma 1.00}CO_3$。

图 9-77 菱铁矿(Sd)分布于白云石(Dol)、磷灰石(Fap)间（单偏光）

图 9-78 菱铁矿分布于白云石、磷灰石间（正交偏光）

图 9－79　菱铁矿与黄铁矿(Py)、磷灰石紧密共生(单偏光)

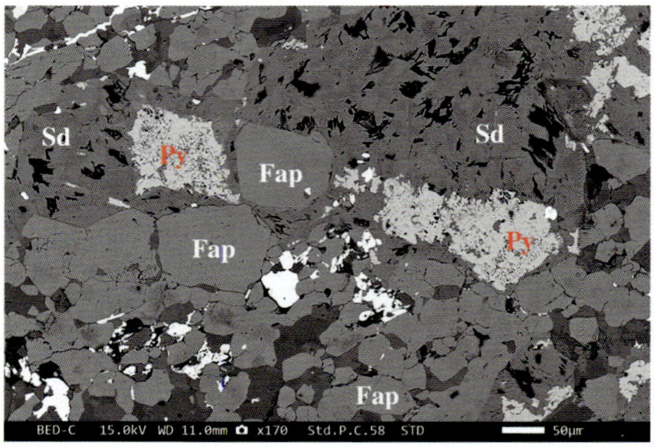

图 9－80　菱铁矿与黄铁矿、磷灰石紧密共生(BSE)

表 9－25　菱铁矿电子探针测试结果　　单位：$w_t/\%$

成分	测试点 P1	测试点 P2	测试点 P3	测试点 P4	测试点 P5	测试点 P6	平均值
CaO	6.38	6.38	4.15	3.76	4.09	3.46	4.70
MgO	6.71	7.30	9.30	8.08	9.41	7.99	8.13
FeO	44.79	44.36	43.51	45.97	43.59	46.68	44.82
MnO	0.96	1.07	0.93	1.33	1.26	1.30	1.14
SrO	0.09	0.14	0.00	0.01	0.04	0.12	0.07
CO_2^*							40.73
总计	58.93	59.25	57.89	59.15	58.39	59.55	99.59

4. 东矿白云石型铌稀土铁矿石中的菱铁矿

样品中含大量半自形晶磁铁矿，磁铁矿中有不规则粒状分布的菱铁矿，部分菱铁矿与磁铁矿边缘界限不清晰，应为磁铁矿中有菱铁矿的残留(图 9－81、图 9－82)，表 9－26 中 3 个测试点为磁铁矿中残留的菱铁矿。

共伴生矿物：白云石、磁铁矿、独居石、菱镁矿、菱锰矿、铌锰矿、磷灰石、萤石等。

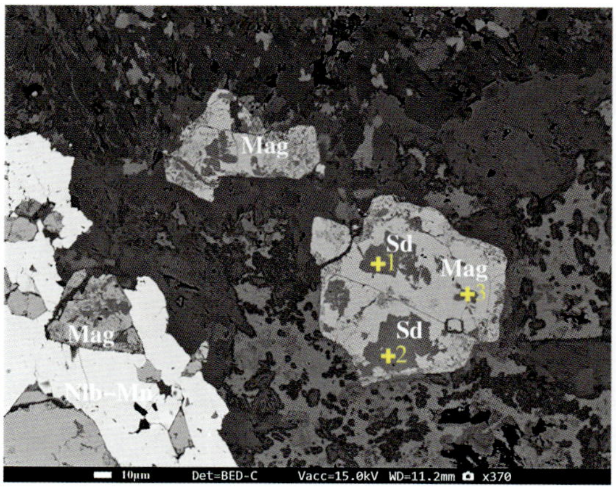

图 9－81　磁铁矿(Mag)中菱铁矿(Sd)的测试点(BSE)

图 9－82　磁铁矿中的菱铁矿(BSE)

根据电子探针测试结果平均值(表 9-26)及理论化学式计算 CO_2 含量，以$[CO_3]^{2-}=1$为基数，计算化学式：$(Fe_{0.87}Mg_{0.10}Ca_{0.02}Ti_{0.01})_{\Sigma 1.00}CO_3$。

表 9-26　菱铁矿电子探针测试结果

成分	测试点 P1	测试点 P2	测试点 P3	平均值
FeO	52.25	52.73	53.15	52.71
MgO	2.84	1.85	5.35	3.35
MnO	0.11	0.07	0.33	0.17
TiO_2	0.52	0.41	0.00	0.31
CaO	1.65	1.21	0.59	1.15
Na_2O	0.22	0.23	0.07	0.17
ZnO	0.07	0.00	0.01	0.03
Nb_2O_5	0.00	0.04	0.02	0.02
BaO	0.13	0.15	0.12	0.13
$CO_2{}^*$				37.23
总计	57.79	56.69	59.64	95.27

菱锰矿　Rhodochrosite

$MnCO_3$

化学组成： MnO 61.71%，CO_2 38.29%。Mn 经常被 Fe、Mg 的类质同象置换。

晶体结构： 三方晶系，空间群为 $R\bar{3}c$。$a_0=4.777$Å，$c_0=15.67$Å，$Z=6$。

形态： 复三方偏三角面体晶形，$D_{3d}-\bar{3}m(L^3 3L^2 3PC)$。晶体呈菱面体状，但少见。热液成因多呈显晶质粒状、柱状集合体；沉积成因多呈隐晶质，为土状、结核状、鲕状等集合体。

物理性质： 粉色、玫瑰色、红色、黄灰色、褐色、白色、灰色等，透明-半透明，条痕白色，玻璃光泽、珍珠光泽，性脆，解理$\{10\bar{1}1\}$完好。摩氏硬度 3.5～4.0，相对密度 3.7。

显微镜下特征： 一轴晶(－)，$N_o=1.814\sim1.816$，$N_e=1.596\sim1.598$，折射率随着成分中含 Ca 量的增高而降低，随着 Fe 量的增多而增高，透射光下呈无色或浅玫瑰红色，粒状或粒状集合体形式分布。

1. 钠闪石化白云石型铌稀土铁矿石中的菱锰矿

样品采自东矿钻孔。菱锰矿含量不高，应为热液交代作用后的残留，多呈不规则细粒状分布于含锰白云石中或其他矿物粒隙间，粒径为 0.01～0.03mm(图 9-83、图 9-84)。图 9-85 为 Mn 元素分布图像，与图 9-84 相比暗黄色部分为含 Mn 白云石，亮黄色星点状分布的为菱锰矿，菱锰矿能谱图(图 9-86)显示含 Mg、Fe、Ca。

共伴生矿物：钠闪石、白云石、磁铁矿、独居石、含闪锌矿、铌锰矿、黑云母、褐钇铌矿等。

电子探针测试结果(表 9-27)显示，本样品中的菱锰矿，Mg、Fe 类质同象置换较多，根据电子探针测试结果平均值及理论化学式计算 CO_2 含量，以$[CO_3]^{2-}=1$为基数，计算化学式：$(Mn_{0.41}Mg_{0.33}Fe_{0.22}Ca_{0.04})_{\Sigma 1.00}CO_3$。

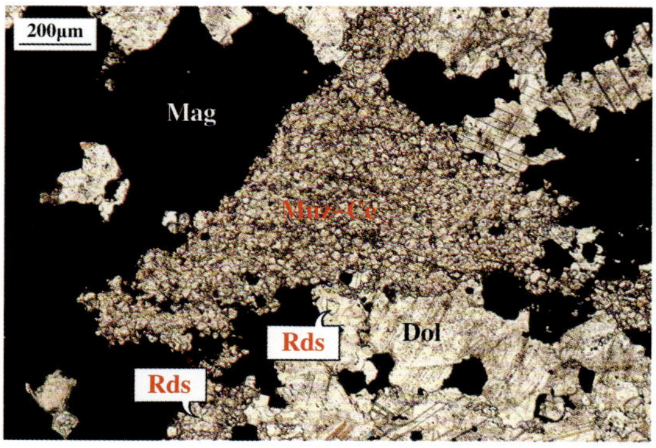

图 9-83 菱锰矿(Rds)呈灰白色分布于白云石(Dol)中(单偏光)

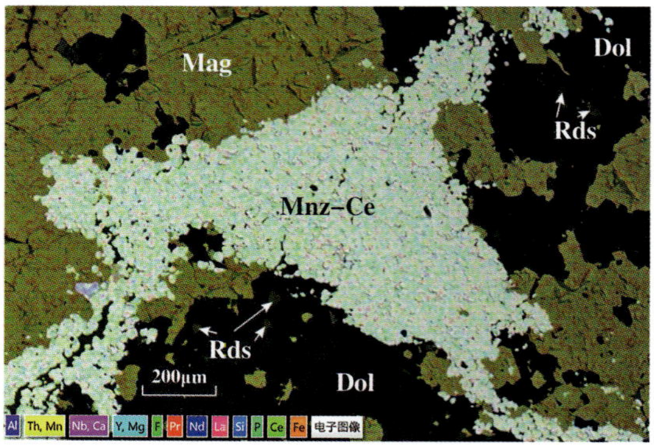

图 9-84 菱锰矿分布于白云石中(面扫描元素分布图像)

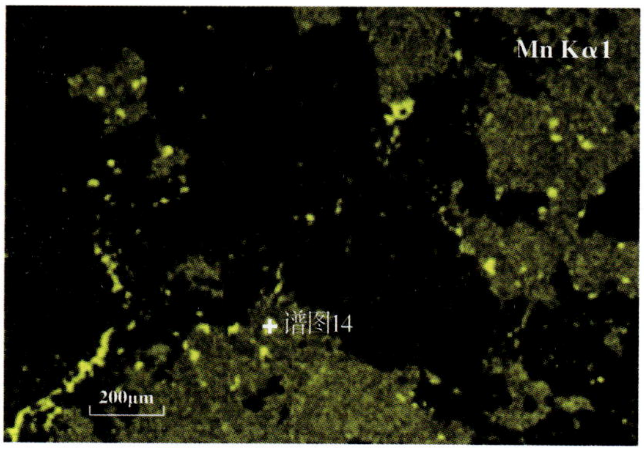

图 9-85 与面扫描元素分布图像对比，暗黄色部分为含锰白云石，亮黄色星点状分布的为菱锰矿(面扫描 Mn 元素分布图像)

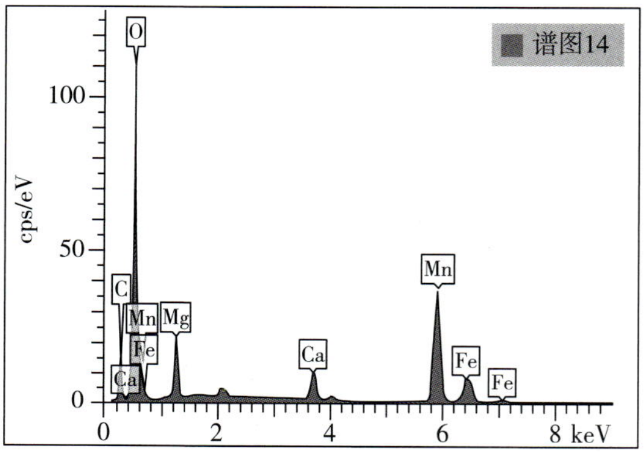

图 9-86 菱锰矿能谱图

表 9-27 菱锰矿电子探针测试结果 单位：w_t/%

成分	测试点 P1	测试点 P2	测试点 P3	测试点 P4	测试点 P5	平均值
FeO	11.00	16.92	16.90	15.64	14.05	14.90
MnO	29.69	29.01	25.93	27.55	27.67	27.97
MgO	15.38	12.61	14.92	10.77	10.06	12.75
CaO	2.87	1.64	1.38	1.47	2.61	1.99
SrO	0.18	0.07	0.01	0.00	0.00	0.05
CO_2*						42.03
总计	59.12	60.25	59.14	55.43	54.39	99.69

2. 白云石型铌稀土铁矿石中的菱锰矿

样品采自主矿。样品中的碳酸盐矿物除白云石外，主要为菱锰矿，呈微细粒集合体状分布(图 9-87、图 9-88)，图 9-89 为图 9-87 中间局部放大的 BSE 图像，菱锰矿呈不规则粒状集合体形式分布，能谱图(图 9-90)显示含 Mg、Fe 较高。

共伴生矿物：磁铁矿、白云石、闪锌矿、硅钡铁钛石、独居石、金云母、铌锰矿、重晶石、红钛锰矿、钠闪石等。

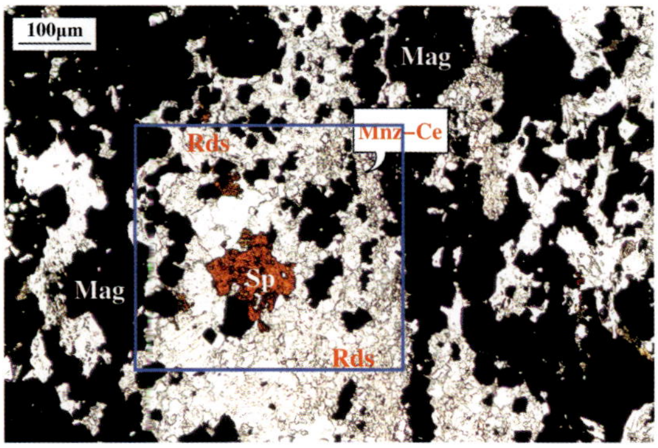

图 9-87　细粒集合体状菱锰矿(Rds)(单偏光)

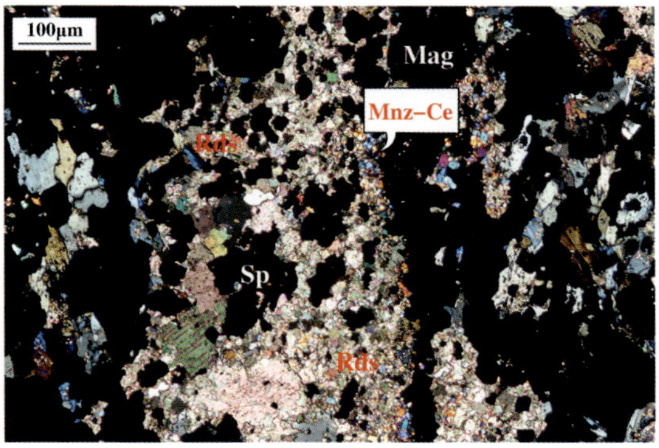

图 9-88　细粒集合体状菱锰矿(正交偏光)

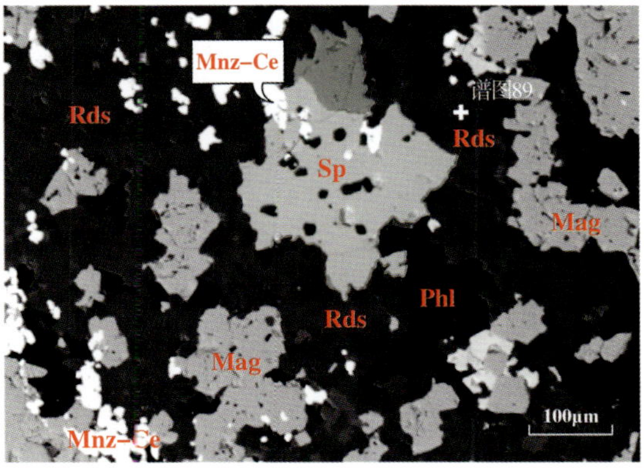

图 9-89　菱锰矿(BSE)

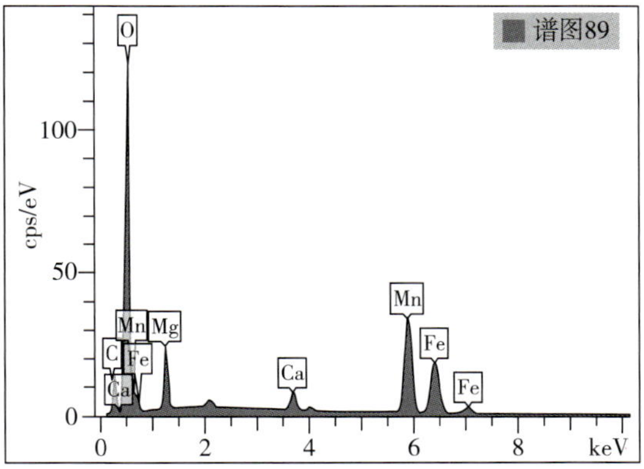

图 9-90　菱锰矿能谱图

样品为富 Mn 环境，除了菱锰矿、红钛锰矿、铌锰矿几种锰矿物外，闪锌矿、磁铁矿、钠闪石均少量含 Mn，硅钡铁钛石含 Mn 较高，接近铁的含量。

电子探针测试结果(表 9-28)显示菱锰矿中 Mg、Fe 类质同象置换较多，Ca 少量置换，根据电子探针测试结果平均值及理论化学式计算 CO_2 含量，以$[CO_3]^{2-}=1$为基数，计算化学式：$(Mn_{0.43}Mg_{0.30}Fe_{0.23}Ca_{0.04})_{\Sigma 1.00}CO_3$。

表 9-28　菱锰矿电子探针测试结果　　单位：w_t/%

成分	测试点 P1	测试点 P2	测试点 P3	平均值
FeO	16.64	15.05	15.80	15.83
MnO	28.55	28.67	28.60	28.61
MgO	11.77	11.06	11.55	11.46
CaO	1.47	2.61	2.07	2.05
Nb_2O_3	0.06	0.14	0.09	0.10
ΣRE_2O_3	0.09	0.12	0.10	0.10
CO_2*				41.62
总计	58.58	57.65	58.21	99.69

四、文石族

文石族矿物是 Ca、Sr、Ba、Pb 的无水碳酸盐，除 Ca 外其他阳离子半径比方解石矿物的阳离子半径大，属于文石型结构。白云鄂博矿区文石族矿物包括碳锶石、富钙碳锶石、毒重石(碳酸钡矿)、富锶文石等，均比较少见。

碳锶石 Strontianite

$SrCO_3$

化学组成：SrO 70.19%，CO_2 29.81%。经常有 Ca 置换 Sr。

晶体结构：斜方晶系，空间群为 $Pmcn$。a_0 = 5.1059(7)Å，b_0 = 8.4207(13)Å，c_0 = 6.0319(11)Å，Z = 4。

形态：斜方双锥晶形，$D_{2h}-mmm(3L^2 3PC)$。晶体少见，呈柱状、针状。通常为致密块状、柱状或针状集合体，有时呈放射状分布。

物理性质：无色、白色、浅黄色、灰色、绿色、褐色，透明-半透明，玻璃光泽、树脂光泽，性脆，解理{110}中等，{021}和{010}不完全。摩氏硬度 3.5，相对密度 3.74～3.78，随 Ca 置换量增加相对密度下降。阴极射线下发弱的浅蓝光。

显微镜下特征：二轴晶(−)，$2V=7°$。折射率随 Ca 增加而增高，N_g=1.667～1.668，N_m=1.663～1.667，N_p=1.516～1.520。透射光下无色。

1. 白云石型铌稀土矿石中的碳锶石

样品采自西矿。碳锶石呈无色半自形-他形粒状分布于白云石、方解石、菱钡镁石等碳酸盐矿物间，碳锶石矿物间有方解石、菱钡镁石、铌铁矿、独居石等矿物分布，碳锶石粒径为 0.05～0.30mm。图 9-91 至图 9-94 可见碳锶石与其他矿物伴生关系。

共伴生矿物：白云石、方解石、磁铁矿、黄铁矿、独居石、铌铁矿、硅钡铌矿、菱钡镁石、大青山矿等。

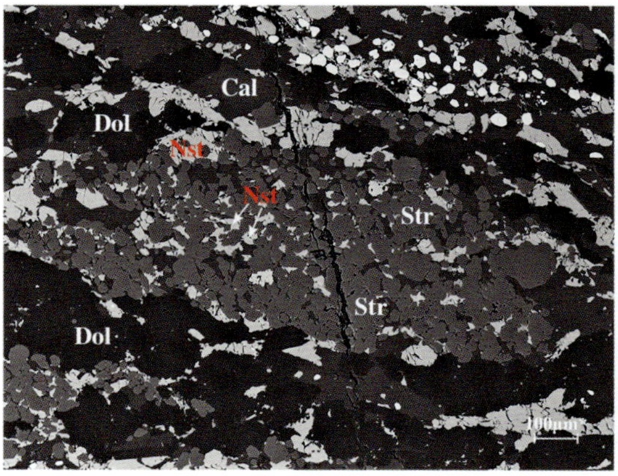

图 9-91 碳锶石(Str)间分布有菱钡镁石(Nst)(BSE)

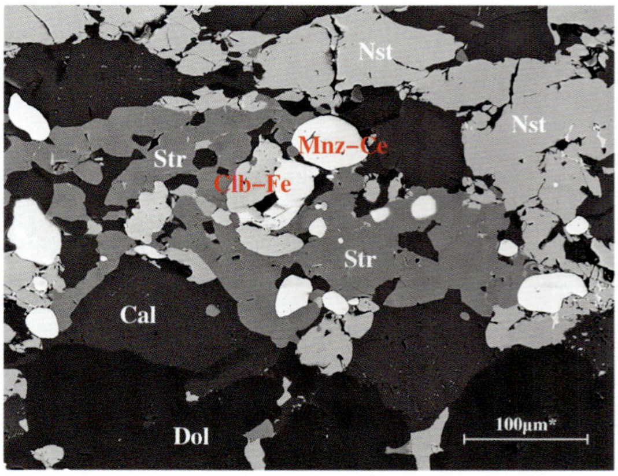

图 9-92 碳锶石间有铌铁矿(Clb-Fe)和独居石(Mnz-Ce)(BSE)

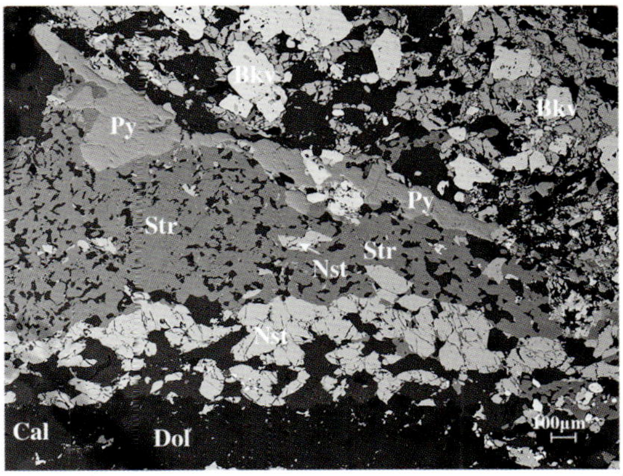

图 9-93　碳锶石间有菱钡镁石分布(BSE)

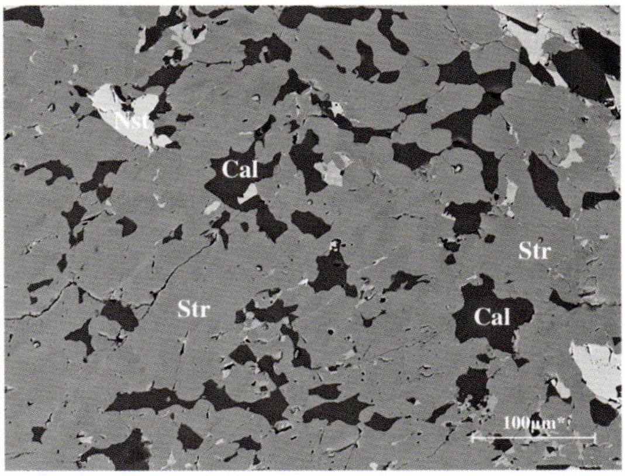

图 9-94　碳锶石间的菱钡镁石及方解石(Cal)(BSE)

根据电子探针测试结果平均值(表 9-29)及理论化学式计算 CO_2 含量，以$[CO_3]^{2-}=1$为基数，计算化学式：$(Sr_{0.80}Ca_{0.15}Ba_{0.04}REE_{0.01})_{\Sigma 1.00}CO_3$。

表 9-29　碳锶石电子探针测试结果　　单位：w_t/%

成分	测试点 P1	测试点 P2	测试点 P3	平均值
SrO	56.49	62.22	58.60	59.10
CaO	9.09	3.76	4.66	5.84
BaO	0.45	4.66	7.33	4.14
Sc_2O_3	0.01	0.04	0.00	0.01
ΣRE_2O_3	0.60	0.67	0.86	0.71
$CO_2{}^*$				31.07
总计	66.64	71.34	71.45	100.88

2. 白云石型铌稀土矿石中的碳锶石

样品采自西矿。方解石颗粒粗大呈半自形晶分布，双晶发育，因含 Fe、Mn、Sr 等致表面污浊，粒径为 1.00～2.00mm。方解石中分布有星点状颗粒细小的碳锶石，粒径小于 10μm(图 9-95、图 9-96)。

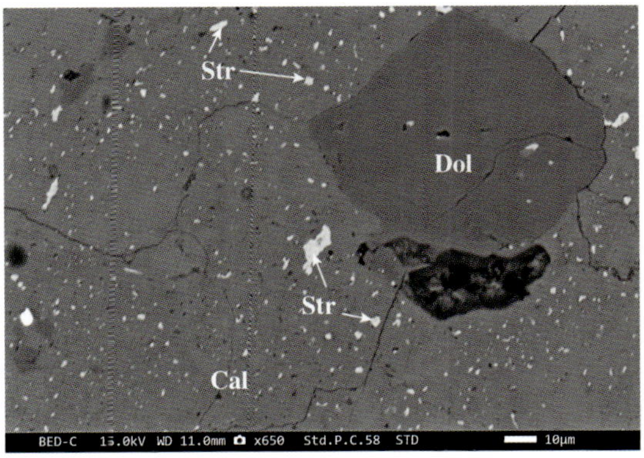

图 9-95　方解石矿物中星点状分布的碳锶石(Str)(BSE)

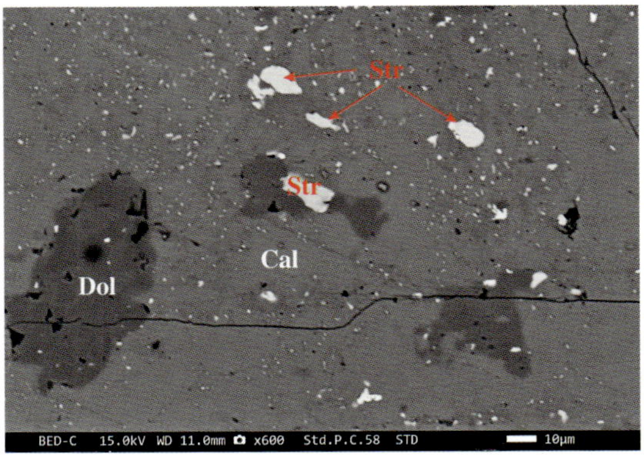

图 9-96　方解石矿物中的细粒碳锶石(BSE)

共伴生矿物：白云石、方解石、磷灰石、磁铁矿、烧绿石、独居石、氟碳铈矿、铌铁矿、重晶石、天青石等。

根据电子探针测试结果平均值(表 9-30)及理论化学式计算 CO_2 含量，以$[CO_3]^{2-}=1$为基数，计算化学式：$(Sr_{0.78}Ca_{0.11}Ba_{0.07}Mg_{0.03}Fe_{0.01})_{\Sigma 1.00}CO_3$。

表 9-30　碳锶石电子探针测试结果　　单位：$w_t/\%$

成分	测试点 P1	测试点 P2	测试点 P3	平均值
CaO	3.19	4.33	5.50	4.34
SrO	54.50	55.00	56.78	55.43
FeO	0.00	0.46	0.52	0.33
MnO	0.00	0.03	0.30	0.11
BaO	8.81	5.35	8.13	7.43
Na_2O	0.07	0.00	0.21	0.09
MgO	0.00	0.08	2.14	0.74
CO_2*				30.17
总计	66.57	65.25	73.58	98.64

3. 含铁白云石型铌稀土矿石的碳锶石

样品采自东部接触带，属于含铁白云石型铌稀土矿石。样品中方解石呈半自形-他形粒状分布于白云石矿物间，方解石含 Fe 较高，碳锶石以不规则细粒包裹体形式分布于方解石矿物中，粒径为 0.02～0.03mm(图 9-97、图 9-98)。

共伴生矿物：白云石、方解石、铌钙矿、磷灰石、磁铁矿、铁橄榄石、褐铈铌矿、黄铁矿等。

电子探针测试结果(表 9-31)显示碳锶石中有少量 Ca 及 REE 的置换，根据电子探针测试结果平均值及理论化学式计算 CO_2 含量，以$[CO_3]^{2-}=1$为基数，计算化学式：$(Sr_{0.86}Ca_{0.14})_{\Sigma 1.00}CO_3$。

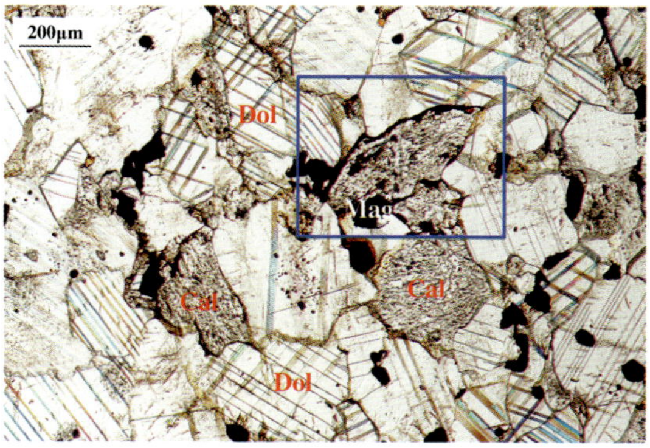

图 9-97　分布于白云石间的含 Fe 方解石(Cal)(单偏光)

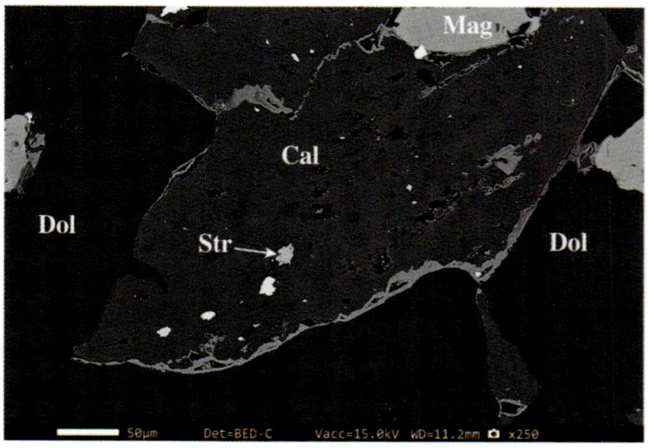

图 9-98　方解石中有碳锶石(Str)包裹体 (BSE)

表 9－31 碳锶石电子探针测试结果 单位：w_t/%

成分	测试点 P1	测试点 P2	测试点 P3	平均值
SrO	62.88	60.01	53.55	58.81
CaO	2.50	4.25	8.38	5.05
Nb_2O_5	0.02	0.04	0.00	0.02
Ta_2O_5	0.02	0.02	0.02	0.02
$\sum RE_2O_3$	0.95	0.76	0.34	0.68
$CO_2{}^*$				29.13
总计	66.38	65.09	62.28	93.71

富钙碳锶石 Calcian Strontianite

$(Sr,Ca)CO_3$

Ca 置换 Sr，属于碳锶石的变种。

白云石型铌稀土矿石中的富钙碳锶石

样品采自西矿。富钙碳锶石呈无色半自形-他形粒状分布于白云石、方解石、菱钡镁石等碳酸盐矿物间，粒径为 0.05～0.30mm，显微镜下均为无色透明，BSE 图像(图 9－99)中有碳锶石及富钙碳锶石，其中富钙碳锶石较碳锶石颜色深，即碳锶石中 Ca 含量越高，BSE 图像中相对颜色越深。图 9－101 为富钙碳锶石分布于菱钡镁石、磷灰石矿物间，图 9－100、图 9－102 分别为富钙碳锶石能谱图。

共伴生矿物：白云石、方解石、磁铁矿、黄铁矿、独居石、硅钡铌矿、菱钡镁石、碳锶石、大青山矿等。

根据电子探针测试结果平均值(表 9－32)及理论化学式计算 CO_2 含量，以$[CO_3]^{2-}=1$ 为基数，计算化学式：$(Sr_{0.50}Ca_{0.49}Ba_{0.01})_{\Sigma 1.00}CO_3$。

图 9－99 富钙碳锶石(Str－Ca)与碳锶石(Str)(BSE)

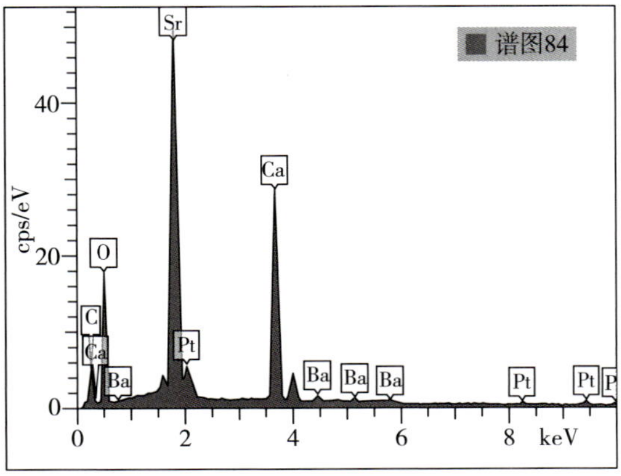

图 9－100 富钙碳锶石能谱图

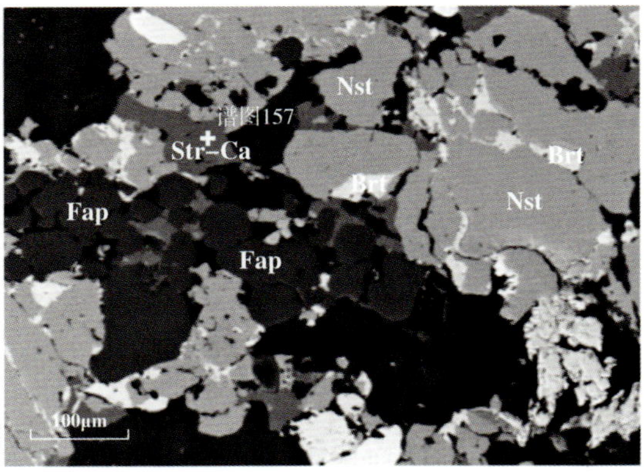

图 9－101　富钙碳锶石分布于菱钡镁石(Nst)、磷灰石(Fap)矿物间(BSE)

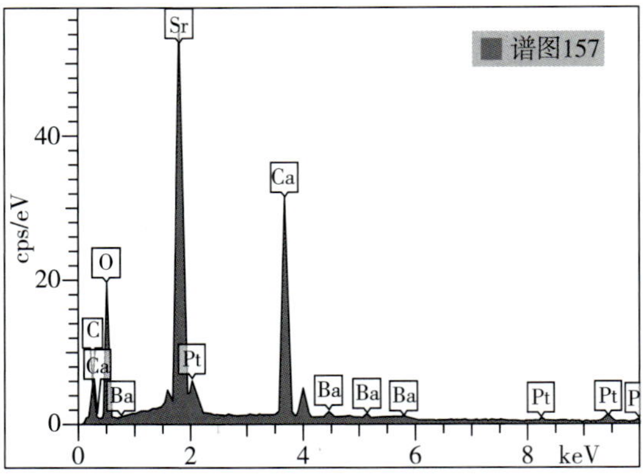

图 9－102　富钙碳锶石能谱图

表 9－32　富钙碳锶石电子探针测试结果　　单位：w_t/%

成分	测试点 P1	测试点 P2	测试点 P3	平均值
SrO	40.15	41.93	39.78	40.62
CaO	20.89	20.97	21.75	21.20
BaO	0.96	0.89	1.03	0.96
Sc_2O_3	0.04	0.04	C.00	0.03
ΣRE_2O_3	0.64	0.53	C.46	0.58
CO_2 *				34.26
总计	62.64	64.31	63.02	97.58

毒重石(碳酸钡矿)　Witherite

$BaCO_3$

化学组成： BaO 77.70%，CO_2 22.30%。经常有少量 Ba 被 Sr、Ca、Mg 等替代。

晶体结构： 斜方晶系，空间群为 *Pmcn*。a_0 = 5.314Å，b_0 = 8.904Å，c_0 = 6.430Å，Z = 4。

形态： 斜方双锥晶形，$D_{2h}-mmm(3L^2 3PC)$。晶体少见，通常呈致密块状、柱状或纤状集合体分布。

物理性质： 无色、白色、灰色、浅黄色，透明-半透明，条痕白色，玻璃光泽、树脂光泽。解理{010}中等，{110}和{012}不完全。摩氏硬度 3～3.5，相对密度 4.289～4.293。

显微镜下特征： 二轴晶(－)，$2V=16°$。$N_g=1.677$，$N_m=1.676$，$N_p=1.529$。透射光下无色。

白云石型铌稀土矿石中的毒重石

样品采自西矿。毒重石呈棕黄-暗棕色不规则粒状分布于白云石、重晶石矿物间，或与方解石、碳锶石、菱钡镁石等碳酸盐矿物紧密共生，粒径为 0.05～0.50mm。另有部分毒重石以粒状集合体形式细脉状分布(图 9－103 至图 9－106)。

共伴生矿物：白云石、方解石、重晶石、菱镁钡石、碳锶石、金云母、钠闪石、磁铁矿、铌铁矿等。

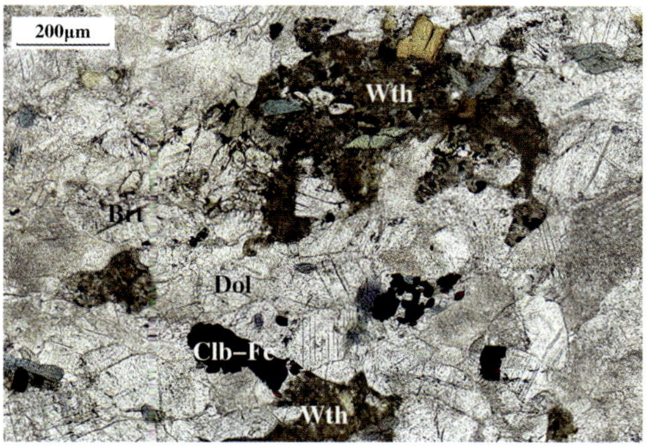

图 9－103 分布于白云石(Dol)、重晶石(Brt)间的毒重石(Wth)(单偏光)

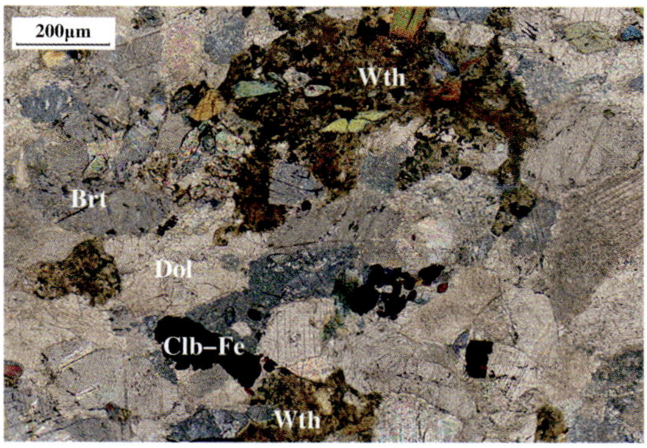

图 9－104 分布于白云石、重晶石间的毒重石(正交偏光)

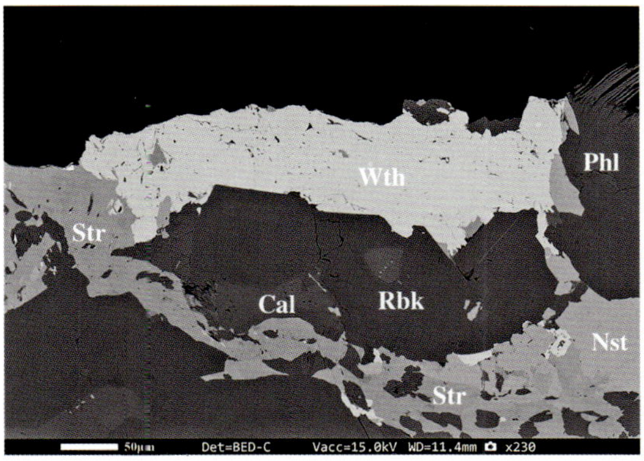

图 9－105 毒重石分布于碳锶石(Str)、金云母(Phl)、钠闪石(Rbk)间(BSE)

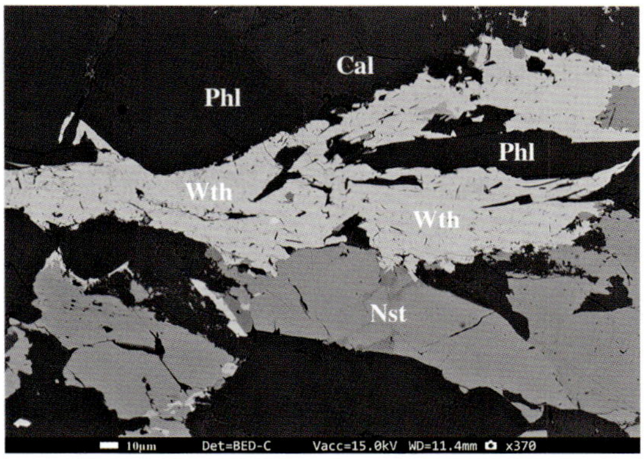

图 9－106 毒重石呈脉状分布于金云母、方解石(Cal)、菱钡镁石(Nst)间(BSE)

根据电子探针测试结果平均值(表 9－33)及理论化学式计算 CO_2 含量，以$[CO_3]^{2-}=1$为基数，计算化学式：$(Ba_{0.87}Fe_{0.07}Mn_{0.02}Na_{0.02}Sr_{0.01}Mg_{0.01})_{\Sigma 1.00}CO_3$。

表 9－33 毒重石电子探针测试结果 单位：$w_t/\%$

成分	测试点 P1	测试点 P2	测试点 P3	测试点 P4	测试点 P5	测试点 P6	平均值
CaO	0.19	0.21	0.19	0.20	0.19	0.17	0.19
SrO	0.30	0.44	0.33	0.34	0.37	0.35	0.36
FeO	2.60	3.30	2.88	2.91	2.26	2.08	2.67
MnO	0.68	0.58	0.79	0.80	0.81	0.71	0.73
BaO	72.70	72.33	72.42	72.03	72.28	73.21	72.49
Na_2O	0.30	0.30	0.35	0.20	0.28	0.26	0.28
MgO	0.03	0.41	0.37	0.13	0.05	0.12	0.18
TiO_2	0.10	0.08	0.13	0.09	0.08	0.15	0.11
$CO_2{}^*$							23.83
总计	76.9	77.65	77.46	76.7	76.32	77.05	100.94

富锶文石 Strontian - aragonite

$(Ca,Sr)CO_3$

晶体结构：斜方晶系，空间群为 *Pmcn*。$a_0=5.04$Å，$b_0=8.17$Å，$c_0=5.90$Å，$Z=4$。

形态：斜方双锥晶形，$D_{2h}-mmm(3L^2 3PC)$。晶体常呈柱状，集合体呈纤状、柱状、晶簇状等。

物理性质：无色-白色、灰色，黄绿色，条痕无色或白色，透明-半透明，玻璃光泽、树脂光泽，性脆。摩氏硬度 3.5，相对密度 3.36。

显微镜下特征：二轴晶(−)，$2V=12°$。$N_g=1.677$，$N_m=1.674$，$N_p=1.525$。透射光下无色，解理不完全，有聚片双晶。

白云鄂博富锶文石化学组成：CaO 22.80%，SrO 38.79%，BaO 1.67%，MgO 0.16%，RE_2O_3 0.30%，CO_2 未测。化学式：$(Ca_{0.51}Sr_{0.47}Ba_{0.01}Mg_{0.01})_{\Sigma 1.00}CO_3$。

产状：产于钠质热液交代的白云岩中，细脉状或浸染状集合体分布(张培善和陶克捷，1986)。

第二节 磷酸盐矿物

磷酸盐类矿物在矿区分布的有独居石、磷钇矿、铈硅磷灰石、一水磷铈石和磷灰石等。其他几种矿物都属于稀土矿物，已在第三章详细叙述，本节所详述的矿物只有磷灰石。

磷灰石族

磷灰石族矿物化学通式为 $Ca_5(PO_4)_3X(X=F,Cl,OH)$，化学组成中 OH - F 间呈完全类质同象，OH>F 为羟磷灰石，F>OH 为氟磷灰石，属于两个矿物种。本次研究所得白云鄂博矿区磷灰石均属氟磷灰石。

氟磷灰石 Fluorapatite

$Ca_5(PO_4)_3F$

化学组成：CaO 55.56%，P_2O_5 42.26%，F 3.77%。

晶体结构：六方晶系，空间群为 $P6_3/m$。$a_0=9.3973$Å，$c_0=6.8782$Å，$Z=2$。

Ca 有两种位置，$Ca_{Ⅰ}$ 配位数为 9，$Ca_{Ⅱ}$ 配位数为 7，$Ca_{Ⅰ}:Ca_{Ⅱ}=2:3$，$Ca_{Ⅰ}$ 位于上下两层的六个$[PO_4]$四面体之间，与这六个$[PO_4]$四面体中的九个角顶上的 O 连接，其中三个 O 距离较远，这种连接使整个结构形成平行 C 轴的通道，附加阴离子(F、OH)充填在通道中，与其上下两层的六个 Ca 组成 $F-Ca_6$(或 $OH-Ca_6$)八面体，配位八面体上的 Ca 即为 $Ca_{Ⅱ}$，它与其周围四个$[PO_4]$四面体中的六个 O 及 F 或(OH)相连接。

形态：六方双锥晶形，$C_{6h}-6/m(L^6PC)$。单晶常见，呈六方短柱状或厚板状。

物理性质：纯净时为无色-白色，也显绿色、蓝色、粉色、黄色、褐色等，条痕白色，透明-不透明，玻璃光泽、树脂光泽，性脆，解理{0001}不完全至中等。摩氏硬度 5，相对密度 3.1～3.25。

显微镜下特征：一轴晶(－)，N_o＝1.631～1.650，N_e＝1.627～1.646。透射光下无色，干涉色Ⅰ级灰。

白云鄂博氟磷灰石晶胞参数：a_0＝9.372Å，b_0＝9.372Å，c_0＝6.888Å。

白云鄂博氟磷灰石样品X射线粉晶衍射数据见表9－34。

表9－34 白云鄂博氟磷灰石X射线粉晶衍射数据

No.	2θ/(°)	d/Å	I/I_0
1	31.908	2.8025	100.0
2	33.078	2.7060	51.0
3	25.841	3.4450	47.4
4	32.225	2.7756	45.1
5	49.543	1.8384	39.6

磷灰石(图9－107)在矿区的各类矿石中均有分布。

磷灰石中的Ca在晶格位置中有两种位置，配位数分别为7和9，REE在磷灰石中一般在配位数9的晶格位置。在REE置换Ca的同时，以Si置换P来取得电荷平衡，或可以$Na^+ + REE^{3+} \rightarrow 2Ca^{2+}$来完成。说明磷灰石中REE对Ca的置换和$[SiO_4]$对$[PO_4]$的置换是有限的。

图9－107 磷灰石手标本

磷灰石中REE含量(类质同象)一般为1%～3%，本次研究测得磷灰石中REE最高已达6.99%。Sr因为与Ca离子半径相近，所以不同矿石类型中的磷灰石可能会含少量Sr，一般小于1%，部分大于1%，最高达1.29%，从电子探针测试数据看，不同类型矿石中的磷灰石均含 F 较高属于氟磷灰石，同时含 REE、Sr、Na 较高，部分含少量 Mn、Fe 等，说明在磷灰石形成过程中受到了富 F 及富 REE 热液的影响，Sr/Mn 含量比证明磷灰石属于矽卡岩及火成碳酸岩成因特征(杨学明等，1999b)。

杨学明等(1999b)曾对白云鄂博沉积、粗粒、细粒白云石大理岩及火成碳酸盐墙中的磷灰石矿物成分做过详细测试，结果显示无论是主要元素还是次要元素都十分相似。

磷灰石属于完全配分型矿物，但其稀土配分主要受矿区地球化学特点所制约，仍有以 Ce 为高峰的选择配分型特征。

1. 条带状萤石型铌稀土铁矿石中的氟磷灰石

样品采自主矿。氟磷灰石以细粒集合体状分布，并与萤石、磁铁矿、稀土矿物相间呈条带状定向排列，颗粒大小比较均匀，粒径一般为 0.05～0.10mm(图 9-108 至图 9-111)。显微镜下可见氟磷灰石的环带，波普面扫描结果(图 9-112)显示边缘部分 Na 和 REE 的分布稍高于中间部分，应发生了置换：$Na^{+}+REE^{3+}\rightarrow 2Ca^{2+}$。

共伴生矿物：萤石、磁铁矿、赤铁矿、氟碳铈矿、独居石等。

根据电子探针测试结果平均值(表 9-35)，以 O=12.5 为基数，计算化学式：$(Ca_{4.92}REE_{0.06}Na_{0.06})_{\Sigma 1.04}P_{2.98}O_{12}F_{1.01}$。

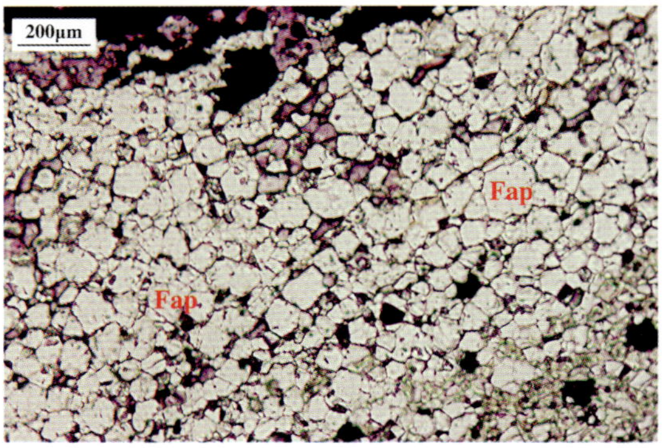

图 9-108 细粒集合体状分布的氟磷灰石(Fap)(单偏光)

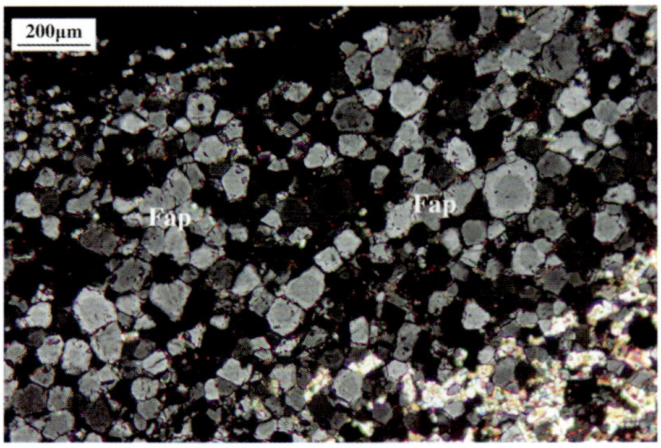

图 9-109 细粒集合体状分布的氟磷灰石(正交偏光)

图 9-110 氟磷灰石的环带(正交偏光)

图 9-111 氟磷灰石的环带(正交偏光)

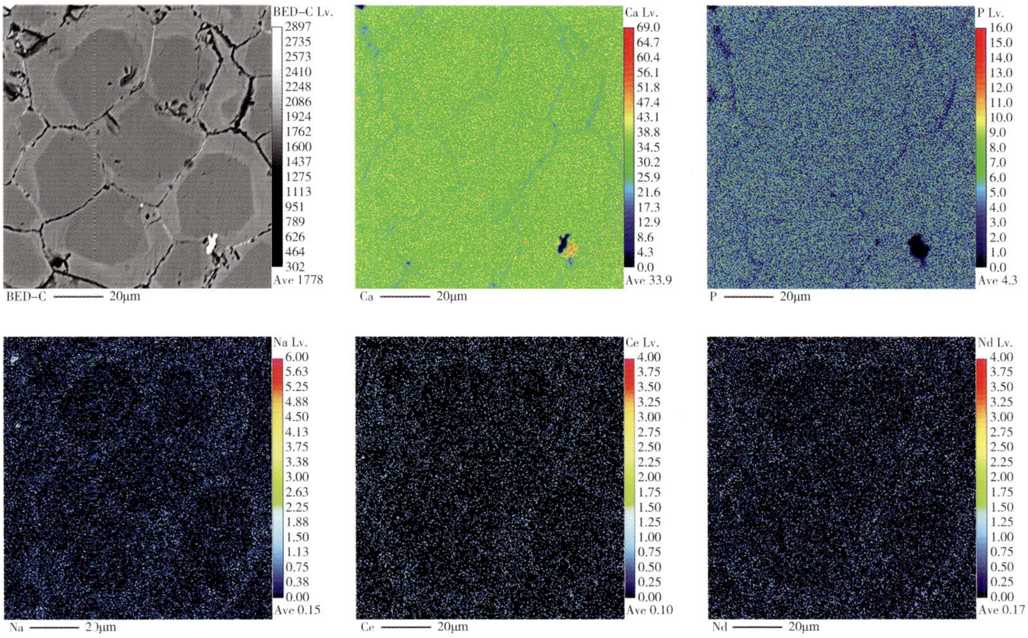

图 9-112　氟磷灰石 BSE 图像及 Ca、P、Na、Ce、Nd 元素面扫描图像

表 9-35　氟磷灰石电子探针测试结果　　　单位：w_t/%

成分	测试点 P1	稀土配分	测试点 P2	稀土配分	测试点 P3	稀土配分	测试点 P4	稀土配分	平均值
CaO	53.99	ΣRE_2O_3=1.09	53.65	ΣRE_2O_3=1.87	53.58	ΣRE_2O_3=2.19	53.58	ΣRE_2O_3=2.52	53.70
P_2O_5	41.47		40.75		41.60		41.42		41.31
Na_2O	0.31		0.33		0.48		0.29		0.35
F	3.76		3.65		3.84		3.73		3.75
La_2O_3	0.12	11.01	0.05	2.67	0.07	3.20	0.14	5.56	0.10
Ce_2O_3	0.23	21.10	0.50	26.74	0.63	28.77	0.48	19.05	0.46
Pr_2O_3	0.08	7.34	0.30	16.04	0.18	8.22	0.43	17.06	0.25
Nd_2O_3	0.36	33.03	0.42	22.46	0.83	37.90	0.73	28.97	0.58
Sm_2O_3	0.00	0.00	0.18	9.63	0.11	5.02	0.33	13.10	0.16
Eu_2O_3	0.00	0.00	0.11	5.88	0.24	10.96	0.00	0.00	0.09
Gd_2O_3	0.00	0.00	0.00	0.00	0.13	5.94	0.33	13.10	0.12
Dy_2O_3	0.21	19.27	0.00	0.00	0.00	0.00	0.05	1.98	0.06
Er_2O_3	0.09	8.26	0.31	16.58	0.00	0.00	0.03	1.19	0.11
$-O=F_2$	1.58		1.53		1.61		1.57		1.58
总计	99.04	100.00	98.72	100.00	100.08	100.00	99.97	100.00	99.46

2. 白云石型铌稀土矿石中的氟磷灰石

样品采自主矿。氟磷灰石颗粒粗大，呈自形-半自形晶分布于白云石矿物间，并有被白云石交代痕迹，粒径为 0.30～1.00mm(图 9－113 至图 9－116)。

共伴生矿物：白云石、方解石、烧绿石、铌铁矿、黄铁矿、钠闪石等。

根据电子探针测试结果平均值(表 9－36)，以 O=12.5 为基数，计算化学式：$(Ca_{5.00}REE_{0.04}Na_{0.20}Sr_{0.02})_{\Sigma 5.08}P_{2.97}O_{12}(F_{0.86}OH_{0.14})_{\Sigma 1.00}$。

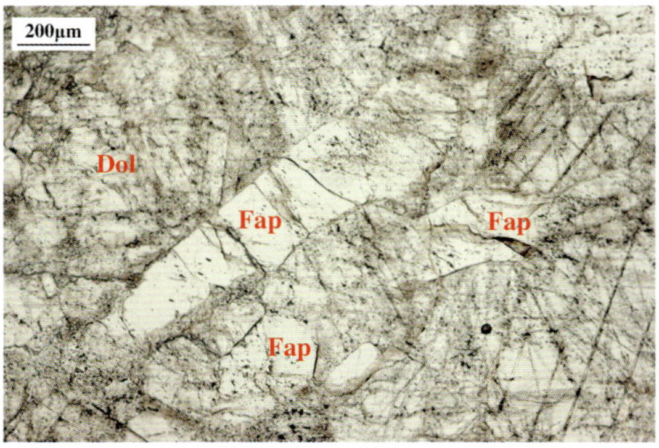

图 9－113 氟磷灰石(Fap)分布于白云石(Dol)矿物间(单偏光)

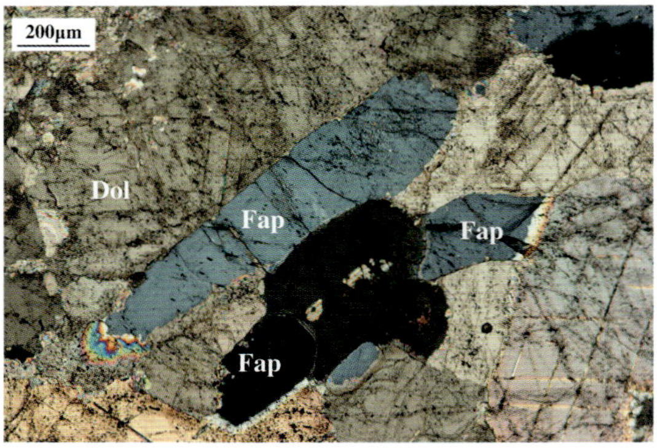

图 9－114 氟磷灰石分布于白云石矿物间(正交偏光)

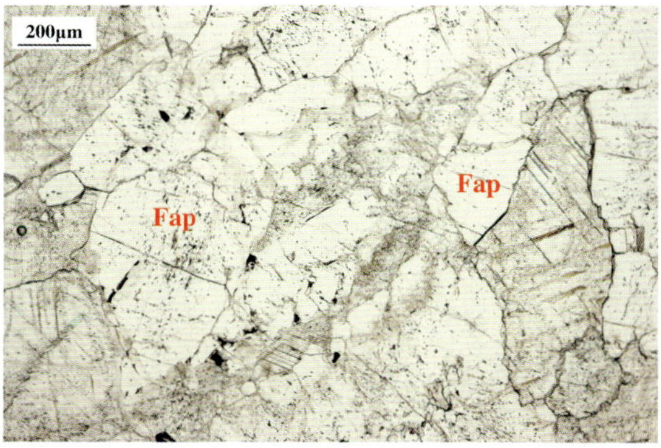

图 9－115 氟磷灰石分布于白云石矿物间(单偏光)

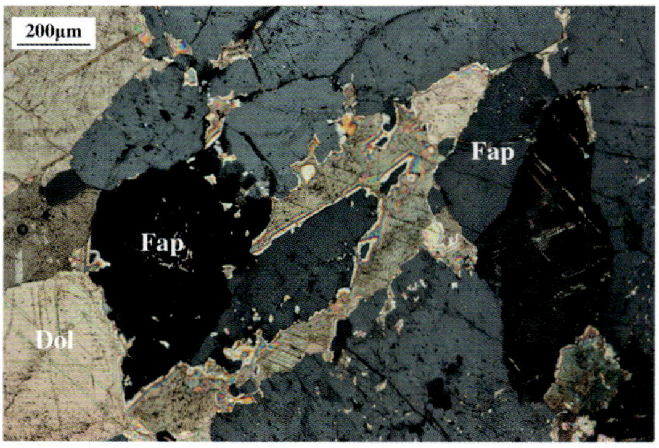

图 9－116 氟磷灰石分布于白云石矿物间(正交偏光)

表 9－36 氟磷灰石电子探针测试结果 单位：w_t/%

成分	测试点 P1	测试点 P2	测试点 P3	测试点 P4	平均值
CaO	54.29	55.15	55.15	54.52	54.78
P_2O_5	41.44	40.70	41.78	40.71	41.16
SrO	0.48	0.33	0.30	0.56	0.42
Na_2O	0.12	0.13	0.11	0.11	0.12
F	3.12	3.41	3.04	3.16	3.18

续表

成分	测试点 P1	测试点 P2	测试点 P3	测试点 P4	平均值
ΣRE_2O_3	1.34	1.59	0.77	0.88	1.10
$-O=F_2$	1.31	1.43	1.28	1.33	1.36
总计	99.48	99.88	99.87	98.61	99.4

3. 霓石型铌稀土矿石中的氟磷灰石

样品采自东矿。氟磷灰石呈半自形-他形粒状分布于霓石矿物间隙，颗粒较粗，粒径一般为 0.20～0.50mm(图 9－117 至图 9－120)。

共伴生矿物：霓石、氟碳铈矿、易解石、磁铁矿、石英等。

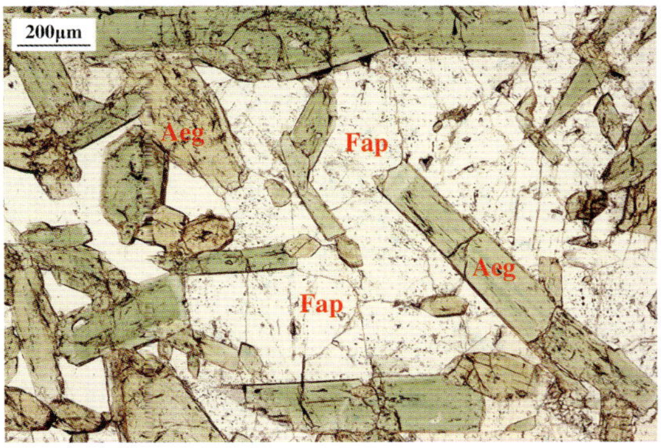

图 9－117　分布于霓石(Aeg)矿物间的氟磷灰石(Fap)(单偏光)

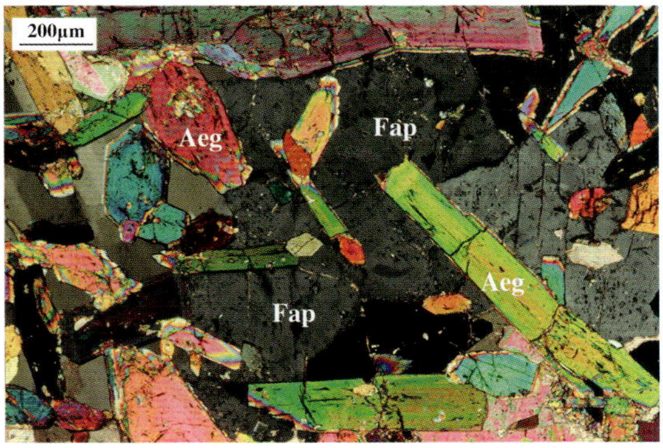

图 9－118　分布于霓石矿物间的氟磷灰石(正交偏光)

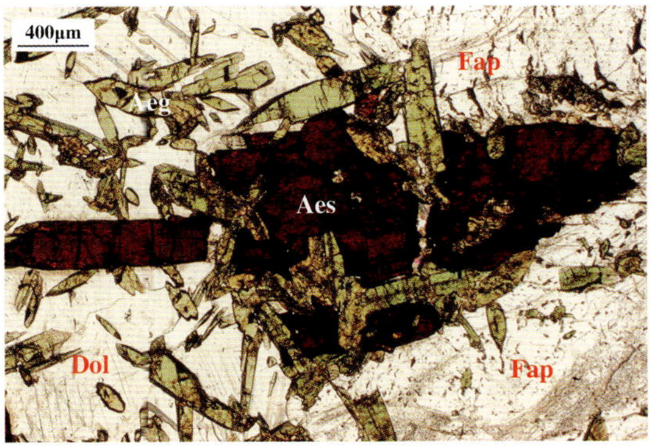

图 9－119　分布于霓石、易解石(Aes)、白云石(Dol)间的氟磷灰石(单偏光)

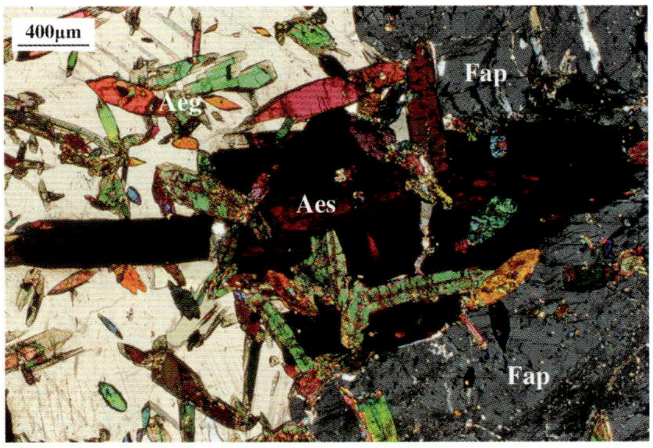

图 9－120　分布于霓石、易解石、白云石间的氟磷灰石（正交偏光）

电子探针测试结果(表 9－37)显示，该样品中的氟磷灰石含少量 REE 及 Sr，根据电子探针测试平均值，以 O＝12.5 为基数，计算化学式：$(Ca_{4.88}Sr_{0.08}REE_{0.05}Na_{0.03}Fe_{0.01})_{\Sigma 5.04}P_{2.97}O_{12}(F_{0.72}OH_{0.28})_{\Sigma 1.00}$。

表 9-37 氟磷灰石电子探针测试结果　　单位：$w_t/\%$

成分	测试点 P1	测试点 P2	测试点 P3	测试点 P4	平均值
CaO	51.35	51.54	52.93	52.66	52.12
FeO	0.20	0.07	0.25	0.23	0.19
MnO	0.08	0.07	0.10	0.07	0.08
SrO	1.68	1.88	1.20	1.41	1.54
Na_2O	0.20	0.20	0.20	0.12	0.18
F	2.75	2.75	2.45	2.51	2.62
P_2O_5	40.57	40.24	40.10	39.91	40.20
Sc_2O_3	0.12	0.02	0.01	0.03	0.04
ΣRE_2O_3	1.59	1.86	1.39	1.03	1.47
$-O=F_2$	1.16	1.16	1.03	1.05	1.10
总计	97.37	97.47	97.59	96.89	97.33

4. 东部接触带的含稀土氟磷灰石

样品采自东部接触带，属于金云母型铌稀土矿石。氟磷灰石呈不规则粒状或粒状集合体形式分布于褐帘石或金云母矿物间隙，部分被包裹于褐帘石中，颗粒细小，粒径为0.01～0.05mm(图 9-121、图 9-122)。

共伴生矿物：金云母、褐帘石、氟铈硅磷灰石、独居石等。

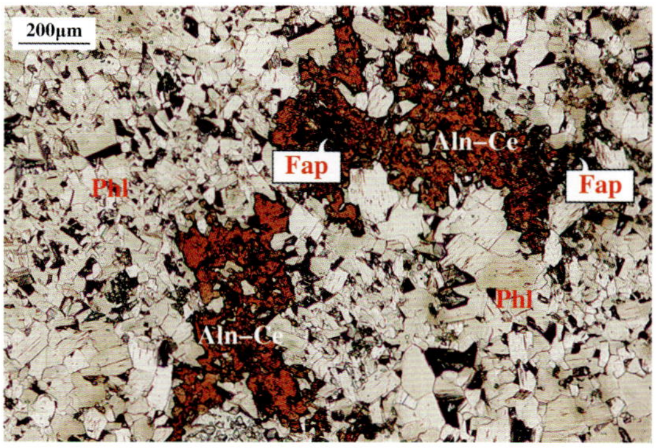

图 9-121　分布于褐帘石(Aln-Ce)及金云母(Phl)矿物间的氟磷灰石(Fap)(单偏光)

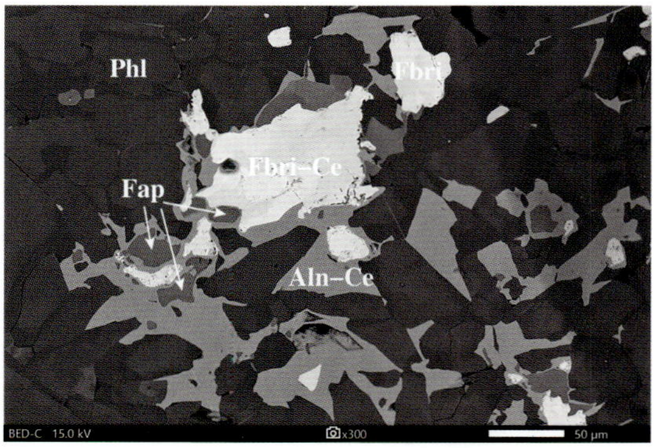

图 9-122　被褐帘石、氟铈硅磷灰石(Fbri-Ce)包裹的氟磷灰石(BSE)

电子探针测试结果(表 9-38)显示，氟磷灰石含 REE 较高，ΣRE_2O_3 在 6.23%～6.99%，REE 置换 Ca 的同时，为保持电价平衡，Si 置换 P，其置换方式为 $REE^{3+}+Si^{4+}\rightarrow Ca^{2+}+P^{5+}$。

根据电子探针测试结果平均值，以 O=12.5 为基数，计算化学式：$(Ca_{4.72}REE_{0.22}Sr_{0.03}Fe_{0.01}Na_{0.01})_{\Sigma 4.99}(P_{2.76}Si_{0.25})_{\Sigma 3.01}O_{12}(F_{0.84}OH_{0.16})_{\Sigma 1.00}$。

表 9－38　氟磷灰石电子探针测试结果　　单位：w_t/%

成分	测试点 P1	稀土配分	测试点 P2	稀土配分	测试点 P3	稀土配分	平均值
CaO	49.09	$\sum RE_2O_3$＝6.73	49.65	$\sum RE_2O_3$＝6.99	48.77	$\sum RE_2O_3$＝6.23	49.17
FeO	0.13		0.26		0.21		0.20
SrO	0.61		0.58		0.51		0.57
Na_2O	0.04		0.03		0.07		0.04
SiO_2	2.77		2.69		2.87		2.78
F	2.53		2.56		3.81		2.97
P_2O_5	36.02		36.38		36.85		36.42
ThO_2	0.00		0.05		0.04		0.03
Sc_2O_3	0.00		0.11		0.00		0.04
La_2O_3	1.52	22.56	1.54	22.03	1.72	27.61	1.59
Ce_2O_3	3.19	47.43	3.84	54.95	3.19	51.29	3.41
Pr_2O_3	0.34	5.12	0.33	4.67	0.17	2.78	0.28
Nd_2O_3	0.88	13.12	1.00	14.27	0.70	11.24	0.86
Sm_2O_3	0.16	2.42	0.16	2.30	0.05	0.77	0.12
Gd_2O_3	0.06	0.94	0.00	0.00	0.08	1.20	0.05
Dy_2O_3	0.07	1.10	0.06	0.86	0.00	0.00	0.05
Ho_2O_3	0.18	2.69	0.00	0.00	0.17	2.67	0.12
Yb_2O_3	0.19	2.81	0.00	0.00	0.00	0.00	0.06
Lu_2O_3	0.08	1.20	0.00	0.00	0.09	1.41	0.06
Y_2O_3	0.04	0.61	0.06	0.92	0.06	1.03	0.06
$-O=F_2$	1.06		1.07		1.60		1.25
总计	96.86	100.00	98.22	100.00	97.74	100.00	97.61

5. 钠闪石型稀土铁矿石中的氟磷灰石

样品采自西矿。氟磷灰石呈半自形粒状或粒状集合体形式与独居石紧密共生，分布于镁钠闪石矿物间隙并呈定向分布，颗粒较细，粒径为 0.02～0.05mm(图 9－123、图 9－124)。图 9－125 的 BSE 图像中氟磷灰石与独居石紧密相间定向分布，图 9－126 为氟磷灰石能谱图。

共伴生矿物：镁钠闪石、独居石、方解石、磁铁矿等。

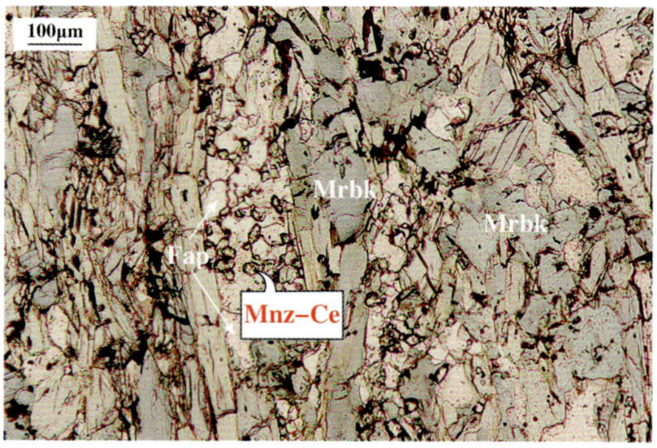

图 9-123 分布于镁钠闪石(Mrbk)矿物间的氟磷灰石(Fap)(单偏光)

图 9-124 分布于镁钠闪石矿物间的氟磷灰石(正交偏光)

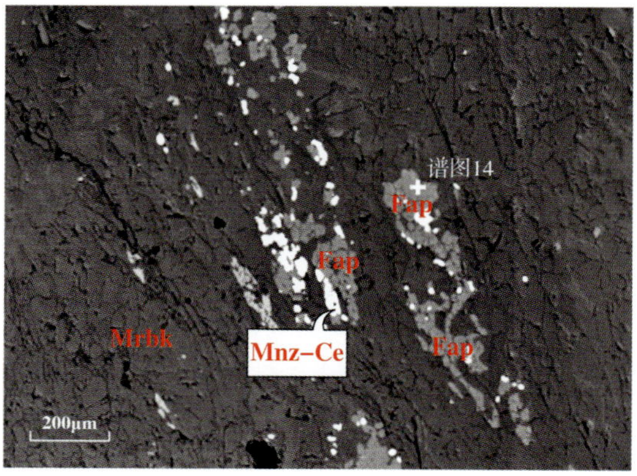

图 9-125 氟磷灰石与独居石(Mnz-Ce)紧密共生，分布于镁钠闪石间(BSE)

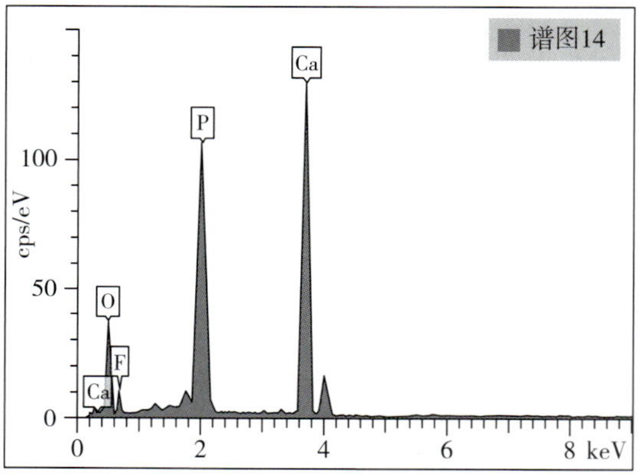

图 9-126 氟磷灰石能谱图

根据电子探针测试结果平均值(表 9-39)，以 O=12.5 为基数，计算化学式：$(Ca_{5.11}Sr_{0.04}Na_{0.02}REE_{0.01})_{\Sigma 5.17}P_{2.93}O_{12}(F_{0.92}OH_{0.08})_{\Sigma 1.00}$。

表 9-39 氟磷灰石电子探针测试结果 单位：$w_t/\%$

成分	测试点 P1	测试点 P2	测试点 P3	平均值
CaO	55.36	55.21	55.09	55.22
FeO	0.11	0.11	0.04	0.09
MnO	0.08	0.03	0.02	0.05
Na_2O	0.13	0.08	0.14	0.12
SrO	0.82	0.73	0.76	0.77
P_2O_5	39.12	40.49	40.70	40.10
F	3.23	3.71	3.16	3.37

续表

成分	测试点 P1	测试点 P2	测试点 P3	平均值
ThO_2	0.05	0.00	0.03	0.03
ΣRE_2O_3	0.26	0.17	0.20	0.21
$-O=F_2$	1.36	1.56	1.33	1.41
总计	97.80	98.97	98.81	98.53

6. 钛闪石型铌稀土矿石中的氟磷灰石

样品采自菠萝头。氟磷灰石呈半自形-他形或不规则粒状分布于方解石、钠闪石矿物间，部分颗粒边缘有细粒独居石环绕，氟磷灰石颗粒较大，有被方解石交代痕迹，粒径为0.10～0.30mm(图 9-127 至图 9-132)。

共伴生矿物：钠闪石、方解石、独居石、烧绿石、白云石、赤铁矿、榍石等。

根据电子探针测试结果平均值(表 9-40)，以 O=12.5 为基数，计算化学式：$(Ca_{4.93}REE_{0.04})_{\Sigma 4.97}P_{3.01}O_{12}F_{1.00}$。

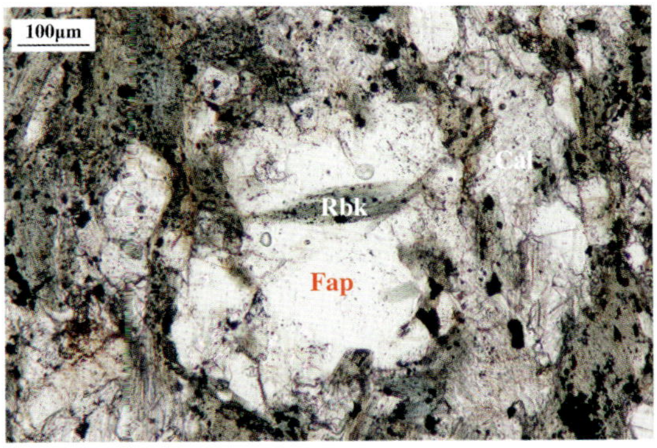

图 9-127 半自形氟磷灰石(Fap)(单偏光)

图 9-128 氟磷灰石分布于方解石间(Cal)(正交偏光)

图 9-129 氟磷灰石分布于方解石、钠闪石(Rbk)矿物间(单偏光)

图 9-130 氟磷灰石分布于方解石、钠闪石矿物间(正交偏光)

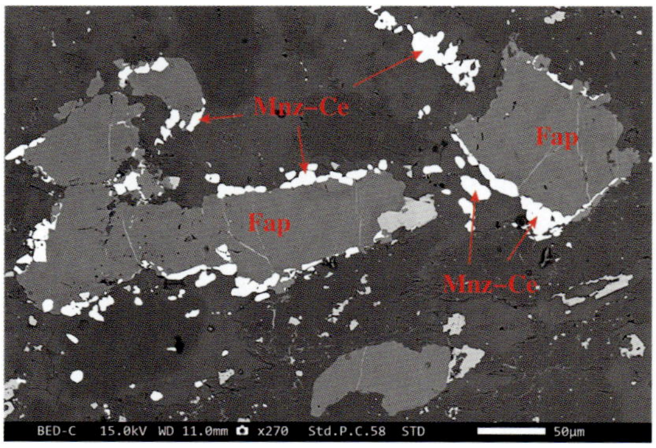

图 9-131 氟磷灰石边缘有细粒独居石围绕（BSE）

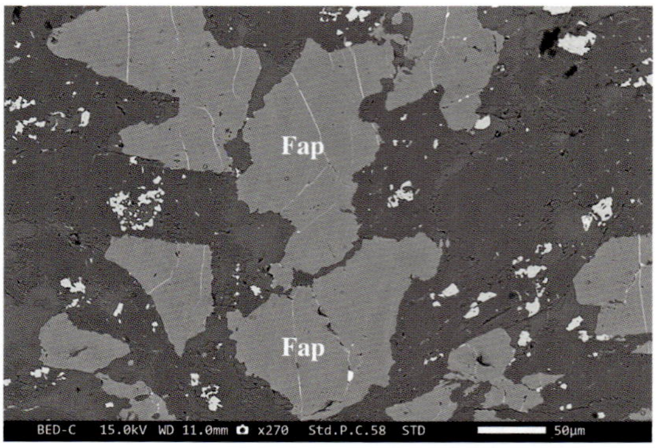

图 9-132 不规则粒状氟磷灰石（BSE）

表 9-40 氟磷灰石电子探针测试结果 单位：w_t/%

成分	测试点 P1	测试点 P2	测试点 P3	测试点 P4	测试点 P5	平均值
P_2O_5	42.22	42.47	41.76	41.57	41.95	41.99
CaO	53.8	55.12	54.29	54.06	53.98	54.25
MnO	0.03	0.00	0.00	0.00	0.06	0.02
F	3.99	3.63	3.80	3.80	3.50	3.74
UO_2	0.02	0.00	0.00	0.07	0.03	0.03
ThO_2	0.03	0.00	0.01	0.00	0.03	0.01
ΣRE_2O_3	1.17	1.38	1.90	1.32	1.31	1.17
$-O=F_2$	1.68	1.52	1.60	1.60	1.47	1.57
总计	99.58	101.08	100.16	99.22	99.39	99.64

7. 氟磷灰石与独居石

图 9-133、图 9-134 为主矿钠闪石化白云石型铌稀土矿石中的氟磷灰石，沿独居石边缘交代形成的反应边结构。

共伴生矿物：白云石、钠闪石、萤石、独居石、黑云母、磁铁矿、黄铁矿、黄铜矿、方铅矿、钛铁矿等。

图 9-133 氟磷灰石(Fap)沿边缘交代独居石(Mnz-Ce)(单偏光)

图 9-134 氟磷灰石沿边缘交代独居石（正交偏光）

图 9－135、图 9－136 为主矿钠闪石型铌稀土矿石中的氟磷灰石，氟磷灰石呈粒状集合体形式分布，独居石沿边缘交代氟磷灰石形成反应边结构，氟磷灰石粒径为 0.02～0.03mm。

共伴生矿物：钠闪石、独居石、方解石、黄铁矿、重晶石、黑云母、易解石等。

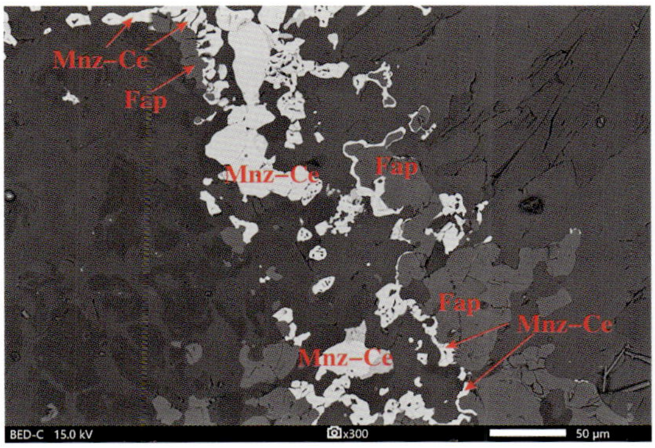

图 9－135 独居石沿边缘交代氟磷灰石(BSE)

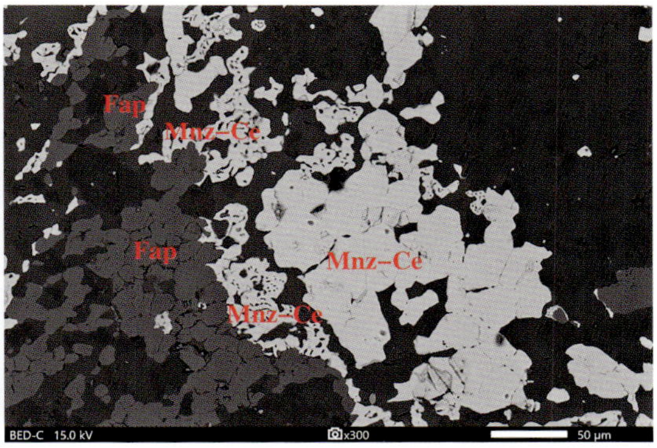

图 9－136 独居石沿边缘交代氟磷灰石(BSE)

图 9－137 至图 9－140 为碳质板岩中的氟磷灰石，氟磷灰石呈粒状沿裂隙分布或分布于白云石脉两侧，部分可见环带，氟磷灰石中有微细粒独居石、磷钇矿的包裹体，氟磷灰石粒径为 0.05～0.30mm，独居石、磷钇矿粒径为 2～3μm。

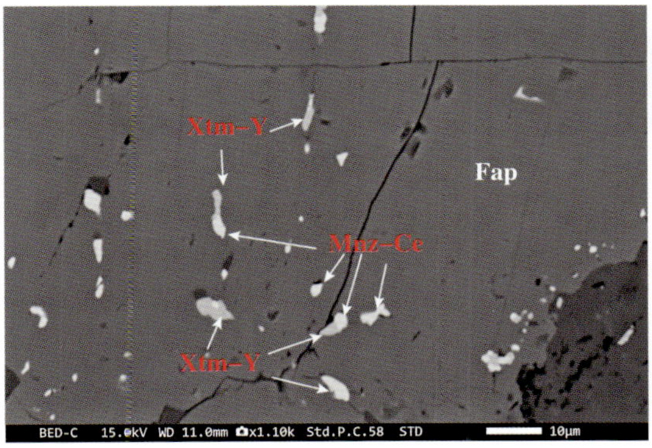

图 9－137 氟磷灰石(Fap)中包裹的微细粒独居石(Mnz－Ce)、磷钇矿(Xtm－Y)(BSE)

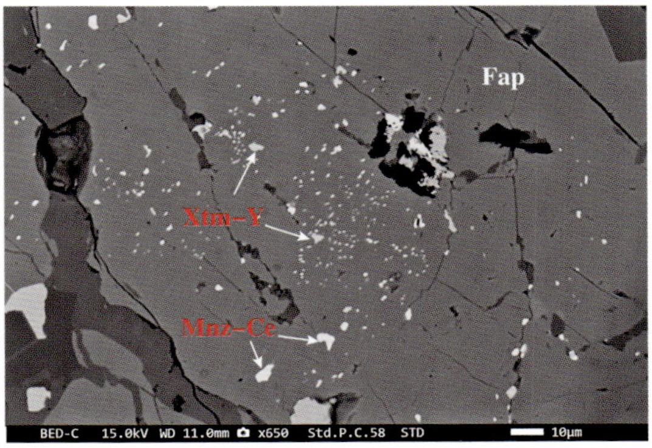

图 9－138 氟磷灰石中包裹的微细粒独居石、磷钇矿(BSE)

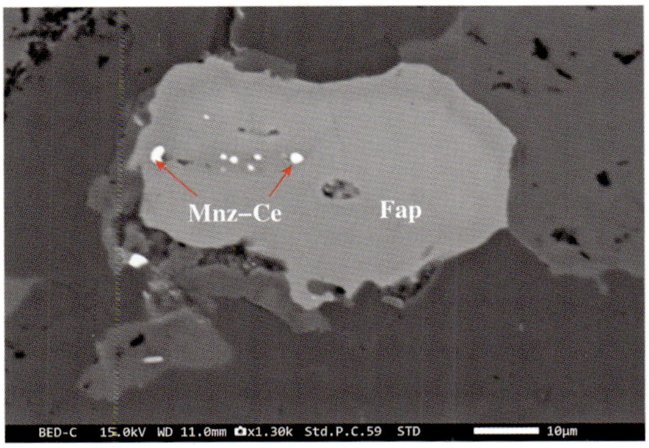

图 9－139 氟磷灰石中包裹的微细粒独居石(BSE)

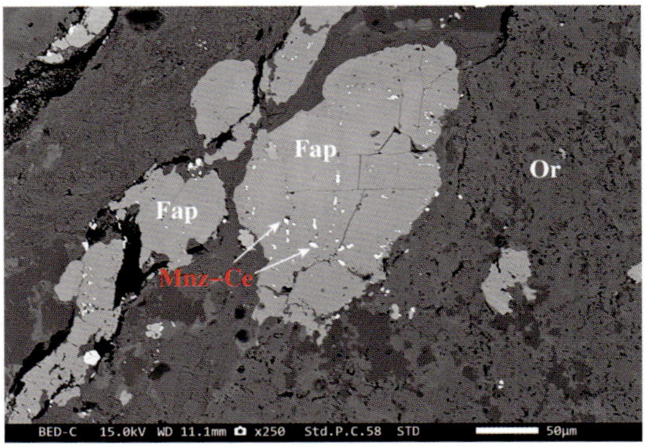

图 9－140 氟磷灰石中包裹的微细粒独居石(BSE)

图 9-141 为氟磷灰石 BSE 图像及 P、Ce、Nd、Y、Dy 元素扫描图像，Ce 与 Nd 高的区域为独居石，Y 与 Dy 高的区域为磷钇矿。

共伴生矿物：正长石、钠长石、黑云母、白云石、金红石、石英、磁黄铁矿、黄铁矿、铀钍石、毒砂、方铅矿、独居石、磷钇矿等。

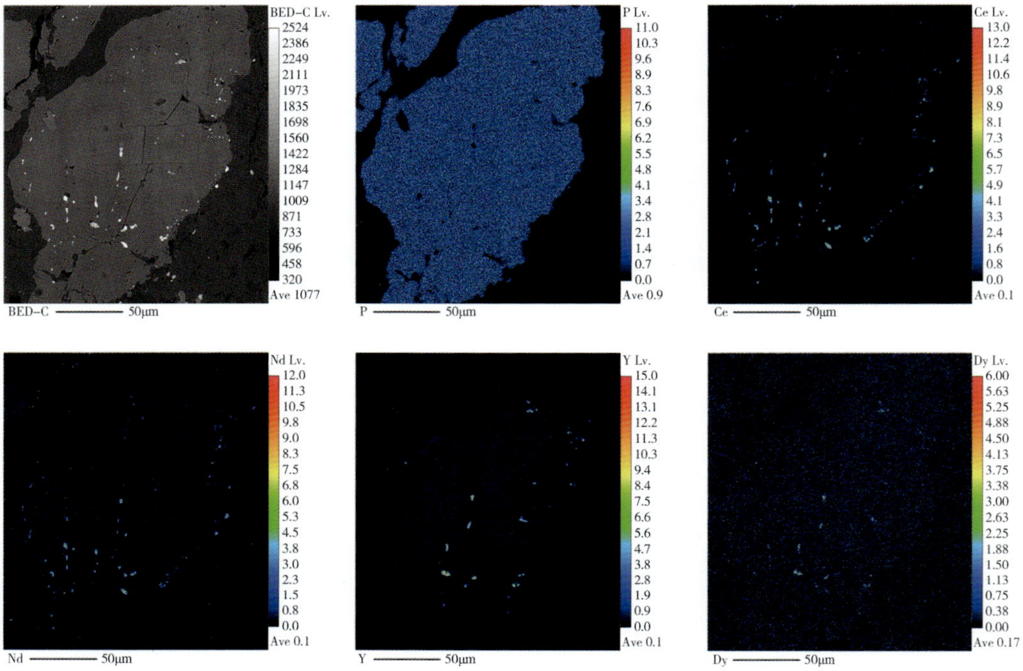

图 9-141　氟磷灰石 BSE 图像及 P、Ce、Nd、Y、Dy 元素扫描图像

第十章 硅酸盐矿物

白云鄂博矿区内的硅酸盐矿物种类繁多，有 50 多种。根据硅氧四面体在结构中的不同连接方式，这些硅酸盐矿物可以细分为岛状、环状、链状、层状和架状五大类。

第一节 岛状硅酸盐矿物

一、锆石族

锆石族矿物主要为锆石、钍石和铀石等，白云鄂博矿区可见锆石及钍石。钍石已在钍、铀和钪的矿物章节详述，本节只叙述锆石。

锆石因其在自然界岩石中的广泛分布、稳定的物理化学性质、适中的 U 含量、几乎不含初始 Pb、U－Pb 体系封闭温度高，而成为 U－Pb 定年方法中最理想和运用最广泛的对象(李献华等，2022)。锆石的化学成分主要是 $ZrSiO_4$，还有 U、Th、Pb 及稀土等微量元素。锆石包含有丰富的地学信息，包括：U－Th－Pb、Lu－Hf 及 Sm－Nd 等系统的同位素年代学信息，Pb、Hf、Nd 及 O 等同位素的地球化学信息、稀土元素和各种稀有元素的元素地球化学信息、锆石内部各种包裹体的地学信息等(李惠民等，2012)。

锆石广泛分布于白云鄂博矿床主、东、西矿各种矿石类型中，在矿区东部花岗岩的内外接触带中也分布。地质学家(王凯怡等，2001；范宏瑞等，2002；刘玉龙等，2005)一直重视用锆石 U－Th－Pb 同位素测年法测定白云鄂博地区岩石和矿床的地质年代。尽管碳酸岩具有贫硅的特点，锆石通常不易结晶，使得单矿物分选和判断锆石来源变得异常困难，但是近年来，科学家们依然取得了许多重要的研究成果。范宏瑞等(2002)最早对菠萝头山南侧碳酸岩墙进行了稀释剂法锆石 U－Pb 测年，5 颗锆石测定数据点拟合直线与谐合线的上交点年龄为 2070±33Ma。刘玉龙等(2006)对位于都拉哈拉和宽沟背斜核部的 3 条碳酸岩墙分别进行了 SHRIMP 和稀释剂法锆石 U－Pb 测年，结果也为 1934～2085 Ma，与部分基底岩石年龄一致。进一步的研究发现，这些锆石的 REE 模式特征、包裹体特征表明它们为继承锆石(Liu et al.，2008)。Fan 等(2014)采用稀释剂法对一号碳酸岩脉中的锆石进行分析，获得结果为 1417±19Ma，与利用 SHRIMP 获得的锆石 $^{207}Pb/^{206}Pb$ 加权平均年龄(1418±29Ma)一致，认为一号碳酸岩脉侵入时间约为 1.4Ga。

Zhang 等(2017)和 Li 等(2018)分别利用 LA－ICP－MS 和 SIMS 方法获得了 H_8 赋矿白云岩和碳酸岩脉中锆石 $^{208}Pb/^{232}Th$ 年龄，为 1301±12Ma 和 1327±20Ma，与东矿以霓石为主的矿石中锆石利用 SHRIMP 方法获得的 $^{208}Pb/^{232}Th$ 年龄(1325±60Ma)一致(Campbell et al.，2014)，这制约了火成碳酸岩的岩浆侵位时间约为 1.3 Ga。Li 等(2021)在白云鄂博东矿矿体与 H_9 板岩之间的矿样中发现了锆石，锆石以包裹体形式存在于磁铁矿中，磁铁矿与锆石包裹体间有细粒独居石充填；或与热液矿物磁铁矿、黑云母、独居石、磷灰石等紧密共生，该锆石的 EPMA 数据显示，Th 高[含量为(14～1139)×10^{-6}]U 低(含量为 0.8×10^{-6})，符合白云鄂博稀土矿富 Th 贫 U 的特征。锆石颗粒的结构和组成特征表明其为热液成因，不同于之前发现的含矿白云岩中的锆石，该热液锆石的 $^{208}Pb/^{232}Th$ 加权平均年龄为 1297±13Ma，与约 1.3 Ga 稀土矿化的年龄一致(朱祥坤和孙剑，2012)。随后，Li 等(2022)利用 SIMS 方法获得了 H_9 板岩中锆石的 $^{208}Pb/^{232}Th$ 年龄，为 1420±20Ma。最近，Huang 等(2024)采用“酸选法”分选碳酸岩中的锆石，并对这些碳酸岩锆石进行离子探针 U－Th－Pb 定年，测得 U－Pb 年龄和 Th－Pb 年龄分别为 427.4±9.8Ma 和 435.2±4.6Ma，以上表明白云鄂博地区在早古生代时期还存在一期火成碳酸岩的岩浆活动。

本次研究在主矿、东矿、西矿、菠萝头等地均发现锆石，部分颗粒较大且自形，部分被包裹于其他矿物中或被交代，选择部分颗粒做了电子探针测试及年代学工作，研究还在继续中。

锆石 Zircon

$ZrSiO_4$

化学组成：ZrO_2 67.01%，SiO_2 32.99%。常含少量 U、Th、Pb、Hf、REE、P 等元素。

晶体结构：四方晶系，空间群为 $I4_1/amd$。a_0＝6.607(1)Å，c_0＝5.982(1)Å，Z＝4。

形态：复四方双锥晶形，$D_{4h}-4/mmm(L^44L^25PC)$。双锥状、柱状、板柱状。锆石的晶体形态与其结晶时的介质环境密切相关。

物理性质：无色、灰色、黄色、红棕色、绿色、褐色、黑色等，条痕白色，透明-半透明-不透明，玻璃光泽、金刚光泽、油脂光泽，贝壳状断口，性脆。摩氏硬度 7.5，相对密度 4.6～4.7。

显微镜下特征：一轴晶(+)，N_o＝1.980～2.015，N_e＝1.925～1.961。薄片中无色透明-棕黄色，高突起，微弱多色性。

1. 钠闪石型稀土矿石中的锆石

样品采自西矿。锆石呈菱形双锥状分布于氟镁钠铁闪石间，晶形完整，突起高，粒径为 0.20～0.30mm(图 10－1 至图 10－4)。

共伴生矿物：氟镁钠铁闪石、独居石、磷灰石、方解石、磁铁矿、黄铁矿、黄铜矿等。

根据电子探针测试结果(表 10－1)平均值，以 O＝4 为基数，计算化学式：$(Zr_{0.97}Hf_{0.02})_{\Sigma 0.99}SiO_4$。

图 10－1　锆石(Zrn)分布于氟镁钠铁闪石(Mfarf)间(单偏光)

图 10－2　锆石的干涉色(正交偏光)

图 10－3　双锥状锆石(单偏光)

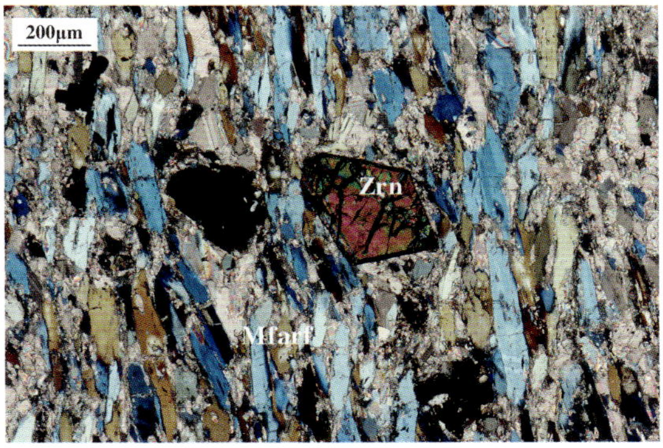

图 10－4　双锥状锆石(正交偏光)

表 10－1　锆石电子探针测试结果　　单位：w_t/%

成分	测试点 P1	测试点 P2	测试点 P3	平均值
ZrO_2	64.44	64.67	65.49	64.87
HfO_2	2.89	2.65	2.08	2.54
Ta_2C_5	0.15	0.59	0.10	0.28
SiO_2	32.70	32.65	32.87	32.74
总计	100.18	100.56	100.54	100.43

2. 白云石型铌稀土铁矿石中的锆石

样品采自西矿。锆石呈浅棕色半自形晶分布于白云石矿物间，颗粒粗大，粒径为0.50～0.80mm(图 10－5、图 10－6)。

共伴生矿物：白云石、萤石、磁铁矿、独居石、烧绿石、钠闪石、硅钡铁钛石、金云母、闪锌矿、方铅矿、黄铁矿等。

图 10-5　半自形晶锆石（Zrn）(单偏光）

图 10-6　半自形晶锆石(正交偏光）

根据电子探针测试结果平均值(表 10-2)，以 O=4 为基数，计算化学式：$(Zr_{0.97}Hf_{0.03})_{\Sigma1.00}SiO_4$。

表 10-2　锆石电子探针测试结果　　　单位：w_t/%

成分	测试点 P1	测试点 P2	测试点 P3	测试点 P4	平均值
ZrO_2	63.88	64.65	64.34	63.51	64.1
HfO_2	3.56	2.41	2.98	2.87	2.96
FeO	0.28	0.02	0.11	0.04	0.11
TiO_2	0.10	0.17	0.16	0.12	0.14
SiO_2	32.12	32.45	32.04	32.71	32.33
总计	99.94	99.7	99.63	99.25	99.64

3. 云母型铌稀土铁矿石中的锆石

样品采自西矿。锆石呈他形粒状集合体形式分布于金云母间，颗粒细碎，粒径为0.02～0.10mm(图 10-7 至图 10-10)。

共伴生矿物：金云母、磁铁矿、黄铁矿、白云石、菱铁矿、独居石等。

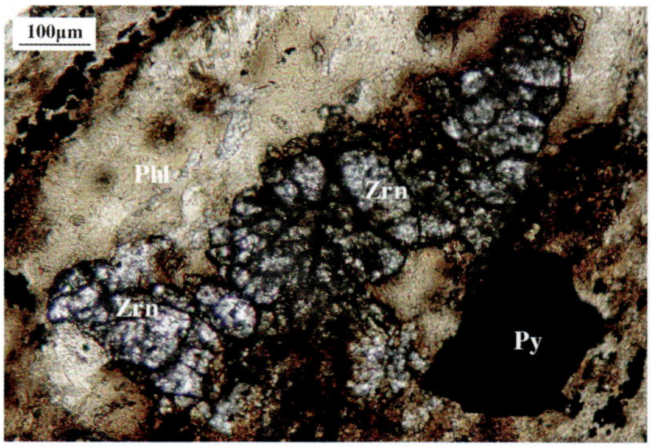

图 10-7　细粒集合体状锆石（Zrn)分布于金云母(Phl)间(单偏光）

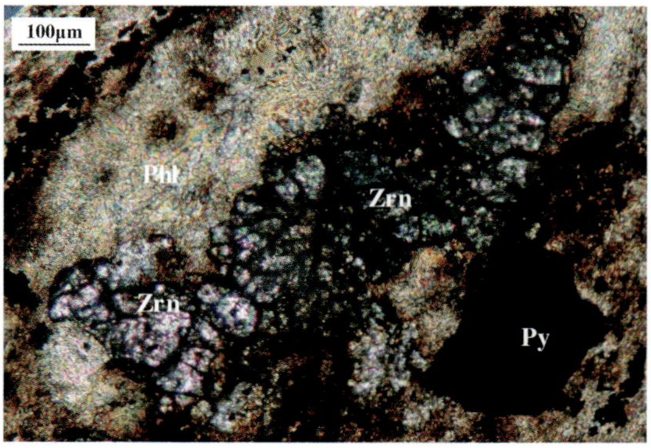

图 10-8　锆石的干涉色(正交偏光）

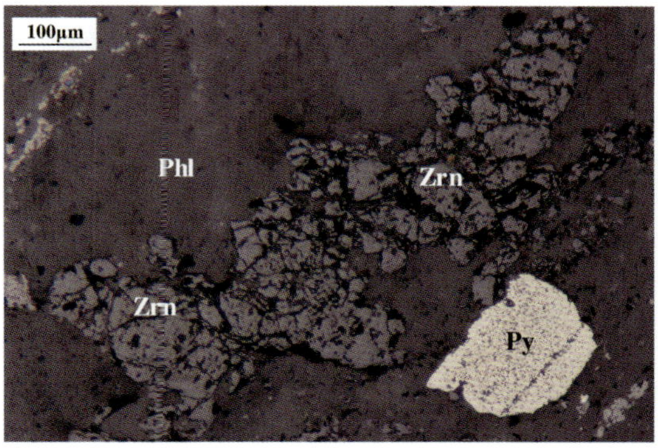

图 10-9　锆石的反射率(反射光)

图 10-10　锆石无色透明的内反射色(反射正交)

根据电子探针测试结果平均值(表 10-3)，以 O=4 为基数，计算化学式：$(Zr_{0.97}Hf_{0.03})_{\Sigma 1.00}SiO_4$。

表 10-3　锆石电子探针测试结果　　单位：w_t/%

成分	测试点 P1	测试点 P2	测试点 P3	测试点 P4	平均值
ZrO_2	64.5	63.49	64.06	66.38	64.61
HfO_2	3.11	4.63	3.56	2.04	3.34
CaO	0.05	0.11	0.05	0.04	0.06
FeO	0.10	0.47	0.00	0.02	0.15
SiO_2	32.08	31.99	32.07	32.34	32.12
总计	99.84	100.69	99.74	100.82	100.28

4. 钠闪石片岩中的锆石

样品采自菠萝头。锆石呈自形-半自形晶分布于石英、长石间，颗粒粗大，粒径为 0.10～0.30mm(图 10-11 至图 10-14)。

共伴生矿物：钠闪石、石英、长石、方解石、磁铁矿、烧绿石、磷灰石、金红石等。

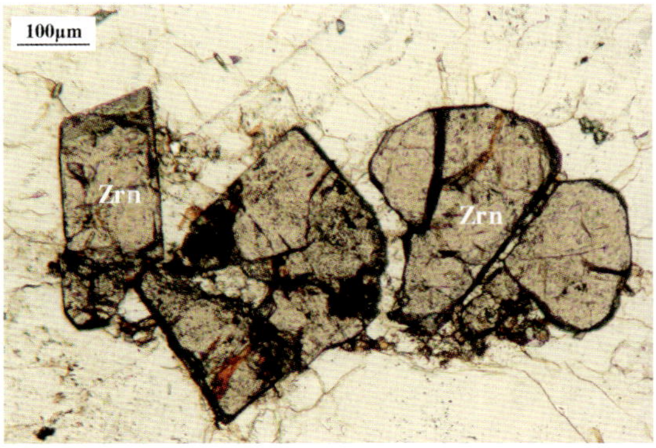

图 10-11　自形-半自形锆石 (Zrn)(单偏光)

图 10-12　锆石的干涉色(正交偏光)

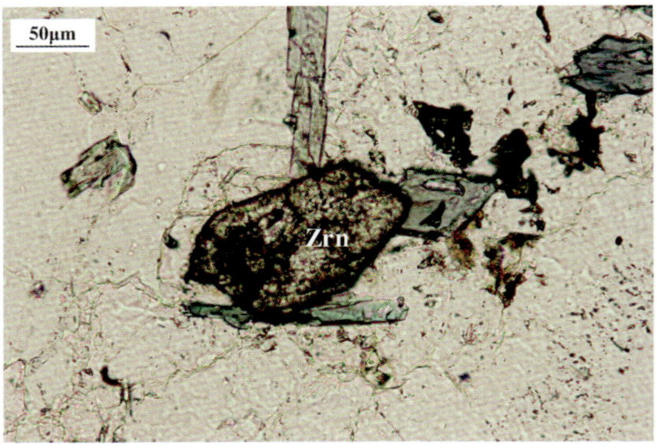

图 10－13　双锥状锆石(单偏光)

图 10－14　锆石的干涉色(正交偏光)

根据电子探针测试结果平均值(表 10－4)，以 O＝4 为基数，计算化学式：$(Zr_{0.98}Hf_{0.02})_{\Sigma 1.00}SiO_4$。

表 10－4　锆石电子探针测试结果　　　单位：w_t/%

成分	测试点 P1	测试点 P2	测试点 P3	测试点 P4	测试点 P5	平均值
ZrO_2	63.27	63.14	63.05	63.90	63.05	63.28
SiO_2	34.96	35.07	33.89	35.47	35.49	34.98
HfO_2	2.43	1.52	2.30	1.52	1.62	1.88
总计	100.66	99.73	99.24	100.89	100.16	100.14

5. 部分锆石的 BSE 及 CL 图片

以下为部分锆石的 BSE(图 10－15)及 CL(阴极发光)(图 10－16)图片。

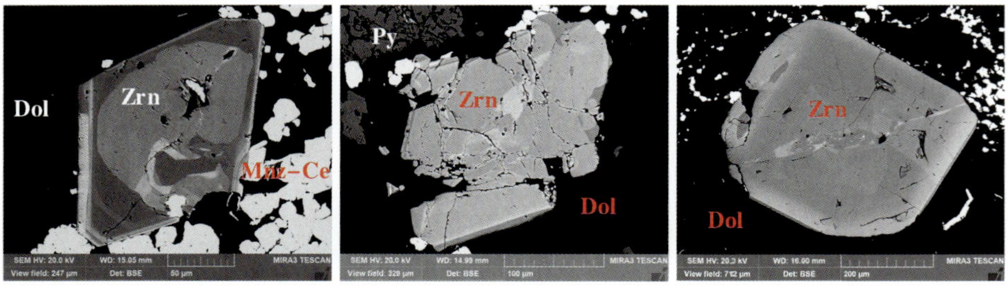

图 10－15　锆石(BSE)

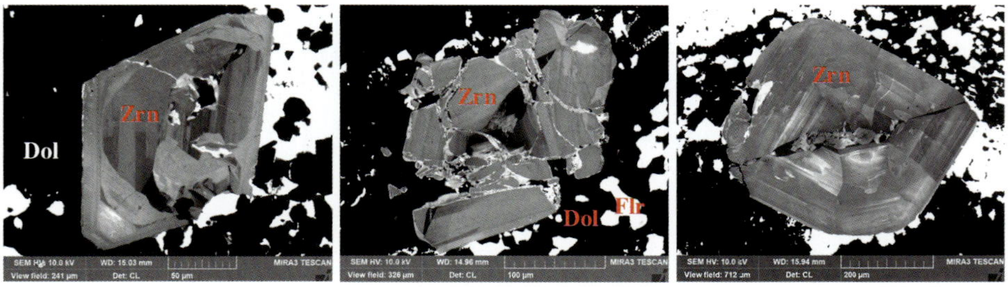

图 10－16　锆石(CL)

二、石榴子石族

石榴子石族矿物化学式可用 $X_3Y_2(SiO_4)_3$ 表示。其中，X 代表二价阳离子，主要为 Ca^{2+}、Mg^{2+}、Fe^{2+}、Mn^{2+} 等；Y 代表三价阳离子，主要为 Al^{3+}、Fe^{3+}、Cr^{3+} 等。白云鄂博矿区目前仅见锰铝榴石和铁铝榴石。

锰铝榴石 Spessartine

$Mn_3^{2+}Al_2(SiO_4)_3$

化学组成：成分中常见 Fe^{2+}、Mg 置换 Mn^{2+}。

晶体结构：等轴晶系，空间群为 $Ia3d$。$a_0=11.621$Å，$Z=8$。

形态：六八面体晶形，$O_h-m3m(3L^44L^36L^29PC)$。常呈菱形十二面体及四角三八面体晶形。

物理性质：红色、橘红色、黄棕色、红棕色或棕色，透明-不透明，条痕白色，玻璃光泽，亚贝壳状断口，性脆。摩氏硬度 6.5～7.5，相对密度 4.12～4.32。

显微镜下特征：一般显均质性，有时见微弱的非均质性，高突起，$N=1.800$。

云母片岩中的锰铝榴石

样品采自东矿。锰铝榴石呈淡黄-浅棕色，自形-半自形-他形分布于金云母、正长石间，多数矿物颗粒显均质性，少数有微弱的非均质性，粒径为 0.05～0.20mm(图 10-17 至图 10-20)。

共伴生矿物：金云母、正长石、石英、磁黄铁矿、红钛锰矿、榍石、磷灰石、黄铜矿、闪锌矿等。

根据电子探针测试结果平均值(表 10-5)，以 O=12 为基数，计算化学式：$(Mn_{2.02}Ca_{0.58}Fe_{0.37}Ti_{0.02})_{\Sigma 2.99}(Al_{1.77}Fe_{0.23}^{3+})_{\Sigma 2.00}(SiO_4)_3$。

图 10-17 锰铝榴石(Sps)分布于正长石(Or)、金云母(Phl)间(单偏光)

图 10-18 锰铝榴石显均质性(正交偏光)

表 10-5 锰铝榴石电子探针测试结果 单位：w_t/%

成分	测试点 P1	测试点 P2	测试点 P3	测试点 P4	测试点 P5	测试点 P6	平均值
MnO	27.96	29.03	28.79	28.28	29.84	29.92	28.97

续表

成分	测试点 P1	测试点 P2	测试点 P3	测试点 P4	测试点 P5	测试点 P6	平均值
Al_2O_3	18.34	18.12	17.96	17.95	18.10	18.88	18.22
FeO	8.93	9.15	9.16	8.91	8.86	6.99	8.67
CaO	6.76	6.66	6.86	7.31	5.47	6.17	6.54
TiO_2	0.32	0.35	0.21	0.56	0.13	0.26	0.30
SiO_2	36.59	36.18	36.38	36.49	36.59	36.48	36.45
总计	98.90	99.49	99.36	99.50	98.99	98.70	99.15

图 10－19　锰铝榴石分布于正长石、金云母间(单偏光)

图 10－20　部分锰铝榴石有弱非均质性(正交偏光)

铁铝榴石　Almandine

$Fe_3^{2+}Al_2(SiO_4)_3$

化学组成：成分中常见 Mg、Mn 置换 Fe^{2+}，但其原子数之和小于 Fe 的原子数。

晶体结构：等轴晶系，空间群为 $Ia3d$。$a_0=11.526$Å，$Z=8$。

形态：六八面体晶形，$O_h-m3m(3L^44L^36L^29PC)$。常呈菱形十二面体及四角三八面体晶形。

物理性质：深红色、褐红色、红色、黑色，透明-不透明，条痕白色，玻璃光泽、树脂光泽，亚贝壳状断口，性脆。摩氏硬度 7～7.5，相对密度 4.318。

显微镜下特征：透射光下淡红-暗红色，均质性，高突起，$N=1.83$。

主要分布于矿区东部花岗岩接触带(张培善和陶克捷，1986)。

三、橄榄石族

镁橄榄石　Forsterite

$Mg_2(SiO_4)$

化学组成：二价阳离子主要为 Mg，另有 Fe、Mn、Ni、Ca 的置换。

晶体结构：斜方晶系，空间群为 *Pnma*。$a_0=4.754\text{Å}$，$b_0=10.1971\text{Å}$，$c_0=5.9806\text{Å}$，$Z=4$。晶胞大小随 Fe 含量增加而增大。

形态：斜方双锥晶形，$D_{2h}-mmm(3L^2 3PC)$。晶体沿 *c* 轴呈柱状或短柱状，一般呈粒状集合体分布。

物理性质：绿色、浅黄色或白色，条痕白色，透明-半透明，玻璃光泽，贝壳状断口，性脆，{010}解理完全。摩氏硬度 7.0，相对密度 3.275。

显微镜下特征：二轴晶(+)，$2V=74°\sim90°$。$N_g=1.669\sim1.772$，$N_m=1.650\sim1.739$，$N_p=1.636\sim1.730$。透射光下突起高，无多色性。

白云石型铌稀土矿石中的镁橄榄石

样品采自东部接触带。镁橄榄石呈无色-浅棕褐色，不规则粒状分布于白云石矿物间，粒径为 0.05～0.25mm(图 10－21 至图 10－24)。

共伴生矿物：白云石、方解石、磷灰石、磁铁矿、烧绿石、铌铁矿等。

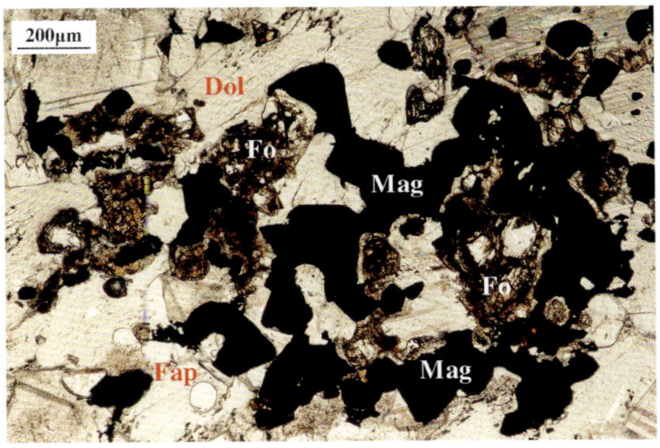

图 10－21 不规则粒状分布的镁橄榄石(Fo)(单偏光)

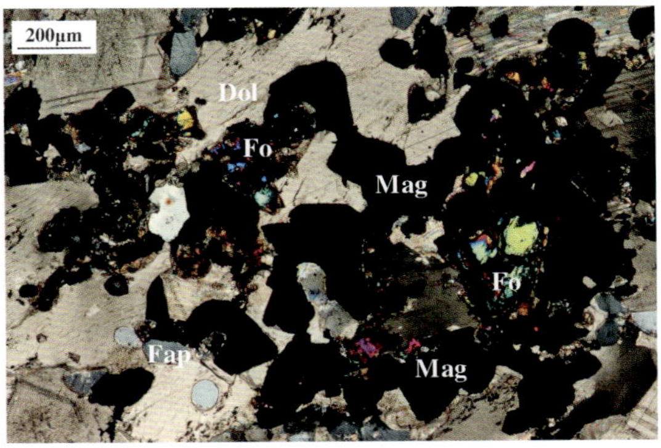

图 10－22 不规则粒状分布的镁橄榄石(正交偏光)

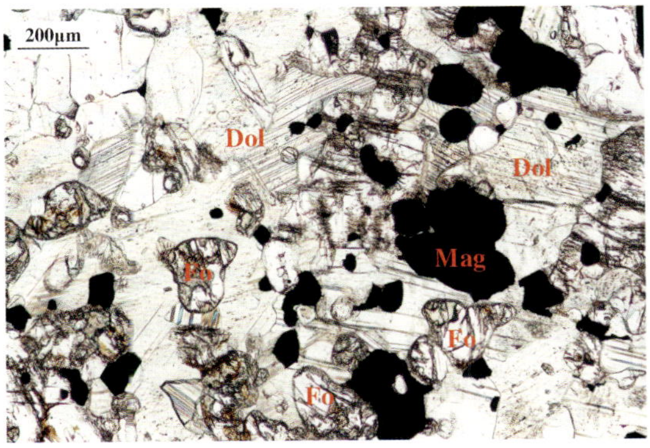

图 10－23 不规则粒状分布的镁橄榄石(单偏光)

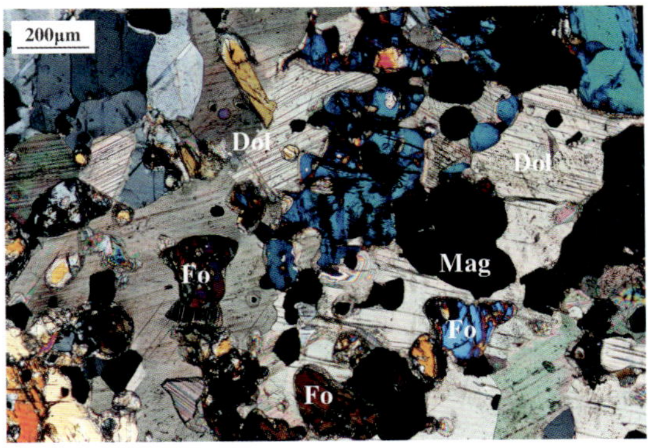

图 10－24 镁橄榄石的Ⅱ级干涉色(正交偏光)

表 10－6 中测试点 P1 至 P3 为图 10－21 中镁橄榄石测试数据，P4 至 P6 为图 10－23 中镁橄榄石测试数据，结果对比显示，图 10－21 中镁橄榄石因含 Fe 高呈棕褐色。

根据电子探针测试结果平均值(表 10－6)，以 O＝4 为基数，计算化学式：$(Mg_{1.85}Fe_{0.13}Mn_{0.02})_{\Sigma2.00}(SiO_4)$。

表 10－6　镁橄榄石电子探针测试结果　　单位：w_t/%

成分	测试点 P1	测试点 P2	测试点 P3	测试点 P4	测试点 P5	测试点 P6	平均值
MgO	49.99	49.20	48.97	54.57	54.36	54.42	51.92
FeO	9.09	8.94	9.15	3.62	3.57	3.85	6.37
MnO	1.05	0.93	0.99	1.07	1.03	1.01	1.01
CaO	0.10	0.05	0.11	0.05	0.03	0.02	0.06
SiO_2	40.67	40.29	40.13	41.79	41.27	41.93	41.01
总计	100.9	99.41	99.35	101.1	100.26	101.23	100.37

铁橄榄石　Fayalite

$Fe_2^{2+}(SiO_4)$

化学组成：二价阳离子主要为 Fe，另有 Mg、Mn、Ni、Ca 的置换。与镁橄榄石为完全类质同象。

晶体结构：斜方晶系，空间群为 *Pnma*。a_0＝4.79Å，b_0＝10.391Å，c_0＝6.06Å，Z＝4。

形态：斜方双锥晶形，$D_{2h}-mmm(3L^23PC)$。晶体沿 c 轴呈柱状或短柱状，一般呈粒状集合体分布。

物理性质：绿-黄色、黄色或棕色，条痕无色，透明-半透明，玻璃光泽、油脂光泽，贝壳状断口，性脆。摩氏硬度 7.0，相对密度 4.39。

显微镜下特征：二轴晶(－)，$2V=74°\sim47°$。$N_g=1.773\sim1.875$，$N_m=1.760\sim1.864$，$N_p=1.731\sim1.824$。透射光下突起高，可见多色性。

矿区东部花岗岩接触带中早期形成的矿物(张培善和陶克捷，1986)。

四、硅镁石族

硅镁石族矿物化学通式为 $n[Mg_2(SiO_4)]\cdot Mg(OH,F)_2$，$n$＝1、2、3 或 4。硅镁石族矿物由平行的 $Mg_2(SiO_4)$(橄榄石层)与 $Mg(OH,F)_2$(水镁石层)组合而成。根据组合情况及 F、OH(apfu)的不同，硅镁石族矿物可分为以下几种。

F＞OH：块硅镁石 $Mg_3(SiO_4)F_2$、粒硅镁石 $Mg_5(SiO_4)_2F_2$、硅镁石 $Mg_7(SiO_4)_3F_2$、斜硅镁石 $Mg_9(SiO_4)_4F_2$。

OH＞F：羟粒硅镁石 $Mg_5(SiO_4)_2(OH)_2$、羟斜硅镁石 $Mg_9(SiO_4)_4(OH)_2$。

白云鄂博矿区目前发现有块硅镁石、羟粒硅镁石和羟斜硅镁石三种。

块硅镁石　Norbergite

$Mg_3(SiO_4)F_2$

化学组成：化学通式中 n＝1，F＞OH(apfu)。

晶体结构：斜方晶系，空间群为 *Pmcn*。a_0＝8.747(6)Å，b_0＝4.710(4)Å，c_0＝10.271(8)Å，Z＝4。

形态：斜方双锥晶形，$D_{2h}-mmm(3L^23PC)$。常呈粒状、粒状集合体。

物理性质：橘红色、黄色、橘-褐色，透明-不透明，亚玻璃光泽、树脂、蜡状光泽，条痕白色，性脆，无解理。摩氏硬度 6～6.5，相对密度 3.177。

显微镜下特征：二轴晶(+)，$2V=44°\sim50°$。$N_g=1.590\sim1.593$，$N_m=1.567\sim1.579$，$N_p=1.563\sim1.537$。透射光下无色-浅褐黄色，多色性弱，中等突起，干涉色Ⅱ级。

白云石型铌稀土矿石中的块硅镁石

样品采自东介勒格勒。块硅镁石呈半自形-他形粒状分布于白云石、方解石间，颗粒大小不均，粒径为0.05～0.40mm(图10-25至图10-28)。

共伴生矿物：白云石、方解石、磁铁矿、闪锌矿、黄铁矿、褐钸铌矿、氟碳钸矿、独居石、菱钡镁石、毒重石等。

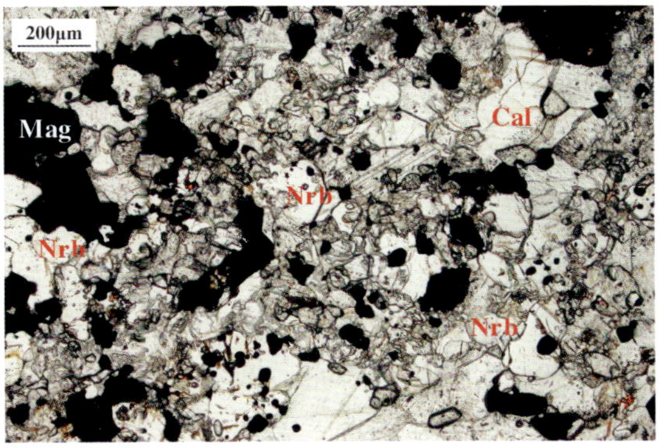

图10-25 他形粒状分布的块硅镁石(Nrb)(单偏光)

图10-26 块硅镁石的干涉色(正交偏光)

图10-27 粒状块硅镁石(单偏光)

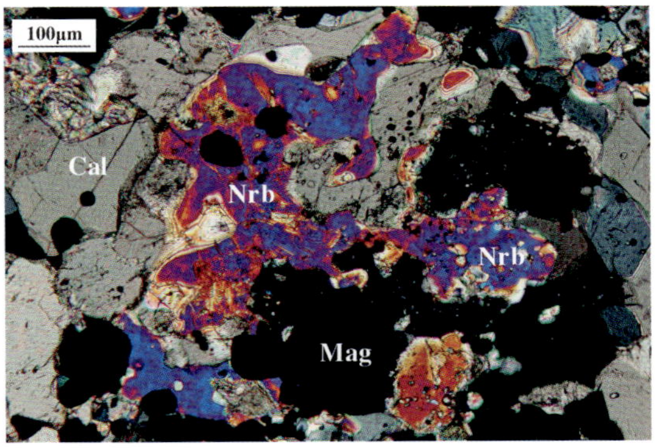

图10-28 块硅镁石的干涉色(正交偏光)

根据电子探针测试结果平均值(表10-7)，以O=5为基数，计算化学式：$(Mg_{2.83}Fe_{0.06}Mn_{0.04})_{\Sigma 2.93}(SiO_4)(F_{1.68}OH_{0.32})_{\Sigma 2.00}$。

表10-7 块硅镁石电子探针测试结果 单位：$w_t/\%$

成分	测试点P1	测试点P2	测试点P3	测试点P4	测试点P5	平均值
MgO	56.30	56.41	57.06	57.03	57.00	56.76
FeO	1.99	1.92	2.01	2.04	2.38	2.07
MnO	1.46	1.39	1.55	1.51	1.59	1.50

续表

成分	测试点 P1	测试点 P2	测试点 P3	测试点 P4	测试点 P5	平均值
TiO_2	0.08	0.10	0.14	0.06	0.07	0.09
CaO	0.07	0.10	0.08	0.09	0.09	0.09
SiO_2	30.96	31.33	31.00	31.30	31.20	31.16
F	16.06	15.94	15.92	16.06	16.13	16.02
$-O=F_2$	6.75	6.69	6.69	6.75	6.77	6.73
总计	100.17	100.49	101.07	101.34	101.69	100.96

羟粒硅镁石 Hydroxylchondrodite

$Mg_5(SiO_4)_2(OH)_2$

化学组成：化学通式中 $n=2$，OH>F(apfu)。

晶体结构：单斜晶系，空间群为 $P2_1/c$。$a_0=7.8847(12)$Å，$b_0=4.7235(8)$Å，$c_0=10.2869(5)$Å，$\beta=109.19°$，$Z=2$。

形态：斜方柱晶形，$C_{2h}-2/m(L^2PC)$。常呈凸透镜状、板状、柱状晶体，也呈粒状集合体分布。常见平行{100}的聚片双晶。

物理性质：红褐色，玻璃-亚玻璃光泽，半透明，条痕浅红褐色-白色，性脆，无解理。摩氏硬度 6，相对密度 3.21。

显微镜下特征：二轴晶(+)，$2V=80°$。$N_p=1.662$，$N_m=1.669$，$N_g=1.688$。透射光下无色-浅褐黄色，多色性弱，中等突起，干涉色Ⅱ级。

透辉石型稀土矿石中的羟粒硅镁石

样品采自东部接触带。羟粒硅镁石呈无色-淡黄色-浅棕黄色，不规则粒状分布，羟粒硅镁石间有透辉石、萤石、铈硅磷灰石等矿物。淡黄色-浅棕黄色羟粒硅镁石多色性明显，一组解理发育，干涉色Ⅱ～Ⅲ级，消光角<5°。颗粒大小不均，粒径为 0.10～2.00mm(图 10-29 至图 10-32)。

共伴生矿物：透辉石、方钍石、金云母、萤石、磷灰石、铈硅磷灰石、方解石等。

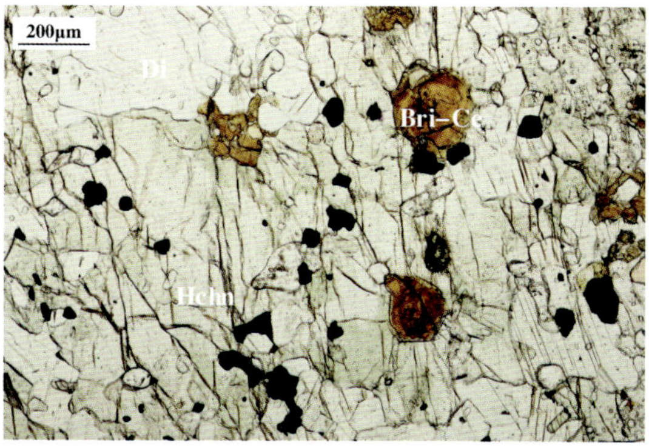

图 10-29 淡黄色羟粒硅镁石(Hchn)间分布铈硅磷灰石(Bri-Ce)(单偏光)

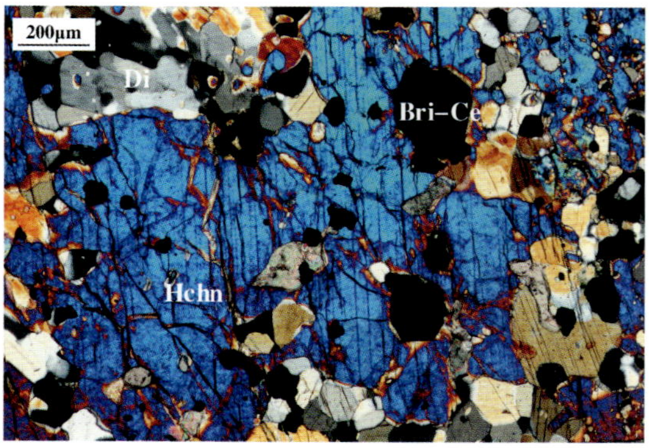

图 10-30 羟粒硅镁石的Ⅱ级干涉色(正交偏光)

图 10-31 浅棕黄色羟粒硅镁石间分布的透辉石(Di)(单偏光)

图 10-32 羟粒硅镁石的干涉色(正交偏光)

根据电子探针测试结果平均值(表 10-8)，以 O=9 为基数，计算化学式：$(Mg_{4.05}Fe_{0.74}Mn_{0.16}Sr_{0.02}Ca_{0.01}Ti_{0.01})_{\Sigma 4.99}(SiO_4)_2(OH_{1.36}F_{0.64})_{\Sigma 2.00}$。

表 10-8 羟粒硅镁石电子探针测试结果 单位：$w_t/\%$

成分	测试点 P1	测试点 P2	测试点 P3	平均值
MgO	43.00	43.08	43.59	43.22
FeO	14.48	14.40	13.78	14.22
MnO	3.14	3.08	2.89	3.04
TiO_2	0.14	0.13	0.18	0.15
CaO	0.16	0.14	0.16	0.15
SrO	0.41	0.60	0.68	0.56
SiO_2	32.00	32.01	32.42	32.14
F	3.48	3.06	3.14	3.23
$-O=F_2$	1.46	1.29	1.32	1.36
总计	95.35	95.21	95.52	95.35

羟斜硅镁石 Hydroxylclinohumite

$Mg_9(SiO_4)_4(OH)_2$

化学组成：化学通式中 $n=4$，OH>F(apfu)。

晶体结构：单斜晶系，空间群为 $P2_1/c$。$a_0=13.6894(3)$Å，$b_0=4.748(1)$Å，$c_0=10.273(2)$Å，$\beta=100\ 63°$，$Z=2$。

形态：斜方柱晶形，$C_{2h}-2/m(L^2PC)$。常呈粒状集合体分布，有时为板状、柱状晶体。平行{100}的聚片双晶常见。

物理性质：浅黄色-橘红色或无色，玻璃光泽，透明-不透明，条痕白色，无解理。摩氏硬度 6.5，相对密度 3.13。

显微镜下特征：二轴晶(+)，$2V=70°$。$N_p=1.631$，$N_m=1.641$，$N_g=1.664$。透射光下呈无色-淡灰、淡黄或淡褐色。

1. 大理岩中的羟斜硅镁石

样品采自东部接触带，属于硅镁石大理岩。羟斜硅镁石呈粒状或粒状集合体形式分布，无色透明，中等突起，干涉色Ⅱ级，一组不完全解理，斜消光，消光角一般在25°，部分颗粒可见聚片双晶(图10-33至图10-36)，根据消光角、聚片双晶及化学式判断为羟斜硅镁石，其粒径一般为0.30～1.50mm。

共伴生矿物：方解石、白云石、氟铈硅磷灰石等。

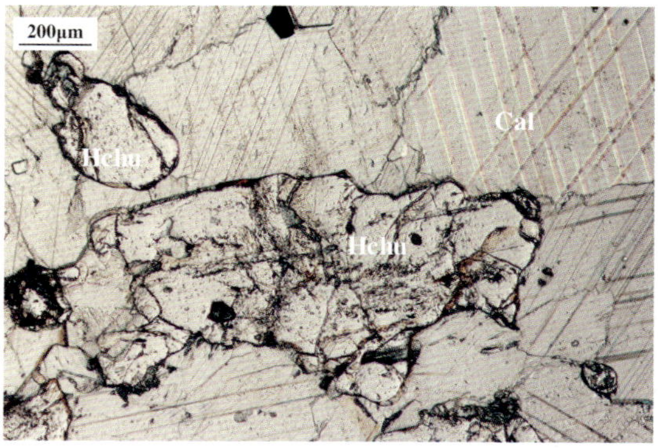

图10-33 分布于方解石(Cal)间的羟斜硅镁石(Hchu)(单偏光)

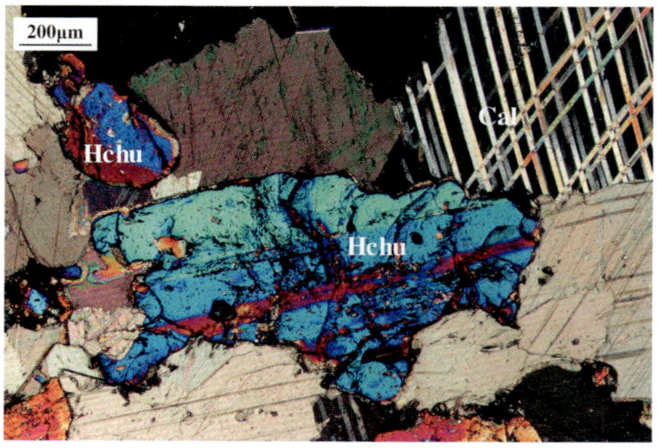

图10-34 羟斜硅镁石的双晶(正交偏光)

图10-35 分布于方解石间的羟斜硅镁石(单偏光)

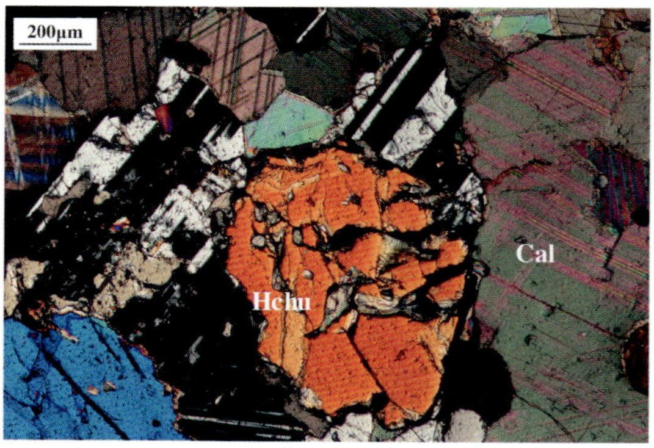

图10-36 羟斜硅镁石的双晶(正交偏光)

根据电子探针测试结果平均值(表10-9)，以O=17为基数，计算化学式：$(Mg_{8.14}Fe_{0.64}Mn_{0.17}Sr_{0.04})_{\Sigma 8.99}(SiO_4)_4(OH_{1.19}F_{0.81})_{\Sigma 2.00}$。

表10-9 羟斜硅镁石电子探针测试结果 单位：$w_t/\%$

成分	测试点P1	测试点P2	测试点P3	测试点P4	平均值
MgO	49.67	49.88	49.29	49.71	49.64
FeO	7.47	6.14	7.14	7.32	7.01

续表

成分	测试点 P1	测试点 P2	测试点 P3	测试点 P4	平均值
MnO	1.49	2.00	1.97	1.86	1.83
CaO	0.05	0.05	0.09	0.05	0.06
SrO	0.57	0.96	0.50	0.65	0.67
SiO_2	36.55	36.40	36.91	36.77	36.66
F	2.22	2.54	2.22	2.39	2.35
$-O=F_2$	0.93	1.07	0.93	1.01	0.99
总计	97.09	96.90	97.19	97.74	97.23

2. 白云石型稀土矿石中的羟斜硅镁石

样品采自东部接触带。羟斜硅镁石呈无色、半自形粒状分布于方解石矿物间，聚片双晶多见，颗粒大小不均，粒径为0.20～1.00mm(图10－37至图10－40)。

共伴生矿物：白云石、方解石、独居石、磷灰石、磁铁矿等。

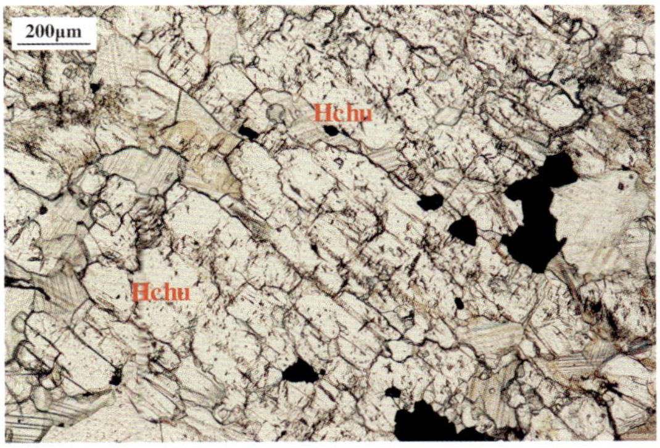

图10－37 羟斜硅镁石(Hchu)(单偏光)

图10－38 羟斜硅镁石的双晶(正交偏光)

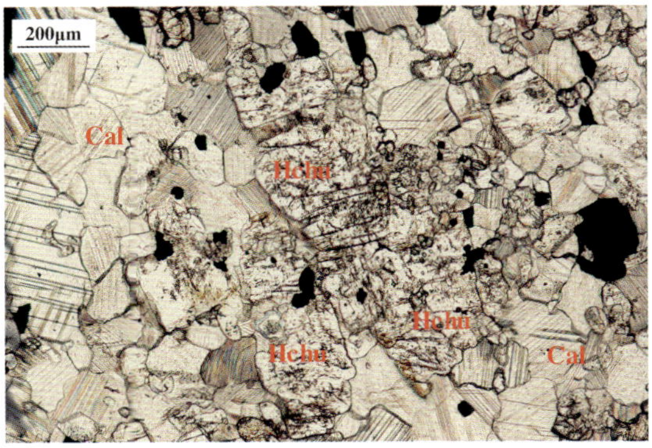

图10－39 羟斜硅镁石分布于方解石(Cal)间(单偏光)

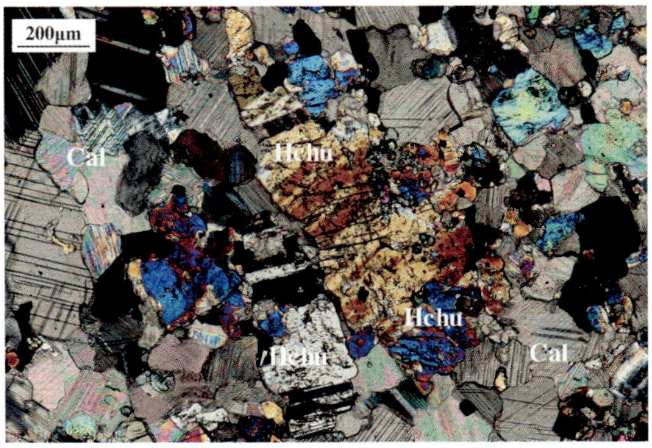

图10－40 羟斜硅镁石的双晶(正交偏光)

根据电子探针测试结果平均值(表 10-10)，以 O=17 为基数，计算化学式：$(Mg_{8.55}Fe_{0.39}Mn_{0.07})_{\Sigma 9.01}(SiO_4)_4(OH_{1.50}F_{0.50})_{\Sigma 2.00}$。

表 10-10 羟斜硅镁石电子探针测试结果 单位：$w_t/\%$

成分	测试点 P1	测试点 P2	测试点 P3	平均值
MgO	53.39	52.77	53.01	52.99
FeO	3.81	4.53	4.74	4.36
MnO	0.75	0.78	0.84	0.79
SrO	0.07	0.05	0.12	0.08
SiO_2	37.30	37.38	37.32	37.33
F	1.56	1.54	1.34	1.48
$-O=F_2$	0.66	0.65	0.56	0.62
总计	96.22	96.40	96.81	96.41

五、黄玉族

黄玉 Topaz

$Al_2(SiO_4)(F,OH)_2$

化学组成：Al_2O_3 55.4%，SiO_2 32.6%，F 20.7%。F^- 可被 OH^- 置换。

晶体结构：斜方晶系，空间群为 $Pbnm$。$a_0=4.65$Å，$b_0=8.80$Å，$c_0=8.40$Å，$Z=4$。

形态：斜方双锥晶形，$D_{2h}-mmm(3L^23PC)$。单晶呈柱状，柱面常有纵纹，集合体多呈不规则粒状、块状分布。

物理性质：无色、白色、浅蓝、浅绿、黄色、黄棕色、红色等，条痕白色，透明-半透明，玻璃光泽，性脆。摩氏硬度 8，相对密度 3.4～3.6。

显微镜下：二轴晶(+)，$2V=48°$～$68°$。$N_g=1.616$～1.638，$N_m=1.609$～1.631，$N_p=1.606$～1.629。

产状与共伴生矿物：发现于白云鄂博矿区东部角闪石黑云母花岗岩中的重砂矿物，与榍石、锆石、磷灰石、萤石、黄铁矿等共伴生(张培善和陶克捷，1986)。

六、绿帘石族

绿帘石族矿物在白云鄂博矿区除褐帘石外目前可见绿帘石和斜黝帘石。

绿帘石 Epidote

$Ca_2(Al_2Fe^{3+})(Si_2O_7)(SiO_4)O(OH)$

化学组成：类质同象替代除了 Fe^{3+}，还有 Mn、Mg、Ti、Fe^{2+} 等。

晶体结构：单斜晶系，空间群为 $P2_1/m$。$a_0=8.8877(14)$Å，$b_0=5.6275(8)$Å，$c_0=10.1517(12)$Å，$\beta=115.383(14)°$，$Z=2$。

形态：斜方柱晶形，$C_{2h}-2/m(L^2PC)$。晶体常呈柱状、延长方向平行 b 轴。集合体呈粒状。

物理性质： 黄绿色、绿色、棕绿色、黑色，Fe^{3+}高则颜色深。透明-半透明-不透明，条痕无色，玻璃光泽，性脆，{001}解理完全，{100}解理不完全。摩氏硬度6，相对密度3.38～3.49。

显微镜下特征： 二轴晶(－)，$2V=90°\sim116°$。$N_g=1.734\sim1.797$，$N_m=1.725\sim1.784$，$N_p=1.715\sim1.751$。透射光下无色-淡黄绿色，含Fe高颜色变深，高突起，多色性显著，干涉色Ⅱ～Ⅲ级。

产状与共伴生矿物：矿区东部辉长岩中的副矿物，与磷灰石、榍石、磁铁矿等共伴生(张培善和陶克捷，1986)。

斜黝帘石 Clinozoisite

$Ca_2Al_3(Si_2O_7)(SiO_4)O(OH)$

化学组成： Al可以被Fe^{3+}、Mn、Mg、Ti、Fe^{2+}等置换，与绿帘石呈类质同象。

晶体结构： 单斜晶系，空间群为$P2_1/m$。$a_0=8.879(5)$Å，$b_0=5.583(5)$Å，$c_0=10.155(6)$Å，$\beta=115.50(5)°$，$Z=2$。

形态： 斜方柱晶形，$C_{2h}-2/m(L^2PC)$。晶体常呈柱状、延长方向平行b轴。集合体呈粒状。

物理性质： 无色、绿色、浅绿色、灰色、黄绿色、浅棕色等，透明-半透明，条痕灰白色，玻璃光泽，{001}解理完全。摩氏硬度7，相对密度3.3～3.4。

显微镜下特征： 二轴晶(＋)，$2V=14°\sim90°$。$N_g=1.712\sim1.735$，$N_m=1.708\sim1.729$，$N_p=1.706\sim1.724$。

产状与共伴生矿物：产于基性岩、黑云母片岩、矽卡岩、角岩中，为辉石、闪石、黑云母及斜长石的蚀变矿物，多与绿泥石一起呈集合体产出。与角闪石、黑云母、斜长石、方解石、磁铁矿等共伴生(中国科学院地球化学研究所，1988)。

七、蓝晶石族

红柱石 Andalusite

Al_2SiO_5

化学组成： SiO_2 36.8%，Al_2O_3 63.2%。Al可被Fe^{3+}和Mn^{3+}置换。

晶体结构： 斜方晶系，空间群为$Pnnm$。$a_0=7.798(7)$Å，$b_0=7.9031(10)$Å，$c_0=5.5566(5)$Å，$Z=4$。

形态 斜方双锥晶形，$D_{2h}-mmm(3L^23PC)$。晶体呈柱状，横断面近四边形，集合体呈粒状或放射状。

物理性质： 粉色-红棕色，白色、绿色、灰色等，透明-半透明-不透明，条痕白色，玻璃光泽、油脂光泽，性脆，解理{110}中等，{100}不完全。摩氏硬度6.5～7.5，相对密度3.12～3.21。

显微镜下特征： 二轴晶(－)，$2V=73°\sim86°$。$N_g=1.638\sim1.650$，$N_m=1.633\sim1.644$，$N_p=1.629\sim1.640$。

产状：产于宽沟北的花岗岩接触带的暗色碳质板岩中，呈斑状变晶产出，镜下无色透明或带粉红色，弱多色性，Ⅰ级黄干涉色，横切面四方形或菱形，可见两组近正交而不完全解理。局部被绢云母交代(中国科学院地球化学研究所，1988)。

八、符山石族

符山石 Vesuvianite

$(Ca,Na)_{19}(Al,Mg,Fe)_{13}(SiO_4)_{10}(Si_2O_7)_4(OH,F,O)_{10}$

化学组成：Ca 可被 Ce、Mn、K 等置换；Mg 被 Fe^{2+}、Zn、Cu 等置换；Al 可被 Fe^{3+}、Cr、Ti 等置换。

晶体结构：四方晶系，空间群为 $P4/nnc$。a_0 = 15.52Å，c_0 = 11.82Å，Z = 2。

形态：复四方双锥晶形，$D_{2h}-4/mmm(L^4 4L^2 5PC)$。晶体呈平行于 c 轴的柱状，集合体呈粒状或柱状。

物理性质：棕色，黄色、浅绿色、白色、红色、蓝绿色、棕黑色等，透明-半透明，条痕白色，玻璃光泽、油脂光泽，性脆，解理{110}不完全。摩氏硬度 6.5，相对密度 3.32～3.43。

显微镜下特征：一轴晶(－)，N_o=1.703～1.752，N_e=1.700～1.746。

产状与共伴生矿物：见于接触带，与透闪石、金云母共生于矽卡岩化白云岩中(中国科学院地球化学研究所，1988)。

第二节　环状硅酸盐矿物

在白云鄂博矿区，环状硅酸盐矿物有四种：包头矿、铌包头矿、黑电气石、堇青石。包头矿、铌包头矿在铌矿物中已详细描述，堇青石及黑电气石在矿区并不多见。

一、堇青石族

堇青石 Cordierite

$Mg_2Al_4Si_5O_{18}$

化学组成：SiO_2 43%～51%，Al_2O_3 29%～35%，FeO 2%～10%，MgO 5%～12%。常含微量的 Ca、Na、K、Fe、Mn、Ti 等。

晶体结构：斜方晶系，空间群为 $Cccm$。a_0 = 17.079(3)Å，b_0 = 9.730(2)Å，c_0 = 9.356(2)Å，Z = 4。

形态：斜方双锥晶形，$D_{2h}-mmm(3L^2 3PC)$。完好晶形不常见，有时呈假六方晶体或不规则粒状。

物理性质：灰色、蓝色、蓝紫色、黄棕色等，透明-半透明，玻璃光泽，性脆。摩氏硬度 7～7.5，相对密度 2.6～2.66。

显微镜下特征：二轴晶(－)，$2V$=75°～89°。N_g=1.538～1.578，N_m=1.532～1.574，N_p=1.527～1.560。透射光下无色-浅蓝色，多色性显著，Ⅰ级灰干涉色。

产状与共伴生矿物：产于矿区主东矿上盘碳质板岩中，与钾长石、更长石、金云母、萤石等共伴生。

光谱半定量分析结果：SiO_2 50%，Al_2O_3 30%，MgO 7%，Na_2O 3%，TiO_2 1.5%，BaO 0.25%，MnO 0.2%(张培善和陶克捷，1986)。

二、电气石族

黑电气石 Schorl

$NaFe_3^{2+}Al_6(BO_3)_3(Si_6O_{18})(OH)_4$

晶体结构：三方晶系，空间群为 $R3m$。$a_0 = 15.98(5)$Å，$c_0 = 7.15(3)$Å，$Z = 3$。

形态：复三方单锥晶形，$C_{3v}-3m(L^3 3P)$。晶体呈柱状，柱面常有纵纹，横断面呈球面三角形，集合体呈放射状、束状、棒状，亦呈致密块状或隐晶质。

物理性质：蓝黑-黑色、棕黑色、少数绿黑色，条痕灰白色-蓝白色，半透明-不透明，玻璃光泽，性脆。摩氏硬度7～7.5，相对密度3.18～3.22。

显微镜下特征：一轴晶(－)。N_e=1.635～1.650，N_o=1.660～1.672，折射率随成分变化而变化，当含Fe、Mn高时，折射率增大。透射光下多色性明显，干涉色Ⅱ～Ⅲ级。

产状与共伴生矿物：白云鄂博矿区黑电气石呈不规则浸染状产于主矿萤石型铁矿石中，与萤石、赤铁矿、白云石、金云母、磷灰石、重晶石、独居石等矿物共生(张培善和陶克捷，1986)。

第三节 链状硅酸盐矿物

辉石族矿物和角闪石超族矿物是链状硅酸盐矿物重要的组成部分。辉石族矿物分为单斜辉石亚族和斜方辉石亚族，白云鄂博矿区目前发现的辉石族矿物均属于单斜辉石亚族。角闪石超族矿物种类多，分类复杂，目前在矿区发现的角闪石超族矿物有钠闪石亚族、Mg－Fe－Mn亚族、钙角闪石亚族和钠钙角闪石亚族矿物等十几种。

从矿物的分布量来讲，矿区分布广的主要是辉石族单斜辉石亚族的霓石、角闪石超族钠闪石亚族的镁钠闪石和镁钠铁闪石。

另外，在白云鄂博矿区比较少见的硅镁钡石族矿物——硅镁钡石也属于链状硅酸盐矿物。

一、辉石族

辉石族矿物的标准晶体化学通式：$XY(T_2O_6)$，其中X=Na^+、Ca^{2+}、Mg^{2+}、Fe^{2+}、Mn^{2+}、Li^+等；Y=Mn^{2+}、Fe^{2+}、Mg^{2+}、Fe^{3+}、Cr^{3+}、Al^{3+}、Ti^{4+}等；T=Si^{4+}和Al^{3+}、偶有Fe^{3+}、Cr^{3+}、Ti^{4+}等占据硅氧骨干中的四面体位置。

不同晶体化学位置的阳离子排序和计算如下。

1)以Si^{4+}、Al^{3+}、Fe^{3+}为序，使T位的离子数总和达到2.0。

2)用1)中过剩的Al^{3+}、Fe^{3+}，依次还有Ti^{4+}、Cr^{3+}、V^{3+}、Zr^{4+}、Sc^{3+}、Zn^{2+}、Mg^{2+}、Fe^{2+}和Mn^{2+}等，指派给Y位，使其离子数总和达到1.0。

3)将填满Y位后剩余的Mg^{2+}、Fe^{2+}和Mn^{2+}置于X位，再加入Li^+、Ca^{2+}和Na^+

等，使X位的离子总数达到或接近1.0。如果X位的离子数总和大大偏离1.0，则应考虑分析数据或计算结果有误。

辉石族矿物的成分系列分组基本原则是把Y和X合并，不考虑原子在两种位置间的优先择位，在氧原子数为6的基础上，用指定的阳离子总数来分类。经IMA/CNMNC批准的辉石族矿物分为四组：

Ca－Mg－Fe辉石组、Ca－Na辉石组、钠辉石组、其他辉石组(Morimoto et al.，1988)。

最常见的造岩辉石形成广泛的Ca－Mg－Fe^{2+}辉石固溶体，它们的成分被归一化为Ca＋Mg＋∑Fe＝100，∑Fe＝Fe^{2+}＋Fe^{3+}＋Mn^{2+}(图10－41)。

由于Ca－Na辉石组的形成源自硬玉和霓石与Ca－Mg－Fe^{2+}辉石组(Quad)形成的类质同象固溶体，因此Na辉石组和Ca－Na辉石组可按归一化的Q(Ca＋Mg＋Fe)组与硬玉和霓石组合的图来进行分类，图的划分线规定为在Q＝20％和80％处(图10－42)(Morimoto，1988)。

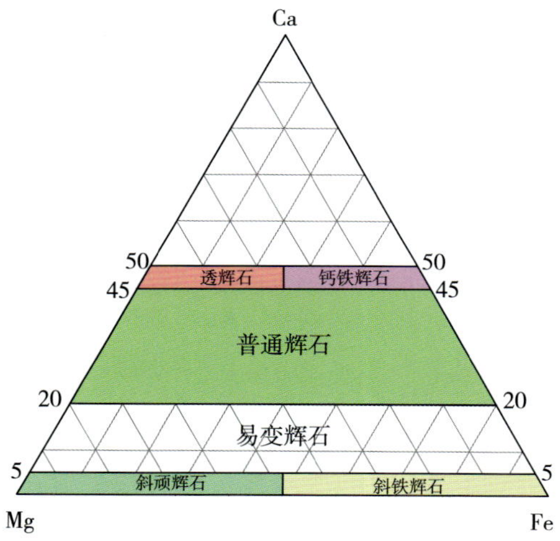

图10－41　Ca－Mg－Fe单斜辉石矿物分区图解

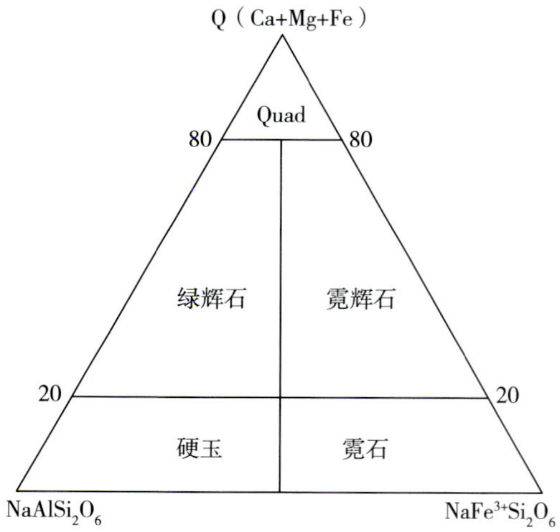

图10－42　Na和Ca－Na单斜辉石矿物分区图解

白云鄂博矿区发现的辉石族矿物有钠辉石组、Ca－Na辉石组和Ca－Mg－Fe辉石组，其中以钠辉石组的霓石为主。

钠辉石组

钠辉石组矿物包括霓石($NaFe^{3+}[Si_2O_6]$)和硬玉($NaAl[Si_2O_6]$)，霓石(图10－43)在白云鄂博矿区分布广泛，是钠质热液和硅质变质岩交代作用的产物，是白云鄂博矿区的典型矿物之一，与铁、稀土、铌、稀有元素矿物密切相关，构成重要的霓石型矿石，以主、东矿上盘分布最密集，共伴生矿物为萤石、磁铁矿、重晶石、石英、磷灰石、独居石、氟碳铈矿、易解石、烧绿石等。还见于H_2、H_4的热液变质岩中，与钠闪石、钠长石、氟碳铈矿、微斜长石、黑云母等矿物共生。

图 10-43　霓石手标本

霓石　Aegirine

$NaFe^{3+}(Si_2O_6)$

化学组成：SiO_2 52.0%，Na_2O 13.4%，Fe_2O_3 34.6%。成分中常有 Ca、Mg、Al、Mn 元素。

晶体结构：单斜晶系，空间群为 $C2/c$。$a_0=9.658$Å，$b_0=8.795$Å，$c_0=5.294$Å，$\beta=107.42°$，$Z=4$。

形态：斜方柱晶形，$C_{2h}-2/m(L^2PC)$。晶体常呈柱状、针状分布。

物理性质：深绿-绿黑色、红棕色、黑色，条痕淡黄灰色，玻璃光泽，透明-不透明，性脆，{110}完全解理。摩氏硬度 6，相对密度 3.5～3.6。

显微镜下特征：二轴晶(－)，$2V=60°\sim90°$。$N_g=1.757\sim1.839$，$N_m=1.740\sim1.819$，$N_p=1.720\sim1.778$。透射光下无色或淡黄色、黄绿色，多色性较弱，正突起高，干涉色可达Ⅲ～Ⅳ级，消光角<5°，近平行消光。常见简单或聚片双晶，具辉石式的八边形或四边形断面，两组辉石式解理。

白云鄂博矿区的霓石晶胞参数：$a_0=9.646$Å，$b_0=8.788$Å，$c_0=5.285$Å。

白云鄂博矿区的霓石样品 X 射线粉晶衍射数据见表 10-11。

表 10-11　白云鄂博矿区的霓石 X 射线粉晶衍射数据

No.	$2\theta/(°)$	d/Å	I/I_0
1	13.959	6.3392	69.9
2	20.217	4.3888	32.0
3	29.976	2.9785	37.3
4	30.845	2.8966	100.0
5	57.959	1.5899	34.0

1. 东矿霓石型铌稀土矿石中的霓石

样品采自东矿。霓石呈淡绿-绿色，半自形-自形板状、柱状、针状、粒状、放射状或集合体形式紧密相间无序分布，粒径为 0.10～0.80mm，部分自形颗粒可见环带(图 10－44 至图 10－48)。从图 10－48 的 BSE 图像中可见霓石矿物中有细小的独居石包裹体，图 10－49 为霓石矿物能谱图。

共伴生矿物：易解石、石英、独居石、磁铁矿等。

图 10－44　半自形霓石(Aeg)间分布的石英(Qz)(单偏光)

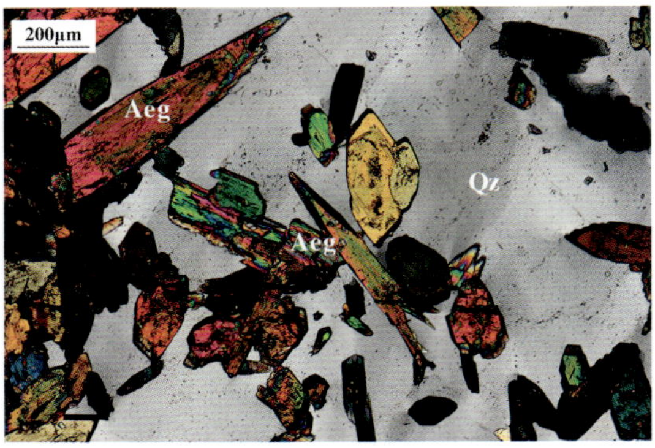

图 10－45　霓石与石英(正交偏光)

图 10－46　自形-半自形晶分布的霓石(单偏光)

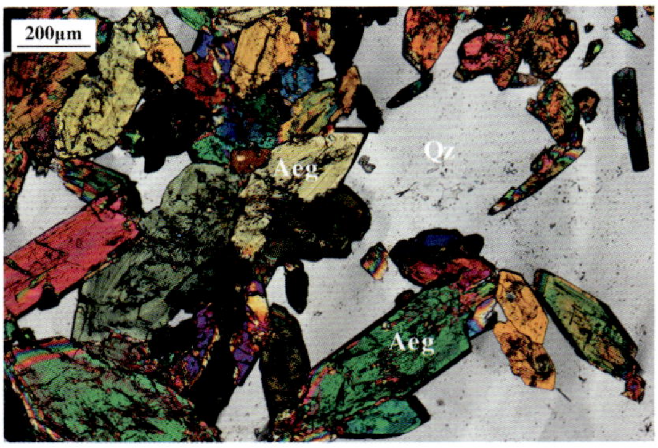

图 10－47　部分霓石可见环带(正交偏光)

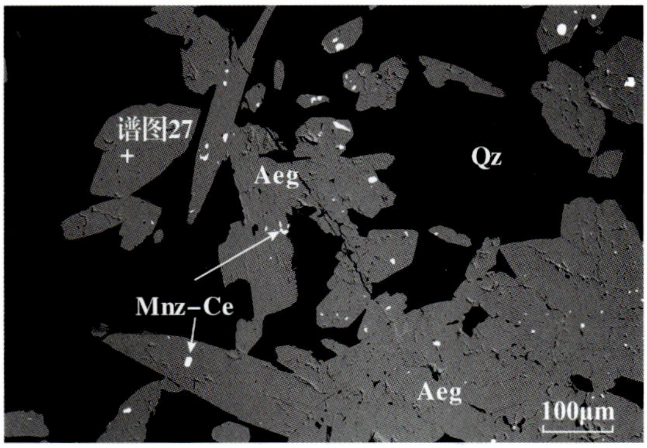

图 10－48　霓石矿物中有细小的独居石(Mnz－Ce)包裹体(BSE)

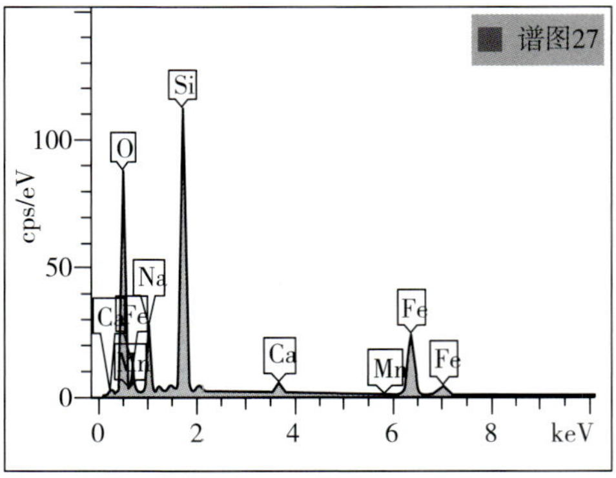

图 10－49　霓石能谱图

根据电子探针测试结果平均值(表 10－12)，以 O＝6 为基数，计算化学式：$(Na_{0.90}Ca_{0.09})_{\Sigma 0.99}(Fe^{3+}_{0.94}Mg_{0.04}Mn_{0.01})_{\Sigma 0.99}(Si_{1.98}Al_{0.02})_{\Sigma 2.00}O_6$。

表 10－12 霓石电子探针测试结果 单位：w_t/%

成分	测试点 P1	测试点 P2	测试点 P3	平均值
FeO	29.85	29.99	31.08	30.31
Na_2O	12.08	12.38	12.38	12.28
CaO	2.48	2.23	1.80	2.17
MgO	0.86	0.78	0.57	0.74
Al_2O_3	0.34	0.36	0.44	0.38
MnO	0.25	0.27	0.20	0.24
TiO_2	0.07	0.14	0.11	0.11
SrO	0.10	0.12	0.13	0.11
Sc_2O_3	0.04	0.03	0.03	0.03
SiO_2	52.62	52.79	52.54	52.65
总计	98.69	99.09	99.28	99.02

2. 东矿霓石型稀土矿石中的霓石

样品采自东矿。霓石呈细粒状、柱状、短柱状集合体形式分布，局部沿长轴方向定向并与磁铁矿、石英等形成条带，霓石矿物颗粒大小不均，粒径一般为 0.03～0.15mm(图 10－50、图 10－51)。

共伴生矿物：氟碳铈矿、磷灰石、钠闪石、萤石、石英、磁铁矿等。

图 10－50 霓石(Aeg)呈粒状集合体形式分布，矿物间有板状分布的氟碳铈矿(Bsn－Ce)(单偏光)

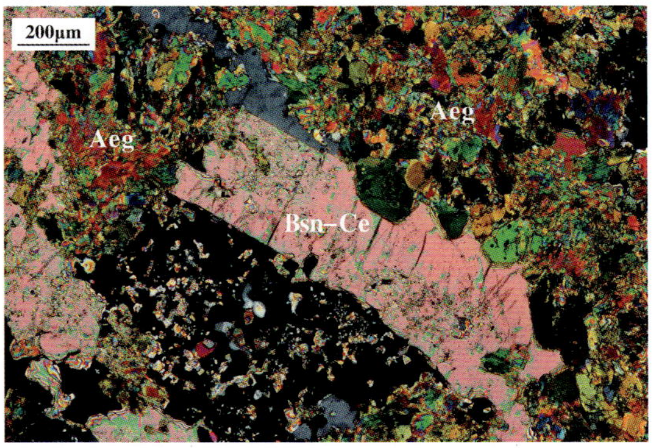

图 10－51 霓石矿物间有板状分布的氟碳铈矿(正交偏光)

根据电子探针测试结果平均值(表 10－13)，以 O＝6 为基数，计算化学式：$(Na_{0.94}Mn_{0.02}Sr_{0.02}Ca_{0.01})_{\Sigma 0.99}(Fe^{3+}_{0.89}Mg_{0.11}Al_{0.02})_{\Sigma 1.02}Si_2O_6$。

表 10－13 霓石电子探针测试结果 单位：w_t/%

成分	测试点 P1	测试点 P2	测试点 P3	平均值
FeO	28.37	28.32	28.21	28.30
Na_2O	12.70	12.51	13.06	12.76
MgO	1.96	2.23	1.75	1.98
SrO	0.73	0.76	0.58	0.69
MnO	0.55	0.64	0.54	0.58
Al_2O_3	0.35	0.26	0.40	0.34
TiO_2	0.15	0.19	0.66	0.33
CaO	0.13	0.17	0.14	0.15
SiO_2	52.39	52.44	52.61	52.48
总计	97.33	97.52	97.95	97.61

3. 主矿霓石型铌稀土矿石中的霓石

样品采自主矿。霓石呈板状、柱状、放射状、粒状等彼此相间紧密分布，颗粒大小相差悬殊，粒状颗粒一般小于 0.10mm，板状、放射状颗粒较大，粒径一般为 0.30～0.60mm，个别可达 1.00mm(图 10－52 至图 10－55)，横切面多为四边形，可见两组近垂直解理(图 10－56、图 10－57)。

图 10－52 放射状分布的霓石(Aeg)(单偏光)

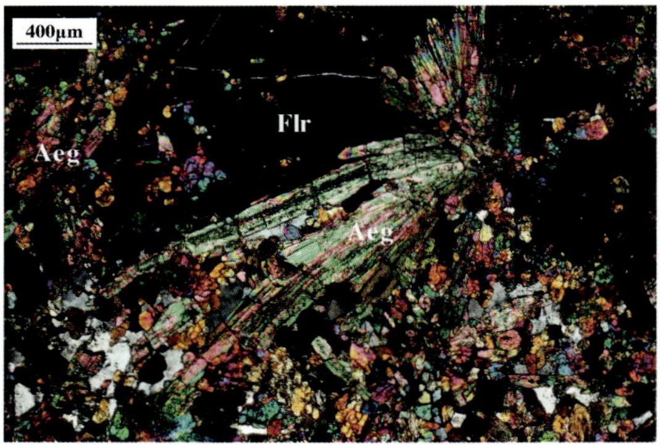

图 10－53 放射状分布的霓石(正交偏光)

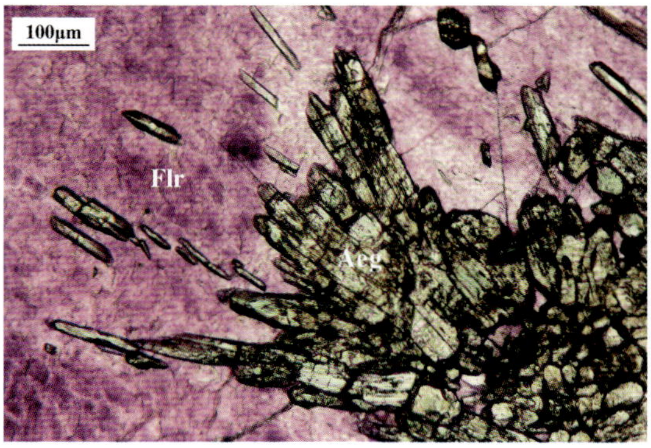

图 10－54 放射状分布于萤石中的霓石(单偏光)

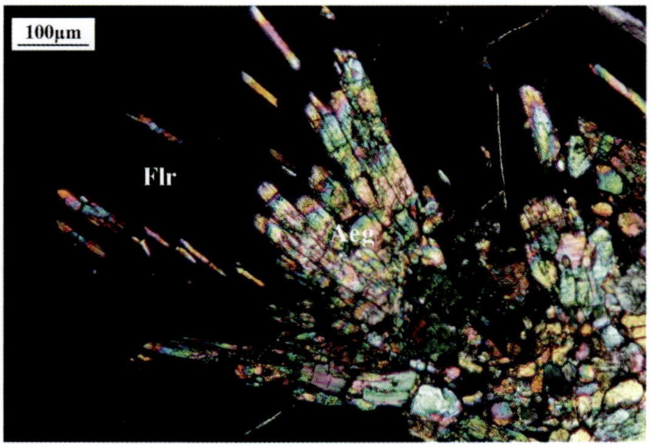

图 10－55 放射状分布的霓石(正交偏光)

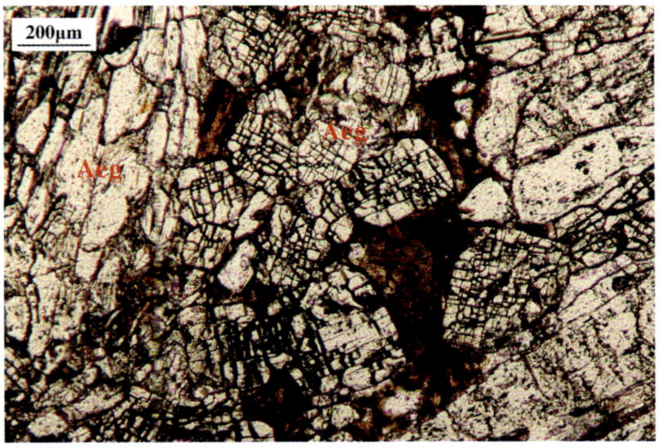

图 10－56 霓石的横切面可见两组近垂直解理（单偏光）

图 10－57 霓石的横切面（正交偏光）

共伴生矿物：重晶石、萤石、独居石、铌铁金红石等。

根据电子探针测试结果平均值（表 10－14），以 O＝6 为基数，计算化学式：$Na_{1.00}(Fe^{3+}_{0.84}Ca_{0.15}Mg_{0.11})_{\Sigma 1.10}(Si_{1.98}Al_{0.02})_{\Sigma 2.00}O_6$。

表 10－14 霓石电子探针测试结果 单位：$w_t/\%$

成分	测试点 P1	测试点 P2	测试点 P3	测试点 P4	测试点 P5	平均值
FeO	26.34	27.34	26.13	25.79	26.19	26.36
Na_2O	12.90	14.75	13.60	13.24	12.83	13.46
CaO	3.93	2.05	3.80	4.25	3.85	3.58
MgO	2.02	1.15	2.08	2.11	1.94	1.86
Al_2O_3	0.52	0.45	0.51	0.42	0.52	0.48
MnO	0.14	0.10	0.17	0.16	0.12	0.14
Sc_2O_3	0.04	0.06	0.06	0.05	0.06	0.05
TiO_2	0.01	0.07	0.08	0.07	0.11	0.07
SiO_2	51.09	51.67	51.08	50.82	52.31	51.39
总计	96.99	97.64	97.51	96.91	97.93	97.39

Ca－Na 辉石组

霓辉石 Aegirine－augite

$(Na,Ca)(Fe^{3+},Mg,Fe^{2+})(Si_2O_6)$

化学组成： 化学式中（apfu），0.2≤Na≤0.8。

晶体结构： 单斜晶系，空间群为 $C2/c$。a_0＝9.663(3)Å，b_0＝8.813(3)Å，c_0＝5.2184(16)Å，β＝

106.40°，$Z = 4$。

形态：斜方柱晶形，$C_{2h}-2/m(L^2PC)$。柱状、粒状、集合体状分布。

物理性质：暗绿-黑色、绿色、黄绿色，条痕无色，玻璃光泽，解理{110}完全。摩氏硬度6，相对密度3.40～3.55。

显微镜下特征：二轴晶(－)，$2V=70°\sim100°$。$N_g=1.730\sim1.813$，$N_m=1.710\sim1.800$，$N_p=1.700\sim1.760$。

辉长岩中的霓辉石

样品采自主矿，属于辉长岩。霓辉石呈黄绿色-绿色，半自形粒状分布于长石间，粒径为0.15～0.50mm。部分霓辉石被蓝色氟镁钠铁闪石交代(图10－58至图10－61)。

共伴生矿物：氟镁钠铁闪石、正长石、钠长石、榍石、独居石、钛铁矿、磁黄铁矿、闪锌矿、黄铁矿、黄铜矿等。

图10－58　半自形粒状集合体形式分布的霓辉石(Aeg－Aug)(单偏光)

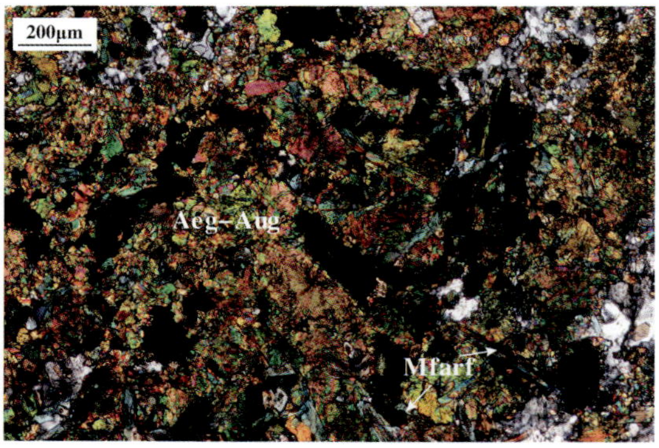

图10－59　半自形粒状集合体形式分布的霓辉石(正交偏光)

图10－60　霓辉石间的正长石(Or)和氟镁钠铁闪石(Mfarf)(单偏光)

图10－61　霓辉石间的正长石和氟镁钠铁闪石(正交偏光)

根据电子探针测试结果平均值(表10－15)，以O＝6为基数，计算化学式：$(Na_{0.64}Ca_{0.28})_{\Sigma 0.92}(Fe^{3+}_{0.72}Mg_{0.21}Mn_{0.03}Al_{0.02}Ti_{0.02})_{\Sigma 1.00}Si_2O_6$。

表 10－15　霓辉石电子探针测试结果　　　　单位：w_t/%

成分	测试点 P1	测试点 P2	测试点 P3	测试点 P4	测试点 P5	测试点 P6	平均值
FeO	24.88	25.82	24.54	23.42	19.85	24.24	23.79
Na_2O	9.63	9.59	9.17	9.06	6.81	9.63	8.98
CaO	6.01	6.10	6.86	7.33	9.89	5.67	6.98
MgO	3.58	3.15	3.69	3.66	5.83	3.14	3.84
MnO	0.77	0.82	0.99	0.99	1.46	0.75	0.96
TiO_2	0.88	0.98	0.89	0.80	0.64	0.86	0.84
Al_2O_3	0.64	0.60	0.50	0.54	0.49	0.66	0.57
SiO_2	54.06	53.98	53.95	54.19	53.56	54.69	54.07
总计	100.45	101.04	100.59	99.99	98.53	99.64	100.03

Ca－Mg－Fe 辉石组

普通辉石　Augite

$(Ca,Mg,Fe)_2Si_2O_6$

化学组成：化学式中(apfu)，0.4≤Ca≤0.9。

晶体结构：单斜晶系，空间群为 $C2/c$。$a_0=9.699$Å，$b_0=8.844$Å，$c_0=5.272$Å，$\beta=106.97°$，$Z=4$。

形态：斜方柱晶形，$C_{2h}-2/m(L^2PC)$。晶体为短柱状，沿 c 轴延伸。集合体呈粒状。

物理性质：棕绿色、黑色、绿黑色、棕色等，条痕绿灰色、浅-深棕色，半透明-不透明，玻璃光泽，性脆，{110}解理完全。摩氏硬度 5.5～6，相对密度 3.19～3.56。

显微镜下特征：二轴晶(＋)，$2V=40°\sim52°$。$N_g=1.706\sim1.774$，$N_m=1.684\sim1.741$，$N_p=1.680\sim1.735$。

辉长岩中的普通辉石

样品采自东部接触带。普通辉石呈黄绿色-绿色，半自形粒状、板柱状分布于长石间，粒径为 0.15～0.50mm(图 10－62 至图 10－65)。

图 10－62　普通辉石(Aug)与正长石(Or)(单偏光)

图 10－63　普通辉石与正长石(正交偏光)

图 10-64 普通辉石与榍石(Ttn)分布于正长石间(单偏光)

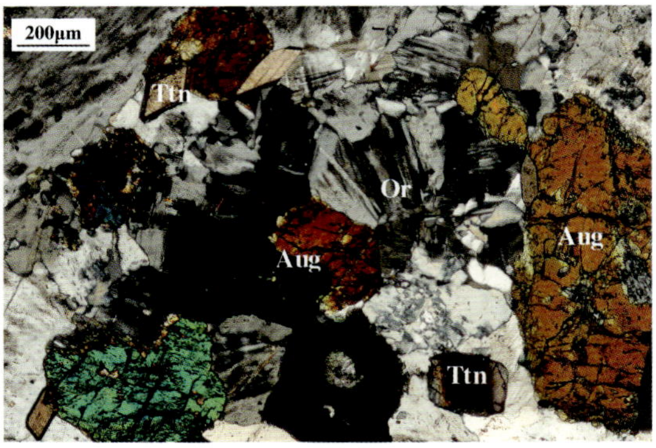

图 10-65 普通辉石与榍石分布于正长石间(正交偏光)

共伴生矿物：正长石、钠长石、榍石等。

根据电子探针测试结果平均值(表 10-16)，以 O=6 为基数，计算化学式：$(Ca_{0.81}Fe_{0.49}Mg_{0.47}Na_{0.20}Mn_{0.04})_{\Sigma 2.01}(Si_{2.03}Al_{0.01})_{\Sigma 2.04}O_6$。

表 10-16 普通辉石电子探针测试结果 单位：$w_t/\%$

成分	测试点 P1	测试点 P2	测试点 P3	测试点 P4	测试点 P5	测试点 P6	平均值
CaO	18.16	20.02	19.46	19.12	19.77	19.43	19.33
FeO	15.88	14.63	14.74	14.93	15.42	14.74	15.06
MgO	7.37	8.24	8.29	7.85	7.81	8.29	7.98
Na_2O	3.44	2.41	2.50	2.60	2.40	2.47	2.64
MnO	1.28	1.44	1.34	1.18	1.04	1.31	1.26
Al_2O_3	0.32	0.28	0.30	0.24	0.22	0.34	0.28
SiO_2	51.67	52.26	52.05	51.96	52.23	51.46	51.94
总计	98.12	99.28	98.68	97.88	98.89	98.04	98.49

透辉石 Diopside

$CaMgSi_2O_6$

化学组成：化学式中(apfu)，$0.9 \leqslant Ca \leqslant 1.0$，$Mg > Fe^{2+}$。

晶体结构：单斜晶系，空间群为 $C2/c$。$a_0 = 9.746$Å，$b_0 = 8.899$Å，$c_0 = 5.251$Å，$\beta = 105.79°$，$Z = 4$。

形态：斜方柱晶形，$C_{2h}-2/m(L^2PC)$。常呈柱状晶体或柱状、粒状集合体。常见{100}和{001}简单双晶和聚片双晶。

物理性质：无色、白色、浅绿-暗绿色、蓝色、棕色、灰色等，透明-不透明，条痕白色，玻璃光泽，性脆，解理{110}完全。摩氏硬度 5.5～6.5，相对密度 3.22～3.38。

显微镜下特征：二轴晶(+)，$2V=58°\sim63°$。$N_g=1.693\sim1.728$，$N_m=1.671\sim1.705$，$N_p=1.663\sim1.699$。斜消光，消光角 $c \wedge N_g=38°$。透射光下无色或极淡的黄绿色，横切面呈近正方形的八边形，该切面上有近正交的辉石式解理，裂理较发育。

1. 东部接触带透辉石型稀土矿石中的透辉石

样品采自东部接触带。透辉石呈半自形粒状分布，无色，突起高，Ⅱ级鲜艳干涉色，偶见两组解理，粒径为0.50～2.00mm(图10-66、图10-67)。

共伴生矿物：羟粒硅镁石、金云母、萤石、铈硅磷灰石、钍石、方钍石、方解石等。

图10-66　透辉石(Di)与羟粒硅镁石(Hchn)(单偏光)

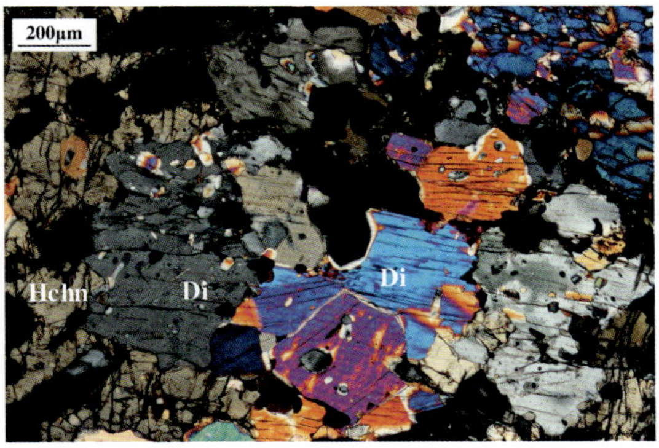

图10-67　透辉石的Ⅱ级干涉色(正交偏光)

根据电子探针测试结果平均值(表10-17)，以O=6为基数，计算化学式：$(Ca_{0.95}Na_{0.02}Sr_{0.02})_{\Sigma 0.99}(Mg_{0.88}Fe_{0.13}Mn_{0.02})_{\Sigma 1.03}Si_2O_6$。

表10-17　透辉石电子探针测试结果　　单位：$w_t/\%$

成分	测试点P1	测试点P2	测试点P3	平均值
CaO	24.28	23.14	24.03	23.82
MgO	15.44	16.20	16.05	15.90
FeO	4.37	4.24	4.05	4.22
SrO	0.84	1.07	0.92	0.94
MnO	0.74	0.64	0.57	0.65
Na_2O	0.20	0.24	0.25	0.23
SiO_2	53.39	54.08	54.08	53.85
总计	99.26	99.61	99.95	99.61

2. 东介勒格勒辉长岩中的透辉石

透辉石呈无色透明细粒集合体状分布，矿物间有细粒石英、钠长石、褐帘石、榍石及磁铁矿等，透辉石颗粒较细，粒径为0.01～0.03mm(图10-68至图10-71)。

共伴生矿物：钠长石、石英、磁铁矿、褐帘石、榍石、钛铁矿、磷灰石等。

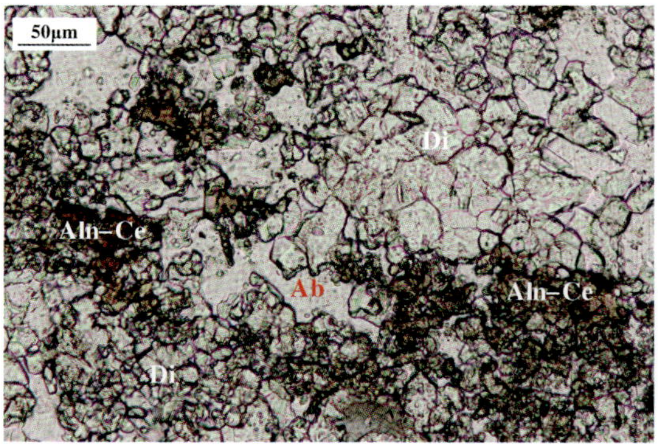

图 10-68　粒状集合体分布的透辉石(Di)(单偏光)

图 10-69　透辉石干涉色较低(正交偏光)

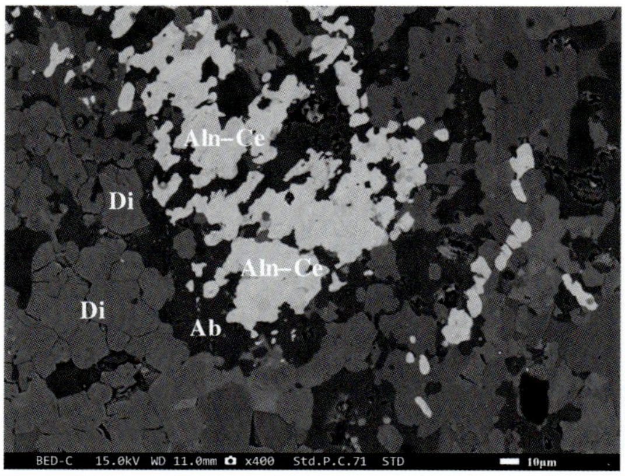

图 10-70　透辉石间分布的褐帘石(Aln—Ce)、钠长石(Ab)(BSE)

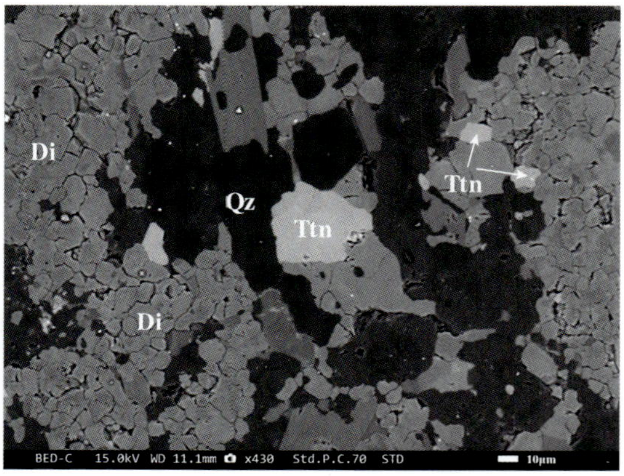

图 10-71　透辉石间分布的榍石(Ttn)、石英(Qz)(BSE)

根据电子探针测试结果平均值(表 10-18)，以 O=6 为基数，计算化学式：$(Ca_{0.93}Na_{0.01}Mn_{0.02})_{\Sigma 0.96}(Mg_{0.65}Fe_{0.36})_{\Sigma 1.01}Si_2O_6$。

表 10-18　透辉石电子探针测试结果　　单位：$w_t/\%$

成分	测试点 P1	测试点 P2	测试点 P3	平均值
CaO	23.02	23.10	23.06	23.06
MgO	11.47	11.42	11.61	11.50
FeO	11.49	11.58	11.44	11.50
MnO	0.52	0.59	0.47	0.52
Al_2O_3	0.13	0.09	0.10	0.11
Na_2O	0.11	0.12	0.09	0.10
SiO_2	53.87	53.44	53.55	53.62
总计	100.61	100.34	100.32	100.41

3. 褐帘石透辉岩中的透辉石

样品采自东部接触带。透辉石呈无色柱状、板状、粒状紧密相间分布，颗粒粗大，一组解理清晰，矿物间分布板状褐帘石。透辉石粒径为 0.60～2.00mm(图 10－72、图 10－73)。

共伴生矿物：钙铁辉石、褐帘石、鲕绿泥石等。

图 10－72　透辉石(Di)与褐帘石(Aln－Ce)(单偏光)

图 10－73　透辉石的Ⅱ级干涉色(正交偏光)

根据电子探针测试结果平均值(表 10－19)，以 O=6 为基数，计算化学式：$(Ca_{0.99}Na_{0.01})_{\Sigma 1.00}(Mg_{0.57}Fe_{0.39}Mn_{0.03}Al_{0.01})_{\Sigma 1.00}Si_2O_6$。

表 10－19　透辉石电子探针测试结果　　单位：$w_t/\%$

成分	测试点 P1	测试点 P2	测试点 P3	测试点 P4	测试点 P5	测试点 P6	平均值
CaO	23.74	23.89	23.82	23.71	23.90	23.99	23.84
FeO	12.33	11.78	12.09	11.78	11.83	11.83	11.94
MgO	9.49	9.84	9.91	10.15	10.12	9.86	9.90
MnO	1.12	1.13	1.23	1.06	0.88	0.86	1.04
Al_2O_3	0.18	0.18	0.16	0.19	0.18	0.15	0.17
Na_2O	0.16	0.18	0.17	0.19	0.19	0.12	0.17
SiO_2	51.62	51.78	52.51	51.96	51.56	51.66	51.85
总计	98.64	98.78	99.89	99.04	98.66	98.47	98.91

钙铁辉石　Hedenbergite

$CaFe^{2+}(Si_2O_6)$

化学成分：化学式中(apfu)，$0.9 \leqslant Ca \leqslant 1.0$，$Fe^{2+} > Mg$。与透辉石构成类质同象。

晶体结构：单斜晶系，空间群为 $C2/c$。$a_0 = 9.85$Å，$b_0 = 9.01$Å，$c_0 = 5.25$Å，$\beta = 104.82°$，$Z = 4$。

形态：斜方柱晶形，$C_{2h} - 2/m(L^2PC)$。常呈短柱状、柱状或针状集合体，粒状、片状、块状等。

常见{100}和{001}简单双晶和聚片双晶。

物理性质：棕绿色-黑色，玻璃光泽，条痕白色或灰色，透明-不透明，玻璃光泽，性脆，解理{110}完全。摩氏硬度 5.5～6.5，相对密度 3.56。

显微镜下特征：二轴晶(+)，$2V=58°\sim63°$。$N_g=1.728\sim1.757$，$N_m=1.705\sim1.745$，$N_p=1.699\sim1.739$。斜消光，消光角 $c\wedge N_g=38°$。

褐帘石透辉岩中的钙铁辉石

样品采自东部接触带。样品中大部分为透辉石，少量钙铁辉石。显微镜下没有太大差别，钙铁辉石比透辉石颜色稍深，呈半自形-他形柱状、板状、粒状紧密相间分布，粒径为 0.60～2.00mm(图 10-74 至图 10-77)。

共伴生矿物：透辉石、褐帘石等。

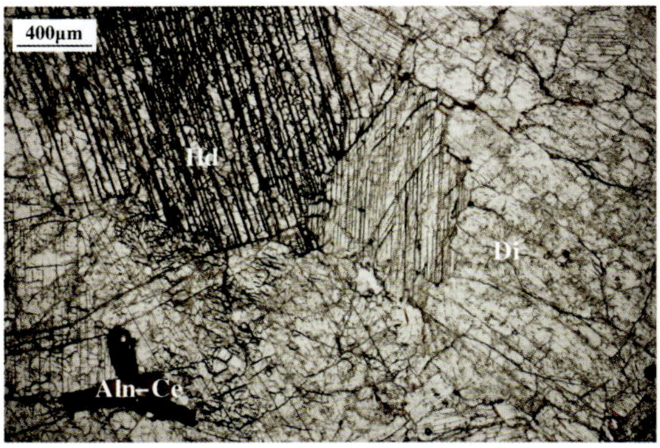

图 10-74　钙铁辉石(Hd)与透辉石(Di)、褐帘石(Aln-Ce)(单偏光)

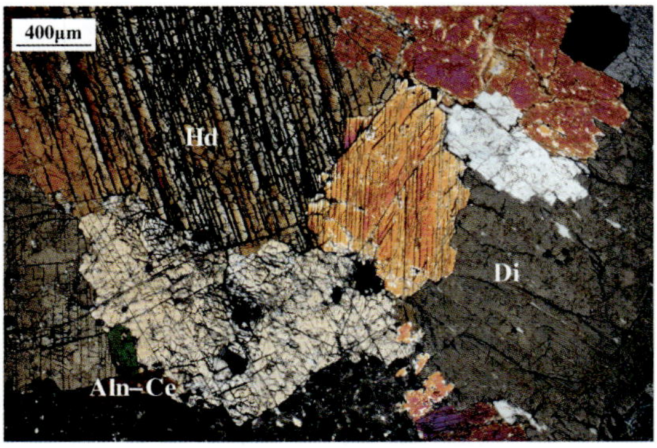

图 10-75　钙铁辉石与透辉石的Ⅱ级干涉色(正交偏光)

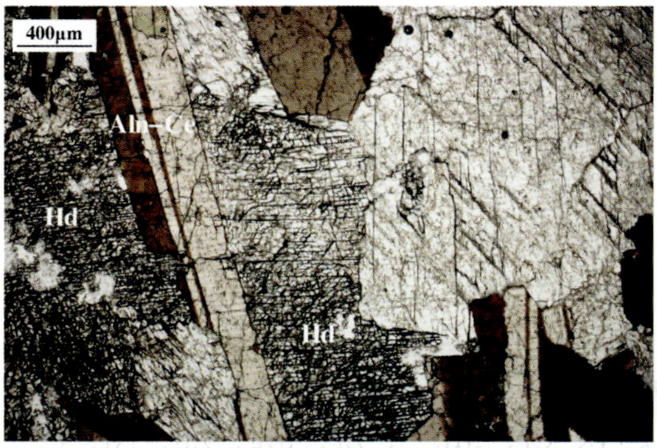

图 10-76　钙铁辉石与褐帘石(单偏光)

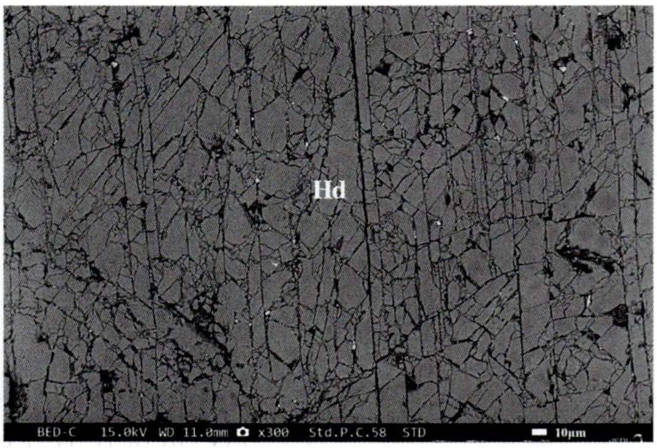

图 10-77　钙铁辉石的解理(BSE)

电子探针测试结果(表 10-20)显示，FeO、MgO 含量平均值分别为 15.99%、7.79%，与透辉石(表 10-19)相比，Fe 高 Mg 低。

根据电子探针测试结果平均值，以 O=6 为基数，计算化学式：$(Ca_{0.95}Na_{0.01})_{\Sigma0.96}(Fe_{0.52}Mg_{0.45}Mn_{0.04}Al_{0.01})_{\Sigma1.02}Si_2O_6$。

表 10-20 钙铁辉石电子探针测试结果 单位：w_t/%

成分	测试点 P1	测试点 P2	测试点 P3	测试点 P4	测试点 P5	平均值
CaO	22.83	22.68	23.15	23.12	22.90	22.94
FeO	16.22	16.34	15.73	15.56	16.10	15.99
MgO	7.64	7.67	7.96	7.95	7.75	7.79
MnO	1.15	1.24	1.20	0.99	1.07	1.13
Na_2O	0.22	0.11	0.23	0.19	0.17	0.18
Al_2O_3	0.20	0.06	0.16	0.15	0.13	0.14
SiO_2	51.46	51.64	51.58	51.82	52.46	51.79
总计	99.72	99.74	100.01	99.78	100.58	99.96

二、角闪石超族

角闪石超族矿物的通用化学式为 $A_{0\sim1}B_2C_5T_8O_{22}W_2$，IMA 研究角闪石专家 2012 年提出根据附加阴离子位(W 位)的主导离子，将角闪石超族分为两类：含(OH，F，Cl)根角闪石族和含 O 根角闪石族。再根据 A、B、C 位阳离子类型、排列方式和结构状态进一步将含(OH，F，Cl)根角闪石族分为 8 个亚族(Hawthorne et al.，2012)：Mg-Fe-Mn 闪石、钙闪石、Na-Ca 闪石、Na 闪石、Li 闪石、Na-(Mg-Fe-Mn)闪石、Li-(Mg-Fe-Mn)闪石、Li-Ca 闪石。

角闪石超族化学通式 $A_{0\sim1}B_2C_5T_8O_{22}W_2$ 中(Hawthorne et al.，2012)：

A=□(空位)、K^+、Na^+、Pb^+、Li^+，占据结构中的 A 位；

B=Na^+、Ca^{2+}、Mg^{2+}、Fe^{2+}、Mn^{2+}、Li^+等，占据结构中的 M_4 位；

C=Mg^{2+}、Fe^{2+}、Mn^{2+}、Al^{3+}、Fe^{3+}、Mn^{3+}、Cr^{3+}、Ti^{4+}、Li，占据结构中的 M_1、M_2、M_3 位；

T=Si^{4+}、Al^{3+}、Ti^{4+}、Be，占据硅氧骨干中四面体的中心；

W=OH^-、F^-、Cl^-、O^{2-}。

不同晶体化学位置的阳离子排序和计算准则如下。

1)若 H_2O 和卤素的含量已知，分子式应以 24(O，OH，F，Cl)为基础计算。

2)若 H_2O 和卤素的含量不确定，分子式应以 23 个 O 并假设 2 个(OH，F，Cl)为基础计算。

3)以 Si、Al、Ti 为序，使 T 位总原子数为 8。

4)用 3)中过剩的 Al、Ti，依次还有 Fe^{3+}、V、Cr、Mn^{3+}、Zr、Mg、Zn、Ni、Co、Fe^{2+}，Mn^{2+} 和 Li，指派给 C 位使其总数为 5。

5)将 C 位中超过 5 的部分，以与 4)相反的顺序指派给 B 位，使其总数为 2，以 Li 开始，接着是 Mn^{2+}，Ca，Sr，Ba，Na 等。

6)将 B 位中超过 2 的部分，以 5)中相反的顺序指派给 A 位，以 Na 开始，然后是所有的 K，都指派给 A 位，A 位原子总数应为 0.00～1.00。

根据角闪石超族的分类标准，白云鄂博矿区的角闪石超族矿物主要有钠闪石、Mg-Fe-Mn 闪石、钙角闪石及钠钙角闪石四个亚族。

钠闪石亚族

钠闪石亚族矿物，也称碱性角闪石矿物，白云鄂博矿区的碱性角闪石为富含钠、镁、铁和硅而贫铝的钠质角闪石类矿物，是在白云鄂博矿物分布广泛的特征矿物之一，多种岩石、矿石中有钠闪石产出(图 10－78)。

图 10－78 钠闪石手标本

白云鄂博矿区的钠角闪石亚族矿物包括钠闪石根名族矿物(镁钠闪石、氟镁钠闪石)、钠铁闪石根名族矿物(钠铁闪石、镁钠铁闪石和氟镁钠铁闪石)及镁铝钠闪石根名族矿物(锰镁铝钠闪石、翟钪闪石)。

钠闪石根名族矿物化学成分定义界限(apfu)：$^{B}Na \geqslant 1.5$，$^{A}(Na+K+2Ca) \leqslant 0.5$，$1.0 \leqslant C(Fe^{3+}+Al+2Ti) \leqslant 2.0$。当 $Mg/(Mg+Fe^{2+})>0.5$ 时为镁钠闪石，当 $Fe^{2+}/(Mg+Fe^{2+})>0.5$ 时为钠闪石。钠闪石根名族矿物有钠闪石、镁钠闪石、氟镁钠闪石，白云鄂博矿区目前可见镁钠闪石、氟镁钠闪石两种。

镁钠闪石 Magnesio－riebeckite

$\square Na_2(Mg_3,Fe^{3+}_2)Si_8O_{22}(OH)_2$

化学组成：化学通式中 C 位(apfu)$Mg>Fe^{2+}$，W 位 OH 占主导地位。

晶体结构：单斜晶系，空间群为 $C2/m$。$a_0=9.745$Å，$b_0=17.912$Å，$c_0=5.278$Å，$\beta=103.82°$，$Z=2$。

形态：斜方柱晶形，$C_{2h}-2/m(L^2PC)$。长柱状、针状晶体，可见(100)双晶和聚片双晶。纤状、放射状、柱状、束状等集合体形式分布。

物理性质：浅蓝色-蓝黑色，条痕浅灰色-蓝灰色，玻璃光泽。解理{110}完全。摩氏硬度 5～5.5，相对密度 3.00～3.42。

显微镜下特征：二轴晶(－)，$2V=75°\sim85°$。$N_g=1.680$，$N_m=1.672$，$N_p=1.668$。

白云鄂博矿区的镁钠闪石晶胞参数：a_0= 9.831Å，b_0= 17.963Å，c_0= 5.301Å。

白云鄂博矿区的镁钠闪石样品 X 射线粉晶衍射数据见表 10－21。

表 10－21　白云鄂博矿区的镁钠闪石 X 射线粉晶衍射数据

No.	2θÅ(°)	d/Å	I/I_0
1	10.492	8.4247	62.2
2	28.503	3.1290	100.0
3	31.862	2.8064	28.9
4	32.977	2.7140	32.9
5	65.013	1.4334	29.3

1. 钠闪石型稀土矿石中的镁钠闪石

本样品采自西矿。镁钠闪石呈柱状、放射状、叶片状沿长轴方向定向分布，浅蓝绿色，多色性明显，横断面为菱形，两组解理清晰，颗粒大小不均，粒径一般为 0.05～0.30mm（图 10－79 至图 10－82）。

共伴生矿物：方解石、独居石、磷灰石、金云母、磁铁矿等。

图 10－79　镁钠闪石（Mrbk）、方解石（Cal）相间分布，矿物粒隙间有细粒独居石（Mnz－Ce）（单偏光）

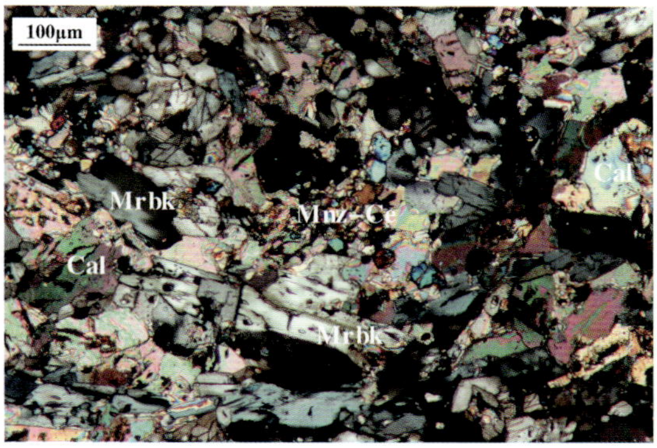

图 10－80　镁钠闪石的干涉色（正交偏光）

图 10－81　片状镁钠闪石及其横切面（单偏光）

图 10－82　镁钠闪石及其横切面（正交偏光）

根据电子探针测试结果平均值(表 10－22)，以 O＝23 为基数，计算化学式：$Na_{0.14}(Na_{1.63}K_{0.24}Sr_{0.08}Mg_{0.03}Ca_{0.02})_{\Sigma 2.00}(Mg_{3.21}Fe^{3+}_{1.70}Mn_{0.05}Al_{0.04})_{\Sigma 5.00}(Si_{7.98}Al_{0.02})_{\Sigma 8.00}O_{22}(OH_{1.32}F_{0.68})_{\Sigma 2.00}$。

表 10－22　镁钠闪石电子探针测试结果　　单位：w_t/%

成分	测试点 P1	测试点 P2	测试点 P3	平均值
MgO	15.21	15.44	15.51	15.39
FeO	14.58	14.72	14.85	14.72
Na_2O	6.72	6.35	6.50	6.52
K_2O	1.26	1.41	1.31	1.33
SrO	1.09	0.71	1.00	0.93
TiO_2	0.03	0.02	0.05	0.03
MnO	0.41	0.43	0.40	0.41
Al_2O_3	0.42	0.34	0.37	0.38
CaO	0.10	0.12	0.09	0.10
SiO_2	56.56	56.78	56.24	56.53
F	1.33	1.31	1.86	1.50
$-O=F_2$	0.56	0.55	0.78	0.63
总计	97.15	97.08	97.40	97.21

2. 钠闪石型铌稀土铁矿石中的镁钠闪石

样品采自西矿钻孔。镁钠闪石呈比较自形的板状、柱状沿其长轴方向定向分布，多色性显著，无色-蓝绿色，干涉色为Ⅱ级棕色-蓝色，部分颗粒可见聚片双晶，颗粒较粗，粒径为 0.20～0.80mm。镁钠闪石与硅钡铁钛石及独居石紧密共生(图 10－83 至图 10－86)。

共伴生矿物：磁铁矿、黄铁矿、磁黄铁矿、独居石、易解石、包头矿、硅钡铁钛石、闪锌矿等。

图 10－83　定向分布的镁钠闪石(Mrbk)(单偏光)

图 10－84　镁钠闪石的双晶(正交偏光)

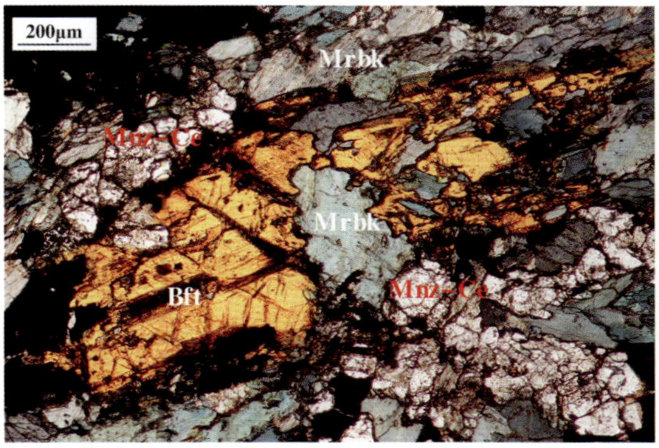

图 10-85 与硅钡铁钛石(Bft)、独居石(Mnz-Ce)紧密共生的镁钠闪石(单偏光)

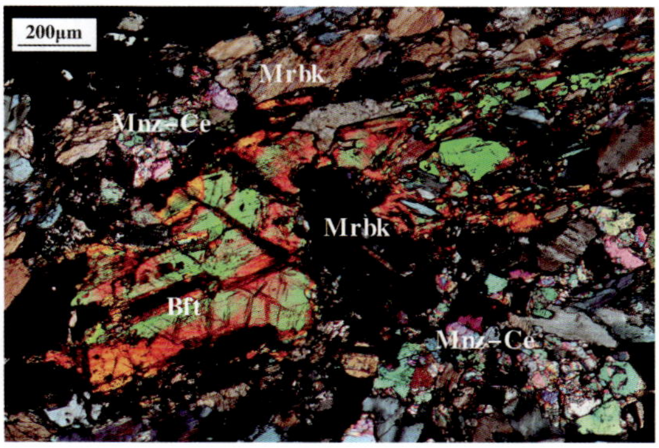

图 10-86 与硅钡铁钛石、独居石、紧密共生的镁钠闪石(正交偏光)

根据电子探针测试结果(表 10-23)平均值,以 O=23 为基数,计算化学式:$Na_{0.07}(Na_{1.79}Ca_{0.11}K_{0.10})_{\Sigma 2.00}(Mg_{2.38}Fe^{3+}_{1.97}Ca_{0.23}Fe^{2+}_{0.27}Mn^{2+}_{0.09}Al_{0.03}Ti_{0.02}Sr_{0.01})_{\Sigma 5.00}(Si_{7.88}Al_{0.12})_{\Sigma 8.00}O_{22}(OH_{1.83}F_{0.17})_{\Sigma 2.00}$。

表 10-23 镁钠闪石电子探针测试结果 单位:$w_t/\%$

成分	测试点 P1	测试点 P2	测试点 P3	平均值
FeC	18.93	19.35	18.79	19.02
MgO	11.19	11.17	11.29	11.22
Na_2O	7.38	6.71	6.02	6.70
CaO	1.96	2.02	2.82	2.27
Al_2O_3	0.76	1.12	0.76	0.88
K_2O	0.28	0.63	0.70	0.53
MnO	0.82	0.62	0.75	0.73
TiO_2	0.04	0.16	0.41	0.20
SrO	0.11	0.09	0.10	0.10
SiO_2	55.98	56.2	55.12	55.77
F	0.44	0.43	0.29	0.39
$-O=F_2$	0.19	0.18	0.12	0.16
总计	97.70	98.32	96.93	97.65

3. 钠闪石型铌稀土铁矿石中的镁钠闪石

样品采自主矿。镁钠闪石呈淡绿色、蓝色、蓝紫色,束状、板状定向分布,并与方解石、硅钡铁钛石紧密共生,粒径(长轴)为 0.10~0.50mm(图 10-87 至图 10-90)。

共伴生矿物:方解石、硅钡铁钛石、氟碳铈矿、氟碳钙铈矿、黄铁矿、烧绿石、磁铁矿、萤石、磷灰石等。

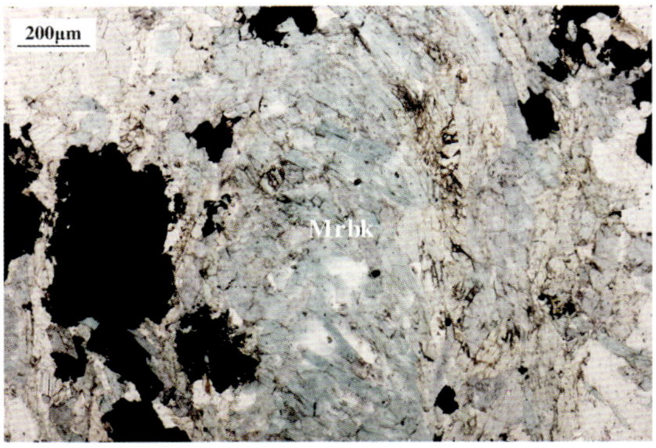

图 10-87 定向分布的镁钠闪石(Mrbk)(单偏光)

图 10-88 镁钠闪石的干涉色(正交偏光)

图 10-89 镁钠闪石与硅钡铁钛石(Bft)(单偏光)

图 10-90 镁钠闪石与硅钡铁钛石(正交偏光)

根据电子探针测试结果(表 10-24)平均值，以 O=23 为基数，计算化学式：$(Na_{0.14}K_{0.27})_{\Sigma 0.41}Na_{2.00}(Mg_{2.76}Fe^{3+}_{1.98}Ca_{0.12}Mn_{0.07}Sc_{0.03})_{\Sigma 4.96}(Si_{7.66}Fe^{3+}_{0.24}Al_{0.10})_{\Sigma 8.00}O_{22}(OH_{1.26}F_{0.74})_{\Sigma 2.00}$。

表 10-24 镁钠闪石电子探针测试结果 单位：w_t/%

成分	测试点 P1	测试点 P2	测试点 P3	测试点 P4	测试点 P5	测试点 P6	平均值
FeO	17.85	17.98	19.08	19.40	19.73	18.73	18.79
MgO	12.86	12.62	12.80	12.91	12.74	13.36	12.88
Na_2O	7.63	7.74	7.96	7.87	7.59	7.60	7.73
K_2O	1.45	1.64	1.46	1.33	1.73	1.40	1.50
CaO	1.19	0.55	0.67	0.66	0.50	1.01	0.76
Al_2O_3	0.62	0.61	0.61	0.64	0.48	0.63	0.60
MnO	0.62	0.56	0.53	0.67	0.71	0.58	0.61
Sc_2O_3	0.19	0.22	0.24	0.14	0.29	0.19	0.21
SiO_2	53.55	53.72	53.20	53.54	53.56	53.83	53.57
F	1.59	1.53	1.32	1.80	1.88	1.69	1.64
$-O=F_2$	0.67	0.64	0.55	0.76	0.79	0.71	0.69
总计	96.88	96.53	97.32	98.2	98.42	98.31	97.60

4. 镁钠闪石石棉

样品采自主矿，为纤状集合体形式分布的镁钠闪石，已石棉化，呈淡蓝色，珍珠光泽，硬度低。

显微镜下呈无色纤状、束状、放射状集合体形式分布，沿长轴方向定向延伸，干涉色为Ⅱ级蓝、棕色，粒径(长轴)为0.20～2.00mm，粒隙间有不透明铁矿物分布(图10－91至图10－94)。

共伴生矿物：磁铁矿、赤铁矿等。

图10－91　镁钠闪石石棉(Mrbk－Asb)(单偏光)

图10－92　镁钠闪石石棉的干涉色(正交偏光)

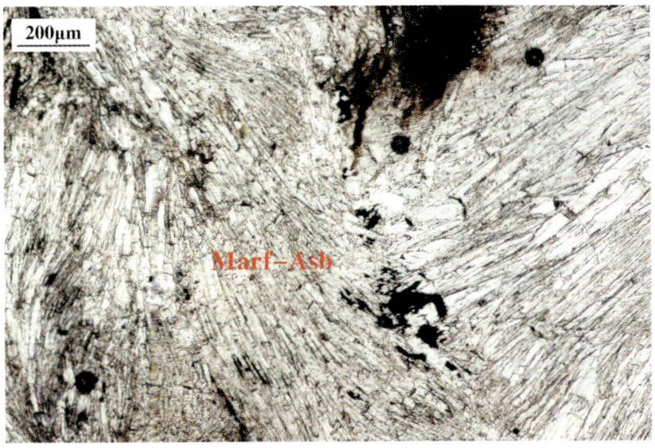

图10－93　镁钠闪石石棉(单偏光)

图10－94　镁钠闪石石棉(正交偏光)

电子探针测试结果(表10－25)显示，Mn含量较高，测试点MnO平均值为6.01%，属于富Mn镁钠闪石石棉。

根据电子探针测试结果平均值，以O＝23为基数，计算化学式：$(Na_{0.23}K_{0.18})_{\Sigma 0.41}(Na_{1.17}Ca_{0.79}Mn_{0.04})_{\Sigma 2.00}(Mg_{3.50}Fe^{3+}_{0.78}Mn^{3+}_{0.72})_{\Sigma 5.00}(Si_{7.76}Fe^{3+}_{0.15}Al_{0.09})_{\Sigma 8.00}O_{22}(OH_{1.10}F_{0.90})_{\Sigma 2.00}$。

表10－25　镁钠闪石石棉电子探针测试结果　　单位：w_t/%

成分	测试点P1	测试点P2	测试点P3	测试点P4	测试点P5	测试点P6	平均值
MgO	16.27	16.59	16.67	16.36	16.49	16.08	16.41
FeO	7.79	7.59	7.75	7.71	7.81	8.22	7.81

续表

成分	测试点 P1	测试点 P2	测试点 P3	测试点 P4	测试点 P5	测试点 P6	平均值
MnO	5.95	5.45	5.97	6.00	5.44	7.28	6.01
CaO	5.56	5.73	5.59	4.83	5.41	3.57	5.11
Na_2O	5.09	4.79	4.79	5.18	5.06	5.25	5.02
K_2O	0.77	1.38	0.95	1.04	1.29	0.50	0.99
Al_2O_3	0.71	0.33	0.64	0.28	0.45	0.74	0.52
Sc_2O_3	0.01	0.06	0.06	0.02	0.04	0.07	0.04
SiO_2	51.87	51.87	52.30	52.49	51.74	51.55	51.97
F	1.71	2.11	1.71	1.96	2.19	1.83	1.92
$-O=F_2$	0.72	0.89	0.72	0.82	0.92	0.77	0.81
总计	95.01	95.01	95.71	95.05	95.00	94.32	94.99

氟镁钠闪石 Magnesio－fluoro－riebeckite

□$Na_2(Mg,Fe^{2+})_3Fe_2^{3+}(Si_8O_{22})F_2$

化学通式中 C 位(apfu) Mg＞Fe^{2+}，W 位 F 占主导地位。根据角闪石的命名规则(Hawthorne et al.，2012)，当 F＞1.0 时，在矿物名称前添加前缀，故称氟镁钠闪石。

钠闪石型稀土铁矿石中的氟镁钠闪石

样品采自主矿。氟镁钠闪石呈细鳞片状集合体形式分布于穆磁铁矿矿物间隙，无色，干涉色为Ⅱ级棕黄色-蓝色，颗粒较细，粒径为 0.05～0.15mm(图 10－95 至图 10－98)。

共伴生矿物：穆磁铁矿、独居石、闪锌矿、黄铁矿、红钛锰矿、白云石等。

根据电子探针测试结果平均值(表 10－26)，以 O＝23 为基数，计算化学式：$(K_{0.27}Na_{0.17})_{\Sigma 0.44}(Na_{1.88}Mg_{0.11}Ca_{0.01})_{\Sigma 2.00}(Mg_{3.08}Fe^{3+}_{1.43}Mn_{0.39}Sr_{0.06}Al_{0.03}Sc_{0.01})_{\Sigma 5.00}(Si_{7.99}Al_{0.01})_{\Sigma 8.00}O_{22}(F_{1.47}OH_{0.53})_{\Sigma 2.00}$。

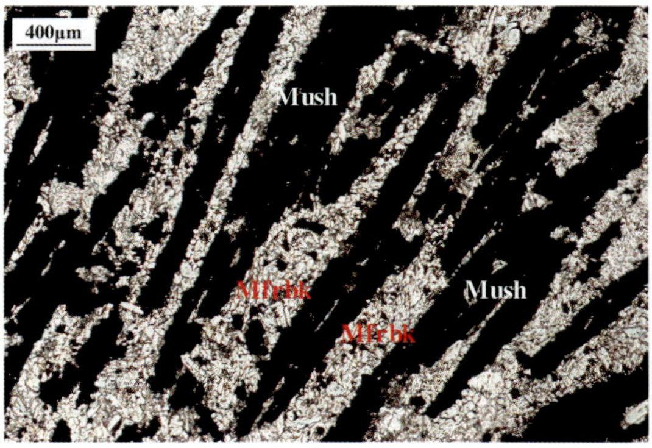

图 10－95　分布于穆磁铁矿(Mush)间的氟镁钠闪石(Mfrbk)(单偏光)

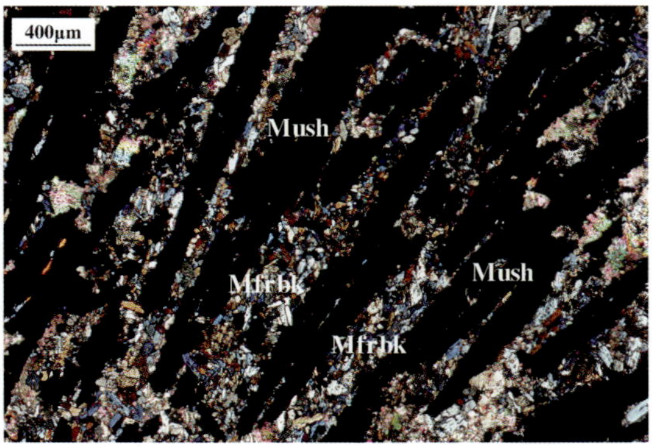

图 10－96　分布于穆磁铁矿间的氟镁钠闪石(正交偏光)

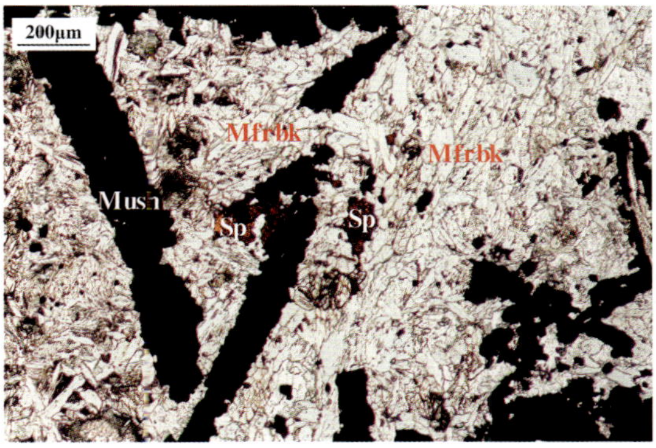

图 10－97　细鳞片状集合体形式分布的氟镁钠闪石（单偏光）

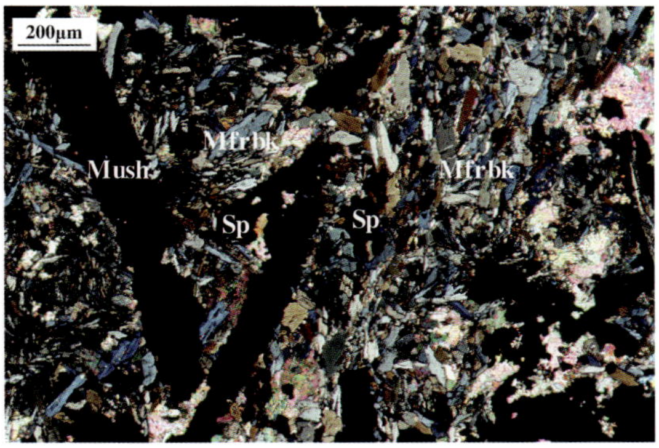

图 10－98　氟镁钠闪石的干涉色（正交偏光）

表 10－26　氟镁钠闪石电子探针测试结果　　单位：w_t/%

成分	测试点 P1	测试点 P2	测试点 P3	平均值
MgO	14.19	14.56	14.50	14.42
FeO	11.91	11.83	12.06	11.93
Na_2O	7.38	7.03	7.46	7.29
MnO	3.32	3.16	3.16	3.21
K_2O	1.41	1.46	1.41	1.43
SrO	0.74	0.61	0.77	0.71
Al_2O_3	0.28	0.20	0.19	0.22
CaO	0.05	0.06	0.07	0.06
Sc_2O_3	0.06	0.07	0.04	0.05
SiO_2	55.46	55.34	55.42	55.41
F	3.63	3.08	2.93	3.21
$-O=F_2$	1.52	1.29	1.23	1.35
总计	96.91	96.11	96.78	96.59

钠铁闪石根名族矿物属于富含 Fe^{2+} 的碱性角闪石，Fe^{2+} 可部分被 Mg^{2+} 置换，Na^{+} 部分被 Ca^{2+} 置换。钠铁闪石与镁钠铁闪石形成完全的类质同象。钠铁闪石根名族矿物化学成分定义为(apfu)：$^{A}(Na+K+2Ca)>0.5$，$0.5\leqslant{}^{C}(Fe^{3+}+Al+2Ti)\leqslant1.5$，而且 Fe^{3+} 在 C^{3+} 位占主导地位。当 C^{2+} 位 $Fe^{2+}/(Mg+Fe^{2+})>0.5$ 时称钠铁闪石，当 $Mg/(Mg+Fe^{2+})>0.5$ 时称镁钠铁闪石，W 位 F 占主导地位称为氟(镁)钠铁闪石。

钠铁闪石根名族矿物在白云鄂博矿区有钠铁闪石、镁钠铁闪石及氟镁钠铁闪石。

钠铁闪石（亚铁钠闪石）　Arfvedsonite

$NaNa_2(Fe_4^{2+}Fe^{3+})Si_8O_{22}(OH)_2$

化学组成：化学通式中，A 位为 Na 占主导，C^{2+} 位为 Fe^{2+} 占主导，C^{3+} 位为 Fe^{3+} 占主导，W 位

OH 占主导。

晶体结构：单斜晶系，空间群为 $C2/m$。$a_0=10.007Å$，$b_0=18.077Å$，$c_0=5.332Å$，$\beta=104.1°$，$Z=2$。

形态：斜方柱晶形，$C_{2h}-2/m(L^2PC)$。柱状、针状晶体，有时见平行{100}的简单和聚片双晶。纤状、放射状、柱状、束状等集合体形式分布。

物理性质：蓝黑-黑色，条痕深蓝灰色、灰绿色，半透明-不透明，玻璃光泽，性脆，{110}解理完全。摩氏硬度 5～6，相对密度 3.3～3.5。

显微镜下特征：二轴晶(－)，$2V=30°\sim70°$。$N_g=1.666\sim1.708$，$N_m=1.660\sim1.705$，$N_p=1.652\sim1.699$。突起高，多色性强，呈蓝绿色、黄棕色、灰紫色。

云母型铌稀土矿石中的钠铁闪石

样品采自西矿。钠铁闪石呈自形-半自形板柱状分布于金云母矿物间，多色性显著，颜色变化于湖蓝色-蓝绿色之间，与金云母长轴方向定向分布，粒径(长轴)为 0.30～0.60mm(图 10－99 至图 10－102)。

共伴生矿物：金云母、磁铁矿、钛铁矿、磷灰石、白云石、方解石、氟碳铈矿、独居石等。

图 10－99　钠铁闪石(Arf)分布于金云母(Phl)间(单偏光)

图 10－100　钠铁闪石的干涉色被本身颜色掩盖(正交偏光)

图 10－101　板状分布的钠铁闪石(单偏光)

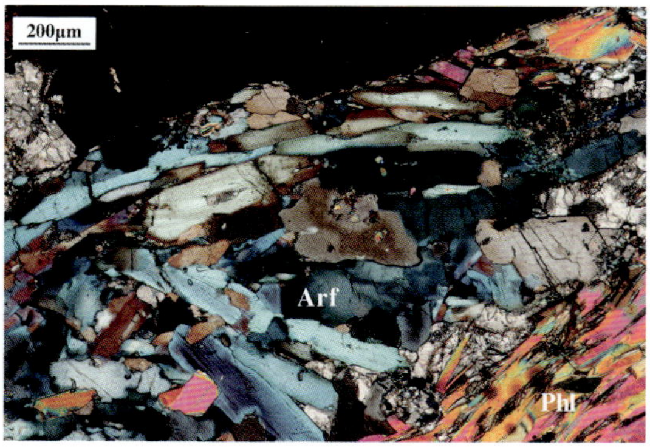

图 10－102　钠铁闪石的Ⅱ级干涉色(正交偏光)

根据电子探针测试平均值(表 10－27)，以 O＝23 为基数，计算化学式：$(Na_{0.39}K_{0.18})_{\Sigma0.57}(Na_{1.67}Ca_{0.39})_{\Sigma2.00}(Fe^{2+}_{1.90}Mg_{1.83}Fe^{3+}_{0.75}Al_{0.25}Mn_{0.25}Ti_{0.01})_{\Sigma4.99}Si_{8.00}O_{22}(OH)_{2.00}$。

表 10－27 钠铁闪石电子探针测试结果 单位：$w_t/\%$

成分	测试点 P1	测试点 P2	测试点 P3	测试点 P4	测试点 P5	平均值
FeO	20.4	20.77	20.26	21.1	21.13	20.73
MgO	11.15	11.03	11.23	11.02	11.29	11.14
Na_2O	6.66	7.06	7.13	7.12	6.91	6.97
CaO	2.47	2.53	2.38	1.98	2.45	2.36
MnO	2.04	1.83	2.13	1.96	1.81	1.95
Al_2O_3	1.75	1.57	1.37	1.10	1.11	1.38
K_2O	0.93	0.91	0.66	0.61	0.97	0.82
TiO_2	0.14	0.13	0.03	0.11	0.06	0.10
Sc_2O_3	0.02	0.02	0.00	0.04	0.03	0.02
SiO_2	52.20	51.95	52.50	52.80	52.46	52.38
总计	97.76	97.8	97.69	97.84	98.22	97.85

镁钠铁闪石（镁亚铁钠闪石） Magnesio－arfvedsonite

$NaNa_2(Mg_4Fe^{3+})Si_8O_{22}(OH)_2$

化学组成：化学通式中，A 位为 Na 占主导，C^{2+} 位为 Mg 占主导，C^{3+} 位为 Fe^{3+} 占主导，W 位为 OH 占主导。

晶体结构：单斜晶系，空间群为 $C2/m$。$a_0=9.867(1)$Å，$b_0=17.928(2)$Å，$c_0=5.2839(6)$Å，$\beta=103.799(2)^\circ$，$Z=2$。

形态：斜方柱晶形，$C_{2h}-2/m(L^2PC)$。柱状、针状晶体，纤状、放射状、柱状、束状等集合体形式分布。

物理性质：蓝黑色-黑色、紫色，条痕浅灰色-深蓝灰色，玻璃光泽。{110}解理完全，解理夹角 56°和 124°。摩氏硬度 5～6，相对密度 3.40。

显微镜下特征：二轴晶(－)，$2V=33°\sim40°$。$N_g=1.664$，$N_m=1.662$，$N_p=1.660$。透射光下无色-淡蓝绿色，突起中等，多色性弱。

1. 云母型铌稀土铁矿石中的镁钠铁闪石

样品采自主矿。镁钠铁闪石呈浅绿色-蓝绿色，不规则状分布于金云母间，或沿霓石边缘交代形成，粒径为 0.05～0.30mm（图 10－103 至图 10－106）。

共伴生矿物：金云母、钠长石、磁铁矿、霓石、硅钡铁钛石、方解石、磁黄铁矿、重晶石、钡解石、黄铁矿、黄铜矿、包头矿、氟碳钡铈矿、硅钛铈矿、磷灰石、闪锌矿、钛铁矿等。

根据电子探针测试平均值（表 10－28），以 O＝23 为基数，计算化学式：$(Na_{0.75}K_{0.17})_{\Sigma0.92}(Na_{1.62}Ca_{0.38})_{\Sigma2.00}(Mg_{2.87}Fe^{2+}_{1.04}Fe^{3+}_{1.00}Mn_{0.05}Ti_{0.01})_{\Sigma4.97}(Si_{7.44}Fe^{3+}_{0.35}Al_{0.21})_{\Sigma8.00}(O_{21.97}OH_{0.03})_{\Sigma22.00}(OH_{1.76}F_{0.24})_{\Sigma2.00}$。

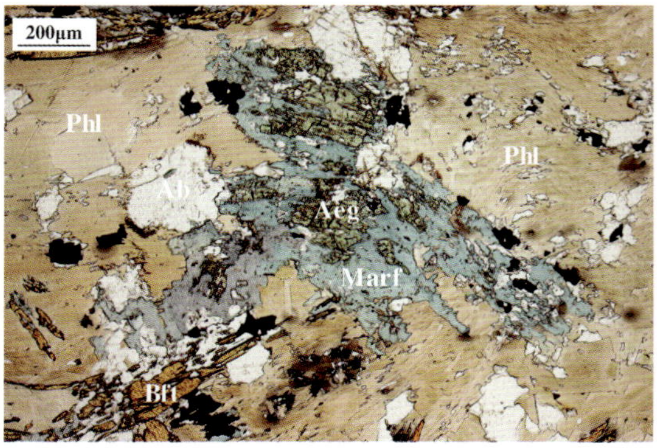

图 10-103 镁钠铁闪石(Marf)分布于金云母(Phl)间(单偏光)

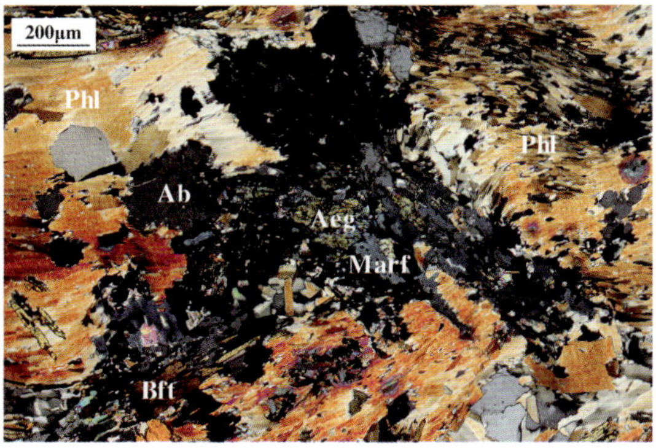

图 10-104 镁钠铁闪石分布于金云母间(正交偏光)

图 10-105 镁钠铁闪石沿边缘交代霓石(Aeg)(单偏光)

图 10-106 镁钠铁闪石沿边缘交代霓石(正交偏光)

表 10-28 镁钠铁闪石电子探针测试结果 单位：$w_t/\%$

成分	测试点 P1	测试点 P2	测试点 P3	测试点 P4	测试点 P5	平均值
FeO	18.91	19.96	18.51	20.87	20.76	19.80
MgO	13.79	13.81	14.05	13.39	13.38	13.68
Na_2O	8.77	8.73	8.51	8.23	7.92	8.43
CaO	2.41	2.62	2.43	2.37	2.41	2.45
Al_2O_3	1.20	1.41	1.31	0.96	1.16	1.21
K_2O	0.90	1.03	1.03	0.83	0.92	0.94
MnO	0.36	0.47	0.51	0.42	0.51	0.45
TiO_2	0.12	0.09	0.13	0.11	0.08	0.11
SiO_2	51.56	51.39	50.93	51.88	50.20	51.19
F	0.52	0.89	0.57	0.25	0.43	0.53
$-O=F_2$	0.22	0.37	0.24	0.11	0.18	0.22
总计	98.32	100.03	97.74	99.2	97.59	98.57

2. 钠闪石型稀土铁矿石中的镁钠铁闪石

样品采自主矿。镁钠铁闪石呈粒状、短柱状、放射状或集合体形式分布，多呈浅蓝绿色，干涉色为Ⅱ级蓝黄色，粒径一般为0.05～0.20mm（图10－107、图10－108）。

共伴生矿物：磁铁矿、独居石、黄铁矿、闪锌矿、硅钡锰钛石、方解石、萤石、重晶石。

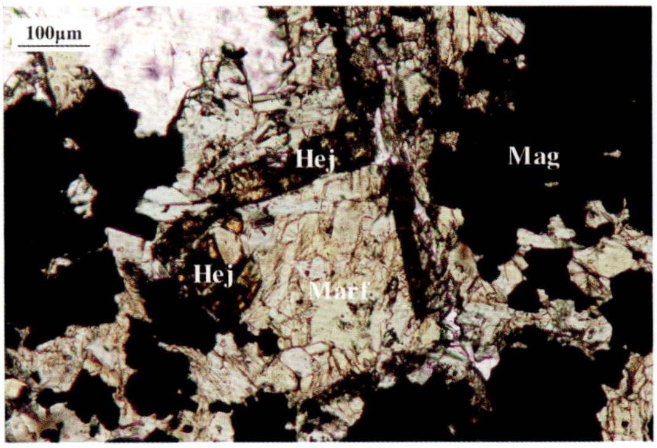

图10－107 镁钠铁闪石（Marf）间有硅钡锰钛石（Hej）分布（单偏光）

图10－108 镁钠铁闪石的Ⅱ级干涉色（正交偏光）

电子探针测试数据（表10－29）显示，该样品中的镁钠铁闪石含Mn较高，MnO平均值为6.11%，Mn置换Fe，所以FeO相对偏低，仅为9.21%。

根据电子探针测试结果平均值，以O=23为基数，计算化学式：$(Na_{0.50}K_{0.33})_{\Sigma 0.88}(Na_{1.68}Ca_{0.24}Sr_{0.08})_{\Sigma 2.00}(Mg_{3.29}Fe^{3+}_{0.97}Mn_{0.74})_{\Sigma 5.00}(Si_{7.86}Fe_{0.11}Al_{0.03})_{\Sigma 8.00}O_{22}(OH_{1.19}F_{0.81})_{\Sigma 2.00}$。

表10－29 镁钠铁闪石电子探针测试结果 单位：$w_t/\%$

成分	测试点P1	测试点P2	测试点P3	平均值
MgO	15.28	15.19	15.72	15.40
FeO	9.24	10.04	8.36	9.21
Na_2O	8.00	7.80	7.89	7.90
MnO	6.34	5.57	6.41	6.11
K_2O	1.82	2.41	1.27	1.83
CaO	1.33	1.45	2.01	1.60
SrO	0.98	0.78	1.05	0.94
Al_2O_3	0.25	0.21	0.16	0.20
Sc_2O_3	0.02	0.05	0.05	0.04
SiO_2	54.65	55.13	55.56	55.11
F	1.78	1.77	1.85	1.80
$-O=F_2$	0.75	0.74	0.78	0.76
总计	98.94	99.66	99.55	99.38

氟镁钠铁闪石 Magnesio - fluoro - arfvedsonite

$NaNa_2(Mg_4Fe^{3+})Si_8O_{22}F_2$

化学组成：化学通式中，A位为Na占主导，C^{2+}位为Mg占主导，C^{3+}位为Fe占主导，W位F占主导。

晶体结构：单斜晶系，空间群为$C2/m$。$a_0=9.81(9)$Å，$b_0=18.01(3)$Å，$c_0=5.28(1)$Å，$\beta=103.8(2)^\circ$，$Z=2$。

形态：斜方柱晶形，$C_{2h}-2/m(L^2PC)$。柱状、针状晶体，纤状、放射状、柱状、束状等集合体形式分布。

物理性质：暗灰色-灰黑色，条痕浅灰色，玻璃光泽。{110}解理完全。摩氏硬度5.5，相对密度3.09。

显微镜下特征：二轴晶(+)，$2V=50^\circ\sim70^\circ$。$N_g=1.632$，$N_m=1.629$，$N_p=1.618$。透射光下无色、灰绿色，突起中等，多色性强。

1. 钠闪石型稀土矿石中的氟镁钠铁闪石

样品采自西矿。氟镁钠铁闪石呈无色-淡蓝绿色，自形-半自形柱状、板状分布，并沿长轴方向定向延伸，粒径为0.10～0.30mm。氟镁钠铁闪石矿物间分布有独居石、锆石、方解石等(图10-109、图10-110)。

共伴生矿物：独居石、磁铁矿、黄铁矿、黄铜矿、锆石、方解石等。

图10-109 定向分布的氟镁钠铁闪石(Mfarf)(单偏光)

图10-110 定向分布的氟镁钠铁闪石(正交偏光)

根据电子探针测试结果平均值(表10-30)，以O=23为基数，计算化学式：$(K_{0.33}Na_{0.22})_{\Sigma0.55}(Na_{1.91}Sr_{0.08}Ca_{0.01})_{\Sigma2.00}(Mg_{3.54}Fe^{3+}_{0.89}Fe^{2+}_{0.39}Mn_{0.07}Si_{0.07}Al_{0.04})_{\Sigma5.00}(Si_{8.00}O_{22})(F_{1.48}OH_{0.52})_{\Sigma2.00}$。

表10-30 氟镁钠铁闪石电子探针测试结果 单位：$w_t/\%$

成分	测试点P1	测试点P2	测试点P2	平均值
MgO	16.96	16.39	16.60	16.65
FeO	10.93	10.69	10.72	10.78
Na_2O	8.06	7.43	7.58	7.69
K_2O	1.89	1.81	1.79	1.83

续表

成分	测试点 P1	测试点 P2	测试点 P2	平均值
CaO	0.09	0.08	0.07	0.08
SrO	0.89	0.95	0.95	0.93
MnO	0.56	0.58	0.54	0.56
Al_2O_3	0.25	0.22	0.22	0.23
SiO_2	55.47	57.94	56.42	56.61
F	3.29	3.33	3.28	3.30
$-O=F_2$	1.38	1.40	1.38	1.39
总计	97.01	98.02	96.79	97.27

2. 辉长岩中的氟镁钠铁闪石

样品采自主矿。氟镁钠铁闪石呈灰绿色-蓝绿色，半自形-自形晶针柱状、长柱状分布于正长石间，或与霓辉石紧密相间，多色性明显，粒径为0.05～0.50mm(图10-111至图10-114)。

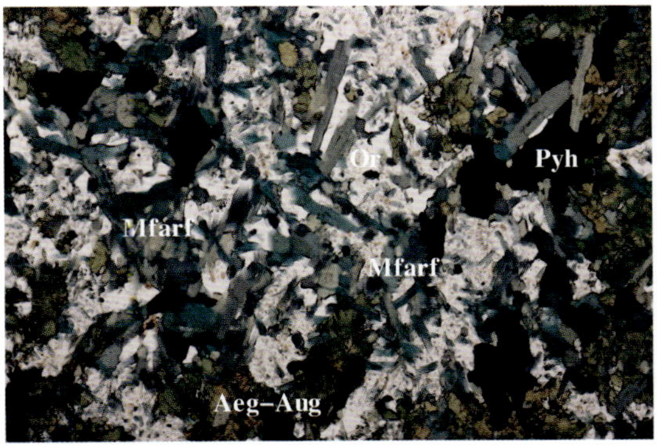

图10-111 氟镁钠铁闪石(Mfarf)分布于正长石(Or)间(单偏光)

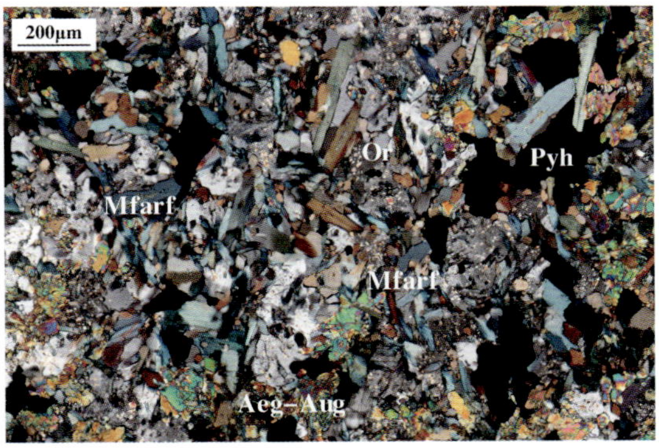

图10-112 氟镁钠铁闪石的Ⅱ级干涉色(正交偏光)

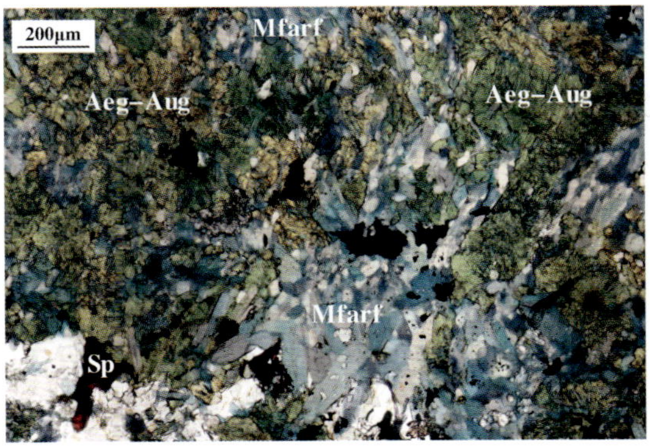

图10-113 氟镁钠铁闪石与霓辉石(Aeg-Aug)紧密共生(单偏光)

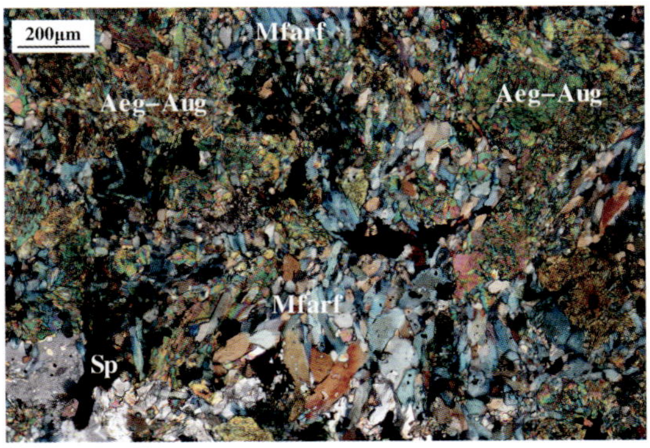

图10-114 氟镁钠铁闪石与霓辉石紧密共生(正交偏光)

共伴生矿物：霓辉石、正长石、钠长石、榍石、独居石、钛铁矿、磁黄铁矿、闪锌矿、黄铁矿、黄铜矿等。

根据电子探针测试结果平均值(表 10-31)，以 O=23 为基数，计算化学式：$(Na_{0.88}K_{0.26})_{\Sigma 1.04}(Na_{1.14}Ca_{0.46}Mg_{0.40})_{\Sigma 2.00}(Mg_{3.82}Fe^{3+}_{1.00}Fe^{2+}_{0.12}Mn_{0.06})_{\Sigma 5.00}(Si_{7.75}Fe_{0.19}Al_{0.06})_{\Sigma 8.00}O_{22}(F_{1.16}OH_{0.84})_{\Sigma 2.00}$。

表 10-31　氟镁钠铁闪石电子探针测试结果　　单位：w_t/%

成分	测试点 P1	测试点 P2	测试点 P3	测试点 P4	测试点 P5	平均值
MgO	19.91	19.39	20.05	19.44	20.00	19.76
FeO	11.28	11.31	10.37	12.01	10.81	11.16
Na_2O	7.09	7.23	7.35	7.48	7.48	7.33
CaO	3.29	3.08	3.27	2.26	3.14	3.01
K_2O	1.48	1.36	1.86	1.71	1.34	1.55
MnO	0.41	0.47	0.54	0.52	0.51	0.49
Al_2O_3	0.31	0.28	0.41	0.39	0.27	0.33
SiO_2	53.39	53.44	53.01	53.00	52.97	53.16
F	2.47	2.57	2.49	2.84	2.54	2.58
$-O=F_2$	1.04	1.08	1.05	1.19	1.07	1.08
总计	98.59	98.05	98.3	98.46	97.99	98.29

镁铝钠闪石根名族矿物包括镁铝钠闪石、铁铝钠闪石、锰铁钠闪石、翟钪闪石、锰镁铝钠闪石等。在白云鄂博矿区，镁铝钠闪石根名族矿物有锰镁铝钠闪石及翟钪闪石。翟钪闪石已在第七章描述，故本章节只描述锰镁铝钠闪石。矿物中 Mn 为三价，替代 Al 的位置。镁铝钠闪石根名族矿物的化学成分定义界限为(apfu)：$^{A}(Na+K+2Ca)>0.5$，$0.5\leqslant{}^{C}(Fe^{3+}+Al+2Ti)\leqslant 1.5$，$C^{3+}$位为 Al 占主导地位。

锰镁铝钠闪石　Mangani-eckermannite

$NaNa_2(Mg_4Mn^{3+})Si_8O_{22}(OH)_2$

化学组成：化学通式中，A 位为 Na 占主导，C^{2+}位为 Mg 占主导，C^{3+}位为 Mn 占主导，W 位 OH 占主导。

晶体结构：单斜晶系，空间群为 $C2/m$。$a_0=9.9533(4)$Å，$b_0=18.1440(7)$Å，$c_0=5.2970(2)$Å，$\beta=103.948(4)°$，$Z=2$。

形态：斜方柱晶形，$C_{2h}-2/m(L^2PC)$。柱状、针状晶体，纤状、放射状、柱状、束状等集合体形式分布。

物理性质：樱红色-暗红色，半透明，条痕粉白色，玻璃光泽，性脆，{110}解理完全。摩氏硬度 6，相对密度 3.16。

显微镜下特征：二轴晶(-)，$2V=57°\sim60°$。$N_g=1.675(3)$，$N_m=1.668(2)$，$N_p=1.645(3)$。

钠闪石化白云石型铌稀土铁矿石中的锰镁铝钠闪石

样品采自东矿钻孔。锰镁铝钠闪石呈柱状、板状、纤状、放射状分布，透射光下无色，干涉色低，为Ⅰ级灰，粒径为0.20～0.60mm，锰镁铝钠闪石矿物间分布有细粒独居石矿物(图10－115、图10－116)。

共伴生矿物：白云石、磁铁矿、闪锌矿、黄铁矿、独居石、褐钇铌矿、铌锰矿、菱锰矿、锰白云石等。

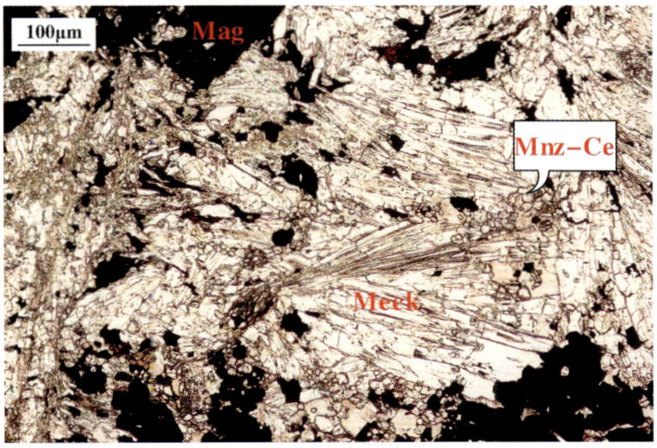

图10－115　放射状分布的锰镁铝钠闪石(Meck)(单偏光)

图10－116　锰镁铝钠闪石Ⅰ级灰干涉色(正交偏光)

根据电子探针测试结果平均值(表10－32)，以O＝23为基数，计算化学式：$(Na_{0.39}K_{0.18})_{\Sigma 0.57}(Na_{1.09}Ca_{0.53}Mg_{0.29}Sr_{0.09})_{\Sigma 2.00}(Mg_{4.18}Mn^{3+}_{0.61}Fe^{3+}_{0.34})_{\Sigma 5.00}(Si_{7.70}Fe^{3+}_{0.25}Al_{0.05})_{\Sigma 8.00}O_{22}(OH_{1.44}F_{0.56})_{\Sigma 2.00}$。

表10－32　锰镁铝钠闪石电子探针测试结果　　单位：$w_t/\%$

成分	测试点P1	测试点P2	测试点P3	测试点P4	平均值
MgO	21.72	21.46	21.24	21.8	21.56
MnO	5.43	5.23	5.16	5.15	5.24
Na_2O	5.53	5.6	5.61	5.44	5.55
FeO	4.11	4.04	3.91	4.03	4.02
CaO	3.41	3.47	3.69	3.79	3.59
SrO	1.04	1.14	1.24	0.87	1.07
K_2O	0.92	1.1	1.1	0.93	1.01
Al_2O_3	0.32	0.26	0.33	0.29	0.30
SiO_2	55.92	55.67	55.84	55.73	55.79
F	0.81	1.6	1.37	1.34	1.28
$-O=F_2$	0.34	0.67	0.58	0.56	0.54
总计	98.87	98.9	98.91	98.81	98.87

Mg - Fe - Mn 闪石亚族

白云鄂博矿区发现的 Mg - Fe - Mn 闪石亚族矿物包括铁闪石-铁镁闪石系列的铁闪石、镁铁闪石及全锰铁闪石。

铁闪石 Grunerite

$\square Fe_2^{2+}Fe_5^{2+}Si_8O_{22}(OH)_2$

化学组成：化学式中，B、C 位置均为 Fe^{2+} 占主导地位。

晶体结构：单斜晶系，空间群为 $C2/m$。$a_0 = 9.5642(7)$Å，$b_0 = 18.393(2)$Å，$c_0 = 5.3388(3)$Å，$\beta = 101.892°$，$Z = 2$。

形态：斜方柱晶形，$C_{2h}-2/m(L^2PC)$。晶体呈针状、纤维状或纤维状集合体，纤维状变种称为铁石棉。

物理性质：深绿-深棕色、灰-绿灰色，随含 Fe 量增加，颜色变深。半透明，玻璃光泽，性脆。摩氏硬度 5～6，相对密度 3.40～3.60。

显微镜下特征：二轴晶(－)，$2V = 90° \sim 70°$。$N_g = 1.696 \sim 1.729$，$N_m = 1.680 \sim 1.709$，$N_p = 1.663 \sim 1.686$。薄片中无色-浅绿或浅黄褐色，具多色性，干涉色Ⅱ～Ⅲ级。

铁闪石片岩中的铁闪石

样品为铁闪石片岩，主要矿物为铁闪石，呈纤状或针状、放射状集合体形式分布，并沿长轴方向延伸。铁闪石有两种：一种为浅黄棕色；另一种为炭灰色。浅黄棕色具微弱多色性，Ⅱ～Ⅲ级鲜艳干涉色，炭灰色均为细长针状、纤状、放射状，粒径大小不均，一般(长轴)为 0.20～1.00mm。

鲕绿泥石呈绿色、短柱状分布于铁闪石矿物间，应为铁闪石蚀变而成，多色性明显，粒径为 0.30～0.80mm(图 10 - 117 至图 10 - 120)。

共伴生矿物：石英、鲕绿泥石等。

根据电子探针测试结果平均值(表 10 - 33)，以 O=23 为基数，计算化学式：$\square(Fe_{0.99}^{2+}Mg_{0.87}Mn_{0.02})_{\Sigma 1.88}(Fe_{4.87}^{2+}Si_{0.10}Al_{0.03})_{\Sigma 5.00}(Si_8O_{22})(OH)_2$。

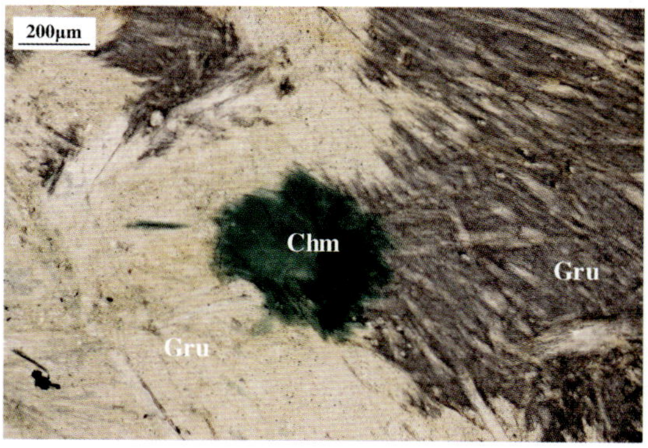

图 10 - 117 浅黄棕色与炭灰色铁闪石(Gru)间有鲕绿泥石(Chm)(单偏光)

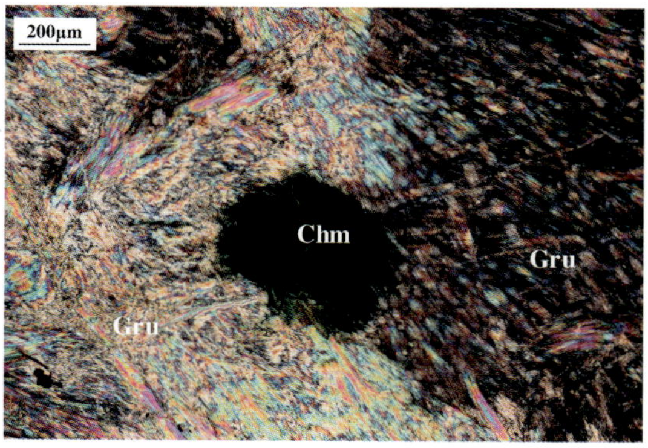

图 10 - 118 铁闪石的干涉色(正交偏光)

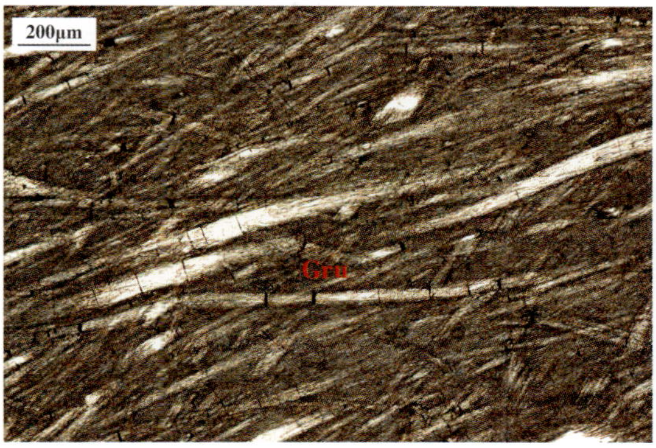

图 10－119　炭灰色铁闪石呈细长针状、纤状分布，颗粒间有微细粒石英(单偏光)

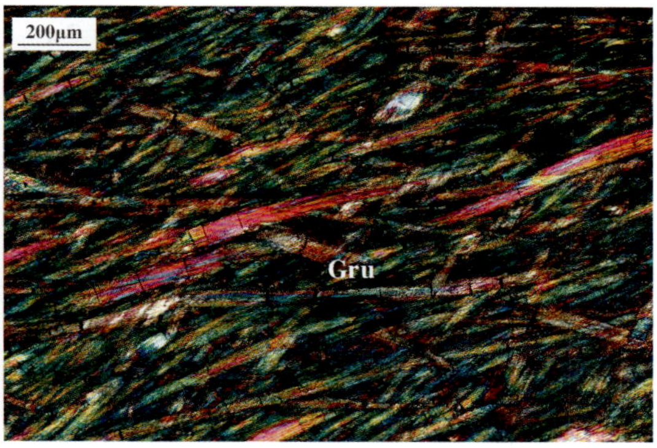

图 10－120　铁闪石的干涉色(正交偏光)

表 10－33　铁闪石电子探针测试结果　　单位：w_t/%

成分	测试点 P1	测试点 P2	测试点 P3	测试点 P4	测试点 P5	测试点 P6	平均值
FeO	43.82	43.32	44.10	43.49	42.77	43.36	43.48
MgO	3.64	3.53	3.68	3.56	3.46	3.66	3.59
MnO	0.21	0.19	0.17	0.19	0.11	0.17	0.17
Al_2O_3	0.16	0.14	0.24	0.14	0.16	0.16	0.17
SiO_2	49.91	49.50	49.54	49.30	51.61	50.38	50.04
总计	97.74	96.68	97.73	96.68	98.11	97.73	97.45

镁铁闪石　Cummimgtonite

□$Mg_2Mg_5Si_8O_{22}(OH)_2$

化学组成：化学式中，B、C 位置均为 Mg 占主导地位。

晶体结构：单斜晶系，空间群为 $C2/m$。$a_0 = 9.53$Å，$b_0 = 18.23$Å，$c_0 = 5.32$Å，$\beta = 101.97°$，$Z = 2$。

形态：斜方柱晶形，$C_{2h}-2/m(L^2PC)$。晶体呈针状、纤维状或纤维状集合体。

物理性质：无色、灰色、褐色、深绿色，透明-半透明，玻璃光泽，性脆，{110}解理完全。摩氏硬度 5～6，相对密度 3.1～3.6。

显微镜下特征：二轴晶(+)，$2V = 65° \sim 90°$。$N_g = 1.664 \sim 1.708$，$N_m = 1.647 \sim 1.689$，$N_p = 1.6393 \sim 1.671$。

镁铁闪石片岩中的镁铁闪石

样品采自东介勒格勒。镁铁闪石呈无色-淡黄色，纤状、放射状定向分布，部分颗粒可见两组解理，镁铁闪石表面有微细粒铁矿物及碳质物，粒径为 0.10～0.40mm(图 10－121 至图 10－124)。

共伴生矿物：石英、长石、金云母、磁铁矿等。

图 10－121　镁铁闪石(Cum)呈细长针状、纤状定向分布(单偏光)

图 10－122　镁铁闪石的干涉色(正交偏光)

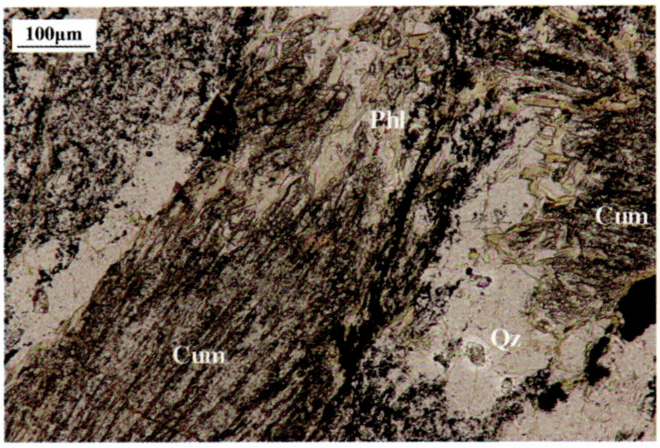

图 10－123　镁铁闪石呈纤状集合体形式分布(单偏光)

图 10－124　镁铁闪石的干涉色(正交偏光)

根据电子探针测试结果平均值(表 10－34)，以 O＝23 为基数，计算化学式：$(Na_{0.20}K_{0.08})_{\Sigma 0.28}(Mg_{1.34}Ca_{0.59})_{\Sigma 1.93}(Mg_{2.65}Fe^{2+}_{2.15}Mn_{0.19}Ti_{0.01})_{\Sigma 5.00}(Si_{7.88}Fe^{3+}_{0.07}Al_{0.05})_{\Sigma 8.00}O_{22}(OH)_2$。

表 10－34　镁铁闪石电子探针测试结果　　　单位：w_t/%

成分	测试点 P1	测试点 P2	测试点 P3	测试点 P4	测试点 P5	测试点 P6	平均值
FeO	19.85	19.57	15.30	14.72	19.81	19.87	18.19
MgO	18.22	18.09	18.47	18.14	18.19	17.89	18.17
CaO	2.51	2.35	6.01	7.32	2.17	2.39	3.79
MnO	1.64	1.66	1.67	1.23	1.24	1.70	1.52
TiO_2	0.06	0.17	0.13	0.00	0.24	0.11	0.12
Al_2O_3	0.29	0.27	0.33	0.31	0.29	0.28	0.29
K_2O	0.37	0.34	0.53	0.47	0.48	0.39	0.43
Na_2O	0.58	0.59	0.77	0.74	0.95	0.64	0.71
SiO_2	53.47	53.00	54.67	54.98	53.37	53.39	53.81
总计	96.99	96.04	97.88	97.91	96.74	96.66	97.03

全锰铁闪石 Permanganogrunerite

□$Mn_2^{2+}Mn_5^{2+}Si_8O_{22}(OH)_2$

铁闪石的类质同象，B、C 位置均为 Mn 占主导地位。

钠闪石型铌稀土铁矿石中的全锰铁闪石

样品采自东矿。全锰铁闪石呈无色粒状集合体形式分布于铁蛇纹石与磁黄铁矿间，或沿铁蛇纹石边缘环绕分布，粒径为 0.03～0.05mm(图 10-125，图 10-126)。全锰铁闪石 Mn、Si、Fe 元素面扫描及 BSE 图像见图 10-127 和图 10-128。

图 10-125 环绕铁蛇纹石(Gre)分布的全锰铁闪石(Pmgru)(单偏光)

图 10-126 环绕铁蛇纹石分布的全锰铁闪石(正交偏光)

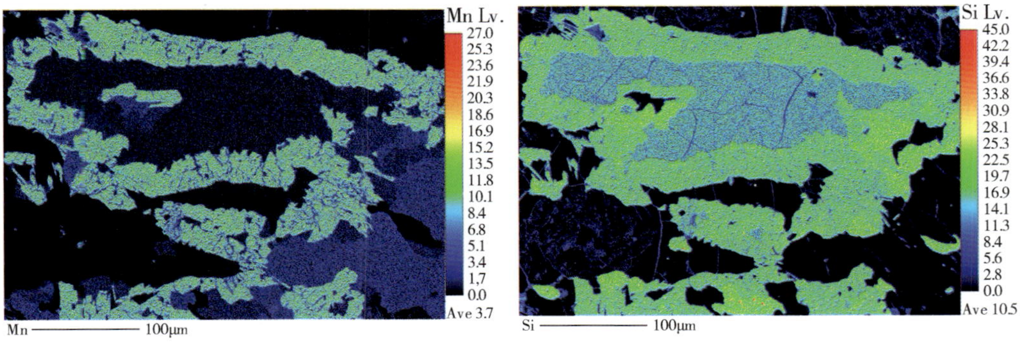

图 10-127 全锰铁闪石 Mn、Si 元素面扫描

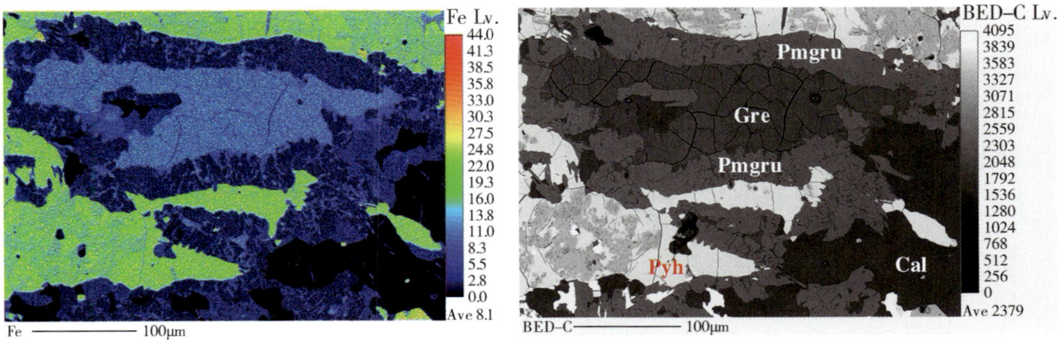

图 10-128 全锰铁闪石 Fe 元素面扫描及 BSE 图像

共伴生矿物：钠闪石、方解石、白云石、黄铁矿、磁黄铁矿、方铅矿、磁铁矿、铁蛇纹石、萤石、独居石、褐钇铌矿、铌铁矿、烧绿石等。

根据电子探针测试结果平均值(表 10-35)，以 O=23 为基数，计算化学式：$\square Mn_{2.00}(Mn_{3.87}Fe^{2+}_{0.94}Mg_{0.20})_{\Sigma 5.01}(Si_8O_{22})(OH)_2$。

表 10-35　全锰铁闪石电子探针测试结果　　单位：w_t/%

成分	测试点 P1	测试点 P2	测试点 P3	测试点 P4	测试点 P5	测试点 P6	平均值
MnO	41.73	41.08	41.69	41.58	41.02	42.03	41.52
FeO	7.47	7.93	6.33	6.44	6.29	5.91	6.73
MgO	1.03	1.05	0.76	0.68	0.61	0.61	0.79
SiO_2	47.64	47.67	47.65	48.08	47.85	47.92	47.80
总计	97.87	97.73	96.43	96.78	95.77	96.47	96.84

钙角闪石亚族

钙角闪石亚族属于单斜角闪石，其化学成分定义为(apfu)：$^B(Ca+Na)>1.0$，并且 $0.5<{}^BNa<1.0$，通常 $^BCa>1.5$。

白云鄂博矿区钙角闪石亚族包括：透闪石根名族矿物透闪石、阳起石根名族矿物阳起石、铁阳起石，它们构成了透闪石-铁阳起石系列。

矿区钙角闪石亚族还包括绿钙闪石根名族矿物镁绿钙闪石、镁钙闪石根名族矿物高铁镁钙闪石及浅闪石根名族矿物浅闪石。

透闪石　Tremolite

$\square Ca_2(Mg_{5.0-4.5}Fe^{2+}_{0.0-0.5})Si_8O_{22}(OH)_2$

化学组成：化学通式中(apfu)：C^{2+} 位 Mg>4.5，W 位为 OH 占主导地位。$^A(Na+K+2Ca)<0.5$，$^C(Al+Fe^{3+}+2Ti)<0.5$。

晶体结构：单斜晶系，空间群为 $C2/m$。$a_0=9.84$Å，$b_0=18.02$)Å，$c_0=5.27$Å；$\beta=104.95°$，$Z=2$。

形态：斜方柱晶形，$C_{2h}-2/m(L^2PC)$。晶体常呈细柱状、纤维状，集合体呈柱状或放射状。可见平行{100}的简单或聚片双晶，平行{001}的少见。

物理性质：无色、白色、灰色、棕色、浅绿色、浅黄色、绿色等，透明-半透明，条痕白色，玻璃光泽、丝绢光泽，性脆，{110}解理完全。摩氏硬度 5～6，相对密度 2.99～3.03。

显微镜下特征：二轴晶(－)，$2V=80°\sim88°$。$N_g=1.625\sim1.637$，$N_m=1.613\sim1.626$，$N_p=1.599\sim1.637$。

长英质粒岩中的透闪石

样品采自主矿钻孔。透闪石呈无色-浅棕色，细纤状集合体形式沿长石、石英矿物间隙分布，并与方解石紧密共生，粒径(长轴)为 0.05～0.08mm(图 10-129 至图 10-130)。

共伴生矿物：石英、长石、方解石、白云石、金云母、榍石、磁黄铁矿、黄铁矿、闪锌矿、磷灰石、独居石等。

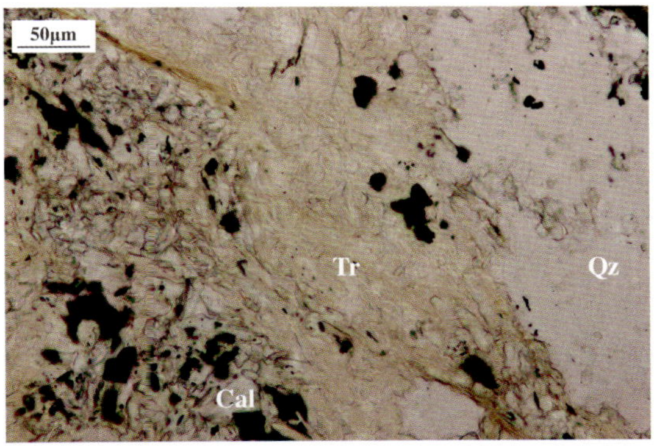

图 10-129 透闪石(Tr)呈细纤状分布(单偏光)

图 10-130 透闪石的Ⅱ级干涉色(正交偏光)

根据电子探针测试结果平均值(表 10-36)，以 O=23 为基数，计算化学式：$(Ca_{1.88}Fe_{0.07}Mn_{0.03})_{\Sigma 1.98}(Mg_{4.96}Al_{0.05})_{\Sigma 5.01}(Si_{7.99}Al_{0.01})_{\Sigma 8.00}O_{22}(OH)_2$。

表 10-36 透闪石电子探针测试结果 单位：$w_t/\%$

成分	测试点 P1	测试点 P2	测试点 P3	测试点 P4	测试点 P5	测试点 P6	平均值
MgO	24.24	23.78	23.70	24.36	24.09	23.88	24.01
CaO	12.73	12.77	12.72	12.12	13.00	12.96	12.72
FeO	0.37	0.95	1.04	0.28	0.52	0.54	0.62
Al_2O_3	0.40	0.26	0.30	0.35	0.43	0.29	0.34
MnO	0.19	0.32	0.29	0.28	0.22	0.21	0.25
SiO_2	57.54	57.64	58.11	58.01	58.01	58.68	58.00
总计	95.47	95.72	96.16	95.40	96.27	96.56	95.94

阳起石 Actinolite

□$Ca_2(Mg_{4.5-2.5}Fe^{2+}_{0.5-2.5})Si_8O_{22}(OH)_2$

化学组成：化学通式中(apfu)，$0.5 \leqslant Mg/(Mg+Fe^{2+}) \leqslant 0.9$，W 位为 OH 占主导地位。$^A(Na+K+2Ca)<0.5$，$^C(Al+Fe^{3+}+2Ti)<0.5$。

晶体结构：单斜晶系，空间群为 $C2/m$。$a_0 = 9.891(1)$Å，$b_0 = 18.200(1)$Å，$c_0 = 5.305(1)$Å；$\beta = 104.64(1)°$，$Z = 2$。

形态：斜方柱晶形，$C_{2h}-2/m(L^2PC)$。晶体常呈细柱状、纤维状，集合体呈柱状或放射状。

物理性质：绿-深绿色，灰绿色或黑色，条痕白色，透明-半透明，玻璃光泽、丝绢光泽，性脆，{110}解理完全。摩氏硬度 5～6，相对密度 3.03～3.24。

显微镜下特征：二轴晶(－)，$2V=79°\sim86°$。透射光下无色，淡绿-绿色。$N_g=1.636\sim1.666$，$N_m=1.624\sim1.656$，$N_p=1.613\sim1.646$。透射光下突起中等，多色性弱，浅黄色、黄绿色、浅绿色。

1. 阳起石片岩中的阳起石

样品采自菠萝头。阳起石呈淡黄色-棕黄色-淡绿色细纤状、柱状定向分布，可见多色性，干涉色Ⅱ级，与方解石、磁铁矿紧密共生，粒径为 0.20～0.50mm(图 10－131 至图 10－132)。

共伴生矿物：白云石、方解石、榍石、霓石、氟钙烧绿石、硅钛铈矿、磷灰石、金红石、石英、长石等。

图 10－131　阳起石(Act)的颜色变化于棕黄色-淡绿色之间(单偏光)

图 10－132　阳起石的Ⅱ级干涉色(正交偏光)

根据电子探针测试结果平均值(表 10－37)，以 O＝23 为基数，计算化学式：$(Na_{0.37}K_{0.07})_{\Sigma 0.44}(Ca_{1.37}Mg_{0.38}Na_{0.25})_{\Sigma 2.00}(Mg_{3.75}Fe^{2+}_{1.09}Mn_{0.16})_{\Sigma 5.00}(Si_{7.74}Fe_{0.26})_{\Sigma 8.00}O_{22}(OH)_2$。

表 10－37　阳起石电子探针测试结果　　单位：w_t/%

成分	测试点 P1	测试点 P2	测试点 P3	测试点 P4	测试点 P5	测试点 P6	平均值
MgO	18.68	18.86	18.94	18.57	18.99	19.07	18.85
FeO	11.16	10.71	11.02	11.89	10.65	11.38	11.13
CaO	8.51	9.62	9.26	8.04	8.82	8.26	8.75
Na_2O	2.13	1.81	1.87	2.74	2.35	2.30	2.20
MnO	1.39	1.39	1.24	1.24	1.26	1.33	1.31
K_2O	0.40	0.32	0.38	0.49	0.42	0.28	0.38
SiO_2	53.38	53.25	53.21	52.46	52.74	52.65	52.95
总计	95.65	95.96	95.92	95.43	95.23	95.27	95.57

2. 角闪石片岩中的的阳起石

样品采自东介勒格勒。角闪石主要为阳起石，呈淡黄色短柱状、细纤状分布，干涉色低，与石英紧密共生，颗粒较细，粒径为 0.05～0.10mm(图 10－133、图 10－134)。

共伴生矿物：石英、长石、磷灰石、磁铁矿、钛铁矿等。

图 10－133 细纤状分布的阳起石(Act)
(单偏光)

图 10－134 阳起石的Ⅰ～Ⅱ级干涉色
(正交偏光)

根据电子探针测试结果平均值(表 10－38)，以 O＝23 为基数，计算化学式：$(Ca_{0.16}Na_{0.06}K_{0.02})_{\Sigma 0.24}(Ca_{1.79}Mg_{0.20})_{\Sigma 2.00}(Mg_{3.42}Fe^{2+}_{1.46}Mn_{0.12})_{\Sigma 5.00}(Si_{7.63}Al_{0.35}Fe_{0.02})_{\Sigma 8.00}O_{22}(OH)_2$。

表 10－38 阳起石电子探针测试结果 单位：w_t/%

成分	测试点 P1	测试点 P2	测试点 P3	测试点 P4	测试点 P5	测试点 P6	平均值
MgO	17.28	17.54	19.29	15.28	15.87	15.02	16.71
CaO	12.86	12.40	12.57	12.43	12.53	12.65	12.57
FeO	11.98	10.85	9.42	13.94	12.66	14.74	12.26
Al_2O_3	1.67	4.04	1.48	2.35	2.13	0.52	2.03
MnO	0.89	1.06	0.78	1.14	0.92	1.16	0.99
Na_2O	0.13	0.46	0.18	0.22	0.17	0.04	0.20
K_2O	0.06	0.26	0.11	0.14	0.09	0.01	0.11
SiO_2	53.04	51.26	53.64	52.65	52.92	53.32	52.81
总计	97.91	97.87	97.47	98.15	97.29	97.46	97.68

铁阳起石 Ferro－actinolite

$\square Ca_2(Fe^{2+}_{2.5-5.0}Mg_{2.5-0.0})Si_8O_{22}(OH)_2$

化学组成：化学通式中(apfu)，$Mg/(Mg+Fe^{2+})<0.5$，W 位为 OH 占主导地位。$^A(Na+K+2Ca)<0.5$，$^C(Al-Fe^{3+}+2Ti)<0.5$。

晶体结构：单斜晶系，空间群为 $C2/m$。$a_0=9.91$Å，$b_0=18.17$Å，$c_0=5.27$Å；$\beta=104.98°$，$Z=4$。

形态：斜方柱晶形，$C_{2h}-2/m(L^2PC)$。晶体常呈细柱状、纤维状，集合体呈柱状或放射状。可见平行{100}的简单双晶。

物理性质：绿-深绿色，灰绿色或黑色，条痕绿白色，透明-半透明，玻璃光泽，性脆，解理{110}完全，解理夹角 124°和 56°。摩氏硬度 5～6，相对密度 3.24～3.48。

显微镜下特征：二轴晶(－)，$2V=10°\sim12°$。$N_g=1.702$，$N_m=1.685$，$N_p=1.668$。透射光下突起高，多色性明显，黄绿-绿色。

片岩中的铁阳起石

样品采自菠萝头。铁阳起石呈绿色-暗绿色，细纤状集合体形式分布，多色性明显，干涉色被本身颜色掩盖，粒径为0.50～1.00mm(图10－135、图10－136)。

共伴生矿物：方解石、白云石、磁铁矿、榍石、霓石、硅钛铈矿、磷灰石、石英、长石等。

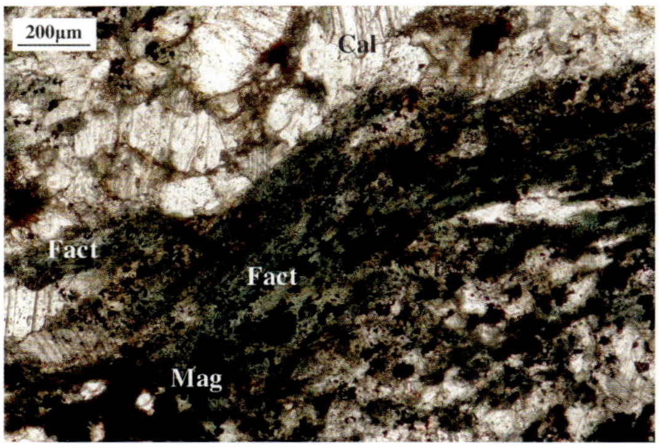

图10－135　暗绿色铁阳起石(Fact)(单偏光)

图10－136　铁阳起石的干涉色被本身颜色掩盖(正交偏光)

根据电子探针测试结果平均值(表10－39)，以O＝23为基数，计算化学式：$Na_{0.09}(Ca_{1.92}Mg_{0.08})_{\Sigma 2.00}(Fe_{2.51}Mg_{2.33}Mn_{0.13}Al_{0.03})_{\Sigma 5.00}(Si_{7.92}Al_{0.08})_{\Sigma 8.00}O_{22}(OH)_2$。

表10－39　铁阳起石电子探针测试结果　　单位：w_t/%

成分	测试P1	测试P2	测试P3	测试P4	平均值
FeO	19.34	20.48	20.38	19.44	19.91
CaO	11.81	11.85	11.88	11.78	11.83
MgO	11.07	10.18	11.12	10.14	10.63
MnO	0.98	0.99	1.02	0.94	0.98
Al_2O_3	0.83	0.43	0.58	0.68	0.63
Na_2O	0.41	0.19	0.24	0.36	0.30
SiO_2	51.97	52.73	51.78	52.92	52.35
总计	96.41	96.85	97.00	96.26	96.63

镁绿钙闪石　Magnesio－hastingsite

$NaCa_2(Mg_4Fe^{3+})(Si_6Al_2)O_{22}(OH)_2$

化学组成：化学通式中，A位为Na占主导，C位为Mg占主导，W位为OH占主导。$0.5<{}^{A}(Na+K+2Ca)<1.5$(apfu)，$0.5<{}^{C}(Fe^{3+}+Al+2Ti)<1.5$(apfu)。

晶体结构：单斜晶系，空间群为$C2/m$。$a_0=9.88Å$，$b_0=18.01Å$，$c_0=5.32Å$；$\beta=105.26°$，$Z=2$。

形态：斜方柱晶形，$C_{2h}-2/m(L^2PC)$。晶体常呈短柱状、纤维状，集合体呈柱状或放射状。

物理性质：绿色-棕绿色，条痕浅灰绿色-浅棕绿色，半透明-透明，玻璃光泽，{110}解理较好。摩氏硬度5～6，相对密度3.03。

显微镜下特征：一轴晶(－)，$2V=60°\sim90°$。$N_p=1.653\sim1.670$，$N_m=1.661\sim1.690$，$N_g=1.669\sim1.700$。

闪长岩中的镁绿钙闪石

样品采自东部接触带。镁绿钙闪石呈黄绿色-棕绿色-暗绿色，半自形-他形短柱状分布于自形-半自形正长石矿物间，构成辉绿结构，镁绿钙闪石多色性显著，粒径为0.10～0.30mm(图10－137、图10－138)。

共伴生矿物：正长石、金云母、磷灰石、褐帘石、独居石等。

图10－137 短柱状分布的镁绿钙闪石(Mhst)与正长石(Or)(单偏光)

图10－138 镁绿钙闪石与正长石(正交偏光)

根据电子探针测试结果平均值(表10－40)，以O＝23为基数，计算化学式：$(Na_{0.44}K_{0.28})_{\Sigma0.72}(Ca_{1.53}Na_{0.47})_{\Sigma2.00}(Mg_{2.52}Fe^{2+}_{1.18}Ca_{0.15}Ti_{0.11}Mn_{0.04})_{\Sigma4.00}(Fe^{3+}_{0.73}Al_{0.25}Cr_{0.02})_{\Sigma1.00}(Si_{6.75}Al_{1.25})_{\Sigma8.00}O_{22}(OH)_2$。

表10－40 镁绿钙闪石电子探针测试结果 单位：$w_t/\%$

成分	测试点P1	测试点P2	测试点P3	测试点P4	测试点P5	测试点P6	平均值
FeO	15.60	15.30	15.46	15.66	15.47	15.26	15.46
MgO	11.16	11.04	11.19	11.35	11.32	11.53	11.27
CaO	10.43	10.47	10.53	10.56	10.46	10.57	10.50
Al_2O_3	10.07	10.04	10.07	10.13	10.11	9.68	10.02
Na_2O	3.17	3.06	3.22	3.01	3.36	3.03	3.14
TiO_2	1.18	1.11	1.11	1.09	1.07	0.34	0.98
K_2O	1.51	1.48	1.42	1.47	1.40	1.52	1.47
MnO	0.48	0.36	0.46	0.44	0.36	0.36	0.41
Cr_2O_3	0.22	0.25	0.19	0.10	0.20	0.04	0.17
SiO_2	43.53	43.18	43.47	43.52	43.19	43.81	43.45
总计	97.35	96.29	97.12	97.33	96.94	96.14	96.87

高铁镁钙闪石 Ferri－tschermakite

□(Ca_2($Mg_3Fe_2^{3+}$)(Al_2Si_6)O_{22}(OH)$_2$

化学组成：化学通式中，C 位为 Mg^{2+} 和 Fe^{3+} 占主导，W 位为 OH 占主导。^{A}(Na+K+2Ca)<0.5(apfu)，^{C}(Fe^{3+}+Al+2Ti)>1.5(apfu)。

晶体结构：单斜晶系，空间群为 $C2/m$。a_0= 9.9Å，b_0= 18.0Å，c_0= 5.3Å；β = 105°，Z= 2。

形态：斜方柱晶形，$C_{2h}-C2/m(L^2PC)$。晶体常呈短柱状。集合体呈致密块状。

物理性质：绿色-棕绿色-黑色、棕色，条痕浅灰色-绿色，透明-不透明，玻璃光泽，性脆，{110}解理完全。摩氏硬度 5～6，相对密度 3.15～3.35。

显微镜下特征：一轴晶(−)，$2V$=45°。N_p=1.623～1.660，N_m=1.630～1.680，N_g=1.638～1.688。

闪长岩中的高铁镁钙闪石

样品采自东矿边缘。高铁镁钙闪石呈浅棕色-棕色、绿色，自形-半自形短柱状、板状与钠长石相间分布，粒径为 0.10～0.20mm(图 10－139 至图 10－142)。

共伴生矿物：钠长石、钙长石、正长石、钡长石等。

图 10－139　短柱状分布的高铁镁钙闪石(Ftsr)与钠长石(Ab)(单偏光)

图 10－140　高铁镁钙闪石与钠长石(正交偏光)

图 10－141　短柱状分布的高铁镁钙闪石与钠长石(单偏光)

图 10－142　高铁镁钙闪石与钠长石(正交偏光)

分别对棕色和绿色矿物颗粒做了电子探针测试(表 10－41)，P1 至 P3 为绿色颗粒测试点结果，P4 至 P6 为棕色颗粒测试点结果，绿色颗粒含 Mg、Ca、Si 稍高于棕色颗粒，棕色颗粒含 Al、Ti、Na 稍高于绿色颗粒。

根据电子探针测试结果平均值(表 10－41)，以 O＝23 为基数，计算化学式：$(Na_{0.15}K_{0.08})_{\Sigma 0.23}(Ca_{1.70}Na_{0.30})_{\Sigma 2.00}(Mg_{3.04}Fe^{3+}_{1.69}Ti_{0.14}Mn_{0.04})_{\Sigma 4.91}(Si_{6.26}Al_{1.71}Fe^{3+}_{0.03})_{\Sigma 8.00}O_{22}(OH)_2$。

表 10－41 高铁镁钙闪石电子探针测试结果 单位：$w_t/\%$

成分	测试点 P1	测试点 P2	测试点 P3	测试点 P4	测试点 P5	测试点 P6	平均值
FeO	15.24	16.05	13.00	16.35	17.31	16.28	15.71
MgO	14.20	14.14	16.44	12.90	12.05	13.31	13.84
CaO	11.70	11.65	11.43	9.82	9.88	10.64	10.85
Al_2O_3	9.52	8.38	6.37	11.96	10.85	12.48	9.93
Na_2O	1.50	1.18	0.76	2.62	1.63	1.93	1.60
K_2O	0.17	0.17	0.20	0.69	0.54	0.66	0.41
MnO	0.28	0.31	0.27	0.39	0.55	0.35	0.36
TiO_2	0.06	0.07	0.22	2.43	2.18	2.82	1.30
SiO_2	43.99	45.23	47.51	39.18	41.16	39.44	42.75
总计	96.66	97.18	96.20	96.34	96.15	97.91	96.75

浅闪石 Edenite

$NaCa_2Mg_5(Si_7Al)O_{22}(OH)_2$

化学组成：化学通式中，A 位为 Na 占主导，C 位为 Mg 占主导，W 位为 OH 占主导。$^A(Na+K+2Ca)\geqslant 0.5$(apfu)，$^C(Fe^{3+}+Al+2Ti)\leqslant 0.5$(apfu)。

晶体结构：单斜晶系，空间群为 $C2/m$。$a_0=9.837$Å，$b_0=17.954$Å，$c_0=5.307$Å；$\beta=105.18°$，$Z=2$。

形态：斜方柱晶形，$C_{2h}-2/m(L^2PC)$。晶体常呈柱状。

物理性质：白色、灰色、浅绿色-暗绿色、棕色等，条痕白色，半透明，玻璃光泽，性脆，{110}解理完全。摩氏硬度 5～6，相对密度 3.05～3.37。

显微镜下特征：一轴晶(＋)，$2V=52°\sim83°$。$N_p=1.606\sim1.649$，$N_m=1.617\sim1.660$，$N_g=1.631\sim1.672$。

1. 白云石型铌稀土矿石中的浅闪石

样品采自主矿。浅闪石呈浅绿色-浅蓝绿色，板状、柱状或放射状分布于白云石矿物间，颗粒较粗，弱多色性，粒径为 0.20～0.50mm(图 10－143 至图 10－146)。

共伴生矿物：白云石、磁铁矿、黄铁矿、磷灰石、闪锌矿、金云母、氟碳铈矿、氟碳钙铈矿、独居石、黄河矿、重晶石、钡解石等。

图 10-143 短柱状分布的浅闪石(Ed)(单偏光)

图 10-144 浅闪石的干涉色(正交偏光)

图 10-145 浅蓝绿色浅闪石(单偏光)

图 10-146 浅闪石的干涉色(正交偏光)

根据电子探针测试结果平均值(表 10-42)，以 O=23 为基数，计算化学式：$(Na_{0.31}Ca_{0.27}K_{0.03})_{\Sigma 0.61}(Ca_{1.56}Mg_{0.44})_{\Sigma 2.00}(Mg_{2.94}Fe^{2+}_{1.83}Al_{0.18}Ti_{0.02}Mn_{0.03})_{\Sigma 5.00}(Si_{6.87}Al_{1.13})_{\Sigma 8.00}O_{22}(OH)_2$。

表 10-42 浅闪石电子探针测试结果 单位：$w_t/\%$

成分	测试点 P1	测试点 P2	测试点 P3	测试点 P4	测试点 P5	平均值
MgO	14.20	14.14	14.35	16.25	16.44	15.07
FeO	15.24	16.05	14.81	14.11	13.00	14.64
CaO	11.70	11.65	10.97	11.38	11.43	11.43
Al_2O_3	9.52	8.38	7.91	5.06	6.37	7.45
Na_2O	1.50	1.18	1.23	0.72	0.76	1.08
MnO	0.28	0.31	0.22	0.29	0.27	0.27
K_2O	0.17	0.17	0.24	0.12	0.20	0.18
TiO_2	0.06	0.07	0.27	0.08	0.22	0.14
SiO_2	43.99	45.23	44.61	47.99	47.51	45.87
总计	96.66	97.18	94.61	96.00	96.20	96.13

2. 角闪石片岩中的浅闪石

样品采自东介勒格勒。浅闪石呈暗绿色，自形-半自形-他形板状、粒状分布于石英间并定向排列，部分颗粒呈规则的六边形，表面因碳质浸染显污浊，浅闪石粒径为0.05～0.20mm(图10-147、图10-148)。

共伴生矿物：石英、金云母、碳质等。

图10-147 暗绿色浅闪石(Ed)分布于石英(Qz)间(单偏光)

图10-148 浅闪石的Ⅱ级干涉色(正交偏光)

根据电子探针测试结果平均值(表10-43)，以O=23为基数，计算化学式：$(Na_{0.49}K_{0.12})_{\Sigma 0.61}(Ca_{1.68}Mg_{0.32})_{\Sigma 2.00}(Mg_{2.57}Fe^{2+}_{2.22}Mn_{0.02}Ti_{0.01})_{\Sigma 5.00}(Si_{7.80}Al_{0.15}Fe_{0.05})_{\Sigma 8.00}O_{22}(OH)_2$。

表10-43 浅闪石电子探针测试结果 单位：$w_t/\%$

成分	测试点P1	测试点P2	测试点P3	测试点P4	测试点P5	测试点P6	平均值
FeO	17.88	17.58	17.66	18.17	18.07	16.96	17.72
MgO	12.54	12.55	12.60	12.81	12.64	13.70	12.81
CaO	10.23	10.42	9.92	10.68	10.55	10.88	10.45
Na_2O	1.84	1.75	2.17	1.37	1.52	1.44	1.68
Al_2O_3	1.12	0.98	1.07	0.50	0.90	0.63	0.87
K_2O	0.69	0.62	0.79	0.51	0.64	0.44	0.62
MnO	0.19	0.17	0.24	0.12	0.28	0.15	0.19
TiO_2	0.15	0.10	0.16	0.04	0.09	0.05	0.10
SiO_2	51.57	51.61	51.95	52.17	51.77	52.46	51.92
总计	96.21	95.78	96.56	96.37	96.46	96.71	96.36

钠钙角闪石亚族

钠钙角闪石亚族矿物化学成分定义为(apfu)^A(Na+K+2Ca)>0.5，^{C}(Al+Fe^{3+}+2Ti)<0.5，W位可能为OH、F或Cl。白云鄂博矿区目前钠钙角闪石亚族矿物有钠透闪

石根名族矿物钠透闪石。

钠透闪石 Richterite

$Na(NaCa)Mg_5Si_8O_{22}(OH)_2$

化学组成：化学通式中，A 为 Na 占主导，C 为 Mg 占主导，W 位 OH 占主导。

晶体结构：单斜晶系，空间群为 $C2/m$。$a_0=9.783Å$，$b_0=17.943Å$，$c_0=5.287Å$，$\beta=104.070°$，$Z=2$。

形态：斜方柱晶形，$C_{2h}-2/m(L^2PC)$。柱状、针状晶体，有时见平行{100}的简单和聚片双晶。纤状、放射状、柱状、束状等集合体形式分布。

物理性质：褐色-褐红色、玫瑰色、黄色、灰褐色、暗绿色、灰蓝色等，条痕白色，透明，玻璃光泽，性脆，{110}解理完全，解理交角 56°和 124°。摩氏硬度 5～6，相对密度 3.1。

显微镜下特征：二轴晶(－)，$2V=68°$。$N_g=1.636$，$N_m=1.629$，$N_p=1.615$。

角闪石片岩中的钠透闪石

样品采自东介勒格勒。角闪石主要为钠透闪石，呈淡绿色放射状分布，干涉色Ⅱ级，颗粒粗大，部分被草绿色霓石交代，粒径为 0.20～0.50mm(图 10－149、图 10－150)。

共伴生矿物：霓石、方解石、白云石、金云母、黄铁矿等。

图 10－149　放射状分布的钠透闪石(Rct)(单偏光)

图 10－150　钠透闪石的Ⅱ级干涉色(正交偏光)

根据电子探针测试结果平均值(表 10－44)，以 O＝23 为基数，计算化学式：$(Na_{0.83}K_{0.23})_{\Sigma 1.06}(Ca_{0.89}Na_{0.82}Mg_{0.29})_{\Sigma 2.00}(Mg_{3.99}Fe^{2+}_{0.88}Mn_{0.13})_{\Sigma 5.00}(Si_{7.78}Al_{0.22})_{\Sigma 8.00}O_{22}(OH_{1.26}F_{0.74})_{\Sigma 2.00}$。

表 10－44　钠透闪石电子探针测试结果　　单位：$w_t/\%$

成分	测试点 P1	测试点 P2	测试点 P3	测试点 P4	测试点 P5	测试点 P6	平均值
MgO	18.96	20.42	19.71	20.01	19.75	19.54	19.73
FeO	8.25	6.68	7.14	6.60	7.55	7.35	7.26
CaO	6.69	6.16	6.31	5.76	5.22	4.50	5.77
Na_2O	5.52	5.60	5.47	5.86	6.24	6.60	5.88
Al_2O_3	2.66	1.22	1.70	0.53	0.92	0.69	1.29
K_2O	1.29	1.20	1.28	1.25	1.10	1.31	1.24

续表

成分	测试点 P1	测试点 P2	测试点 P3	测试点 P4	测试点 P5	测试点 P6	平均值
MnO	1.00	1.08	1.05	1.08	1.12	0.84	1.03
SiO_2	51.89	54.19	53.37	54.73	53.83	54.67	53.78
F	1.63	1.75	1.59	1.64	1.66	1.57	1.64
$-O=F_2$	0.68	0.74	0.67	0.69	0.70	0.66	0.69
总计	97.21	97.56	96.95	96.77	96.69	96.41	96.93

三、硅镁钡石族

硅镁钡石* Magbasite

$KBaFe^{3+}Mg_7Si_8O_{22}(OH)_2F_6$

化学组成：化学式中 Fe^{3+} 可被 Al 和 Sc 所置换，Ba 可被 Ca 置换。

晶体结构：斜方晶系，空间群为 *Cmma*。$a_0=18.9506(3)$Å，$b_0=22.5045(3)$Å，$c_0=5.2780(1)$Å，$Z=4$。

形态：双锥状晶形，$D_{2h}-mmm(3L^2 3PC)$。晶体呈毛毡状或针状扇形集合体产出。

物理性质：无色至粉紫色，透明-半透明，玻璃光泽。摩氏硬度 5，相对密度 3.41。

显微镜下特征：二轴晶(−)，$2V=70°$。$N_g=1.615$，$N_m=1.609$，$N_p=1.597$。$N_g-N_p=0.018$，消光角 $N_g \wedge c=10°$。透射光下无色-浅紫色，突起中等，多色性显著。

硅镁钡石是由前苏联专家 1965 年在白云鄂博矿床发现的新矿物之一，2014 年，Welch 等测定其结构，当时被认为是白云鄂博含 Sc 最高的矿物，Sc_2O_3 含量达 2.1%。根据化学成分及形态列入链状构造硅酸盐亚类。

化学组成：SiO_2 39.70%，Al_2O_3 4.0%，Sc_2O_3 2.1%，FeO 8.9%，MgO 21.4%，CaO 1.7%，BaO 14.8%，K_2O 4.9%，F 5.5%，$-O=F_2$ 2.3，总计 100.7%(谢苗诺夫，1965)。当时确认的化学式为 $KBa(Mg,Fe^{2+})_6(Al,Sc)(Si_6O_{20})F_2$。

共伴生矿物：萤石、重晶石、氟碳钙铈矿等。

白云石型铌稀土矿石中的硅镁钡石

样品采自西矿。电子探针测试数据见表 10－45，含 Al_2O_3 较低，Sc_2O_3 低于检出限，与裘愉卓等(2009)数据相似，与 1965 年测试数据相差较大，因此可推断硅镁钡石含钪高是偶然，不是普遍现象。

硅镁钡石呈无色-淡粉色-玫瑰色板状或放射状分布，颗粒粗大，粒径为 0.50～5.00mm，多色性显著(图 10－151 至图 10－153)，部分颗粒中包裹磁铁矿、钛铁矿、萤石等(图 10－154)。除硅镁钡石颗粒较大，共伴生的其他矿物颗粒均较细，推断为晚期形成的矿物。

为了验证 Sc 的含量，对探针片 1cm×1cm 面积区域进行了 LIBS(Laser－induced Breakdown Spectyoscopy，激光诱导击穿光谱仪)面扫描，确定 Sc 含量为$(200\sim1500)\times10^{-6}$(图 10－155)。

共伴生矿物：白云石、萤石、磁铁矿、黄铁矿、钛铁矿、硅钡铁钛石、重晶石、钠闪石等。

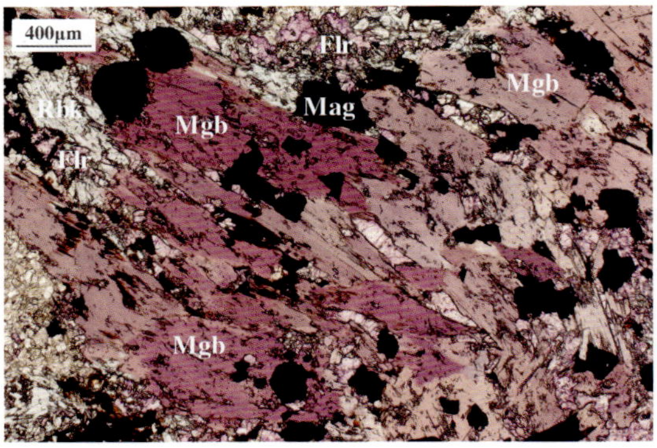

图 10 - 151　淡粉色-玫瑰色的硅镁钡石(Mgb)(单偏光)

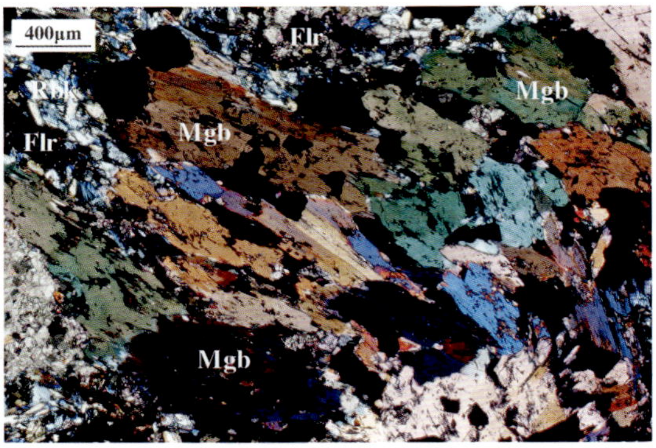

图 10 - 152　硅镁钡石的干涉色(正交偏光)

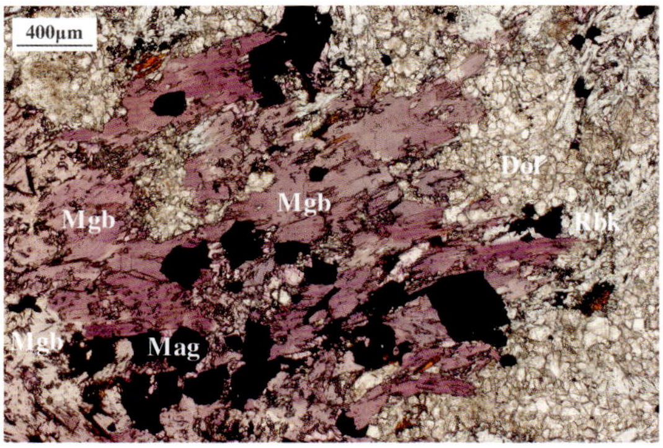

图 10 - 153　淡粉色一玫瑰色的硅镁钡石分布于细粒白云石(Dol)间(单偏光)

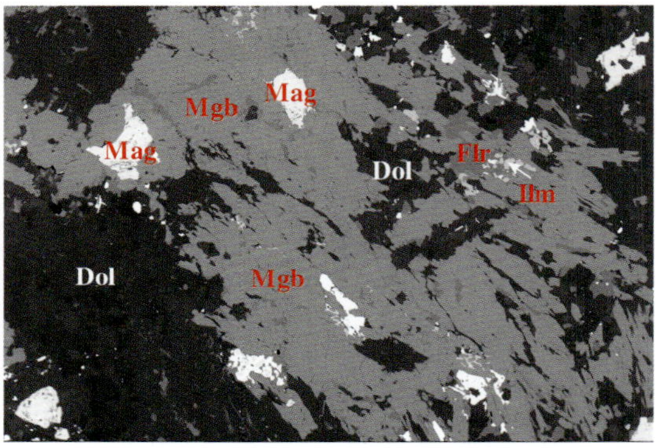

图 10 - 154　硅镁钡石中包裹着磁铁矿(Mag)、萤石(Flr)、钛铁矿(Ilm)等(BSE)

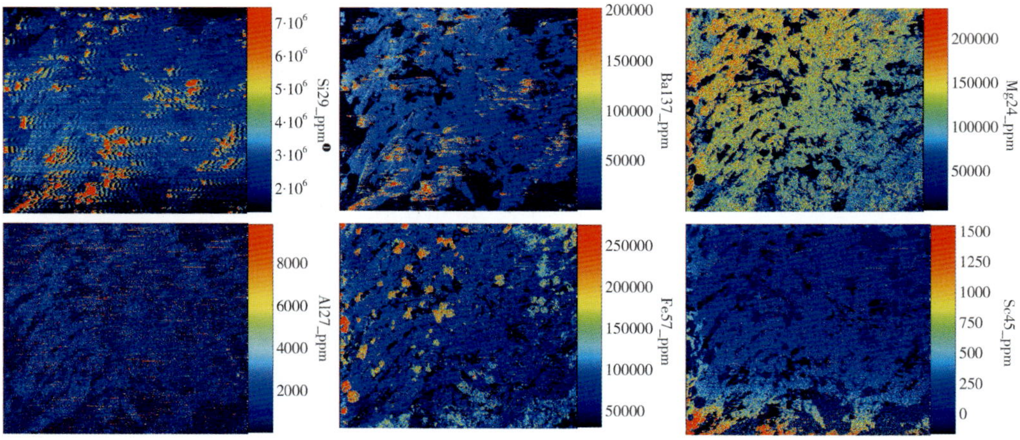

图 10 - 155　硅镁钡石 Si、Ba、Mg、Al、Fe、Sc 元素 LIBS 面扫描图像

❶ 1ppm＝1×10^{-6}。

根据电子探针测试平均值(表 10-45)，以 O=26 为基数计算化学式：$K_{0.91}Ba_{1.01}(Fe^{3+}_{0.78}Si_{0.14}Al_{0.08})_{\Sigma1.00}(Mg_{5.66}Fe^{2+}_{0.92}Mn_{0.28}Ti_{0.05})_{\Sigma6.91}Si_8O_{22}(OH)_2(F_{5.01}OH_{0.99})_{\Sigma6.00}$。

表 10-45　硅镁钡石电子探针测试结果　　单位：w_t/%

成分	测试点 P1	测试点 P2	测试点 P3	平均值
MgO	20.34	20.06	19.78	20.06
BaO	15.62	12.99	12.51	13.71
FeO	10.77	11.13	10.90	10.93
K_2O	3.75	3.78	3.86	3.79
MnO	0.75	1.63	1.77	1.38
TiO_2	0.32	0.35	0.30	0.32
Al_2O_3	0.31	0.37	0.45	0.37
SiO_2	42.53	43.68	43.59	43.27
F	8.30	8.33	8.69	8.44
$-O=F_2$	3.50	3.51	3.66	3.55
总计	99.19	98.81	98.19	98.72

第四节　层状硅酸盐矿物

在白云鄂博矿区，层状硅酸盐类矿物主要有云母族矿物、蛇纹石-高岭石族矿物、绿泥石族矿物、海泡石族矿物和蒙脱石族矿物。

一、云母族

云母族矿物化学式为 $XY_{2-3}(Z_4O_{10})(OH,F)_2$，阳离子可分为 X、Y、Z 三组：

X 组阳离子主要是大阳离子 K^+，其次是 Na^+，还有 Ca^{2+}、Ba^{2+}、Li^+、Cs^+、Rb^+ 等置换 K^+；

Y 组阳离子主要是 Al^{3+}、Fe^{3+} 和 Mg^{2+}，还有 Mn^{2+}、Li^+、V^{3+}、Cr^{3+}、Zn^{2+}、Ti^{4+} 等离子；

Z 组阳离子主要是位于硅氧四面体层的 Si^{4+} 和 Al^{3+}，配位数为 4，一般 Al∶Si=1∶3，少数情况下有 Fe^{3+}、Cr^{3+} 的替代。

附加阴离子$(OH)^-$与 O^{2-} 的理想比值是 2∶10，$(OH)^-$可被 F^-、Cl^- 替代。

根据层间离子的种类，云母分为真云母和脆云母。真云母 X 位一价阳离子≥50%；脆云母 X 位一价阳离子<50%。如果 0.6≤结构单元中层间正电荷<0.85，代表亏损层间阳离子云母，简称“层间亏损云母”(Rieder et al., 1998)。

根据八面体位置中 Y 组阳离子是三价还是二价以及不同的填满程度，真云母分为二八面体型和三八面体型。

白云鄂博矿区云母族矿物主要为三八面体云母族的黑云母亚族矿物，黑云母是三八面体云母族富钾的亚族，1998—1999 年 CNMNC 云母命名小组委员会建议将“黑云母”这个名称用于指代介于铁云母-金云母系列和铁叶云母-富镁黑云母系列之间的任何矿物，因此不再被视为一个矿物种名称。更严格地说，黑云母是一个亚族。其他密切相关的物种，如氟金云母和氟铁金云母通常被包括在这个亚族中。黑云母通常(在野外或岩石学上)用于任何未经分析或分析不完全的深色富铁云母，包括铁云母、氟铁云母、高铁云母和铁叶云母等。

白云鄂博矿区主要以黑云母亚族矿物为主，包括铁云母、金云母、氟金云母、氟铁金云母等，从研究测试的数量和结果来看，矿区黑云母亚族矿物金云母含量多于铁云母，即化学成分中 Mg>Fe(apfu)，且金云母中有一部分含 F 高为氟金云母。

除黑云母亚族外，白云鄂博矿区还有三八面体云母族的杨主明云母、脆云母族的氟木下云母及钡镁脆云母、二八面体族的白云母、层间亏损云母伊利石。

铁云母　Annite

$KFe^{2+}_3(AlSi_3O_{10})(OH)_2$

化学组成：化学式中(apfu)，Fe^{2+}>Mg，OH>F。

晶体结构：单斜晶系，空间群为 $C2/m$。a_0 = 5.3860(9)Å，b_0 = 9.3241(7)Å，c_0 = 10.2683(9)Å；β = 100.63(1)°，Z = 2。

形态：斜方柱晶形，$C_{2h}-2/m(L^2PC)$。晶体呈假六方板状、短柱状，集合体为片状或鳞片状。

物理性质：棕色、黑色，透明-不透明，玻璃光泽，韧性好。{001}解理完好。摩氏硬度 2.5～3.0，相对密度 3.3。

显微镜下特征：二轴晶(－)，$2V$=12°～36°。N_g=1.691～1.697，N_m=1.690～1.617，N_p=1.625～1.631。

1. 云母片岩中的铁云母

样品采自主矿，属于铁云母片岩。铁云母呈翠绿色鳞片状集合体形式分布，略具定向，多色性变化于无色-浅灰绿色-绿色之间，粒径为 0.05～0.15mm(图 10－156 至图 10－159)。

共伴生矿物：磷灰石、独居石等。

图 10－156　鳞片状分布的铁云母(Ann)(单偏光)

图 10－157　铁云母的干涉色(正交偏光)

图 10-158 鳞片状分布的铁云母(单偏光)

图 10-159 铁云母的干涉色(正交偏光)

电子探针测试结果(表 10-46)显示，含 V、Ba 较高，V_2O_3、BaO 平均含量分别为 5.07%和 1.97%，V 含量高是导致铁云母显翠绿色的原因。

根据电子探针测试结果平均值，以 O=11 为基数，计算化学式：$(K_{0.87}Ba_{0.06}Na_{0.03})_{\Sigma 0.95}(Fe_{1.81}Mg_{0.63}V_{0.33}Al_{0.18}Ti_{0.03}Mn_{0.01})_{\Sigma 2.99}(Si_{2.41}Al_{1.59})_{\Sigma 4.00}O_{10}(OH)_2$。

表 10-46 铁云母电子探针测试结果 单位：w_t/%

成分	测试点 P1	测试点 P2	测试点 3	测试点 4	测试点 5	测试点 6	平均值
SiO_2	29.09	29.10	30.14	29.40	29.81	28.71	29.38
FeO	26.29	26.59	26.47	26.36	27.07	26.36	26.52
Al_2O_3	18.59	18.78	18.33	18.13	17.91	18.62	18.39
K_2O	8.12	8.43	8.78	8.26	8.46	8.16	8.37
V_2O_3	5.78	5.86	3.49	5.87	4.42	5.02	5.07
MgO	5.23	4.88	5.28	5.38	5.28	4.92	5.16
BaO	2.37	1.87	1.20	2.31	1.79	2.30	1.97
TiO_2	0.61	0.64	0.45	0.62	0.63	0.51	0.57
Na_2O	0.21	0.15	0.14	0.16	0.12	0.18	0.16
MnO	0.10	0.16	0.18	0.17	0.14	0.20	0.16
Cr_2O_3	0.04	0.08	0.00	0.10	0.03	0.01	0.04
总计	96.43	96.54	94.46	96.76	95.66	94.99	95.79

2. 云母型铌稀土铁矿石中的铁云母

样品采自主矿。铁云母呈灰棕色-棕色，片状、鳞片状集合体形式分布，粒径(长轴)为 0.20～0.30mm。铁云母矿物间有褐帘石分布(图 10-160 至图 10-163)。

共伴生矿物：磁铁矿、褐帘石、烧绿石、铌铁矿、独居石、磷灰石、黄铁矿、钛铁矿、黄河矿、石英等。

图 10－160　铁云母(Ann)间分布褐帘石(Aln－Ce)(单偏光)

图 10－161　铁云母的干涉色(正交偏光)

图 10－162　磁铁矿(Mag)间的铁云母(单偏光)

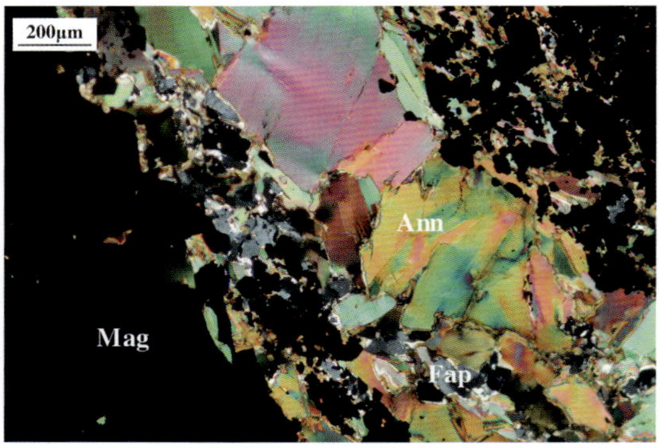

图 10－163　铁云母的干涉色(正交偏光)

根据电子探针测试结果平均值(表 10－47)，以 O＝11 为基数，计算化学式：$(K_{0.93}Ba_{0.01}Na_{0.01})_{\Sigma 0.97}(Fe^{2+}_{1.48}Mg_{0.85}Al_{0.44}Ti_{0.07}Mn_{0.01})_{\Sigma 2.85}(Si_{2.74}Al_{1.26})_{\Sigma 4.00}O_{10}(OH_{1.60}F_{0.40})_{\Sigma 2.00}$。

表 10－47　铁云母电子探针测试结果　　单位：w_t/%

成分	测试点 P1	测试点 P2	测试点 P3	测试点 P4	测试点 P5	测试点 P6	平均值
FeO	25.23	22.46	24.67	21.68	23.56	21.94	23.26
Al_2O_3	19.11	18.52	18.78	17.71	20.87	17.97	18.83
K_2O	9.55	9.66	9.69	9.47	9.48	9.52	9.56
MgO	6.55	8.18	6.92	8.08	6.63	7.95	7.39
TiO_2	1.71	1.36	0.70	1.68	0.91	0.93	1.21
BaO	0.33	0.38	0.16	0.52	1.00	0.31	0.45
Na_2O	0.18	0.20	0.15	0.29	0.18	0.28	0.21
MnO	0.18	0.18	0.18	0.12	0.10	0.00	0.13
Sc_2O_3	0.08	0.05	0.10	0.04	0.07	0.09	0.07
SiO_2	35.12	36.71	35.37	36.79	34.28	36.44	35.78
总计	98.04	97.7	96.72	96.38	97.08	95.43	96.89

3. 云母片岩中的铁云母

样品采自东矿。铁云母呈浅绿-绿色-棕绿色，片状、鳞片状与钠长石矿物相间分布，多色性明显，一组解理清晰，粒径一般为0.05～0.15mm。少量金云母呈浅黄色分布于绿色铁云母间(图10-164至图10-167)。

共伴生矿物：金云母、钠长石、磁铁矿等。

图10-164 鳞片状绿色铁云母(Ann)(单偏光)

图10-165 铁云母的干涉色(正交偏光)

图10-166 绿色铁云母(单偏光)

图10-167 铁云母的干涉色(正交偏光)

根据电子探针测试结果平均值(表10-48)，以O＝11为基数，计算化学式：$(K_{0.93}Ba_{0.03}Na_{0.02})_{\Sigma 0.98}(Fe_{1.66}Mg_{0.78}Al_{0.40}Mn_{0.03}Sr_{0.03}Ti_{0.02})_{\Sigma 2.92}(Si_{2.70}Al_{1.30})_{\Sigma 4.00}O_{10}(OH_{1.81}F_{0.19})_{\Sigma 2.00}$。

表10-48 铁云母电子探针测试结果 单位：$w_t/\%$

成分	测试点P1	测试点P2	测试点P3	测试点P4	测试点P5	平均值
FeO	26.19	23.02	25.71	25.84	25.63	25.28
Al_2O_3	18.51	18.07	18.91	18.14	18.12	18.35
K_2O	9.96	9.16	9.89	8.67	8.86	9.31
MgO	5.68	7.35	6.48	6.14	7.32	6.59
BaO	0.09	2.12	0.19	0.87	1.01	0.86
TiO_2	0.23	0.39	0.29	0.73	0.19	0.37

续表

成分	测试点 P1	测试点 P2	测试点 P3	测试点 P4	测试点 P5	平均值
SrO	0.64	0.20	0.62	0.70	0.65	0.56
MnO	0.25	0.29	0.23	0.63	0.65	0.41
Na_2O	0.11	0.10	0.07	0.12	0.13	0.11
SiO_2	33.55	35.34	33.85	33.78	35.16	34.34
F	0.46	1.08	0.65	0.85	0.82	0.77
$-O=F_2$	0.19	0.45	0.27	0.36	0.34	0.32
总计	95.48	96.67	96.62	96.11	98.20	96.63

4. 云母片岩中的铁云母

样品采自主矿。铁云母呈棕色-褐色-棕绿色不规则粒状、片状分布，并与石英相间，多色性显著，颗粒大小不均，粒径为 0.15～0.50mm（图 10－168 至图 10－171）。

共伴生矿物：石英、萤石、磁铁矿、钛铁矿等。

图 10－168　棕色-棕绿色铁云母（Ann）与石英（Qz）相间分布（单偏光）

图 10－169　铁云母的干涉色（正交偏光）

图 10－170　棕色铁云母与石英、萤石（Flr）（单偏光）

图 10－171　铁云母的干涉色（正交偏光）

电子探针测试结果(表 10－49)显示，样品中的铁云母含 Ba 较高，BaO 平均含量为 5.10%，含 Ti 也较高，TiO_2 平均含量为 2.65%，样品为富钛环境，共生矿物中有钛铁矿。

根据电子探针测试结果平均值，以 O＝11 为基数，计算化学式：$(K_{0.82}Ba_{0.17})_{\Sigma 0.99}(Fe_{1.89}Mg_{0.75}Ti_{0.16}Mn_{0.03}Sr_{0.03}Al_{0.02})_{\Sigma 2.88}(Si_{2.76}Al_{1.24})_{\Sigma 4.00}O_{10}(OH_{1.71}F_{0.29})_{\Sigma 2.00}$。

表 10－49　铁云母电子探针测试结果　　单位：w_t/%

成分	测试点 P1	测试点 P2	测试点 P3	平均值
FeO	27.33	27.70	27.25	27.43
Al_2O_3	12.83	12.97	13.06	12.95
K_2O	7.60	7.96	7.62	7.73
MgO	6.05	5.99	6.02	6.02
BaO	5.49	4.52	5.28	5.10
TiO_2	2.63	2.66	2.67	2.65
SrO	0.31	0.66	0.62	0.53
MnO	0.41	0.40	0.41	0.41
SiO_2	33.30	33.41	33.33	33.35
F	1.10	1.11	1.11	1.11
$-O=F_2$	0.83	0.47	0.46	0.59
总计	96.22	96.91	96.91	96.69

金云母　Phlogopite

$KMg_3(AlSi_3O_{10})(OH)_2$

化学组成：化学式中(apfu)：Mg＞Fe，OH＞F。

晶体结构：晶系、空间群和晶胞参数依多型的不同而不同，主要为 1M 型。单斜晶系，空间群为 $C2/m$。$a_0=5.3078(4)$Å，$b_0=9.1901(5)$Å，$c_0=10.1547(8)$Å；$\beta=100.08°$，$Z=2$。

形态：斜方柱晶形，$C_{2h}-2/m(L^2PC)$。晶体呈假六方板状、短柱状或角锥状，集合体为片状或鳞片状。

物理性质：棕色、绿色、黄棕色、红棕色，透明-半透明，条痕白色，玻璃光泽、珍珠光泽，{0001}解理极完全。摩氏硬度 2.0～3.0，相对密度 2.78～2.85。

显微镜下特征：二轴晶(－)，$2V=16°\sim20°$。$N_g=1.558\sim1.618$，$N_m=1.557\sim1.617$，$N_p=1.530\sim1.573$。透射光下淡黄色、浅褐色或淡棕红色，片状、鳞片状分布，可见多色性。

1. 云母型铌稀土铁矿石中的金云母

样品采自主矿。金云母主要呈浅黄色-棕黄色，自形-半自形叶片状和鳞片状集合体形式分布，定向排列，多色性显著，并与钠长石及硅钡铁钛石相间，粒径大多分布于 0.10～0.70mm(图 10－172 至图 10－175)。

共伴生矿物：磁铁矿、霓石、镁钠铁闪石、硅钡铁钛石、方解石、磁黄铁矿、重晶石、钡解石、黄铁矿、黄铜矿、包头矿、氟碳钡铈矿、硅钛铈矿、磷灰石、闪锌矿、钛铁矿等。

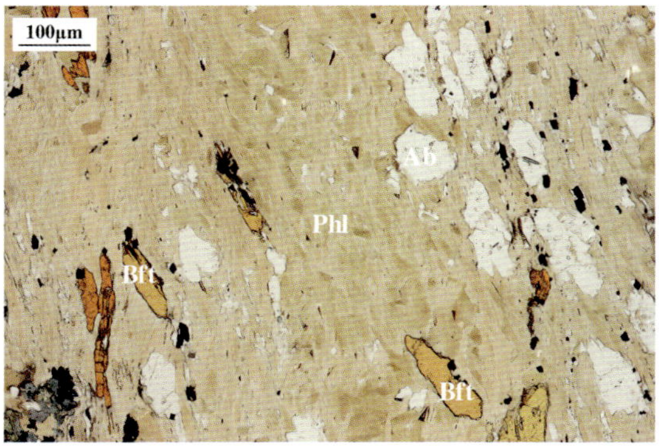

图 10-172 鳞片状定向分布的金云母(Phl)与钠长石(Ab)、硅钡铁钛石(Bft)(单偏光)

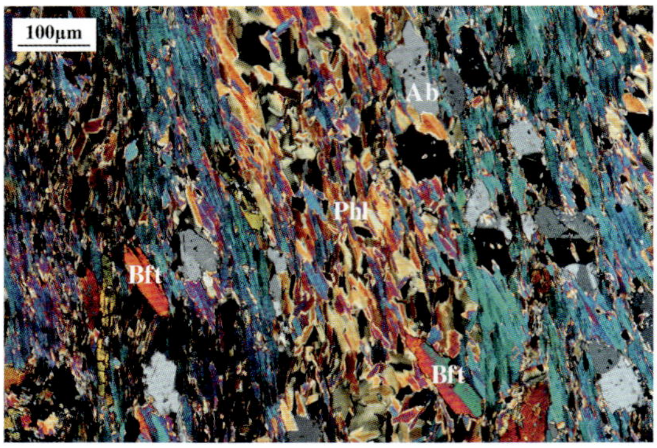

图 10-173 定向分布的金云母(正交偏光)

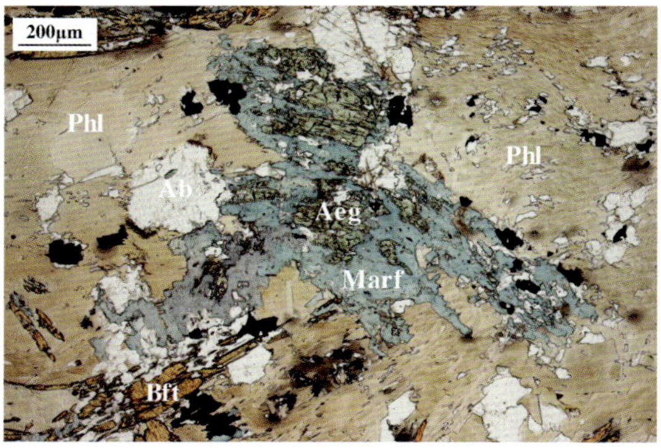

图 10-174 金云母间的镁钠铁闪石(Marf)、霓石(Aeg)、钠长石(单偏光)

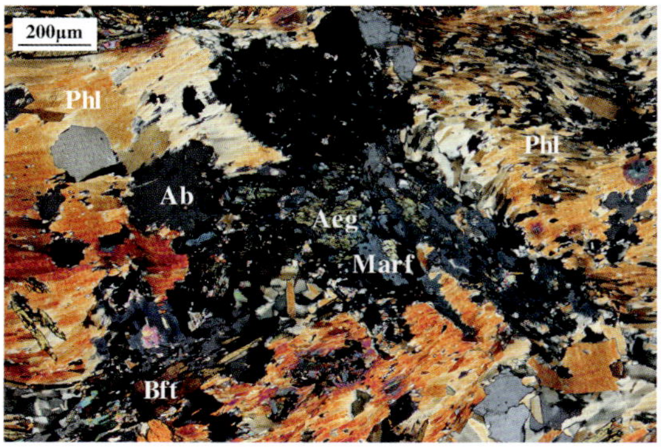

图 10-175 金云母间的镁钠铁闪石、霓石、钠长石(正交偏光)

根据电子探针测试结果平均值(表 10-50),以 O=11 为基数,计算化学式:$(K_{0.80}Ba_{0.16})_{\Sigma 0.96}(Mg_{1.78}Fe_{1.19}Ti_{0.02})_{\Sigma 2.99}(Si_{2.71}Al_{1.09}Fe^{3+}_{0.20})_{\Sigma 4.00}(O_{9.98}OH_{0.02})_{\Sigma 10.00}(OH_{1.45}F_{0.55})_{\Sigma 2.00}$。

表 10-50 金云母电子探针测试结果 单位:$w_t/\%$

成分	测试点 P1	测试点 P2	测试点 P3	测试点 P4	测试点 P5	测试点 P6	平均值
FeO	20.50	19.52	20.32	20.31	21.30	20.98	20.49
MgO	15.06	14.29	14.83	15.18	14.12	14.30	14.63
Al_2O_3	11.30	11.94	11.64	11.65	11.63	11.40	11.59
K_2O	8.43	7.76	8.61	8.35	8.01	8.74	8.32
BaO	4.37	6.17	4.48	5.21	5.98	4.30	5.09
TiO_2	1.36	1.87	1.66	1.70	1.74	1.38	1.62
SiO_2	34.11	32.65	33.92	33.12	32.79	33.77	33.39
F	2.12	2.04	2.30	2.48	1.91	2.04	2.15
$-O=F_2$	0.89	0.86	0.97	1.04	0.80	0.86	0.90
总计	96.36	95.38	96.79	96.96	96.68	96.05	96.38

2. 云母型铌稀土矿石中的金云母

样品采自西矿。金云母呈金黄色-棕黄色片状、鳞片状集合体形式定向分布，有蓝绿色钠铁闪石分布于金云母间，粒径(长轴)为0.20～0.80mm(图10-176、图10-177)。

共伴生矿物：钠铁闪石、磁铁矿、钛铁矿、磷灰石、白云石、方解石、氟碳铈矿、独居石等。

图10-176 金云母(Phl)与钠铁闪石(Arf)(单偏光)

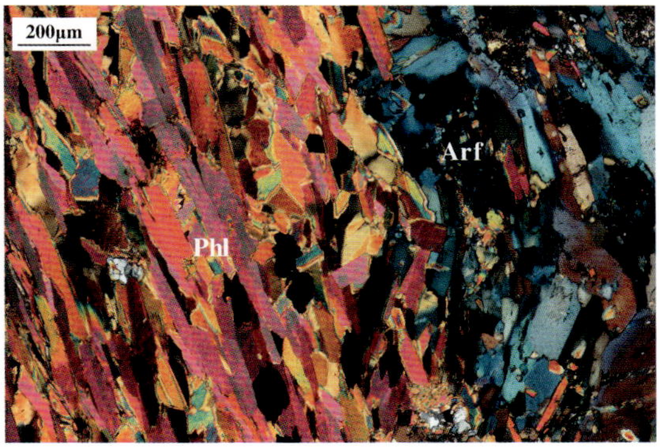

图10-177 金云母与钠铁闪石(正交偏光)

根据电子探针测试结果平均值(表10-51)，以O=11为基数，计算化学式：$(K_{0.94}Ba_{0.01}Na_{0.01})_{\Sigma 0.96}(Mg_{1.63}Fe_{1.18}Mn_{0.12}Ti_{0.04})_{\Sigma 2.97}(Si_{3.05}Al_{0.95})_{\Sigma 4.00}O_{10}(OH_{1.16}F_{0.84})_{\Sigma 2.00}$。

表10-51 金云母电子探针测试结果 单位：$w_t/\%$

成分	测试点P1	测试点P2	测试点P3	测试点P4	测试点P5	平均值
FeO	18.84	19.06	18.85	19.57	18.89	19.04
MgO	14.62	14.60	14.64	14.51	14.46	14.57
Al_2O_3	10.55	10.88	10.80	10.90	10.93	10.81
K_2O	9.83	9.91	9.91	9.87	9.82	9.87
MnO	1.77	1.97	1.89	1.87	1.87	1.87
TiO_2	1.08	0.51	1.07	0.45	0.47	0.71
BaO	0.34	0.19	0.21	0.21	0.09	0.21
Na_2C	0.08	0.05	0.08	0.11	0.13	0.09
SiO_2	41.1	40.91	41.1	40.86	40.87	40.97
F	0.75	0.60	1.08	0.78	0.97	0.83
$-O=F_2$	0.32	0.25	0.45	0.33	0.41	0.35
总计	98.64	98.43	99.18	98.80	98.09	98.62

3. 绿泥石化云母片岩中的金云母

样品采自东矿。金云母呈无色-淡黄色-棕绿色-棕色，鳞片状集合体形式分布，多色性显著，Ⅱ级干涉色，粒径为0.05～0.20mm。部分金云母蚀变为鲕绿泥石，呈淡绿色，Ⅰ级灰干涉色。金云母、鲕绿泥石表面有细粒钛铁矿分散分布(图10-178至图10-179)。

共伴生矿物：鲕绿泥石、钛铁矿、方解石等。

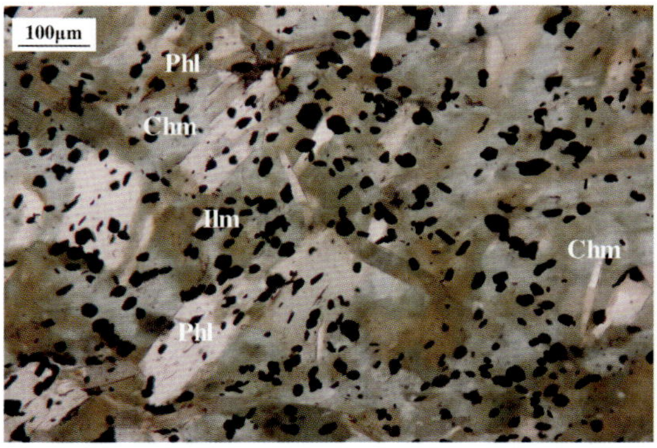

图10-178　金云母(Phl)矿物部分发生鲕绿泥石(Chm)化(单偏光)

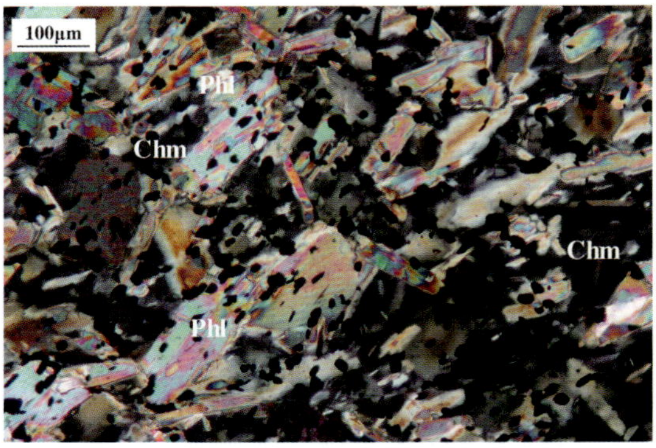

图10-179　金云母与鲕绿泥石(正交偏光)

根据电子探针测试结果平均值(表10-52)，以O=11为基数，计算化学式：$(K_{0.74}Ba_{0.11}Na_{0.05})_{\Sigma 0.90}(Mg_{1.41}Fe_{1.03}Al_{0.36}Mn_{0.01})_{\Sigma 2.81}(Si_{3.03}Al_{0.97})_{\Sigma 4.00}O_{10}(OH_{1.56}F_{0.44})_{\Sigma 2.00}$。

表10-52　金云母电子探针测试结果　　单位：w_t/%

成分	测试点P1	测试点P2	测试点P3	测试点P4	测试点P5	平均值
FeO	16.60	16.11	16.54	15.97	16.60	16.36
MgO	12.81	12.13	12.00	12.85	12.51	12.46
Al_2O_3	15.29	14.87	15.10	14.61	15.18	15.01
K_2O	7.52	7.46	8.13	7.99	7.55	7.73
BaO	5.79	2.49	1.95	2.55	5.62	3.68
Na_2O	0.33	0.39	0.29	0.33	0.31	0.33
MnO	0.18	0.28	0.19	0.16	0.31	0.22
SiO_2	40.08	40.29	40.93	41.69	38.20	40.24
F	1.72	2.06	1.76	2.09	1.80	1.89
$-O=F_2$	0.72	0.87	0.74	0.88	0.76	0.79
总计	99.60	95.21	96.15	97.36	97.32	97.13

4. 云母型铌稀土铁矿石中的金云母

样品采自东矿钻孔。金云母呈棕色-深棕色细小鳞片集合体状分布，矿物间分布有细粒磷灰石、褐帘石等，金云母粒径为0.03～0.08mm(图10-180至图10-183)。

共伴生矿物：磷灰石、褐帘石、磁铁矿、磁黄铁矿、黄铁矿、闪锌矿、含钍褐钇铌矿、钍石、独居石、重晶石、长石、石英等。

图 10－180　鳞片状金云母(Phl)(单偏光)

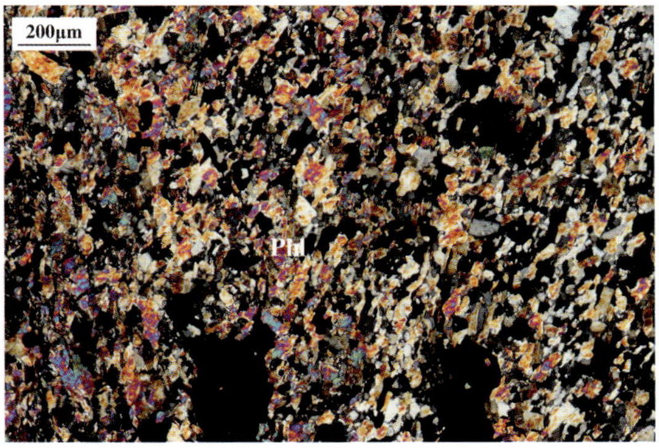

图 10－181　鳞片状金云母定向分布(正交偏光)

图 10－182　金云母中分布的褐帘石(Aln－Ce)(单偏光)

图 10－183　金云母的Ⅰ～Ⅱ级干涉色(正交偏光)

根据电子探针测试结果平均值(表 10－53)，以 O＝11 为基数，计算化学式：$(K_{0.97}Na_{0.02})_{\Sigma 0.99}(Mg_{2.01}Fe_{0.81}Mn_{0.08}Ti_{0.04})_{\Sigma 2.94}(Si_{3.03}Al_{0.95}Fe_{0.02})_{\Sigma 4.00}O_{10}(OH_{1.49}F_{0.51})_{\Sigma 2.00}$。

表 10－53　金云母电子探针测试结果　　单位：$w_t/\%$

成分	测试点 P1	测试点 P2	测试点 P3	测试点 P4	测试点 P5	平均值
MgO	20.71	17.1	17.24	16.89	17.29	17.85
FeO	10.67	12.29	13.33	15.55	14.61	13.29
Al_2O_3	11.07	11.06	11.05	10.3	10.55	10.81
K_2O	10.11	10.63	10.41	9.26	9.93	10.07
MnO	1.68	1.53	1.55	0.93	0.97	1.33
TiO_2	0.51	0.53	0.51	0.99	0.70	0.65
Na_2O	0.14	0.18	0.25	0.12	0.09	0.16
SiO_2	39.83	40.63	40.27	40.7	40.56	40.40
F	1.69	2.44	1.98	2.31	2.28	2.14
$-O=F_2$	0.71	1.03	0.83	0.97	0.96	0.90
总计	95.7	95.36	95.76	96.08	96.02	95.78

氟金云母 Fluorophlogopite

$KMg_3(Si_3Al)O_{10}F_2$

化学组成：化学式中(apfu)：Mg>Fe，F>OH。

晶体结构：单斜晶系，空间群为 $C2/m$。$a_0=5.3094(4)$Å，$b_0=9.1933(7)$Å，$c_0=10.1437(4)$Å，$\beta=100.062°$，$Z=2$。

形态：斜方柱晶形，$C_{2h}-2/m(L^2PC)$。晶体呈假六方板状、短柱状或角锥状，集合体为片状或鳞片状。

物理性质：浅黄色、透明，条痕白色，玻璃光泽、树脂光泽，{001}解理完好。摩氏硬度 2.0～3.0，相对密度 2.83。

显微镜下特征：二轴晶(－)，$2V=17°$。$N_g=1.569$，$N_m=1.568$，$N_p=1.543$，无多色性。透射光下淡黄色、浅褐色或淡棕红色，片状、鳞片状分布，较黑云母颜色浅，多色性弱。

1. 钠闪石化白云石型铌稀土矿石中的氟金云母

样品采自主矿。氟金云母呈淡黄色-橘黄色，片状、鳞片状分布于方解石矿物间，弱多色性，粒径为 0.10～0.40mm(图 10－184 至图 10－187)。

共伴生矿物：白云石、钠闪石、方解石、独居石、氟碳铈矿、易解石、褐钇铌矿、闪锌矿、重晶石、磷灰石、磁铁矿、磁黄铁矿等。

图 10－184 氟金云母(Fphl)分布于方解石(Cal)矿物间(单偏光)

图 10－185 氟金云母分布于方解石矿物间(正交偏光)

图 10－186 氟金云母分布于方解石矿物间(单偏光)

图 10－187 氟金云母分布于方解石矿物间(正交偏光)

根据电子探针测试结果平均值(表 10－54)，以 O=11 为基数，计算化学式：$(K_{0.99}Na_{0.01})_{\Sigma 1.00}(Mg_{2.99}Mn_{0.02})_{\Sigma 3.01}(Si_{3.03}Al_{0.70}Fe^{3+}_{0.27})_{\Sigma 4.00}(O_{9.71}OH_{0.29})_{\Sigma 10.00}(F_{1.42}OH_{0.58})_{\Sigma 2.00}$。

表 10－54 氟金云母电子探针测试结果 单位：w_t/%

成分	测试点 P1	测试点 P2	测试点 P3	测试点 P4	测试点 P5	平均值
MgO	28.29	28.09	29.02	28.25	28.72	28.47
K_2O	10.86	11.03	11.06	10.91	10.95	10.96
Al_2O_3	8.30	8.55	8.65	8.58	8.43	8.50
FeO	4.95	5.46	4.97	5.27	5.00	5.13
BaO	0.16	0.10	0.28	0.17	0.10	0.16
MnO	0.29	0.35	0.32	0.34	0.35	0.33
Na_2O	0.08	0.16	0.15	0.09	0.09	0.11
SiO_2	43.24	42.47	42.57	42.81	42.57	42.73
F	6.55	6.31	6.20	6.50	6.54	6.42
$-O=F_2$	2.75	2.65	2.60	2.73	2.75	2.70
总计	99.97	99.87	100.62	100.19	100.00	100.11

2. 云母化白云石型铌稀土矿石中的氟金云母

样品采自主矿。氟金云母以微细粒鳞片状集合体形式分布，干涉色Ⅱ级，磁铁矿、铬铁矿以半自形细粒状分布，并与氟金云母沿同一方向定向延伸，氟金云母颗粒细小，粒径为 5～10μm(图 10－188 至图 10－191)。

共伴生矿物：白云石、褐帘石、磁铁矿、铬铁矿、闪锌矿、磁黄铁矿、黄铜矿、黄铁矿、方铅矿、独居石、铌铁矿、铌锰矿、钛铁矿、方解石等。

根据电子探针测试结果平均值(表 10－55)，以 O=11 为基数，计算化学式：$(K_{0.87}Ba_{0.14}Na_{0.02})_{\Sigma 1.03}(Mg_{2.59}Fe_{0.33}Ti_{0.04}Mn_{0.02})_{\Sigma 2.98}(Si_{2.82}Al_{0.99}Fe^{3+}_{0.19})_{\Sigma 4.00}O_{10.00}(F_{1.14}OH_{0.86})_{\Sigma 2.00}$。

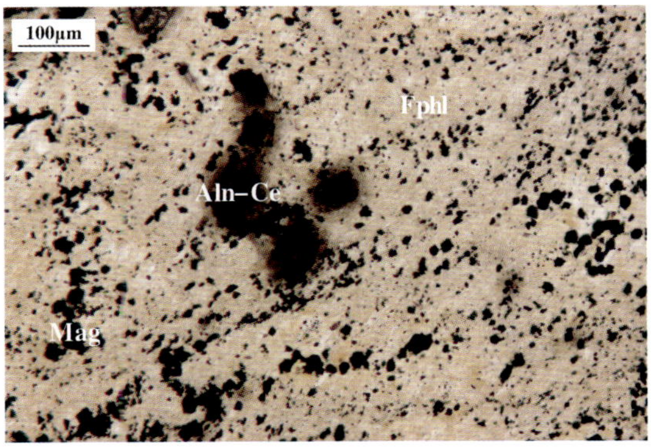

图 10－188 微细粒集合体状分布的氟金云母(Fphl)间有褐帘石(Aln－Ce)(单偏光)

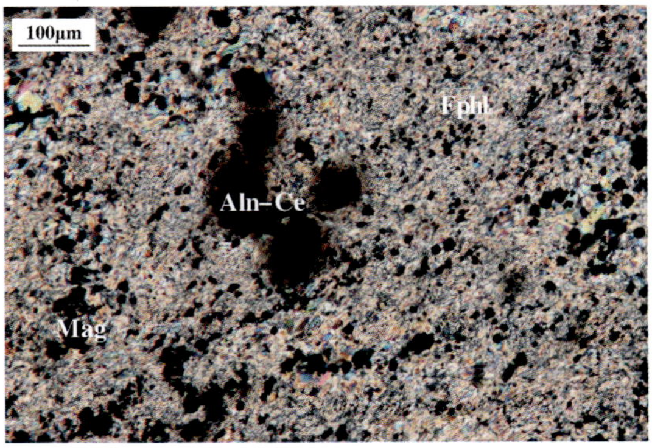

图 10－189 氟金云母的Ⅱ级干涉色(正交偏光)

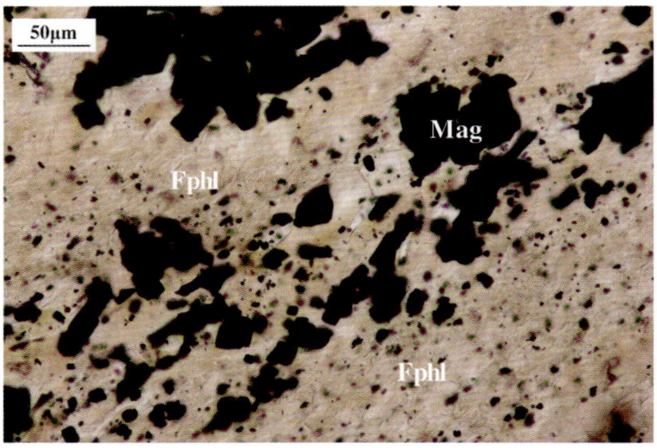

图 10－190 氟金云母间有磁铁矿(Mag)分布(单偏光)

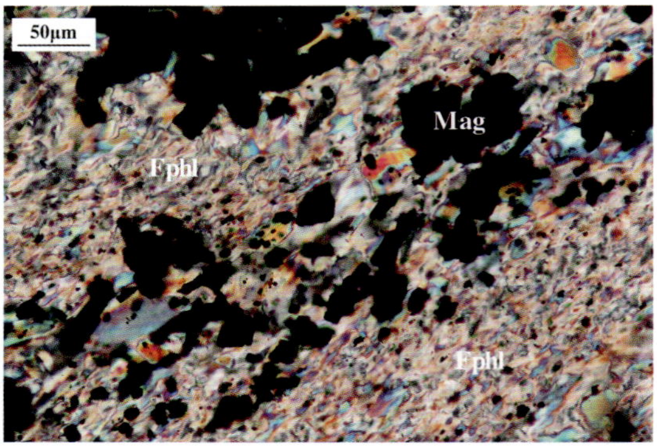

图 10－191 氟金云母的Ⅱ级干涉色(正交偏光)

表 10－55 氟金云母电子探针测试结果 单位：w_t/%

成分	测试点 P1	测试点 P2	测试点 P3	测试点 P4	测试点 P5	测试点 P6	平均值
MgO	23.22	22.27	21.80	23.29	24.00	23.00	22.93
Al_2O_3	10.82	11.33	11.44	11.13	11.07	11.41	11.20
K_2O	9.24	8.83	8.54	9.19	9.37	9.01	9.03
FeO	7.61	8.55	8.85	8.06	7.88	8.41	8.23
BaO	3.86	5.07	5.38	4.40	4.42	4.67	4.63
TiO_2	0.50	0.97	1.40	0.51	0.50	0.81	0.78
MnO	0.29	0.32	0.33	0.26	0.37	0.38	0.32
Na_2O	0.11	0.10	0.13	0.09	0.13	0.12	0.11
SiO_2	37.83	37.32	36.90	37.98	37.62	37.34	37.50
F	4.91	4.60	4.45	5.08	5.18	4.50	4.79
$-O=F_2$	2.06	1.93	1.87	2.13	2.18	1.89	2.01
总计	96.33	97.43	97.35	97.86	98.36	97.76	97.51

3. 白云石型铌稀土矿石中的氟金云母

样品采自西矿。氟金云母呈无色细鳞片状或细纤状集合体形式定向分布，部分氟金云母蚀变为斜绿泥石，氟金云母与斜绿泥石间有带状分布的独居石，氟金云母粒径(长轴)为0.05～0.30mm(图 10－192 至图 10－195)。

共伴生矿物：白云石、斜绿泥石、磁铁矿、铌铁矿、钛铁矿、黄铁矿、磁黄铁矿、独居石、辉钼矿等。

电子探针测试结果(表 10－56)显示氟金云母中 BaO 含量较高，测试点平均值为7.73%。

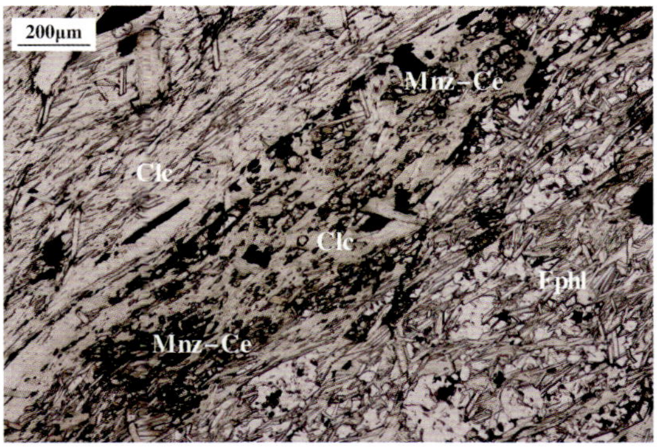

图 10-192 细鳞片状分布的氟金云母(Fphl)，部分蚀变为斜绿泥石(Clc)(单偏光)

图 10-193 氟金云母的干涉色(正交偏光)

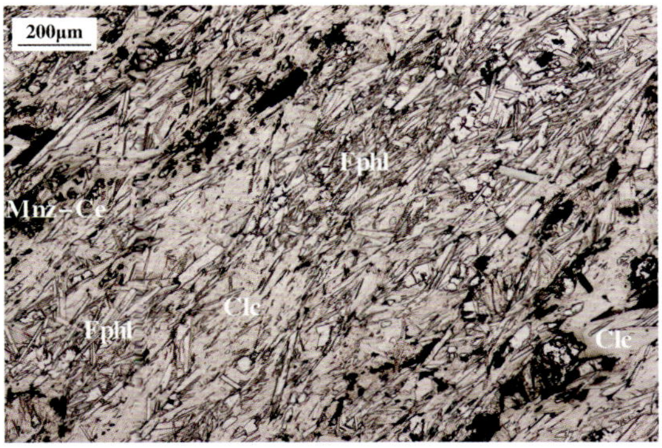

图 10-194 细鳞片状分布的氟金云母，部分蚀变为斜绿泥石(单偏光)

图 10-195 氟金云母的干涉色(正交偏光)

根据电子探针测试结果平均值(表 10-56)，以 O=11 为基数，计算化学式：$(K_{0.52}Ba_{0.22}Na_{0.15})_{\Sigma 0.91}(Mg_{2.61}Fe_{0.31}Ti_{0.02}Al_{0.02})_{\Sigma 2.96}(Si_{2.90}Al_{1.10})_{\Sigma 4.00}O_{10.00}(F_{1.38}OH_{0.62})_{\Sigma 2.00}$。

表 10-56 氟金云母电子探针测试结果 单位：w_t/%

成分	测试点 P1	测试点 P2	测试点 P3	测试点 P4	测试点 P5	测试点 P6	平均值
MgO	22.78	23.44	22.81	22.70	26.42	23.58	23.62
Al_2O_3	13.59	12.70	13.52	13.00	12.30	12.59	12.95
BaO	9.29	7.34	9.77	9.38	3.28	7.30	7.73
K_2O	5.60	5.93	5.07	4.89	5.89	5.88	5.54
FeO	5.17	4.92	5.28	5.19	4.94	4.77	5.04
Na_2O	0.99	1.06	1.18	1.23	0.81	1.04	1.05
TiO_2	0.31	0.28	0.38	0.40	0.07	0.25	0.28
MnO	0.02	0.08	0.00	0.08	0.00	0.14	0.05

续表

成分	测试点 P1	测试点 P2	测试点 P3	测试点 P4	测试点 P5	测试点 P6	平均值
SiO_2	38.35	40.45	38.42	38.93	40.65	39.91	39.45
F	6.15	5.77	5.93	5.91	5.73	6.02	5.92
$-O=F_2$	2.58	2.42	2.49	2.48	2.41	2.53	2.49
总计	99.67	99.55	99.87	99.23	97.68	98.95	99.14

4. 云母片岩中的氟金云母

样品采自主矿。氟金云母呈无色，片状、纤状分布，并与萤石紧密共生，矿物颗粒大小不均，粒径一般为 0.20～1.00mm(图 10－196 至图 10－199)。

共伴生矿物：方解石、萤石、重晶石、长石、磁铁矿等。

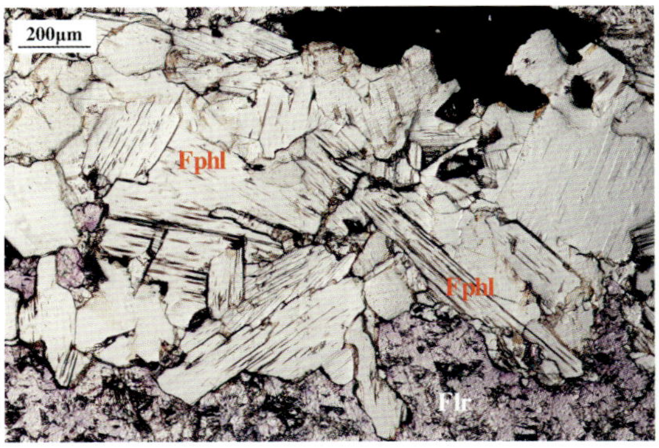

图 10－196　无色氟金云母(Fphl)与萤石(Flr)(单偏光)

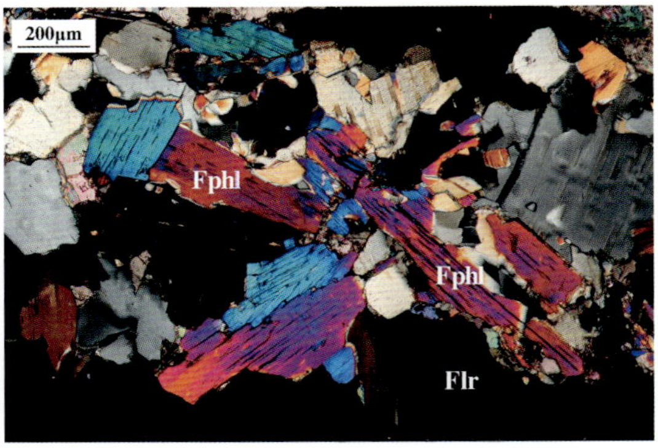

图 10－197　氟金云母的干涉色(正交偏光)

图 10－198　无色氟金云母(单偏光)

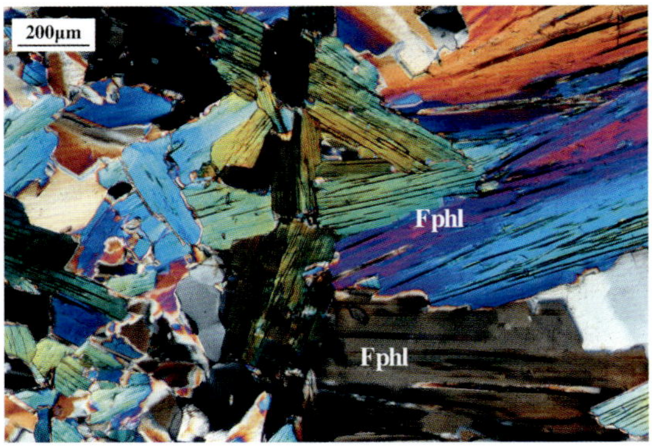

图 10－199　氟金云母的干涉色(正交偏光)

电子探针测试结果(表 10－57)显示氟金云母中含少量 BaO 和 V_2O_3，含量平均值分别为 1.92%和 1.76%。

根据电子探针测试结果平均值，以 O=11 为基数，计算化学式：$(K_{0.86}Ba_{0.06})_{\Sigma 0.92}(Mg_{2.76}Fe_{0.21}V_{0.06})_{\Sigma 3.03}(Si_{2.95}Al_{1.00}Fe_{0.05})_{\Sigma 4.00}O_{10}(F_{1.53}OH_{0.47})_{\Sigma 2.00}$。

表 10－57 氟金云母电子探针测试结果　　单位：$w_t/\%$

成分	测试点 P1	测试点 P2	测试点 P3	测试点 P4	测试点 P5	测试点 P6	平均值
MgO	25.18	25.12	24.79	24.87	25.03	25.09	25.01
Al_2O_3	11.43	11.22	11.60	11.73	11.54	11.93	11.57
K_2O	9.67	9.77	9.93	8.41	8.39	8.88	9.17
FeO	4.80	4.34	4.04	4.14	3.82	3.99	4.19
BaO	1.02	0.87	0.94	2.66	2.90	3.16	1.92
V_2O_3	0.72	1.52	2.06	1.43	2.59	2.23	1.76
SiO_2	40.56	40.72	39.67	39.87	40.36	39.36	40.09
F	6.55	6.45	6.26	6.83	6.89	6.55	6.59
$-O=F_2$	2.75	2.71	2.63	2.87	2.89	2.75	2.77
总计	97.18	97.30	96.66	97.07	98.63	98.44	97.53

氟铁金云母* Fluorotetraferriphlogopite

$KMg_3Fe^{3+}Si_3O_{10}F_2$

化学组成：化学式中(apfu)，$Fe^{3+}>Al^{3+}$，F>OH。

晶体结构：单斜晶系，空间群为 $C2/m$。$a_0=5.325(3)$Å，$b_0=9.217(5)$Å，$c_0=10.192(7)$Å，$\beta=100.03(5)°$。

形态：斜方柱晶形，$C_{2h}-2/m(L^2PC)$。集合体为片状或鳞片状。

物理性质：褐色，条痕白色-灰褐色，珍珠光泽，透明，{001}完全解理。摩氏硬度 3～4，相对密度(计算)2.966。

显微镜下特征：二轴晶(－)，$N=1.576～1.582$。

氟铁金云母其形态、产状、共生矿物均与氟木下云母相同，也是与杨主明云母、氟木下云母共同发现的三个云母类新矿物之一，属于白云鄂博矿区发现的第 14 个新矿物。

根据电子探针测定结果平均值计算得到的化学式：$(K_{0.94}Na_{0.02}Ba_{0.01})(Mg_{2.62}Li_{0.15}Fe^{2+}_{0.14}Mn_{0.01})(Si_{3.33}Fe^{3+}_{0.66}Al_{0.01})O_{10}[F_{1.65}(OH)_{0.35}]$(张培善和王中刚，2013)。

杨主明云母* Yangzhumingite

$KMg_{2.5}Si_4O_{10}F_2$

化学组成：化学式中(apfu)，$Mg>Fe^{2+}+Mn$，F>OH。

晶体结构：单斜晶系，空间群为 $C2/m$。$a_0=5.249(4)$Å，$b_0=9.095(5)$Å，$c_0=10.142(5)$Å，$\beta=99.96(6)°$，$Z=2$。

形态：斜方柱晶形，$C_{2h}-2/m(L^2PC)$。柱状、片状分布。

物理性质：无色，透明，条痕白色，珍珠光泽，韧性好。{001}解理完全。摩氏硬度 3，相对密度 2.807。

光学性质：二轴晶(－)，$2V=5°～10°$。

杨主明云母是2009年在白云鄂博矿区发现的第12个新矿物。

杨主明云母分布于变质碳酸盐岩石中，半自形到自形，片状晶体，大小约0.50mm。

共伴生矿物：白云母、方解石、透闪石、块硅镁石、黄河矿等，以及少量金云母、重晶石、氟碳铈矿、氟碳钙铈矿和萤石。

根据电子探针测定结果平均值计算得到的化学式：$(K_{0.70}Li_{0.30}Na_{0.01})(Mg_{2.48}Fe_{0.06})(Si_{3.96}Al_{0.03})O_{10}[F_{1.92}(OH)_{0.08}]$。

杨主明云母为云母族矿物的新成员，它代表芒云母中富镁的一种(张培善和王中刚，2013)。

氟木下云母* Fluorokinoshitalite

$BaMg_3Al_2Si_2O_{10}F_2$

化学组成：脆云母族，X位以Ba^{2+}为主，F>OH(apfu)。

晶体结构：单斜晶系，空间群为$C2/m$。a_0 = 5.3161(11)Å，b_0 = 9.2082(15)Å，c_0 = 10.044(2)Å，β = 100.158(18)°。

物理性质：无色透明，条痕白色，玻璃光泽，解理{001}完全。摩氏硬度3，相对密度(计算)3.235。

氟木下云母是在白云鄂博矿区发现的第13个新矿物。

氟木下云母产于变质碳酸盐岩石中，半自形到自形板状晶体。

共伴生矿物：金云母、杨主明云母、氟碳铈矿、氟碳钡铈矿、独居石、氟铈硅磷灰石和黄河矿。

根据电子探针测定结果平均值计算得到的化学式：$(Ba_{0.56}Na_{0.25}K_{0.06})(Mg_{2.76}Fe^{2+}_{0.14}Ti_{0.01})(Si_{2.73}Al_{1.15}Fe^{3+}_{0.12})O_{10}[F_{1.72}(OH)_{0.28}]$(张培善和王中刚,2013)。

钡镁脆云母(木下云母) Kinoshitalite

$BaMg_3(Si_2Al_2O_{10})(OH)_2$

化学组成：脆云母族，X位以Ba^{2+}为主，OH>F(apfu)。

晶体结构：单斜晶系，空间群为$C2/m$。a_0 = 5.345(3)Å，b_0 = 9.250(4)Å，c_0 = 10.256(8)Å，β = 99.99(6)°，Z = 2。

形态：斜方柱晶形，$C_{2h}-2/m(L^2PC)$。晶体呈片状、短柱状，集合体为片状或鳞片状。

物理性质：无色-黄棕色，半透明，玻璃光泽，性脆，{001}解理完全。摩氏硬度2.5～3，相对密度3.30。

显微镜下特征：二轴晶(−)，$2V$=23°。N_g=1.635，N_m=1.628，N_p=1.619。

云母型铌稀土铁矿石中的钡镁脆云母

样品采自东介勒格勒。钡镁脆云母呈淡绿色片状与浅棕色金云母紧密共生，并沿长轴方向定向分布，干涉色较低，突起及反射色均高于金云母，粒径为0.05～0.20mm(图10-200至图10-205)。

共伴生矿物：金云母、铁尖晶石、磁铁矿、赤铁矿、铌铁矿、易解石、方解石等。

根据电子探针测试结果平均值(表10-58)，以O=11为基数，计算化学式：$(Ba_{0.30}Na_{0.13}K_{0.12})_{\Sigma 0.55}(Mg_{2.22}Fe_{0.76}Ti_{0.06}Mn_{0.01})_{\Sigma 3.05}(Si_{2.82}Al_{1.22})_{\Sigma 4.04}O_{9.98}(F_{0.91}OH_{1.09})_{\Sigma 2.00}$。

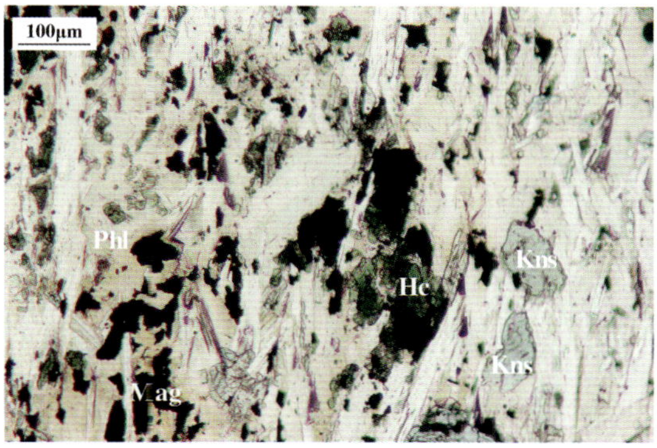

图 10-200 淡绿色钡镁脆云母(Kns)(单偏光)

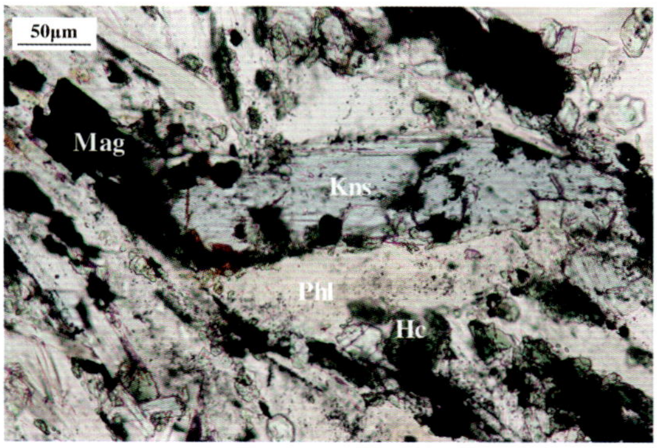

图 10-201 钡镁脆云母与金云母(单偏光)

图 10-202 钡镁脆云母与金云母(单偏光)

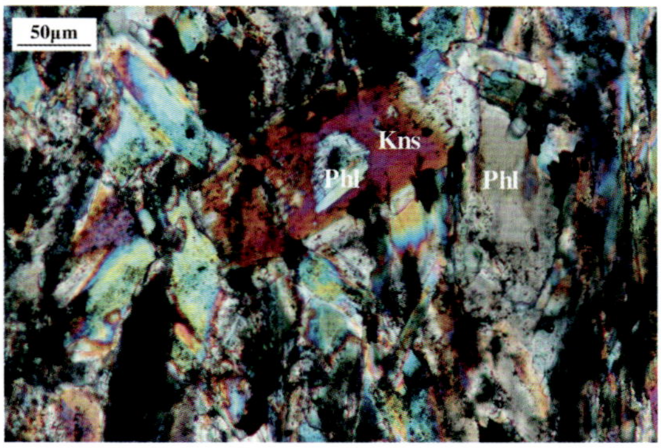

图 10-203 钡镁脆云母中的金云母(正交偏光)

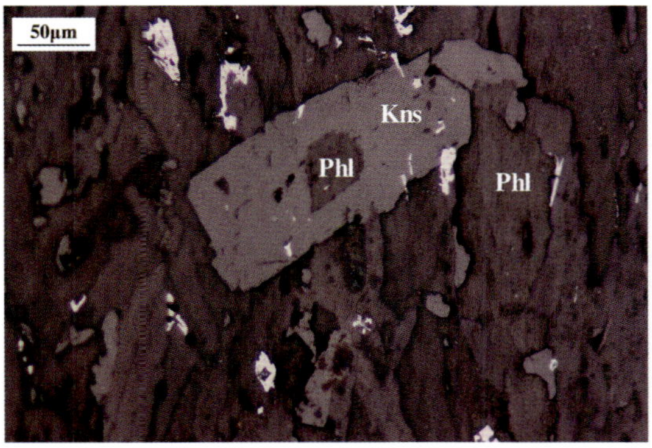

图 10-204 钡镁脆云母中的金云母(反射光)

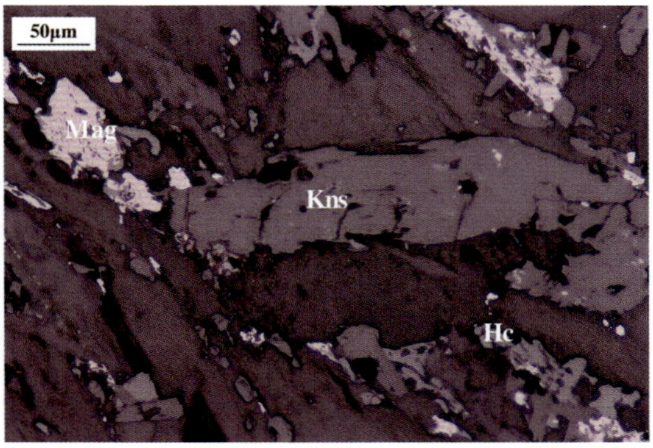

图 10-205 板状分布的钡镁脆云母(反射光)

表 10-58 钡镁脆云母电子探针测试结果 单位：$w_t/\%$

成分	测试点 P1	测试点 P2	测试点 P3	测试点 P4	测试点 P5	平均值
MgO	19.37	19.14	20.21	19.91	20.32	19.79
Al_2O_3	13.92	13.43	14.03	13.63	14.23	13.85
FeO	12.81	13.58	11.47	11.56	11.67	12.22
BaO	11.36	10.37	9.79	9.95	10.20	10.33

续表

成分	测试点 P1	测试点 P2	测试点 P3	测试点 P4	测试点 P5	平均值
K_2O	1.05	1.22	1.38	1.32	1.33	1.26
TiO_2	1.16	1.43	0.83	0.91	0.74	1.01
Na_2O	0.89	0.97	0.85	0.88	0.98	0.91
MnO	0.16	0.12	0.19	0.11	0.16	0.15
SiO_2	37.13	37.25	37.83	38.38	37.52	37.62
F	3.99	3.34	3.99	3.79	4.09	3.84
$-O=F_2$	1.68	1.40	1.68	1.59	1.72	1.61
总计	100.16	99.45	98.89	98.85	99.52	99.37

白云母　Muscovite

$KAl_2(Si_3Al)O_{10}(OH)_2$

化学组成：属于二八面体亚族。K_2O 11.8%，Al_2O_3 38.5%，SiO_2 45.2%，H_2O 4.5%。常有 Ba、Na、Fe、Mg、Ca 等类质同象的混入。

晶体结构：自然界产出的白云母多为 2M1 型。单斜晶系，空间群为 $C2/c$。$a_0=5.19$Å，$b_0=9.04$Å，$c_0=20.08$Å；$\beta=95.5°$，$Z=4$。

形态：斜方柱晶形，$C_{2h}-2/m(L^2PC)$。通常呈板状或片状，外形呈假六方形或菱形，晶体细小者呈鳞片状，双晶常见，集合体为叶片状或鳞片状。

物理性质：无色、白色、浅黄-浅灰色，条痕白色，透明-半透明，玻璃光泽、丝绢光泽、珍珠光泽，韧性好。{001}极完全解理，{110}和{010}不完全解理。摩氏硬度 2.5，相对密度 2.77～2.88。

显微镜下特征：二轴晶(－)，$2V=30°\sim47°$。$N_g=1.587\sim1.618$，$N_m=1.582\sim1.615$，$N_p=1.552\sim1.576$。透射光下无色，鳞片状分布，干涉色Ⅱ～Ⅲ级。

千枚岩中的白云母

样品采自西矿北侧。白云母呈细鳞片状集合体定向排列构成千枚状构造，局部与赤铁矿相间构成褶纹构造，白云母颗粒细小，粒径为 0.02～0.04mm(图 10－206 至图 10－209)。

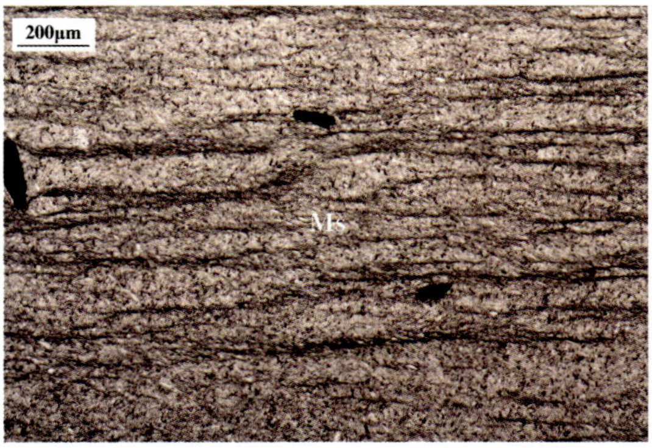

图 10－206　细鳞片集合体状定向分布的白云母(Ms)(单偏光)

图 10－207　白云母的千枚状构造(正交偏光)

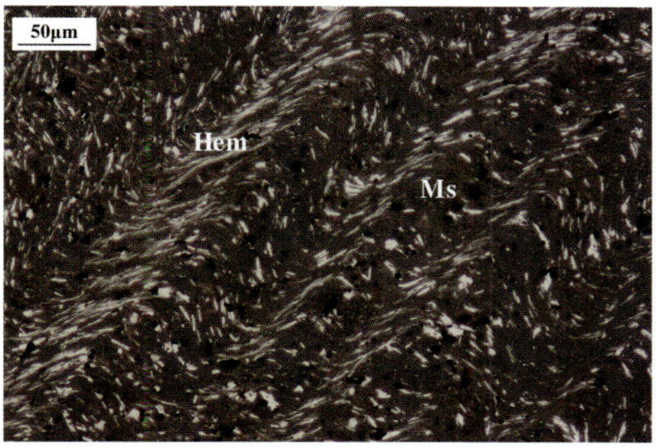

图 10－208 白云母与赤铁矿(Hem)的褶纹构造(反射光)

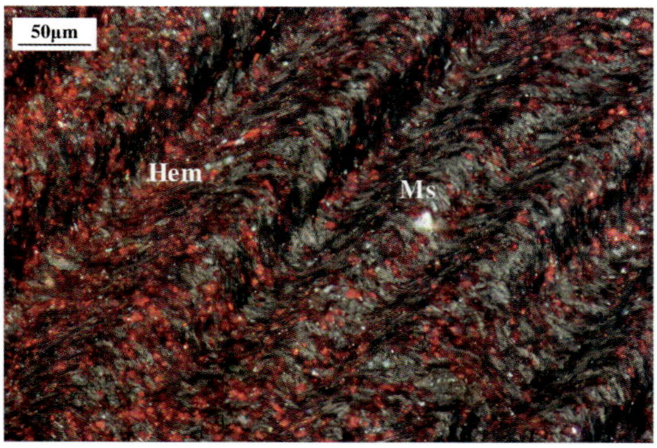

图 10－209 白云母与赤铁矿的褶纹构造(反射正交)

共伴生矿物：赤铁矿、长石、钛铁矿等。

根据电子探针测试结果平均值(表 10－59)，以 O＝11 为基数，计算化学式：$(K_{0.97}Na_{0.03})_{\Sigma1.00}(Al_{1.77}Fe^{3+}_{0.13}Mg_{0.10}Ti_{0.02})_{\Sigma2.02}(Si_{3.06}Al_{0.94})_{\Sigma4.00}O_{10}(OH)_2$。

表 10－59 白云母电子探针测试结果 单位：w_t/%

成分	测试点 P1	测试点 P2	测试点 P3	测试点 P4	测试点 P5	测试点 P6	平均值
Al_2O_3	35.99	35.62	35.30	33.00	32.86	35.51	34.71
K_2O	11.32	12.08	10.71	11.87	11.21	11.27	11.41
FeO	2.45	2.61	2.49	2.56	2.67	2.58	2.56
MgO	0.98	0.91	0.90	1.17	1.05	0.84	0.97
Na_2O	0.26	0.26	0.19	0.20	0.15	0.13	0.20
TiO_2	0.13	0.34	0.29	0.38	0.23	0.49	0.31
SiO_2	45.91	44.56	46.47	47.29	46.91	45.39	46.09
总计	97.04	96.38	96.35	96.47	95.08	96.21	96.25

伊利石 Illite

$K_{0.65}Al_2(Si_{3.35}Al_{0.65}O_{10})(OH)_2$

化学组成：属于层间亏损云母。K(apfu)为 0.65～0.85，八面体层 Al＞(Mg＋Fe)(apfu)。

晶体结构：结构与白云母类似，属于二八面体型。

形态：通常为鳞片状或薄片状。

物理性质：灰白色-银白色、灰绿色，条痕白色，半透明，韧性好。{001}解理完全。摩氏硬度 1～2，相对密度 2.79～2.8。

显微镜下特征：二轴晶(－)，$2V=5°\sim25°$。$N_g=1.565\sim1.605$，$N_m=1.555\sim1.600$，$N_p=1.535\sim1.570$。

白云鄂博伊利石产于铁矿体露天开采面上，是在常温常压下地表雨水溶液条件下形成。矿物化学全分析结果：SiO_2 47.40%，Al_2O_3 20.93%，K_2O 3.35%，MgO 3.29%，Fe_2O_3 5.61%，CaO 1.11%，Na_2O 0.60%，TiO_2 0.40%，FeO 0.35%，H_2O^+ 13.78%，H_2O^- 1.41%，挥发份 0.97%，总计 99.25%。

根据分析结果计算化学式：$(H_3O_{0.49}K_{0.32}Ca_{0.09}Na_{0.08})_{\Sigma 0.98}(Al_{1.34}Fe_{0.33}Mg_{0.20})_{\Sigma 1.87}(OH)_2[(Si_{3.50},Al_{0.48}Ti_{0.02})_{\Sigma 4.00}O_{10}]\cdot 2.04H_2O$（张培善和陶克捷，1986）。

绢云母　Sericite

$KAl_2(AlSi_3O_{10})(OH)_2$

绢云母是白云母的变种，或细小鳞片状白云母、钠云母、伊利石等鳞片集合体的总称。在成分上与白云母相同，干涉色五彩鲜艳，为Ⅱ～Ⅲ级。

广泛分布于板岩、片岩中，有的为绢云母片岩，或长石风化、蚀变的产物（张培善和陶克捷，1986）。

二、蛇纹石-高岭石族

白云鄂博矿区蛇纹石-高岭石族矿物目前可见铁蛇纹石、纤蛇纹石、高岭石、埃洛石，其中铁蛇纹石、纤蛇纹石多为云母、辉石、闪石及黄铁矿蚀变而来，高岭石、埃洛石在矿区较少见。

铁蛇纹石　Greenalite

$(Fe^{2+},Fe^{3+})_{2-3}Si_2O_5(OH)_4$

化学组成：Fe 可被 Mg 替代。

晶体结构：单斜晶系，$a_0=5.30$Å，$b_0=18.60$Å，$c_0=14.50$Å，$Z=2$。

形态：粒状、粒状集合体分布。

物理性质：绿色、浅黄绿色，风化呈褐色，半透明，条痕绿-灰色，光泽暗淡或土状光泽，{001}解理完好。摩氏硬度 2.5，相对密度 2.85～3.15。

显微镜下特征：二轴晶(+)，$N_g=1.674$，$N_m=1.674$，$N_p=1.650$。具微弱多色性，常显均质性。

1. 云母型铌稀土铁矿石中的铁蛇纹石

样品采自东介勒格勒。铁蛇纹石呈棕黄-棕褐色，圆粒状或不规则粒状分布，正交偏光下部分颗粒近于均质，与黄铁矿、菱钡镁石、纤蛇纹石紧密共生，应为云母矿物蚀变而成，粒径为 0.05～0.20mm（图 10－210 至图 10－213）。

共伴生矿物：金云母、磁铁矿、赤铁矿、黄铁矿、纤蛇纹石、铌铁矿、铁尖晶石、菱钡镁石、褐铈铌矿、易解石、方解石、重晶石等。

根据电子探针测试结果平均值（表 10－60），以 O=7 为基数，计算化学式：$(Fe_{2.12}Mg_{0.87})_{\Sigma 2.99}Si_2O_5(OH)_4$。

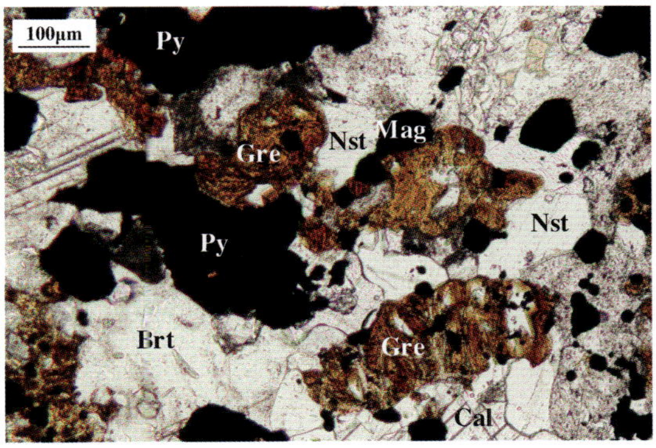

图 10-210 铁蛇纹石(Gre)与黄铁矿(Py)、菱钡镁石(Nst)、重晶石(Brt)、方解石(Cal)紧密共生(单偏光)

图 10-211 铁蛇纹石的干涉色(正交偏光)

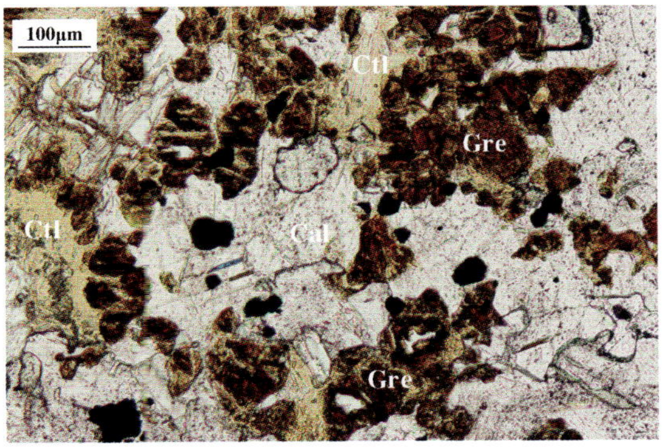

图 10-212 细粒状铁蛇纹石与纤蛇纹石(Ctl)(单偏光)

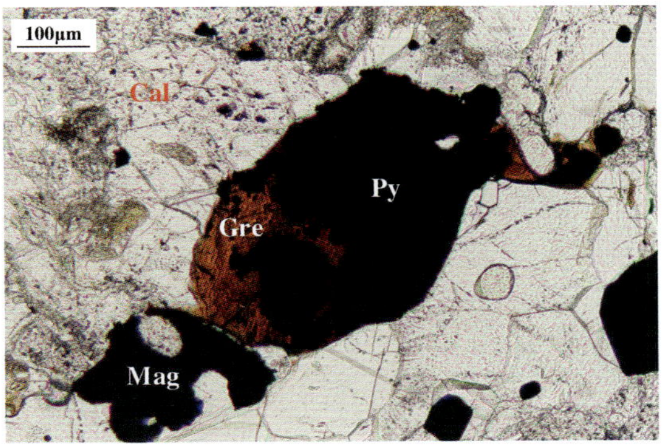

图 10-213 铁蛇纹石与黄铁矿(单偏光)

表 10-60 铁蛇纹石电子探针测试结果 单位：$w_t/\%$

成分	测试点 P1	测试点 P2	测试点 P3	测试点 P4	测试点 P5	测试点 P6	平均值
FeO	41.33	45.73	41.85	43.54	40.58	42.70	42.62
SiO_2	33.62	32.03	34.85	33.53	33.98	33.08	33.51
MgO	11.06	9.00	9.49	8.81	10.84	8.84	9.67
MnO	0.10	0.03	0.00	0.16	0.05	0.03	0.06
总计	86.11	86.79	86.19	86.04	85.45	84.65	85.86

2. 萤石化白云石型铌稀土矿石中的铁蛇纹石

样品采自东矿钻孔。铁蛇纹石呈黄棕色-棕褐色沿方解石、黄铁矿边缘半圆形花边状分布，或粒状集合体分布，Ⅰ级灰白-黄干涉色，部分显均质性，粒径为 0.03～0.05mm，推测为黄铁矿蚀变而来(图 10-214 至图 10-219)。

共伴生矿物：白云石、方解石、萤石、独居石、氟碳铈矿、磁铁矿、黄铁矿等。

根据电子探针测试结果平均值（表 10－61），以 O＝7 为基数，计算化学式：$(Fe_{2.04}Mg_{0.89}Ca_{0.03}Sr_{0.02}Na_{0.02})_{\Sigma 3.00}(Si_{2.00}Al_{0.01})_{\Sigma 2.01}O_5(OH)_4$。

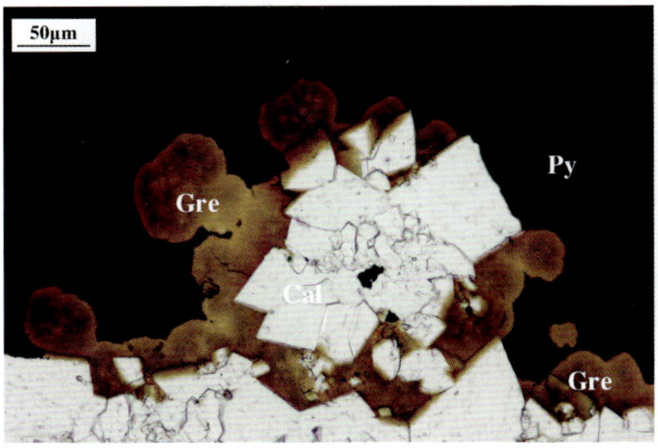

图 10－214　分布于黄铁矿(Py)、方解石(Cal)间的铁蛇纹石(Gre)(单偏光)

图 10－215　铁蛇纹石的Ⅰ级干涉色(正交偏光)

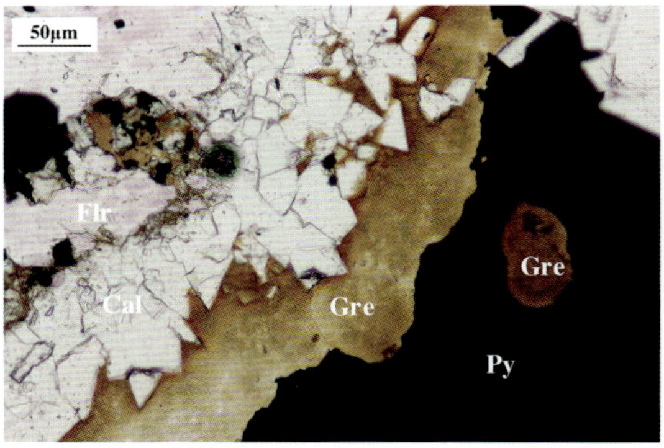

图 10－216　分布于黄铁矿、方解石间的铁蛇纹石(单偏光)

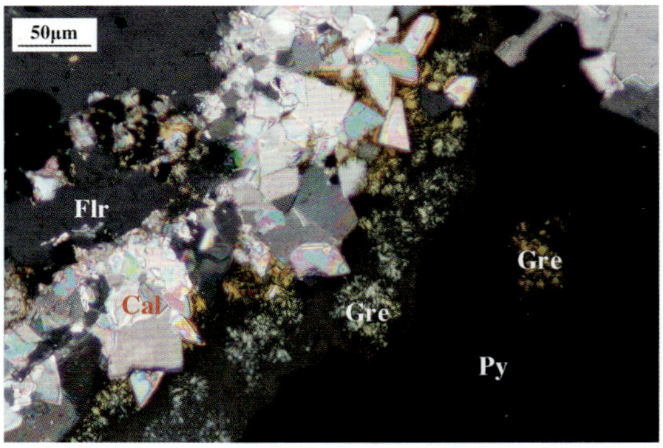

图 10－217　铁蛇纹石的Ⅰ级干涉色，部分显均质性(正交偏光)

图 10－218　呈半圆花边状沿黄铁矿边缘分布的铁蛇纹石(单偏光)

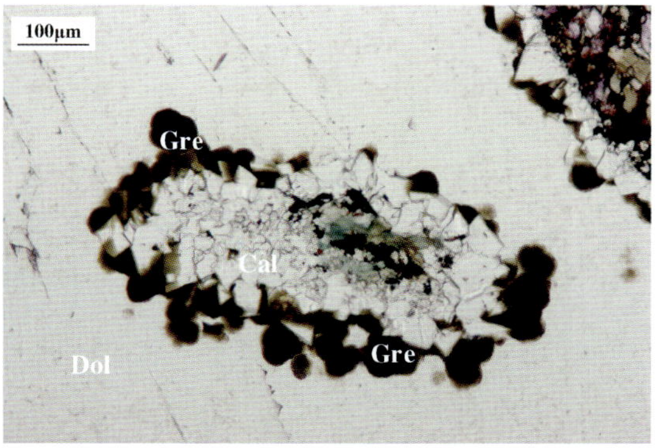

图 10－219　沿方解石边缘分布的铁蛇纹石(单偏光)

表 10-61　铁蛇纹石电子探针测试结果　　单位：w_t/%

成分	测试点 P1	测试点 P2	测试点 P3	平均值
FeO	42.24	42.41	40.26	41.64
MgO	9.96	10.13	10.21	10.10
CaO	0.47	0.40	0.51	0.46
SrO	0.60	0.76	0.74	0.70
Al_2O_3	0.16	0.16	0.32	0.21
Na_2O	0.13	0.12	0.17	0.14
MnO	0.06	0.04	0.02	0.04
SiO_2	33.58	33.94	34.34	33.96
总计	87.2	87.96	86.57	87.25

3. 钠闪石型铌稀土铁矿石中的铁蛇纹石

样品采自东矿。铁蛇纹石呈橘色-暗红色分布，干涉色较低或局部显均质性，粒径为0.05～0.20mm。应为黄铁矿蚀变而成(图 10-220 至图 10-223)。

共伴生矿物：钠闪石、霓石、独居石、黄铁矿、易解石、硅钡锰钛石、红钛锰矿等。

图 10-220　分布于黄铁矿(Py)、钠闪石(Rbk)间的铁蛇纹石(Gre)(单偏光)

图 10-221　铁蛇纹石的Ⅰ级干涉色，局部显均质性(正交偏光)

图 10-222　分布于黄铁矿、钠闪石间的铁蛇纹石(单偏光)

图 10-223　铁蛇纹石的干涉色被本身颜色掩盖(正交偏光)

根据电子探针测试结果平均值(表 10-62)，以 O=7 为基数，计算化学式：$(Fe_{2.38}Ca_{0.19}Mg_{0.16}Mn_{0.15}Na_{0.03})_{\Sigma 2.91}(Si_{2.04}Al_{0.02})_{\Sigma 2.05}O_5(OH)_4$。

表 10-62　铁蛇纹石电子探针测试结果　　单位：$w_t/\%$

成分	测试点 P1	测试点 P2	测试点 P3	测试点 P4	测试点 P5	测试点 P6	平均值
FeO	45.9	41.21	41.38	46.79	43.75	42.19	43.54
MnO	1.33	6.38	4.98	1.43	0.95	0.86	2.66
CaO	0.75	6.74	5.45	0.46	1.23	1.52	2.69
MgO	1.51	1.58	1.63	1.52	1.9	1.88	1.67
K_2O	0.03	0.10	0.30	0.02	1.17	0.70	0.39
Al_2O_3	0.10	0.17	0.12	0.13	0.12	0.21	0.14
Na_2O	0.10	0.08	1.05	0.04	0.23	0.12	0.27
SiO_2	30.4	30.48	30.63	30.89	31.85	32.00	31.04
总计	80.12	86.74	85.54	81.28	81.20	79.48	82.40

纤蛇纹石　Chrysotile

$Mg_3Si_2O_5(OH)_4$

化学组成：MgO 43.0%，SiO_2 44.1%，H_2O 12.9%。Mg 可被 Fe、Mn、Ni、Al、Cr 等替代。

晶体结构：纤蛇纹石有两个多型，斜纤蛇纹石和斜方蛇纹石。

形态：纤维状或纤维束状集合体分布。

物理性质：绿色、浅黄绿色，半透明，条痕绿-白色，丝绢光泽，{001}解理完好。摩氏硬度 2.5，相对密度 2.36～2.5。

显微镜下特征：二轴晶(+)，$2V=30°\sim35°$。$N_g=1.555$，$N_m=1.543$，$N_p=1.542$。具多色性。显晶质或隐晶质，显晶质平行纤维状的蛇纹石集合体称为蛇纹石石棉。

云母型铌稀土铁矿石中的纤蛇纹石

样品采自东介勒格勒。纤蛇纹石呈浅黄-浅黄绿色细纤状分布，正交偏光下多显均质性，并与铁蛇纹石紧密共生，粒径为 0.10～0.20mm，应为云母矿物蚀变而成(图 10-224 至图 10-229)。

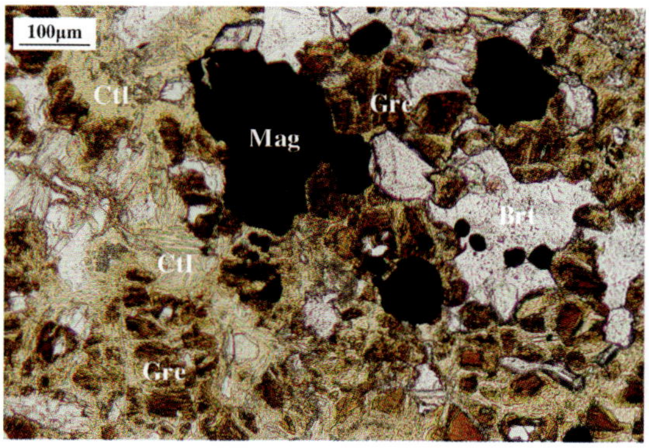

图 10-224　纤蛇纹石(Ctl)与铁蛇纹石(Gre)(单偏光)

图 10-225　纤蛇纹石的干涉色(正交偏光)

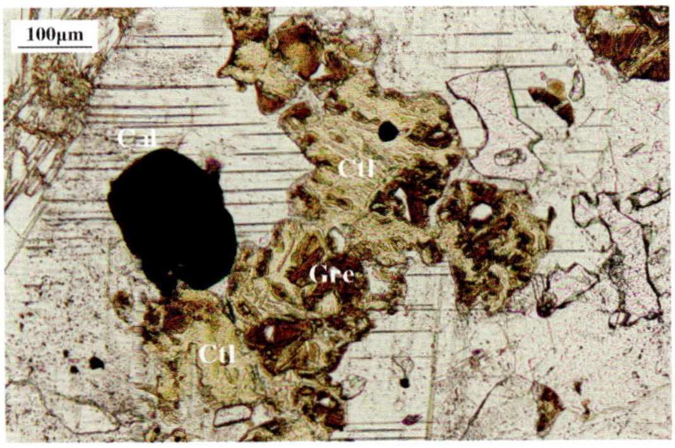

图 10－226　纤蛇纹石与铁蛇纹石(单偏光)

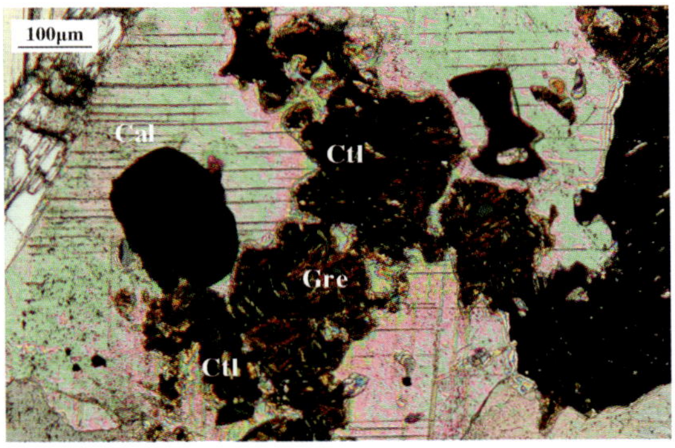

图 10－227　纤蛇纹石显均质性(正交偏光)

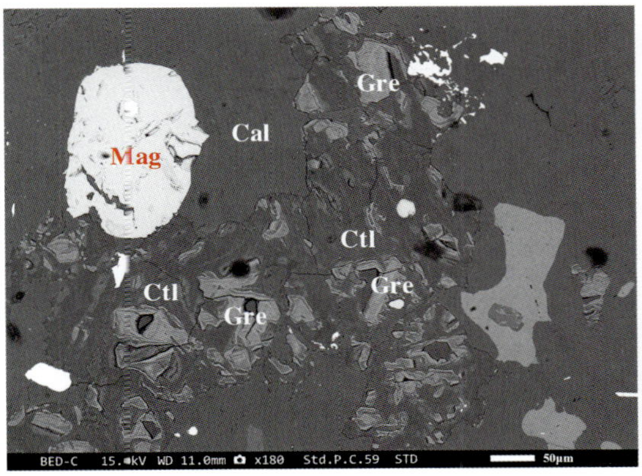

图 10－228　纤蛇纹石与铁蛇纹石(BSE)

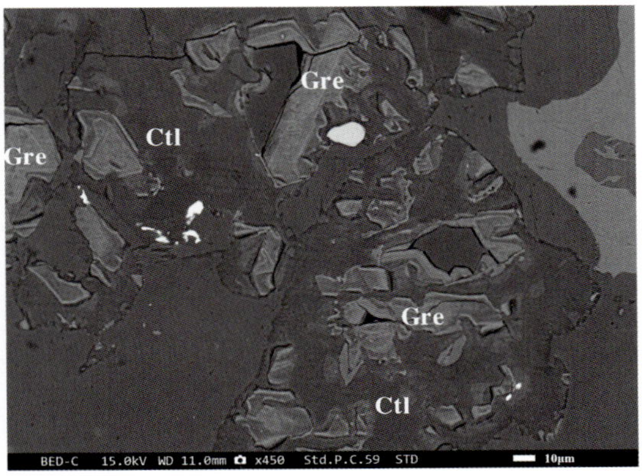

图 10－229　纤蛇纹石与铁蛇纹石(BSE)

共伴生矿物：金云母、磁铁矿、赤铁矿、黄铁矿、铁蛇纹石、铌铁矿、铁尖晶石、菱钡镁石、褐钸铌矿、易解石、方解石、重晶石等。

根据电子探针测试结果平均值(表 10－63)，以 O=7 为基数，计算化学式：$(Mg_{2.47}Fe_{0.50}Mn_{0.01})_{\Sigma 2.98}(Si_{2.01}O_5)(OH)_4$。

表 10－63　纤蛇纹石电子探针测试结果　　单位：w_t/%

成分	测试点 P1	测试点 P2	测试点 P3	测试点 P4	测试点 P5	测试点 P6	平均值
MgO	30.55	32.14	30.70	31.57	31.94	29.90	31.13
FeO	11.94	10.32	10.91	10.03	11.15	13.32	11.28
MnO	0.13	0.16	0.16	0.11	0.23	0.26	0.17
SiO_2	37.07	37.84	36.64	39.26	38.47	39.15	38.07
总计	79.69	80.46	78.41	80.97	81.79	82.63	80.65

高岭石　Kaolinite

$Al_2Si_2O_5(OH)_4$

化学组成：SiO_2 48.0%，Al_2O_3 41.2%，H_2O 10.8%。

晶体结构：三斜晶系，空间群为 $P1$。a_0 = 5.13Å，b_0 = 8.89Å，c_0 = 7.25Å；α = 90°，β = 104.5°，γ = 89.8°，Z = 1。

形态：多为隐晶质致密状或土状集合体。

物理性质：白色-浅黄色，因掺杂杂质而呈黄、褐、红、绿、蓝等色调。条痕白色，半透明-不透明，土状光泽、珍珠光泽，解理{001}极完全。摩氏硬度 2.0～2.5，相对密度 2.68。

显微镜下特征：二轴晶(−)，$2V=24°\sim50°$。$N_g=1.560\sim1.570$，$N_m=1.559\sim1.569$，$N_p=1.533\sim1.563$。

地表氧化带可见高岭石与方铅矿、褐铁矿等共生(图 10－230)。

图 10－230　高岭石与方铅矿手标本

埃洛石　Halloysite

$Al_2Si_2O_5(OH)_4$/ $Al_2Si_2O_5(OH)_4\cdot 2H_2O$

埃洛石也称多水高岭石，属于 1∶1 型硅酸盐矿物，其层间以氢键相联。

化学组成：SiO_2 40.9%，Al_2O_3 34.66%，H_2O 24.44%。

晶体结构：单斜晶系，空间群为 Cm。$a_0=5.14$Å，$b_0=8.9$Å，$c_0=7.214$Å，$\beta=99.7°$，$Z=2$。

埃洛石包括 7Å 埃洛石和 10Å 埃洛石两个变种，前者的化学组成与高岭石[$Al_2Si_2O_5(OH)_4$]相似，而后者的层间有水分子存在[$Al_2Si_2O_5(OH)_4\cdot 2H_2O$]，所以埃洛石的结构可以看作被水分子层隔开的高岭石结构。由于八面体片与四面体片间的结构不匹配和层间水分子的存在，埃洛石通常呈管状。

物理性质：白色，土状-蜡状光泽，半透明-不透明，多为隐晶质致密状或土状集合体分布。摩氏硬度 1～2，相对密度 2.0～2.6。

显微镜下特征：二轴晶，$N_g=1.560\sim1.570$，$N_m=1.559\sim1.569$，$N_p=1.533\sim1.565$。显微镜下无色透明细鳞片状，几乎为均质。集合体折射率 $N=1.560$。

分布于霓石或脉岩中的含铁硅酸盐矿物氧化带风化后形成(张培善和陶克捷,1986)。

三、绿泥石族

鲕绿泥石 Chamosite

$(Fe^{2+},Mg,Fe^{3+})_5Al(Si,Al)_4O_{10}(OH,O)_8$

化学组成:化学式中(apfu),$Fe^{2+}>Mg$,含少量 Fe^{3+}。与斜绿泥石呈类质同象。

晶体结构:单斜晶系,空间群为 $C2/m$。$a_0=5.40Å$,$b_0=9.33Å$,$c_0=7.04Å$,$\beta=104.5°$,$Z=2$。

形态:斜方柱晶形,$C_{2h}-2/m(L^2PC)$。晶体少见,多呈致密状、鲕状或鳞片状。

物理性质:绿色、灰绿色、棕绿色、暗绿色、黑色,条痕绿色-灰色,半透明-不透明,珍珠光泽,韧性好。解理{001}极完全。摩氏硬度 3.0,相对密度 3.0~3.4。

显微镜下特征:二轴晶(-),$N_p=1.600$,$N_m=1.600$,$N_g=1.670$。显微镜下黄绿色,多色性弱。

1. 绿泥石片岩中的鲕绿泥石

样品采自主矿。鲕绿泥石呈无色-翠绿色,片状-鳞片状定向分布,Ⅰ级灰或蓝色异常干涉色,粒径为 0.10~0.50mm(图 10-231 至图 10-234)。

共伴生矿物:黑云母、长石、金红石、独居石、褐帘石等。

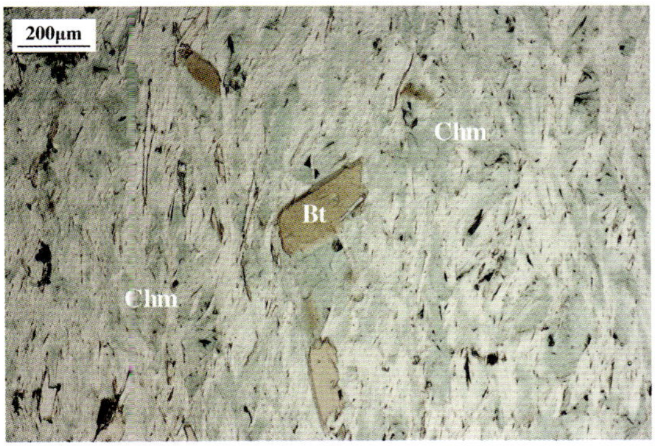

图 10-231 片状定向分布的鲕绿泥石(Chm)(单偏光)

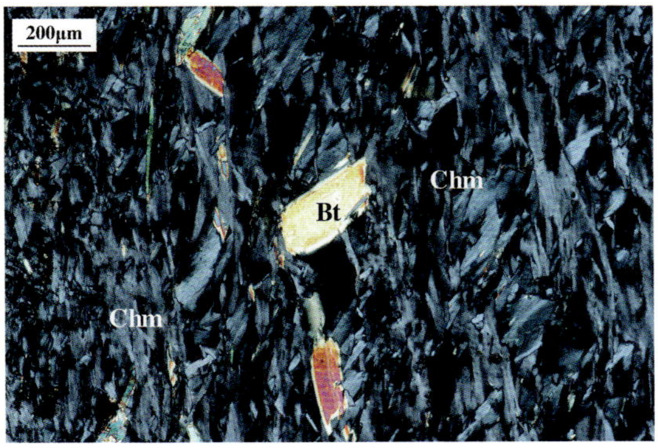

图 10-232 鲕绿泥石的异常干涉色(正交偏光)

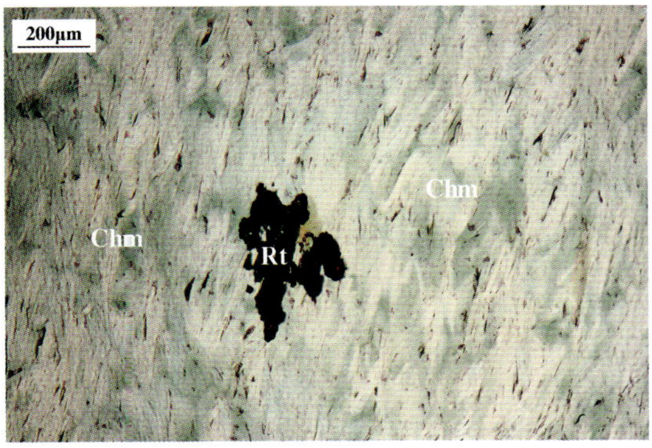

图 10-233 鲕绿泥石矿物间有金红石(Rt)分布(单偏光)

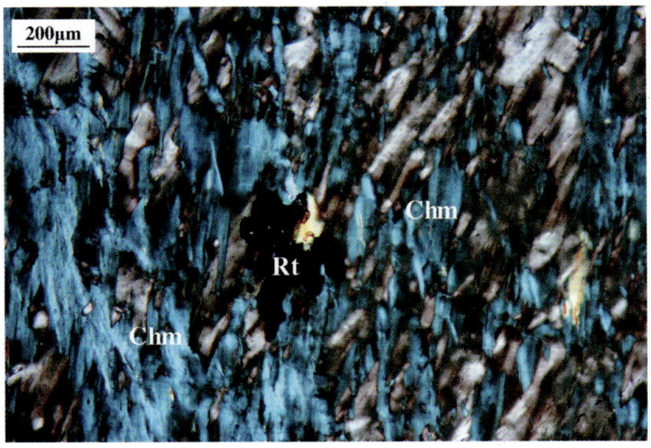

图 10-234 鲕绿泥石的异常干涉色(正交偏光)

根据电子探针测试结果平均值(表 10－64)，以 O=14 为基数，计算化学式：$(Fe_{3.16}Mg_{1.55}Al_{0.30})_{\Sigma5.01}Al_{1.00}(Si_{2.70}Al_{1.30})_{\Sigma4.00}O_{10}(OH_{7.85}F_{0.15})_{\Sigma8.00}$。

表 10－64　鲕绿泥石电子探针测试结果　　单位：w_t/%

成分	测试点 P1	测试点 P2	测试点 P3	测试点 P4	平均值
FeO	36.06	36.11	35.34	34.22	35.43
Al_2O_3	20.99	20.86	20.10	20.55	20.62
MgO	9.46	9.19	10.01	9.98	9.66
MnO	0.10	0.08	0.13	0.05	0.09
Na_2O	0.05	0.08	0.08	0.03	0.06
SiO_2	24.68	24.71	25.30	26.06	25.19
F	0.00	0.68	0.24	0.81	0.43
$-O=F_2$	0.00	0.29	0.10	0.34	0.18
总计	91.34	91.42	91.10	91.36	91.30

2. 绿泥石化云母片岩中的鲕绿泥石

样品采自东矿。金云母呈无色-淡黄色-棕绿色-棕色，鳞片状集合体形式分布，多色性显著，部分金云母蚀变为鲕绿泥石，呈淡绿色，Ⅰ级灰干涉色，粒径为 0.05～0.20mm。金云母、鲕绿泥石表面有细粒钛铁矿分散分布(图 10－235、图 10－236)。

共伴生矿物：金云母、钛铁矿、方解石等。

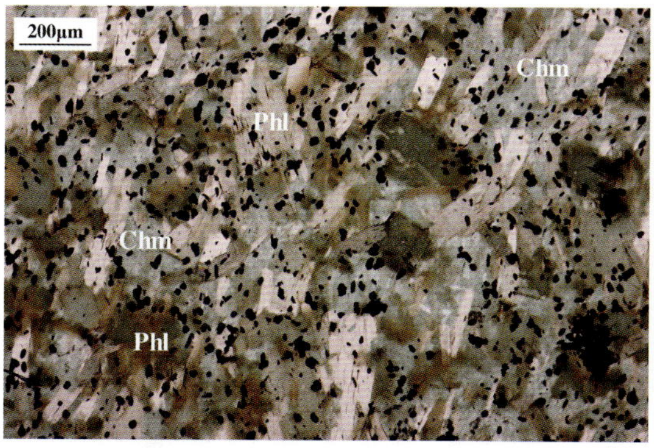

图 10－235　金云母(Phl)蚀变为鲕绿泥石(Chm)(单偏光)

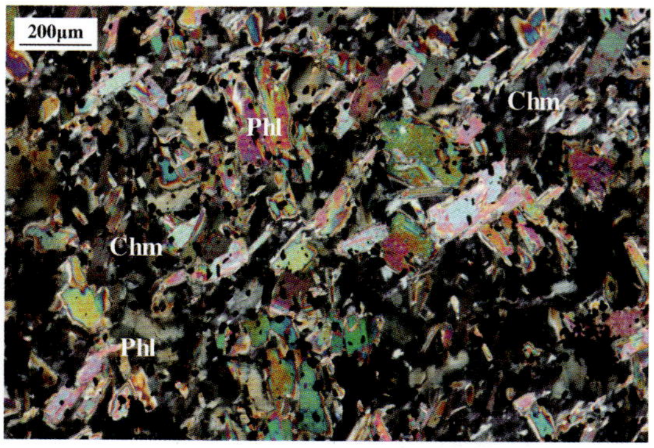

图 10－236　鲕绿泥石的Ⅰ级灰干涉色(正交偏光)

根据电子探针测试结果平均值(表 10－65)，以 O=14 为基数，计算化学式：$(Fe_{2.47}Mg_{1.68}Al_{0.54}Mn_{0.05})_{\Sigma4.74}Al_{1.00}(Si_{2.94}Al_{1.06})_{\Sigma4.00}O_{10}(OH)_{8.00}$。

表 10－65　鲕绿泥石电子探针测试结果　　单位：w_t%

成分	测试点 P1	测试点 P2	测试点 P3	测试点 P4	测试点 P5	测试点 P6	平均值
FeO	28.48	28.57	29.10	28.07	29.17	27.55	28.49

续表

成分	测试点 P1	测试点 P2	测试点 P3	测试点 P4	测试点 P5	测试点 P6	平均值
Al_2O_3	20.31	21.23	21.90	20.52	22.61	20.53	21.18
MgO	11.22	10.68	10.16	11.17	9.87	11.21	10.72
MnO	0.62	0.50	0.59	0.53	0.63	0.46	0.56
K_2O	0.07	0.02	0.03	0.04	0.02	0.04	0.03
SiO_2	28.96	28.15	27.86	28.80	27.00	28.82	28.26
总计	89.66	89.15	89.64	89.13	89.30	88.61	89.24

3. 铁闪石片岩中的鲕绿泥石

样品采自主矿。鲕绿泥石呈绿色短柱状、纤状分布于铁闪石矿物间，应为铁闪石蚀变而成，多色性明显，粒径为0.30～0.80mm(图10-237至图10-240)。

共件生矿物：铁闪石、石英等。

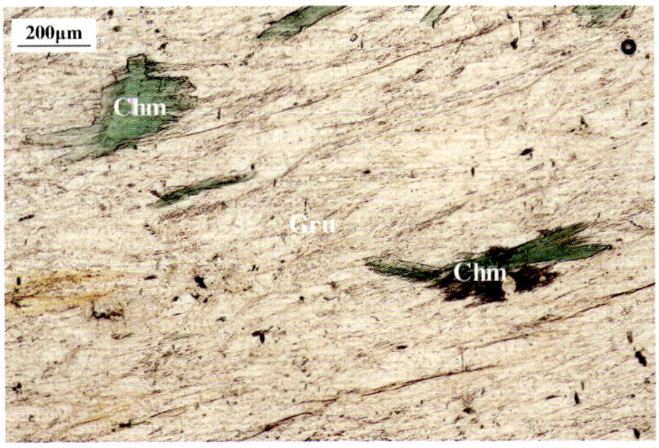

图10-237　分布于铁闪石(Gru)矿物间的鲕绿泥石(Chm)(单偏光)

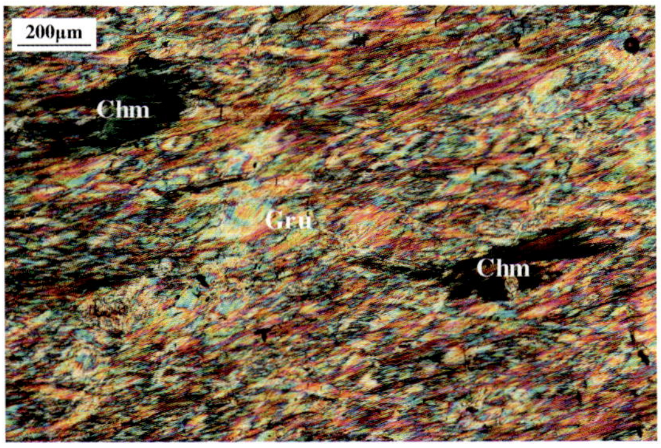

图10-238　分布于铁闪石矿物间的鲕绿泥石(正交偏光)

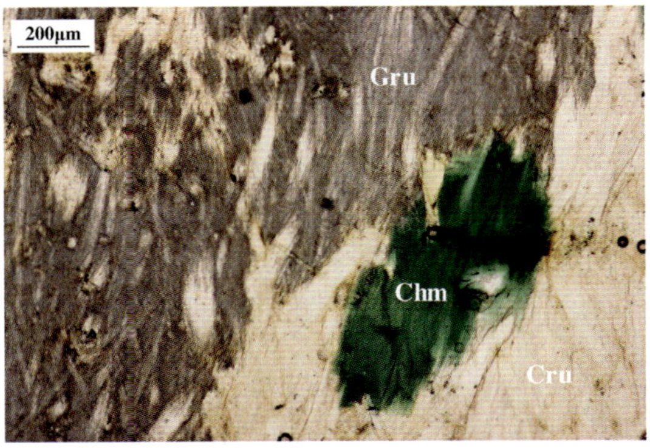

图10-239　分布于铁闪石矿物间的鲕绿泥石(单偏光)

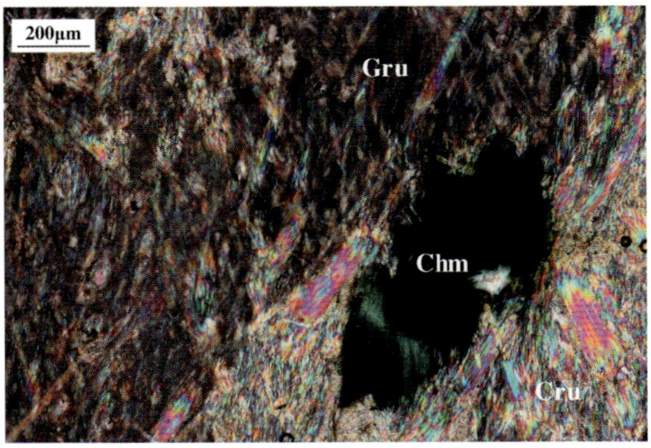

图10-240　分布于铁闪石矿物间的鲕绿泥石(正交偏光)

根据电子探针测试结果平均值(表10-66)，以O=14为基数，计算化学式：$(Fe_{3.95}Mg_{0.53}Al_{0.32})_{\Sigma 4.80}Al_{1.00}(Si_{2.76}Al_{1.34})_{\Sigma 4.00}O_{10}(OH)_{8.00}$。

表 10 - 66　鲕绿泥石电子探针测试结果　　　　单位：$w_t/\%$

成分	测试点 P1	测试点 P2	测试点 P3	测试点 P4	测试点 P5	测试点 P6	平均值
FeO	41.55	41.29	41.64	41.78	41.53	41.57	41.56
Al_2O_3	20.28	19.56	19.32	19.77	19.95	20.04	19.82
MgO	3.08	3.14	3.18	3.16	3.00	2.99	3.09
Na_2O	0.03	0.04	0.02	0.03	0.02	0.02	0.02
SiO_2	23.56	24.76	24.76	24.07	24.14	24.08	24.23
总计	88.50	88.79	88.92	88.81	88.64	88.70	88.72

斜绿泥石　Clinochlore

$Mg_5Al(Si,Al)_4O_{10}(OH,O)_8$

化学组成：化学式中(apfu)，Mg>Fe^{2+}，含少量 Fe^{3+}。Fe^{2+} 经常置换 Mg，与鲕绿泥石呈类质同象。

晶体结构：单斜晶系，空间群为 $C2/m$。a_0 = 5.2～5.3Å，b_0 = 9.2～9.3Å，c_0 = 14.36Å，β = 96°50′，Z = 4。

形态：晶体呈六方板状，少数呈桶状。多呈块状、粒状土状集合体。

物理性质：绿色、黄绿色、橄榄绿、暗绿色、蓝绿色、白色等，透明-半透明，条痕无色，油脂光泽、珍珠光泽，韧性好。解理{001}极完全。摩氏硬度 2～2.5，相对密度 2.6～3.02。

显微镜下特征：二轴晶(+)，$2V\approx0\sim14°$。$N_p=1.571\sim1.588$，$N_m=1.571\sim1.589$，$N_g=1.576\sim1.599$。显微镜下浅绿-黄绿色，弱多色性。

白云石型铌稀土矿石中的斜绿泥石

样品采自西矿。斜绿泥石呈细纤状，无色-淡绿色定向分布，Ⅰ级灰白干涉色。应为鳞片状氟金云母蚀变而成，粒径(长轴)为 0.10～0.20mm，斜绿泥石与氟金云母间有带状分布的独居石(图 10 - 241 至图 10 - 244)。

共伴生矿物：白云石、氟金云母、磁铁矿、铌铁矿、钛铁矿、黄铁矿、磁黄铁矿、独居石、辉钼矿等。

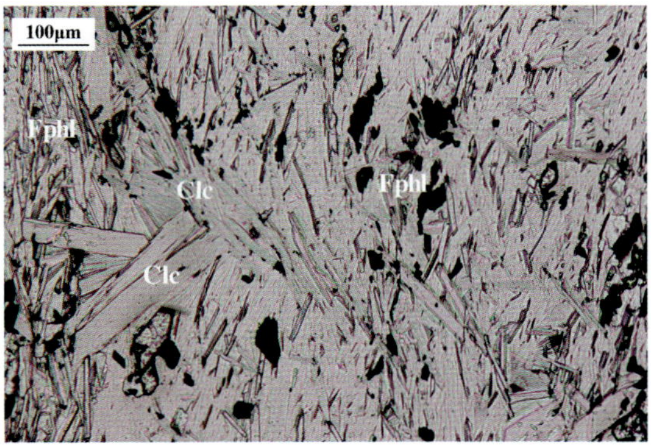

图 10 - 241　斜绿泥石(Clc)与氟金云母(Fphl)(单偏光)

图 10 - 242　斜绿泥石的Ⅰ级灰白干涉色(正交偏光)

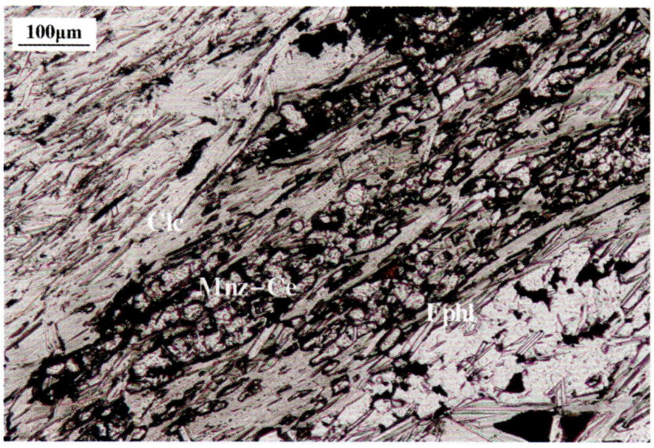

图 10-243 斜绿泥石与氟金云母间分布的独居石(Mnz-Ce)条带(单偏光)

图 10-244 斜绿泥石与金云母间的独居石条带(正交偏光)

根据电子探针测试结果平均值(表 10-67)，以 O=14 为基数，计算化学式：$(Mg_{3.31}Fe_{1.71})_{\Sigma 5.02}Al_{1.05}(Si_{2.78}Al_{1.22})_{\Sigma 4.00}O_{10}(OH)_8$。

表 10-67 斜绿泥石电子探针测试结果 单位：w_t/%

成分	测试点 P1	测试点 P2	测试点 P3	测试点 P4	测试点 P5	测试点 P6	平均值
MgO	22.46	23.52	21.98	22.57	23.58	22.09	22.70
FeO	21.77	20.72	21.74	21.23	18.81	22.65	21.15
Al_2O_3	19.72	19.94	20.04	20.08	18.85	20.25	19.81
MnO	0.28	0.29	0.26	0.30	0.24	0.29	0.27
Na_2O	0.08	0.03	0.09	0.00	0.17	0.02	0.07
SiO_2	28.24	28.42	28.52	28.30	30.43	27.48	28.57
总计	92.55	92.92	92.63	92.48	92.08	92.78	92.57

四、海泡石族

海泡石 Sepiolite

$Mg_4Si_6O_{15}(OH)_2 \cdot 6H_2O$

化学组成：Mg 经常被 Fe 置换。

晶体结构：斜方晶系，空间群为 *Pnna*。a_0 = 5.21Å，b_0 = 26.73Å，c_0 = 13.5Å。

形态：斜方双锥晶形，$D_{2h}-mmm(3L^2 3PC)$。通常呈致密块状、黏土状集合体，有时呈皮壳状、粉末状。

物理性质：白色、浅灰色或浅黄色，条痕白色，亚玻璃光泽、丝绢光泽，性脆。摩氏硬度 2，相对密度 2.0～2.2。

显微镜下特征：二轴晶(－)，$2V=20°\sim70°$。$N_g=1.527\sim1.579$，$N_p=1.498\sim1.522$，$N_m=1.507\sim1.533$。

1. 西矿海泡石

样品采自西矿，海泡石呈片状分布于岩石的裂隙面，浅黄绿色，显微镜下呈纤状集合体或粒状分布，Ⅰ级灰干涉色，少部分颗粒显均质性，粒径为 0.10～0.20mm(图 10－245 至图 10－250)。

共伴生矿物：方解石、菱铁矿、重晶石等。

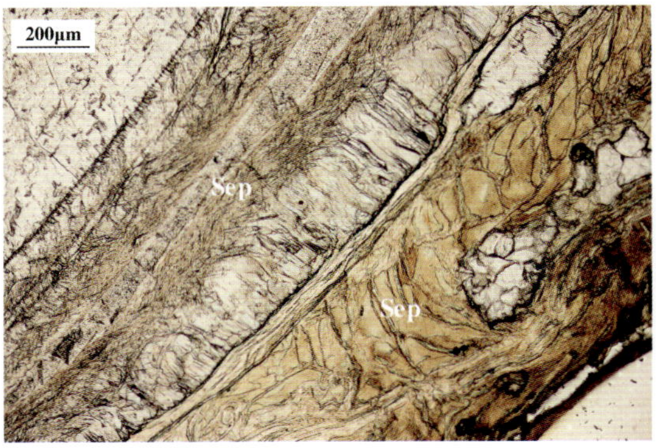

图 10－245　棕黄色细纤状海泡石(Sep)(单偏光)

图 10－246　海泡石的干涉色(正交偏光)

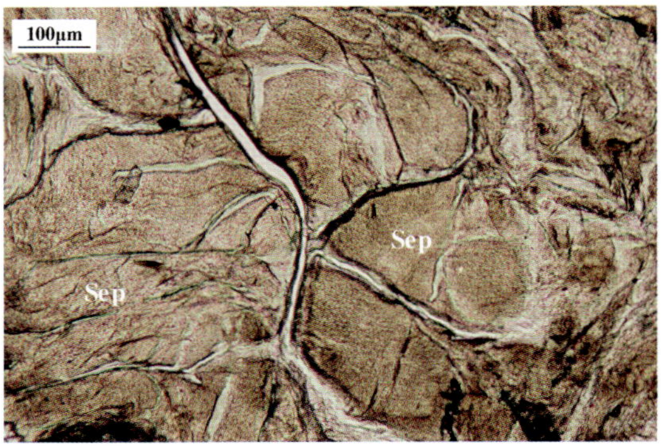

图 10－247　粒状海泡石(单偏光)

图 10－248　海泡石的干涉色(正交偏光)

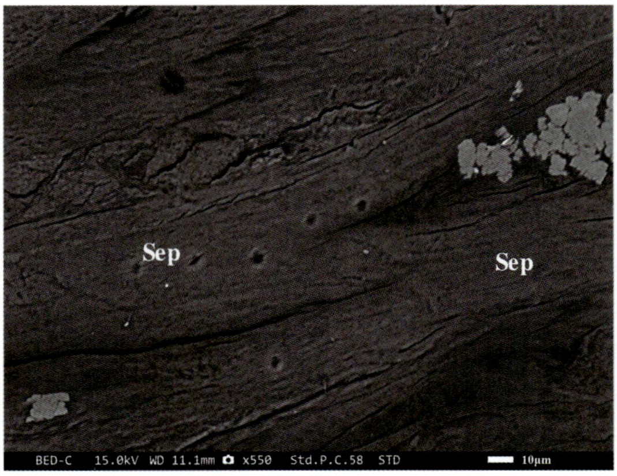

图 10－249　纤状分布的海泡石(BSE)

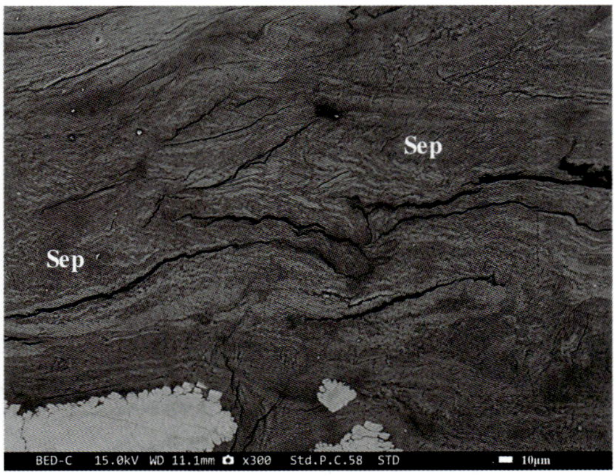

图 10－250　纤状分布的海泡石(BSE)

根据电子探针测试结果平均值(表 10-68)，以化学式理论值计算 H_2O 含量，以 O=16 为基数，计算化学式：$(Mg_{4.07}Mn_{0.01})_{\Sigma 4.08}(Si_{5.70}Fe^{3+}_{0.26})_{\Sigma 5.96}O_{15}(OH_{1.48}F_{0.50}Cl_{0.02})_{\Sigma 2.00}\cdot 6H_2O$。

表 10-68 海泡石电子探针测试结果 单位：$w_t/\%$

成分	测试点 P1	测试点 P2	测试点 P3	测试点 P4	测试点 P5	平均值
MgO	25.30	24.82	25.37	25.75	25.69	25.39
FeO	2.74	2.80	3.19	2.93	3.13	2.96
MnO	0.19	0.06	0.10	0.05	0.15	0.11
SiO_2	54.80	53.16	54.33	55.45	51.59	53.86
F	1.59	1.52	1.73	1.34	1.17	1.47
Cl	0.10	0.09	0.11	0.13	0.11	0.11
$-O=F_2$	0.67	0.64	0.73	0.56	0.49	0.62
$-O=Cl_2$	0.02	0.02	0.02	0.03	0.03	0.03
H_2O^*						16.83
总计	84.03	81.79	84.08	85.06	81.32	100.08

2. 东矿海泡石

样品采自东矿钻孔，属于钠闪石化白云石型铌稀土铁矿石。海泡石呈棕色-棕绿色片状、纤状集合体分布于岩石的裂隙面，显微镜下呈纤状集合体或片状分布，Ⅰ级灰干涉色或被本身颜色掩盖，少部分颗粒显均质性，粒径为 0.20～0.50mm(图 10-251 至图 10-254)。

共伴生矿物：白云石、钠闪石、磁铁矿、闪锌矿、黄铁矿、独居石、褐钇铌矿、铌锰矿、菱锰矿、锰白云石等。

电子探针测试结果(表 10-69)显示含 FeO 高，平均值达到 25.69%，MgO 含量平均值 12.12%，但部分 Fe^{3+} 填补在 Si 的位置，所以根据分子式计算结果仍为海泡石，而非铁海泡石。

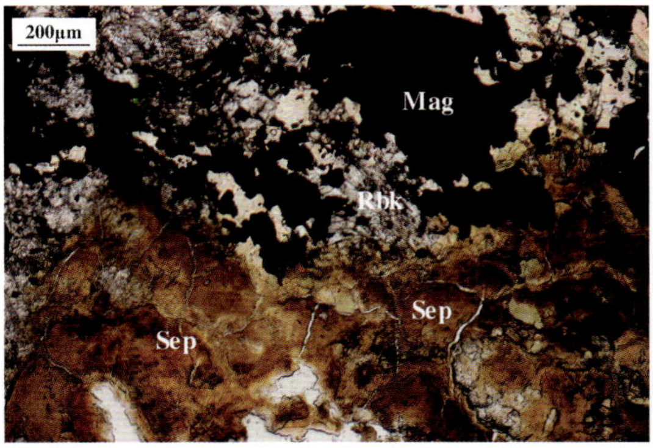

图 10-251 黄褐色片状分布的海泡石(Sep)(单偏光)

图 10-252 海泡石的干涉色(正交偏光)

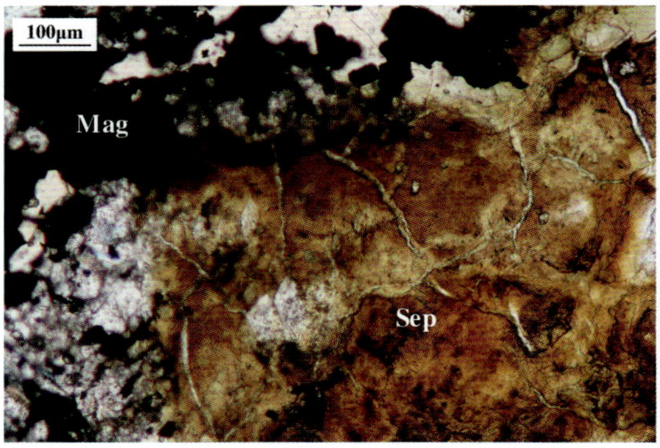

图 10-253　黄褐色片状、细纤状分布的海泡石(单偏光)

图 10-254　海泡石的干涉色(正交偏光)

根据电子探针测试结果平均值(表 10-69)，以化学式理论值计算 H_2O 含量，以 O=11 为基数，计算化学式：$(Mg_{2.16}Fe^{2+}_{1.28}Fe^{3+}_{0.59}Ca_{0.03}Mn_{0.02})_{\Sigma 4.08}(Si_{5.40}Fe^{3+}_{0.57}Al_{0.03})_{\Sigma 6.00}O_{15}(OH)_2 \cdot 6H_2O$。

表 10-69　海泡石电子探针测试结果　　单位：w_t/%

成分	测试点 P1	测试点 P2	测试点 P3	测试点 P4	测试点 P5	平均值
FeO	24.35	26.05	23.13	24.24	30.66	25.69
MgO	12.00	11.49	13.39	12.13	11.58	12.12
CaO	1.08	1.18	1.15	1.20	1.58	1.24
Al_2O_3	0.16	0.20	0.19	0.16	0.38	0.22
MnO	0.11	0.25	0.37	0.26	0.19	0.24
SiO_2	46.65	45.61	47.07	45.16	41.25	45.35
H_2O^*						15.30
总计	84.35	84.78	85.3	84.15	85.64	100.14

铁海泡石　Ferrisepiolite

$(Fe^{3+},Fe^{2+},Mg)_4[(Si,Fe^{3+})_6O_{15}](O,OH)_2 \cdot 6H_2O$

化学组成：化学式中(apfu)，$Fe^{3+}>Mg$。

晶体结构：斜方晶系，空间群为 *Pnna*。$a_0=13.467(16)$Å，$b_0=26.953(41)$Å，$c_0=5.226(17)$Å。

形态：斜方双锥晶形，$D_{2h}-mmm(3L^23PC)$。通常呈致密块状、黏土状集合体，有时呈皮壳状、粉末状。

物理性质：棕色-红棕色、白色、浅灰色或浅黄色，条痕浅棕色，土状光泽，性脆。摩氏硬度 2～2.5，相对密度 2.51～2.69。

显微镜下特征：二轴晶(-)，$2V=20°\sim70°$。

铁海泡石为白云鄂博矿区分布广泛的表生矿物，常见于矿体裂隙中，亦常见于钠辉石型矿石和绿色(风化的)脉岩发育的地方，矿物中的化学组成(表 10－70)可能为云母、闪石、辉石风化后所提供(张培善和陶克捷，1986)。

表 10－70 铁海泡石的矿物化学全分析结果 单位：w_t%

化学组成	含量	化学组成	含量
SiO_2	43.11	MnO	2.24
Fe_2O_3	17.42	CaO	0.50
Al_2O_3	2.47	H_2O^+	9.48
FeO	2.64	H_2O^-	8.36
MgO	13.77	总计	99.99

五、蒙脱石族

蒙脱石(胶岭石，微晶高岭石) Montmorillonite

$(Na,Ca)_{0.33}(Al,Mg)_2(Si_4O_{10})(OH)_2 \cdot nH_2O$

化学组成：成分复杂，化学式中(apfu)Al>Mg>Fe，可含有 Li、Na、K、Fe^{3+} 等，Si 可被少量 Al 代替。蒙脱石与绿脱石构成类质同象系列。

晶体结构：单斜晶系，空间群为 $C2/m$。$a_0=5.17$Å，$b_0=8.94$Å，$c_0=9.95$Å，$\beta=99.54°$，$Z=1$。

形态：棱柱状晶形，$C_{2h}-2/m(L^2PC)$。通常为隐晶质的土状块体，有时呈细小鳞片状球粒状。

物理性质：白色，有时浅灰色、粉红色、浅绿色，土状光泽，解理{001}完全。摩氏硬度 1～2，相对密度 2～3。

显微镜下特征：二轴晶(－)，$2V=5°\sim30°$。$N_g=1.505\sim1.550$，$N_m=1.504\sim1.550$，$N_p=1.485\sim1.535$。透射光下无色，有时带淡绿或粉红色。

产状：见于东矿氧化带中(张培善和陶克捷，1986)。

绿脱石(绿高岭石，囊脱石) Nontronite

$Na_{0.3}Fe_2^{3+}(Si,Al)_4O_{10}(OH)_2 \cdot nH_2O$

化学组成：Fe^{3+} 可被少量 Al、Mg 替代，Na 常为 Ca 代替。此矿物为蒙脱石含 Fe 的变种，与蒙脱石组成类质同象。

晶体结构：单斜晶系，空间群为 $C2/m$。$a_0=5.24(1)$Å，$b_0=9.11(1)$Å，$c_0=15.3(5)$Å，$\beta=90°$。

形态：棱柱状晶形，$C_{2h}-2/m(L^2PC)$。通常为隐晶质的土状或致密块状。

物理性质：绿色、橄榄绿、黄绿色、黄色、橘色、褐色等，半透明-不透明，树脂光泽、蜡状光泽或无光泽，致密块状者呈蜡状光泽，{001}解理完全。摩氏硬度 1.5～2，相对密度 2.2～2.3。

显微镜下特征：二轴晶(－)，$2V=25°\sim68°$。$N_g=1.605\sim1.643$，$N_m=1.604\sim1.632$，$N_p=1.567\sim1.600$。透射光下绿色-黄色，多色性显著。

产状：产于地表氧化带中(张培善和陶克捷，1986)。

六、叶蜡石-滑石族

滑石　Talc

$Mg_3Si_4O_{10}(OH)_2$

化学组成：MgO 31.72%，SiO_2 63.12%，H_2O 4.76%。含少量Fe、Al、F。

晶体结构：三斜晶系，空间群为$P\bar{1}$。a_0 = 5.29Å，b_0 = 9.173Å，c_0 = 9.46Å；α = 90.46°，β = 98.68°，γ = 90.09°，Z = 2。

形态：板状晶形，$C_i-\bar{1}(C)$。晶体呈六方或菱形板状，比较少见。通常呈片状或鳞片状集合体。

物理性质：无色，白色、浅绿色、棕色、灰色等，透明-半透明，条痕白色，油脂光泽、蜡状光泽、树脂光泽，性脆，解理{001}完全。摩氏硬度1.0，相对密度2.58～2.83。

显微镜下特征：二轴晶(－)，N_g=1.538～1.600，N_m=1.589～1.594，N_p=1.538～1.550。

产状：见于宽沟以北的一断层带中。浅绿色，鳞片状集合体或致密块状，丝绢与珍珠光泽，硬度低，有滑腻感。光谱半定量分析其主要成分为Mg、Fe、Al(中国科学院地球化学研究所，1988)。

第五节　架状硅酸盐矿物

在白云鄂博矿区，架状硅酸盐矿物有长石族、方柱石族及沸石族矿物。

一、长石族

长石族矿物包括碱性长石族和斜长石族。碱性长石族矿物主要指钾长石亚族，特点是Ca含量低，K含量高，属于从透长石到高钠长石的高温系列，温度降低则钾长石从钠长石中析离出来构成条纹长石，白云鄂博矿区可见钠长石、正长石、微斜长石、条纹长石等。斜长石族矿物主要为钠长石和钙长石构成的连续系列。

正长石　Orthoclase

$K(AlSi_3O_8)$

化学组成：K_2O 16.9%，Al_2O_3 18.4%，SiO_2 64.7%。

晶体结构：单斜晶系，空间群为$C2/m$。a_0= 8.5632(11)Å，b_0= 12.963(14)Å，c_0= 7.299(11)Å；β = 116.073(9)°，Z = 4。

形态：斜方柱晶形，$C_{2h}-2/m(L^2PC)$。晶体常呈短柱状。一般呈半自形-他形片状、粒状、板状产出。

物理性质：无色-白色、绿白色、灰黄色、浅粉色，条痕白色，透明-半透明，玻璃光泽、树脂光泽，性脆，{001}和{010}两组解理完全，解理交角为90°。摩氏硬度6，相对密度2.55～2.63。

显微镜下特征：二轴晶(－)，$2V$=35°～75°。N_g=1.522～1.525，N_m=1.522～1.524，N_p=1.518～1.520。透射光下无色，负突起，解理完好，有时见卡氏双晶，干涉色Ⅰ级灰白。

1. 辉长岩中的正长石

样品采自东部接触带。本样品中长石种类较多，有钠长石、正长石、微斜长石、条纹长石等。正长石呈半自形晶板状分布，表面有轻微蚀变，与钠长石紧密共生，颗粒较大，粒径为0.40～0.80mm(图10－255、图10－256)。

共伴生矿物：普通辉石、钠长石、微斜长石、榍石等。

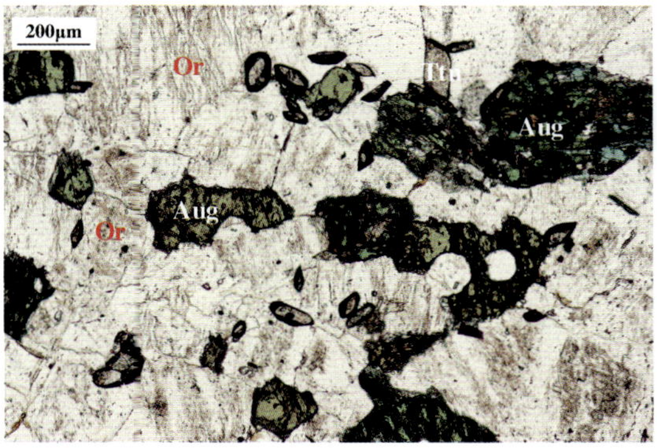

图10－255 正长石(Or)间分布的普通辉石(Aug)及榍石(Ttn)(单偏光)

图10－256 正长石、普通辉石与榍石(正交偏光)

根据电子探针测试结果平均值(表10－71)，以O=8为基数，计算化学式：$(K_{0.89}Na_{0.03}Fe_{0.02})_{\Sigma 0.94}(Al_{1.00}Si_{3.01}O_8)$。

表10－71 正长石电子探针测试结果 单位：$w_t/\%$

成分	测试点P1	测试点P2	测试点P3	平均值
Al_2O_3	18.25	18.60	18.35	18.40
K_2O	15.48	14.58	14.05	14.70
FeO	0.47	0.38	0.60	0.48
SrO	0.14	0.15	0.13	0.14
Na_2O	0.45	0.39	0.33	0.39
SiO_2	64.22	65.04	65.50	64.92
总计	99.01	99.14	98.96	99.04

2. 云母板岩中的正长石

样品采自主矿钻孔。正长石与金云母均呈细粒集合体状分布并沿某一方向定向延伸，颗粒细小，表面有碳质物，矿物间隙有细粒钠长石分布，正长石粒径为0.02～0.05mm(图10－257、图10－258)。

共伴生矿物：钠长石、金云母、白云石、金红石、磷灰石、石英、磁黄铁矿、黄铁矿、方铅矿等。

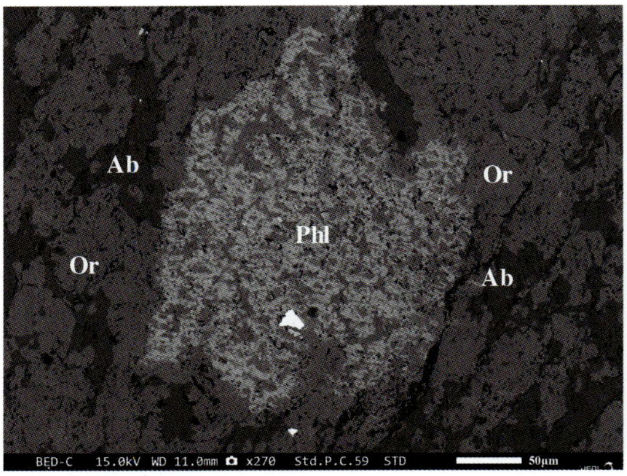

图 10-257　正长石(Or)与钠长石(Ab)、金云母(Phl)(BSE)

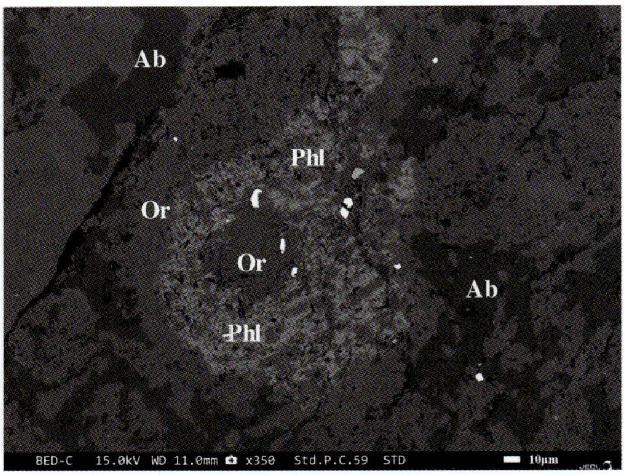

图 10-258　正长石与钠长石、金云母(BSE)

根据电子探针测试结果平均值(表 10-72)，以 O=8 为基数，计算化学式：$(K_{0.90}Na_{0.06})_{\Sigma 0.96}(Al_{1.01}Si_{2.99}O_8)$。

表 10-72　正长石电子探针测试结果　　单位：w_t/%

成分	测试点 P1	测试点 P2	测试点 P3	测试点 P4	测试点 P5	测试点 P6	平均值
Al_2O_3	18.67	18.39	18.46	18.25	18.30	18.28	18.39
K_2O	15.29	15.05	14.58	15.21	15.35	15.46	15.16
Na_2O	0.65	0.76	1.13	0.66	0.55	0.49	0.71
FeO	0.01	0.04	0.00	0.02	0.02	0.05	0.03
SiO_2	64.21	64.63	64.67	64.51	64.19	64.07	64.38
总计	98.95	98.95	98.90	98.75	98.49	98.35	98.73

微斜长石　Microcline

$(K,Na)(AlSi_3O_8)$

化学组成：通常含一定量的 Na 及少量 Ca，含 Rb、Cs 的变种称为天河石。

晶体结构：三斜晶系，空间群为 $P\bar{1}$。a_0 = 8.5784Å，b_0 = 12.96Å，c_0 = 7.2112Å；α = 90.3°，β = 116.055，γ = 89°，Z = 4。

形态：平行双面晶形，$C_i-\bar{1}(C)$。晶体呈短柱状或板状，通常是半自形-他形的片状、粒状或致密块状。

物理性质：白色、灰色、灰黄色、黄色、肉粉色、蓝绿色、绿色等，条痕白色，透明-半透明，玻璃光泽，性脆，{001}和{010}两组解理完全。摩氏硬度 6～6.5，相对密度 2.54～2.57。

显微镜下特征：二轴晶(-)，$2V$=66°～103°。N_g=1.521～1.539，N_m=1.518～1.533，N_p=1.514～1.529。透射光下无色或淡褐色，负突起，干涉色Ⅰ级灰，具格子双晶。

1. 辉长岩中的微斜长石

样品采自东部接触带。微斜长石呈自形板状分布，格子双晶发育，颗粒较粗，表面有轻微蚀变，粒径为 0.30～0.50mm(图 10－259 至图 10－262)。

共伴生矿物：普通辉石、钠长石、正长石、榍石等。

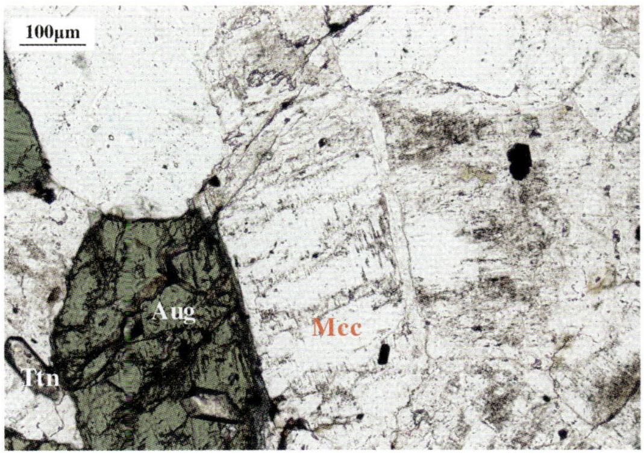

图 10－259　辉长岩中的微斜长石（Mcc）(单偏光)

图 10－260　微斜长石的格子双晶（正交偏光）

图 10－261　微斜长石的格子双晶（正交偏光）

图 10－262　微斜长石的格子双晶（正交偏光）

根据电子探针测试结果平均值(表 10－73)，以 O＝8 为基数，计算化学式：$(K_{0.96}Na_{0.04}Fe_{0.01})_{\Sigma 1.01}(Al_{0.99}Si_{3.01}O_8)$。

表 10－73　微斜长石电子探针测试结果　　单位：w_t/%

成分	测试点 P1	测试点 P2	测试点 P3	测试点 P4	测试点 P5	平均值
Al_2O_3	18.12	17.99	18.00	18.46	18.39	18.19
K_2O	16.20	16.17	16.22	16.22	16.61	16.28
Na_2O	0.37	0.45	0.36	0.44	0.40	0.40
FeO	0.37	0.32	0.38	0.22	0.14	0.28
SiO_2	64.94	64.43	64.4	64.75	64.42	64.59
总计	100.00	99.36	99.36	100.09	99.96	99.74

2. 金云母片岩中的微斜长石

样品采自主矿。微斜长石呈半自形粒状分布于金云母矿物间隙，格子双晶可见，粒径为 0.10～0.50mm(图 10－263 至图 10－264)。

共伴生矿物：金云母、萤石、磷灰石、重晶石、磁铁矿等。

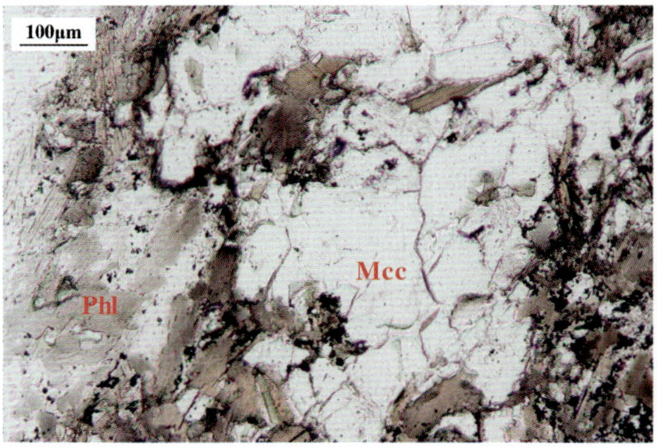

图 10－263　分布于金云母(Phl)矿物间的微斜长石(Mcc)(单偏光)

图 10－264　微斜长石的格子双晶(正交偏光)

条纹长石　Perthite

具条纹结构的碱性长石，当以正长石为主时称条纹长石，以斜长石为主称反条纹长石，两者含量相当时称中条纹长石。

辉长岩中的条纹长石

样品采自东部接触带。钠长石表面干净，正长石有轻微蚀变，钠长石呈条纹状分布于正长石中，构成条纹长石，颗粒大小不均，一般为 0.20～0.50mm(图 10－265 至图 10－270)。

共伴生矿物：普通辉石、正长石、钠长石、微斜长石、榍石等。

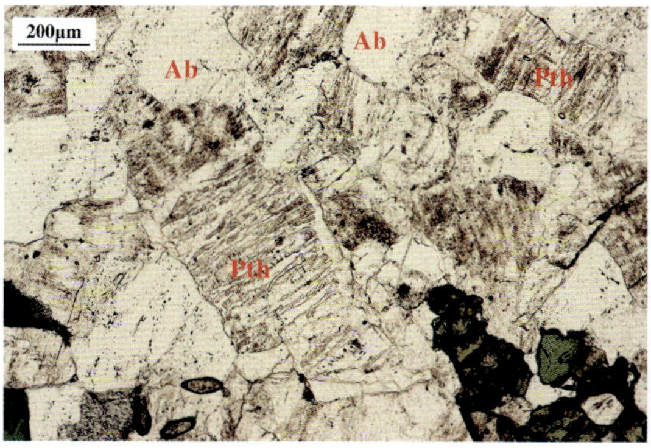

图 10－265　自形晶分布的条纹长石(Pth)(单偏光)

图 10－266　条纹长石(正交偏光)

图 10－267　钠长石(Ab)与正长石(Or)构成条纹长石(正交偏光)

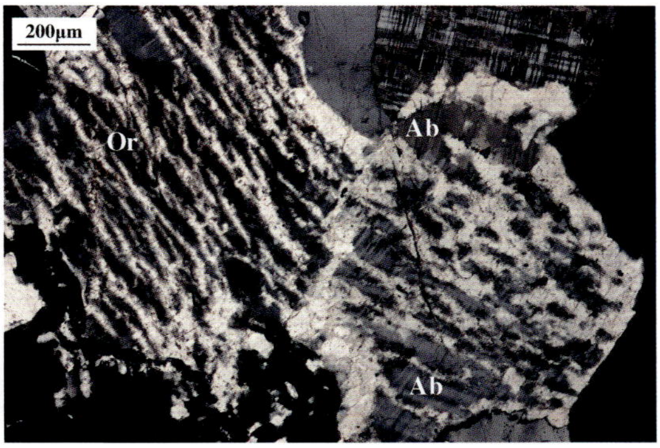

图 10－268　钠长石与正长石构成条纹长石(正交偏光)

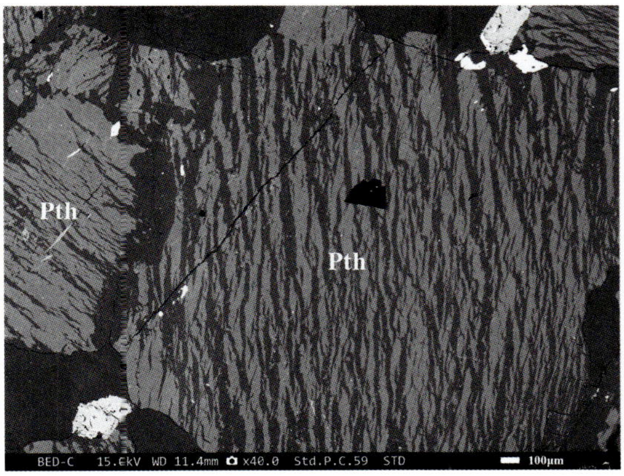

图 10－269　条纹长石(BSE)

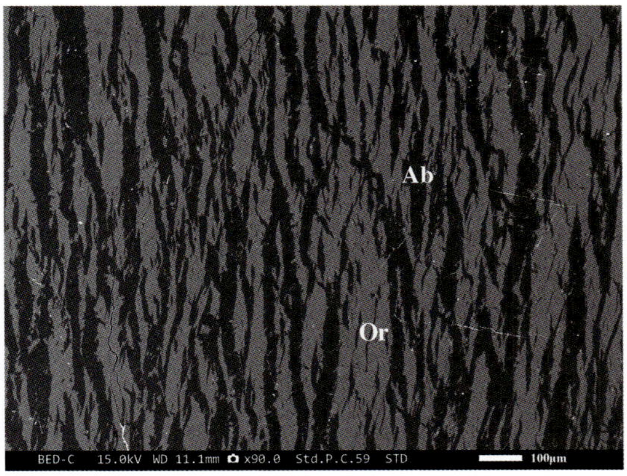

图 10－270　钠长石(暗色)与正长石(灰白色)构成条纹长石(BSE)

分别选择正长石、钠长石位置点做电子探针测试(表 10－74)，P1 至 P3 为正长石(BSE 图像中灰白色区域)，P4 至 P6 为钠长石(BSE 图像中暗色区域)，分别根据其测试结果平均值，以 O=8 为基数，计算化学式：

P1 至 P3：正长石$(K_{0.99}Na_{0.04}Fe_{0.01})_{\Sigma 1.04}(Al_{0.99}Si_{2.99}O_8)$；

P4 至 P6：钠长石$(Na_{0.99}Fe_{0.01})_{\Sigma 1.00}(Al_{0.97}Si_{3.02}O_8)$。

表 10－74　条纹长石电子探针测试结果　　单位：w_t/%

成分	测试点 P1	测试点 P2	测试点 P3	平均值	测试点 P4	测试点 P5	测试点 P6	平均值
Al_2O_3	18.21	18.29	18.29	18.26	18.83	19.25	18.12	18.73
K_2O	16.42	16.37	16.45	16.41	0.05	0.04	0.05	0.05
Na_2O	0.48	0.38	0.33	0.40	11.56	11.71	11.65	11.64
FeO	0.24	0.30	0.46	0.33	0.43	0.26	0.36	0.35
SiO_2	65.03	64.80	64.21	64.68	68.95	68.31	68.67	68.64
总计	100.37	100.14	99.74	100.08	99.82	99.57	98.85	99.41

钡冰长石 Hyalophane

$(K,Ba)(Si,Al)_4O_8$

化学组成：钡冰长石为正长石含 Ba 的变种，即钡-正长石。

晶体结构：单斜晶系，空间群为 $C2/m$。$a_0=8.52$Å，$b_0=12.95$Å，$c_0=7.14$Å；$\beta=116°$，$Z=4$。

形态：斜方柱晶形，$C_{2h}-2/m(L^2PC)$。晶体呈柱状，常呈短柱状、块状、板状产出。

物理性质：无色、白色或黄色，条痕白色，透明-半透明，玻璃光泽，性脆，{001}解理完全。摩氏硬度 6～6.5，相对密度 2.58～2.88。

显微镜下特征：二轴晶(－)，$2V=48\sim49°$。$N_g=1.526\sim1.547$，$N_m=1.524\sim1.545$，$N_p=1.520\sim1.542$。

东部接触带闪长岩中的钡冰长石

钡冰长石呈自形-半自形短柱状、片状分布于镁绿钙闪石间，表面有轻微蚀变，粒径为 0.10～0.30mm(图 10－271 至图 10－272)。

共伴生矿物：镁绿钙闪石、金云母、磷灰石、褐帘石、独居石等。

图 10－271 钡冰长石(Hyp)分布于镁绿钙闪石(Mhst)间(单偏光)

图 10－272 钡冰长石分布于镁绿钙闪石间(正交偏光)

根据电子探针测试结果平均值(表 10－75)，以 O＝8 为基数，计算化学式：$(K_{0.51}Ba_{0.23}Al_{0.10}Na_{0.17})_{\Sigma1.01}(Si_{2.78}Al_{1.22})_{\Sigma4.00}O_8$。

表 10－75 钡冰长石电子探针测试结果 单位：$w_t/\%$

成分	测试点 P1	测试点 P2	测试点 P3	测试点 P4	测试点 P5	测试点 P6	平均值
SiO_2	53.00	53.66	56.58	52.83	54.73	54.63	54.24
Al_2O_3	22.54	21.96	21.27	21.96	21.56	21.86	21.86
BaO	12.28	12.19	9.79	12.55	10.79	11.57	11.53
K_2O	6.99	7.56	8.51	7.68	8.07	7.71	7.75
Na_2O	1.81	1.53	1.84	1.52	1.69	1.64	1.67
TiO_2	0.07	0.16	0.07	0.09	0.16	0.14	0.11
总计	96.69	97.06	98.06	96.63	97.00	97.55	97.16

钠长石 Albite

$Na(AlSi_3O_8)$

化学组成：Na_2O 11.8%，Al_2O_3 19.4%，SiO_2 68.8%。

晶体结构：三斜晶系，空间群为 $P\bar{1}$。a_0 = 8.16Å，b_0 = 12.87Å，c_0 = 7.11Å；α = 93.45°，β = 116.4°，γ = 90.28°，Z = 4。

形态 平行双面晶形。$C_i-\bar{1}(C)$。晶体常呈平行于(010)的板状或板柱状。常见简单双晶或复合双晶。

物理性质：无色、白色、灰白色，条痕白色，透明-半透明-不透明，玻璃光泽，性脆，{001}解理完全，{010}近于完全，{110}不完全。摩氏硬度 6～6.5，相对密度 2.60～2.65。

显微镜下特征：二轴晶(+)，$2V$=76°～82°。N_g=1.538～1.542，N_m=1.532～1.537，N_p=1.528～1.533。

白云鄂博矿区钠长石多分布于东部接触带，蚀变板岩、霓石片岩、黑云母片岩中亦有产出。

1. 辉长岩中的钠长石

样品采自东部接触带花岗岩与碳酸盐岩的内接触带。样品中长石种类较多，有钠长石、正长石、微斜长石、条纹长石等。钠长石表面较干净，未见蚀变，与正长石紧密共生，颗粒较大，粒径为 0.20～0.50mm，长石矿物间有半自形榍石(图 10－273 至图 10－274)。

共伴生矿物：霓辉石、正长石、微斜长石、榍石、独居石等。

根据电子探针测试结果平均值(表 10－76)，以 O=8 为基数，计算化学式：$(Na_{0.89}Al_{0.03}Fe_{0.02})_{\Sigma 0.94}(Al_{1.00}Si_{3.00}O_8)$。

图 10－273 钠长石(Ab)与正长石(Or)、榍石(Ttn)(单偏光)

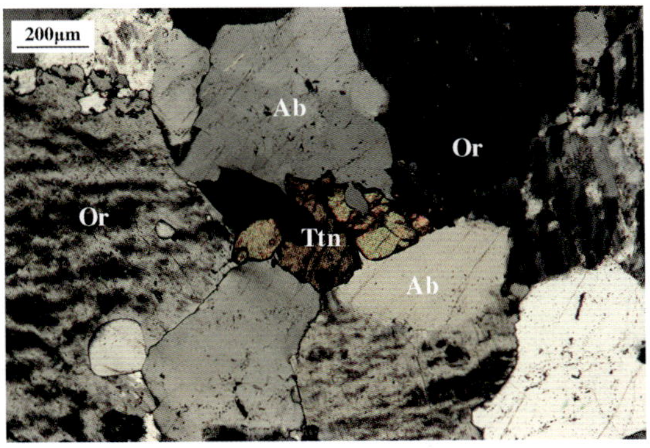

图 10－274 钠长石与正长石、榍石(正交偏光)

表 10－76 钠长石电子探针测试结果 单位：w_t/%

成分	测试点 P1	测试点 P2	测试点 P3	平均值
Al_2O_3	19.42	19.75	20.37	19.85

续表

成分	测试点 P1	测试点 P2	测试点 P3	平均值
Na_2O	10.96	9.99	10.20	10.38
FeO	0.40	0.34	0.48	0.41
SrO	0.16	0.15	0.16	0.16
K_2O	0.06	0.05	0.07	0.06
SiO_2	68.03	68.46	68.07	68.19
总计	99.03	98.74	99.35	99.04

2. 钠闪石型铌稀土矿石中的钠长石

样品采自主矿上盘。钠长石颗粒粗大，两组解理清晰，解理夹角垂直，双晶发育，Ⅰ级灰干涉色，有叶片状钕易解石交代钠长石，粒径大于1.00mm(图10－275、图10－276)。

共伴生矿物：钕易解石、钠闪石等。

图10－275　钠长石(Ab)与钕易解石(Aes－Nd)(单偏光)

图10－276　钠长石与钕易解石(正交偏光)

根据电子探针测试结果平均值(表10－77)，以O=8为基数，计算化学式：$(Na_{0.96}Sr_{0.03})_{\Sigma 0.99}(Al_{0.97}Si_{0.02}Fe_{0.01})_{\Sigma 1.00}Si_{3.00}O_8$。

表10－77　钠长石电子探针测试结果　　单位：w_t/%

成分	测试点 P1	测试点 P2	测试点 P3	测试点 P4	平均值
Al_2O_3	18.63	18.71	18.58	18.76	18.67
Na_2O	11.33	11.31	11.35	11.29	11.32
SrO	1.17	1.14	1.11	1.21	1.16
FeO	0.14	0.13	0.12	0.16	0.14
K_2O	0.11	0.06	0.07	0.09	0.08

续表

成分	测试点 P1	测试点 P2	测试点 P3	测试点 P4	平均值
SiO_2	68.55	68.55	68.5	68.6	68.55
总计	99.93	99.9	99.73	100.11	99.92

3. 云母型铌稀土铁矿石中的钠长石

样品采自主矿。钠长石呈半自形晶分布于细鳞片状金云母间，局部与金云母定向排列，部分颗粒可见简单双晶，粒径为 0.10～0.30mm(图 10－277 至图 10－280)。

共伴生矿物：金云母、钠长石、磁铁矿、霓石、钠闪石、硅钡铁钛石、方解石、磁黄铁矿、重晶石、钡解石、黄铁矿、黄铜矿、包头矿、氟碳钡铈矿、硅钛铈矿、磷灰石、闪锌矿、钛铁矿等。

图 10－277 钠长石(Ab)分布于金云母(Phl)间(单偏光)

图 10－278 钠长石的简单双晶(正交偏光)

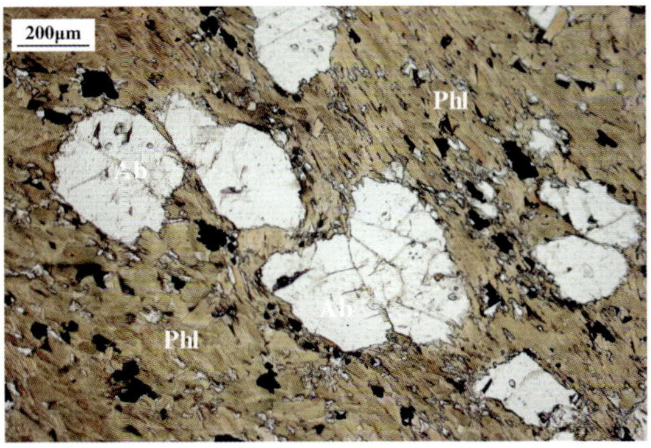

图 10－279 半自形钠长石(单偏光)

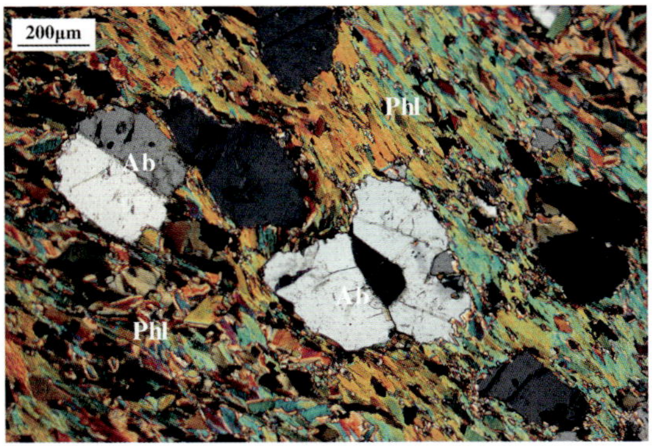

图 10－280 钠长石的简单双晶(正交偏光)

根据电子探针测试结果平均值(表 10－78)，以 O＝8 为基数，计算化学式：$(Na_{0.99}K_{0.01})_{\Sigma 1.00}(Al_{1.00}Si_{3.00}O_8)$。

表 10-78　钠长石电子探针测试结果　　单位：w_t/%

成分	测试点 P1	测试点 P2	测试点 P3	测试点 P4	测试点 P5	测试点 P6	平均值
Al_2O_3	18.88	19.20	19.09	19.51	19.50	19.25	19.24
Na_2O	11.39	11.87	11.61	11.45	11.60	11.66	11.60
K_2O	0.07	0.15	0.10	0.09	0.12	0.09	0.10
SiO_2	67.89	68.45	68.15	67.95	68.03	68.73	68.20
总计	98.23	99.67	98.95	99	99.25	99.73	99.14

钙长石　Anorthite

$Ca(Al_2Si_2O_8)$

化学组成：几乎都由钙长石分子组成，钠长石、正长石分子含量很少。

晶体结构：三斜晶系，空间群为 $P\bar{1}$。a_0 = 8.1768Å，b_0 = 12.8768Å，c_0 = 14.169Å；α = 93.17°，β = 115.85°，γ = 92.22°，Z = 8。

形态：平行双面晶形。$C_i-\bar{1}(C)$。晶体常呈平行于(010)的板状或板柱状。常见简单双晶或复合双晶。

物理性质：无色、白色、暗灰色，条痕白色，透明-半透明，玻璃光泽，性脆，{001}解理完全，{010}近于完全，{110}不完全。摩氏硬度 6～6.5，相对密度 2.74～2.76。

显微镜下特征：二轴晶(－)，2V＝78°～83°。N_g＝1.585～1.590，N_m＝1.580～1.585，N_p＝1.573～1.577。透射光下无色，干涉色 I 级灰白。

闪长岩中的钙长石

样品采自东矿。钙长石多呈自形板状分布于镁绿钙闪石间，常见双晶，部分颗粒中间有钾长石化、钡长石化，钙长石粒径(长轴)为 0.20～0.50mm(图 10-281 至图 10-284)。

共伴生矿物：镁绿钙闪石、钠长石、正长石、钡长石、烧绿石、磁黄铁矿、钛铁矿、黄铁矿、黄铜矿等。

根据电子探针测试结果平均值(表 10-79)，以 O＝8 为基数，计算化学式：$(Ca_{0.63}Na_{0.38})_{\Sigma 1.01}(Al_{1.59}Si_{0.38}V_{0.02}Fe_{0.01})_{\Sigma 2.00}Si_2O_8$。

根据分子式中 Ca、Na 的占比，应为钙长石的变种拉长石。

图 10-281　自形板状钙长石(An)(单偏光)

图 10-282　自形板状钙长石(正交偏光)

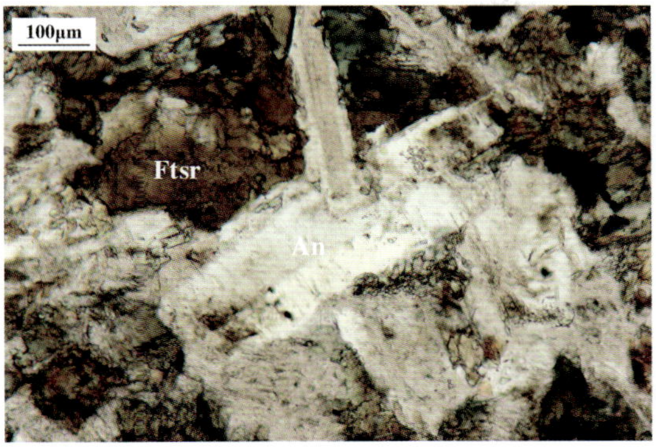

图 10－283　自形板状钙长石(单偏光)

图 10－284　钙长石的双晶(正交偏光)

表 10－79　钙长石电子探针测试结果　　单位：w_t/%

成分	测试点 P1	测试点 P2	测试点 P3	测试点 P4	测试点 P5	平均值
Al_2O_3	27.78	29.14	29.50	31.49	28.82	29.34
CaO	11.21	12.54	12.75	15.00	12.07	12.71
Na_2O	5.14	4.26	4.17	2.96	4.50	4.21
FeO	0.18	0.27	0.32	0.08	0.12	0.19
V_2O_3	0.82	0.73	0.55	0.00	0.27	0.47
K_2O	0.08	0.07	0.08	0.04	0.02	0.06
SiO_2	53.58	51.90	51.80	48.75	52.43	51.69
总计	98.79	98.91	99.17	98.32	98.23	98.67

二、方柱石族

方柱石族有两个端员组分，一个为钠柱石($Na_4Al_3Si_9O_{24}Cl$)，另一个为钙柱石($Ca_4Al_6Si_6O_{24}CO_3$)。自然界尚未发现纯的钠柱石和钙柱石，主要均为中间成分的变种。一般富 Na 端员中 Cl 含量较高，富 Ca 端员中$[CO_3]^{2-}$、$[SO_4]^{2-}$较多。

钠柱石　Marialite

$Na_4Al_3Si_9O_{24}Cl$

化学组成：Na 和 Ca 两个端员组成的类质同象系列。

晶体结构：四方晶系，空间群为 $I4/m$。a_0 = 12.060(3)Å，c_0 = 7.572(3)Å，Z = 2。

形态：四方双锥晶形，$C_{4h}-4/m(L^4PC)$。柱状晶体，通常为不规则柱状或粒状集合体。

物理性质：无色、白色、蓝色、棕色、黄色、绿色等，透明-不透明，条痕白色，玻璃光泽、树脂光泽，性脆。摩氏硬度 5.5～6，相对密度 2.50～2.62。

显微镜下特征：一轴晶(－)，N_o=1.539～1.550，N_e=1.532～1.541。透射光下无色，平行消光，干涉色低。

白云鄂博钠柱石产于矿区东部花岗岩侵入体的外接触带，多在铝硅酸盐岩石中形成矽卡岩矿物，与透辉石密切共生，形成条带或细脉，夹杂有褐帘石。此外，钠柱石常沿角闪石化的玢岩和基性岩脉发育，那里的斜长石被粗粒钠柱石交代而形成变嵌晶(张培善和陶克捷，1986)。

方柱石化学全分析结果：SiO_2 56.32%，Al_2O_3 20.69%，K_2O 1.33%，Fe_2O_3 0.16%，CaO 6.99%，Na_2O 7.95%，FeO 0.46%，MnO 0.04%，P_2O_5 0.03%，SO_4 0.07%，H_2O^+ 0.85%，H_2O^- 0.22%，挥发份 4.97%，Cl 0.26%，$-O=Cl_2$ 0.06%，总计 100.28%(张培善和陶克捷，1986)。

三、沸石族

沸石 Zeolite

$A_m(Si,Al)_pO_{2p} \cdot nH_2O$

化学组成：化学式中 A 代表 Na^+ 和 Ca^{2+}，其次为 Ba^{2+}、Sr^{2+}、K^+ 及少量 Mg^{2+}、Mn^{2+} 等。

晶体结构：沸石族矿物大部分是斜方或单斜晶系，少部分为等轴晶系和三方晶系。沸石的结构是由硅氧四面体和铝氧四面体组成的骨架，因骨架类型多而划分为不同类型。

形态：晶体形态多数呈纤维状、柱状，部分为板状，也有菱面体、八面体、立方体和近三向等长的粒状等。

物理性质：成分纯净时为无色、白色，呈因含氧化铁或其他杂质而带浅色。摩氏硬度 3.5～5.5，相对密度 2.0～2.3。

显微镜下特征：薄片中无色或淡褐色，干涉色低，负突起。

沸石为表生蚀变矿物，见于矿体内及中基性岩石薄片中，分布较少(张培善和陶克捷，1986)。

主要参考文献

白鸽，袁忠信，吴澄宇，等，1996. 白云鄂博矿床地质特征和成因论证[M]. 北京：地质出版社.

曹荣龙，朱寿华，王俊文，1994. 白云鄂博铁-稀土矿床的物质来源和成因理论问题[J]. 中国科学，24(12)：1298-1307.

曾玫吾，王曼祉，曲维政，1981. 白云鄂博铁矿磁铁矿成因矿物学的研究[J]. 矿物岩石（Z1)：44-58.

常丽华，陈曼云，金巍，等，2006. 透明矿物薄片鉴定手册[M]. 北京：地质出版社.

范亚洲，周伟，王子玺，等，2014. 稀散元素 Sc 的矿床类型及找矿前景[J]. 西北地质(47)：234-243.

傅平秋，苏贤泽，1987. 新矿物——白云鄂博矿[J]. 矿物学报(04)：3-11.

贡伟亮，1991a. 白云鄂博褐钇铌矿族矿物的矿物化学与矿物演化[J]. 矿物学报(03)：200-208.

贡伟亮，1991b. 褐钇铌矿族矿物变生非晶态的高温相变研究[J]. 矿物学报(01)：1-8+97.

古阶祥，汤素仁，1996. 氟铈硅磷灰石——产自加拿大 Mont St. Hilaire 的新矿物[J]. 岩石矿物学杂志，15(01)：40-45.

郭其悌，三一先，王贤觉，等，1973. 褐钇铌矿族矿物的研究[J]. 地球化学(02)：86-92.

侯晓志，杨占峰，王振江，等，2018a. 白云鄂博矿萤石型铁矿石中钍的赋存状态及分布规律研究[J]. 中国稀土学报(03)：365-371.

侯晓志，杨占峰，王振江，等，2018b. 白云鄂博矿云母型矿石中钍的赋存状态及分布规律研究[J]. 中国稀土学报(05)：633-640.

李方华，樊汉节，张培善，等，1983. 微区 X 射线能谱分析技术在研究钡-稀土氟碳酸盐矿物上的应用[J]. 物理学报，32(04)：460-465.

李国武，杨光明，熊明，2014. 烧绿石超族矿物分类新方案及烧绿石超族矿物[J]. 矿物学报(02)：153-158.

李惠民，周红英，2012. 对白云鄂博矿床 U-Pb 同位素年代学工作的几点思考[J]. 地质学报(05)：793-800.

李献华，李扬，李秋立，等，2022. 同位素地质年代学新进展与发展趋势[J]. 地质学报，96(01)：104-122.

李新安，刘铁庚，赵云龙，1985. 白云鄂博萤石染色机制研究[J]. 矿物学报(02)：164-168+196.

梁有彬，1986. 白云鄂博矿床中钪的分布特征及综合利用问题[J]. 稀土(06)：54-56.

梁有彬，徐忠龙，梁学谦，1982a. 白云鄂博褐钇铌矿的发现与意义[J]. 稀土(03)：53-57.

梁有彬，徐忠龙，梁学谦，等，1982b. 白云鄂博铁矿若干种矿物的新发现与研究[J]. 冶金工业部地质研究所所报(01)：94-98.

刘淑春，章雨旭，郝梓国，等，1999. 白云鄂博赋矿白云岩成因研究历史问题及新进展[J]. 地质论评，45(05)：477-486

刘铁庚，1985. 白云鄂博白云碳酸岩地质及地球化学特征-白云鄂博白云岩成因讨论[J]. 岩石学报，1(03)：15-28.

刘铁庚，王冠鑫，巩积文，1987. 水磷钙钍石在我国的发现及其研究[J]. 矿物学报，7(02)：177-182.

刘玉龙，陈江峰，李惠民，等，2005. 白云鄂博矿床白云石型矿石中独居石单颗粒 U - Th - Pb - Sm - Nd 定年[J]. 岩石学报(03)：881 - 888.
刘玉龙，陈江峰，李惠民，等，2006. 白云鄂博矿田碳酸岩墙年代学再研究[J]. 地质论评，52(03)：415 - 422.
刘正义，李西得，孟艳宁，等，2016. 白云鄂博矿床钍矿化岩石类型及其控制因素[J]. 东华理工大学学报(自然科学版)(03)：201 - 209+222.
卢静文，彭晓蕾，2010. 金属矿物显微镜鉴定手册[M]. 北京：地质出版社.
罗明标，花明，郭国龙，2009. 白云鄂博铁矿中钍的赋存状态研究[C]//中国核科学技术进展报告——中国核学会 2009 年学术年会论文集(第一卷・第 4 册)：554 - 558.
马凤俊，郑万录，庄世杰，1981. 内蒙白云鄂博西矿褐钇铌矿——褐铈铌矿族矿物的初步研究[J]. 矿物学报(02)：123 - 128+131 - 133.
毛骞，马玉光，王凯怡，2012. 白云鄂博的碳锶铈矿[J]. 地质学报，86(05)：837 - 841.
孟庆润，1982. 论白云鄂博铁矿含矿围岩——白云岩的沉积成因及其沉积环境分析[J]. 地质论评(05)：481 - 489+508.
潘启宇，1996. 白云鄂博铌稀土铁矿的成矿地质条件及矿床成因[J]. 华北地质矿产杂志，11(03)：369 - 378.
秦朝建，裘愉卓，温汉捷，等，2009. 白云鄂博矿床石墨的发现及其地质意义[J]. 矿物学报(S1)：234 - 235.
裘愉卓，秦朝建，刘世荣，等，2009. 硅镁钡石（Magbasite）的新数据[J]. 矿物学报，29(S1)：551 - 551.
任英忱，西门露露，彭志忠，1982. 大青山矿——新发现的一种稀土矿物[J]. 矿物学报(03)：161 - 165.
沈敢富，李国吾，王凯怡，等，2012. 白云鄂博原型钡铁钛石晶体化学研究的新进展[J]. 地质学报(86) 829 - 836.
沈今川，宓锦校，1992. 对于氟碳钡铈矿(Cordylite - Ce)成分与结构的质疑[J]. 岩石矿物学杂志，11(01)：69 - 74.
孙未君，马凤俊，庄士杰，1983. β-钕褐钇铌矿[J]. 地质科学(01)：78 - 80.
陶克捷，杨主明，张培善，等，1998. 白云鄂博矿区周围火成碳酸岩墙地质特征[J]. 地质科学(01)：73 - 83.
王凯怡，范宏瑞，谢奕汉，等，2022. 白云鄂博碳酸岩墙的稀土和微量元素地球化学及对其成因的启示[J]. 岩石学报，18(03)：340 - 348.
王凯怡，范宏瑞，谢奕汉，等，2001. 白云鄂博超大型 REE - Fe - Nb 矿床基底杂岩的锆石 U - Pb 年龄[J]. 科学通报(16)：1390 - 1394.
王濮，潘兆橹，翁玲宝，1982. 系统矿物学[M]. 北京：地质出版社.
王贤觉，苏贤泽，郭其悌，等，1973. 钡稀土氟碳酸盐族矿物的研究[J]. 地球化学(01)：31 - 38.
魏菊英，上官志冠，1983. 内蒙古白云鄂博铁矿床中磁铁矿和赤铁矿的氧同位素组成[J]. 地质科学，18(03)：217 - 224.
肖荣阁，费红彩，安国英，等，2003. 内蒙古白云鄂博矿区白云岩岩石学及其成因研究[J]. 现代地质，17(03)：293.
谢苗诺夫，洪文兴，1960. 包头矿——一种含稀有元素的新矿物[J]. 地质科学(01)：1 - 2+55.
谢苗诺夫，张培善，1961. 黄河矿——新发现的一种稀土矿物[J]. 科学通报(06)：46 - 48.
谢先德，2010. 白云鄂博发现的新矿物——张培善矿[J]. 地球化学，39(04)：396 - 396.

徐光宪，1995. 稀土[M]. 北京：冶金工业出版社.

徐光宪，师昌绪，2005. 关于保护白云鄂博矿钍和稀土资源避免黄河和包头受放射性污染的紧急呼吁[J]. 中国科学院院刊(06)：14－16.

徐金沙，李国武，沈敢富，2012. 首次在白云鄂博铁矿发现的矿物种述评[J]. 地质学报，86(05)：842－848.

徐金沙，杨光明，李国武，等，2008. 新矿物丁道衡矿-(Ce)：珀硅钛铈矿的同质多象体和硅钛铈矿亚族C(1)位上的钛类似矿物[J]. 矿物学报(03)：237－243.

杨敏之，李永春，1980. 我国内蒙白云鄂博矿床铀钍石矿物的研究[J]. 科学通报(12)：558－560.

杨晓勇，赖小东，任伊苏，等，2015. 白云鄂博铁-稀土-铌矿床地质特征及其研究中存在的科学问题——兼论白云鄂博超大型矿床的成因[J]. 地质学报(12)：2323－2350.

杨学明，杨晓勇，陈双喜，等，1999a. 白云鄂博钡稀土氟碳酸盐矿物的新产状及其矿物学特征[J]. 科学通报，44(09)：984－989.

杨学明，杨晓勇，王允庆，等，1999b. 白云鄂博磷灰石的矿物化学特征及其成因意义[J]. 地质论评，45(08)：1155－1165.

杨学明，杨晓勇，张培善，等，1998. 白云鄂博碳酸盐矿物的矿物化学成分标型特征[J]. 高校地质学报，4(01)：34－41.

杨学明，张培善，陶克捷，等，1998. 白云鄂博稀土氟碳酸盐矿物的共面网定向附生结构[J]. 科学通报(02)：209－212.

杨主明，宋仁奎，陶克捷，等，2003. 易解石族矿物的稀土成分变化特征[J]. 中国稀土学报，21(06)：716－720.

杨主明，陶克捷，张培善，2001. "凤凰石"的成分特征及其形成的蚀变作用[J]. 中国稀土学报，19(03)：200－203.

袁忠信，白鸽，张宗清，2004. 白云鄂博矿床富矿岩石的自交代现象及其意义[J]. 岩石矿物学，23(01)：19－25.

张静，1988. 易解石矿物的化学特征[J]. 中国稀土学报，6(02)：63－66.

张培善，陶克捷，1986. 白云鄂博矿物学[M]. 北京：科学出版社.

张培善，陶克捷，1987. 中国褐钇铌矿族和易解石矿族矿物的特征[J]. 中国稀土学报(01)：1－7.

张培善，陶克捷，李方华，1981. 中华铈矿 $Ba_2Ce(CO_3)_3F$——新发现的一种稀土矿物[J]. 矿物学报(02)：65－74＋132.

张培善，陶克捷，杨主明，1991. 白云鄂博矿物岩石研究的新进展[J]. 岩石矿物学杂志(03)：265－270＋283.

张培善，陶克捷，杨主明，等，1998. 中国稀土矿物学[M]. 北京：科学出版社.

张培善，王中刚，2013. 白云鄂博发现三种云母族新矿物：杨主明云母、氟木下云母和氟铁金云母[J]. 矿物学报(S2)：282－283.

张铁柱，王建英，李保卫，等，2015. 白云鄂博稀土、铌、钍在矿石中分布规律及伴生关系[J]. 稀土(05)：87－91.

张宗清，唐索寒，王进辉，等，2003. 白云鄂博矿床形成于不同时代的信息——矿床西矿体的年龄和讨论[J]. 中国地质，30(02)：130－137.

章雨旭，吕洪波，张绮玲，等，2005. 微晶丘成因新认识[J]. 地球科学进展，20(06)：693－700.

仉宝聚，张书成，2005. 钍矿成矿特征与地质勘查[J]. 世界核地质科学，22(04)：203－209.

中国科学院地球化学研究所，1988. 白云鄂博矿床地球化学[M]. 北京：科学出版社.

周振玲，李功元，宋同云，等，1980. 内蒙古白云鄂博白云石碳酸岩的地质特征及其成因探讨[J]. 地质论评，26(01)：35 - 41.

朱祥坤，孙剑，2012. 内蒙古白云鄂博矿床的稀土矿化时代与期次[J]. 地球学报，33(06)：845 - 856.

CHAKHMOURADIAN A R, REGUIR E P, ZAITSEV A N, 2015. Calcite and dolomite in intrusive carbonatites. I. Textural variations[J]. Mineralogy and Petrology, 110: 333 - 360.

CAMPBELL L S, COMPSTON W, SIRCOMBE K N, et al., 2014. Zircon from the East Orebody of the Bayan Obo Fe - Nb - REE deposit, China, and SHRIMP ages for carbonatite - related magmatism and REE mineralization events[J]. Contributions to Mineralogy and Petrolcgy, 168: 1 - 23.

CHEN W, LIU H Y, LU J, et al., 2020. The formation of the ore - bearing dolomite marble from the giant Bayan Obo REE - Nb - Fe deposit, Inner Mongolia: Insights from micron - scale geochemical data [J]. Mineralium Deposita, 55: 131 - 146.

FAN H R, HU F F, YANG K F, et al., 2014. Integrated U - Pb and Sm - Nd geochronology for a REE - rich carbonatite dyke at the giant Bayan Obo REE deposit, Northern China[J]. Ore Geology Reviews, 63: 510 - 519.

GIESTER G, NI Y, JAROSCH D, et al., 1998. Cordylite -(Ce): A crystal chemical investigation of material from four localities, including type material[J]. American Mineralogist, 83(01): 178 - 184.

HAWTHORNE F C, OBERTI R, HARLOW G E, et al., 2012. Nomenclature of the amphibole supergroup[J]. American Mineralogist, 97(11 - 12): 2031 - 2048.

HUANG Y S, LI X C, XU X W, et al., 2024. New discovery of the early paleozoic carbonatite in Bayan Obo (China): Insights into the giant REE accumulation[J]. Ore Geology Reviews: 106156.

KRIVOVICHEV S V, FILATOV S K, ZAITSEV A N, 1998. The crystal structure of kukharenkoite - (Ce), $Ba_2REE(CO_3)_3F$, and an interpretation based on cation - coordinated F tetrahedra[J]. The Canadian Mineralogist, 36(03): 809 - 815.

LI G W, YANG G M, LI F E, et al., 2016. Fluorcalciopyrochlore, a new mineral species from Bayan Obo, Inner Mongolia, PR China[J]. The Canadian Mineralogist, 54(05): 1285 - 1291.

LI H T, YANG K F, GAO Y P, et al., 2022. Age and origin of the H9 member from the Bayan Obo Group: Implications for the genesis of the giant Bayan Obo Fe - Nb - REE deposit, China[J]. Ore Geology Reviews, 46: 104927.

LI Q, LIU Y, TANG G, et al., 2018. Zircon Th - Pb dating by secondary ion mass spectrometry[J]. Journal of Analytical Atomic Spectrometry, 33(09): 1536 - 1544.

LI X C, FAN H R, SU J H, et al. , 2024. Giant Rare Earth Element Accumulation Related to Voluminous, Highly Evolved Carbonatite: A Microanalytical Study of Carbonate Minerals From the Bayan Obo Deposit, China[J]. Economic Geology, 119(02): 373 - 393.

LI X C, FAN H R, ZENG X, et al., 2021. Identification of~ 1. 3 Ga hydrothermal zircon from the giant Bayan Obo REE deposit (China): Implication for dating geologically - complicated REE ore system[J]. Ore Geology Reviews, 138: 104405.

LIU Y, WILLIAMS I S, CHEN J, et al., 2008. The significance of Paleoproterozoic zircon in carbonatite dikes associated with the Bayan Obo REE - Nb - Fe deposit[J]. American Journal of Science, 308(03): 379 - 397.

MORIMOTO N, 1988. Die nomenklatur von Pyroxenen. Mineralogy and Petrology, 39: 55 - 76.

NICKEL E H, GRICE J D, 1999. The IMA Commission on new minerals and mineral names: Procedures and guidelines on mineral nomenclature[J]. Mineralogical Record, 1999, 30(03): 163.

NICKEL H, GRICE D, 2000. 国际矿物学协会新矿物及矿物命名委员会关于矿物命名的程序和原则

（1997年）[J]．矿物学报，20(04)：415－424.

RIEDER M，CAVAZZINI G，D'YAKONOV Y S，et al.，1988. Nomenclature of the micas[J]. Clays and clay minerals，46(05)：586－595.

SHE H D，FAN H R，YANG K F，et al.，2021. In situ trace elements of magnetite in the Bayan Obo REE－Nb－Fe deposit：Implications for the genesis of mesoproterozoic iron mineralization[J]. Ore Geology Reviews，139：104574.

SHIMAZAKI H，YANG Z M，MIYAWAKI R，et al.，2008. Scandium－bearing minerals in the Bayan Obo Nb－REE－Fe deposit，Inner Mongolia，China[J]. Resource geology，58(01)：80－86.

PEKOV I V，PASERO M，YASKOVSKAYA A N，et al.，2007. Fluorcalciobritholite，$(Ca, REE)_5[(Si, P)O_4]_3F$，a new mineral[J]：description and crystal chemistry[J]. European Journal of Mineralogy，19(01)：95－103.

SUN J，ZHU X，CHEN Y，et al.，2013. Iron isotopic constraints on the genesis of Bayan Obo ore deposit，Inner Mongolia，China[J]. Precambrian Research，235：88－106.

VRANA S，RIEDER M，GUNTER M E，1992. Hejtmanite，a manganese－dominant analogue of bafertisite，a new mineral[J]. European Journal of Mineralogy，4(01)：35－43.

WANG J，LI L，SANTOSH M，et al.，2024. Multistage ore formation in the world's largest REE－Nb－Fe deposit of Bayan Obo，North China Craton：New insights and implications[J]. Ore Geology Reviews：105817.

ZHANG S H，ZHAO Y，LIU Y，2017. A precise zircon Th－Pb age of carbonatite sills from the world's largest Bayan Obo deposit：Implications for timing and genesis of REE－Nb mineralization[J]. Precambrian Research，291：202－219.

中-英文矿物名称及矿物代码对照表

中文	英文	矿物缩写符号	页码
A			
埃洛石	Halloysite	Hly	630
艾锌钛矿	Ecandrewsite	Ec	360
B			
白鸽矿	Nioboixiolite -(□)	Nbix -□	303
白钛石	Leucoxene		363
白云母	Muscovite	Ms	622
白云石	Dolomite	Dol	486
白云钇钡石	Bayanoboite -(Y)	Byb - Y	89
斑铜矿	Bornite	Bn	472
包头矿	Baotite	Bao	314
钡冰长石	Hyalophane	Hyp	646
钡解石	Barytocalcite	Bcal	499
钡镁脆云母	Kinoshitalite	Kns	620
C			
磁赤铁矿	Maghemite	Mgh	47
磁铁矿	Magnetite	Mag	24
磁黄铁矿	Pyrrhotite	Pyh	445
赤铁矿	Hematite	Hem	41
D			
大青山矿	Daqingshanite -(Ce)	Daq - Ce	140
蛋白石	Opal	Opl	434
单斜褐钕铌矿	Clinofergusonite -(Nd)	Fgs - Nd - β	221
单斜褐铈铌矿	Clinofergusonite -(Ce)	Fgs - Ce - β	226
单斜褐钇铌矿	Clinofergusonite -(Y)	Fgs - Y - β	207
丁道衡矿	Dingdaohengite -(Ce)	Ddh - Ce	160

中文	英文	矿物缩写符号	页码
毒砂	Arsenopyrite	Apy	465
毒重石	Witherite	Wth	522
E			
鄂博铌矿	Oboniobite	Obo	303
鲕绿泥石	Chamosite	Chm	631
F			
方解石	Calcite	Cal	503
方铅矿	Galena	Gn	454
方铈石	Cerianite -(Ce)	Cei - Ce	176
方钍石	Thorianite	Tho	405
沸石	Zeolite	Zeo	652
氟镁钠闪石	Magnesio - fluoro - riebeckite	Mfrbk	576
氟钙烧绿石	Fluorcalciopyrochlore	Fcpcl	242
氟硅磷灰石	Fluorcalciobritholite	Fcbri	149
氟金云母	Fluorophlogopite	Fphl	614
氟磷灰石	Fluorapatite	Fap	524
氟镁石	Sellaite	Sel	423
氟镁钠铁闪石	Magnesio - fluoro - arfvedsonite	Mfarf	582
氟木下云母	Fluorokinoshitalite	Flkns	620
氟钠烧绿石	Fluornatropyrochlore	Fnpcl	256
氟铈硅磷灰石	Fluorbritholite -(Ce)	Fbri - Ce	143
氟碳钡铈矿	Cordylite -(Ce)	Cod - Ce	91
氟碳钙钕矿	Parisite -(Nd)	Pst - Nd	85
氟碳钙铈矿	Parisite -(Ce)	Pst - Ce	76
氟碳镧石	Bastnäesite -(La)	Bsn - La	74
氟碳铈钡矿	Cebaite -(Ce)	Ceb - Ce	102
氟碳铈矿	Bastnäsite -(Ce)	Bsn - Ce	58
氟铁金云母	Fluorotetraferriphlogopite	Ftfphl	619
符山石	Vesuvianite	Ves	554
富钙碳锶石	Calcian Strontianite	Str—Ca	521

中文	英文	矿物缩写符号	页码
黄铁矿	Pyrite	Py	442
黄铜矿	Chalcopyrite	Ccp	458
黄玉	Topaz	Tpz	552
辉钼矿	Molybdenite	Mol	461
辉砷钴矿	Cobaltite	Cbt	469
J			
假象赤铁矿	Martite	Mart	46
尖晶石	Spinel	Spl	427
金红石	Rutile	Rt	340
金绿宝石	Chrysoberyl	Cbrl	438
堇青石	Cordierite	Crd	554
金云母	Phlogopite	Phl	609
镜铁矿	Specularite	Spc	46
绢云母	Sericite		624
K			
钪绿柱石	Bazzite	Bz	418
钪霓辉石	Jervisite	Je	415
钪钇石	Thortveitite	Tvt	412
块硅镁石	Norbergite	Nrb	546
库氟碳铈钡矿	Kukharenkoite -(Ce)	Kkk - Ce	104
L			
拉锰矿	Ramsdellite	Rmd	384
镧独居石	Monazite -(La)	Mnz - La	133
磷钇矿	Xenotime -(Y)	Xtm - Y	136
菱钡镁石	Norsethite	Nst	496
菱碱土矿	Benstonite	Ben	499
菱镁矿	Magnesite	Mgs	509
菱锰矿	Rhodochrosite	Rds	515
菱铁矿	Siderite	Sd	510
绿帘石	Epidote	Ep	552

英-中文矿物名称及矿物代码对照表

英文	中文	矿物缩写符号	页码
A			
Actinolite	阳起石	Act	591
Aegirine	霓石	Aeg	557
Aegirine - augite	霓辉石	Aeg - Aug	561
Aeschynite -(Ce)	铈易解石	Aes - Ce	199
Aeschynite -(Nd)	钕易解石	Aes - Nd	195
Aeschynite -(Y)	钇易解石	Aes - Y	192
Albite	钠长石	Ab	647
Allanite -(Ce)	铈褐帘石	Aln - Ce	167
Almandine	铁铝榴石	Alm	544
Alunite	明矾石	Alu	482
Ancylite -(Ce)	碳锶铈矿	Anc - Ce	111
Andalusite	红柱石	And	553
Ankerite	铁白云石	Ank	487
Annite	铁云母	Ann	604
Anorthite	钙长石	An	650
Arfvedsonite	钠铁闪石	Arf	557
Arsenopyrite	毒砂	Apy	465
Augite	普通辉石	Aug	563
B			
Bafertisite	硅钡铁钛石	Bft	370
Baotite	包头矿	Bao	314
Baryte	重晶石	Brt	472
Barytocalcite	钡解石	Bcal	499
Bastnäesite -(La)	氟碳镧石	Bsn - La	74

英文	中文	矿物缩写符号	页码
Melanterite	水绿矾	Mln	482
Microcline	微斜长石	Mcc	642
Molybdenite	辉钼矿	Mol	461
Monazite -(Ce)	铈独居石	Mnz - Ce	114
Monazite -(La)	镧独居石	Mnz - La	133
Monazite -(Nd)	钕独居石	Mnz - Nd	131
Montmorillonite	蒙脱石	Mnt	639
Muscovite	白云母	Ms	622
Mushketovite	穆磁铁矿	Mush	37
N			
NatroJarosite	黄钠铁矾	Njrs	481
Nb - bearing Brookite	铌板钛矿	Brk - Nb	311
Nb—bearing chevkinite (Ce)	富铌硅钛铈矿	Cvk—Ce—Nb	324
Nb—bearing Ilmenite	富铌钛铁矿	Ilm—Nb	313
Nb—bearing titanite	富铌榍石	Ttn—Nb	330
Nioboaeschynite -(Ce)	铈铌易解石	Naed - Ce	187
Nioboaeschynite -(Nd)	钕铌易解石	Naes - Nd	184
Nioboaeschynite -(Y)	钇铌易解石	Naes - Y	192
Niobobaotite	铌包头矿	Nbao	318
Nioboixiolite -(□)	白鸽矿	Nbix -□	303
Nontronite	绿脱石	Non	639
Norbergite	块硅镁石	Nrb	546
Norsethite	菱钡镁石	Nst	496
O			
Oboniobite	鄂博铌矿	Obo	303
Opal	蛋白石	Opl	434
Orthoclase	正长石	Or	640
Oxyplumbopyrochlore	氧铅烧绿石	Oppcl	269
P			
Parisite -(Ce)	氟碳钙铈矿	Pst - Ce	76
Parisite -(Nd)	氟碳钙钕矿	Pst - Nd	85

英文	中文	矿物缩写符号	页码
Strontianite	碳锶石	Str	518
T			
Talc	滑石	Tlc	640
Thorianite	方钍矿	Tho	405
Thorite	钍石	Thr	391
Thortveitite	钪钇石	Tvt	412
Titanite	榍石	Ttn	363
Topaz	黄玉	Tpz	552
Tremolite	透闪石	Tr	590
Uranothorite	铀钍石	Uthr	402
V			
Vesuvianite	符山石	Ves	554
W			
Witherite	毒重石	Wth	522
Wulfenite	钼铅矿	Wul	483
X			
Xenotime -(Y)	磷钇矿	Xtm - Y	136
Y			
Yangzhumingite	杨主明云母	Yzh	619
Z			
Zeolite	沸石	Zeo	652
Zhangpeishanite	张培善矿	Zph	426
Zircon	锆石	Zrn	538